Häufigkeitsangaben (bezogen auf die Naturräume)

s	selten
z	zerstreut
h	häufig

Naturräume (siehe Karte auf der hinteren Einbandinnenseite)

DDH	Düben-Dahlener Heide
EET	Elster-Elbe-Tiefland
ELH	Elbhügelland
ERB	Erzgebirgisches Becken
ERM	Mittelerzgebirge
ERO	Osterzgebirge
ERW	Westerzgebirge
ERZ	Erzgebirge insgesamt
ESG	Elbsandsteingebirge
GHP	Großenhainer Pflege
LLA	Leipziger Land
MLH	Mulde-Löss-Hügelland
OL	Oberlausitz insgesamt
OLB	Oberlausitzer Bergland
OLH	Oberlausitzer Hügelland
OLT	Oberlausitzer Tiefland
VGT	Vogtland

Lebensformen

⊙	sommerannuell
①	einjährig-überwinternd
⊙⊙	zweijährig
⊛	mehrjährig hapaxanth
♃	ausdauernd
♄ (halb)	Halbstrauch
♄	Strauch
♄ m. Zusatz	Zwstr. = Zwergstrauch, Krstr. = Kriechstrauch, Spstr. = Spalierstrauch
♄ (Baum)	Baum

Gutte • Hardtke • Schmidt

Die Flora Sachsens und angrenzender Gebiete

Die Flora Sachsens und angrenzender Gebiete

Ein pflanzenkundlicher Exkursionsführer

Herausgegeben von Peter Gutte, Hans-Jürgen Hardtke
und Peter A. Schmidt

Bearbeiter: W. Böhnert, S. Bräutigam, M. Breitfeld,
R. Büttner, S. Fröhner, A. Gnüchtel, Th. Gregor,
P. Gutte, H.-J. Hardtke, W. Hempel †, St. Jeßen, F. Klenke,
S. Kosmale, F. Müller, H.-W. Otto, M. Ranft, F. Sander,
P. A. Schmidt, D. Schulz und I. Uhlemann

Quelle & Meyer Verlag Wiebelsheim

Dr. Peter Gutte
Rathenaustr. 20
04416 Markkleeberg

Prof. Dr.-Ing. habil. Hans-Jürgen Hardtke
Rippiener Str. 28
01728 Possendorf

Prof. Dr. Peter A. Schmidt
Am Wasserwerk 24
01640 Coswig

Bibliografische Information der Deutschen Nationalbibliothek
Die Deutsche Nationalbibliothek verzeichnet diese Publikation in der Deutschen Nationalbibliografie; detaillierte biografische Daten sind im Internet über http://dnb.d-nb.de abrufbar.

1. Auflage 2013

www.verlagsgemeinschaft.com

Umschlagfotos: Wolfgang Willner, Moosburg
Druck und Verarbeitung: CPI, Ebner & Spiegel, Ulm
Printed in Germany/Imprimé en Allemagne

ISBN 978-3-494- 01529-3

Inhaltsverzeichnis

Einleitung

1956 erschien letztmalig der „WÜNSCHE/SCHORLER", herausgegeben von W. FLÖSSNER, M. MILITZER, R. SCHÖNE, F. STOPP und J. UHLIG unter dem Titel „Die Pflanzen Sachsens". Es war die 12., neu bearbeitete Auflage des bei den sächsischen Botanikern und Pflanzenfreunden sowie allen sich für die Flora Sachsens Interessierenden damals wie heute beliebten Bestimmungsbuches. Eine Neuauflage wurde seit Jahren gewünscht.

Nach über 50 Jahren erscheint der „WÜNSCHE/SCHORLER" nun unter dem Namen „Die Flora Sachsens". Es haben sich in fast sechs Jahrzehnten so viele neue Erkenntnisse zur Flora der Farn- und Samenpflanzen von Sachsen angehäuft, aber auch zahlreiche taxonomische und nomenklatorische Veränderungen ergeben, dass eine völlige Neubearbeitung sowohl der Bestimmungsschlüssel als auch der Artbeschreibungen erforderlich wurde. Herausgeber und Autoren bemühten sich aber, den Charakter des „WÜNSCHE/SCHORLER" weitgehend zu erhalten. Dies betrifft vor allem den Aufbau der Bestimmungsschlüssel, aber auch die Aufnahme zahlreicher kultivierter und aus Kultur verwilderter Sippen. Gerade dadurch unterscheidet sich unsere „Flora" von ähnlichen, oft als Exkursionsflora bezeichneten Werken, die als Bestimmungsbücher dienen.

In der neuen „Flora Sachsens" wurden auch umfassend „bestimmungskritische" Gattungen und Artengruppen (z. B. *Taraxacum*, *Rubus*, *Ranununculus auricomus* agg.) berücksichtigt, einerseits, um den gegenwärtigen Stand der Kenntnisse zu dokumentieren, andererseits, um zu weiteren Bearbeitungen und Nachforschungen anzuregen. Infraspezifische Taxa und Bastarde wurden ebenfalls aufgenommen. Bei Unterarten und Bastarden haben wir versucht, Vollständigkeit zu erreichen, Varietäten fanden dagegen nur begrenzt Aufnahme, vor allem dann, wenn sie häufig oder auffallend sind.

Die Anwendung moderner Forschungsmethoden in der Systematischen Botanik erbrachte Ergebnisse, die dazu führten, dass besonders die Abgrenzung der Pflanzenfamilien und die Zuordnung von Gattungen zu den Familien in den letzten Jahrzehnten derartig in Fluss gekommen sind, dass sich darin die einzelnen Florenwerke z. T. gravierend unterscheiden. Wir haben neuere, uns gesichert erscheinende Erkenntnisse berücksichtigt, weisen aber durch die Nennung von Synonymen auf die abweichenden taxonomischen Auffassungen hin.

Den Bestimmungsschlüsseln der Gattungen, die zu den Arten führen, schließt sich die Beschreibung der einzelnen Arten in alphabetischer Reihenfolge an. Die Beschreibungen folgen einem einheitlichen Schema: wissenschaftlicher Name mit Autor, deutscher Name, evtl. darunter Volksname(n), Synonyme (falls notwendig), Merkmale (soweit nicht schon im Bestimmungsschlüssel genannt), Höhe der Pflanze, Blütezeit (Monate), Lebensform, Angaben zum Standort bzw. Lebensraum, Häufigkeit in Sachsen bzw. bestimmten

Naturräumen Sachsens, Fundorte (bei selteneren Pflanzen), Status (soweit nicht einheimisch/indigen), vegetationskundliche (Zuordnung zu pflanzensoziologischen Einheiten) und arealkundliche (pflanzengeografische Formel) Charakterisierung, Heimat (Verbreitungsgebiet bei nicht einheimischen Arten), ggf. ergänzende Angaben (z. B. Giftigkeit, Heilpflanze, Wildgemüse), falls Untergliederung in Unterarten oder/und Varietäten Bestimmungsschlüssel zu den Sippen mit Angaben zur Verbreitung u. a.

Bei den Angaben zur Häufigkeit werden im Allgemeinen zuerst die aktuell besetzten Naturräume mit den häufigeren Vorkommen genannt, dann diejenigen mit geringeren. Sonst werden die Naturräume in alphabetischer Folge aufgeführt. Naturräume, in denen die Art in den letzten Jahrzehnten nicht mehr beobachtet werden konnte, stehen meist am Schluss. Das Häufigkeitskürzel steht jeweils für alle folgenden Einheiten. Diese Angaben beruhen auf der jahrzehntelangen ehrenamtlichen Kartierung im Rahmen der Arbeitsgemeinschaft Sächsischer Botaniker. Als Grundlage für die Zuordnung der Verbreitungsangaben diente die Karte „Naturräume in Sachsen" (herausgegeben von BASTIAN und SYRBE 2005). Leider entsprechen die auf geologischer und geografischer Basis gezogenen Grenzen (Meso- und Makrogeochoren) nicht immer den floristisch-vegetationskundlichen. Wir haben uns – mit geringen Abweichungen – trotzdem an dieser Karte orientiert, da sie in den Naturschutzbehörden genutzt wird.

Das Buch ist ein Gemeinschaftswerk der Arbeitsgemeinschaft Sächsischer Botaniker, an dem mehrere Spezialisten für bestimmte Gattungen oder Artengruppen bzw. für bestimmte botanische Fachgebiete mitwirkten.

Bearbeiter

Folgende Damen und Herren sind Autoren einzelner Kapitel und Pflanzengruppen oder Bearbeiter bestimmter Inhalte:

BÖHNERT, W.: Ökologie/Soziologie (Durchsicht, Korrektur)

BRÄUTIGAM, S.: *Asteraceae*: Familienschlüssel (Überarbeitung), Ligulifloren; *Bolboschoenus*

BREITFELD, M.: *Ranuncus auricomus* agg., *Mahonia*, *Gentianella*, *Callitriche*, *Polygonum aviculare* agg., *Euphrasia*

BÜTTNER, R.: *Malus* u. *Pyrus* (z. T.)

FRÖHNER, S.: *Alchemilla*, *Aphanes*

GNÜCHTEL, A.: *Epilobium*, *Circaea*

GREGOR, Th.: *Carex spicata* agg.

GUTTE, P.: alle Familien außer den bei anderen Mitarbeitern genannten Familien oder Gattungen, Einführung in das Bestimmen, Register

GUTTE, P., SCHMIDT, P. A.: Fachausdrücke

GUTTE, P., HARDTKE, H.-J., SCHMIDT, P. A.: Literatur

HARDTKE, H.-J.: *Potamogeton*, *Rosa*, Einarbeitung von Verbreitungsangaben, Volksnamen, Angaben zu Wildgemüse, Giftpflanzen u. Heilkräutern

HEMPEL, W. †: Arealkundliche Angaben; Statusangaben (z. T.)
JESSEN, ST.; Pteridophyten
KLENKE, F.: Familienschlüssel
KOSMALE, S.: Volksnamen (z. T.)
MÜLLER, F.: *Poaceae, Orchidaceae*
OTTO, H.-W: *Oenothera* (in Zusammenarbeit mit P. GUTTE), Volksnamen (z. T.)
RANFT, M.: *Rubus*
SANDER, F.: *Rubus* (Ergänzungen)
SCHMIDT, P. A.: Ökologie/Soziologie (Entwurf), *Gymnospermae* (*Ginkgo*, Nadelgehölze), *Betulaceae, Fagaceae, Crataegus, Salix, Spiraea, Thymus*
SCHMIDT, P. A., GUTTE, P.: *Populus*
SCHULZ, D: *Valeriana*, Angaben zu Naturschutz, Zu- und Abnahme von Arten
UHLEMANN, I.: *Taraxacum*

Die Herausgabe des Buches wäre ohne die Mitwirkung dieser und weiterer Botanikerinnen und Botaniker nicht möglich gewesen. Für die Unterstützung bei der Bearbeitung einzelner Gattungen oder hilfreiche Ratschläge danken wir außerdem folgenden Damen und Herren:

JAGE, H.: *Montia*
HANELT, P.: *Allium*
HENKER, H.: diverse Hinweise
KLEINKNECHT, U.: organisatorische Unterstützung
OLIAS, O.: *Eleocharis, Crocus*
GREGOR, Th.: *Potentilla*
KLOTZ, G.: *Cotoneaster*
MACKENTHUN, G.: *Ulmus*
MELZHEIMER, V.: Revision zahlreicher Belege von *Ranunculus auricomus*
PUSCH, J.: *Orobanche*
RITZ, CH., GEBAUER, P.: *Rosa*

Für das Korrekturlesen von Texten danken wir den Herren A. IHL, H.-W. OTTO und S. FRÖHNER besonders herzlich. Frau ULLA GÜNTHER fertigte in dankenswerter Weise neue Zeichnungen an. Für die Anfertigung der Karte danken wir Frau SILVIA FISCHER.

Wir danken den Herren G. SCHULZ und H. E. WEBER, dass wir Zeichnungen der Gattungen *Rosa* bzw. *Rubus* übernehmen durften, ebenso Frau Z. HROUDOVÁ für *Bolboschoenus*-Zeichnungen.

Von den Herbarien der Universitäten Leipzig (LZ) und Dresden (DR) sowie des Naturkundemuseums Görlitz (GLM) erhielten wir Unterstützung hinsichtlich der Ermittlung der Vorkommen von Sippen „bestimmungskritischer" Gruppen oder ausgestorbenen Arten, von denen sich Belege in diesen Herbarien befinden.

Herrn G. STAHL sind wir außerordentlich dankbar, dass viele Abbildungen aus den im Verlag Quelle & Meyer erschienenen Florenwerken übernommen werden konnten. Ein besonderer Dank gilt Herrn STAHL und dem Verlag Quelle & Meyer auch dafür, dass sie mit viel Geduld und Verständnis den Fortgang des Werkes begleiteten und mit Frau C. HUBER eine Lektorin fanden, wie wir sie uns besser nicht wünschen konnten.

Die Herausgabe des Buches wäre nicht ohne die finanzielle Unterstützung der Sächsischen Landesstiftung Natur und Umwelt unter der Leitung ihres Stiftungsdirektors, Herrn D. KAMMERSCHEN, möglich gewesen. Eine stete Förderung durch organisatorische Begleitung oder andere Unterstützung fand das Buchprojekt durch den Landesverein Sächsischer Heimatschutz und durch das Sächsische Landesamt für Umwelt, Landwirtschaft und Geologie.

Mit der „Flora Sachsens" liegt nun den Schülern, Studenten, Behörden, Naturschützern, Botanikern und allen an der Flora Sachsens Interessierten ein modernes Werk zur Nutzung vor. Wir hoffen auf eine gute Aufnahme.

PETER GUTTE
HANS-JÜRGEN HARDTKE
PETER A. SCHMIDT

Allgemeine Hinweise und Abkürzungen

Betonung der wissenschaftlichen Namen

Die Betonung der wissenschaftlichen Namen wird durch Unterstreichen des jeweiligen Buchstaben gekennzeichnet, z. B. Vogelmiere: *Stellaria media*.

Abkürzungen

Allgemeine Abkürzungen

u.	und
od.	oder
S, O, W, N, M	Süd, Ost, West, Nord, Mittel
Ø	Durchmesser, Durchschnitt (ergibt sich aus dem Textzusammenhang)
×	Bastardzeichen
†	ausgestorben
♀	weiblich
♂	männlich
⚥	zwittrig
NU	nicht eingebürgerter Neophyt (Erklärung s. Status)
NE	eingebürgerter Neophyt (Erklärung s. Status)
A	Archäophyt: Altbürger (Erklärung s. Status)
P	Paläophyt (Erklärung s. Status)
s. l.	im weiteren Sinne
s. str.	im engeren Sinne
±	mehr oder weniger
>	mehr als
<	weniger als
Fam.	Familie
subsp.	Subspezies, Unterart
var.	Varietät
fo.	Form
agg.	Aggregat, Artengruppe
p. p.	pro parte, zum Teil
et al.	und Mitarbeiter (et alii)
auct.	der Autoren
Off.	Heilpflanze
Wg.	Wildgemüse
Gew.	Gewürzpflanze
↘	Pflanzenart im Rückgang
↗	Pflanzenart in Zunahme

∇	in Deutschland geschützte, in Sachsen einheimische od. archäophytische Art
(∇)	in Deutschland geschützte, aber in Sachsen nicht einheimische Art
* bzw. **	(bei den Namen) Art wird im „Taschenlexikon der Pflanzen" bzw. im „Taschenlexikon der Gehölze" behandelt (siehe Literatur)

Häufigkeitsangaben

s	selten
z	zerstreut
h	häufig

Die Häufigkeitsangabe bezieht sich jeweils auf alle danach aufgeführten Naturräume. Ändert sie sich, so wird eine neue Angabe eingefügt.

Beispiel: mäßig h LLA; z ELH, ERO, GHP; s ERM, VGT

Werden einzelne Fundorte angegeben, so werden die Naturräume durch Semikolon getrennt.

Beispiel: z DDH; s ERO: Altenberg; LLA: Leipzig, Borna.

Naturräume

(siehe Karte auf der hinteren Einbandinnenseite)

DDH	Düben-Dahlener Heide
EET	Elster-Elbe-Tiefland
ELH	Elbhügelland
ERB	Erzgebirgisches Becken
ERM	Mittelerzgebirge
ERO	Osterzgebirge
ERW	Westerzgebirge
ERZ	Erzgebirge insgesamt
ESG	Elbsandsteingebirge
GHP	Großenhainer Pflege
LLA	Leipziger Land
MLH	Mulde-Löss-Hügelland
OL	Oberlausitz insgesamt
OLB	Oberlausitzer Bergland
OLH	Oberlausitzer Hügelland
OLT	Oberlausitzer Tiefland
VGT	Vogtland

Lebensformen

⊙	sommerannuell
①	einjährig-überwinternd
⊙⊙	zweijährig
⊗	mehrjährig hapaxanth
♃	ausdauernd
♄	Halbstrauch
ħ	Strauch
ħ m. Zusatz	Zwstr. = Zwergstrauch, Krstr. = Kriechstrauch, Spstr. = Spalierstrauch
ħ	Baum

Status

A, Archäophyt: „Alteinwanderer" in der ur- und frühgeschichtlichen Zeit, meist Feldfruchtbegleiter

P, Paläophyt: seit dem Mittelalter in der sächsischen Flora auftretend, meist Kulturrelikt

N, Neophyt: seit der Neuzeit in der sächsischen Flora auftretend; dabei wird unterschieden:

NE, eingebürgerter Neophyt: Sippe, die im Gebiet wenigstens lokal eingebürgert ist

NU, nicht eingebürgerter, unbeständig auftretender Neophyt: meist handelt es sich um kurzzeitige Einschleppungen oder Verwilderungen

Florenelemente der sächsischen Flora

1 Areale über Zentraleuropa hinausreichend

Kosmopolit: Art mit weltweiter Verbreitung in mehreren Florenzonen

circpol: circumpolar, Vorkommen auf der borealen Hemisphäre auch in den entsprechenden Florenzonen des borealen Amerikas, z. T. sogar kosmopolitisch

euras: eurasisch, weit verbreitet von der Nadelwald- bis zur Steppenzone Eurasiens

euras-nem: eurasisch-nemoral, Laubwaldregion Europas, W- und O-Asiens

euras-kont: Steppenregion von SO-Europa bis W- und Mittelasien; in Verbindung mit

fluv: fluviatil, kontinentale Stromtalpflanze

mont: montan, Fels- und Bergsteppenpflanze

coll: collin, Hügelsteppenpflanze

plan: planar, Sandsteppenpflanze

eurosib: eurosibirisch, weit verbreitet in der borealen und nemoralen Zone Europas und Asiens; mit Schwerpunkt in der nemoralen Laubwaldzone

arct(-alp): arktisch(-alpin), Arten der Tundrenvegetation und der (sub-) alpinen Stufe europäischer Gebirge, in Sachsen Kaltzeitrelikte

bor: nordisch, boreales Europa und Asien

bor-kont: boreal-kontinental, Arten der nordhemisphärischen (eurasiatischen) Nadelwaldzone mit W-Grenze in Mitteleuropa

bor-sarmat: boreal-sarmatisch, boreale Arten mit W-Grenze in Mitteleuropa, nicht in Sibirien

bor-atl: boreal-atlantisch, mit Bindung an Küstenbereiche des borealen Europas, in Mitteleuropa im Tief- und Hügelland

europ-nem: europäisch-nemoral, Arten der zentraleuropäischen Laubwaldregion (nemorale bzw. temperate Florenzone), inkl. der Montanstufe S-Europas (süd-mitteleurop. Arten), vom subatlantischen bis sarmatischen Raum reichend

atl: (nemoral)atlantisch, Arten des Meeresklimabereichs in W-Europa, im Gebiet mit Inselareal und/oder Areal-Ostgrenze

subatl: (nemoral)subatlantisch, Arten des westlichen Mitteleuropas, im Gebiet häufig mit Areal-Ostgrenze

subatl-coll: subatlantisch-collin, Hauptverbreitung der Arten in den Laubwaldgebieten des westlichen Mitteleuropas, z. T. mit Areal-Ostgrenze im Gebiet

subatl-mont: subatlantisch-montan, Arten mit Hauptverbreitung in der oberen Bergstufe des westlichen Mitteleuropas, z. T. mit Areal-Ostgrenze im Gebiet

zentraleurop: zentraleuropäisch, begrenzte Verbreitung in deutschen Mittelgebirgslandschaften

balt: baltisch, begrenzte Verbreitung in S-Skandinavien

sarmat: (nemoral)sarmatisch, europäisch-subkontinental, Hauptverbreitung in den Laubwaldgebieten O-Europas, mit Areal-Westgrenze in Mitteleuropa

sarmat-südsib: sarmatisch-südsibirisch, Hauptverbreitung in den Laubwaldgebieten O-Europas bis Sibirien, mit Areal-Westgrenze in Mitteleuropa

europ-kont (pont-pann): europäisch-kontinental (pontisch-pannonisch), Arten mit submeridionaler Steppenverbreitung SO- und O-Europas (submerid-europ-kont Arten)

submed: submediterran, Arten der submeridionalen Vegetation des nördlichen Grenzbereichs des Mittelmeergebiets, in Sachsen meist als ostsubmediterran (**o-submed**)

illyr-balc: illyrisch-balkanisch, Arten der balkanischen Hügel- und Bergländer zwischen der Steppenzone und den südbalkanischen mediterranen Gebirgssystemen (Teilbereich der ostsubmediterranen Arten)

med: mediterran, Arten der Mittelmeervegetation, im Gebiet nur in Kombination mit anderen Florenelementen, z. B. atl-med
med-orient: Verbreitung im Mittelmeergebiet und Vorderasien

2 Arten auf Zentraleuropa beschränkt

(Vorsilbenkürzel „ze" = zentral wird weggelassen)

dealp: dealpisch, Arten mit Hauptverbreitung in der subalpinen (und alpinen) Stufe der europäischen Hochgebirge und von dort bis in die tieferen Lagen Mitteleuropas reichend, mit N-Grenze in Sachsen
adalp: adalpisch, Offenlandpflanzen mit Hauptverbreitung in den tieferen Lagen Mitteleuropas, mit verwandten Arten im Mittelmeergebiet und in den europäischen Hochgebirgen
pralp: präalpisch, „präalpine" Arten, Vorkommen in den niederen Lagen der Hochgebirge, in Sachsen fast nur östlich (**opralp**) verbreitete Arten der Karpaten und Sudeten:
opralp-sudeto-karpat(isch) (östliche Berglandpflanzen)

3 Höhenstufen

alp-subalp: Arten der alpinen und subalpinen Stufe der europäischen Hochgebirge, in Sachsen punktuell verbreitete Kaltzeitrelikte
desubalp: Halblicht- und Offenlandpflanzen der subalpinen Stufe, entlang der Flüsse herabsteigend oder an diesen reliktisch
mont: Arten der montanen Höhenstufe, meist kombiniert mit bor
demont: Offenlandpflanzen der Mittelgebirge, entlang der Flüsse herabsteigend; meist stammesgeschichtlich junge expansive Arten

4 Sonstige Angaben

endem: Endemit, mit Gebietsangabe, z. B. hercyn(isch), zentraleurop(äisch)
disj: disjunkt verbreitete Arten Zentraleuropas auf Grund spezifischer Standortsansprüche, z. B. Serpentinökophyten

Synsystematische Übersicht der Vegetationstypen Sachsens

Die synsystematische Übersicht der Vegetationstypen höherer syntaxonomischer Einheiten ab der Verbandsebene folgt BÖHNERT, GUTTE & SCHMIDT (2001), die Nomenklatur der Gesellschaften RENNWALD (2000).

Es bedeuten K = Klasse, O = Ordnung, V = Verband, Ges. = Gesellschaften

Nr.	**Abkürzung**	**Wissenschaftl. Bezeichnung**	**Deutsche Bezeichnung**
Wasserpflanzenges.			
1	**K Lemn.**	**Lemnetea minoris De Bolos et Masclans 1955**	**Wasserschweberges.**
	O Lemn.	Lemnetalia minoris De Bolos et Masclans 1955	Einschichtige Wasserschweberges.
	V Lemn.	Lemnion gibbae Tx. et Schwabe-Braun 1974	Buckellinsen-Ges.
	O Hydroch.	Hydrocharitalia Rübel 1933	Mehrschichtige Wasserschweberges.
	V Hydroch.	Hydrocharition Rübel 1933	Froschbiss-Ges.
2	**K Potam.**	**Potametea Klika in Klika et Novak 1941**	**Laichkraut- u. Schwimmblatt-Ges.**
	O Potam.	Potametalia W. Koch 1926	Laichkraut- und Schwimmblatt-Ges.
	V Potam.	Potamion pectinati (W. Koch 1926) Görs 1977	Kammlaichkraut-Ges.
	V Nymph.	Nymphaeion albae Oberd. 1957	Seerosen-Schwimmblattges.
	V Ran. aquat.	Ranunculion aquatilis Passarge 1964	Wasserhahnenfuß-Ges.
	V Ran. fluit.	Ranunculion fluitantis Neuhäusl 1959	Fluthahnenfuß-Ges.
3	**K Utric.**	**Utricularietea Pietsch 1965**	**Wasserschlauch-Moortümpelges.**
	O Utric.	Utricularietalia intermedio-minoris Pietsch 1965	Wasserschlauch-Moortümpelges.
	V Scorp.-Utric.	Scorpidio-Utricularion minoris Pietsch 1965	Skorpionsmoos-Wasserschlauch-Moorschlenkenges
	V Sphag.-Utric.	Sphagno-Utricularion minoris Th. Müller et Görs 1960	Torfmoos-Wasserschlauch-Ges.
4	**K Iso.-Litt.**	**Isoeto-Littorelletea Br.-Bl. et Vlieger in Vlieger 1937**	**Strandlings-Ges.**
	O Litt.	Littorelletalia W. Koch 1926	Strandlings-Ges.

Nr.	Abkürzung	Wissenschaftl. Bezeichnung	Deutsche Bezeichnung
	V Eleoch.	Eleocharition acicularis Pietsch 1967	Nadelsumpfsimsen-Ges.
	V Hydro.-Bald.	Hydrocotylo-Baldellion Tx. et Dierßen in Dierßen 1972	Strandlings-Ges.
Schutt-, Felsspalten- und Mauerfugenges.			
5	**K Aspl.**	**Asplenietea trichomanis (Br.-Bl. in Meier et Br.-Bl. 1934) Oberd. 1977**	**Felsspalten- u. Mauerfugengesellschaften**
	O Potent. caul.	Potentilletalia caulescentis Br.-Bl. in Br.-Bl. et Jenny 1926	Kalk-Felsspaltenges.
	V Potent. caul.	Potentillion caulescentis Br.-Bl. in Br.-Bl. et Jenny 1926	Mauerrauten-Ges.
	V Cyst.	Cystopteridion fragilis J. L. Richard 1972	Blasenfarn-Ges.
	O Andros.	Androsacetalia vandellii Br.-Bl. in Meier et Br.-Bl. 1934 Silkat-	Felsspaltenges.
	V Aspl.	Asplenion septentrionalis Focquet 1982	Streifenfarn-Ges. (incl. Serpentin-Felsspaltenges.)
	O Pariet.	Parietarietalia judaicae Rivas-Martinez ex Br.-Bl. 1963 corr. Oberd. 1977	Glaskraut-Mauerfugenges
	V Cymb.-Aspl.	Cymbalario-Asplenion Segal 1969	Zimbelkraut-Ges.
6	**K Thlasp.**	**Thlaspietea rotundifolii Br.-Bl. 1948**	**Steinschutt- u. Geröllges.**
	O Gal.-Par.	Galio-Parietarietalia officinalis Boscaiu et al. 1966	Xerophytische Kalkschuttges.
	V Stip.	Stipion calamagrostis Jenny-Lips ex Br.-Bl. et al. 1952	Xerophytische Kalkschuttges.
	O Galeops.	Galeopsietalia segetum Oberd. et Seibert in Oberd. 1977	Submontane Silikatschuttges.
	V Galeops.	Galeopsion segetum Oberd. 1957	Saathohlzahn-Ges.
Therophytenreiche Pioniervegetation			
7	**K Stell. med.**	**Stellarietea mediae (Br.-Bl. 1931) Tx. et al. ex von Rochow 1951**	**Ackerwildkrautges.**
	O Secal.	Secalietalia Br.-Bl. 1936	Basiphytische Ackerwildkrautges.
	V Veron.	Veronico-Euphorbion Passarge 1964	Basiphytische Hackfruchtges.

Nr.	Abkürzung	Wissenschaftl. Bezeichnung	Deutsche Bezeichnung
	V Caucal.	Caucalidion platycarpi v. Rochow 1951	Basiphytische Halmfruchtges.
	O Aper.	Aperetalia spicae-venti J. Tüxen et Tx. in Malato-Beliz et al. 1960	Acidophytische-Ackerwildkrautges.
	V Aphan.	Aphanion arvensis J. Tüxen et Tx. in Malato-Beliz et al. 1960	Ackerfrauenmantel-Ges.
	V Pan.-Set.	Panico-Setarion Sissingh in Westhoff et al. 1946	Hirsen-Ges.
	V Sperg.-Ox.	Spergulo-Oxalidion Görs in Oberd. et al. 1967 (Polygono-Chenopodion polyspermi W. Koch 1926 em. Hüppe et Hofmeister 1990)	Sauerklee-Ges.
	O Lol.-Lin.	Lolio remoti-Linetalia J. Tüxen et Tx. in Lohmeyer et al. 1962	Lein-Ackerwildkrautges.
	V Lol.-Lin.	Lolio remoti-Linion Tx. 1950	Lein-Ges.
8	**K Sis.**	**Sisymbrietea Korneck 1974**	**Ruderale Wegrauken-Ges.**
	O Sis.	Sisymbrietalia J. Tx. et Görs 1966	Ruderale Wegrauken-Ges.
	V Sis.	Sisymbrion officinalis v. Rochow 1951	Wegrauken-Ges.
	V Sals.	Salsolion ruthenicae Philippi 1971	Salzkraut-Ges.
9	**K Bid.**	**Bidentetea tripartitae Tx. et al. ex von Rochow 1951**	**Zweizahn-Uferges.**
	O Bid.	Bidentetalia tripartitae Klika et Hadač 1944	Zweizahn-Uferges.
	V Bid.	Bidention tripartitae Nordhagen 1940	Zweizahn-Ufersäume
	V Chen.	Chenopodion glauci Hejny 1974	Gänsefuß-Ufersäume
10	**K Iso.-Nano.**	**Isoeto-Nanojuncetea Westhoff et al. 1946**	**Zwergbinsen-Ges.**
	O Nanocyp.	Nanocyperetalia Klika 1935	Zwergbinsen-Ges.
	V Elat.-El.	Elatino-Eleocharition ovatae (Pietsch et Müller-Stoll 1968) Pietsch 1973	
	V Rad.	Radiolion linoides (Rivas-Goday 1961) Pietsch 1973	Zwergflachs-Ges.

Nr.	Abkürzung	Wissenschaftl. Bezeichnung	Deutsche Bezeichnung
Eutraphente Röhrichte u. Großseggenriede			
11	**K Phragm.-Mag.**	**Phragmito-Magnocaricetea Klika in Klika et Novak 1941**	**Süßwasserröhrichte u. Großseggenriede**
	O Phragm.	Phragmitetalia W. Koch 1926	Süßwasserröhrichte u. Großseggenriede
	V Phragm.	Phragmition australis W. Koch 1926	Großröhrichte
	V Magnocar.	Magnocaricion elatae W. Koch 1926	Großseggenriede
	V Glyc.-Sparg.	Glycerio-Sparganion Br.-Bl. et Sissingh in Boer 1942	Bachröhrichte
Quell- u. Niedermoorgesellschaften, Hochmoorschlenken- u. Bulten-Ges.			
12	**K Mont.-Card.**	**Montio-Cardaminetea Klika 1948**	**Quellfluren**
	O Mont.-Card.	Montio-Cardaminetalia Pawłowski in Pawłowski et al. 1928	Silikat-Quellfluren
	V Card.-Mont.	Cardamino-Montion Br.-Bl. 1926	Silikat-Quellfluren
	O Card.-Crat.	Cardamino-Cratoneuretalia Maas 1959	Kalk-Quellfluren
	V Crat.	Cratoneurion commutati W. Koch 1928	Kalk-Quellfluren
13	**K Scheuchz.-Car.**	**Scheuchzerio-Caricetea fuscae 1937**	**Nieder- u. Übergangsmoore**
	O Scheuchz.	Scheuchzerietalia palustris Nordhagen 1937	Übergangsmoor- u. Schlenkenges.
	V Rhynch.	Rhynchosporion albae W. Koch 1926	Schnabelried-Ges.
	V Car. lasi.	Caricion lasiocarpae Vanden Berghen in Lebrun et al. 1949	Fadenseggen-Ges.
	O Car. nig.	Caricetalia nigrae W. Koch 1926	Acidophytische Niedermoore
	V Car. nig.	Caricion nigrae W. Koch 1926	Braunseggensümpfe
	O Car. davall.	Caricetalia davallianae Br.-Bl.1949	Kalkquellmoore
	V Car. davall.	Caricion davallianae Klika 1934	Kalkquellmoore

Nr.	Abkürzung	Wissenschaftl. Bezeichnung	Deutsche Bezeichnung
14	**K Oxyc.-Sphag.**	**Oxycocco-Sphagnetea Westhoff et al. 1946**	**Heide- u. Hochmoore**
	O Erico-Sphag.	Erico-Sphagnetalia papillosi Schwickerath 1940	Heidemoore u. Feuchtheiden
	V Eric.	Ericion tetralicis Schwickerath 1933	Glockenheide-Ges.
	O Sphag.	Sphagnetalia magellanici (Pawłowski 1928) Kästner et Flößner 1933	Hochmoore
	V Sphag.	Sphagnion magellanici Kästner et Flößner 1933	Hochmoor-Torfmoos-Ges.
Tritt- u. Flutrasen, Wirtschaftsgrünland, Halbtrockenrasen u. Magerrasen			
15	**K Plant.**	**Plantaginetea majoris Tx. et Preising in Tx. 1950 em. Oberd. et al. 1967**	**Trittrasen**
	O Plant.	Plantaginetalia majoris Tx. et Preising in Tx. 1950 em. Oberd. et al. 1967	Trittrasen
	V Polyg.	Polygonion avicularis Aichinger 1933	Vogelknöterich-Ges.
16	**K Agrost.**	**Agrostietea stoloniferae Oberd. et Th. Müller ex Görs 1968**	**Kriech- u. Flutrasen**
	O Agrost.	Agrostietalia stoloniferae Oberd. in Oberd. et al. 1967	Kriech- u. Flutrasen
	V Potent. ans.	Potentillion anserinae Tx. 1947	Gänsefingerkraut-Ges.
17	**K Mol.-Arrh.**	**Molinio-Arrhenatheretea Tx. 1937**	**Wirtschaftsgrünland, Wiesen u. Weiden**
	O Mol.	Molinietalia caeruleae W. Koch 1926	Feuchtwiesen
	V Filip.	Filipendulion ulmariae Lohmeyer in Oberd. et al. 1967	Mädesüß-Hochstaudenges.
	V Calth.	Calthion Tx. 1937	Sumpfdotterblumen-Feuchtwiesen
	V Mol.	Molinion caeruleae W. Koch 1926	Kalk-Pfeifengras-Streuwiesen
	V Cnid.	Cnidion dubii Balatova-Tulačková 1966	Brenndolden-Stromtalwiesen
	O Arrh.	Arrhenatheretalia Tx. 1931	Frischwiesen u. Frischweiden

Nr.	Abkürzung	Wissenschaftl. Bezeichnung	Deutsche Bezeichnung
	V Arrh.	Arrhenatherion elatioris W. Koch 1926	Glatthafer-Frischwiesen
	V Pol.-Tris.	Polygono-Trisetion Marschall 1947 nom. inv. Tx. et Preising 1951	Goldhafer-Bergwiesen
	V Cynos.	Cynosurion cristati Tx. 1947	Fettweiden u. Scherrasen
18	**K Koel.-Coryn.**	**Koelerio-Corynephoretea Klika in Klika et Novak 1941**	**Silikatmagerrasen u. Felsgrusgesellschaften**
	O Coryn.	Corynephoretalia canescentis Klika 1934	Silbergras-Sandmagerrasen
	V Coryn.	Corynephorion canescentis Klika 1931	Silbergras-Sandmagerrasen
	V Armer.	Armerion elongatae Krausch 1962	Grasnelken-Sandmagerrasen
	O Thero-Air.	Thero-Airetalia Rivas Goday 1964	Kleinschmielen-Pionierges.
	V Thero-Air.	Thero-Airion Oberd. 1957	Kleinschmielen-Pionierges.
	O Fest.-Sed.	Festuco-Sedetalia acris Tx. 1951	Subkontinentale Sandmagerrasen
	V Koel.	Koelerion glaucae Volk 1931	Blauschillergras-Sandsteppen
	O Sedo-Scler.	Sedo-Scleranthetalia Br.-Bl. 1955	Mauerpfeffer-Felsgrusges.
	V Sedo-Ver.	Sedo albi-Veronicion dillenii Korneck 1974	Silikat-Felsgrusges.
	V Alysso-Sed.	Alysso-Sedion Oberd. et Th. Müller in Th. Müller 1961	Kalk-Felsgrusges.
	V Sesl.-Fest.	Seslerio-Festucion pallentis Klika 1931 corr. Zolyomi 1966	Bleichschwingel-Felsbandges.
19	**K Fest.-Brom.**	**Festuco-Brometea Br.-Bl. et Tx. in Br.-Bl. 1949**	**Basophytische Trocken-u. Halbtrockenrasen**
	O Fest.	Festucetalia valesiacea Br.-Bl. 1949	Kontinentale Trocken- u. Halbtrockenrasen
	V Fest.	Festucion valesiacae Klika 1931	Kontinentale Trockenrasen
	V Cirs.-Brach.	Cirsio-Brachypodion Hadač et Klika in Klika et Hadač 1944	Subkontinentale Halbtrockenrasen, Wiesensteppen
	O Brom.	Brometalia erecti W. Koch 1926	Submediterrane Trocken- u. Halbtrockenrasen
	V Brom.	Bromion erecti W. Koch 1926	Kalk-Halbtrockenrasen u. -wiesen

Nr.	Abkürzung	Wissenschaftl. Bezeichnung	Deutsche Bezeichnung
	V Koel.-Phlei.	Koelerio-Phleion phleoidis Korneck 1974	Silikat-Trocken- u. –Halbtrockenrasen

Nitrophytische, ruderale Staudenvegetation, halbruderale Halbtrockenrasen, Saum- u. Verlichtungsgesellschaften, Uferstaudengesellschaften

Nr.	Abkürzung	Wissenschaftl. Bezeichnung	Deutsche Bezeichnung
20	**K Gal.-Urt.**	**Galio-Urticetea Kopecky 1969**	**Nitrophytische Ruderal- u. Uferstaudenges. feuchter bis frischer Standorte**
	O Conv.	Convolvuletalia sepium Tx. 1950	Nitrophytische Uferstaudenges.
	V Conv.	Convolvulion sepium Tx. 1950	Zaunwinden-Ges.
	O Glech.	Glechometalia hederaceae Tx. in Tx. et Brun-Hool 1975	Nitrophytische Säume u. Verlichtungsges
	V Aegop.	Aegopodion podagrariae Tx. 1967	Giersch-Säume besonnter Standorte
	V Geo-All.	Geo urbani-Alliarion petiolatae Lohmeyer et Oberd. in Görs et Th. Müller 1969	Ruprechtskraut-Säume beschatteter Standorte
21	**K Artem.**	**Artemisietalia vulgaris v. Rochow 1951**	**Nitrophytische Ruderalges. frischer bis trockener Standorte**
	O Artem.	Artemisietalia vulgaris Lohmeyer in Tx. 1947	Nitrophytische Ruderalges. frischer Standorte
	V Arct.	Arction lappae Tx. 1937	Kletten-Ges.
	O Onop.	Onopordetalia acanthii Klika et Hadač 1944	Nitrophytische Ruderalges. trockener Standorte
	V Onop.	Onopordion acanthii Br.-Bl. in Br.-Bl. et al. 1936	Eselsdistel-Ges.
	V Dauco-Mel.	Dauco-Melilotion Rostański et Gutte 1971	Möhren-Steinklee-Ges.
22	**K Agrop.**	**Agropyretea intermedio-repentis Th. Müller et Görs 1969**	**Halbruderale Quecken-Halbtrocken- u. -Pionierrasen**
	O Agrop.	Agropyretalia intermedio-repentis Th. Müller et Görs 1969	Halbruderale Quecken-Halbtrocken- u. –Pionierrasen
	V Conv.-Agrop.	Convolvulo-Agropyrion repentis Görs 1966	Halbruderale Quecken-Halbtrocken- u. -Pionierrasen
23	**K Trif.-Ger.**	**Trifolio-Geranietea sanguinei Th. Müller 1962**	**Trockenwaldsäume**
	O Orig.	Origanetalia vulgaris Th. Müller 1961	Xero- und basiphytische Säume

Nr.	Abkürzung	Wissenschaftl. Bezeichnung	Deutsche Bezeichnung
	V Ger.	Geranion sanguinei Tx. in Th. Müller 1961	Xerophytische Blutstorchschnabel-Säume
Nr.	**Abkürzung**	**Wissenschaftl. Bezeichnung**	**Deutsche Bezeichnung**
	V Trif.	Trifolion medii Th. Müller 1961	Mesophytische Zickzackklee-Säume
	O Mel.-Holc.	Melampyro-Holcetalia mollis Passarge 1979	Acidophytische Säume
	V Mel.	Melampyrion pratensis Passarge 1979	Krautreiche acidophytische Säume
	V Potent.-Holc.	Potentillo erectae-Holcion mollis Passarge (1967) 1979	Grasreiche acidophytische Säume
24	**K Epil. ang.**	**Epilobietea angustifolii v. Rochow 1951**	**Waldschlag- u. Verlichtungsgesellschaften**
	O Atrop.	Atropetalia Vlieger 1937	Mitteleuropäische Schlagfluren u. Verlichtungsges.
	V Car.-Epil.	Carici piluliferae-Epilobion angustifolii Tx. 1950	Acidophytische Schlagfluren u. Verlichtungsges.
	V Atrop.	Atropion Aichinger 1933	Basiphytische Schlagfluren u. Verlichtungsges.
25	**K Bet.-Aden.**	**Betulo-Adenostyletea Br.-Bl. et Tx. 1943**	**Hochmontan-subalpine Hochstaudenges.**
	O Aden.	Adenostyletalia G. et J. Br.-Bl. 1931	Hochmontan-subalpine Hochstaudenges.
	V Aden.	Adenostylion alliariae Br.-Bl. 1926	Hochmontane Alpendost-Ges.
	V Calam.	Calamagrostion villosae Pawłowski et al. 1928	Subalpine Reitgrasges.
Zwergstrauchgesellschaften u. Borstgrasrasen			
26	**K Call.-Ul.**	**Calluno-Ulicetea Westhoff et al. 1946**	**Borstgras-Magerrasen u. Zwergstrauchheiden**
	O Nard.	Nardetalia Preising 1949	Borstgras-Magerrasen
	V Nard.	Nardion Br.-Bl. in Br.-Bl. et Jenny 1926	Hochmontan-subalpine Borstgras-Matten
	V Viol.	Violion caninae Schwickerath 1944	Planar-montane Borstgras-Magerrasen
	O Vacc.-Gen.	Vaccinio-Genistetalia R. Schubert 1960	Subozeanische Zwergstrauchheiden
	V Genist.	Genistion pilosae Duvigneaud 1942	Subatlantische Ginsterheiden

Nr.	Abkürzung	Wissenschaftl. Bezeichnung	Deutsche Bezeichnung
Gebüsche u. Vorwälder, anthropogene Gehölzgesellschaften			
27	**K Frang.**	**Franguletea Westhoff in Westhoff et Den Held 1969**	**Gebüsche frischer bis feuchter Standorte**
	O Rub.	Rubetalia plicati Weber in Pott 1995	Acidophytische Brombeer-Gebüsche
	V Ul.-Saro.	Ulici-Sarothamnion Weber 1997	Stech- u. Besenginster-Gebüsche
	V Lon.-Rub.	Lonicero-Rubion sylvatici Tx. et Neumann ex Wittig 1977	Geißblatt-Brombeer-Gebüsche
	O Salic. aur.	Salicetalia auritae Steffen1968	Ohrweiden-Moorgebüsche
	V Salic. cin.	Salicion cinereae Pasarge 1961	Grauweiden-Gebüsche
28	**K Rham.-Prun.**	**Rhamno-Prunetea Tx. 1962**	**Gebüsche u. Vorwälder frischer bis trockener Standorte**
	O Prun.	Prunetalia spinosae Tx. 1952	Schlehen-Gebüsche
	V Berb.	Berberidion vulgaris Br.-Bl. 1950	Berberitzen-Trockengebüsche
	V Carp.-Prun.	Carpino-Prunion Weber 1974	Mesophile Schlehen-Gebüsche
	V Prun.-Rub.	Pruno-Rubion radulae Weber 1974	Schlehen-Brombeer-Gestrüppe
	O Samb. rac.	Sambucetalia racemosae Passarge in Scamoni 1963	Vorwaldgehölze
	V Samb.-Salic.	Sambuco racemosae-Salicion capreae Tx. et Neumann ex Oberd. 1957	Traubenholunder-Gehölze
29	**K Salic. purp.**	**Salicetea purpureae Moor 1958**	**Weiden-Ufergehölze u. Weichholzauenwälder**
	O Salic. purp.	Salicetalia purpureae Moor 1958	Weiden-Ufergehölze u. -Auenwälder
	V Salic. alb.	Salicion albae Soo 1930	Silberweiden-Weichholzauenwälder
Waldgesellschaften			
30	**K Aln.**	**Alnetea glutinosae Westhoff et al. 1946**	**Erlen-Bruchwälder**
	O Aln.	Alnetalia glutinosae Tx. 1937	Erlen-Bruchwälder
	V Aln.	Alnion glutinosae Malcuit 1929	Erlen-Bruchwälder
31	**K Puls.-Pin.**	**Pulsatillo-Pinetea sylvestris (E. Schmid 1936) Oberd. et al. 1967 em. 1992**	**Steppen-Kiefernwälder**

Nr.	Abkürzung	Wissenschaftl. Bezeichnung	Deutsche Bezeichnung
	O Puls.-Pin.	Pulsatillo-Pinetalia sylvestris Oberd. in Th. Müller 1966	Steppen-Kiefernwälder
	V Cyt.-Pin.	Cytiso ruthenici-Pinion sylvestris Krausch 1962	Subkontinentale Steppen-Kiefernwälder
32	**K Vacc.-Pic.**	**Vaccinio-Piceetea Br.-Bl. in Br.-Bl. et al. 1939**	**Heidekraut- Kiefern- u. Fichtenwälder**
	O Pic.	Piceetalia Pawłowski in Pawłowski et al. 1928	Kiefern- u. Fichtenwälder
	V Dicr.-Pin.	Dicrano-Pinion (Libbert 1932) Matuszkiewicz 1962	Sand-Kiefernwälder
	V Pic.	Piceion abietis Pawłowski in Pawłowski et al. 1928	Acidophytische Fichtenwälder
33	**K Vacc.-Pin.**	**Vaccinio uliginosi-Pinetea sylvestris Passarge et Hofmann 1968**	**Rauschbeeren-Moorwälder**
	O Vacc.-Pin.	Vaccinio uliginosi-Pinetalia sylvestris Passarge et Hofmann 1968	Rauschbeeren-Moorwälder
	V Bet.	Betulion pubescentis Scamoni et Passarge 1959	Moorbirken-Moorwälder
34	**K Querc.-Fag.**	**Querco-Fagetea Br.-Bl. et Vlieger in Vlieger 1937**	**Eichen-Buchen-Falllaubwälder**
	O Querc. rob.	Quercetalia roboris Tx. 1931	Acidophytische Eichen- u. Buchenwälder
	V Querc. rob.	Quercion roboris Malcuit 1929	Acidophytische Eichenwälder
	V Luz.-Fag.	Luzulo-Fagion Lohmeyer et Tx. in Tx. 1954	Acidophytische Hainsimsen-Buchenwälder
	O Querc. pub.	Quercetalia pubescentis Klika 1932	Eichen-Trockenwälder
	V Querc. pub.	Quercion pubescentis-petraeae Br.-Bl. 1932	Subkontinentale Eichen-Trockenwälder
	O Fag.	Fagetalia sylvaticae Pawłowski in Pawłowski et al. 1928	Mesophytische Buchenwälder
	V Aln.-Ulm.	Alno-Ulmion minoris Tchou 1948/1949	Erlen-Ulmen-Hartholzauenwälder
	V Carp.	Carpinion betuli Issler 1931	Hainbuchen-Eichenwälder
	V Til.-Acer.	Tilio platyphyllis-Acerion pseudoplatani Klika 1955	Linden-Ahorn Hang- u. Schluchtwälder
	V Fag.	Fagion sylvaticae Luquet 1926	Mesophytische Buchenwälder

Fachausdrücke für die Bestimmung von Pflanzen

abgerundet: an der Basis od. Spitze mit konvex-bogigen Rändern, nicht stumpfwinklig zusammenstoßend (vgl. stumpf)
abgestutzt: s. gestutzt
abstehend: in einem Winkel von 45–90° von der Achse ausgehend
achselständig: in dem oberen der beiden Winkel, die ein Blatt mit der Sprossachse bildet, stehend
Achsenbecher: Blütenboden, der unter Beteiligung basaler Teile von Blütenorganen becher-, schüssel-, napf-, krug- od. röhrenförmig gestaltet ist
Adern: s. Nerven
Ährchen: ährenförmiger Teilblütenstand der Gräser, von gemeinschaftlichen Spelzen (Hüllspelzen) umgeben; vgl. Einführung in die Fam. *Poaceae*, S. 895
Ährchenachse: die Achse des Ährchens, an der in 2-zeiliger Anordnung die Spelzen sitzen
Ähre: Blütenstand mit ungestielten Blüten an kürzerer od. längerer Spindel, auch Sporenbehälterstand bei den Schachtelhalmen
Ährenrispe: rispiger Blütenstand mit stark verkürzten u. verzweigten Rispenästen, wodurch der Eindruck einer Ähre entsteht (Rispencharakter wird erst beim Umbiegen sichtbar)
Ährenspindel: Hauptachse der Ähre
ährig: Blüten eine Ähre bildend
Antheren: s. Staubbeutel
Arillus: s. Samenmantel
aufrecht: senkrechte bzw. fast senkrechte Sprossachse ohne Biegung
aufsteigend: am Grund liegend u. sich dann in einem Bogen erhebend, so dass der obere Teil aufrecht ist
ausgeschweift: mit sehr seichten, weit-bogigen Ausschnitten
Ausläufer: horizontaler, sich bewurzelnder Seitenspross mit verlängerten Internodien, der vegetativen Vermehrung dienend, entweder an der Bodenoberfläche (oberirdischer Ausläufer) od. im Boden (unterirdischer Ausläufer)
Außenkelch: Blattbildungen, die außerhalb des Kelches dicht unter diesem den äußersten Kreis der Blütenhülle darstellen
bärtig: mit einem Büschel von Haaren versehen
Bastard (Hybride): Sippe, die durch eine Kreuzung zweier Gattungen (Gattungsbastard), Arten (Nothospecies) od. Unterarten (Nothosubspecies) entstand
Beere: eine fleischige od. saftige Frucht mit mehreren bis vielen Samen ohne Steinkern, Samen im Fruchtfleisch eingebettet
begrannt, benagelt, bereift, bewimpert: mit einer Granne, mit einem Nagel, mit Reif, mit Wimpern versehen

Blatt: wenn ohne Zusatzangabe, dann in der Regel „Laubblatt“ gemeint, oft nur dessen Blattspreite

Blattachsel: der obere der beiden Winkel, den ein Blatt mit der Sprossachse, an der es sich befindet, bildet

Blättchen: Teilblatt eines zusammengesetzten Blattes

Blatthäutchen (Ligula): bei Gräsern der häutige Fortsatz der Innenhaut der Blattscheide an der Grenze zwischen Blattspreite u. Blattscheide

Blattscheide: der den Stängel umfassende untere Teil eines ungestielten Blattes, kann blasig od. bauchig aufgetrieben, offen od. geschlossen sein

Blattspindel: Achse, an der bei einem gefiederten Blatt die Blättchen sitzen

Blattspreite: Fläche des Blattes

Blütenbecher: s. Achsenbecher

Blütenboden: die Blütenhüllblätter, Staub- u. Fruchtblätter tragende, meist verdickte, scheiben-, kegel-, schüssel-, krug- od. röhrenförmige Blüten(stands)achse

Blütenhülle (Perianth): die Staubblätter u. Stempel umhüllenden, meist blattartigen Gebilde, entweder aus gleichartigen Blütenhüllblättern bestehend (Perigon) od. in Kelch u. Krone gegliedert

Blütenkorb: Blütenstand mit zahlreichen Blüten, die gedrängt auf dem verkürzten, meist kopfig bis scheibenförmig verbreiterten Stängel stehen u. von einer aus Hochblättern (Hüllblätter) gebildeten Hülle umgeben sind

Blütenstand: der abgrenzbare, verzweigte Teil des Sprosssystems, der nur Blüten u. Hochblätter trägt

Borsten: steife, derbe, nicht biegsame Haare

borstenförmig: wenn die Blätter lang, schmal, steif, etwa gleich dick sind

Brennhaare: Haare mit einer hautreizenden Flüssigkeit

Brutzwiebeln: Knospen, deren Blätter zwiebelartig anschwellen; fallen von der Pflanze ab, bewurzeln sich u. wachsen zu neuen Pflanzen aus (vegetative Vermehrung)

buchtig: am Rande mit stumpfen, gerundeten Einschnitten

dachziegel(art)ig: wie Dachziegel übereinander liegend

Deckblatt: ein am Grund eines Blütenstiels sitzendes, von den übrigen Stängelblättern meist abweichend (einfacher, kleiner) gestaltetes Hochblatt, das zuweilen dicht an die Blüte heranrückt

Deckschuppen: s. Zapfen

Deckspelzen: Spelzen, in deren Achsel eine Blüte steht

Dolde, Döldchen, Doppeldolde: ein Blütenstand, dessen gestielte Blüten strahlenförmig (scheinbar) einem Punkt entspringen u. meist in gleicher Höhe enden; bei einer einfachen Dolde trägt jeder Blütenstiel (Doldenstrahl) nur eine Blüte, bei einer zusammengesetzten Dolde (Doppeldolde) trägt der Doldenstrahl wieder eine Dolde (Döldchen)

doldenartig: stark einer Dolde ähnelnd

doppelt gefiedert, doppelt gesägt, doppelt fiederspaltig, doppelt fiederteilig: die Teilung des Blattes od. Gestaltung des Blattrandes wiederholt sich in den einzelnen Abschnitten (dem entsprechend auch 3-fach gefiedert etc.)
Dorn: spitzes, starres, verzweigtes od. unverzweigtes Gebilde, meist umgewandeltes Blatt od. Nebenblatt od. umgewandelte Sprossachse
dorsiventral: s. zygomorph
dreizählig: zu je 3 zusammenstehend od. aus 3 gleichen Teilen bestehend
Drüsen: kleine rundliche, häufig gestielte, der Oberhaut aufsitzende Gebilde, die eine Flüssigkeit, oft klebrig od. stark riechend, absondern
Drüsenhaare: Haare mit köpfchenartigen Drüsen an der Spitze
durchwachsen: wenn der Spreitengrund um den Stängel herumgewachsen ist, so dass scheinbar die Blätter vom Stängel durchwachsen sind
eiförmig: im oberen Teil schmaler als im unteren u. höchstens doppelt so lang wie breit, in der Form eines Eis
eingeschlechtig: Blüten, die nur Staubblätter od. Stempel enthalten, also nur ein Geschlecht
eingeschnitten: mit tiefen, schmalen Einschnitten
einhäusig: ♂ u. ♀ Blüten getrennt, aber beide auf ein u. derselben Pflanze
Elaiosom: der Ameisenausbreitung dienendes Gebilde (Ölkörper) an Samen od. Früchten
ellipsoidisch: Früchte oder Samen, die in der Mitte am breitesten sind, im Längsschnitt elliptisch
elliptisch: in der Mitte am breitesten, etwa doppelt so lang wie breit u. nach oben u. unten gleichmäßig abgerundet
Fahne: das obere, meist größere Kronblatt einer Schmetterlingsblüte
fiederartig, fiederig: längs einer Mittelrippe 2-reihig angeordnete Blättchen od. Spreitenabschnitte mit gegenüberliegenden Einschnitten
Fieder(che)n: Teilabschnitte eines zusammengesetzten Blattes, s. gefiedert
fiedernervig: die Nerven eines Blattes entspringen beiderseits eines Hauptnervs (Mittelrippe)
fiederspaltig: ein Blatt mit 2-reihig angeordneten Einschnitten, die etwa bis zur Mitte der halben Breite der Spreite reichen
fiederteilig: ein Blatt mit 2-reihig angeordneten Einschnitten, die fast bis zur Mittelrippe reichen
filzig: mit dicht verwebten Haaren bedeckt
finger(förm)ig: Blättchen od. Spreitenabschnitte gehen strahlig von einem Punkt aus
flaumhaarig, flaumig: mit zarten, weichen Haaren bedeckt
Flügel: die beiden seitl. Blätter einer Schmetterlingsblüte, s. auch geflügelt
frei: nicht verwachsen, sondern getrennt
freiblättrig, getrenntblättrig: eine Blütenhülle, die aus einzelnen freien (getrennten) Blättern besteht

Frucht: Gebilde, das nach der Befruchtung aus dem Fruchtknoten (teils unter Beteiligung weiterer Blütenteile) entsteht u. den od. die Samen einschließt sowie dessen bzw. deren Ausbreitung dient

Fruchtknoten: meist bauchig verdickter, unterer Teil des Stempels, steht einzeln od. in Mehrzahl im Mittelpunkt der ♀ od. ⚥ Blüte od. ist in die Blütenachse eingesenkt; entwickelt sich zur Frucht

fußförmig: die Blättchen od. Spreitenabschnitte gehen fast strahlenförmig von einem Punkt aus, jedoch entspringen die äußeren nahe dem Grund der innen folgenden

gabel(äst)ig, gabelteilig: Fortsetzung einer Sprossachse durch 2 (fast) gleichartige Seitensprosse

ganzrandig: Spreitenrand ohne jegliche Einschnitte, Zähne u. ä.

Gaumen: Aufwölbung der Unterlippe einer 2-lippigen Blüte, verschließt den Schlund

gebuchtet: Blattrand mit abgerundeten Vorsprüngen u. abgerundeten Buchten

gefiedert: ein Blatt, das an jeder Seite der Blattspindel ein od. mehrere getrennte Blättchen (Fiedern) trägt; 2-fach gefiedert od. doppelt gefiedert, wenn die Blättchen wieder gefiedert sind; unpaarig gefiedert, wenn sich an der Spitze der Blattspindel ein Endblättchen befindet; paarig gefiedert, wenn kein Endblättchen vorhanden ist; unterbrochen gefiedert, wenn die Blättchen abwechselnd kleiner od. größer sind

gefingert: die Blättchen gehen strahlenförmig von der Spitze des Blattstiels aus; die Zahl der Blättchen kann 3, 5 od. mehr betragen

geflügelt: mit Flügeln (breite, abgeflachte Ränder od. Säume) versehen

gefranst: mit Fransen (sehr lange, schmale Zähne) versehen

gefurcht: mit gleichlaufenden Rillen versehen

gegenständig: paarweise in gleicher Höhe am Knoten der Sprossache gegenüberstehend

gekerbt: Rand mit kleinen spitzen Einschnitten u. abgerundeten Vorsprüngen (Kerbzähne)

gekielt: mit hervortretender, scharfkantiger Rippe auf gewölbter od. flacher Blattunterseite

geknäuelt: knäuelartig gehäuft

gekniet: ein Knie bildend, z. B. Granne eines Grases

gelappt: mit Einschnitten, die nicht bis zur Mitte reichen, entweder handförmig od. fiederförmig gelappt

geöhrt: mit Öhrchen, d. h. 2 kurzen lappenartigen Anhängseln jederseits des Blattstiels am Grund der Blattspreite

gerieft: mit Längsrillen versehen

gesägt: Rand mit kleinen spitzen Einschnitten u. spitzen Zähnen (Sägezähne); sind die Zähne nochmals mit Zähnchen besetzt, dann doppelt gesägt

gescheitelt: allseitig entspringend, aber 2-reihig in einer Ebene liegend

geschnäbelt: mit einem schnabelförmigen Fortsatz versehen

geschweift: am Rand mit sehr seichten, weitbogigen Buchten u. Vorsprüngen

gespalten: mit Einschnitten bis zur Mitte od. noch etwas tiefer; entweder handförmig gespalten od. fiederförmig gespalten

gespornt: mit einseitig lang ausgezogener, kegel- bis röhrenförmiger Ausstülpung

gestielt: Blatt-, Blüten- od. Fruchtstiel deutl. ausgebildet

gestutzt (abgestutzt): an der Basis od. Spitze quer, fast gerade, abgeschnitten

geteilt: mit sehr tiefen, fast bis zum Grund od. der Mittelrippe reichenden Einschnitten; entweder handförmig od. fiederförmig geteilt

getrenntblättrig: s. freiblättrig

getrenntgeschlechtig: ♂ u. ♀ Blüten befinden sich auf verschiedenen Pflanzen

gewimpert, bewimpert: am Rand mit abstehenden Haaren besetzt

gezähnelt: wie gezähnt, nur Zähne kleiner u. feiner

gezähnt: mit stumpfen bis abgerundeten Einschnitten u. spitzen Vorsprüngen (Zähnen); sind die Zähne nochmals gezähnt, dann doppelt gezähnt

glockenförmig: verwachsenblättrige Blütenhülle wie eine Glocke, aus röhrenförmigem Grund nach vorn in geschwungener Form erweitert

Granne: borstenartiger, deutlich abgesetzter Fortsatz; bei Gräsern kann an der Deckspelze die Granne von ihrem Grund (Grundgranne), von der Mitte od. etwas unter der Spitze (Rückengranne) od. von der Spitze (Spitzengranne) ausgehen

Griffel: säulen- od. fadenförmiger Fortsatz des Fruchtknotens, der an der Spitze eine Narbe od. mehrere Narben trägt

Griffelpolster: verdickter Grund des Griffels, dient als Nektarium

Grundblätter: s. grundständig

grundständig: Blätter am Grund des Stängels od. unmittelbar über dem Boden ansitzend

Haare: ein- od. mehrzellige Ausstülpungen der Oberhaut, die in verschiedener Art u. Anordnung auftreten

Haarkrone, Pappus: zu einem Kranz von Haaren umgewandelter Kelch an der Frucht verschiedener Korbblütengewächse; dient der Verbreitung durch den Wind

halb-stängelumfassend: Spreitengrund den Stängel beidseitig nur etwa bis zur Hälfte umschließend

halb-stielrund: im Querschnitt halbkreisförmig

Halm: Stängel der Gräser, meist hohl, durch Blattansätze knotig gegliedert

handförmig: um das Ende des Blattstiels strahlig angeordnet; je nach Anzahl der Blättchen bzw. der Spreitenabschnitte u. Tiefe der Einschnitte handförmig gelappt, handförmig gespalten, handförmig geteilt, handförmig geschnitten od. gefingert (s. dort)

häutig: dünn, durchscheinend, nicht grün

herablaufend: unterer Spreitenteil des Blattes mit dem Stängel verwachsen u. sich saumartig an diesem herabziehend, zuweilen bis zum nächsttieferen Blatt

herzförmig: am Grund mit spitzem Einschnitt u. abgerundeten Lappen

Hochblätter: Blätter im Bereich des Blütenstandes, sich von den Laubblättern meist durch geringere Größe, einfachere Gestalt u. andere Färbung unterscheidend

Honigblätter: kronenblattartige Gebilde, die Blütensaft u. Nektar absondern

Honigdrüsen: s. Nektarien

Horst: Pflanze mit an der Basis stark verzweigten, dicht gedrängt beisammen stehenden, aufrechten Sprossen, ohne Ausläufer, wie für viele Süß- u. Sauergräser typisch

Hüllblätter: Blätter od. blattartige, schuppenförmige, häutige od. borstenförmige Gebilde, die meist um den Grund eines Blütenstands angeordnet sind

Hülle: Gesamtheit der Hüllblätter eines Blütenstands, z. B. am Grund einer Dolde od. eines Blütenkorbs

Hüllchen: Gesamtheit der Hüllblätter (Hüllchenblätter) am Grund der Döldchen

Hüllspelzen: Spelzen, die am Grund des Ährchens sitzen u. in ihrer Achsel niemals Blüten tragen, zuweilen das ganze Ährchen umhüllend; vgl. Einführung zur Fam. *Poaceae*, S. 895

Hülse: eine 1-fächrige, mehrsamige Frucht, die bei der Reife sowohl an der Bauchnaht als auch am Rücken aufspringt

Hybride: s. Bastard

immergrün: Pflanze zu jeder Jahreszeit grün, alle od. ein Teil der Blätter auch im Winter grün

indigen: im Gebiet einheimisch

Internodium (Stängelglied): durch zwei aufeinander folgende Nodien (Knoten) abgegrenzter Abschnitt des Stängels

kahl: unbehaart

kammförmig: mit sehr schmalen, dicht gestellten Zipfeln

kantig: im Querschnitt eckig

Kapsel: ungefächerte od. gefächerte Frucht mit trockener, bei der Reife sich (z. B. durch Schlitze, Klappen, Deckel) öffnender Fruchtwand, enthält mehrere bis zahlreiche Samen

Karyopse: Frucht der Süßgräser, bei der Frucht- u. Samenschale zu einer dünnen, den Samen einschließenden Haut verwachsen sind

Kätzchen: ähren- od. traubenförmiger, meist hängender Blütenstand mit unscheinbaren Blüten

kegelförmig: aus breiter, kreisförmiger Grundfläche allmählich spitz zulaufend

keilförmig: von der Gestalt eines auf die Spitze gestellten ± spitzen Dreiecks
Keimblätter: das erste Blatt od. die ersten Blätter des Keimsprosses einer Pflanze, schon im Samen gebildet; in Form u. Größe von den folgenden Blättern abweichend
Kelch: der äußere, fast immer grün od. unscheinbar bräunlich gefärbte Kreis der Blütenhülle
kelchartig: alle Blütenhüllblätter (unscheinbar) grün od. braun
Kelchblätter: die äußeren Blütenhüllblätter bei getrenntblättrigem Kelch
Kelchsaum: s. Saum
Keule, keulenförmig: zylindrisch mit erweitertem Ende (wie eine Keule)
Kiel: hervortretende, meist scharfkantige Rippe (vgl. Schiffskiel), s. auch gekielt
Klausen: die 1-samigen Teilfrüchte der 4-samigen Bruchfrucht, die bei Lippenblüten- u. Borretschgewächsen durch Bildung einer echten u. einer falschen Scheidewand aus den 2 Fruchtblättern entsteht
Knäuel: eine meist seitenständige Anhäufung von sitzenden od. kurz gestielten Blüten
Knollen: verdickte, unterirdische Spross- od. Wurzelorgane mit Speicherfunktion (Nährstoffe u./od. Wasser speichernd)
Knoten: s. Nodium
Kolben: ährenförmiger Blütenstand mit verdickter fleischiger Achse
Kopf, Köpfchen: Blütenstand mit verkürzter Achse u. sitzenden od. kurz gestielten Blüten
Kraut: eine Pflanze mit nicht verholzten Stängeln
krautig: nicht verholzt, aber auch für Blätter, die weich u. leicht welkend sind
kreuzgegenständig: je 2 aufeinanderfolgende gegenständige Blattpaare stehen rechtwinklig zueinander
kriechend: Sprosse (mit Ausnahme blühender Seitentriebe) am Boden od. horizontal im Boden liegend u. wurzelnd
Krone: der innere, fast stets lebhaft gefärbte Kreis der Blütenhülle
kronenartig: alle Blütenhüllblätter sind farbig
krugförmig: unten bauchig erweitert, oben verengt
Kurztrieb: Seitenspross mit verkürzten Stängelgliedern, daher dessen Blätter dicht gedrängt stehend
länglich: 3–4-mal so lang wie breit
Langtrieb: Spross mit langen Stängelgliedern, dessen Blätter daher entfernt stehend
lanzettlich: beidendig verschmälert u. 4- bis mehrmals so lang wie breit
Laubblatt: das „gewöhnliche", der Assilmilation dienende Blatt, meist grün u. mit flacher Spreite (s. aber auch nadel- od. schuppenförmig)
lederig: derb, kaum welkend, meist immergrün
leierförmig: ein fiederspaltiges od. fiederteiliges Blatt mit sehr großem Endzipfel

lineal, linealisch: schmal u. in die Länge gezogen (mindestens 10-mal so lang wie breit) u. mit fast gleichlaufenden (parallelen) Rändern

Lippe: bei den Orchideen das von den übrigen Blütenhüllblättern abweichend gestaltete, meist durch Größe u. lebhafte Färbung auffallende u. meist gespornte Blütenhüllblatt (s. auch Lippenblüte)

Lippenblüte, 1-lippig, 2-lippig: eine verwachsenblättrige dorsiventrale (1-achsig symmetrische) Blütenhülle (Krone od. Kelch), die durch 2 tiefe Einschnitte in 2 meist gewölbte Abschnitte (Ober- u. Unterlippe) geteilt ist (2-lippig), selten Oberlippe reduziert od. scheinbar fehlend (1-lippig)

Mittelrippe: s. Nerven

mittelständig: der unterständige Fruchtknoten (vgl. unterständig!) ist nicht mit dem becherförmigen Blütenboden verwachsen

nadelförmig: sehr schmal, gleich breit, meist hart u. spitz

Nagel: der untere, stielartig verschmälerte Teil mancher Kronblätter

Narbe: das meist klebrige, verdickte, zur Aufnahme des Blütenstaubs dienende Ende des Griffels

Nebenblätter (Stipeln): 1 od. 2 kleine, am Grund des Blattstiels befindliche Blättchen od. Anhängsel

Nebenkrone, Nebenperigon: ein aus dem Schlund der Krone sich erhebendes Krönchen, das selbstständig zwischen Kronblättern u. Staubblättern steht

Nektargrube: kleine nektargefüllte Vertiefung in den Honigblättern

Nektarien, Nektardrüsen, Honigdrüsen: vielgestaltige Gebilde, die einen zuckerhaltigen Saft, den Nektar, zur Anlockung von Insekten ausscheiden; stehen in den Blüten an verschiedener Stelle

Nerven (Adern): die stärkeren Gefäßbündel, die die Blattspreite durchziehen u. unterseits oft als erhabene Linien od. Leisten (u. dann Rippen genannt) hervortreten; der als eine unmittelbare Fortsetzung des Blattstiels erscheinende, die Blattspreite in 2 Hälften teilende Nerv heißt Mittelnerv (bzw. Mittelrippe), von dem unter bestimmtem Winkel Seitennerven abgehen

netznervig: Blätter mit einem Hauptnerv od. mehreren Hauptnerven, von denen Seitennerven abgehen, die ein engmaschiges Nervennetz bilden; hierzu fieder-, finger- od. handnervig, schild- u. fußnervig

Niederblätter: einfach gestaltete (schuppen- od. scheidenartige) Blattbildungen an unterirdischen Sprossen od. am Stängelgrund, meist nicht grün

nierenförmig: am Grund mit stumpfem Einschnitt u. 2 abgerundeten Lappen, breiter als lang

Nodium (Knoten): Ansatzstelle des Blattes bzw. von 2 (bei gegenständiger Beblätterung) od. mehr (bei quirlständiger Beblätterung) Blättern

Nothosubspezies: Sippe, die aus der Kreuzung von 2 Unterarten hervorgeht od. Unterarten eines Bastards (s. Bastard)

Nuss, Nüsschen: 1-samige Frucht mit holziger, lederartiger od. häutiger, nicht aufspringender Wand; Samen u. Fruchtschale sind nicht miteinander verwachsen

Oberlippe: s. Lippenblüte

oberständig: Blütenhülle u. Staubblätter sind unterhalb des Fruchtknotens eingefügt, der Fruchtknoten steht frei im Innern der Blüte

Ochrea, Tute, Nebenblattscheide: Hüllen, die den untersten Teil der Stängelglieder bei Knöterichgewächsen umschließen

Öhrchen: s. geöhrt

papillös: mit Papillen, d. h. mit kurzen Ausstülpungen der Oberhautzellen, bedeckt

Perigon: Blütenhüllblätter ± gleich aussehend, nicht in Kelch u. Krone gegliedert; die einzelnen Blütenhüllblätter heißen Tepalen

pfeilförmig: am Grund mit abwärts gerichteten, spitzen Lappen (wie ein Pfeil gestaltet)

pfriemlich: aus sehr schmalem Grund lang zugespitzt, oft starr

Platte: der flache, breitere Teil eines Kronblattes, im Gegensatz zum Nagel (s. dort)

Quirl: ein Blütenstand, der aus 3 bis mehreren sitzenden od. kurz gestielten Blüten besteht, die in gleicher Höhe rings um den Stiel gestellt sind; für Blattquirl s. quirlständig

quirlständig, quirlig: an jedem Knoten des Stängels bzw. Zweiges stehen 3 bis mehrere Blätter in gleicher Höhe ringsum

radförmig: eine verwachsene Krone mit sehr kurzer, kaum bemerkbarer Röhre u. flach ausgebreitetem Saum

radiär (strahlig): mit mehr als 2 möglichen Symmetrieebenen (s. dagegen zygomorph)

Ranke: zu fadenförmigen Gebilden umgewandelte Sprossachsen, Blätter od. Teile von Blättern, die der Anheftung od. Umschlingung einer Stütze dienen

rauhaarig: mit derben, langen, abstehenden Haaren

rautenförmig, rhombisch: einem auf einer Spitze stehenden Viereck gleichend

Reif: durch Wachsausscheidungen entstandener, grauweißer, blaugrüner bis bläul., abwischbarer Überzug an Blättern, Stängeln u./od. Früchten

reitend: Blatt seitl. flachgedrückt, ungestielt u. mit stark gefaltetem Grund den Stängel einschließend

Rhizom: s. Wurzelstock

rhombisch: s. rautenförmig

Rispe: ein Blütenstand mit verlängerter Hauptachse u. verzweigten Seitenachsen, deren Verzweigung nach oben zu stufenweise abnimmt, wodurch der Blütenstand im Ganzen eine pyramidale Gestalt erhält

rispig: wie eine Rispe od. einer Rispe sehr ähnl.

Röhre (Kelchröhre, Kronröhre): der untere, ± röhrenförmige Teil eines Kelches od. einer Krone (s. dagegen Saum)

Röhrenblüte: bei Korbblütengewächsen die Blüten, deren Krone eine lange, dünne Röhre mit regelmäßigem 4- od. 5-zähnigem Saum bildet

röhrig: der Kronsaum setzt die enge Röhre fort, ohne sich wesentlich zu erweitern

Rosette, rosettig: Blätter zu mehreren dicht stehend (scheinquirlig) am Grund des Stängels angeordnet

rutenförmig: mit straff aufgerichteten, arm verzweigten u. unauffällig beblätterten Ästen

Samen: zur Reife gelangte Samenanlagen, die bei den Bedecktsamern im Fruchtknoten eingeschlossen sind, bei den Nacktsamern an der Oberseite der Fruchtblätter frei stehen

Samenmantel (Arillus): nach der Befruchtung am Samen sich entwickelnde, lappige, becher- od. sackartige, ± fleischige Auswüchse

Sammelfrucht: eine aus Blüten mit mehreren Fruchtknoten entstandene Frucht; die einzelnen Teilfrüchte (Früchtchen) können bis zur Reife getrennt bleiben od. sie verwachsen

Samenschuppe: s. Zapfen

Saum: der erweiterte, meist ausgebreitete obere Teil einer verwachsenblättrigen Blütenhülle

Scheibenblüten: bei den Korbblütengewächsen die um den Mittelpunkt des Köpfchens angeordneten Blüten – im Gegensatz zu den Randblüten

Scheide: s. Blattscheide; bei den Schachtelhalmen die zahnförmigen Blätter, die zu Scheiden verwachsen sind

scheidenförmig: s. Blattscheide

Scheinähre: eine Rispe, die wegen ihrer verkürzten Äste einer Ähre ähnl. ist

Scheindolde, Trugdolde: Blütenstand, der durch Achsenverkürzung aus einer Thyrse (bzw. Zymen), Rispe od. Traube entstanden ist u. bei dem die Blüten in einer Ebene od. nach oben gewölbten Fläche stehen, dadurch einer Dolde sehr ähnl., aber Blütenstandsachsen nicht von einem Punkt ausgehend (s. auch Schirmrispe u. -traube)

Scheinfrucht: ein fruchtähnl. Gebilde, an dem auch andere, nicht zum Fruchtknoten gehörige Teile (Blattstiel, Blütenboden usw.) mit der Frucht auswachsen u. scheinbar einen Teil derselben bilden

Scheinquirle: für Teilblütenstände, bei denen durch verkürzte Stängelglieder gegenständige, meist blattachselständige Scheindolden (aus Zymen) quirlartig erscheinen, aber auch für dicht gedrängt stehende Gruppen von quirlartig genäherten Blättern

Schiffchen: die beiden unteren, kahnförmig zusammenstehenden, meist verwachsenen Kronblätter einer Schmetterlingsblüte

schildförmig: ein Blatt mit einer rundl. Spreite, an deren Unterseite auf der Fläche (in der Mitte od. doch ungefähr daselbst) der Blattstiel ansetzt

schilfrig: mit kleinen, schildförmigen Schuppen bedeckt
Schirmrispe: Scheindolde mit einem rispenförmigen Aufbau
Schirmtraube: Scheindolde mit einem traubenförmigen Aufbau
Schleier: hautartiges, die Sporenhäufchen mancher Farne bedeckendes Gebilde
Schließfrucht: Frucht, die bei der Reife geschlossen bleibt; die Samen sind von der ganzen od. von Teilen der Fruchtwand umschlossen (hierzu Nuss, Beere, Steinfrucht)
Schlund: die Stelle einer verwachsenblättrigen Blütenhülle, an der sich deren röhrenförmiger Teil (Kronröhre) in den Saum (Kronsaum) erweitert
Schlundschuppen: kleine Anhängsel od. größere Auswüchse am Übergang von Kronröhre zu Kronsaum im Inneren der Blütenhülle
Schmetterlingsblüte, schmetterlingsförmig: Krone besteht aus 4 od. 5 ungleichen Kronblättern, von denen die 2 unteren (Schiffchen) kahnförmig zusammenstehen od. verwachsen sind, die 2 seitl. (Flügel) gleich gestaltet sind u. das obere (Fahne) meist das größte ist
Schnabel: ein an der Spitze der Frucht befindl., meist vom Griffel gebildeter, keinen Samen enthaltender Fortsatz
Schote, Schötchen: eine 2-fächrige, vom Grund nach der Spitze mit 2 Klappen aufspringende Streufrucht, bei der die Samen an dem auf dem Fruchtstiel aufsitzenden Rahmen der Frucht aufsitzen, mit od. ohne Scheidewand; die Schote ist mehr als 3-mal so lang wie breit, das Schötchen höchstens 3-mal so lang wie breit
schraubig: s. spiralig
Schuppenblätter: Blatt mit reduzierter Spreite, häufig trocken, häutig od. ledrig, s. auch schuppenförmig
schuppenförmig: Blatt kurz, verbreitert, meist derb u. der Sprossachse ± angedrückt, teilweise diese verdeckend; Gestalt kann am Trieb trotz gleicher Ansatzhöhe in Abhängigkeit von flächenständiger (Flächenblätter) od. seitenständiger (Kantenblätter) Position abweichend sein
schwertförmig: lineal lanzettl., 2-schneidig (an den Rändern verschmälert), mit einem Rand dem Stängel zugekehrt
Schwiele: knorpelige, warzenförmige, oft längl. Erhabenheit
Seidenhaare, seidenhaarig: weiche, feine, in einer Richtung anliegende Haare, die einen dichten, seidig glänzenden Überzug bilden
Seitenadern, Seitennerven: s. Nerven
sitzend: ohne Stiel, bei Narben: ohne Griffel; bei Staubbeuteln: ohne Staubfäden
sommergrün: mit Blättern nur während der Vegetationsperiode, vor dem Winter absterbend
Sorus, Sori (Mehrzahl): Sporangienhäufchen; Gruppe dicht beieinander stehender Sporangien

Spaltfrüchte: sich bei der Reife der Länge nach in mehrere Teilfrüchte (den Fruchtblättern entsprechend) spaltende Früchte; jede Teilfrucht umschließt nur 1 Samen

spatelförmig: im oberen Teil am breitesten, Spitze abgerundet, nach dem Grund zu verschmälert (fast von der Gestalt eines Löffels)

Spelzen: trockenhäutige Trag-, Vor- od. Perigonblätter; bei den Süßgräsern: Hüll-, Deck- u. Vorspelze (vgl. Einführung in Fam. *Poaceae,* S. 895)

spießförmig: 3-eckig, am Grund mit spitzen, waagerecht anstehenden Seitenlappen

Spindel: die Hauptachse eines zusammengesetzten Blattes od. eines Blütenstandes

spiralig, schraubig: Blattstellung, bei der die Blätter auf einer Spirallinie am Stängel aufeinanderfolgen (Gegensatz: gegen- u. quirlständig)

Spirre: rispiger Blütenstand (s. Fam. *Juncaceae,* S. 859, u. *Cyperaceae,* S. 867), bei dem die Seitenzweige deutl. wechselständig-schraubig um die Hauptachse angeordnet sind, die unteren u. äußeren Zweige die oberen u. mittleren überragend

spitz: Spreite mit spitzwinklig zusammenstoßenden, gradwinkligen od. konvexen Rändern, s. dagegen zugespitzt

Sporangium: ein sich bei der Reife öffnender Sporenbehälter, einzeln stehend od. zu Sporangienhäufchen (s. Sorus) vereint, gestielt od. ungestielt

Sporen: meist 1-zellige Vermehrungs- u. Ausbreitungseinheiten der Farnpflanzen

Sporn: Aussackung eines Kelch-, Kron- od. Honigblattes

Sporokarpien: kugeliges od. bohnenförmiges Gebilde am Grund der Laubblätter, mehrere Sporangien enthaltend (nur bei Schwimm- u. Pillenfarn)

Sporophyllstand, Sporophyllähre: die Gesamtheit der an der Sprossspitze ährenartig angeordneten Sporophylle

Spreite: Fläche eines Blattes

Spreuschuppen, Spreublättchen: bei Farnpflanzen meist braun gefärbte, trockenhäutige Schuppen an Blättern (besonders Blattstiel u. -spindel) u. Rhizomen; bei Karden- u. Korbblütengewächsen die meist steifen u. bleichen Deckblättchen auf dem Blütenboden

Sprossdornen: aus Sprossachsen, meist verholzten Kurztrieben, hervorgegangene Dornen

Sprossranken: aus Sprossachsen hervorgegangene Ranken von Kletterpflanzen

Stachel: harte, stechende Ausstülpungen der Oberhaut (teilweise unter Beteiligung von darunter liegendem Gewebe) von Stängeln u. Blättern (vgl. dagegen Dornen)

stachelspitzig: mit einer feinen, aufgesetzten borstigen Spitze

Stängelglied: s. Nodium
Stamina: s. Staubblätter
Staminodien: unfruchtbare Staubblätter, haben die Fähigkeit verloren, Pollen zu bilden
Staubblätter, Staubbeutel, Staubfäden, Staubgefäße: die Staubblätter (Staubgefäße, Stamina) sind die ♂, aus einem Blatt entstandenen Geschlechtsorgane, sie stehen im Innern der Blüten u. gliedern sich in einen fadenförmigen Teil (Staubfaden) u. einen daran befestigten, in 2 Hälften geschiedenen Teil (Staubbeutel, Anthere) mit den Pollensäcken, die den Blütenstaub (Pollen) enthalten
Staude: ausdauernde krautige Pflanze, blüht über mehrere Jahre
Steinbeere, Steinfrucht: saftige od. fleischige Frucht mit einem od. mehreren steinigen Kernen (Stein, Steinkern), in denen sich meist nur je ein Samen befindet
Stempel: das in der Mitte einer Blüte befindliche, aus einem Fruchtblatt od. mehreren verwachsenen Fruchtblättern bestehende Organ mit Fruchtknoten, Griffel (kann fehlen) u. Narbe
stängelumfassend: die Blattspreite umgreift am Grund den Stängel
sternhaarig: mit sternförmig gestellten od. sternförmig verästelten Haaren
stielrund (zylindrisch): mit kreisförmigen Querschnitt
stieltellerförmig: verwachsene Krone mit langer Röhre u. ausgebreitetem, flachem Saum
Strahlblüten: bei Korbblütengewächsen am Rand eines Blütenstandes stehende, vergrößerte Zungenblüten
strahlig: s. radiär
streifennervig (parallel- od. bogennervig): ein Blatt, dessen Nerven etwa gleich stark sind u. vom Grund der Blattspreite bis zur Spitze ohne Verzweigung nebeneinander verlaufen, entweder parallel od. bogig
stumpf: Ränder der Blattspreite an der Spitze mit stumpfem Winkel zusammenstoßend, nicht abgerundet (s. dort)
Subspezies, Subspecies, subsp., ssp. (Unterart): Untereinheit einer Art zwischen Rangstufe der Varietät u. der Art; meist ein eigenes Verbreitungsgebiet od. spezielle ökologische Ansprüche aufweisend
Tepalen: s. Perigon
Thyrse: trauben- od. ährenartiger Blütenstand, bei dem Zymen als Teilblütenstände anstelle der Einzelblüten treten
Tragblatt: Blatt, aus dessen Achsel ein Seitenspross entspringt
Traube: Blütenstand mit verlängerter Hauptachse, an der die Blüten mit deutl., nicht verzweigten Stielen befestigt sind
trichterförmig: die Kronröhre erweitert sich von unten nach oben hin gleichmäßig
Trugdolde: s. Scheindolde
Tute: s. Ochrea

ungeteilt (ganz): ohne tiefere Einschnitte, aber Rand kann gesägt, gezähnt od. gekerbt sein
unpaarig gefiedert: s. gefiedert
Unterart: s. Subspezies
unterbrochen gefiedert: s. gefiedert
Unterlippe: s. Lippenblüte
unterständig: der Fruchtknoten steht tiefer als die anderen Organe der Blüte u. ist mit dem meist becherförmigen Blütenboden verwachsen
Varietät, var.: taxonomische Rangstufe unterhalb der Art u. Unterart, im Gegensatz zur Subspezies kein eigenes Areal aufweisend
verkehrt (eiförmig, herzförmig, lanzettlich): wenn Blattspreite im oberen Teil am breitesten
verwachsen: unter sich od. mit anderen Pflanzenteilen ganz od. teilweise vereint
verwachsenblättrig: wenn Blütenhülle, Kelch od. Krone ± verwachsen sind, zumindest am Grund; bei Laubblättern die Spreiten zweier gegenständiger Blätter
Vorspelze: eine Spelze, die der Deckspelze (s. o.) gegenübersteht, am Blütenstielchen befestigt ist u. an den Rändern meist von der Deckspelze noch umfasst wird (s. Einführung in Fam. *Poaceae,* S. 895)
wechselständig: an jedem Knoten entspringt einzeln, d. h. in verschiedener Höhe derSprossachse, ein Blatt; hierzu zweizeilig u. spiralig (s. dort)
Wickel: Blütenstand, der in der Jugend schneckenförmig eingerollt ist u. sich später ähren- od. traubenähnl. streckt
windend: Sprossachse einer Kletterpflanze legt sich schraubenförmig um eine Stütze
wintergrün: Blätter, die einen Winter über grün bleiben, also länger als 1 Jahr leben
wirtelig: s. quirlig
Wurzelstock (Rhizom): unterirdischer Spross mit meist gestauchten Stängelgliedern u. sprossbürtiger Bewurzelung, meist waagerecht, aber auch schräg od. senkrecht wachsend, teils waagerecht u. langgliedrig (Ausläuferrhizom); dient als Überwinterungs- u. Speicherorgan
Zapfen: allgemein ein Blütenstand, dessen Achse u. Deckblätter zur Frucht- bzw. Samenreife verholzen, speziell für ♀ Blütenstände der Nadelgehölze mit zahlreichen, dicht stehenden Deckschuppen, in deren Achsel eine freie od. mit der Deckschuppe ± verwachsene Samenschuppe steht, auf der die Samenanlagen liegen; reife Zapfen der Nadelgehölze sind in der Regel holzig, selten derb lederig od. fleischig (Beerenzapfen)
Zapfenschuppen: Komplex aus Deck- u. Samenschuppen bei den Zapfen, wo diese Schuppen ganz od. teilweise verwachsen sind
zerschlitzt: unregelmäßig geteilt od. gespalten
zottig: mit langen, weichen, abstehenden Haaren besetzt

zugespitzt: Spreite mit spitzwinklig zusammenstoßenden, gegen die schmale Spreitenspitze zu konkaven Rändern, s. dagegen spitz

Zungenblüten: der Kronsaum ist nur nach einer Seite hin entwickelt u. stark verlängert

zungenförmig: flach verbreitert

zusammengedrückt: im Querschnitt längl. od. elliptisch

zweihäusig: auf einer Pflanze nur Blüten eines Geschlechts, entweder nur ♀ od. nur ♂ Blüten

zweizeilig: in 2 gegenüberliegenden Reihen wechselständig angeordnet

Zwiebel: stark verkürzter, meist unterirdischer Spross mit fleischigen Blättern (Niederblätter u./od. Laubblattbasen); Überwinterungs- u. Speicherorgan

Zwitterblüten, zwittrig: Blüten, die sowohl Stempel als auch fertile Staubblätter enthalten

zygomorph (dorsiventral): mit nur einer Symmetrieebene, d. h. die rechte u. linke Blütenhälfte sind spiegelbildlich gleich, z. B. Lippen-, Zungen- u. Schmetterlingsblüten

Zyme: (Teil-)Blütenstand mit einer (zuerst aufblühenden) Endblüte, unter der am oberen Knoten od. den dicht gedrängten oberen Knoten in Ein- od. Mehrzahl Seitenachsen abgehen, die die Hauptachse übergipfeln u. sich in gleicher Weise verzweigen

Anleitung zur Bestimmung von Pflanzen

Ohne gute Artenkenntnis sind floristische, vegetationskundliche oder ökologische Arbeiten nicht möglich. Auch der Pflanzenliebhaber möchte gern den Namen der Pflanzen wissen.

Das Bestimmen bzw. die Determination von Pflanzen ist auf verschiedene Art möglich. Mancher nutzt gern reich illustrierte Pflanzenbücher. Aber eine genauere Kenntnis erwirbt man sich erst durch systematisches Bestimmen von Pflanzen mittels eines Bestimmungsbuches, wie es die vorliegende „Flora von Sachsen" darstellt. Nur dann kann man sich sicher sein, dass man wirklich die Art ermittelt, zu der die fragliche Pflanze gehört.

Die Schwierigkeit des Bestimmens wird leider häufig überschätzt. Es soll jedoch nicht verschwiegen werden, dass es Pflanzengruppen gibt, die selbst für den Spezialisten schwer zu erkennen sind. Man arbeite sich deshalb allmählich in die „Flora" ein, um die Art und Weise der Determination zu erlernen. Wer sich für „bestimmungskritische" Sippen interessiert (z. B. Brombeeren, Habichtskräuter, Löwenzähne, Goldschopf-Hahnenfüße) braucht dazu mehrere Jahre der Einarbeitung und oft die Hilfe erfahrener Spezialisten.

Derjenige, der das Buch ganz ohne Kenntnisse zur Hand nimmt, muss sich zuerst mit den für die Benutzung der Bestimmungsschlüssel notwendigen Fachausdrücken befassen (s. S. 20 ff.). Je gründlicher dies geschieht, umso erfolgreicher wird das Bestimmen sein. Die Bestimmungstabellen sind so aufgebaut, dass sich Merkmalsgruppen gleicher Wertigkeit mit den einander entsprechenden Zahlen gegenüberstehen. Beim Bestimmen sind ab S. 41 beginnend die einander entsprechenden Merkmalsgruppen zu vergleichen und unter den zutreffenden Merkmalen dann weiter zu suchen, wobei man wiederum die einander entsprechenden Merkmale vergleicht, die jetzt auf der Wertigkeit eine Stufe tiefer stehen. Dabei wird man von der Übersicht des Pflanzensystems auf eine der Tabellen zum Bestimmen der Familien, von dort wieder auf eine bestimmte Familie verwiesen. Innerhalb der Familien findet man durch die gleiche Methode die Gattungen und schließlich die Arten, gegebenenfalls unterhalb der Arten auch noch Unterarten und Varietäten.

Ein gutes Mittel, sich die botanischen Fachausdrücke anzueignen, ist das Nachbestimmen ganz sicher bekannter Arten, etwa Schneeglöckchen, Tulpe, Stachelbeere, Gänseblümchen oder Rosskastanie. Man verschaffe sich zur Bestimmung eine lebende Pflanze oder ein Pflanzenteil oder begebe sich zu dieser Pflanze.

Im Folgenden soll der Bestimmungsgang an drei Beispielen dargestellt werden.

Versuchen wir uns zunächst an der Bestimmung der Garten-Tulpe! Man beginne mit dem Hauptschlüssel ab S. 41. Die Garten-T. vermehrt sich durch

Samen (man wähle 1*). Sie ist kein Nadelgehölz, deshalb gehe man bei 2* weiter. Die Blätter sind parallelnervig, die Blüten 3- od. 6-zählig (Merkmale bei Alternative 3). Unser Exemplar gehört mithin zu den Einkeimblättrigen Pflanzen. Weiter geht es im Schlüssel III ab S. 43. Die Garten-T. ist eine reine Landpflanze (1*), deren Blüten nicht in Köpfchen stehen (6*). Ihre deutlich entwickelte Blütenhülle ist 6-blättrig (zu 12*), > 5 mm groß und deutlich gefärbt (14*). Da der Fruchtknoten oberständig ist (20) und es sich um eine Landpflanze handelt (24*), kommt man zu 27/27*, wo man wegen der 6 Staubgefäße bei 27* weiter geht. Die Merkmale bei 28 treffen nicht zu (deshalb zu 28*). Die Garten-T. hat Zwiebeln (29). Bei 30/30* sprechen die Merkmale für 30, so dass man zur Familie der *Liliaceae* gelangt. Innerhalb der Familie (S. 814 ff) gelangt man über 1*, 2* und 3* zu 4/4*, wobei die fehlenden Griffel und die 3-lappige Narbe für *Tulipa*, Tulpe, sprechen. Die Entscheidung für die Garten-T. (*T. gesneriana*) ist wegen der lanzettlichen Blätter, der auch jung aufrechten Blüte und der stumpfen Perigonblätter (Begriff nachschauen!) nicht schwer.

Wenden wir uns einem zweiten Beispiel zu. Wie heißt das Ackerwildkraut, das oft ganze Felder gelb färbt?

Wie bei der Garten-Tulpe kommt man auf S. 41 zu Fragenpaar 3/3* und muss sich hier auf Grund der netznervigen Blätter und der 4-zähligen Blüte für Schlüssel IV: Zweikeimblättrige Pflanzen (S. 47) entscheiden. Hier hat man wiederum einen von drei Schlüsseln auszuwählen. Da eine doppelte Blütenhülle (Kelch- und Kronblätter) vorhanden ist, erreicht man Punkt 2/2*, wo man wegen der freien Kronblätter leicht zu Schlüssel VI (S. 55) kommt, um dort die Familie zu bestimmen. Zunächst wird man hier, wie schon bei der Tulpe, als erstes nach der Stellung des Fruchtknotens gefragt, der wiederum oberständig ist (1*). Bei 15/15* muss man sich für 15* entscheiden, da nur 1 Fruchtknoten vorhanden ist. Weil die Kronblätter gleich gestaltet sind, geht man bei 22* weiter und gelangt über 33* (6 Staubgefäße!) und 44* (Kräuter) zum Fragenpaar 57/57*. Es ist nur 1 Griffel vorhanden und der Kelch nicht verwachsen (58*). So erreicht man Fragen über die Anzahl der Staubgefäße. Da unsere Pflanze deren 6 besitzt, geht man über 61*, 62* zu 63* zu der Familie *Brassicaceae,* den Kreuzblütengewächsen (S. 400). Hier entscheidet man sich, da die Frucht mehr als 3-mal so lang wie breit ist, für die Schotenfrüchtigen Kreuzblütengewächse (Tabelle 2, S. 403). Unsere Pflanze hat gelbe Blüten (1*) und nicht quirlständig genäherte, sondern wechselständige Blätter (15*). Bei den manchmal schwierig zu entscheidenden Fragen 16/16* gehen wir bei 16* weiter, da die Blätter am Grund nicht stängelumfassend sind. Zur Beantwortung der nächsten Frage brauchen wir gut entwickelte Früchte. Diese sind perlschnurartig ausgebildet, eine sogenannte Gliederschote. Somit wissen wir nun, um welche Art es sich bei dem Ackerwildkraut handelt: Hederich (*Raphanus raphanistrum*).

Als drittes Beispiel wollen wir einen Farn, der an Felsen und Mauern wächst, bestimmen. Im Hauptschlüssel (S. 41) entscheiden wir uns für

Schlüssel I: Gefäßsporenpflanzen, da die Vermehrung durch Sporen vollzogen wird. In Tabelle I (S. 42) geht es, weil der Stängel nicht halmartig ist, über 1* zu 2* (Blätter > 10 mm). Da die Pflanze über „normale" Blätter verfügt, kommt man leicht zu 3*: *Polypodiopsida*. Auf S. 81/82 gelangt man über 1*, 2*, 3* und 4* ohne Schwierigkeiten zum Fragenpaar 5/5*. Unser Farn hat die Sori (Begriff nachsehen!) auf der Blattunterseite (also nicht rispenartig angeordnet). Folglich bestimmen wir bei 5* weiter. Da alle Blätter gleichartig sind, also nicht sterile und fertile Blätter vorhanden sind, erreicht man 7. Die Blätter haben weniger als 30 Seitenlappen, so dass wir bei 7* weiterbestimmen. Die Sori stehen nicht am Rande (deshalb zu 8*). Sie sind gelb oder orange gefärbt und besitzen keinen Schleier. So gelangen wir zu den *Polypodiaceae* (Tüpfelfarngewächse), die in Deutschland mit einer einzigen Gattung *Polypodium* (Tüpfelfarn) vertreten ist (S. 106). Die Bestimmung der beiden Arten (und des Bastards) ist nicht leicht. Der absolut überwiegende Teil aller Pflanzen in Sachsen gehört zu *P. vulgare*, dem Gewöhnlichen Tüpfelfarn. Sollte man die Merkmale (Knorpelverbindungen, Blattzähnung, Sporen- und Sporangienmerkmale) nicht sicher erkennen, aber ein Verdacht auf den seltenen *P. interjectum* vorliegen, dann empfiehlt sich die Konsultation eines Spezialisten. Dazu ist es ratsam, einen Wedel zu herbarisieren. Dann kann man die fragliche Pflanze anhand des Herbarbelegs später nachbestimmen lassen.

Schutz und Gefährdung von Farn- und Samenpflanzen in Sachsen

Das im letzten Jahrhundert bis heute entwickelte Gedankengut zum Schutz der Naturgüter findet Verankerung in gesetzlichen Grundlagen sowie in der selbstverständlicher werdenden Anwendung der Praxis. Basis bilden dabei spezielle Übereinkommen, Regelungen, Gesetze und Verordnungen auf internationaler und nationaler Ebene, in denen neben Artenschutz auch weitere Instrumente zum Schutz und zur Erhaltung der Biodiversität, wie die Ausweisung und Überwachung von Schutzgebieten und Biotoptypen sowie die Umsetzung von Pflege- und Erhaltungsmaßnahmen, geregelt werden.

Für den Schutz der wildlebenden Populationen (Arten, Unterarten) gilt im Artenschutz, wie auch im übrigen Naturschutz, die Umsetzung der Regelungen in Bundes- und Landes-Recht. Grundlegend sind die gesetzlichen Festlegungen im Bundesnaturschutzgesetz (BNatSchG) sowie die Anhänge der Bundesartenschutzverordnung (BArtSchV). Die Vorschriften für besonders geschützte und streng geschützte Arten des BNatSchG gelten unmittelbar. Dieses Gesetz regelt auch Bußgeld- und Strafvorschriften, wobei im Zusammenhang mit streng geschützten Arten das Strafrecht gilt. Weitere Bestimmungen aus dem BNatSchG erfahren eine landesrechtliche Umsetzung. Im Sächsischen Naturschutzgesetz (SächsNatSchG) wird der allgemeine Schutz für alle wild lebenden Arten geregelt. Im Sinne eines vernünftigen Umgangs mit der Natur ist es z. B. verboten, Pflanzen grundlos zu entnehmen oder ihre Standorte zu vernichten.

In vorliegender „Flora" können zu den Arten und einzelnen Sippen nur wenige Bezüge zu rechtlichen Normen des Artenschutzes hergestellt werden. Für eine umfassende Information empfiehlt sich die Nutzung spezieller Informationssysteme, z. B. Ausführungen des Bundesamtes für Naturschutz (BfN) im Internet (http://www.bfn.de/0302_artenschutz.html). Hier werden die meisten Regelungen ausführlich interpretiert und kontinuierlich aktualisiert.

In der BArtSchV (Verordnung zum Schutz wild lebender Tier- und Pflanzenarten) werden in Anlage 1 die besonders geschützten sowie streng geschützten Arten, Gattungen oder Familien gelistet.

Folgende Regelungen aus der BArtSchV und der FFH-Richtlinie (Richtlinie 92/43/EWG des Rates vom 21. Mai 1992 und Richtlinie 97/62/EG des Rates vom 27. Oktober 1997) werden in der „Flora von Sachsen" berücksichtigt (gekennzeichnet durch das Symbol „Geschützte Art" ∇ ist bei den Artbeschreibungen):

- Schutzkategorien gemäß BNatSchG:
  - Besonders geschützte Art: Art, die in den Anhängen A oder B der Verordnung (EG) 338/97 aufgeführt ist, im Anhang IV der FFH-Richtlinie

enthalten ist oder durch Rechtverordnung nach BNatSchG bestimmt wurde; hier bestehen Zugriffs-, Besitz und Vermarktungsverbote sowie das Verbot, Standorte der Art zu beschädigen oder zu zerstören.
  - Streng geschützte Art: Bestimmte besonders geschützte Art des Anhangs A der Verordnung (EG) 338/97, die im Anhang IV der FFH-Richtlinie enthalten ist oder durch Rechtsverordnung nach BNatSchG bestimmt wurde. Hier gelten noch weitere Zugriffsverbote, um den Zustand lokaler Populationen zu sichern.

- Anhänge der Fauna-Flora-Habitat-Richtlinie:
  - Anhang II (FFH II): Arten, für die Schutzgebiete im Netz NATURA 2000 auszuweisen sind.
  - Anhang V (FFH V): Arten, deren Entnahme und Nutzung Gegenstand von Verwaltungsmaßnahmen sein können.

Über die eigentlichen Artenschutz-Regelungen hinaus sind weitere allgemein geltende Bestimmungen aus dem SächsNatSchG zu beachten, die ebenfalls zur Bewahrung von Vorkommen einer Art dienen. Diese betreffen vor allem Schutzverordnungen, die der Erhaltung, Entwicklung und Wiederherstellung von Biotopen und Lebensgemeinschaften in einzelnen Teilen der Landschaft im Rahmen des Gebietsschutzes dienen, z. B. in Nationalparks, Naturschutzgebieten, bei Naturdenkmalen oder dem Schutz bestimmter Biotope.

Gleichzeitig werden Veränderungen im Bestand und der Gefährdung von Arten nicht nur in Florenwerken dargestellt, sondern regelmäßig auch in den Roten Listen von Bund und Land. Eine Übernahme der Daten aus den Roten Listen in eine Flora ist wenig sinnvoll, da die Nutzungszeit der Publikationen unterschiedlich ist. Es werden deshalb in „Flora Sachsens" nur die stärkeren Veränderungen des Bestands einer Art auf Landesebene dargestellt. Zur Bewertung wurden hierzu Kartierungsdaten der letzten 25 Jahre herangezogen. Dabei bedeutet ➘ eine deutliche Abnahme des Bestandes (mindestens um 25 %) bzw. ➚ eine klare Bestandszunahme (um mehr als 25 %).

Bedeutung der Symbole „Geschützte Art":

∇ In Sachsen einheimische oder archäophytische Art, die in Deutschland besonders oder streng geschützt ist (BArtSchV, FFH-Richtlinie; s. oben)

(∇) In Deutschland besonders oder streng geschützte Art, die aber in Sachsen
  - nur kultiviert vorkommt, z. B. *Dictamnus albus, Buxus sempervirens*
  - ursprünglich kultiviert wurde, aber aus Kultur verwilderte und jetzt eingebürgert ist, z. B. *Tulipa sylvestris, Fritillaria meleagris, Galanthus nivalis, Gentiana asclepiadea, G. lutea, Aurinia saxatilis, Nymphoides peltata* oder

- nur eingeschleppt wurde, wie z. B. *Linum austriacum* und *Cochlearia danica*.

Nicht gekennzeichnet sind die Arten, die weltweit in irgendeiner Form geschützt, in Deutschland aber nicht einheimisch sind, z. B. *Sarracenia purpurea, Dianthus caryophyllus, D. barbatus, Chionodoxa luciliae*.

Hauptschlüssel

Mit dem Hauptschlüssel sind alle Gefäßpflanzen (Farn- u. Samenpflanzen) Sachsens bis zur Familie od. Gattung bestimmbar. Dazu sind in der Regel Blüten und Blätter, teilweise auch Früchte, nötig.
Einige Pflanzen können **zusätzlich** mit folgenden Schlüsseln bestimmt werden:

- Schlüssel VIII: Pflanzen, die nach Blütenmerkmalen schwer zu bestimmen sind (S. 66)
- Schlüssel IX: Gehölze, zu bestimmen nach Blattmerkmalen (S. 72)

1 Vermehrung durch staubfeine Sporen (Schachtelhalme, Bärlappe, Farne, „Gefäßkryptogamen"); keine Samen ausbildend **Schlüssel I: Gefäßsporenpflanzen,** 42

1* Vermehrung durch Samen (Samenpflanzen, „Phanerogamen") — Pflanze mit Blüten, die Staubblätter u./od. Fruchtblätter (Stempel) enthalten

2 Samenanlagen nicht von einem Fruchtknoten eingeschlossen, ohne Griffel u. Narben, meist in einem Zapfen auf Samen- od. Zapfenschuppen, selten einzeln an Sprossachsen; Bäume u. Sträucher; Blätter nadel- od. schuppenförmig (Ausnahme: *Ginkgo, Abb. 41/1*), meist immergrün **Schlüssel II: Nacktsamige Pflanzen,** 42

2* Samenanlagen von einem Fruchtknoten eingeschlossen, mit Narben, sehr selten in Zapfen, dann Blätter nicht nadel- od. schuppenförmig; Gehölze u. krautige Pflanzen; Blätter von verschiedener Gestalt, sommer- od. immergrün, wenn nadel- od. schuppenförmig, dann keine Zapfen vorhanden (Bedecktsamer)

3 Blätter fast immer parallel- od. bogennervig („Streifenblättler"), selten 1-nervig (Wasserpflanzen), nur ausnahmsweise netznervig *(Arum, Lysichiton, Paris)* od. nervenlos; Blätter stets einfach u. ungeteilt, manchmal stielrund *(Juncus)* od. nadelförmig *(Asparagus),* meist 2-zeilig od. in Quirlen angeordnet; Blüten entweder nackt, nur von 1–2 Spelzen eingehüllt (Gräser) od. 3- od. 6-zählig; Staubblätter meist 3 od. 6; Sprossachse krautig, mit zerstreut angeordneten Leitbündeln *(Abb. 41/2);* Keimling stets mit 1 Keimblatt **Schlüssel III: Einkeimblättrige Pflanzen,** 43

3* Blätter netznervig, fieder- od. fingernervig („Netzblättler"), selten parallel-, bogen- od. 1-nervig *(Caryophyllaceae, Gentianaceae, Rubiaceae, Arnica, Bupleurum, Plantago, Lathyrus nissolia);* Blätter einfach, gefiedert

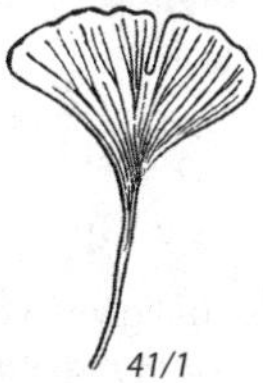
41/1

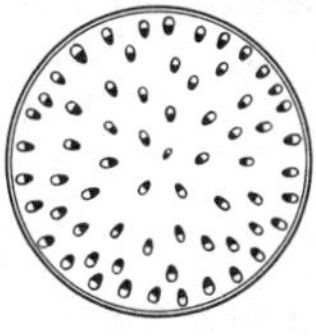
41/2

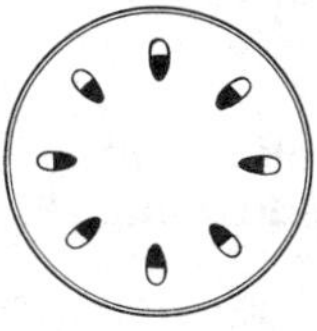
41/3

od. gefingert, wechselständig, kreuzgegenständig od. in mehrzähligen Wirteln; Blütenteile oft 4- od. 5-zählig (3-zählig nur bei *Aristolochiaceae, Berberis, Peplis, Pulsatilla*); Sprossachse krautig od. holzig, mit ringförmig angeordneten Leitbündeln *(Abb. 41/3);* Keimling meist mit 2 gegenständigen Keimblättern **Schlüssel IV: Zweikeimblättrige Pflanzen,** 47

Schlüssel I: Gefäßsporenpflanzen

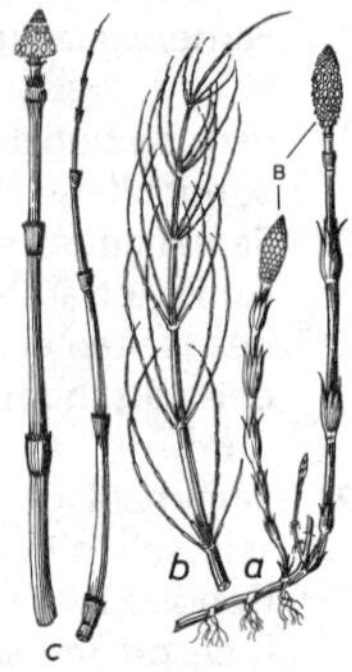

42/1

1 Stängel halmartig, meist aufrecht, gegliedert, hohl; Äste quirlig angeordnet od. fehlend *(Abb. 42/1);* Blätter an den Stängelknoten zu gezähnten Scheiden verwachsen; Sporenbehälter (Sporangien) an der Unterseite schildförmiger Sporangiophoren in endständigen Sporangiophorständen **Equisetopsida,** 81

1* Stängel nicht halmartig; Blätter spiralig angeordnet, 4-reihig angewachsen od. gestielt; Sporenbehälter nicht in Sporangiophorständen

2 Blätter 1–10 mm lang, ungestielt, spiralig od. 4-reihig am Stängel angeordnet; Stängel kriechend, aufsteigend od. kurz aufrecht; Sporangien in Blattachseln od. in sitzenden bis gestielten, endständigen Ähren **Lycopodiopsida,** 81

2* Blätter > 10 mm lang, gestielt, selten fädl., büschelig an einem Wurzelstock, einzeln an einem Rhizom od. in Form schuppenförmig angeordneter 2–2,5 großer Schwimmblätter; Sporangien nicht in Blattachseln, sondern meist in Sporangienhäufchen (Sori) auf der Blattunterseite, selten seitl. am Blattrand, in rispen- od. ährenartigen Blattabschnitten od. in kugelförmigen Sporokarpien am Blattgrund

3 Pflanze nur mit einem Gabelblatt, das in einen fiederteiligen bis gefiederten od. zungenförmigen (zuweilen nur dieser vorhanden) sterilen u. einen rispen- od. ährenförmigen fertilen Abschnitt geteilt ist **Psilotopsida,** 81

3* Pflanze mit mehr als einem (Gabel-)Blatt **Polypodiopsida,** 81

Schlüssel II: Nacktsamige Pflanzen

1 Blätter fächerförmig, 2-spaltig, 6–8 cm breit, mit gabelig verzweigten Nerven *(Abb. 41/1)* ***Ginkgoaceae,*** 108

1* Blätter nadel- od. schuppenförmig (Koniferen od. Nadelgehölze)

2 Blätter stets nadelförmig, Nadeln dünn u. weich, im Herbst mit den langtriebähnl. Kurztrieben abfallend
Cupressaceae *(Metasequoia, Taxodium)*, 122

2* Blätter nadel- od. schuppenförmig, Nadeln (außer bei *Larix*) derb, im Herbst nicht mit den Kurztrieben abfallend

3 Blätter gegenständig od. zu 3 quirlig, immergrün, schuppen- od. nadelförmig; Samen in holzigen, lederigen od. beerenartigen Zapfen
Cupressaceae, 118

3* Blätter spiralig, wechselständig od. büschelig angeordnet (wenn ausnahmsweise gegenständig, dann sommergrün: *Larix*), stets nadelförmig; Samen in verholzenden Zapfen od. einzeln

4 Pflanze 2-häusig, ohne Harz; Nadeln als grüne Leisten auf dem Zweig herablaufend, beim Zerreiben geruchlos; Samen einzeln, napfförmig von einem roten fleischigen Mantel umgeben ***Taxaceae,*** 123

4* Pflanze 1-häusig, mit Harz; Nadeln nicht als grüne Leisten herablaufend, beim Zerreiben duftend; Samen in verholzenden Zapfen
Pinaceae, 109

Schlüssel III: Einkeimblättrige Pflanzen

1 Wasserpflanze mit schwimmenden od. untergetauchten Blättern

2 Sprosse blattartig, scheinbar ohne Stängel, 1–12 mm groß, frei schwimmend, linsenförmig od. gestielt lanzettl. u. kreuzweise verbunden, dann meist untergetaucht; Blüten winzig, meist fehlend, **od.** frei schwimmende Rosettenpflanze mit bis zu 8 cm breiten u. 12 cm langen, hellgrünen Blättern ***Araceae,*** 796

2* Sprosse deutl. in Stängel u. Blätter gegliedert

3 Blütenhülle deutl. in 3 grüne Kelchblätter u. 3 weiße bis rosafarbene Kronblätter unterschieden; Kronblätter 2,5–50 mm lang

4 Fruchtknoten zahlreich, oberständig; Pflanze am Gewässergrund wurzelnd, ⚥; Kronblätter 2,5–10 mm lang ***Alismataceae,*** 800

4* Nur 1 unterständiger Fruchtknoten; Pflanze zur Blütezeit meist frei schwimmend, meist 2-häusig; Kronblätter 10–50 mm lang
Hydrocharitaceae, 802

3* Blütenhülle unscheinbar od. fehlend; Kronblätter < 2 mm lang

5 Blätter grob gezähnt od. fein gesägt, spitz, zu 2–3 gegenständig bis quirlig, stets ohne Nebenblätter u. ohne Blatthäutchen, höchstens am Grund etwas scheidig erweitert ***Hydrocharitaceae,*** 802

5 Blätter ganzrandig, selten fein gesägt, spitz od. stumpf, meist wechselständig, mit Nebenblättern od. mit stängelumfassender Blattscheide
Potamogetonaceae, 806

1* Land-, Sumpf- od. im Boden wurzelnde Wasserpflanze, die mit ihren Blättern u. Stängeln zum größten Teil aus dem Wasser ragt

6 Blüten in kugelförmigen Köpfchen, (Trug-)Dolden od. kolben- bis walzenförmig, mitunter von einem einzelnen weißen od. grünl. Hochblatt (Spatha) umgeben

7 Blüten in walzenförmigen Kolben

8 Kolben meist zu 2 übereinander, schwarzbraun, der untere ♀, der obere ♂ *(Abb. 44/1)* ***Typhaceae*** *(Typha)*, 858

8* Kolben einzeln

9 Blätter linealisch schwertförmig, Kolben scheinbar seitl., von blattartiger grüner Spatha überragt *(Abb. 44/2)* ***Acoraceae,*** 796

9* Blätter breit herz- od. pfeilförmig, selten verkehrt eiförmig, Kolben aufrecht, Spatha grünl. u. tütenförmig od. weißl. u. ausgebreitet *(Abb. 44/3)* ***Araceae*** *(Arum, Calla, Lysichiton)*, 796, 797, 798

7* Blüten in kugeligen Köpfchen od. Trugdolden

10 Blütenköpfchen 1-geschlechtig, die ♀ igelig morgensternförmig, die ♂ kugelig, am Ende des Blütenstandes *(Abb. 44/4)* ***Typhaceae*** *(Sparganium)*, 856

10* Blütenköpfchen ⚥

11 Einzelblüten sitzend ***Cyperaceae,*** 867

11* Einzelblüten ± lang gestielt ***Amaryllidaceae*** *(Allium)*, 838

6* Blüten nicht in Köpfchen, (Trug-)Dolden od. Kolben (Ausnahme *Zea*: ♀ Blüten in Kolben)

12 Blütenhülle nur in Form von 1–2 schuppenförmigen Blättern (Spelzen), Borsten od. Haaren vorhanden od. fehlend; Blüten in Ährchen — Süß- u. Sauergräser.

13 Jede Blüte von 2 kahnförmigen Tragblättern (Spelzen) umschlossen, diese am Grund mit 1–2 sterilen Hüllspelzen (H, *Abb. 45/1*); Stängel (= Halm) knotig gegliedert (wenigstens am Grund), meist hohl, im Querschnitt rund od. oval; Blattgrund meist als offene Scheide, mit Blatthäutchen od. Haarreihe ***Poaceae,*** 895

44/1

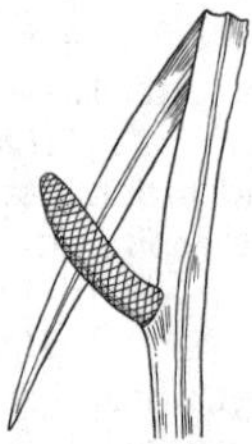
44/2

44/3

44/4

13* Jede Blüte nur von 1 Spelze umschlossen, ohne Hüllspelzen *(Abb. 45/2);* Halm meist knotenlos, markig (nur bei *Carex hirta* hohl), oft 3-kantig; Blattscheide meist geschlossen ***Cyperaceae,*** 867
12* Blütenhülle deutl. 3-, 4- od. 6-blättrig
14 Blütenhüllblätter klein, < 5 mm, weiß, gelbgrünl. od. bräunl.
15 Blütenhülle 4-blättrig, (grünl.-)weiß — Blüten in Trauben; Laubblätter meist 2, gestielt, herzförmig ***Asparagaceae*** *(Maianthemum),* 849
15* Blütenhülle 6-blättrig
16 Blätter schuppenförmig (am Langtrieb) od. borstig (an Kurztrieben) — Frucht eine rote Beere ***Asparagaceae*** *(Asparagus),* 846
16* Blätter normal entwickelt
17 Blätter flach, schwertförmig, reitend, meist grundständig ***Tofieldiaceae,*** 799
17* Blätter nicht schwertförmig
18 Blüten in dichten Knäueln *(Abb. 45/3)* od. in lockeren Spirren *(Abb. 45/4)* — Blätter flach (grasartig) od. stielrund ***Juncaceae,*** 859
18* Blüten in verlängerten Trauben
19 Blüten in wenigblütiger Traube, mit großen Tragblättern; Stängel beblättert ***Scheuchzeriaceae,*** 805
19* Blüten in reichblütiger Traube, ohne Tragblätter; Stängel unbeblättert, nur Grundblätter ***Juncaginaceae,*** 805
14* Blütenhüllblätter > 5 mm, meist auffällig gefärbt
20 Fruchtknoten unterständig od. halbunterständig
21 Blüten radiär (regelmäßig)
22 Staubblätter 3; Griffeläste oft blütenblattartig ***Iridaceae,*** 833
22* Staubblätter 6; Griffeläste nicht blütenblattartig ***Amaryllidaceae,*** 837
21* Blüten dorsiventral (unregelmäßig)
23 Staubblätter 3; Fruchtknoten nicht gedreht; Blüten rot, in einseitswendigen Trauben ***Iridaceae*** *(Gladiolus),* 834
23* Staubblätter 1 (mit 2 getrennten Pollenfächern), selten 2 *(Cypripedium),* mit der großen Narbe zu einem Säulchen verwachsen; Fruchtknoten oft gedreht, dadurch oberstes Perigonblatt zu einer nach unten weisenden Lippe umgeformt ***Orchidaceae,*** 818
20* Fruchtknoten oberständig

45/1

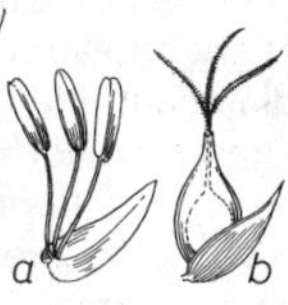

45/2

45/3

45/4

24 Sumpf- u. Wasserpflanzen; Fruchtblätter mindestens 6, frei od. nur am Grund miteinander verbunden; Staubblätter mindestens 6

25 Blütenhülle deutl. in weiße od. rötl. Krone u. grünen Kelch gegliedert; Blüten in Rispen od. Trauben, oft quirlig; Staubblätter 6 od. viele **_Alismataceae,_** 800

25* Blütenhüllblätter alle gleich gestaltet, rötl. od. blau; Blüten in Dolden od. Ähren; Staubblätter 6 od. 9, selten 3

26 Blüten rötl., in Dolden, radiär; Staubblätter 9; Blätter bandförmig, ungestielt **_Butomaceae,_** 800

26* Blüten blau mit gelbem Fleck, 2-lippig, in Ähren; Staubblätter 6, selten 3; obere Blätter herzförmig, gestielt **_Pontederiaceae,_** 854

24* Landpflanzen; Fruchtknoten aus 3 (seltener 4: *Paris*) miteinander verwachsenen Fruchtblättern bestehend; Staubblätter meist 6, seltener 4 *(Maianthemum)* od. 8 *(Paris)*

27 Staubblätter 8 — Blätter netznervig, in 4-zähligem Quirl; Blüten einzeln, grünl.; Frucht eine schwarze Beere **_Melanthiaceae,_** 813

27* Staubblätter 6, seltener 4 *(Maianthemum)* od. 3 fertile u. 3 sterile *(Commelina)*

28 Griffel 3, getrennt, bis 20 mm lang — Pflanze zur Blütezeit (Herbst) ohne Blätter; Blüten blassviolett bis fleischfarben, mit langer Röhre **_Colchicaceae,_** 813

28* Griffel 0–1, aber oft mit 3 Narben, kürzer

29 Zwiebelpflanze, dadurch Wuchs eher vereinzelt

30 Blüten unterschiedl. gefärbt, aber nicht blau; Blütenhüllblätter frei, einzeln abfallend od. erhalten bleibend; Blätter meist stängelständig, zuweilen quirlig, seltener alle grundständig; Samen blassbraun **_Liliaceae,_** 814

30* Blüten oft blau, seltener weiß, rosa, rot, gelb, orange; Blütenhüllblätter meist am Grund verwachsen, nicht einzeln abfallend; wenn frei, dann weiß bis gelbl. u. außen mit grünem Mittelstreifen *(Ornithogalum);* Blätter alle grundständig, nicht quirlig; Samen schwarz bis braun **_Asparagaceae,_** 845

29* Zwiebeln nicht vorhanden (Rhizom- od. Ausläuferpflanze), Wuchs meist trupp- od. bestandsweise (nur bei *Anthericum* einzeln)

31 Blüten gelb od. orangerot, schwach dorsiventral, trichterförmig, in Zymen; Frucht eine Kapsel **_Xanthorrhoeaceae,_** 836

31* Blüten nicht gelb od. orangerot, sondern weiß, weißl., blau od. violett

32 Blüten dorsiventral; die 2 größeren Perigonblätter blau, das untere kleiner u. weiß *(Commelina)* od. radiär, dann blau, violett od. weiß *(Tradescantia),* nicht verwachsen; Blütenstand von einem gefalteten Hochblatt umgeben **_Commelinaceae,_** 855

32* Blüten stets radiär; Perigonblätter weiß od. grünl., verwachsen od. frei; Blütenstand nicht von einem gefalteten Hochblatt umgeben **_Asparagaceae,_** 845

Schlüssel IV: Zweikeimblättrige Pflanzen

1 Blütenhülle fehlend od. einfach, gleichartig, nicht in Kelch u. Krone gegliedert (Perigon) **Schlüssel V,** 47

1* Blütenhülle doppelt, selten 3-fach *(Malvaceae),* in (meist grünen) Kelch u. (meist andersfarbige) Krone gegliedert (bei *Papaveraceae* fällt der Kelch leicht ab, ist aber an Blütenknospen immer vorhanden)

2 Alle Kronblätter frei, bis zum Grund voneinander getrennt, sich beim Abzupfen einzeln ablösend (hierher auch *Malvaceae* mit verwachsenen Kronblättern, die sich einzeln abzupfen lassen) **Schlüssel VI,** 55

2* Kronblätter miteinander verwachsen, wenigstens am Grund zu einer kurzen Röhre verbunden, sich beim Abzupfen in ihrer Gesamtheit ablösend **Schlüssel VII,** 62

Schlüssel V: Zweikeimblättrige Pflanzen mit fehlender od. einfacher Blütenhülle (Blütenhüllblätter, falls vorhanden, alle gleich gestaltet)

Hier sind auch Pflanzen mit doppelter Blütenhülle verschlüsselt, wenn deren Blütenhülle scheinbar einfach ist, weil alle Blütenhüllblätter gleich gestaltet sind, od. wenn der Kelch unscheinbar ist od. früh abfällt.

1 Pflanze auf Ästen von Gehölzen schmarotzend — Stängel gegabelt, zerbrechl.; Blätter gegenständig; Beeren weiß od. gelbl. *(Abb. 47/1)*

2 Nur auf Eichen; Blüten in endständigen, lockeren Ähren; Blätter sommergrün, dunkelgrün, lanzettl. spatelförmig ***Loranthaceae,*** 441

2* Auf verschiedenen Nadel- u. Laubbäumen, aber sehr selten auf Eichen; Blüten in endständigen, sitzenden Trugdolden; Blätter immergrün, lederartig, gelbgrün, eiförmig längl. ***Santalaceae*** *(Viscum),* 440

1* Pflanze nicht auf Gehölzen schmarotzend, höchstens daran kletternd, windend od. rankend

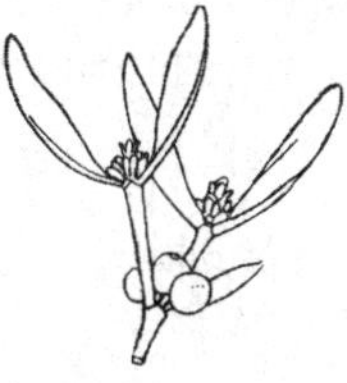

47/1

47/2

47/3

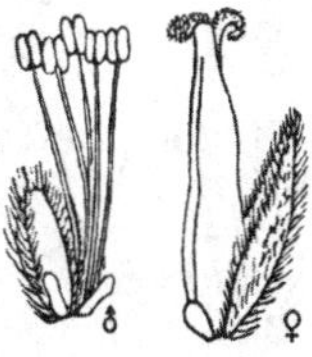

47/4

3 Bäume, Sträucher, Zwerg- od. Halbsträucher (Pflanze wenigstens am Grund verholzt)

4 Blüten (wenigstens die ♂) in Kätzchen; Blätter wechselständig, im Herbst abfallend

5 Nur die ♂ Blüten in Kätzchen; ♀ Blüten zu 1–5

6 ♀ Blüten zu 1–3 an der Spitze der Ästchen *(Abb. 47/2);* ♂ Kätzchen walzenförmig, ungestielt; Blätter gefiedert ***Juglandaceae,*** 315

6* ♀ Blüten zu 1–5 von einer bleibenden, sich später vergrößernden, becherförmigen Hülle umschlossen *(Abb. 47/3);* ♂ Kätzchen kugel- od. walzenförmig; Blätter meist ungeteilt, höchstens buchtig gelappt ***Fagaceae,*** 311

5* Alle Blüten in Kätzchen

7 Alle Kätzchen ei- bis walzenförmig; Blätter nicht fingernervig, ungeteilt

8 Pflanze 2-häusig; Fruchtknoten 1-fächerig, hinter jedem schuppenartigen Tragblatt je 1 Fruchtknoten; Narben meist kurz, oft gespalten; Frucht eine 2(–4)-fächerige Kapsel; Samen mit Haarschopf *(Abb. 47/4)* ***Salicaceae,*** 334

8* Pflanze 1-häusig; Fruchtknoten 2-fächerig, hinter jedem Tragblatt 1–3 Fruchtknoten; Narben fadenförmig *(Abb. 48/1);* Frucht eine 1-fächerige, 1-samige Nuss; Samen ohne Haarschopf ***Betulaceae,*** 315

7* Kätzchen (wenigstens die ♀) kugelig; Blätter fingernervig, gelappt

9 ♂ Kätzchen längl., ♀ Kätzchen fast kugelig, später zu einer brombeerartigen Scheinfrucht auswachsend *(Abb. 48/2);* Pflanze mit Milchsaft; Blütenhülle 4-blättrig, zur Fruchtzeit saftig; Staubblätter 4, Griffel mit 2 Narben ***Moraceae,*** 309

9* Alle Kätzchen kugelig, perlschnurförmig, hängend *(Abb. 48/3);* Pflanze ohne Milchsaft; Blütenhülle fehlend; Staubblätter zahlreich, Griffel pfrieml. ***Platanaceae,*** 170

4* Blüten nicht in Kätzchen, höchstens gebüschelt; Blätter wechsel- od. gegenständig, immergrün od. im Herbst abfallend

10 Blätter lederartig od. nadelförmig; kleine immergrüne Sträucher, Zwergsträucher od. Kletttersträucher

48/1

48/2

48/3

48/4

11 Blätter gegenständig; Staubblätter 4 *(Abb. 48/4)*; Frucht eine 3-fächerige Kapsel — Pflanze 1-häusig; Blüten 1-geschlechtig ***Buxaceae,*** 170

11* Blätter wechselständig; Staubblätter nicht 4; Frucht eine beerenartige Steinfrucht

12 Liegender 2-häusiger Zwergstrauch mit fast nadelförmigen Blättern; Blüten einzeln; Kelch u. Krone 3-blättrig; Staubblätter 3 ***Ericaceae*** *(Empetrum)*, 516

12* 1-häusiger Kletterstrauch (gelegentl. auch am Boden kriechend) mit flachen, meist 3–5-lappigen Blättern; Blüten in Dolden; Kelch undeutl. 5-zähnig; Krone 5-blättrig; Staubblätter 5–10 ***Araliaceae*** *(Hedera)*, 652

10* Blätter nicht lederartig od. nadelförmig; sommergrüne Sträucher od. Bäume

13 Blüten vor den Blättern erscheinend

14 Blütenhülle > 4 cm lang ***Magnoliaceae*** *(Magnolia)*, 124

14* Blütenhülle < 4 cm lang od. fehlend

15 Blütenhülle fehlend; Staubblätter 2; Blüten rispig *(Abb. 49/1)*; Knospen oft schwarz ***Oleaceae*** *(Fraxinus)*, 561

15* Blütenhülle vorhanden; Staubblätter 3–8; Blüten nicht rispig; Knospen nicht schwarz

16 Sträucher od. kleine Bäume; Blütenhülle 4-blättrig

17 Blüten rot od. rosa, sitzend, meist in 3-blütigen seitl. Blütenständen *(Abb. 49/2)*; Staubblätter 8 ***Thymelaeaceae,*** 397

17* Blüten gelb, doldig; Kelch sehr klein; Staubblätter 4 *(Abb. 49/3)* ***Cornaceae*** *(Cornus mas)*, 503

16* Größere Bäume; Blütenhülle meist 5–8-teilig

18 Blütenhülle glockenförmig, 4–8-spaltig (= Krone); Staubblätter 3–8 *(Abb. 49/4)* ***Ulmaceae,*** 307

18* Blütenhülle 5-teilig (= Kelch, Krone fehlt zuweilen); Staubblätter 8 ***Sapindaceae*** *(Acer)*, 387

13* Blüten mit od. nach den Blättern erscheinend

19 Pflanze windend; Blätter herzförmig

20 Blüten weiß bis rosa, in rispigen Blütenständen am Zweigende; Blütenhülle frei ***Polygonaceae*** *(Fallopia baldschuanica)*, 445

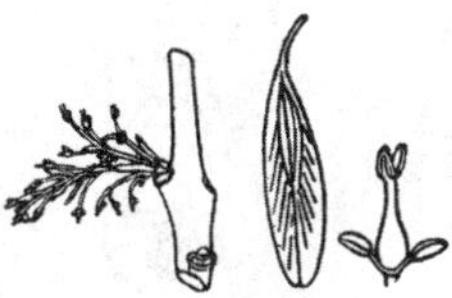

49/1

49/2

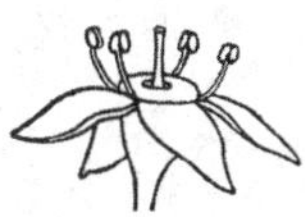

49/3

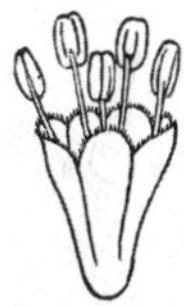

49/4

20* Blüten bräunl. bis purpurn od. rosa, einzeln in Blattachseln; Blütenhülle röhrig gekrümmt, verwachsen *(Abb. 50/1)*
Aristolochiaceae *(Aristolochia macrophylla)*, 126

19* Pflanze nicht windend, höchstens kletternd; Blätter nicht herzförmig

21 Blätter gegenständig

22 Blätter meist gefiedert od. gelappt, nur ausnahmsweise einfach u. ungeteilt (blaublühende Zierpflanze *Clematis integrifolia*); Staubblätter 4 bis zahlreich; Krone oft fehlend, aber Kelch auffällig, oft farbig

23 Kittersträucher (nur *Clematis integrifolia* nicht kletternd); Kelch freiblättrig; Blätter gefiedert od. ungeteilt u. ganzrandig
Ranunculaceae *(Clematis)*, 145

23* Bäume od. aufrechte Sträucher, nicht kletternd; Kelch verwachsenblättrig; Blätter meist handförmig gelappt **Sapindaceae** *(Acer)*, 387

22* Blätter einfach u. ungeteilt, Staubblätter 4; Pflanze nicht kletternd; Krone vorhanden, nicht blau; Kelch unscheinbar

24 Krone weiß; Fruchtknoten unterständig; Griffel einfach *(Abb. 49/3)*
Cornaceae, 503

24* Krone gelbl. od. grünl., klein; Fruchtknoten oberständig; Griffel 2–4-spaltig *(Abb. 50/2)* **Rhamnaceae,** 306

21* Blätter wechselständig

25 Griffel 3; Kelch 5-spaltig — Krone fehlend (sonst 5-blättrig); Blüten in Rispen **Anacardiaceae,** 386

25* Griffel od. Narbe 1

26 Blätter ungeteilt, ganzrandig, silbergrau schülferig bis kupferrot; Blüten nicht traubig **Elaeagnaceae,** 305

26* Blätter 3–5-lappig od. -spaltig, grün; Blüten traubig
Grossulariaceae, 171

3* Krautige Gewächse, auch an der Basis nicht verholzt

27 Wasserpflanze (meist Tauch- od. Schwimmpflanze)

28 Blätter ungeteilt, linealisch, längl. lanzettl. od. spatelförmig; Blüten ⚥

29 Blätter gegen- od. quirlständig, ohne Nebenblätter; Blütenhülle undeutl.; Staubblätter 1–2 *(Abb. 50/3, 50/4)*
Plantaginaceae *(Callitriche, Hippuris)*, 565, 568

50/1

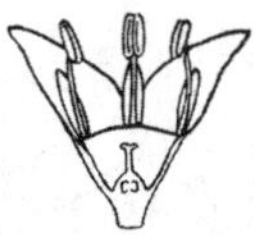
50/2

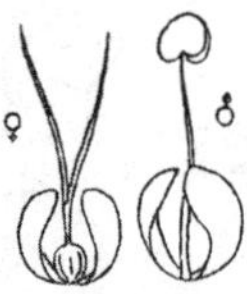

50/3

50/4

29* Blätter grund- od. wechselständig (wenn fast gegenständig genähert, dann mit Nebenblättern); Blütenhülle 4–5-blättrig; Staubblätter 3 bis zahlreich

30 Blüten 2–5 cm groß, gelb, duftend; Blätter grundständig, 5–30 cm breit, rundl. herzförmig **_Nymphaeaceae_** *(Nuphar)*, 125

30* Blüten viel kleiner, nicht gelb, geruchlos; Blätter wechselständig od. einander genähert, schmaler, nicht herzförmig

31 Blütenhülle 5-spaltig, rosenrot; Staubblätter meist 5 **_Polygonaceae_** *(Persicaria amphibia)*, 446

31* Blütenhülle 4-blättrig, grün od. bräunl.; Staubblätter 4 **_Potamogetonaceae,_** 806

28* Blätter tief geteilt, mit linealischen bis fadenförmigen Zipfeln; Blüten 1-geschlechtig

32 Blüten einzeln in den Blattachseln; Blätter mehrfach gabelteilig **_Ceratophyllaceae,_** 128

32* Blüten in unterbrochenen, meist aus Quirlen bestehenden Ähren; Blätter kammartig fiederteilig **_Haloragaceae,_** 182

27* Land- od. Sumpfpflanze

33 Pflanze knotig gegliedert, fleischig **_Chenopodiaceae_** *(Salicornia)*, 494

33* Pflanze nicht knotig gegliedert, nicht fleischig

34 Blüten zu mehreren in Köpfen, von einer gemeinschaftlichen Hülle umgeben (bei *Echinops* sind die Köpfe wiederum kugelig angeordnet, dadurch Hülle scheinbar fehlend)

35 Staubblätter 4, Staubbeutel frei; Kelch aus Borsten bestehend, darunter meist noch ein schüssel- od. becherförmiger Außenkelch *(Abb. 51/1)* **_Dipsacaceae,_** 638

35* Staubblätter 5, Staubbeutel frei od. verwachsen; Kelch fehlend od. aus Haaren, Schüppchen od. Blättern bestehend, ohne Außenkelch, vgl. aber Hüllbecher von *Euphorbia (Abb. 51/2)*

36 Staubbeutel der 5 Staubblätter zu einer Röhre verwachsen (nur bei *Xanthium* frei, dann Blüten 1-geschlechtig, ♀ von einer stachligen Hülle umgeben, *Abb. 51/3*); Krone röhrig (5-zähnig bis 5-teilig) od. zungenförmig; Kelch fehlend od. aus Haaren od. Schüppchen gebildet **_Asteraceae,_** 676

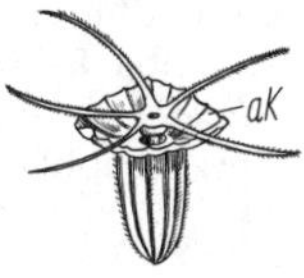

51/1

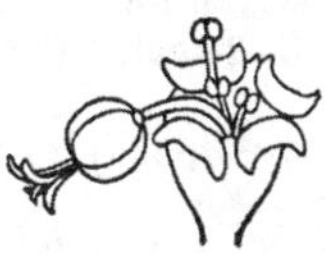

51/2

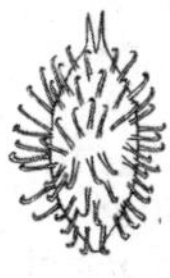

51/3

36* Staubbeutel der 5 Staubblätter frei; Krone weder röhrig noch zungenförmig; Kelch nicht aus Haaren od. Schüppchen gebildet

37 Pflanze ohne Milchsaft; Blüten meist ⚥; Kronblätter 5; Kelch undeutl.

38 Blätter schildförmig (in der Mitte gestielt), am Rand gekerbt; Blüten in Köpfchen — kriechende Sumpfpflanze ***Araliaceae*** *(Hydrocotyle)*, 652

38* Blätter nicht schildförmig; Blüten in Köpfchen od. Dolden ***Apiaceae,*** 652

37* Pflanze mit Milchsaft; Blüten 1-geschlechtig, aber ⚥ Scheinblüten bildend *(Abb. 51/2)*, die von einem glockigen Hüllbecher umgeben sind ***Euphorbiaceae*** *(Euphorbia, Chamaesyce)*, 327, 326

34* Blüten nicht in Köpfen od. nicht von einer gemeinschaftl. Hülle umgeben

39 Blüten gelbl., in rispenartigen Blütenständen, untere ♀, obere ♂; Früchte rotbraun, mit weichen Stacheln; Blätter schildförmig, grob 6–8-handförmig-lappig ***Euphorbiaceae*** *(Ricinus)*, 332

39* Merkmalskombination nicht zutreffend

40 Fruchtknoten 2 bis viele; Kelch meist kronartig gefärbt, eigentl. Krone meist fehlend

41 Blätter ganzrandig, eiförmig bis fast rundl., 10–40 cm lang; Blüten unscheinbar (grünl.-)weiß — Fruchtknoten u. Staubblätter 8; Sammelfrucht beerenartig, schwarz ***Phytolaccaceae*** *(Phytolacca esculenta)*, 500

41* Blätter zusammengesetzt od. kleiner; Blüten meist auffällig gefärbt ***Ranunculaceae,*** 139

40* Fruchtknoten nur 1 (bei *Sanguisorba* 1–3)

42 Fruchtknoten unterständig od. halbunterständig

43 Blätter gegen- od. quirlständig

44 Blätter quirlständig

45 Staubblätter 4, Krone 4-spaltig, Kelch 3–4-zähnig, oft undeutl., meist Landpflanze ***Rubiaceae,*** 521

45* Staubblätter 1–2 *(Abb. 50/3, 50/4)*; Blütenhülle undeutl.; Sumpf- u. Wasserpflanze ***Plantaginaceae*** *(Hippuris)*, 568

44* Blätter gegenständig

46 Blüten einzeln, braun; Blütenhülle 3–4-spaltig, glockig *(Abb. 53/1)*; Staubbeutel 12, dem kurzen Griffel angewachsen ***Aristolochiaceae*** *(Asarum)*, 127

46* Blüten in Trugdolden od. Köpfchen, nicht braun; Blütenhülle 4–5-spaltig, selten gespornt; Staubbeutel an Staubfäden

47 Blüten in Köpfchen, blass grünl., 5-spaltig, die Endblüte 4-spaltig; Staubblätter 4–5, sehr tief 2-spaltig, dadurch scheinbar 8–10 ***Adoxaceae*** *(Adoxa)*, 634

47* Blüten in Trugdolden, 4–5-spaltig od. gespornt; Staubblätter nicht 2-spaltig

48 Blüten gelbgrün; Staubblätter 8–10 *(Abb. 53/2)* ***Saxifragaceae*** *(Chrysosplenium oppositifolium)*, 174

48* Blüten nicht gelbgrün; Staubblätter 1–4 ***Valerianaceae,*** 642
43* Blätter wechselständig
49 Staubblätter 3–5
50 Kelch 4-zipfelig, braunrot od. grünl.; Krone fehlend ***Rosaceae*** *(Sanguisorba),* 299
50* Krone 4–5-zipfelig od. -blättrig, weiß od. gelb; Kelch undeutl.
51 Blüten in Dolden od. Köpfen; Griffel 2; Staubblätter 5, kahl; Blätter meist zusammengesetzt ***Apiaceae,*** 652
51* Blüten in Trauben od. Rispen; Griffel 1; Staubblätter 3–5, außen bärtig; Blätter einfach, ungeteilt, schmal ***Santalaceae*** *(Thesium),* 439
49* Staubblätter 6 bis zahlreich
52 Blütenhülle röhrig, unregelmäßig *(Abb. 50/1);* Staubblätter 6, dem kurzen Griffel angewachsen ***Aristolochiaceae*** *(Aristolochia clematitis),* 126
52* Blütenhülle flach, 2–5-zählig od. 4–5-spaltig; Staubblätter 8 bis zahlreich, frei; Griffel 1–2
53 Wildpflanze; Blütenhülle 4–5-spaltig; Staubblätter 8–10; Griffel 2 *(Abb. 53/2)* ***Saxifragaceae*** *(Chrysosplenium alternifolium),* 173
53* Zierpflanze; Blütenhülle 2–5-zählig; Staubblätter zahlreich; Griffel 1 ***Begoniaceae,*** 323
42* Fruchtknoten oberständig
54 Blätter zu bleichen Schuppen reduziert; Pflanze gelbl. ***Ericaceae*** *(Hypopitys),* 516
54* Blätter vorhanden, grün
55 Blätter grund- od. quirlständig
56 Blätter grundständig; Blüten in einem endständigen, von einer Spatha umhüllten Kolben *(Abb. 53/3)* ***Araceae,*** 796
56* Blätter quirlständig; Blüten einzeln od. in Trauben, grünl. od. rot
57 Blätter zu 4 quirlig, fast sitzend; Blüten einzeln, grünl., radiär *(Abb. 53/4)* ***Melanthiaceae*** *(Paris),* 813
57* Blätter zu 3 quirlig, gestielt; Blüten in Trauben, rot, gespornt ***Balsaminaceae*** *(Impatiens glandulifera),* 506
55* Blätter gegen- od. wechselständig
58 Blätter gegenständig, zumindest die oberen
59 Blüten 1-geschlechtig, Pflanze 1- od. 2-häusig, klein, unscheinbar

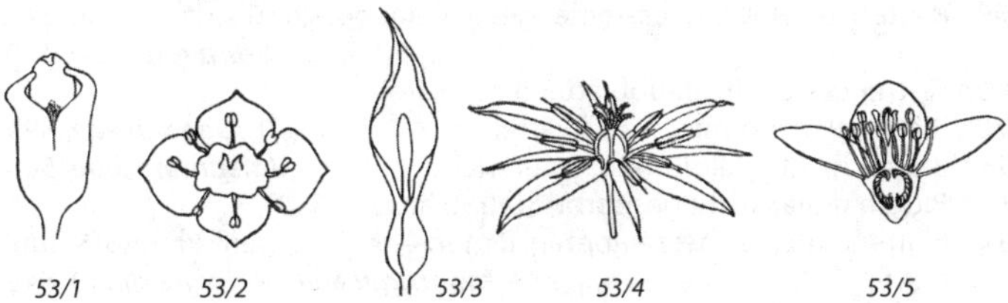

53/1 *53/2* *53/3* *53/4* *53/5*

60 Staubblätter 9–12; ♂ Blütenstand ährig; Blätter ungeteilt; Pflanze ohne Brennhaare **_Euphorbiaceae_** *(Mercurialis)*, 332

60* Staubblätter 4–5; ♂ Blütenstand rispig; Blätter geteilt od. wenn ungeteilt, dann Pflanze mit Brennhaaren

61 Pflanze mit Brennhaaren; Blätter ungeteilt; Pflanze 1- od. 2-häusig; Staubblätter 4; Narbe 1, pinselförmig **_Urticaceae_** *(Urtica)*, 310

61* Pflanze ohne Brennhaare; wenigstens die unteren Blätter gelappt od. gefingert; Pflanze 2-häusig; Staubblätter 5; Narben 2 **_Cannabaceae,_** 308

59* Blüten ⚥

62 Kelch 12-zähnig, glockig, rosa; Krone zuweilen fehlend; Staubblätter meist 6; Griffel 1 **_Lythraceae_** *(Peplis)*, 365

62* Kelch 4–5-spaltig od. 4–5-blättrig, meist grünl.; Krone fehlend od. sehr klein, staubfadenartig; Staubblätter 5–10; Griffel 1–5 **_Caryophyllaceae,_** 457

58* Blätter wechselständig, höchstens die unteren gegenständig

63 Pflanze mit weißem od. gelbem Milchsaft

64 Blätter ungeteilt, mindestens bis zur Mitte ganzrandig, höchstens an der Spitze gezähnelt; Blüten 1-geschlechtig, aber ⚥ Scheinblüten bildend *(Abb. 51/2)*, die von einem glockigen Hüllbecher umgeben sind, klein; Milchsaft weiß **_Euphorbiaceae_** *(Chamaesyce, Euphorbia)*, 326, 327

64* Blätter gefiedert, fiederschnittig od. kräftig gezähnt; Blüten ⚥, 4-blättrig, ansehnl.; Milchsaft weiß od. gelb **_Papaveraceae,_** 129

63* Pflanze ohne Milchsaft, höchstens mit wässrigem Saft — Blüten meist ⚥ (Ausnahmen: *Parietaria,* teilweise *Sanguisorba minor*)

65 Blätter am Grund des Stiels mit häutigen, umfassenden Scheiden (Ochrea)— Staubblätter 5–8; Griffel u. Narben 2–3 **_Polygonaceae,_** 442

65* Blätter ohne häutige, den Blattstiel am Grund umfassende Scheiden

66 Nebenblätter vorhanden; Blätter gelappt, gespalten od. gefiedert **_Rosaceae_** *(Alchemilla, Aphanes, Sanguisorba)*, 221, 230, 299

66* Nebenblätter fehlen; Blätter ungeteilt od. geteilt

67 Staubblätter 10; Griffel 10; Kelch 4–5-blättrig **_Phytolaccaceae_** *(Phytolacca americana)*, 500

67* Staubblätter 1–8; Griffel od. Narben 1–5

68 Blüten gespornt; Staubblätter 5–8

69 Blätter tief geteilt od. zusammengesetzt; Staubblätter 6, zu je 3 verwachsen **_Papaveraceae,_** 129

69* Blätter ungeteilt; Staubblätter 5 od. 8, frei

70 Blätter schildförmig; Staubblätter 8 **_Tropaeolaceae,_** 399

70* Blätter nicht schildförmig; Staubblätter 5 **_Balsaminaceae,_** 505

68* Blüten radiär, nicht gespornt; Staubblätter 1–5

71 Blätter nur 2(–3), herz-eiförmig; Blüten 4-blättrig, weiß, krautig; Staubblätter 4 **_Asparagaceae_** *(Maianthemum)*, 849

71* Blätter mehr als 2, nicht herzförmig; Blüten nicht weiß od. sonst trockenhäutig
72 Griffel 1, mit einfacher Narbe
73 Blüten grünl. ***Urticaceae*** *(Parietaria, Soleirolia)*, 310
73* Blüten hellrosa od. gelbl.
74 Blüten hellrosa, 5-spaltig, glockig; Staubblätter 5; Blätter ungeteilt, ganzrandig ***Primulaceae*** *(Glaux)*, 510
74* Blüten gelbl., 4-blättrig; Staubblätter 2, selten 4; Blätter fiederspaltig ***Brassicaceae*** *(Coronopus didymus)*, 420
72* Griffel od. Narben 2–5 — Blütenhülle meist grün; Staubblätter 1–5
75 Blütenhülle trockenhäutig, meist frei, oft stachelspitzig; Blüten mit 3 Vorblättern; Blätter lanzettl. od. breiter, fast stets ganzrandig, meist ausgerandet u. stachelspitzig; Staubblätter am Grund zu einem Ring verbunden ***Amaranthaceae,*** 495
75* Blütenhülle meist krautig, verwachsen, meist stumpf; Blüten ohne od. mit 2 Vorblättern; Blätter entweder pfrieml. bis linealisch, dann oft stachelspitzig, od. breiter, dann oft gezähnt bis gelappt, nie ausgerandet od. stachelspitzig; Staubblätter meist frei ***Chenopodiaceae,*** 482

Schlüssel VI: Zweikeimblättrige Pflanzen mit doppelter Blütenhülle (Kron- u. Kelchblätter) u. bis zum Grund freien Kronblättern

Die Kelchblätter können (im Gegensatz zu den Kronblättern) miteinander zu einer Röhre verwachsen sein.

1 Fruchtknoten unterständig od. halbunterständig
2 Bäume od. Sträucher
3 Blätter gegenständig; Kelchzipfel u. Kronblätter 4–5
4 Kelch 4-zähnig, sehr klein; Kronblätter 4; Staubblätter 4; Griffel 1 *(Abb. 19/3)*; Steinfrucht ***Cornaceae,*** 503
4* Kelchzipfel u. Kronblätter 4–5; Staubblätter mindestens 10; Griffel 4–5 *(Abb. 53/5)*; Frucht eine Kapsel ***Hydrangeaceae,*** 504
3* Blätter wechselständig; Kelchzipfel u. Kronblätter 5
5 Staubblätter zahlreich; Blätter mit Nebenblättern, einfach od. gefiedert; Bäume od. Sträucher ***Rosaceae,*** 218
5* Staubblätter 5–10; Blätter ohne Nebenblätter, stets einfach; Sträucher
6 Immergrüner Kletterstrauch; Kelch 5-zähnig, klein, oft undeutl.; Staubblätter 5–10 ***Araliaceae*** *(Hedera)*, 652
6* Sommergrüner aufrechter Strauch; Kelch 5-spaltig, größer als die Krone; Staubblätter 5 ***Grossulariaceae,*** 171
2* Kräuter od. selten Zwergsträucher, dann mit fadenförmigem liegendem Stängel
7 Wasserpflanze; Kronblätter 4

8 Blätter ungeteilt, die schwimmenden rosettig *(Abb. 57/1)*; Staubblätter 4; Narbe 1; Griffel vorhanden; Frucht eine 4-dornige Nuss **Lythraceae** *(Trapa)*, 365

8* Blätter kammartig gefiedert, meist untergetaucht; Staubblätter 8; Narben 4; Griffel fehlend; Frucht nicht 4-dornig **Haloragaceae,** 182

7* Land-, Sumpf- od. Moorpflanze; Kronblätter 2–6

9 Griffel 1; Kronblätter meist 2, 4 od. 6, selten 5

10 Blüten in dichten Köpfchen od. walzenförmigen Ähren mit gemeinsamer Hülle; Kron-, Kelch- u. Staubblätter 5; Kronblätter anfangs an der Spitze zusammenhängend **Campanulaceae** *(Jasione, Phyteuma)*, 649, 650

10* Blüten einzeln od. in lockeren Trauben ohne gemeinsame Hülle; Kronblätter nicht an der Spitze zusammenhängend

11 Kelch 2- od. 4-teilig; Kronblätter 2 od. 4; Staubblätter 2, 4 od. 8

12 Stängel aufrecht, krautig; Frucht eine Nuss od. Kapsel **Onagraceae,** 366

12* Stängel niederliegend, fadenförmig, verholzt; Frucht eine Beere **Ericaceae** *(Vaccinium macrocarpon, V. oxycoccos)*, 520

11* Kelch 6–12-zähnig; Kronblätter meist 4–6; Staubblätter meist 6 od. 12 **Lythraceae** *(Lythrum, Peplis)*, 520

9* Griffel 2; Kronblätter meist 5

13 Blüten in Dolden, seltener in Köpfen; Staubblätter 5; Kelch 5-zähnig od. undeutl.; Teilfrüchte in 2 Früchtchen zerfallend **Apiaceae,** 652

13* Blüten nicht in Dolden; Staubblätter 8–20; Kelchzipfel 4–5; Kapsel- od. Sammelfrüchte, nicht zerfallend

14 Blätter ungeteilt od. handförmig geteilt; Staubblätter 8–10; Kelchzipfel 4–5; 2-hörnige Kapselfrucht **Saxifragaceae,** 173

14* Blätter unterbrochen gefiedert; Staubblätter 10–20; Kelchzipfel 5; keulenförmige Sammelfrucht **Rosaceae** *(Agrimonia)*, 220

1* Fruchtknoten oberständig

15 Fruchtknoten 2 bis viele, frei od. nur unten verwachsen (jeder mit 1 Griffel od. 1 Narbe)

16 Blätter schuppenförmig **Tamaricaceae,** 441

16* Blätter nicht schuppenförmig, flach od. fleischig

17 Blätter dick u. fleischig — Kelch 5–20-teilig; Krone 5–20-blättrig; Staubblätter 10–20, dem Kelchgrund eingefügt **Crassulaceae,** 177

17* Blätter krautig, höchstens lederig

18 Kelch wenigstens am Grund verwachsenblättrig; Krone 4–5-blättrig; Staubblätter 8 bis viele, meist dem Kelch eingefügt

19 Kelch verwachsenblättrig; Staubblätter 15 bis viele; Blätter meist mit Nebenblättern; Strauch **Rosaceae,** 218

19* Kelch nur am Grund verwachsenblättrig; Staubblätter 8 od. 10; Blätter ohne Nebenblätter; Halbstrauch **Rutaceae** *(Ruta)*, 391

18* Kelch freiblättrig; Krone 3- bis vielblättrig; Staubblätter 5 bis viele, dem Blütenboden eingefügt; Blätter ohne Nebenblätter

20 Bäume od. Sträucher ***Magnoliaceae,*** 124

20* Krautige Pflanzen, selten Halbsträucher

21 Krone < 5 cm, wenn größer, dann gelb; Fruchtknoten ohne rote Narben ***Ranunculaceae,*** 139

21* Krone > 5 cm, rot od. weiß; Fruchtknoten mit auffälligen roten Narben, filzig behaart ***Paeoniaceae,*** 171

15* Fruchtknoten 1 od. mehrere in 1 verwachsen

22 Kronblätter ungleich gestaltet

23 Blüten mit Sporn od. Aussackung

24 Staubblätter 5 — Staubbeutel zusammenhängend od. zusammenneigend

25 Kelchblätter 3–5, gefärbt, 1 Kronblatt viel größer u. gespornt; Kronblätter 5, je 2 seitl. verwachsen ***Balsaminaceae,*** 505

25* Kelchblätter 5, grün, am Grund mit Anhängseln; Kronblätter 5, davon 1 gespornt ***Violaceae,*** 346

24* Staubblätter mehr als 5

26 Blätter schildförmig, ganzrandig; Staubblätter 8; Kelch 5-teilig, gespornt; Kronblätter 5, die 3 vorderen genagelt *(Abb. 57/2);* Frucht 3-knopfig ***Tropaeolaceae,*** 399

26* Blätter gefiedert; Staubblätter 6 od. zahlreich; Kelch, Krone u. Frucht anders gestaltet

27 Staubblätter 6, in 2 Bündeln verwachsen; Kelchblätter 2, blass; Kronblätter 4, davon 1–2 gespornt, rot, rosa, gelb od. weiß ***Papaveraceae,*** 129

27* Staubblätter zahlreich, nicht in 2 Bündeln; Kelchblätter wie die Kronblätter gefärbt; Krone meist blau, seltener rosa od. weiß ***Ranunculaceae*** *(Consolida),* 146

23* Blüten ohne Sporn od. Aussackung

28 Kelchblätter frei od. nur am Grund miteinander verbunden

29 Kelchblätter 5, die 2 seitl. größer, gefärbt, flügelartig; Kronblätter 3–5, unter sich u. mit den 8, in 2 Bündeln vereinigten Staubblättern verwachsen *(Abb. 57/3)* ***Polygalaceae,*** 215

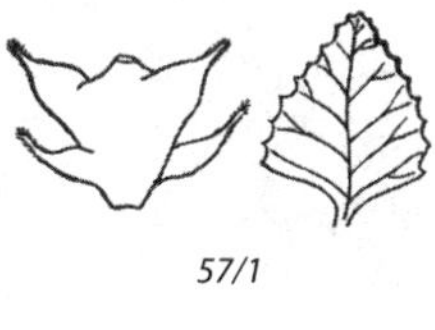

57/1

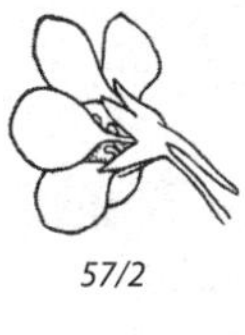

57/2

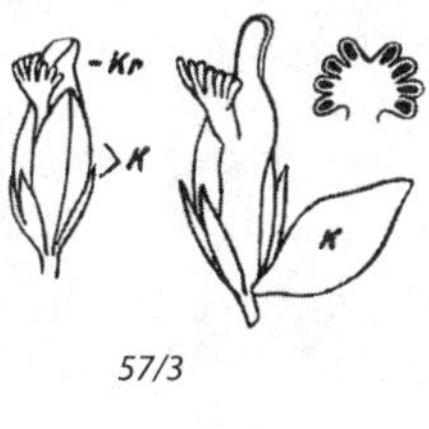

57/3

29 Kelchblätter 4 od. 6; Kronblätter 4 od. 6, frei; Staubblätter 6 od. zahlreich
30 Kelchblätter 4; Kronblätter 4, die 2 äußeren größer; Staubblätter 6, 4 längere u. 2 kürzere **Brassicaceae,** 400
30* Kelchblätter 4 od. 6; Kronblätter oft unregelmäßig geschlitzt; Staubblätter 11–30 **Resedaceae,** 399
28* Kelchblätter deutl. miteinander verwachsen
31 Staubblätter meist 7, frei; Kronblätter etwas ungleich, auffällig; Frucht eine Kapsel, meist 3-fächerig; Blätter 5–7-zählig gefingert — Bäume **Sapindaceae** *(Aesculus),* 389
31* Staubblätter 10, frei, höchstens 1 frei (Ausnahme: *Styphnolobium,* dornenloser Baum mit gegliederter Hülse); Krone meist schmetterlingsförmig; Frucht eine Hülse **Fabaceae,** 185
22* Kronblätter alle gleich gestaltet
32 Baum mit (meist) kräftigen, verzweigten Dornen an Stamm u. Ästen; Frucht eine bis 40 cm lange Hülse — Blätter meist doppelt gefiedert; Blüten grünl., in ährenförmigen Trauben **Fabaceae** *(Gleditsia),* 193
32* Kräuter od. dornenlose Bäume, falls Dornen, dann nur bei Sträuchern *(Berberis, Rhamnus)*; Frucht keine Hülse
33 Staubblätter 12 bis viele
34 Staubblätter miteinander ± verwachsen
35 Staubblätter in 1 Bündel (Röhre) verwachsen; Frucht in zahlreiche 1-samige Teilfrüchtchen zerfallend od. eine aufspringende Kapsel mit mehreren mehrsamigen Fächern; Blätter gelappt bis geteilt, wechselständig **Malvaceae,** 392
35* Staubblätter in 3(–5) Bündel verwachsen *(Abb. 58/1);* Frucht eine 3-fächerige Kapsel; Blätter ungeteilt, gegen-, seltener quirlständig **Hypericaceae,** 354
34* Staubblätter frei
36 Bäume od. größere Sträucher
37 Kelch 5-spaltig; Kronblätter 5, weiß od. rot; Steinfrucht; Bäume od. Sträucher **Rosaceae,** 218
37* Kelch 5-blättrig; Kronblätter 5, gelbl.; Schließfrucht; Bäume — Blüten in Trugdolden, mit einem meist halb angewachsenen, zungenförmigen, bleichen Deckblatt *(Abb. 58/2)* **Malvaceae** *(Tilia),* 396

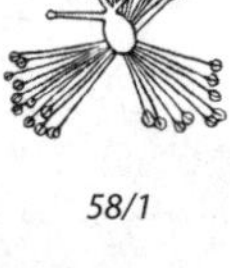
58/1

58/2

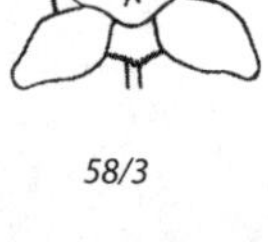
58/3

36* Kräuter od. Zwergsträucher

38 Wasser- od. Moorpflanze; Narbe sternförmig

39 Wasserpflanze mit runden schwimmenden Blättern; Kronblätter zahlreich ***Nymphaeaceae,*** 125

39* Moorpflanze mit aufrechten, schlauchartigen Blättern; Kronblätter 5 ***Sarraceniaceae,*** 513

38* Land- od. Uferpflanze; Narbe nicht sternförmig

40 Kelch verwachsenblättrig

41 Kelch 2-spaltig, mit abfallendem Saum; Kronblätter meist 5, gelb; Staubblätter 8–15; Griffel 3–6-teilig; Kapsel 1-fächerig, mit einem deutl. ausgebildeten Deckel aufspringend ***Portulacaceae,*** 502

41* Kelch (8–)12-zähnig, röhrig; Kronblätter 4–6, rötl. bis lila; Staubblätter 12; Griffel 1, einfach; Kapsel 2-fächerig ***Lythraceae*** *(Lythrum),* 365

40* Kelch freiblättrig, früh abfallend (dann an Blütenknospen untersuchen)

42 Kelchblätter 1–2; Kronblätter 4; Pflanze oft mit Milchsaft ***Papaveraceae,*** 129

42* Kelchblätter 3–5; Kronblätter 4–5; Pflanze ohne Milchsaft

43 Kelchblätter 4; Frucht eine Beere; Blätter zusammengesetzt ***Ranunculaceae*** *(Actaea),* 141

43* Kelchblätter 3 od. 5; Frucht eine Kapsel; Blätter ungeteilt ***Cistaceae,*** 398

33* Staubblätter 2–10

44 Bäume od. Sträucher

45 Blätter einfach, ungeteilt

46 Kelch verwachsenblättrig; Kronblätter 4–5

47 Zwergsträucher; Blätter immergrün, ledrig; Staubblätter 8–10 ***Ericaceae,*** 514

47* Größere Sträucher od. Bäume; Blätter sommergrün, krautig; Griffel 1–3; Staubblätter 4–5

48 Staubblätter direkt vor den Kronblättern; Griffel 1, einfach od. 2–4-spaltig; Frucht eine Steinfrucht; Fruchtstiele kahl ***Rhamnaceae,*** 306

48* Staubblätter mit den Kronblättern abwechselnd, einer den Fruchtknoten umgebenden Scheibe eingefügt; Griffel 1–3; Frucht eine Kapsel od. wenn eine Steinfrucht, dann Fruchtstiele auffällig behaart

49 Zweige grün; Griffel 1, einfach *(Abb. 58/3);* Frucht eine rotorange, 2–5-fächerige Kapsel; Fruchtstiele kahl ***Celastraceae,*** 324

49* Zweige braun; Griffel 3, aber oft nur 1 Fach entwickelt; Frucht eine dunkelrote bis braune Steinfrucht; Fruchtstiele auffällig perückenartig, violett behaart ***Anacardiaceae*** *(Cotinus),* 386

46* Kelch freiblättrig; Kronblätter 4–6

50 Blätter nadelförmig, klein; Pflanze 2-häusig, Blüten sehr klein; Staubblätter 3; Narben 6–9; Frucht eine Steinfrucht ***Ericaceae*** *(Empetrum),* 516

50* Blätter nicht nadelförmig, flächig; Pflanze 1-häusig; Blüten ⚥; Staubblätter 6; Griffel od. Narbe 1; Frucht eine 2-samige Beere *(Abb. 60/1)* **Berberidaceae,** 137

45* Blätter gelappt bis gefingert, 3-zählig od. gefiedert

51 Griffel 1, einfach

52 Staubblätter 2; Krone 2–4-blättrig; Frucht geflügelt *(Abb. 49/1);* Blätter gegenständig, gefiedert; Baum **Oleaceae** (*Fraxinus*), 561

52* Staubblätter 5; Krone 5-blättrig; Frucht eine Beere; Blätter wechselständig, gelappt bis gefingert; rankende Liane **Vitaceae,** 183

51* Griffel od. Fruchtknoten 2–5 od. Griffel 2-spaltig

53 Griffel 2 od. ein 2-spaltiger Griffel; Blätter gegen- od. wechselständig

54 Staubblätter meist 8; Frucht 3-fächerig, blasenartig aufgetrieben *(Abb. 60/2)* od. 2-flügelig *(Abb. 60/3);* Blätter gelappt od. gefiedert; meist Bäume **Sapindaceae** (*Acer, Koelreuteria*), 387, 390

54* Staubblätter 4–5; Frucht anders gestaltet; Blätter 3-zählig od. gefiedert; Ziersträucher (selten verwildert)

55 Staubblätter 4–5; Frucht eine abgeflachte kugelige, breit geflügelte 2-samige Nuss; Blätter 3-zählig **Rutaceae** (*Ptelea*), 391

55* Staubblätter 5; Frucht eine 2–3-fächerige, häutige Kapsel *(Abb. 60/4);* Blätter 3-zählig od. gefiedert **Staphyleaceae,** 386

53* Griffel od. Fruchtknoten 3–5; Blätter wechselständig

56 Staubblätter 3 od. (in rein ♂ Blüten) 10; Fruchtknoten 3–5; Frucht geflügelt, längl.; Blätter gefiedert **Simaroubaceae,** 392

56* Staubblätter 5; Griffel 3; Frucht eine trockene Steinfrucht; Blätter gefiedert od. 3-zählig (vgl. auch *Phellodendron*) **Anacardiaceae** (*Rhus*), 386

44* Kräuter

57 Griffel 1, mit einfacher Narbe

58 Kelch verwachsenblättrig

59 Blätter gefiedert — Kelch 4- od. 5-teilig; Kronblätter 4–5; Staubblätter 8 od. 10 **Rutaceae** (*Dictamnus*), 390

59* Blätter einfach, ungeteilt

60 Kelch 8–12-zähnig; Kronblätter 4–6; Staubblätter 6–12 **Lythraceae,** 364

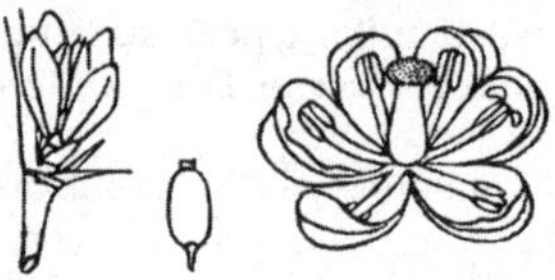

60/1

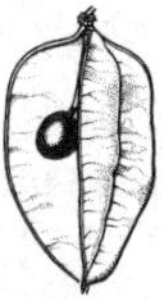

60/2

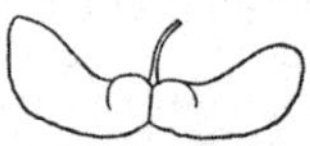

60/3

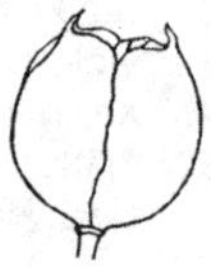

60/4

60* Kelch 5-teilig; Kronblätter 5-teilig bis 5-blättrig; Staubblätter 10 *(Abb. 61/1)* ***Ericaceae*** *(Pyrola)*, 518

58* Kelch freiblättrig

61 Staubblätter 8 od. 10; Kelch- u. Kronblätter 4–5 *(Abb. 61/2)*; Pflanze ohne grüne Blätter ***Ericaceae*** *(Hypopytis)*, 516

61* Staubblätter 4–6; Kelch- u. Kronblätter 4–7; Pflanze mit grünen Blättern

62 Staubblätter 5; Kelch- u. Kronblätter 5–7 ***Primulaceae*** *(Anagallis, Lysimachia, Trientalis)*, 509, 510, 513

62* Staubblätter 4 od. 6; Kelch- u. Kronblätter 4

63 Staubblätter 4; Kronblätter spornartig ausgehöhlt — Blätter doppelt 3-zählig ***Berberidaceae*** *(Epimedium)*, 137

63* Staubblätter 6 (4 längere u. 2 kürzere); Kronblätter oft benagelt ***Brassicaceae,*** 400

57* Griffel od. Narben mehrere

64 Blätter gelappt bis geteilt, gefiedert od. 3-zählig

65 Blätter 3-zählig, kleeartig; Staubblätter 10; Frucht eine 5-klappige vielsamige Kapsel ***Oxalidaceae,*** 324

65* Blätter gelappt bis geteilt od. gefiedert; Staubblätter 5 od. 10; Griffel 5; Früchtchen 5, 1-samig ***Geraniaceae,*** 357

64* Blätter einfach, ungeteilt

66 Blätter alle (zuweilen bis auf 1–2) grundständig; Staubblätter 5

67 Blüten einzeln od. in kopfigen Blütenständen, dann von mehreren Hochblättern umgeben; Blätter herzförmig od. grasartig, nicht drüsig

68 Blüten einzeln, mit 5 drüsig gefransten Honigblättern *(Abb. 61/3)* neben den Staubblättern; Blätter herzförmig, alle bis auf 1 grundständig ***Parnassiaceae,*** 176

68* Blüten in kopfigen Blütenständen, von mehreren Hochblättern umgeben, ohne Honigblätter; Blätter grasartig, alle grundständig ***Plumbaginaceae,*** 441

67* Blüten traubig; Blätter weder herzförmig noch grasartig, mit od. ohne Drüsenhaare

69 Blätter mit langen roten Drüsenhaaren, rundl. bis längl., stumpf *(Abb. 61/4)*; Blütenstand ohne Tragblätter ***Droseraceae,*** 456

61/1

61/2

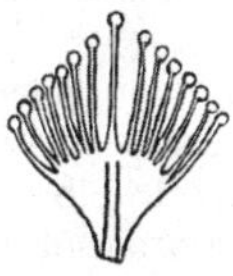

61/3

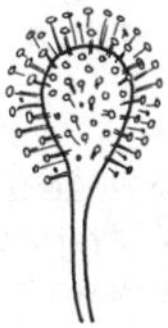

61/4

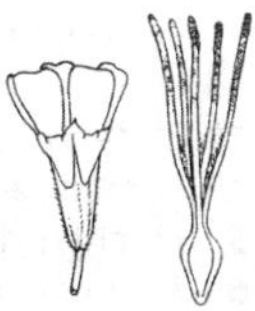

61/5

69* Blätter nicht rotdrüsig behaart, rhombisch oval, zugespitzt; Blütenstand mit 2 gegenständigen Tragblättern **Montiaceae** *(Claytonia)*, 501
66* Blätter wechsel-, gegen- od. quirlständig; Staubblätter 3–10
70 Blätter wechselständig, selten gegenständig (dann Krone weiß mit gelbem Grund); Griffel, Kron- u. Staubblätter 4–5 ***Linaceae,*** 353
70* Blätter gegen- od. quirlständig; Griffel 2–5; Kronblätter 3–5; Staubblätter 3, 6, 8 od. 10
71 Staubblätter meist 10; Kronblätter 4–5; Kelch 4–5-blättrig od. zu einer 4–5-zähnigen Röhre verwachsen ***Caryophyllaceae,*** 457
71* Staubblätter 3, 6 od. 8; Kronblätter 3–4; Kelch 2–4-teilig
72 Kronblätter rötl.-weiß od. grünl.; Ufer- od. Teichbodenpflanze ***Elatinaceae,*** 332
72* Kronblätter weiß; Pflanze quelliger Stellen in Wiesen, Äckern u. Gräben — Staubblätter 3; Frucht sich mit 3 Klappen öffnend **Montiaceae** *(Montia)*, 501

Schlüssel VII: Zweikeimblättrige Pflanzen mit doppelter Blütenhülle (Kron- u. Kelchblätter) u. verwachsenen Kronblättern

1 Mehrere od. viele Blüten zu einem Köpfchen vereinigt u. von einer gemeinsamen Hülle umgeben
2 Fruchtknoten oberständig; Kronblätter 5-teilig; Staubblätter u. Griffel 5 *(Abb. 61/5);* Blätter grundständig, grasartig ***Plumbaginaceae,*** 441
2* Fruchtknoten unterständig; Kronblätter 4–5-spaltig; Staubblätter 4–5
3 Staubblätter 4; Staubbeutel frei; Kelch der Einzelblüten doppelt ***Dipsacaceae,*** 638
3* Staubblätter 5; Staubbeutel frei od. zu einer Röhre verwachsen; Kelch der Einzelblüten einfach od. fehlend
4 Staubbeutel frei od. nur am Grund schwach verbunden; Krone 5-teilig, Kronblätter anfangs an der Spitze zusammenhängend; Kelch der Einzelblüten krautig, 5-spaltig; Frucht eine 1-fächerige Kapsel **Campanulaceae** *(Jasione, Phyteuma)*, 649, 650
4* Staubbeutel meist zu einer Röhre verwachsen, selten frei; Krone röhrig, 5-zähnig bis 5-teilig, u./od. zungenförmig; Kelch der Einzelblüten meist aus Haaren bestehend; Frucht eine trockene Schließfrucht ***Asteraceae,*** 676
1* Blüten nicht zu einem Köpfchen vereinigt od. doch nicht von einer gemeinsamen Hülle umgeben
5 Fruchtknoten unterständig od. halbunterständig
6 Sträucher od. Zwergsträucher, mitunter mit fädl. kriechenden Stängeln
7 Staubblätter 8–10; Blätter wechselständig; Zwergsträucher **Ericaceae** *(Vaccinium)*, 519

7* Staubblätter 5; Blätter gegenständig; Sträucher

8 Blütenstände vielblütig, schirmförmig od. kugelig; Steinfrucht; Griffel kurz od. fehlend; Blätter gefiedert od. einfach ***Adoxaceae*** *(Sambucus, Viburnum)*, 634, 635

8* Blütenstände armblütig, höchstens quirlig kopfig; Beeren-, Kapsel- od. Schließfrucht; Griffel verlängert; Blätter einfach ***Caprifoliaceae***, 636

6* Kräuter

9 Blätter zu 4–8 quirlständig; Staubblätter 4 — Krone 3–4-spaltig ***Rubiaceae***, 521

9* Blätter gegen- od. wechselständig; Staubblätter entweder mehr als 4 od. weniger als 4

10 Blätter gegenständig; Staubblätter 1–3 od. 8–10

11 Blüten in Trugdolden; Krone 5-spaltig; Staubblätter 1–3 ***Valerianaceae***, 642

11* Blüten zu 5–9 in fast würfelförmigen, endständigen Köpfchen; Krone 4–5-teilig; Staubblätter 8–10 ***Adoxaceae*** *(Adoxa)*, 634

10* Blätter wechselständig od. fast grundständig; Staubblätter 5

12 Kräuter mit Ranken; Pflanze 1- od. 2-häusig; Staubblätter alle od. je 2 Paare verwachsen — Frucht eine (mitunter große) Beere ***Cucurbitaceae***, 321

12* Kräuter ohne Ranken; Pflanze 1-häusig; Blüten ⚥; Staubblätter frei, selten verwachsen

13 Griffel an der Spitze in 2–3 Narben od. Narbenlappen geteilt; Kapsel 2–5-fächerig; Krone meist blau bis violett, selten weiß ***Campanulaceae***, 646

13* Griffel einfach, ungeteilt, Narbe kopfig; Kapsel 1-fächerig; Krone weiß ***Primulaceae*** *(Samolus)*, 513

5* Fruchtknoten oberständig

14 Fruchtknoten 4-teilig, in (meist) 4 1-samige Teilfrüchtchen (Klausen) zerfallend (bei *Heliotropium* erst mit der Reife 4-teilig)

15 Blätter gegenständig; Krone meist ungleichmäßig, 2-lippig; Staubblätter 4 (2 längere, 2 kürzere), selten nur 2 ***Lamiaceae***, 587

15* Blätter wechselständig; Krone 5-spaltig, zuweilen etwas ungleichmäßig; Staubblätter 5 ***Boraginaceae***, 536

14* Fruchtknoten 1–2

16 Fruchtknoten 2, zuweilen mit 2 Drüsen abwechselnd, dadurch scheinbar 4; Staubblätter 5 — Blätter meist gegenständig ***Apocynaceae***, 535

16* Fruchtknoten 1, meist einfach; Staubblätter 2–10

17 Staubblätter 5–10 (falls zahlreicher siehe *Delphinium*)

18 Staubblätter 8–10

19 Blüte radiär, Blütenblätter alle gleich

20 Griffel u. Narbe 1; Staubblätter 8 od. 10 ***Ericaceae***, 514

20* Griffel od. Narben 2; Staubblätter meist 9 ***Gentianaceae***, 529

19* Blüte unregelmäßig, Blütenblätter verschieden gestaltet

21 Staubblätter 8, in 2 Bündel verwachsen *(Abb. 57/3)* **Polygalaceae,** 215
21* Staubblätter 10, davon 9 zu einer Röhre verwachsen **Fabaceae** *(Trifolium)*, 204
18* Staubblätter 5–7
22 Blätter gegen-, quirl- od. grundständig, selten obere wechselständig *(Phlox)*
23 Kronröhre über dem Fruchtknoten zusammengeschnürt **Nyctaginaceae,** 500
23* Kronröhre nicht über dem Fruchtknoten zusammengeschnürt
24 Staubblätter direkt vor den Kronzipfeln stehend; Griffel 1; Fruchtknoten 1-fächerig **Primulaceae,** 508
24* Staubblätter abwechselnd mit den Kronzipfeln stehend; Griffel od. Narben 1–3; Fruchtknoten 1–3-fächerig
25 Griffel od. Narben (0–)1–2; Fruchtknoten 1–2-fächerig **Gentianaceae,** 529
25* Griffel 1; Narben 3; Fruchtknoten 3-fächerig — obere Blätter mitunter wechselständig **Polemoniaceae** *(Phlox)*, 507
22* Blätter wechselständig, wenigstens die oberen, od. fehlend
26 Griffel od. Narben 2–3, selten Narbe einfach u. kopfig, dann Stängel windend
27 Stängel meist windend; Griffel od. Narben 2, selten einfach, kopfig **Convolvulaceae,** 548
27* Stängel aufrecht; Griffel 2-spaltig od. Narben 3
28 Narben 3; Krone fast radförmig, mit kurzer od. langer Röhre; Blüten nicht in einseitswendigen Wickeln **Polemoniaceae,** 506
28* Griffel 2-spaltig; Krone trichterig; Blüten in einseitswendigen ährigen Wickeln **Boraginaceae** *(Phacelia)*, 545
26* Griffel 1; Narbe 1, einfach; Stängel nicht windend
29 Blätter 3-zählig od. herzförmig kreisrund, dann schwimmend; Wasser- od. Sumpfpflanze **Menyanthaceae,** 651
29* Blätter einfach, selten gefiedert, weder 3-zählig noch schwimmend; meist Landpflanze
30 Staubfäden ungleich, mit weißer od. violetter Wolle besetzt; Krone radförmig, etwas ungleichmäßig, mit sehr kurzer Röhre; Blätter einfach, ungeteilt **Scrophulariaceae** *(Verbascum)*, 584
30* Staubfäden gleich, ohne Wolle, höchstens am Grund zottig; Krone rad- bis trichterförmig; Blätter einfach od. gefiedert **Solanaceae,** 553
17* Staubblätter 2–4
31 Sträucher od. Bäume
32 Blätter sehr groß, ungeteilt od. bei Kletterpflanze gefiedert; Blüten groß, bauchig glockig od. trichterig, mit fast 2-lippigem Saum
33 Zweige mit gekammertem Mark; Blattrand bewimpert **Paulowniaceae,** 618

33* Zweige mit durchgehendem Mark; Blattrand kahl **Bignoniaceae,** 630
32* Blätter u. Blüten anders
34 Staubblätter 2; Krone 4-teilig od. fehlend **Oleaceae,** 560
34* Staubblätter 4; Krone 4–5-teilig
35 Krone radförmig, 4–5-teilig *(Abb. 65/1)*; Blätter lederig, starr, oft stachelig gezähnt, kahl; Steinfrucht **Aquifoliaceae,** 633
35* Krone klein, mit langer Röhre, 4-teilig; Blätter nicht lederig, gesägt, unterseits behaart; Kapselfrucht **Scrophulariaceae** *(Buddleja)*, 583
31* Kräuter
36 Pflanze ohne grüne Blätter
37 Stängel windend, dünn; Blüten klein, knäuelig gehäuft; Kronzipfel gleich **Convolvulaceae** *(Cuscuta)*, 550
37* Stängel (fast) aufrecht; Blüten zieml. groß, in Ähren od. Trauben; Krone 2-lippig **Orobanchaceae** *(Lathraea, Orobanche)*, 621, 624
36* Pflanze mit grünen Blättern
38 Krone radiär, Kronzipfel alle gleich gestaltet
39 Blätter wechselständig
40 Pflanze 2–8 cm hoch; Blüten in den Blattachseln, Krone < 2 mm lang **Primulaceae** *(Centunculus)*, 510
40* Pflanze meist > 10 cm groß; Blüten traubig angeordnet, Krone > 1 cm lang
41 Blätter ungeteilt; Blüten rot, weiß od. gelb **Plantaginaceae** *(Digitalis)*, 567
41* Blätter fiederteilig; Blüten rosa od. rosenrot **Orobanchaceae** *(Pedicularis)*, 627
39* Blätter gegen- od. grundständig
42 Blüten in kugeligen od. walzenförmigen Ähren; Blätter grundständig, seltener gegenständig **Plantaginaceae** *(Littorella, Plantago)*, 571
42* Blüten einzeln od. in Trauben; Blätter meist gegenständig, seltener grundständig
43 Blüten einzeln, Krone ± 2 mm lang, rosa od. weiß; Blätter grundständig, lang gestielt, spatelig **Plantaginaceae** *(Limosella)*, 569
43* Blüten einzeln od. in Trauben; Krone > 10 mm lang (Ausnahme: *Cicendia* mit bis 5 mm Kronenlänge), blau, violett od. gelb; Blätter stets gegenständig **Gentianaceae,** 529
38* Krone ± dorsiventral; Kronzipfel ungleich gestaltet
44 Staubblätter 3 **Montiaceae,** 501
44* Staubblätter 2 od. 4

65/1

45 Staubblätter 2, beide mit Staubbeutel
46 Untergetauchte Wasserpflanze od. Rosettenpflanze; Blüten deutl. dorsiventral ***Lentibulariaceae,*** 630
46* Weder untergetauchte Wasserpflanze noch Rosettenpflanze; Blüten ausgebreitet radförmig od. undeutl. 2-lippig ***Plantaginaceae*** *(Veronica* s. l.), 573
45* Staubblätter 4 od. 2 fertile u. 2 ohne Staubbeutel
47 Nur 2 Staubblätter mit Staubbeutel
48 Krone 10–18 mm lang, viel länger als der Kelch, an dessen Grunde 2 Vorblätter stehen ***Plantaginaceae*** *(Gratiola),* 568
48* Krone 3–8 mm lang, kaum länger als der Kelch, Kelch ohne Vorblätter ***Linderniaceae,*** 586
47* Alle 4 Staubgefäße mit Staubbeuteln
49 Krone ungleich 5-spaltig, trichterförmig — Fruchtknoten 4-fächrig; Krone ± violett ***Verbenaceae,*** 633
49* Krone 2-lippig, zuweilen gespornt od. ungleich zipfelig
50 Krone am Grund mit Sporn od. sackförmigem Höcker ***Plantaginaceae,*** 563
50* Krone am Grund ohne Sporn od. Höcker
51 Kelch 4-zähnig od. 4-spaltig ***Orobanchaceae,*** 618
51* Kelch 5-zähnig bis 5-teilig od. 2-spaltig
52 Blätter in grundständiger Rosette; Krone ca. 2 mm lang, weiß od. rosa, fast radiär ***Plantaginaceae*** *(Limosella),* 569
52* Blätter gegenständig; Krone 14–40 mm lang, gelb ***Phrymiaceae,*** 617

Zusatzschlüssel:

Schlüssel VIII: Pflanzen, die nach Blütenmerkmalen schwer zu bestimmen sind

Pflanzen, die selten blühen, unscheinbare od. sehr kleine Blüten haben od. aus anderen Gründen schwer nach Blütenmerkmalen zu bestimmen sind

1 Schwimmende od. ± untergetauchte Wasserpflanze
2 Blätter fehlend od. scheinbar stängellos; Pflanze nicht in Stängel u. Blätter gegliedert
3 Blattartiger Spross rundl., oft frei schwimmend, od. gestielt u. lanzettl. kreuzweise übereinander liegend *(Abb. 66/1)* ***Araceae*** *(Lemna, Spirodela, Wolffia),* 797, 799

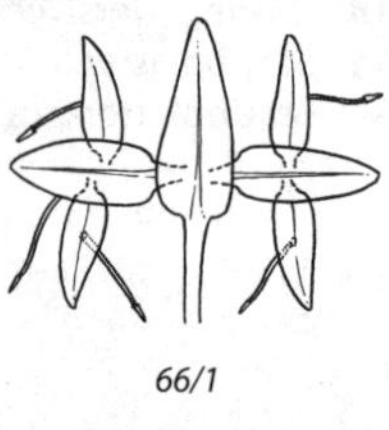

66/1

3* Pflanze untergetaucht, meist zerbrechl., mit quirlständigen Ästen; Stängel ohne gezähnte Scheiden [***Characeae*** Armleuchteralgengewächse (*in diesem Buch nicht behandelt*)]
2* Blätter vorhanden; Pflanze in Stängel u. Blätter gegliedert
4 Blätter geteilt od. zusammengesetzt
5 Blätter mit kleinen rundl. häutigen Blasen zwischen den Blattzipfeln — Blüten gelb, 2-lippig ***Lentibulariaceae*** *(Utricularia)*, 630
5* Blätter ohne Blasen zwischen den Blattzipfeln
6 Blätter quirlständig
7 Blätter mehrfach gegabelt, mit weichen od. starren Zipfeln; Blüten unter Wasser, einzeln in Blattachseln, sehr unscheinbar ***Ceratophyllaceae,*** 128
7* Blätter tief kammartig fiederteilig; Blüten über Wasser, in unterbrochenen quirligen Ähren ***Haloragaceae,*** 182
6* Blätter wechselständig, entfernt od. fast rosettig
8 Blätter kammartig fiederteilig, sehr genähert; Blüten hellrosa, in endständiger, unterbrochener Traube ***Primulaceae*** *(Hottonia)*, 510
8* Blätter fein zerschlitzt, entfernt; Blüten weiß, einzeln ***Ranunculaceae*** *(Ranunculus)*, 150
4* Blätter einfach, ungeteilt
9 Blätter nur vorn gezähnelt, sonst ganzrandig ***Potamogetonaceae*** *(Groenlandia)*, 806
9* Blätter völlig ganzrandig, gezähnt od. gesägt
10 Blätter gezähnt od. fein gesägt
11 Blätter rosettig, schwimmend od. untergetaucht
12 Blätter schwertförmig lineal lanzettl., dornig gezähnt, eine aufrechte Rosette bildend ***Hydrocharitaceae*** *(Stratiotes)*, 804
12* Blätter rautenförmig, gezähnt, eine dem Wasserspiegel flach aufliegende Rosette bildend ***Lythraceae*** *(Trapa)*, 365
11* Blätter quirlständig, untergetaucht
13 Blätter stachelig gezähnt, scheinbar quirlständig (paarweise genähert); Pflanze meist starr, zerbrechl. ***Hydrocharitaceae*** *(Najas)*, 804
13* Blätter sehr fein gesägt, zu 3–4 quirlständig ***Hydrocharitaceae*** *(Elodea, Egeria)*, 803
10* Blätter ganzrandig
14 Blätter rundl. nierenförmig, eiförmig, elliptisch, längl. od. lanzettl.
15 Blätter rundl. nierenförmig, mit herzförmigem Grund, lederig, lang gestielt, mit 2 großen durchscheinenden Nebenblättern — Blüten groß, weiß, am Grund gelb ***Hydrocharitaceae*** *(Hydrocharis)*, 804
15* Blätter nicht rundl. nierenförmig
16 Pflanze mit Blattrosetten auf dem Wasser schwimmend; Blätter bis 8 cm breit u. 12 cm lang ***Araceae*** *(Pistia)*, 799

16* Pflanze keine Blattrosetten bildend (bisweilen die oberen rosettig gedrängt); Blätter von anderer Form

17 Blätter quirlständig, untere lanzettl., obere eiförmig ***Elatinaceae*** *(Elatine alsinastrum)*, 333

17* Blätter gegen- od. wechselständig

18 Schwimmblätter ohne Stiel meist > 5 cm lang; Blätter meist wechsel-, selten gegenständig, elliptisch bis lanzettl.; Blüten in gestielten Ähren, grünl. od. rötl. (wenn weiß vgl. *Luronium*) ***Potamogetonaceae*** *(Potamogeton)*, 806

18* Schwimmblätter fehlend od. mit Stiel < 2 cm lang; Blätter gegenständig, die oberen bisweilen rosettenartig gedrängt; Blüten zu 1–5 in den Blattachseln

19 Blätter gegenständig, spatelförmig bis lanzettl.; Blüten zu 3–5, weiß ***Montiaceae,*** 501

19* Blätter gegenständig, die oberen rosettenartig, meist verkehrt eiförmig; Blüten einzeln, ohne deutl. Blütenhülle ***Plantaginaceae*** *(Callitriche)*, 565

14* Blätter linealisch, pfrieml., faden- od. borstenförmig

20 Blätter quirlständig

21 Blattquirle 8–12-blättrig; Blätter linealisch; Stängel meist aufrecht, hohl, gegliedert ***Plantaginaceae*** *(Hippuris)*, 568

21* Blattquirle 3-blättrig. Blätter fast fadenförmig; Stängel flutend od. auf dem Grund des Gewässers kriechend ***Potamogetonaceae*** *(Zannichellia)*, 812

20* Blätter wechselständig, grundständig od. büschelig

22 Blätter büschelig od. grundständig

23 Blätter büschelig, fast borstenförmig; Blüten in büschelig trugdoldigen Köpfchen ***Juncaceae*** *(Juncus)*, 859

23* Blätter grundständig, bandförmig grasartig; Blüten einzeln, lang gestielt ***Plantaginaceae*** *(Littorella)*, 571

22* Blätter wechselständig

24 Blüten in mehreren kugeligen, übereinander stehenden Ähren; Blätter bandförmig grasartig ***Typhaceae*** *(Sparganium)*, 856

24* Blüten nicht in kugeligen, übereinander stehenden Ähren; Blätter linealisch bis borstenförmig

25 Blüten ein kleines, endständiges Ährchen bildend, ohne Blütenhülle; Blätter fast borstenförmig ***Cyperaceae*** *(Eleogiton)*, 892

25* Blüten in meist lang gestielten, blattachselständigen Ähren; Blätter linealisch bis borstenförmig ***Potamogetonaceae*** *(Potamogeton)*, 806

1* Land- od. Sumpfpflanze od. im Wasser aufrecht wachsende u. sich weit über den Wasserspiegel erhebende Pflanze

26 Pflanze knotig gegliedert, fleischig ***Chenopodiaceae*** *(Salicornia)*, 494

26* Pflanze nicht knotig gegliedert, nicht fleischig

27 Stängel fehlend; Blätter grundständig rosettig
Plantaginaceae *(Limosella, Littorella),* 569, 571

27* Stängel vorhanden; Blätter stängelständig, wenn grundständig, dann nicht rosettig

28 Stängel windend, niederliegend od. kriechend

29 Stängel windend; krautige Windepflanzen od. holzige Lianen

30 Blätter fehlend; Blüten klein, knäuelartig gehäuft, 4–5-spaltig
Convolvulaceae *(Cuscuta),* 550

30* Blätter vorhanden, am Grund herzförmig, groß

31 Blätter gesägt bis gezähnt, stachelspitzig, 3–5-lappig od. -spaltig, einige ungeteilt, gegenständig; Blüten 2-häusig
Cannabaceae *(Humulus),* 308

31* Blätter ganzrandig, herz-eiförmig, wechselständig; Blüten ⚥, pfeifenkopfähnl., zu 1–2 in den Blattachseln
Aristolochiaceae *(Aristolochia),* 126

29* Stängel niederliegend od. kriechend; meist niedrige Kräuter

32 Blätter fiederteilig; Blüten in kleinen blattachselständigen Trauben; Frucht ein fast nierenförmiges Schötchen
Brassicaceae *(Coronopus),* 419

32* Blätter einfach, ungeteilt

33 Blätter nierenförmig od. kreisrund

34 Blätter nierenförmig; Stängel kurz; Blüten einzeln, kurz gestielt, mittelgroß, bräunl.; Waldpflanze ***Aristolochiaceae*** *(Asarum),* 127

34* Blätter schildförmig, kreisrund; Stängel kriechend; Blüten in gestielten, 3–5-blütigen Köpfchen, sehr klein, weiß od. rötl.; Sumpf- u. Uferpflanze ***Araliaceae*** *(Hydrocotyle),* 652

33* Blätter deutl. länger als breit

35 Blätter linealisch bis pfrieml.

36 Blätter grundständig, 3–10 cm lang, am Grund mit kugeligen Sporenbehältern; Blüten fehlend — Stängel fadenförmig, kriechend
Marsileaceae *(Pilularia),* 93

36* Blätter gegen- od. wechselständig, ohne kugelige Sporenbehälter; Blüten vorhanden

37 Blätter gegenständig; Blüten 4-zählig, gestielt
Caryophyllaceae *(Sagina),* 471

37* Blätter wechselständig; Blüten 5-zählig, sitzend od. sehr kurz gestielt — Blatt dornspitzig ***Chenopodiaceae*** *(Polycnemum),* 493

35* Blätter eiförmig od. elliptisch bis lineal lanzettl. — Blüten sehr klein

38 Blätter alle wechsel- od. quirlständig

39 Blätter fast quirlständig, lineal längl., hohl, immergrün; Zwergstrauch — Blüten einzeln, rötl.; Frucht beerenartig ***Ericaceae*** *(Empetrum),* 516

39* Blätter wechselständig; Pflanze krautig
40 Pflanze hell- od. gelbgrün — Blätter kurz gestielt, spitzl.; Blüten knäuelartig, grünl. ***Caryophyllaceae*** *(Herniaria)*, 467
40* Pflanze dunkel- od. blaugrün
41 Pflanze meist dunkelgrün, ohne Chlorgeruch; Blätter meist lanzettl., am Grund mit 2-spaltigen Scheiden; Blüten grünl. od. purpurn, zu 1–5 in den Blattachseln ***Polygonaceae*** *(Polygonum)*, 448
41* Pflanze blaugrün, frisch mit Chlorgeruch; Blätter lineal längl., vorn breiter, mit trockenhäutigen Nebenblättern; Blüten weiß ***Caryophyllaceae*** *(Corrigiola)*, 463
38* Blätter gegenständig, wenigstens die unteren
42 Blätter stumpf, verkehrt eiförmig, gestielt; Stängel oft rot
43 Blüten in blattachselständigen Knäueln, schneeweiß ***Caryophyllaceae*** *(Illecebrum)*, 468
43* Blüten einzeln in Blattachseln, rosa, hinfällig, zuweilen fehlend (vgl. auch *Elatine*) ***Lythraceae*** *(Peplis)*, 365
42* Blätter spitz od. spitzl.
44 Blätter kurz gestielt; Blüten geknäuelt, grünl. ***Caryophyllaceae*** *(Herniaria)*, 467
44* Blätter sitzend; Blüten nicht geknäuelt, weiß ***Linaceae*** *(Radiola)*, 354
28* Stängel aufrecht od. aufsteigend
45 Pflanze ohne grüne Blätter od. Blätter grasartig u. dann 30–150 cm lang
46 Pflanze ohne grüne Blätter; Stängel u. Äste gegliedert
47 Äste quirlständig od. fehlend; Stängel an den Knoten mit gezähnten Scheiden; Pflanze nicht fleischig ***Equisetaceae*** *(Equisetum)*, 89
47* Äste gegenständig; Stängel ohne gezähnte Scheiden; Pflanze fleischig ***Chenopodiaceae*** *(Salicornia)*, 494
46* Pflanze mit grasartigen, 30–150 cm langen Blättern — Sumpf- u. Wasserpflanzen
48 Blüten in mehreren kugeligen, übereinander stehenden Ähren ***Typhaceae*** *(Sparganium)*, 856
48* Blüten in end- od. seitenständigen, walzenförmigen, fleischigen Ähren
49 Ähre scheinbar seitenständig; Stängel bandartig zusammengedrückt; Pflanze aromatisch ***Acoraceae,*** 796
49* Ähre endständig, übereinander stehend, gelbl. bis braun; Stängel rund; Pflanze geruchlos ***Typhaceae*** *(Typha)*, 858
45* Pflanze krautig; Blätter vorhanden, nicht grasartig
50 Blüten in ± walzenförmigen Kolben od. in kugeligen bis längl. Köpfen; Blätter zusammengesetzt od. gelappt, wenn einfach, dann herz- bis pfeilförmig
51 Blüten in ± walzenförmigen Kolben, von einer Spatha umgeben ***Araceae,*** 796

51* Blüten in kugeligen bis längl. Köpfen; Blätter zusammengesetzt od. gelappt
52 Blüten 1-geschlechtig, die ♂ in Köpfen, die ♀ zu 2 in stacheliger, zu einer Scheinfrucht auswachsenden Hülle — Blätter meist 3-lappig **Asteraceae** *(Xanthium)*, 795
52* Blüten ⚥, alle in Köpfen, von vielteiliger, dorniger Hülle umgeben — Pflanze ± distelartig **Apiaceae** *(Eryngium)*, 666
50* Blüten weder in Kolben noch in Köpfen; Blätter einfach, zusammengesetzt od. gelappt
53 Pflanze mit weißem Milchsaft — Blätter wechsel- od. gegenständig; Blüten doldig **Euphorbiaceae** *(Chamaesyce, Euphorbia)*, 326, 327
53* Pflanze ohne Milchsaft
54 Blätter quirl- od. gegenständig, wenigstens die unteren
55 Blätter quirlständig, linealisch — Blüten blattachselständig, sitzend, grünl.; Stängel aufrecht, hohl **Plantaginaceae** *(Hippuris)*, 568
55* Blätter gegenständig, wenigstens die unteren
56 Blätter lineal pfrieml., stachelspitzig, obere wechselständig — Blüten einzeln, blattachselständig, sitzend **Chenopodiaceae** *(Polycnemum)*, 493
56* Blätter breiter, nicht stachelspitzig
57 Blüten bläul., sehr klein, einzeln u. in kleinen Trugdolden; Blätter lineal lanzettl., die unteren spatelförmig **Valerianaceae** *(Valerianella)*, 645
57* Blüten gelbl.-weiß od. fleischrötl., mittelgroß, in Trugdolden; Blätter elliptisch bis längl. lanzettl. **Apocynaceae** *(Asclepias, Vincetoxicum)*, 535, 536
54* Blätter alle wechselständig
58 Blätter linealisch bis pfrieml.
59 Stängel (5–)10–100 cm hoch, ästig, fleischig saftig; Blätter stechend; Blüten blattachselständig, sitzend **Chenopodiaceae** *(Salsola)*, 494
59* Stängel 2–7 cm hoch, ästig; Blätter nicht stechend, fast fädl.; Blüten end- u. blattachselständig, gestielt **Caryophyllaceae** *(Sagina)*, 471
58* Blätter breiter
60 Stängel 30–80 cm hoch; Blätter herz-eiförmig; Blüten büschelig in den Blattachseln, hellgelb **Aristolochiaceae** *(Aristolochia)*, 126
60* Stängel 2–8 cm hoch; Blätter eiförmig, spitz; Blüten einzeln in den Blattachseln, weiß bis rosa **Primulaceae** *(Centunculus)*, 510

Schlüssel IX: Gehölze, zu bestimmen nach Blattmerkmalen

Angegebene Blattgrößen sind Durchschnittswerte. Schösslinge u. Wasserreiser können deutl. größere Blätter haben.

1 Blätter nadel- od. schuppenförmig
2 Sträucher od. Bäume, meist über 1 m hoch, nie dornig
3 Sommergrüne Sträucher mit schuppenförmigen, wechselständigen Blättern; Samen vom Fruchtknoten umschlossen ***Tamaricaceae,*** 441
3* Immergrüne Bäume od. Sträucher mit gegen-, wechsel- od. quirlständigen Nadel- od. Schuppenblättern; Samen nicht von einem Fruchtknoten eingeschlossen **Nacktsamige Pflanzen**, siehe **Schlüssel II,** 42
2* Zwergsträucher bis 0,50(–1) m, selten dornige Sträucher bis 1,2 m Höhe
4 Sommergrüner Dornstrauch; Zweige behaart — Blätter stechend ***Fabaceae*** *(Ulex)*, 210
4* Immergrüner Zwergstrauch ohne Dornen; Zweige kahl ***Ericaceae,*** 514
1* Blätter weder nadel- noch schuppenförmig
5 Blätter einfach, ungeteilt
6 Blätter gegen- od. fast quirlständig **Schlüssel IX a,** 72
6* Blätter wechselständig **Schlüssel IX b,** 74
5* Blätter zusammengesetzt, geteilt od. gelappt
7 Blätter geteilt od. gelappt **Schlüssel IX c,** 77
7* Blätter zusammengesetzt (gefiedert, 3-zählig od. gefingert) **Schlüssel IX d,** 79

Schlüssel IX a: Gehölze mit ungeteilten, gegen- od. fast quirlständigen Blättern

1 Zwergsträucher, Lianen od. auf Bäumen schmarotzende Sträucher
2 Auf Bäumen schmarotzende kleine Sträucher; Blätter längl., ganzrandig; Frucht beerenartig
3 Nur auf Eichen; Blätter sommergrün, dunkelgrün, lanzettl. spatelig ***Loranthaceae,*** 441
3* Auf verschiedenen Nadel- u. Laubbäumen, aber sehr selten auf Eichen; Blätter immergrün, lederartig, meist gelbgrün, eiförmig längl. ***Santalaceae*** *(Viscum)*, 440
2* Zwergsträucher od. windende Sträucher
4 Mehrere Meter hoch windende Sträucher; Blätter kahl
5 Blätter sommergrün, die obersten sitzend od. verwachsen ***Caprifoliaceae*** *(Lonicera)*, 636

5* Blätter immergrün, die obersten nicht miteinander verwachsen **_Celastraceae,_** 324

4* Bis 20 cm hohe Zwergsträucher mit niederliegenden Ästen; Blätter ± behaart **_Cistaceae_** *(Helianthemum)*, 398

1* Aufrechte, im Boden wurzelnde Sträucher od. Bäume

6 Blätter gesägt, gekerbt od. gezähnt

7 Blätter beiderseits sternhaarig, bisweilen unterseits grauweiß filzig

8 Blätter unterseits nicht filzig, eiförmig bis lanzettl. **_Hydrangeaceae_** *(Deutzia)*, 504

8* Blätter unterseits filzig, elliptisch bis lanzettl.

9 Blätter unterseits grünl. od. weißl. filzig, lanzettl., Basis keilförmig **_Scrophulariaceae_** *(Buddleja)*, 583

9* Blätter unterseits grauweiß filzig, elliptisch, Basis herzförmig od. abgerundet **_Adoxaceae_** *(Viburnum lantana)*, 635

7* Blätter weder sternhaarig noch filzig, oft (fast) kahl

10 Seitennerven bogig parallel zum Blattrand in Richtung Blattspitze verlaufend

11 Dorniger Strauch — Blätter fein u. dicht kerbig gesägt, eiförmig bis elliptisch **_Rhamnaceae_** *(Rhamnus)*, 306

11* Dornenloser Strauch

12 Blätter meist > 5 cm breit, entfernt klein gesägt — Spreite elliptisch **_Hydrangeaceae_** *(Philadelphus)*, 504

12* Blätter < 5 cm breit, gesägt od. teilweise ganzrandig

13 Zweige mit zahlreichen korkartigen hellen Lentizellen, Mark gekammert; Blätter lanzettl. **_Oleaceae_** *(Forsythia)*, 561

13* Zweige ohne Lentizellen, mit vollem Mark; Blätter eiförmig bis elliptisch **_Caprifoliaceae,_** 636

10* Seitennerven in den Blattrand einmündend

14 Blätter scharf doppelt gesägt **_Rosaceae_** *(Rhodotypos)*, 257

14* Blätter einfach gesägt

15 Zweige 4-kantig od. warzig; Blätter längl. bis eiförmig, klein gesägt, kahl **_Celastraceae_** *(Euonymus europaea)*, 324

15* Zweige stielrund, glatt; Blätter lanzettl., gesägt, kahl od. unterseits fein kurzhaarig **_Salicaceae_** *(Salix)*, 337

6* Blätter ganzrandig

16 Blätter ± lederig, immergrün od. winter- bis sommergrün

17 Blätter höchstens 2 cm lang, stumpf, steif, elliptisch **_Buxaceae_** *(Buxus)*, 170

17* Blätter länger, spitz, ± lanzettl. **_Oleaceae_** *(Ligustrum)*, 562

16* Blätter nicht lederig, sommergrün

18 Blattgrund herz- bis eiförmig

19 Blätter kahl **_Oleaceae_** *(Syringa)*, 563

19* Blätter beidseitig behaart **_Paulowniaceae,_** 618

18* Blattgrund nicht herzförmig

20 Seitennerven bogig parallel zum Blattrand in Richtung Blattspitze verlaufend ***Cornaceae,*** 503
20* Seitennerven in den Blattrand einmündend
21 Blätter elliptisch bis längl., unterseits grün ***Caprifoliaceae*** *(Lonicera),* 636
21* Blätter rundl. bis breit elliptisch, unterseits blaugrün ***Caprifoliaceae*** *(Symphoricarpos),* 638

Schlüssel IX b: Gehölze mit ungeteilten, wechselständigen Blättern

1 Kleine Sträucher od. Zwergsträucher, nicht über 2 m hoch
2 Zweige krautig, grün ***Fabaceae*** *(Genista),* 191
2* Zweige ± verholzt, meist braun
3 Blätter mit Nebenblättern
4 Nebenblätter 2–4 cm breit, oval, herz- oder nierenförmig ***Rosaceae*** *(Chaenomeles),* 231
4* Nebenblätter schmaler, meist lang gestreckt (wenn sehr klein: Blätter doppelt gesägt, vgl. Zierstrauch *Kerria*) ***Salicaceae*** *(Salix),* 337
3* Blätter ohne Nebenblätter od. Nebenblätter hinfällig
5 Blätter stachelspitzig
6 Blätter elliptisch, die oberen zur Spitze u. zum Grund hin verschmälert ***Polygalaceae,*** 215
6* Blätter lineal lanzettl., gewimpert ***Cistaceae*** *(Helianthemum),* 398
5* Blätter nicht stachelspitzig, spitz od. stumpf
7 Blätter 0,5–10 cm lang, mit schmalen hinfälligen Nebenblättern; meist Zierstrauch; Zweige relativ dicht behaart — Knospen < 5 mm lang ***Rosaceae*** *(Cotoneaster),* 231
7* Blätter < 7 cm lang, ohne Nebenblätter; meist Wildpflanze; Zweige kahl od. behaart
8 Blätter 3–7 cm lang, lanzettl. od. linealisch keilförmig ***Thymelaeaceae,*** 397
8* Blätter bis etwa 3 cm lang, lineal, lanzettl. bis elliptisch — Spreite am Rand oft umgerollt ***Ericaceae,*** 514
1* Größere Sträucher, Bäume od. Lianen
9 Linkswindene Liane; Blätter herz-nierenförmig, 10–30 cm lang ***Aristolochiaceae*** *(Aristolochia macrophylla),* 126
9* Sträucher oder Bäume
10 Blätter etwa so lang wie breit od. nur wenig länger als breit, rundl., eiförmig, herz-eiförmig od. verkehrt eiförmig, 3-eckig od. rautenförmig
11 Blätter ganzrandig, lang gestielt
12 Blätter 10–20 cm lang, zugespitzt, gerieben unangenehm riechend ***Bignoniaceae*** *(Catalpa),* 630

12* Blätter 5–8 cm lang, nicht zugespitzt, geruchlos ***Anacardiaceae*** *(Cotinus)*, 386

11* Blätter nicht ganzrandig, meist kurz gestielt

13 Starke Seitennerven der Blätter ± geradlinig in den Blattrand mündend

14 Blattgrund herzförmig — Blätter rundl. bis verkehrt eiförmig ***Betulaceae*** *(Corylus)*, 320

14* Blattgrund nicht herzförmig

15 Blätter zugespitzt, 3-eckig bis rautenförmig, doppelt gesägt, kahl od. behaart ***Betulaceae*** *(Betula, Alnus alnobetula)*, 318, 317

15* Blätter nicht spitz, meist gestutzt od. ausgerandet, rundl. bis verkehrt eiförmig, geschweift gesägt, kahl ***Betulaceae*** *(Alnus glutinosa)*, 317

13* Starke Seitennerven der Blätter den Blattrand nicht erreichend, sondern sich davor fein verzweigend

16 Blätter am Grund deutl. herzförmig

17 Blätter zugespitzt, schief herzförmig, gesägt, unterseits kahl od. kurzhaarig ***Malvaceae*** *(Tilia)*, 396

17* Blätter stumpf od. etwas spitzl., kerbig gesägt, kahl ***Rosaceae*** *(Prunus mahaleb)*, 254

16* Blätter am Grund nicht od. nur undeutl. herzförmig

18 Blätter 3-eckig od. rautenförmig, kerbig gesägt, zugespitzt, am Grund meist gestutzt od. keilförmig ***Salicaceae*** *(Populus)*, 334

18* Blätter rundl., elliptisch od. eiförmig

19 Blattstiel von der Seite her zusammengedrückt; Spreite fast kreisrund, geschweift, stumpf gezähnt, kahl ***Salicaceae*** *(Populus tremula)*, 337

19* Blattstiel nicht zusammengedrückt; Spreite rundl. bis elliptisch od. eiförmig, kurz zugespitzt, klein gesägt, oft unterseits behaart ***Rosaceae*** *(Malus)*, 242

10* Blätter mindestens etwa 2-mal so lang wie breit

20 Blätter etwa 2-mal so lang wie breit, elliptisch, eiförmig od. verkehrt eiförmig

21 Starke Seitennerven der Blätter ± geradlinig in den Blattrand mündend

22 Blätter unterseits grau- bis weißfilzig, doppelt gesägt od. klein gelappt, elliptisch bis längl. ***Rosaceae*** *(Sorbus aria)*, 300

22* Blätter nicht grau- od. weißfilzig

23 Blätter am Grund schief od. ungleichseitig, doppelt gesägt

24 Blätter am Grund meist auffallend ungleichseitig, unterseits kurzhaarig od. kahl, oft rau, nur in den Nervenwinkeln bärtig ***Ulmaceae,*** 307

24* Blätter am Grund nur etwas schief, nur an den Nerven unterseits sparsam zottig — Spreite durch eingesenkte Seitennerven faltig ***Betulaceae*** *(Carpinus)*, 320

23* Blätter am Grund ± symmetrisch, nicht schief od. ungleichseitig

25 Blattrand wellig, undeutl. od. nicht gezähnt, gewimpert; Spreite unterseits in den Nervenwinkeln mit Haarbüscheln ***Fagaceae*** *(Fagus)*, 312

25* Blattrand meist doppelt gesägt; Spreite unterseits graugrün, behaart **_Betulaceae_** *(Alnus incana)*, 317

21* Starke Seitennerven der Blätter den Blattrand nicht erreichend, sondern sich davor fein verzweigend

26 Blätter ganzrandig od. fast ganzrandig

27 Blätter nicht filzig, meist kahl, seltener Spreite nach dem Austrieb od. nur an den Nerven behaart, oft mit behaarten Stielen (vgl. auch *Salix*)

28 Blätter 3–6 cm lang; Wildpflanze **_Rhamnaceae_** *(Frangula)*, 306

28* Blätter länger; Ziergehölz **_Magnoliaceae_** *(Magnolia)*, 124

27* Blätter unterseits weiß- od. graufilzig

29 Blätter bis 3 cm breit; Nebenblätter lanzettl., nicht drüsig **_Rosaceae_** *(Cotoneaster)*, 231

29* Blätter 7 cm breit; Nebenblätter eiförmig rundl., drüsig gezähnelt **_Rosaceae_** *(Cydonia)*, 239

26* Blätter gesägt, gezähnt od. gekerbt

30 Blattstiel ½ so lang od. so lang wie die Blattspreite — Blätter jung behaart, dann verkahlend, fein gesägt **_Rosaceae_** *(Pyrus)*, 256

30* Blattstiel kürzer

31 Blattstiel drüsig; Spreite kahl, oberseits glänzend, drüsig gesägt, eiförmig elliptisch **_Salicaceae_** *(Salix pentandra)*, 343

31* Blattstiel nicht od. nur an der Spitze drüsig; Spreite unterseits kahl od. behaart

32 Blätter stumpf, spitzl. od. zugespitzt, gesägt bis doppelt gesägt, unterseits kahl od. behaart; Blattstiel zuweilen am oberen Ende drüsig **_Rosaceae_** *(Prunus)*, 250

32* Blätter beidseitig abgerundet od. vorn abgestutzt, kerbig gesägt, jung unterseits filzig; Blattstiel nie drüsig **_Rosaceae_** *(Amelanchier)*, 229

20* Blätter mehr als 2-mal so lang wie breit, längl., lanzettl. bis lineal lanzettl.

33 Blätter ganzrandig od. fast ganzrandig

34 Ziergehölze in Hausgärten u. Parks, nie verwildernd **_Magnoliaceae_** *(Magnolia)*, 124

34* Bäume od. Sträucher, wildwachsend, seltener Ziersträucher

35 Blätter kahl

36 Zweige herabgebogen od. überhängend, lang; Blätter längl. lanzettl. **_Solanaceae_** *(Lycium)*, 555

36* Zweige nicht überhängend, kurz; Blätter spatelförmig, am Grund keilförmig —Zierstrauch, selten verwildert **_Berberidaceae_** *(Berberis thunbergii)*, 137

35* Blätter nicht kahl

37 Blätter unterseits grau- od. weißschilfrig od. beidseitig silberschilfrig **_Elaeagnaceae,_** 305

37* Blätter nicht auffallend grau- bis silberschilfrig, doch z. T. ± anliegend behaart

38 Blätter ohne Nebenblätter, unterseits filzig, längl. lanzettl.; dornig od. dornenlos ***Rosaceae*** *(Mespilus)*, 243
38* Blätter mit Nebenblättern, unterseits seidenhaarig od. filzig; dornenlos ***Salicaceae*** *(Salix)*, 337
33* Blätter gesägt, gezähnt od. gekerbt
39 Knospen von einer kappenförmigen Hülle umschlossen; Blätter längl. bis lineal lanzettl., oberseits kahl, unterseits seidenhaarig od. filzig, meist fein gesägt, mit Nebenblättern ***Salicaceae*** *(Salix)*, 337
39* Knospendecke aus mehreren übereinander liegenden Schuppen bestehend; Blätter kahl
40 Blätter ± lederig
41 Blätter > 12 cm lang, längl. lanzettl., 3–4-mal so lang wie breit, gesägt, Zähne mit langen Spitzen ***Fagaceae*** *(Castanea)*, 312
41* Blätter < 10 cm lang, eiförmig längl. bis spatelförmig, 2–3-mal so lang wie breit, stachelig gezähnt
42 Zweige dornenlos; Blattrand wellig, meist stachelig gezähnt ***Aquifoliaceae***, 633
42* Zweige dornig; Blattrand nicht wellig, gezähnt od. gesägt
43 Dornen einfach; Blätter fein kerbig gesägt ***Rosaceae*** *(Pyracantha)*, 256
43* Dornen meist 3-teilig; Blätter jederseits mit 10–20 feinen Zähnen ***Berberidaceae*** *(Berberis vulgaris)*, 137
40* Blätter nicht lederig
44 Blätter weder dornig noch stachelspitzig, längl. lanzettl. ***Rosaceae*** *(Spiraea, Aronia)*, 301, 230
44* Blätter dornig bewimpert od. stachelspitzig gesägt
45 Blätter dornig bewimpert, längl. verkehrt eiförmig — Langtriebblätter als Dornen ausgebildet ***Berberidaceae*** *(Berberis)*, 137
45* Blätter stachelspitzig gesägt, lanzettl., in den Blattstiel verschmälert ***Rosaceae*** *(Prunus)*, 250

Schlüssel IX c: Gehölze mit geteilten od. gelappten Blättern

1 Klimmende Sträucher
2 Blätter immergrün, lederig, 5-eckig gelappt; Blattlappen ganzrandig ***Araliaceae*** *(Hedera)*, 652
2* Blätter sommergrün, krautig, 3–5-lappig; Blattlappen grob gezähnt ***Vitaceae***, 183
1* Aufrechte Sträucher od. Bäume
3 Blätter gegenständig

4 Blattstiel oberwärts mit höckerförmigen Drüsen; Blätter 3-lappig, grob gezähnt **Adoxaceae** *(Viburnum opulus),* 635

4* Blattstiel ohne Drüsen; Blätter 3–5-lappig, Lappen ganzrandig, grob kerbig gesägt od. gezähnt (vgl. auch *Forsythia*) **Sapindaceae** (*Acer*), 387

3* Blätter wechselständig

5 Blätter an ein u. derselben Pflanze teils ungeteilt, teils durch stumpfe Buchten 3–5-lappig od. -spaltig, alle ungleich gesägt, am Grund etwas ungleich, die oberen deutl. herzförmig (vgl. auch *Symphoricarpus*) ***Moraceae,*** 309

5* Blätter alle gleich gestaltet

6 Blätter 4-lappig *(Abb. 78/1)* **Magnoliaceae** *(Liriodendron),* 124

6* Blätter nicht 4-lappig

7 Blätter fiederförmig gelappt od. gespalten

8 Kleiner Halbstrauch, gerieben streng duftend **Rutaceae** *(Ruta),* 391

8* Baum od. größerer Strauch, geruchlos

9 Blattlappen ganzrandig; Blätter buchtig gelappt, im Umriss ± verkehrt eiförmig **Fagaceae** *(Quercus),* 312

9* Blattlappen gesägt od. gezähnt; Blätter im Umriss breit eiförmig od. längl. elliptisch bis längl. **Rosaceae** *(Sorbus),* 299

7* Blätter fingerförmig (handförmig) gelappt od. gespalten

10 Blätter unterseits weißfilzig, ± 8 cm breit **Salicaceae** *(Populus),* 334

10* Blätter unterseits nicht weißfilzig, kahl od. kurzhaarig

11 Blätter bis 25 cm breit, 5–7-lappig ***Platanaceae,*** 170

11* Blätter bis 12 cm breit

12 Mittellappen der Blattspreite länger als die beiden seitl. **Rosaceae** *(Physocarpus),* 243

12* Mittellappen der Blattspreite kaum länger als die beiden seitl.

13 Blätter am Grund keilförmig in den Blattstiel verschmälert, mit Nebenblättern **Rosaceae** *(Crataegus),* 235

13* Blätter am Grund gestutzt od. herzförmig, ohne Nebenblätter ***Grossulariaceae,*** 171

78/1

Schlüssel IX d:
Gehölze mit zusammengesetzten Blättern (gefiedert, gefingert od. 3-zählig)

1 Blätter gefingert od. 3-zählig, wenigstens die unteren
2 Blättchen ganzrandig, selten grob gelappt od. undeutl. gekerbt
3 Blättchen mit Nebenblättern, stets ganzrandig; untere Blätter 3-zählig, obere z. T. einfach (vgl. auch *Solanum dulcamara*) ***Fabaceae,*** 185
3* Blättchen stets ohne Nebenblätter
4 Blätter doppelt 3-zählig; Blattabschnitte ganzrandig od. 2–3-lappig ***Paeoniaceae*** *(Paeonia suffruticosa)*, 171
4* Blätter einfach 3-zählig; Blättchen ganzrandig, undeutl. gekerbt
5 Blättchen 6–12 cm lang, zuweilen undeutl. gekerbt, mit durchscheinenden Punkten ***Rutaceae*** *(Ptelea)*, 391
5* Blättchen 1–3 cm lang, ganzrandig, ohne durchscheinend Punkte ***Oleaceae*** *(Jasminum)*, 562
2* Blättchen gezähnt od. gesägt
6 Bäume; Blätter gegenständig, 5–7-zählig; Blättchen groß, keilförmig verkehrt eiförmig ***Sapindaceae*** *(Aesculus)*, 389
6* Aufrechte od. klimmende Sträucher; Blätter wechselständig, 3–5-zählig
7 Blätter < 4 cm lang, 3-zählig — Äste meist zottig behaart; kleine, oft dornige Pflanzen mit liegendem bis aufrechtem Stängel ***Fabaceae*** *(Ononis)*, 201
7* Blätter > 10 cm lang, 3–5-zählig
8 Blättchen ± behaart; stachelige, aufrechte bis niederliegende Sträucher ***Rosaceae*** *(Rubus)*, 266
8* Blättchen kahl; unbewehrte, klimmende od. niederliegende Sträucher
9 Blätter (3–)5–7-zählig gefingert, mit od. ohne Haftscheiben kletternd ***Vitaceae*** *(Parthenocissus)*, 183
9* Blätter 3-zählig; Strauch niederliegend od. mit Haftwurzeln kletternd ***Anacardiaceae*** *(Rhus radicans)*, 386
1* Blätter gefiedert (vgl. auch *Dasiphora* mit an der Spindel weit herablaufenden oberen Fiederblättchen, dadurch gefingert erscheinend)
10 Blätter gegenständig
11 Klimmende Sträucher; Blätter einfach bis gefiedert; Blättchen herz- od. eiförmig, ganzrandig od. gekerbt (vgl. auch *Campsis*) ***Ranunculaceae*** *(Clematis)*, 145
11* Aufrechte Sträucher od. Bäume
12 Junge Zweige bläul. bereift; Blättchen ungleich grob gesägt bis fast ganzrandig ***Sapindaceae*** *(Acer negundo)*, 388
12* Junge Zweige nicht bläul. bereift; Blättchen feiner u. regelmäßiger gesägt bis gekerbt
13 Jedes Fiederblättchen am Grund mit sehr kleinen, linealischen Nebenblättchen ***Staphyleaceae,*** 386

13* Fiederblättchen ohne Nebenblättchen
14 Borke stark korkig; duftender Parkbaum; Blättchen am Rand durchscheinend punktiert ***Rutaceae*** *(Phellodendron)*, 391
14* Borke nicht auffallend korkig; geruchloser Baum od. unangenehm riechender Strauch; Blättchen nicht durchscheinend punktiert
15 Zweige markig, warzig höckerig; Blättchen ± deutl. kurz gestielt ***Adoxaceae*** *(Sambucus)*, 634
15* Zweige nicht markig, glatt; Blättchen sitzend od. kurz gestielt ***Oleaceae*** *(Fraxinus)*, 561
10* Blätter wechselständig
16 Stachelige Sträucher
17 Nebenblätter bleibend, zum größeren Teil mit dem Blattstiel verwachsen ***Rosaceae*** *(Rosa)*, 257
17* Nebenblätter klein, fädl., vom Blattstiel entspringend ***Rosaceae*** *(Rubus idaeus, R. nessensis)*, 290, 291
16* Bäume od. nicht stachlige Sträucher
18 Pflanze immergrün; Blätter mit dornigen Blattzähnen ***Berberidaceae*** *(Mahonia)*, 138
18* Pflanze nicht immergrün; Blätter nicht dornig gezähnt
19 Blätter überwiegend doppelt gefiedert — Zierbaum mit kräftigen Dornen u. bis 40 cm langen Hülsen ***Fabaceae*** *(Gleditsia)*, 193
19* Blätter stets einfach gefiedert
20 Blättchen deutl. gesägt od. gekerbt
21 Junge Zweige mit gekammertem Mark ***Juglandaceae*** *(Juglans nigra)*, 315
21* Junge Zweige mit vollem Mark
22 Blättchen ± tief eingeschnitten, Lappen doppelt gesägt — Blatt mit 7–15 Fiedern; Zierbaum ***Sapindaceae*** *(Koelreuteria)*, 390
22* Blättchen nicht eingeschnitten, gesägt od. gekerbt
23 Pflanze mit Milchsaft — Blätter 30–40 cm lang, mit 17–23 Blättchen ***Anacardiaceae*** *(Rhus typhina)*, 386
23* Pflanze ohne Milchsaft
24 Blättchen 5–17, meist > 8 cm lang; Nebenblätter fehlen ***Juglandaceae*** *(Carya)*, 315
24* Blättchen 5–21, kürzer; Nebenblätter vorhanden ***Rosaceae*** *(Sorbaria, Sorbus)*, 299
20* Blättchen ganzrandig od. am Grund beiderseits mit 1–2(–4) groben Zähnen, unterseits mit je 1 Drüse
25 Blättchen am Grund beiderseits mit 1–2(–4) groben Zähnen, unterseits mit je 1 Drüse — Blätter 45–60 cm lang ***Simaroubaceae,*** 392
25* Blättchen völlig ganzrandig
26 Blättchen > 8 cm lang ***Juglandaceae*** *(Juglans regia)*, 315
26* Blättchen < 8 cm lang ***Fabaceae,*** 185

Abteilung ***Pteridophyta,* Gefäßsporenpflanzen**

Klasse ***Equisetopsida,* Schachtelhalme**

nur eine Familie **_Equisetaceae,_** 89

Klasse ***Lycopodiopsida,* Bärlappe**
(inkl. *Selaginellopsida,* Moosfarne)

1 Blätter 3–10 mm lang, ohne Blatthäutchen (Ligula) **_Lycopodiaceae,_** 83

1* Blätter 1–3 mm lang, am Grund mit Blatthäutchen **_Selaginellaceae,_** 87

Klasse ***Psilotopsida,* Nacktfarne**

nur eine Familie **_Ophioglossaceae,_** 87

Klasse ***Polypodiopsida,* Farne**

1 Auf der Wasseroberfläche frei schwimmende Pflanze mit Schwimmblättern **_Salviniaceae,_** 93

1* Bodenwurzelnde Land-, selten Wasserpflanze

2 Pflanze mit dünnem, im Teichschlamm kriechendem Stängel, Blätter stielrund, fädl., 0,5–1 mm Ø; Sporen in kugel(pillen)-förmigen Sporokarpien am Grund der Blätter *(Abb. 81/1)* **_Marsileaceae,_** 93

2* Pflanze mit Wurzelstock od. einem auf dem Land kriechenden Rhizom; Blätter nicht stielrund; Sporen nicht in kugelförmigen Sporokarpien

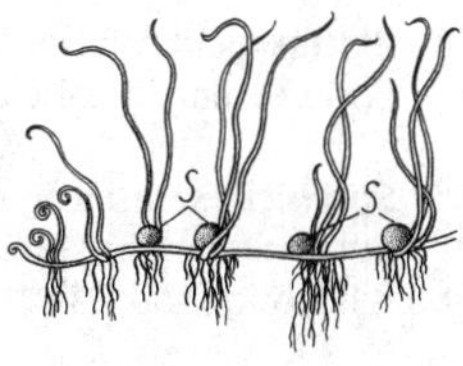

81/1

82/1

82/2

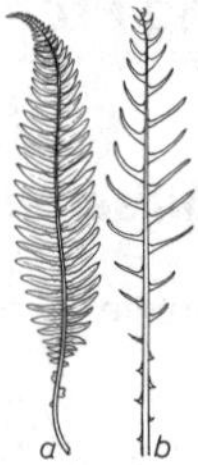

82/3

3 Pflanze mit 1–3 cm langen, einzellschichtig dünnen u. durchscheinenden Blättern; Sori (sehr selten vorhanden) gestielt, randständig; od. Pflanze nur in moosähnl., 4–5 mm hohen, Felshöhlungen bewohnenden Gametophyten-Rasen auftretend **_Hymenophyllaceae,_** 92

3* Blätter > 3 cm lang, mehrzellschichtig, meist nicht durchscheinend; Sori nicht randständig

4 Blattfläche breit 3-eckig, bis 100 cm lang, 50–200 cm lang gestielt **_Dennstaedtiaceae,_** 94

4* Blattfläche nicht breit 3-eckig u. lang gestielt, wenn doch, dann klein (10–25 cm lang)

5 Blätter doppelt gefiedert, mit großen (bis 1,5 × 8 cm), längl. letzten Abschnitten; fertile Abschnitte rispenartig, endständig, oft fehlend *(Abb. 82/1)* **_Osmundaceae,_** 92

5* Blätter mit kleineren letzten Abschnitten; fertile Abschnitte nicht rispenartig

6 Sterile u. fertile Blätter auffallend verschieden *(Abb. 82/2 a, b);* fertile Blätter schmal, zur Sporenreife bräunl., mit kurzen Abschnitten, deren eingerollte Ränder die Sori umhüllen; sterile Blätter trichterartig angeordnet **_Onocleaceae,_** 101

6* Sterile u. fertile Blätter nicht od. wenig verschieden (vgl. auch *Blechnum*), grün; sterile Blätter nicht ausgesprochen trichterförmig angeordnet; Sori nicht vom eingerollten Blattrand umhüllt

7 Blätter lanzettl., mit beiderseits 30–60 kammartig genäherten, schmalen, rippenförmigen Abschnitten *(Abb. 82/3 a, b)* **_Blechnaceae,_** 101

7* Blätter nicht mit beiderseits zahlreichen rippenförmigen Abschnitten

8 Sori saumartig nahe dem Blattrand verlaufend **_Thelypteridaceae,_** 98

8* Sori nicht saumartig nahe dem Blattrand verlaufend

9 Sori im reifen Zustand gelb bis orange, schleierlos, rund bis oval, tüpfelförmig *(Abb. 83/1)* **_Polypodiaceae,_** 106

83/1

83/2

83/3

9* Sori im reifen Zustand schwärzl. bis bräunl., meist mit Schleier
10 Sori strich- bzw. streifenförmig, mit seitl. Schleier **_Aspleniaceae,_** 94
10* Sori mit nieren-, schild-, blasenförmigem od. stark bewimpertem Schleier
11 Sori rund, mit nieren- od. schildförmigem, in der Mitte angewachsenem Schleier *(Abb. 83/2, 83/3)* **_Dryopteridaceae,_** 101
11* Sori rundl., längl. od. komma- bzw. hakenförmig mit seitl. od. oval lanzettl., von unten hochgewölbtem od. stark wimperartig zerteiltem Schleier, selten schleierlos **_Woodsiaceae,_** 99

Klasse ***Lycopodiopsida,*** **Bärlappe**

Fam. *Lycopodiaceae* Mirb., Bärlappgewächse

1 Sporangien in den Blattachseln der spiralig beblätterten Triebe *(Abb. 83/4 a)* **_Huperzia,_** 86
1* Sporangien in gestielten bis sitzenden Sporophyllständen
2 Stängel 4-reihig beblättert; Blätter 1–3 mm lang, ± schuppenförmig *(Abb. 83/5 a, b, c)* **_Diphasiastrum,_** 84
2* Stängel spiralig beblättert; Blätter > 3 mm lang, lineal lanzettl.
3 Stängel 20–400 cm weit kriechend; Sporophyllstand deutl. vom sterilen Spross abgesetzt **_Lycopodium,_** 86
3* Stängel nur 2–10 cm weit kriechend; steriler Spross ± in den Sporophyllstand übergehend *(Abb. 83/6 a)* **_Lycopodiella,_** 86

83/4

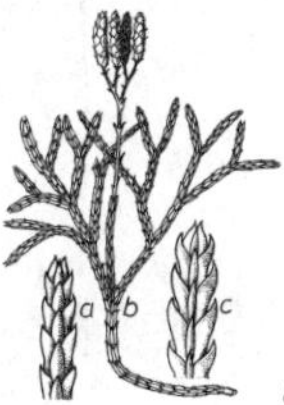

83/5

83/6

Diphasiastrum HOLUB, **Flachbärlapp**

alle Arten ∇

1 Zweige nahezu 4-kantig, nicht abgeflacht; Blätter der Zweigunterseite (Ventralblätter) gestielt u. gekniet *(Abb. 84/1)* ***D. alpinum***

1* Zweige ± abgeflacht; Ventralblätter ungestielt u. nicht gekniet

2 Zweige nur 1,5(–1,8) mm breit, wenig abgeflacht, oval bis rundl. mit anliegenden, stumpfrückigen seitlichen Blättern (Lateralblätter); Lateralblätter etwa so breit wie die Blätter der Zweigoberseite (Dorsalblätter) *(Abb. 84/2)* ***D. tristachyum***

2* Zweige breiter als 1,8 mm, meist deutl. abgeflacht, mit ± abstehenden, meist (scharf) gekielten Lateralblättern; Lateralblätter breiter als die Dorsalblätter

3 Sporophyllähren einzeln, sitzend od. bis 2 cm gestielt; Ventralblätter relativ groß, $\frac{2}{3}$–$\frac{3}{4}$ so lang wie der Abstand zweier Ventralblätter, sich am Sprossende am Grund überdeckend; Lateralblätter abstehend, deutl. breiter als die Dorsalblätter *(Abb. 84/3)* ***D. issleri***

3* Sporophyllähren zu 2–5 auf z. T. verzweigten, meist langen Stielen; Ventralblätter relativ klein, $\frac{1}{5}$–$\frac{2}{3}$ so lang wie der Abstand zweier Ventralblätter, sich höchstens am Sprossende erreichend; Lateralblätter wenig bis deutl. breiter als die Dorsalblätter

4 Ventralblätter sehr klein, meist $\frac{1}{5}$–$\frac{1}{3}$ so lang wie der Abstand zweier Ventralblätter; Lateralblätter meist abstehend, scharf gekielt, deutl. breiter als die Dorsalblätter *(Abb. 84/4)*; Pflanze grasgrün bis gelbl.-grün ***D. complanatum***

4* Ventralblätter $\frac{1}{2}$–$\frac{2}{3}$ so lang wie der Abstand zweier Ventralblätter; Lateralblätter anliegend bis wenig abstehend, wenig bis nicht gekielt, nur wenig breiter als die Dorsalblätter *(Abb. 84/5)*; Pflanze gelbl.-grün bis graugrün ***D. zeilleri***

D. alpinum (L.) HOLUB, **Alpen-F.***

[*Lycopodium alpinum* L.]. Pflanze meist blaugrün; Lateralblätter etwa bis zur Hälfte frei, nach unten umgebogen *(Abb. 84/1)*; Sporophyllähren sitzend. 3–10 cm. 8–9. ♃. Borstgrasrasen, Zwergstrauchheiden, Wegböschungen,

84/1

84/2

84/3

84/4

84/5

meist im oberen Bergland (485–1100 m), Rohbodensiedler, s ERM: Cranzahl, Oberwiesenthal, Niederschlag, Johanngeorgenstadt, Thalheim, früher Hammerunterwiesenthal; ERW: Klingenthal; ERO: früher Altenberg-Geising; einerseits im Rückgang befindlich, andererseits neu an Sekundärstandorten auftretend. V Nard., O Pic., V Genist.; arct-alp, circpol.

D. complanatum (L.) HOLUB, **Gewöhnlicher F.***

[*Lycopodium complanatum* L.]. Pflanze lebhaft grün, mit fächerförmig divergierenden Endzweigen *(Abb. 83/5 b);* Zweige flach, mit abstehenden, breiten Lateralblättern *(Abb. 83/5 c, 84/4)*. 10–35 cm. 8–9. ♃. Lichte Fichten- u. Kiefernwälder, Wegböschungen, Zwergstrauchheiden, Borstgrasrasen, vom Tiefland bis ins obere Bergland, Rohbodensiedler, s ERZ (früher z), VGT; z OLT, früher s in den übrigen Gebieten. ↘ O Vacc.-Pin., V Dicr.-Pin., V Nard., V Genist.; eurosib-bor, circpol.

D. issleri (ROUY) HOLUB, **Isslers F.**

[*Lycopodium issleri* (ROUY) LAWALRÉE]. Ähnl. *D. alpinum*, aber Zweige breiter u. flach *(Abb. 84/3)*. 5–20 cm. 8–9. ♃. Wegböschungen, Zwergstrauchheiden, Borstgrasrasen, zwergstrauchreiche Fichtenwälder, Rohbodensiedler, s ERM: Johanngeorgenstadt, Wildenthal, Markersbach, Thalheim, Holzhau, Niederschlag; früher Oberwiesenthal, Cranzahl; s ERO: Holzhau, früher Altenberg-Geising; s früher VGT. ↘ O Pic., V Nard., V Genist.; zentraleurop-subalp, disj.

Vermutl. hybridogene Art aus *D. alpinum* u. *D. complanatum*.

D. tristachyum (PURSH) HOLUB, **Zypressen-F.**

[*Lycopodium chamaecyparissus* A. BRAUN]. Zweige dünn, rundl., blaugrün *(Abb. 84/2)*. 5–25 cm. 8–9. ♃. Lichte, zwergstrauch- u. moosreiche Nadelwälder u. -forste, bes. Kiefernwälder, Rohbodensiedler, s im Tief- u. Hügelland; OLT: Klitten, Spreewitz, Neustadt; früher MLH, OLH, VGT. ↘ V Dicr.-Pin.; eurosib-bor-kont.

D. zeilleri (ROUY) HOLUB, **Zeillers F.**

Zwischen *D. complanatum* u. *D. tristachyum* stehend *(Abb. 84/5)*. 5–30 cm. 8–9. ♃. Lichte, zwergstrauch- u. moosreiche Nadelwälder u. -forste; Tief- u. Hügelland, z OLT: z. B. Hoyerswerda, Halbendorf, Braunsteich bei Weißwasser; früher s ERZ, GHP, MLH, VGT. ↘ V Dicr.-Pin.; europ-disj.

Vermutl. hybridogene Art aus *D. complanatum* u. *D. tristachyum*.

D. oellgaardii STOOR et al., eine weitere, vermutlich hybridogene Art (aus *D. alpinum* u. *D. tristachyum*), die bereits aus Nachbargebieten wie Nord-Böhmen u. Thüringen bekannt ist, konnte im Gebiet bisher nicht nachgewiesen werden.

Huperzia Bernh., **Teufelsklaue**

Stängel aufrecht, büschelig, gabelig verzweigt *(Abb. 83/4 a);* in Blattachseln der Triebenden oft Bulbillen (Brutknospen) *(Abb. 83/4 b).* 5–30 cm. 7–10. ♃. Montane Nadelmisch- u. Buchenwälder, bemooste Blockhalden, Zwergstrauchheiden, kalkmeidend, im Tiefland selten, z ERZ, ESG, OL, VGT; s MLH. ↘ O Pic., V Luz.-Fag., V Genist.; eurosib-bor-subozean, circpol. Giftig. ∇ [*Lycopodium selago* L.].

H. selago (L.) Schrank et Mart., **Teufelsklaue, Tannen-Bärlapp, Tannen-T.***

Lycopodiella Holub, **Moorbärlapp**

Triebe kurz kriechend u. aufsteigend *(Abb. 83/6).* 3–7 cm. 8–10. ♃. Feuchte, sandig-tonige anmoorige Böden; Hoch- u. Zwischenmoore, Sand-, Lehm- u. Kiesgruben; fast ausschließlich Sekundärstandorte, Rohbodensiedler, z OLT, OLH; s ERZ; früher s DDH, ESG, OLB, VGT. V Rhynch., V Eric.; bor-atl., cirpol. ∇ [*Lycopodium inundatum* L.].

L. inundata (L.) Holub, **Moor- od. Sumpfbärlapp**

Lycopodium L., **Bärlapp**

alle Arten ∇

1 Blätter ganzrandig, an der Spitze mit langem weißem Haar; Sporophyllstände deutl. gestielt ***L. clavatum***

1* Blätter gezähnt, Spitze ohne Haar; Sporophyllstände ungestielt *(Abb. 86/1)* ***L. annotinum***

L. annotinum L., **Sprossender B., Schlangen-B.***

Pflanze kriechend mit aufrechten, ca. 5–15 cm hohen Stängeln; Sporophyllstände einzeln am Ende der aufrechten Triebe *(Abb. 86/1).* 10–15 cm. 8–9. ♃. Frische Buchen- u. Fichten-Mischwälder, Moorwälder, seltener

86/1

86/2

Zwergstrauchheiden, s bis z vom Tiefland bis ins Gebirge, fehlt LLA. ↘ O Pic., V Luz.-Fag., K Vacc.-Pin., V Genist.; eurosib-bor, circpol.

L. clavatum L., **Keulen-B.***
Pflanze weit kriechend mit sich aufrichtenden Stängeln; Sporophyllstände zu 2–3, seltener einzeln auf ± langen Stielen *(Abb. 86/2)*. 5–30 cm. 7–8. ♃. Silikatmager- u. Borstgrasrasen, Wegböschungen, Waldränder, Nadelholzforste, Zwergstrauchheiden, Steinbrüche, vom Tiefland bis ins Gebirge; oft an Sekundärstandorten, Rohbodensiedler, s bis z, vor allem im Gebirge. ↘ O Pic., V Nard., V Genist.; eurosib, circpol. Früher Off.

Fam. *Selaginellaceae* WILLK., Moosfarngewächse

Selaginella P. BEAUV., **Moosfarn**

Moosähnl., kurz kriechende, dem Boden od. Fels ± anliegende Pflanze mit 3–5 mm breiten, abgeflachten Trieben u. ganzrandigen, 4-reihig angeordneten Blättern *(Abb. 87/1)*. 2–12 cm. 7–8. ♃. Schattige Felsen, kalkhold, ERM: 1980 vorübergehend in einem Kalkbruch bei Lengefeld angesalbt; irrtüml. Angabe vom Fichtelberg.
S. helvetica (L.) SPRING, **Schweizer M.***

Klasse ***Psilotopsida,*** **Nacktfarne**

Fam. *Ophioglossaceae* MARTINOV, Natternzungengewächse

1 Steriler Blattabschnitt fiederteilig bis 3-fach gefiedert; sporentragender Blattabschnitt rispenähnl., stets vorhanden ***Botrychium,*** 88
1* Steriler Blattabschnitt ungeteilt, zungenförmig *(Abb. 87/2);* sporentragender Blattabschnitt ährenförmig, oft fehlend ***Ophioglossum,*** 89

87/1

87/2

Botrychium Sw., **Rautenfarn**

alle Arten ∇

1 Steriler Blattabschnitt einfach fiederteilig; Fiedern halbmondförmig od. keilförmig, ganzrandig od. eingeschnitten *(Abb. 88/1)* ***B. lunaria***

1* Steriler Blattabschnitt 2–3-fach gefiedert; Fiedern fiederspaltig bis gefiedert

2 Steriler Blattabschnitt länger als breit, fiederspaltig bis fiederteilig, sehr kurz gestielt, in od. über der Mitte des oberirdischen Sprosses entspringend *(Abb. 88/2)* ***B. matricariifolium***

2* Steriler Blattabschnitt breiter als lang, 3-fach gefiedert, lang gestielt, weit unterhalb der Mitte des oberirdischen Sprosses entspringend *(Abb. 88/3)* ***B. multifidum***

B. lunaria (L.) Sw., **Mond-R., Mondraute***

5–25 cm. 5–8. ♃. Magerrasen, Felspodeste, Trockenrasen, lückige Zwergstrauchheiden; bodenvag, z ERZ, OLT, VGT; s LLA, ELT; früher z OLH; früher s ESG. ↘ V Brom., K Koel.-Coryn., V Nard., V Genist.; eurosib-bor-pralp.

B. matricariifolium (Retz.) W. D. J. Koch, **Ästiger R.**

Letzte Abschnitte des sterilen Blattteils fiederspaltig bis gefiedert *(Abb. 88/2)*. 10–20 cm. 6–7. ♃. Sand- u. Silikatmagerrasen, lichte Wälder; kalkmeidend, s ERM: Niederschlag bei Bärenstein, früher z. B. Flöha, Oberwiesenthal, Neudorf; OLH: Zittau: Ostritz; OLT: Weißwasser, Hoyerswerda; früher s ELH: Radebeul; ERW: Morgenröthe; MLH: Thümmlitzwald bei Colditz; OLB: Dretschen; VGT: Straßberg. ↘ O Nard., K Koel.-Coryn.; europ-bor, circpol.

B. multifidum (S. G. Gmel.) Rupr., **Vielteiliger R.**

Sterile Blattabschnitte fleischig, breit 3-eckig *(Abb. 88/3)*. 10–25 cm. 7–9. ♃. Silikatmagerasen, lichte Wälder; kalkmeidend, †, früher s ESG: Großer Winterberg; OLT: Schwepnitz, Teicha, Buchgarten bei Tränke. O Nard.; europ-bor.

88/1 88/2 88/3

Ophioglossum L., **Natternzunge**

5–30 cm. 6–7. ♃. Magere, wechselfeuchte Wiesen, Quellmoore, Laubwälder, Steinbruchsohlen, Wegränder, bodenvag, z ERZ, OLT; sonst s. ↘ O Mol., V Polyg.-Tris., V Car. nigr.; euras-subozean, circpol.

O. vulgatum L., **Gewöhnliche N.***

Klasse ***Equisetopsida*, Schachtelhalme**

Fam. *Equisetaceae* DC., Schachtelhalmgewächse

Equisetum L., **Schachtelhalm**

1 Stängel ± stark ästig
2 Stängel ohne deutl. vorspringende Rippen, nur hell gestreift
3 Stängel elfenbeinfarbig, 10–20 mm Ø, mit 20–40 langen Ästen; Pflanze bis 2 m hoch ***E. telmateia***
3* Stängel grün, nur hell gestreift, mit 15–30 meist verschieden langen Ästen; Pflanze bis 1(–1,5) m hoch ***E. fluviatile***
2* Stängel deutl. längsgerippt
4 Zähne der Stängelscheiden mit pfrieml., weißl. Spitze *(Abb. 91/1)* ***E. ramosissimum***
4* Scheidenzähne nicht mit pfrieml. endender Spitze
5 Äste dünn u. zierl., wiederum regelmäßig quirlig verzweigt *(Abb. 91/2 a);* Zähne der Stängelscheiden zu 3–6 stumpfen, häutigen Lappen verwachsen *(Abb. 91/2 b)* ***E. sylvaticum***
5* Äste meist kräftiger u. unverzweigt; Zähne der Stängelscheiden nicht verwachsen
6 Unterstes Astglied deutl. kürzer als die dazugehörige Stängelscheide; Asthüllen schwarzbraun ***E. palustre***
6* Unterstes Astglied mindestens so lang wie die dazu gehörige Stängelscheide (meist deutl. länger); Asthüllen grünl.-gelbl.
7 Stängel u. Äste kräftig; Äste aufwärts bis waagerecht abstehend, nicht od. wenig überhängend, hohl; Zähne der Astscheiden lang 3-eckig, zugespitzt ***E. arvense***
7* Stängel u. Äste zierl.; Äste waagerecht abstehend bis überhängend, nicht hohl; Zähne der Astscheiden kurz 3-eckig, nicht zugespitzt ***E. pratense***
1* Stängel astlos
8 Stängel glatt, ohne vorspringende Rippen, nur hell gestreift; Sporenähre stumpf ***E. fluviatile***
8* Stängel längsgerippt u. durch Höcker rau; Sporenähre spitz

9 Stängel graugrün, Rippen rundrückig (Lupe!), nicht 2-kantig; Stängelscheiden ohne schwarze Querbinde; Pflanze sommergrün **E. ramosissimum**

9* Stängel dunkelgrün, Rippen 2-kantig (Lupe!); Stängelscheiden mit schwarzer Querbinde; Pflanze immergrün

10 Stängel 5–6 mm Ø; Scheidenzähne meist völlig fehlend; Scheidenröhre nur mit rund gekerbtem Rand; Zentralhöhle ²/₃–⁴/₅ des Stängel-Ø **E. hyemale**

10* Stängel 1–2 mm Ø; Scheidenzähne aus breitem, weißem od. breit weiß berandetem Grund in einer kurzen, weißen, gekräuselten Spitze endend; Zentralhöhle ¼–¹/₃ des Stängel-Ø **E. variegatum**

E. arvense L., **Acker-Sch.***

Zinnkraut, Scheuerkraut (wurde zum Putzen von Zinn benutzt)

Ährentragende Sprosse 5–25 cm, gelbbraun, astlos, nach der Sporenreife absterbend; sterile Sprosse nach den fertilen erscheinend, grün, reichl. ästig. 15–50 cm. 3–4. ♃. Ruderalfluren, Äcker, Wälder, ruderalisierte Wiesen u. Halbtrockenrasen, h. K Artem., K Stell. med., K Mol.-Arrh., V Conv.-Agrop., V Potent. ans., V Aln.; eurosib-circpol. Schwach giftig

E. fluviatile L., **Teich-Sch.***

Ährentragende u. sterile Sprosse gleich gestaltet u. gleichzeitig vorhanden; Sporenähre stumpf, nach der Sporenreife vergehend u. abfallend; Stängel nahezu glatt, mit sehr weiter Zentralhöhle. 50–150 cm. 5–6. ♃. Flachwasser- u. Uferbereiche von Teichen, Seen u. Gräben, Feuchtwiesen, Sümpfe, Riede, Röhrichte, Erlen-Bruchwälder, mäßig h, z in den Lössgebieten. O Phragm., O Scheuchz., V Calth., V Aln.; euras-subozean, circpol.

E. hyemale L., **Winter-Sch.***

Ährentragende u. sterile Sprosse gleich gestaltet u. gleichzeitig vorhanden; Stängel astlos, immergrün, hart u. rau, Stängelscheiden ohne Zähne, nur rund gekerbt; Sporenähre spitz, nach der Sporenreife vergehend u. abfallend. 50–150 cm. 6–8. ♃. Auenwälder, fluss- u. bachnahe Gebüsche, Waldsäume, Quellmoore, z ELH, MLH, OLH; s ERB: Wernsdorf; ESG: Zwiesel; Langenhennersdorf, früher z. B. Königstein; LLA: Delitzsch; OLH: Hoyerswerda, Weißkeißel, Pusack; früher Nieskyer Heide. ↘ V Aln.-Ulm., V Carp.; eurosib-bor, circpol.; Kühlzeitzeuge.

E. palustre L., **Sumpf-Sch.***

Ährentragende u. sterile Sprosse gleich gestaltet u. gleichzeitig vorhanden; Sporenähre stumpf, nach der Sporenreife vergehend u. abfallend; Astscheiden schwarzbraun, erster Astabschnitt kürzer als die dazugehörige Stängelscheide. 10–50(–80) cm. 6–9. ♃. Feuchtwiesen, Moore, Großseggenriede, mäßig h. O Mol., V Magnocar., K Scheuchz.-Car.; eurosib, circpol. Giftig (für Vieh).

E. pratense EHRH., **Wiesen-Sch.**

Ährentragende u. sterile Sprosse gleichzeitig erscheinend; Sporenähre stumpf, nach der Sporenreife vergehend u. abfallend; Sprosse ergrünend, Äste bildend u. den sterilen gleich werdend; Äste zahlreich, dünn; Zähne der Stängelscheide zierl., häutig umrandet *(Abb. 91/3)*. 15–50 cm. 5–6. ♃. Fluss- u. bachbegleitende Mischwälder, oft mit *Carex brizoides*, z ELH, ERW, ESG, MLH; s ERM: Erdmannsdorf; GHP: Seußlitzer Grund; LLA: Eulatal unterhalb Geithain, Roda; OLB: z. B. Herrnhut, Schönau-Berzdorf; OLT: Straßgräbchen. V Aln.-Ulm., V Carp.; eurosib-bor, circpol.

E. ramosissimum DESF., **Ästiger Sch.**

Ährentragende u. sterile Sprosse gleich gestaltet u. gleichzeitig vorhanden; Stängel graugrün, wenigästig bis astlos, sommergrün; Sporenähre spitz, nach der Sporenreife vergehend u. abfallend. 30–100 cm. 5–7. ♃. Halbtrockenrasen in Flussauen, Kiesbänke, Dämme, †, früher s ELH: Dresden; ESG: Königstein, Cotta bei Pirna. ↘ O Phrag.; euras-submed-subatl.

E. sylvaticum L., **Wald-Sch.***

Ährentragende u. sterile Sprosse gleichzeitig erscheinend; Sporenähre stumpf, nach der Sporenreife vergehend u. abfallend; Sprosse ergrünend, Äste bildend u. den sterilen gleich werdend; Äste zahlreich, dünn, wiederum regelmäßig quirlig verzweigt *(Abb. 91/2 a)*. Zähne der Stängelscheiden zu 3–6 häutigen Lappen verwachsen *(Abb. 91/2 b)*. 15–50 cm. 4–5. ♃. Wälder, brache waldnahe Wiesen u. Sümpfe, Borstgrasrasen, Zwergstrauchheiden, vor allem im Gebirge, mäßig h, s in Lössgebieten. K Vacc.-Pic., K Mol.-Arrh., K Scheuchz.-Car., K Call.-Ul.; eurosib-bor-subozean., circpol. Schwach giftig. Früher Off

91/1

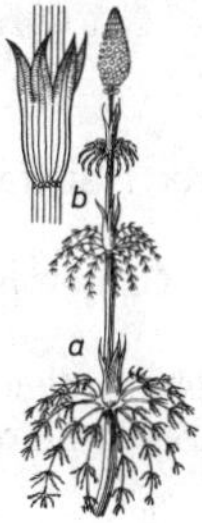

91/2

91/3

E. telmateia EHRH., **Riesen-Sch.***

[*E. maximum* LAM. p. p.]. Ährentragende Sprosse 20–50 cm mit 4–8 cm langen Ähren, astlos, nach der Sporenreife absterbend; sterile Sprosse nach den fertilen erscheinend; Stängel 10–12 mm im Ø, elfenbeinfarbig, vielästig. 50–200 cm. 4–5. ♃. Waldsümpfe, Kalkquellmoore, sickernasse Hänge u. Bachsäume, kalkhold, s DDH: Eilenburg; ELH: Meißen; ESG: Neundorf, Thürmsdorf, Hinterjessen; z MLH; s OLH: Pannewitz, Ruppersdorf, früher Bernstadt, Mittelherwigsdorf, Schönau. ↘ V Aln. V Car. davall.; submed+subatl.

E. variegatum SCHLEICH., **Bunter Sch.**

Ährentragende u. sterile Sprosse gleich gestaltet u. gleichzeitig vorhanden; Stängel nur 1–2 mm Ø, astlos, dunkelgrün, mit 2-kantigen, rauen Rippen, wintergrün; Sporenähre spitz, nach der Sporenreife vergehend u. abfallend. 10–30 cm. 4–9. ♃. Tagebaurestlöcher; Kalkquellmoore, s LLA: Markkleeberg. V Car. davall.; bor-pralp, circpol.

Bastarde:

E.* × *litorale RUPR., [*E. arvense* × *E. fluviatile*] **Ufer-Sch.:** z.

E.* × *moorei NEWMAN, [*E. hyemale* × *E. ramosissimum*]: s OLT: Knappenrode; früher vermutl. ELH: bei Dresden

Klasse ***Polypodiopsida,*** **Farne**

Fam. *Osmundaceae* MARTINOV, Königsfarngewächse

Osmunda L., **Rispenfarn**

50–150 cm. 6–7. ♃. Erlen-Bruchwälder, Zwischenmoore, Grabenränder, kalkmeidend, z im Tiefland; früher s ERO: Bad Gottleuba; ESG: Krippenbachtal. ↘ V Aln.; atl. (+ozean, disj). ∇

O. regalis L., **Königs-R., Königsfarn***

Fam. *Hymenophyllaceae* LINK, Hautfarngewächse

1 Sporophyt laubmoosähnl.; Gametophyten im Gebiet nicht vorhanden *(Abb. 93/1)* ***Hymenophyllum,*** 93

1* Sporophyten im Gebiet keine entwickelnd; Art nur in Form von moos- bzw. moosprotonema-ähnl. Gametophytenrasen auftretend ***Trichomanes,*** 93

Hymenophyllum Sm., **Hautfarn**

Pflanze laubmoosähnl. 1–5 cm. 8. ♃. Bemooste Sandsteinfelswände in engen, windgeschützten Felsklüften, †, früher ESG: Uttewalde, Rathen, Postelwitz. Moosgesellschaften mit *Diplophyllum albicans*, *Mnium hornum*, *Pseudotaxiphyllum elegans* u. a.; atl. (ehem. Inselareal). ∇
H. tunbrigense (L.) Sm., **Englischer H.**

Trichomanes L., **Dünnfarn**

Im Gebiet nur in Form von moosartigen, watteförmigen, ca. 5 mm hohen Gametophyten-Kolonien auftretend; in Reinbeständen od. mit Moosen wie *Pseudotaxiphyllum elegans* u. a. in tiefen, dunklen Löchern, Höhlungen u. Spalten von Sandsteinfelsen in luftfeuchter, wärmebegünstigter Lage; in 140–405 m Höhenlage, z ESG; s OLB: Zittauer Gebirge bei Oybin.; atl. (ehem. Inselareal). ∇ ***T. speciosum*** Willd., **Prächtiger D.**

Fam. *Marsileaceae* Mirb., Kleefarngewächse

Pilularia L., **Pillenfarn**

Blätter schnittlauchähnl. (*Abb. 81/1*). 5–10 cm. 7–9. ⊙, ♃. Schlamm am Rande von Teichen, Sand-, Lehm- u. Kiesgruben, Gräben; meist unbeständig, s EET: Döbrichau, Zwethau; OLH: Wiesa bei Kamenz, Hirschfeld; z OLT; s DDH: früher Bennewitz; ELH: Pillnitz, Birkwitz; ERB: Neukirchen bei Chemnitz; ERM: Einsiedel; ERW: Kirchberg; LLA: Staudnitz bei Naunhof. ➘ V Litt.; atl-subatl. ***P. globulifera*** L., **Pillenfarn**

Fam. *Salviniaceae* Martinov, Schwimmfarngewächse

1 Pflanze ohne Wurzeln, kaum verzweigt; Blätter zu je 3 in einem Quirl, davon 2 als Schwimmblätter elliptisch u. 2-zeilig, das 3. untergetaucht, wurzelähnl. (*Abb. 93/2*) ***Salvinia,*** 94

93/1

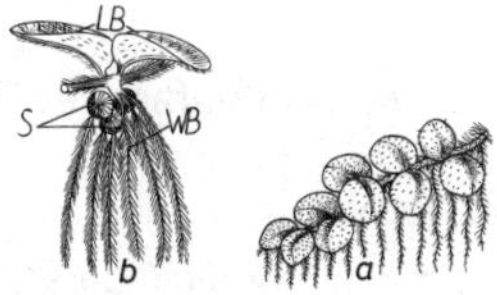

93/2

93/3

1* Pflanze mit Wurzeln, reich verzweigt; Blätter schuppenförmig, wechselständig, gefaltet *(Abb. 93/3)* ***Azolla,*** 94

Azolla LAM., **Algenfarn**

1–10 cm. 8–10. ⊙, ♃. Frei schwimmend od. auf Uferschlamm warmer, nährstoffreicher Stillgewässer in windgeschützter Lage, s DDH: Bennewitz; LLA: Leipzig; OLH: Großhennersdorf; OLT: Diehsa, Baarsdorf. NU. V Lemn. ***A. filiculoides*** LAM., **Großer A.***

Salvinia SÉG., **Schwimmfarn**

Schwimmblätter oval, behaart. 5–10 cm. 8–10. ⊙. Stehende, flache, nährstoffreiche Gewässer (meist Altwässer) in wärmebegünstigter, windgeschützter Lage, auch von Aquarianern ausgesetzt, meist nur vorübergehend. s EET: Döbern bei Torgau; ELH: Dresden-Zschieren; ERB: Chemnitz; LLA: Leipzig; früher OLH: Görlitz-Tauchritz; NU. V Lemn.; euras-kont.; Warmzeitrelikt. ∇ ***S. natans*** (L.) ALL., **Gewöhnlicher Sch.***

Fam. *Dennstaedtiaceae* LOTSY, Adlerfarngewächse

Pteridium SCOP., **Adlerfarn**

Blätter fast lederartig; Sori genau randständig, eine zusammenhängende Reihe unter dem umgerollten Rand des Fiederchens bildend; Rhizome weit kriechend. 30–200 cm. 7–9. ♃. Kiefern- u. Laubmischwälder, Waldschläge, waldnahe Wiesen, mäßig h. V Querc. rob., O Pic.; eurosib, Kosmopolit. Früher Off. ***P. aquilinum*** (L.) KUHN, **Gewöhnlicher A.***

1 Blätter 3–4-fach gefiedert, meist matt, dunkelgrün, zahlreich u. ± dicht stehend; unterste Fieder meist kürzer als die darauf folgende; Blattspindel meist behaart, über dem 1. Fiederpaar meist aufrecht, so dass das 1. u. das 2. Fiederpaar übereinander stehen, Verbreitung usw. wie bei Art. **subsp. *aquilinum***

1* Blätter 2–3-fach gefiedert, meist glänzend, hellgrün, meist einzeln stehend; unterste Fieder meist länger als die darauf folgende; Blattspindel meist kahl, über dem 1. Fiederpaar meist abgebogen, so dass das 1. u. das 2. Fiederpaar nicht übereinander stehen. 30–100 cm. Verbreitung bislang ungenügend bekannt, z. B. ERM, ESG, OLT, VGT. [*P. pinetorum* C. N. PAGE et R. R. MILL., *P. aquilinum* var. *osmundaceum* CHRIST]. **subsp. *pinetorum*** (C. N. PAGE et R. R. MILL) J. A. THOMSON

Fam. *Aspleniaceae* NEWMAN, Streifenfarngewächse

Asplenium L., **Streifenfarn**

1 Blattspreite ungeteilt, zungenförmig *(Abb. 95/1)* ***A. scolopendrium***

1* Blattspreite gabelig geteilt, fiederteilig od. gefiedert

2 Blattspreite nur fiederteilig, unterseits dicht mit weißl. bis bräunl. Schuppen bedeckt *(Abb. 95/2)* ***A. ceterach***

2* Blattspreite ein- bis mehrfach gefiedert od. gabelteilig, ohne dichte Beschuppung auf der Blattunterseite

3 Blattspreite ungleich gabelteilig mit 2–6 linealischen Abschnitten *(Abb. 95/3)* ***A. septentrionale***

3* Blattspreite gefiedert

4 Blattstiel viel kürzer als die Blattspreite; Blattspreite einfach gefiedert, linealisch; Fiedern rundl., eiförmig elliptisch od. fast 3-eckig spießförmig *(Abb. 95/4)*

5 Blattspindel grün ***A. viride***

5* Blattspindel wenigstens bis zur Hälfte ihrer Länge kastanien- bis dunkelbraun

6 Blattspindel vollkommen kastanien- bis dunkelbraun, nur bei austreibenden Blättern Spitze anfangs wenige mm grün ***A. trichomanes***

6* Blattspindel zur Hälfte bis ¾ ihrer Länge kastanienbraun, oberhalb grün ***A. adulterinum***

4* Blattstiel wenigstens so lang wie die Blattspreite, diese 2–3-fach gefiedert; letzte Fiederabschnitte eiförmig bis rautenartig

7 Blattstiel grün, bis 1 mm im Ø; Spreite 5–15 cm lang, im Umriss stumpf 3-eckig bis eiförmig mit rundl. bis ovalen, rautenförmigen letzten Abschnitten *(Abb. 95/5 a);* Schleierränder lang gefranst ***A. ruta-muraria***

7* Blattstiel braun, bis 2 mm im Ø; Spreite 10–45 cm lang, im Umriss 3-eckig, zugespitzt, mit eiförmigen bis längl. od. verkehrt 3-eckigen letzten Abschnitten; Schleierränder ganzrandig

8 Blattspreite dunkelgrün u. oft etwas silberglänzend, ledrig, wintergrün; letzte Fiederabschnitte eiförmig, am Ende mit spitzen Zähnen ***A. adiantum-nigrum***

8* Blattspreite hell- bis dunkelgrün, ± krautig, meist glanzlos u. oft bereits im Herbst verwelkend; letzte Fiederabschnitte aus keilförmigem Grund

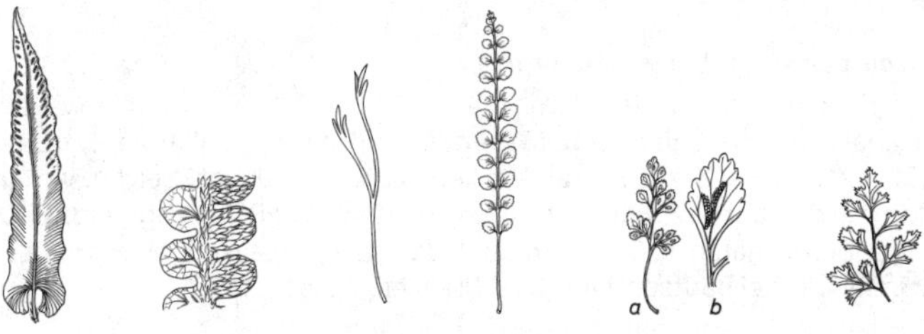

95/1 *95/2* *95/3* *95/4* *95/5* *95/6*

3-eckig rautenförmig, gestutzt od. leicht abgerundet, am Ende mit relativ breiten Zähnen *(Abb. 95/6)* ***A. cuneifolium***

A. adiantum-nigrum L., **Schwarzstiel-St.**
Blattspreite längl. 3-eckig. 10–35 cm. 7–8. ♃. Steinig-felsige Eichenwald-Hänge u. Silikatfelsen, s ELH: Lößnitzgrund bei Dresden; VGT: Jocketa; früher s ESG: Liebethal; OLB: Kirschau; OLH: Landeskrone bei Görlitz, Weißenberg. ↘ V Andros.; zentraleurop-disj.

A. adulterinum MILDE, **Braungrüner St.**
Blattspreite einfach gefiedert; Fiedern rundl.; Spindel braun, an der Spitze grün. 5–15 cm. 7–8. ♃. Serpentinitfelsen u. -geröll, s ERM: Zöblitz; MLH: Hohenstein-Ernstthal, neuerdings bei Böhrigen (ob spontan?); VGT: Arnoldsgrün. V Aspl. serp.; zentraleurop-disj.; Serpentinzeiger. ∇

A. ceterach L., **Milzfarn, Schriftfarn***
[*Ceterach officinarum* WILLD.]. 5–15 cm. 6–8. ♃. Trockenwarme Felsen u. Mauern; bodenvag, im Gebiet meist nur unbeständig, s ERO: Dohna; MLH: Erlau bei Mittweida; früher s ERM: Wildenfels. K Aspl.; med-submed. ∇
Im Gebiet nur **subsp. *ceterach*.**

A. cuneifolium VIV., **Serpentinit-St., Keilblättriger St.**
Blattspreite 3-eckig, mattgrün. 15–45 cm. 7–8. ♃. Serpentinitfelsen u. -geröll, steinige Hänge, s ERB: Hüttengrund bei Hohenstein; ERM: Zöblitz, Pobershau; MLH: Waldheim, Böhrigen, Frankenberg, Hohenstein-Ernstthal, Kuhschnappel, früher: Callenberg, Reichenbach, Langenchursdorf, Bräunsdorf bei Limbach. ↘ V Aspl. serp.; zentraleurop-disj.; Serpentinzeiger.

A. ruta-muraria L., **Mauerraute, Mauer-St.***
3–15 cm. 7–9. ♃. Vorwiegend an Mauern, auch an Kalk- u. selten Silikatfelsen, mäßig h. K Aspl.; ehem. euras-kont-mont, heute circpol; Offenlandzeiger mit Sekundärausbreitung.
Im Gebiet nur **subsp. *ruta-muraria*.**

A. scolopendrium L., **Hirschzunge***
[*Phyllitis scolopendrium* (L.) NEWMAN]. 15–50 cm. 7–8. ♃. Schluchtwälder, Blockhalden, schattige Felsen, Mauern (z. B. Brunnen); kalkhold, †, früher s ESG: Uttewalde, Kirnitzschtal, Markersbach, Ostrau; vorübergehend an Sekundärstandorten: s ELB: Diesbar bei Meißen; ERM: Lengefeld; ERO: Klingenberg, Tharandt; ESG: Kirnitzschklamm; LLA: Leipzig; MLH: Höfgen; OLH: Gaußig bei Bautzen, Görlitz. V Til.-Acer., V Cyst.; atl. ∇

A. septentrionale (L.) HOFFM., **Nördlicher St.***

8–15 cm. 7–8. ♃. Sonnige Silikatfelsen u. Trockenmauern; kalkmeidend, fehlt im nördlichen Tiefland, sonst z. ↘ O Andros.; euras-kont, zentralasiat, disj.; Offenlandzeiger.

A. trichomanes L., **Braunstiel-St.***

Fiedern rundl., eiförmig bis spießförmig. 7–8. ♃. Felspalten, Mauern, steinige Hangwälder, Geröllhalden; ↘; europ-nem. Weitere Angaben siehe bei den Subspecies.

1 Blattspreite linealisch, ± aufrecht, von der Unterlage abstehend od. überhängend, mit 14–32(–48), ± entfernten, sich selten berührenden Fiederpaaren; mittlere Fiedern rundl. bis längl.; Blattunterseite meist drüsenlos

2 Sporen (23–)29–35(–42) µm lang, hellbraun; Blattspreite mit 14–29(–34) Fiederpaaren; mittlere Fiedern rundl. bis eiförmig; Spreuschuppen bis 3,5 mm lang. 5–25 cm. Silikatfelsen, Mauern, kalkmeidend. Genaue Verbreitung ungenügend bekannt, wahrscheinl. s bis z im Hügel- u. Bergland. **subsp. *trichomanes***

2* Sporen (32–)34–42(–50) µm lang, meist dunkelbraun; Blattspreite mit 16–32(–48) Fiederpaaren; mittlere Fiedern eiförmig bis rundl.; Spreuschuppen bis 5 mm lang. 5–35 cm. Felsspalten, Mauern, steinige Hangwälder, bodenvag, z ESG, ERZ, MLH, OLB, VGT; s EET, ELH, LLA, OLH, OLT. K Aspl. **subsp. *quadrivalens*** D. E. MEY.

1* Blattspreite relativ kurz u. gedrungen, mit 10–24(–32) Fiederpaaren, der Unterlage angeschmiegt od. wenigstens ± rosettig angeordnet; mittlere Fiedern längl. rechteckig bis 3-eckig spießförmig, 1,5–4-mal länger als breit; Unterseite der Fiedern bes. in Nähe der Ansatzstellen mit einzelnen bis zerstreuten weißl. Drüsen mit z. T. kugeliger, orangefarbener Endzelle

3 Blattspreite meist seesternartig der Unterlage angeschmiegt, meist bläul.-grün; Fiedern dicht gestellt, einander oft dachziegelartig deckend; mittlere Fiedern 2–4-mal länger als breit, schmal rechteckig bis lang 3-eckig mit oft doppelt geöhrtem Grund; Fiederränder oft mit schmalem, hellem Rand, beiderseits mit nur 2–6 vorwärtsgerichteten Zähnen od. nur geschweift; Spindel dick u. brüchig, meist gebogen; Sporen (25–)31–42(–50) µm lang, bernsteinfarbig u. ± durchscheinend. 2–12 cm. Meist an senkrechten, oft überhängenden Kalkfelswänden, im Gebiet nur auf Kalksandstein u. an Mauern. s ESG: Hohnstein, Kirnitzschtal; früher ERB: Chemnitz; MLH: Erlau bei Mittweida. O Potent. caul. [*Asplenium csikii* KÜMMERLE et ANDRÁSOVSZKY]. **subsp. *pachyrachis*** (CHRIST) LOVIS et REICHST.

3* Blattspreite rosettig angeordnet, selten der Unterlage anliegend, meist gelbl.-grün; Fiedern etwas entfernt bis einander überdeckend; mittlere Fiedern 1,5–3,5-mal länger als breit, längl. rechteckig bis fast 3-eckig mit oft doppelt geöhrtem, spießförmigem Grunde; Fiederränder meist mit ± zahlreichen, kleinen, rundl. Zähnen, zuweilen auch nur geschweift; Spindel relativ dick, gerade od. nur wenig gebogen; Sporen (32–)36–42(–50) µm lang, dunkel- bis hellbraun, meist nicht durchscheinend. 3–15 cm. Mauern, s ERM: Grünhainichen; ESG: Krippen; VGT: Arnoldsgrün; früher s MLH: Waldenburg. O Potent. caul. **subsp. *hastatum*** (CHRIST) S. JESS.

Intraspezifische Bastarde:

Wo mehrere Unterarten von *A. trichomanes* zusammen vorkommen, können vereinzelt intraspezifische Bastarde auftreten:

A. trichomanes nothosubsp. *lovisianum* S. JESS. [*A. trichomanes* subsp. *hastatum* × subsp. *quadrivalens*] s VGT: Arnoldsgrün

A. trichomanes nothosubsp. *lusaticum* (D. E. MEY.) LAWALRÉE [*A. trichomanes* subsp. *quadrivalens* × subsp. *trichomanes*] s ERO: Seidewitztal bei Burkhardswalde, Bahretal; OLB: früher Landeskrone bei Görlitz; OLH: Sebnitztal bei Altendorf u. Ulbersdorf; VGT: Pirk

A. trichomanes nothosubsp. *staufferi* LOVIS et REICHST. [*A. trichomanes* subsp. *pachyrachis* × subsp. *quadrivalens*] s ESG: Kirnitzschtal

A. viride HUDS., **Grünstiel-St.**

5–20 cm. 7–8. ♃. Schattige Kalk-, Kalksandstein- u. Serpentinitfelsen, Mauern, s ELH: Ullersdorf; früher Meißen, Pillnitz; s ERM: zwischen Drebach u. Neundorf, Zöblitz, Lengefeld, Steinbach, Pockau, Wolkenstein, Lindenau bei Schneeberg, früher z; ERO: früher Dorfhain bei Tharandt; ESG: Hinterhermsdorf, Rosenthal, Kirnitzschtal; früher Postelwitz, Thorwalder Wände, Königstein, Cunnersdorf, Bad Gottleuba; MLH: Hainichen, Colditz; GHP: Golkwald; OLH: Oderwitz, Görlitz, früher Ostritz; früher OLT: Köbeln; früher VGT: Falkenstein. ↘ V Cyst.; europ-nem+bor-atl.

Bastarde:

A.* × *alternifolium WULFEN **nothosubsp. *alternifolium*** [*A. septentrionale* × *A. trichomanes* subsp. *trichomanes*]: s bis z im gesamten Gebiet, z im Hügel- u. Bergland

A.* × *alternifolium WULFEN **nothosubsp. *heufleri*** (REICHARDT) AIZPURU et al. [*A. septentrionale* × *A. trichomanes* subsp. *quadrivalens*]: s ERO: Seidewitztal bei Burkhardswalde; früher Potschappel, Tharandt; VGT: Cossengrün

A.* × *murbeckii DÖRFL. [*A. septentrionale* × *A. ruta-muraria*]: s ERO: Seidewitztal bei Burkhardswalde; OLH: Großröhrsdorf; VGT: Pirk bei Plauen

A.* × *poscharskyanum (H. HOFFM.) PREISSM. [*A. adulterinum* × *A. viride*]: s, ERM: Zöblitz

A.* × *woynarianum ASCH. et GRAEBN. [*A. cuneifolium* × *A. viride*]: früher ERM: Zöblitz

Fam. *Thelypteridaceae* PIC. SERM., Sumpffarngewächse

1 Unterste Fiedern nur 1–2 cm lang, Blattspreite zum Grund hin stark verschmälert ***Oreopteris,*** 98

1* Unterste Fiedern deutl. länger als 2 cm, Blattspreite am Grund nicht od. kaum verschmälert

2 Blattspreite 3-eckig eiförmig, 5–20 cm lang, unterseits mit zahlreichen Spreuschuppen u. Haaren; Sori schleierlos ***Phegopteris,*** 99

2* Blattspreite längl. lanzettl., 20–50 cm lang, unterseits anfangs mit sehr kleinen, spärl. Drüsen u. Haaren, später verkahlend; Sori mit bald abfallendem Schleier ***Thelypteris,*** 99

Oreopteris HOLUB, **Bergfarn, Lappenfarn**

Blätter gelbgrün; Sori randständig, Spreuschuppen weißl. 50–100 cm. 7–8. ♃. Laub- u. Nadelmischwälder, Bruchwälder, Bergwiesen, Hochstaudenfluren,

Grabenränder; kalkmeidend, meist mäßig h, doch z MLH; s GHP, ELH; fehlt EET, LLA. V Luz.-Fag., V Pic., O Aden., V Polyg.-Tris.; atl-subatl+pazif N-Amerika. [*Lastrea limbosperma* (ALL.) HEYWOOD, *Thelypteris limbosperma* (ALL.) H. P. FUCHS]. ***O. limbosperma*** (ALL.) HOLUB, **Bergfarn, Berg-L.***

Phegopteris (C. PRESL) FÉE, **Buchenfarn**

Blattspreite behaart. 15–30 cm. 7–8. ♃. Buchen- u. Nadelmischwälder, Waldquellen, Bergwiesen, Hochstaudenfluren; kalkmeidend, z, vor allem im Gebirge, fehlt EET, ELH. O Fag., V Pic., O Aden., V Polyg.-Tris.; eurosib, circpol. [*Thelypteris phegopteris* (L.) SLOSS, *Lastrea phegopteris* (L.) BORY]. ***Ph. connectilis*** (MICHX.) WATT, **Gewöhnlicher B.***

Thelypteris SCHMIDEL, **Sumpffarn, Sumpflappenfarn**

Durch kriechende Rhizome flächig auftretender Farn mit langgestielten, zarten Blättern. 30–80 cm. 7–9. ♃. Erlen-Bruchwälder, Moore, Großseggenriede, Röhrichte, kalkmeidend, z im Tiefland, im Gebirge fehlend. ↘ K Aln., V Salic. cin., V Car. lasioc., O Phragm.; eurosib, circpol. [*Lastrea thelypteris* (L.) BORY]. ***Th. palustris*** SCHOTT, **Sumpffarn, Sumpflappenfarn**

Fam. *Woodsiaceae* HERTER, Wimperfarngewächse

1 Sori schleierlos; Blattspreite breit 3-eckig; Blattstiel deutl. länger als die Spreite ***Gymnocarpium,*** 100
1* Sori meist mit Schleier; Blattspreite längl. lanzettl. bis breit lanzettl.; Blattstiel kürzer als od. höchstens so lang wie die Spreite
2 Sori mit in haarförmige Fransen aufgelöstem Schleier bedeckt *(Abb. 99/1)* ***Woodsia,*** 101
2* Sori mit ganzrandigem od. nur wenig bewimpertem Schleier od. schleierlos
3 Blätter 50–100(–150) cm lang, kurz gestielt; Sori seitl. mit längl., kommaförmigem Schleier bedeckt od. rund u. schleierlos ***Athyrium,*** 100
3* Blätter 10–40(–50) cm lang, lang gestielt (¾ bis so lang wie die Blattspreite); Sori mit unterständigem, blasenförmig gewölbtem lanzettl. Schleier ***Cystopteris,*** 100

99/1

Athyrium ROTH, **Frauenfarn**

1 Sori längl., seitl. mit längl., komma- bis hakenförmigem Schleier bedeckt ***A. filix-femina***
1* Sori rund, Schleier rudimentär od. ganz fehlend ***A. distentifolium***

A. distentifolium OPIZ, **Gebirgs-F.***
50–130 cm. 7–8. ♃. Mischwälder in höheren Gebirgslagen zwischen (475–) 800 u. 1200 m, Hochstaudenfluren, s ERM: Fichtelberg, Zechengrund, Tal der Großen u. Kleinen Mittweida, bei Tellerhäuser; ERW: Auersberg, Sachsengrund, bei Carlsfeld; ERO: Kahleberg, Georgenfeld, bei Schmiedeberg, bei Hermsdorf; früher Frauenstein; VGT: bei Zwota. ↘ O Pic., O Aden.; arctalp, circpol.

A. filix-femina (L.) ROTH, **Gewöhnlicher F.***
30–130 cm. 7–8. ♃. Laub- u. Nadelmischwälder, Hochstaudenfluren frischer bis feuchter Standorte, Erlen-Bruchwälder, Hochstaudenfluren, Felsen, Blockhalden, Mauern, mäßig h. O Pic., O Aden., O Fag., V Aln.; eurosib.

Bastard:
A. × ***reichsteinii*** RASBACH et SCHNELLER [*A. distentifolium* × *A. filix-femina*]: s ERM: Zechengrund bei Oberwiesenthal
Im Gebiet offenbar nur **nothosubsp. *reichsteinii*.**

Cystopteris BERNH., **Blasenfarn**

10–50 cm. 7–9. ♃. Blätter sommergrün, lanzettl. eiförmig bis schmal eiförmig, dünn. Luftfeuchte Felsen, Geröllhalden, Mauern, auch steinige Waldhänge, kalkhold, mäßig h bis z, im Tiefland s. V Cyst.; euras-nem.
C. fragilis (L.) BERNH., **Zerbrechlicher B.***
Im Gebiet nur **subsp. *fragilis*.**

Gymnocarpium NEWMAN, **Eichenfarn, Ruprechtsfarn**

1 Blätter drüsenlos, Blattspreite nahezu ein gleichseitiges Dreieck bildend ***G. dryopteris***
1* Blätter besonders unterseits u. Blattstiel drüsig, Blattspreite ein spitzes Dreieck bildend ***G. robertianum***

G. dryopteris (L.) NEWMAN, **Eichenfarn***
Rhizom kriechend; Blattstiel lang, hellgrün. 10–40 cm. 7–8. ♃. Laub- u. Nadelmischwälder, Hochstaudenfluren, Mauern, kalkmeidend, im Hügel- u. Bergland h, im Tiefland z bis s. O Fag., V Pic., O Aden.; eurosib, circpol.

G. robertianum (HOFFM.) NEWMAN, **Ruprechtsfarn***
Rhizom kriechend; Blattstiel lang; Blattspreite gelbl.- bis dunkelgrün. 15–50 cm. 7–8. ♃. Kalkfelsen, Kalkgeröllhänge, im Gebiet wohl nur an Sekundärstandorten (Mauern, Steinbrüche), z ELH, ERZ, OLH; sonst s, fehlt DDH, EET. ↘ V Cyst.; arct-pralp+eurosib, circpol.

Woodsia R. BR., **Wimperfarn**

Blätter behaart. 5–15 cm. 7–8. ♃. Besonnte Silikatfelsfluren, †, früher s MLH: Muldetal bei Rochsburg; OLB: Hochwald, Lausche; zweifelhaft: ESG: Hockstein. O Andros.; euras-kont-mont.; Kaltzeitrelikt. ∇
W. ilvensis (L.) R. BR., **Rostroter W.**

Fam. *Blechnaceae* NEWMAN, Rippenfarngewächse

Blechnum L., **Rippenfarn**

Blätter 1-fach gefiedert, lederartig, unfruchtbare niederliegend u. überwinternd, fruchtbare länger, aufrecht, nicht überwinternd; Fiedern rippenförmig (*Abb. 82/3*). 15–50 cm. 7–9. ♃. Laub- u. Nadelwälder, Wegböschungen u. -gräben, kalkmeidend, z, fehlt in den Lössgebieten u. LLA. K Vacc.-Pic., V Luz.-Fag., V Querc. rob.; atl-subatl+pazif. N-Amerika.
B. spicant (L.) ROTH, **Rippenfarn***

Fam. *Onocleaceae* PIC. SERM., Perlfarngewächse

Matteuccia TOD., **Straußenfarn**

30–150 cm. 7–8. ⊙. Bestandsbildender Farn mit trichterförmig angeordneten Blättern. Auenwälder, Fluss- u. Bachufer, z, ↗ NE. V Aln., V Til.-Acer.; zentraleurop-disj.+N-Amerika. (∇)
M. struthiopteris (L.) TOD., **Straußenfarn***

Fam. *Dryopteridaceae* HERTER, Wurmfarngewächse

1 Schleier nierenförmig, in seiner Bucht angewachsen (*Abb. 83/3*); das erste zum Blattgrund zu gerichtete Fiederchen jeder Fieder am größten ***Dryopteris,*** 102
1* Schleier schildförmig, in seiner Mitte angewachsen (*Abb. 83/2;* das erste zur Blattspitze gerichtete Fiederchen bzw. der entsprechende Fiederlappen am größten ***Polystichum,*** 105

Dryopteris ADANS., **Wurmfarn**

1 Blätter 1-fach gefiedert mit fiederteiligen Fiedern; Spreite längl. lanzettl. bis eiförmig, am Grund meist deutl. verschmälert; Blattstiel kurz, ¼ bis höchstens ½ so lang wie die Spreite; unterste Fiedern nur wenig asymmetrisch

2 Sterile u. fertile Blätter verschieden; die sterilen schräg abstehend, 15–30(–45) cm lang; Fiedern mit beiderseits 5–7 sehr genäherten, breit ansitzenden Fiederabschnitten — die fertilen Blätter steif aufrecht, schmaler u. länger als die sterilen (20–60 cm); Fiedern oft rechtwinklig zur Blattfläche gedreht ***D. cristata***

2* Sterile u. fertile Blätter gleich, längl., ausgewachsen bis über 100 cm lang; Fiedern fiederteilig mit beiderseits 10–30 Abschnitten

3 Ansatzstellen der Fiederstiele an der Spindel grün *(Abb. 102/1);* Blattstiel u. Spindel nur ± dicht mit hellbraunen Spreuschuppen bedeckt; Schleier dem Sorus am Rand flach wellig aufliegend ***D. filix-mas***

3* Ansatzstellen der Fiederstiele an der Spindel 1–5 mm lang, dunkelviolett gefärbt *(Abb. 102/2);* Blattstiel u. Spindel dicht mit relativ schmalen, dunkelbraunen bis rötl.-braunen, am Grund dunklen Spreuschuppen bedeckt; Schleier den Sorus bis zur Sporenreife kugelig umfassend

4 Fiedern gestielt mit locker bis lückig stehenden Abschnitten, ihre Zwischenräume oft U-förmig; Schleier zur Sporenreife oft vom Rand her einreißend ***D. affinis***

4* Fiedern meist nahezu sitzend; die Lappen der untersten Fiederchen die Rhachis z. T. bedeckend; Fiederabschnitte dicht stehend; Schleier zur Sporenreife nicht od. selten vom Rand her einreißend

5 Spreuschuppen rotbraun, oft spiralig gedreht; Schleier groß, sich oft berührend, zur Sporenreife hellgrau, relativ dick, z. T. vom Rand her einreißend, meist kaum schrumpfend u. bleibend ***D. cambrensis***

5* Spreuschuppen gelbl.-braun, selten gedreht; Schleier relativ klein, sich meist nicht gegenseitig berührend, zur Sporenreife braun, relativ dünn, nicht einreißend, schrumpfend u. sich trichterartig abhebend, zuletzt oft abfallend ***D. borreri***

1* Blätter 2- bis fast 4-fach gefiedert; Spreite 3-eckig bis 3-eckig oval, am Grund nicht od. kaum verschmälert; Blattstiel 3/4 bis 4/5 so lang wie die

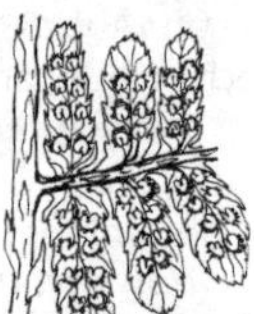

102/1

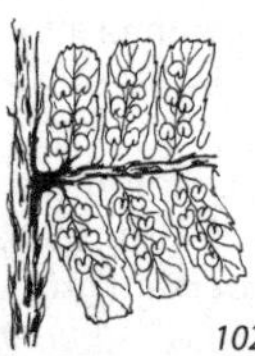

102/2

Spreite; zum Blattgrund gerichtetes Fiederchen der untersten Fiedern deutl. größer als das ihm gegenüber stehende

6 Pflanze ganz od. nahezu drüsenlos; Blattstiel spärl. spreuschuppig; Spreuschuppen breit oval, einfarbig blassbraun *(Abb. 103/1);* Spreite hell- bis gelbgrün, eilanzettl., die der sterilen Blätter etwas kürzer u. schräg aufrecht wachsend, die der fertilen Blätter etwas länger u. straff aufrecht; unterste Fiedern meist ohne Sori **_D. carthusiana_**

6* Unterseite der Spreite, Blattspindel u. -stiel sowie Schleierränder drüsig; Blattstiel bes. am Grund dicht mit schmalen, lang zugespitzten, glänzenden Spreuschuppen besetzt; Spreuschuppen im ausgewachsenen Zustand mit dunkelbraunem Mittelstreifen od. wenigstens dunklem Basisfleck *(Abb. 103/2);* Spreite der sterilen u. der fertilen Blätter gleichgestaltig, ± breit 3-eckig; meist auch die untersten Fiedern Sori tragend

7 Spreite dunkelgrün, von relativ dicker Textur, oft wintergrün; letzte Fiederabschnitte meist etwas nach unten umgebogen, mit kräftigen, stachelspitzigen Zähnen; das zum Blattgrund gerichtete Fiederchen der untersten Fieder meist weniger als ½ so lang wie diese u. weniger als 2-mal so lang wie das ihm gegenüberstehende; Sporen dunkel- bis schwarzbraun, etwas kantig wirkend, ± undurchsichtig **_D. dilatata_**

7* Spreite hellgrün, von dünner Textur, im Herbst bald verwelkend; letzte Fiederabschnitte flach ausgebreitet, mit feinen, kaum stachelspitzigen, weit herablaufenden Zähnen; das zum Blattgrund gerichtete Fiederchen der untersten Fieder meist wenigstens ½ so lang wie diese u. 2-mal so lang wie das ihm gegenüberstehende; Sporen hellbraun, abgerundet wirkend, durchscheinend **_D. expansa_**

D. affinis (LOWE) FRASER-JENK., **Spreuschuppiger W.**

Blätter trichterartig angeordnet, dunkelgrün, oft glänzend; letzte Fiederabschnitte lückig stehend; Blattstiel stark spreuschuppig. 50–140 cm. 8–9. ♃. Schluchtwälder, z ESG. O Fag.; subatl+submed.

Im Gebiet nur **subsp. *affinis*** [*D. affinis*. subsp. *affinis* var. *disjuncta* (FOMIN) FRASER-JENK.].

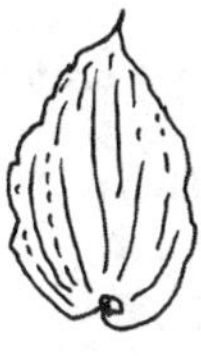

103/1

103/2

103/3

103/4

D. borreri (NEWMAN) OBERHOLZER et TAVEL., **Borrers W.**

[*D. affinis* subsp. *borreri* (NEWMAN) FRASER-JENK., *D. affinis* subsp. *robusta* FRASER-JENK.]. Blätter trichterartig angeordnet, dunkelgrün; letzte Fiederabschnitte gedrängt stehend; Blattstiel stark spreuschuppig. 50–150 cm. 7–9. ♃. Schluchtwälder, s ESG: Uttewalder Grund, Zahnsgrund bei Ostrau, Riesengrund u. Bärenhohl bei Hohnstein, Wesenitztal bei Lohmen; früher Kohlichtgrund bei Hohnstein u. Eselsweg bei Königstein; OLB: Picho bei Tautewalde, Hohwald; OLH: Putzkau; früher MLH: Wernsdorf bei Penig. O Fag.; atl-subatl.

D. cambrensis (FRASER-JENK.) BEITEL et W. R. BUCK, **Walisischer W.**

[*D. affinis* subsp. *cambrensis* FRASER-JENK.]. Blattstiel dicht mit rotbraunen bis kupferroten, oft spiralig gedrehten Spreuschuppen bedeckt; letzte Fiederabschnitte dicht gedrängt. 7–9. ♃. Schluchtwälder, Felsen. O Fag.

1 Rhizom meist 1-köpfig; Blätter trichterartig angeordnet, meist drüsenlos, oberseits speckig glänzend; Sori kleiner, etwas entfernt; Fiedern von oben konkav, Fiederabschnitte konvex gebogen, am Ende wenig gestutzt bis leicht gerundet mit wenigen vorwärts gerichteten Zähnen; Schleier hellgrau bis gelbbraun, selten vom Rande her einreißend. 100–120 cm. †, früher s ESG: Amselgrund. **subsp. *cambrensis***

1* Rhizom meist vielköpfig u. daher rasenbildend; Blätter meist zahlreich u. unregelmäßig angeordnet (keine Trichter bildend), unterseits mit wenigen bis zerstreuten, farblosen Drüsen, oberseits ± glanzlos; Fiederabschnitte am Ende abgerundet, mit regelmäßig verteilten, 3-eckigen, aufwärts gerichteten Zähnen; Sori groß, dicht stehend; Schleier hellgrau, z. T. vom Rand her weit einreißend. 80–100 cm. s OLB: Oybin. **subsp. *insubrica*** (FRASER-JENK.) FRASER-JENK., **Insubrischer W.**

D. carthusiana (VILL.) H. P. FUCHS, **Dorniger W., Kartäuser Dornfarn***

Sterile u. fertile Blätter leicht verschieden. 20–80 cm. 7–8. ♃. Laubmisch- u. Nadelwälder, Erlen-Bruchwälder, Zwergstrauchheiden, meist h im gesamten Gebiet. O Fag., K Querc. rob.-petr., O Aln., V Luz.-Fag., V Pic., K Call.-Ul.; eurosib.

D. cristata (L.) A. GRAY, **Kamm-W.**

Sterile u. fertile Blätter auffällig verschieden. 30–80 cm. 7–9. ♃. Erlen- u. Birken-Bruchwälder, Zwischenmoore, s ERW: Blauenthal bei Eibenstock; MLH: Grimma, früher Rochsburg, Zeisigteich bei Wermsdorf; OLT: Lohsa, Klitten, Wittichenau, Kroppen (ob noch), Kreba, Zeißholz bei Bernsdorf, Muskauer Heide; früher s LLA: Leipzig; OLH: Massenei. V Aln., V Bet.; bor-kont. ∇

D. dilatata (HOFFM.) A. GRAY, **Breitblättriger W., Dunkelgrüner Dornfarn***

Blätter dunkelgrün, oft überwinternd, 2–3-fach gefiedert. 40–120 cm. 7–9. ♃. Wälder u. Forste, Hochstaudenfluren, Felsen, Mauern, mäßig h. O Fag., V Pic., K Querc. rob., V Aden.; eurosib.

D. expansa (C. Presl) Fraser-Jenk. et Jermy, **Feingliedriger W., Blassgrüner Dornfarn**

[*D. assimilis* S. Walker]. Blätter hellgrün, im Herbst verwelkend, 2–3-fach filigran gefiedert. 40–120 cm. 7–9. ♃. Montane Nadel- u. Laubmischwälder, Erlen- u. Birken- Bruchwälder, Schluchtwälder, Hochstaudenfluren, Blockhalden, Felsen, z ESG; s ERB: Rabenstein bei Chemnitz; ERM: Zechengrund bei Oberwiesenthal, Tal der Schwarzen Pockau bei Kühnhaide, Flöhatal bei Blumenau, Neunzehnhain bei Lengefeld, Steinbachtal bei Erlabrunn; ERO: Geising; MLH: Zeisigteich bei Wermsdorf; OLB: Valtenberg bei Neukirch, Lausche, Dachslöcher bei Oybin; OLH: Ohorner Steinberg; OLT: Quolsdorf. V Luz.-Fag., K Vacc.-Pic., O Aln.; subatl-pralp?

D. filix-mas (L.) Schott, **Gewöhnlicher W.***

Blätter 1–2-fach gefiedert; Blattstiel hellbraun beschuppt. 30–120 cm. 7–9. ♃. Laub- u. Nadelmischwälder u. -forste, Hohlwege, Blockhalden, Hochstaudenfluren, Felsen u. Mauern, mäßig h im gesamten Gebiet. O Fag.; eurosib. Giftig. Früher Off.

Bastarde:

D. × ambroseae Fraser-Jenk. et Jermy [*D. dilatata × D. expansa*]: s ERM: Tal der Schwarzen Pockau bei Kühnhaide, Steinbachtal bei Erlabrunn, Flöhatal bei Blumenau; ESG: Uttewalder Grund, Zahnsgrund bei Ostrau; LLA: Zeisigteich bei Wermsdorf

D. × critica (Fraser-Jenk.) Fraser-Jenk. [*D. borreri × D. filix-mas*]: OLH: Hohnstein

D. × deweveri (J. T Jansen) J. T. Jansen et Wacht. [*D. carthusiana × D. dilatata*]: MLH: Grimma, Wernsdorf bei Penig, Böhrigen, Zeisigteich bei Wermsdorf; ESG: Krippen

D. × uliginosa (Döll) Druce [*D. carthusiana × D. cristata*]: MLH: Grimma; OLT: Klitten, Kreba

Polystichum Roth, **Schildfarn**

1 Blätter 1-fach gefiedert ***P. lonchitis***

1* Blätter 2-fach gefiedert

2 Blätter derb, ledrig, dunkelgrün glänzend, überwinternd, auf der Fläche nicht od. kaum behaart; Fiedern lang, zugespitzt; Fiederchen stachelspitzig ***P. aculeatum***

2* Blätter relativ weich, meist hell- bis dunkelgrün, meist nicht wintergrün, auf der Fläche wie unterseits spreuhaarig; Fiedern relativ kurz, die unteren stumpfl., die oberen kurz zugespitzt; Fiederchen rundl. bis oval, weichdornig ***P. braunii***

P. aculeatum (L.) ROTH, **Dorniger Sch.***

60–100 cm. 8–9. ♃. Schluchtwälder, Blockhalden, Felsen, gelegentl. Mauern, z ERO u. OLB, s ERB: Chemnitz; ERM: Lengefeld, Neunzehnhain; ERW: Rautenkranz, Wildenfels; ESG: Schindergraben bei Hohnstein, Schwarzbachtal; MLH: Kuhschnappel, Leisnig, Kriebstein; OLH: Löbau, Wittgendorf, Görlitz, Goßdorf; VGT: Röttis, Möschwitz, auch s verschleppt, z. B. LLA: Eilenburg: Wölpern. ↘ V Til.-Acer., V Fag.; subatl-mont.

P. braunii (SPENN.) FÉE, **Weicher Sch., Braun-Sch.**

Blätter ± aufrecht, auf der Oberfläche spärl. behaart. 50–60 cm. 7–8. ♃. Schluchtwälder, †, früher s ESG: Uttewalder u. Schleifgrund, Amselgrund, Dürrebachtal, Schindergraben bei Hohnstein; OLB: Lausche. V Til.-Acer., V Fag. ∇

P. lonchitis (L.) ROTH, **Lanzen-Sch.***

Blätter immergrün, schmal lanzettl., mit dornig gezähnten, sichelförmigen Fiedern. 10–40 cm. 7–9. ♃. Blockhalden, Felsen, Mauern, kalkhold; dealpine Art, die im Gebiet durch Sporenanflug vorübergehend in Einzelexemplaren auftritt, s ERO: Neucunnersdorf; ESG: Langenhennersdorf; früher s ERM: Pöhlberg; OLH: Demitz-Thumitz; OLB: Oybin. V Cyst., V Til.-Acer. (∇)

Fam. *Polypodiaceae* J. PRESL, Tüpfelfarngewächse

Polypodium L., **Tüpfelfarn**

1 Knorpelverbindungen zwischen dem Knorpelrand in den Fiederbuchten der mittleren Fiedern u. dem Hauptnerv des Blattes meist deutl. vorhanden (Durchlicht!); Fiedern gezähnt gekerbt; Sporenlänge im Mittel 55–72 µm; Sporangien am Grunde mit 1-2(-3) unverdickten Zellen (Basalzellen) *(Abb. 103/3)* ***P. vulgare***

1* Knorpelverbindungen meist nicht vorhanden, Fiederbuchten der mittleren Fiedern vielmehr einen 1–2 mm großen Abstand zum Hauptnerv des Blattes zeigend; Fiedern oft gesägt; Sporenlänge im Mittel 72–89 µm; Sporangien am Grunde mit 2–5 Basalzellen *(Abb. 103/4)* ***P. interjectum***

P. interjectum SHIVAS, **Gesägter T.**

Blätter oft eiförmig u. mit gesägten Fiedern. 10–50 cm. 9–10. ♃. Felspodeste u. -spalten in wärmebegünstigter, luftfeuchter Lage, bodenvag, s ERO: Großröhrsdorf; ESG: Königstein; OLH: Sebnitztal bei Goßdorf; früher s MLH: Nossen. K Aspl.; subatl.

P. vulgare L., **Gewöhnlicher T., Engelsüß***
Süßholz (ERB)
Blätter meist längl., zuweilen aber auch eiförmig, mit gezähnt gekerbten Fiedern. 10–50 cm. 8–9. ♃. Beschattete Felsen, Blockhalden, Mauern, selten auch an Bäumen, kalkmeidend, mäßig h ERZ, ESG, VGT; z ELH, MLH, OL, s im Tiefland. O Andros.; eurosib, circpol; Off.

Bastard:
P. × ***mantoniae*** Rothm. [*P. interjectum* × *P. vulgare*]: ERO: Großröhrsdorf, Seidewitztal bei Burkhardswalde, Bahretal bei Friedrichswalde, Müglitztal bei Maxen; ESG: Königstein, Hohnstein, Polenztal, Raumberg; MLH: Klosterbuch, Waldheim; OLH: Sebnitztal bei Goßdorf.

Abteilung ***Spermatophyta,*** **Samenpflanzen**

Klasse: ***Ginkgoopsida,*** **Gabelblättrige Nacktsamer**

Fam. *Ginkgoaceae* ENGL., Ginkgogewächse

Ginkgo L., **Ginkgo, Ginkgobaum**

Sommergrüner 2-häusiger Baum; Blätter wechselständig, 6–8 cm breit, fächerförmig, vorn ausgerandet bis 2-lappig od. 2-spaltig (*Abb. 108/1*), mit parallelen u. gegabelten Adern; ♂ Blüten kätzchenartig, ♀ Blüten einzeln, lang gestielt, Samen steinfruchtartig *(Abb. 108/2)*, äußere Samenschale gelbfleischig. 15–20(–35) m. 5. ♄. Zierbaum, auch Straßenbaum (z. B. Dresden, Pirna). Off. Heimat: China. ***G. biloba*** L.*/**

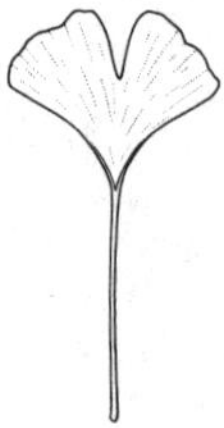

108/1

108/2

Klasse ***Coniferopsida*, Nadelblättrige Nacktsamer** od. **Nadelgehölze**

Fam. *Pinaceae* F. RUDOLPHI, Kieferngewächse

1 Nadeln weich u. dünn, an Kurztrieben in reichblättrigen Büscheln *(Abb. 109/1)*, an diesjährigen Langtrieben einzeln, alle im Herbst abfallend, daher sommergrüner Baum **_Larix_,** 111

1* Nadeln derb, einzeln od. an Kurztrieben zu 2–5, mindestens 2 Jahre am Zweig verbleibend, immergrüner Baum od. Strauch

2 Nadeln in Büscheln zu 2, 3 od. 5, am Grund von einer gemeinsamen häutigen Scheide umgeben *(Abb. 109/2)* **_Pinus_,** 113

109/1

109/2

2* Nadeln einzeln

3 Nadeln 4-kantig od. abgeflacht, einem rindenfarbigen Stielchen aufsitzend, das am Zweig herabläuft u. beim Abfallen der Nadeln zurückbleibt; entnadelte Zweige gefurcht u. raspelartig rau *(Abb. 109/3, 109/4)*; reife Zapfen hängend, als Ganzes abfallend **_Picea_,** 112

3* Nadeln stets flach, stielartig verschmälert od. scheibenförmig verbreitert, aber nicht rindenfarbigem, am Zweig herablaufenden Stielchen aufsitzend; reife Zapfen aufrecht od. hängend, zerfallend od. als Ganzes abfallend

4 Nadeln an der Basis scheibenförmig verbreitert, direkt dem Zweig aufsitzend, beim Abfallen eine runde Narbe hinterlassend *(Abb. 109/5, 109/6)*;

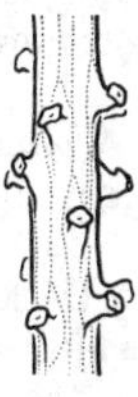

109/3

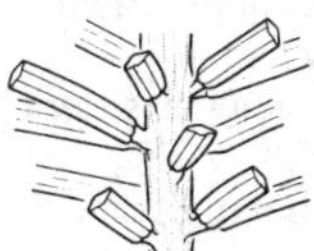

109/4

109/5

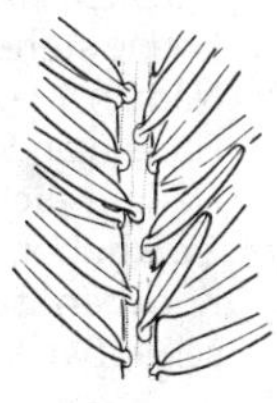

109/6

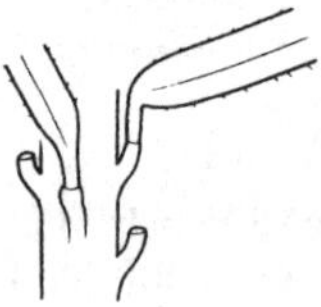
110/1

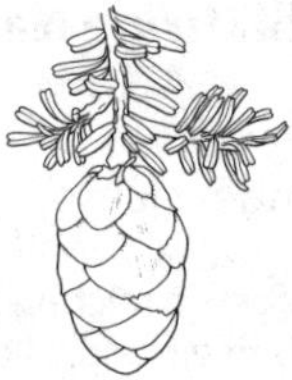
110/2

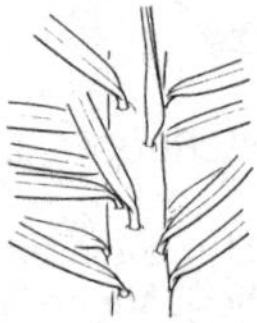
110/3

110/4

entnadelte Zweige meist glatt; Zapfen aufrecht, zur Reife Schuppen einzeln abfallend, Zapfenspindel verbleibt am Zweig **_Abies,_** 110

4* Nadeln in ein Stielchen verschmälert, nicht mit scheibenförmig verbreiterter Basis dem Zweig aufsitzend; Zapfen als Ganzes abfallend

5 Nadeln 5–20 mm lang, am Rand mit winzigen Zähnchen (Lupe!), Nadelstielchen dem Zweig anliegend od. parallel zu diesem verlaufend *(Abb. 110/1);* Deckschuppen im Zapfen eingeschlossen *(Abb. 110/2)* **_Tsuga,_** 117

5* Nadeln 18–35 mm lang, am Rand glatt, Nadelstielchen im spitzen Winkel vom Zweig abstehend *(Abb. 110/3);* Deckschuppen aus dem Zapfen herausragend, 2-spaltig mit grannig verlängerter Mittelrippe *(Abb. 110/4)* **_Pseudotsuga,_** 117

Abies MILL., **Tanne**

1 Nadeln beidseitig fast gleichfarbig, oberseits matt- bis graugrün, unterseits od. beiderseits blaugrün bis -grau, bei Sorten blau- bis silberweiß, (3–)4–6(–8) cm lang, spitz od. abgerundet **_A. concolor_**

1* Nadeln oberseits glänzend grün, unterseits mit 2 weißen Streifen, 1–5,5 cm lang, an Seitenzweigen Nadelspitze gekerbt od. ausgerandet, nur in Kronenspitze u. an zapfentragenden Zweigen spitz

2 Zweige mit Längsfurchen **_A. homolepis_**

2* Zweige glatt, nicht gefurcht

3 Nadeln unterschiedl. Länge am Zweig, 2–5,5 cm lang, größere stets > 3,5 cm lang, Nadeln an Seitenzweigen deutl. gescheitelt, ± in einer Ebene stehend **_A. grandis_**

3* Nadeln 1–3,5 cm lang, gescheitelt od. ungescheitelt

4 Nadeln an Seitenzweigen deutl. gescheitelt **_A. alba_**

4* Nadeln nicht od. kaum gescheitelt, aufwärts gerichtet u. dicht auf Zweigoberseite stehend

5 Knospen stark harzig; Jungtriebe behaart; Zapfen 6–7 cm lang, Deckschuppen kaum herausragend **_A. veitchii_**

5* Knospen nicht harzig; Jungtriebe kahl od. behaart; Zapfen > 10 cm lang, mit herausragenden, an der Spitze umgebogenen Deckschuppen **_A. nordmanniana_**

A. alba MILL., **Weiß-T., Edel-T.** */**

Jungtriebe behaart; Zapfen 10–16 cm lang, Spitzen der Deckschuppen herausragend, zurückgeschlagen; Stammrinde grauweiß; Kronenspitze im Alter meist abgeplattet („storchennestartig"). 30–50(–65) m. 5–6. ♄. Bergmischwälder, Buchen- u. Fichtenwälder, Nadelforste, z im Berg- u. angrenzenden Hügelland von VGT über ERZ, ESG bis OLB, sehr s OLT, auch forstl. gepflanzt. ↘ V Fag., V. Pic., O Querc. rob.; europ-nem, vorwiegend mont. Starker Rückgang seit 19. Jh. („Tannensterben"), doch seit Ende 20 Jh. verstärkt in Wäldern gepflanzt.

A. concolor (GORD. et GLEND.) HILDEBR., **Grau-T., Kolorado-T.** */**

Nadeln der Zweigoberseite meist bogig aufwärts gekrümmt; Zapfen 8–13 cm lang, Deckschuppen im Zapfen verborgen. 20–25 m. 5–6. ♄. Zierbaum. Heimat: westl. N-Amerika.

A. grandis (D. DON) LINDL., **Küsten-T., Riesen-T.** **

Nadeln zerrieben stark aromatisch duftend; Knospen harzig; Zapfen 7–10 cm lang, Deckschuppen im Zapfen verborgen. 30–50(–70) m. 5–6. ♄. Zier- u. Forstbaum. Heimat: westl. N-Amerika.

A. homolepis SIEBOLD et ZUCC., **Nikko-T.** **

Nadeln 1–3 cm lang, sehr dicht stehend, schräg aufwärts gerichtet, meist an der Zweigoberseite eine Rinne zwischen sich freilassend; Zapfen 7–10 cm lang, Deckschuppen im Zapfen verborgen. 20–35 m. 5–6. ♄. Zierbaum, s (20. Jh.) forstl. angebaut. Heimat: Japan.

A. nordmanniana (STEVEN) SPACH, **Nordmann-T.** */**

Nadeln 2–3,5 cm lang, oft dicht gedrängt auf Zweigoberseite stehend. 30–50 m. 5–6. ♄. Zierbaum, s forstl. angebaut. Heimat: Kaukasus, N-Kleinasien.

A. veitchii LINDL., **Veitch-T.** **

Nadeln 1–3 cm lang, an der Spitze abgestutzt, meist bürstenförmig aufwärts gerichtet, dadurch kreideweiße Unterseite sichtbar. 15–30 m. 5–6. ♄. Zierbaum, s (20. Jh.) forstl. angebaut. Heimat: Japan.

Ähnl. ist ***A. koreana*** WILS.**, **Korea-T.:** Nadeln nur bis 2 cm lang, an der Spitze abgerundet od. ausgerandet. Langsamwüchsiger, früh u. reichl. Zapfen tragender Zierbaum. Heimat: Südkorea.

Larix MILL., Lärche

1 Zapfen 2–3 cm lang, ± kugelig, zur Reife Rand oberer Samenschuppen nach außen umgebogen, dadurch rosettig erscheinend; Nadeln blaugrün; Jungtriebe rötl., meist blauweiß bereift **_L. kaempferi_**

1* Zapfen 2,5–4 cm lang, ei- od. kegelförmig, Samenschuppen bei der Reife ± anliegend, ihr Rand nicht nach außen umgebogen; Nadeln hell- od. dunkelgrün; Jungtriebe gelbl., unbereift

2 Nadeln 2–3 cm lang, zu 30–40 am Kurztrieb; Zapfen mit 40–50 Samenschuppen, diese gerade vorgestreckt, kahl od. nur an der Basis behaart **_L. decidua_**
2* Nadeln 2,5–4 cm lang, zu 15–30 am Kurztrieb; Zapfen mit 30–40 Samenschuppen, diese muschelförmig, außen braun behaart **_L. sibirica_**

L. decidua MILL., **Europäische L.***/**
Kegelförmige, im Alter unregelmäßige Krone. Bis 35 m. 3–5. ♄. Forst- u. Zierbaum. Heimat: Alpen, Sudeten, Karpaten.

L. kaempferi (LAMB.) CARRIÈRE., **Japanische L.***/**
[*L. leptolepis* (SIEBOLD et ZUCC.) GORDON]. Breit kegelförmige Krone mit weit ausladenden Ästen. Bis 35 m. 3–5. ♄. Forst- u. Zierbaum, forstl. vor allem in 2. Hälfte 20. Jh. gepflanzt. Heimat: Japan.

L. sibirica LEDEB., **Sibirische L.**
Schmal kegelförmige Krone. Bis 35 m. 3–5. ♄. Zierbaum. Heimat: NO-Europa, W-Sibirien.

Bastard:
L.* × *eurolepis HENRY (*L. decidua* × *L. kaempferi*), **Hybrid-L.**: Als Forstbaum bes. in 1970–1980er Jahren in immissionsbelasteten Gebieten gepflanzt.

Picea A. DIETR., **Fichte**

1 Nadeln abgeflacht, an Seitenzweigen Nadeloberseite glänzend grün, unterseits mit 2 weißen Streifen
2 Jungtriebe behaart; Nadeln 1,5–2 mm breit, vorn stumpf od. bespitzt; Zapfen längl. eiförmig, reif glänzend dunkelbraun, Samenschuppen derb, vorn abgerundet **_P. omorika_**
2* Jungtriebe kahl; Nadeln 1–1,2 mm breit, lang u. scharf zugespitzt, stechend; Zapfen zylindrisch, reif hellbraun, Samenschuppen papierartig dünn, Rand gewellt od. ausgefranst **_P. sitchensis_**
1* Nadeln im Querschnitt 4-kantig, allseits gleichfarbig
3 Nadeln dunkelgrün, meist glänzend, an Seitenzweigen oberseits u. seitl. stehend, an der Zweigunterseite gescheitelt; Zapfen 8–15 cm lang **_P. abies_**
3* Nadeln mattgrün, bläul.- bis graugrün od. silberweiß, allseits um den Zweig gestellt, an Unterseite lockerer stehend, aber nicht od. kaum gescheitelt; Zapfen 2–10 cm lang
4 Jungtriebe behaart
5 Nadeln 1,5–3 cm lang; Zapfen 4–7 cm lang, zylindrisch, Samenschuppen längl. rhombisch, nach vorn verschmälert u. abgestutzt **_P. engelmannii_**
5* Nadeln 0,6–1,5 cm lang; Zapfen 2–3 cm lang, eiförmig, Samenschuppen vorn abgerundet **_P. mariana_**

4* Jungtriebe kahl
6 Nadeln 1–1,8 cm lang, spitz bis stumpfl.; Zapfen 3,5–7 cm lang, bis 2 cm breit, Samenschuppen rundl., ganzrandig ***P. glauca***
6* Nadeln 1,8–2,7 cm lang, starr u. stechend spitz; Zapfen 6–10 cm lang, 2–4 cm breit, Samenschuppen längl. rhombisch, längsfaltig, unregelmäßig gezähnelt ***P. pungens***

P. abies (L.) H. KARST., **Europäische F., Gewöhnliche F., Rottanne***/**
Tanner (VGT)
Nadeln 1–2,5 cm lang; Zapfen vor der Reife grün od. purpurrot, reif braun, Samenschuppen rhombisch, nach vorn verschmälert. 20–55(–60) m. 4–6. ♄. Fichten-Bergwälder, Buchen-Bergmischwälder, Moorwälder, Kiefern-Fichtenwälder, bodenfeuchte Stieleichenwälder, Nadelforste, h im Berg- u. angrenzenden Hügelland, mäßig h OLT, z NW-Sachsen, meist forstl. gepflanzt. V Pic., V Luz.-Fag., V Querc. rob., O Vacc.-Pin.; eurosib-bor. Off.

P. engelmannii ENGELM., **Engelmann-F.****
Nadeln im Vergleich zu *P. pungens* zieml. weich u. biegsam, nach vorn gerichtet, beim Zerreiben mit charakteristischem Geruch nach schwarzen Johannisbeeren, Menthol od. Kampfer. 20–45 m. 4–6. ♄. Zierbaum. Heimat: westl. N-Amerika.

P. glauca (MOENCH) VOSS, **Schimmel-F., Weiß-F., Kanadische F.****
Nadeln dünn, sehr dicht stehend, zerrieben schwach nach schwarzen Johannisbeeren riechend. 15–25 m. 4–6. ♄. Zierbaum, früher s forstl. gepflanzt. Heimat: nördl. N-Amerika.

P. mariana (MILL.) BRITTON et al., **Schwarz-F.**
Nadeln sehr dünn u. dicht stehend, stumpfl., gerade od. leicht gekrümmt, zerrieben schwach nach schwarzen Johannisbeeren riechend. 5–25 m. 4–6. ♄. Zierbaum, s forstl. gepflanzt, z. B. ERZ. Heimat: nördl. N-Amerika.

P. omorika (PANČIĆ) PURK., **Serbische F., Omorika-F.***/**
Krone schmal kegelförmig bis fast säulenförmig. 20–30 m. 4–6. ♄. Zierbaum, auch forstl. Anbau (z. B. ERZ, ESG, OL). Heimat: Serbien.

P. pungens ENGELM., **Stech-F., Blau-F., „Silbertanne“***/**
20–30 m. 4–6. ♄. Zierbaum, forstl. Anbau (2. Hälfte 20. Jh.) in ehem. Rauchschadgebieten (bes. ERZ). Heimat: westl. N-Amerika.

P. sitchensis (BONG.) CARRIÈRE., **Sitka-F.****
Nadeln abgeflacht, aber deutl. gekielt; Krone breit kegelförmig. 20–40(–60) m. 4–6. ♄. Zierbaum, s forstl. gepflanzt. Heimat: westl. N-Amerika.

Pinus L., **Kiefer,** einschl. **Föhre, Spirke, Zirbe, Arve, Strobe**

1 Nadeln im Bündel zu 3 od. 5, im Querschnitt 3-eckig
2 Nadeln zu 3 ***P. rigida***
2* Nadeln zu 5

3 Jungtriebe dicht filzig behaart, anfangs rostgelb bis -rot, im 2. Jahr grauschwarz; Zapfen aufrecht, am Baum geschlossen bleibend, Samen flügellos ***P. cembra***

3* Jungtriebe höchstens fein u. grau behaart od. kahl; Zapfen hängend, sich am Baum öffnend, Samen geflügelt

4 Jungtriebe dünn, Durchmesser bis 3 mm, anfangs fein behaart, bis auf Härchen unter den Ansatzstellen der Nadelbündel verkahlend; Nadeln < 0,8 mm breit, weich u. biegsam ***P. strobus***

4* Jungtriebe dicker, stets kahl; Nadeln > 0,8 mm breit, derb u. steif ***P. peuce***

1* Nadeln zu 2, im Querschnitt halbkreisförmig

5 Nadeln 6–15 cm, Mehrzahl > 7 cm lang, dunkelgrün; Zapfen 4–10 cm lang, (fast) sitzend ***P. nigra***

5* Nadeln 2–8 cm, Mehrzahl bis 7 cm lang, dunkel-, gelb- od. bläul.- bis graugrün; Zapfen 2–6 cm lang, (fast) sitzend od. deutl. gestielt

6 Jahrestriebe teilweise, zumindest am Hauptspross, verzweigt („mehrgliedrig"), d. h. zwischen den Ast- u. Zweigquirlen Langtriebe od. Zapfen entspringend; Zapfen asymmetrisch, meist etwas gebogen, mehrere Jahre geschlossen od. nach Samenausfall am Baum verbleibend

7 Nadeln 2–5 cm, Mehrzahl < 4 cm lang, hellgrün ***P. banksiana***

7* Nadeln 4–8 cm lang, meist dunkelgrün, selten hell- od. gelbgrün ***P. contorta***

6* Jahrestriebe zwischen den Quirlen stets ohne Seitentriebe od. Zapfen („eingliedrig"); Zapfen symmetrisch od. asymmetrisch, nicht gebogen, sich bei Samenreife im 2. od. 3. Jahr öffnend, danach abfallend

8 Nadeln blau- bis graugrün; um ihre Längsachse gedreht, oft hin u. her gekrümmt; Zapfen graubraun, matt, deutl. gestielt, Stiel (3–)6–12 mm lang; Knospen nicht od. kaum harzig; Borke im unteren Stammbereich grauschwarz bis dunkelbraun, nach oben fuchsrot bis rötl.-gelb; stets einstämmiger Baum ***P. sylvestris***

8* Nadeln dunkel- od. hellgrün, kaum gedreht, gerade od. dem Zweig etwas zugebogen; Zapfen schwarz-, rot- od. gelbbraun, reif glänzend, sitzend od. bis 4(–6) mm lang gestielt; Borke am ganzen Stamm einfarbig, grauschwarz bis schwarzbraun; strauch- od. knieholzförmig wachsend od. mehrstämmiger, selten einstämmiger Baum ***P. mugo*** agg.

P. banksiana LAMB., **Banks-K.**

Nadeln stark um ihre Achse gedreht, hin u. her gekrümmt od. spreizend; Zapfen 4–5 cm lang, Schuppenschild flach od. erhaben, mit kleinem Dorn; Knospen stark harzig. (3–)10–20 m. 4–6. ♄. Zierbaum, früher vereinzelt forstl. gepflanzt. Heimat: N-Amerika.

P. cembra L., **Zirbel-K., Zirbe, Arve** */**

Nadeln dunkelgrün, steif, dem Zweig fast anliegend; Zapfen ei- bis tonnenförmig, 5–10 cm lang, Samen essbar (Zirbelnüsse). 10–25 m. 4–6. ♄. Zierbaum, s forstl. gepflanzt. Heimat: Alpen, Karpaten, NO-Europa bis Sibirien.

Im Gebiet nur **subsp. *cembra*.**

P. contorta LOUDON, **Dreh-K., Murray-K.****

Nadeln um ihre Achse gedreht, steif, aber kaum stechend; Zapfen 2–5 cm lang, Schuppenschilder mit dünnem, leicht abbrechendem Dorn. (3–)10–20(–30) m. 4–6. ♄. Zier- u. Forstbaum, forstl. gepflanzt bes. in 2. Hälfte 20. Jh. in Rauchschadgebieten, z. B. ERZ. Heimat: westl. N-Amerika.

P. mugo TURRA agg., **Artengruppe Berg-K.****

Hierzu 3 als Arten od. Unterarten aufgefasste Sippen mit unterschiedl. Wuchsform (**grex _prostrata_** (TUBEUF) MERXM.: **Kusseln** u. **Latschen** als Knieholzform, **grex _arborea_** (TUBEUF) MERXM.: **Spirken** als aufrechte Bäume) u. deutl. verschiedener Zapfengestalt (von symmetrisch mit flachen Schuppenschilden bis stark asymmetrisch mit hakenförmig umgebogenen Schuppenschilden), abweichender Verbreitung u. Ökologie, deren Ansprache jedoch durch Übergänge zwischen den Sippen erschwert ist. Off.

1 Zapfen stets symmetrisch, Zapfenbasis gleichmäßig gestaltet, Schuppenschild flach od. schwach aufgewölbt, Erhebung < 2 mm hoch od. niedriger als Hälfte der Schildbreite *(115/1);* Pflanze stets strauchförmig, Stämme u. Äste niederliegend bis aufsteigend od. mehrstämmig aufrecht (grex *prostrata*). **_P. mugo_** s. str.

1* Zapfen fast stets asymmetrisch, durch stärker aufgewölbte Schuppenschilde an der zweigabgewandten Seite zumindest unteres Zapfendrittel schief, Schuppenschild zumindest basaler Samenschuppen deutl. aufgewölbt, buckelig bis kegelförmig *(115/3)* od. hakig umgebogen *(115/2)*, Erhebung > 2 mm hoch od. höher als ein Viertel der Schildbreite bis so hoch wie diese breit; Pflanze als Knieholz, mehr- od. einstämmiger Baum wachsend (grex *prostrata* od. grex *arborea*)

2 Zapfen stark asymmetrisch, meist in ganzer Länge schief, Schuppenschild basaler Samenschuppen deutl. hakenförmig umgebogen *(115/2)*, 4–5 mm hoch od. mindestens so hoch wie Hälfte der Schildbreite; einstämmiger Baum (grex *arborea*). **_P. uncinata_**

2* Zapfen meist nur im unteren Drittel asymmetrisch, Schuppenschild basaler Samenschuppen buckelig bis kegelförmig ausgewölbt *(115/3),* etwas od. nicht hakenförmig umgebogen, 2–4 mm hoch od. etwa so hoch wie Hälfte der Schildbreite; Pflanze mit niederliegenden bis aufsteigenden Stämmen od. mehr- bis einstämmig aufrecht (grex *prostrata* od. grex *arborea*). **_P. rotundata_**

P. mugo TURRA s.str., **Krummholz-K., Latschen-K., Leg-Föhre***

[*P. mugo* subsp. *mugo* u. subsp. *pumilio* (HAENKE) FRANCO]. 1–3 m. ♄. Ziergehölz, auch in Schutz- u. Rekultivierungspflanzungen, s in Wäldern gepflanzt. Heimat: Alpen bis Karpaten u. Gebirge der Balkanhalbinsel.

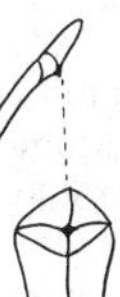

115/1

115/2

115/3

P. rotundata LINK, **Moor-K., Buckel-K.,** einschl. **Moor-Latsche** u. **Moor-Spirke**
[*P. mugo* subsp. *rotundata* (LINK) JANCH. et H. NEUMAYER, *P. uncinata* subsp. *rotundata* (LINK) JANCH. et H. NEUMAYER, *P. mugo* subsp. *uncinata* sensu FLÖSSNER et al.1956]. Im Gegensatz zu *P. mugo* u. *P. uncinata* mit variabler Wuchs- u. Zapfenform, meist als **Moor-Latsche** (Krummholz bis kleiner mehrstämmiger Baum), selten als **Moor-Spirke** (einstämmiger Baum); Zapfen überwiegend schwach asymmetrisch mit buckelig erhobenen Schuppenschilden, seltener stark asymmetrisch mit hakigen Schuppenschilden. 1–15 m. Moorgehölze im Umfeld des Moorkernes, Randgehänge naturnaher Regenmoore, Moore mit Verheidungs- u. Bewaldungstendenz, (Fichten-)Spirken-Moorwälder, z Gebirgsmoore im ERZ, hier nördlichste Vorkommen der Moorsippe mitteleuropäischer Gebirge. ↘ (Moor-Spirke stärker gefährdet als Moor-Latsche). V Sphag. O Vacc.-Pin.; pralp, sudeto-karpat.

P. uncinata RAMOND, **Haken-K., Schnabel-K., Berg-Spirke**
[*P. mugo* subsp. *uncinata* (DC.) DOMIN, *P. mugo* var. *rostrata* (ANTOINE) HOOPES]. 10–25 m. ♄. Zierbaum, s in Wäldern u. Mooren gepflanzt. Heimat: W-Alpen bis Pyrenäen.

P. nigra J. F. ARNOLD, **Schwarz-K.***/**

Zapfen gelbl.-braun, glänzend. (10–)20–35 m. 4–6. ♄. Zier- u. Forstbaum. Heimat: S- u. SO-Europa bis Kleinasien u. W-Kaukasus.

Bei uns im Anbau meist **subsp. *nigra*, Österreichische Schwarz-K.**

P. peuce GRISEB., **Rumelische K., Mazedonische K., Rumelische Strobe****
Nadeln 7–10 cm lang, an den Zweigenden pinselförmig nach vorn gerichtet. Zapfen 8–13 cm lang, gelbbraun. 15–25 m. 4–6. ♄. Zierbaum, s forstl. gepflanzt. Heimat: SO-Europa.

P. rigida MILL., **Pech-K.**
Nadeln 7–14 cm lang, steif, Rand rau; junge Zweige anfangs hellgrün, dann orangebraun; Zapfen ei- bis kegelförmig, 3–10 cm lang, meist quirlig gehäuft, mehrere Jahre am Baum verbleibend; am Stamm oft büschelartig Kurz- u. Langtriebe erscheinend, Stockausschläge bildend. Bis 25 m. 4–6. ♄. Zierbaum, früher vereinzelt forstl. angebaut. Heimat: östl. N-Amerika.

P. strobus L., **Weymouth-K., Ostamerikanische Strobe***/**

Nadeln 5–14 cm lang; Zapfen 9–20 cm lang, braun, meist etwas gebogen, harzreich. 20–40 m. 4–6. ♄. Zier- u. Forstbaum, anfällig gegenüber dem Blasenrost *Cronartium ribicola*, aber lokal etabliert u. sich ausbreitend (z. B. ESG), ↗ NE. Heimat: östl. N-Amerika.

P. sylvestris L., **Gewöhnliche** od. **Gemeine K., Wald-K., Rot-K.** od. **-Föhre***/**

Nadeln (2–)4–6(–8) cm lang; Zapfen 2–7 cm lang, bis zur Reife im 2. Jahr grün, dann graubraun; Krone in der Jugend kegelförmig mit regelmäßig quirlständigen Ästen, im Alter sehr vielgestaltig, von spitzkronig u. schmal kegelförmig (Herzynische Höhen-K., z. B. VGT) bis breitkronig u. schirmförmig (Norddeutsche Tiefland-K., z. B. OLT). 20–35(–50) m. 4–6. ♄. Sand-, Fels- u. Moorkiefernwälder, Eichenmischwälder, Nadelwälder u. -forsten, mäßig h im Tiefland, z im Hügel- u. Bergland. V Dicr.-Pin., V Cyt.-Pin., V Bet., V. Querc. rob.; euras-kont. Off.

Pseudotsuga CARR., **Douglasie**

Nadeln oberseits grün bis grau- od. blaugrün, unterseits matt, mit 2 weißl. Längsstreifen, beim Zerreiben aromatisch duftend; Zapfen 5–10 cm lang, 3–4 cm dick; Knospen bis 1 cm lang, spindelförmig, glänzend rotbraun. 30–60 m. 4–5. ♄. Zier- u. Forstbaum, örtl. im Wald mit Naturverjüngung, z. B. ESG, Tharandter Wald. ↗ NE. Heimat: westl. N-Amerika. [*P. taxifolia* (POIR.) BRITTON]. ***P. menziesii*** (MIRB.) FRANCO, **Douglasie, Douglastanne****

1 Nadeln oberseits lebhaft grün, am Zweig fast gescheitelt stehend; Zapfen bis 10 cm lang, Deckschuppen anliegend; raschwüchsig, als Forstbaum größere Bedeutung, aber weniger frosthart als 1* [var. *viridis* (SCHWERIN) FRANCO]. **subsp. *menziesii*, Küsten-D.**

1* Nadeln oberseits grau- bis blaugrün, kürzer, am Zweig seitwärts u. nach oben abstehend; Zapfen bis 7 cm lang, Deckschuppen abstehend bis zurückgeschlagen; langsamwüchsiger, aber von großer Frosthärte, gepflanzt auch raschwüchsige u. ebenso frostharte Übergangsformen zu 1 (var. *caesia* (SCHWERIN) FRANCO, Graue D.). **subsp. *glauca*** (BEISSN.) E. MURRAY, **Blaue D., Colorado-D.**

Tsuga CARR., **Hemlock, Hemlock-** od. **Schierlingstanne**

Nadeln fast 2-zeilig angeordnet, oberseits dunkelgrün, unterseits mit 2 grauweißen Längsstreifen u. deutl. abgesetztem grünem Rand, Nadel zur Spitze schmaler werdend; Zapfen 1,3–2,3 cm lang, ei- bis kegelförmig. 10–30 m. 4–5. ♄. Zierbaum. Heimat: nordöstl. N-Amerika. [*T. americana* (MILL.) FARW.]. ***T. canadensis*** (L.) CARRIÈRE, **Kanadische H.****

Fam. *Cupressaceae* GRAY, Zypressengewächse (inkl. *Taxodiaceae* SAPORTA, Sumpfzypressengewächse)

1 Sommergrüne Bäume; Blätter nadelförmig, Nadeln dünn u. weich, im Herbst mit den langtriebartigen Kurztrieben abfallend

2 Nadeln u. langtriebartige Kurztriebe gegenständig *(Abb. 118/1)* ***Metasequoia,*** 122

2* Nadeln u. langtriebartige Kurztriebe wechselständig *(Abb. 118/2)* ***Taxodium,*** 122

1* Immergrüne Bäume od. Sträucher; Blätter nadel- od. schuppenförmig, derb, mehrjährig, im Herbst nicht abfallend

3 Blätter aller od. einiger Zweige nadelförmig; mit Schuppenblättern besetzte Zweige rundl. od. 4-kantig, die Schuppen ringsum gleich gestaltet; Zapfen durch fleischige Zapfenschuppen beerenartig *(Abb. 118/3)* ***Juniperus,*** 120

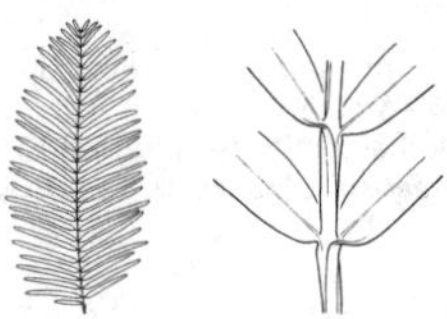

118/1

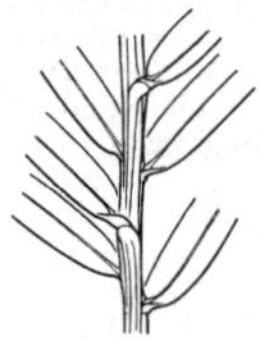

118/2

118/3

3* Blätter alle schuppenförmig (ausgenommen Jungpflanzen u. Sorten von *Chamaecyparis pisifera*), beblätterte Zweige abgeflacht, daher Schuppenblätter an den Kanten meist anders geformt (gekielt) als auf den Flächen (flach); reife Zapfen holzig od. lederartig

4 Jungtriebe mit den Blättern 4–8 mm breit ***Thujopsis,*** 122

4* Beblätterte Jungtriebe < 4 mm breit

5 Zapfen kugelig, mit schildförmigen holzigen Schuppen, deren Ränder aneinander liegen u. bei der Reife auseinanderklaffen *(Abb. 118/4, 118/5);* Gipfeltrieb meist überhängend ***Chamaecyparis,*** 119

118/4

118/5

119/1

119/2

119/3

5* Zapfen eiförmig bis längl., mit gegenständig angeordneten lederartigen Schuppen, deren Ränder sich dachziegelig überlappen; Gipfeltrieb meist aufrecht

6 Blätter beiderseits gleichfarbig blass- bis gelbgrün; Zapfen meist mit 6 Zapfenschuppen, diese auf dem Rücken mit auffälligem hornartigem, an der Spitze zurückgekrümmten Fortsatz *(Abb. 119/1, 119/2)* ***Platycladus,*** 122

6* Blätter oberseits dunkelgrün, unterseits blassgrün od. mit grauweißen Flecken; Zapfen mit 8–12 Zapfenschuppen, auf dem Rücken ohne od. unter der Spitze mit etwa 1 mm langem dornartigem Fortsatz *(Abb. 119/3)* ***Thuja,*** 122

Chamaecyparis SPACH, **Scheinzypresse, Weißzeder**

1 Blätter auf der Unterseite der Zweige grün, ohne weiße Linien u. Flecken; Zapfen 8–10 mm dick, mit 4–6 Schuppen ***Ch. nootkatensis***

1* Blätter auf der Zweigunterseite mit weißen Linien od. Flecken; Zapfen 6–10 mm dick, mit 8–12 Schuppen

2 Schuppenblätter auf der Zweigunterseite mit längl. weißen Flecken, Kanten- u. Flächenblätter von gleicher Größe *(Abb. 119/4);* Zapfen 6–7 mm dick, mit 8–12 Schuppen ***Ch. pisifera***

2* Beblätterte Zweige auf der Unterseite ohne weiße Flecken, aber mit verschwommenen od. deutl. weißen Linien, diese ein X od. Y bildend; kantenständige Blätter größer als flächenständige; Zapfen > 7 mm dick, mit 8–10 Schuppen

119/4

119/5

119/6

119/7

3 Beblätterte Zweige auf der Unterseite mit weißl., teils nur undeutl. od. verschwommenen Linien, kantenständige Blätter im vorderen Drittel abstehend, etwas zugespitzt *(Abb. 119/5);* Zapfen 8 mm dick, mit 8 Schuppen **_Ch. lawsoniana_**

3* Beblätterte Zweige auf der Unterseite mit deutl. silberweißen Linien, kantenständige Blätter dem Zweig fest anliegend, stumpf, ihre Spitze etwas einwärts gebogen *(Abb. 119/6);* Zapfen 1 cm dick, mit 8–10 Schuppen **_Ch. obtusa_**

Ch. lawsoniana (AL. MURRAY) PARL., **Lawson-Scheinzypresse, Lebensbaumzypresse***/**

Baum mit anfangs säulenförmiger, später schmal kegelförmiger Krone; in Kultur zahlreiche abweichende Wuchsformen; Flächenblätter meist mit Öldrüse; ♂ Blütenzapfen karminrot; Zapfenschuppen mit zusammengedrücktem Höcker. 20–30 m. 3–4. ♄. Zierbaum, s forstl. angepflanzt, lokal mit Naturverjüngung, z. B. ESG, Tharandter Wald. Heimat: westl. N-Amerika.

Ch. nootkatensis (D. DON) SPACH, **Nutka-Sch., Nutkazypresse****

Schuppenblätter an den Kanten u. auf den Flächen der Triebe wenig verschieden, stachelspitzig, Spitzen abstehend, meist ohne Drüse, zerrieben unangenehm riechend; ♂ Blütenzapfen gelb; Zapfenschuppen mit spitzem Höcker. 15–30 m. 3–4. ♄. Ziergehölz, in Kultur meist Sorte 'Pendula' mit abstehenden Ästen u. vorhangartig herabhängenden Zweigen. Heimat: westl. N-Amerika.

Die Art wurde in der Gattung *Chamaecyparis* belassen, wird aber heute einer anderen Gattung, nicht mehr den Scheinzypressen zugeordnet, meist der 2002 neu beschriebenen Gattung *Xanthocyparis*: *X. nootkatensis* (D. DON) FARJON et D. K. HARDER.

Ch. obtusa (SIEBOLD et ZUCC.) ENDL., **Hinoki-Sch., Feuerzypresse****

Schuppenblätter dickl., meist ohne Drüse; weiße Zeichnung an Triebunterseite Y-förmig; ♂ Blütenzapfen stumpfgelb; Zapfenschuppen in der Mitte mit kurzer aufwärts gerichteter Spitze; Verzweigung feder- bis muschelförmig. 10–20 m. 3–4. ♄. Ziergehölz. Heimat: Japan, Taiwan.

Ch. pisifera (SIEBOLD et ZUCC.) ENDL., **Erbsenfrüchtige Sch., Sawarazypresse****

Schuppenblätter scharf zugespitzt, kantenständige mit ihren Spitzen abstehend, daher beblätterte Zweige sich rau anfühlend, meist mit Öldrüse; ♂ Blütenzapfen braun; Zapfenschuppen oberhalb der Mitte mit Höcker. 10–20 m. 3–4. ♄. Ziergehölz, auch Sorten mit pfriem- od. nadelförmigen Blättern. Heimat: Japan.

Juniperus L., Wacholder, Sadebaum

1 Blätter alle nadelförmig, stets in 3-blättrigen Quirlen *(Abb. 119/7)* **_J. communis_**

1* Blätter alle od. teilweise schuppenförmig, Nadelblätter gegenständig od. quirlig

2 Schuppenblätter stumpf, dem Zweig dicht anliegend, Nadelblätter meist quirlig zu 3, selten gegenständig, 8–12 mm lang; Zapfen 6–8 mm dick **_J. chinensis_**

2* Schuppenblätter spitz od. zugespitzt, zumindest an Hauptsprossen, Nadelblätter meist gegenständig, an stärkeren Zweigen auch quirlig zu 3, 4–6 mm lang; Zapfen 3–7 mm dick

3 Stamm niederliegend od. aufsteigend; Zweige beim Zerreiben stark u. unangenehm riechend; Schuppenblätter spitz, 1–3 mm lang, Nadeln 4 mm lang; Beerenzapfen hängend, 5–7 mm dick ***J. sabina***

3* Stamm aufrecht, bei Sorten auch aufsteigend od. schräg aufgerichtet; Zweige fast geruchlos; Schuppenblätter spitz od. scharf zugespitzt, Spitze abstehend, 1 mm lang, Nadeln 5–6 mm lang; Beerenzapfen aufrecht od. nickend, 4–6 mm dick ***J. virginiana***

J. chinensis L., **Chinesischer W., Chinesischer Sadebaum***/**

Nadelblätter oberseits mit 2 weißen Streifen; Zapfen anfangs blauweiß, dann braun, mehlig bereift, im 2. Jahr reifend. Bis 10(–20) m. 4–5. ♄. Ziergehölz, Sorten mit verschiedensten Wuchsformen, Blattformen u. -farben in Kultur. Heimat: O-Asien.

J. communis L., Gewöhnlicher W.*/**

Nadeln stets in Quirlen zu 3, an der Basis abgegliedert, 4–15 mm lang, 1–3 mm breit; Beerenzapfen 5–8 mm dick, schwarzblau, bereift; von sehr unterschiedl. Wuchsform, von dem Boden anliegendem Spalierstrauch bis zum Baum. 0,2–5(–12) m. 4–5. ♄, selten ♄. Gew., Off.

1 Aufrechter, meist säulenförmiger mehrstämmiger Strauch od. Kleinbaum; Nadeln 10–15 mm lang, 1–1,5 mm breit, abstehend, starr; Nadelquirle entfernt stehend. 1–5(–12) m. Kiefern- u. Eichenwälder, Kiefernforste, lichte Gebüsche, Zwergstrauchheiden, Magerrasen, Felsen, s vom Tiefland bis in mittlere Berglagen, auch gepflanzt als Ziergehölz. ↘ V Dicr.-Pin., V Querc. rob., O Prun., V Viol., V Eric.; euras+N-Amerika. Extensivweiderelikt. **subsp. *communis*, Heide-W.**

1* Niedriger Strauch mit aufsteigenden Ästen od. niederliegender Spalierstrauch; Nadeln 4–8 mm lang, 1,5–3 mm breit, nach vorn gerichtet bis fast anliegend, kahnförmig gebogen; Nadelquirle genähert. 0,2–0,8 m. Ziergehölz. Heimat: Hochgebirge u. subarktische Zone Eurasiens. [*J. c.* var. *saxatilis* PALL., *J. c.* subsp. *alpina* (NEILR.) ČELAK., *J. sibirica* BURGSD.]. **subsp. *nana*** (WILLD.) SYME, **Sibirischer Zwerg-W.**

J. sabina L., **Stink-W., Echter Sadebaum***

Zapfen bereift, endständig an beschuppten hakigen Zweiglein. 0,2–2(–6) m. 4–5. ♄. Ziergehölz. Heimat: Gebirge von M- u. S-Europa bis S-Sibirien u. N-China. Giftig.

J. virginiana L., **Virginischer W., Virginischer Sadebaum, Virginische Rotzeder****

Zapfen dunkelblau, bläul. bereift, im 1. Jahr reifend. 10–20 m. 4–5. ♄. Ziergehölz. Heimat: östl. N-Amerika.

Bastard:

J.* × *pfitzeriana (SPÄTH) P. A. SCHMIDT [*J. chinensis* × *J. sabina*]**, **Pfitzer-W.:** häufig gepflanzt.

Metasequoia Hu et W. C. Cheng, **Metasequoie, Urweltmammutbaum, Chinesisches Rotholz**

Nadeln hellgrün, 1-jährig, an Langtrieben spiralig u. einzeln abfallend, an 6–15 cm langen Kurztrieben gegenständig u. gescheitelt, mit diesen im Herbst abfallend; Zapfen ei- bis kugelförmig, lang gestielt, reif dunkelbraun; Stamm mit grubenartigen Längsfurchen, Basis verdickt. 10–25 m. 5. ♄. Zierbaum, auch als Straßenbaum gepflanzt (z. B. Dresden). Heimat: China. ***M. glyptostroboides*** Hu et W. C. Cheng**

Platycladus Spach, **Orientlebensbaum, Chinalebensbaum, Fächerlebensbaum**

Strauch od. kleiner Baum mit senkrecht gestellten Ästen u. in einer Ebene ausgerichteten, fächerförmigen Zweigen. 3–10 m. 4. ♄. Ziergehölz, s verwildert. Heimat: China, Korea. [*Thuja orientalis* L., *Biota orientalis* (L.) Endl.]. Giftig. ***P. orientalis*** (L.) Franco **

Taxodium Humb. et al., **Sumpfzypresse**

Nadeln hellgrün, 1-jährig, wechselständig, an verlängerten Kurztrieben gescheitelt stehend; Zapfen kugelig, reif rötl.-braun; Stammbasis verbreitert, an Nassstandorten Wurzeln mit über den Boden ragenden Aufwölbungen („Wurzelknie"). 10–35 m. 5. ♄. Zierbaum. Heimat: südöstl. N-Amerika. ***T. distichum*** (L.) Humb. et al., **Zweizeilige S.****

Thuja L., Lebensbaum

1 Schuppenblätter oberseits glänzend dunkelgrün, unterseits mit grauweißen, teils wenig auffälligen Flecken; Zapfen mit 10–12 Zapfenschuppen, diese direkt unter der Spitze mit kleinem dornartigem Fortsatz *(Abb. 119/3)* ***T. plicata***

1* Schuppenblätter oberseits matt dunkelgrün, unterseits blass- bis gelbl.-grün; Zapfen mit 8–10, an der Spitze abgerundeten Schuppen ***T. occidentalis***

T. occidentalis L., **Abendländischer L.***/**

Beblätterte Triebe zerrieben nach Apfelmus mit Gewürznelken duftend; Zapfen 0,7–1,3 cm lang, anfangs gelbgrün, reif braun. 10–20 m. 3–4. ♄. Ziergehölz, oft auf Friedhöfen gepflanzt. Heimat: nordöstl. N-Amerika.

T. plicata D. Don, **Riesen-L.****

[*T. gigantea* Nutt.]. Beblätterte Triebe schon ohne Zerreiben duftend, aber zerrieben mit starkem, aber angenehm aromatischem Geruch (nach Ananas, Apfel od. Kiefer); Zapfen 1–1,2 cm lang, anfangs grün, reif braun. 20–40 m. 4. ♄. Zierbaum, s verwildert, s forstl. gepflanzt. Heimat: westl. N-Amerika.

Thujopsis Siebold et Zucc., **Hiba, Hibalebensbaum**

Schuppenblätter derb, oberseits glänzend grün, unterseits schneeweiß, nur am Rand grün, Kantenblätter kahnförmig, abstehend, ihre Spitze einwärts gekrümmt; Zapfen ei- bis kugelförmig, mit 6–10 holzigen Schuppen, jung blaugrau, reif braun. 5–20 m. 4. ♄. Ziergehölz. Heimat: Japan. ***T. dolabrata*** (L. f.) Siebold et Zucc.**

Fam. *Taxaceae* GRAY, Eibengewächse

Taxus L., **Eibe**

Nadeln flach, oberseits dunkel-, unterseits hellgrün, ohne weiße Linien od. Streifen, an Seitenzweigen gescheitelt stehend; ♂ Blüten ährenartig zu vielen an der Unterseite 1-jähriger Triebe, ♀ Blüten mit nur einer Samenanlage, endständig; Samen von fleischigem rotem Samenmantel umgeben *(Abb. 123/1)*. Bis 18 m. 3–5. ♄. Laubbaumreiche Hangwälder, Felsen, s ESG, ERO, OLH, aber Vorkommen autochthoner Restbestände nicht sicher bekannt, lokale subspontane Ausbreitung von Anpflanzungen ausgehend, vereinzelt eingebürgert (z. B. durch Naturverjüngung eines künstl. begründeten Bestandes bei Tharandt). V Luz.-Fag., V Fag., V Til.-Acer.; europ-nem. Stark giftig. ∇ ***T. baccata*** L., **Gewöhnliche E., Europäische E.** */**

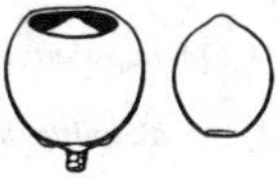

123/1

Klasse *Magnoliopsida 1, Dicotyledoneae* p. p. **Magnoliengewächse, Basale Bedecktsamer**

Fam. *Magnoliaceae* J. St. Hill, Magnoliengewächse

1 Blätter ungeteilt, ganzrandig; Blüten 6–9-blättrig ***Magnolia,*** 124
1* Blätter gestutzt, 4-lappig; Blüten 6-blättrig ***Liriodendron,*** 124

Liriodendron L., Tulpenbaum

Blätter lang gestielt, im Herbst goldgelb; Blüten tulpenförmig, 4–5 cm lang, die 3 Kelchblätter abstehend, hellgrün, die 6 aufrechten Kronblätter gelbl.-grün. Bis 20 m hoch. 6–8. ♄. Zierbaum aus N-Amerika. ***L. tulipifera*** L., **Amerikanischer T.***/**

Magnolia L., Magnolie

Mehrere Arten u. Bastarde in Kultur, vor allem:

1 Blätter 20–40 cm lang ***M. hypoleuca***
1* Blätter bis höchstens 25 cm lang
2 Die 3 Kelchblätter deutl. kleiner als die Kronblätter ***M. liliiflora***
2* Kelchblätter u. Kronblätter nicht zu unterscheiden (Tepalen)
3 Tepalen 12–18, bis 1,5 cm breit, ungleichartig zurückgeschlagen, weiß; Blätter 5–10 cm lang u. 1–3 cm breit ***M. stellata***
3* Tepalen 9, stets über 2 cm breit
4 Tepalen rein weiß; Blattspreite verkehrt eiförmig, plötzl. kurz zugespitzt ***M. denudata***
4* Tepalen außen ± rosa bis purpurn, innen weiß, äußere oft etwas kürzer; Blattspreite verkehrt eiförmig, allmähl. zugespitzt ***M.*** × ***soulangiana***

M. denudata Desr., **Yulan-M.****
[*M. youlan* Desr.]. Blüten duftend; 3–10 m. 3–4. ♄. Zierbaum aus N-China.

M. hypoleuca Siebold et Zucc., **Honoki-M.****
[*M. obovata* Thunb.]. Blattspreite am Grund ± plötzl. zusammengezogen, oberseits hell graugrün, unterseits bläul. 3–10 m. 5–6. ♄. Zierbaum aus O-Asien (Japan, Kurilen).

M. liliiflora Desr., **Purpur-M.****
Blattspreite verkehrt eiförmig; Blüten außen purpurfarben, innen weiß. 3–5 m. 5–6. ♄. Zierbaum aus M-China.

M. × soulangiana Soul.-Bod., **Tulpen-M., Garten-M.***/**
[*M. denudata* × *M. liliiflora*]. 3–4 m. 4–5. ♄. Häufiger Zierstrauch od. -baum. In vielen Sorten kultiviert.

M. stellata (Siebold. et Zucc.) Maxim., **Stern-M.****
Blüten duftend. 1–3 m. 3–4. ♄. Häufiger Zierstrauch aus Japan.

Fam. *Nymphaeaceae* Salisb., Seerosengewächse

1 Kelch 4-blättrig, grün; Kronblätter weiß, die äußeren größer als der Kelch; Nebenblätter vorhanden; Seitennerven der Blätter gegen den Rand miteinander verbunden **_Nymphaea,_** 125

1* Kelch 5-blättrig, wie die Kronblätter dottergelb, 2–3-mal kürzer als der Kelch; Nebenblätter fehlen; Seitennerven der Blätter nicht miteinander verbunden **_Nuphar,_** 125

Nuphar Sm., **Teichrose, Mummel, Nixblume**

Blätter eiförmig, tief herzförmig, ganzrandig; Blattstiele am Grund häutig erweitert, wie die Blütenstiele mit zahlreichen kleinen Luftlücken; Blüten 4–5 cm Ø, von unangenehmen Geruch; Narbenscheibe trichterförmig vertieft, ganzrandig, 10–20-strahlig, mit vor dem Rand verschwindenden Strahlen. 50–250 cm. 6–8. ♃. Teiche, Flüsse, Altarme, in stehendem od. langsam fließendem, mäßig nährstoffreichem Wasser, mäßig h im Tief- u. unterem Hügelland, sonst meist gepflanzt u. verwildert. V Nymph.; eurosib. Schwach giftig, früher Off. ▽ **_N. lutea_** (L.) Sm., **Große T.***

Nymphaea L., **Seerose**

1 Schwimmblätter mit weit auseinander stehenden Basallappen, diese mit ± geradem Hauptnerv; Blütengrund ± rund; Kronblätter 20–25; Staubfäden der inneren Staubblätter kaum so breit wie ihre Staubbeutel, linealisch; Narbenscheibe flach, meist 10–24-strahlig, wenig schmaler als die Frucht; Samen 2–3 mm lang **_N. alba_**

1* Schwimmblätter mit genäherten Basallappen, diese mit bogigem Hauptnerv; Blütengrund schwach, aber deutl. 4-kantig; Kronblätter 15–20; Filamente der innersten Staubfäden breiter als ihre Staubbeutel; Narbenscheibe deutl. konkav, 8–14-strahlig, viel schmaler als die Frucht; Samen 3–4(–6) mm lang **_N. candida_**

N. alba L., **Weiße S.***

50–250 cm. 6–8. ♃. Teiche, Tümpel, Altarme, Talsperren, mäßig h im Tief- u. Hügelland, auch h gepflanzt; die Funde im Bergland wahrscheinl. durchweg synanthrop, in mäßig nährstoffreichem bis nährstoffreichem Wasser. V Nymph.; europ. Schwach giftig, früher Off. ▽

fo. *rosea* C. Hartm., Schwedische S.: Kronblätter erst rosa, dann purpurrot; Zierpflanze, auch verwildert (angesalbt), z. B. LLA: Schkeuditz.

Verschiedenfarbig blühende Sorten u. Bastarde, z. T. unter Einbeziehung exotischer Arten, werden kultiviert u. gelegentl. ausgepflanzt.

N. candida J. PRESL et C. PRESL, **Kleine S.**

Blüten meist kleiner als bei voriger Art u. sich oft nicht voll öffnend. 50–150 cm. 6–8. ♃. Kalte, mäßig nährstoffreiche Stillgewässer, Verbreitung ungenügend bekannt, s ERO, ERW, MLH: z. B. Wiederau, Ringethal, Nauenhain, Reichenbach (Zellwald); VGT. V Nymph.; eurosib. Kühlzeitzeuge. Kann mit „Hungerformen" von *N. alba* verwechselt werden. Schwach giftig. ∇

Bastard:

N. × ***borealis*** E. G. CAMUS [*N. alba* × *N. candida*]: ob im Gebiet?

Fam. *Aristolochiaceae* JUSS., Osterluzeigewächse

1 Blütenhülle glockig, 3-spaltig; Staubblätter 12; Stängel kriechend, an der Spitze mit 2 nierenförmigen Blättern *(Abb. 126/1)* ***Asarum,*** 127

1* Blütenhülle röhrig, am Grund bauchig, 1-lippig od. 3-lappig; Staubblätter 6; Stängel aufrecht od. windend, Blätter nicht nierenförmig ***Aristolochia,*** 126

Aristolochia L., Osterluzei

1 Stängel krautig, aufrecht, hin- u. hergebogen; Blätter herz-eiförmig, stumpf, kahl; Blüten büschelig in den Blattachseln; Blütenhülle gerade, mit schief abgestutztem, 1-lippigem Saum, grünl.-gelb *(Abb. 126/2)* ***A. clematitis***

1* Stängel verholzt, windend; Blätter sehr groß, herz-eiförmig, kurz zugespitzt, etwas behaart; Blüten einzeln in den Blattachseln; Blütenhülle gekrümmt, mit 3-lappigem, flachem Saum, bräunl. bis purpurn ***A. macrophylla***

A. clematites L., **Aufrechte O.***

30–80 cm. 5–6. ♃. Dörfl. Ruderalfluren in wärmebegünstigten Gebieten, Weinberge, Gebüschränder, z im Tief- u. s im Hügelland. ↘ V Arct., O Prun.; submed. P. Weinbauzeuge. Giftig, Off. Heimat: Mittelmeergebiet.

A. macrophylla LAM., **Windende O.***

[*A. durior* HILL, *A. sipho* L'HER.]. Blüten bis 3 cm lang. 3–8 m. 5–7. ♄ (Liane). Zierpflanze aus N-Amerika.

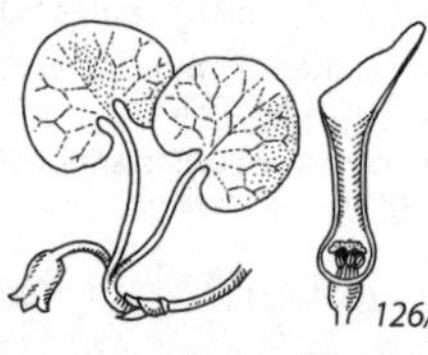

126/1 *126/2*

Asarum L., **Haselwurz**

Wurzelstock dünn, kriechend; Blätter oberseits glänzend, dunkelgrün; Blüten kurz gestielt, nickend; Blütenhülle außen bräunl., innen dunkelpurpurn; Pflanze mit pfefferartigem Geruch. 5–10 cm. 4–5. ♃. Laubmischwälder, Gebüsche, auf nährstoffreichen, oft kalkhaltigen Böden, mäßig h bis z im Hügel- u. Bergland, s im Tiefland. V Fag.; europ-nem. Warmzeitrelikt. Giftig, früher Off., noch heute Bestandteil des Schneeberger Schnupftabaks.

A. europaeum L., **Braune H.***

Klasse ***Magnoliopsida 2, Dicotyledononeae*** p. p., **Zweikeimblättrige Bedecktsamer**

Fam. *Ceratophyllaceae* GRAY, Hornblattgewächse

Ceratophyllum L., **Hornblatt**

1 Blätter 3-mal gabelteilig, mit 5–8 borstl., weichen, kaum stachelig gezähnten Zipfeln; Frucht ohne grundständige Stacheln *(Abb. 128/1)*; Pflanze meist hellgrün **C. *submersum***

1* Blätter 1- od. 2-mal gabelteilig, mit 2–4 linealischen, starren, dicht stachelig gezähnten Zipfeln; Frucht am Grund mit 2 seitl. abstehenden Stacheln *(Abb. 128/2)*; Pflanze dunkelgrün **C. *demersum***

C. *demersum* L., **Raues H.***

Pflanze unter Wasser blühend, doch sich meist vegetativ vermehrend. 30–80 cm. 7–9. ♃. Teiche, Altarme, Gräben, Flüsse, in mäßig nährstoffreichem bis nährstoffreichem Wasser, mäßig h im Tiefland, z im Hügelland, s im Bergland. O Potam.; euras.

1 Fruchtstacheln so lang wie die eiförmige bis ellipsoidische Frucht od. wenig länger. Ökologie u. Verbreitung wie Art. **subsp. *demersum***

1* Fruchtstacheln 2-mal so lang wie die ± 3-kantige Frucht, basal verbreitert, der endständige Fruchtstachel 3-mal so lang wie die basalen; Frucht zwischen den basalen Stacheln mit gezähnten Flügeln. Stehende Gewässer, früher in Leipzig (seit über 150 Jahren kein Nachweis mehr). **subsp. *platyacanthum*** (CHAM.) NYMAN

C. *submersum* L., **Zartes H.***

Pflanze unter Wasser blühend. 30–80 cm. 6–8. ♃. Teiche, Stauseen, in nährstoffreichem Wasser, z LLA, OLT, sonst s bis ins untere Bergland. ↗ O Potam.; euras-nem.

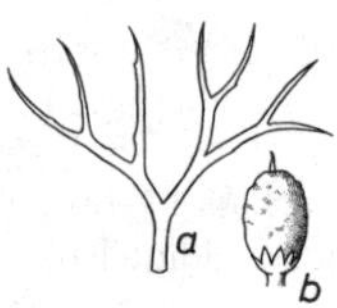

128/1

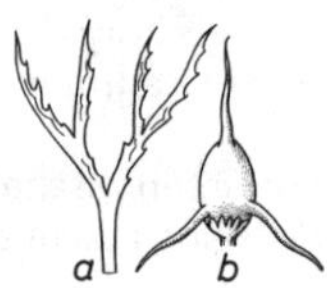

128/2

Fam. *Papaveraceae* Juss., Mohngewächse (inkl. *Fumariaceae* DC., Erdrauchgewächse)

1 Blüten radiär; Pflanze mit Milchsaft

2 Kelchblätter 2, mützenförmig verwachsen, von unten sich abhebend **_Eschscholzia,_** 131

2* Kelchblätter 2, frei

3 Kapsel > 10-mal so lang wie breit, schotenförmig; Narbe 2-lappig

4 Milchsaft orangegelb; Blüten 1–2 cm Ø, in Dolden; Schoten mit Scheidewand **_Chelidonium,_** 130

4* Milchsaft weiß; Blüten 2–4 cm Ø, einzeln; Schoten ohne Scheidewand **_Glaucium,_** 133

3* Kapsel höchstens 6-mal so lang wie breit; Narben mit 3 od. mehr Lappen

5 Blattlappen stachlig gezähnt **_Argemone,_** 130

5* Blattlappen nicht stachlig gezähnt

6 Narbe scheibenförmig, 4–20-strahlig; Kronblätter rot, violett od. weiß, selten (bei Zierpflanzen) gelb **_Papaver,_** 134

6* Narben ± kopfig, 4–6-lappig; Kronblätter gelb **_Meconopsis,_** 134

1* Blüten dorsiventral od. herzförmig mit 2 Symmetrieebenen, meist gespornt; Pflanze ohne Milchsaft

7 Äußere Kelchblätter beide am Grund mit einem höckerartigen kurzen Sporn, Blüten dadurch ± herzförmig, hängend an einseitswendigen Trauben *(Abb. 129/1)* **_Lamprocapnos,_** 133

7* Nur eines der beiden Kelchblätter am Grund gespornt, Blüte daher dorsiventral, in allseitswendigen Trauben

8 Blüten goldgelb od. gelbl.-weiß

9 Blätter teilweise zu Ranken umgebildet, niederliegend od. klimmend; Pflanze 1-jährig; Blüten gelbl.-weiß **_Ceratocapnos,_** 130

9* Blätter nicht zu Ranken umgebildet, nicht klimmend; Pflanze ausdauernd, aufrecht; Blüten goldgelb od. gelbl.-weiß **_Pseudofumaria,_** 136

8* Blüten rosa, rot od. weiß

10 Pflanze mit unterirdischer Knolle, ausdauernd; Stängel einfach, mit endständiger Blütentraube; Frucht eine mehrsamige Schote **_Corydalis,_** 130

10* Pflanze ohne unterirdische Knolle, 1-jährig od. 1-jährig überwinternd; Stängel verzweigt; Frucht eine 1-samige, kugelige Nuss **_Fumaria,_** 131

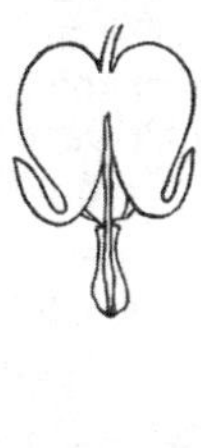

129/1

Argemone L., **Stachelmohn**

Stängel meist stark verzweigt; Pflanze mit gelbem Milchsaft; Blätter fiederteilig gelappt; Blüten 4–6 cm breit; Kronblätter hellgelb; Kapsel 25–45 mm lang, elliptisch, stachlig. 20–50 cm. 6–8. ⊙. Müll- u. Umschlagplätze, eingeschleppt, s, z. B. Leipzig. NU. Heimat: Florida, Karibik.
A. mexicana L., **Mexikanischer St.**

Ceratocapnos Durieu, **Lerchensporn, Rankenlerchensporn**

Stängel dünn, 4-kantig; Blüte 1 cm lang, mit kurzem Sporn. 50–100 cm. 6–9. ⊙, selten ①. Brombeergebüsche, Gärten, s ERB: Werdau; LLA: Machern; OLH: Görlitz, Cunewalde; OLT: Niederspree, See. NU. O Prun. Heimat: W- u. S-Europa. [*Corydalis claviculata* (L.) DC.].
C. claviculata (L.) Lidén, **Rankender L., Weißer R.**

Chelidonium L., **Schöllkraut**

Warzenkraut, Warzengift

Stängel u. Blätter zerstreut behaart; Blätter zart, unterseits blaugrün, untere buchtig fiederteilig, obere fiederspaltig, Blattzipfel eiförmig od. rundl., eingeschnitten gekerbt. 30–80 cm. 4–10. ♃. Stickstoffreiche Säume, Ruderalfluren, Robinienwälder, Gebüsche, meist in Siedlungsnähe, h, doch im oberen Bergland etwas seltener. P. V Geo-All., V Arct., K Rham.-Prun.; euras-nem. Giftig, Off. ***Ch. majus*** L., **Schöllkraut***

var. *laciniatum* (Mill.) Syme: Blättchen länger gestielt, fiederspaltig bis fiederteilig, mit eingeschnitten gekerbten Zipfeln; auch oft Kronblätter eingeschnitten gekerbt; s, z. B. Leisnig, Königsbrück.

Corydalis DC., **Lerchensporn**

1 Tragblätter der Blüten keilförmig, handförmig geteilt ***C. solida***
1* Tragblätter der Blüten eiförmig, ganzrandig
2 Traube mit meist 5–20 Blüten, stets aufrecht; Blätter 15–30 cm lang; Knolle hohl; Stängel am Grund ohne Niederblatt ***C. cava***
2* Traube mit meist 1–5(–8) Blüten, zur Fruchtzeit hängend; Blätter 10–15 cm lang; Knolle voll; Stängel am Grund mit schuppenförmigem, bleichem Niederblatt ***C. intermedia***

C. cava Schweigg. et Körte, **Hohler L.***

[*C. bulbosa* (L.) Pers. non (L.) DC.]. Blüten trüb violett od. weiß, duftend. 15–30 cm. 3–5. ♃. Edellaubbaumreiche Wälder auf meist tiefgründigen, nährstoff- u. basenreichen Auelehm- od. sickerfeuchten Hang-Lössböden, fehlt weitgehend auf sandigen Böden u. im westl. ERZ, sonst z bis mäßig h. V Aln., V Til.-Acer., O Prun.; europ-nem. Giftig, früher Off.

C. intermedia (L.) MÉRAT, **Mittlerer L.**
[*C. fabacea* (RETZ.) PERS.]. Blüten trüb purpurn, selten weißl. 10–20 cm. 3–4. ♃. Krautreiche Hang- u. Schluchtwälder, Auenwälder, lichte Gebüsche, z, doch s im Bergland. V Til.-Acer., V Aln., O Prun.; sarmat.

C. solida (L.) CLAIRV., **Gefingerter L.***
Blüten trüb rot, nur wenig duftend. 10–20 cm. 4–5. ♃. Edellaubbaumreiche Wälder, Gebüsche, alte Parks, Friedhöfe, s DDH, EHL, GHP, LLA, OL, VGT; um Leipzig ↗, sonst ↘ NE. V Aln., V Carp., O Prun.; europ-nem+kont. Giftig.

Bastard:
C. × ***campylochila*** TEYBER [*C. cava* × *C. solida*]: s OLB: Sohland a. d. Spree.

Eschscholzia CHAM., **Kappenmohn, Goldmohn**
Stängel aufsteigend, sehr ästig, zerstreut behaart; Blätter blaugrün, fiederschnittig mit linealischen Zipfeln, schwach behaart; Milchsaft wässrig, farblos; Kronblätter gelb, am Grund dunkel orangefarben; Narben fadenförmig; Schleuderfrüchte. 30–50 cm. 6–10. ☉, selten ♃. Zierpflanze, verwildert, Ruderalfluren, s im Tief- u. Hügelland. NU. V Sis. Heimat: westl. N-Amerika (Nationalblume Kaliforniens!). ***E. californica*** CHAM., **Kalifornischer K.**

Fumaria L., **Erdrauch**

1 Unteres Kronblatt kaum geflügelt, deshalb lanzettl. u. ± parallelrandig; reife Frucht glatt (wie poliert); Fruchtstiele zurückgekrümmt; Stängel niederliegend od. klimmend; Blattstiel oft in Ranken umgebildet ***F. capreolata***
1* Unteres Kronblatt an der Spitze stärker geflügelt, deshalb vorn löffelartig verbreitert; reife Frucht höckerig runzlig; Fruchtstiele aufrecht abstehend; Stängel meist aufrecht, jedenfalls nicht klimmend; Blattstiel nicht zu Ranken umgebildet
2 Kelchblätter 1,5–3,5 mm lang u. 1–1,5 mm breit *(Abb. 131/1)*, Kronblätter (5–)7–9 mm lang, purpurrot
3 Kelchblätter etwa ½ so lang wie die Krone ohne Sporn, so breit wie diese od. (meist) breiter, rundl. eiförmig, kurz zugespitzt, 2–2,5 mm lang u. ± 1,5 mm breit; reife Nuss fast glatt, gekielt, gestutzt od. meist kurz

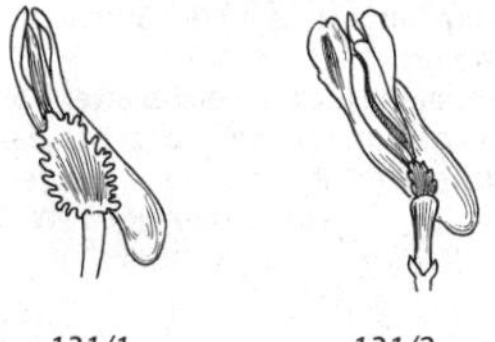

131/1 *131/2*

bespitzt; Traube 12–15-blütig; Blattzipfel längl. bis lanzettl., 1–2 mm breit **F. rostellata**

3* Kelchblätter etwa 1/3 so lang wie die Krone ohne Sporn, schmaler als deren Röhre, eiförmig lanzettl., meist 2–3,5 mm lang u. 1–1,5 mm breit; reife Nuss runzlig, deutl. gekielt; Traube (10–)20–40-blütig; Blattzipfel meist lanzettl., 2–3 mm breit **F. officinalis**

2* Kelchblätter höchstens 1 mm lang u. bis 0,75 mm breit *(Abb. 131/2);* Kronblätter 5–6 mm lang, meist blassrosa

4 Kronblätter weiß, selten später rosa überlaufen, an der Spitze dunkel purpurn; Fruchtstiele etwa so lang wie die Nüsse, dickl., höchstens so lang wie das Deckblatt; Nüsse ringsum deutl. gekielt; Blattzipfel rinnig **F. parviflora**

4* Kronblätter rosa mit dunkler Spitze; Fruchtstiele 1,5–2-mal so lang wie ihr Deckblatt; Nüsse nicht deutl. gekielt; Blattzipfel flach

5 Fruchtstiele 4 mm lang, etwa 3-mal so lang wie ihr Deckblatt; Kronblätter dunkelrosa, das obere ausgerandet, seine Flügel aufwärts zurückgeschlagen; Nüsse mit stumpfen Spitzchen; Trauben meist 12–20-blütig **F. schleicheri**

5* Fruchtstiel < 3 mm lang, höchstens 2-mal so lang wie ihr Deckblatt; Kronblätter blassrosa, das obere ausgerandet, seine Flügel abstehend; Nüsse stumpf od. bespitzt; Trauben meist 6–12-blütig **F. vaillantii**

F. capreolata L., **Rankender E.**

Blüten 10–15 mm lang, in reichblütigen lockeren Trauben; Krone erst weiß, dann rosa, an der Spitze schwärzl.-purpurn. 30–80 cm. 6–10. ⊙. Gärten, Müllplätze, Weinbergsmauern, Erdaufschüttungen, eingeschleppt, s ELH: Dresden, Radebeul, Großsedlitz, Dohna; ERB: Chemnitz; LLA: Leipzig; MLH: Hubertusburg; OLH: Görlitz; OLT: Niederspree, See. NU. V Sis., V Sperg.-Ox.; submed.

F. muralis W. D. J. Koch, **Mauer-E.:** Ähnl. *F. capreolata*, aber Blüten nur 5–9 mm lang, Krone purpurn, vorn fast schwarz; Fruchtstiel abstehend. Nur einmal eingeschleppt: Leipzig.

F. officinalis L., **Echter E.***

15–30 cm. 5–10. ⊙, ①. Nährstoffreiche, lehmige Äcker, Gärten, Weinberge, Ruderalfluren, h. A. K Stell. med., V Sis.; med, jetzt europ. Off.

1 Traube mit (10–)20–40 Blüten, zieml. dicht; Kelchblätter 2,5–3(–4) mm lang, 1–1,5 mm breit; Krone meist 8–9 mm lang; Nuss an der Spitze mit flachem Grübchen, breiter als lang. Verbreitung etc. wie Art **subsp. *officinalis***

1* Traube mit 10–20 Blüten, zieml. locker; Kelchblätter 1,5–2 mm lang, 1 mm breit; Krone meist 5–6 mm lang; Nuss gestutzt od. mit Spitzchen, fast kugelrund. Offenbar mehr in Gärten u. Ruderalfluren, um Leipzig z, sonst s [*F. wirtgenii* W. D. J. Koch] **subsp. *wirtgenii*** (W. D. J. Koch) Arcang. **Wirtgens E.**

F. parviflora LAM., **Kleinblütiger E.**

15–30 cm. 6–9. ⊙, ①. Müll- u. Umschlagplätze, s ELH, LLA: Leipzig. NU. Heimat: Europa, W-Asien.

F. rostellata KNAF, **Geschnäbelter E.**

Krone 7 mm lang. 15–45 cm. 6–9. ⊙. Lehmige Äcker, auch Ruderalfluren, z ERM, ERO; s EET, ELH, OL, VGT. A. O Aper., V Veron.; europ-kont.

F. schleicheri SOY.-WILL., **Schleichers E.**

15–40 cm. 6–9. ⊙, ①. Ruderalfluren, Gärten, s ELH: Dresden; LLA: Leipzig. Im Gebiet nur NU. V Sis., V Veron. Heimat: Europa, W-Asien.

F. vaillantii LOISEL., **Buschiger E., Vaillants E.***

Stängel aufrecht od. niederliegend. 10–20 cm. 6–9. ⊙, ①. Nährstoffreiche (kalkhaltige) Gärten, Äcker, auch Ruderalfluren, s EET, ELH, ERO, LLA, MLH, OL, VGT. A. V Veron., V Sis.; med, submed.

1 Nuss nicht bespitzt; Trauben deutl. gestielt, wenig länger als ihr Stiel; Deckblätter ¾ so lang wie der Fruchtstiel; Krone blass rosa; Sporn aufsteigend. Verbreitung etc. wie Art. **subsp. *vaillantii***

1* Nuss bespitzt; Trauben fast sitzend, deutl. länger als ihr Stiel; Deckblätter ½ so lang wie der Fruchtstiel; Krone sehr blass lila; Sporn nach hinten gerichtet. Angegeben als eingeschleppt in Nossen. **subsp. *schrammii*** (ASCH.) NYMAN

Glaucium MILL., **Hornmohn**

1 Stängel behaart; Krone orangegelb bis rot, teilweise mit schwarzem Fleck am Grund; Schote steifhaarig ***G. corniculatum***

1* Stängel fast kahl; Krone gelb; Schote warzig ***G. flavum***

G. corniculatum (L.) RUDOLPH, **Roter H.**

15–50 cm. 6–8. ⊙. Müll- u. Umschlagplätze, s, z. B. Leipzig, Dresden, Königswartha, Schwarzkollm, Klingenthal. NU. Heimat: Mittelmeergebiet, SO-Europa. Giftig.

G. flavum CRANTZ, **Gelber H.**

20–70 cm. 6–7. ①. Städtische Brachen, Müll- u. Umschlagplätze, s, z. B. Leipzig, Zwickau, Dresden, Hoyerswerda. NU. Heimat: Mittelmeergebiet, Küsten W-Europas. Giftig.

Lamprocapnos ENDL., **Herzblume**

Tränendes Herz, Flammendes Herz, Männerherz, Mutterherz

Stängel aufrecht; Blätter doppelt 3-zählig, Blättchen verkehrt eiförmig, 3-spaltig, graugrün; Kronblätter purpurn, die inneren weiß od. alle weiß. 50–80 cm. 5–6. ♃. Häufige Gartenpflanze, verwildert, Kompost, Müllplätze, s. NU. Heimat: China, Japan. [*Dicentra s.* (L.) LEM.].
L. spectabilis (L.) FUKUHARA, **Zweifarbige H.**

Verwandt sind die bis 30 cm hohen, in N-Amerika beheimateten Arten der Gattung ***Dicentra,*** deren Laubblätter alle grundständig angeordnet sind:

D. formosa (ANDR.) WALP., **Pazifische H.:** Blütenstand länger als die Blätter; verwildert, s ERM: am Bärenstein bei Annaberg; LLA: Leipzig; OLH: Putzkau; VGT: Rodewisch.

D. eximia (KER.-GAWL.) TORR., **Zwerg-H.:** Blütenstand nicht länger als die Blätter.

Meconopsis R. VIG., **Scheinmohn**

Staude mit gelbem Milchsaft; Blätter sehr sparsam flaumhaarig, gefiedert mit fiederteiligen Fiedern; Blüten einzeln. 20–60 cm. 6–9. ♃. Zierpflanze, verwildert, schattige, aber warme Säume an Mauern u. Gebüschen, s ELH: Dresden; LLA: Leipzig; OLH: Görlitz; VGT: Mühlleiten. NE (lokal). V Geo-All. Heimat: W- u. SW-Europa. ***M. cambrica*** (L.) R. VIG., **Kambrischer S.**

Papaver L., **Mohn**

1 Ausdauernde Arten mit Grundblattrosette zur Blütezeit; Zierpflanzen
2 Kronblätter > 4,5 cm lang; Kapsel eiförmig, am breitesten im oberen Drittel; Staubbeutel violett ***P. pseudo-orientale***
2* Kronblätter < 4,5 cm lang; Kapsel schmal eiförmig, am breitesten direkt unterhalb der Narbe; Staubbeutel gelb ***P. atlanticum***
1* 1-jährige Arten ohne Grundblattrosette zur Blütezeit; vorwiegend Wildpflanzen, selten Nutz- u. Zierpflanze *(P. somniferum)*
3 Blätter stängelumfassend, ungeteilt, meist kahl, blaugrün; Kronblätter weiß od. violett ***P. somniferum***
3* Blätter nicht stängelumfassend, meist fiederteilig; Kronblätter rot
4 Staubfäden nach oben keulenförmig verbreitert; Kapsel borstig
5 Kapsel lang keulenförmig, mehrmals länger als breit *(Abb. 134/1);* Narben 4–5-strahlig; Kronblätter dunkel scharlachrot ***P. argemone***
5* Kapsel kurz kreiselförmig, bis 2-mal so lang wie breit; Narben 6–8-strahlig; Kronblätter ziegelrot ***P. hybridum***
4* Staubfäden nach oben nicht verdickt, pfrieml.; Kapsel kahl
6 Narbenstrahlen (8–)10(–12); Kapsel verkehrt eiförmig, mit abgerundetem Grund *(Abb. 134/3);* Blätter lanzettl., fiederspaltig od. nur fiederig gebuchtet; Blütenstiele im oberen Teil meist mit abstehenden Haaren besetzt (vgl. aber var. *strigosum*) ***P. rhoeas***
6* Narbenstrahlen (4–)5–8(–10); Kapsel längl. keulenförmig, am Grund allmähl. verschmälert *(Abb. 134/2);* Blätter meist doppelt fiederteilig; Blütenstiele im oberen Teil stets anliegend behaart ***P. dubium***

134/1 134/2 134/3

P. argemone L., **Sand-M.***

Kronblätter am Grund mit schwarzem Fleck. 15–30 cm. 5–7. ⊙, ①. Getreidefelder, Ruderalfluren (Brachen, Erdaufschüttungen), meist auf sauren, sandigen Böden, mäßig h im Tief- u. Hügelland, s im unteren Bergland. A. O Aper., V Sis.

P. atlanticum (BALL) COSSON, **Atlas-M.**

30–60 cm. 6–8. ♃. Zierpflanze, verwildert, Ruderalfluren, s, z. B. OL. NU. Heimat: Marokko.

P. dubium L., **Saat-M.***

Kronblätter am Grund meist ohne schwarzen Fleck. 30–80 cm. 5–7. ⊙, ①. Getreidefelder, Ruderalfluren (Brachen, Müllplätze, Bahnanlagen), meist auf lehmigen od. tonigen Böden, h im Tief- u. Hügelland, mäßig h bis z im Bergland. A. O Aper., V Sis. Giftig.

1 Kapsel 2,4–3,3-mal so lang wie breit; Milchsaft frisch weiß, getrocknet dunkelbraun; Staubbeutel bläul.; Blütenstiele stets anliegend behaart; die vorherrschende Unterart **subsp. _dubium_**

1* Kapsel 2–2,3-mal so lang wie breit

2 Milchsaft frisch gelb, an der Luft schnell orangegelb werdend; Staubbeutel gelbl.-braun; ob im Gebiet? [*P. lecoquii* LAMOTTE]. **subsp. _lecoquii_** (LAMOTTE) SYME

2* Milchsaft frisch farblos bis weiß, nach etwa 15 min. hellgelb werdend; Staubbeutel bläul.; Blütenstiele unten aufrecht abstehend behaart; VGT: Adorf, Obercrinitz, Klingenthal [*P. confine* JORD.]. **subsp. _confine_** (JORD.) HÖRANDL

P. hybridum L., **Bastard-M.**

Kronblätter am Grund mit schwarzem Fleck. 20–50 cm. 5–7. ⊙, ①. Früher in Weinbergen u. auf sandigen Äckern, heute nur s in Ruderalfluren (Müll- u. Umschlagplätze) eingeschleppt, z. B. VGT, Zwickau, früher auch Leipzig, Meißen, Dresden. Als A †. V Sis., O Aper.

P. pseudo-orientale (FEDDE) MEDW., **Falscher Orient-M.**

[*P. orientale* auct. non L.]. Kronblätter am Grund mit einem großen schwarzen Fleck, der breiter als lang (rechteckig) ist. 10–150 cm. 6–9. ♃. Zierpflanze, verwildert, s VGT: mehrfach; OLI: Weißwasser. NU. Heimat: Südkaukasien u. angrenzende Gebiete.

Ähnl. Zierpflanzen:

P. bracteatum LINDL., **Scharlach-M.:** Schwarzer Fleck länger als breit. Heimat: Kleinasien, Kaukasus.

P. orientale L., **Orientalischer M.:** Kronblätter am Grund ohne schwarzen Fleck. Heimat: Südkaukasien u. angrenzende Gebiete.

P. rhoeas L., **Klatsch-M.***

Kronblätter am Grund mit schwarzem, oft weiß umrandetem Fleck. 30–80 cm. 5–7. ⊙, ①. Lehmige, vor allem basenreiche Äcker, Ruderalfluren, LLA: h; sonst mäßig h, aber s im Bergland u. in Sandgebieten. A. V Caucal., V Aphan., V Sis. Giftig; früher Off.

var. *strigosum* BÖNN. [*P. strigosum* (BÖNN.) SCHUR]: Blütenstiele anliegend behaart, s, mehrfach OL u. Leipzig.

Ähnl. Zierpflanze: ***P. commutatum*** FISCH. et C. A. MEY., **Marienkäfer-M.:** Kronblätter mit dunklen Flecken nahe der Mitte. Es scheint Übergänge zu *P. rhoeas* zu geben. Die Sippe wurde mehrfach in Grasansaaten nachgewiesen, bei Leipzig auch in einem Rapsfeld.

P. somniferum L., Schlaf-M.*

40–150 cm. 6–8. ⊙. Zier- u. Nutzpflanze, verwildert, meist nährstoffreiche Ruderalfluren (Müllplätze, Gartenauswurf, Erdaufschüttungen), mäßig h. NU. V Sis. Giftig. Off. Ölpflanze. Heimat: Mittelmeergebiet.

Im Gebiet nur **subsp. *somniferum*.** Verwilderte Formen z. T. ± abstehend behaart.

Bastard:

P. × hungaricum BORBÁS [*P. dubium × P. rhoeas*]: s

P. nudicaule L. s. l., **Isländischer M., Altai-M.:** Meist ausdauernd; Blätter rosettig, buchtig gefiedert, blaugrün, rau borstig; Blüten lang gestielt, Kronblätter meist pastellfarben gelb, auch weiß. 40–60 cm. Zierpflanze, verwildert, Ruderalfluren, Grasplätze, s. NU. Heimat: N-Asien.

Pseudofumaria MEDIC., Lerchensporn

1 Sporn sehr kurz, sackförmig; Tragblätter sehr klein, längl., am Rand gezähnelt; Blattstiel nicht geflügelt; Krone goldgelb, 2 cm lang; Blätter lauchgrün; Samen glänzend ***P. lutea***

1* Sporn fast so lang wie die Kronblätter; unterstes Tragblatt den Laubblättern gleich gestaltet, die oberen einfacher; Blattstiel geflügelt; Krone gelbl.-weiß (Spitze gelb), 1,5 cm lang; Blätter blaugrün; Samen matt ***P. alba***

P. alba (MILL.) LIDÉN, Blassgelber L.

[*Corydalis a.* (MILL.) MANSF., *C. ochroleuca* W. D. J. KOCH]. 10–40 cm. 6–10. ♃. Zierpflanze, verwildert an Felsen u. Mauern, erstmals Rabenauer Grund (1844); s ELH: Meißen, Dresden; ERO: Maxen, Rosentitz; MLH: Klessig. NE. V Cymb.-Aspl. Heimat: N-Italien bis Mazedonien.

Im Gebiet wohl nur **subsp. *acaulis*** (WULFEN) LIDÉN.

P. lutea (L.) BORKH., Gelber L.*

[*Corydalis l.* (L.) DC.]. 10–30 cm. 5–10. ♃. Zierpflanze, verwildert bis ins Bergland, doch mit Schwerpunkt in Siedlungsbereichen, halbschattige Mauerspalten, Gebüschränder, Felsen, mäßig h ELH, sonst z bis s. NE. V Cymb.-Aspl. Früher Off. Heimat: S- u. W-Alpen, Dalmatien.

In Gärten kultiviert die aus O-Asien stammende Gattung ***Macleaya*** R. BR., **Federmohn:** Ausdauernde, bis 2,5 m hohe Rhizom-Stauden, fast kahl; Blätter handförmig eingeschnitten, blaugrün; Milchsaft orange; Blüten in langen Rispen, ohne Kronblätter.
Als verwildert angegeben: ***M. microcarpa*** (MAXIM.) FEDDE (OL), ***M. cordata*** (WILLD.) R. BR. (VGT: Falkenstein; Leipzig, Chemnitz) u. ***M. × kewensis*** TURRILL (Freiberg).

Fam. *Berberidaceae* Juss., Berberitzengewächse

1 Stauden; Blüten 4-zählig, Krone blutrot; die kronblattartigen Nektarblätter mit schuhförmigem, gelbl. Sporn; Frucht eine 2-klappige Kapsel **_Epimedium,_** 137

1* Sträucher; Blüten 3-zählig, Krone gelb; die kronblattartigen Nektarblätter flach; Frucht eine Beere

2 Blätter einfach, ungeteilt, gebüschelt; Zweige mit 1–5-teiligen Dornen; Kronblätter am Grund mit 2 Drüsen; Beeren 2-samig, rot **_Berberis,_** 137

2* Blätter unpaarig gefiedert, einzeln stehend; Zweige dornenlos; Kronblätter am Grund ohne Drüsen; Beere 3–9-samig, blauschwarz **_Mahonia,_** 138

Berberis L., **Berberitze, Sauerdorn**

1 Blätter gezähnt; Blüten in vielblütigen, hängenden Trauben **_B. vulgaris_**

1* Blätter ungezähnt; Blüten einzeln od. zu wenigen in Büscheln **_B. thunbergii_**

B. thunbergii DC., **Thunbergs B.****

Sommergrüner Strauch; Blätter verkehrt eiförmig bis längl. spatelförmig, 1–2 cm lang; Dornen meist ungeteilt. 0,50–1 m. 4–5. ♄. Zierpflanze, in zahlreichen Sorten gepflanzt, verwildert, Brachen, Waldrändern, s ELH: Dresden; ERW; LLA: Leipzig; VGT: Treuen, Plohn. NU. Heimat: Japan.

B. vulgaris L., **Gewöhnliche B., Sauerdorn***/**

Sommergrüner Strauch; Blätter verkehrt eiförmig, dornig bewimpert, 3–7 cm lang; Dornen meist 3-teilig. 1–3 m. 5–6. ♄. Zierpflanze, verwildert, Hecken, Trockengebüsche, z (besonders in Wärmegebieten), s im Bergland. NE. O Prun. (besonders V Berb.). Überträger des Getreideschwarzrostes. Giftig, früher Off. Heimat: S-Europa.

Häufig kultiviert werden immergrüne *B.*-Arten u. -bastarde, z. B. ***B. julianae*** C. K. Schneid., ***B. gagnepainii*** C. K. Schneid., ***B.* × *hybrido-gagnepainii*** Suring. u. ***B. buxifolia*** Poir.

Epimedium L., **Sockenblume**

Stängel aufrecht, mit doppelt 3-zähligen Laubblättern; Blättchen gestielt, schief herzförmig, wimperig gesägt; Blüten in ästigen, lockeren Trauben; Blütenstiele u. Traubenachse drüsig behaart. 15–30 cm. 3–5. ♃. Zierpflanze, verwildert, Gebüsche, Parks, s. NU. Heimat: südl. Europa.

E. alpinum L., **Alpen-S.**

Mahonia NUTT., Mahonie

(vorläufiger Schlüssel)

Die Verbreitung u. Taxonomie der *Mahonia*-Sippen in Sachsen ist noch nicht geklärt, da bisher alle Vorkommen unter *M. aquifolium* agg. notiert wurden. Schwach giftig (Beeren).

1 Blätter unterseits nicht papillös

2 Blättchenbasis ± keilförmig; Blättchen überwiegend mehr als 2-mal so lang wie breit ***M.*** **×** ***wagneri***

2* Blättchenbasis abgerundet, gestutzt bis herzförmig; Blättchen überwiegend bis 2-mal so lang wie breit

3 Blättchenbasis stets abgerundet; Blättchenzähne deutl. u. regelmäßig stehend ***M. aquifolium***

3* Blättchenbasis gestutzt bis herzförmig, seltener abgerundet; Blättchenzähne teils nach vorn gerichtet, teils abstehend ***M.*** **×** ***decumbens***

1* Blättchen unterseits papillös

4 Blättchenunterseite deutl. u. stark papillös; Blättchenzähne alle nach vorn gerichtet ***M. repens***

4* Blättchenunterseite wenig papillös; Blättchenzähne unregelmäßig, teils nach vorn gerichtet, teils abstehend ***M.*** **×** ***decumbens***

M. aquifolium (PURSH) NUTT., **Stachlige M.***/**
0,5–1,5 m. 3–6. ♄. Zierpflanze, ob verwildert? Heimat: N-Amerika.

M. × *decumbens* STACE, Niederliegende M.

[*M. aquifolium* × *M. repens* (LINDL.) G. DON]. 0,30–0,50 m. 3–6. ♄. Zierpflanze, verwildert, Hecken, Wälder, Friedhöfe, h. NE. O Fag., K Rham.-Prun.

M. repens (LINDL.) G. DON, **Kriechende M.****
0,20–0,40 m. 4–5. ♄. Zierpflanze, ob verwildert? Heimat: N-Amerika.

M. × *wagneri* (JOUIN) REHD., Wagners M.

[*M. aquifolium* × *M. pinnata* (LAG.) FEDDE]. 0,5–2 m. 3–6. ♄. Zierpflanze, verwildert, häufiger als *M.* × *decumbens*. Hecken, Wälder, Friedhöfe. NE. O Fag., K Rham.-Prun.

Häufig kultiviert: ***M. bealei*** (FORT.) CARRIÈRE.**, **Beals M.:** Bis 2 m hoher, wenig verzweigter Strauch; Blättchen handnervig, dick ledrig; Blüten in aufrechten bis hängenden Trauben. 1–2 m. 1–5. Heimat: China.

Fam. *Ranunculaceae* Juss., Hahnenfußgewächse

1 Blätter grund- od. scheinbar quirlständig

2 Blätter ungeteilt, grasartig, linealisch, grundständig; Blütenhülle 5-blättrig, mit zungenförmigen Honigblättern; Blütenboden später walzenförmig verlängert, eine mäuseschwanzähnl. Sammelfrucht bildend *(Abb. 139/1)* ***Myosurus,*** 148

2* Blätter geteilt od. zusammengesetzt; Blütenhülle u. -boden anders angeordnet

3 Blüten blau (selten rosa); dicht unter der 6–9-blättrigen Blütenhülle befinden sich 3 kelchblattartige, eiförmige, ganzrandige Hochblätter; Blätter 3-lappig ***Hepatica,*** 148

3* Blüten violett, weiß, gelb od. grünl.; Hochblätter nie ganzrandig, nicht direkt unter der Blüte sitzend; Blätter nicht 3-lappig

4 Stängel unter den Blüten ohne quirlständige Hochblätter; Blätter hand- od. fußförmig geteilt, Blattabschnitte ungeteilt, gesägt; Blüten mit röhrig trichterförmigen Honigblättern (*Abb. 139/2)* ***Helleborus,*** 147

4* Stängel direkt unter der Blüte od. einige cm entfernt mit geteilten Hochblättern; Blätter nicht hand- od. fußförmig geteilt; Honigblätter nicht röhrig trichterförmig

5 Hochblätter befinden sich direkt unter der Blüte *(Abb. 139/3)* ***Eranthis,*** 147

5* Hochblätter von der Blüte entfernt

6 Hochblätter sitzend, fingerförmig vielteilig, am Grund scheidig, zottig behaart; Blütenhülle violett od. weiß; Griffel länger als der Fruchtknoten, an der Frucht zu einem bis 5 cm langen, zottig behaarten Schnabel auswachsend *(Abb. 139/4)* ***Pulsatilla,*** 149

6* Hochblätter gestielt (falls fast sitzend, dann Blüten gelb), den oft fehlenden Grundblättern gleichgestaltet; Blütenhülle weiß od. gelb; Griffel höchstens so lang wie der Fruchtknoten, zur Fruchtzeit nicht verlängert, sondern einen kurzen, gekrümmten Schnabel bildend ***Anemone,*** 143

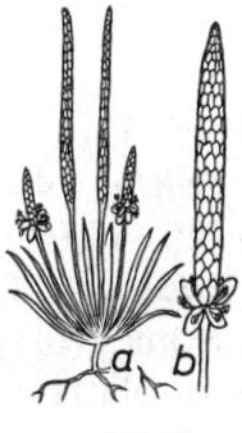

139/1

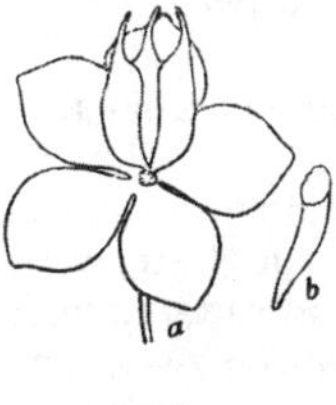

139/2

139/3

139/4

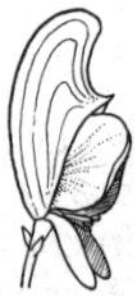

140/1

140/2

140/3

1* Blätter gegen- od. wechselständig

7 Blätter gegenständig; Griffel zur Fruchtzeit meist verlängert, 2–3 cm lang, abstehend behaart; meist kletternde Pflanzen ***Clematis,*** 145

7* Blätter wechselständig; Griffel weder verlängert noch abstehend behaart; Pflanzen nie kletternd

8 Blüten dorsiventral

9 Perigon nicht gespornt, oberes Perigonblatt helmartig *(Abb. 140/1),* die 2 lang gestielten, kappenförmig gespornten Honigblätter einschließend ***Aconitum,*** 141

9* 1 Perigonblatt gespornt

10 Fruchtknoten 3–5; Honigblätter 4, die beiden oberen gespornt (innerhalb des Perigonsporns liegend); Pflanze ausdauernd; Zierpflanze ***Delphinium,*** 147

10* Fruchtknoten 1; Honigblätter 1, gespornt (innerhalb des Perigonsporns liegend); Pflanze 1-jährig; Wild- od. Zierpflanze ***Consolida,*** 146

8* Blüten radiär

11 Blüten mit 5 gespornten Honigblättern, die mit 5 spornlosen Perigonblättern abwechseln *(Abb. 140/2)* ***Aquilegia,*** 144

11* Blüten ungespornt

12 Staubgefäße bedeutend länger als die früh abfallenden Blütenhüllblätter; Blüten in reichblütigen Trauben od. Rispen

13 Blüten weiß, in Trauben; Fruchtknoten 1; Frucht eine schwarze Beere; Blättchen mit zahlreichen Zähnchen ***Actaea,*** 142

13* Blüten grünl., gelbl. od. hellviolett, in Rispen; Frucht besteht aus mehreren Nüsschen; Blättchen mit bis 6 Zähnen ***Thalictrum,*** 168

12* Staubgefäße kürzer als die Blütenhülle, höchstens einige länger; Blüten nicht in reichblütigen Trauben od. Rispen

14 Honigblätter fehlen

15 Blätter herz- bis nierenförmig; Blütenhülle einfach; Balgfrüchte ***Caltha,*** 145

15* Blätter 2–3-fach fiederteilig, mit fädl. linealischen Zipfeln; Blütenhülle in Kelch u. Krone gegliedert; 1-samige Nüsschen ***Adonis,*** 143

14* Honigblätter vorhanden, diese kronblattartig mit einem Honiggrübchen am Grund od. es befinden sich zwischen den Kronblättern schlauch- od. becherförmige od. linealische Honigblätter

16 Honigblätter kronblattartig, am Grund mit einem freien od. von einer Schuppe bedeckten Honiggrübchen, gelb od. weiß

17 Kelchartige Perigonblätter 3 (selten bis 5) *(Abb 140/3);* Honigblätter 6 u. mehr **_Ficaria,_** 147

17* Kelchartige Perigonblätter u. Honigblätter 5, selten weniger **_Ranunculus,_** 150

16* Honigblätter nicht kronblattartig, becherförmig, schlauchförmig od. linealisch

18 Blüten goldgelb; Honigblätter linealisch **_Trollius,_** 169

18* Blüten nie goldgelb; Honigblätter röhrig od. becherförmig, 2-lippig

19 Blätter 2–3-fach fiederschnittig, mit nur bis 2 mm breiten Zipfeln; Blütenhülle hellblau bis bläul.-weiß; Frucht eine mehrfächrige Kapsel; Honigblätter becherförmig, 2-lippig; Pflanze 1-jährig **_Nigella,_** 148

19* Blätter fußförmig eingeschnitten, mit stets > 5 mm breiten Zipfeln; Blütenhülle grün od. weiß, seltener (Kulturformen) rötl.-braun; Honigblätter röhrig trichterförmig; Pflanze ausdauernd **_Helleborus,_** 147

Aconitum L., Eisenhut

Schüchel (OL), Kutschpferdla, Pferd-und-Kutsche (ERZ)

1 Blüten blassgelb **_A. lycoctonum_**

1* Blüten blau, violett, zuweilen weiß gestreift od. gescheckt, selten ganz weiß

2 Helm (oberes Perigonblatt) deutl. höher als breit; Stängelblätter unterseits deutl. netznervig; Samen braun, mit wellenförmig gebogenen, hellen Querleisten; Stiel der Honigblätter gerade; Staubfäden kahl; Rübe kugelig **_A. variegatum_**

2* Helm meist breiter als hoch; Stängelblätter unterseits kaum netznervig; Samen schwarz, auf den Flächen glatt, an den Kanten deutl. geflügelt; Stiel der Honigblätter bogig gekrümmt; Staubfäden bewimpert; Rübe nicht kugelig **_A. napellus_** agg.

A. lycoctonum L., Gelber E., Wolfswurz*

[*A. vulparia* Spreng.]. Stängel oben dicht angedrückt kurzhaarig; Blätter handförmig, 5–7-spaltig, Abschnitte am Grund breit verbunden, vorn 3-lappig u. grob gesägt, am Rand u. unterseits behaart; Blütentrauben verlängert, einfach od. ästig; Helm fast walzl., etwa 3-mal so lang wie breit. 50–150. 6–8. ♃. Edellaubbaumreiche Wälder, basenliebend, s ERB: Crimmitzschau, Lauterbach, früher Glauchau; VGT: Plauen, Elsterberg (Steinicht). ↘ O Fag.; euras-kont. Giftig. Off. ∇

Im Gebiet nur **subsp. _vulparia_** (Rchb.) Ces.

A. napellus agg., **Blauer E.**

Die im Gebiet nachgewiesenen Sippen sind taxonomisch noch nicht ausreichend bearbeitet worden.

1 Perigonblätter außen wie die Blütenstiele dicht krummhaarig; Vorblätter behaart, meist lanzettl.; Nektar- u. Staubblätter dicht behaart ***A. napellus***

1* Perigonblätter außen wie die Blütenstiele zerstreut krummhaarig od. Blütenstiele kahl; Vorblätter kahl, linealisch bis 3-eckig; Nektarblätter kahl od. behaart, Staubblätter nur oben dicht abstehend behaart ***A. plicatum***

A. napellus L., **Blauer E.***

Blütenstand meist einfach od. mit wenigen Seitenästen. 30–150 cm. 6–8. ♃. Hochstaudenfluren, feuchte Wälder, z ERZ, OLB, OLH, VGT. ↗ NE. V Aden., V Fag.; o-pralp, subalp. Stark giftig. Off. ∇

Im Gebiet nur **subsp. *lusitanicum*** Rouy.

A. plicatum Rchb., **Sudeten-E.**

[*A. hians* Rchb.]. Blütenstand meist einfach od. mit wenigen Seitenästen. 30–150 cm. 7–9. ♃. Hochstaudenfluren, feuchte Wälder, s ERM: Fichtelberg. V Aden., V Fag. Stark giftig. Off. ∇

A. variegatum L., **Bunter E.***

Traube locker, meist verästelt; Blütenstiele aufrecht abstehend; Perigon außen kahl, violett bis blau, manchmal grün od. weiß gescheckt; Pflanze kahl. 70–150 cm. 7–9. ♃. Hochstaudenfluren, Bachränder, feuchte Bergwälder, z ERM, ERO, bis ins MLH herabsteigend; s ESG: Rosenthal, Buchenhain; ERW: Burg Stein; V Aden., V Aln.; o-pralp, demont. Giftig. ∇

Im Gebiet nur **subsp. *variegatum*.**

In Gärten häufig kultiviert: ***A. × cammarum*** L. [*A. stoerkianum* Rchb., *A. napellus × A. variegatum*?]: Blüten oft weiß-blau gefleckt; s verwildert, Görlitz, mehrfach im VGT.

Actaea L., **Christophskraut**

Stängel aufrecht, ästig; Blätter groß, im Umriss 3-eckig, 3-zählig, mit 1- od. 2-fach gefiederten Blättchen, diese eiförmig od. längl., ungleich eingeschnitten gesägt; Blüten in einfachen Trauben, klein; Honigblätter lang genagelt, so lang wie die Staubblätter, wie die kelchartige Blütenhülle gelbl.-weiß, diese bald abfallend; Beeren schwarz, sehr selten weiß, glänzend. 30–60 cm. 5–6. ♃. Schattige Wälder (Schlucht- u. mesophile Buchenwälder), Gebüsche, mäßig h im Bergland, z im Hügelland, auch Zierpflanze. V Fag., V Til.-Acer.; euras-nem. Giftig. Off. ***A. spicata*** L., **Christophskraut***

Adonis L., **Adonisröschen**

1 Kronblätter 12–16 mm lang, ausgebreitet, hellgelb; Pflanze ausdauernd **A. vernalis**

1* Kronblätter 6–8 mm lang, rot od. blassgelb; Pflanze 1-jährig od. 1-jährig überwinternd

2 Kelch den ausgebreiteten Kronblättern angedrückt; Früchtchen unten mit einem spitzen Zahn, an der oberen Kante mit spitzem Höcker; Griffel aufstrebend; Kronblätter scharlachrot, mit od. ohne schwarzen Fleck, seltener hellgelb u. am Grund dunkelbraun gefleckt (var. *citrina* HOFFM.) **A. aestivalis**

2* Kelch von den halbkugelig zusammenneigenden Kronblättern abstehend; Früchtchen zahnlos, an der Spitze in den geraden Griffel übergehend; Kronblätter blutrot, am Grund mit schwarzem Fleck **A. annua**

A. aestivalis L., **Sommer-A.***

20–50 cm. 5–6. ⊙, ①. Äcker auf lehmig-tonigen, basenreichen, meist skelettreichen Böden, s ELH: Oberau, Dresden-Lockwitz; ERO: Borna; MLH: Ketzerbachtal; sonst nur s vorübergehend verschleppt, z. B. LLA, OL. A. ↘ V Caucal.; submed+europ-kont. Schwach giftig. Off.

A. annua L. em. HUDS., **Herbst-A., Blutströpfchen***

15–30 cm. 6–9. ⊙, ①. Alte Zierpflanze, s verwildert. NU. Heimat: S-Europa.

In Kultur nur **subsp. *cupaniana*** (GUSS.) C. H. STEINB.

A. vernalis L., **Frühlings-A.***

Griffel hakig, zurückgekrümmt; Frucht behaart. 15–45 cm. 4–6. ♃. Zierpflanze (im benachbarten Thüringen, Sachsen-Anhalt u. Böhmen einheimisch). Giftig. (∇)

Anemone L., **Windröschen**

1 Stängel oberwärts weichzottig; Wurzelstock kurz; Perigon 4–7 cm Ø, weiß **A. sylvestris**

1* Stängel kahl od. etwas weichhaarig; Rhizom verlängert, kriechend; Perigon 1,5–4 cm Ø, weiß od. gelb

2 Perigonblätter weiß, selten rötl.-purpurn überlaufen, meist 6, kahl; Blüten einzeln **A. nemorosa**

2* Perigonblätter gelb, 5 od. 6; Blüten einzeln od. zu 2

3 Perigonblätter goldgelb, meist 5; Hochblätter fast sitzend od. bis 5 mm lang gestielt **A. ranunculoides**

3* Perigonblätter zitronengelb, meist 6; Hochblätter meist 7–15 mm lang gestielt **A. × seemenii**

A. nemorosa L., **Busch-W.***

Hochblätter 2-mal so lang wie ihr Stiel, meist 10–25 mm lang gestielt; Blättchen u. Blütenstand behaart, Perigon kahl. 10–25 cm. 3–5. ♃. Krautreiche Wälder, Gebüsche, Bergwiesen, Borstgras-Magerrasen, h im gesamten Gebiet. K Querc.-Fag., O Prun., V Pol.-Tris., V Viol.; europ-nem. Giftig. Off. Die Blüten, wie auch die der anderen Arten, schließen sich nachts u. bei schlechtem Wetter u. neigen über.

A. ranunculoides L., **Gelbes W.***

Hochblätter mehrmals länger als ihr Stiel; Blättchen kahl; Perigon außen behaart. 10–25 cm. 3–5. ♃. Edellaubbaumreiche Schlucht- u. Auenwälder, mesophile Buchenwälder, z, doch stellenweise h LLA; s EET, OLT, im ERZ auf Basalt bis 800 m. O Fag.; europ-nem. Giftig.

A. × ***seemenii*** E. G. CAMUS, **Leipziger W., Bastard-W.**

[*A.* × *lipsiensis* BECK, *A.* × *intermedia* WINKL., *A. nemorosa* × *A. ranunculoides*]. Perigon außen schwach behaart. Auenwälder, z im Leipziger Auenwald; EET: Torgau; früher OLH. V Aln.-Ulm. Giftig.

A. sylvestris L., **Großes W.***

Blätter 5-teilig, mit längl. od. fast rautenförmigen 2-spaltigen Zipfeln; Blüten einzeln; Perigonblätter 5, oft leicht rötl. überlaufen, außen wie die Früchtchen weißwollig. 15–30 cm. 4–5. ♃. Wärmebegünstigte Säume u. Gebüsche, lichte Wälder, †, früher s ELH: Kötzschenbroda; MLH: Rochlitz, Ketzerbachtal, OLT: Weißwasser; VGT: Plauen bei Weischlitz; heute nur s aus Gärten verwildert. V Ger., V Berb.; euras-kont. Giftig. ▽

Mehrere Frühlingsblüher sind in Kultur, z. B. ***A. blanda*** SCHOTT et KOTSCHKY, **Balkan-W.** (Blüten blauviolett, Früchte kurzhaarig, s verwildert); ***A. baldensis*** L., **Tiroler W.** (Blüten weiß, Früchte lang wollig behaart); ***A. coronaria*** L., **Garten-Anemone** (verschiedenfarbig). Häufig kultiviert werden auch ***A. hupehensis*** (LEMOINE) LEMOINE u. ihre Hybriden, **Herbst-Anemonen,** die ebenfalls s verwildern (z. B. Leipzig).

Aquilegia L., **Akelei**

Stängel aufrecht; untere Blätter doppelt 3-zählig, mittlere 3-zählig, obere 3-teilig; Sporn der Honigblätter länger als die Platte, an der Spitze hakenförmig gekrümmt *(Abb. 140/2);* Staubblätter die Honigblätter überragend; Blüten violett od. rosa, selten weiß. 40–80 cm. 5–7. ♃. Anspruchsvolle Laubmischwälder, Gebüsche, Säume, Wiesen, Gärten, heimisch wohl nur ELH, ERO, VGT; verwildert u. z. T. eingebürgert, mäßig h im gesamten Gebiet. O Fag., O Prun., O Orig., O Arrh., O Glech.; submed+sarmat. Schwach giftig, früher Off. ▽ ***A. vulgaris*** L., **Gewöhnliche A.***

Es verwildern auch Bastarde mit anderen Arten.

Caltha L., **Dotterblume**

Stängel aufsteigend, hohl, oberwärts ästig; Blätter dunkelgrün, glänzend, herz-eiförmig bis nierenförmig, gekerbt, untere gestielt, obere fast sitzend. 15–30 cm. 4–5. ♃. Nährstoffreiche nasse Wiesen, Röhrichte, Ufer, Quellen, Auen- u. Bruchwälder, mäßig h im gesamten Gebiet, doch EET u. LLA stellenweise fehlend. ↘ V Calth., O Phragm., V Card.-Mont., V Aln. V Aln.-Ulm.; arct-euras, circpol. Gew. (Blütenknospen dienten in Essig eingelegt als Ersatz für Kapern), schwach giftig. Off. ***C. palustris*** L., **Sumpf-D.***

An kalten Quellfluren findet sich im hohen ERZ eine Sippe mit nur bis 1 cm breiten Blüten u. niederliegendem, an den Knoten wurzelndem Stängel. Sie kann als var. *procumbens* BECK od. subsp. *minor* (MILL.) GRAEBNER bezeichnet werden (Rangstufe noch unklar).

Clematis L., **Waldrebe**

1 Blätter einfach, ungeteilt, eiförmig od. eiförmig lanzettl., ganzrandig; Pflanze nicht kletternd ***C. integrifolia***
1* Blätter 1–2-fach gefiedert; kletternde Pflanzen
2 Stängel aufrecht, krautig ***C. recta***
2* Stängel kletternd, holzig
3 Perigon gelb, glockig ***C. tangutica***
3* Perigon weiß, blau od. andersfarbig, ± ausgebreitet
4 Blüten in Rispen, bis 2 cm Ø; Perigonblätter weiß, bis 1,2 cm lang, beiderseits zottig behaart ***C. vitalba***
4* Blüten einzeln od. zu 3, 3–20 cm Ø; Perigonblätter blau, violett, rot od. weiß, kahl od. nur unterseits behaart
5 Blüten blattachselständig, einzeln, 4–6 cm Ø, immer 4-blättrig ***C. viticella***
5* Blüten zu 3 an der Spitze junger Triebe u. ihren Seitenzweigen, 10–20 cm Ø, 4–8-blättrig ***C. × jackmanii*** u. weitere Hybriden

C. integrifolia L., **Blaue W.**

Blätter unterseits u. am Rand flaumhaarig; Blüten einzeln, endständig, lang gestielt, nickend, groß; Perigon außen am Rand weißfilzig, violettblau. 50–80 cm. 6–7. ♃. Zierpflanze. Heimat: S- u. SO-Europa bis W-Asien.

C. × ***jackmanii*** T. MOORE, **Clematis-Hybriden, Jackman-Hybriden****

[*C. lanuginosa* LINDL. × *C. viticella*]. Obere Blätter einfach, übrige gefiedert. 2–4 m. 6–9. ♄ (Liane). Zierpflanze. Auch Hybriden dieser Sippe mit anderen Arten werden kultiviert.

C. recta L., **Aufrechte W.**

Blätter 1-fach gefiedert; Blüten in Rispen; Griffel der reifen Frucht verlängert, bärtig; Perigon außen am Rand weichhaarig, weiß. 50–125 cm. 6–7. ♃. Wärmebegünstigte Waldsäume, Gebüsche, s entlang der Elbe: EET; ELH: Oberau, Söbrigen; s ESG: Strand; MLH: Zadel, Göhrisch, Nieschütz. ↘ V Ger., V Berb.; submed-sarmat. Giftig.

C. tangutica (MAXIM.) KORSH., **Mongolische W., Gold-W.****

Blätter gefiedert, Blüten meist je 1 in den Blattachseln; Perigonblätter 2–5 cm lang. 1–4 m. 6–9. ♄ (Liane). Zierpflanze, verwildert, Brachflächen, s, z. B. Leipzig. NU. Heimat: Mongolei, NW-China.

C. vitalba L., **Gewöhnliche W., Deutsche W.***/**

Blätter 1-fach gefiedert. 1–10 m. 6–8. ♄ (Liane). Gebüsche, Waldsäume, ausdauernde Ruderalfluren (Bahnanlagen, Brachen), mäßig h vom Tiefland bis ins untere Bergland, eingebürgert vor allen in urban-industriellen Ballungsgebieten (Leipzig, Dresden, Zwickau). ↗ NE. K Rham.-Prun., K Artem.; submed+subatl. Schwach giftig.

C. viticella L., **Italienische W.****

Griffel der Früchtchen nicht verlängert u. behaart; Blätter 1–2-fach gefiedert. 2–4 m. 6–8. ♄ (Liane). Zierpflanze, s verwildert. Heimat: SO-Europa, W-Asien.

Consolida (DC.) GRAY, **Rittersporn**

1 Traube 4–8-blütig; Frucht kahl od. angedrückt behaart; untere Deckblätter 2–3-teilig od. ungeteilt ***C. regalis***

1* Traube 8–20-blütig; Frucht weichhaarig; untere Deckblätter mehrteilig

2 Vorblätter länger als der Blütenstiel; Frucht plötzl. in den Griffel zugespitzt; Perigon rotviolett; Sporn 8–12 mm lang; Samen rötl.-braun ***C. hispanica***

2* Vorblätter kürzer als der Blütenstiel; Frucht allmähl. in den Griffel zugespitzt; Perigon blauviolett, seltener hellblau, rosa od. weiß; Sporn 13–18 mm lang; Samen schwarz ***C. ajacis***

C. ajacis (L.) SCHUR, **Garten-R.***

[*C. ambigua* (L.) P. W. BALL et HEYWOOD, *Delphinium ajacis* L. em. J. GAY]. 30–90 cm. 6–8. ⊙. Zierpflanze, z verwildert in Ruderalfluren (Brachen, Müll- u. Umschlagplätze, Komposthaufen). ↗ NU. V Sis. Schwach giftig. Heimat: Mittelmeergebiet.

C. hispanica (COSTA) GREUTER et BURDET, **Orientalischer R.**

[*C. orientalis* (J. GAY) SCHRÖDINGER subsp. *hispanica* (COSTA) M. LAÍNZ, *Delphinium hispanicum* COSTA, *D. orientale* auct.]. 30–70 cm. 6–9. ⊙. Lehmige Äcker (wahrscheinl. erloschen), als Zierpflanze verwildert, Ruderalfluren (Müll- u. Umschlagplätze, Brachen), s im Tief- u. Hügelland. NU. V. Sis. Schwach giftig. Heimat: SO-Europa.

C. regalis GRAY, **Feld-R.***

[*Delphinium consolida* L.]. 20–90 cm. 5–8. ⊙, ①. Nährstoff- u. basenreiche Äcker, Wegränder, mäßig h EET, LLA; z ELH, MLH; s ERO, ESG, OL, VGT; fehlt dem Bergland. A. ↘ V Caucal, V Aphan, s V Sis.; euras-kont+submed. Schwach giftig. Früher Off.

Im Gebiet nur **subsp. *regalis*.**

Delphinium L., **Rittersporn**

Traube sehr lang, locker; Blätter tief 5-spaltig, mit 3-spaltigen, eingeschnittenen gesägten Zipfeln; Perigon blau, violett od. seltener weiß. 80–200 cm. 6–7. ♃. Zierpflanze. Giftig. ***D.*** × ***cultorum*** Voss, **Hoher R., Garten-R.**

Entstanden aus der Kreuzung mehrerer *D.*-Arten unter besonderer Beteiligung der in den europäischen Gebirgen einheimischen Art *D. elatum* L.

Eranthis Salisb., **Winterling**

Rhizom knollig; Stängel 1-blütig; Grundblätter lang gestielt, herzförmig rundl., 5–7-teilig, mit linealen Zipfeln, meist erst nach der Blütezeit erscheinend; Perigonblätter 6, längl., gelb; zwischen Perigon u. Staubblättern befinden sich zahlreiche 2-lippige, etwa 6 mm lange gelbe Honigblätter; 4–8 mehrsamige Balgfrüchte. 5–15 cm. 2–4. ♃. Zierpflanze, verwildert, Wälder, Hecken, Gebüsche, Parks, Friedhöfe, z. ↗ NE. V Cynos., K Rham.-Prun., O Fag. Dauer einer Blüte 8 Tage. Giftig. Heimat: S-Frankreich bis Afghanistan. ***E. hyemalis*** (L.) Salisb., **Winterling***

Zu achten ist auf ***E.*** × ***tubergenii*** Bowles [*E. cilicica* Schott et Kotschy × *E. hyemalis*]: Pflanze steril, als verwildert angegeben VGT: Eichigt.

Ficaria Huds., **Scharbockskraut, Feigwurz**

Blätter rundl. herzförmig, stark glänzend; Blattachseln oft mit Brutknöllchen; Stängel niederliegend od. aufsteigend; Wurzelfasern größtenteils knollig verdickt; Honigblätter ± längl., goldgelb. 5–15 cm. 3–5. ♃. Schlucht- u. Auenwälder, Hainbuchen-Eichenwälder, Gebüsche, frische Waldsäume, Parks, h. O Fag., O Prun., O Glech.; euras-nem. Schwach giftig. Früher Off. Wg. [*Ranunculus ficaria* L.].

F. verna Huds., **Scharbockskraut, Feigwurz***

Im Gebiet nur **subsp. *bulbifera*** Á. Löve et D. Löve.

Helleborus L., **Nieswurz**

1 Stängel mit Laubblättern, 2- bis (meist!) mehrblütig
2 Stängel nur am Grund der Äste u. Blattstiele beblättert; Blättchen der Grundblätter lineal lanzettl., mit vorspringenden Nerven; Blütenhülle ziemlich flach, gelbl.-grün ***H. viridis***
2* Stängel von unten an beblättert; Blättchen der Grundblätter schmal lanzettl., mit nicht vorspringenden Nerven; Blütenhülle gewölbt, glockenförmig zusammenneigend, grünl. purpurn geadert ***H. foetidus***
1* Stängel ohne Laubblätter, aber mit Hochblättern; Blüten einzeln od. zu mehreren

3 Hochblätter ungeteilt, ganzrandig, evtl. das unterste schwach 3-spitzig; Blüten zu 1–2(–3), weiß bis rosa, im Verblühen grünl. ***H. niger***

3* Wenigstens die unteren Hochblätter 3–5-teilig, gesägt; Blüten zu 3–8, weißl. bis purpurrot, auch grünl., manchmal rot punktiert ***H. orientalis***

H. foetidus L., **Stinkende N.***

30–60 cm. 3–4. ♃. Zierpflanze, s verwildert in Gebüschen u. ortsnahen Wäldern, z. B. ERB: Werdau; ERO: Maxen; LLA: Leipzig; MLH: Triebischtal bei Rothschönburg. NU. Giftig. Heimat: S-Europa, in S-Deutschland natürl. Vorkommen. (∇)

H. niger L., **Schwarze N., Christrose***

15–30 cm. 12–3. ♃. Zierpflanze, verwildert, s, z. B. LLA: Leipzig. Giftig. Off. Wurzelpulver als Niesmittel. Heimat: O-Alpen.

H. orientalis LAM., **Orientalische N.**

20–60 cm. 3–4. ♃. Zierpflanze, verwildert, Friedhöfe, ortsnahe Gebüsche u. Wälder, s, z. B. mehrfach LLA: Leipzig; VGT. Giftig.

Meist werden Sorten kultiviert, die früher als „Orientalis-Hybriden" (*H.* × *hybridus* hort.) zusammengefasst wurden.

H. viridis L., **Grüne N.**

20–30 cm. 3–4. ♃. Zierpflanze, verwildert, Gebüsche, Waldränder, Friedhöfe, s, z. B. ELH, ERB, ERO, MLH, OL, VGT. Heimat: W- u. M-Europa. Giftig. Früher Off. (∇)

Im Gebiet nur **subsp. *viridis*.**

Hepatica MILL., **Leberblümchen**

Blätter nach den Blüten erscheinend, lang gestielt, unterseits sich gewöhnl. rötend. 8–15 cm. 3–4. ♃. Krautreiche anspruchsvolle Laubmischwälder, z im Hügelland, s im Tief- u. Bergland; auch Zierpflanze, fehlt EET u. GHP. ↘ V Carp., V Til.-Acer.; submed-sarmat. Warmzeitzeuge. Giftig. Früher Off. ∇ [*H. triloba* GILIB., *Anemone hepatica* L.]. ***H. nobilis*** SCHREB., **Leberblümchen***

Kultiviert u. gelegentl. verwildert (angesalbt?): ***H. transsilvanica*** FUSS, **Siebenbürger L.,** Blätter 3–5-lappig, Lappen grob gekerbt. Heimat: Karpaten.

Myosurus L., **Mäuseschwanz, Mäuseschwänzchen**

Perigon klein, gelbl.-grün. 2–25 cm. 4–6. ⊙, ①. Krumenfeuchte, nährstoffreiche Äcker, feuchte Wegränder, Ufer, Teichböden, mäßig h im Tief- u. Hügelland, *s* ELH (früher z), ERB, ERO, VGT. O Aper., O Nanocyp., V Potent. ans.; euras. ***M. minimus*** L., **Mäuseschwänzchen***

Nigella L., **Schwarzkümmel**

1 Blüten mit großen, grünen, haarfein zerteilten Hochblättern ***N. damascena***

149/1

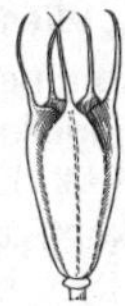

149/2

1* Blüten ohne Hochblätter

2 Stängel fast kahl; Perigonblätter zugespitzt, mit langem Nagel, weiß, vorn bläul., unterseits grün gestreift; Fruchtknoten bis zur Mitte verwachsen, glatt *(Abb. 149/1)* ***N. arvensis***

2* Stängel rauhaarig; Perigonblätter stumpf, mit sehr kurzem Nagel, bläul.-weiß; Fruchtknoten bis zur Spitze verwachsen *(Abb. 149/2)*, drüsig rau ***N. sativa***

N. arvensis L., **Wilder Sch., Acker-Sch.***

10–30 cm. 7–9. ⊙. Äcker, besonders auf Lehm- u. Kalkböden, früher vor allem im Elbtal z; s MLH: Ketzerbachtal zwischen Wachtnitz u. Prositz (noch 1994); auch eingeschleppt, z. B. OLT: Lohsa. A. V Caucal.; med-orient.

N. damascena L., **Damaszener Sch., Jungfer im Grünen, Braut im Haar, Türkischer Sch.***

Fruchtknoten völlig verwachsen, mit fast waagerecht abstehenden Griffeln. 15–30 cm. 6–8. ⊙, ①. Zierpflanze, verwildert, Ruderalfluren (Schutt, Gartenabfälle), s. NU. V Sis. Heimat: S-Europa, NW-Afrika, Vorderasien.

N. sativa L., **Echter Sch.***

20–40 cm. 6–7. ⊙. Früher s angebaut u. verwildert, heute nur noch als Gewürz käufl. Heimat: Vorderasien.

Pulsatilla Mill., **Kuhschelle, Küchenschelle**

1 Blätter 1-fach gefiedert, Blättchen eiförmig od. eiförmig keilig, 3-spaltig, mit ungeteilten 2–3-zähnigen Zipfeln; Blüten weiß, außen rosa bis violett u. glänzend braungelb seidenhaarig ***P. vernalis***

1* Blätter 2–3-fach fiederteilig, mit linealischen Zipfeln; Blüten hell- od. dunkelviolett

2 Blüten aufrecht; Blütenhüllblätter 2-mal so lang wie die längeren Staubblätter, am Grund glockig, etwas ausgebreitet, an der Spitze nicht umgerollt, kurzhaarig, hellviolett ***P. vulgaris***

2* Blüten nickend; Blütenhüllblätter länger als die längeren Staubblätter, glockenförmig zusammenneigend, an der Spitze nach außen umgerollt, außen anliegend zottig behaart, dunkelviolett (sehr selten weißl.) ***P. pratensis***

P. pratensis (L.) MILL., **Wiesen-K.***

10–40 cm. 4–5. ♃. Kontinentale Trockenrasen, bodensaure Eichenwälder, früher s im Tief- u. Hügelland, jetzt nur noch s ELH: Knorre bei Meißen u. Weinberge Radebeul; MLH: Ketzerbachtal zw. Piskowitz u. Zöthain. ↘ V Fest., V Querc. rob.; europ-kont, coll+sarmat. Offenlandrelikt, Kaltzeitzeuge. Früher Off. Giftig. ∇

Im Gebiet nur **subsp. *nigricans*** (STÖRCK) ZÄMELIS.

P. vernalis (L.) MILL., **Frühlings-K.**

Blüten meist nickend; Hochblätter seidig zottig. 8–20 cm. 4–5. ♃. Silikatmagerrasen, lichte Kiefernwälder, †, früher sehr z DDH, MLH, ERZ, OL. V Cyt.-Pin., V Viol.; sarmat. disj. Offenlandrelikt, Kaltzeitzeuge. ∇

P. vulgaris MILL., **Gewöhnliche K.***

10–50 cm. 4–5. ♃. Silikathalbtrockenrasen, s MLH: Wurzen: am Wachtelberg; früher LLA: am Bienitz bei Leipzig. V Koel.-Phlei.; zentraleurop. Warmzeitzeuge, Extensivweiderelikt. Giftig. ∇

Ranunculus L., **Hahnenfuß, Wasserhahnenfuß**

Die „Blütenblätter" sind eigentl. Honigblätter. Sie besitzen am Grund eine Nektardrüse (Nektargrube); die „Kelchblätter" stellen die Blütenhülle dar. Alle Arten sind in verschieden starkem Maß giftig.

1 Blüten (Honigblätter) weiß

2 Aufrechte Landpflanze; Honigblätter rein weiß ***R. platanifolius***

2* Wasserpflanze (selten auch auf nassem Schlamm liegend od. kriechend); Honigblätter mit gelbem Nagel (Wasserhahnenfuß, subgen. *Batrachium* DC.)

3 Schwimmblätter fehlend

4 Blattzipfel in einer Ebene, im Umriss kreisrund; Blätter beim Herausnehmen aus dem Wasser auch weiterhin spreizend ***R. circinatus***

4* Blattzipfel nicht in einer Ebene, nicht kreisrund; Blätter außerhalb des Wassers schlaff

5 Honigblätter selten über 5 mm Ø, bei voll geöffneter Blüte sich nicht deckend; Nektargrube halbmondförmig *(Abb. 151/1)* ***R. trichophyllus***

5* Honigblätter über 5 mm Ø, sich randl. deckend; Nektargrube kreisrund od. längl. birnförmig

6 Voll entwickelte Tauchblätter meist kürzer als die Stängelglieder, meist < 8 cm lang (im Herbst auch länger); Blattzipfel sehr dünn; Pflanze stehender Gewässer

7 Fruchtstiele meist < 50 mm lang, kürzer als der Stiel des gegenüberliegenden Blattes; Nektargrube rundl. *(Abb. 151/2)* ***R. aquatilis***

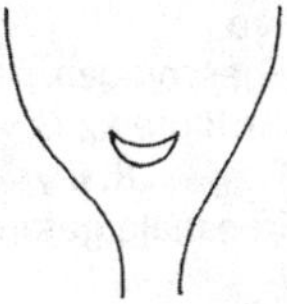

151/1

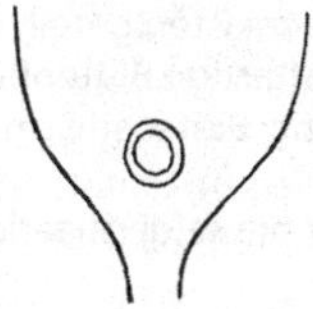

151/2

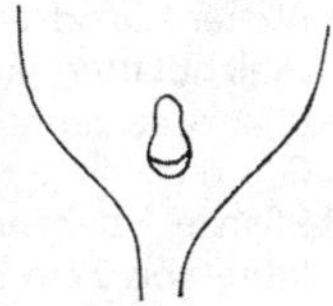

151/3

7* Fruchtstiele meist > 50 mm lang, länger als der Stiel des gegenüberliegenden Blattes; Nektargrube birnförmig *(Abb. 151/ 3)* ***R. peltatus***

6* Voll entwickelte Tauchblätter meist so lang wie die Stängelglieder od. länger, meist 10–25 cm lang, zieml. steif; Pflanze fließender Gewässer

8 Blütenboden fast kahl; Pflanze stets ohne Schwimmblätter; untergetauchte Blätter bis 50 cm lang, mit 20–30 Zipfeln, sich fleischig anfassend; Kelchblätter 4–6,5 mm lang, Honigblätter meist 7–13 mm lang; Fruchtknoten 30–60 ***R. fluitans***

8* Blütenboden deutl. behaart; Pflanze mit od. ohne Schwimmblätter; untergetauchte Blätter meist 10–30 cm lang, mit weit über 50 Zipfeln, sehr fein u. sich nicht fleischig anfassend; Kelchblätter 3–7 mm lang, Honigblätter meist 10–15 mm lang; Fruchtknoten 30–40 ***R. penicillatus***

3* Gelappte bis geteilte Schwimmblätter vorhanden

9 Nektargrube kreisförmig *(Abb. 151/2);* Fruchtstiel < 50 mm lang, kürzer als die Schwimmblattstiele ***R. aquatilis***

9* Nektargrube birnförmig *(Abb. 151/3);* Fruchtstiel > 50 mm lang, länger als die Schwimmblattstiele

10 Untergetauchte Blätter meist kürzer als die dazu gehörigen Stängelglieder; Pflanze stehender Gewässer ***R. peltatus***

10* Untergetauchte Blätter meist länger als die dazu gehörigen Stängelglieder; Pflanze fließender Gewässer ***R. penicillatus***

1* Blüten (Honigblätter) gelb

11 Blätter alle ungeteilt

12 Stängel aufsteigend od. niederliegend, bis 50 cm hoch; Blüten bis 20 mm Ø

13 Pflanze aufsteigend od. nur an den unteren Knoten wurzelnd u. mit geraden Stängelgliedern; Blüten 8–20 mm Ø; Fruchtschnabel gebogen ***R. flammula***

13* Pflanze kriechend, an jedem Stängelglied wurzelnd, mit bogigen Stängelgliedern; Blüten 5–10 mm Ø; Fruchtschnabel gebogen ***R. reptans***

12* Stängel aufrecht, bis 150 cm hoch; Blüten 20–40 cm Ø ***R. lingua***

11* Blätter alle od. doch die meisten geteilt od. gespalten
14 „Kelchblätter" (kelchblattartige Blütenhülle) zurückgeschlagen
15 Pflanze seidenhaarig filzig; Blütenstiele nicht gefurcht; Blüten 2–3,5 cm Ø **R. illyricus**
15* Pflanze ± behaart, aber nie seidenhaarig filzig; Blütenstiele gefurcht; Blüten bis 2 cm Ø
16 Stängel am Grund knollig verdickt **R. bulbosus**
16* Stängel am Grund nicht knollig verdickt
17 Blüten 4–10 mm Ø; Kelchblätter etwa so lang wie die blassgelben Honigblätter; Honiggrübchen ohne Schuppe; Blütenboden walzenförmig; Pflanze kahl od. oberwärts leicht behaart **R. sceleratus**
17* Blüten 12–20 mm Ø; Kelchblätter nur ½ so lang wie die goldgelben Honigblätter; Honiggrübchen mit Schuppe; Blütenboden halbkugelig; Pflanze abstehend behaart **R. sardous**
14* Kelchblätter den Honigblättern angedrückt od. nur locker anliegend
18 Blütenstiele gefurcht
19 Pflanze mit kriechenden Ausläufern; Stängelblätter 3-zählig, untere mit gestielten, 3-teiligen, obere mit längl., ungeteilten Blättchen **R. repens**
19* Pflanze ohne kriechende Ausläufer; Stängel aufrecht. (Artengruppe *R. polyanthemos* agg., Vielblütiger H.).
20 Spreite der Grundblätter bis zum Stielansatz 3-schnittig; Mittelabschnitt bis 1 cm lang gestielt, tief 3-teilig bis 3-schnittig; seitl. Abschnitte 2-teilig od. fast bis zum Grund 2-schnittig; alle Abschnitte unregelmäßig geteilt, lanzettl. bis linealisch
21 Fruchtschnabel kurz, bis 1/5 so lang wie das Früchtchen, gerade bis wenig gebogen; Grundblätter meist 5-teilig, tief zerschnitten, mit lineal lanzettl. Zipfeln **R. polyanthemos**
21* Fruchtschnabel 1/3–1/2 so lang wie das Früchtchen, hakig eingerollt; Grundblätter bis zum Grund 3–5-teilig; Mittelabschnitt fast gestielt, nochmals 3-lappig, oft gelbgrün gefleckt; Blattzipfel breiter **R. polyanthemophyllus**
20* Spreite der Grundblätter 3-teilig bis 3-spaltig; Mittelabschnitt ungeteilt, 3-lappig bis 3-teilig; seitl. Abschnitte 2-spaltig od. selten bis zum Grund geteilt
22 Spreite der Grundblätter 3-teilig bis 3-schnittig; Mittelabschnitt 3-spaltig bis 3-teilig, Seitenabschnitte 2-teilig bis 2-schnittig, sich z. T. deckend; Fruchtschnabel 1/5–1/2 so lang wie das Früchtchen, gerade bis gebogen; Blüten gelb **R. polyanthemoides**
22* Spreite der Grundblätter 3-teilig; Mittelabschnitt 3-lappig bis 3-spaltig, Seitenabschnitt 2-spaltig, sich nicht deckend; Fruchtschnabel 1/3–1/2 so lang wie das Früchtchen, eingerollt; Blüten hellgelb **R. nemorosus**
18* Blütenstiele nicht gefurcht
23 Früchtchen 4–8, stachelig; Blüten hellgelb, 4–10 mm Ø **R. arvensis**

23* Früchtchen zahlreich, nicht stachelig; Blüten gold- od. dottergelb, meist größer
24 Früchtchen behaart **_R. auricomus_** agg.
24* Früchtchen kahl
25 Stängel, Blütenstiele u. Blätter angedrückt bis aufrecht abstehend behaart; Blätter mit lineal lanzettl. Zipfeln; Blüten goldgelb; Früchtchen mit fast geradem Schnabel **_R. acris_**
25* Stängel, Blütenstiele u. Blätter von waagerecht abstehenden Haaren rau; untere Blätter mit vorn kerbig eingeschnittenen, breit herzförmigen Zipfeln; Blüten dottergelb; Schnabel der Früchtchen lang, hakenförmig **_R. lanuginosus_**

R. acris L., **Scharfer H.***
Butterblume
[*R. acer* L.]. 30–100 cm. 5–9. ♃. Frisch- u. Feuchtwiesen, Weiden, Wegränder, h bis ins obere Bergland. K Mol.-Arrh.; eurosib. Früher Off.

1 Rhizom kurz, bis 1 cm lang, senkrecht od. schräg; Grundblätter rosettig, ihre Spreite bis zum Grund geteilt, Abschnitte ebenfalls tief geteilt; Blattzipfel schmal linealisch bis lineal lanzettl., spreizend u. sich überlappend; Nüsschenschnabel gekrümmt. Verbreitung usw. wie Art. **subsp. _acris_**
1* Rhizom 3–10 cm lang, horizontal bis schräg; Grundblätter meist nicht rosettig, ihre Spreite fast bis zum Grund geteilt, Abschnitte höchstens bis zu 2/3 geteilt u. dicht kerbig gesägt; Blattzipfel eiförmig bis längl., nicht spreizend u. sich nicht od. unbedeutend überdeckend; Nüsschenschnabel stark gekrümmt, fast eingerollt. 50–120 cm. Frischwiesen, Parks, eingeschleppt, s, z. B. ERW: Oberzwota; LLA: Naundorf; MLH: Nossen. NU. [*R. acris* subsp. *stevenii* auct.]. **subsp. _friesianus_** (JORD.) SYME

R. aquatilis L., **Gewöhnlicher W.***
[*Batrachium aquatile* (L.) DUMORT.]. 10–200 cm lang. 5–9. ♃, selten ①. Stehende u. (selten) fließende, nährstoffreiche Gewässer (Teiche, Tümpel, Gräben), s bis z bis ins Bergland. ↘ O Potam.; euras, fast Kosmopolit. Die Art ist seltener als *R. peltatus*.

R. arvensis L., **Acker-H.***
Kelchblätter den Honigblättern leicht anliegend; untere Blätter meist 3-teilig, obere 3-zähnig mit 3-spaltigen od. 3-teiligen Blättchen; Stängel u. Blütenstiele meist behaart. 20–50 cm. 5–7. ⊙, ①. Nährstoffreiche, lehmig-tonige Äcker, s u. vom Aussterben bedroht: EET, ERB, ERO, MHL, OLH; früher mäßig h EHL, LLA, OLH, VGT. A. ↘ V Caucal., V Aph.; med-orient.

R. auricomus agg., Artengruppe **Gold-H., Goldschopf-H.***
Außerordentlich vielgestaltige apomiktische Sammelgruppe; vgl. Schlüssel S. 157.

R. bulbosus L., **Knolliger H.***
Früchtchen mit gekrümmtem Schnabel, glatt; Honigblätter goldgelb. 10–30 cm. 5–7. ♃. Trockene, magere Frischwiesen u. -weiden, Halbtrockenrasen, Parkrasen, mäßig h bis z im Tief- u. Hügelland, im Bergland s, fehlt ERM. O Arrh., V Brom., V Cirs.-Brach.; europ-nem+kont. Früher Off.

R. circinatus SIBTH., **Spreizender W.**
[*R. divaricatus* auct., *Batrachium circinatum* (SIBTH.) SPACH]. Blättchen 1–2 cm lang, viel kürzer als die Stängelglieder, dunkelgrün; Schwimmblätter fehlen; Blattscheide sehr kurz, schwach geöhrt, borstl. behaart; Honigblätter 5–9 mm lang; Staubblätter länger als die Stempel; Blütenboden u. Früchtchen borstig. 30–100 cm lang. 6–8. ♃. Stehende u. langsam fließende, nährstoffreiche Gewässer, z im Tief- u. Hügelland; s ERZ, ESG; früher s EHL, VGT. ↘ O Potam.; euras-nem.

R. flammula L., **Brennender H.***
Honigblätter hellgelb; untere Blätter elliptisch, gestielt, obere lanzettl., sitzend. 10–50 cm. 5–9. ♃. Nährstoffarme Feuchtwiesen, Quellen, Gräben, Erlen-Bruchwälder, Flutrasen, auf vegetationsarmen, zeitweise überschwemmten Böden, z bis mäßig h, doch stellenweise s (westl. Leipzig, Lommatzscher Pflege, ELH). V Car. nig., V Magnocar., V Calth., V Aln., V Potent. ans.; euras-nem.

R. fluitans LAM., **Flutender W.***
[*Batrachium fluitans* (LAM.) WIMM.]. Blattscheiden der oberen Blätter groß. 1–6 m lang. 6–8. ♃. Schnell fließende, mäßig nährstoffreiche bis nährstoffreiche Gewässer, z bis ins Bergland. V Ran. fluit.; submed+subatl.

R. illyricus L., **Illyrischer H.**
Wurzelfasern größtenteils knollig verdickt; untere Blätter meist 3-zählig, mit ungeteilten od. tief 3-teiligen Blättchen u. schmal lanzettl., ganzrandigen Zipfeln; Blütenboden walzl.; Früchtchen lang geschnäbelt; Honigblätter goldgelb. 30–50 cm. 5–6. ♃. Trockene Wiesen auf Elbdämmen, s EET: Alte Elbe Kathewitz; früher s ELH: Kötzschenbroda, Serkowitz. V Arrh.; illyr-balc.

R. lanuginosus L., **Wolliger H.***
40–70 cm. 5–7. ♃. Auen- u. Schluchtwälder, Hainbuchen-Eichenwälder, z bis mäßig h vom Tiefland bis ins obere Bergland, doch s OLT, VGT: Bösenbrunn, Schönfels, Magwitz; fehlt EET. O Fag.; europ-nem.

R. lingua L., **Zungen-H.***
Blätter lineal lanzettl., zugespitzt; Früchtchen mit einem breiten, sichelförmig gekrümmten Schnabel; Blüten goldgelb. 60–150 cm. 6–8. ♃. Röhrichte,

Großseggenriede, s EET, ELH, GHP, LLA, OLH; zuweilen ausgepflanzt od. aus Gartenteichen verwildert. ↘ V Phragm., V Magnocar.; eurosib. ∇

R. nemorosus DC., **Hain-H.**

[*R. polyanthemos* subsp. *n.* (DC.) SCHÜBL. et MARTENS, *R. breyninus* auct. non CRANTZ]. Stängel aufrecht, in den Achseln der Stängelblätter bilden sich keine Rosetten. 20–80 cm. 5–7. ♃. Borstgras-Magerrasen, Edellaubwälder, Waldsäume, mäßig h VGT; z ERW; sonst s. V Til.-Acer., V Arrh., V Pol.-Tris., O Nard., V Mol.; subatl+pralp.

R. peltatus SCHRANK, **Schild-W.**

20–200 cm lang. 5–8. ⊙, ♃. Stehende u. (selten) langsam fließende, mäßig nährstoffreiche bis nährstoffreiche Gewässer, mäßig h ERO, OL; sonst z im gesamten Gebiet (im Gebiet die häufigste W.-Art). O Potam.; submed+subatl.

Im Gebiet nur ***subsp. peltatus.***

R. penicillatus (DUMORT.) BAB., **Pinselblättriger W.**

1–6 m lang. 5–7. ⊙, ♃. Fließende, nährstoffreiche Gewässer, z im Tiefland, sonst s. V Ran. fluit.; submed+subatl.

Die Verbreitung der Unterarten ist noch unklar.

1 Schwimmblätter im Allgemeinen vorhanden; ausgewachsene Tauchblätter im mittleren Stängelbereich 10–20 cm lang, länger als die Stängelglieder, fein u. außerhalb des Wassers zusammenfallend; Honigblätter 5 mm bis über 10 mm lang; Nektargrube birnförmig; meist in oligotrophen Gewässern. **subsp. *penicillatus***

1* Schwimmblätter stets fehlend; ausgewachsene Tauchblätter 8–15 cm lang, höchstens so lang wie die Stängelglieder u. zieml. steif; Honigblätter 5 mm bis höchstens 7 mm lang; Nektargrube birnförmig, halbmondförmig od. irregulär; meist in eutrophen Gewässern. **subsp. *pseudofluitans*** (SYME) S. D. WEBSTER

R. platanifolius L., **Platanenblättriger H., Platanen-H.***

Stängel ästig, reichblütig; Blätter handförmig, 3–7-teilig, nicht bis zum Spreitengrund geteilt, Mittellappen mit den Seitenlappen breit verbunden; Blütenstiele kahl; Früchtchen kahl, aderig runzlig, mit hakenförmigem Schnabel. 50–120 cm. 5–7. ♃. Hochstaudenfluren, Schluchtwälder, mäßig h ERZ; s VGT: im westl. Teil. ↘ V Aden., V Aln.-Ulm.; alp-subalp. Kühlzeitzeuge.

R. polyanthemoides BOREAU, **Polyanthemosähnlicher H.**

[*R. polyanthemos* p. p.]. 40–100 cm. 5–7. ♃. Halbtrockenrasen, Wiesen, Gebüsche; im Gebiet zu erwarten (in Thüringen vorkommend).

Im Gebiet zu erwarten (ebenfalls Vorkommen in Thüringen) ist auch: ***R. serpens*** SCHRANK, **Wurzelnder H.,** Stängel schief aufrecht, später niederliegend, in den Laubblattachseln später Rosetten treibend, die sich bewurzeln; Blattspreite tief 3-teilig mit wenig zerteilten Abschnitten; Blüten (frisch) goldgelb-orange.

R. polyanthemophyllus W. KOCH et H. HESS, **Schlitzblättriger H.**
[*R. polyanthemos* subsp. *p.* (W. KOCH et H. HESS) BALTISBERGER]. 40–100 cm. 5–7. ♃. Schwach saure bis leicht basische Wiesen, Waldränder, wahrscheinlich s im Tiefland (z. B. LLA: Leipzig), s im Hügel- u. Bergland, z. B. ERO: Oelsen; OLH: Dehsa bei Löbau, Stausee Karlsdorf. Verbreitung unvollständig bekannt. V Pol.-Tris., V Arrh., V Mol.

R. polyanthemos L., **Vielblütiger H.**
[*R. polyanthemos* subsp. *p.*]. 30–100 cm. 5–6. ♃. Wechselfeuchte Wiesen, Magerrasen, wärmeliebende Laubwälder, z ERO, OLB, OLH; s EET, ESG, GHP, LLA; früher s DDH. ↘ V Til.-Acer., V Arrh., V Pol.-Tris., O Nard., V Querc. rob.; sarmat-südsib.

R. repens L., **Kriechender H.***
Schnabel der Früchtchen kurz, zieml. gerade, fein eingestochen punktiert; Honigblätter goldgelb. 20–45 cm. 5–8. ♃. Feuchte, lehmig-tonige, auch periodisch überschwemmte Standorte, Äcker, Gärten, Wiesen, Gräben, Ufer, Gebüsche, Wälder, Brachen, h im gesamten Gebiet. K Stell. med., K Bid., K Mol.-Arrh., V Potent. ans., K Salic. alb. u. a.; euras.

R. reptans L., **Ufer-H.**
[*R. flammula* L. subsp. *reptans* (L.) SYME]. 5–30 cm. 6–8. ♃. Kiesig-sandige Ufer nährstoffarmer Gewässer. Wahrscheinlich beruhen alle Angaben aus Sachsen auf Verwechslungen mit *R. flammula*.

R. sardous CRANTZ, ***Rauer H., Sardinischer H.***
Früchtchen mit geradem Schnabel, oft am Rand mit Höckerchen. 10–40 cm. 5–8. ⊙. Lehmige Äcker, feuchte Ruderalstellen, z im Tief- u. Hügelland, s ERB: Chemnitz, Werdau; früher s ERO. A. ↘ O Aper., V Sis.; submed.

R. sceleratus L., **Gift-H.***
Früchtchen sehr zahlreich, klein; Blätter etwas fleischig, untere 3-teilig, mit rundl. eiförmigen od. verkehrt eiförmigen, vorn eingeschnittenen Zipfeln, obere 3-zählig, mit lineal keilförmigen Blättchen; Stängel hohl, ästig. 10–60 cm. 6–10. ⊙, ①. Nährstoffreicher Schlamm am Ufer von Gewässern, nasse Äcker u. Ruderalfluren, h im Tief- u. mäßig h im Hügelland, s im Bergland. V Bid.; euras-kont. Früher Off.

R. trichophyllus CHAIX, **Haarblättriger W., Schlaffer W.***
10–200 cm. 5–8. ♃. Fließende u. stehende, mäßig nährstoffreiche bis nährstoffreiche Gewässer, mäßig h LLA, OL; sonst z im Tief- u. Hügelland, s im Bergland, fehlt ERO, ESG. O Potam.; euras-nem.

Im Gebiet nur **subsp. *trichophyllus*** [*R. flaccidus* PERS.].

Häufige Zierpflanze: ***R. asiaticus*** L., **Garten-Ranunkel,** mit großen, oft gefüllten, verschiedenfarbigen Blüten.

Ranunculus auricomus agg., Artengruppe **Goldschopf-Hahnenfuß (G.-H.)**

Die Goldschopf-Hahnenfüße sind in Sachsen noch nicht eingehend bearbeitet. Deshalb sind auch Arten verschlüsselt worden, die bereits im angrenzenden Franken u. Thüringen nachgewiesen wurden od. leicht zu Verwechslungen Anlass geben.
Entscheidend für die Bestimmung ist die gesamte Blattfolge. Die Blätter werden von außen nach innen durchgezählt. Die Angaben der Blattfolge beziehen sich auf diese Reihenfolge. Dabei sind die Frühlingsblätter (1–2) u. die Blätter zur Fruchtzeit (6–7) zumeist am wenigsten ausdifferenziert. Deshalb sind im Regelfall bei den Blattmerkmalen die Blühzeitblätter (3–5) gemeint, andernfalls wird darauf hingewiesen. Es sind stets mehrere Pflanzen zu untersuchen, da die Merkmale am einzelnen Blatt auch untypisch ausgeprägt sein können. Im Allgemeinen wurden die Merkmale der Stängelblätter, der Torusform u. -behaarung (Torus = Fruchtboden mit Fruchtträgern) nicht in den Bestimmungsschlüssel aufgenommen. Diese sind bei einzelnen Arten unterschiedlich stabil u. bis auf Ausnahmen nur als zusätzl. Information taugl. Es ist davon auszugehen, dass eine Vielzahl von Arten noch nicht beschrieben ist. Deutl. Abweichungen im Blattzyklus od. stabile Ausbildungen abweichender Merkmale bei Torus u. Stängelblatt innerhalb zumindest einer Population sind Hinweise auf die Eigenständigkeit einer Sippe. So sind einige hier angeführte Arten eigentlich Artenkomplexe, z. B. *R. puberulus* u. *R. pseudopimus*. Bei einem Teil der Belege, die zwischen 2 Arten vermitteln, ist das Ausgangsmaterial für eine Neubeschreibung nicht ausreichend, sie werden dennoch im Text erwähnt. Für die meisten Sippen sind keine aktuellen Aufsammlungen vorhanden, so dass auf alte Belege zurückgegriffen werden muss. Aus diesem Grund werden auch keine Häufigkeitsangaben gemacht. Standortangaben beziehen sich auf die sächsischen Funde. Die pflanzensoziologische Diagnose wird aus mangelndem Kenntnisstand heraus unterlassen. Alle Arten: (20–)30–60 cm. 4–5. ♃. ↘

1 Pflanze am Grund mit meist 2–4 blattlosen Scheiden; Früchtchen 4 mm lang **_R. megacarpus_**
1* Pflanze am Grund mit (0–)1(–2) blattlosen Scheiden; Früchtchen < 4 mm lang
2 Mittelabschnitt der Blühzeitblätter zumindest kurz, z. T. aber auch lang gestielt
3 Wenigstens an 3 Grundblättern Basalbucht durch Seitenlappen verdeckt
4 Mittelabschnitt von Blatt 4 etwa 3 mm lang gestielt; Zähne der Blattabschnitte, besonders der frühen Blätter, breit abgerundet; Mittelabschnitte der Blätter 1–3 stark von den Seitenabschnitten überdeckt **_R. abstrusus_**
4* Mittelabschnitte deutl. < 3 mm lang gestielt; Zähne der Blattabschnitte nur etwas abgerundet bis schwach zugespitzt; Mittelabschnitte der Blätter 1–3 nur schwach od. nicht von den Seitenabschnitten überdeckt
5 Blätter 5–7 nur schwach bis angedeutet 3-teilig; Blattzähne kurz u. rundl.; Umriss dieser Blätter stark unregelmäßig *(Abb. 157/1)* **_R. irregularis_**
5* Blätter 3–5-teilig, Blätter 6 u. 7 deutl. 3-teilig; Blattzähne länger, stumpf bis zugespitzt, Blattrand relativ scharf gesägt; Blattumriss regelmäßig **_R. opimus_**
3* Basalbucht frei od. höchstens bei einem Grundblatt durch Seitenlappen verdeckt
6 Seitenabschnitte mit je einem tiefen Einschnitt, selten bei einem Blatt noch mit weiterem fast bis zur Blattmitte reichenden Einschnitt

157/1: Blattfolge von außen (links) nach innen (rechts)
(Entsprechend bei den folgenden Abbildungen bis einschließl. Abb. *164/3.*).

158/1

158/2

7 Basalbucht offen, meist nahezu flach; nur Blatt (2) 3 u. 4 5-teilig, Blatt 1, 2 u. 5 nur 3-teilig, Spätblätter schwach 3-lappig bis ungeteilt

8 Mittellappen des 3. Blattes von Seitenlappen z. T. stark verdeckt u. schwach u. unauffällig gezähnt

9 Blatt 5 mit schmal deltoiden Mittelabschnitt u. sehr weiter Basalbucht *(Abb. 158/1)* ***R. lucorum***

9* Blatt 5 mit sehr breit deltoiden Mittelabschnitt, der von Seitenabschnitten überlappt wird, u. Basalbucht deutl. enger *(Abb. 158/2)* ***R. mamillatus***

8* Mittelabschnitt des 3. Blattes nicht verdeckt, sondern lückig zu den Seitenlappen, auffällig lang u. gleichmäßig gezähnt ***R. similis***

7* Blattmerkmale anders

10 Basalbucht der Blätter 3–6 geschlossen od. bis 120° (maximal 1 Blatt bis 140°)

11 Mittelabschnitte der Blätter 4 u./od. 5 von den Teilungsabschnitten nicht od. nur zum Teil verdeckt

12 Mittelabschnitt von Blatt 4 sehr schmal bis schmal deltoid; Blatt 4, oft auch Blatt 5 lückig, ihre Basalbucht offen; Seitenzähne der Blattlappen undeutl. bis unregelmäßig u. unauffällig *(Abb. 158/3)* ***R. haasii***

12* Mittelabschnitt von Blatt 4 deltoid bis breit deltoid; Blatt 4 u. 5 mit sich fast bis deutl. deckenden Mittel- u. Seitenabschnitten; Basalbucht von Blatt 4 geschlossen, Seitenabschnitte sich meist überlappend; Seitenzähne der Blattlappen deutl. *(Abb. 158/4)* ***R. roessleri***

11* Mittelabschnitte der Blätter 4 u./od. 5 von den Teilungsabschnitten stark bis sehr stark verdeckt

13 Deltoider Mittelabschnitt mit 3 großen, zugespitzten Zähnen, Blatt 6 gelegentl. nur 1 Zahn; Mittelabschnitt von Blatt 4 zuweilen sehr schmal deltoid, mit kurzen Zähnen an der Spitze; Basalbucht geschlossen od. bis 140° geöffnet *(Abb. 159/1)* ***R. ambranus***

158/3

158/4

159/1

159/2

13* Zähne der deltoiden Mittelabschnitte nicht auffällig spitz, meist abgerundet od. vereinzelt spitz
14 Blattzähne kaum hervortretend; Blatt 5 oft mit bis 2,5 cm lang gestielten Blattabschnitten ***R. aemulans***
14* Blattzähne unregelmäßig, doch deutl.; Blattabschnitte nur kurz gestielt
15 Mittelabschnitte der Blätter 3–5 mit bis 12 mm langen stumpfl. Zähnen; Zähne sonst kurz, meist stumpfl., selten spitz, nahezu symmetrisch ***R. rotundatus***
15* Mittelabschnitte der Blätter 3–5 meist mit kürzeren, nur selten bis 10 mm langen Zähnen; Zähne sonst sehr ungleich, neben groben u. großen auch kleine Zähne
16 Blatt 4 u./od. 5 z. T. fußförmig, lückig; Mittellappen Blatt 5 bis 4 mm lang gestielt ***R. lipsiensis***
16* Blatt 4 u./od. 5 nicht fußförmig u. lückig; Mittellappen Blatt 5 sehr kurz gestielt *(Abb. 159/2)* ***R. vertumnalis***
10* Basalbucht der Blätter 3–6 offen, 140–210° (maximal 1 Blatt nur 120°)
17 Basalbucht aller Blätter sehr flach, 180–210°; Blattzähnung unregelmäßig, meist nur an der Spitze mit kleinen spitzen Zähnen, diese selten bis 6 mm lang; Blattabschnitte nur sehr kurz gestielt *(Abb. 159/3)* ***R. varicus***
17* Basalbucht aller Blätter flach, 150–180°, manchmal an einem Blatt nur 120° (sehr selten bei Blatt 5 noch enger)
18 Blattzähnung grob, Zähne 7–12 mm lang; Blatt 4 z. T. mit lang gestieltem Mittelabschnitt; Seitenabschnitte der Blätter 2–5 tief geteilt, von Blatt 2–6 mehrfach geteilt ***R. borchers-kolbiae***
18* Blattzähnung schwach, klein u. meist auf den vordersten Teil beschränkt; Blatt-Mittelabschnitte nur kurz gestielt; Seitenabschnitte nur von Blatt 4 (selten 5) tief u. nur einfach geteilt; Basalbucht von Blatt 5 manchmal eng *(Abb. 159/4)* ***R. rectus***
6* Seitenabschnitte mit 2–3 tiefen Einschnitten
19 Basalbucht der Grundblätter sehr eng bis eng, maximal 40°

159/3

159/4

160/1

160/2

20 Mittelabschnitt von Blatt 2–5 u. Teilungsabschnitte von Blatt 3–4 meist mit 5–9 mm langen Stiel, Mittelabschnitt von Blatt 5 meist länger, bis 45 mm gestielt; Stängelblätter sehr grob gezähnt u. breit ***R. mosbachensis***

20* Abschnitte der Blätter deutl. kürzer gestielt (selten bis 12 mm); Stängelblätter schmaler u. nicht auffällig gezähnt

21 Mittelabschnitte mit deutl. verlängerten Mittelzipfel, tief geteilt

22 Basalbucht aller Blätter sehr eng; Zipfel des Mittelabschnitts relativ kurz, maximal 12 mm lang; seitl. Zähne an den Zipfeln bestenfalls in Ansätzen vorhanden; Mittelabschnitt von Blatt 5 manchmal bis 12 mm gestielt ***R. bayerae***

22* Basalbucht bei Blatt 1–4 sehr eng, z. T. überlappend, bei Blatt 5 u. 6 weiter; Zipfel des Mittelabschnitts länger, bis 20 mm, in seinem Spitzenbereich beidseits je 1 deutl.Zähnchen; Mittelabschnitte nie lang gestielt *(Abb. 160/1)* ***R. argoviensis***

21* Mittelabschnitte 3-spaltig, Mittelzipfel kaum vergrößert — Seitenabschnitte unregelmäßig gezähnt bis gelappt

23 Blattrand mit länger zugespitzten Zähnen ***R. roessleri***

23* Blattrand mit stumpfen bis kurz zugespitzten Zähnen

24 Seitenabschnitte von Blatt 3 u. 4 den Mittelabschnitt zumeist überlappend, nicht lückig, mit nur 1 tiefen Einschnitt u. abgerundeten Zähnen *(Abb. 160/2)* ***R. pseudopimus***

24* Seitenabschnitte von Blatt 3 u. 4 den Mittelabschnitt nicht überlappend, lückig stehend u. mit 2–3 tiefen Einschnitten, ihre Blattzähne spitz u. lang *(Abb. 160/3)* ***R. gabrielae***

19* Basalbucht der Grundblätter weiter, 40°–140°

25 Mittelabschnitt der Blätter rhombisch, Abschnitte insgesamt wenig zerteilt u. unauffällig kurz u. rundl. gezähnt; Teilungsabschnitte von Blatt 4 überdecken Mittelabschnitt zu großen Teilen ***R. aemulans***

160/3

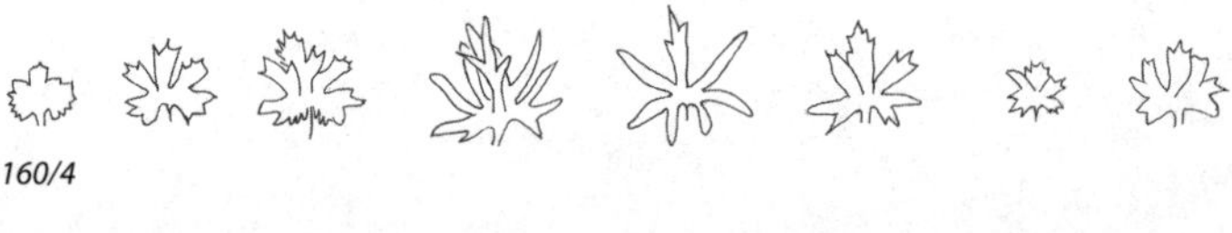

160/4

161/1

161/2

25* Mittelabschnitte der Blätter lanzettl. bis deltoid; Abschnitte stark zerteilt
26 Mittelabschnitte der Blätter schmal lanzettl., mit wenigen unregelmäßig angeordneten Zähnen; Blattspreite deutl. fußförmig *(Abb. 160/4)* ***R. dactylophyllus***
26* Mittelabschnitte der Blätter schmal bis breit deltoid
27 Seitenabschnitte in 2–3 bis fast zum Spreitengrund reichende Abschnitte geteilt
28 Mittel- u. Teilungsabschnitte deltoid bis breit deltoid, sich besonders am Mittelabschnitt etwas überdeckend, mit einzelnen bis 18 mm langen Zipfeln; Blatt ausgesprochen lückig *(Abb. 161/1)* ***R. leptomeris***
28* Mittel- u. Teilungsabschnitte breit deltoid, sich stark überlappend; Zähnung ungleich; Blatt etwas lückig ***R. multisectus***
27* Seitenabschnitte mit nur 1 sehr tief geteilten Abschnitt
29 Basalbucht eng bis geschlossen, nur selten > 60°
30 Seitenabschnitte beim am stärksten zerteilten Blatt sich im Bereich der Basalbucht u. z. T. mit Mittelabschnitt deckend; Seitenrand der Blätter stark gezähnt ***R. roessleri***
30* Seitenabschnitte sich mit Mittelabschnitt, aber nicht an der Basalbucht deckend; Seitenrand der Blätter unauffällig ***R. alsaticus***
29* Basalbucht offen, meist > 60°
31 Mittelabschnitt des Endblattes nicht turmartig vergrößert; Blattzähnung nicht auffällig u. unterschiedl. ***R. alsaticus***
31* Mittelabschnitt des Endblattes stark turmartig vergrößert; Blattrand der Blätter 4–7 fein u. meist scharf gezähnt, derjenige der Blätter 1–3 grob u. unregelmäßig gezähnt *(Abb. 161/2)* ***R. turritus***
32 Blätter stumpf gezähnt; Mittelzipfel des Mittelabschnitts bis 12 mm lang, seitl. Zähne ½ so lang wie dieser u. mit kurzen Zähnchen od. Zahnansatz; Mittelabschnitt bei Blatt 4 auch sehr schmal deltoid u. dann nur mit Mittelzipfel u. seitl. Zähnchen im Spitzenbereich ***R. ambranus***
32* Blattspreite am Rand mit deutl. spitzen unterschiedl. langen Zähnen
33 Mittelabschnitt von Blatt 4 deltoid u. tief 3-teilig, von Blatt 5 schmal deltoid u. ungeteilt ***R. suevicus***
33* Mittelabschnitt der Blätter deltoid u. höchsten bis zur Hälfte eingeschnitten
34 Blattfolge recht einheitl. *(Abb. 161/3)* ***R. hevellus***

161/3

162/1

162/2

34* Früh- u. Spätblätter von Blühzeitblättern unterschieden **R. variosquameus**
2* Mittelabschnitt bei keinem Blatt gestielt
35 Mindestens 1 Blatt deutl. fuß- od. handförmig; Blattzipfel schmal eilanzettl. bis schmal deltoid; Blattspreite sehr lückig
36 Blätter 3 u. 5 wenig geteilt, Einschnitte höchstens bis zur Mitte *(Abb. 162/1)* **R. integerrimus**
36* Blätter 3 u. 5 stark zerteilt
37 Blatt 4 handförmig
38 Nur Blatt 4 handförmig 5-teilig, Blätter 3 u. 5 tief 3-zipfelig od. 3-teilig **R. recticaulis**
38* Blatt 3 u. 5 auch handförmig od. mindestens 3–5-teilig
39 Nur Blatt 4 deutl. handförmig, Blatt 3 u. 5 nur 3–5-teilig **R. haasii**
39* Blatt 3 u. 4 deutl. handförmig, bei Blatt 5 durch breitere Abschnitte nur undeutl. handförmig *(Abb. 162/2)* **R. palmularis**
37* Blatt 4 deutl. fußförmig
40 Alle Blätter mit ausgeprochen weiter Basalbucht (nahezu 180°) *(Abb.162/3)* **R. basitruncatus**
40* Höchstens 3 Blätter mit weiter Basalbucht
41 Seitenabschnitte der Blühzeitblätter (4–5) mit mindestens 2, meist mehr tiefen Einschnitten *(Abb. 162/4)* **R. phragmiteti**
41* Seitenabschnitte der Blühzeitblätter (4–5) mit maximal 2 tiefen Einschnitten
42 Mittelabschnitt der Blühzeitblätter (4–5) 3-lappig; fast alle Teilungsabschnitte mit recht breiten, doch zugespitzen Zähnen **R. walo-kochii**
42* Mittelabschnitt der Blühzeitblätter (4–5) mit großen End- u. 2 deutl. kürzeren Seitenzähnen
43 Basalbucht von Blatt 4 sehr weit, Blattmittelabschnitt sich zumeist mit Seitenabschnitten deckend *(Abb. 163/1)* **R. indecorus**

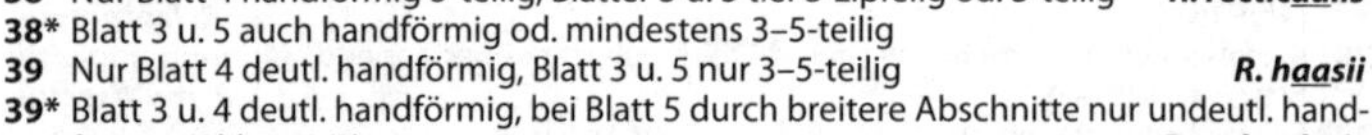

162/3

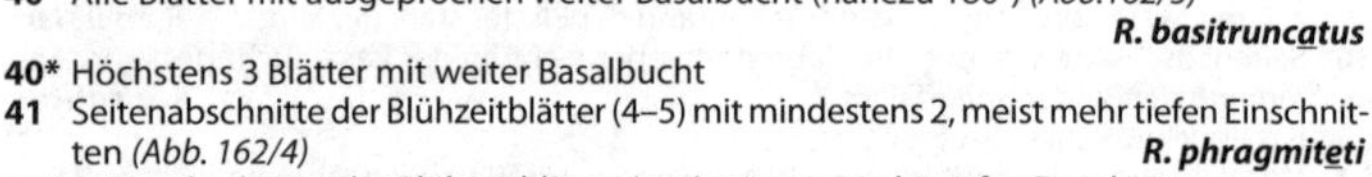

162/4

163/1

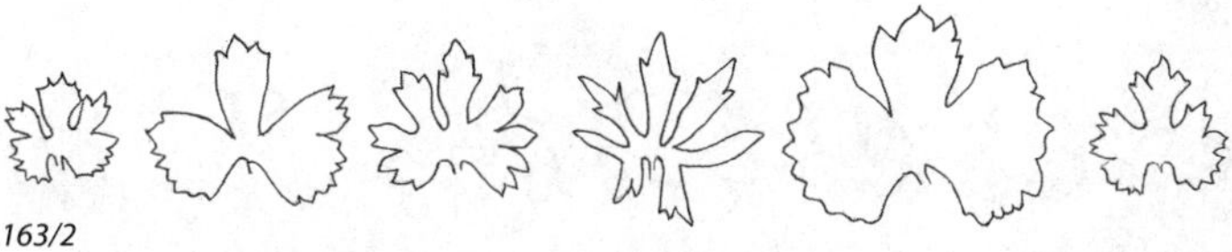

163/2

43* Basalbucht von Blatt 4 eng bis sehr eng, Blattmittelanschnitt sich mit Seitenabschnitten nicht deckend, sehr lückig u. fußförmig *(Abb. 163/2)* ***R. turritiformis***
35* Blattfolge anders, stark lückige Blätter nie hand- od. fußförmig
44 Blätter 2–4 mit 3-teiliger Spreite, maximal 1 Blatt (meist 5) durch weiteren tiefen Einschnitt 5-teilig
45 Mittelabschnitt der Blätter zum Blattgrund kaum verjüngt u. bei den Blättern 2–4 nicht tiefer als $1/3$ der Blattspreite eingeschnitten; Blattzähnung scharf u. deutl. *(Abb. 163/3)* ***R. danubius***
45* Mittelabschnitt der Blattspreite schmal bis breit deltoid; mindesten bei 1 Blatt Hauptabschnitt bis nahezu zum Grund geteilt
46 Basalbucht der Blattspreite weit (90–180°) *(Abb. 163/4)* ***R. pseudaemulans***
46* Basalbucht eng (10–90°)
47 Pflanzen in der Regel stark behaart; Blätter 5–7 fein gezähnelt ***R. puberulus***
47* Pflanzen nie stark behaart; Blätter 5–7 grob u. unregelmäßig gezähnt
48 Blatt 3 sehr lückig, mit schmalen oberen Teilungsabschnitten der Seitenabschnitte u. des Mittelabschnitts, unterer seitl. Teilungsabschnitt dieses Blattes breit beilförmig u. scharf unregelmäßig gezähnt *(Abb. 163/5)* ***R. securis***

163/3

163/4

163/5

164/1

164/2

164/3

48* Blatt 3 nicht lückig, Teilungsabschnitte dieses Blattes breit deltoid ***R. biformis***
44* Blätter 2–4 mit meist 5-teiliger Spreite (Seitenabschnitte deutl. tief geteilt)
49 Mittelabschnitt meist kurz gestielt, Spreitengrund mit kurzen, zugespitzten Zähnen, Basalbucht variabel ***R. roessleri***
49* Mittelabschnitt meist nicht gestielt; Basalbucht nicht variabel, eng od. weit
50 Basalbucht eng, < 80°
51 Tiefster Einschnitt der Seitenabschnitte fast bis zum Grund reichend, weitere Abschnitte bis über Mitte eingeschnitten
52 Blätter 4 u. 5 mit groben, spitzen Zähnen, Seitenzähne der Mittelabschnitte weit herabreichend ***R. pseudovertumnalis***
52* Blätter mit abgerundeten Zähnen, Mittelabschnitte nicht auffällig gezähnt *(Abb. 164/1)* ***R. rotundatus***
51* Tiefster Einschnitt der Seitenabschnitte nur etwas über die Mitte reichend, weitere Abschnitte bis maximal zur Mitte eingeschnitten
53 Blätter mit vielen kurzen Zähnen; Mittelabschnitte oft fein gezähnt ***R. transiens***
53* Blätter grob gezähnt, weniger Zähne; Mittelabschnitt seitl. nicht gezähnt *(Abb. 164/2)* ***R. stricticaulis***
52* Basalbucht weit, meist deutl. > 80°
54 Blühzeitblätter (4–5) ausgeprägt fußförmig u. stark geteilt
55 Mittelabschnitt mit 3 fast gleich langen (–12 mm) Zipfeln ***R. walo-kochii***
55* Zipfel der Mittelabschnitte deutl. ungleich groß, Mittelzipfel bis knapp 10 mm, Seitenzipfel maximal 5 mm ***R. indecorus***
54* Blühzeitblätter (4–5) nicht ausgeprägt fußförmig u. maximal 5-teilig
56 Blätter sehr ungleich gezähnt; Basalbucht Blätter 5–7 < 60° ***R. vertumnalis***
56* Blätter recht regelmäßig gezähnt; Basalbucht Blätter 5–7 > 90° *(Abb. 164/3)* ***R. nicklesii***

R. abstrusus O. Schwarz, **Sonderbarer G.-H.**
LLA: Delitzsch: Spröda.

R. alsaticus W. KOCH, **Elsässer G.-H.**
LLA: Frohburg: Greifenhain; in angenäherter Form: DDH: Lossa; LLA: Altengroitzsch, Eilenburg: Kämmereiforst, Gordemitz.

R. ambranus HÖRANDL et GUTERMANN, **Pontischer G.-H.**
Stängelblätter schmal. Auwälder, DDH: Dahlen; LLA: Leipzig.

R. argoviensis W. KOCH, **Aargauer G.-H.**
Blätter auffällig stark zerteilt, nicht lückig, Basalbucht meist geschlossen; besonders die Frühblätter oftmals einfacher; Stängelblätter schmal; Torus kahl. Hecken, Wiesen, ERW: Schöneck; LLA: Leipzig; OLH: Wittgendorf bei Zittau; OLT: Eutrich, Laske.

R. basitruncatus BORCH.-KOLB, **Gestutzter G.-H.**
Stängelblätter schmal; Torus dicht behaart. Wiesen, früher OLB: Ottendorf bei Neustadt/Sa.

R. bayerae BORCH.-KOLB, **Bayer-G.-H.**
In angenäherter Form: MLH: Polenz.

R. biformis W. KOCH, **Zweigestaltiger G.-H.**
In angenäherter Form: LLA: Bad Lausick, Schkeuditz; ERM: Hammerunterwiesenthal.

R. borchers-kolbiae ERICSSON, **Gestielter G.-H.**
[*R. petiolatus* BORCH.-KOLB]. Stängelblätter sehr schmal, kaum gezähnt; Torus kahl. Feuchte Eichenwälder, LLA: Liebertwolkwitz.

R. dactylophyllus BORCH.-KOLB, **Fingerblättriger G.-H.**
Oftmals nur 1 od. 2 Grundblätter kümmerl. ausgebildet; Stängelblätter sehr schmal; Torus dicht behaart. Nasswiesen. VGT: Landesgemeinde, Schöneck, Wernitzgrün; früher ERO: Kalkbruch Oederan; OLH: Großharthau, Kalkbrüche Emmerichswalde, Deutsch-Ossig bei Görlitz; OLT: Altliebel, Oberneundorf b. Görlitz. In angenäherter Form bei Dretschen (OLH). Eine zu *R. indecorus* vermittelnde Form in Weißwasser (OLT).

R. danubius BORCH.-KOLB, **Donau-G.-H.**
Blätter auffällig scharf gezähnt; Stängelblätter schmal; Torus dicht behaart, oft nur ein kleiner Höcker ausgebildet. Parkrasen, LLA: Leipzig.

R. gabrielae nom. prov., **Anmutiger G.-H.**
Blüten sehr groß; Stängelblätter schmal; Torus dicht behaart, oft nur ein kleiner Höcker ausgebildet. Parkrasen, LLA: Leipzig.

R. haasii SOÓ, **Haas-G.-H.**
Stängelblätter sehr schmal; Torus dicht behaart. Auenwälder, Frisch- u. Feuchtwiesen, Äcker; früher OLH: Göda; früher OLT: Neißeaue Muskau, Oehlisch. In angenäherter Form aktuell VGT: Adorf.

R. hevellus (HÜLSEN) O. SCHWARZ, **Heveller G.-H.**
3. Teilungsabschnitt der Blühzeitblätter z. T. fast bis zum Grund geteilt; Stängelblätter schmal; Torus dicht behaart. Feuchtwiesen, Waldsümpfe, Parkrasen, LLA: Leipzig: im Oberholz, Taucha, Pleißig; OLH: Reichenbach, Frankenthal; OLT: Altliebel, früher Mücka, Schmeckwitz, Königswartha; in angenäherter Form (gröbere Frühblattzähnung) OLT: Zodel.

Ähnl. ist ***R. franconicus*** nom. prov. DUNKEL, **Fränkischer G.-H.**
Auffällig die stark zerteilten, nicht lückigen Blätter mit weit offener Basalbucht. Auenwälder, Feuchtwiesen. früher OLT: Ludwigsdorf bei Görlitz, Rothenburg; OLH: Neumalsitz, Ludwigsdorf; OLB: Weifa. Eine zu *R. rectus* vermittelnde Form in Jonsdorf (OLB).

R. indecorus W. KOCH, **Kronblattloser G.-H.**
Stängelblätter schmal; Torus dicht behaart, kugelförmig. Waldsäume, Kleinseggenriede, ERB: Zwickau-Kirchberg (in angenäherter Form); ERO: Hellendorf; MLH: Bennewitz bei Wurzen; OLH: früher Landeskrone Görlitz, Göda, Uhyst (in angenäherter Form); OLT: Lausa.

R. integerrimus (JULIN) BORCH.-KOLB, **Ganzrandiger G.-H.**
Mittelabschnitt der Blätter ungezähnt; Stängelblätter sehr schmal; Torus behaart, eiförmig. Früher OLH: Emmerichswalde (in einer durch engere Basalbucht der Blühzeitblätter abweichenden Form).

R. irregularis DUNKEL, **Unregelmäßiger G.-H.**
Späte Blätter auffallend wenig geteilt u. ungleichmäßig; Stängelblätter schmal. Parkrasen, VGT: Friedhof Markneukirchen.

R. leptomeris HAAS, **Feinteiliger G.-H.**
Stängelblätter schmal; Torus kahl. Bruchwälder, Kleinseggenriede; früher OLH: Nechen b. Löbau, Charlottenhof bei Görlitz, Wiesa. Aus Mücka (OLT) ist ein Vorkommen bekannt, das zu *R. argoviensis* vermittelt u. deutlich breitere u. z. T. scharf gezähnte Blattabschnitte besitzt.

R. lipsiensis nom. prov., **Leipziger G.-H.**
Stängelblätter schmal; Torus kahl; ähnl. *R. vertumnalis,* doch Blühzeitblätter fußförmig u. lückig u. der Mittelabschnitt von Blatt 5 länger gestielt. Laubwald, LLA: Leipzig.

R. lucorum (R. ENGEL) BORCH.-KOLB, **Hain-G.-H.**
Stängelblätter sehr schmal; Torus behaart. Hecken, Säume, Laubmischwälder, früher LLA: Leipzig, Taucha; OLT: Neustadt bei Hoyerswerda; OLH: Zittau, Emmerichswalde u. Charlottenhof bei Görlitz; in angenäherter Form: OLH: Großschönau; OLT: Zodel, Deschka.

R. mamillatus nom. prov., **Zitzen-G.-H.**
Auffällig ist die regelmäßige starke u. tiefe Zähnung des Mittelabschnitts des 3. Blattes. Feuchtwiesen, ERM: Geißelbachwiese Olbernhau.

R. megacarpus W. KOCH, **Großfrüchtiger G.-H.:**
Pflanze mit 2–3 Grundblättern, davon mindestens 2 3-spaltig od. 3-teilig u. grob gezähnt; Staubblätter deutl. länger als die Fruchtknoten. LLA: Wölpern bei Eilenburg.

R. multisectus HAAS, **Vielteiliger G.-H.**
In angenäherter Form: ERB: Blankenhain.

R. nicklesii (R. ENGEL) BORCH.-KOLB, **Nickles G.-H.**
Stängelblätter sehr schmal; Torus behaart. Waldsäume, Wiesen. LLA: Leipzig-Kleinzschocher, Leipzig: Burgaue (in angenäherter Form); früher OLT: Neißeaue Deschka.

R. palmularis O. SCHWARZ, **Handblättriger G.-H.**
Stängelblätter sehr schmal; Torus behaart. OLH: Kunnersdorf; vermittelt durch fußförmiges, lückiges 4. Blatt zu *R. dactylophyllus*.

R. phragmiteti HAAS, **Röhricht-G.-H.**
Stängelblätter sehr schmal; Torus kahl, selten schwach behaart; Mittelabschnitt der Blühzeitblätter kann leicht gestielt sein u. so an *R. dactylophyllus* erinnern; oftmals sind nur 1 od. 2 Grundblätter kümmerl. ausgebildet. Feuchtwiesen, Auenwälder, Röhrichte, ERM: Olbernhau, Hammerunterwiesenthal; ERW: Klingenthal; LLA: Leipzig: Rohrbach, Lindenthal (in angenäherter Form); früher OLH: Reichenbach, Loga bei Bautzen, Burkau, Oberoderwitz bei Zittau, Jiedlitz, Gödlau; OLT: Ludwigsdorf b. Görlitz, Ullersdorf bei Radeberg, Deschka, Lutrich, Zeißholz.

R. pseudaemulans R. Doll, **Unechter Nachahmender G.-H.**
Feuchtwiesen, Gehölze; LLA: Wölpern bei Eilenburg; früher OLH: Bischofswerda, Charlottenhof bei Görlitz, Goldbach, Neudrebnitz; OLT: Muskau, Zodel, Ober-Neundorf b. Görlitz, Weißwasser (in angenäherter Form).

R. pseudopimus O. Schwarz, **Unechter Stattlicher G.-H.**
Blattzähne abgerundet; Stängelblätter sehr schmal; Torus kahl. Laubwälder, Hecken. LLA: Leipzig, Schönwölkau; früher OLH: am Geiersberg Kunnersdorf.

Eine zu *R. argoviensis* vermittelnde Form ist von Leipzig (Lehmlache Lauer) bekannt.

R. puberulus W. Koch, **Behaarter G.-H.**
LLA: Schkeuditz; in angenäherter Form: LLA: Delitzsch; MLH: Zehren, Lossa, Wurzen: Zschorna.

R. recticaulis Hörandl et Gutermann, **Gerader G.-H.**
Stängelblätter sehr schmal; Torus kahl. LLA: Leipzig.

R. rectus Haas, **Steifer G.-H.**
Blätter wenig geteilt, mit sehr offener Basalbucht; Stängelblätter sehr schmal, ungezähnt; Torus kahl, kugelig. Wiesen, Säume, früher OLH: Nechen b. Löbau, Neuhof, Birkenrode; OLT: Steinbach.

R. roessleri Borch.-Kolb, **Roesslers G.-H.**
Blätter durch unregelmäßige Blattzähnung asymmetrisch; Stängelblätter sehr schmal, grob gezähnt; Torus kahl. Wiesen, Hecken, Hainbuchen-Eichenwälder, Halbtrockenrasen, LLA: Leipzig; in angenäherter Form OLH: Emmerichswalde sowie LLA: Zwenkau.

R. rotundatus Borch.-Kolb, **Rundlicher G.-H.**
Blätter oft etwas unregelmäßig; Mittelabschnitt mit breiten mittleren u. 2 seitl., nicht herablaufenden Zähnen; Torus kahl. Gräben, Parks, Feuchtwiesen. LLA: Böhlen; früher OLT: Nieder-Naundorf, Kahlemeile; OLH: am Rotstein Sohland.

R. securis nom. prov., **Beilförmiger G.-H.**
Ähnlich *R. biformis* u. *R. puberulus,* auffällig jedoch das lückige Blühzeitblatt, dessen unterster Seitenabschnitt breit beilförmig u. stark gezähnt ist; Stengelblätter sehr schmal, ganzrandig; Torus kahl. Auenwiesen, bisher nur LLA: Schkeuditz.

R. similis nom. prov., **Ähnlicher G.-H.**
Ähnlich *R. lucorum,* doch lückigere Blätter; Stängelblätter schmal; Torus kahl. ERM: Olbernhau.

R. stricticaulis W. Koch, **Aufrechter G.-H.**
Stängelblätter sehr schmal; Torus nur an der Spitze schwach behaart. Wiesen, früher in angenährter Form OLT: Särchen.

R. turritiformis nom. prov., **Turmförmiger G.-H.**
Stängelblätter schmal; Torus kahl; Pflanze kräftig. Gebüsche, Wiesen, OLH: Zittau: Bertsdorf.

R. turritis nom. nov., **Turm-G.-H.**
Blattzähnung der Frühblätter grob, der Blühzeit- u. Spätblätter fein u. zart; Stängelblätter schmal; Torus kahl; Pflanze kräftig. Laubwälder, ERB: Zwickau-Planitz.

R. variosquameus nom. prov., **Vielgestaltiger G.-H.**
Ähnlich *R. hevellus,* doch Früh- u. Spätblätter mit schmalem Mittelabschnitt, der lückig zu den Seitenabschnitten steht; Seitenabschnitte dort nur mit einem maximal bis zur Mitte reichendem Einschnitt; Stängelblätter schmal; Torus dicht behaart. Laubwald in einem Kalksteinbruch. Bisher nur OLT: Emmerichswalde.

R. varicus O. Schwarz, **Spreizender G.-H.**
Stängelblätter schmal; Torus kahl; die Leipziger Pflanzen fallen alle durch große Blüten auf. Frischwiesen, LLA: Leipzig; OLH: Görlitz, Landeskrone; OLT: Guttau.

R. vertumnalis O. Schwarz, **Veränderlicher G.-H.**
Blattform, Größe u. Behaarung des Torus u. der Früchte variabel; Stängelblätter schmal. Laubwälder, Feuchtwiesen, ELH: Heidenau, Mügeln; ERO: Borthen; früher Groitzsch; LLA: Großschkorlopp; OLT: Kreba; in angenäherter Form bei Oehlisch (OLH).

Bisher nicht im Gebiet nachgewiesen:
R. aemulans O. Schwarz, Nachahmender G.-H.
R. mosbachensis Haas, Mosbacher G.-H.
R. opimus O. Schwarz, Stattlicher G.-H.
R. pseudovertumnalis Haas, Unechter Veränderlicher G.-H.
R. suevicus Borch.-Kolb, Schwäbischer G.-H.
R. transiens (Vollm.) Borch.-Kolb, Wechselnder G.-H.
R. walo-kochii Hörandl et Gutermann, Koch-G.-H.

Thalictrum L., **Wiesenraute**

1 Staubfäden violett, nach oben verdickt; Frucht (Nüsschen) gestielt, nicht gerippt, 3-kantig geflügelt, hängend ***Th. aquilegiifolium***
1* Staubfäden gelbl. bis grünl., kaum verdickt; Frucht sitzend, längsrippig, ungeflügelt
2 Blüten mit den Staubblättern hängend, in lockeren Rispen, einzeln ***Th. minus***
2* Blüten wie die Staubblätter aufrecht, dicht gedrängt an den Enden der Rispenzweige
3 Blättchen längl. keilig bis lineal, meist ungeteilt, unterseits graugrün; Verzweigungen des Blattstiels ohne Nebenblätter; Frucht längl.; Wurzelstock kurz, nicht kriechend ***Th. lucidum***
3* Blättchen keilig verkehrt eiförmig od. keilförmig längl., meist 3-spaltig, unterseits grasgrün; Verzweigungen des Blattstiels meist mit häutigen Nebenblättern; Frucht rundl.; Wurzelstock kriechend ***Th. flavum***

Th. aquilegiifolium L., **Akelei-W.***
Blüten in reichblütigen Rispen; Verzweigungen des Blattstiels mit rundl., häutigen Nebenblättern; Blättchen rundl. od. verkehrt eiförmig, eingeschnitten gekerbt. 50–120 cm. 6–7. ♃. Hochstaudenfluren, Bachufer, feuchte Waldwiesen, Erlenwälder, mäßig h bis z im Hügel- u. Bergland, auch Zierpflanze u. s verwildert. V Filip., V Aden., V Aln.-Ulm.; europ-nem.

Th. flavum L., **Gelbe W.***
Blüten duftend. 40–100 cm. 6–7. ♃. Feuchte, anmoorige Wiesen, Ufer, Auenwaldsäume, s EET, LLA, EET, MLH; früher ELH, OL. ↘ V Mol., O Magnocar., V Conv.; eurosib.

Th. lucidum L., **Glanz-W., Schmale W.**

Blüten duftend. 60–120 cm. 6–7. ♃. Feuchte Wiesen, Gebüschränder, Hochstaudenfluren, z DDH, LLA, östl. OL; s ELH, ERO, GHP, MLH; fehlt VGT, ERZ außer ERO. ➘ V Filip., V Aln.-Ulm., V Phragm.; sarmat.

Th. minus L., **Kleine W.***

Stängel am Grund mit blattlosen Scheiden, ungefähr in der Mitte beblättert; Blätter oberwärts meist plötzl. an Größe abnehmend; Blättchen zieml. klein, rundl. od. keilig verkehrt eiförmig, eingeschnitten od. gekerbt, ± bereift, mit unterseits hervortretenden Nerven, derb, ihre Stiele ohne Nebenblätter; Rispenäste ± waagerecht abstehend. 60–120 cm. 5–6. ♃. Trockengebüsche, Säume, Trocken- u. Halbtrockenrasen, trockene Glatthaferwiesen, z im Elbtal von Torgau bis Schmilka; s LLA: (hier, OL, MLH z. T. neophytisch); früher VGT. ➘ V Ger., V Berb., K Fest.-Brom., V Arrh.; submed-euras-kont (subsp. *minus*), o-submed (subsp. *saxatilis*).

Die Verbreitung beider Unterarten ist noch nicht geklärt.

1 Blätter am Stängel ± gleichmäßig verteilt, oberwärts allmähl. kleiner werdend; Nerven der Blattunterseite kaum hervortretend; Stängel ± gerade. **subsp. *minus***

1* Blätter am Stängelgrund od. in der Mitte gehäuft; Blättchen derb, mit unterseits hervortretenden Nerven; Stängel oft zickzackförmig hin u. her gebogen. **subsp. *saxatile*** Ces.

Trollius L., **Trollblume**

Stängel aufrecht, meist einfach, 1-blütig; Blätter handförmig geteilt, mit 3-spaltigen eingeschnitten gesägten Zipfeln; Blütenhüllblätter kugelig zusammengezogen. 30–60 cm. 5–6. ♃. Feuchtwiesen, Bergwiesen, Niedermoore, z ERO; s LLA: Wölpener Torfwiesen; sonst selten u. meist †; s auch verwildert (angesalbt?). ➘ O Mol., V Pol.-Tris.; bor-sarmat, pralp. Schwach giftig. ∇ ***T. europaeus*** L., **Europäische T.***

Zierpflanze: ***T. asiaticus*** L., **Asiatische T.,** Blüten orange, nicht völlig kugelig, ± offen.

Fam. *Platanaceae* T. LESTIB., Platanengewächse

Platanus L., **Platane**

Blätter wechselständig, bis zur Mitte handförmig 3–5-lappig; Blüte 3–4-zählig, 1-geschlechtig; Blütenköpfe meist 2; Frucht kugelig, hängend; Borke großflächig abblätternd. 10–40 m. 5. ♄. Park- u. Straßenbaum, s verwildert, Schutt, Ufern, Mauern, z. B. Leipzig, Dresden. NU. [*P.* × *acerifolia* (AITON) WILLD., *P.* × *hybrida* BROT.].

P.* × *hispanica MÜNCHH., **Bastard-P., Ahornblättrige P.***/**

P. × *hispanica* ist vermutl. der fertile Bastard zwischen der nordamerikanischen Art *P. occidentalis* L. u. der ostmediterran-westasiatischen Art *P. orientalis* L. Die Elternarten werden nur selten kultiviert. Die Fruchthärchen schädigen Augen u. Atmungsorgane.

Fam. *Buxaceae* DUMORT., Buchsbaumgewächse

Buxus L., **Buchsbaum**

Pflanze immergrün; Blätter gegenständig, elliptisch, ganzrandig, lederig, oberseits dunkelgrün, unterseits weißl; Blüten geknäult in den Blattachseln, gelbl.-weiß (♂) od. grünl. (♀), duftend. 0,30–4 m. 3–4. Zierstrauch, in zahlreichen Sorten kultiviert. Heimat: S-Europa (in Deutschland im Moselgebiet u. am südl. Oberrhein natürl. vorkommend). Giftig. (∇)

B. sempervirens L., **Buchsbaum***/**

Zur Fam. *Buxaceae* gehört auch ***Pachysandra terminalis*** SIEBOLD et ZUCC.**, **Japanischer Ysander,** ein häufig als Bodendecker kultivierter, immergrüner Halbstrauch mit grob gesägten Blättern u. weißen Blüten in endständigen Ähren. Bis 20 cm. 4–5. ♄. Gelegentlich verwildert, z. B. ESG: Polenztal. Heimat: O-Asien.

Fam. *Paeoniaceae* F. RUDOLPHI, Pflingstrosengewächse

Paeonia L., Pfingstrose

1 Staude; Früchtchen (Bälge) 2–3 **_P. officinalis_**
1* Wenig verzweigter Strauch; Früchtchen 5 **_P. × suffruticosa_**

P. officinalis L., Garten-P., Stauden-P.*
Krone 7–14 cm Ø, purpurrot od. weiß, meist gefüllt. 50–90 cm. 5–6. ♃. Zierpflanze, verwildert, Gartenauswurf, Hecken usw., s, NU. Heimat: SO-Europa.

P. × suffruticosa ANDR., Strauch-P.*/**
[*P. arborea* DONN]. Krone 10–20 cm Ø, weiß, purpurn od. rosa; jedes Kronblatt am Grund mit einem dunklen Fleck. 1–2 m. 5–6. ♄. Zierpflanze.

Fam. *Grossulariaceae* DC., Stachelbeergewächse

Ribes L., Stachelbeere, Johannisbeere

1 Pflanze mit Stacheln; Trauben 1–3-blütig; Frucht > 10 mm Ø **_R. uva-crispa_**
1* Pflanze stachellos; Trauben (wenigstens die ♂) vielblütig; Frucht < 10 mm Ø
2 Blüten goldgelb, wohlriechend; Kronröhre lang, walzl.; Blätter 3-spaltig **_R. aureum_**
2* Blüten grünl., rötl. od. purpurn; Kronröhre flach beckenförmig bis glockig; Blätter 3–5-lappig
3 Trauben aufrecht; Blüten (meist) 1-geschlechtig, Pflanze 2-häusig **_R. alpinum_**
3* Trauben hängend od. nickend; Blüten ⚥
4 Blütenstiele so lang wie die Tragblätter; Kelch purpurn; Kronblatter weiß bis blassrosa **_R. sanguineum_**
4* Blütenstiele mehrmals länger als die Tragblätter; Kelch- u. Kronblätter grünl. bis rötl.
5 Blätter unterseits drüsig punktiert; Tragblätter pfrieml.; Krone rötl.; Kelchzipfel zurückgerollt; Beeren schwarz **_R. nigrum_**
5* Blätter unterseits nicht drüsig punktiert; Tragblätter eiförmig; Krone grünl.; Kelchzipfel abstehend; Beeren rot, durchscheinend
6 Staubbeutelhälften durch einen breiten Staubfadenfortsatz voneinander getrennt; Achsenbecher flach, mit 5-eckigem Ringwulst; Traubenachse kahl; Blattbasis tief herzförmig, meist mit spitzwinkliger Bucht **_R. rubrum_**
6* Staubbeutelhälften miteinander vereinigt; Achsenbecher schüsselförmig, ohne Ringwulst; Traubenachse kraushaarig; Blattbasis flach

herzförmig, meist gerade od. mit stumpfwinkliger Bucht **R. spicatum**

R. alpinum L., **Alpen-J.****
Blätter 3–5 cm breit, 3–5-lappig; Krone grünl.-gelb; Beeren rot, fade schmeckend. 0,80–1,50 m. 4–5. ♄. Laubwälder, Gebüsche, Steinrücken, z im Bergland, s im Hügelland, auch häufiger Zierstrauch, verwildert, Friedhöfe, Gebüsche, s, z. B. um Leipzig, VGT. V Fag., V Til.-Acer., V Samb.-Salic.; pralp-dealp.

R. aureum Pursh, **Gold-J.****
Blätter 3–5 cm breit, am Grund keil- bis fast herzförmig, kahl; Trauben aufrecht abstehend; Tragblätter blattartig, länger als die Blütenstiele. 1–2,5 m. 4–5. ♄. Häufiger Zierstrauch, verwildert, Gebüsche, Wälder, Ruderalfluren, s EET: Bennewitz, Riesa; ELH: Dresden, Meißen; ERB: Zwickau; GHP: Thiendorf; LLA: Leipzig; MLH: Nossen; VGT: Mylau, Reichenbach. NE (lokal). Heimat: westl. N-Amerika.

R. nigrum L., **Schwarze J.***/**
Pflanze stark riechend; Blätter 5–10 cm breit, 3–5-lappig, am Grund herzförmig; Achsenbecher u. Kelch behaart. 0,80–1,50 m. 4–5. ♄. Laubwälder, Gebüsche, auf frischen bis feuchten, nährstoffreichen Böden, auch häufig kultiviert u. in ortsnahen Lagen verwildert, z bis mäßig h. V Aln., V Aln.-Ulm., V Salic. cin.; euras.

R. rubrum L., **Rote J.***/**
Blätter bis 10 cm breit, meist 5-lappig; Beeren bei Kultursorten auch (gelbl.-) weiß. 0,80–2 m. 4–5. ♄. Laubwälder, Gebüsche, auf frischen bis feuchten, nährstoffreichen Böden, mäßig h, im Gebirge seltener u. meist neophytisch. V Aln.-Ulm., V Til.-Acer., V Carp.; subatl.; einheimisch, doch zahlreiche Vorkommen auf Verwilderung beruhend. In vielen Sorten u. Hybriden kultiviert.

R. sanguineum Pursh, **Blut-J.***/**
Pflanze stark riechend; jüngere Zweige u. Blattstiele drüsig weichhaarig; Blätter bis 10 cm breit, 3–5-lappig; Beeren schwarz, blau bereift, lange haftend. 1–2 m. 4–5. ♄. Häufiger Zierstrauch, verwildert, Ruderalfluren, Friedhöfe, s ERO, ERW, VGT. NU. Heimat: südwestl. N-Amerika.

R. spicatum E. Robson, **Ährige J.**
Blätter unterseits meist deutl. fühlbar behaart. 0,80–1,60 m. 4–5. ♄. Auenwälder, Erlen-Bruchwälder, feuchte Gebüsche, auf frischen bis (meist) feuchten, nährstoffreichen Böden, z ELH, LLA, OL; s ERW, ESG, MLH; sicherl. z. T. übersehen. V Aln.-Ulm., V Aln.; eurosib.

R. uva-crispa L., **Stachelbeere***/**
[*R. grossularia* L.]. Blätter rundl., 3(–5)-lappig, unterseits wie auch die Stiele weichhaarig; Kelch glockig; Kelchzipfel längl., zurückgeschlagen; Blüten meist grünl.-gelb; Beere grünl.-gelb bis trüb purpurn, elliptisch. 0,60–1,20 m. 4–5. ♄. Laubwälder, Gebüsche, Steinrücken, Felsen, auf frischen, nährstoffreichen Böden, mäßig h bis ins obere Bergland. V Fag., V Til.-Acer., V Carp., V Aln.-Ulm., V Prun.; europ-nem. Verwilderungen u. autochthone Vorkommen nicht zu unterscheiden.

Die taxonomische Einstufung der auch im Gebiet vorkommenden Sippen als Unterarten ist umstritten:

1 Achsenbecher, Fruchtknoten u. Frucht drüsenborstig. **subsp. *grossularia*** (L.) RCHB.
1* Achsenbecher, Fruchtknoten u. Frucht drüsenlos; Obststrauch, auch verwildert. **subsp. *uva-crispa***

Kultiviert:
R.* × *nidigrolaria RUD. BAUER et A. BAUER, **Jochelbeere** [*R. divaricatum* DOUGLAS × *R. nigrum* × *R. uva-crispa* var. *sativum* DC.]: Ähnl. *R. nigrum*, doch Beeren größer, purpurschwarz, im Geschmack zwischen den Arten.
R.* × *culverwellii MACFARL., **Jostabeere** [*R. nigrum* × *R. uva-crispa*].

Fam. *Saxifragaceae* JUSS., Steinbrechgewächse

1 Blütenhülle einfach *(Abb. 173/1)*; Staubgefäße 8; Kapsel 1-fächrig **Chrysosplenium,** 173
1* Blütenhülle doppelt, 5-blättrig; Staubgefäße 10; Kapsel 2-fächrig
2 Kronblätter ganzrandig ***Saxifraga,*** 174
2* Kronblätter gefranst ***Tellima,*** 175

Chrysosplenium L., Milzkraut

1 Blätter wechselständig, lang gestielt, rundl. nierenförmig, tief gekerbt; Stängel 3-kantig; Blüten u. Hochblätter goldgelb; Pflanze mit laubblattartigen Ausläufern, ohne liegende Blatttriebe ***Ch. alternifolium***
1* Blätter gegenständig, kurz gestielt, halbkreisförmig, geschweift gekerbt, am Grund gestutzt; Stängel 4-kantig; Blüten u. Hochblätter grünl.-gelb; Pflanze rasenbildend, mit zahlreichen liegenden Blatttrieben ***Ch. oppositifolium***

Ch. alternifolium L., **Wechselblättriges M.***
7–15 cm. 3–5. ♃. Nährstoffreiche Quellfluren, Bach- u. Quellwälder, Staudenfluren an Fließgewässern, auf sicker- u. grundfeuchten bis nassen Böden, mäßig h im Berg- u. Hügelland, z bis s im Tiefland. V Card.- Mont., V Aln.; eurosib.

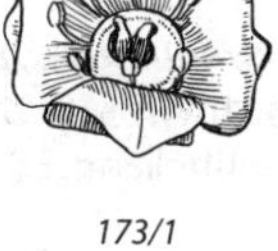

173/1

Ch. oppositifolium L., **Gegenblättriges M.***

5–12 cm. 4–5. ♃. Mäßig nährstoffreiche, meist beschattete Quellfluren, Bachuferbereiche auf kühlen, sickernassen u. kalkarmen Böden, überrieselte Felsen, Quellwälder, mäßig h im Gebirge, z im Hügelland, s im Tiefland. V Card.- Mont., V Aln.; atl-subatl.

Saxifraga L., **Steinbrech**

1 Außer dem Blütenstängel noch zahlreiche nicht blühende Stängel vorhanden

2 Nicht blühende Stängel ohne Blattachselknospen; Blattzipfel linealisch; Blütenknospen aufrecht ***S. rosacea***

2* Nicht blühende Stängel mit sitzenden, spinnwebig behaarten Blattachselknospen; Blattzipfel linealisch, mit kurzer Grannenspitze; Blütenknospen ± nickend ***S. hypnoides***

1* Nicht blühende Stängel fehlend

3 Kronblätter goldgelb ***S. cymbalaria***

3* Kronblätter weiß

4 Kronblätter mit roten od. gelben Punkten; Blätter verkehrt spatelförmig, gekerbt, knorpelig berandet, ledrig ***S.* × *geum***

4* Kronblätter ohne rote od. gelbe Punkte; Blätter von anderer Form

5 Stängel am Grund ohne Brutzwiebeln; Grundblätter meist 3-lappig, obere Blätter keilförmig, handförmig 3-spaltig od. ungeteilt; Kronblätter 2-mal so lang wie die eiförmigen Kelchzipfel ***S. tridactylites***

5* Stängel am Grund mit kleinen Brutzwiebeln; Grundblätter rundl. nierenförmig, kerbig gelappt, obere keilförmig rundl., 3–5-spaltig; Kronblätter 3-mal so lang wie die längl. lanzettl. Kelchzipfel ***S. granulata***

S. cymbalaria L., **Zimbelkraut-St.**

Blätter 5–9-lappig, ± nierenförmig, obere oft gegenständig; Blüten meist einzeln achselständig. 5–15 cm. 6–7. ☉. Mauern, Zierpflanze, verwildert, s ESG: Wehlen, Schmilka; OLH: Löbau, Niederoderwitz, Großhennersdorf. NE. V Cymb.-Aspl. Heimat: Gebirge von Algerien bis Iran u. Kaukasus.

S.* × *geum L., **Schatten-St., Nelkenwurz-St.**

[*S. hirsuta* L. × *S. umbrosa* L.]. Blattspreite eiförmig bis elliptisch, deutl. vom Stiel abgesetzt; Laubblattstiele 1–2 mm breit, am Rand kahl od. spärl. behaart, deutl. länger als die Spreite. 10–40 cm. 6–7. ♃. Häufige Zierpflanze, verwildert, s ERO, ERW, VGT.

Ähnl. ist ***S.* × *urbium*** D. A. Webb (*S. umbrosa* L. × *S. spathularis* Brot.), **Porzellanblümchen:** Spreite der Grundblätter in den Blattstiel verschmälert; Blattstiel 1–3 mm breit, deutl. bewimpert, ± so lang wie die Spreite.

S. granulata L., **Körnchen-St., Körniger St., Knöllchen-St.***

15–30 cm. 5–6. ♃. Magere Frischwiesen u. Halbtrockenrasen, mäßig h im Tief- u. Hügelland, ERO u. ERW; s ERM. O Arrh., K Fest.-Brom.; submed+subatl. ∇

S. hypnoides L., **Astmoos-St.**
10–30 cm. 5–6. ♃. Häufige Zierpflanze. Heimat: W-Europa.

S. rosacea Moench, **Rasen-St.**
Kronblätter längl. od. eiförmig, stumpf, doppelt so lang wie der Kelch, weiß. 5–25 cm. 5–7. ♃. Sonnige Fels- u. Steinschuttfluren, s VGT: Elstertal zwischen Plauen u. Elsterberg. K Aspl., V Galeops.; auch Zierpflanze, s verwildert; arct-pralp-adalp. Kaltzeitrelikt. ∇
Im Gebiet nur **subsp. *rosacea*** [*S. decipiens* Ehrh.].

S. tridactylites L., **Dreifingeriger St., Finger-St.***
2–15 cm. 5–6. ⊙, ①. Trockene Pionierrasen, Steinschuttfluren, auf natürl. Standorten abnehmend, auf Mauerkronen, grusigem Material zunehmend (Bahngelände), z vom Tiefland bis ins untere Bergland, s im oberen Bergland, z. B. ERM: Wiese; ERW: Schöneck; VGT: Gunzen. V Alysso-Sed., V Fest., V Thero-Air.; med-submed.

Zierpflanze: ***S. paniculata*** Mill., **Trauben-St.:** Pflanze mit Rosetten; Blätter scharf gezähnt, auf der Oberseite am Rande mit Kalk ausscheidenden Drüsen; Kronblätter weiß. 15–30 cm. 6–7. ♃. s verwildert. Heimat: Gebirge Europas u. O-Amerika. (∇)

Tellima R. Br., **Falsche Alraunwurzel**

Pflanze behaart, wintergrün; Grundblattspreite breit oval bis fast kreisförmig, 8–15 cm breit, am Grund herzförmig, lappig gezähnt; Blattstiele 5–20 cm; Blüten in einer einfachen Traube; Krone grünl. od. weißl. u. oft rot gepunktet, 5–15 mm lang. 40–80 cm. 6–8. ♃. Zierpflanze, verwildert, Gebüsche, Parks, s ELH: Dresden; ERM: Wiesenbad; LLA: Leipzig; OLH: Löbau, Kamenz; VGT: Jocketa. O Glech. NE (lokal). Heimat: westl. N-Amerika.
T. grandiflora (Pursh) Lindl., **Falsche Alraunwurzel**

Weitere häufige Zierpflanzen:

Astilbe D. Don, **Prachtspiere, Astilbe, Scheingeißbart**

Pflanze im Habitus ähnl. dem Johanniswedel (*Aruncus dioicus*); Blätter 3-zählig bis gefiedert; Blütenstand eine dichte Rispe. Vorwiegend kultiviert wird ***A.*** × ***arendsii*** Arends mit rosa od. roten Blüten u. dicht braun zottig behaartem Stängel. 40–80 cm. 6–7. ♃. Aus Gartenauswurf s verwildert.

Bergenia Moench, **Wickelwurz, Bergenie**

Großblättrige Staude, meist mit über 10 cm langen u. breiten Blättern u. ± dichten Blütenständen; in zahlreichen Sorten kultiviert.

B. cordifolia (Haw.) Sternb., **Altai-B.:** Blätter rundl. herzförmig; Blüten hell rosenrot. 30–60 cm. 4–5. ♃. Zierpflanze, s verwildert. Heimat: Altai, Mongolei.

B. crassifolia (L.) Fritsch, **Dickblatt-B.:** Blätter eiförmig, keilig in den Stiel verschmälert; Blüten dunkelrosarot. 20–50 cm. 4–5. ♃. Zierpflanze, verwildert, s VGT. Heimat: Sibirien, Mongolei.

Heuchera L., **Purpurglöckchen**

Blätter alle grundständig; Blattspreite fingerförmig gelappt, gesägt, breit oval bis kreisrund, am Grund herzförmig; Blütenstand drüsig behaart; Blüten in Rispen; Kelch-, Kron- u. Staubblätter 5. Mehrere Arten u. Bastarde in Kultur, vor allem ***H. sanguinea*** ENGELM., **Echtes P.,** mit blutroten Blüten; Staubblätter die Kelchzipfel nicht überragend. 20–40 cm. 6–7. ♃. Zierpflanze, s verwildert. Heimat: N-Amerika.

Fam. *Parnassiaceae* MARTINOV, Herzblattgewächse

Parnassia L., **Herzblatt**

Stängel aufrecht, kantig, mit nur einem sitzenden, herzförmigen Blatt; Grundblätter lang gestielt, mit herzförmiger Spreite; Kronblätter weiß, mit durchsichtigen Adern; fruchtbare Staubblätter 5, mit diesen abwechselnd 5 innere, vor den Kronblättern stehende, gelbgrüne unfruchtbare Staubblätter (Staminodien), von denen jedes aus breitem Grund in 7–15 gestielte Köpfchen ausläuft *(Abb. 176/1)*. 10–20 cm. 7–9. ♃. Nieder- u. Quellmoore, Kleinseggenriede, Bergwiesen, z VGT, sonst s u. vielerorts †, früher z u. VGT mäßig h. ↘ O Car. nig., V Car. davall., O Mol.; circpol. ∇

P. palustris L., **Sumpf-H.***

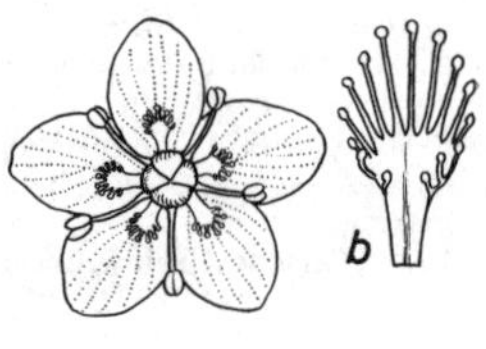

176/1

Fam. *Crassulaceae* J. St.-Hil., Dickblattgewächse

1 Staubgefäße so viele wie Kronblätter **_Crassula,_** 177
1* Staubgefäße doppelt so viele wie Kronblätter
2 Blätter über den ganzen Stängel verteilt; Kron- u. Kelchblätter 5 (selten 4 od. 6) **_Sedum,_** 177
2* Grundständige Blätter in einer ± kugeligen Rosette; Kron- u. Kelchblätter 6–20 **_Sempervivum,_** 181

Crassula L., Dickblatt

Blüten 4-zählig, einzeln in den Blattachseln, fast sitzend; Kronblätter länger als die Kelchblätter, weiß; Blätter 4–6 mm lang, linealisch. 2–5 cm. 7–9. ⊙. Offene Schlammfluren an Ufern, †, früher s EET: am Elbufer unterhalb Torgau. O Nanocyp. [*Tillaea aquatica* L.]. ***C. aquatica*** (L.) Schönland, **Wasser-D.**

Sedum L., Fetthenne, Mauerpfeffer

1 Blätter breit, flach
2 Blätter sitzend, eiförmig bis (meist) kreisrund, gegenständig — Krone rosarot ***S. ewersii***
2* Blätter am Grund verschmälert od. stängelumfassend, aber nicht fast kreisrund, gegen- od. wechselständig
3 Krone gelb, zuweilen orange; Pflanze wenigstens am Grund niederliegend
4 Blätter wechselständig; überwinternde Pflanze mit gestreckten, schopfblättrigen Trieben; Pflanze meist < 20 cm ***S. hybridum***
4* Blätter wechsel- od. gegenständig; überwinternde Pflanze ohne gestreckte, schopfblättrige Triebe; Pflanze meist > 20 cm ***S. kamtschaticum***
3* Krone purpurn, gelbl.-weiß od. (seltener) weiß, aber nie rein gelb (orange); Pflanze niederliegend od. aufrecht
5 Blätter ganzrandig ***S. anacampseros***
5* Blätter gezähnt
6 Stängel aus niederliegendem, wurzelndem Grund aufsteigend, kurzhaarig, mit überwinternden, nicht blühenden Trieben; Kronblätter 10–12 mm lang ***S. spurium***
6* Stängel immer aufrecht, kahl, nicht blühende, wintergrüne Triebe fehlen; Kronblätter 3–5 mm lang
7 Blätter gegenständig od. quirlig, blau bereift; Krone 5,5–8,5 mm lang; Staubblätter länger als die Kronblätter; meist Zierpflanze ***S. spectabile***
7* Blätter wechselständig, grün, Kronblätter 3–5 mm lang; Staubblätter so lang wie oder kürzer als die Kronblätter; meist Wildpflanze

8 Obere Blätter eiförmig, mit breitem Grund sitzend od. schwach herzförmig stängelumfassend, nur schwach gezähnt bis fast ganzrandig, die meisten gegenständig od. zu 3 quirlig; Kronblätter grün-gelbl., selten blass rot **S. maximum**

8* Obere Blätter schmal elliptisch bis längl. lanzettl., am Grund keilförmig, abgerundet od. gestutzt, nie stängelumfassend, meist deutl. gezähnt, alle wechselständig; Kronblätter rosa od. purpurn **S. telephium**

1* Blätter stielrund od. halbstielrund

9 Pflanze ohne Ausläufer (vgl. aber var. *bithynicum* bei *S. hispanicum*)

10 Kronblätter 5–9, meist 7, etwa 4–5-mal so lang wie der Kelch, weiß mit rotem Kiel **S. hispanicum**

10* Kronblätter 5, maximal 2-mal so lang wie der Kelch, rosa **S. villosum**

9* Pflanze mit kriechenden, am Ende nicht blühenden Ausläufern

11 Kronblätter weiß, selten rosa

12 Blätter wechselständig, stielrund, grasgrün, selten rotbraun; Blütenstand fast kahl; Schirmrispe reichblütig **S. album**

12* Blätter meist gegenständig, breit eiförmig bis elliptisch, oberseits flach, unterseits stark gewölbt, blaugrün; Blütenstand drüsig weichhaarig; Schirmrispe armblütig **S. dasyphyllum**

11* Kronblätter gelb

13 Blätter mit kurzer Stachelspitze *(Abb. 178/1)*

14 Blätter stielrund, am Ende steriler Triebe nicht zapfenförmig gehäuft, bald abfallend **S. rupestre**

14* Blätter oberseits flach, am Ende steriler Triebe zapfenförmig gehäuft, abgestorbene Blätter lange erhalten bleibend **S. forsterianum**

13* Blätter ohne Stachelspitze

15 Blätter eiförmig, am Grund ohne spornähnl. Fortsatz *(Abb. 178/2)*, meist scharf schmeckend; Kronblätter ± 7 mm lang **S. acre**

15* Blätter linealisch walzl., stumpf, am Grund mit einem spornähnl., herabgezogenen Fortsatz *(Abb. 178/3)*, nie scharf schmeckend; Kronblätter ± 4 mm lang **S. sexangulare**

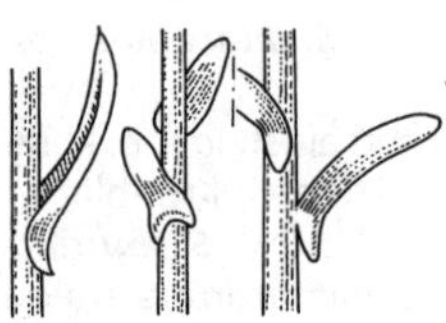

178/1 178/2 178/3

S. acre L., **Scharfer M.***

Blüten fast sitzend; Kronblätter 5,5–7 mm lang, 1,8 mm breit. 3–15 cm. 6–8. ♃. Sandige u. steinige Ruderalfluren (Bahnanlagen, Brachen, Wegränder),

Kiesdächer, Mauern, Sandmagerrasen, lichte Kiefernwälder, mäßig h. ↗ K Koel.-Coryn., O Fest., V Cyt.-Pin.; eurosib. Schwach giftig, Off.

S. album L., **Weißer M.***

Schirmrispen reichblütig, kahl od. sehr zerstreut behaart; Kronblätter 2–4 mm lang, lanzettl., stumpfl.; Blätter stielrund, graugrün bis rotbraun. 5–20 cm. 6–7. ♃. Zierpflanze, verwildert, Bahnschotter, Mauern, Felsfluren, Dämme, Friedhöfe, mäßig h bis z; VGT u. ELH möglicherweise indigen, sonst NE. ↗ O Sedo-Scler., K Aspl., K Fest.-Brom.; submed+subatl.

1 Blätter längl.; Kronblätter bis 4 mm lang **subsp. *album***

1* Blätter kurz eiförmig; Kronblätter 2–3 mm lang. Zierpflanze, verwildert, s ERB: Zwickau-Planitz, Mülsen St. Niclas; LLA: Frohburg; VGT: mehrfach. Heimat: SW-Europa. Evtl. nur eine extreme Form voriger Unterart. **subsp. *micranthum*** (BASTARD) SYME

S. anacampseros L., **Wund-F., Rundblättrige F.**

[*Hylotelephium a.* (L.) H. OHBA]. Blätter wechselständig, verkehrt eiförmig bis rundl., kahl; nicht blühende Stängel dicht beblättert, kahl. 15–30 cm. 7–8. ♃. Zierpflanze, verwildert, Mauern, Friedhöfe, s, NU. Heimat: Spanien, Alpen.

S. dasyphyllum L., **Buckel-F.**

Blätter graugrün, etwa 3–6 mm lang; Kronblätter weiß, mitunter rötl. gestrichelt. 3–8 cm. 6–8. ♃. Zierpflanze, verwildert, s ELH: Meißen; OLH: Zittau, Hainewalde. NU. Heimat: S-, W- u. M-Europa.

S. ewersii LEDEB., **Ewers-F.**

Pflanze aufsteigend, blaugrün; Blüten in dichten Schirmrispen; Krone rosarot. 10–30 cm. 6–8. ♃. Zierpflanze, verwildert, steinige Ruderalfluren, Friedhöfe, s ERB: Zwickau; LLA: Leipzig; VGT: Oelsnitz. NU (kann sich aber über Jahre halten). Heimat: M- u. N-Asien.

S. forsterianum SM., **Zierliche F.**

15–30 cm. 6–8. ♃. Ruderalfluren, s OL. NU. Heimat: W-Europa.

S. hispanicum L., **Spanischer M.**

Blütenstand kahl; Kronblätter meist 7 mm lang; Blätter linealisch, halbstielrund, blaugrün. 5–15 cm. 6–7. ①. Zierpflanze, verwildert, Mauern, Bahnschotter, Dämme, Straßenränder, mäßig h bis z. ↗ NE. K Koel.-Coryn., O Sis. Heimat: Alpen, Südeuropa, Vorderasien.

var. *bithynicum* (BOISS.) SCHINZ et R. KELLER: am Grund mit einzelnen nicht blühenden, aber nie kriechenden Trieben, s, z. B. Leipzig.

S. hybridum L., **Sibirische F.**

[*Phedimus h.* (L.) 'T HART]. Pflanze aufsteigend, mit zahlreichen nicht blühenden Trieben, die den Winter überdauern; Blätter wechselständig, verkehrt eiförmig, stumpfl. gezähnt, 2–3 cm lang; Kronblätter 6–9 mm lang, spitz. 10–20 cm. 5–8. ♃. Zierpflanze, verwildert, sandige u. kiesige Stellen, Friedhöfe, Mauern, Ruderalfluren (Wegränder, Bahnanlagen, Brachen, Müllplätze), z. ↗ NU. K Koel.-Coryn., O Sis. Heimat: N-Asien.

S. kamtschaticum FISCH. et C. A. MEY., **Kamtschatka-F.**

[*Phedimus kamtschaticus* (FISCH. et C. A. MEY.) 'T HART]. Pflanze im Vergleich zu *S. hybridum* meist ± aufrecht; Blätter hellgrün, meist schmaler als bei *S. hybridum*, oft in der Mitte am breitesten. 15–30 cm. 7–8. ♃. Zierpflanze, in mehreren Varietäten kultiviert, verwildert, s ERB: Zwickau, Leubnitz, Weißbach; LLA: Leipzig; MLH: Sora; OLH: Gaußig, OLT: Naundorf; VGT: z. B. Zorbes, Auerbach. NU. Heimat: O-Asien.

S. maximum (L.) HOFFM., **Große F.**

Fette Anna

[*S. telephium* L. subsp. *maximum* (L.) KROCK., *Hylotelephium m.* (L.) HOLUB]. 30–80 cm. 7–9. ♃. Magerrasen, trockene Gebüsche, Wegränder, Felsfluren, mäßig h. O. Orig., V Conv.-Agrop., O Arrh.; osubmed+sarmat.

S. rupestre L., **Felsen-F., Tripmadam***

[*S. rupestre* L. subsp. *reflexum* (L.) HEGI et EM. SCHMID]. Blätter längl. pfrieml., am Grund mit spornähnl. Fortsatz; Schirmrispe später zurückgebogen; Pflanze hechtgrau bis seegrün. 15–30 cm. 7–8. ♃. Sandige bis steinige Ruderalfluren, Mauern, Felsfluren, Dämme, trockene Eichen- u. Kiefernwälder, z bis mäßig h im Tief- u. Hügelland, seltener im Bergland, meist Verwilderungen (alte Zier- u. Heilpflanze), indigen vielleicht ELH. ↗ K Koel.-Coryn., V Querc. rob., V Dicr.-Pin.; submed+subatl. Früher Off.

S. sexangulare L., **Milder M.***

[*S. boloniense* LOISEL., *S. mite* GILIB.]. Blätter an nicht blühenden Trieben regelmäßig 6-zeilig; Blüten deutl. gestielt; Kronblätter nur ½ so lang wie breit. 5–15 cm. 6–7. ♃. Sandige bis steinige Ruderalfluren (Bahnanlagen, Brachen, Wegränder), Mauern, Kiesdächer, Sandtrockenrasen, lichte Kiefernwälder, mäßig h im Tief- u. Hügelland, z im Bergland. K Koel.-Coryn., K Aspl., V Cyt.-Pin.; submed+subatl.

S. spectabile BOREAU, **Prächtige F.**

[*Hylotelephium sp.* (L.) H. OHBA]. Blätter eiförmig, mit keilförmigem Grund, vorwärts gezähnt, am Grund ganzrandig. 30–60 cm. 8–10. ♃. Zierpflanze, verwildert, Gartenauswurf, s. NU. Formenreich. Heimat: O-Asien.

S. spurium M. BIEB., **Kaukasus-F.***

[*Phedimus spurius* (FISCH. et C. A. MEY.) 'T HART]. Blätter gegenständig, keilig verkehrt eiförmig, vorn kerbig gezähnt, am Rand gewimpert; Krone purpurn od. rosa. 5–20 cm. 7–8. ♃. Zierpflanze, verwildert, Mauern, Felsen, Friedhöfe, Bahnanlagen, Böschungen, h bis ins obere Bergland. ↗ NE. O Sedo-Scler., K Aspl., V Conv.-Agrop. Heimat: Kaukasus.

S. telephium L., **Purpur-F.***

[*Hylotelephium telephium* (L.) H. OHBA]. 20–60 cm. 7–9. ♃. Fels- u. Schotterfluren, Mauern, Weg- u. Bergwiesenränder, Steinrücken, Gebüschsäume,

Verbreitung nicht genau bekannt. Sichere Nachweise aus ERO, ESG, LLA, MHL, VGT (Ruderitzberg). O Sedo-Scler., O Orig.; euras.

1 Untere Blätter am Grund keilförmig, obere mit abgerundetem od. gestutztem Grund sitzend; Früchtchen außen rinnig. Sonstige Angaben wie Art. [*S. purpureum* (L.) SCHULT, *S. telephium* L. subsp. *purpureum* (L.) SCHINZ et R. KELLER]. **subsp. *telephium*, Purpur-F.**

1* Alle Blätter am Grund keilförmig, alle od. einige kurz gestielt; Früchtchen nicht rinnig, Zierpflanze, verwildert, s. [*S. fabaria* W. D. J. KOCH, *Hylotelephium vulgare* (HAW.) HOLUB]. **subsp. *fabaria*** (W. D. J. KOCH) H. OHBA., **Berg-F.**

S. villosum L., Behaarter M., Behaarte F.

Pflanze drüsig weichhaarig; Blätter längl. linealisch, oberseits fast flach; Schirmrispe armblütig. 10–20 cm. 6–7. ①, selten ⊙ od. ♃. Kalkarme, besonnte Quellfluren u. -moore, moorige Grabenränder, lückige Kleinseggenriede, †, früher z, vor allem im Bergland, letztmals 1936 auf den Hermannsdorfer Wiesen. V Card.-Mont., K Scheuchz.-Car.; bor-atl. Kaltzeitrelikt.

Weitere Arten:

S. aizoon L., **Deckblatt-F.**
[*S. maximowiczii* REGEL]. Ähnl. *S. hybridum*, aber Pflanze aufrecht, bis 40 cm hoch, meist alle Triebe blühend; Blätter eilanzettl. bis lineal lanzettl., mit verschmälertem Grund, 5–8 cm lang, Zierpflanze, verwildert, s, z. B. LLH: Leipzig; OLH: Strohmberg bei Weißenberg. NU. Heimat: N-Asien.

S. cauticola PRAEGER, **Japanische F.**
[*Hylotelephium c.* (PRAEGER) H. OHBA]. Pflanze mit Rhizomen; Blätter flach, eiförmig kreisrund bis elliptisch, mit keilförmigem Grund, bläul.-weiß, am Rand im Gegensatz zu *S. spurium* nicht bewimpert (starke Lupe!); Krone dunkelrosa. 10–20 cm. 6–7. ♃. Zierpflanze, verwildert, s, z. B. VGT. NU. Heimat: Japan.

S. ochroleucum CHAIX, **Ockergelbe F.**
Ähnl. *S. rupestre*, aber Kelchblätter 5–7 mm lang, drüsig weichhaarig; Kronblätter 8–10 mm lang. 15–30 cm. 6–8. ♃. Felsfluren, s (angesalbt?) VGT: Steinicht (ob noch im Gebiet?). Heimat: S-Europa.

S. sarmentosum BUNGE, **Ausläufer-F.**
Blätter flach, ganzrandig, in 3-zähligen Wirteln; Krone gelb. 5–20 cm. 7–8. ♃. Zierpflanze, verwildert, s LLA, OLT. NU. Heimat: China.

Sempervivum L., Hauswurz

1 Kronblätter 6, gefranst, aufrecht, gelbl.-weiß ***S. globiferum***

1* Kronblätter 8–20, flach ausgebreitet, rosa, dunkler gestreift ***S. tectorum***

S. globiferum L., Donarsbart, Sprossende H., Fransen-H.*

[*Jovibarba globifera* (L.) J. PARN.]. Rosetten 1–5 cm Ø, Tochterrosetten anfangs an langen Stielen aus den älteren hervorhängend, dann abfallend; Rosettenblätter längl. keilförmig od. längl. verkehrt eiförmig, am Rand drüsig gewimpert; Kronblätter 12–17 mm lang. 10–30 cm. 7–9. ♃. Felsfluren, Trockenwälder u. -rasen, Mauern, Bergwerkshalden, auf basenreichen Standorten, oft angepflanzt od. verwildert, s, vielerorts †. V Sesl.-Fest., V Cyt.-Pin.; europ-kont. ∇

Im Gebiet nur **subsp. *globiferum***.

S. tectorum L., **Dach-H., Donnerkraut***

Kronblätter u. Kelchzipfel sternförmig ausgebreitet; Rosetten anfangs kurz gestielt, 3–7(–14) cm Ø; Blätter der Rosetten längl. verkehrt eiförmig, stachelspitzig. 15–45 cm. 7–8. ♃. Mauerkronen, Dächer, früher als Zaubermittel gegen Blitzschlag gepflanzt u. stellenweise verwildert, heute zur Kiesdachbegrünung genutzt, z. NU. V Alysso-Sed.; pralp-dealp. (∇)

S. × ***funckii*** W. D. J. Koch [*S. arachnoideum* L. × *S. montanum* L. × *S. tectorum*]: Rosettenblätter verkehrt eilanzettl., spitz, ausgebreitet, mit lang weiß bewimperten Rändern; Blüten rosa; verwilderte Kulturpflanze, angegeben für VGT: Rößnitz.

Fam. *Haloragaceae* R. Br., Seebeerengewächse

Myriophyllum L., **Tausendblatt**

1 Alle Deckblätter der Blüten kammförmig fiederspaltig ***M. verticillatum***

1* Obere Deckblätter der Blüten ungeteilt

2 Obere Deckblätter länger als die Blüten, gezähnt; Staubblätter 4; Blattquirle der Tauchblätter 4–5(–6)-zählig ***M. heterophyllum***

2* Obere Deckblätter kürzer als die Blüten; Staubblätter 8; Blattquirle der Tauchblätter meist 4-zählig

3 Ähren vielblütig, stets aufrecht, 5–15 cm lang; Blüten rosa, in 4-zähligen Quirlen; Blattfiedern ± gegenständig, am Grund mit Drüsen ***M. spicatum***

3* Ähren wenigblütig, zuerst überhängend, 1–2(–3) cm lang; Blüten gelbl., die oberen ♂ u. wechselständig, die unteren ♀ u. quirlständig; Blattfiedern wechselständig, am Grund ohne Drüsen ***M. alterniflorum***

M. alterniflorum DC., **Wechselblütiges T., Zartes T.***

15–50 cm. 6–8. ♃. Stehende, saure od. neutrale, nährstoffarme Gewässer (Seen, Gräben, Altarme), s EET: Riesa, um Gröditz; GHP: z. B. Kalkreuth, Walda, Zabeltitz; OLH: Dresdener Heide; OLT: z. B. Reichwalde. V Potam., V Ran. fluit.; atl.

M. heterophyllum MICHX., **Verschiedenblättriges T.**
Ähre vielblütig, 10–15(–35) cm lang, aufrecht über der Wasseroberfläche; Blattfiedern meist wechselständig; Blattspreite mit Drüsen. 30–200 cm. 6–9. ♃. Stehende Gewässer (Kanäle, Teiche, Tongruben), z im Tiefland, massenhaft im Elster-Saale-Kanal bei Leipzig, s im Hügel- u. unteren Bergland. ↗ NE. V Potam. Heimat: N-Amerika.

M. spicatum L., **Ähriges T.***
Sprossachse bleich, oft rosa überlaufen. 30–200 cm. 7–8. ♃. Flüsse, Teiche, Altwässer, Tongruben, Staubecken, in nährstoffreichem, meist kalkarmem Wasser, z bis mäßig h im Tief- u. Hügelland, s im Bergland. V Potam., V Nymph.; circpol.

M. verticillatum L., **Quirliges T.***
Deckblätter so lang wie od. länger als die Blüten; Endfieder in der Mitte meist breiter als am Grund; Blattquirle 3–6-zählig; Blattspreite mit Drüsen; Ähren stets aufrecht; Krone rosa; Sprossachse meist grün. 10–30 cm. 6–8. ♃. Gräben, Tümpel, Teiche, in mäßig eutrophem Wasser, z im Tief- u. Hügelland, s im Bergland. V Potam., V Nymph.; circpol.

Fam. *Vitaceae* JUSS., Weinrebengewächse

1 Rinde sich in Streifen ablösend, Mark der 2-jährigen Zweige braun; Blätter gelappt; Ranken ohne Haftscheiben; Kronblätter oben verbunden, vom Grund aus sich mützenartig ablösend *(Abb. 183/1)* ***Vitis,*** 184

1* Rinde sich nicht in Streifen ablösend; Mark der 2-jährigen Zweige weiß; Blätter 3-lappig (selten ungelappt) od. 3–7-zählig gefingert; Ranken mit od. ohne Haftscheiben; Kronblätter frei, ausgebreitet ***Parthenocissus,*** 183

Parthenocissus PLANCH., **Jungfernrebe, Zaunrebe, Wilder Wein**

1 Blätter 3-lappig od. 3-zählig, seltener ungeteilt; Ranken mit polsterförmigen Haftscheiben ***P. tricuspidata***

183/1

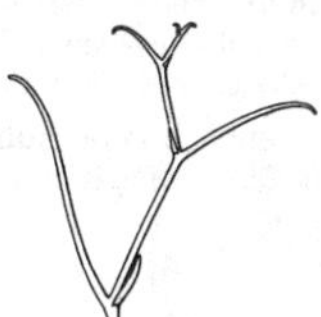
183/2

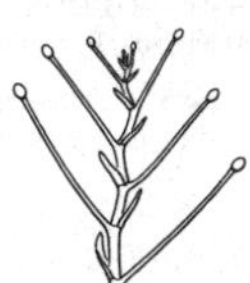
183/3

1* Blätter 5–7-zählig gefingert; Ranken mit od. ohne Haftscheiben

2 Ranken mit 2–5 windenden Seitenästchen; Haftscheiben fehlend od. nur schwach entwickelt *(Abb. 183/2);* Blätter oberseits glänzend u. glatt **_P. inserta_**

2* Ranken mit 5–12 geraden Seitenästchen u. Haftscheiben *(Abb. 183/3);* Blätter oberseits matt u. rau **_P. quinquefolia_**

P. inserta (A. Kern.) Fritsch, **Gewöhnliche J.***/**
[*P. vitacea* (A. Kern) Hitchc.]. Junge Zweige im Frühjahr grün; Früchte blauschwarz, meist bereift. Bis 20 m. 7–9. ♄ (Liane). Zierpflanze, verwildert, Waldränder, lichte Gebüsche, Ruderalfluren, besonders in urban-industriellen Ballungsgebieten, mäßig h od. z bis ins untere Bergland. NE. ↗ K Rham.-Prun., O Fag., K Artem. Heimat: N-Amerika, Mexiko.

P. quinquefolia (L.) Planch., **Selbstkletternde J.***/**
Junge Zweige im Frühjahr hellrot; Früchte blauschwarz, kaum bereift. Bis 10 m. 7–9. ♄ (Liane). Zierpflanze, verwildert (wohl oft nur übersehen), s, bisher LLA: Leipzig. NU. Heimat: N-Amerika.

Meist kultiviert var. *engelmannii* (Graebn.) Rehder [*P. engelmannii* Graebn.].

P. tricuspidata (Siebold et Zucc.) Planch., **Dreispitzige J.***/**
Blätter im Austrieb bronzefarben, im Herbst orangegelb bis scharlachrot; Beeren blauschwarz, schwach bereift. Bis 20 m. 7–8. ♄ (Liane). In mehreren Sorten kultivierte Zierpflanze, verwildert, s ERB: Zwickau; ELH: Dresden; ESG: Wehlen; LLA: Leipzig. NU. Heimat: O-Asien.

Vitis L., **Weinrebe**

Blätter herzförmig, 3–5-lappig, grob gezähnt, kahl, seltener behaart od. filzig, im Herbst sich nicht rot färbend; Blüten rispig, meist ⚥; Krone gelbl.-grün; Beeren kugelig od. längl., grün, dunkelblau od. bräunl. 2–10 m. 6–7. ♄ (Liane). Kulturpflanze, verwildert, Weinbergsbrachen u. nachfolgende Sukzessionsstadien, Gebüschränder, Ruderalfluren, nur im Weinbaugebiet des Elbtals häufiger, sonst s. NU. K Rham.-Prun., K Artem.
V. vinifera L., **Echte W.***/**

Im Gebiet nur **subsp. *vinifera*, Echte W.** Als Unterlagen für heimische Sorten dienen einige gegen die Wurzel-Reblaus resistente nordamerikanische Arten (*V. cinerea* (Engelm.) Millardet, *V. labrusca* L., *V. riparia* Michx., *V. rupestris* Scheele u. deren Hybriden).

Die von S- u. SO-Europa bis Südkaukasien verbreitete Unterart **subsp. *sylvestris*** (C. C. Gmel.) Hegi, **Wilde W.,** kommt in Deutschland nur im Oberrheingebiet vor.

Fam. *Fabaceae* Lindl. od. *Leguminosae* Juss., Schmetterlingsblütengewächse (inkl. *Caesalpiniaceae* R. Br., Johannisbrotbaumgewächse)

1 Blüten nicht schmetterlingsförmig, radiär; Zierbaum mit großen verzweigten Dornen an Stamm u. Ästen; Staubgefäße frei **_Gleditsia,_** 193

1* Blüten stets schmetterlingsförmig (bei *Amorpha* nur Fahne vorhanden); Staubgefäße verwachsen, höchstens 1 frei (Ausnahme *Styphnolobium* mit 10 freien Staubblättern); wenn dornige Bäume, dann Dornen nicht verzweigt

2 Blätter nadelförmig, wie die Nebenblätter u. Äste stechend — Kleinstrauch **_Ulex,_** 210

2* Blätter nicht nadelförmig, nicht stechend (nicht mit Dornen verwechseln, die bei einigen Arten vorkommen können!)

3 Blattspreite fehlend, nur aus einer Ranke bestehend, an deren Grund sich 2 laubblattartige Nebenblätter befinden *(Abb. 185/1)* **_Lathyrus aphaca,_** 194

3* Blätter anders gestaltet

4 Blattspreite fehlend, stattdessen ist ein flächiger, streifennerviger Blattstiel entwickelt; Krone rot — Pflanze 1-jährig **_Lathyrus nissolia,_** 195

4* Blätter normal entwickelt

5 Blätter 5- bis mehrzählig gefingert; Kräuter **_Lupinus,_** 197

5* Blätter nicht 5- bis mehrzählig gefingert; Kräuter od. Gehölze

6 Blätter ungeteilt, 3-zählig od. 3-zählig gefiedert

7 Blätter > 10 cm breit, 3-zählig gefiedert; Blättchen am Grund mit Nebenblättchen — Kräuter; Kulturpflanzen **_Phaseolus,_** 203

7* Blätter < 10 cm breit, ohne Nebenblättchen am Grund der Blättchen, ungeteilt od. 3-zählig

8 Blätter einfach u. ungeteilt **_Genista,_** 191

8* Blätter 3-zählig[1]

185/1

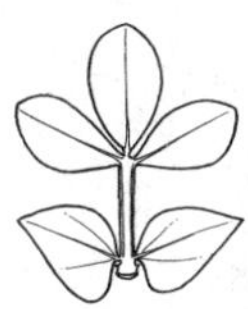

185/2

[1] Die „Nebenblätter" bei *Lotus* u. *Tetragonolobus* sind keine Nebenblätter, sondern ein zum Blattgrund gerücktes Fiederpaar *(Abb. 185/2)*. Die eigentl. Nebenblätter sind verkümmert.

9 Kelch 2-lippig od. 2-teilig; stets alle 10 Staubgefäße zu einer Röhre verwachsen — Sträucher od. Zwergsträucher

10 Blütenstand eine hängende Traube ***Laburnum,*** 193

10* Blütenstand eine aufrechte Traube

11 Kelch > 2-mal so lang wie breit, seine Röhre länger als die Zipfel ***Chamaecytisus,*** 190

11* Kelch wenig länger als breit, glockig, mit kurzer Röhre ***Cytisus,*** 190

9* Kelch 5-zähnig od. 5-spaltig; alle Staubgefäße verwachsen od. das obere frei

12 Schiffchen geschnäbelt (zugespitzt)

13 Krone rosa; alle 10 Staubgefäße zu einer Röhre verwachsen ***Ononis,*** 201

13* Krone gelb; 9 Staubgefäße verwachsen, das obere frei

14 Blüten einzeln in den Blattachseln, hellgelb (bei dem sehr selten eingeschleppten *T. purpureus* rot); Hülse 4-kantig od. 4-flügelig ***Tetragonolobus,*** 204

14* Blüten in köpfchenförmigen Dolden, kräftig gelb; Hülse stielrund od. zusammengedrückt, ungeflügelt ***Lotus,*** 196

12* Schiffchen nicht geschnäbelt

15 Krone mit den Staubgefäßen u. unter sich verwachsen, bleibend (Ausnahme *T. ochroleucon*: nach der Blütezeit abfallend), welkend *(Abb. 186/1)* — Blüten meist in ährigen od. doldigen Köpfen ***Trifolium,*** 204

15* Kronblätter nicht mit den Staubfäden verwachsen, abfallend

16 Blüten in verlängerten, ährenförmigen Trauben, gelb od. weiß; Hülse kurz eiförmig bis kugelig, 1–3-samig *(Abb. 186/2)* ***Melilotus,*** 200

16* Blüten einzeln, zu 2 od. in kurzen bis fast kopfigen Trauben

17 Hülse linealisch, schwach gebogen od. längl. eiförmig, borstl. geschnäbelt; Blüten einzeln od. zu 2 (gelbl.) od. in kopfigen Trauben (bläul.) — Stängel aufrecht ***Trigonella,*** 209

17* Hülse sichelförmig od. schneckenförmig eingerollt *(Abb. 186/3);* Blüten in kurzen, oft kopfigen Trauben, gelb, violett od. bläul. ***Medicago,*** 198

6* Blätter gefiedert

18 Blätter unpaarig gefiedert

186/1

186/2

186/3

19 Bäume u. Sträucher; Blüten in Trauben od. Rispen
20 Blüten zu 2–6 in kurzen Trauben; Krone gelb, selten orange bis rotbraun; Hülse stark aufgeblasen ***Colutea,*** 190
20* Blüten zahlreich, in langen Trauben od. Rispen; Krone weiß, blauviolett, blau od. rot; Hülsen nicht aufgeblasen
21 Windender Strauch — Trauben hängend; Krone blauviolett ***Wisteria,*** 215
21* Aufrechte Sträucher od. Bäume
22 Strauch; Trauben dicht, aufrecht, am Ende der Zweige; Krone violett, nur Fahne vorhanden ***Amorpha,*** 188
22* Bäume; Trauben bzw. Rispen locker; Krone weiß od. gelbl.-weiß, typisch schmetterlingsförmig
23 Blüten weiß, in hängenden Trauben; 9 Staubgefäße verwachsen, das obere frei; Hülsen nicht auffallend zwischen den Samen eingeschnürt; Nebenblätter zu Dornen umgeformt ***Robinia,*** 203
23* Blüten gelbl.-weiß, in aufrechten Rispen; alle 10 Staubgefäße frei; Hülsen zwischen den Samen perlschurartig eingeschnürt; Pflanze dornenlos ***Styphnolobium,*** 204
19* Kräuter; Blüten nicht ausschließl. in Trauben
24 Endblättchen der Fiederblätter (im Allgemeinen) viel größer als die Seitenblättchen — Blütenstand von fingerförmig geteilten Deckblättern umgeben ***Anthyllis,*** 189
24* Endblättchen nicht wesentl. größer als die Seitenblättchen
25 Blätter mit 5 Blättchen, wobei das unterste Paar von den anderen entfernt steht u. Nebenblätter vortäuscht (vgl. auch unter 7* ff.)
26 Blüten einzeln in den Blattachseln, hellgelb; Hülse 4-kantig od. 4-flügelig ***Tetragonolobus,*** 204
26* Blüten in köpfchenförmigen Dolden, kräftig gelb; Hülse stielrund od. zusammengedrückt, ungeflügelt ***Lotus,*** 196
25* Blätter mit 7 od. mehr Blättchen; Blättchenpaare gleich weit voneinander entfernt
27 Blüten in 3- bis mehrblütigen Dolden od. Köpfen
28 Krone weiß-rötl. od. rosa, bis 8 mm lang; Schiffchen stumpf od. spitzl.; Blütenstand mit gefiederten Hochblättern; Fruchtstand vogelfußartig mit meist gebogenen Hülsen *(Abb. 187/1)* ***Ornithopus,*** 202

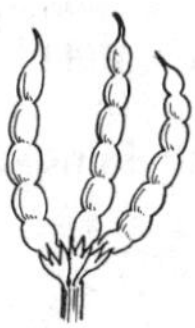
187/1

187/2

187/3

187/4

28* Krone rosa erscheinend (Flügel weiß, Fahne rosa, Schiffchenspitze violett), > 8 mm lang; Schiffchen geschnäbelt; Hochblätter nicht gefiedert; Hülsen ± gerade **_Securigera,_** 204

27* Blüten in Trauben

29 Kelchzähne fast 2-mal so lang wie die Kelchröhre; Hülsen (Nüsse) 1-samig, mit gezähntem Kamm *(Abb. 187/2)* — Krone rosa **_Onobrychis,_** 201

29* Kelchzähne höchstens etwas länger als die Kelchröhre; Hülsen mehrsamig

30 Schiffchen spitz; Krone lilaweiß; alle Staubgefäße zu einer Röhre verwachsen; Hülsen ohne Längsscheidewand **_Galega,_** 191

30* Schiffchen stumpf; Krone gelbl. od. violett; oberes Staubgefäß frei; Hülsen durch Längsscheidewand ± 2-fächrig **_Astragalus,_** 189

18* Blätter paarig gefiedert

31 Sträucher — Blüten zu 1–3, Krone gelb **_Caragana,_** 190

31* Kräuter

32 Staubfadenröhre schief nach oben abgeschnitten (so dass der freie Teil der oberen Staubblätter viel länger ist als der der unteren) *(Abb. 187/4)*

33 Kelchzähne etwa so lang wie die Kelchröhre; Hülsen 2- bis vielsamig; überwiegend Wildpflanzen **_Vicia,_** 210

33* Kelchzähne mehrmals länger als die Kelchröhre; Hülsen 1–2-samig; Kulturpflanze **_Lens,_** 196

32* Staubfadenröhre gerade abgeschnitten (so dass der freie Teil aller verwachsenen Staubblätter gleich lang ist) *(Abb. 187/3)*

35 Nebenblätter größer als die Blättchen; Blätter mit geteilter Wickelranke **_Pisum,_** 203

35* Nebenblätter kleiner als die Blättchen; Blätter mit od. ohne Wickelranke **_Lathyrus,_** 193

Zur vegetativen Unterscheidung von *Vicia* (Wicke) u. *Lathyrus* (Platterbse) merke: Die jungen Blättchen sind bei ***Vicia*** ge**f**altet, bei *Lathy**r**us* einge**r**ollt.

Amorpha L., Bastardindigo

Blättchen zu 11–25, eiförmig bis lanzettl., kahl od. kurz behaart; Blütentrauben 7–15 cm lang; Flügel u. Schiffchen fehlend; Frucht 6–9 mm lang, meist 1-samig. 1–4 m. 6–9. ♄. Zierstrauch, nach Anpflanzung verwildert, Bergbaufolgestandorte, Ruderalfluren (Brachen, Bahnanlagen, Müllplätze, Straßenränder), z. ↗ NE. Heimat: N-Amerika.

A. fruticosa L., **Gewöhnlicher B., Scheinindigo****

Anthyllis L., **Wundklee**

189/1

Stängel meist aufsteigend, zu mehreren; Grundblätter ungeteilt od. wie die Stängelblätter mit meist vergrößertem Endlappen; Blüten in kugeligen, mit einem fingerförmig geteilten Deckblatt versehenen Köpfen; Kelch bauchig, filzig *(Abb. 189/1)*. 10–60 cm. 5–8. ♃. Primär Halbtrockenrasen, sekundär Dämme, Bergbaufolgestandorte, Grasansaaten, kalkhold, z. K Fest.-Brom., V Arrh.; europ-adalp. ***A. vulneraria*** L., **Gewöhnlicher W.***

Sehr variable Art, im Gebiet bisher nachgewiesen:

1 Endblättchen der oberen Stängelblätter auffallend größer als die seitl.; Tragblattabschnitte der Köpfe linealisch lanzettl.; seitl. Kelchzähne an die oberen nicht angedrückt; Krone goldgelb; im Gebiet vorherrschend. **subsp. *pseudovulneraria*** (SAGORSKI) J. DUVIGN.

1* Endblättchen der oberen Stängelblätter nicht od. kaum größer als die seitl.; Tragblattabschnitte der Köpfe lanzettl.; seitl. Kelchzähne schmal, an die oberen angedrückt; Kelch weißl., an der Spitz oft rötl.; in Grasansaaten, bisher belegt: LLA: Störmthal, sonst meist in angenäherter Form. **subsp. *vulneraria***

Astragalus L., **Tragant**

1 Krone gelbl.-weiß

2 Stängel niederliegend, fast kahl; Blättchen 11–13, groß, eiförmig, kahl; Hülsen linealisch, etwas gebogen, kahl, zuletzt aufrecht zusammenneigend ***A. glycyphyllus***

2* Stängel aufsteigend, angedrückt behaart; Blättchen 17–25, längl. lanzettl., behaart; Hülsen rundl., aufgeblasen, rauhaarig ***A. cicer***

1* Krone violett od. hellpurpurn, selten weiß

3 Blättchen zu 7–9; Trauben locker, 4–8-blütig, Krone hellpurpurn; Hülsen linealisch längl., grau behaart ***A. arenarius***

3* Blättchen zu 15–25; Trauben mit mehr als 10 Blüten, kopfig eiförmig; Krone violett, selten weiß; Hülsen rundl. eiförmig, aufgeblasen, weißhaarig ***A. danicus***

A. arenarius L., **Sand-T.**

Stängel von angedrückten Haaren grau, selten fast kahl; Nebenblätter zusammengewachsen. 10–30 cm. 6–7. ♃. Sandmagerrasen, Sand-Kiefernwälder, s OLT: Niesky, Weißwasser, Königsbrücker Heide, Weißkollm, Hermsdorf, am Heikbruch, früher sehr z. ↘ V Koel., V Cyt.-Pin.; sarmat. ∇

A. cicer L., **Kicher-T.***

30–60 cm. 6–8. ♃. Säume, trockene Glatthaferwiesen, trockene Bahnanlagen, s ELH: von Pillnitz bis Meißen, meist †; LLA: Rückmarsdorf; MLH: früher Rochlitz. ↘ V Ger., V Arrh., V Dauco-Mel.; submed+euras-kont.

A. danicus RETZ., **Dänischer T.**

Stängel aus liegendem Grund aufsteigend, nebst Blättern u. Kelch behaart; Trauben mit Stiel viel länger als die Blätter. 7–25 cm. 5–6. ♃. Straßenränder, Ruderalfluren, s ELH: bei Weißig u. Riesa; eingeschleppt u. vorübergehend eingebürgert, wieder erloschen; nächstgelegene natürl. Vorkommen in Sachsen-Anhalt u. Böhmen.

A. glycyphyllus L., **Süßholz-T., Bärenschote***

50–150 cm. 6–7. ♃. Säume, Wegränder, z im Tiefland, mäßig h im Hügelland, z im Bergland. K Trif.; submed+euras-nem.

Caragana FABR., **Erbsenstrauch****

Blättchen 4–6-paarig, elliptisch, stachelspitzig; Hülsen 3,5–5 cm lang, spitz. 2–5 m. 4–5. ♄. Zierstrauch, verwildert, Bergbaugefolgeflächen, Böschungen, Brachen, s. NU. Giftig (für Vieh). Heimat: N-Asien.
C. arborescens LAM., **Gewöhnlicher E.**

Chamaecytisus LINK, **Zwergginster**

Pflanze zottig behaart; Äste aufrecht; Blüten in 2–6-blütigen, kopfigen Trieben an Langtrieben od. zu 1–3 seitenständig; Krone gelb, Fahne mit braunem Fleck. 20–80 cm. 6–8. ♄ (Zwstr.). Verwildert (angesalbt?), s, z. B. früher LLA: Leipzig: Ammelshain; OLT: mehrfach. NU. Giftig. Heimat: S-Europa. ***Ch. supinus*** (L.) LINK, **Kopf-Z.****

Colutea L., **Blasenstrauch**

1 Krone gelb; Blättchen frischgrün ***C. arborescens***
1* Krone tief orange bis rotbraun; Blättchen leicht blaugrün ***C. × media***

C. arborescens L., **Gewöhnlicher B.*/****

Blättchen meist zu 11, verkehrt eiförmig, vorn ausgerandet. 2,5–4 m. 6–8. ♄. Zierstrauch, verwildert, Gebüsche, Dämme, Schuttplätze, Bergbaufolgestandorte, s, bes. ELH, LLA, OLT, VGT. ↗ NE (lokal). Giftig (für Vieh). Heimat: S-Europa, N-Afrika.

C. × media WILLD., **Bastard-B.**

[*C. arborescens* × *C. orientalis*]. Zierstrauch, verwildert, s, z. B. Leipzig. NU.

Ob auch ***C. orientalis*** MILL., **Orientalischer B.,** verwildert, ist nicht bekannt. Die Art hat orange bis braunrote Kronblätter u. blaugrüne Blätter mit nur bis 1,5 cm langen Blättchen. Die Fruchtknoten u. die Hülsen sind an der Spitze der Rückenseite offen. Heimat: Kaukasus.

Cytisus DESF., **Geißklee, Besenginster**

1 Blüten in vielblütigen, endständigen, blattlosen Trauben; Zweige fast stielrund ***C. nigricans***

1* Blüten zu 1–3 in den Blattachseln; junge Zweige 5-kantig
C. scoparius

C. *nigricans* L., **Schwarzwerdender G.***/**

[*Lembotropis nigricans* (L.) GRISEB.]. Blätter alle 3-zählig, gestielt; Blättchen verkehrt eiförmig bis längl.; Krone goldgelb, wohlriechend; Hülsen anliegend behaart. 0,50–1,20 m. 6–8. ♄. Steinige, trockene Hänge, Waldsäume, lichte Eichen- u. Kiefern-Eichenwälder, Steinbrüche, Silikatfelsfluren, z im Hügelland, vor allem VGT (hier bis 680 m) u. ERO, sonst s, z. B. MLH, OL. ↘ V Querc. rob., O Orig.; europ-kont+sarmat. Waldsteppenpflanze. Pflanze wird beim Trocknen schwarz.

C. scoparius (L.) LINK, **Gelber B.***/**

[*Sarothamnus scoparius* (L.) W. D. J. KOCH]. Blätter 3-zählig, obere einfach, ungeteilt, alle zerstreut angedrückt behaart; Krone gelb (selten weiß), Fahne 10–25 mm lang; Hülsen am Rande behaart, sonst kahl, zusammengedrückt. 0,60–2 m. 5–6. ♄. Zwergstrauchheiden, Waldschläge, bodensaure Eichenwälder, Steinbrüche, sandige Brachen, mäßig h, doch stellenweise nur nach Anpflanzung verwildert. V Genist., V Querc. rob.; atl-subatl. Giftig, Off.

Im Gebiet nur **subsp. *scoparia*.**

Zu achten ist auf folgende anderenorts aus Anpflanzungen verwilderte Neophyten:

C. multiflorus (L'HER.) SWEET [*C. albus* (LAM.) LINK non HACQ.]**, **Vielblütiger B.:** Krone weiß; Fahne 9–12 mm lang; Hülsen behaart.

C. striatus (HILL) ROTHM., **Gestreifter B.:** Krone gelb; junge Zweige 8–10-kantig, zwischen den Kanten hell gestreift; Hülsen meist etwas aufgeblasen, am Rande u. auf der Fläche dicht behaart.

Galega L., **Geißraute**

Stängel aufrecht; Blättchen 9–17, längl. lanzettl., stachelspitzig, kahl, Nebenblätter halb-pfeilförmig; Blütentrauben länger als das Blatt. 60–120 cm. 6–8. ♃. Zierpflanze, verwildert, frische bis feuchte Ruderalfluren (städtische Brachen, Schuttplätze, Bahnanlagen), Dämme, mäßig h bis z im Elbtal u. um Leipzig, sonst s. ↗ NE. V Dauco-Mel., V Arct., V Conv.-Agrop. Giftig (für Vieh), früher Off. Heimat: Europa, W-Asien. ***G. officinalis*** L., **Echte G.**

Selten eingeschleppt: ***G. orientalis*** LAM.: OLT: Bärwalde; unterscheidet sich durch blauviolette Blütenfarbe, hängende Früchte u. ovale Nebenblätter. Heimat: Kaukasus.

Genista L., **Ginster**

1 Blüten einzeln od. zu 2 in den Achseln der Laubblätter, seitenständig
G. pilosa

1* Blüten in endständigen Trauben
2 Stängel blattartig geflügelt **G. sagittalis**
2* Stängel nicht geflügelt
3 Pflanze stets dornenlos; Blätter mit kurzen, linealisch pfrieml. Nebenblättern am Blattstiel **G. tinctoria**
3* Pflanze mit Dornen; Blätter ohne Nebenblätter **G. germanica**

G. germanica L., **Deutscher G.** */**
Blätter grasgrün, längl. elliptisch, spitzl., am Rand abstehend rauhaarig, ebenso die Blattstiele, Kelche u. Hülsen; Deckblätter pfrieml., ½ so lang wie der Blütenstiel; Krone goldgelb. 20–50 cm. 5–6. ♄ (Zwstr.). Waldränder, lichte Eichenwälder, Felsfluren, Steinbrüche, mäßig h bis z vom Tief- bis ins Bergland, doch stellenweise fehlend od. †. ➘ V Genist., V Querc. rob., O Mel.-Holc.; submed+subatl. Giftig.

G. pilosa L., **Behaarter G., Haar-G.** */**
Blätter längl. lanzettl., unterseits angedrückt seidenhaarig, ebenso Blütenstiele, Kelch, Schiffchen, Fahne u. Hülsen; Stängel am Grund liegend, sehr ästig, dornenlos; Krone goldgelb. 15–30 cm. 5–6. ♄ (Zwstr.). Sandheiden, saure Silikatmagerrasen, lichte Kiefernwälder u. -forsten, z. T. nur verschleppt, mäßig h OLT, z DDH, ELH (im Übergangsgebiet zu OLH), OLH; s MLH: Birmenitz bei Lommatzsch, Herrnsdorf bei Penig, Thümmlitzwald (verschleppt an der Eisenbahn?); sonst †. ➘ V Genist., O Coryn., V Dicr.-Pin.; submed+subatl. Giftig.

G. sagittalis L., **Flügel-G., Geflügelter G.** */**
[*Genistella s.* (L.) GAMS, *Chamaespartium sagittale* (L.) P. G. GIBBS]. Stängel niederliegend, aufrechte od. aufsteigende Äste treibend; Blätter sitzend, längl., spitz, oft abfallend, wie auch der Kelch rauhaarig; Krone goldgelb. 15–25 cm. 5–6. ♄ (Zwstr.). Waldsäume, verlichtete Eichenwälder, Silikatfelsfluren, trockene Wiesen, früher s ELH: Dresden-Wachwitz; MLH: am Sahnwald bei Crimmitschau; OLB: südwestl. von Bautzen; heute ERO: bei Maxen (wahrscheinl. angesalbt). V Genist., O Coryn.; atl-subatl.

G. tinctoria L., **Färber-G.** */**
Blätter lanzettl. od. linealisch lanzettl., zerstreut behaart od. kahl; Stängel aufrecht od. aufsteigend; Hülsen meist kahl; Krone goldgelb. 30–60 cm. 5–8. ♄ (Zwstr.). Zwergstrauchheiden, Silikatmagerrasen, ausgehagerte Wiesenränder, Waldsäume, lichte Eichenwälder, Steinbrüche, s auch aus Rasenansaaten verwildert, mäßig h vom Tiefland bis ins untere Bergland, im oberen s. V Genist., V Arrh., O Mel.-Holc., V Koel.-Phlei., V Querc. rob.; europ-nem+sarmat. Giftig; früher Off.

Im Gebiet nur **subsp. *tinctoria*.**

Gleditsia L., **Gleditschie**

Blätter teils doppelt, teils einfach gefiedert; Blüten grünl., fast sitzend; Hülsen bis fast 40 cm lang, bandförmig, platt, braunrot, oft gedreht; Samen von saftigem Fruchtfleisch umgeben, linsenförmig, essbar. 20–30 m. 6–7. ♄. Zierbaum. Heimat: N-Amerika.
G. triacanthos L., **Schotenbaum, Amerikanische G.** (fälschl. Christusdorn)**

Laburnum Fabr., **Goldregen**

1 Blätter u. Zweige unterseits dicht angedrückt behaart; Blättchen deutl. gestielt ***L. anagyroides***
1* Blätter abstehend behaart od. kahl; Zweige kahl; Blättchen sitzend
2 Trauben bis 40(–50) cm lang; Blättchen unterseits spärl. behaart od. ganz kahl ***L. × watereri***
2* Trauben bis 30 cm lang; Blättchen bewimpert u. mit abstehenden Haaren auf dem Mittelnerv ***L. alpinum***

L. alpinum (Mill.) J. Presl, **Alpen-G.****
Krone gelb; Hülsen kahl, an der Oberkante bis 2 mm breit geflügelt. 3–5 m. 5–6 (14 Tage später als *L. anagyroides*). ♄. Zierstrauch, verwildert, s, z. B. ERO: Tharandt. NU. Giftig. Heimat: S-Europa.

L. anagyroides Medik., **Gewöhnlicher G.***/**
Krone goldgelb; Blättchen elliptisch; Hülsen an der oberen Naht dick gekielt, seidenhaarig. 3–8 m. 5–6. ♄. Zierstrauch, verwildert, Böschungen, städtische Brachen, s. NU. Stark giftig. Heimat: Frankreich, südl. M-Europa.

L. × watereri (G. Kirchn.) Dippel, **Bastard-G.****
[*L. alpinum* × *L. anagyroides*]. Zierstrauch, wie vorige Art, doch etwas später blühend, ob verwildert?

Lathyrus L., **Platterbse**

1 Blättchen ganz od. teilweise fehlend
2 Blattspreite nur aus einer Ranke bestehend; Nebenblätter groß, laubblattartig, am Grund spießförmig *(Abb. 185/1);* Krone gelb ***L. aphaca***
2* Blattspreite fehlend, stattdessen ist ein flächiger, streifennerviger, 4–13 cm langer u. 2–8 mm breiter Blattstiel entwickelt; Nebenblätter sehr klein, pfrieml., am Grund halb-spießförmig; Krone rot ***L. nissolia***
1* Blättchen vorhanden
3 Blättchen mit Wickelranke; Pflanze kletternd
4 Stängel ungeflügelt, kantig; Trauben mehrblütig
5 Krone dunkel rosenrot, wohlriechend; Blättchen längl. od. längl. eiförmig; Nebenblätter linealisch; Stängel kahl; Wurzel mit Knollen ***L. tuberosus***

5* Krone gelb, geruchlos; Blättchen lanzettl., spitz; Nebenblätter breit lanzettl.; Stängel kahl bis weichhaarig; Wurzel ohne Knollen **L. pratensis**

4* Stängel deutl. geflügelt; Trauben wenig- bis mehrblütig

6 Trauben 1–3-blütig

7 Blättchen elliptisch od. eiförmig, 2-mal so lang wie breit, stumpf **L. odoratus**

7* Blättchen lanzettl. bis elliptisch, mehr als 3-mal so lang wie breit

8 Kelchzähne 2-mal so lang wie die Kelchröhre; Trauben 1-blütig; Krone meist weiß, bläul. geadert; Hülsen kahl, 10–15 mm breit **L. sativus**

8* Kelchzähne 1–1,5-mal so lang wie die Kelchröhre; Trauben 1–3-blütig; Krone violett, später blau; Hülsen lang behaart, 4–8 mm breit **L. hirsutus**

6* Trauben mehrblütig

9 Blättchen 2–3-paarig **L. palustris**

9* Blättchen 1-paarig

10 Traube etwas länger als ihr Blatt; Krone grünl.-gelb, rosenrot überlaufen; Flügel der Blattstiele schmaler als die des Stängels **L. sylvestris**

10* Traube mehr als 2-mal so lang wie ihr Blatt; Krone karminrot, selten weiß; Flügel des Stängels so breit wie od. wenig breiter als die der Blattstiele **L. latifolius**

3* Blättchen ohne Wickelranke; Pflanze aufrecht

11 Stängel deutl. geflügelt **L. linifolius**

11* Stängel ungeflügelt od. nur oben sehr schmal geflügelt

12 Blättchen zu 2–4-paarig, eiförmig, lang zugespitzt, unterseits grasgrün, glänzend, beim Trocknen nicht schwarz werdend; Krone purpurn, später blau, zuletzt blaugrün **L. vernus**

12* Blättchen meist 6-paarig, eiförmig längl., unterseits blaugrün, glanzlos, beim Trocknen schwarz werdend; Krone purpurn, später violett **L. niger**

L. aphaca L., **Ranken-P.***

Traube 1-blütig. 15–30 cm. 6–7. ⊙. Müll- u. Umschlagplätze, Äcker, s, z. B. Leipzig, OL. NU. Heimat: S-Europa, W-Asien, N-Afrika.

L. hirsutus L., **Behaarte P., Rauhaarige P.**

Haare der Hülsen am Grund zwiebelartig verdickt; Samen knotig rau. 30–100 cm. 6–8. ⊙, ①. Trockene Ruderalfluren (Müllplätze, Brachen, Wegränder), Grasansaaten, s, z. B. mehrfach um Leipzig, Bautzen: Weigsdorf-Köblitz. NU. Heimat: Mittelmeergebiet, W-Asien.

L. latifolius L., **Breitblättrige P., Staudenwicke***

1–3 m. 7–8. ♃. Zierpflanze, verwildert, trockene Ruderalfluren (Weg- u. Straßenränder, Bahndämme), grasige Böschungen, Hecken, mäßig h. ↗ NE. V Dauco-Mel., V Arct., V Arrh. Heimat: S-Europa.

L. linifolius (REICHARD) BÄSSLER, **Berg-P.**

[*L. montanus* BERNH.]. Blättchen 2- od. 3-paarig, längl. lanzettl. bis linealisch, unterseits blaugrün, glanzlos; Krone hellpurpurn, später trüb blau; Wurzelstock an den Gelenken knollig. 15–30 cm. 4–6 (selten bis 8). ♃. Bergwiesen, Borstgrasrasen, Wiesen- u. Wegränder (meist Böschungen), lichte, wärmebegünstigte Eichenmischwälder, im Gebirge meist mäßig h, z im Tief- u. Hügelland, um Leipzig fehlend. O Arrh., V Viol., V Carp.; subatl-mont.

1 Blättchen linealisch (1–)2–4(–5) mm breit. var. *linifolius*

1* Blättchen längl. lanzettl., 5–15(–25) mm breit; vorherrschende Sippe. var. *montanus* (BERNH.) BÄSSLER

L. niger (L.) BERNH., **Schwarze P.***

30–80 cm. 6–7. ♃. Wärmebegünstigte Wälder, Gebüsche, Säume, z im Hügelland, s im Tief- u. Bergland. ↘ O Querc. rob., V Carp., V Ger. sang.; submed+sarmat.

L. nissolia L., **Gras-P., Blattlose P.**

Trauben 1–2-blütig. 20–50 cm. 5–7. ☉. Ruderalfluren, grasige Böschungen, Säume, s, z. B. Leipzig. NU. V Sis., V Dauco-Mel. Heimat: Mittelmeergebiet.

L. odoratus L., **Wohlriechende P., Gartenwicke, Duftwicke***

Hülsen zusammengedrückt, rauhaarig; Samen fast kugelig, glatt; Fahne violett od. rosa, Flügel u. Schiffchen bläul. od. weiß. 80–160. 6–8. ☉. Zierpflanze, verwildert, Müllplätze, Kompost, s. NU. Heimat: S-Italien.

L. palustris L., **Sumpf-P.**

Blattstiele ungeflügelt; Krone schmutzig blau. 30–100 cm. 7–8. ♃. Großseggenriede, Verlandungsbereiche stehender Gewässer, †, früher s LLA: westl. von Leipzig; OLH: Herrnhut. O Mol., O Phragm.; eurosib, circpol. ▽

L. pratensis L., **Wiesen-P.***

30–100 cm. 6–8. ♃. Nährstoffreiche Frisch- u. Feuchtwiesen, Staudenfluren, Gebüsche, h. K Mol.-Arrh.; euras-nem.

L. sativus L., **Saat-P.**

30–100 cm. 5–6. ☉. Früher s als Kulturpflanze gebaut u. gelegentl. verwildert od. eingeschleppt, heute fehlend. Giftig (roh).

L. sylvestris L., **Wald-P.***

Blüten durch Drehung von Griffel u. Schiffchen asymmetrisch. 1–2 m. 7–8. ♃. Säume, grasige Böschungen, Wegränder, Gebüsche, mäßig h, ERW bis 765 m (Schöneck). K Trif.-Ger.; subatl-sarmat.

1 Blättchen 1–3 mm breit, meist 1-nervig; Pflanze kleiner als folgende; Stängelflügel nur bis etwa 1,5 mm breit. Verbreitung ungenügend bekannt, z. B. Hoyerswerda, Görlitz. **subsp. *angustifolius*** (MEDIK.) ROTHM.

1* Blättchen mindestens 5 mm breit

2 Blättchen 5–20 mm breit, 3-nervig; Flügel des Blattstiels ½ so breit wie die des Stängels. Verbreitung etc. wie bei Art. **subsp. *sylvestris***

2* Blättchen 15–40 mm breit, deutl. netznervig; Flügel des Blattstiels fast so breit wie die des Stängels. Verbreitung ungenügend bekannt, mehrfach OL, früher Leipzig. **subsp. *platyphyllos*** (RETZ.) C. J. HARTM.

L. tuberosus L., **Erdnuss-P., Knollige P.***

Wurzelknollen essbar, süß. 30–100 cm. 6–8. ♃. Lehmige bis tonige Äcker, Straßen- u. Wegränder, Säume, Brachen der Bergbaufolgelandschaft, z bis ins untere Bergland, mäßig h ERB u. LLA. A. O Secal., V Dauco-Mel.; euras-kont.

L. vernus (L.) BERNH., **Frühlings-P.***

Traube so lang wie die Tragblätter. 20–45 cm. 4–5. ♃. Nährstoffreiche Laubwälder auf ± basenreichen Böden, mäßig h bis z bis ins obere Bergland, s OLT. ↘ O Fag.; europ-nem.

Lens MILL., **Linse**

Stängel aufrecht, ästig, wie die Blätter behaart; Blätter mit einfacher od. geteilter Wickelranke; Blättchen meist in 6 Paaren, längl. gestutzt; Nebenblätter lanzettl., meist ganzrandig; Traube 1–3-blütig, Hülsen kahl; Krone bläul.-weiß. 15–30 cm. 6–7. ⊙. Kulturpflanze, heute nur noch sehr selten angebaut u. verwildert. Heimat unbekannt. [*L. esculenta* MOENCH]. ***L. culinaris*** MEDIK., **Essbare L.**

Lotus L., **Hornklee**

1 Dolden (Blüten„köpfe") meist 5–12-blütig; Stängel weitröhrig; Pflanze mit Ausläufern; Blättchen mit deutl. Seitennerven; Kelch an der Blütenknospe sternförmig, seine Zähne nach außen gekrümmt u. meist lang gewimpert, zwischen den 2 oberen eine spitze Bucht; Schiffchen bogenförmig, allmähl. (wie auch die Hülsen) in den Schnabel zugespitzt *(Abb. 196/1)* ***L. pedunculatus***

1* Dolden meist 1–6-blütig; Stängel markig od. engröhrig; Pflanze ohne Ausläufer; Seitennerven der Blättchen kaum sichtbar; Kelchzähne an den Knospen etwas einwärts gekrümmt, zwischen den 2 oberen eine stumpfe Bucht; Schiffchen rechtwinklig aufsteigend, plötzl. (wie auch die Hülsen) in den Schnabel zugespitzt *(Abb. 196/2)*

2 Blättchen der mittleren Stängelblätter linealisch bis schmal lanzettl., zugespitzt, das untere Paar lanzettl.; Stängel stets kahl; Blüten duftend ***L. tenuis***

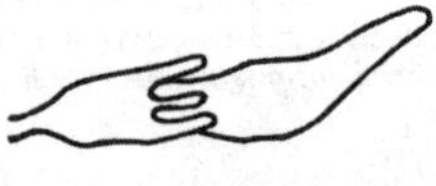

196/1

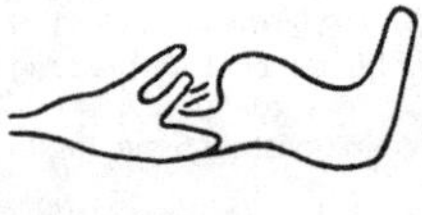

196/2

2* Blättchen der mittleren Stängelblätter verkehrt eiförmig bis eiförmig lanzettl., vorn stumpf od. mit einem Spitzchen; Stängel kahl od. behaart; Blüten meist nicht duftend ***L. corniculatus***

L. corniculatus L., **Wiesen-H., Gewöhnlicher H.***

Pflanze aufrecht od. aufsteigend. 10–40 cm. 6–8. ♃. Wiesen, Weiden, Halbtrockenrasen, Wegränder, h. O Arrh., O Brom., V Trif., V Dauco-Mel.; europ-adalp+euras-kont disj.

1 Blättchen beiderseits kurzhaarig [subsp. *hirsutus* (W. D. KOCH) ROTHM.], wahrscheinl. s. var. *hirsutus* W. D. J. KOCH

1* Blättchen kahl; Verbreitung usw. wie Art. var. *corniculatus*

var. *sativus* HYL.: neuerdings mit Grasansaaten eingeschleppt an Böschungen u. Wegrändern; robuste, aufrechte Pflanze mit großen Blättchen u. meist hohlem Stängel; Kiel leicht gefärbt; Blüten duftend.

L. pedunculatus CAV., **Sumpf-H.***

[*L. uliginosus* SCHKUHR]. Pflanze ± aufrecht. 20–50 cm. 6–7. ♃. Nährstoffreiche Feuchtwiesen, Ufer von Gräben u. Teichen, Waldquellen, mäßig h. K Mol.-Arrh., besonders V Filip.; subatl.

L. tenuis WILLD., **Schmalblättriger H., Salz-H.**

[*L. tenuifolius* (L.) RCHB., *L. glaber* MILL.]. Pflanze meist flach niederliegend. 20–50 cm. 6–8. ♃. Weg- u. Straßenränder, Brachen, vor allem auf Rohboden in der Bergbaufolgelandschaft südl. von Leipzig. V Dauco-Mel.; euras-kont+lit.

Lupinus L., **Lupine**

1 Pflanze ausdauernd; Blätter 10–15-zählig ***L. polyphyllus***

1* Pflanze 1-jährig; Blätter 5–9-teilig

2 Krone intensiv gelb; Unterlippe des Kelchs 3-zählig, Oberlippe 2-teilig; Blüten fast sitzend, in traubig angeordneten Quirlen ***L. luteus***

2* Krone weiß od. blau; Unterlippe des Kelchs ungeteilt; Blüten in Trauben, nicht quirlständig

3 Blättchen verkehrt eiförmig längl.; Blüten deutl. gestielt; Oberlippe des Kelchs ungeteilt od. nur sehr schwach 2-lappig; Krone weiß ***L. albus***

3* Blättchen linealisch; Blüten kurz gestielt; Oberlippe des Kelchs 2-spaltig; Krone himmelblau ***L. angustifolius***

L. albus L., **Weiße L.***

30–60 cm. 6–9. ⊙. Futterpflanze, verwildert, Ruderalfluren, s. NU. Samen giftig. Heimat: östl. Mittelmeergebiet.

L. angustifolius L., **Blaue L.***

30–60 cm. 6–9. ⊙. Zier- u. Futterpflanze, verwildert, Ruderalfluren, s. NU. Samen giftig. Heimat: S-Europa, Vorderasien.

L. *luteus* L., **Gelbe L.***

Blättchen längl. 30–60 cm. 6–9. ⊙. Futterpflanze auf sandigen Böden, verwildert, Ackerränder, Ruderalfluren, z. NU. O Aper., V Sis. Samen giftig. Heimat: westl. Mittelmeergebiet.

L. polyphyllus LINDL., **Stauden-L., Vielzählige L.***

Krone blau bis purpurn, Fahne in der Mitte gelb od. weißl., Zierpflanzen auch andersfarbig; Kelchlippen fast ungeteilt; Blättchen lanzettl. 1–1,5 m. 6–8. ♃. Nutz- u. Zierpflanze, verwildert, Staudenfluren an Waldsäumen, Waldschläge, Bahndämme, grasige Böschungen, z. ↗ NE. V Arct., V Arrh., V Samb.-Sal. Samen giftig. Heimat: westl. N-Amerika.

Medicago L., **Luzerne, Schneckenklee**

1 Trauben vielblütig; Hülsen dornenlos
2 Krone blau- bis dunkelviolett, schwärzl.- od. gelbl.-grün ***M. × varia***
2* Krone rein gelb
3 Blüten etwa 10 mm lang; Hülsen sichelförmig gebogen od. nur mit einer einzigen Windung ***M. falcata***
3* Blüten etwa 3 mm lang; Hülsen fast nierenförmig ***M. lupulina***
1* Trauben 1–8-blütig; Hülsen dornig *(Abb. 198/1)*
4 Blättchen beidseitig behaart; Hülsen 3–4 mm breit, innen ohne Querwände ***M. minima***
4* Blättchen oberseits kahl; Hülsen 5–10 mm breit, innen mit Querwänden
5 Pflanze wenigstens am Grund der Traubenstiele von Gliederhaaren etwas rau; Nebenblätter tief gezähnt; Blättchen meist purpurn gefleckt; Trauben meist 1–5-blütig; Flügel kürzer als das Schiffchen; Krone dottergelb; Rückennaht der Hülse gefurcht ***M. arabica***
5* Pflanze kahl od. spärl. mit einzelnen Haaren besetzt; Nebenblätter fiederspaltig eingeschnitten; Blättchen ungefleckt; Trauben meist 7–8-blütig; Flügel länger als das Schiffchen; Krone gelb, meist mit braunen Linien an der Fahne; Rückennaht der Hülse gewölbt od. flach ***M. polymorpha***

M. arabica (L.) HUDS., **Arabischer Sch.**

15–50 cm. 5–8. ⊙. Müll- u. Umschlagplätze, Gärtnereien, vor allem mit Wolle eingeschleppt, s, z. B. LLA: Leipzig; OLH: Löbau; VGT: Rodewisch. NU. V Sis. Heimat: Mittelmeergebiet, W-Europa.

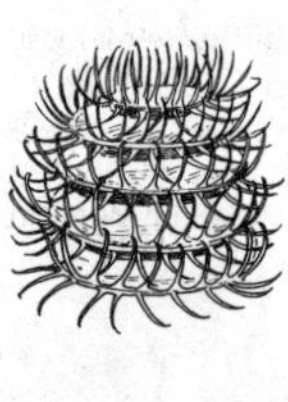

198/1

M. falcata L., **Sichel-L., Sichelklee***

Stängel liegend od. aufsteigend, angedrückt behaart; Trauben kurz od. fast kopfig. 30–80 cm. 6–9. ♃. Trocken- u. Halbtrockenrasen, Trockengebüschsäume, z im Tief- u. Hügelland, etwas häufiger im Elbtal, s verschleppt. K Fest.-Brom., V Ger. sang.; euras-kont+submed.

M. lupulina L., **Hopfen-L., Hopfenklee, Gelbklee***

Pflanze meist niederliegend; Trauben zur Blütezeit fast kugelig. 15–60 cm. 5–10. ☉–♃. Halbtrockenrasen, trockene Wiesen, Wegränder, Brachen, Ruderalfluren, h. V Brom., V Cirs.-Brach., V Conv.-Agrop., V Arct., O Onop.; euras-med.

Sehr vielgestaltig. Wie die folgenden Sippen taxonomisch einzuordnen sind, ist noch nicht geklärt:

var. *lupulina:* Pflanze drüsenlos.
var. *willdenowiana* W. D. J. KOCH: Hülsen drüsig behaart.
var. *glanduligera* NEUMANN: Hülsen, Blütenstand u. manchmal auch Blättchen drüsig.

Merke: Steril mit *Trifolium dubium* zu verwechseln, doch diese Art hat einen kahlen (nicht behaarten) Kelch, fast kahle (nicht behaarte) Blätter u. der Mittelnerv der Blättchen tritt nicht als kleines Spitzchen (wie bei *M. lupulina*) hervor.

M. minima (L.) L., **Zwerg-Sch.***

Nebenblätter ganzrandig od. am Grund gezähnelt; Kelchzähne so lang wie die Kelchröhre; Hülsen 3–4 mm breit *(Abb. 198/1);* Samen nicht durch Scheidewände voneinander getrennt. 10–30 cm. 5–6. ☉, ①. Lückige Trockenrasen, Ruderalfluren, s ELH: Meißen: Zadel; ERO: Nentmannsdorf; ursprüngl. früher auch bei Leipzig, Penig, Görlitz, Dohna, jetzt sekundär auf Müllplätzen, z. B. Leipzig. ↘ K Fest.-Brom., V Sis.; euras-kont.

M. polymorpha L., **Schwarzer Sch., Rauer Sch.**

[*M. hispida* GAERTN., *M. nigra* (L.) KROCK.]. 15–45 cm. 5–8. ☉. Müll- u. Umschlagplätze, meist wolladventiv, s. Formenreich. NU. V Sis. Heimat: Mittelmeergebiet

M.* × *varia MARTYN, **Bastard-L., Blaue L.***

[*M. sativa* × *M. falcata*]. Stängel aufrecht, zieml. kahl; Blättchen längl. verkehrt eiförmig bis lineal keilförmig; Trauben längl.; Hülsen mit 0,5–1(–2,5) Windungen; Samen 3–8. 30–80 cm. 6–9. ♃. Kulturpflanze, verwildert, halbruderale Halbtrockenrasen, Wiesen, Ruderalfluren, Grasansaaten, im Gebirge etwas seltener, kalkliebend, h. ↗NE. V Arrh., V Dauco-Mel., V Conv.-Agrop.

Als Futterpflanze seit der Antike kultiviert.

Die eigentl. **Saat-L., *M. sativa*** L.*, aus Vorder- u. M-Asien ist im Gebiet zu erwarten: Hülsen mit 2–4 kompletten Windungen; Samen 10–20.

Vor allem mit Wolle u. Südfrüchten sind weitere Arten selten eingeschleppt worden, z. B. ***M. orbicularis*** (L.) BARTAL., ***M. rigidula*** (L.) ALL.; ***M. praecox*** DC. u. ***M. laciniata*** (L.) MILL. Ihre meist schwierige Bestimmung erfordert Speziallitertur, z. B. „Flora Europaea".

Melilotus MILL., **Steinklee, Honigklee**

1 Krone weiß ***M. albus***
1* Krone gelb
2 Blättchen mit ≥ 18 Paar Seitennerven; Nebenblätter der mittleren Stängelblätter deutl. gezähnt ***M. dentatus***
2* Blättchen mit <16 Paar Seitennerven; Nebenblätter nicht od. undeutl. (*M. indicus*) gezähnt
3 Nebenblätter ± gezähnelt; Blüten nur 2–3 mm lang; Hülsen fast kugelig ***M. indicus***
3* Nebenblätter ganzrandig (sehr selten am Grund mit 1 Zahn); Blüten 3–8 mm lang; Hülsen nicht kugelig
4 Fruchtknoten u. Hülsen kahl; Hülsen querfaltig; Fahne u. Flügel länger als das Schiffchen ***M. officinalis***
4* Fruchtknoten u. Hülsen angedrückt behaart; Hülsen netzartig runzlig; Fahne, Flügel u. Schiffchen gleich lang ***M. altissimus***

M. albus MEDIK., **Weißer St.***

Fruchtknoten mit 2–4 Samenanlagen; Flügel so lang wie das Schiffchen, kürzer als die Fahne; Hülsen stumpf, stachelspitzig, kahl, meist schwarz; Stängel aufrecht; Pflanze riecht nach Cumarin. 30–120 cm. 6–10. ⊙. Mäßig trockene bis frische Ruderalfluren (Bahnanlagen, Steinbrüche, Rohböden der Bergbaufolgelandschaft, Wegränder), halbruderale Halbtrockenrasen, h bis mäßig h. ↗ NE. V Dauco-Mel., V Arct. V Conv.-Agrop.; euras-kont. Off.

M. altissimus THUILL., **Hoher St.***

Krone goldgelb; Hülsen zugespitzt, meist 2-samig; Stängel aufrecht; Pflanze riecht nach Cumarin. 60–120 cm. 7–9. ⊙. Frische bis wechselfeuchte, oft ruderalisierte Wiesen, Waldsäume, feuchte Ruderalfluren, salztolerant, LLA: um Leipzig mehrfach, sonst s u. unbeständig. ↘ V Filip., V Conv., V Dauco-Mel. Off.

M. dentatus (WALDST. et KIT.) PERS., **Salz-St.**

Flügel länger als das Schiffchen; Hülsen eiförmig, spitzl., netzartig runzlig, kahl; Krone blassgelb; Stängel meist aufsteigend. 15–80 cm. 7–9. ⊙. Nährstoffreiche, salzhaltige Wiesen, früher LLA: Dölzig (u. weiter westl. in Sachsen-Anhalt), s ruderal, z. B. 1968 in Leipzig.

M. indicus (L.) ALL., **Kleinblütiger St.**

[*M. parviflorus* DESF.]. Blättchen der unteren Blätter breit verkehrt eiförmig, seicht ausgerandet u. nur im vorderen Teil gezähnelt, die der oberen längl. keilförmig; Flügel so lang wie das Schiffchen; Hülsen stumpf, mit sehr kurzem Stachelspitzchen; Krone gelb; Stängel aufrecht. 10–60 cm. 6–7. ⊙. Müll- u. Umschlagplätze, Bahnanlagen, s, z. B. Dresden, Leipzig, Riesa, Bautzen. NU. V Sis. Heimat: Mittelmeergebiet, W-Asien.

M. officinalis (L.) LAM., **Echter St.***
Mottenkraut (ERZ)
Fruchtknoten mit 5–8 Samenanlagen; Hülsen stumpf, stachelspitzig; Stängel meist aufsteigend, kahl, meist lederbraun; Pflanze riecht nach Cumarin. 30–100 cm. 6–9. ⊙. Trockene bis mäßig trockene Ruderalfluren (Bahnanlagen, Wegränder, Müllplätze), Steinbrüche, Rohböden der Bergbaufolgelandschaft, mäßig h im Tief- u. Hügelland, seltener im Bergland. ↗ NE (16. Jh. od. früher). V Dauco-Mel., V Arct.; euras-kont. Off.

Bastard:
M. × schoenheitianus O. E. SCHULZ [*M. albus × M. officinalis*]: s, z. B. früher Bautzen, Großdubrau.

Weitere s u. unbeständig in Ruderalfluren eingeschleppte Arten, u. a.:

M. wolgicus POIR., **Wolga-St.:** Krone weiß, klein; Blütentrauben sehr locker; Nebenblätter ganzrandig, pfrieml. borstig; Blütenstiele länger als der Kelch; Flügel u. Schiffchen fast so lang wie die Fahne; Hülsen eiförmig, zusammengedrückt, gelbbraun, netzartig, meist 1-samig. 40–80 cm. 6–7. ⊙. Müll- u. Umschlagplätze, z. B. Dresden, Bautzen, Leipzig. Heimat: O-Europa bis M-Asien.

M. sulcatus DESF., **Gefurchter St.:** Krone gelb; Nebenblätter deutl. gezähnt; Hülsen konzentrisch gestreift, stumpf, 3–4 mm lang; Blütentraube reichblütig, das Tragblatt weit überragend; Blüten meist 4–5 mm lang; Flügel kürzer als das Schiffchen. 10–40 cm. 5–6. ⊙. Müll- u. Umschlagplätze, z. B. Leipzig, Riesa, Dresden. Heimat: Mittelmeergebiet.

M. siculus (TURRA) JACKS., **Sizilianischer St.:** Krone gelb; Nebenblätter deutl. gezähnt; Trauben 3–10-blütig, viel kürzer als das Tragblatt; Blüten 3–4 mm lang; Hülsen 5–7 mm lang. 10–30 cm. 5–6. ⊙. Müll- u. Umschlagplätze, z. B. Leipzig, Dresden. Heimat: Mittelmeergebiet.

Onobrychis MILL., **Esparsette**

Stängel aufsteigend bis aufrecht; Blättchen 13–25, längl. verkehrt eiförmig bis linealisch; Blütentrauben 2-mal so lang wie die Blätter. 30–70 cm. 5–7. ♃. Kulturpflanze, verwildert, ruderalisierte Trocken- u. Halbtrockenrasen, Rasenansaaten, z bis ins untere Bergland. ↗ NE: V Brom., V Arrh., V Cirs.-Brach.; med-orient. Heimat: Europa, W-Asien. [*O. sativa* LAM.].
O. viciifolia SCOP., **Saat-E.***

Ononis L., **Hauhechel**

1 Blüten in dichten, ährigen Trauben, zu (1–)2(–3) achselständig; Krone rosa, purpurn gestreift ***O. arvensis***
1* Blüten in lockeren, ährenförmigen Trauben, meist einzeln, selten zu 2 achselständig, Krone hell- bis purpurrot, dunkler gestreift
2 Fahne stumpfl.; Stängel aufrecht od. aufsteigend, 1- od. 2-reihig behaart, oben oft ringsum behaart; Blättchen vorn ± spitz; Pflanze meist bedornt ***O. spinosa***

2* Fahne zugespitzt; Stängel niederliegend, kriechend bis aufsteigend, ringsum drüsig zottig behaart; Blättchen vorn abgerundet gestutzt bis eingedellt; Pflanze meist nicht od. nur zerstreut bedornt ***O. repens***

O. arvensis L., **Bocks-H.**
[*O. hircina* JACQ.]. Hülsen 6–9 mm lang, kürzer als der Kelch; Stängel aufrecht od. aufsteigend, drüsig zottig behaart, dornenlos; Pflanze mit starkem Bocksgeruch. 40–60 cm. 6–7. ♃. Ruderalfluren, s, früher mehrere, z. T. nicht bestätigte Angaben für OL u. VGT. Heimat: M- u. W-Europa, W-Asien.

O. repens L., **Kriechende H.***
Laubblätter oft nur mit 1 Blättchen; Frucht eiförmig, drüsig zottig behaart. 30–60 cm. 6–9. ♃. Halbtrockenrasen, wechselfeuchte Wiesen, mäßig trockene Ruderalfluren, meist mäßig h im Tief- u. Hügelland, westl. VGT u. ERO; s ERM, ERW, OLB u. Teile MLH. V Brom., V Cirs.-Brach., V Arrh.; submed+subatl. Extensivweidezeiger.
Im Gebiet bisher nur **subsp. *procurrens*** (WALLR.) BONNIER et LAYENS.

O. spinosa L., **Dornige H.***
30–60 cm. 6–9. ♃. Halbtrockenrasen, wechseltrockene Wiesen, mäßig trockene Ruderalfluren (Bahnanlagen, Wegränder), z im Tief- u. Hügelland, auf weiten Strecken fehlend. ↘ V Brom., V Mol., V Viol.; submed+subatl. Extensivweidezeiger. Off.
Im Gebiet bisher nur **subsp. *spinosa*.**

Ornithopus L., **Vogelfuß**

1 Stängel niederliegend; Blättchen 15–25, elliptisch bis längl.; Dolden so lang wie od. länger als das Blatt; Kelchröhre 3-mal so lang wie die eiförmigen Kelchzähne; Hülsen meist etwas gebogen; Blüten 3–4 mm lang, weißl. ***O. perpusillus***

1* Stängel meist aufsteigend; Blättchen 13–37; Dolden 2-mal so lang wie das Blatt; Kelchröhre wenig länger als die pfrieml. Kelchzähne; Hülsen meist gerade; Blüten 6–10 mm lang, rosa od. karmin, selten weißl.-cremefarben ***O. sativus***

O. perpusillus L., **Kleiner V.***
Blüten zu 3–7 pro Dolde; Schiffchen gelbl., Fahne rot gestreift; Hülsen (Gliederhülsen!) 1–2 cm lang, bei der Reife in 4–7 Teilfrüchte zerfallend, zwischen den Segmenten nur leicht eingeschnitten *(Abb. 187/1)*. 5–30 cm. 5–6. ☉. Sandmagerrasen, saure, sandige Äcker, sandige Wegränder, Kiesgruben, mäßig h bis z im Tief-, seltener im Hügelland. V Thero-Air., V Coryn., O Aper.; atl-subatl.

O. sativus Brot., **Großer V., Serradella***

Blüten zu 2–5 pro Dolde; Hülsen 1,2–2,5 cm lang, in ± 6 Teilfrüchte zerfallend, zwischen den Segmenten zieml. stark eingeschnitten. 30–60 cm. 6–9. ⊙. Futterpflanze u. Bodenverbesserer, früher häufig, heute selten angebaut, verwildert, Wegränder, Brachen, z. NU. V Sis. Heimat: westl. Mittelmeergebiet.

Phaseolus L., **Bohne**

1 Traube vielblütig, länger als ihr Tragblatt; Hülsen etwas sichelförmig, rau; Krone scharlachrot, seltener weiß; Blättchen eiförmig, kurz zugespitzt; Stängel stets windend ***Ph. coccineus***

1* Traube wenigblütig, kürzer als ihr Tragblatt; Hülsen zieml. gerade, glatt; Krone meist weiß; Blättchen eiförmig, lang zugespitzt; Stängel windend (Stangen-B., var. *vulgaris*) od. nicht windend (Busch-B., var. *nanus* (Jusl.) Aschers.) ***Ph. vulgaris***

Ph. coccineus L., **Feuer-B., Prunk-B.***

[*Ph. multiflorus* Lam.]. 2–3 m. 6–9. ⊙ (in den Tropen ♃). Nutzpflanze, verwildert, s. Früchte roh giftig. Heimat: M-Amerika.

Ph. vulgaris L., **Garten-B.***

0,30–4 m. 6–9. ⊙. Gemüsepflanze, in vielen Sorten kultiviert, verwildert, s. Früchte roh giftig. Heimat: M- u. S-Amerika.

Pisum L., **Erbse**

Pflanze kahl; Blättchen 2–3-paarig, ganzrandig, am Rand wellig; Nebenblätter sehr groß; Blütentraube meist 2-blütig; Samen kugelig, gleichfarbig, hellgelb; Krone meist weiß, seltener die Flügel rosenrot. 30–100 cm. 5–7. ⊙. Kulturpflanze, verwildert, s. NU. Heimat: östl. Mittelmeergebiet, Vorderasien. ***P. sativum*** L., **Garten-E., Futter-E., Saat-E.***

Kultiviert wird **subsp. *sativum*.**

var. *sativum*, Saat-E., Gemüse-E.: Nebenblätter ungefleckt; Krone weiß

var. *arvense* (L.) Poir., Futter-E., Peluschke: Nebenblätter um den Stängel purpurn gefleckt; Fahne bläul., Flügel purpurn, Schiffchen weiß

Robinia L., **Robinie**

Junge Äste anfangs kurzhaarig, später verkahlend; Zweige u. Hülsen kahl; Blättchen 9–17, eiförmig bis längl. eiförmig; Blütentrauben hängend, locker, kurz gestielt; Blüten stark duftend; die reifen Hülsen öffnen sich erst Anfang März. 10–25 m. 5–6. ♄. Forst-, Straßen- u. Parkbaum, verwildert, auf frischen bis mäßig trockenen, meist tiefgründigen Böden, lichte Wälder, Waldränder, Böschungen, Brachen, Bergbaufolgestandorte, h im Tief- u.

Hügelland, gebirgswärts seltener werdend. ↗ NE. V Samb.-Salic. Giftig. Heimat: N-Amerika. ***R. pseudoacacia*** L., **Robinie, Falsche Akazie***/**

R. hispida L.**, **Borstige R.:** Junge Äste borstig braun behaart; Blüten rosenrot, duftlos; Hülsen abstehend behaart; Blättchen 11–13, rundl. eiförmig; Blütentrauben hängend, fast kugelig. 1,5–3 m. 6–7. ♄. Kleiner Zierbaum. Heimat: N-Amerika.

Securigera DC., **Kronwicke**

Stängel kantig, aufrecht od. niederliegend; Blättchen 11–21, längl. bis linealisch, stumpf, mit einem Stachelspitzchen; Nebenblätter lanzettl., getrennt; Dolden 15–20-blütig; Blütenstiel 3-mal so lang wie die Kelchröhre; Hülse aufwärts gekrümmt. 30–60 cm. 6–10. ♃. Trockene Raine, Trockengebüsche, ruderalisierte Halbtrockenrasen, Wegränder, Bahndämme, Steinbrüche, mäßig h bis z im Tief- u. Hügelland, im Bergland seltener u. meist verschleppt od. mit Grasansaaten eingebracht. NE. O Orig., K Fest.-Brom., O Arrh., V Berb. Giftig, Off. [*Coronilla v.* L.]. ***S. varia*** (L.) LASSEN, **Bunte K., Giftwicke***

Styphnolobium SCHOTT, **Schnurbaum**

Blätter bis 25 cm lang; Blättchen 7–17, gestielt, eiförmig bis lanzettl., 2,5–5 cm lang; Rispen bis 30 cm lang; Hülsen 5–8 cm lang. Bis 25 m. 8–9. ♄. Zierbaum. Heimat: China, Korea. [*Sophora j.* L.] ***S. japonicum*** (L.) SCHOTT, **Japanischer Sch.****

Tetragonolobus SCOP., **Spargelerbse**

Stängel meist liegend, am Grund ästig; Fruchtflügel glatt; Griffel nach oben verdickt. 10–30 cm. 5–6. ♃. Salzhaltige Wiesen, Wegränder, s LLA: Leipzig, Störmthal. V Mol.; submed+europ-kont. [*Lotus siliquosus* L.. *L. maritimus* L.]. ***T. maritimus*** (L.) ROTH, **Gelbe S.**

T. purpureus MOENCH, **Rote S.:** Krone scharlachrot, 10–30 cm. 5–6. ⊙. Ruderalfluren, s, z. B. Leipzig. NU. Heimat: Mittelmeergebiet.

Trifolium L., **Klee**

1 Krone gelb

2 Obere Blätter (fast) gegenständig; Blüten erst gelb, dann kastanienbraun ***T. spadiceum***

2* Blätter sämtl. wechselständig; Blüten erst gelb, beim Verblühen hellbraun

3 Köpfe 5–15-blütig; Blüten 2,5–3,5(–4) mm lang; Fahne kaum gefurcht, zusammengefaltet; Flügel gerade vorgestreckt ***T. dubium***

3* Köpfe 20–40-blütig; Blüten 4–7 mm lang; Fahne gefurcht, vorn löffelförmig erweitert; Flügel spreizend

4 Mittleres Blättchen deutl. länger gestielt als die seitl.; Blüten (3–)4–5 mm lang; Nebenblätter eiförmig, am Grund verbreitert ***T. campestre***

4* Mittleres Blättchen nicht länger gestielt als die seitl.; Blüten 5–7 mm lang; Nebenblätter längl. lanzettl., am Grund verschmälert ***T. aureum***

1* Krone rot, rosa, weiß od. gelbl.-weiß

5 Köpfe mit 2–5(–7) fertilen weißl. u. zahlreichen sterilen, kronblattfreien Blüten; bei der Reife biegen sich die Traubenstiele zur Erde, sodass die Früchte im Boden ausreifen — seltener Neophyt ***T. subterraneum***

5* Alle Blüten fertil; Früchte reifen nicht unter der Erde

6 Blüten deutl. gestielt

7 Alle Kelchzähne gleich lang; Stängel u. Blattunterseite wollig behaart ***T. montanum***

7* Obere Kelchzähne länger als die unteren; Stängel kahl od. nur oben schwach behaart

8 Stängel niederliegend u. wurzelnd; Kelch 10-nervig; Nebenblätter trockenhäutig, breit lanzettl., plötzl. in eine Granne zugespitzt ***T. repens***

8* Stängel aufrecht, aufsteigend od. niederliegend, aber nicht wurzelnd; Kelch 5-nervig: Nebenblätter krautartig, längl. lanzettl. ***T. hybridum***

6* Blüten sitzend od. nur sehr kurz gestielt

9 Köpfe nach dem Verblühen blasig aufgetrieben, netznervig

10 Blüten umgewendet, also Fahne nach unten gerichtet; Stängel aufrecht od. aufsteigend, nicht wurzelnd ***T. resupinatum***

10* Blüten mit nach oben gerichteter Fahne; Stängel kriechend, wurzelnd ***T. fragiferum***

9* Kelch nach dem Verblühen nicht blasig aufgetrieben

11 Kelch so lang wie od. länger als die Krone, außen behaart

12 Köpfe von Blättern umhüllt, einzeln, kugelig, in den Blattachseln sitzend; Kelch etwa so lang wie die Krone; Blättchen verkehrt eiförmig; Krone rosa ***T. striatum***

12* Köpfe nicht von Blättern umhüllt, gestielt, endständig; Kelch länger als die Krone; Blättchen lineal längl., keilförmig; Krone weißl., später rötl. ***T. arvense***

11* Kelch kürzer als die Krone, behaart od. kahl

13 Krone rot, selten weiß

14 Kelchröhre außen behaart

15 Pflanze 1-jährig; Köpfe einzeln, lang gestielt, eiförmig od. längl., am Grund ohne Hülle; Stängel wie auch Blätter u. Blütenstiele zottig ***T. incarnatum***

15* Pflanze ausdauernd; Köpfe meist zu 2, von 2 Blättern umhüllt; Stängel meist angedrückt behaart

16 Kelchröhre 10-nervig; Nebenblätter eiförmig, plötzl. grannenartig zugespitzt; Blättchen eiförmig od. elliptisch; Blütenstängel seitenständig ***T. pratense***

16* Kelchröhre 20-nervig; Nebenblätter lanzettl. pfrieml., lang behaart, das freie Ende allmähl. verschmälert; Blütenstängel endständig ***T. alpestre***

14* Kelchröhre außen kahl, nur die Zähne gewimpert

17 Stängel aufsteigend, ältere knickig hin u. her gebogen; Kelch 10-nervig; Köpfe einzeln, kugelig, ohne Tragblätter; Blättchen längl. elliptisch; Nebenblätter lanzettl., spitz, gewimpert ***T. medium***

17* Stängel aufrecht; Kelch 20-nervig; Köpfe meist zu 2, längl. walzenförmig, am Grund mit 2 Tragblättern; Blättchen längl. lanzettl., ringsum fein gesägt; Nebenblätter eiförmig bis lanzettl., zugespitzt ***T. rubens***

13* Krone gelbl.-weiß

18 Köpfe sitzend od. kurz gestielt, am Grund mit 1 Paar gegenständiger, sitzender Blätter; Krone 15–20 mm lang; unterster Kelchzahn 2–3-mal so lang wie die anderen; Wildpflanze ***T. ochroleucon***

18* Köpfe 2–3 cm lang gestielt; Krone 8–10 mm lang; unterster Zahn kaum länger als die anderen; Kulturpflanze ***T. alexandrinum***

T. alexandrinum L., **Alexandriner-K.**

40–60 cm. 6–9. ⊙, ①. Kulturpflanze, verwildert, Rasenansaaten, Wegränder, s, z. B. ERB: Glauchau, Zwickau; LLA: Leipzig; OLH: Schönau-Berzdorf, Buschbach; VGT: Bad Elster. NU. Heimat: Vorderasien.

T. alpestre L., **Gebirgs-K.**

Blättchen lanzettl. od. längl. lanzettl., allmähl. verschmälert; Krone purpurn, selten hellrosa od. weiß mit hellpurpurnem Schiffchen (fo. *bicolor* RCHB.). 15–30 cm. 6–8. ♃. Wärmebegünstigte Gebüschsäume, Eichen-Trockenwälder, Felsfluren, Halbtrockenrasen, s im Tief- u. Hügelland, etwas häufiger um Meißen u. Riesa. ↘ V Cirs.-Brach., O Querc. pub., O Orig.; sarmat-südsib.

T. arvense L., **Hasen-K.***

Stopp(für)sloch

Blütenköpfe sehr zottig. 10–30 cm. 6–9. ⊙, ①. Silikatfels- u. Silbergrasfluren, arme, sandige Äcker, sandig-kiesige Brachen, Bahnanlagen, h im Tief- u. Hügelland, z im Bergland. A. ↗ K Koel.-Coryn., O Aper., V Coryn., V Sis.; med+europ-nem. Früher Off.

Im Gebiet nur **subsp. *arvense*.**

T. aureum POLLICH, **Gold-K.***

[*T. strepens* CRANTZ, *T. agrarium* L.]. Stängel aufrecht od. aufsteigend; Krone goldgelb. 15–30 cm. 6–7. ⊙, ①, ⊙. Ruderalisierte, lückige Magerrasen, Wegränder, Bahnböschungen, mäßig h im Gebirge, z bis s im Hügel- u. Tiefland. V Viol., V Arrh.; sarmat-südsib.

T. campestre SCHREB., **Feld-K.***

[*T. procumbens* L.]. Stängel niederliegend, aufsteigend od. aufrecht; Krone gelb. 15–30 cm. 6–9. ⊙, ①. Sand- u. Silikatmagerrasen, sandige Äcker, Ruderalfluren, Parkrasen, mäßig h bis h im Tief- u. Hügelland, z im Bergland. K Koel.-Coryn., V Brom., V Arrh., V Cynos.; med-submed+europ-kont.

T. dubium Sibth., **Kleiner K.***

[*T. minus* Sm.]. Krone hellgelb; Blättchen keilförmig, das mittlere etwas länger gestielt; Nebenblätter eiförmig; Stängel niederliegend od. aufsteigend. 10–30 cm. 5–9. ⊙, ①. Mäßig trockene bis frische Wiesen u. Weiden, Parkrasen, h. O Arrh.; submed+subatl.

Achtung: Steril ähnl. *Medicago lupulina* (Hopfenklee), von dieser Art u. a. durch die bleibende Krone unterschieden, außerdem tritt der Mittelnerv der Blättchen nicht als Spitzchen hervor.

T. fragiferum L., **Erdbeer-K.**

Blütenköpfe kugelig, lang gestielt, am Grund mit vielteiliger Hülle; Blüten sehr kurz gestielt, hellrosa bis rot. 7–20 cm. 6–9. ♃. Sumpfige, ± salzhaltige Wiesen, Weg- u. Straßenränder, betretene Ufer, s LLA: Leipzig, früher z; sonst †, ELH: Meißen: Niederau, Weinböhla, Dresden: Strehlen, Leubnitz; OLH: Görlitz; OLT: Muskau. ↘ V Potent. ans., V Cynos.

T. hybridum L., **Schweden-K., Bastard-K.***

Blättchen verkehrt eiförmig od. elliptisch; innere Blütenstiele 2–3-mal so lang wie die Kelchröhre; Krone anfangs weiß, dann rötl. 25–50 cm. 6–9. ♃. Soziologie u. Verbreitung siehe bei den Unterarten

1 Stängel aufrecht od. aufsteigend, hohl, meist kahl u. wenig verzweigt; Blütenköpfe ± 25 mm Ø; Krone 6–7-mal länger als die Kelchröhre. Wiesen, Wegränder, Ruderalfluren, auch Kulturpflanze, mäßig h. ↗ O Arrh., V Dauco-Mel.; europ-nem. **subsp. *hybridum***

1* Stängel niederliegend od. schwach aufsteigend, markig, oberwärts weichhaarig, meist am Grund verzweigt; Blütenköpfe meist 15–20 mm breit; Krone 4–5-mal länger als die Kelchröhre, meist stärker rosa gefärbt. Sandige u. kiesige Ruderalfluren (Trümmerschutt, Wegränder), Rohböden der Bergbaufolgelandschaft, Verbreitung ungenügend bekannt, z. B. z LLA: um Leipzig; s VGT. V Dauco-Mel. **subsp. *elegans*** (Savi) Asch. et Graebn.

T. incarnatum L., **Inkarnat-K.**

Krone blutrot; Stängel aufrecht; oberste Blätter wechselständig; Blättchen verkehrt eiförmig; Nebenblätter eiförmig. 20–40 cm. 6–8. ⊙, ①. Kulturpflanze, verwildert, Straßenränder, Rasenansaaten, Ackerbrachen, z. NU. Heimat: S- u. W-Europa.

T. medium L., **Mittlerer K., Zickzack-K.***

15–45 cm. 6–8. ♃. Wärmeliebende Gebüschsäume, Wegränder, Dämme, mäßig h, doch stellenweise seltener. V Trif.; submed+europ-nem.

T. montanum L., **Berg-K.***

Krone weiß od. schwach gelbl.; Blütenstiele ½ od. ⅓ so lang wie die Kelchröhre; Blätter längl. lanzettl., unterseits behaart, ringsum fein stachlig gezähnt; Nebenblätter eiförmig, zugespitzt; Stängel aufrecht. 15–40 cm. 5–8.

♃. Halbtrockenrasen, Trockengebüschsäume, Bergwiesen, s ELH, ERO; LLA: Eilenburg: Wölpern; OLH: Weißenberg, Leuba, Mittelherwigsdorf, Schönau-Berzdorf; OLT: Ludwigsdorf; VGT: Steinsdorf; früher z im Hügel- u. Bergland. ↘ V Cirs.-Brach., V Ger., V Pol.-Tris.; submed+sarmat-südsib. Extensivweiderelikt.

T. ochroleucon Huds., **Blassgelber K., Gelblichweißer K.**
Blütenköpfe groß, meist einzeln, kugelig od. eiförmig; Kelch 10-nervig, abstehend rauhaarig; Blättchen längl. elliptisch bis lanzettl., beidseitig behaart; Nebenblätter lanzettl. pfrieml.; Hülse mit einem Deckelchen aufspringend. 20–40 cm. 6–7. ♃. Halbtrockenrasen, Trockengebüschsäume, Waldränder, †, früher s, ELH: Pirna-Neundorf, Meißen: Ziegenbusch bei Oberau, Großdobritz, Nasse Aue; MLH: Penig, Leisnig; um 1999 ein neophytisches Vorkommen OLT: bei Laubusch. V Cirs.-Brach., V Ger.; europ-kont+sarmat.

T. pratense L., **Wiesen-K., Rot-K.***
Stängel niederliegend, aufsteigend od. aufrecht; Krone purpurrot, selten fleischfarben od. weiß. 15–50 cm. 6–9. ♃, Kulturformen auch ⊙. Nährstoffreiche Wiesen u. Weiden, Halbtrockenrasen, Wegränder, h; sehr häufige Kulturpflanze. NE (Futterpflanze 18. Jh.). K Mol.-Arrh., V Brom.; Heimat: pralp, heute fast weltweit. Früher Off.

Die Untergliederung der Art ist noch nicht vollständig geklärt. Im Gebiet nur **subsp. *pratense*,** mit den folgenden Varietäten:

1 Stängel zumindest oberwärts stark behaart; Krone tief purpurrot; Stängel aufsteigend. Als Kulturpflanze angebaut, auch verwildert. [subsp. *expansum* (Waldst. et Kit.) Simonk.] var. *americanum* Harz, Amerikanischer Rot-K.

1* Stängel anliegend behaart bis fast kahl

2 Stängel bis etwa 40 cm hoch, voll bis wenig hohl, oberwärts dicht anliegend behaart, selten kahl; Köpfchen oft einzeln, meist von Laubblättern umhüllt; Blättchen 1,5–3 cm lang. Wild- u. Kulturpflanze. var. *pratense*, Gewöhnlicher Rot-K.

2* Stängel bis 80 cm hoch, hohl, schwach behaart bis kahl; Köpfchen meist zu 2, oft nicht umhüllt; Blättchen 3–5 cm lang. Häufigste Kultursippe, auch auf Wiesen u. Äckern. [subsp. *sativum* (Afzel.) Schübl. et G. Martens]. var. *sativum* Schreb., Saat-Rot-K.

T. repens L., **Weiß-K.***
Blättchen meist keilförmig verkehrt herzförmig; Krone weiß, selten rötl.-weiß, später stark zurückgebogen. 15–45 cm. 5–9. ♃. Frische, nährstoffreiche Fettwiesen u. -weiden, Parkrasen, Wegränder, Äcker, sehr h. NE (Futterpflanze 18. Jh.). O Arrh., V Polyg.; atl-subtl.

T. resupinatum L., **Persischer K.***
Krone rosa bis purpurviolett. 20–40 cm. 4–6. ⊙. Kulturpflanze, verwildert, Brachen, Weg- u. Ackerränder, z. NU. Heimat: Mittelmeergebiet, SW-Asien.

T. rubens L., **Purpur-K.**

30–60 cm. 6–7. ♃. Halbtrockenrasen, Trockengebüschsäume, †, früher s ELH: Meißen: Zaschendorf, auf der Bosel, Diesbar-Seußlitz; OLH: Lößnitzgrund. V Ger., V Querc. pub.; submed-sarmat.

T. spadiceum L., **Brauner K., Moor-K.**

Blütenköpfe endständig, walzenförmig; Blättchen alle 3 kurz gestielt; Nebenblätter längl. lanzettl.; Stängel aufrecht. 10–40 cm. 6–7. ⊙ (bis ♃). Feuchte u. lückige Stellen in Gebirgswiesen, Borstgras-Magerrasen, Wegränder, Ränder von Quellmooren, z ERZ, VGT, OL (hier fast †). ↘ V Car. nig., V Viol., V Pol.-Tris.; sarmat+pralp.

T. striatum L., **Streifen-K.**

5–30 cm. 6–7. ⊙, ①. Silikatmagerrasen, Felsfluren, trockene Raine, s, oft unbeständig, z. B. DDH, ELH, LLA, OLH (um Bautzen), VGT. V Sedo-Ver., O Coryn.; med+atl-subatl. Warmzeitzeuge.

T. subterraneum L., **Bodenfrüchtiger K.**

Stängel niederliegend, behaart; Blütenköpfe in den Blattachseln stehend; Blätter breit verkehrt eiförmig. 5–15 cm. 6–7. ⊙. Wegränder, Müll- u. Umschlagplätze, s, LLA: Markkleeberg (etwa von 1995 bis 2005 als Wegrandpflanze). NU. Heimat: Mittelmeergebiet.

Mehrfach traten vor allem aus dem Mittelmeergebiet eingeschleppte Arten unbeständig auf, z. B. ***T. scabrum*** L. **(Rauer K.)**, ***T. patens*** Schreb. **(Spreiz-K.)**, ***T. glomeratum*** L. **(Knäuel-K.)**, ***T. echinatum*** M. Bieb. **(Igel-K.)** u. ***T. angustifolium*** L. **(Schmalblättriger K.)**. Die Bestimmung erfordert Spezialliteratur, z. B. „Flora Europaea".

Trigonella L., **Bockshornklee**

1 Blüten einzeln od. zu 2, fast sitzend; Krone gelbl. od. gelbl.-weiß; Hülsen linealisch, schwach sichelförmig; Blättchen keilförmig längl., gestutzt, vorn stachelspitzig, gezähnelt ***T. foenum-graecum***

1* Blüten in lang gestielten kopfigen Trauben; Krone hellblau, violett gestreift; Hülse längl. eiförmig, plötzl. in einen borstl. Schnabel ausgezogen; Blättchen längl. elliptisch, stachelspitzig, klein gesägt, die der oberen Blätter längl. ***T. caerulea***

T. caerulea (L.) Sér., **Schabziegerklee, Blauer B., Siebenundsiebzigerlei**

Stark riechend. 30–60 cm. 6–7. ⊙. Seltene Kulturpflanze, verwildert od. eingeschleppt, Müll- u. Umschlagplätze, s. NU. Heimat: SO-Europa, Vorderasien.

T. foenum-graecum L., **Gelber B., Griechisches Heu**

Stark riechend. 30–60 cm. 6–7. ⊙. Seltene Kulturpflanze, verwildert, Müll- u. Umschlagplätze, s. NU. Off. Heimat: wahrscheinl. NW-Indien.

Ulex L., Stechginster, Gaspeldorn

Stängel gefurcht u. wie die Blütenstiele, Kelche u. Hülsen abstehend behaart; Blätter pfrieml., steif stachelspitzig, die blütenständigen so lang wie der Blütenstiel; Krone gelb. 60–120 cm. 5–6. ♄. Waldränder u. -schläge, Kiesgruben, Steinbrüche, ursprüngl. angepflanzt, z OL, sonst s. NE. K Rham.-Prun. Giftig. Heimat: atlantisches Europa. ***U. europaeus*** L., **Europäischer St.** */**

Vicia L., Wicke

1 Blüten in sehr kurz gestielten Trauben od. einzeln od. zu 2 auf kurzen Stielen in den Blattachseln

2 Blättchen 4–8-paarig; Blätter meist mit gestielter Wickelranke

3 Blüten in 3–5-blütigen, kurzen Trauben

4 Fahne u. Hülsen kahl; Krone trüb lila, selten fast weiß; Kelchzähne kürzer als die Kelchröhre, am Grund breit 3-eckig; Blättchen eiförmig bis längl., gewimpert; Stängel wie auch die Blätter kahl od. spärl. behaart ***V. sepium***

4* Fahne zottig, Hülsen angedrückt behaart; Krone blassgelb, weißl. od. purpurn; Kelchzähne etwa so lang wie die Kelchröhre, pfrieml. borstenförmig; Blättchen verkehrt eiförmig bis längl. keilförmig; Stängel wie auch die Blätter weichhaarig bis fast zottig ***V. pannonica***

3* Blüten einzeln od. zu 2 in den Blattachseln

5 Blüten ganz od. teilweise gelb; Kelchzähne gleich od. ungleich

6 Kelchzähne fast gleich; Blüten 25–35 mm lang ***V. grandiflora***

6* Kelchzähne ungleich, das obere kürzer; Blüten höchstens 25 mm lang

7 Hülsen auf den Klappen u. Nähten mit langen, auf Knötchen stehenden Haaren; Krone hellgelb, 20–25 mm lang; Flügel ohne dunklen Fleck ***V. lutea***

7* Hülsen nur auf den Nähten mit langen, auf Knötchen sitzenden Haaren, die Klappen kahl; Krone grünl.-gelb, 15–22 mm lang, mit großem schwarzem Fleck auf den Flügeln ***V. melanops***

5* Krone bläul. od. purpurn; Kelchzähne immer gleich

8 Reife Hülsen aufrecht, gelbbraun bis bräunl., seitl. zusammengedrückt, 6–11 mm breit u. zwischen den Samen eingeschnürt; Kelch 14–17 mm lang; Kelchzähne so lang wie die Kelchröhre od. länger; Krone 19–25 mm lang hell, rotviolett bis rosa, Flügel dunkel karminrot; Blättchen längl. keilförmig, verkehrt eiförmig od. verkehrt herzförmig, vorn gestutzt od. etwas ausgerandet ***V. sativa***

8* Reife Hülsen abstehend, schwarz od. braunschwarz, im Querschnitt stets rundl.; Kelch 8–12 mm lang; Kelchzähne kürzer als die Kelchröhre; Krone 15–17 mm lang, Fahne hell od. kräftig rotviolett, Flügel ebenso od. nur dunkler rot; Blättchen längl. bis linealisch ***V. angustifolia***

2* Blättchen 2–3-paarig; Blätter ohne od. mit kurzer, unverzeigter Wickelranke

9 Stängel niederliegend od. aufsteigend; Blätter mit krautigem Spitzchen od. kurzer, unverzweigter Ranke; untere Blättchen verkehrt herzförmig, obere lineal keilförmig; Blüten einzeln, blattachselständig; Krone hellviolett, 5–8 mm lang; Hülsen linealisch, kahl ***V. lathyroides***

9* Stängel aufrecht; Blätter stets mit krautigem Spitzchen; Blättchen groß, elliptisch, eiförmig od. längl.; Blüten in meist 4-blütigen Trauben; Krone weiß, die Flügel mit schwarzem Fleck, 20–30 mm lang; Hülsen längl., kurzhaarig — Stängel kantig röhrig ***V. faba***

1* Blüten in lang gestielten, vielblütigen od. zuweilen wenig- bis 1-blütigen Trauben

10 Trauben vielblütig; Blüten meist > 8 mm lang; Pflanzen 1- bis mehrjährig od. ausdauernd

11 Blättchen eiförmig bis längl.

12 Blättchen 3–5-paarig; Nebenblätter gezähnt

13 Unterstes Paar der Blättchen dem Stängel angedrückt, die halb-pfeilförmigen, gezähnten Nebenblätter verdeckend; Traube kürzer als das Blatt; Krone hellgelb ***V. pisiformis***

13* Unterstes Paar der Blättchen vom Stängel entfernt; Nebenblätter halbmondförmig, buchtig gezähnt; Traube etwa so lang wie das Blatt; Krone purpurn, später schmutzig gelb ***V. dumetorum***

12* Blättchen 6–12-paarig; Nebenblätter entweder ganzrandig od. geschlitzt

14 Nebenblätter halbmondförmig, 7–10-spaltig *(Abb. 211/1);* Blättchen 6–9-paarig; Traube länger als das Blatt; Hülsen längl.; Krone weißl., blau od. violett gestreift ***V. sylvatica***

14* Nebenblätter halb-pfeilförmig, ganzrandig *(Abb. 211/2);* Blättchen 9–12-paarig; Traube kürzer als das Blatt; Hülsen fast rautenförmig; Krone purpurviolett ***V. cassubica***

11* Blättchen linealisch od. lineal lanzettl.

15 Platte der Fahne so lang wie od. länger als ihr Nagel; Blättchen meist 10-paarig; Kelch am Grund kaum gesackt

16 Platte der Fahne so lang wie ihr Nagel; Ausrandung der Fahne weniger als 1 mm tief; Traube mit Stiel zur Blütezeit etwa so lang wie ihr Tragblatt; Länge der Fahne meist < 12 mm; Stiel der Hülse kürzer als

211/1

211/2

die Kelchröhre; Blättchen mit bogigen Seitenrändern; Stängel schlaff, kletternd, weichhaarig; Krone 8–12(–14) mm lang, blauviolett **V. cracca**

16* Platte der Fahne 1,5–2-mal so lang wie ihr Nagel; Ausrandung der Fahne tiefer als 1 mm; Länge der Fahne ≥ 12 mm; Traube mit Stiel zur Blütezeit etwa 2-mal so lang wie ihr Tragblatt; Stiel der Hülse so lang wie die Kelchröhre; Blättchen mit oft fast geraden Seitenrändern; Stängel steif aufrecht, meist kahl; Krone (10–)12–18 mm lang, hellblau **V. tenuifolia**

15* Platte der Fahne ½ so lang wie ihr Nagel, Blättchen meist 8-paarig; Kelch am Grund stark gesackt

17 Stängel ± dicht abstehend weichhaarig; Trauben 10–30(–40)-blütig, dicht, vor der Blütezeit sehr zottig, fast schopfig; Kelchzähne lang gewimpert, die unteren fädl., 2–5 mm lang, etwa so lang wie die Kelchröhre; Krone 15–20 mm lang; Haare an Stängel, Kelchen u. Blättern länger als 1 mm **V. villosa**

17* Stängel anliegend kurzhaarig, verkahlend; Trauben 5–15(–30)-blütig, vor der Blütezeit nicht zottig; Kelchzähne kurzhaarig bis kahl, die 3 unteren mit verbreitertem Grund, 1–2 mm lang, kürzer als die Kelchröhre; Krone 10–16 mm lang; Haare an Stängel, Kelchen u. Blättern maximal 1 mm lang **V. glabrescens**

10* Trauben 1–6-blütig; Blüten < 8 mm; Pflanzen 1-jährig od. 1-jährig überwinternd

18 Hülsen 2-samig, weichhaarig; Blättchenpaare meist 6–8; Blättchen vorn gestutzt od. ausgerandet; Trauben 3–6(–8)-blütig **V. hirsuta**

18* Hülse 4(–8)-samig; Blättchenpaare meist 2–4; Blättchen vorn nicht ausgerandet; Traube 1–2(–5)-blütig

19 Traube 1–3-blütig, ihr Stiel zur Fruchtzeit 2–4-mal so lang wie ihr Tragblatt; Hülsen meist 4-samig; Blüten 4–7(–8) mm lang; Samennabel ¼–⅕ des Samenumfangs **V. tetrasperma**

19* Traube 1–4(–5)-blütig, ihr Stiel zur Fruchtzeit bis 8 cm lang, länger als das Tragblatt; Hülsen meist 5-samig; Blüten (5–)6–7(–9) mm lang; Samennabel ⅛ des Samenumfangs **V. parviflora**

V. angustifolia L., **Schmalblättrige W.**

[*V. sativa* L. subsp. *angustifolia* (L.) GAUDIN]. 15–70 cm. 5–7. ☉, ①. Nährstoffreiche Äcker, Ruderalfluren, ruderalisierte Wiesen u. Halbtrockenrasen, mäßig h. A. K Stell. med., V Dauco-Mel., V Sis., V Arrh., O Coryn., K Fest.-Brom. Die Verbreitung u. Ökologie der beiden Unterarten ist noch nicht ausreichend bekannt (Schlüssel nach HANELT in JÄGER & WERNER 2005):

1 Fahne u. Flügel leuchtend rotviolett; Fahnenplatte im rechten Winkel zurückgeschlagen; Kelch kurz, höchstens 10 mm lang, fast nur ½ so lang wie die Krone; Blättchen linealisch **subsp. *angustifolia***

1* Fahne hell rotviolett, außen grünl. überlaufen; Flügel rotviolett; Fahnenplatte vorgestreckt od. bis zu einem Winkel von 45° zurückgebogen; Krone 10–12 mm lang, etwa ¾ so lang wie die Krone; Blättchen meist lineal längl. od. längl. [*V. segetalis* THUILL.] **subsp. *segetalis*** (THUILL.) CES.

V. cassubica L., **Kassubische W., Kassuben-W.**

30–60 cm. 6–7. ♃. Säume, Schläge, Gebüsche, wärmebegünstigte Wälder, z DDH, ELH, OL, sonst s u. meist erloschen, z. B. VGT: Plauen, Steinicht, Röttis. ↘ V Trif., O Prun., V Querc. rob.; sarmat.

V. cracca L., **Vogel-W.***

Hülsen schwarz, 20–25 mm lang, 4–6 mm breit, längl., vorn am Grund schief gestutzt, in einen kurzen, in der Kronröhre eingeschlossenen Fruchtknotenstiel verschmälert. 30–120 cm. 6–7. ♃. Wiesen, Weiden, Wald- u. Gebüschsäume, Uferstaudengesellschaften, h. K Mol.-Arrh.; euras.

V. dumetorum L., **Hecken-W.**

1–2 m. 6–8. ♃. Edellaubbaumreiche Wälder, Gebüschsäume, z im Hügelland u. unterem Bergland, s im Tiefland, z. B. Leipzig, fehlt ERM, ERW, VGT. ↘ V Trif., V Til.-Acer.; sarmat.

V. faba L., **Acker-, Sau-, Pferde-, Puffbohne***

Hülsen 5–20 cm lang, 1–2 cm breit, anfangs dicht, später locker behaart. 50–100 cm. 5–7. ⊙. Formenreiche Kulturpflanze unbekannter Herkunft (wahrscheinl. Mittelmeergebiet).

V. glabrescens (W. D. J. KOCH) HEIMERL, **Kahle W., Bunte W.**

[*V. dasycarpa* auct., *V. villosa* ROTH subsp. *varia* (HOST) CORB.]. 30–100 cm. 6–8. ⊙, ①. Trockene Ruderalfluren (Brachen, Wegränder, Schutt), Bergbaufolgestandorte, Äcker, z vom Tiefland bis ins untere Bergland, oft übersehen. ↗ NE. V Sis., V Dauco-Mel., K Stell. med. Heimat: Mittelmeergebiet.

V. grandiflora SCOP., **Großblütige W.**

Krone matt gelb, Fahne u. Schiffchenspitze (selten gesamte Krone) violett bis grünl. überlaufen; Kelchzähne pfrieml.; reife Hülsen anfangs kurz behaart, später kahl, schwarz. 30–60 cm. 5–6. ⊙. Mäßig trockene Ruderalfluren (Wegränder, Bahnanlagen, Müll- u. Umschlagplätze), grasige Böschungen, bodensaure, sandige Äcker, z bis mäßig h im Tief- u. Hügelland, s im Bergland. NE. V Sis., V Dauco-Mel., V Arrh., O Aper. Heimat: östl. Mittelmeergebiet.

V. hirsuta (L.) GRAY, **Behaarte W., Rauhaar-W.***

Krone bläul.-weiß. 15–60 cm. 6–7. ⊙, ①. Bodensaure, sandige bis lehmige Äcker, mäßig trockene Ruderalfluren (Bahngelände, Brachflächen), gestörte Sandmagerrasen, Gebüschsäume, mäßig h bis h. A. ↗ O Aper, V Sis., V Dauco-Mel., O Coryn.; med+europ-nem.

V. *lathyroides* L., **Platterbsen-W., Frühlings-W.**

7–20 cm. 4–5. ⊙, ①. Bodensaure, oft ruderalisierte Sandmagerrasen, Ruderalfluren (Kies- u. Sandgruben, Wegränder), z im Tief- u. Hügelland, besonders in den Sandgebieten N-Sachsens u. ELH, s VGT. O Coryn., V Sedo-Ver.; med-submed+subatl.

V. *lutea* L., **Gelbe W.**

Blättchen linealisch bis längl., stumpf. 30–60 cm. 6–7. ⊙. Ruderalfluren (Umschlagplätze, Bahnanlagen), Äcker, s, z. B. Leipzig, Zwickau, OL, Dresden, Plauen, Oelsnitz/Vogtl. NU. O Aper., V Sis. Heimat: Mittelmeergebiet.

V. *melanops* SIBTH. et SM., **Grünblütige W.**

Untere Blätter mit 2–3, obere mit 5–10 Paar Fiedern, Blättchen oval od. längl., stumpf od. ausgerandet. 20–80 cm. 6–7. ⊙. Ruderalfluren (Umschlagplätze, Bahnanlagen), s, z. B. LLA: Böhlen. NU. V Sis. Heimat: S-Europa.

V. *pannonica* CRANTZ, **Ungarische W., Pannonische W.**

30–60 cm. 5–7. ⊙, ①. Mäßig trockene Ruderalfluren (Wegränder, Bahnanlagen), Äcker, z bis ins Bergland. NU. K Stell. med., V Sis., V Dauco-Mel. O Aper. Heimat: S-Europa, Vorderasien.

1 Krone weißl. bis ockergelb; Platte der Fahne kürzer als der Nagel; Samen 1-farbig schwarz **subsp. *pannonica***

1* Krone schmutzig violett; Platte der Fahne so lang wie der Nagel; Samen ± marmoriert [var. *purpurascens* (DC.) SER., subsp. *purpurascens* (DC.) ARCANG., *V. striata* M. BIEB.] **subsp. *striata*** (M. BIEB.) NYMAN

V. *parviflora* CAV., **Zierliche W.**

[*V. tenuissima* auct.]. 10–40 cm. 6–7. ⊙, ①. Ruderalfluren, für Sachsen angegeben, doch Vorkommen nicht sicher, da wahrscheinl. mit *V. tetrasperma* verwechselt.

V. *pisiformis* L., **Erbsen-W.**

1–2 m. 6–8. ♃. Säume, Gebüsche, Trockenwälder, s, noch vorhanden: OLH: Landeskrone; früher ELH u. ESG: mehrfach im Elbtal von Rathen bis Zadel; ERO: unterhalb Tharandt, Triebischtal; MLH: Nerchau, Döbeln; OLH: Rotstein, Schwarzer Berg bei Jauernick, Hutberg bei Schönau; VGT: Pirk, Jocketa, Oelsnitz. ↘ O Querc. pub.; sarmat-südsib.

V. *sativa* L., **Saat-W., Acker-W., Futter-W.***

30–100 cm. 5–7. ⊙, ①. Kulturpflanze, verwildert, Äcker, Wegränder, ruderalisierte Wiesen, Äcker, mäßig h. NE (evtl. A.) K Stell. med., V Arct., V Arrh. Heimat: SO-Europa, SW-Asien. Wird leicht mit *V. angustifolia* verwechselt.

V. *sepium* L., **Zaun-W.***

60–80 cm. 5–8. ♃. Gebüsch- u. Waldsäume, Wiesen, krautreiche Wälder, Wegränder, h, nur in Sandgebieten seltener. O Arrh., V Trif., O Fag.; eurosib.

V. sylvatica L., **Wald-W.***

1–2 m. 6–8. ♃. Feuchte bis mäßig trockene Säume, krautreiche Wälder, z im Hügel- u. unterem Bergland, vor allem ERO, ESG, VGT. ↘ V Trif. V Til.-Acer.; bor-atl+sarmat-südsib.

V. tenuifolia ROTH, **Feinblättrige W.***

50–150 cm. 6–7. ♃. Trockengebüsche, Halbtrockenrasen, z im Tief- u. Hügelland. V Ger., V Arrh., V Brom.; submed+sarmat-südsib.

V. tetrasperma (L.) SCHREB., **Viersamige W.***

20–60 cm. 6–7. ⊙, ①. Bodensaure, sandige bis lehmige Äcker, Silikatmagerrasen, Wegränder, Brachen, Wiesen, Säume, mäßig h im Tief- u. Hügelland, seltener im Bergland. A. O Aper., O Coryn.; med+europ-nem.

V. villosa ROTH, **Zottel-W.***

30–120 cm. 6–8. ⊙, ①. Ruderalfluren (Brachen, Wegränder, Bahnanlagen), Getreideäcker, Futteransaaten, h bis mäßig h im Tief- u. Hügelland, z im Bergland. A. ↗ K Artem., K Stell. med.

Wisteria NUTT., **Blauregen**

Zweige anfangs behaart, später kahl; Blätter bis über 30 cm lang; Blättchen zu 7–13, eiförmig lanzettl., 6–8 cm lang; Trauben 20–30 cm lang, behaart; Kelch glockig. Bis 20 m hoch windend. 4–6. ♄ (Liane). Zierpflanze. Giftig. Heimat: China. [*Glycine sinensis* SIMS].
W. sinensis (SIMS) SWEET, **Blauregen, Glyzine***

Fam. *Polygalaceae* HOFFMANNS. et LINK, Kreuzblumengewächse

Polygala L., **Kreuzblume, Kreuzblümchen**

1 Blüten gelbweiß, zuweilen ± rötl. überlaufen, einzeln od. zu 2 in den Blattachseln; vorderes Kronblatt 4-lappig; Blätter ledrig, immergrün; Pflanze halbstrauchig ***P. chamaebuxus***

1* Blüten blau, rot od. weiß, in Trauben; vorderes Kronblatt mit vielteiligem Anhängsel; Blätter nicht immergrün; Pflanze krautig

2 Untere Blätter eine deutl. Rosette bildend, verkehrt eiförmig od. spatelig, viel größer als die längl. keilförmigen oberen; Seitennerven der 3-nervigen, flügelartigen Kelchblätter (Flügel) an der Spitze nicht mit den mittleren verbunden, wenig verästelt *(Abb. 216/1)*

3 Flügel zur Fruchtzeit 3,5–5,1 mm lang u. 1,2–2,2 mm breit, höchstens so lang wie die Kapsel; Kelchblätter 2,0–3,0 mm lang; Schiffchen vor dem Anhängsel undeutl. eingeschnürt; Anhängsel mit 6–14 Fransen; Samen 1,5–2,1 mm lang, Lappen des Samenanhängsels ± gleich; Stängelblätter über der Mitte am breitesten ***P. amarella***

3* Flügel zur Fruchtzeit 4,8–6,5 mm lang u. 2,0–4,4 mm breit, länger als die Kapsel; Kelchblätter 3,0–4,3 mm lang; Schiffchen vor dem Anhängsel deutl. eingeschnürt; Anhängsel mit 12–35 Fransen; Samen 2,1–2,8 mm lang, Lappen des Samenanhängsels ungleich; Stängelblätter meist in der Mitte am breitesten **_P. amara_**

2* Untere Blätter nicht rosettenförmig; Seitennerven der 3-nervigen Flügel an der Spitze durch einen Schrägnerv mit den mittleren verbunden, außen netzartig verästelt *(Abb. 216/2)*

4 Traube meist 3–8-blütig, zuletzt seitenständig (durch Seitenzweige übergipfelt); Deckblätter ½ so lang wie der Blütenstiel; untere Stängelblätter gegenständig od. fast gegenständig, klein, elliptisch, die oberen lanzettl.; Stängel am Grund niederliegend, dünn, oft sehr ästig **_P. serpyllifolia_**

4 Trauben 10- u. mehrblütig, endständig; Deckblätter so lang wie der Blütenstiel od. länger; Blätter alle wechselständig; Stängel ± aufrecht

5 Deckblätter längl. eiförmig, kahl, ½ lang wie der Blütenstiel, die Blütentraube daher nicht schopfig; Krone länger als die Flügel, diese mit 4–20 deutl. Netzmaschen **_P. vulgaris_**

5* Deckblätter lineal lanzettl., ± gewimpert, länger als der Blütenstiel, vor dem Aufblühen die Blüten überragend, die kegelförmig verschmälerte Traube daher schopfig; Krone etwa so lang wie die Flügel, diese mit 1–6 undeutl. Netzmaschen **_P. comosa_**

P. amara L., **Bittere K.**

Blüten lebhaft blau od. violettblau, selten purpurn, rosa od. weiß; von bitterem Geschmack. 5–25 cm. 5–6. ♃. Kurzrasige Wiesen auf frischen, kalkhaltigen Böden, †, früher s LLA: Leipzig; OLH: Bischofswerda, Hainewalde, Scheibe; OLT: Neustadt/Spree; ESG: Cottaer Spitzberg. Wahrscheinl. V Cirs.-Brach.; submed.

Im Gebiet nur **subsp. _brachyptera_** (CHODAT) HAYEK.

P. amarella CRANTZ, **Sumpf-K.***

[*P. austriaca* CRANTZ, *P. amara* subsp. *amarella* (CRANTZ) CHODAT]. Blüten bläul. bis milchweiß; weniger bitter schmeckend. 5–25 cm. 4–6. ♃. Kurzrasige Wiesen auf frischen, kalkhaltigen Böden, Halbtrockenrasen, †, früher s ERO: Pirna: Cotta; LLA: westl. von Leipzig. V Brom.; sarmat-südsib.

216/1

216/2

P. chamaebuxus L., **Buchs-K., Zwergbuchs***/**

[*Polygaloides chamaebuxus* (L.) O. SCHWARZ]. Blätter längl. lanzettl. od. elliptisch, stachelspitzig (ähnl. denen der Preiselbeere, der aber das Blattspitzchen fehlt); Stängel holzig, ästig, aufsteigend. 10–20 cm. 4–6. ♄. Lichte Kiefernwälder u. ihre Säume, Borstgrasrasen, Bahndämme, Bergheiden, früher auch in lichten Eichenwäldern, s, nur noch südl. VGT: um Bad Elster, Brambach, Adorf, östl. Oelsnitz, bei Plauen erloschen; früher ERW: Schöneck. ↘ V Querc. rob., V Dicr.-Pin., V Genist., V Viol.; dealp.

P. comosa SCHKUHR, **Schopf-K., Schopfige K.***

Stängel aufrecht, etwas steif; Blüten trüb rosenrot, selten weiß od. blau. 15–30 cm. 5–7. ♃. Magerrasen, Halbtrockenrasen, Wiesenraine auf Kalkmergelgrund, im VGT auch auf Diabas, s ELH: zwischen Pirna u. Meißen; LLA: nur noch Schkeuditz, früher auch am Bienitz; VGT: nur noch Voigtsgrün, Plauen, Kürbitz, Weischlitz; früher OLT: Niesky u. OLH: Görlitz, Ostritz, Zittau. ↘ V Brom.; submed+euras-kont.

P. serpyllifolia HOSÉ, **Quendel-K.**

[*P. serpyllacea* WEIHE]. Blätter breiter als bei *P. vulgaris*, lanzettl., paarweise genähert; Blüten hellblau. 6–12 cm. 5–9. ♃. Bodenfrische u. feuchte Borstgrasrasen, torfmoosreiche Quellmoore, z ERB, VGT; s ERZ. O Nard., V Mol., V Car. nig.; subatl-mont.

P. vulgaris L., **Gewöhnliche K.***

Stängel niederliegend bis aufsteigend, oft kreisförmig ausgebreitet. 5–25 cm. 5–7. ♃. Subatl. Früher Off.

1 Blüten blau, seltener rötl.-violett od. weiß; Pflanze meist kräftig u. vielstängelig; obere Stängelblätter deutl. größer als die unteren; Flügel am Grund genagelt, etwa so breit wie die Kapsel, mit 6–20 Netzmaschen; Anhängsel mit 14–32 Fransen. Borstgrasrasen, Kleinseggenriede, Halbtrockenrasen, Wiesenraine, auf mäßig trockenen bis feuchten od. wechseltrockenen, nährstoffarmen sauren Lehm- u. Sandboden, z im Tief- u. Hügelland, mäßig h im Bergland. O Nard., V Car. nig., V Cirs-Brach., O Brom. **subsp. *vulgaris***

1* Blüten grünweiß od. blassblau; Pflanze meist aufststeigend, wenigstängelig; obere Stängelblätter den unteren ± gleich; Flügel am Grund ± keilig, schmäler als die Kapsel, mit 4–8 Netzmaschen; Anhängsel mit 8–16 Fransen. Silikatmagerrasen, im Tiefland z, sonst s, z. B. ERM: Hammerunterwiesenthal. O Nard. **subsp. *oxyptera*** (RCHB.) SCHÜBL. et G. MARTENS

Fam. *Rosaceae* Juss., Rosengewächse

1 Sträucher u. Bäume
2 Griffel zahlreich
3 Fruchtknoten in den hohlen, krugförmigen, zuletzt fleischigen Blütenboden eingeschlossen („Hagebutten") — Früchtchen nussartig; Blätter gefiedert ***Rosa,*** 257
3* Blütenboden halbkugelig bis kegelförmig
4 Pflanzen mit Stacheln od. abstehenden Borsten (nur bei einigen Kultur-Brombeeren stachellos); Früchtchen steinfruchtähnl., saftig, zu mehreren zu einer Scheinbeere verwachsen; Blätter gefingert, seltener gefiedert ***Rubus,*** 266
4* Pflanzen stachellos; Sammelfrucht aus Nüsschen bestehend; Blätter 3–5(–7)-zählig gefiedert — Krone meist gelb (bei Sorten auch weiß od. rosa) ***Dasiphora fruticosa,*** 239
2* Griffel 1–5
5 Blätter gegenständig; Blüten 4-zählig, weiß ***Rhodotypos,*** 257
5* Blätter wechselständig; Blüten 5-zählig
6 Fruchtknoten oberständig od. mittelständig (in einem Achsenbecher angeordnet, doch nicht mit ihm verwachsen)
7 Blätter gefiedert ***Sorbaria,*** 299
7* Blätter ungeteilt
8 Fruchtknoten u. Griffel 1, zur Fruchtzeit eine Steinfrucht bildend ***Prunus,*** 250
8* Fruchtknoten od. Griffel 3–5
9 Kronblätter goldgelb — Blüten einzeln, meist gefüllt ***Kerria,*** 242
9* Kronblätter rot od. weiß
10 Fruchtknoten frei, selten am Grund verwachsen; Frucht nicht aufgeblasen ***Spiraea,*** 301
10* Fruchtknoten etwa bis zur Mitte verwachsen; Frucht aufgeblasen ***Physocarpus,*** 243
6* Fruchtknoten unterständig, zur Reife eine „Apfelfrucht" bildend
11 Kronblätter leuchtend orange bis ziegelrot, seltener rosa od. weiß; Krone 2,5–5 cm breit ***Chaenomeles,*** 231
11* Kronblätter weiß, rosa od. rot, von unterschiedl. Größe; Krone meist kleiner
12 Blätter doppelt gesägt bis gefiedert
13 Pflanze mit Dornen; Kerngehäuse steinhart („Steinapfel") ***Crataegus,*** 235
13* Pflanze dornenlos; Fächer des Kerngehäuses mit pergamentartiger Wand („Kernapfel") ***Sorbus,*** 299
12* Blätter einfach gesägt od. ganzrandig
14 Blüten in Trauben ***Amelanchier,*** 229
14* Blüten in Schirmtrauben od. -rispen, sitzenden Dolden od. einzeln

15 Blüten bis 10 mm Ø

16 Strauch mit Dornen, immergrün ***Pyracantha,*** 256

16* Strauch stets ohne Dornen, meist sommergrün

17 Blüten zu 1–5 in den Blattachseln; Blätter ganzrandig; Kerngehäuse sehr hart ***Cotoneaster,*** 231

17* Blüten in endständigen Schirmrispen; Blätter fein gezähnt; Kerngehäuse weich ***Aronia,*** 230

15* Blüten größer, > 20 mm Ø

18 Blüten einzeln, endständig

19 Kelchblätter länger als die Kronblätter, zur Fruchtzeit zusammenneigend; Blütenkrone weiß; Fruchtknoten mit 1–2 Samenanlagen pro Fach; Nebenblätter zugespitzt ***Mespilus,*** 243

19* Kelchblätter kürzer als die Kronblätter, zurückgeschlagen; Frucht mit zahlreichen Samenanlagen pro Fach; Nebenblätter abgerundet ***Cydonia,*** 239

18* Blüten zu mehreren an kurzen Seitentrieben

20 Griffel frei; Staubbeutel rot od. violett; Frucht am Grund verschmälert od. abgerundet; Fruchtfleisch mit eingeschlossenen Steinzellen; Blattstiele etwa so lang wie die Spreite ***Pyrus,*** 256

20* Griffel am Grund verwachsen; Staubbeutel gelb; Frucht oben u. am Grund vertieft; Fruchtfleisch ohne Steinzellen; Blattstiel kürzer als die Spreite ***Malus,*** 242

1* Kräuter

21 Blüten in dichten, kugeligen od. eiförmigen Köpfen, bräunl. od. grünl.; Krone fehlend ***Sanguisorba,*** 299

21* Blüten nicht in Köpfen; Krone fehlend od. vorhanden

22 Krone fehlend, Blüte sehr klein

23 Blüten in blattachselständigen, sitzenden, geknäuelten Trugdolden; Staubblätter 1 od. 2; Blätter handförmig 3(–5)-spaltig; Pflanze 1-jährig od. 1-jährig überwinternd, ohne Grundblattrosette; Stängel dünn, meist niederliegend od. aufsteigend ***Aphanes,*** 230

23* Blüten in endständigen, geknäuelten Rispen; Staubblätter 4; Blätter gelappt; Pflanze ausdauernd, mit Grundblattrosette; Stängel ± aufrecht ***Alchemilla,*** 221

22* Blüten mit Kron- u. Kelchblättern

24 Kelchzipfel 2-reihig, 2-mal so viele wie die Kronblätter

25 Kronblätter schwarz-purpurn, bis zur Fruchtreife bleibend ***Comarum,*** 231

25* Kronblätter weiß od. gelb, bei Kultursippen auch rot

26 Griffel sich während der Fruchtreife verlängernd, fedrig behaart od. hakenförmig gekrümmt ***Geum,*** 241

26* Griffel sich während der Fruchtreife nicht verlängernd

27 Kronblätter gelb

28 Blütenboden bei der Fruchtreife trocken, Nüsschen einzeln abfallend
29 Fruchtblätter 2–6; Blätter 3-zählig — Zierpflanze ***Waldsteinia,*** 304
29* Fruchtblätter > 5; Blätter 3-zählig, gefingert od. gefiedert ***Potentilla,*** 244
28* Blütenboden bei der Reife schwammig, hellrot, erdbeerartig, mit den Nüsschen abfallend ***Potentilla indica,*** 247
27* Kronblätter weiß
30 Blütenboden bei der Fruchtreife schwammig, hellrot, schmackhaft, mit den Nüsschen abfallend; Blätter 3-zählig ***Fragaria,*** 240
30* Blütenboden bei der Fruchtreife trocken; Nüsschen einzeln abfallend; Blätter gefiedert od. 5-zählig gefingert, selten 3-zählig (vgl. *P. sterilis, Abb. 220/1*) ***Potentilla,*** 244
24* Kelchzipfel 1-reihig, ebenso viele wie Kronblätter
31 Kronblätter gelb ***Agrimonia,*** 220
31* Kronblätter weiß
32 Blätter 3-zählig; Früchtchen steinfruchtähnl., saftig, zu mehreren zu einer Scheinbeere verwachsen ***Rubus saxatilis,*** 293
32* Blätter einfach od. doppelt gefiedert; Früchtchen nicht steinfruchtähnl.
33 Pflanze ohne Nebenblätter; Blüten 2-häusig; Früchtchen meist 3, aufspringend ***Aruncus,*** 231
33* Pflanze mit Nebenblättern; Blüten ⚥; Früchtchen meist mehr als 5, nicht aufspringend ***Filipendula,*** 239

220/1

220/2

220/3

Agrimonia L., **Odermennig**

1 Kelch dicht rauhaarig, zur Reife mit tiefen, fast bis zum Grund reichenden Furchen; äußere Kelchborsten aufrecht abstehend *(Abb. 220/2);* Kronblätter eiförmig; Blattunterseite dicht graufilzig, mit wenigen, im Filz versteckten sitzenden Drüsen ***A. eupatoria***
1* Kelch locker behaart, zur Reife mit seichten, nur bis zur Mitte reichenden Furchen; äußere Kelchborsten nach hinten zurückgeschlagen *(Abb. 220/3);* Kronblätter verkehrt eiförmig; Blattunterseite grün bis graugrün, mit zahlreichen aromatisch riechenden Drüsen ***A. procera***

A. eupatoria L., **Kleiner O.***

30–100 cm. 6–9. ♃. Halbtrockenrasen, Gebüschsäume, Wegränder, auf trockenen, nährstoffreichen, meist basischen Böden, mäßig h im Tief- u. Hügelland; im Gebirge u. in der westl. OL s. O Orig., O Prun., V Brom.; euras-nem. Off.

A. procera WALLR., **Großer O.***

[*A. odorata* auct.]. 80–150 cm. 6–8. ♃. Säume, Dämme, Ruderalfluren (Wegränder, Steinbrüche, alte Brachen), auf nährstoffreichen, frischen Böden, s vom Tief- bis ins untere Bergland, fehlt EET u. VGT. O Prun., O Glech., K Artem.; subatl.

Alchemilla L., **Frauenmantel**

1 Blattstiel u. Stängel abstehend behaart; Blüten kahl od. behaart

2 Blütenbecher kahl

3 Blattspreiten oberseits kahl (sehr selten einzelne locker behaart), bläul.-grün, unterseits fast immer dicht behaart; Nebenblattöhrchen der Grundblätter über der Trennung vom Blattstiel meist 1–10 mm miteinander verwachsen *(Abb. 221/1);* Blüten 1,5–3 mm lang, gelbgrün bis gelb; Blütenstand mit 80–1000 Blüten; Grundblattzähne 0,4–1(–1,2)-mal so lang wie breit, ihre Länge 2–3(–6) % des Spreitenradius ***A. xanthochlora***

3* Wenigstens Sommerblattspreiten oberseits behaart, grasgrün, graugrün, dunkelgrün od. bläul.-grün, unterseits meist nicht dichter behaart als oberseits; Nebenblattöhrchen der Grundblätter über der Trennung vom Blattstiel frei *(Abb. 221/2);* Blüten 2–4,5(–5) mm lang, grün bis gelbgrün; Blütenstand mit (20–)60–500 Blüten; Grundblattzähne bei einigen Arten etwas länger als breit, ihre Länge (2)3–7(–10) % des Spreitenradius

4 Haare an Blattstielen u. Stängeln 20–90° abstehend (meist 90° = rechtwinklig)

5 Grundblattzähne 0,25–1-mal so lang wie breit, meist unsymmetrisch; Blattspreiten meist stark wellig, grasgrün; Kelchzipfel mit wenigen Haaren od. kahl ***A. subcrenata***

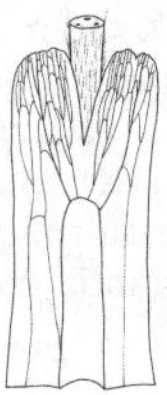

221/1

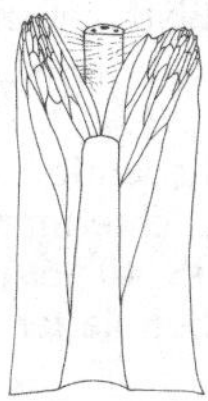

221/2

5* Grundblattzähne 0,5–1,6 (–2)-mal so lang wie breit, meist symmetrisch; Blattspreiten flach, faltig od. schwach wellig, hell grasgrün, graugrün od. dunkelgrün; Kelchzipfel kahl od. behaart

6 Blattspreiten (hell bis dunkel) graugrün, faltig bis flach; Lappen der Grundblattspreiten auf 1–4 mm (= 15–40 % der Länge) ganzrandig; Blattzähne u. Kelchzipfel meist stumpfl.; Nebenblätter am untersten Stängelblatt dicht behaart; Teilblütenstände dicht knäuelig, Knäuel 6–10 mm dick; Blüten 2,5–4 mm breit; Fruchtbecher oben oft etwas eingeschnürt **_A. monticola_**

6* Blattspreiten hell grasgrün od. glänzend dunkelgrün, zieml. eben, schwach faltig od. schwach wellig; Lappen der Grundblattspreiten auf 0–3 mm (= 0–25 % der Länge) ganzrandig; Blattzähne u. Kelchzipfel spitz; Nebenblätter am unteren Stängelblatt spärl. bis mäßig dicht behaart; Teilblütenstände nicht dicht knäuelig, deutl. wickelig; Blüten 3–5 mm breit; Fruchtbecher oben wenig verengt od. gleich breit

7 Lebende Blattspreiten oberseits (meist hell) grasgrün, glanzlos; Blattstiele mit konvexer Oberseite, innerl. (Parenchym) fast immer grün; Fruchtbecher (ohne die Kelchzipfel) 1–5-mal so lang wie breit, unten abgerundet bis kurz zugespitzt, oben gleich breit; Haare an Blattstielen u. Stängeln rechtwinklig abstehend; Basis der grundständigen Nebenblätter fast immer weiß; Diskuswulst schmäler als die Öffnung bis gleich breit; Nüsschen (0,25–)0,4 mm (= 20–33 %) über den Diskus ragend **_A. vulgaris_** s. str.

7* Lebende Blattspreiten oberseits dunkelgrün, etwas glänzend; Blattstiele mit flacher Oberseite, innerl. (Parenchym) fast immer rötl.; Fruchtbecher (ohne die Kelchzipfel) 1–1,7-mal so lang wie breit, unten deutl. bis lang zugespitzt, oben etwas verengt od. gleich breit; Haare an Blattstielen u. Stängeln sehr oft etwas aufwärts gerichtet (20–90° abstehend); Basis der grundständigen Nebenblätter fast immer rosa bis weinrot; Diskuswulst so breit wie die Öffnung od. breiter; Nüsschen 0–0,4 mm (= 0–25 %) über den Diskus ragend **_A. micans_**

4* Haare wenigstens an einigen Blattstielen u. Stängeln zurückgebogen (100–140° abstehend)

8 Lebende Blattspreiten oberseits mit eingesenkten Nervennetz, nierenförmig schüsselig, auf 9–25 % (selten bis 35 %) des Radius gelappt; Öhrchen der grundständigen Nebenblätter über der Trennung vom Blattstiel oft ca. 1 mm miteinander verwachsen — Blattspreiten oberseits dunkel graugrün; Blütenstand kurzästig, aber sparrig, armblütig **_A. crinita_**

8* Lebende Blattspreiten oberseits nicht mit eingesenktem Nervennetz, trichterförmig bis flach, stark wellig od. faltig, meist kreisförmig, auf 15–40(–69) % des Radius gelappt; Öhrchen der grundständigen Nebenblätter über der Trennung vom Blattstiel frei

9 Blüten 3–6,5 mm breit; Fruchtbecher (ohne die Kelchzipfel) kugelig, 0,9–1,2-mal so lang wie breit, die meisten am Grund breit abgerundet; Teilblütenstände kugelig geknäuelt, mindestens 10 mm im Durchmesser; Blattstiele innen (Parenchym) fast immer rötl. ***A. subglobosa***

9* Blüten 2,5–4 mm breit; Fruchtbecher (ohne die Kelchzipfel) kugelig bis lang glockig, 1–1,6-mal so lang wie breit, am Grund zugespitzt bis abgerundet; Teilblütenstände kaum kugelig geknäuelt; Blattstiele innen (Parenchym) fast immer grün

10 Lebende Blattspreiten oberseits grasgrün; Blattzähne 0,25–1-mal so lang wie breit, einwärts gekrümmt u. meist sehr unsymmetrisch; Kelchzipfel 3-eckig, 1–1,7(–2)-mal so lang wie breit, häufig mit wenigen steifen Haaren; Länge der Außenkelchblätter 67–100 % der Kelchzipfellänge, ihre Breite 20–60 % der Kelchzipfelbreite; grundständige Nebenblätter weiß, an der Spitze grün ***A. subcrenata***

10* Lebende Blattspreiten oberseits hell bläul.-grün bis grasgrün; Blattzähne 0,67–1,6-mal so lang wie breit, vorwärts gerichtet u. zieml. symmetrisch; Kelchzipfel geschweift 3-eckig, 0,8–1,2-mal (sehr selten bis 1,6-mal) so lang wie breit, fast immer kahl; Länge der Außenkelchblätter 50–80 % der Kelchzipfellänge, ihre Breite 12–50 % der Kelchzipfelbreite; grundständige Nebenblätter an der Basis meist rosa, an der Spitze grün ***A. cymatophylla***

2* Blütenbecher behaart

11 Außenkelchblätter so lang wie die Kelchzipfel od. länger; Öhrchen der grundständigen Nebenblätter über der Trennung vom Blattstiel auf 2–7 mm miteinander verwachsen ***A. mollis***

11* Außenkelchblätter an den meisten Blüten deutl. kürzer als die Kelchzipfel; Öhrchen der grundständigen Nebenblätter über der Trennung vom Blattstiel frei

12 Haare am Blütenbecher 0–40(–100); viele Blütenbecher kahl

13 Fruchtbecher oben nicht verengt; Teilblütenstände deutl. wickelig, nicht scheindoldig u. nicht kugelig

14 Nebenblattöhrchen der Grundblätter über der Trennung vom Blattstiel frei; Blüten 2–4 mm lang, 3–4,5 mm breit; Blattspreiten beiderseits spärl. bis zieml. behaart, flach, oft etwas faltig, oberseits hell grasgrün; Grundblattzähne 1–4 mm lang, 0,5–1,9-mal so lang wie breit, meist sehr spitz, häufig auswärtsgebogen ***A. vulgaris*** s. str.

14* Nebenblattöhrchen der Grundblätter über der Trennung vom Blattstiel (0–)1–10 mm miteinander verwachsen *(Abb. 221/1)*; Blüten 1,5–3 mm lang, 2,5–4 mm breit; Blattspreiten fast immer oberseits kahl u. unterseits (wenigstens die sommerl.) dicht behaart, schwach trichterig bis schüsselig, oft etwas wellig, oberseits hell bläul.-grün; Grundblattzähne 1–2(–3) mm lang, 0,4–1(–1,2-)-mal so lang wie breit, stumpfl. bis spitz, gerade od. etwas einwärts gekrümmt ***A. xanthochlora***

13* Fruchtbecher oben meist etwas verengt; Teilblütenstände oft etwas scheindoldig, kugelig

15 Blattspreiten faltig bis flach, dunkel graugrün, beiderseits dicht behaart, meist fast samtig; Teilblütenstände (Knäuel) höchstens 10 mm dick, überwiegend wickelig; Fruchtstand sparrig; grundständige Nebenblätter an der Basis weiß, ihre Öhrchen meist dicht behaart; Blütenbecher (ohne die Kelchzipfel) 1–1,5(–1,75)-mal so lang wie breit; Blüten 2,5–4 mm breit ***A. monticola***

15* Blattspreiten wellig, bläul.-grün bis grasgrün, beiderseits spärl. bis dicht behaart; Teilblütenstände (Knäuel) meist über 10 mm dick, überwiegend scheindoldig; Fruchtstand schmal, nicht sparrig; grundständige Nebenblätter an der Basis meist rosa bis weinrot, meist spärl. behaart; Blütenbecher (ohne die Kelchzipfel) 1,2–2-mal so lang wie breit; Blüten 3–5 mm breit ***A. filicaulis***

12* Haare am Blütenbecher (0–)60–300(–700); alle Blütenbecher behaart od. selten einzelne kahl

16 Alle Blütenstiele dicht behaart; Außenkelchblätter mit 25–50 Haaren, gewimpert u. unterseits dicht bis locker behaart; Blütenbecher mit 150–700 Haaren, an der Frucht oben deutl. eingeschnürt ***A. glaucescens***

16* Blütenstiele kahl od. nur einzelne (meist an den größten Blüten = Endblüten) behaart; Außenkelchblätter mit 0–20 Haaren, kahl bis gewimpert, selten auch unterseits spärl. behaart; Blütenbecher mit 0–400 Haaren, an der Frucht oben gleich breit od. schwach verengt

17 Pflanze etwas steifhaarig (oft fast samtig); Haare an Blattstiel u. Stängel 90(–100)° abstehend; Blattspreiten meist dunkel (blaugrün bis graugrün)

18 Pflanze kahl u. steif aufrecht; Blattstiele 1,5–2,5 mm Ø, Stängel 1–3 mm Ø; grundständige Nebenblätter an der Basis weiß, Blüten 2,5–4 mm breit; Teilblütenstände überwiegend wickelig; Fruchtbecher (ohne die Kelchzipfel) 1–1,5(–1,75)-mal so lang wie breit; Außenkelchblätter 1,5–3-mal so lang wie breit ***A. monticola***

18* Pflanze in allen Teilen dünn u. schlaff; Blattstiele 0,7–1,2 mm Ø, Stängel 0,6–2 mm Ø; häufig grundständige Nebenblätter an der Basis rosa bis weinrot, Blüten 3–5 mm breit; Teilblütenstände überwiegend scheindoldig; Fruchtbecher (ohne die Kelchzipfel) 1,2–2-mal so lang wie breit; Außenkelchblätter 2–4-mal so lang wie breit ***A. filicaulis***

17* Pflanze seidig bis etwas wollig behaart; Haare an Blattstiel u. Stängel 20–90° abstehend; Blattspreiten hell (grasgrün od. bläul.-grün)

19 Fruchtbecher (ohne die Kelchzipfel) (1–)1,5–2-mal so lang wie breit; Blattspreiten oberseits hell bläul.-grün, auf 18–40 % des Radius gelappt, ihre Lappen mit 9–13(–15) Zähnen; Zahnlänge 5–13 % des Spreitenradius, Zähne 0,7–1,6-mal so lang wie breit; Pflanze meist schwächl.; Blütenstandsachse 5–8-gliedrig; Blütenstand mit 35–200(–300) Blüten; Blüten 2,5–4 mm breit; Nüsschen 1,2–1,6 mm lang ***A. plicata***

19* Fruchtbecher (ohne die Kelchzipfel) 1–1,5(–1,7)-mal so lang wie breit; Blattspreiten oberseits hell grasgrün bis blaugrün, auf 9–25(–35) % des Radius gelappt, ihre Lappen mit 11–17 Zähnen; Zahnlänge 2,5–9 % des Spreitenradius, Zähne 0,5–1,2-mal so lang wie breit; Pflanze kräftig; Blütenstandsachse 7–10-gliedrig; Blütenstand mit 50–700 Blüten; Blüten 2,5–6 mm breit; Nüsschen 1,5–1,8 mm lang ***A. propinqua***

1* Blattstiel u. Stängel anliegend behaart od. kahl; Blüten fast immer kahl (sehr selten Kelchzipfel u. Außenkelchblätter mit wenigen Haaren)

20 Nebenblattöhrchen der Grundblätter über der Trennung vom Blattstiel frei (*Abb. 221/2);* fertig entwickelte Blattspreiten oberseits grasgrün od. schwach graugrün, oft oberseits etwas behaart, oft trichterig u./od. stark wellig; Kelchzipfel überwiegend 3-eckig

21 Blütenstandsachse auf (0–)10–30(–60) % ihrer Länge behaart, ihre Zweige kahl; Grundblattzähne oft verschieden, unsymmetrisch, einwärts gekrümmt, selten gerade, 1–5(–7) mm breit; Nebenblätter am obersten vollständigen Blatt im Blütenstand 4–11 mm lang, mit 3–11 Zipfeln, diese 0,7–1,5(–2)-mal so lang wie breit; Endblüte des Blütenstands von 1–2 Zweiginternodien überragt ***A. glabra***

21* Blütenstandsachse auf 60–90 % ihrer Länge behaart, ihre unteren Zweige meist behaart; Grundblattzähne zieml. gleich u. symmetrisch, gerade bis einwärts od. auswärts gekrümmt, 1–3 mm breit; Nebenblätter am obersten vollständigen Blatt im Blütenstand 9–17 mm lang, mit 8–14(–23) Zipfeln, diese 1–3-mal so lang wie breit; Endblüte des Blütenstands von (2–)3–5 Zweiginternodien überragt ***A. baltica***

20* Nebenblattöhrchen der Grundblätter über der Trennung vom Blattstiel meist etwas miteinander verwachsen *(Abb. 221/1);* fertig entwickelte Blattspreiten oberseits hell blaugrün, kahl od. nur auf den Zähnen behaart, flach od. schwach wellig; Kelchzipfel überwiegend rundl. 3-eckig od. herzförmig 3-eckig

22 Grundblattzähne 0,3–1-mal so lang wie breit, 1–5 mm breit, meist sehr kurz zugespitzt, abstehend bis vorwärts gerichtet; Blattspreiten dünn, waagerecht u. flach, oberseits auch auf den Zähnen behaart; Nebenblattöhrchen der Grundblätter über der Trennung vom Blattstiel 0–4 mm miteinander verwachsen; Blütenstandsachse in (0–)3–5 Internodien = (0–)30(–60) % der Länge behaart; Haare 10–30(–45)° abstehend ***A. effusa***

22* Grundblattzähne (0,5–)1–1,3-mal so lang wie breit, 1–2,5 mm breit, stumpfl. bis spitz, vorwärts gerichtet; Blattspreiten dickl., etwas ledrig, schwach wellig, oberseits meist auf den Zähnen sehr spärl. behaart; Nebenblattöhrchen der Grundblätter über der Trennung vom Blattstiel 2–12 mm miteinander verwachsen *(Abb. 221/1);* Blütenstandsachse in 3–6 Internodien = (30–)50–70% der Länge behaart; Haare 0–10° abstehend ***A. reniformis***

A. baltica JUZ., **Baltischer F.**

Grundblattspreiten oberseits meist genau auf den Faltenlinien behaart, weniger am Rand; Blütenstand 60–750-blütig. 20–50 cm. 5–10. ♃. Frischwiesen u. -weiden, Gräben, Waldränder, s ELH: Pirna, Tännicht; ERO: Rauschenbachtalsperre. V Pol.-Tris., V Cynos.; sarmat-südsib. NE?

A. crinita BUSER, **Runzelblatt-F.**

Grundblattstiele gegen die Spreite dichter behaart; oberste vollständige Tragblätter mit zieml. stumpfzipfligen Nebenblättern; Blütenstand 80–250-blütig. 10–40 cm. 5–10. ♃. Frisch- u. Feuchtwiesen u. -weiden, Ruderalfluren, s im Bergland, ERO: Altenberg; OLH: Hainewalde; VGT: Ebmath, Sohl. V Pol.-Tris., V Cynos, V Potent. ans.; dealp.

A. cymatophylla JUZ., **Wellenblatt-F.**

Lappen der Grundblattspreiten auf 1,5 mm (=10–45 %) ganzrandig; Blütenstand 200–400-blütig. 15–70 cm. 5–10. ♃. Frische Wiesen, Weiden, Ruderalfluren, s im Bergland; ERM, ERO: Rechenberg. V Pol.-Tris., V Cynos, V Potent. ans.; bor.

A. effusa BUSER, **Flachblatt-F.**

Pflanze zart, hell gefärbt, fast nie rot überlaufen; Grundblattspreite meist sternförmig; Blütenstand 60–500-blütig; Blüten nicht rot gefärbt. 10–40 cm. 5–10. ♃. Quellfluren, Bachränder, Feuchtwiesen, s ERZ; früher ERB: Chemnitz: Rabenstein. V Calth., V Card.-Mont., V Aden., V Pol.-Tris.; dealp.

Reich behaarte Pflanzen wurden früher oft als *A. obtusa* BUSER bestimmt.

A. filicaulis BUSER, **Fadenstängel-F.**

Blütenstand 30–300-blütig. 10–30 cm. 5–10. ♃. Feucht- u. Frischwiesen, Teichränder, s im Bergland, VGT: Talsperre Pirk; ERM: früher Annaberg (ungenaue u. unsichere Angabe von ca. 1820). V Pol.-Tris.; bor-pralp.

Im Gebiet nur var. *filicaulis*: Blütenstandsachse wenigstens oberwärts kahl od. spärl. behaart; Blütenstiele kahl; oft einige Blütenbecher kahl. Reich behaarte Pflanzen von *A. monticola* wurden früher manchmal mit *A. filicaulis* verwechselt.

A. glabra NEYGENF., **Kahler F.**

Pflanze zart, dunkel gefärbt, sehr selten rot überlaufen; Ende der Behaarung der Blütenstandsachse an einem Knoten; Blütenstand 50–750-blütig; Blüten fast nie rot gefärbt.10–60 cm. 5–10. ♃. Feucht- u. Frischwiesen, Weiden, Quell- u. Hochstaudenfluren, mäßig h im Bergland, z im Hügelland, s im Tiefland. V Pol.-Tris. V Calth., V Card.-Mont, V Aden.; bor-pralp.

A. glaucescens WALLR., **Filziger F.**

Nebenblätter der Grundblätter mit 0–5 Zähnen, gegenüber dem Blattstiel auf 1–3 mm getrennt (= Tuteneinschnitt); Blütenstand 20–300-blütig. 5–30 cm. 5–10. ♃. Mäßig trockene bis mäßig frische, oft flachgründige, kurzrasige od. lückige Wiesen u. Weiden, z im Berg- u. Hügelland, s im Tiefland. V Pol.-Tris., V Viol., V Cynos.; pralp-hercyn.

A. micans BUSER, **Zierlicher F.**

[*A. gracilis* OPIZ typo excl.]. Länge der Grundblattzähne 4–8 % des Spreitenradius; Endzahn der Grundblattlappen meist etwa so lang wie seine Nachbarn, dadurch Lappenspitze etwas gestutzt; Blütenstandsäste meist steil aufrecht; Blütenstand locker, 20–450-blütig. 7–70 cm. 5–10. ♃. Frische u. feuchte Wiesen, Weiden, Ruderalfluren, mäßig h im Bergland, z im Hügelland, s im Tiefland. V. Pol.-Tris., V Cynos., V Potent. ans.; bor-pralp.

A. mollis (BUSER.) ROTHM., **Samt-F.***

Blattspreite flach ausgebreitet, hellgrün, mit 140–190 Zähnen, beiderseits dicht samthaarig; Blütenstand 100–1400-blütig; Blüten gelb. 30–70 cm. 6–8. ♃. Zierpflanze, verwildert, Parkrasen, Ruderalfluren (Wegränder, Müllplätze, Pflasterfugen), s bis z. NU. Heimat: SO-Europa, W-Asien.

A. monticola OPIZ, **Bergwiesen-F.**

Nebenblätter der Grundblätter mit 2–4 Zähnen, gegenüber dem Blattstiel auf 2–8 mm getrennt (= Tuteneinschnitt); Grundblattzähne oft mit zieml. parallelen Rändern; Blütenstand 30–300(–500)-blütig. 10–40 cm. 5–10. ♃. Mäßig trockene bis frische, selten feuchte Frischwiesen, Weiden, Ruderalfluren, sehr h im Bergland, z im Hügel- u. Tiefland. O Arrh., V Cynos., s V Aegop.; bor-pralp.

Reich behaarte Pflanzen wurden manchmal mit *A. filicaulis* od. *A. glaucescens* verwechselt.

A. plicata BUSER, **Falten-F.**

Nebenblätter der Grundblätter mit 3–9 Zähnen, gegenüber dem Blattstiel auf 3–9 mm getrennt (= Tuteneinschnitt); Blütenstand 25–250-blütig. 5–30 cm. 5–10. ♃. Kurzrasige od. lückige, oft steinige Frisch- u. Feuchtwiesen u. -weiden, Waldwege, s im Berg- u. Hügelland, ELH, ERM, ERO, OLB, OLH. V Pol.-Tris., V Cynos.; dealp.

A. propinqua JUZ., **Schwachfilziger F.**

Nebenblätter der Grundblätter mit 1–9 Zähnen, gegenüber dem Blattstiel auf 3–6 mm getrennt (= Tuteneinschnitt); Blütenstand 50–700-blütig. 10–30 cm. 5–10. ♃. Trockene Frischwiesen u. -weiden, Ruderalfluren, z ERW, sonst s im Bergland, VGT, übriges ERZ, ESG, s im Hügelland, ELH, OLH. V Pol.-Tris., V Cynos.; bor.

A. *reniformis* BUSER, **Nierenblatt-F.**

Pflanze in allen Teilen derb u. fest, hell gefärbt, im Spätsommer häufig rot bis purpurn überlaufen; Ende der Behaarung der Blütenstandsachse in einem Internodium; Blütenstand 100–800-blütig. 10–40 cm. 5–10. ♃. Quellmoore, magere frische bis feuchte Wiesen, z im Bergland, ERZ, östl. VGT. V Car. nig., V Pol.-Tris., V Viol.; dealp.

A. *subcrenata* BUSER, **Kerbzahn-F.**

Lappen der Grundblattspreiten auf 0–1(–2) mm (= 0–20 %) ganzrandig; Blütenstand 75–500-blütig. 10–50 cm. 5–10. ♃. Frisch- u. Feuchtwiesen u. -weiden, Ruderalfluren (Wegränder, Dunghaufen), Hochstaudenfluren, früher auch Hackfruchtäcker, mäßig h im Berg- u. Hügelland, s im Tiefland. O Arrh., V Aden., V Aegop.; subatl-mont.

A. *subglobosa* C. G. WESTERL., **Kugelfrucht-F.**

Pflanze dunkelgrün, häufig purpurn gefärbt; Grundblattzähne oft mit zieml. parallelen Rändern; Blütenstand 40–450-blütig. 10–50 cm. 5–10. ♃. Mäßig trockene Frischwiesen u. -weiden, Ruderalfluren (Dungstellen, Wegränder), z im Bergland, VGT, ERZ, s ESG. V Pol.-Tris., V Cynos., V Aegop.; bor-kont.

A. *vulgaris* L. s. str., **Gewöhnlicher F., Spitzlappiger F.***

[*A. acutiloba* OPIZ]. Lappen der Grundblattspreiten trapezförmig bis 3-eckig; Länge der Grundblattzähne 2–5 % des Spreitenradius; Blütenstandsäste meist abstehend; Blütenstand 60–350-blütig. 15–70 cm. 5–10. ♃. Frisch- u. Feuchtwiesen u. -weiden, Ruderalfluren (Wegränder), Hochstaudenfluren, mäßig h im Berg- u. Hügelland, s im Tiefland. O Arrh., V Aegop., V Filip., V Aden.; bor-sarmat. Off. (auch andere *A.*-Arten).

Reich behaarte Pflanzen werden manchmal mit *A. monticola*, solche mit stumpfen Blattlappen häufig mit *A. subcrenata* verwechselt.

A. *xanthochlora* ROTHM., **Kleinblütiger F.**

Länge der Grundblattzähne 2–4(–6) % des Spreitenradius; Blütenstand 80–1000-blütig. 15–70 cm. 5–10. ♃. Trockene Frischwiesen u. -weiden, Wegränder, Hochstaudenfluren, mäßig h im Bergland, z im Hügelland, s im Tiefland. V Pol.-Tris., V Calth., V Cynos., V Aden., V Filip.; subatl-mont.

Zierpflanzen:

A. *conjuncta* BAB., **Verwachsener F.:** Teppichstrauch; Grundblattspreiten 7–9-teilig, 50–90 % des Radius eingeschnitten, oberseits meist kahl, unterseits sehr dicht weiß seidenhaarig („brillant"). 10–30 cm. 6–8. ♃. Kalkholde Zierpflanze, h kultiviert, s verwildert, ERO: Altenberg, am Galgenteich. Heimat: W-Alpen.

A. *speciosa* BUSER, **Pracht-F.:** Ähnl. *A mollis*, aber Grundblattspreiten 25–50 % des Radius gelappt, mehr seidig behaart; alle Blütenstiele u. Blütenbecher dicht behaart. 20–70 cm. 6–8. ♃. Zierpflanze, ob verwildert? Heimat: Kaukasus bis Iran.

Amelanchier Medik., **Felsenbirne**

1 Kronblätter außen zottig behaart; Griffel nicht aus dem Achsenbecher herausragend, völlig getrennt ***A. ovalis***

1* Kronblätter außen kahl; Griffel weit aus dem Achsenbecher herausragend, im unteren Teil zu einem Säulchen verwachsen

2 Blätter ± grob gesägt, d. h. mit 2–4(–5) Zähnchen pro cm; die meisten Blätter nicht zugespitzt; Stachelspitze des obersten Zähnchens überragt Seitenzähnchen nicht; Seitennerven wenigstens im oberen Teil der Blätter bis in die Blattzähne verlaufend; Frucht rötl.-schwarz ***A. alnifolia***

2* Blätter feiner gesägt, d. h. mit (5–)6–12 Zähnchen pro cm; die meisten Blätter zugespitzt, wobei die Stachelspitze des obersten Zähnchens die Seitenzähne überragt; Seitennerven in den meisten Fällen sich vor den Blattzähnen im Nervennetz verlierend od. umbiegend (nur bei Jungpflanzen u. Stockausschlägen bis in die Spitze verlaufend); Frucht schmutzig- od. purpurrot, später blauschwarz

3 Kronblätter verkehrt eiförmig, gewimpert, 6–14 mm lang u. etwa doppelt so lang wie breit; Fruchtknoten an der Spitze dicht behaart; Blätter sich mit od. vor den Blüten entfaltend, breit eiförmig rundl., anfangs unterseits dicht gelbfilzig; Blätter meist 3–6 cm lang ***A. spicata***

3* Kronblätter schmal längl., kahl, 9–14 mm lang u. mindestens 3-mal so lang wie breit; Fruchtknoten an der Spitze kahl; Blätter zu Blütezeit noch nicht entfaltet, kupferrot, ausgewachsen eilängl., anfangs seidig behaart; größte Blätter > 8 cm lang ***A. lamarckii***

A. alnifolia (Nutt.) Nutt., **Erlenblättrige F.**

Blütentrauben 2–8 cm lang mit 5–15 Blüten, aufrecht; Blätter 2–5 cm lang; Früchte wohlschmeckend. 2–4 m. 4–5. ♄. Zierstrauch, verwildert, bisher s, OLT: ehemaliges Lautawerk; DDH (Sachens-Anhalt). NU. Heimat: N-Amerika.

A. lamarckii F. G. Schroed., **Kupfer-F.***/**

Blütentrauben locker mit meist 8–10 Blüten; Blätter im Alter kahl, nur der Blattstiel behaart; Früchte wohlschmeckend. 1–10 m. 4–5. ♄, ♄. Häufiger Zierstrauch od. kleiner -baum, verwildert, s, z. B. ELH: Dresden-Prohlis; ERW: Kirchberg; OLH: Bischofswerda. NU. Heimat: N-Amerika.

A. ovalis Medik., **Echte F.***/**

[*A. vulgaris* Moench]. Blütentrauben gedrungen, mit 3–6 Blüten; Blätter elliptisch, beiderseits abgerundet, anfangs unterseits filzig, zuletzt kahl; Frucht blauschwarz, essbar. 1–2 m. 4–5. ♄. Im Gebiet nicht indigen (nächstliegende Vorkommen in Thüringen bei Saalfeld), wohl irrtüml. als verwildert angegeben, z. B. Riesa.

A. spicata (LAM.) K. KOCH, **Ährige F., Besen-F.****

Blütentrauben 1,5–4 cm lang mit 4–10 Blüten, nach Fisch riechend; Früchte unangenehm schmeckend. 0,5–8 m. 4–5. ♄. Zierstrauch, verwildert, Waldränder, Kiefernforsten, Mauern, Felsen, s bis z, mehrfach OL, sonst noch s, z. B. MLH: Nossen, Altzella; VGT: Mühlwand. NU. Heimat: N-Amerika.

Aphanes L., **Ackerfrauenmantel, Ackersinau**

1 Blüten 1,4–2,7 mm lang, die Nebenblätter zuletzt meist überragend; Kelchzipfel im Fruchtzustand aufrecht spreizend, ihre Spitzen 0,5–1 mm voneinander entfernt *(Abb. 230/3);* Nebenblattzipfel 1– 2(–3)-mal so lang wie breit, allmähl. verschmälert *(Abb. 230/1)* **A. arvensis**

1* Blüten 0,8–1,8 mm lang, in den Nebenblättern verborgen; Kelchzipfel aufrecht zusammenneigend, ihre Spitzen 0,1–0,5 mm voneinander entfernt *(Abb. 230/4);* Nebenblattzipfel (1–)2–5-mal so lang wie breit, plötzl. verschmälert *(Abb. 230/2)* **A. australis**

A. arvensis L., **Gewöhnlicher A.***

[*Alchemilla arvensis* (L.) SCOP.]. Blätter mit 7–21 Zipfeln; Nüsschen 1,2–1,4 mm lang. 5–20 cm. 5–10. ⊙, ①. Sandige bis lehmige Äcker u. Brachen, s lückige Parkrasen, kalkmeidend, mäßig h im Tief- u. Hügelland, s im Bergland. V Aphan.; submed.

A. australis RYDB., **Mitteleuropäischer A.**

[*A. inexpectata* W. LIPPERT, *A. microcarpa* ROTHM. p. p.]. Blätter mit 4–15 Zipfeln; Nüsschen 0,8–1,2 mm lang. 3–15 cm. 5–10. ⊙, ①. Mineralarme sandige Äcker, kalkmeidend, s ERO: Oelsen; LLA, OLT, OLH. V Aphan.; submed+subatl.

230/1

230/2

230/3

230/4

Aronia MEDIK., **Apfelbeere, Aronie**

Blätter unterseits dicht behaart; Kronblätter weiß bis blassrosa; Früchte 8–10 mm Ø, dunkelrot od. schwarzpurpurn, lange am Strauch haftend. 1–2(–4) m. 5–6. ♄. Zier- u. Obststrauch, s verwildert. Heimat: N-Amerika. *A.* × ***prunifolia*** (MARSHALL) REHDER, **Pflaumenblättrige A.****

Aruncus L., **Geißbart**

Blätter groß, 3-zählig, doppelt gefiedert; Blättchen breit eiförmig, oft lang zugespitzt, scharf doppelt gesägt; Blüten klein; ♀ Kronblätter weiß, ♂ gelbl.-weiß. 80–150 cm. 6–7. ♃. Schlucht- u. Hangwälder, Bachsäume u. Straßengräben, in Wäldern auf feuchten bis quelligen, halbschattigen Standorten, mäßig h im Bergland. V Til.-Acer., O Prun, V Aden.; euras-nem. Auch häufige Zierpflanze, gelegentl. verwildert. [*A. sylvestris* KOSTEL.].
A. dioicus (WALTER) FERNALD, **Wald-G., Johanniswedel***

Chaenomeles LINDL., **Scheinquitte**

1 Strauch niedrig breitwüchsig, nur bis 1 m hoch, schwach dornig; Kronblätter ziegelrot bis orange, Krone 2,5–3,4 cm Ø; Triebe zottig behaart; Nebenblätter bis 2 cm breit, oval bis breit herzförmig ***Ch. japonica***

1* Strauch aufrecht, bis über 2 m hoch, kräftig bedornt; Kronblätter rosa bis dunkelrot, selten weiß, Krone 4–5 cm Ø; Frucht gelbbraun bis grauoliv; Triebe fast kahl; Nebenblätter bis 4 cm breit, schief nierenförmig ***Ch. speciosa***

Ch. japonica (THUNB.) SPACH, **Japanische Sch.***/**
Zweige im 2. Jahr warzig; Blätter bis 5 cm lang. 30–100 cm. 4–5. ♄. Zierstrauch. Heimat: Japan.

Ch. speciosa (SWEET) NAKAI, **Chinesische Sch.***/**
Zweige glatt; Blätter bis 8(–12) cm lang. 1–2 m. 5–6. ♄. Zierstrauch, s verwildert. Heimat: China.

Häufig wird ***Ch.*** × ***superba*** (FRAHM.) REHDER**, der Bastard beider Arten, kultiviert. Er vereint in unterschiedl. Maß die Merkmale der Elternarten.

Comarum L., **Blutauge**

Grundachse meist im Schlamm kriechend; blühende Stängel aufsteigend, ästig, Blätter 2–4-zählig gefiedert, Blättchen längl., scharf gesägt, unterseits blaugrün, ± behaart; Blüten in Trugdolden; Kronblätter ½ so lang wie der braunrote Kelch; Kelchblätter u. Fruchtboden sich zur Reife vergrößernd. 30–80 cm. 6–7. ♃. Kalkfreie mesotrophe Nieder- u. Zwischenmoore, Teichränder, Gräben, Sumpfwiesen, lichte Bruchwälder, meist z bis mäßig h, doch in Lössgebieten u. NW-Sachsen weitgehend fehlend. O Phragm., K Scheuchz.-Car., V Calth., V Aln.; bor. [*Potentilla palustris* (L.) SCOP.].
C. palustre L., **Sumpf-B.***

Cotoneaster MEDIK., **Zwergmispel**

Einheimisch ist nur *C. integerrimus*, die Felsen-Zwergmispel. Der folgende Schlüssel enthält die in Sachsen verwildert aufgetretenen Arten u. einige, die noch zu erwarten sind, da von ihnen in anderen Gebieten, z. B. in Sachsen-Anhalt, bereits verwilderte Vorkommen nachgewiesen wurden u. sie auch in Sachsen in Vorgärten u. Grünanlagen angepflanzt werden. Die Früchte

werden in den Wintermonaten von Vögeln als Nahrung aufgenommen. Damit ist mit einer weiteren Ausbreitung der Sippen, besonders Kultursorten, zu rechnen.
Zur sicheren Bestimmung sind Früchte u. Blüten notwendig. Die Früchte müssen reif sein, da schwarze Früchte in ihrer Entwicklung ein rotes Stadium durchlaufen. Man vermesse immer mehrere erwachsene Blätter aus der Mitte der jährl. Langtriebe. Die Früchte sind Sammel-Nussfrüchte. Zur Absicherung der Bestimmung ist Spezialliteratur zu empfehlen.

1 Früchte schwarzrot bis schwarz

2 Blätter glatt — oberseits glänzend

3 Blätter bis 2 cm lang, Spreite an der Spitze stumpf; Blüten in Ständen zu 1–4 **C. *nitens***

3* Blätter bis 5 cm lang, Spreite vorn spitz od. zugespitzt; Blüten in Ständen zu 3–10(–15) **C. *lucidus***

2* Blätter runzlig

4 Blätter 4–10 cm lang; Früchte mit 4–5 Nüsschen **C. *moupinensis***

4* Blätter bis 5 cm lang; Früchte mit 2–3 Nüsschen **C. *acutifolius***

1* Früchte rot

5 Kronblätter ausgebreitet, weiß, dadurch Blüten auffallend

6 Sommergrüner, bis 4 m hoher aufrechter Strauch **C. *multiflorus***

6* Immergrüner, höchstens 1 m hoher Strauch

7 Einige Blätter > 2 cm lang, 2-zeilig an den Achsen stehend; Äste niederliegend (kriechender Spalierstrauch); Früchte meist mit 5 Nüsschen **C. *dammeri***

7* Blätter alle < 2 cm lang, spiralig an den Achsen stehend, wenigstens einige Zweige aufrecht od. bogenförmig; Früchte mit 2–4 Nüsschen **C. × *suecicus***

5* Kronblätter aufrecht, nicht ausgebreitet, dadurch Blüten relativ unscheinbar

8 Blätter im Allgemeinen nicht über 3 cm lang

9* Blätter unterseits gelbl.- bis graufilzig, die eigentl. Farbe der Blattunterseite so kaum sichtbar **C. *dielsianus***

9* Blätter unterseits nur locker striegelig behaart, die Farbe der Blattunterseite sichtbar

10 Blätter 10–30 mm lang; Pflanze ± aufrecht, bis 2 m hoch

11 Blätter elliptisch, Spreite spitz bis stumpf, oberseits glänzend, sommergrün; Griffel 2 **C. *divaricatus***

11* Blätter rundl. eiförmig bis verkehrt eiförmig, Spreite zugespitzt, oberseits matt od. nur schwach glänzend, ± halbimmergrün; Griffel 2–3 **C. *simonsii***

10 Blätter nur bis 12 mm lang (wenn bei Kulturformen größer, dann Pflanze aber höchstens 1 m hoch); Äste meist horizontal ausgebreitet; Zweige oft fischgrätenartig angeordnet **C. *horizontalis***

8* Blätter meist 3–10 cm lang

12 Blattnerven tief in die Blattspreite eingesenkt, dadurch Blattspreite runzlig **C. *bullatus***

12* Blattnerven nicht tief eingesenkt
13 Blattspreite deutl. zugespitzt, unterseits verkahlend ***C. acuminatus***
13* Blattspreite abgerundet bis spitz, unterseits bleibend dicht behaart ***C. integerrimus***

C. acuminatus Lindl., **Spitzblättrige Z.**
Blüten mit fast weißen, aufrechten Kronblättern, zu 2–10 in kurzen Ständen; Früchte hell- bis braunrot, 8–10 mm lang, mit 2 Nüsschen. 1–4 m. 5–6. ♄ (sommergrün). Zierstrauch, im Gebiet noch nicht verwildert. Heimat: Himalaja.

C. acutifolius Turcz., **Peking-Z.**
Blätter elliptisch bis eiförmig, 3–5 cm lang, zugespitzt; Kronblätter rötl.; Frucht kugelig od. fast so, 10 mm Ø, schwarz, mit 2 Nüsschen. 1–4 m. 5–6. ♄ (sommergrün). Zierstrauch, verwildert, s ERM: Brand-Erbisdorf. NU. Heimat: N-China.

C. bullatus Bois, **Runzlige Z.**
Blätter eiförmig bis eiförmig lanzettl., 3,5–8 cm lang, stark runzlig, nicht glänzend; Blüten zu 10–30 in 5 cm breiten Ständen; Kronblätter weiß bis leicht rötl.; Frucht hellrot, kugelig, 7–8 mm Ø. 1–3 m. 5–6. ♄. Häufiger Zierstrauch, verwildert, s LLA: Leipzig: Neue Harth. NU. Heimat: südl. Zentral-China.

C. dammeri C. K. Schneid., **Teppich-Z.****
Weit kriechender u. wurzelnder Spalierstrauch, Blätter 2-zeilig, elliptisch bis elliptisch längl., meist 1,5–3 cm lang, stumpf od. ausgerandet, aber mit Stachelspitzchen, oberseits glänzend, unterseits heller, erwachsen kahl; Blüten meist einzeln, nickend, Kronblätter weiß, ausgebreitet; Früchte kugelig, hellrot, 6–7 mm Ø. 0,2–1 m. 5–6. ♄(Spstr.). Häufiger Zierstrauch, verwildert, s, z. B. VGT: Rodewisch, Pausa, Posseck; ERW: Klingenthal. NU. Heimat: südl. Zentral-China.

C. dielsianus Diels, **Diels Z.****
Blätter elliptisch bis eiförmig, derb, 1–2,5 cm lang, oberseits dunkelgrün, schwach behaart, unterseits dicht gelbl.- bis graufilzig; Blüten zu 3–7 in kurzen Ständen; Kronblätter rosa; Früchte scharlachrot, rundl., 6–8 mm Ø, mit 3–5 Nüsschen. 0,50–2 m. 5–6. ♄ (sommergrün). Häufiger Zierstrauch, im Gebiet noch nicht verwildert. Heimat: Zentral-China.

C. divaricatus Rehder. et Wils., **Sparrige Z.****
Pflanze breitwüchsig; Blätter elliptisch, breit elliptisch bis eiförmig, bis 2 cm lang, meist spitz, sommergrün, oberseits dunkelgrün, glänzend, unterseits schwach behaart; Kronblätter rosa; Früchte dunkelrot, elliptisch, 8–10 mm lang. 0,5–2 m. 5–6. ♄. Häufiger Zierstrauch, verwildert, Müllplätze, Bahnanlagen, s, z. B. LLA: Leipzig, Markkleeberg; OLT: Kringelsdorf. NU. Heimat: Zentral-China, O-Himalaja.

C. *horizontalis* DECNE., **Fächer-Z.***/**

Blätter 2-zeilig angeordnet, rundl. bis breit elliptisch, 5–12 mm lang, oberseits kahl, od. anfangs behaart u. dann verkahlend, glänzend; Blüten zu 1–2; Kronblätter rötl. od. weiß; Früchte rundl. bis elliptisch, 5–6 mm lang. 0,20–1 m. 5–6. ♄ (sommer- bis wintergrün). Häufiger Zierstrauch, verwildert, Brachen, Trümmerschutt, Friedhöfe, s, z. B. ELH: Dresden-Reick; ERB: Chemnitz; LLA: Leipzig; VGT: Treuen. NU. Heimat: Zentral-China.

C. *integerrimus* MEDIK., **Gewöhnliche Z., Felsen-Z., Blutrote Z.***/**

Blätter eiförmig bis elliptisch, 2–5 cm lang, oberseits kahl, unterseits wolliggraufilzig; junge Zweige angedrückt wollig behaart; Blüten zu 1–3 in nickenden, kahlen Ständen; Kronblätter rosa; Kelchblätter u. Blütenbecher (fast) kahl; Frucht rundl., 6–7 mm Ø. 0,6–1,5 m. 4–5. ♄ (sommergrün). Trockene, sonnige Fels- u. Schotterstandorte, Gebüsche, Wälder, s ERO: Müglitztal, Plauenscher Grund; ELH: Lößnitzgrund, Bosel; MLH: Meißen, im Triebischtal, bei Zadel, Hainichen: Striegistal; OLH: früher Görlitz: Landeskrone, Rotstein, Schönauer Hutberg. V Berb., V Querc. pub. Auch als Zierstrauch gepflanzt u. sehr s verwildert. ∇

C. *lucidus* SCHLECHTEND., **Glänzende Z.**

Blätter elliptisch bis eiförmig, 2–5 cm lang, spitz, oberseits glänzend grün, unterseits hellgrün, anfangs behaart, später kahl; Blüten zu 5–10(–15) in etwas behaarten Ständen; Kronblätter fast weiß; Früchte schwarz, rundl., 8–10 mm Ø. 1–3 m. 5–6. ♄ (sommergrün). Zierstrauch, verwildert, Ruderalfluren, s, z. B. LLA: Leipzig; MLH: Piskowitz; OLH: Löbau; VGT: Mylau. NU. Heimat: O-Sibirien (Baikal-Gebiet).

C. *moupinensis* FRANCH., **Moupin-Z.****

Blätter eiförmig längl., 4–10 cm lang, zugespitzt, oberseits etwas runzlig, glänzend, unterseits heller grün u. behaart, wenigstens auf den Nerven; Blüten zu 5–25 in aufrechten Ständen; Kronblätter fast weiß; Früchte schwarz, fast kugelig, 6–8 mm Ø. 1–5 m. 5–6. ♄ (sommergrün). Zierstrauch, im Gebiet noch nicht verwildert. Heimat: südl. Zentral-China.

C. *multiflorus* BUNGE, **Vielblütige Z.****

Blätter breit eiförmig bis eiförmig, 2–5 cm lang, spitz, unterseits zumindest anfangs behaart, später verkahlend, erwachsen blaugrün; Blüten zu 10–20 in lockeren, aufrechten Ständen; Früchte rot, rundl. bis eiförmig, 6–9 mm lang. 1–3 m. 5. ♄. Zierstrauch, verwildert, Gebüschränder, Ruderalfluren, s, z. B. LLA: Leipzig; OLT: Reichwalde. NU. Heimat: Zentral-China?

C. *nitens* REHDER et E. WILSON, **Wenigblütige Z.**

Pflanze aufrecht, dicht verzweigt; Blätter 0,8–2,2 cm lang, flach, auf der Oberseite glänzend, auf der Unterseite fast kahl; Blüten zu 1–4; Früchte

7–9 mm, schwarz, fast kugelig. 1–2 m. 5–6. ♄. Nicht häufiger Zierstrauch, verwildert, s LLA: Leipzig. NU. Heimat: China.

C. simonsii BAKER, **Steife Z.**
Pflanze aufrecht; Blätter rundl. eiförmig bis verkehrt eiförmig, bis 3 cm lang, kurz zugespitzt, unterseits heller grün u. vorwiegend auf den Nerven behaart; Blüten zu 2–4; Kronblätter fast weiß; Früchte verkehrt eiförmig, ± 7 mm Ø. 1–3 m. 6. ♄. Zierstrauch, im Gebiet noch nicht verwildert. Heimat: O-Himalaja.

C. × *suecicus* G. KLOTZ, **Schwedische Z.****
[*C. dammeri* SCHNEID. × *C. conspicuus* MARQ.]. Äste bogig; Blätter 1–2 cm lang; Stände mit 1–4(–6) Blüten; Früchte wie bei *C. dammeri*. 0,5–2 m. 6–7. ♄. Häufiger Zierstrauch, auch s verwildert.

Der in Schweden erstmals aufgetretene Bastard war *C. dammeri* ähnl. Durch Samenvermehrung sind daraus mehrere Cultivare hervorgegangen, die zwischen den Elternarten stehen u. teils *C. conspicuus*, teils *C. dammeri* ähnl. sind.

Crataegus L., **Weißdorn**

Mehlfässchen

Zur Bestimmung sind Blüten- u. Fruchtzweige erforderl. Zahl der Griffel u. Steinkerne ist an mehreren Blüten bzw. Früchten zu ermitteln. Blatt- u. Nebenblattmerkmale beziehen sich auf Blätter blühender od. fruchtender Kurztriebe. Zwischen allen Arten treten Bastarde auf, teilweise sind diese häufiger als die Elternarten. Rückkreuzungen u. hybridogene Formenschwärme können die eindeutige Zuordnung einzelner Pflanzen erschweren.

Die unter den Arten bzw. Bastarden verschlüsselten Unterarten bzw. Nothosubspezies werden auch als Varietäten od. hybridogene Arten aufgefasst. Da ihre Bestimmung ohne Früchte nicht mögl. ist, wird hier ihre Einstufung als Unterarten wie im „Atlas der Farn- und Samenpflanzen Sachsens" beibehalten, obwohl ein Artrang gerechtfertigt erscheint.

1,5–8(–12) m. 5–6. ♄, selten baumförmig. Blüten von unangenehmem Geruch. Wirtspflanzen des Feuerbrandes, schnittverträgl. Heckenpflanze. Alle Arten Off.

1 Blätter ungeteilt u. gesägt bis doppelt gesägt od. seicht gelappt, wenn gelappt, dann Seitenadern nur in die Blattlappen, nicht in die Einschnitte verlaufend u. Griffel je Blüte bzw. Steinkerne je Frucht 3–5

2 Blätter ungelappt, kahl, Spreite verkehrt eiförmig bis spatelförmig, Basis schmal keilförmig *(Abb. 236/1)*, Blattstiel ohne Drüsen; Griffel meist 2 ***C. crus-galli***

2* Blätter seicht gelappt, zumindest anfangs behaart, Spreite rundl. od. breit eiförmig bis rautenförmig, Basis breit keilförmig bis gestutzt, Blattstiel mit schwarzen Drüsenhöckern; Griffel 3–5 ***C. coccinea***

1* Blätter gelappt bis geteilt, Seitenadern in die Lappen u. Buchten verlaufend, wenn nur seicht gelappt, dann Griffel u. Steinkerne 2(–3)

3 Blüten mit 1 Griffel; Früchte mit 1 Steinkern; Blätter gelappt bis geteilt, Einschnitte bis über ½ der Spreitenfläche, oft bis ¾ od. tiefer *(Abb. 236/2, 236/3);* Kelchblätter oberseits kahl

4 Kelchblätter breit 3-eckig, etwa so lang wie breit, an der Frucht schräg abstehend od. zurückgebogen bis anliegend; Nebenblätter ganzrandig, zuweilen mit einzelnen groben Zähnen; Blätter gelappt bis geteilt, Einschnitte bis ¾ od. tiefer, Blattlappen nur an der Spitze mit wenigen Sägezähnen, sonst ganzrandig, Buchten oft breit u. stumpf; reife Frucht dunkel weinrot **C. *monogyna***

4* Kelchblätter alle od. zumindest einige deutl. schmaler od. aus verbreitertem Grund sich auffällig verschmälernd, 3-eckig bis fast pfrieml., 2–3-mal länger als breit, an der Frucht zurückgebogen, abstehend od. aufrecht; alle od. zumindest einige Nebenblätter fein gesägt; Blätter gelappt bis gespalten, Einschnitte bis ½ od. ⅔, Blattlappen ringsum od. wenigstens ihr unterer Rand gesägt, Buchten spitz *(Abb. 236/3);* reife Frucht dunkel- od. hellrot

5 Alle Kelchblätter schmal od. aus verbreitertem Grund lanzettl., 2–3-mal länger als breit; Nebenblätter fein gesägt, Zähnchen meist drüsig; Blattlappen ringsum od. mindestens ihre vordere Hälfte fein u. scharf gesägt *(Abb. 236/3);* Spreite beiderseits gleichfarbig od. unterseits hell grün **C. *rhipidophylla*** s. l.

5* Kelchblätter teilweise breit 3-eckig u. kaum länger als breit, teilweise deutl. schmaler u. bis 3-mal länger als breit; Nebenblätter unregelmäßig gesägt bis fast ganzrandig, Zähnchen nur vereinzelt drüsig; Blattlappen meist nur an der Spitze u. ihrem unteren Rand, zuweilen nur an unteren Blattlappen *(Abb. 236/2),* fein gesägt; Spreite unterseits meist etwas bläul.- bis graugrün **C. × *subsphaericea*** s. l.

3* Alle od. mindestens ein Teil der Blüten mit 2(–3) Griffeln; alle od. mindestens ein Teil der Früchte mit 2(–3) Steinkernen; Blätter ungeteilt od. gelappt *(Abb. 236/4),* tiefste Einschnitte nur bis ⅓ der Spreitenhälfte; Kelchblätter oberseits seidenhaarig od. kahl

6 Blüten eines Strauches stets mit 2(–3) Griffeln; Früchte mit 2(–3) Steinkernen; Kelchblätter breit 3-eckig, etwa so lang wie breit, oberseits seidenhaarig, der Frucht anliegend; Blätter nur im vorderen Teil schwach gelappt, mit jederseits 1–2 wenig auffallenden stumpfen od. abgerundeten Lappen, Einschnitte nur bis ⅓ der Spreitenhälfte, Blattrand kerbig gesägt **C. *laevigata***

236/1

236/2

236/3

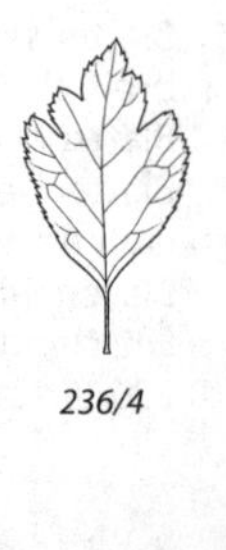

236/4

6* Blüten eines Strauches teils mit 2 Griffeln, teils nur mit 1 Griffel; Früchte mit 2 Steinkernen od. 1 Steinkern; Kelchblätter alle od. nur ein Teil breit 3-eckig u. etwa so lang wie breit, meist einige deutl. schmaler, 2–3-mal so lang wie breit, oberseits seidenhaarig od. kahl, der Frucht anliegend, zurückgebogen, abstehend od. aufrecht; Blätter gelappt bis gespalten, Blattlappen meist spitz od. zugespitzt, vorn grob gesägt od. ihr Rand ringsum scharf gesägt

7 Kelchblätter alle breit 3-eckig, etwa so lang wie breit, meist stumpfl., der Frucht anliegend od. zurückgebogen; Blattlappen meist breit u. im oberen Teil grob gesägt; Spreite unterseits meist bläul.- bis graugrün; Frucht 6–11 mm lang ***C.*** × ***media***

7* Kelchblätter nur z. T. breit 3-eckig u. etwa so lang wie breit, sonst deutl. schmaler u. spitz, 2–3-mal so lang wie breit, entweder alle der Frucht anliegend, zurückgebogen bis abstehend od. einzelne aufrecht; Blattlappen meist spitz od. zugespitzt, ihr Rand fein u. scharf gesägt; Spreite unterseits heller grün, aber nicht bläul.- od. graugrün; Frucht 10–15 mm lang ***C.*** × ***macrocarpa*** s. l.

C. coccinea L., **Scharlach-W., Scharlachdorn****

[*C. pedicellata* SARG.]. Blätter 5–7(–10) cm lang, mit 4–5 Paar spitzen, doppelt gesägten Lappen; Dornen 2,5–5 cm lang; Früchte kugelig, ca. 1,2 cm dick, scharlachrot. Ziergehölz, s verwildert. NU. Heimat: östl. N-Amerika.

C. crus-galli L., **Hahnensporn-W., Hahnendorn****

Blätter 2–5(–8) cm, lang, zuletzt lederartig, Oberseite glänzend grün; Dornen 3–6 cm lang; Früchte kugelig, rot. Ziergehölz, s verwildert. NU. Heimat: östl. N-Amerika.

Verwechslungsgefahr mit dem Pflaumenblättrigen W., häufig gepflanzter Sorte (´Prunifolia´) eines Bastards dieser Art (*C.* × *persimilis* SARG.): Blätter breiter, verkehrt eiförmig bis rundl., unterseits auf Adern behaart.

C. laevigata (POIR.) DC., **Zweigriffliger W.***/**

[*C. oxyacantha* auct.] Blätter 1,5–3,5 cm lang, kahl od. Blattrand u. Adern behaart; Frucht ellipsoidisch bis kugelig, dunkel- bis schwarzrot, blüht etwa 2 Wochen früher als *C. monogyna*. Gebüsche, Hecken, Waldmäntel, lichte Laubwälder auf frischen, meist tiefgründigen Lehmböden, mäßig h im Hügelland, z Tief- u. Bergland, s im obersten ERZ, auch gepflanzt, aber weniger häufig als *C. monogyna* u. *C.* × *subsphaericea*. O. Prun., O Fag.; subatl.

C. × ***macrocarpa*** HEGETSCHW. s. l., **Großfrüchtiger W.****

[*C. laevigata* × *C. rhipidophylla*]. Unterschiedl. Zahl der Griffel u. Steinkerne (1–2, auch überwiegend 1 od. 2) an einem Strauch u. unterschiedl. Länge der Kelchblätter an einer Blüte od. einem Teil der Blüten; ohne Blüten od. Früchte von den Elternarten kaum zu unterscheiden; Früchte oft groß, 10–15 mm lang, 8–10 mm breit, nicht selten kantig u. am Grund mit Höckern od. Wülsten; neben *C. monogyna* u. *C. laevigata* häufigster Weißdorn in Sachsen, stellenweise häufiger als die Eltern.

In Abhängigkeit von den an der Bastardierung beteiligten Unterarten von *C. rhipidophylla* gibt es zwei Sippen, die nur im fruchtenden Zustand zu unterscheiden sind:

1 Kelchblätter an der Frucht zurückgebogen, dieser anliegend od. abstehend; Frucht ellipsoidisch bis kugelig, meist dunkelrot **nothosubsp. *macrocarpa***

1* Alle od. zumindest ein Teil der Kelchblätter an der Frucht aufrecht bis zusammenneigend; Frucht oft ± zylindrisch, meist heller rot **nothosubsp. *calciphila***

C.* × *m.* nothosubsp. *macrocarpa

[*C. laevigata* × *C. rhipidophylla* subsp. *rhipidophylla*, *C. macrocarpa* s. str.]. Gebüsche, Hecken, lichte Laubwälder, mäßig h im Hügel- u. Bergland, ERZ bis etwa 800 m, z im Tiefland; auch gepflanzt. O Prun., O Fag.

C.* × *m.* nothosubsp. *calciphila (HRAB.) HRAB.

[*C. laevigata* × *C. rhipidophylla* subsp. *lindmanii* (HRAB.) P. A. SCHMIDT, *C. m.* nothosubsp. *hadensis* (HRAB.) K. I. CHR., *C. calycina* PETERM.]. Laubwälder, Waldmäntel, Gebüsche, z bis s, LLA (von hier als *C. calycina* beschrieben), ELH, OLB, OLH, VGT. V Carp., V Aln.-Ulm., O Prun.

C. × *media* BECHST., **Bastard-W., Mittlerer W.****

[*C. laevigata* × *C. monogyna*]. Hecken, Gebüsche, s Wegränder, z, z. B. LLA, MLH, ELH, OL, meist gepflanzt, oft an Verkehrswegen (Wegränder, Bahnanlagen). O Prun.

Als Ziergehölz Sorten mit roten (Rotdorn) u. gefüllten Blüten in Kultur.

C. monogyna JACQ., **Eingriffliger W.***/**

Hecken, Gebüsche, Feldgehölze, Waldmäntel, s lichte Wälder auf trockenen bis mäßig frischen, ± basenreichen, meist tiefgründigen Lehmböden, auch Felshänge, Steinbrüche; anspruchsloser, aber weniger schattentolerant als andere Arten, h, nur im oberen ERZ fehlend, meist gepflanzt, oft als Hecke in Siedlungen od. in Siedlungsnähe, an Verkehrswegen. O Prun., O Fag., V Querc rob.; europ-nem.

C. rhipidophylla GAND. s. l., **Großkelch-W.****

Laubwälder, Waldmäntel, seltener Gebüsche, Hecken, meist auf frischen bis mäßig trockenen, ± basenreichen Böden; europ-nem.

Die Bestimmung der beiden Unterarten ist ohne Früchte nicht mögl.

1 Kelchblätter an der Frucht zurückgebogen, selten waagerecht abstehend; Früchte ellipsoidisch bis kugelig, 8–15 mm lang, dunkel kirschrot; Blätter 4–6 mm lang, meist derb, etwas lederig, unterseits heller als oberseits, blassgrün, obere Hälfte bis ²/₃ der Blattlappen gesägt **subsp. *rhipidophylla***

1* Kelchblätter an der Frucht aufrecht u. zusammenneigend; Früchte walzenförmig bis zylindrisch, oft leicht kantig, 12–15 mm lang, reif korallenrot; Blätter 3–5 cm lang, beiderseits einfarbig, Blattlappen fast bis zum Grund fein gesägt **subsp. *lindmanii***

***C. r.* subsp. *rhipidophylla*, Krummkelch-W.**

[*C. rhipidophylla* s. str., *C. curvisepala* auct.]. z, vor allem im Hügel- u. unteren Bergland, ERO bis etwa 800 m. K Querc.-Fag., bes. V Carp., O Prun.

C. r. subsp. *lindmanii* (HRAB.) P. A. SCHMIDT, **Lindman-W.**

[*C. r.* var. *lindmanii* (HRAB.) K. I. CHR., *C. lindmanii* (HRAB.]. s (seltenster Weißdorn Sachsens), z. B. OL, LLA, MLH.

C. × *subsphaericea* GAND.s. l., **Verschiedenzähniger W.**/*

[*C. monogyna* × *C. rhipidophylla* s. l.].

In Abhängigkeit von den an der Bastardierung beteiligten Unterarten von *C. rhipidophylla* gibt es 2 Sippen, die nur im fruchtenden Zustand zu unterscheiden sind.

1 Kelchblätter an der Frucht schräg abstehend bis zurückgebogen **nothosubsp. *subsphaericea***

1* Alle od. zumindest ein Teil der Kelchblätter an der Frucht aufrecht od. aufrecht bis schräg abstehend **nothosubsp. *domicensis***

C. × s. nothosubsp. *subsphaericea*

[*C. monogyna* × *C. rhipidophylla* subsp. *rhipidophylla*]. Hecken, Gebüsche, lichte Laubwälder, mäßig h, besonders an Verkehrswegen u. in Siedlungsnähe, vermutl. wegen Eingriffligkeit u. Ähnlichkeit in Blattmerkmalen oft als *C. monogyna* gepflanzt. O Prun., O Fag.

C. × s. nothosubsp. *domicensis* (HRAB.) P. A. SCHMIDT

[*C. monogyna* × *C. rhipidophylla* subsp. *lindmanii*, *C. domicensis* HRAB.]. Am Rand von od. in Laubwäldern, s, z. B. OLH, ELH. V Carp., V Aln.-Ulm.

Cydonia MILL., Quitte

Blüten einzeln, groß, Kronblätter rötl.-weiß; Kelchzipfel laubblattartig, eiförmig längl., drüsig gesägt; Blätter eiförmig, unterseits wie die Zweige u. die Kelchröhre zottig-graufilzig; Frucht fast kugelig („Apfelquitte") od. birnförmig („Birnquitte"), gelb, wohlriechend; Pflanze dornenlos. 2–6 m. 5–6. ♄. Kulturpflanze. Heimat: Orient. [*C. vulgaris* DELARBRE].
C. *oblonga* MILL., **Echte Qu.***/**

Dasiphora L., Fingerstrauch

Blätter 3–5-zählig gefiedert od. handförmig gefingert, unterseits behaart, etwas ledrig; Blattrand nach unten gebogen. 50–140 cm. 6–9. ♄. Zierstrauch, verwildert, Brachflächen, s. NU. Heimat: Europa, N-Asien, N-Amerika. [*Potentilla fruticosa* L.]. **D. *fruticosa*** (L.) RYDB., **Gelber F., Strauch-Fingerkraut***

Filipendula MILL., Mädesüß

1 Stängel beblättert; Fiederblätter > 3 cm lang, eiförmig, doppelt gesägt, 2–5-paarig, Endfieder größer u. 3–5-spaltig; Kronblätter weiß od. gelbl.-weiß; Früchtchen kahl, gewunden ***F. ulmaria***

1* Stängel oben fast blattlos; Fiederblätter bis 2,5 cm lang, längl., fiederspaltig, vielpaarig, Endfieder nicht größer; Kronblätter weiß; Früchtchen behaart, gerade ***F. vulgaris***

F. ulmaria (L.) MAXIM., **Echtes M., Großes M., Sumpf-M.***

[*Spiraea ulmaria* L.]. Blüten stark riechend. 50–150 cm. 6–8. ♃. Feuchtwiesen, Gräben, Bachufer, Auenwälder, auf nährstoffreichen, feuchten Lehmböden, h. V Filip., V Mol., V Calth., V Aln.-Ulm.; eurosib. Off.

Die Verbreitung der beiden Varietäten ist im Gebiet noch ungenügend bekannt.

1 Blätter unterseits grün, auf den Nerven behaart, nicht filzig, meist vorherrschend. [subsp. *denudata* (J. PRESL et C. PRESL) HAYEK]. var. *denudata* (J. PRESL et C. PRESL) G. BECK

1* Blätter auf der Unterseite graugrün bis grauweiß filzig, z. [subsp. *ulmaria*, var. *nivea* (WALLR.) SCHINZ et KELL.]. var. *ulmaria*

F. vulgaris MOENCH, **Kleines M., Knolliges M.***

[*F. hexapetala* GILIB., *Spiraea filipendula* L.]. Wurzelfasern in der Mitte knollig verdickt. 30–60 cm. 6–7. ♃. Halbtrockenrasen, wechseltrockene Auenwiesen, lichte Waldränder, auf trockenen, basischen u. lehmigen Böden, z im Elbtal u. LLA; s MLH, OLT, OLH. K Fest.-Brom., V Arrh., V Cnid., K Trif.-Ger.

Fragaria L., **Erdbeere**

1 Blätter lederig, oberseits fast kahl, runzlig; Blattstiele vorwärts anliegend od. abstehend behaart; Blüten 2,5–3,8 mm Ø; Sammelfrucht („Erdbeere") > 1,5 cm Ø; Fruchtstiel niedergebogen; Kulturpflanze, auch verwildert ***F. × ananassa***

1* Blätter nicht lederig, oberseits deutl. behaart; Blattstiele abstehend behaart; Blüten < 2,8 cm Ø; Sammelfrucht < 1,5 cm Ø; Fruchtstiel aufrecht; (meist) Wildpflanze

2 Blattunterseite abstehend behaart; alle Blütenstiele waagerecht abstehend behaart; Stängel die Blätter deutl. überragend; Blüten meist 1-geschlechtig ***F. moschata***

2* Blattunterseite anliegend (höchstens am Grund abstehend) behaart; seitl. od. alle Blütenstiele anliegend od. aufrecht abstehend behaart; Stängel kaum länger als die Blätter; Blüten ⚥

3 Kelchblätter abstehend od. zurückgeschlagen, sich beim Pflücken von der reifen Frucht lösend; diese reif durchgehend rot; alle Blättchen fast sitzend; Endzahn des Mittelblättchens die beiden seitl. Zähnchen überragend; Blütenboden am Grund mit Haarkranz, sonst kahl; Blüten rein weiß; Tragblätter der Blütenstände gezähnt; Ausläufer sympodial ***F. vesca***

3* Kelchblätter aufrecht, der Sammelfrucht fest angedrückt, beim Pflücken mit einem Knack abreißend, wobei die Kelchblätter an der Frucht haften bleiben; diese reif meist nur an der Spitze rot, sonst gelbl.-weiß; das mittlere Blättchen kurz gestielt; Endzahn des Mittelblättchens kürzer als die beiden seitl.; Blütenboden fein langhaarig; Blüten leicht gelbl.-weiß; Tragblätter der Blütenstände stark reduziert, nicht gezähnt; Ausläufer monopodial, zuweilen fehlend ***F. viridis***

F. × ***ananassa*** (WESTON) ROZIER, **Garten-E., Kultur-E.***
[*F.* × *magna* auct., *F. chiloensis* (L.) WESTON × *F. virginiana* MILL.]. 20–30 cm. 5–6. ♃. Kulturpflanze, verwildert, Brachen, Gebüsche, Friedhöfe, z. NE. K Rhamn.-Prun., O Glech., V Arct.

F. moschata WESTON, **Moschus-E., Zimt-E.**
Sammelfrucht sich oft schwer ablösend u. oft nicht durchgängig rot; Ausläufer oft fehlend. 15–30 cm. 5–6. ♃. Gebüsche, Laubwälder, Waldränder, auf frischen, nährstoffreichen, meist basischen Böden, mäßig h VGT, ERO; sonst meist z, im Tiefland s od. fehlend. O Fag., V Carp., O Prun., V Aln.-Ulm.; sarmat.

F. vesca L., **Wald-E.***
5–20 cm. 5–6. ♃. Wälder, Waldränder, Gebüsche, Böschungen, mäßig h bis h. O Prun., O Atrop., O Orig.; eurosib. Off.
F. vesca fo. *semperflorens* (DUCHESNE) STAUDT, Monats-E.: Kulturpflanze, bis in den Herbst blühend u. fruchtend.

F. viridis WESTON, **Knack-E., Knackelbeere, Hügel-E.***
Geschmack der Frucht ± stachelbeerartig. 5–15 cm. 5–6. ♃. Halbtrockenrasen, Gebüsch- u. Waldränder, auf trockenen u. basischen Böden, mäßig h EET, z LLA; sonst meist s, z. B. ERB: Zschocken; VGT: Talsperre Pöhl. K Fest.-Brom., V Querc. pub.; euras-kont.

Bastarde:
F. × ***bifera*** DUCHESNE [*F.* × *hagenbachiana* LANG et W. D. J. KOCH, *F. viridis* × *F. vesca*]: s, z. B. ERB: Zschocken; VGT: mehrfach
F. × ***intermedia*** BACH [*F. vesca* × *F. moschata*]: s, z. B. VGT: Klingenthal
F. × ***neglecta*** M. LINDEM. [*F. moschata* × *F. viridis*]: s, z. B. VGT: Marienberg, Marieney

Geum L., **Nelkenwurz**

1 Kronblätter orangerot ***G. coccineum***
1* Kronblätter gelb od. gelbl.
2 Blüten nickend; Kronblätter außen rötl., innen gelb; Kelch rotbraun, zur Fruchtzeit aufrecht ***G. rivale***
2* Blüten aufrecht, Kronblätter gelb; Kelch zur Fruchtzeit zurückgeschlagen, grün
3 Kelch an der Blüte abstehend, zur Fruchtzeit zurückgeschlagen; Blütenstand locker; Stängelglieder der Äste meist länger als ihr Tragblatt; Nebenblätter groß, blattartig, gekerbt gezähnt; Blätter ± dunkelgrün; Teilfrüchtchen meist < 100, in runden Köpfchen ***G. urbanum***
3* Kelch schon an der Blüte zurückgeschlagen; Blütenstand gedrungen; Stängelglieder der Äste meist kürzer als ihr Tragblatt; Nebenblätter

klein, meist ganzrandig; Blätter heller grün u. größer; Teilfrüchtchen meist > 150, in ovalen Köpfchen ***G. macrophyllum***

G. coccineum SIBTH. et SM., **Rote N.**

20–60 cm. 5–8. ♃. Zierpflanze, s verwildert. Heimat: Balkan, Kaukasus. Die Art u. ihre Bastarde mit anderen Arten werden in Gärten u. Anlagen kultiviert.

G. macrophyllum WILLD., **Großblättrige N.**

[*G. japonicum* auct.]. Endlappen der Grundblätter auffallend groß, rund od. nierenförmig im Umriss, viel größer als die seitl. Lappen. 20–100 cm. 5–7. ♃. Parks, Gebüsche, feuchte Ruderalfluren, s LLA: Leipzig; MLH: Goßberg; OLB: Oppach; OLH: Gaußig (ob noch?, hier bereits vor 1889). NU. O Glech. Heimat: O-Asien.

G. rivale L., **Bach-N.***

Rhizom gestreckt, horizontal; Fruchtköpfchen gestielt. 30–100 cm. 5–6. ♃. Bachufer, Feuchtwiesen, Auenwälder, feuchte Gebüsche, Hochstaudenfluren, z bis mäßig h in Hügelland u. Bergland, im Tiefland u. der OL stellenweise s. O Mol., V Aln.-Ulm.; eurosib, circpol. Früher Off.

G. urbanum L., **Echte N., Mauer-N.***

Rhizom kurz, aufrecht; Fruchtköpfchen sitzend. 30–100 cm. 5–10. ♃. Ruderal beeinflusste Laubwälder u. Gebüsche, Säume, Mauern, Hecken, sehr h. O Fag., K Rham.-Prun., O Glech.; euras-nem. Off.

G. canadense JACQ., **Kanadische N.,** ähnl. *G. urbanum*, aber mit kleinen weißen Blüten, s eingeschleppt: Leipzig.

Bastard:

G.* × *intermedium EHRH. [*G. urbanum* × *G. rivale*]: in den Merkmalen zwischen den Eltern, s, z. B. Leipzig, Bautzen.

Kerria DC., Goldröschen, Kerrie, Ranunkelstrauch

Sommergrüner Strauch; Blätter eiförmig, lang zugespitzt, ungleich doppelt gesägt; Zweige grün. 1–2 m. 4–5. ♄. Häufiger Zierstrauch. Heimat: Japan. ***K. japonica*** (THUNB.) DC., **Japanisches G.****

Malus MILL., Apfel

1 Sprossachsen, Blätter, Blatt- u. Blütenstiele im Frühjahr weitgehend unbehaart; Blätter (vor allem an Langtrieben) mit kurz ausgezogener, seitl. ausgelenkter Spitze; Knospen meist spitz kegelförmig, unbehaart; Früchte 2–3 cm breit, kugelig; Kelchgrube, wenn überhaupt vorhanden, nur leicht eingesenkt; Stielgrube eng, den dünnen Fruchtstiel an seinem Grund völlig umschließend; Grundfarbe der Frucht gelbgrün, rein gelb bis honiggelb, Deckfarbe (nur bei Sonnenfrüchten) als gleichmäßiger fleckenloser roter Hauch entwickelt; Geschmack ± zusammenziehend; Stamm an der Basis bis in Mannshöhe oft mit Schossern, die durch zahlreiche abgestorbene Kurztriebe „Dornen" vortäuschen, jedoch in der Krone nie mit „Dornen" ***M. sylvestris***

1* Sprossachsen, Blatt- u. Blütenstiele im Frühjahr durch ± filzige Behaarung weißgrün erscheinend; Blätter grob gesägt, mit gerader Spitze; Knospen stumpf elliptisch, z. T. behaart; Früchte > 3,5 cm breit, flach kugelig bis hoch kegelig; Kelch- u. Stielgrube mit freiem Stiel deutl. ausgebildet; Grundfarbe gelb, rote Deckfarbe in großer Variabilität u. Intensität; Früchte wohlschmeckend; Schosser am Stamm ohne „Dornen" ***M. domestica***

M. domestica BORKH., **Kultur-A., Garten-A.** */**

[*M. sylvestris* MILL. var. *domestica* (BORKH.) MANSF.]. Bis 10 m. 4–5. ♄. Obstbaum, nicht s verwildert.

M. sylvestris MILL., **Wild-A., Holz-A.** */**

Bis 10 m. 5. ♄. Laubwälder, Gebüsche auf frischen, nährstoffreichen, Lehmböden, mäßig h ERO, LLA (Elster-Luppe-Aue); sonst z bis s. Infolge Bastardierung mit *M. domestica* ist die Bestimmung z. T. erschwert. V Carp.-Prun., V Carp., V Querc. rob., V Aln.-Ulm.; europ-nem.

In Anlagen werden häufig verschiedene Zieräpfel kultiviert. Ihre Bestimmung erfordert Spezialliteratur.

Mespilus L., **Mispel**

Pflanze dornig od. dornenlos; Blätter längl. lanzettl., unterseits grün, schwach filzig; Frucht am oberen Ende flach od. eingesenkt, 3–4 cm Ø, braun; Kronblätter weiß. 1,5–5 m. 5–6. ♄. Waldränder, Laubwälder, felsige Hänge, z LLA, MLH, ELH, sonst s od. fehlend. Im Mittelalter als Kulturpflanze eingeführt u. verwildert. A. O Prun., V Querc. rob., V Carp. Heimat: Mittelmeergebiet bis Kaukasus. ***M. germanica*** L., **Echte M., Deutsche M.** */**

Physocarpus (CAMBESS.) RAFIN., **Blasenspiere**

Blätter breit eiförmig, 3-lappig, unregelmäßig doppelt gekerbt; Blütenstand kugelig, reichblütig, an den Enden beblätterter Zweige; Früchtchen am Grund verwachsen, zur Reife aufgeblasen. 1–3 m. 6–8. ♄. Zierstrauch, verwildert, Brachland, s, z. B. LLA: Leipzig; VGT: Treuen. NU. Heimat: N-Amerika. [*Spiraea opulifolia* L.].

Ph. opulifolia (L.) MAXIM., **Schneeballblättrige B., Knackspiere** **

Potentilla L., **Fingerkraut**

1 Außenkelchblätter 3-spitzig; Frucht rot, erdbeerartig, aber fad schmeckend ***P. indica***
1* Außenkelchblätter nicht 3-spitzig; Frucht nicht erdbeerartig, trocken
2 Krone weiß
3 Grundblätter 3–5-paarig gefiedert, mit 5–7 Fiedern ***P. rupestris***
3* Grundblätter gefingert od. 3-zählig
4 Grundblätter 5-zählig gefingert, ihre Stiele anliegend behaart; Blättchen längl. lanzettl., vorn angedrückt sägezähnig, oberseits kahl, unterseits u. am Rand weiß seidenhaarig; Stängel 2–5-blütig; Kronblätter länger als der Kelch; Pflanze ohne Ausläufer ***P. alba***
4* Grundblätter 3-zählig *(Abb. 220/1)*, ihre Stiele dicht abstehend behaart; Blättchen breit verkehrt eiförmig, grob kerbig gesägt, oberseits schwach-, unterseits stark zottig u. grau seidenhaarig; Stängel 1–3-blütig; Kronblätter kaum so lang wie der Kelch; Pflanze mit beblätterten Ausläufern ***P. sterilis***
2* Krone gelb
5 Blätter alle gefiedert
6 Grundblätter unterbrochen vielpaarig gefiedert, unter- od. beiderseits seidig weißfilzig; Fiedern tief gesägt; Kronblätter doppelt so lang wie der Kelch; Außenkelchblätter fiederspaltig bis ganzrandig; Stängel dünn, lang kriechend ***P. anserina***
6* Grundblätter u. untere Stängelblätter 2–5(–7)-paarig gefiedert, beiderseits grün; Fiedern unregelmäßig tief eingeschnitten gesägt; Kronblätter so lang wie od. kürzer als der Kelch; Außenkelchblätter immer ganzrandig; Stängel niederliegend bis aufrecht
5* Blätter 5–9-zählig gefingert od. 3-zählig ***P. supina***
7 Blüten in der Mehrzahl 4-zählig (selten 5-zählig)
8 Stängel aufsteigend od. niederliegend, aber nie an den Knoten wurzelnd; Grundblätter 3-zählig; Kronblätter so lang wie od. länger als der Kelch; Endzahn des Fiederchens die benachbarten Zähnchen überragend — Wurzelstock knollenförmig, innen oft blutrot ***P. erecta***
8* Stängel niederliegend, an den Knoten wurzelnd; Grundblätter 3–5-zählig; Kronblätter doppelt so lang wie der Kelch; Endzahn des Fiederchens die benachbarten Zähnchen nicht od. kaum überragend ***P. anglica***
7* Blüten in der Mehrzahl 5-zählig (selten 4-zählig)
9 Stängel bis 1 m weit ausläuferartig, an den Knoten (mit Ausnahme der ersten 3–4) wurzelnd; Blüten einzeln ***P. reptans***
9* Stängel aufrecht od. aufsteigend, jedenfalls nicht lang ausläuferartig, oft dichtrasig; Blüten stets zu mehreren
10 Blätter 3-zählig ***P. norvegica***
10* Blätter 5- bis mehrzählig gefingert
11 Grund- u. untere Stängelblätter überwiegend 7(–9-)-zählig gefingert

12 Nebenblätter der unteren Stängelblätter tief fiederspaltig mit bis 1 cm langen zahnartigen Zipfeln; Stängel von der Mitte der Rosette ausgehend; Blüten 20–25 mm Ø, meist hellgelb, seltener dottergelb; Pflanze 30–70 cm hoch ***P. recta***

12* Nebenblätter der Stängelblätter ganzrandig od. schwach gezähnt; Stängel aus den Achseln der Grundblätter entspringend; Blüten 10–20 mm Ø, stets sattgelb; Pflanze 5–30 cm hoch

13 Blättchen der Grundblätter 1–3 cm lang, meist 7-zählig, längl. lanzettl.; Stängel kaum höher als die Grundblätter; Außenkelchblätter kürzer als die Kelchblätter; Griffel unter der Narbe nicht verdickt ***P. heptaphylla***

13* Blättchen der Grundblätter 2–6 cm lang, 7–9-zählig, breit lanzettl. bis schmal verkehrt eilängl.; Stängel mindestens doppelt so lang wie die Grundblätter; Außenkelchblätter länger als die Kelchblätter; Griffel unter der Narbe verdickt ***P. thuringiaca***

11* Grund- u. untere Stängelblätter vorwiegend 5-zählig gefingert

14 Blattunterseite mit Sternhaaren (starke Lupe!)

15 Sternhaare auf der Blattunterseite einen dichten Filz bildend; Sternhaare mit 10–30 gleich langen Strahlen; Stängel ebenfalls mit grauen Sternhaaren besetzt ***P. cinerea***

15* Sternhaare auf der Blattunterseite spärl., keinen geschlossenen Filz bildend; Blattunterseite u. Blattrand mit Sternhaaren besetzt, diese mit 2–10 Strahlen u. deutl. verlängertem Mittelstrahl (Zackenhaare) ***P. pusilla***

14* Blattunterseite ohne Sternhaare

16 Blattunterseite nicht filzig, aber ± mit geraden od. schwach gebogenen Flaum- od. Seidenhaaren besetzt

17 Pflanze aufrecht, etwa ab der Mitte verzweigt; Stängel meist 15–30-blütig; Griffel unter der Narbe nicht verdickt; mittleres Blättchen der Grund- u. unteren Stängelblätter 2–6 mm lang gestielt ***P. intermedia***

17* Pflanze mit liegender Grundachse, verzweigt, ältere Exemplare rasenförmige Flachpolster bildend, Stängel meist 3–5-blütig; Griffel unter der Narbe verdickt; mittleres Blättchen der Grund- u. unteren Stängelblätter höchstens sehr kurz gestielt ***P. neumanniana***

16* Blattunterseite durch wellig gekräuselte u. gerade Haare weiß- od. graufilzig

18 Pflanze zur Blütezeit auch mit nicht blühenden Rosetten; Stängel ± niederliegend, im Kreis ausgebreitet; Blütenstände teils end-, teils seitenständig, reichblütig — Blättchen aus keilförmiger Basis verkehrt eiförmig, oberseits sehr schwach behaart, unterseits dünn graufilzig u. außerdem von langen, anliegenden, seidig schimmernden Haaren bedeckt, jedes Blättchen beidseitig mit 4–7 spitzen Sägezähnen; seltene Pflanze im Elbtal ***P. lindackeri***

18* Pflanze zur Blütezeit meist ohne sterile Blattrosetten; Stängel aufrecht od. aufsteigend, selten niederliegend; alle Blütenstängel endständig

19 Blätter unterseits weißfilzig, Fiedern am Rand umgerollt; Krone hellgelb **_P. argentea_**
19* Blätter unterseits graufilzig, im Alter verkahlend, am Rand nicht umgerollt; Krone goldgelb **_P. inclinata_**

P. alba L., Weißes F.*

Kronblätter breit verkehrt eiförmig. 5–20 cm. 5–7. ♃. Kontinentale Trocken- u. Halbtrockenrasen, Trockenwälder u. -gebüsche, wärmeliebende Säume, s GHP: Naundörfel: Winzerwiese; früher s ELH, MLH: z.B. Ketzerbachtal; LLA: am Bienitz, früher Kleindölzig. V Ger., V Berb., V Querc. pub., O Fest., V Mol.; europ-kont-sarmat. Waldsteppenpflanze.

P. anglica LAICHARD., Englisches F.

[*P. procumbens* SIBTH.]. Stängel oberwärts gabelartig verzweigt; Blättchen keilig verkehrt eiförmig bis längl., vorn grob eingeschnitten gesägt, beiderseits anliegend behaart; Blüten 15–18 mm Ø; Pflanze steht in ihren Merkmalen zwischen *P. erecta* u. *P. reptans* (hybridogene Art). 20–50 cm. 6–9. ♃. Schattige, feuchte Wälder, kurzrasige Wiesen, Weg- u. Grabenränder, h DDH, ESG, OLT; z bis mäßig h GHP, VGT; sonst meist s. V Querc. rob., V Mol., V Potent. ans.; subatl.

P. anserina L., Gänse-F.*

Blätter mit 7–14 Paaren von Hauptfiedern, dazwischen viele kleine Zwischenfiedern; Blüten 15–20 mm Ø, einzeln, lang gestielt. 10–20 cm (Ausläufer bis 1 m). 5–8. ♃. Feuchte bis frische Trittstellen, Wiesen, Äcker, Ruderalfluren, h. V Potent. ans., O Arrh., V Polyg., K Stell.; eurosib, fast Kosmopolit. Off.

P. argentea L., Silber-F.

Blätter 5–7-zählig; Blättchen sehr unregelmäßig eingeschnitten gesägt bis wiederholt zerschlitzt; Krone hellgelb. 15–50 cm. 6–10. ♃. Halbtrocken- u. Trockenrasen, Felsen, Mauern, trockene Ruderalfluren, h vom Tief- bis ins untere Bergland, mäßig h bis z im mittleren u. oberen Bergland. O Sedo-Scler., V Arm., O Brom., O Onop., s V Polyg.; euras.

Außerordentl. formenreiche Art, von der mehrere Sippen beschrieben wurden. Ihre Abgrenzung ist nicht immer mögl., zumal einige Merkmale saisonal schwanken. Auch die folgende Gliederung kann nur provisorisch sein.

1 Blättchen fast bis zur Mittelrippe eingeschnitten, oft doppelt fiederspaltig; Zipfel schmal, wenigstens 4-mal so lang wie breit. Wahrscheinl. z. [*P. tenuiloba* JORD.]. var. *tenuiloba* (JORD.) A. F. SCHWARZ
1* Blättchen weniger tief eingeschnitten, höchstens 3-mal so lang wie breit
2 Pflanze niederliegend, nur die Spitze aufsteigend; Stängel kaum länger als 20 cm (nicht mit niederliegenden Herbstformen anderer Sippen verwechseln); wahrscheinl. s. [*P. demissa* JORD.]. var. *demissa* (JORD.) LEHM.
2* Pflanze aufrecht od. aufsteigend. Vorherrschende Sippe. var. *argentea*

P. cinerea Vill., **Sand-F.**

[*P. arenaria* G. Gaertn. et al.]. Pflanze niedrige Polster bildend; Blattepidermis durch die dichte filzige Behaarung nicht sichtbar; Blattoberseite glanzlos. 5–15 cm. 4–5. ♃. Trocken- u. Halbtrockenrasen, Felsfluren, trockene Kiefernwälder, s EET: früher im Elbtal; ELH: Lößnitzgrund; MLH: früher Ketzerbachtal u. um Diesbar; fehlt OL. V Fest., V Sesl.-Fest., O Brom., V Ger.; europ-kont.

Im Gebiet nur **subsp. *incana*** (G. Gaertn. et al.) Asch.

P. erecta (L.) Raeusch., **Blutwurz, Tormentill***

[*P. tormentilla* Neck., *Tormentilla erecta* L.]. Nebenblätter der Stängelblätter fingerförmig eingeschnitten. 15–30 cm. 6–10. ♃. Magerrasen, Zwergstrauch- u. Feuchtheiden, Pfeifengras- u. Bergwiesen, saure Eichenwälder, Säume, auf frischen, nährstoffarmen Sand- u. Torfböden, mäßig h bis h im gesamten Gebiet, jedoch in Agrargebieten (Leipziger Raum, Lommatzscher Pflege) zurücktretend. O Coryn., V Mol., V Pol.-Tris., V Querc. rob., V Potent.-Holc., V Eric., K Call.-Ul.; euras-nem. Off.

P. heptaphylla L., **Rötliches F.**

[*P. opaca* L.]. Pflanze kompakt horstig; Stängel wie die Blattstiele von weichen, waagerecht abstehenden Haaren zottig (Gegensatz zu *P. neumanniana*), ohne Sternhaare; Stängel meist rötl. überlaufen; Blätter (5–)7(–9)-zählig; Krone 1 cm Ø, meist dunkel goldgelb; Kelch (meist) rot od. violett überlaufen, mit od. ohne Stieldrüsen; Blütenstiel dünn, nach dem Blühen abwärts gebogen. 5–20 cm. 4–6. ♃. Trocken- u. Halbtrockenrasen, Trockenwälder u. -gebüsche, s EET, ELH, ERO, MLH, OLT; früher LLA, OLH. V Fest., O Brom., V Ger., V Berb., V Querc. pub.; europ-kont.

P. inclinata Vill., **Graues F.**

[*P. canescens* Besser]. Stängel über der Mitte doldenrispig, weichzottig; Blätter oberseits hell-, unterseits dunkelgrün; Grundblätter zur Blütezeit bereits verwelkt, wie die unteren Stängelblätter 5(–7)-zählig; Blättchen beidseitig mit 4–9 spitzen Sägezähnen, mittleres bis fast zum Grund tief gesägt; Blüten 10–15 mm Ø. 20–50 cm. 5–8. ♃. Sand- u. Silikatmagerrasen, sandige Ruderalfluren, z OL; s ERM: Schwarzenberg; ESG: Wehlen; LLA: Leipzig; MLH: Ketzerbachtal; früher VGT: um Plauen. O Brom., V Dauco-Mel.

P. indica (G. Jackson) Th. Wolf, **Indische Scheinerdbeere**

[*Duchesnea indica* (G. Jackson) Focke, *Fragaria indica* G. Jackson]. Pflanze mit ausläuferartig kriechendem Stängel; Blätter 3-zählig; Blüten einzeln; Kronblätter gelb; Kelchblätter kürzer als die Außenkelchblätter. 10–30 cm. 5–10. ♃. Säume, Hecken, Waldwege, z ELH, LLA; sonst noch s, z. B. ERB, ERM, ESG, OLB, OLH. NE. O Glech. Heimat: O-Asien.

P. intermedia L., **Mittleres F.**

Pflanze weichhaarig od. etwas zottig, grün (nur bei der seltenen var. *canescens* RUPR. graugrün); Blätter 5-zählig; Blättchen verkehrt eiförmig, grob gesägt, das mittlere an den Stängelblättern oft 3-spaltig; Blütenstand locker doldenrispig; Blüten etwa 10 mm Ø, hellgelb; Staubblätter auffallend klein; Kelchblätter vergrößern sich nach der Blüte nicht (Gegensatz zu *P. norvegica*). 15–50 cm. 6–9. ⊙, ♃ (kurzlebig). Trockene, sandig-kiesige Ruderalfluren, z vom Tiefland bis ins untere Bergland, häufiger in Leipzig u. Dresden; erster Nachweis: 1896 Görlitz. V Arct. NE (lokal). Heimat: O-Europa.

P. lindackeri TAUSCH, **Lindacker-F., Hügel-F.**

[*P. thyrsiflora* auct.]. Grundblätter 5–7-zählig; Blüte 9–12 mm Ø; Kronblätter hellgelb, meist etwas länger als der Kelch. 10–20 cm. 5–6. ♃. Halbtrockenrasen, s ELH: zwischen Meißen u. Dresden; ESG: Krippen. V Aspl., V Sedo-Ver.

P. neumanniana RCHB., **Frühlings-F.***

[*P. verna* auct., *P. tabernaemontani* ASCH.]. Blätter 5–7-zählig, auf der Oberseite ± glänzend, wie der Stängel mit meist schwach anliegenden od. aufrecht abstehenden u. gebogenen Haaren, ohne Sternhaare; Blüten 12–15 mm Ø; Kronblätter ± so lang wie der Kelch; Blütenstiele nach dem Blühen nicht herabgebogen. 5–15 cm. 4–5. ♃. Trockene Magerrasen, trockene Kiefernwälder, Felsdurchragungen, mäßig h VGT; sonst meist z, s im Bergland. K Koel.-Coryn., K Fest.-Brom., V Cyt.-Pin.; submed+subatl.

P. norvegica L., **Norwegisches F.**

Pflanze rauhaarig; Stängel die grundständigen (zur Blütezeit meist vertrockneten) Blätter weit überragend; Fiedern verkehrt eiförmig, spitz gezähnt; Kronblätter etwa so lang wie der Kelch, der sich nach der Blüte vergrößert (Gegensatz zu *P. intermedia*). 20–50 cm. 6–10. ⊙, ♃ (kurzlebig). Nährstoffreiche Ufer von Flüssen u. Standgewässern, seltener Ruderalfluren od. Gartenland, mäßig h ELH, OLT; sonst z. O Bid., V Pot. ans., V Dauco-Mel., V Sis.; euras, circpol.

P. pusilla HOST, **Flaum-F., Sternhaariges F.**

[*P. puberula* KRASAN, *P. gaudinii* GREMLI]. Blättchen keilförmig längl. lanzettl. od. vorn wenig verbreitert; Wuchs ähnl. *P. neumanniana*, doch fehlen dieser die Sternhaare. 5–10 cm. 3–5. ♃. Kontinentale Trocken- u. Halbtrockenrasen, Gebüsch- u. Waldsäume, s, nur südöstl. OLH; früher LLA: Leipzig-Borsdorf u. GHP: Steinbruch bei Skassa. O Fest.; europ-kont. Wahrscheinl. entstanden aus der Kreuzung *P. neumanniana* × *P. cinerea*.

P. recta L., **Aufrechtes F.***

Stängel aufrecht, oben reichblütig schirmrispig, wie die Blattstiele außer mit langen Haaren noch mit sehr kurzen steifen Borstenhärchen u. meist auch Stieldrüsen besetzt; Blättchen jederseits 7–15-zähnig. 25–70 cm. 6–7. ♃. Trocken- u. Halbtrockenrasen, Felsfluren, Wegränder, Bahngelände, z, im Bergland s. O Brom., O Artem.; euras-kont. A.

1 Kronblätter schwefelgelb, die Kelchblätter weit überragend; Verbreitung etc. wie Art. **subsp. *recta***

1* Kronblätter goldgelb, die Kelchblätter nicht od. kaum überragend; s u. meist unbeständig, z. B. Leipzig, Dresden, Meißen, Bautzen, Zittau. **subsp. *obscura*** (WILLD.) ROTHM.

P. reptans L., **Kriechendes F.***

Blättchen längl. verkehrt eiförmig, gekerbt gezähnt, spärl. behaart, selten seidenhaarig anliegend weichzottig; Krone 18–25 mm Ø. 10–20 cm hoch, bis > 100 cm lang. 6–8. ♃. Nährstoffreiche Feuchtwiesen, Wegränder, Ufer, Grabenränder, h bis mäßig h im Tief- u. Hügelland, z bis s im Bergland. V Mol., V Arrh., V Potent. ans., O Bid., O Glech.; euras, heute fast Kosmopolit.

P. rupestris L., **Felsen-F.**

[*Drymocallis r.* (L.) SOJÁK]. Stängel aufrecht, locker trugdoldig verzweigt, braunrot, oberwärts drüsig behaart; Blättchen der Grundblätter eiförmig, ungleich doppelt gekerbt gesägt, die 3 oberen viel größer als die übrigen; Stängelblätter ungestielt, 3-zählig; Kronblätter abgerundet, meist den Kelch überragend; Frucht kahl. 30–50 cm. 5–6. ♃. Trocken- u. Halbtrockenrasen, Säume von Trockengebüschen u. -wäldern, s GHP: Blatterslebener Grund; MLH: Prositz im Ketzerbachtal, früher Wurzen: Hohburger Berge; früher ELH: Lößnitzgrund; OLH: Bautzen: Loga, Radibor, Luppa, Kleinwelka, Borda; Niesky: Jänkendorf, Kämpferberge. V Fest., O Brom., V Ger., V Berb., V Querc. rob.; submed+sarmat.

P. sterilis (L.) GARCKE, **Erdbeer-F.***

5–10 cm. 3–5. ♃. Gebüsche, krautreiche Wälder, Säume, s ERM: früher Lengefeld, Grünhäinichen; ELH: Pillnitz, Lößnitzgrund; ESG: Polenztal; LLA: Kämmereiforst bei Eilenburg; VGT: Plauensche Binnenzone, Elstertal nördl. Plauen; ERO: Trebnitz- u. Hennebacher Grund, Rabenauer Grund. O Orig., O Prun., V Carp.; subatl.

P. supina L., **Niedriges F.**

Blüten 6–10 mm Ø, in Wickeln mit laubartigen Deckblättern; Frucht runzlig. 10–40 cm. 6–10. ⊙, ♃ (kurzlebig). Nährstoffreiche, feuchte Ufer, Wegränder, Bahngelände, mäßig h DDH, EET, ELH, LLA; z OLH, OLT; sonst s od. fehlend. O Nanocyp., V Potent. ans., V Sis., V Chen.; euras-kont., z. T. fluv.

P. thuringiaca BERNH., **Thüringisches F.**
[*P. parviflora* GAUD. non DESF.]. Stängel aufsteigend, etwa von der Mitte an locker gabelig verzweigt; Blütenstand meist locker u. armblütig; Blüten 10–30 mm Ø, goldgelb, postfloral abwärts gekrümmt; Frucht auf dem Rücken schwach gekielt. 15–30 cm. 5–7. ♃. Gebüsche, früher LLA: Leipzig; europ-kont.

Bastarde:

P. × ***aurulenta*** GREMLI [*P. heptaphylla* × *P. neumanniana*]: einzeln unter den Eltern

P. × ***italica*** LEHM. [*P. erecta* × *P. reptans*]: gleicht *P. anglica*, doch stets völlig steril, s, z. B. VGT: Klingenthal

P. × ***procumbentireptans*** G. F. W. MEY. [*P.* × *mixta* W. D. J. KOCH, *P. anglica* × *P. reptans*]: wahrscheinl. z, z. B. mehrfach OLT

P. × ***subacauli-opaca*** LASCH [*P. incana* × *P. heptaphylla*]: s, z. B. ELH: Schieritz

P. × ***subarenaria*** BORBÁS [*P. incana* × *P. neumanniana*]: die Sternhaare bilden keinen geschlossenen Filz auf der Blattunterseite; meist im Gebiet von *P. incana*, z. B. ELH: mäßig h; früher LLA: Leipzig am Bienitz

P. × ***suberecta*** ZIMMETER [*P. anglica* × *P. erecta*]: wahrscheinl. s

Prunus L., **Pflaume, Kirsche, Aprikose, Mandel, Pfirsich, Traubenkirsche**

Infraspezifische Sippen der kultivierten Arten weitgehend nach JÄGER & WERNER (2005).

1 Blüten in Trauben mit mehr als 12 Blüten

2 Pflanze immergrün, Blätter auffallend lederig ***P. laurocerasus***

2* Pflanze sommergrün, Blätter nicht dick lederig

3 Achsenbecher innen dicht behaart, nach dem Verblühen abfallend; Blüten meist > 10 mm breit, Kronblätter längl., etwa doppelt so lang wie die Staubblätter; Blattspreite am Grund etwas herzförmig, weich, oberseits matt, unterseits durch vertiefte Nerven etwas runzlig, ohne Filzstreifen entlang der Mittelrippe; Steinkern grubig gefurcht; Trauben meist überhängend ***P. padus***

3* Achsenbecher innen kahl od. nur mit einigen langen Haaren am Grund; Blüten meist < 10 mm breit, Kronblätter rundl., ± so lang wie die Staubblätter; Blattspreite am Grund verschmälert, oberseits glatt u. glänzend od. matt u. dann durch erhabene Nerven etwas runzlig; Blattunterseite oft mit weißen od. rostbraunen Filzstreifen beiderseits der Mittelrippe; Steinkern ± glatt; Traube meist aufrecht od. abstehend

4 Blätter oberseits glänzend grün, derb, mit kleinen eingekrümmten, knorpeligen Zähnchen, beiderseits der Mittelrippe mit > 15 Seitennerven; Kronblätter verkehrt eiförmig; Kelchzipfel ganzrandig od. spärl. drüsig, an der Frucht bleibend; Frucht schwarzrot bis schwarz ***P. serotina***

4* Blätter oberseits matt, mit sehr scharfen, vorwärts gerichteten od. angedrückten, nicht begrannten Zähnchen, mit 8–11 Seitennerven; Kronblätter rundl.; Kelchzipfel deutl. ausgebissen drüsig gezähnelt, nach der Blüte abfallend; Frucht dunkelrot (nur bei Sorten auch schwarz od. gelb) ***P. virginiana***

1* Blüten in wenig- bis höchstens 12-blütigen Schirmtrauben, Dolden od. einzeln stehend

5 Blüten einzeln od. zu 2, sitzend od. kurz gestielt; Fruchtknoten u. Frucht kahl od. behaart; Blüten meist vor den Blättern erscheinend

6 Blüten u. Frucht sitzend od. fast sitzend; Fruchtknoten u. Frucht (bei der gefülltblütigen *P. triloba* nur selten Früchte) dicht samtartig behaart od. kahl, dann aber Frucht > 4 cm Ø (Nektarine)

7 Blätter ei- bis herzförmig, zugespitzt; Kronblätter blassrosa bis weiß; Frucht gelb bis orange; Blätter in der Knospe eingerollt ***P. armeniaca***

7* Blätter lanzettl., mindestens 2-mal so lang wie breit od. verkehrt eiförmig (dann Blüten gefüllt); Kronblätter kräftig rosa; Blätter in der Knospe gefaltet

8 Kleiner Baum; Blätter 7–15 cm lang; Frucht 3–8 cm Ø

9 Frucht saftig, rund; 5–7 cm dick; Steinkern tief gefurcht ***P. persica***

9* Frucht trockenfleischig, abgeflacht, 3–6 cm lang, zur Reife aufspringend; Steinkern wenig gefurcht ***P. dulcis***

8* Strauch od. höchstens 2 m hohes Bäumchen; Blätter 3–6(–7) cm lang; Frucht bis 2 cm lang

10 Strauch ohne Wurzelsprosse; Blüten vor den Blättern erscheinend, röschenartig gefüllt; Blätter verkehrt eiförmig, vorn oft ± 3-lappig; Frucht selten ausgebildet, 1–1,5 cm Ø ***P. triloba***

10* Strauch mit Wurzelsprossen; Blüten nach den Blättern erscheinend, nicht gefüllt; Frucht 1,5–2 cm Ø ***P. tenella***

6* Blüten u. Früchte deutl. gestielt; Frucht u. Fruchtknoten kahl

11 Meist stark bedornt; Blätter höchstens 2,5 cm breit; Blüten 1–1,5 cm Ø; überwiegend Wildpflanze ***P. spinosa***

11* Dornen fehlend od. nur wenige; die meisten Blätter mehr als 2,5 cm breit; Blüten 1,5–2,5 cm Ø; Kulturpflanze (auch verwildert)

12 Blütenstiel behaart; Blätter unterseits meist behaart; Blüten meist zu 2(–3), mit den Blättern erscheinend; Kronblätter meist grünl.-weiß ***P. domestica***

12* Blütenstiel kahl; Blätter unterseits nur am Grund u. am Mittelnerv behaart; Blüten meist einzeln, vor od. mit den Blättern erscheinend; Kronblätter weiß od. (bei Sorten mit rotbraunen Blättern) rötl. ***P. cerasifera***

5* Blüten in 3- bis mehrblütigen Dolden od. Schirmtrauben, seltener einzeln od. zu 2, länger gestielt; Frucht stets kahl; Blüten mit den Blättern erscheinend

13 Blattzähne sehr kurz; Knospenschuppen beim Aufblühen abfallend; Blüten in kurzen gestielten Doldentrauben ***P. mahaleb***
13* Blattzähne gut ausgebildet; Knospenschuppen zur Blütezeit bleibend; Blüten in wenigblütigen, sitzenden Dolden
14 Blattrand mit sehr spitzen Zähnen; Blüten meist rosa u. gefüllt — Zierbaum ***P. serrulata***
14* Blattrand mit stumpfen Zähnen; Blüten weiß, nicht gefüllt
15 Knospenschuppen am Grund des Blütenstands zurückgeschlagen, Blütenstand ohne Laubblätter ***P. avium***
15* Knospenschuppen am Grund des Blütenstands aufrecht; Blütenstand über den Knospenschuppen mit 1–3 (seltener mehr) Laubblättern
16 Blätter der Kurztriebe 3–4 cm lang, vorn abgerundet od. stumpf, nur die der Langtriebe spitz od. zugespitzt; Blattstiel kurz, ohne Drüsen; Blüten klein, bis 1,5 cm Ø; Kronblätter längl., verkehrt eiförmig, ausgerandet; Frucht 7–10 mm Ø, dunkelrot, mit spitzem Stein; Pflanze stets ein kleiner Strauch ***P. fruticosa***
16* Blätter der Kurztriebe meist 8–12 cm lang, zugespitzt, derb; Blattstiel bis 3 cm lang, mit 1–2 Drüsen; Blüten bis 3 cm Ø; Kronblätter fast kreisrund, nicht ausgerandet; Frucht 15–20 mm Ø, hell- bis dunkelrot, mit kugeligem bis eiförmigem Stein; Baum od. höherer Strauch ***P. cerasus***

P. armeniaca L., **Aprikose***/**

[*Armeniaca vulgaris* LAM.]. Blätter doppelt gesägt, kahl, bis 3 cm lang gestielt; Blattstiel am oberen Ende oft 2-drüsig; Blüten vor den Blättern erscheinend, etwa 2,5 cm Ø; Kelch meist rot, am Grund samthaarig; Kronblätter rundl., oft am Anfang rötl., dann weiß; Frucht bis über 5 cm dick, fast kugelig, gefurcht, gelb, an der Lichtseite gerötet; Steinkern glatt. 2–8 m. 3–4. ♄. Obstbaum. Heimat: M-Asien.

P. avium (L.) L., **Süß-Kirsche, Vogel-Kirsche***/**

[*Cerasus avium* (L.) MOENCH]. Blattstiel am oberen Ende mit 1–2 Drüsen; Blätter etwas runzlig, dünn, längl. verkehrt eiförmig, grob stumpf gezähnt, anfangs unterseits behaart. 2–20 m. 4–5. ♄. Krautreiche Laub- u. Nadelwälder, Waldränder, Hecken, auf frischen, neutralen bis basischen Böden, mäßig h vom Tiefland bis ins obere Bergland. V Carp., V Aln.-Ulm., V Carp.-Prun., europ-nem. Obstbaum.

1 Frucht < 1 cm Ø — Fruchtfleisch dünn, bittersüß schmeckend; Wildpflanze. Vorkommen, Soziologie usw. wie bei Art. [*P. avium* subsp. *sylvestris* (DC.) DIERB.]. **subsp. *avium*, Vogel-Kirsche**
1* Frucht meist > 1 cm Ø; Obstbäume, s verwildert
2 Fruchtfleisch hart, knorpelig, gelb od. rot; Saft farblos. [var. *duracina* (L.) WILLD.]. **subsp. *duracina*** (L.) SCHÜBL. et G. MARTENS, **Knorpel-Kirsche**
2* Fruchtfleisch weich, rot od. schwarz, sehr saftig; Saft dunkelrot. [var. *juliana* (L.) KOCH]. **subsp. *juliana*** (L.) SCHÜBL. et G. MARTENS, **Herz-Kirsche**

P. cerasifera EHRH., **Kirsch-Pflaume, Myrobalane****

Blüten meist einzeln, schon zur Blütezeit nickend, Kronblätter 9–11 mm lang; Frucht kugelig, rot od. gelb, 2–3 cm Ø; Blätter 6–7 cm lang, längl. eiförmig, spitz, spärl. behaart, doch am Mittelnerv, vor allem unterseits, anfängl. filzig behaart; Zweige glänzend grün, später graubraun, selten mit Dornen. 3–8 m. 3–4. ♄. Zier- u. Obstbaum, verwildert, Brachland, s, z. B. ELH: Coswig; LLA: Leipzig; VGT: Treuen; auch in Feldhecken gepflanzt; Pfropfunterlage für Kulturpflaume. NU. Heimat: SO-Europa, Kleinasien, Kaukasus bis Vorder- u. M-Asien.

Häufig gepflanzt wird die Sorte ´Pissardii´, Blut-Pflaume [*P. pissardii* CARRIÈRE]: Blüten blassrosa od. weiß, öfter zu 2; Blätter, junge Zweige, Blütenstiele u. Frucht blutrot.

P. cerasus L., **Sauer-Kirsche***/**

[*Cerasus vulgaris* MILL.]. 1–10 m. 4–5. ♄. Obstgehölz, nicht s verwildert an Hecken u. Feldrainen, in Feldgehölzen. O Prun. Formenreich.

1 Wurzelsprosse treibender Strauch od. kleiner Baum mit hängenden Ästen; Frucht dunkelrot, sauer, mit färbendem Saft. [*Cerasus vulgaris* subsp. *acida* (DUMORT.) DOSTÁL].
subsp. *acidus* (DUMORT.) SCHÜBL. et G. MARTENS., **Strauch-S., Schattenmorelle**

1* Ohne Wurzelsprosse; hoher Baum mit aufrechten Ästen; Frucht hell- od. dunkelrot, sauer od. süßsauer, Saft färbend od. nicht färbend. [*Cerasus vulgaris* subsp. *vulgaris*].
subsp. *cerasus*, Baum-S., Baumweichsel

Zu subsp. *cerasus* 2 Varietäten:
var. *cerasus*, Glas-Kirsche, Amarelle, Wasser-Kirsche: Blütenstiel kurz, 2–3-mal so lang wie der Blütenbecher; Frucht glasig, hellrot, sauer, Saft nicht färbend; Stein sich nicht vom Stiel lösend.

var. *austera* L., Morelle, Süßweichsel: Blütenstiele länger, Frucht dunkelrot, süßsauer, Saft färbend; Stein sich leicht vom Stiel lösend.

P. domestica L., **Pflaume, Zwetsche***/**

1–8 m. 4–5. ♄. Obstbaum, auch verwildert an Hecken, Gebüschen u. Feldrainen. Sehr formenreich.

1 Strauch od. kleiner Baum mit einigen Dornen; Frucht ± kugelig

2 1- u. 2-jährige Zweige anfangs samtig behaart; Strauch; Frucht blauschwarz mit rotem Saft, ± kugelig, 1,5–3,5 cm Ø; Kronblätter weiß; Steinkern mit glatter Oberfläche, am Fruchtfleisch haftend. Altes Obstgehölz, s verwildert. [*P. insititia* L.].
subsp. *insititia* (L.) BONNIER et LAYENS, **Hafer-Pflaume, Krieche**

2* Zweige kahl, anfangs grün; kleiner Baum; Frucht verschiedenfarbig, stark duftend, kugelig, 1–3 cm Ø; Kronblätter weiß; Steinkern runzlig, sich zuweilen vom Fruchtfleisch lösend. Obstbaum. **subsp. *prisca*** H. L. WERNECK, **Ziparte, Ziberl**

1* Dornenloser Baum

3 1-jährige Zweige kahl; Frucht längl. eiförmig, 4–8 cm lang, blauschwarz, bereift; Kronblätter grünl.; Steinkern sich leicht von der Frucht lösend. Obstbaum, auch verwildert, mehrere Sorten. [*P. domestica* subsp. *oeconomica* (BORKH.) C. K. SCHNEID.]
subsp. *domestica*, Haus-Pflaume, Zwetsche, Zwetschge

3* 1-jährige Zweige behaart

4 Frucht ± kugelig

5 Kronblätter weiß; Steinkern meist am Fruchtfleisch haftend; Frucht 3–5 cm Ø, dunkelrot bis blauschwarz, innen gelb [var. *subrotunda* (BECHST.) H. L. WERNECK, Edelpflaume] od. grün bis gelbgrün, innen gelbgrün [var. *claudiana* (POIRET) GAMS, Reineclaude]. Obstbaum. Mehrere Sorten. **subsp. *italica*** (BORKH.) GAMS, **Edel-Pflaume, Reineclaude**

5* Kronblätter grünl.; Steinkern sich vom Fruchtfleisch lösend; Frucht 2–3 cm Ø, gelb u. oft rot punktiert od. grünl., innen gelb. Obstbaum. Mehrere Sorten, s verwildert. [var. *cerea* L.] **subsp. *syriaca*** (BORKH.) MANSF., **Mirabelle**

4* Frucht ± längl., birnförmig, eiförmig od. kugelig eiförmig

6 Kronblätter weiß; Frucht 4–8 cm lang, violett, rot od. gelb; Steinkern sich weniger leicht vom Fruchtfleisch lösend. Obstbaum. Mehrere Sorten. [var. *ovidea* MART.]. **subsp. *intermedia*** RÖDER, **Eier-Pflaume**

6* Kronblätter grünl.-weiß, Frucht 2–3,5 cm lang, gelb, rot od. blau, sehr weich, frühreif; Steinkern sich von der Frucht lösend. Obstbaum. Mehrere Sorten. **subsp. *pomariorum*** (BOUTIGNY) H. L. WERNECK, **Spilling, Schüttel-Pflaume**

P. dulcis (MILL.) D. A. WEBB, **Kultur-Mandel, Knack-Mandel***/**

[*P. amygdalus* BATSCH, *Amygdalus communis* L.]. Krone blassrosa od. weiß, 3–5 cm Ø. 1–5 m. 3–4. ♄. Nutzpflanze, in den wärmsten Teilen Sachsens s angebaut. Heimat: M- u. Vorderasien.

P. fruticosa PALL., **Zwerg-Kirsche, Steppen-Kirsche**/**

Blätter ± 3 cm lang. 0,3–1 m. 4–5. ♄. Nach KÄSTNER et al. (1956) in Sachsen gepflanzt u. s verwildert. Es dürfte sich hierbei vorwiegend um die höherwüchsige *P.* × *eminens* BECK [*P. cerasus* × *P. fruticosa*] handeln, die in Feldgehölzen gelegentl. gepflanzt wird.

P. laurocerasus L., **Lorbeer-Kirsche***/**

[*Laurocerasus officinalis* M. J. ROEM.]. Blätter längl. bis verkehrt eiförmig, bis 15 cm lang, oberseits glänzend grün, unterseits heller zugespitzt, ganzrandig, Rand oft etwas umgebogen; Blüten weiß, aufrecht, 8 mm breit; Beeren schwarz, bis 8 mm lang. 2–6 m. 5. ♄. Zierstrauch, verwildert, s, z. B. Leipzig. NU. Heimat: SO-Balkan, Kleinasien, Kaukasus bis Iran.

P. mahaleb L., **Steinweichsel, Felsen-Kirsche***/**

[*Cerasus mahaleb* (L.) MILL.]. Zweige bräunl., angenehm duftend (Weichselrohr); Blattstiel ohne Drüsen; Blätter eiförmig od. rundl., am Grund oft seicht herzförmig, stumpf od. spitzl., kahl, unterseits blaugrün; Hochblätter des Blütenstands vorn fransig eingeschnitten; Kronblätter eiförmig, kahl; Frucht eiförmig, 6–8 mm lang, schwarz, sehr herb schmeckend. 2–6 m. 4–5. ♄, ♄. Ziergehölz, verwildert u. eingebürgert, Böschungen, Hecken, Brachen, Bergbaufolgestandorte, auf trockenen, warmen Lehm- bis Felsböden, mäßig h LLA, EET, ELH; z im übrigen Gebiet, doch im Bergland s od. fehlend. NE. K Rhamn.-Prun.; Heimat: Europa (in Deutschland z. B. natürl. im Donau- u. Rheingebiet vorkommend), N-Afrika bis M-Asien. Pfropfunterlage für Sauerkirschen.

P. padus L., **Gewöhnliche Traubenkirsche***/**

[*Padus avium* MILL.]. Frucht kugelig, 7–9 mm Ø, glänzend schwarzrot. 3–20 m. 4–5. Erlen-Eschenwälder, Feuchtgebüsche, auf feuchten, nährstoffreichen, auch anmoorigen Mullböden, h, nur in Heidegebieten seltener. V Aln.-Ulm.; eurosib. Giftig (Samen).

1 Blütentrauben hängend; Jungtriebe anfangs behaart, bald verkahlend; Blätter relativ dünn, beiderseits gleichfarbig grün, kahl od. unterseits nur in den Achseln der Nerven behaart, ♄; sonstige Angaben wie bei der Art. **subsp. *padus*, Auen-T.**

1* Blütentrauben meist aufrecht; Jungtriebe meist stärker u. teilweise bleibend behaart; Blätter derb werdend, unterseits heller, ± behaart. ♄, ♄. Lichte, montane Wälder, Waldränder, Blockhalden, Felshänge, Steinrücken, s ERZ, genaue Verbreitung u. Soziologie unbekannt. **subsp. *petraea*** (TAUSCH) DOMIN, **Berg-T.**

P. persica (L.) BATSCH, Pfirsich*/**

[*Persica vulgaris* MILL.]. Blätter kahl; Blattzähne mit deutl., zuletzt schwärzl. Spitze. 2–6 m. 4–5. ♄. Obstgehölz wärmerer Lagen, s verwildert. Heimat: China.

1 Frucht samtig behaart var. *persica*, Pfirsich

1* Frucht kahl od. schwach flaumig var. *nectarina* (W. T. AITON) MAXIM. [var. *nucipersica* (BORKH.) SCHNEID.], Nektarine

P. serotina EHRH., Späte Traubenkirsche*/**

[*Padus serotina* (EHRH.) BORKH.]. Innere Rinde wohlriechend; Frucht essbar, aber etwas bitter schmeckend. 3–15 m. 5–7. ♄. Ursprüngl. als Forstbaum gepflanzt, verwildert u. eingebürgert seit Anfang des 20. Jh., Laubmischwälder, Nadelbaumforste, Gebüsche, auf leichten bis mittleren, auch nährstoffarmen Böden; h OLT, DDH; sonst mäßig h bis z, im Bergland s. V Querc. rob., V Carp., seltener Aln.-Ulm. NE. Heimat: N-Amerika.

P. serrulata LINDL., Japanische Blüten-Kirsche*/**

5–25 m. 4–5. ♄. Zierbaum. Außerordentl. vielgestaltige u. schwer zu bestimmende Formengruppe von Zierkirschen, die untereinander u. mit anderen Arten durch Übergänge verbunden sind. Heimat: Japan.

Verwandt ist ***P. subhirtella*** MIQ., **Higan-Kirsche:** Kleiner Baum mit meist rosafarbenen, vor den Blättern erscheinenden Blüten; einige Sorten blühen schon im Herbst od. in milden Wintern. Heimat: Japan.

P. spinosa L., Schlehe, Schwarzdorn*/**

Blütenstiel kahl, kurz, Kronblätter längl., etwa 6 mm lang; Frucht aufrecht, (fast) kugelig dunkelblau, stark bereift, sehr herb schmeckend. 1–3 m. 4–5. Hecken, Waldmäntel, Gebüsche, mäßig h, nur im oberen Bergland s od. fehlend. O Prun.; euras-nem.

1 Frucht 10–15 mm Ø, Blüten einzeln, 10–15 mm Ø, Blätter 2–4 cm lang u. 1–2 cm breit; Dornen meist reichl.; ♄. Sonstige Angaben wie bei Art. **subsp. *spinosa*, Gewöhnliche Schlehe**

1* Frucht 15–25 mm Ø; Blüten einzeln od. zu 2, bis 2 cm Ø; Blätter 4–5 cm lang u. 2–3 cm breit, meist behaart; Dornen nur wenige; ♄, ♄. 2–5 m. In Hecken gepflanzt, s verwildert. [*P. fruticans* WEIHE]. **subsp. *fruticans*** (WEIHE) NYMAN, **Haferschlehe, Große Schlehe**

P. tenella BATSCH, **Zwerg-Mandel****

[*Amygalus nana* L., *P. nana* (L.) STOKES]. Kronblätter fein drüsig gesägt, 1–1,5 cm lang, Steinkern breit eiförmig, rau, ohne Gruben u. Furchen. 0,5–1,5 m. 3–4. ħ. Zierstrauch. Heimat: östl. M-Europa bis O-Sibirien.

P. triloba LINDL., **Mandelbäumchen****

Blätter scharf u. tief doppelt gesägt, unterseits behaart u. zwischen den Nerven verkahlend; Kronblätter rundl. verkehrt eiförmig; Blütenstiele etwa 1 cm lang. 1–2 m. 3–4. ħ. Zierstrauch. Heimat: China.

P. virginiana L., **Virginische Traubenkirsche, Rote T.**

[*Padus v.* (L.) BORKH.]. Innere Rinde beim Abziehen unangenehm riechend; Pflanze sich durch Wurzelsprosse ausbreitend. 3–6(–10) m. 5–6. ħ. Ziergehölz, mit Verwilderungen ist zu rechnen. Heimat: N-Amerika.

Pyracantha M. J. ROEM., **Feuerdorn**

Blätter lederig, oben glänzend dunkelgrün, eiförmig lanzettl. mit aufgesetzter Stachelspitze, fein kerbig gesägt, Dornen 1 cm lang; Blüten in vielblütigen Schirmrispen; Frucht rund, erbsengroß, feuerrot bis gelb. 0,5–4 m. 5–6. ħ. Zierstrauch, in vielen Sorten; verwildert, Brachflächen, s, z. B. ELH: Dresden, Ostragehege; LLA: Leipzig; VGT: Treuen. NU. Heimat: S-Europa.
P. coccinea M. ROEM., **Feuerdorn***/**

Pyrus L., **Birne**

1 Früchte < 3 cm breit, kugelig bis kurz kegelförmig, reif gelbgrün bis braun; Fruchtkelch gut erhalten, regelmäßig; Steinzellnester im Fruchtfleisch als grobzelliger, geschlossener Ring ums Kerngehäuse; Blätter kreisrund bis kurz elliptisch, nur beim Austrieb leicht behaart, Längen-Breiten-Index maximal 1.3; End- u. Seitenknospen der Langtriebe im Kronenbereich oft zu Dornen umgewandelt; Hauptachse nur gering ausgebildet; äußere Zweige leicht überhängend ***P. pyraster***

1* Früchte deutl. > 3,5 cm breit, kreiselförmig bis langgezogen birnförmig, Grundfarbe der reifen Früchte gelb, gelegentl. mit roter Backe; Fruchtkelch klein, unregelmäßig, z. T. fehlend; Steinzellnester klein, ± gleichmäßig im Fruchtfleisch verteilt; Blätter elliptisch bis lang elliptisch, zugespitzt, mitunter bleibend behaart, Längen-Breiten-Index über 1.6; Dornen nur gelegentl. an Wasserschossern, in der Krone fehlend; Stamm mit Hauptachse u. starken Gerüstästen mit straffer Endverzweigung ***P. communis***

P. communis L. em. GAERTN., **Kultur-B.***/**
[*P. domestica* MEDIK., *P. sativa* LAM. et DC.]. 5–20 m. 4–5. ♄. Obstbaum, in vielen Sorten angebaut, auch verwildert. In der Mehrzahl aus Kreuzungen der Wild-B. mit vorderasiatischen Arten entstanden.

P. pyraster (L.) BAUMG., **Wild-B., Holz-B.***
5–20 m. 4–5. ♄. Laubmisch- u. Auenwälder, lichte Gebüsche, Waldränder, auf sommerwarmen, nicht zu nährstoffarmen Lehm- u. Steinböden, mäßig h bis z ERW; s ERM. V Carp., V Berb.; submed+sarmat. Vielgestaltige Art, durch Einkreuzung von Erbgut der Kultur-B. mit dieser durch Übergänge verbunden.

Zierbaum: Gepflanzt wird u. a. ***P. salicifolia*** PALL.**, **Weidenblättrige B.:** Blätter schmal, bis 8 cm lang u. 1,5 cm breit, anfangs filzig; Kelch u. Blütenstiele weißwollig. 5–9 m. 4. Heimat: Kaukasus, Kleinasien.

Rhodotypos SIEBOLD et ZUCC., **Scheinkerrie**
Blätter eiförmig, scharf doppelt gesägt, zugespitzt; Blüten 4-zählig, weiß; Frucht schwarz. 1–2 m. 5. ♄. Zierstrauch. Heimat: Japan. [*R. kerrioides* SIEBOLD et ZUCC.].
R. scandens (THUNB.) MAK., **Scheinkerrie, Kaimastrauch****

Rosa L., **Rose**

Zur Bestimmung sind Zweige mit Blättern u. Stacheln, außerdem Früchte (Hagebutten) mit Kelchblättern u. Fruchtstielen notwendig (vgl. *Abb. 258/1*). Die Stellung der Kelchblätter wird nach der Blüte an der reifenden Frucht untersucht.

1 Griffel zu einer Säule verwachsen; Nebenblätter zerschlitzt; Blüten in vielblütigen Rispen; Kronblätter weiß ***R. multiflora***

1* Griffel nicht zu einer Säule verwachsen, straußförmig aus dem Griffelkanal herausragend (Bukettyp, *Abb. 258/1 A1*) od. dem Diskus aufliegend (Huttyp, *Abb. 258/1 A2*); Nebenblätter ungeteilt, selten schwach gezähnt; Kronblätter weiß, rosa, rot od. gelbl.

2 Alle Kelchblätter ungeteilt *(Abb. 258/1 B1)*, selten die äußeren mit Zähnchen od. fädigen Anhängseln, nach dem Verblühen aufrecht, lange haftend

3 Stacheln gleichartig, dünn, aber oft ungleich groß

4 Stacheln gerade; Blätter 7–11-zählig, kahl od. schwach behaart, nicht bereift; Frucht flaschenförmig, hängend; selten in Kultur — Gebirgspflanze ***R. pendulina***

4* Stacheln gerade od. leicht gebogen; Blätter meist 7-zählig, kahl, besonders junge Triebe u. Blätter blaurot bereift; Frucht kugelig, aufrecht; häufig kultiviert ***R. glauca***

3* Stacheln besonders an Schösslingen ungleichartig (größere gebogene Stacheln durchmischt mit Nadelstacheln u. Stachelborsten)

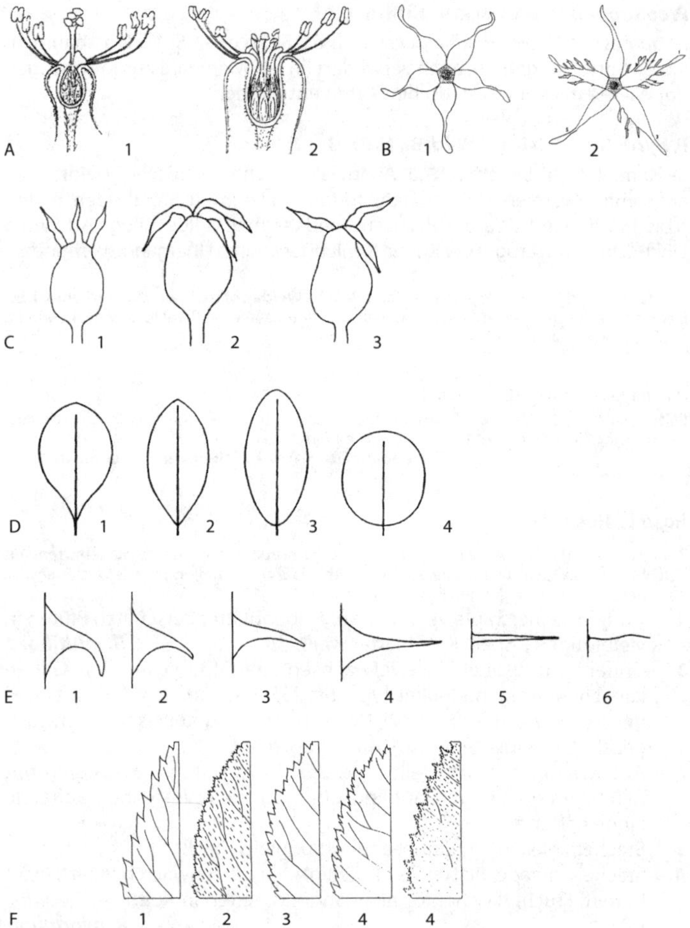

Abb. 258/1: Merkmale der Rosen [A, B, D, E, F nach SCHULZ in SCHULZ & HENKER (1989), C Original].
A Narbenköpfchen: 1 Buketttyp, 2 Huttyp
B Kelchblätter: 1 ungeteilt, 2 geteilt
C Kelchblattstellung: 1 aufrecht, 2 herabgeschlagen, 3 flatterig
D Blättchenbasis: 1 verschmälert, 2 keilig, 3 schmal abgerundet, 4 breit abgerundet
E Stachelformen: 1 hakig, 2 sichelig, 3 schwach gebogen, 4 gerade, 5 Nadelstacheln, 6 Stachelborsten
F Blättchenrandformen: 1 u. 2 einfach gesägt, 3 doppelt gesägt, 4 u. 5 zusammengesetzt gesägt

5 Blättchen elliptisch bis eiförmig, bis 4,5 cm lang, unterseits filzig od. ± dicht behaart; Kronblätter rot, selten blassrot od. weiß; reife Frucht rot, meist hängend

6 Zweige u. größere Stacheln filzig behaart; Blättchen oberseits glänzend dunkelgrün, kahl u. runzelig; Kronblätter rot, selten weiß; Frucht bis 2,5 cm breit, ziegelrot, spärl. drüsig, fleischig ***R. rugosa***

6* Zweige zimtbraun u. wie die Stacheln kahl; Blättchen oberseits mattgrün, kahl bis flaumhaarig; Kronblätter leuchtend rot, selten blassrosa; Frucht ± 1 cm breit, dunkelrot, drüsenlos, kaum fleischig ***R. majalis***

5* Blättchen rundl. bis breit elliptisch, bis 2 cm lang, meist kahl; Kronblätter milchweiß mit gelbem Nagel, seltener blassrosa; reife Frucht fast schwarz, aufrecht ***R. spinosissima***

2* Äußere Kelchblätter fiederig geteilt, das mittlere einseitig fiederteilig, die beiden inneren ganzrandig *(Abb. 258/1 B2),* Stellung u. Haftungsdauer an der Frucht verschieden

7 Durch unterirdische Ausläufer koloniebildender Strauch; Blättchen derb, unterseits rau, mit stark hervortretendem Nervennetz; Ø der Blüte 5–9 cm — Kronblätter meist kräftig rosa

8 Strauch bis 1 m Höhe; Stacheln ungleichartig; Blätter meist 5-zählig ***R. gallica***

8* Strauch bis 2 m Höhe; Stacheln meist gleichartig, kräftig, gerade bis leicht gebogen; Blätter überwiegend 7-zählig ***R. marginata***

7* Wuchs nicht koloniebildend, Blättchen unterseits nicht rau, ohne hervortretendes Nervennetz; Ø der Blüte < 6 cm

9 Rhachis kahl, nur oberseits manchmal mit Haarleiste; Blättchen kahl, unterseits auf den Nerven vereinzelt drüsig; Blätter stets geruchlos

10 Kelchblätter an der Frucht aufgerichtet bis flatterig*(Abb. 258/1 C1 od. C3),* bis mindestens zur Fruchtrötung haftend; Ø des Griffelkanals ≥ od. ± 1 mm

11 Blättchen blaugrün, jung wie die Triebe bereift; Kelchblätter straff aufgerichtet, lange an der reifen Frucht haftend; Fruchtstiel kürzer als die Frucht; Ø des Griffelkanals > 1 mm; Kronblätter leuchtend rosenrot ***R. dumalis***

11* Blättchen grün, meist unbereift; Kelchblätter flatterig, z. T. zurückgeschlagen, während der Fruchtrötung abfallend; Fruchtstiel so lang wie die Frucht od. länger; Ø des Griffelkanals ± 1 mm; Kronblätter blassrosa ***R. subcanina***

10* Kelchblätter deutl. zurückgeschlagen *(Abb. 258/1 C2),* nach der Blütezeit frühzeitig abfallend; Ø des Griffelkanals < 1 mm ***R. canina***

9* Rhachis ringsum u. Blättchen beidseitig od. wenigstens unterseits auf den Nerven behaart, sehr selten kahl, mit od. ohne Drüsen auf der Unterseite, duftend od. geruchlos

12 Blättchen frisch mit starkem Apfel- od. Obstgeruch (Weinrosen), unterseits behaart u. klebrig drüsig

13 Blättchen mit breit abgerundeter Basis *(Abb. 258/1 D4);* Fruchtstiel u. meist auch wenigstens die Fruchtbasis drüsig

14 Stacheln oft ungleichartig; Kelchblätter aufrecht, lange an der reifen Frucht haftend; Fruchtstiel kürzer als die Frucht; Ø des Griffelkanals meist deutl. > 1 mm; Narbenköpfchen vom Huttyp; Kronblätter kräftig rosa **_R. rubiginosa_**

14* Stacheln meist gleichartig; Kelchblätter flatterig od. zurückgeschlagen, an der vollreifen Frucht nicht mehr vorhanden; Fruchtstiel etwa so lang wie die Frucht od. länger; Ø des Griffelkanals ± od. < 1 mm; Narbenköpfchen von schwach ausgeprägtem Hut- od. Bukettyp; Kronblätter blassrosa

15 Kelchblätter zurückgeschlagen, meist schon vor der Fruchtrötung abfallend; Ø des Griffelkanals < 1 mm; Narbenköpfchen vom Buketttyp **_R. micrantha_**

15* Kelchblätter flatterig, mit der Fruchtrötung abfallend; Ø des Griffelkanals ± 1 mm; Narbenköpfchen von schwach ausgeprägtem Huttyp **_R. gremlii_**

13* Blättchen an der Basis keilig verschmälert bis schmal abgerundet *(Abb. 258/1 D2 od. D3);* Fruchtstiel wie die Frucht drüsenlos

16 Kelchblätter zurückgeschlagen, vor der Fruchtrötung abfallend; Fruchtstiel so lang bis 2-mal so lang wie die Frucht; Ø des Griffelkanals < 1 mm; Narbenköpfchen vom Buketttyp; Kronblätter weiß **_R. agrestis_**

16* Kelchblätter flatterig od. aufgerichtet, mindestens bis zum Beginn der Fruchtrötung haftend; Fruchtstiel kürzer als od. so lang wie die Frucht; Ø des Griffelkanals > 1 mm; Narbenköpfchen vom Huttyp; Kronblätter rosa

17 Kelchblätter aufgerichtet, lange an der reifen Frucht haftend; Fruchtstiel kürzer als die Frucht; Ø des Griffelkanals ± 1 mm; Kronblätter kräftig rosa **_R. elliptica_**

17* Kelchblätter flatterig, meist zu Beginn der Fruchtrötung abfallend; Fruchtstiel so lang wie die Frucht; Ø des Griffelkanals ± 1 mm; Kronblätter blassrosa **_R. inodora_**

12* Blättchen frisch ohne Obstgeruch, stark behaart bis fast kahl, drüsenlos od. drüsig

18 Stacheln der Blütenzweige gerade bis schwach gekrümmt od. sichelig; Blättchen unterseits wollig-filzig behaart u. drüsig, frisch beim Reiben mit Harzgeruch; Fruchtstiel u. meist auch die Frucht stieldrüsig (Filzrosen)

19 Stacheln schlank u. völlig gerade; Blättchen auffallend groß (bis 7 cm lang); Kelchblätter straff aufgerichtet u. an der kugeligen, reif oft hängenden Frucht bleibend; Ø des Griffelkanals > 2 mm; Kronblätter am oberen Rand drüsig gewimpert **_R. villosa_**

19* Stacheln meist schwach gekrümmt; Blättchen kleiner; Kelchblätter schräg aufgerichtet, flatterig od. zurückgeschlagen; Ø des Griffelkanals meist deutl. < 2 mm (außer bei *R. sherardii*); Kronblätter nicht gewimpert

20 Kelchblätter zurückgeschlagen, vor der Fruchtrötung abfallend; Ø des Griffelkanals < 1 mm; Narbenköpfchen vom Buketttyp — Fruchtstiel meist deutl. länger als die Frucht; Kronblätter blassrosa bis fast weiß ***R. tomentosa***

20* Kelchblätter flatterig od. aufgerichtet, mindestens bis zur Fruchtrötung haftend; Ø des Griffelkanals > 1 mm; Narbenköpfchen vom Huttyp

21 Kelchblätter schräg aufrecht; Fruchtstiel kürzer als od. so lang wie die Frucht; Ø des Griffelkanals ± 2 mm; Kronblätter kräftig rosa ***R. sherardii***

21* Kelchblätter schräg aufrecht, waagerecht ausgebreitet od. selten flatterig; Fruchtstiel meist länger als die Frucht; Ø des Griffelkanals ± 1 mm; Kronblätter rosa ***R. pseudoscabriuscula***

18* Stacheln der Blütenzweige hakig bis sichelig; Blätter behaart bis fast kahl, dann aber wenigstens die Rhachis ringsum behaart; Blättchen unterseits drüsenlos od. mit geruchlosen Drüsen auf den Nerven; Frucht u. Fruchtstiel meist drüsenlos

22 Kelchblätter aufgerichtet, lange an der reifen Frucht haftend; Fruchtstiel kürzer als die Frucht, Ø des Griffelkanals > 1 mm; Narbenköpfchen vom Huttyp; Kronblätter leuchtend rosa ***R. caesia***

22* Kelchblätter zurückgeschlagen od. flatterig, mit Fruchtrötung abfallend; Narbenköpfchen vom Hut- od. Buketttyp

23 Kelchblätter flatterig; Ø des Griffelkanals ± 1 mm; Narbenköpfchen vom Huttyp ***R. subcollina***

23* Kelchblätter zurückgeschlagen; Ø des Griffelkanals < 1 mm; Narbenköpfchen vom Buketttyp

24 Rand der Blättchen mehrfach drüsig gesägt, unterseits zumindest auf den Nerven mit geruchlosen, rötl. Drüsen; Kronblätter weiß ***R. balsamica***

24* Rand der Blättchen meist einfach gesägt u. drüsenlos, auch unterseits drüsenlos, seltener Hauptnerv im unteren Teil unauffällig drüsig; Kronblätter blassrosa (vgl. aber Variabilität der Art) ***R. corymbifera***

R. agrestis SAVI, **Acker-R.****

[*R. sepium* THUILL.]. Strauch lockerwüchsig, mit stark überhängenden Ästen; Blättchen schmal, mit weitem Abstand voneinander. 1,5–2 m. 6–7. ♄. Feldhecken, Trockengebüsche auf basenreichen Lehmböden über Basalt, s ERO: z. B. Hausdorf; GHP: z. B. Lenz; OLH: z. B. Lauske; früher ELH: z. B. Pillnitz, MLH, ESG: Königstein. ↘ O Prun.; submed+subatl.

R. balsamica BESSER, **Flaum-R.**

[*R. tomentella* LÉMAN]. Strauch groß, dicht; Stacheln kräftig hakig; Blättchen meist beidseitig flaumhaarig, unterseits besonders zum Rand hin rotdrüsig; Rhachis immer flaumhaarig, drüsig; Fruchtstiel so lang od. 2-mal so lang wie die Frucht, sehr selten drüsig. 1–3 m. 5–6. ♄. Felsige Steilhänge, Waldränder, s in Hecken, z ELH, VGT; s ERO: Berthelsdorf, LLA , MLH: z. B. Zunschwitz, OL: z. B. Crostwitz. O Prun.

Wenigdrüsige Formen sind schwierig von *R. corymbifera* zu unterscheiden.

R. *caesia* SM., **Lederblättrige R.**

[*R. coriifolia* auct. non FR.]. Strauch gedrungen, kurzästig; Blättchen graugrün u. meist beidseitig dicht behaart, einander oft genähert u. Ränder überlappend, fast stets einfach gesägt u. drüsenlos; Blütenstände von großen Hochblättern umgeben. 1–2 m. 6–7. ♄. Lichte Gebüsche an Wald- u. Wegrändern, Hecken, aufgelassene Steinbrüche, auf mäßig trockenen, steinigen, basenreichen Lehmböden, h ELH, ERO, VGT, sonst z. O Prun.; sarmat.

Oft nicht von *R. subcollina* unterschieden.

R. canina L., **Hunds-R.***/**

[*R. andegavensis* BAST., *R. blondeana* DÉSÉGL., *R. lutetiana* LÉMAN, *R. nitidula* BESSER, *R. squarrosa* (RAU) BOREAU]. Strauch lockerästig, mit bogig überhängenden Zweigen, im Schatten auch spreizklimmend; Blättchen derb, drüsenlos od. einfach bis doppelt drüsig gesägt. 1–3 m. 5–7. ♄. Lichte Wälder, Wald- u. Wegränder, Hecken, Steinbrüche, auf mäßig trockenen bis frischen lehmigen bis sandigen Böden, h. O Prun., V Querc. rob.; euras-nem.

R. corymbifera BORKH., **Hecken-R.**

[*R. dumetorum* THUILL., *R. deseglisei* BOREAU, *R. obtusifolia* DESV.]. Strauch lockerästig, mit bogig überhängenden Zweigen; Blättchen dunkel- bis graugrün, oft oberseits glänzend. 1–3 m. 6–7. ♄. Wald- u. Gebüschränder, Hecken, auf mäßig trockenen, basenreichen, lehmigen bis sandigen Böden, h ELH, östl. MLH, OL; s ERZ, sonst z. O Prun.; euras-nem.

var. *corymbifera*: Fruchtstiele alle drüsenlos, weitere Angaben wie bei Art.

var. *deseglisei* (BOREAU) THIRY: Kronblätter fast weiß; Fruchtstiele u. Kelchblattrücken stieldrüsig; als *Rosa* ´Laxa´ kultiviert u. verwildert.

R. dumalis BECHST., **Blaugrüne R.****

[*R. vosagiaca* auct. mult.]. Strauch gedrungen; Blättchen fast stets mehrfach drüsig gesägt; Blütenstände von großen Hochblättern umgeben; Früchte früher reifend als bei *R. canina*. 1–2 m. 6–7. ♄. Lichte Trockenwälder, Wald- u. Wegränder, Hecken, Dämme, Steinrücken, auf frischen, steinigen, basenreichen, lehmigen bis sandigen Böden, h ERZ, ESG, MLH, VGT, sonst z. O Prun., V Querc. rob.

R. elliptica TAUSCH, **Keilblättrige R.****

[*R. graveolens* GREN. et GODR.]. Strauch gedrungen, kurzästig, dicht beblättert; Blättchen graugrün, mit abgerundeter Spitze u. keilförmiger Basis. 1–2 m.

6–7. ♄. Wald- u. Wegränder, Steilhänge von Flusstälern, Steinbrüche, auf flachgründigen, steinigen, oft basenreichen Böden, s EET, ELH, ERB, ERO, LLA, MLH, OLH, VGT; früher ESG. O Prun.; europ-nem.

R. gallica L., **Essig-R.***/**

Strauch niedrig; Stacheln sehr ungleichartig; Blüten groß, duftend; Kronblätter rot; Fruchtstiel viel länger als die Frucht, wie diese stieldrüsig; Kelchblätter zurückgeschlagen u. früh abfallend; Griffelkanal weit. 0,3–1 m. 6–7. ♄. Trockene Wegränder, Steinbruchkanten, Weinberge, auf basischen Böden, s ELH (früher z); s EET: östl. Neiden; MLH: Ketzerbachtal; früher s LLA. ↘V Berb.

R. glauca POURR., **Rotblättrige R.****

[*R. rubrifolia* VILL.]. Strauch aufrecht, mit rotbraunen Zweigen; Blättchen im unteren Drittel ganzrandig; Blüten bis 3 cm groß, duftlos; Kronblätter karminrot mit hellem Nagel; Frucht etwa 1,5 mm Ø, glänzend, ihr Stiel bis 2-mal so lang wie die Frucht; Ø des Griffelkanal > 2 mm. 1–3 m. 6–7. ♄. Zierpflanze, verwildert, Weg- u. Bahndämme, Hecken, städtische Brachflächen, z OL, VGT, LLA, sonst s. O Prun. ↗ NU. Heimat: Gebirge S- u. M-Europas.

R. gremlii (CHRIST) GREMLI, **Falsche Wein-R.**

[*R. columnifera* (SCHWERTSCHL.) HENKER et G. SCHULZE, *R. henkeri-schulzei* WISSEMANN]. Wald- und Wegränder, Gebüsche, z OL, s ERO: Oberfrauendorf, früher ELH, ESG, GHP, MLH, VGT. Verbreitung unzureichend bekannt. Status oft zweifelhaft, da wie *R. rubiginosa* angepflanzt.

Übergangsformen zwischen *R. rubiginosa* u. *R. micrantha*.

R. inodora FR., **Duftarme R.**

Strauch gedrungen bis lockerästig. 1–2 m. 6–7. ♄. Wald- u. Wegränder, Hecken, Steinbrüche, auf flachgründigen, steinigen, oft basenreichen Lehmböden, z OL, s ELH, GHP, LLA, MLH, VGT. ↘ O Prun.

Früher als Varietät von *R. elliptica* od. *R. agrestis* aufgefasst u. wenig beachtet.

R. majalis J. HERRM., **Zimt-R.****

[*R. cinnamomea* auct.]. Strauch mit unterirdischen Ausläufern, große, dichte Gebüsche bildend; Stacheln dünn, hakig bis sichelförmig; Fruchtstiel drüsenlos; Ø des Griffelkanals ± 2 mm. 1–1,5 m. 5–7. ♄. Zierpflanze, s verwildert, Hecken, s ERO: Kungkwitz; früher mehrfach OL, z. B. Weißwasser. NU. Heimat: Europa, Sibirien.

R. marginata WALLR., **Raublättrige R.**

[*R. jundzillii* BESSER, *R. trachyphylla* RAU]. Strauch mittelgroß, mit bogigen, oft bereiften Zweigen; Blättchen beidseitig kahl od. unterseits spärl. behaart, Unterseite bleicher; Rhachis durch Drüsenborsten rau; Frucht dunkelrot, meist kugelig bis flaschenförmig, mit Stieldrüsen; Fruchtstiel drüsig, länger als die Frucht; Kelchblätter zurückgeschlagen, früh abfallend; Ø des Griffelkanals > 1 mm; Blüten duftend. 1–1,5 m. 6–7. ♄. Waldränder, Steinbruchränder, Triften, Eichen-Trockenwälder, z ELH, VGT; s ERB, MLH (besonders bei Wurzen), OLH. ↘ O Prun., V Querc. rob.; sarmat.

Verwechslungsgefahr mit anderen Rosen mit drüsigen Fruchtstielen.

R. micrantha Sm., **Kleinblütige R.****

Strauch locker, langästig; Blüten u. Früchte kleiner als bei *R. rubiginosa*. 2–3 m. 6–7. ♄. Steinbrüche, Waldränder, s MLH: Leutewitz; früher ELH: Niedersedlitz, Niederlößnitz. O Prun.; atl-subatl.

Seltenste Weinrosenart Sachsens.

R. multiflora Murray, **Vielblütige R.***/**

Strauch erst aufrecht, dann spreizklimmend; Stacheln gebogen bis hakig; Blättchen oberseits kahl, unterseits auf den Nerven wie auch die drüsige Rhachis behaart; Frucht rot, kugelig; Fruchtstiel behaart, mehrfach länger als die Frucht. 1–1,5 m. 6–7. ♄. Zierpflanze in Gärten u. Parks, verwildert, Weg- u. Straßenränder, z OL; s ELH, ERO, ESG, LLA, VGTO Prun. NU. Heimat: O-Asien.

R. pendulina L., **Alpen-R.****

Strauch aufrecht, locker; Fruchtstiele meist mit Drüsen besetzt; Kronblätter tief karminrot. 1–2 m. 6–7. ♄. Lichte Gebirgswälder an frischen Standorten, s ERM: Wolfener Mühlwiesen; ERO: Mordgrund bei Oelsen/Bienhof. NE? (wohl doch indigen). V Pic., V Til.-Acer.

Ähnl. ist ***R. blanda*** Aiton, **Eschen-R.:** Blütenzweige braun, fast ohne Stacheln; Frucht kugelig, 1 cm Ø; Kronblätter rosa, 5–6 cm Ø; Zierpflanze, verwildert, s VGT: Pirk. NU. Heimat: Östl. N-Amerika.

R. pseudoscabriuscula (R. Keller) Henker et G. Schulze, **Falsche Filz-R.**

[*R. scabriuscula* auct. non Sm.]. Strauch lockerwüchsig, selten gedrungen; Blättchenrand meist mehrfach drüsig gesägt. 1–3 m. 6–7. ♄. Waldränder, Hecken, Teichdämme, selten auf Steinrücken, auch auf sauren Sandböden bzw. über Granit, mäßig h OL; z VGT; s ERZ: z. B. Steinbach, GHP: Molkeborn-teiche, LLA: Leipzig-Wahren, Schkeuditz; früher s ELH: z. B. Weinböhla. ↘ K Rham.-Prun.

R. rubiginosa L., **Wein-R.***/**

[*R. eglanteria* L., *R. umbellata* Leers]. Strauch gedrungen, kurzästig. 1,5–2,5 m. 6–7. ♄. Sonnige Wegränder, Feldgehölze, Hecken, Weiden, auf Lehm- u. Sandböden, z bis mäßig h ELH, LLA, MLH, OL, VGT; s ERZ. O Prun.; submed. Vielfach gepflanzt u. Status dadurch oft unsicher.

R. rugosa Thunb., **Kartoffel-R.***/**

Strauch dichtwüchsig, aufrecht; Blüten mit 6–8 cm Ø auffallend groß; Frucht etwa so lang wie ihr Stiel; Ø des Griffelkanals 2,5–4 mm. 1–2 m. 5–7. ♄. Zierpflanze, verwildert, Wegränder, Bahndämme, Hecken, urbane Brachflächen, mäßig h. ↗ NE. Heimat: O-Asien.

R. sherardii DAVIES, **Samt-R.**

[*R. omissa* DÉSÉGL.]. Strauch gedrungen, kurzästig; Stacheln leicht gekrümmt bis sichelig; Blättchen unterseits mit vielen braunroten Drüsen; Blättchenrand mehrfach drüsig gesägt; Kelchblätter kürzer als die Kronblätter, ihre Fiederabschnitte stark entwickelt. 1,5–2 m. 6–7. ♄. Weg- u. Waldränder, Hecken, Steinrücken, mäßig h Erb; z VGT, OL; s GHP: Molkebornteiche, LLA: z. B. Portitz, MLH: z. B. Stauchitz. ↘ O Prun.; subatl-mont.

R. spinosissima L., **Pimpinell-R.****

[*R. pimpinellifolia* L.]. Blüten einzeln; Fruchtstiel meist länger als die Frucht; Ø des Griffelkanals 0,1–2 mm. 0,1–1 m. 5–6. ♄. Zierpflanze, verwildert, Burgberge, Straßenränder, Bahndämme, Bergbaufolgeflächen, s ERB, LLA, MLH, OL; früher ESG. O Prun. NU. Heimat: Europa, Asien.

Die folgenden Varietäten wurden bisher nur selten unterschieden:

1 Strauch höchstens 1 m hoch; Zweige dicht bestachelt; Blüten 2–5 cm Ø; Kronblätter weiß, rosa od. gelbl.; Fruchtstiel jung behaart u. drüsig. var. *spinosissima*

1* Strauch höherwüchsig (1 bis fast 2 m); Zweige spärlicher bestachelt; Blüten bis 6 cm Ø; Kronblätter in Vollblüte rein weiß; Fruchtstiel kahl. Häufig gepflanzt. var. *altaica* (WILLD.) THORY

R. subcanina (H. CHRIST) VUK., **Falsche Hunds-R.**

[*R. dumalis* subsp. *subcanina* (H. CHRIST) SOÓ]. Strauch gedrungen bis lockerästig. 1–2,5 m. 6–7. ♄. Steinrücken, Wald- u. Wegränder, Hecken, auf steinigen, basenreichen, lehmigen bis sandigen Böden, mäßig h VGT, ERZ; s EET, DDH; sonst z. O Prun. Im Gebirge *R. canina* ersetzend.

Übergangsformen zwischen *R. canina* u. *R. dumalis*.

R. subcollina (H. CHRIST) VUK., **Falsche Hecken-R.**

[*R. caesia* subsp. *subcollina* (H. CHRIST) SOÓ]. Strauch gedrungen bis lockerästig. 1–2 m. 6–7. ♄. Wald- u. Wegränder, Hecken, auf sandigen bis lehmigen, basenarmen u. frischen Böden, mäßig h ERZ, MLH, sonst z; fehlt EET. O Prun. Im Gebirge *R. corymbifera* ersetzend.

Übergangsformen zwischen *R. corymbifera* u. *R. caesia*.

R. tomentosa SM., **Filz-R.****

[*R. cinerascens* DUMORT.]. Strauch lockerästig, mit bogig überhängenden Zweigen; Stacheln schwach gekrümmt, selten völlig gerade; Blättchen unterseits mit in der Behaarung verborgenen grauen, manchmal braunen Drüsen, selten drüsenlos; Blättchenrand sowohl einfach als auch doppelt gesägt. 1–3 m. 6–7. ♄. Weg- u. Waldränder, Hecken, Felshänge, auf nährstoff- u. basenreichen Böden, mäßig h VGT; z ELH, ERZ (fehlt aber ERM), MLH, OL; s EET: z. B. Prudel Döhlen; GHP: Sacka, LLA: z. B. mehrfach in Leipzig. O Prun.; subatl.

R. villosa **L., Apfel-R.****

[*R. pomifera* J. HERRM.]. Strauch gedrungen, kurzästig; Blättchen unterseits auffällig heller, mit vielen braunen Drüsen; Kelchblätter länger als die Kronblätter, wenig geteilt, Seitenabschnitte fadenförmig, Endabschnitt oft blattartig; Fruchtreife schon Ende 8. 0,5–1,5 m (Wildformen), bis 2 m (Kulturformen). 6–7. ♄. Wegränder, Burghänge, alte Weinberge, z OL; s ELH: z. B. Goppeln, ERM: z. B. Burgberg Schwarzenberg, ERO: z. B. Quohren, MLH: z. B. Ostrau. O Prun., V Querc. NE. Heimat: Gebirge Europas.

Rubus **L., Brombeere, Steinbeere, Himbeere**

Die Sprosse der Brombeeren sind wie die der Himbeere 2-jährig. Im 1. Jahr treten sie als unfruchtbare Schösslinge auf, im 2. Jahr treiben sie Fruchtstände u. sterben dann ab. Die Merkmalsangaben für Schösslingsteile u. Blätter beziehen sich immer auf den mittleren Teil eines vitalen diesjährigen Schösslings, die Anzahl der Stacheln stets auf 5 cm des Schösslings od. der Blütenstandsachse, aber auf den gesamten Blütenstiel. Die Behaarung wird als spärl. bezeichnet, wenn 1–10 Haare auf 1 cm einer Schösslingsseite vorhanden sind. Übergänge von Stieldrüsen zu Stacheln werden als Drüsenborsten (kräftigere, borstenartige Stieldrüsen) u. Drüsenstacheln (kleinere, ein Drüsenköpfchen tragende Stacheln) bezeichnet. Bei 5-zählig handförmigen Schösslingsblättern entspringen alle Blättchen am Ende des Blattstiels aus einem Punkt. Bei 5-zählig fußförmigen Blättern zweigen die Stielchen der äußeren (unteren) Seitenblättchen von den Stielen der mittleren Seitenblättchen ab. Die Blattoberseite ist meist schwächer behaart als die Blattunterseite. Letztere ist bei schwacher (spärl., lockerer) Behaarung „nicht fühlbar", bei starker (dichter) Behaarung „fühlbar" behaart. Außer der längeren Behaarung können Sternhaare vorhanden sein, die die Blattunterseite graugrün filzig od. weißfilzig erscheinen lassen. Mit Serratur ist die Ausbildung des Blattrands gemeint. Bei gleichmäßiger Serratur sind die Zähnchen alle gleich lang. Bei periodischer Serratur ragen aus der Menge der Zähnchen einzelne Hauptzähne (= Zähne am Ende der Hauptseitennerven) heraus. Bis 2 mm Länge (Tiefe) der Zähnchen wird die Serratur als „fein", bei längeren Zähnchen als „grob" bezeichnet. Die Beschaffenheit der Kelchzipfel bezieht sich auf die Außenseite. Zu einem Herbarbeleg gehören mindestens 2 od. besser 4 Blätter mit den zugehörigen Schösslingsabschnitten von mindestens 5 cm Länge aus der Mitte des diesjährigen Schösslings u. 1 od. 2 Blüten- bzw. Fruchtstände aus der Mitte des vorjährigen Sprosses.
Die meisten *R.*-Arten siedeln auf frischen, sandigen bis lehmigen, ± nährstoffreichen Böden. Abweichungen davon werden bei den Arten aufgeführt.

1 Blätter einfach, 5-lappig; Stängel stachellos — Krone 4–5 cm Ø; Kronblätter purpurrot, wohlriechend; Sammelfrüchte orangerot; Ausläufer treibender Strauch ***R. odoratus***

1* Blätter 3–7-zählig; Stängel mit Stacheln

2 Pflanze krautig — Blätter 3-zählig, sommergrün; Pflanze 10–25 cm hoch mit 2–10 endständigen Blüten; Kronblätter weiß; Sammelfrucht hellrot ***R. saxatilis***

2* Pflanze halbstrauchig mit schwach verholzten oberirdischen, im 1. Jahr blütenlosen Schösslingen, die im 2. Jahr an Seitenzweigen blühen u. nach der Fruchtreife absterben

3 Schösslingsblätter meist 5–7-zählig; Blattunterseite immer weiß(lich); Kronblätter grünl.-weiß; Sammelfrucht rot, reif sich vom Fruchtboden lösend — Schösslinge aufrecht, mit schwarzvioletten Nadelstacheln od. ohne Stacheln ***R. idaeus***

3* Schösslingsblätter 5(–7)-zählig, seltener 3-zählig; Blattunterseite weiß(lich) od. andersfarbig; Kronblätter weiß od. rosa; Frucht schwarz od. schwarzrot, mit dem Boden abfallend

4 Schösslingsblätter meist 3-zählig, seltener 4–5-zählig, unterseits grün — Schössling stielrund, bläul.-weiß bereift, mit feinen Nadelstacheln; Kronblätter weiß; Sammelfrucht bläul. bereift ***R. caesius***

4* Schösslingsblätter 5-zählig od. durch das geteilte Endblättchen 6–7-zählig, seltener 3-zählig, unterseits grün, weiß(lich) od. andersfarbig

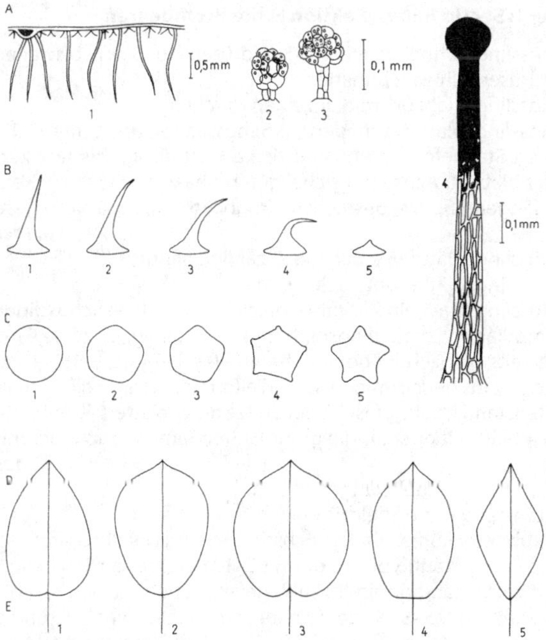

Abb. 267/1: Merkmale der Brombeeren (nach WEBER 1973)
A Haare und Drüsen: 1 Haare, 2 Sitzdrüse, 3 subsessile Drüse, 4 Stieldrüse
B Stacheln: 1 gerade, etwas geneigt, 2 leicht gebogen, 3 sichelig, 4 hakig, 5 Stachelhöcker
C Schösslingsquerschnitte: 1 rund, 2 rundl. stumpfkantig, 3 kantig, 4 kantig flachseitig, 5 kantig gefurcht (rinnig)
D Formen der Endblättchen (schematisch): 1 eiförmig, 2 verkehrt eiförmig, 3 rundl., 4 elliptisch, 5 rhombisch
E Basis der Endblättchen-Spreiten: 1 ausgerandet, 2 abgerundet, 3 herzförmig, 4 gestutzt, 5 keilig

5 Nebenblätter der Schösslingsblätter linear od. fädl.; äußere Seitenblättchen der 5-zähligen Schösslingsblätter mindestens 2 mm od. länger gestielt (außer bei *R. plicatus*); Kronblätter sich randl. nicht überdeckend; Blattstiel oberseits meist nur am Grund rinnig **Sectio *Rubus*** (Schlüssel 1)

5* Nebenblätter der Schösslingsblätter lanzettl.; äußere Seitenblättchen der 5-zähligen Schösslingsblätter sitzend od. höchstens 2 mm lang gestielt; Kronblätter sich randl. berührend od. überdeckend, knittrig; Blattstiel oberseits durchgehend rinnig **Sectio *Corylifolii*** (Schlüssel 2 – S. 279)

Schlüssel 1: **Sectio *Rubus*, Sektion Echte Brombeeren**

1 Schösslinge ohne od. mit 1–5 Stieldrüsen (auf 5 cm), bisweilen durch Sitzdrüsen schwarz punktiert

2 Schösslinge kahl od. mit einzelnen Härchen

3 Schösslingsblätter gefiedert — Schösslinge kantig, mit 6–12 gebogenen Stacheln; Blütenstand rispig bis traubig, bis fast zur Spitze durchblättert; Achse mit sicheligen bis hakigen Stacheln; Kelchzipfel mit längerer Spitze, bestachelt; Kronblätter zartrosa, vorn geschlitzt ***R. laciniatus***

3* Schösslingsblätter 3-zählig od. 5-zählig gefingert

4 Schösslingsblätter unterseits grün

5 Schösslingsstacheln 2–3 mm lang, dunkelviolett — Schösslinge rundl. stumpfkantig; Schösslingsblätter meist 5-zählig, einzelne 6–7-zählig, oberseits glänzend; Endblättchen mäßig lang gestielt (ca. 35 % der Spreite), aus herzförmigem Grund eiförmig; Serratur gleichmäßig fein; Blütenstand traubig, fast bis zur Spitze durchblättert; Kronblätter weiß; Staubblätter länger als die grünl. Griffel; Sammelfrucht braunrot ***R. nessensis***

5* Schösslingsstacheln länger als 3 mm

6 Blütenstand ohne Stieldrüsen

7 Staubblätter kürzer als bis höchstens so lang wie die Griffel — Schösslinge stumpfkantig bis rundl., mit 5–10 gebogenen Stacheln; Schösslingsblätter handförmig, 5-zählig, gefaltet; Endblättchen kurz bis mäßig lang gestielt (25–35 % der Spreite), aus herzförmigem Grund breit eiförmig bis elliptisch, untere Seitenblättchen fast sitzend od. höchstens 2 mm lang gestielt; Blütenstand traubig bis rispig, Achse u. Blütenstiele mit gebogenen Stacheln; Kelchzipfel grün, stachellos; Kronblätter weiß bis rosa; Fruchtboden behaart ***R. plicatus***

7* Staubblätter so lang wie die Griffel od. länger — untere Seitenblättchen 2–5 mm lang gestielt

8 Kronblätter weiß

9 Schösslinge deutl. gefurcht, bis 3 m lang, kantig, mit 3–5 kräftigen Stacheln — Schösslingsblätter handförmig 5-zählig; Endblättchen mäßig lang gestielt (35 % der Spreite), aus schwach herzförmigem od. abgerundetem Grund verkehrt eiförmig bis rundl.; Serratur schwach periodisch; Blütenstand armblütig, im unteren Teil mit 5-zähligen Blättern, Achse u. Blütenstiele mit gebogenen Stacheln; Kelchzipfel grün, meist glänzend; Staubblätter länger als die grünl. Griffel ***R. sulcatus***

Hier ist ***R. ambrosius*** anzufügen; vgl. Ergänzungen am Ende der Gattung.

9* Schösslinge kantig od. kantig bis stumpfkantig

10 Schösslinge kantig flachseitig *(Abb. 267/1 C4)*

11 Schösslingsstacheln 5–10; Schösslingsblätter oberseits glänzend, unterseits fühlbar behaart, handförmig 5-zählig; Endblättchen lang gestielt (35–60 % der Spreite), aus abgerundetem bis ausgerandetem Grund verkehrt eiförmig bis elliptisch; Serratur gleichmäßig, fein; Blattstiel viel länger als die unteren Seitenblättchen; Schösslinge stark verzweigt; Blütenstand traubig od. rispig, mit sicheligen bis hakigen Stacheln; Kelchzipfel grün, meist bestachelt ***R. divaricatus***

11* Schösslingsstacheln 13–25, brettartig zusammengedrückt, meist gelbl., gerade bis sichelig; Schösslingsblätter unterseits kaum fühlbar behaart; Endblättchen mäßig lang gestielt (35–40 % der Spreite), aus abgerundetem bis ausgerandetem Grund breit elliptisch bis verkehrt eiförmig od. rundl.; Serratur periodisch; Blütenstand kurz, mit zahlreichen sicheligen bis hakigen Stacheln; Kelchzipfel graugrün, bestachelt; Staubblätter etwas länger als die weißl.-grünen Griffel ***R. senticosus***

10* Schösslinge meist stumpfkantig *(Abb. 257/1 C2)*

12 Schösslinge mit rinnigen Seiten; einzelne od. alle Staubbeutel behaart, ebenso der Fruchtknoten; Schösslinge mit 5–10 am Grund rotbraunen Stacheln; Schösslingsblätter handförmig 5-zählig; Endblättchen mäßig lang gestielt (35–45 % der Spreite), aus herzförmigem Grund eiförmig bis elliptisch; Serratur periodisch, grob; Blütenstand traubig od. rispig, Achse mit hakigen, Blütenstiele mit gebogenen Stacheln od. stachellos; Kelchzipfel graufilzig; Staubblätter so lang wie od. länger als die grünl. Griffel ***R. opacus***

12* Schösslinge nicht rinnig; Staubbeutel u. Fruchtboden kahl; Schösslinge mit 5–8 schwach gebogenen Stacheln; Schösslingsblätter handförmig, 5-zählig, unterseits nicht fühlbar behaart; Endblättchen mäßig bis lang gestielt (35–50 % der Spreite), aus ausgerandetem bis schwach herzförmigem Grund breit eiförmig bis rundl.; Serratur schwach periodisch; Blütenstand in der Spitze mit schmal lanzettl. Blättchen; Kelchzipfel graufilzig, mit ausgezogener Spitze; Staubblätter länger als die grünl. Griffel ***R. bertramii***

8* Kronblätter rosa

13 Staubbeutel behaart — Schösslinge kräftig, kantig, rinnige Seiten mit 6–12 geraden Stacheln; Schösslingsblätter schwach fußförmig 5-zählig, unterseits kaum fühlbar behaart; Endblättchen kurz gestielt (ca. 30 % der Spreite), aus herzförmigem Grund verkehrt eiförmig bis elliptisch; Serratur schwach periodisch; Blütenstand vielblütig, breit sperrig, fast bis zur Spitze durchblättert, Achse u. Blütenstiele mit geraden Stacheln; Kelchzipfel graugrün, oft mit laubigen Spitzen; Staubblätter länger als die grünen Griffel ***R. gratus***

Hier ist ***R. silvaticus*** anzufügen; vgl. Ergänzungen am Ende der Gattung.

13* Staubbeutel kahl

14 Fruchtknoten kahl; Fruchtboden behaart; Schösslinge kräftig, kantig, mit 5–11 schwach gebogenen bis sicheligen Stacheln; Schösslingsblätter handförmig 5-zählig, unterseits grün bis graugrün, fühlbar behaart; Endblättchen kurz bis mäßig lang gestielt (30–42 % der Spreite), aus abgerundetem Grund verkehrt eiförmig bis rundl.; Serratur periodisch, fein; Blütenstand vielblütig, fast bis zur Spitze durchblättert, Achse mit sicheligen Stacheln, Blütenstiele graugrün filzig mit einzelnen in den Haaren versteckten Stieldrüsen; Kelchzipfel graugrün filzig, bestachelt; Staubblätter so lang wie od. etwas länger als die grünl. Griffel ***R. nemoralis***

14* Fruchtknoten kahl od. schwach behaart; Fruchtboden kahl; Schösslinge kantig, mit 11–15 geraden od. schwach gebogenen Stacheln; Schösslingsblätter schwach fußförmig 5-zählig; Endblättchen mäßig lang gestielt (35–44 % der Spreite), breit elliptisch bis verkehrt eiförmig, zum Grund hin keilförmig abgerundet; Serratur schwach periodisch, geschweift, mit auswärts gebogenen Hauptzähnen; Blütenstand armblütig, Achse u. Blütenstiele mit zahlreichen geraden bis schwach gebogenen Stacheln; Kelchzipfel grün bis graugrün, stachellos; Staubblätter länger als die grünl. Griffel ***R. sorbicus***

6* Blütenstand mit einzelnen od. zahlreichen Stieldrüsen

15 Blütenstand mit zahlreichen Stieldrüsen — Schösslinge kantig, etwas rinnig, sitzdrüsig u. mit 3–5 geraden Stacheln; Schösslingsblätter 5-zählig, beiderseits dicht abstehend behaart, Endblättchen mäßig lang gestielt (30–36 % der Spreite), aus tief herzförmigem Grund eiförmig, allmähl. in eine lange Spitze auslaufend; Serratur gleichmäßig fein; Blütenstand traubig; Kelchzipfel grün; Kronblätter weiß; Staubblätter länger als die grünl. Griffel, nach der Blüte auf den Kelchzipfeln ausgebreitet ***R. allegheniensis***

15* Blütenstand mit einzelnen Stieldrüsen

16 Kronblätter weiß; Staubblätter so lang wie od. länger als die Griffel; Kelchzipfel in eine längere Spitze auslaufend, graufilzig, bestachelt; Schösslinge kantig, nicht bereift mit 8–16 Stacheln; Schösslingsblätter handförmig bis schwach fußförmig 5-zählig, unterseits wenig fühlbar bis fühlbar behaart; Endblättchen kurz gestielt (20–30 % der Spreite), aus abgerundetem bis schwach herzförmigem Grund eiförmig bis elliptisch; Serratur periodisch, grob; Blütenstand pyramidal, Achse u. Blütenstiele graufilzig ***R. geminatus***

16* Kronblätter rosa; Staubblätter kürzer als der Griffel; Kelchzipfel kurz, stachellos; Schösslinge kantig, leicht bereift, mit 8–14 Stacheln; Schösslingsblätter schwach fußförmig 5-zählig, oberseits grün, in der Jugend glänzend, unterseits kaum fühlbar behaart; Endblättchen kurz gestielt (20–25 % der Spreite), aus ausgerandetem bis schwach herzförmigem Grund breit eiförmig bis elliptisch; Serratur periodisch, grob; Blütenstand pyramidal, Achse u. Blütenstiele graufilzig, mit geraden Stacheln ***R. sieberi***

4* Schösslingsblätter unterseits grau- od. weißfilzig

17 Schösslingsstacheln 10–15 — Schösslinge meist rotbraun, stark verzweigt, mit nur unter der Lupe sichtbaren Sternhärchen; Schösslingsblätter fußförmig 5-zählig; Endblättchen mäßig lang bis lang gestielt (30–50 % der Spreite), aus abgerundetem bis schwach herzförmigem Grund verkehrt eiförmig bis rundl.; Serratur periodisch mit verschieden gerichteten Zähnen; Blütenstand pyramidal, Achse u. Blütenstiele filzig u. abstehend behaart, mit unterschiedl. langen nadeligen Stacheln; Kronblätter rosa; Staubblätter länger als die grünen Griffel; Staubbeutel kahl od. behaart; Fruchtknoten an der Spitze mit langen Haaren ***R. bifrons***

17* Schösslingsstacheln 1–10

18 Schösslinge gefurcht

19 Kronblätter rosa — Schösslinge mit 4–7 geraden od. schwach gebogenen Stacheln, Stachelbasen nicht behaart; Schösslingsblätter handförmig bis schwach fußförmig 5-zählig; Endblättchen mäßig lang bis lang gestielt (35–45 % der Spreite), aus herzförmigem Grund breit elliptisch, eiförmig od. verkehrt eiförmig; Serratur periodisch, grob; Blütenstand vielblütig, breit, Achse u. Blütenstiele filzig u. abstehend behaart, mit gebogenen Stacheln; Staubblätter oft rosa, länger als die grünl. Griffel; Staubbeutel meist kahl; Fruchtknoten behaart ***R. grabowskii***

Vgl. aber ***R. grabowskii* subsp. *walsemannii*** mit etwas abweichenden Merkmalen.

19* Kronblätter weiß

20 Schösslinge mit 3–5 stark gebogenen Stacheln, Stachelbasen mit Büschelhaaren; Schösslingsblätter hand- od. schwach fußförmig 5-zählig; Endblättchen mäßig lang bis lang gestielt (35–45 % der Spreite), aus herzförmigem Grund eiförmig bis rundl.; Serratur periodisch, grob; Blütenstand traubig bis rispig, Achse u. Blütenstiele filzig u. abstehend behaart; Blütenstiele mit gebogenen Stacheln; Staubblätter länger als die grünl. Griffel; Fruchtknoten kahl; Fruchtboden behaart ***R. constrictus***

Hier ist ***R. perrobustus*** anzufügen; vgl. Ergänzungen am Ende der Gattung.

20* Schösslinge mit 4–8 geraden Stacheln, die im unteren Teil brettartig zusammengedrückt sind; Stachelbasen ohne Büschelhaare; Kronblätter vorn gekerbt; Schösslinge stark verzweigt; Schösslingsblätter hand- bis schwach fußförmig 5-zählig; Endblättchen mäßig lang gestielt (33–40 % der Spreite), aus keilförmigem od. abgerundetem Grund schmal, verkehrt eiförmig; Serratur periodisch; Blütenstand pyramidal, breit, oben oft mit waagerechten abstehenden Ästen, Achse meist fast kahl, Blütenstiele filzig u. abstehend behaart, mit rotfüßigen schwach gebogenen Stacheln; Staubblätter so lang wie od. länger als die weißl. Griffel; Staubbeutel manchmal einzeln behaart; Fruchtknoten mit langen Haaren; Fruchtboden kurzhaarig ***R. goniophorus***

18* Schösslinge kantig od. kantig rinnig

21 Fruchtknoten (deutl.) behaart — Schösslingsblätter unterseits weißfilzig; Schösslinge mit 4–8 geraden Stacheln; Schösslingsblätter handförmig 5-zählig, Endblättchen lang gestielt (40–50 % der Spreite), breit, aus herzförmigem Grund breit elliptisch, verkehrt eiförmig od. rundl.; Blütenstand vielblütig, breit, Achse u. Blütenstiele filzig, mit geraden od. schwach gebogenen, kräftigen Stacheln; Kronblätter rosa, bewimpert; Staubblätter länger als die weißl. Griffel ***R. armeniacus***

Hier ist ***R. praecox*** anzufügen; vgl. Ergänzungen am Ende der Gattung.

21* Fruchtknoten kahl, nur ausnahmsweise (bei *R. montanus*) mit einzelnen Haaren

22 Kronblätter hellrosa — Schösslingsblätter unterseits graufilzig; Schösslinge mit 1–4 geraden Stacheln; Schösslingsblätter handförmig bis schwach fußförmig 5-zählig; Endblättchen kurz bis mäßig lang gestielt (25–33 % der Spreite), aus ausgerandetem Grund verkehrt eiförmig; Blütenstand schmal, meist nur bis zu Hälfte durchblättert, Achse u. Blütenstiele mit wenigen schlanken gebogenen Stacheln; Staubblätter länger als die grünl. Griffel ***R. montanus***

22* Kronblätter weiß

23 Schösslingsstacheln 4–6; Schösslingsblätter am Rande gekräuselt, unterseits fühlbar behaart; Endblättchen mäßig lang gestielt (30–38 % der Spreite), aus herzförmigem bis abgerundetem Grund eiförmig bis rundl.; Serratur schwach periodisch mit meist auswärts gebogenen Hauptzähnen; Blütenstand kurz, stumpf endend, Achse u. Blütenstiele filzig u. länger abstehend behaart, mit schwach gebogenen Stacheln; Kelchzipfel graufilzig, kurz; Staubblätter länger als die weißl.-grünen Griffel; Fruchtknoten kahl od. mit einzelnen Haaren ***R. pericrispatus***

Hier ist ***R. guttiferus*** anzufügen; vgl. Ergänzungen am Ende der Gattung.

23* Schösslingsstacheln 6–10; Schösslingsblätter am Rande glatt, unterseits fühlbar behaart; Endblättchen mäßig lang gestielt (30–35 % der Spreite), aus herzförmigem Grund eiförmig, von der Mitte an geradlinig in eine schlanke Spitze auslaufend; Serratur periodisch mit geraden

Hauptzähnen; Blütenstand pyramidal, Achse mit kräftigen gebogenen Stacheln, Blütenstiele mit langen Nadelstacheln; Kelchzipfel graufilzig mit ausgezogener Spitze; Staubblätter länger als die grünl. Griffel; Fruchtknoten kahl ***R. saxonicus***

2* Schösslinge behaart

24 Schösslinge spärl. behaart (1–10 Härchen pro Seite), meist verkahlend

25 Staubblätter kürzer als die Griffel — Schösslinge stumpfkantig, karminrot, mit 8–12 geraden Stacheln; Schösslingsblätter handförmig bis schwach fußförmig 5-zählig, unterseits fühlbar behaart; Endblättchen mäßig lang gestielt (ca. 30 % der Spreite), aus herzförmigem Grund breit eiförmig; Serratur periodisch, tief eingeschnitten; Blütenstand bis zur Spitze durchblättert, Achse u. Blütenstiele meist stieldrüsig, mit geraden Stacheln; Kelchzipfel grünfilzig, stieldrüsig, bestachelt, die Sammelfrucht umfassend; Kronblätter weiß bis hellrosa ***R. cimbricus***

25* Staubblätter länger als die Griffel

26 Fruchtknoten u. Fruchtboden behaart; Schösslinge kantig, mit 10–15 gelbl., schwach gebogenen Stacheln; Schösslingsblätter handförmig bis schwach fußförmig 5-zählig, im Halbschatten auch 3–4-zählig, unterseits fühlbar behaart; Endblättchen kurz gestielt (20–25 % der Spreite), aus herzförmigem Grund breit elliptisch bis verkehrt eiförmig, zuletzt rundl.; Serratur gleichmäßig, mit geraden Hauptzähnen; Blütenstand breit; Achse knickig, Achse u. Blütenstiele mit gelbl. Drüsenborsten u. geraden Stacheln; Kelchzipfel graugrün, am Grund bestachelt; Kronblätter weiß ***R. chaerophyllus***

26* Fruchtknoten u. Fruchtboden kahl; Schösslinge stumpfkantig, mit 9–12 geraden Stacheln; Schösslingsblätter handförmig bis schwach fußförmig 5-zählig, unterseits fühlbar behaart; Endblättchen kurz bis mäßig lang gestielt (28–35 % der Spreite), aus abgerundetem bis ausgerandetem Grund elliptisch bis verkehrt eiförmig, zuletzt rundl.; Serratur periodisch, mit deutl. nach außen gebogenen Hauptzähnen; Blütenstand pyramidal, Achse u. Blütenstiele mit dunkelroten Stieldrüsen u. meist geraden Stacheln; Kelchzipfel graugrün filzig, mit zahlreichen roten Stieldrüsen, bestachelt, innen am Grund oft rötl.; Kronblätter hellrosa bis weiß; Staubblätter länger als die grünl. Griffel ***R. pyramidalis***

24* Schösslinge reich behaart

27 Endblättchen lang gestielt (40–50 % der Spreite), aus herzförmigem Grund verkehrt eiförmig bis rundl., lebend konvex — Schösslinge oft über 3 m hoch kletternd, kantig, schmutzig violett gefleckt, mit 5–12 geraden bis schwach gebogenen Stacheln; Schösslingsblätter handförmig bis schwach fußförmig 5-zählig; Serratur periodisch; Blütenstand pyramidal, bis zur Mitte durchblättert, Achse u. Blütenstiele mit geraden bis schwach gebogenen Stacheln; Kelchzipfel graugrün, stachellos; Kronblätter weiß bis hellrosa; Staubblätter länger als die grünl. Griffel ***R. macrophyllus***

27* Endblättchen kürzer gestielt

28 Schösslingsstacheln gleich groß

29 Schösslingsblätter 5-zählig, unterseits graugrün, fühlbar behaart; Schösslingsstacheln 8–14, gerade bis schwach gebogen, an der Basis behaart; Schösslinge kräftig, rundl. stumpfkantig; Endblättchen aus abgerundetem bis ausgerandetem Grund elliptisch bis verkehrt eiförmig; Serratur schwach periodisch, fein; Blütenstand breit u. lang, fast bis zur Spitze durchblättert, Achse u. Blütenstiele filzig u. länger abstehend behaart, mit schwach gebogenen bis sicheligen Stacheln; Kelchzipfel graugrün filzig, bestachelt; Kronblätter weiß bis hellrosa; Staubblätter länger als die grünl. Griffel ***R. gracilis***

29* Schösslingsblätter 3–4, fußförmig 5-zählig; Schösslingsstacheln 12–15, sichelig; Schösslinge rundl. stumpfkantig; Schösslingsblätter unterseits nicht fühlbar behaart; Endblättchen aus schwach herzförmigem od. abgerundetem Grund elliptisch bis eiförmig; Serratur schwach periodisch; Blütenstand sperrig, fast bis zur Spitze beblättert, Achse filzig u. abstehend behaart, sitzdrüsig, mit sicheligen bis hakigen Stacheln, Blütenstiel graugrün filzig u. abstehend behaart, mit wenigen Stieldrüsen u. schwach gebogenen Stacheln; Kelchzipfel mit roten Stieldrüsen u. einzelnen Stachelchen; Kronblätter hellrosa bis rosarot; Staubblätter kürzer bis fast so lang wie die grünen Griffel ***R. sprengelii***

28* Schösslinge mit größeren u. kleineren Stacheln

30 Kronblätter rosarot; Schösslinge stumpfkantig, mit 15–19 größeren Stacheln; Schösslingsblätter 3-zählig mit gelappten äußeren Seitenblättchen, unterseits wenig bis deutl. fühlbar behaart; Endblättchen kurz bis mäßig lang gestielt (28–35 % der Spreite), aus abgerundetem bis herzförmigem Grund breit verkehrt eiförmig bis rundl.; Serratur gleichmäßig bis schwach periodisch, fein; Blütenstand pyramidal, Achse u. Blütenstiele filzig u. abstehend behaart, stieldrüsig, mit geraden bis schwach gebogenen Stacheln; Kelchzipfel graufilzig, stieldrüsig, nadelstachlig; Staubblätter an der Basis rötl., länger als die Griffel; Fruchtknoten kahl; Fruchtboden behaart ***R. schorleri***

30* Kronblätter weiß; Schössling kantig, etwas bereift, mit 10–12 größeren Stacheln; Schösslingsblätter fußförmig 5-zählig, unterseits fühlbar behaart; Endblättchen mäßig lang gestielt (30–35 % der Spreite), aus abgerundetem bis schwach herzförmigem Grund verkehrt eiförmig; Serratur periodisch; Blütenstand kurz, Achse u. Blütenstiele graugrün filzig u. abstehend behaart, stieldrüsig, nadelstachlig; Kelchzipfel graugrün filzig, stieldrüsig, bestachelt; Staubblätter länger als die grünen Griffel, nach der Blüte zusammenneigend; Fruchtknoten behaart ***R. acanthodes***

1* Schösslinge mit zerstreuten bis zahlreichen Stieldrüsen

31 Schösslinge mit gleich großen Stacheln, zahlreichen langen Stieldrüsen, wenigen Drüsenborsten u. Drüsenstacheln, dadurch Schösslinge raspelartig rau

32 Schösslinge kantig flachseitig; Stacheln meist gerade, geneigt; Schösslingsblätter oberseits kahl, Endblättchen abgerundet

33 Schösslinge kahl od. mit einzelnen Härchen, mit 7–12 4–6 mm langen Stacheln; Blütenstand sperrig ausgebreitet; Stieldrüsen der Blütenstiele länger als die Haare; Schösslingsblätter fußförmig 5-zählig, oberseits länger abstehend behaart; Endblättchen kurz bis mäßig lang gestielt (27–33 % der Spreite), breit elliptisch bis verkehrt eiförmig; Serratur periodisch, mit auswärts gebogenen Hauptzähnen; Kelchzipfel graugrün filzig, wie die Blütenstiele mit zahlreichen rotköpfigen Stieldrüsen, mit od. ohne Nadelstacheln, an der Sammelfrucht abstehend od. aufrecht; Kronblätter hellrosa; Staubblätter etwas länger als die grünl. Griffel; Fruchtboden behaart ***R. rudis***

33* Schösslinge behaart, mit 5–11 6–9 mm langen Stacheln; Blütenstand pyramidal; Stieldrüsen der Blütenstiele nicht länger als die Haare; Schösslingsblätter fußförmig 5-zählig, oberseits kahl; Endblättchen mäßig lang gestielt (30–40 % der Spreite), elliptisch, eiförmig bis rundl.; Serratur periodisch, mit auswärts gebogenen Hauptzähnen; Blütenstand stumpf endend; Kelchzipfel graugrün filzig, wie die Blütenstiele mit kurzen rotköpfigen Stieldrüsen, mit od. ohne Nadelstacheln, zurückgeschlagen; Kronblätter hellrosa bis weiß; Staubblätter länger als die grünen Griffel ***R. radula***

32* Schösslinge rundl. stumpfkantig; Stacheln stark geneigt od. gebogen; Schösslingsblätter oberseits behaart, Endblättchen am Grund herzförmig

34 Fruchtknoten kahl — Schösslinge rundl. stumpfkantig, dicht behaart, mit 12–20 3–5 mm langen Stacheln; Schösslingsblätter fußförmig 5 zählig, unterseits nicht fühlbar behaart; Endblättchen kurz gestielt (25–30 % der Spreite), aus herzförmigem Grund meist eiförmig, lang zugespitzt; Serratur periodisch, grob; Blütenstand pyramidal, stumpf endend, Achse u. Blütenstiele filzig u. abstehend behaart mit in den Haaren versteckten rotköpfigen Stieldrüsen; Staubblätter kaum länger als die am Grund rötl. Griffel ***R. pallidus***

34* Fruchtknoten behaart

35 Staubbeutel kahl; Fruchtboden fast kahl; Fruchtknoten an der Spitze behaart; Schösslinge rundl. stumpfkantig, mit 8–12 2,5–3 mm langen, dünnen, stark geneigten bis sicheligen Stacheln; Schösslingsblätter meist 3–4-zählig, einzelne fußförmig 5-zählig, unterseits nicht fühlbar behaart; Endblättchen kurz gestielt (25–30 % der Spreite), verkehrt eiförmig; Serratur gleichmäßig bis schwach periodisch, fein; Blütenstand stumpf endend, Blütenstiele mit 3–7 Stacheln; Kelchzipfel meist etwas verlängert, grünl., dicht stieldrüsig, nadelstachlig, abstehend;

Kronblätter weiß; Staubblätter deutl. länger als die grünl. Griffel **R. scaber**

35* Staubbeutel u. Fruchtboden behaart; Fruchtknoten an der Spitze behaart; Schösslinge rundl. stumpfkantig bis kantig, mit 7–11 4–5 mm langen pfrieml. dünnen, stark rückwärts geneigten Stacheln; Schösslingsblätter überwiegend 3-zählig, oberseits glänzend, unterseits nicht fühlbar behaart; Endblättchen kurz gestielt (20–30 % der Spreite), aus breit herzförmigem Grund eiförmig bis elliptisch; Serratur fast gleichmäßig; Blütenstand an der Spitze dichtblütig, Achse u. Blütenstiele dicht behaart; Kelchzipfel mit verlängerter Spitze, graugrün, stieldrüsig, nadelstachlig, zuletzt aufgerichtet; Kronblätter weiß; Staubblätter so lang wie od. etwas länger als die grünl. Griffel **R. condensatus**

31* Schösslinge mit Stacheln unterschiedl. Größe, unterschiedl. langen Stieldrüsen u. Übergängen zu Drüsenborsten u. Drüsenstacheln

36 Schösslingsblätter alle fußförmig 5-zählig

37 Schösslinge mit kräftigen Stacheln, kantig flachseitig bis rundl. stumpfkantig, mit 15–25 5–7 mm langen größeren Stacheln — Schösslingsblätter unterseits fühlbar behaart; Endblättchen mäßig lang gestielt (30–35 % der Spreite), aus herzförmigem Grund breit elliptisch bis rundl.; Serratur periodisch, grob; Blütenstand stumpf endend, bis zur Spitze durchblättert; Kelchzipfel graugrün filzig, stieldrüsig, nadelstachlig; Kronblätter weiß; Staubblätter oft hellrosa, meist länger als die grünl. Griffel **R. koehleri**

37* Schösslinge mit schwächeren Stacheln

38 Blütenstandsachse knickig — Schösslinge bogig niederliegend, stumpfkantig, mit dichter abstehender Behaarung u. 15–25 5 mm langen, geraden, rückwärts geneigten Stacheln; Schösslingsblätter oberseits dicht behaart, unterseits kaum fühlbar behaart; Endblättchen mäßig lang gestielt (30–35 % der Spreite), aus schwach herzförmigem Grund schmal elliptisch bis verkehrt eiförmig; Serratur periodisch, sehr grob; Blütenstand fast pyramidal; Kelchzipfel graugrün filzig, stieldrüsig, nadelstachlig, an der Sammelfrucht aufgerichtet; Kronblätter weiß; Staubblätter länger als die grünl. Griffel **R. apricus**

38* Blütenstandsachse nicht knickig

39 Schösslinge dicht behaart, mit ca. 30 6 mm langen Stacheln; Schösslingsblätter oberseits zieml. dicht behaart, unterseits kaum fühlbar behaart; Endblättchen mäßig lang gestielt, aus schwach herzförmigem Grund elliptisch bis rundl.; Serratur gleichmäßig bis periodisch, grob; Blütenstand sparrig; Kelchzipfel stieldrüsig, nadelstachlig; Kronblätter weiß; Griffel grün; Basis der Staubblätter rötl. **R. thuringensis**

39* Schösslinge rundl. stumpfkantig, dicht behaart, mit 4–8 3–4 mm langen, etwas ungleichen Stacheln; Schösslingsblätter oberseits spärl. behaart, unterseits kaum fühlbar behaart; Endblättchen kurz bis mäßig lang gestielt (25–35 % der Spreite), aus abgerundetem bis ausgerandetem

Grund eiförmig bis verkehrt eiförmig; Serratur gleichmäßig bis schwach periodisch; Blütenstand stumpf endend; Blütenstiele mit die angedrückte Behaarung weit überragenden rötl. bis schwarzroten Stieldrüsen u. 5–13 verschieden langen Nadelstacheln; Kelchzipfel graugrün, mit ausgezogener Spitze, stieldrüsig, nadelstachlig, an der Sammelfrucht meist aufrecht; Kronblätter weiß; Staubblätter gleich lang wie od. wenig länger als die am Grund rosa bis roten Griffel ***R. jansenii***

36* Schösslingsblätter 3-zählig, 4-zählig od. fußförmig 5-zählig

40 Schösslingsblätter alle 3-zählig

41 Kronblätter rosa — Schösslinge rundl. stumpfkantig, mit 15–23 5–7 mm langen schlanken braunroten Stacheln mit gelbl. Spitze; Schösslingsblätter unterseits fühlbar weichhaarig; Endblättchen kurz gestielt (25–30 % der Spreite), aus herzförmigem Grund verkehrt eiförmig; Serratur periodisch; Blütenstand bis zur Mitte durchblättert, Achse u. Blütenstiele filzig, mit nadelförmigen Stacheln; Kelchzipfel graugrün, mit blassen Stieldrüsen u. Nadelstacheln; Staubblätter länger als die grünl. Griffel ***R. bavaricus***

41* Kronblätter weiß

42 Schösslingsblätter unterseits fühlbar behaart; Endblättchen mäßig lang gestielt (30–40 % der Spreite), aus herzförmigem Grund breit elliptisch, verkehrt eiförmig, oft rundl., mit wenig abgesetzter 10–15 mm langer Spitze; Schösslinge rundl. bis stumpfkantig, mit 12–18 4–5 mm langen Nadelstacheln; Blütenstand reichblütig, Achse u. Blütenstiele mit dunkelroten Stieldrüsen; Kelchzipfel graufilzig, mit dunkelroten Stieldrüsen u. Nadelstacheln, aufgerichtet; Staubblätter länger als die grünl. Griffel ***R. hercynicus***

42* Schösslingsblätter unterseits nicht fühlbar behaart; Endblättchen kurz gestielt (20–30 % der Spreite), aus abgerundetem bis herzförmigem Grund elliptisch bis verkehrt eiförmig mit scharf abgesetzter, 15–25 mm langer, meist sicheliger Spitze; Teilblättchen fast gleich groß; Schösslinge rundl., meist bereift, mit 10–15 3–4 mm langen Nadelstacheln; Blütenstand wenigblütig, Achse u. Blütenstiele mit rotköpfigen Stieldrüsen; Kelchzipfel grünl., mit rotköpfigen Stieldrüsen u. gelbl. Nadelstacheln, abstehend, später aufgerichtet; Staubblätter so lang wie bis länger als die grünen Griffel ***R. pedemontanus***

40* Schösslinge mit 3-, 4- od. 5-zähligen Blättern

43 Schösslinge mit 10–18 kräftigen 6–7 mm langen Stacheln, breit aufsitzend, brettartig zusammengedrückt, sichelig bis hakig — Schösslingsblätter oberseits mit 2–20 Haaren pro cm^2, unterseits nicht fühlbar behaart; Endblättchen kurz gestielt (20–27 % der Spreite), aus gestutztem od. ausgerandetem Grund elliptisch bis verkehrt eiförmig, allmähl. in eine lange Spitze auslaufend; Serratur schwach periodisch, Zähne etwas rundl.; Blütenstand traubig, Achse u. Blütenstiele mit gelbl., geraden, geneigten bis sichelförmigen Stacheln; Kelchzipfel graugrün filzig, mit blassen Stieldrüsen, nadelstachlig, zurückgeschlagen, später abstehend bis aufgerichtet; Kronblätter weiß; Staubblätter länger als die grünen Griffel; Fruchtknoten u. Fruchtboden behaart ***R. schleicheri***

Hier ist ***R. schleicheriformis*** anzufügen; vgl. Ergänzungen am Ende der Gattung.

43* Schösslinge mit schwächeren Stacheln

44 Schösslinge kahl, rundl., mit 2,5–4 mm langen Nadelstacheln — Schösslingsblätter unterseits bläul.-grün, nicht fühlbar behaart; Endblättchen mäßig lang gestielt (30–37 % der Spreite), aus schmalem, schwach herzförmigem Grund verkehrt eiförmig; Serratur gleichmäßig, tief gesägt; Blütenstand lockerblütig, fast bis zur Spitze durchblättert, Achse u. Blütenstiele locker behaart, mit roten Stieldrüsen, Drüsenborsten u. Nadelstacheln, die die Stieldrüsen kaum überragen; Kelchzipfel mit roten Stieldrüsen u. Nadelstacheln, bis zur Fruchtreife locker zurückgeschlagen, Kronblätter weiß; Staubblätter länger als die grünl. Griffel ***R. lividus***

44* Schösslinge locker bis dichthaarig (20–100 Haare pro Seite)

45 Schösslinge locker behaart

46 Staubblätter etwas kürzer als die am Grund rötl. Griffel; Schösslinge dünn, rundl., schwarzrot, mit zahlreichen unterschiedl. langen, schwarzroten Stieldrüsen, Drüsenborsten u. 3–4 mm langen Nadelstacheln; Schösslingsblätter oberseits mit einzelnen Stieldrüsen, unterseits nicht fühlbar behaart; Endblättchen mäßig lang gestielt (30–35 % der Spreite), aus schwach herzförmigem Grund elliptisch bis verkehrt eiförmig; Serratur ungleich periodisch, grob; Seitenblättchen der 3-zähligen Blätter oft gelappt; Blütenstand kurz, armblütig, Achse meist knickig; Kelchzipfel in eine verlängerte Spitze auslaufend, graufilzig, mit schwarzroten Drüsenborsten u. einzelnen helleren Nadelstacheln, an der Sammelfrucht aufgerichtet — Fruchtknoten wenig, Fruchtboden dicht behaart ***R. guentheri***

46* Staubblätter etwas länger als die grünl. Griffel; Schösslinge stumpfkantig od. rundl., mit 12–17 3–3,5 mm langen Nadelstacheln; Schösslingsblätter oberseits hellgrün, unterseits nicht fühlbar behaart; Endblättchen kurz gestielt (19–25 % der Spreite), aus herzförmigem Grund eiförmig, seltener elliptisch, allmähl. in eine 25–30 mm lange Spitze verschmälert; Blattstiel länger od. etwas kürzer als die unteren Seitenblättchen; Blütenstand lockerblütig, fast bis zur Spitze durchblättert, Blütenstiele mit gelbl. Stieldrüsen u. 8–18 Nadelstacheln; Kelchzipfel graugrün, stieldrüsig, nadelstachelig ***R. perlongus***

45* Schösslinge dicht behaart

47 Schösslingsstacheln fehlend, selten 1–3 — Schösslinge rundl.; Schösslingsblätter oberseits spärl., unterseits nicht fühlbar behaart; Endblättchen kurz gestielt (22–28 % der Spreite), aus herzförmigem bis abgerundetem Grund breit verkehrt eiförmig bis rundl.; Serratur gleichmäßig, fein; Blütenstand stumpf endend, Achse u. Blütenstiele filzig wirrhaarig, mit zahlreichen gelbl. bis rötl. Stieldrüsen u. wenigen Nadelstacheln; Kelchzipfel graugrün, mit gelbl. Stieldrüsen, stachellos, mit ausgezogener Spitze; Kronblätter weiß; Staubblätter weiß, länger als die grünl. Griffel **_R. exarmatus_**

47* Schösslinge bestachelt

48 Schösslinge wachsartig bereift; Schösslingsblätter oberseits mit Lederglanz, unterseits fühlbar behaart; Schösslinge rundl., mit 4–5 langen größeren Stacheln, Endblättchen der Schösslingsblätter kurz gestielt (20–30 % der Spreite), schmal, aus schwach herzförmigem Grund verkehrt eiförmig; Serratur gleichmäßig, fein; Blütenstand bis ins obere Drittel durchblättert, Blütenstiele angedrückt wirrhaarig, mit verschieden langen dunkelroten od. gelbl. Stieldrüsen, zahlreichen Drüsenborsten u. Nadelstacheln; Kelchzipfel nadelstachlig, drüsenborstig, an der Sammelfrucht aufgerichtet; Staubblätter so lang wie od. länger als die grünl. Griffel **_R. lusaticus_**

48* Schösslinge nicht wachsartig bereift; Schösslingsblätter oberseits ohne Lederglanz, unterseits nicht fühlbar behaart; Schösslinge rundl. od. stumpfkantig, mit 9–16 5–6 mm langen Stacheln; Endblättchen der Schösslingsblätter kurz gestielt (21–30 % der Spreite), aus schwach herzförmigem Grund verkehrt eiförmig bis elliptisch, mit etwas abgesetzter Spitze; Blattstiel viel länger als die unteren Seitenblättchen; Blütenstand pyramidal, fast ebensträußig endend, fast bis zur Spitze durchblättert, Achse u. Blütenstiele dicht abstehend behaart, mit vielen meist in der Behaarung versteckten Stieldrüsen u. meist gelbl. Stacheln; Kelchzipfel graugrün, stieldrüsig, mit wenigen Stacheln, nach der Blüte abstehend bis aufgerichtet; Staubblätter länger als die grünl. Griffel **_R. meierottii_**

Schlüssel 2: **Sectio _Corylifolii_, Sektion Haselblattbrombeeren**

Siehe auch **_R. pruinosus_** am Ende der Gattung.

1 Staubbeutel mindestens teilweise behaart

2 Schösslinge u. Fruchtknoten behaart — Schösslinge flachbogig, rundl. stumpfkantig, mit 5–10 Stacheln; Schösslingsblätter fußförmig 4–5-zählig, unterseits fühlbar behaart; Endblättchen kurz gestielt (20–30 % der Spreite), aus schwach herzförmigem Grund elliptisch od. breit eiförmig bis rundl., in der Mitte oft gelappt; Serratur gleichmäßig bis schwach periodisch; Blütenstand wenigblütig, meist ebensträußig endend, Achse knickig, mit zerstreuten Stieldrüsen u. kräftigen Stacheln, Blütenstiele mit verschieden langen Stieldrüsen, einzelnen gelbl. Drüsenborsten u. geraden Stacheln; Kelchzipfel graufilzig, stieldrüsig, mit gelbl. Drüsenborsten u. einzelnen Stachelchen; Kronblätter rosa; Staubgefäße länger als die rötl. Griffel **_R. nemorous_**

2* Schösslinge u. Fruchtknoten kahl od. nur mit einzelnen Haaren

3 Griffel rötl. — Schösslinge rundl. stumpfkantig, mit 5–15 Stacheln; Schösslingsblätter handförmig bis schwach fußförmig 5-zählig, unterseits grün bis graugrün, fühlbar behaart; Endblättchen kurz bis mäßig lang gestielt (25–35 % der Spreite), aus herzförmigem Grund eiförmig bis elliptisch, allmähl. in die Spitze verschmälert; Serratur gleichmäßig fein; Blütenstand meist pyramidal, Achse mit in den Haaren versteckten Stieldrüsen, einzelnen Drüsenborsten u. Stacheln, Blütenstiele mit zahlreichen verschieden langen Stieldrüsen, kleineren u. größeren Stacheln; Kelchzipfel graugrün filzig, mit zahlreichen gelbl. Stieldrüsen, ± aufgerichtet; Kronblätter rosa ***R. placidus***

3* Griffel grünl.

4 Schösslinge mit nicht gleichmäßig verteilten zerstreuten bis zahlreichen kurzen Stieldrüsen u. 12–16 größeren, fast geraden 3,5–4 mm langen Stacheln, stumpfkantig; Schösslingsblätter schwach fußförmig 4–5-zählig, unterseits graugrün, fühlbar behaart; Endblättchen kurz gestielt (22–28 % der Spreite), aus abgerundetem bis schwach herzförmigem Grund elliptisch od. breit eiförmig; Serratur ungleichmäßig periodisch; Blütenstand wenigblütig, fast bis zur Spitze durchblättert, ebensträußig endend, Achse etwas knickig, wie die Blütenstiele mit zerstreuten bis zahlreichen kurzen Stieldrüsen u. einzelnen Stacheln; Kronblätter weiß ***R. camptostachys***

4* Schösslinge mit zerstreuten bis zahlreichen Stieldrüsen, Drüsenborsten, kleineren Stacheln u. 8–10 größeren, geraden, 6–7 mm langen Stacheln, rundl. stumpfkantig; Schösslingsblätter handförmig 5-zählig, unterseits graugrün filzig, fühlbar weichhaarig; Endblättchen kurz bis mäßig lang gestielt (24–38 % der Spreite), aus herzförmigem Grund rund od. eiförmig, mit kurzer aufgesetzter Spitze; Serratur gleichmäßig; Blütenstand meist breit, Achse zerstreut drüsenborstig, mit 5–15 geraden Stacheln, Blütenstiele stieldrüsig, mit 4–10 nadeligen Stacheln; Kelchzipfel graugrün bis grauweiß, stieldrüsig u. nadelstachlig; Kronblätter weiß; Staubblätter länger als die Griffel; Fruchtboden behaart ***R. tiliaster***

1* Staubbeutel kahl

5 Schösslinge mit fast gleich langen Stacheln, einzelne kleine Stacheln mögl., ohne od. mit gleich langen Stieldrüsen

6 Schösslinge ohne Stieldrüsen

7 Schösslingsstacheln 1–3 mm lang

8 Schösslinge kantig

9 Schösslingsblätter 3-zählig mit gelappten Seitenblättchen, seltener fußförmig 4–5-zählig — Schösslinge kahl, mit 3–8 Stacheln; Schösslingsblätter unterseits graufilzig, fühlbar behaart; Endblättchen kurz gestielt (18–25 % der Spreite), aus abgerundetem od. herzförmigem Grund elliptisch bis rundl.; Serratur schwach periodisch, grob; Blütenstand wenigblütig, fast bis zur Spitze beblättert, Achse büschelhaarig, wie die Blütenstiele mit kurzen Stieldrüsen u. gelbl. Stacheln; Kelchzipfel graufilzig, abstehend bis locker zurückgeschlagen; Kronblätter rosa; Staubblätter etwas länger als die wenigstens am Grund rötl. Griffel; Fruchtknoten u. Fruchtboden etwas behaart ***R. hevellicus***

9* Schösslingsblätter 4–5-zählig

10 Schösslingsblätter 4-zählig mit gelappten Seitenblättchen od. fußförmig 5-zählig — oberseits dicht behaart, unterseits graugrün filzig, fühlbar behaart; Endblättchen kurz bis mäßig lang gestielt (25–35 % der Spreite), aus ausgerandetem Grund verkehrt eiförmig bis rundl., mit abgesetzter kurzer Spitze; Serratur gleichmäßig fein; Blattstiel deutl. länger als die unteren Seitenblättchen; Blütenstand bis in das obere Drittel durchblättert, Achse u. Blütenstiele büschelhaarig, Achse mit wenigen Stacheln, Blütenstiele stachellos; Kronblätter weiß, vorn gekerbt; Staubblätter länger als die grünl.-weißen Griffel ***R. leucophaeus***

10* Schösslingsblätter stets 5-zählig

11 Schösslinge mit sicheligen Stacheln; Schösslingsblätter oberseits mit 10–40 Haaren pro cm^2, unterseits graufilzig, fühlbar behaart; Endblättchen kurz bis mäßig lang gestielt (22–34 % der Spreite), aus herzförmigem Grund breit eiförmig bis rundl., lebend meist konvex; Serratur gleichmäßig bis schwach periodisch; Blattstiel so lang wie od. etwas länger als die unteren Seitenblättchen — Blütenstiele mit 10–18 sicheligen Stacheln; Kronblätter stark knitterig ***R. curvaciculatus***

11* Schösslinge mit geraden, geneigten Stacheln; Schösslingsblätter oberseits mattgrün, mit 200–400 Haaren pro cm^2; Schösslinge meist lebhaft rot, mit etwas gefurchten Seiten u. 5–7 Stacheln; Schösslingsblätter fußförmig 5-zählig, stark runzlig, unterseits grau bis grauweiß filzig, fühlbar behaart; Endblättchen mäßig lang bis lang gestielt (33–45 % der Spreite), aus herzförmigem Grund breit eiförmig bis rundl., oft breiter als lang; Serratur gleichmäßig, fein; Blattstiel viel länger als die unteren Seitenblättchen — Blütenstand wenigblütig, bis zur Spitze durchblättert; Staubblätter anfangs kürzer als, später so lang wie die weißl. Griffel; Fruchtknoten behaart ***R. orthostachyoides***

8* Schösslinge stumpfkantig od. rund

12 Schösslinge stumpfkantig, mit 15–25 grünl., geraden Stacheln; Schösslingsblätter schwach fußförmig 5-zählig, klein, unterseits filzig, fühlbar behaart; Endblättchen kurz gestielt (25–30 % der Spreite), aus herzförmigem Grund eiförmig bis rundl.; Serratur schwach periodisch; Blütenstand wenigblütig, Achse u. Blütenstiele mit wenigen kurzen Stieldrüsen u. schwach gebogenen Stacheln; Achse nach oben hin zunehmend filzig u. abstehend behaart, Blütenstiele graufilzig; Kelchzipfel graufilzig, ohne od. mit kurzen Stieldrüsen, locker zurückgeschlagen; Kronblätter hellrosa, später weiß; Staubblätter länger als die grünl. Griffel ***R. wessbergii***

12* Schösslinge rund, stark bereift, mit 15–25 rötl. Stacheln, ohne od. mit dunkelroten Stieldrüsen; Schösslingsblätter 3-zählig od. handförmig

4–5-zählig, oberseits stark behaart, unterseits fühlbar weichhaarig; Endblättchen kurz gestielt (20–25 % der Spreite), aus meist ausgerandetem Grund breit eiförmig bis rhombisch; Serratur periodisch, auch mit Buchten; Blütenstand lang, bis zur Spitze durchblättert, Blüten an der Spitze gedrängt, Achse locker filzig, mit zahlreichen Stieldrüsen u. Drüsenborsten, die zu geraden Stacheln überleiten, Blütenstiele filzig, mit zahlreichen kurzen, roten Stieldrüsen u. nadeligen Stacheln; Kelchzipfel mit verlängerter Spitze graufilzig, mit zahlreichen roten Stieldrüsen, an der Sammelfrucht aufgerichtet; Kronblätter weiß; Staubblätter so lang wie die grünl. Griffel ***R. leuciscanus***

7* Schösslingsstacheln (3,5–)4–5 mm lang

13 Kronblätter rosa

14 Endblättchen der Schösslingsblätter unterseits nicht fühlbar behaart — Schösslinge kantig, mit 3–5 Stacheln; Schösslingsblätter schwach fußförmig 5-zählig, kurz bis mäßig lang gestielt (25–37 % der Spreite), aus abgerundetem bis schwach herzförmigem Grund eiförmig bis rundl., lebend konvex; Serratur fast gleichmäßig; mittlere Seitenblättchen mit asymmetrischen Grund; Blütenstand mit wenigblütigen Ästen, die oberen Ästchen die endständige Blüte überragend; Teilblättchen der 3-zähligen Blätter keilförmig in den Grund verschmälert; Achse u. Blütenstiele ohne od. mit wenigen Stieldrüsen; Kelchzipfel graugrün filzig, abstehend; Staubblätter etwas länger als die manchmal am Grund rötl. Griffel ***R. orthostachys***

14* Endblättchen der Schösslingsblätter unterseits fühlbar behaart

15 Staubblätter deutl. länger als die grünl. Griffel — Blütenstand nicht stumpf endend; Schösslinge bogig bis flachbogig, kantig, mit 5–15 Stacheln; Schösslingsblätter schwach fußförmig 5-zählig, unterseits graugrün filzig, fühlbar behaart; Endblättchen kurz bis mäßig lang gestielt (25–35 % der Spreite), aus herzförmigem Grund eiförmig bis rundl., allmähl. in eine kaum abgesetzte Spitze verschmälert; Serratur periodisch; Blütenstand pyramidal, Achse u. Blütenstiele mit am Grund rötl. Stacheln; Kelchzipfel graufilzig; Fruchtboden behaart ***R. wahlbergii***

15* Staubblätter so lang wie bis etwas länger als die grünl. Griffel

16 Schösslinge kantig flachseitig, mit 5–10 geraden 4–5 mm langen Stacheln; Schösslingsblätter schwach fußförmig 5-zählig, unterseits grün, meist fühlbar weichhaarig; Endblättchen kurz bis mäßig lang gestielt (27–35 % der Spreite), aus herzförmigem Grund breit eiförmig bis rundl., allmähl. in eine 10–20 mm lange Spitze verschmälert; Serratur periodisch, grob; Blattstiel deutl. länger als die unteren Seitenblättchen; Blütenstand stumpf endend, Achse u. Blütenstiele büschelhaarig; Blütenstiele meist ohne Stacheln; Kelchzipfel abstehend bis locker zurückgeschlagen ***R. stohrii***

16* Schösslinge stumpfkantig rundl., mit 10–15 geraden od. schwach gebogenen 3–4 mm langen Stacheln, die einem dicken Sockel entspringen; Schösslingsblätter handförmig bis schwach fußförmig 5-zählig, unterseits grün bis graugrün, fühlbar behaart; Endblättchen kurz bis mäßig lang gestielt (23–35 % der Spreite), aus abgerundetem bis schwach herzförmigem Grund breit eiförmig bis elliptisch, allmähl. in die ca. 10 mm lange Spitze verschmälert; Serratur periodisch, grob; Blütenstand oben dichtblütig, Achse locker büschelhaarig, ohne od. mit zahlreichen Stieldrüsen u. 5–10 gebogenen Stacheln; Blütenstiele filzig, mit zahlreichen Stieldrüsen u. 5–10 am Grund rötl., dann gelbl., gebogenen Stacheln; Kelchzipfel abstehend — Staubblätter so lang wie od. etwas länger als die weißl. Griffel; Fruchtboden etwas behaart **_R. hadracanthos_**

13* Kronblätter weiß

17 Schösslinge rundl. stumpfkantig

18 Schösslingsblätter oberseits dicht anliegend behaart, unterseits grauweiß filzig, fühlbar behaart; Endblättchen kurz gestielt (19–25 % der Spreite), aus schmalem, abgerundetem Grund ausgeprägt rhombisch bis elliptisch; Schösslinge mit 7–12 gebogenen Stacheln; Schösslingsblätter schwach fußförmig 5-zählig; Serratur periodisch, grob; Blattstiel länger als die unteren Seitenblättchen; Blütenstand schmal, Achse dicht angedrückt behaart, ohne od. mit einzelnen Stieldrüsen u. 7–14 gebogenen Stacheln — Staubblätter länger als die Griffel **_R. rhombicus_**

18* Schösslingsblätter oberseits dicht abstehend behaart, unterseits grün bis graugrün, fühlbar behaart; Endblättchen kurz bis mäßig lang gestielt (25–33 % der Spreite), aus herzförmigem od. gestutztem Grund eiförmig bis elliptisch; Serratur periodisch, grob; Schösslingsblätter handförmig bis schwach fußförmig 5-zählig; Schössling stumpfkantig bis kantig, mit 7–15 meist geraden Stacheln; Blütenstand nahezu pyramidal, fast bis zur Spitze durchblättert, Achse filzig büschelhaarig, stieldrüsenlos od. mit zerstreuten kurzen Stieldrüsen u. geraden od. schwach gebogenen Stacheln — Blütenstiele graufilzig u. abstehend behaart, mit kurzen, den Filz kaum überragenden Stieldrüsen u. gelbl., am Grund rötl., gebogenen Stacheln; Fruchtknoten etwas behaart **_R. fasciculatus_**

17* Schösslinge kantig flachseitig

19 Schösslingsblätter handförmig 5-zählig, unterseits nicht fühlbar behaart; Schösslinge kräftig (ca. 10 mm Ø), rundl. bis eckig kantig, mit 5–10 Stacheln; Endblättchen der Schösslingsblätter kurz bis mäßig lang gestielt (27–35 % der Spreite), aus abgerundetem bis herzförmigem Grund breit eiförmig bis rundl.; Serratur periodisch, grob; Blütenstand bis zur Spitze durchblättert, Achse spärl. büschelhaarig, mit wenigen Stacheln, Blütenstiele filzig u. abstehend behaart, mit wenigen gelbl. Stacheln; Kelchzipfel graugrün filzig, zurückgeschlagen; Staubblätter etwas länger als die grünl. Griffel; Fruchtknoten u. Fruchtboden ± behaart **_R. kuleszae_**

19* Schösslingsblätter fußförmig 5-zählig, unterseits fühlbar weichhaarig; Schösslinge kräftig (8–10 mm Ø), gefurcht, mit 3–5 4–6 mm langen Stacheln; Endblättchen mäßig bis lang gestielt (30–40 % der Spreite), schmaler, aus herzförmigem Grund eiförmig bis rundl.; Serratur periodisch; Blütenstand fast pyramidal, Achse fast kahl, mit schlanken Stacheln, Blütenstiele filzig u. abstehend behaart, mit gelbl. Stacheln; Kelchzipfel graugrün filzig, an der Sammelfrucht abstehend; Staubblätter etwas länger als die grünl. Griffel; Fruchtknoten (normalerweise) behaart **_R. grossus_**

6* Schösslinge wenigstens mit einigen Stieldrüsen

20 Kronblätter rosa

21 Schösslingsblätter 5-zählig — Schösslinge stumpfkantig bis kantig, mit 5–12 Stacheln; Schösslingsblätter unterseits ± fühlbar behaart; Endblättchen kurz bis mäßig lang gestielt (25–35 % der Spreite), aus herzförmigem Grund elliptisch bis eiförmig; Serratur gleichmäßig, fein; Blütenstand wenigblütig, Achse unterschiedl. dicht behaart, mit kurzen Stieldrüsen u. zerstreuten Stacheln, Blütenstiele filzig, mit zerstreuten bis zahlreichen kurzen Stieldrüsen, mit od. ohne Stacheln; Kelchzipfel graugrün, meist mit einzelnen Stieldrüsen u. Stacheln, abstehend bis locker zurückgeschlagen; Staubblätter etwas kürzer bis etwas länger als die grünl. Griffel **_R. lamprocaulos_**

21* Schösslingsblätter 3-zählig od. 4–5-zählig

22 Schösslingsblätter 3-zählig, oberseits durch dichte Behaarung graugrün, unterseits graufilzig, fühlbar weichhaarig; Endblättchen kurz gestielt (22–30 % der Spreite), aus schmalem Grund verkehrt eiförmig, mit abgesetzter Spitze; Serratur gleichmäßig fein; Schösslinge fast kahl, mit 7–18 2–3 mm langen Stacheln; Blütenstand schmal, pyramidal, Achse büschelhaarig, mit zahlreichen kurzen Stieldrüsen u. 2–3 mm langen Stacheln, Blütenstiele wirrhaarig, mit kurzen Stieldrüsen u. nadeligen Stacheln; Kelchzipfel kurz; Staubblätter so lang wie od. etwas länger als die grünl. Griffel **_R. amphimalacus_**

22* Schösslingsblätter 3-zählig, mit gelappten Seitenblättchen, seltener fußförmig 4–5-zählig, oberseits grün, spärl. behaart, unterseits graufilzig, fühlbar behaart; Endblättchen kurz gestielt (18–25 % der Spreite), aus abgerundetem od. herzförmigem Grund elliptisch bis rundl.; Serratur schwach periodisch, grob; Schösslinge kantig, mit 3–8 Stacheln; Blütenstand wenigblütig, fast bis zur Spitze durchblättert, Achse büschelhaarig, Blütenstiele graufilzig, beide ohne od. mit kurzen Stieldrüsen u. gelbl. Stacheln; Kelchzipfel graufilzig, abstehend bis locker zurückgeschlagen; Staubblätter etwas länger als die wenigstens am Grund rötl. Griffel — Fruchtknoten u. Fruchtboden spärl. behaart **_R. hevellicus_**

20* Kronblätter weiß

23 Schösslingsblätter 3-zählig od. handförmig 4–5-zählig **_R. leuciscanus_**

23* Schösslingsblätter fußförmig 4–5-zählig od. 5-zählig

24 Schösslingsblätter fußförmig 4–5-zählig — Kelchzipfel grün, stieldrüsig, am Grund bestachelt; Schösslinge rundl. stumpfkantig, mit 15–25 4–5 mm langen Stacheln, dazwischen einzelne kleinere; Schösslingsblätter oberseits behaart, unterseits nicht fühlbar behaart; Endblättchen mäßig lang gestielt (33–40 % der Spreite), breit, aus herzförmigem bis abgerundetem Grund verkehrt eiförmig bis rundl.; Serratur gleichmäßig bis schwach periodisch; Blütenstand angedeutet pyramidal, Achse fast kahl, meist mit zahlreichen kurzen Stieldrüsen u. sicheligen Stacheln, Blütenstiele wirrhaarig, mit über die Behaarung hinausragenden Stieldrüsen u. gebogenen, gelbl. Stacheln; Kelchzipfel nach der Blüte fast aufrecht; Staubblätter so lang wie die grünl. Griffel **_R. dissimulans_**

24* Schösslingsblätter 5-zählig

25 Schösslingsstacheln 5–10; Schösslinge rundl. stumpfkantig bis kantig, mit zerstreuten kurzen Stieldrüsen u. 4–5 mm langen Stacheln; Schösslingsblätter oberseits spärl. behaart, unterseits grün bis graugrün, wenig bis deutl. fühlbar behaart; Endblättchen kurz bis mäßig lang gestielt (28–35 % der Spreite), aus herzförmigem bis abgerundetem Grund eiförmig bis rhombisch, von der Mitte an geradlinig in eine kaum abgesetzte Spitze verschmälert; Serratur periodisch, grob; Blütenstand pyramidal, Achse u. Blütenstiele filzig u. abstehend behaart, mit Stieldrüsen u. schwach gebogenen Stacheln; Kelchzipfel graugrün filzig, stieldrüsig; Staubblätter länger als die grünl. Griffel — Fruchtboden behaart **_R. gothicus_**

Hier ist **_R. haesitans_** anzufügen; vgl. Ergänzungen am Ende der Gattung.

25* Schösslingsstacheln 10–20; Schösslinge stumpfkantig bis kantig, sitzdrüsig, mit zerstreuten kurzen Stieldrüsen; Schösslingsblätter schwach fußförmig 5-zählig, unterseits grün, nicht fühlbar behaart; Endblättchen mäßig lang gestielt (30–37 % der Spreite), oft etwas breiter als lang, aus herzförmigem Grund breit eiförmig; Serratur schwach periodisch bis periodisch, grob; Blütenstand kurz, Achse nach oben hin zunehmend dichter filzig u. abstehend behaart, mit verschieden langen Stieldrüsen u. gebogenen Stacheln; Blütenstiele filzig u. dicht abstehend behaart, mit in den Haaren versteckten kurzen Stieldrüsen u. zahlreichen gelbl., sicheligen Stacheln; Kelchzipfel graufilzig, mit im Filz versteckten Stieldrüsen, abstehend bis zurückgeschlagen, später aufrecht; Staubblätter so lang wie bis etwas länger als die grünl. Griffel **_R. franconicus_**

5* Schösslinge mit größeren u. kleineren Stacheln, Drüsenborsten, größeren u. kleineren Stieldrüsen

26 Kronblätter rosa

27 Griffel wenigstens am Grund rötl.; Schösslinge rundl. stumpfkantig, dünn, mit 8–16 3–4 mm langen größeren Stacheln; Schösslingsblätter 3-zählig, oft mit etwas gelappten Seitenblättchen, unterseits kaum fühlbar behaart; Endblättchen kurz bis mäßig lang gestielt (25–35 % der Spreite), lebend konvex, aus schwach herzförmigem bis ausgerandetem Grund eiförmig, verkehrt eiförmig bis rundl., kurz bespitzt; Serratur gleichmäßig, fein; Blütenstand wenigblütig, nicht ebensträußig endend, fast bis zur Spitze durchblättert, Achse u. Blütenstiele wirrhaarig, mit verschieden langen Stieldrüsen, Drüsenborsten u. Stacheln; Kelchzipfel grau bis graugrün filzig, zurückgeschlagen, später abstehend; Staubblätter kürzer bis etwas länger als die Griffel **_R. ranftii_**

27* Griffel grünl.; Schösslinge rundl., mit 10–20 größeren geraden Stacheln; Schösslingsblätter schwach fußförmig 5-zählig, oberseits spärl. bis dicht behaart, unterseits meist fühlbar behaart; Endblättchen kurz bis mäßig lang gestielt (22–38 % der Spreite), aus herzförmigem Grund elliptisch, verkehrt eiförmig bis rundl.; Serratur gleichmäßig, fein; Blütenstand fast bis zur Spitze durchblättert, Achse u. Blütenstiele mit verschieden langen Stieldrüsen, Drüsenborsten u. Stacheln; Kelchzipfel graugrün, mit Stieldrüsen u. Nadelstacheln, abstehend, später aufgerichtet; Staubblätter länger als die grünl. Griffel **_R. fabrimontanus_**

26* Kronblätter weiß

28 Schösslingsblätter 3-zählig mit oft etwas gelappten Seitenblättchen, selten fußförmig 4–5-zählig

29 Kronblätter gekerbt; Staubblätter so lang wie die grünl. Griffel — Schösslinge schwach (3–4 mm Ø), rundl. stumpfkantig, oft weinrot, mit unregelmäßig verteilten kurzen Stieldrüsen, deren Stümpfen u. 13–16 größeren Stacheln; Endblättchen lebend konvex, kurz gestielt (20–27 % der Spreite), aus schwach herzförmigem Grund schmal, verkehrt eiförmig; Serratur fast gleichmäßig, fein; Blattstiel deutl. länger als die unteren Seitenblättchen; Blütenstand wenigblütig, fast bis zur Spitze durchblättert, Achse u. Blütenstiele mit zahlreichen Stieldrüsen u. Nadelstacheln; Kelchzipfel etwas verlängert, graugrün, mit zahlreichen Stieldrüsen, meist stachellos **_R. glossoides_**

29* Kronblätter nicht gekerbt; Staubblätter deutl. länger als die grünl. Griffel

30 Schösslinge kräftig (5–9 mm Ø), stumpfkantig, mit 10–20 auf einem dicken höckerigen Sockel sitzenden 6–7 mm langen, geraden Stacheln; Schösslingsblätter unterseits graugrün filzig, kaum fühlbar behaart; Endblättchen kurz gestielt (20–30 % der Spreite), aus herzförmigem Grund verkehrt eiförmig bis elliptisch; Serratur periodisch; Blütenstand pyramidal, fast bis zur Spitze durchblättert, Achse u. Blütenstiele mit zahlreichen Stieldrüsen, Drüsenborsten u. verschieden langen Stacheln; Kelchzipfel graugrün, mit zahlreichen roten Stieldrüsen, aufgerichtet — Fruchtknoten an der Spitze mit langen Haaren **_R. tuberculatus_**

30* Schösslinge weniger kräftig (2–5 mm Ø), rundl., oft etwas bereift, mit 15–25 3–3,5 mm langen geraden größeren Stacheln; Schösslingsblätter unterseits nicht fühlbar behaart; Endblättchen kurz bis mäßig lang gestielt (20–33 % der Spreite), aus schwach herzförmigem Grund verkehrt eiförmig bis rundl.; Serratur meist schwach periodisch, grob; Blütenstand umfangreich, ebensträußig endend, fast bis zur Spitze durchblättert, Achse u. Blütenstiele wirrhaarig, mit zahlreichen Stieldrüsen, Drüsenborsten, kleineren u. größeren Stacheln; Kelchzipfel graugrün, stieldrüsig, mit verlängerter Spitze, abstehend, später die Sammelfrucht umfassend ***R. dollnensis***

28* Schösslingsblätter 5-zählig

31 Schösslinge mit kurzen Stieldrüsen, 2–3 mm langen Stacheln, nur wenigen kleineren Stacheln u. Drüsenborsten, dünn, oft bereift — Schösslingsblätter fußförmig, oberseits dicht behaart, unterseits graugrün filzig, fühlbar behaart; Endblättchen kurz bis mäßig lang gestielt (20–35 % der Spreite), breit, aus herzförmigem bis abgerundetem Grund eiförmig bis verkehrt eiförmig; Serratur periodisch, grob; Blütenstand bis zur Spitze durchblättert, Achse knickig, ohne od. mit Stieldrüsen u. verschieden langen Stacheln, Blütenstiele stieldrüsig mit gelbl. Stacheln; Kelchzipfel graugrün filzig, stieldrüsig, mit verlängerter Spitze, an der Sammelfrucht aufgerichtet; Staubblätter länger als die grünl. Griffel; Fruchtboden behaart ***R. mollis***

31* Schösslinge mit verschieden langen Stieldrüsen, 4–5 mm langen Stacheln, meist zahlreichen kleinen Stacheln u. Drüsenborsten ***R. fabrimontanus***

R. acanthodes H. HOFMANN., **Hofmanns B.**

7–9. Lichte Fichten- u. Kiefernforste, Laubwälder, Waldschläge, mäßig h OLB, OLH; sonst z im Tief- u. Hügelland westl. der Elbe bis zur Zschopau; s ERW: Kirchberger Granitgebiet; VGT: Bad Elster, Sohl; zentraleurop-endem.

R. allegheniensis PORTER, **Allegheny-B.**

[*R. villosus* AIT.]. 5–6. Kulturpflanze, verwildert; Mäntel von Laubwäldern, Straßen- u. Wegränder, z ERM, OL, VGT. NU. Heimat: N-Amerika.

Ähnl. ist ***R. canadensis*** L., **Kanadische B.,** Kulturpflanze, unterscheidet sich von voriger Art durch einen stieldrüsenlosen Blütenstand u. (fast) kahle Schösslingsblätter. 5–6. Verwildert in der Nähe von Kleingartenanlagen, s, Sohland/Spree, Pulsnitz, Radeburg, Meißen, Tharandt, Plauen: Jößnitz, Stangengrün.

R. amphimalacus H. E. WEBER, **Samtblättrige Haselblattb.**

6–7. Wärmeliebend; Hecken, Gebüsche, Waldränder, s ERB: Zwickau; VGT: Mühltroff.

R. apricus WIMMER, **Sonnenliebende B.**

6–7. Laubwälder, Steinrücken, s ERO: Herzogswalde bei Wilsdruff; ERW: Kirchberger Granitgebiet: Giegengrün; OLH: Rotstein, Seidelsberg bei Großschönau, früher Deutsch-Paulsdorf (Großer Nonnenwald) u. Großhennersdorf (Kirchbusch am Königsholz); VGT: Elsterberg: Wald nördl. von Coschütz; zentraleurop-mont.

R. armeniacus FOCKE, **Armenische B.**

6–7. Straßen- u. Wegböschungen, Bahnanlagen, Industriebrachen, h in Dresden u. Leipzig u. in deren Umgebung, z im Tief- u. Hügelland. NE. Heimat: vermutl. Armenien.

Siehe auch ***R. praecox*** am Ende der Gattung.

R. bavaricus (FOCKE) UTSCH, **Bayrische B.**

7–8. Steinbrüche, s VGT: Treuen: Herlasgrün.

R. bertramii G. BRAUN, **Bertrams B.**

7–8. Gebüsche, Waldmäntel, s MLH: Limbach-Oberfrohna, früher Hohenstein-Ernstthal; subatl.

R. bifrons VEST, **Zweifarbige B.**

6–7. Straßen- u. Wegböschungen, Mäntel von Laubwäldern, mäßig h OLB, OLH, vor allem um Bautzen; subatl-disj.

R. caesius L., **Kratzbeere***/**

5–7. Straßen- u. Wegböschungen, Ackerränder, Brachen, Gebüsche, Auenwälder, h im Tief- u. Hügelland, s im Bergland; eurosib.

R. caesius bastardiert mit *R. idaeus*:

R. × pseudidaeus (WEIHE) LEJEUNE: Schösslinge bogig, bereift, mit dunkelvioletten Stacheln; Blätter wie bei *R. idaeus*, meist ohne, selten mit einzelnen Teilfrüchten.

Hierzu nothofo. *pseudocaesius* (WEIHE) H. E. WEBER: Schösslinge mit grünl. bis violetten Stacheln; 3-zählige Blätter mit graugrüner bis graufilziger Unterseite; meist ohne, selten mit einzelnen schwarzroten Teilfrüchten, die nie bereift sind. Lehmgruben, Straßen- u. Wegböschungen, Teichdämme, z um Dresden u. Leipzig, OLH, OLT, VGT.

R. camptostachys G. BRAUN, **Bewimperte Haselblattb.**

6–7. Straßen- u. Wegböschungen, Gebüsche, s VGT bei Mylau bis Zwickauer Mulde bei Colditz.

R. chaerophyllus SAGORSKI et SCHULTZE, **Frischgrüne B.**

6–7. Lichte Laubwälder, Mäntel von Fichtenforsten, Waldschläge, OLB, OLH: mäßig h zwischen Zittau,Görlitz u. Bischofswerda; s ESG; zentraleurop-endem.

R. cimbricus FOCKE, **Cimbrische B.**

6–7. In meist luftfeuchten Lagen; Mäntel von Fichtenforsten u. Laubwäldern, Waldschläge, z LLA: südöstl. Leipzig; MLH: Brandis, Grimma, Wurzen, Dahlen, Colditz, Rochlitz, Waldenburg, Hohenstein-Ernstthal; europ-nem.

R. condensatus P. J. MÜLL., **Gedrängtblütige B.**

7–8. Lichte Kiefern- u. Fichtenforste, s MLH: Mannichswalde; OLB: Neukirch (Valtenhäuser).

R. constrictus P. J. MÜLL. et LEFEBRE, **Zusammengezogene B.**

6–7. Mäntel von Laubwäldern, Gebüsche, Straßenböschungen, s MLH: Wernsdorf bei Penig; OLH: Ebersbach bei Görlitz, Ostritz (Stadtwald), früher Rotstein, Königshainer Berge, Kloster Marienthal; VGT: Mühltroff; ELH: früher Meißen; subatl.

Siehe auch ***R. perrobustus*** am Ende der Gattung.

R. curvaciculatus H. E. WEBER, **Krummnadelige Haselblattb.**

6–7. Mäntel von Laubwäldern, Gebüsche, Straßen- u. Wegböschungen, im Tief- u. Hügelland, Verbreitung noch unbekannt, z. B. VGT: Cossengrün, Mühltroff, Plauen, Kleingera, Reinsdorf; ERM: Thermalbad Wiesenbad.

R. dissimulans LINDEBERG, **Unähnliche Haselblattb.**

6. Graben- u. Teichränder, früher s GHP: Großenhain; MLH: Klipphausen bei Wilsdruff.

R. divaricatus P. J. MÜLL., **Sparrige B.**

[*R. nitidus* WEIHE & NEES]. 6–7. Auf frischen bis wechselfeuchten, sandigen, meist nährstoffarmen Böden; Waldlichtungsfluren, Waldmäntel, Teichdämme, mäßig h DDH (Ostteil), GHP, OLT; z OLH; sonst s, z. B. LLA: Leipzig (verschleppt); subatl.

R. dollnensis SPRIB., **Drüsenborstige Haselblattb.**

6–7. Mäntel von Laubwäldern u. Fichtenforsten, Straßen- u. Wegböschungen, Steinrücken, mäßig h OLH; sonst z bis s (Dresden, Chemnitz, Zschopau, Oederan, Penig, Colditz, Bad Lausick, Leipzig, Eilenburg).

R. exarmatus H. E. WEBER et W. JANSEN, **Entwaffnete B.**

7–8. Lichte Kiefern- u. Fichtenforste, Waldwege, s MLH: Crimmitzschau; VGT.

R. fabrimontanus (SPRIB.) SPRIB., **Schmiedeberger Haselblattb.**

6–7. Lichte Laubwälder, Kiefern- u. Fichtenforste u. ihre Mäntel, Straßen- u. Wegböschungen, h vom Tiefland bis etwa 750 m.

R. fasciculatus P. J. MÜLL., **Büschelblütige Haselblattb.**

6–7. Mäntel von Laubwäldern, Gebüsche, Weinbergsbrachen, Steinbrüche, Straßen- u. Wegböschungen, mäßig h ELH; z DDH, MLH: (besonders Porphyrhügelland um Hohburg), OLH, OLT; s VGT: um Reichenbach u. Neumark.

R. franconicus H. E. WEBER, **Fränkische Haselblattb.**

6–7. Mäntel von Laubwäldern, Gebüsche, Hecken, Straßen-, Weg- u. Bahnböschungen, mäßig h im Tief- u. Hügelland, s im Bergland.

R. geminatus H. E. WEBER, **Zwillings-B.**

[*R. silesiacus* WEIHE subsp. *abundiflorus* BARBER]. 6–7. Mäntel von Fichten- u. Laubwäldern, Waldschläge, mäßig h OLH, OLT; z im Hügel- u. unterem Bergland westl. der Elbe; zentraleurop-endem.

R. glossoides H. E. WEBER et STOHR, **Zungen-Haselblattb.**

6–7. Auf mäßig trockenen bis frischen, meist sandigen, mäßig nährstoffreichen Böden; lichte Kiefernforste, Waldmäntel, MLH: mehrfach um Dahlen.

R. goniophorus H. E. WEBER, **Winkel-B.**

7. s LLA: rekultivierter Müllberg in Leipzig.

R. gothicus E. H. L. KRAUSE, **Gotische Haselblattb.**

6–7. Mäntel von Laubwäldern, Gebüsche, Straßen- u. Bahnböschungen, mäßig h Tiefland, z bis s im Hügel- u. unteren Bergland.

Siehe auch ***R. haestians*** am Ende der Gattung.

R. grabowskii WEIHE, **Strauß-B.**

[*R. thyrsanthus* (FOCKE) FOERSTER]. 6–7. Mäntel von Laubwäldern, Hecken, Straßen- u. Wegböschungen, Verbreitung in Sachsen noch unbekannt, da bisher mit *R. pericrispatus* verwechselt

subsp. *grabowskii*: wie Art

subsp. *walsemannii* HENKER et KIESEWETTER: durch den sehr robusten Wuchs eher *R. armeniacus* od. *R. praecox* ähnelnd; Endblättchen elliptisch od. verkehrt eiförmig mit 10–15 mm langer

Spitze, oft zieml. kurz gestielt [(25–)30–40(–45) % der Spreite]; Blätter gelegentl. in größeren Bereichen fast parallelrandig; Blattstiel mit (5–)7–15 Stacheln; Blattrand ± flach; Serratur z. T. sehr grob u. scharf mit auffällig vorspringenden Hauptzahnkomplexen; Blütenstand groß u. sperrig; Blütenstiele mit (4–)6–14(–18) Stacheln; Kronblätter weiß(l.) bis weißl.-rosa. (Ende 5–)6(–7). OLH: Königshainer Berge.

R. gracilis J. Presl et C. Presl, **Haarstängelige B.**
[*R. villicaulis* Weihe et Nees]. 6–7. Laubwälder, Gebüsche, Straßen- u. Wegböschungen, h im Tief- u. Hügelland westl. der Elbe; mäßig h ELH, OLH, OLT; s ERW: Kirchberger Granitgebiet: Burkersdorf, Irfersgrün, Obercrinitz; europ-nem.

Im Gebiet nur **subsp. *gracilis*.**

R. gratus Focke, **Angenehme B.**
6–7. Mäntel von Laubwäldern, s DDH: Schildau; MLH: Börln; atl-subatl.

Siehe auch ***R. silvaticus*** am Ende der Gattung.

R. grossus H. E. Weber, **Grobe Haselblattb.**
6–7. Gebüsche, Straßenböschungen, z OLH; sonst s ELH: Meißen; ERO: Glashütte; MLH: Oschatz, Eilenburg; OLT: Göbeln.

R. guentheri Weihe, **Günthers B.**
6–7. In luftfeuchten Lagen; Fichtenforste, Buchenwälder, z OLH, OLB; s MLH: Hügelland zwischen Freiberger Mulde u. Zschopau; VGT; zentraleurop-mont.

R. hadracanthos G. Braun, **Dickstachlige Haselblattb.**
6–7. Bahngelände, s OLH: Schlauroth bei Görlitz.

R. hercynicus G. Braun, **Harzer B.**
6–8. Waldschläge, Mäntel von Fichtenforsten u. Buchenwäldern, z im Hügel- u. Bergland; zentraleurop-mont.

R. hevellicus (E. H. L. Krause) E. H. L. Krause, **Heveller Haselblattb.**
6–7. Mäntel von Laubwäldern, Straßenböschungen, Steinbrüche, z LLA; s OLT: Gräfenhain, Niedergurig.

R. idaeus L., **Himbeere***/**
5–6. Waldschläge, Mäntel von Laubwäldern u. Nadelholzforsten, Straßen-, Weg- u. Bahnböschungen, h vom Tiefland bis ins Gebirge; eurosib. Früher Off.

f. *phyllanthus* Frid. et Gelert: Blüten zu kleinen dicht lanzettl. beblätterten Laubsprossen ausgewachsen, s, Zwickau-Planitz, Weißbach, Oederan.

R. jansenii H. E. Weber, **Jansens B.**
7. Wälder, s, MLH: Rochlitzer Berg

R. koehleri Weihe, **Köhlers B.**
6–8. Lichte Kiefern- u. Fichtenforste, Waldschläge, Laubwälder u. ihre Mäntel, Straßen- u. Wegböschungen, mäßig h ERM, ERO, ESG, OLB, OLH, VGT; z DDH, ERW, MLH, OLT; fehlt in Ackerbaugebieten; europ-nem.

R. kuleszae Zieliński, **Kuleszas Haselblattb.**
6–7. Mäntel von Laubwäldern, s OLH: Rotstein, Löbauer Berg, Spitzberg bei Deutsch-Paulsdorf, Hutberg bei Schönau a.d. Eigen, Görlitz-Weinhübel, Kamenz (Spittelforst), Bischofswerda: Taschendorf.

R. laciniatus WILLD., **Schlitzblättrige B.****
6–8. Kulturpflanze, verwildert, Straßen- u. Wegböschungen, Parks, Mäntel von Laubwäldern u. Fichtenforsten, z im Tief- u. Hügelland sowie ERZ. NE. Heimat: vermutl. in England entstanden.

R. lamprocaulos G. BRAUN, **Feingesägte Haselblattb.**
[*R. serrulatus* LINDEB., *R. aequiserrulatus* H. E. WEBER]. 6–7. Laubwälder, lichte Kiefernforste, mäßig h im Tiefland Leipzig bis OL; s im Hügelland: Mittweida, Wilsdruff, Kreischa, Niederputzkau.

R. leuciscanus E. H. L. KRAUSE, **Plötzensee-Haselblattb.**
6–7. Straßen- u. Wegränder, z im Tiefland.

R. leucophaeus P. J. MÜLL., **Weißgraue Haselblattb.**
6–7. Straßen- u. Wegböschungen, Gebüsche, Waldsäume, s VGT: Zettlarsgrün, Heinersgrün.

R. lividus G. BRAUN, **Bleigraue B.**
7–8. Laubwälder, s OLB: Neustadt/Sa.: westl. Hohwald; OLH: Bischheim-Häslich: bei Kamenzer Granitwerken am Galgsberg; früher auch Königshainer Berge; VGT: Plauen (am Großen Pöhl), Jocketa; europ-nem-mont disj.

R. lusaticus ROSTOCK, **Lausitzer B.**
7–8. Fichtenforste, Buchenwälder, h OLB, OLH: zwischen Kamenz, Bischofswerda, Bautzen, Görlitz, Zittau; europ-nem disj.

R. macrophyllus WEIHE et NEES, **Großblättrige B.**
6–7. Lichte Eichenmischwälder, Erlen-Eschenwälder, Erlen-Bruchwälder, Teichdämme, h GHP; z OLH, OLT; sonst s: Riesa, Wurzen, Brandis, Eilenburg, Torgau; atl-subatl.

R. meierottii H. E. WEBER, **Meierotts B.**
7–8. Bahndamm, s VGT: Sohl bei Bad Elster.

R. mollis J. PRESL et C. PRESL, **Weiche Haselblattb.**
6–7. Gebüsche, Steinrücken, Bergwerkshalden, Straßen-, Weg- u. Bahnböschungen, h VGT; z ERM bis OL.

R. montanus LEJ., **Mittelgebirgs-B.**
[*R. candicans* WEIHE]. 6–7. Steinbrüche, Weinbergsbrachen, Straßen- u. Bahnböschungen, Gebüsche, Mäntel von Laubwäldern, mäßig h ELH, OLH, Tal der Mulde u. Zschopau, Mittelvogtländisches Kuppenland westl. Plauen; sonst z; europ-nem.

R. nemoralis P. J. MÜLL., **Hain-B.**
[*R. selmeri* LINDEB.]. 7–8. Mischwälder, s OLH: Umgebung von Panschwitz-Kuckau; atl.

R. nemorosus HAYNE et WILLD., **Hain-Haselblattb.**
6–7. Mäntel von Laubwäldern u. Kiefernforsten, Straßen- u. Bahnböschungen, z OLT: um Weißwasser; s EET: Torgau, ERB: Langenbernsdorf, LLA: Leipzig, OLH: Reichenbach.

R. nessensis HALL., **Aufrechte B., Fuchsbeere**
(*R. suberectus* G. ANDERSON). 6. Bachufer, Grabenränder, Teichdämme, Gebüsche, lichte Laubwälder, Waldschläge, h im Hügel- u. unteren Bergland; mäßig h OLT; z im Tiefland westl. der Elbe; europ-nem.

1 Schösslinge 1,5–2 m hoch, mit 1–5 Stacheln; Blätter oberseits glänzend, mit 0–5 Haaren; Staubblätter deutl. länger als die Griffel; Fruchtknoten kahl od. schwach behaart; Fruchtboden kahl; Verbreitung etc. wie Art. **subsp. *nessensis***

1* Schösslinge meist nur 0,5–1 m hoch, mit 10–15 Stacheln, sitzdrüsig; Blätter oberseits fast matt, mit 10–40 Haaren; Staubblätter kaum länger als die Griffel; Fruchtknoten u. Fruchtboden behaart; z OLH, OLT. **subsp. *scissoides*** H. E. WEBER

Die Sippe wird neuerdings als Art gewertet u. heißt dann ***R. scissus*** W. C. R. WATSON, **Eingeschnittene B.**

R. odoratus L., **Zimthimbeere****

5–8. Kulturpflanze, Gärten, Parks, s verwildert, z. B. ERM: Pobershau; ESG: Bielatal zwischen Ottomühle u. Schweizermühle; LLA: Leipzig: am Bienitz, früher Lindenthal; OLH: Gaußig, Großharthau. NU. Heimat: N-Amerika.

R. opacus FOCKE, **Dunkle B.**

6–7. Mäntel von Laubwäldern, Gebüsche, z OLT: zwischen Ruhland, Hoyerswerda, Niesky u. Niederspree; s DDH u. OLH: z. B. Königshainer Berge; subatl.

R. orthostachyoides H. E. WEBER, **Geradachsenförmige Haselblattb.**

6–7. Waldmäntel, Wegränder, s ERB: Langenbernsdorf.

R. orthostachys G. BRAUN, **Geradachsige Haselblattb.**

6–7. Mäntel von Laubwäldern, Straßen- u. Wegböschungen, meist mäßig h MLH, OL; z im nordsächsischen Tiefland.

R. pallidus WEIHE, **Bleiche B.**

7. Mäntel von Laubwäldern, Fichtenforste, s LLA: Leipziger Auenwald; MLH: zwischen Wechselburg, Rochlitz, Colditz, Grimma u. Döbeln; atl.

R. pedemontanus PINKWART, **Träufelspitzen-B.**

[*R. bellardii* WEIHE p. p., *R. glandulosus* BELLARDI]. 6–8. In luftfeuchten Lagen; Fichtenforste, Laubwälder, Waldschläge, h im Hügel- u. Bergland (bis 830 m NN), s im Tiefland; subatl-mont.

R. pericrispatus HOLUB et TRÁVNÍČEK, **Krausblättrige B.**

7. Mäntel von Laubwäldern, Gebüsche, Straßen- u. Wegböschungen, ELH, LLA: Liebertwolkwitz, OL: mehrfach, z. B. Strohmberg bei Weißenberg, weitere Verbreitung unbekannt.

Siehe auch ***R. guttiferus*** am Ende der Gattung.

R. perlongus H. E. WEBER et W. JANSEN, **Überlange B.**

7–8. Waldweg, s MLH: Langenleuba-Niederhain (Pastholz).

R. placidus H. E. WEBER, **Friedliche Haselblattb.**

6–7. Mäntel von Laubwäldern, Teichdämme, z im Tiefland; s im Hügel- u. unteren Bergland: ELH: Dresden; ERB: Chemnitz; MLH: zwischen Burgstädt u. Langenleuba, Hohenstein-Ernstthal; OLH: Löbau, VGT: Rößnitz.

R. plicatus WEIHE et NEES, **Falten-B.**

6–7. Lichte Laubwälder, Nadelholzforsten, Waldmäntel, Gebüsche, Hecken, Straßen-, Weg- u. Bahnböschungen, h vom Tiefland bis fast in die Kammlagen der Gebirge, z Elbtal u. Ackerbaugebiete um Großenhain, Riesa, Lommatzsch, Döbeln, Rochlitz, zwischen Leipzig u. Eilenburg; subatl.

R. pyramidalis KALTENB., **Pyramiden-B.**

7–8. Mäntel von Laubwäldern, Waldschläge, h DDH; sonst z im Tiefland; s OLH: Sibyllenstein nordwestl. Bischofswerda, Görlitz-Weinhübel (nur gepflanzt); ERB: Oelsnitz; ERW: Stollberg, Schneeberg: Griesbach; atl-subatl.

R. radula WEIHE, **Raspel-B.**

7–8. Mäntel von Laubwäldern, Gebüsche, mäßig h ELH, OLH; z DDH, MLH; sonst s; europ-nem.

R. ranftii H. E. WEBER, **Ranfts Haselblattb.**

6–7. Lichte Laubwälder, Mäntel von Fichtenforsten, Gebüsche, Teichränder, mäßig h OLH, OLT.

R. rhombicus H. E. WEBER, **Rhombische Haselblattb.**

6–7. Waldmäntel, Wegböschungen, s VGT: Elsterberg.

R. rudis WEIHE, **Raue B.**

7–8. Lichte Laubwälder, Waldschläge, GHP: z (Golk- u. Gävernitzer Wald, östl. Arealgrenze); s MLH: Striegistal (Böhrigen), Freiberger Mulde (Klosterbuch), Zwickauer Mulde (Rochlitzer Berg, Penig), Niederfrohna; VGT: Plauen-Tauschwitz, Lengenfeld-Schönbrunn; subatl.

R. saxatilis L., **Steinbeere***

5–6. Laubwälder, z OL, VGT; sonst s, starker Rückgang; nord-eurosib. Kühlzeitzeuge.

R. saxonicus HOFMANN, **Sächsische B.**

7. Mäntel von Laubwäldern, Fichtenforste, Straßenböschungen, s MLH: Waldenburg, Rabenstein, Hohenstein-Ernstthal, Rochlitzer Berg.

R. scaber WEIHE, **Scharfe B.**

7. Mäntel von Fichtenforsten, z OLB, OLH; s MLH: Rochlitzer Berg; ELH: früher Meißen; subatl-disj.

R. schleicheri TRATT., **Schleichers B.**

7. Fichten- u. Kiefernforste, Laubwälder, MLH: mäßig h im Hügel- u. unterem Bergland zwischen Freiberger Mulde u. Zschopau; mäßig h OL: vom Tiefland bis ins untere Bergland; sonst z; europ-nem.

Siehe auch ***R. schleicheriformis*** am Ende der Gattung.

R. schorleri (ARTZT et HOFMANN) H. E. WEBER, **Schorlers B.**

[*R. muelleri* LEFÈVRE subsp. *schorleri* (ARTZT et HOFMANN) SCHACK]. 7. Laubwälder, Waldmäntel, mäßig h VGT: zwischen Greiz u. Elsterberg.

R. senticosus WEIHE, **Dornige B.**

[*R. montanus* WIRTGEN]. 6–7. Mäntel von Laubwäldern, Kiefernforste, Waldschläge, mäßig h OLH, OLT; z ELH: Elbtal; s ERW: Kirchberg; subatl.

R. sieberi HOFMANN, **Siebers B.**

7–8. Mäntel von Laubwäldern, s MLH: Hohenstein-Ernstthal, Wüstenbrand, Wechselburg; OLH: Elstra; OLT: Radeburg † (?), Zschornau; GHP: früher Großenhain; saxon-endem.

R. sorbicus H. E. WEBER, **Sorbische B.**

6–7. Mäntel von Laubwäldern, Kiefernforsten, Teichdämme, Straßenböschungen, z OLT; s DDH: Bad Düben, Eilenburg; ELH; hercyn-endem?

R. sprengelii WEIHE, **Sprengels B.**

7–8. Kiefern- u. Fichtenforste, Laubwälder, z im Hügel- u. Bergland W-Sachsens; s DDH; GHP: bei Mühlberg; OLH: Königshainer Berge; VGT: s; subatl.

R. stohrii H. E. WEBER et RANFT, **Stohrs Haselblattb.**

6–7. Mäntel von Laubwäldern, Straßen-, Weg- u. Bahnböschungen, mäßig h OLH, OLT; s ELH; DDH: Eilenburg.

R. sulcatus VEST, **Gefurchte B.**

6–7. Mäntel von Laubwäldern, s LLA: um Leipzig; früher: ELH: Elbtal zwischen Pirna u. Meißen; MLH: Döbeln; OLB: Czorneboh † (?); OLH: Königshainer Berge; OLT: Görlitz: Ebersbach; VGT: Elsterberg, Thossen; subatl.

Siehe auch ***R. ambrosius*** am Ende der Gattung.

R. thuringensis METSCH, **Thüringer B.**

7–8. Wälder, s VGT: Mißlareuth.

R. tiliaster H. E. WEBER, **Lindenblättrige Haselblattb.**

7–8. Gebüsch, s LLA: Markkleeberg.

R. tuberculatus BAB., **Höckerige Haselblattb.**

6–7. Gebüsche, Straßenböschungen, s ERM: Waldkirchen bei Zschopau, LLA: Leipzig; MLH: Tal der Freiberger Mulde zwischen Nossen u. Roßwein, OLH: Langenbrück.

R. wahlbergii ARRH., **Wahlbergs Haselblattb.**

6. ELH: s Meißen: auf der Bosel.

R. wessbergii A. PEDERSEN et WALSEMANN, **Wessbergs Haselblattb.**

6–7. Gebüsche, Straßenböschungen, s nordsächsisches Tiefland, OLB, OLH.

Nicht verschlüsselte Sippen

R.-Arten mit 1 bis 3 Fundorten, die seit über 80 Jahren nicht mehr aufgefunden wurden:

R. barberi H. E. WEBER, **Barbers B.:** OLH: Königshainer Berge

R. hypomalacus FOCKE, **Samtblättrige B.:** VGT: Oelsnitz (ob je?)

R. lignicensis FIGERT, **Liegnitzer B.:** OLH: Burkau bei Bischofswerda

R. pinicola H. HOFMANN: GHP: Großenhain, Frauenhain, Görzig

R. tabanimontanus FIGERT, **Bremberger B.:** MLH: Stolpenberge bei Dornreichenbach

R. vulgaris WEIHE et NEES, **Gewöhnliche B.:** LLA: Zwenkau (Harth, durch Bergbau †)

Lokalsippen mit wenigen Fundorten

R. artztii H. HOFMANN, **Artzts B.:** VGT: Beerheide

R. misniensis H. HOFMANN, **Meißner B.:** Meißen: Oberwartha, Hohe Eifer; früher Scharfenberg, Siebeneichen, Lercha, Korbitzer Schanzen, Götterfelsen, Polenz, Semmelberg

R. radula WEIHE subsp. ***kolbei*** BARBER, **Czorneboh-B.:** OLB: Czorneboh

Kultursippen mit nur 1 verwilderten Vorkommen:

R. parviflorus NUTT., **Kleinblütige B.:** ERM: Thermalbad Wiesenbad, †

R. phoenicolasius MAXIM., **Japanische Weinbeere:** Dresden-Briesnitz, †

R. xanthocarpus BUREAU et FRANCH, **Gelbfrüchtige B.:** Chemnitz, †

Neuerdings nachgewiesen, aber taxonomisch noch nicht ausreichend bearbeitet:

R. scabrosus P. J. MÜLL., **Raue Haselblatt-B.:** ERO: Bad Gottleuba, Liebstadt, Pirna, Berggießhübel

Nach Abschluss des Manuskripts wurden mehrere *R.*-Arten, die leider nicht mehr verschlüsselt werden konnten, nachgewiesen. Die Zuordnung der nachfolgend abgehandelten Sippen zu verschlüsselten Arten folgt (meist) dem Ähnlichkeitsprinzip. Sie sind nicht notwendig verwandt.

R. ambrosius Trávníček et Oklejewicz, **Göttliche B.**

Pflanze kräftig, 1,5–2,5 m hoch; ohne Stieldrüsen; Schösslinge anfangs aufrecht, später hochbogig, oft verzweigt, dick (5–)7–13(–15) mm Ø, bemerkenswert tief gefurcht, grün od. purpurn überlaufen, gewöhnl. kahl, mit (40–)70–180(–230) fast sitzenden bzw. sitzenden Drüsen; Stacheln (2–)3–6(–7) auf 5 cm Stängellänge, ± eiförmig, (6–)7–11(–12) mm lang, schlank, seitl. zusammengedrückt u. an der Basis verbreitert, gerade od. undeutl. gebogen, gelbl.-grün od. purpurähnl. mit gelben Spitzen; Blätter 5-zählig, flach, oberseits (dunkel-) grün, fast kahl od. mit spärl,, angedrückten Haaren, unterseits grün od. schwach gräul., mit zahlreichen, zieml. kurzen Haaren, fühlbar (weich-)haarig, aber ohne Sternhaare; Blattstiel länger als od. so lang wie die unteren Blättchen; Nebenblätter fadenförmig bis schmal lanzettl.; Endblättchen gewöhnl. mit auffallend langem Stielchen: (35–)43–56(–60) % der Spreite, eiförmig bis fast rundl., an der Basis immer deutl. herzförmig, mit deutl. abgesetzter, relativ langer Spitze; Serratur ± gleichmäßig, Zähne oft breiter als lang, (1–)1,5–2,5 mm lang; Blütenstände mit unterschiedl. Ausprägungen im Jahresverlauf: früher Blütenstand traubig, gewöhnl. kurz zylindrisch, Spitze mit 4–6 cm langem, blattlosem Abschnitt, nach unten hin mit 3-zähligen Blättern, diese oberseits angedrückt behaart (mit 15–30 Haaren pro 1 cm^2), unterseits meist grün u. ± dicht behaart, Endblättchen meist eiförmig, mit 6–11 mm langen Spitzen, Blättchenrand meist deutl. (manchmal sehr stark) periodisch gesägt, mit 2–4(–5) mm langen Zähnen; Blütenstandsachse gerade bis leicht gekrümmt, häufig etwas gefurcht, mit zerstreuten einfachen Haaren; Stacheln 2–4 mm lang, meist gekrümmt, mit 3–5 mm langer Basis, 0–2 (–3) auf 5 cm Achsenlänge; Blütenstiele 2–6 cm lang, aufrecht abstehend, zieml. dicht behaart (ohne Sternhaare) mit zerstreuten Sitzdrüsen u. 0–3(–5) ± sichelförmigen, 1–2(–3) mm langen Stacheln; später Blütenstand rispig, meist kurz pyramidal, Spitze mit 1–13 cm langem blattlosem Abschnitt, Blätter im unteren Teil 5-zählig, im oberen 3-zählig u./ od. einfach, oberseits nur spärl. behaart bis fast kahl (mit (0–)3–15 Haaren pro 1 cm^2), häufig (besonders an besonnten Seiten) unterseits schwach grau, dicht behaart, Form u. Serratur des Endblättchens wie die der gewöhnl. Schösslingsblätter; Stacheln der Blütenstandsachse 2–7 mm lang, gewöhnl. sichelförmig, 2–7 auf 5 cm Achsenlänge; Blütenstiele 0,7–2 cm lang; Kelchblätter oft mit kurzer Spitze, zur Fruchtreife zurückgeschlagen, auf der Unterseite graugrün mit weißfilzigen Rändern, unbestachelt; Blütenblätter weißl.(-rosa) bis hellrosa, breit elliptisch bis eiförmig, (7–)9–13 mm lang u. 6–8 mm breit; Staubblätter länger als die Griffel, Staubfäden weiß, Staubbeutel kahl; Fruchtknoten u. -boden kahl od. mit einzelnen Haaren; 5–7(–8). Hecken, OLH: Görlitz-Königshufen.

Die Art ist nach *R. sulcatus* einzuordnen.

R. chloocladus W. C. R. Watson, **Grünästige B.**

[*R. pubescens* Weihe]. Schösslinge ± hochbogig, kantig bzw. etwas rinnig, deutl. behaart, dunkelgrün bis rotbraun überlaufen; Stacheln aus breiter Basis kräftig geneigt, meist gekrümmt, ca. 6–8 mm lang, zu 5–12 pro 5 cm; Blätter handförmig bis fußförmig 5-zählig, oberseits dunkelgrün, (sehr) spärl. behaart, unterseits grauweiß filzig, deutl. fühlbar behaart; Endblättchen aus abgerundetem od. gestutztem Grund schmal eiförmig bis elliptisch, Länge der Spitze 12–20 mm, (mäßig) lang gestielt (35–45 % der Spreite); Nebenblättchen linealisch; Serratur grob, etwas periodisch, 2–3 mm tief, mit geraden Hauptzähnen; Blütenstand schmal pyramidal, die 3- od. 5-zähligen Blätter 10–25 cm unter der Spitze beginnend, Achse kurzzottig, mit unterschiedl. langen Stacheln; Blütenstiele 10–20 mm lang, dicht (filzig-)kurzzottig, mit kurzen, meist rotfüßigen Stacheln; Kelchblätter filzig, zur Fruchtreife zurückgeschlagen; Kronblätter weiß (bis schwach rosa), Griffel grünl.-weiß, von den Staubblättern überragt; Staubbeutel kahl; Fruchtknoten gewöhnl. kahl; Fruchtboden behaart. (6–)7. Hecken, OLH: Görlitz-Weinhübel (ob gepflanzt?).

Die Art ist nach *R. praecox* einzuordnen.

R. guttiferus TRÁVNÍČEK et HOLUB, **Tropfenblättrige B.**

Schössling kantig flachseitig bis schwach gefurcht, 6–9 mm Ø, grün, kahl; Stacheln 3–6 (auf 5 cm), 6–8 mm lang, meist gebogen; Schösslingsblätter handförmig 5-zählig, oberseits kahl, unterseits graugrün filzig; Endblättchen mäßig lang gestielt (30–40 % der Spreite), aus meist abgerundetem Grund eiförmig, schmal, langsam in eine 17–23 mm lange Spitze auslaufend (tropfenförmig); Serratur gleichmäßig, fein; Blattstiel länger als die meisten Seitenblätter, kahl od. zerstreut behaart, mit 9–12 gebogenen Stacheln; Blütenstand pyramidal, nicht bis zur Spitze durchblättert; Achse schwach filzig, mit 3–5 (auf 5 cm) gebogenen Stacheln; Blütenstiele schwach filzig, mit 2–5 (auf 5 cm) zierl. Stacheln; Kelchzipfel graufilzig, nach der Blüte zurückgeschlagen; Kronblätter weiß; Staubblätter länger als die Griffel; Staubbeutel kahl; Fruchtknoten an der Spitze behaart; Fruchtboden behaart. (6–)7(–8). LLA: Leipzig.

Die Art ist nach *R. pericrispatus* einzuordnen.

R. haesitans MARTENSEN et WALSEMANN, **Unentschlossene Haselblattb.**

Schössling scharfkantig (bis rinnig), kahl, ungleichartig bestachelt, mit vereinzelten Stieldrüsen (u. Stachelhöckern); Blätter meist 5-zählig, durch Teilung des Endblättchens gelegentl. 6–7-zählig, oberseits fast kahl, unterseits ± weichhaarig; Endblättchen aus flach herzförmigem od. gestutztem (bis abgerundetem) Grund bis zur Mitte verbreitert u. von dort fast geradlinig in die 15–25 mm lange Spitze verschmälert, dadurch im Umriss ausgeprägt rhombisch, kurz gestielt (25–30 % der Spreite); Serratur periodisch, scharf u. zwischen den Hauptzähnen oft fast eingeschnitten gesägt, häufig 2–3-lappig od. auch tiefer geteilt; Nebenblätter schmal lanzettl., kurzhaarig bzw. stieldrüsig; Blütenstiele 15–25 mm lang stieldrüsig u. mit 5–20 Stacheln; Kronblätter weiß, meist eiförmig, 10–13 mm lang; Staubblätter die grünl. Griffel überragend; Staubbeutel kahl; Fruchtknoten wie auch der Fruchtboden behaart; Kelchblätter größtenteils graugrün-filzig, nur der Saum etwas heller, spärl. kurzdrüsig u. ohne Stacheln, zur Fruchtreife zurückgeschlagen. 6(–7). OLH: Königshainer Berge, zwischen Emmerichswalde u. Ober-Neundorf.

Die Art ist nach *R. gothicus* einzuordnen.

R. parthenocissus TRÁVNÍČEK et HOLUB, **Jungfernreben-B.**

Schösslinge kräftig, hochbogig, kantig flachseitig od. gefurcht, 6–9 mm Ø, kahl od. mit einzelnen Haaren; Stacheln 4–8 (auf 5 cm), 5–8 mm lang, gerade od. schwach gebogen; Schösslingsblätter handförmig 5-zählig, oberseits kahl, unterseits graufilzig, stellenweise bald grün; Endblättchen mäßig lang gestielt (30–40 % der Spreite), aus meist abgerundetem Grund eiförmig, breit; Serratur schwach periodisch, mit auswärts gebogenen Hauptzähnen; Blattstiel so lang wie od. kürzer als die unteren Seitenblättchen, zerstreut behaart, mit 13–18 gebogenen Stacheln; Blütenstand groß, rispig od. schmal pyramidal, fast bis zur Spitze durchblättert; Achse filzig u. abstehend behaart, mit 2–6 (auf 5 cm) schwach gebogenen Stacheln; Blütenstiele filzig u. abstehend behaart, mit 1–8 schwach gebogenen Stacheln; Kelchzipfel graufilzig, mit verlängerten Spitzen, nach der Blüte zurückgeschlagen; Kronblätter weiß bis schwach rosa; Staubblätter länger als die weißgrünen Griffel; Staubbeutel kahl od. mit einzelnen Haaren; Fruchtknoten mit langen Haaren; Fruchtboden behaart. (6–)7(–8). ESG: zwischen Thürmsdorf u. Strand.

Die Art ist nach *R. guttiferus* einzuordnen.

R. perrobustus HOLUB, **Grobe B.**

Pflanze sehr kräftig, bis 2,5 m hoch; Schösslinge anfangs aufrecht, später hochbogig, kantig, mit ± gefurchten Seiten, braun od. braunrot, kahl; Stacheln gleichartig, gebogen od. gerade, 6–8 mm lang, zu 5–7 an den Schösslingskanten; Blätter handförmig 5-zählig, oft auffallend groß, oberseits kahl, unterseits locker flaumhaarig, mit einfachen u. sternförmigen Haaren, Endblättchen gewöhnl. mäßig lang gestielt (25–30 % der Spreite), eiförmig elliptisch, an der Basis abgerundet od. schwach ausgerandet, mit 15–20(–25) mm langer Spitze; Serratur periodisch u. scharf, bis 5 mm tief, Hauptzähne deutl. vorspringend, meist gerade; Blattstiel kürzer als die Basalblättchen; Nebenblätter fadenförmig; Blütenstand schmal, ± schwach verzweigt, fast zylindrisch, im oberen Teil häufig rispig, im unteren Teil mit 3–5-zähligen Blättern, an der Spitze blattlos, Blättchen des Blütenstands sehr tief gesägt, häufig eingeschnitten; Blütenstandsachse flaumhaarig, zur Spitze dichter behaart, Stacheln 2–5(–6) mm lang, gebogen, mit breiter, oft rötl. Basis; Blütenstiele (0,5–)1,5–2(–2,5) cm lang, dicht flaumhaarig, mit leicht gebogenen, bis 1,5 mm langen Stacheln; Kelchblätter zieml. dicht behaart, graugrün, unbestachelt, zur Fruchtreife zurückgeschlagen; Blütenblätter (weißl.-)rosa, eiförmig, 10–13 mm lang; Staubblätter die Griffel überragend; Staubbeutel u. Fruchtknoten kahl; Fruchtboden behaart. 6–8. Hecken, OLH: Görlitz: Ebersbach.

Die Art ist nach *R. constrictus* einzuordnen.

R. praecox Bertoloni, **Frühe B.**

Schössling kräftig, hochbogig, kantig bis schwach gefurcht, grün od. weinrot, mit zerstreuten Büschelhaaren besonders an der Stachelbasis; Stacheln 4–8 (auf 5 cm), 8–13 mm lang, grün bis rötl., gerade bis schwach gebogen; Schösslingsblätter handförmig 5-zählig, oberseits kahl, unterseits grauweiß filzig; Endblättchen mäßig lang, seltener lang gestielt (27–45 % der Spreite), am Rande grobwellig, aus abgerundetem bis schwach herzförmigem Grund eiförmig, breit, mit einer 5–15 mm langen Spitze; Serratur schwach periodisch; Blütenstand vielblütig, nur bis in die Mitte durchblättert; Achse u. Blütenstiele filzhaarig zottig, mit gebogenen Stacheln; Kelchzipfel graufilzig, zurückgeschlagen; Kronblätter rosa; Staubblätter länger als die Griffel; Staubbeutel kahl, teilweise od. alle behaart; Fruchtknoten u. -boden stark behaart. 6–7. Hecken, OLH: Görlitz: Ebersbach.

Die Art ist nach *R. armeniacus* einzuordnen

R. pruinosus Arrh., **Bereifte Haselblattb.**

Schösslinge niederliegend od. flachbogig, rundl. bis stumpfkantig, gelegentl. auffallend bereift (Name!), kahl u. (meist) ohne Stieldrüsen, selten angedrückt filzig u. stieldrüsig; Bestachelung ± gleichartig, in der Regel auffallend dunkelviolett, mit dünnen, pfrieml., 4–6 mm langen meist geraden u. geneigten Stacheln, diese zu 5–15 pro 5 cm; Blätter 5–6- od. auch 7-zählig, oberseits (fast) kahl od. mit bis zu 20 Haaren pro cm^2, unterseits graugrün filzig u. weichhaarig; Ränder der Blättchen einander überlappend; Endblättchen der 5-zähligen Blätter meist breit herzeiförmig bis rundl., allmähl. 8–15 mm lang bespitzt, oft relativ kurz gestielt (25–40 % der Spreite), in frischem Zustand ± grobwellig, mitunter gelappt bis tief geteilt; Blattstiel mit 8–12 pfrieml., schwach geneigten Stacheln; Nebenblättchen schmal lineal lanzettl.; Serratur periodisch, Hauptzähne gerade u. länger als die übrigen 1,5–2,5 mm langen, spitzen Zähne; Blütenstand ± ebensträußig, an der Spitze 1–5 cm blattlos, oberste Blätter lanzettl. bis 3-lappig, untere 3-zählig; Achse meistens filzhaarig, mit 3–4(–5) mm langen pfrieml., meist geraden u. etwas geneigten Stacheln; Stieldrüsen gelegentl. vorhanden; Blütenstiel 15–30 mm lang, kurzfilzig, mit wenigen kurzen, bis 2 mm langen Stacheln; Kelchblätter graugrün, unbewehrt od. mit wenigen Stacheln, zur Fruchtreife abstehend bis leicht zurückgeschlagen; Kronblätter weiß od. selten blassrot, breit elliptisch, 12–16 mm lang; Staubblätter ungefähr so lang wie die grünl.-weißen Griffel; Staubbeutel kahl; Fruchtknoten an der Spitze zottig, unten meist filzig kurzhaarig. 5–6. Hecken, ERO: Freital: Rabenau, †.

Die Art ist am Anfang der Sectio *Corylifolii* einzuordnen.

R. schleicheriformis W. Jansen, **Vogtland-B.**

Schösslinge mit ca. 8–15 geraden u. geneigten Stacheln, diese 5–7 mm lang, aus breiter Basis sehr schlank; Blätter meit 3-zählig (selten 4–5-zählig), auf der Oberseite (glänzend) dunkelgrün, mit 50–70(–130) Haaren pro cm^2, unterseits nicht fühlbar bahaart; Endblättchen kurz gestielt (20–33 % der Spreite), ihr Grund herzförmig bis ausgerandet, verkehrt eiförmig bis rhombisch, mit 15–20 mm langer Spitze, Serratur in der oberen Hälfte mit spitzen Zähnen tief periodisch bis fast eingeschnitten; Nebenblätter fadenförmig, behaart u. stieldrüsig; Blütenstand sperrig, seine Blätter meist 5–10 cm unterhalb seiner Spitze beginnend, Achse wirrhaarig, mit zahlreichen Stieldrüsen u. Stachelborsten unterschiedl. Länge; Blütenstiele 10–15 mm lang, wirrhaarig u. dicht stieldrüsig, mit 5–20 Stacheln; Kelchblätter reichl. mit dunkelroten Stieldrüsen u. Stacheln, Zipfel grünl.; Kronblätter weiß, elliptisch bis rundl., ca. 10 mm lang; Griffel rotfüßig; Staubbeutel grünl.-weiß, kahl; Früchte u. Fruchtboden behaart. 6–7. VGT: Mühltroff, Kornbach.

Die Art ist nach *R. schleicheri* einzuordnen.

R. sciocharis (SUDRE) W. C. R. WATSON, **Schattenliebende B.**

Schösslinge meist nur 1 m hoch, im Schatten niederliegend, kantig flachseitig, später rundl. stumpfkantig, dicht sitzdrüsig, behaart, mit 8–15 4–5 mm langen, geraden, gelbl. Stacheln; Schösslingsblätter 3–4-zählig, in der Sonne fußförmig, 5-zählig, unterseits gering behaart, Endblättchen kurz gestielt (20–25 % der Spreite), aus herzförmigem Grund eiförmig bis verkehrt eiförmig; Blattstiel etwa so lang wie die unteren Seitenblätter, dicht behaart, mit meist sicheligen Stacheln; Blütenstand angenähert pyramidal, Achse dicht behaart, meist ohne Stieldrüsen, mit 4–8 gelbl. Stacheln; Blütenstiele dicht behaart, mit gelbl. Stacheln; Kelchzipfel grün, meist mit verlängerter Spitze; Kronblätter weiß; Staubblätter etwas länger als die grünl. Griffel; Staubbeutel u. Fruchtknoten behaart. 7(–8). OLH: Bautzen, Görlitz-Weinhübel (hier wahrscheinl. gepflanzt).

Die Art ist nach *R. gratus* einzuordnen.

R. silvaticus WEIHE et NEES, **Wald-B.**

Schösslinge ± flachbogig, stumpfkantig bis rundl., oft rötl., behaart u. stieldrüsenlos (aber mit Sitzdrüsen), mit 15–25 meist 4–5 mm langen, dünnen u. oft gekrümmten Stacheln pro 5 cm; Blätter hand- oder fußförmig 5-zählig, ober- u. unterseits nur spärl. behaart, Endblättchen aus abgerundeter Basis schmal verkehrt eiförmig, lebend flach, kurz gestielt (20–30 % der Spreite), mittlere u. untere Seitenblättchen mit deutl. keilförmiger Basis; Blattstiel mit 18–30 Stacheln; Nebenblättchen lanzettl., behaart; Serratur etwas periodisch, Hauptzähne (fast) gerade; Blütenstand schmal pyramidal, die oberen 3–10 cm blattlos; Achse abstehend behaart, mit Sternhaaren u. Sitzdrüsen; Blütenstiele 8–15 mm lang, neben der Behaarung gelegentl. mit Stieldrüsen; Kelchblätter graugrün, meist unbewehrt, zur Fruchtreife zurückgeschlagen; Kronblätter weiß, eiförmig elliptisch, 9–11 mm lang; Staubblätter die Griffel etwas überragend; Staubbeutek wenig od. nur teilweise behaart; Fruchtknoten u. -boden behaart. 7–9. ERM: Schönbrunn bei Wolkenstein.

Die Art ist nach *R. gratus* einzuordnen.

R. tilioides W. JANSEN et H. E. WEBER, **Lindenblattähnliche Haselblattb.**

Charakteristisch sind die kahlen, meist kantigen, stieldrüsenlosen Schösslinge mit zerstreuten, dickfüßigen u. kurzen Stacheln, die sich auch an den Blütenstielen finden; Blätter handförmig bis fast fußförmig (4–)5-zählig, oberseits behaart (30–60 Härchen pro cm^2), unterseits leicht graugrün u. samtig weich, Endblättchen stark an ein Lindenblatt erinnernd, mäßig lang gestielt (29–36 % der Spreite), mit 15–20 mm langer Spitze; Serratur gleichmäßig od. auch schwach periodisch; Nebenblätter schmal lanzettl., behaart u. mit einigen kurzen Stieldrüsen; Blütenstand eine oft nur armblütige Rispe mit wenigen, meist steil aufrechten Seitenzweigen, Blütenstandsachse ± wirrhaarig mit vielen Sitzdrüsen u. gelegentl. mit 0,2–0,3 mm langen Stieldrüsen, Blütenstiele 10–20 mm lang, wirrhaarig u. sitzdrüsig od. mitunter auch kurz stieldrüsig ; Kelchzipfel meist kurz, undeutl. zurückgeschlagen, größtenteils graugrün bis grau, unbestachelt, mit zahlreichen, unter den Haaren verborgenen Sitzdrüsen od. mit verlängerten Sitzdrüsen (0,2 mm), so dass der Kelch stieldrüsig erscheint; Kronblätter weiß, breit eirund, 12–14 mm lang; Staubblätter weiß; Griffel grünl., diese von den kahlen Staubblättern etwas überragt; Fruchtboden (meist) mit einzelnen Haaren; Fruchtknoten kahl. 5–7. MLH: Mühlau bei Penig.

Die Art kann auf Grund ihrer Merkmalskombination keiner der verschlüsselten Arten als besonders ähnl. zugeordnet werden. Sie gehört zum Verwandschaftskreis von *R. curvaciculatus*, *R. franconicus*, *R. hadracanthos* u. *R. leuciscanus*.

Sanguisorba L., **Wiesenknopf**

1 Blüten in braunroten, eilängl. Ähren, ⚥; Staubblätter 4, so lang wie der Kelch, Narbe kopfig; Blättchen längl., am Grund oft herzförmig, gesägt, unterseits blaugrün; Stängel aufrecht, kantig ***S. officinalis***

1* Blüten in grünl., später rötl., kugeligen Ähren, die unteren ♂, mit 20–30 langen, heraushängenden Staubblättern, obere ♀, mit pinselförmigen Narben, die mittleren oft ⚥; Blättchen rundl. od. längl. eiförmig, unterseits meist nicht blaugrün; Stängel aufsteigend ***S. minor***

S. minor Scop., **Kleiner W., Kleine Bibernelle***

15–50 cm. 5–8. ♃. Halbtrockenrasen, Felsstandorte, trockene Ruderalfluren (Bahndämme, Wegränder, Bahnanlagen), z im Tief- u. Hügelland, s im Bergland. K Fest.-Brom., O Sedo-Scler., V Dauco-Mel., V Arrh.; europkont+submed.

1 Kelch zur Fruchtzeit 4 mm lang, mit 4 geradrandigen Längskanten, ungeflügelt, die Fläche netzig rundl.; Stängel am Grund ± kurzzottig. Verbreitung u. sonstige Angaben wie Art. **subsp. *minor***

1* Kelch zur Fruchtzeit 6 mm lang, mit 4 am Rand buchtigen Längsflügeln, die Fläche unregelmäßig u. tief gefurcht, mit groben Netzleisten; Stängel am Grund meist kahl; Köpfe größer als bei subsp. *minor*. 25–80 cm. 6–7. ♃. Halbtrockenrasen (Bahndämme, Böschungen, Autobahnränder), Grünanlagen, z im Tief- u. Hügelland, sonst s, ursprüngl. meist mit Grassamen angesät, ↗. NE. O Sis., V Cynos., V Dauco-Mel., O Brom. [*S. muricata* (Spach) Gremli, *S. minor* subsp. *muricata* Briq., *S. minor* subsp. *polygama* (Waldst. et Kit.) Coutinho]. **subsp. *balearica*** (Nyman) Muñoz Garm et C. Navarro

S. officinalis L., **Großer W.***

50–150 cm. 7–9. ♃. Feuchtwiesen, Straßengräben, auf frischen bis nassen, lehmigen, meist nährstoffreichen Böden, mäßig h bis z im Tief- u. Hügelland, im Bergland seltener. O Mol., auch O Arrh.; euras, circpol. Off.

Sorbaria (DC.) A. Braun, **Fiederspiere**

Blätter bis 30 cm lang, mit 9–25 lanzettl. bis eilanzettl., scharf doppelt gesägten; Fiederblättchen; Blüten weiß, in bis 15 cm breiten Rispen. 1–2 m. 6–8. ♄. Zierstrauch, verwildert, s, z. B. ESG: an der Festung Königstein; VGT: Markneukirchen, Netzschkau, Reichenbach, Falkenstein. Heimat: N-Asien. [*Spiraea sorbifolia* L.].
S. sorbifolia (L.) S. Braun, **Ebereschen-F., Sibirische F.****

Sorbus L., **Eberesche, Speierling, Elsbeere, Mehlbeere**

1 Blätter gefiedert

2 Knospen filzig, meist trocken; Blättchen ohne Drüsen an den Zähnen, am Grund ungleich, Schirmrispen 200–300-blütig; Griffel meist 2–4; Frucht rund, 8–10(–15) mm Ø, scharlachrot; Rinde glatt ***S. aucuparia***

2* Knospen klebrig (vgl. auch subsp. *glabrata* bei *S. aucuparia*); Blättchen anfängl. mit Drüsen an den Spitzen der Sägezähne; am Grund gleichmäßig abgerundet; Schirmrispen meist 35–75-blütig; Griffel meist 5; Frucht birn- od. apfelförmig, 15–30 mm Ø, olivbraun bis rötl.-gelb; Rinde rau, eichenähnl. ***S. domestica***

1* Blätter nicht gefiedert

3 Blätter zuletzt beiderseits kahl, mit 3–4 Paar spitzen, tief eingeschnittenen Lappen, aus gestutztem od. schwach herzförmigem Grund breit eiförmig, mit 3–5 Paar Seitennerven ***S. torminalis***

3* Blätter unterseits bleibend weiß- od. graufilzig, nicht od. nicht auffallend tief u. nie spitz gelappt, mit 7 Paar od. mehr Seitennerven

4 Blätter unterseits bleibend weiß filzig, nicht od. nur schwach gelappt, mit 7–14 Paar Seitennerven, breit eiförmig ***S. aria***

4* Blätter unterseits dicht graufilzig, mäßig tief gelappt, mit jederseits 4–5 Lappen u. 7–9 Paar Seitennerven, elliptisch bis verkehrt eiförmig ***S. intermedia***

S. aria (L.) CRANTZ, **Gewöhnliche Mehlbeere***/**

Blätter oberseits kahl, am Grund keilförmig od. abgerundet, kurz gestielt, Lappen gesägt, vorwärts gerichtet; Frucht orange- bis korallenrot, länger als breit, mit kleinen Lentizellen dicht besetzt. 3–10 m. 5–6. ♄. Im Gebiet als Ziergehölz gepflanzt u. s verwildert, z. B. LLA, VGT: Elstertal; nächste natürl. Vorkommen in Thüringen u. Böhmen.

S. aucuparia L., **Wilde E., Vogelbeere***/**

3–15 m. 5–6. ♄. Lichte Laub- u. Nadelwälder, Gebüsche, auch gepflanzt u. auf Brachland verwildert, h. V Fag., V Querc. rob., V Pic., V Samb.-Salic., V Prun.; eurosib. Off.

1 Knospen bleibend behaart, nicht klebrig; diesjährige Zweige, Blattunterseiten u. Blütenstandsachse behaart; Frucht kugelig; meist Bäume; Früchte bis 10 mm Ø, roh schwach giftig. Verbreitung u. Soziologie wie bei Art. **subsp. *aucuparia***

var. *moravica* (ZENGERLING) GAMS [var. *dulcis* BECK], Süße E.: Früchte bis 15 mm Ø, essbar (nicht giftig); Blättchen nur im oberen Drittel gezähnt; mehrere durch Pfropfung vermehrte Sorten verbreitet.

1* Knospen verkahlend, oft klebrig, diesjährige Zweige, Blattunterseite u. Blütenstandsachse schon während der Blütezeit fast kahl; Frucht dick, eiförmig; meist Sträucher. Hochstaudenfluren, Fichtenwald-Auflichtungen an der Waldgrenze, s ERM: Fichtelberggebiet. V Pic., V Samb.-Salic.; arct-bor. **subsp. *glabrata*** (WIMM. et GRAEBN.) CAJANDER

S. domestica L., **Speierling***/**

8–15 m. 5. ♄. Im Gebiet s als Zierbaum gepflanzt, seit langer Zeit Kulturbaum. Heimat: S- u. M-Europa.

S. intermedia (EHRH.) PERS., **Schwedische M.***

Blätter ledrig, oberseits dunkelgrün glänzend; Blattbasis breit keilförmig; Frucht 10–12 mm Ø, scharlachrot. 3–10 m. 5–6. ♄. Straßen- u. Parkbaum, h gepflanzt, verwildert, Ruderalfluren (Bahnanlagen, Brachen), z. NU. Heimat: N-Europa.

S. torminalis (L.) Crantz, **Elsbeere***/**

Blüten in 10–12 cm breiten, filzig behaarten Schirmrispen, weiß; Frucht elliptisch, braun, 10–18 mm lang. 3–12 m. 5–6. ♄. Wärmebegünstigte Laubwälder u. Gebüsche auf basenreichen Böden, s bis z ELH, MLH; sonst s nach Anpflanzung verwildert. V Fag., V Carp., V Querc. pub.; submed.

Spiraea L., **Spierstrauch**

1 Blütenstände Schirmtrauben *(Abb. 301/1)*, stets an seitenständigen Kurztrieben; Blüten weiß

2 Kelchblätter zur Fruchtzeit zurückgeschlagen od. waagerecht abstehend; Kronblätter kürzer als die Staubblätter; Blätter ungelappt *(Abb. 301/1)*, an Langtrieben mit Ausnahme des unteren Drittels doppelt, an Blütentrieben einfach gesägt, beiderseits grün ***S. chamaedryfolia***

2* Kelchblätter zur Fruchtzeit ± aufrecht; Kronblätter länger als Staubblätter; Blätter meist schwach 3–5-lappig *(Abb. 301/2)*, in der oberen Hälfte kerbig gesägt, unterseits blaugrün ***S. × vanhouttei***

1* Blütenstände Schirmrispen od. Rispen, endständig an Langtrieben od. seitenständig an Kurztrieben; Blüten weiß, rosa od. rot

3 Blütenstände Schirmrispen, etwa so lang wie breit ***S. japonica***

3* Blütenstände Rispen, länger als breit *(Abb. 301/3)*

4 Blütenkrone weiß od. höchstens schwach rosa, mit Drüsenring; Blätter kahl od. unterseits auf den Nerven, anfangs auch am Rand u. Stiel behaart ***S. alba***

4* Blütenkrone deutl. rosa od. rot, ausnahmsweise weiß u. dann Blattunterseite gelbfilzig od. Blüten ohne Drüsenring; Blätter kahl od. unterseits dünn- od. dichtfilzig

5 Jungtriebe braunfilzig; Blätter oberseits runzlig, unterseits gelbl. bis bräunl. filzig ***S. tomentosa***

5* Jungtriebe grau- bis weißfilzig od. schwach behaart bis kahl; Blätter nicht runzlig, unterseits grau- bis weißfilzig od. kahl

301/1

301/2

301/3

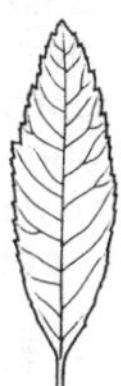

301/4

302/1 302/2 302/3 302/4 302/5

6 Blätter fast bis zum Grund gesägt *(Abb. 301/4)*, kahl; Blüten mit Drüsenring **_S. salicifolia_**

6* Blätter mindestens im unteren Drittel ganzrandig, unterseits dicht- od. dünnfilzig, wenn ausnahmsweise kahl, dann Blüten ohne Drüsenring

7 Blätter im unteren Drittel der Spreite ganzrandig, Unterseite dünnfilzig, nur wenig heller als Oberseite **_S. × billardii_**

7* Blätter mindestens in unterer Hälfte, teils sogar bis zur Spitze ganzrandig *(Abb. 302/1)*, Unterseite dicht weißfilzig, deutl. heller als Oberseite, selten kahl **_S. douglasii_**

S. alba Du Roi, **Mädesüß-Sp., Weißer Sp.****

Blätter längl. bis lanzettl. od. eiförmig, 3–6(–11) cm lang, bis 3 cm breit; unterirdische Ausläufer. 0,5–1,5 m. 6–8. ♄. Gebüsche, Wegränder, Ufer, meist gepflanzt, verwildert, s, z. B. ESG, ERZ, LLA, OLB, OLT, VGT, NU-NE. Heimat: östl. N-Amerika.

1 Blütenstand u. Jungtriebe fein behaart; Blätter längl. lanzettl. bis schmal eiförmig, fein gesägt *(Abb. 302/2)*; Blütenkrone stets weiß var. *alba*

1* Blütenstand u. Jungtriebe kahl; Blätter breiter u. grob gesägt *(Abb. 302/3)*; Blütenkrone weiß od. rosa getönt [*S. latifolia* (Aiton) Borkh.] var. *latifolia* (Aiton) Dippel

S. × billardii agg., Artengruppe Bastard-Sp.**

[inkl. *S. × billardii* Hérincq s. str., *S. × macrothyrsa* Dippel, *S. × pseudosalicifolia* Silverside]. Blätter längl. bis lanzettl. od. elliptisch, 4–7 cm lang, 1,5–2,5 cm breit, vorn kurz zugespitzt bis abgerundet; Blütenrispen pyramidenförmig, im Spätsommer auch schmal zylindrisch; unterirdische Ausläufer. 0,8–1,5 m. 7–9. ♄. Ufer, Wald- u. Gebüschränder, Straßen- u. Wegränder, Bahngelände, häufig gepflanzt, verwildert, z, z. B. ERZ, LLA, MLH, OL, VGT. NE. Unter dieser Artengruppe werden aus verschiedenen Kreuzungen (*S. douglasii × S. alba* var. *alba* u. var. *latifolia*, *S. douglasii × S. salicifolia*) hervorgegangene, nicht od. kaum unterscheidbare Hybridsippen zusammengefasst.

S. chamaedryfolia L., **Gamander-Sp., Ulmen-Sp.***/**
[*S. ulmifolia* SCOP.]. Zweige scharfkantig; Blätter eiförmig elliptisch bis längl. lanzettl., 2–6 cm lang. 1–2 m. 5–7. ♄. Zierstrauch, verwildert, s, z. B. ERO, VGT. NU-NE. Heimat: südöstl. M-Europa, O-Europa, Sibirien, M-Asien.

S. douglasii HOOK., **Oregon-Sp., Douglas-Sp.****
Jungtriebe weißfilzig, Zweige später verkahlend; Blätter längl. bis elliptisch, 4–9 cm lang, in der oberen Hälfte od. nur vorn gesägt, unterhalb des Blütenstands oft völlig ganzrandig, unterseits weißfilzig, selten fast kahl (var. *menziesii* (HOOK.) C. PRESL), oben u. unten abgerundet; Blütenrispe dicht kegelförmig; Blütenkrone dunkelrosa; Früchte kahl; unterirdische Ausläufer. 0,8–2 m. 6–8. ♄. Gebüsch- u. Waldränder, Teichufer, Moore. Wegränder, meist gepflanzt, verwildert, z, z. B. EET, ERZ, LLA, MLH, OLT, VGT. NE. Heimat: westl. N-Amerika.

S. japonica L. f., **Japanischer Sp.****
[*S. bumalda* BURVENICH]. Blätter 2–8 cm lang, eiförmig bis lanzettl., doppelt gesägt bis gekerbt *(Abb. 302/4)*, oberseits dunkelgrün, unterseits blass- bis blaugrün, nur auf den Nerven behaart; Blütenkrone hellrosa bis karminrot, selten weiß; Staubblätter viel länger als die Kronblätter. 0,3–1,5 m. 7–8. ♄. Zierstrauch, häufig gepflanzt, verwildert, s, z. B. ELH, ERO, LLA, VGT. NU. Heimat: O-Asien.

S. salicifolia L., **Weiden-Sp., Weidenblättriger Sp.***/**
Blätter längl. lanzettl., 4–8 cm lang, 1,5–2,5 cm breit, fein, zuweilen doppelt gesägt *(Abb. 301/4);* Blütenrispe dicht u. schmal, viel länger als breit; Blütenkrone hellrosa; unterirdische Ausläufer. 0,8–2 m. 6–7. ♄. Zierstrauch, ob verwildert? Genauere Verbreitung unbekannt, da Verwechslungsgefahr u. früher meist nicht von *S. alba* u. *S.* × *billardii* agg. unterschieden. NU. Heimat: südöstl. M-Europa, O-Europa bis M- u. O-Asien.

S. tomentosa L., **Gelbfilziger Sp., Filziger Sp.****
Blätter längl. eiförmig, 3–7 cm lang, grob gesägt *(Abb. 302/5);* Blütenrispe kegelförmig, oberer Teil deutl. schmaler, lang ausgezogen; Blütenkrone rosenrot, selten weiß; Früchte dicht behaart; Griffel unterhalb der Fruchtknotenspitze entspringend. 0,8–1,2 m. 7–9. ♄. Zierstrauch, bodenfeuchte Wälder u. Gebüsche, Waldwegränder, Teichufer, Moore, verwildert, mäßig h OLH, OLT; sonst s. NE. Heimat: östl. N-Amerika.

S.* × *vanhouttei (BRIOT) ZAB., **Belgischer Sp.****
[*S. cantoniensis* LOUR. × *S. trilobata* L.]. Blätter rhombisch eiförmig, 2–4 cm lang. 1–3 m. 5–6. ♄. Zierstrauch, sehr häufig gepflanzt, s verwildert, z. B. Leipzig. NU.

Bastarde:

S. × ***billardii*** agg. s. oben

S. × ***sanssouciana*** K. Koch [*S. douglasii* × *S. japonica*], verwildert, s Leipzig, VGT

S. × ***vanhouttei*** s. oben

Bisher nicht als verwildert bekannte Spiersträucher, die in FLÖSSNER et al. (1956) als häufig gepflanzt erwähnt wurden: *S. crenata* L., *S. media* FR. SCHMIDT, *S. hypericifolia* L. s. l., *S. thunbergii* BLUME. Heute sind weitere Arten u. Bastarde häufig in Kultur, z. B. *S.* × *arguta* ZAB., *S. betulifolia* PALL., *S.* × *cinerea* ZAB., *S. decumbens* W. KOCH, *S. nipponica* MAXIM., S. *prunifolia* SIEBOLD et ZUCC. (gefüllte Blüten).

Häufig kultivierte Ziersträucher

Stephanandra incisa (THUNB.) ZAB., **Kleine Kranzspiere****

Blätter eingeschnitten gelappt u. grob gesägt, mit lang ausgezogener Spitze, unterseits behaart; Blüten klein, in wenigblütigen Trauben, Krone weiß. 1–2 m. 6. ♄. Heimat: Japan, Korea.

Holodiscus discolor (PURSH) MAXIM., **Schaumspiere****

Blätter eiförmig, schwach fiederig gelappt, spitz; Blüten gelbl.-weiß, in überhängenden Rispen. 1–3 m. 6–8. ♄. Zierstrauch, s verwildert. Heimat: N-Amerika.

Waldsteinia WILLD., **Waldsteinie, Golderdbeere**

1 Pflanze ohne oberirdische Ausläufer; Grundblätter mit 5–7 Abschnitten; blühende Stängel mit laubartigen, 3-lappigen bis 3-spaltigen Hochblättern ***W. geoides***

1* Pflanze mit oberirdischen Ausläufern; Grundblätter 3-zählig; blühende Stängel mit wenigen unscheinbaren, lineal lanzettl., unzerteilten bis 3-zähnigen Hochblättern ***W. ternata***

W. geoides WILLD., **Nelkenwurzähnliche W.**

5–15 cm. 4–5. ♃. Zierpflanze, verwildert, Hecken, Waldränder, Friedhöfe, s, z. B. LLA: Leipzig; VGT: Zobes bei Treuen. NU. Heimat: SO- u. O-Europa.

W. ternata (STEPHAN) FRITSCH, **Dreiblättrige W.**

5–15 cm. 4–5. ♃. Zierpflanze, verwildert, Hecken, Friedhöfe, Bachufer, s, z. B. VGT: Hartmannsgrün, Gottesberg. NU. Heimat: Zentral-Europa, N-Asien. Kultiviert wird meist **subsp. *trifolia*** (W. D. J. KOCH) TEPPNER.

Fam. *Elaeagnaceae* Juss., Ölweidengewächse

1 Pflanze 2-häusig; ♂ Blüten mit tief 2-teiliger Hülle; Hülle der ♀ Blüten röhrig, 2-spaltig; Blätter 3–10 mm breit, oberseits fast kahl, unterseits silberweiß **_Hippophaë,_** 305
1* Blüten ⚥, z. T. durch Fehlschlagen des Stempels ♂; Blütenhülle glockig, 4–5-spaltig *(Abb. 305/1);* Blätter 8–45 mm breit, beiderseits silberschilfrig **_Elaeagnus,_** 305

Elaeagnus L., **Ölweide**

1 Junge Zweige rostfarben schilfrig; Blätter elliptisch, bis 45 mm breit; Blüten zuletzt abwärts gebogen; Frucht silbrig, sauer **_E. commutata_**
1* Junge Zweige silberweiß schilfrig; Blätter längl. lanzettl., 8–25 mm breit; Blüten aufrecht; Frucht hellgelb, süßl. **_E. angustifolia_**

E. angustifolia L., **Schmalblättrige Ö.***/**
Blütenhülle innen gelb. 3–8 m. 5–6. ♄. Zierstrauch; auch als Pioniergehölz in der Bergbaufolgelandschaft angepflanzt u. verwildert, z LLA: südl. von Leipzig; OLT: um Hoyerswerda; s ELH: Dresden; ERB: Zwickau; GHP, OLH: Bautzen. ↗ NE. V Samb.-Salic. Heimat: östl. Mittelmeergebiet.

E. commutata Rydb., **Silber-Ö.***/**
[*E. argentea* Pursh non Moench]. Blütenhülle innen gelb. 1,5–4 m. 5–6. ♄. Zierstrauch, auch als Pioniergehölz in der Bergbaufolgelandschaft angepflanzt u. verwildert, z. B. um Leipzig. NU. V Samb.-Salic. Heimat: N-Amerika.

Hippophaë L., **Sanddorn**

Dorniger Strauch; Blätter lineal lanzettl., 3–10 mm breit, kurz gestielt, Blüten klein; Blütenhülle bräunl.; Staubblätter 4; Scheinbeeren orangerot, selten gelb. 1–5 m. 3–5. ♄. Als Pioniergehölz in der Bergbaufolgelandschaft angepflanzt, auch Zierstrauch, verwildert, z LLA: um Leipzig, OLT; s EET, ELH, ERB, ERW, VGT. ↗ NE. V Samb.-Salic. Heimat: Europa.

H. rhamnoides L., **Sanddorn***/**

Die Zuordnung kultivierter u. verwildert auftretender Pflanzen zu den Unterarten bedarf der Klärung. Meist gehören sie zu **subsp. *rhamnoides:*** Samen ± abgeflacht, Blätter 5–10 mm breit; einige Belege sind zu **subsp. *fluviatilis*** Soest zu stellen: Samen kugelrund bis verkehrt eiförmig; Blätter 3–6 mm breit.

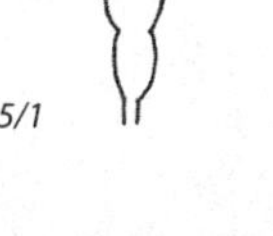

305/1

Fam. *Rhamnaceae* Juss., Kreuzdorngewächse

1 Kronblätter 4, ungenagelt; Staubblätter 4; Griffel 2–4-spaltig; Zweige wie die Blätter gegenständig, in Dornen endend; Blätter eiförmig elliptisch, zugespitzt, kerbig gesägt, am Grund schwach herzförmig, ziemlich kahl; Blüten in den Blattachseln, grüngelbl.; Frucht schwarz **_Rhamnus,_** 306

1* Kronblätter 5, genagelt; Staubblätter 5; Griffel ungeteilt; Zweige u. Blätter wechselständig, dornenlos, Blätter elliptisch, ganzrandig; Blüten in blattachselständigen Büscheln; Krone grünl.-weiß, Frucht erst rot, dann schwarz **_Frangula,_** 306

Frangula Mill., **Faulbaum**

Pulverholz (wurde früher zu Schießpulverkohle verarbeitet), Tollkirsche

Rinde von fauligem Geruch (Name!). 2–4 m. 5–6. ♄. Feuchte Gebüsche, Waldmäntel, bodensaure Wälder auf meist staunassen, überwiegend nährstoff- u. basenarmen Böden, meist mäßig h. K Frang., V Aln., O Querc. rob., O Pic., V Bet.; eurosib. [*Rhamnus frangula* L.]. Off.

F. alnus Mill., **Echter F.** */**

Rhamnus L., **Kreuzdorn**

1–3 m. 5–6. ♄. Hecken, trockene bis wechselfeuchte Gebüsche, Laubmischwälder, auf sommerwarmen, meist basischen Lehmböden, z bis mäßig h vom Tiefland bis ins untere Bergland, s im oberen Bergland, Hauptvorkommen im Diabasgebiet des Mittelvogtländischen Kuppenlandes u. im östl. ERO. O Prun., K Querc.-Fag.; eurosib. Giftig, Off.

Rh. cathartica L., **Echter K., Purgier-K.** */**

Fam. *Ulmaceae* Mirb., Ulmengewächse

Ulmus **L., Ulme, Rüster**

Alle Ulmen sind ± anfällig gegen die Holländische Ulmenkrankheit, hervorgerufen durch die Pilze *Ophiostoma ulmi* u. *O. novo-ulmi*.

1 Stiele der Blüten u. Früchte 10–35 mm lang; Fruchtflügel bewimpert; Blätter mit ungegabelten Seitennerven (wenn gegabelt, dann nur im unteren Drittel der Spreite); Blattunterseite auch zwischen den Seitennerven weich filzig behaart ***U. laevis***

1* Blüten u. Früchte sitzend od. sehr kurz gestielt; Fruchtflügel kahl; Blätter mit gegabelten Seitennerven; Blattunterseite nur in den Nervenachseln behaart

2 Früchte 20–25 mm lang; Samen im Zentrum *(Abb. 307/2)*; Blätter 8–12 cm lang, breiteste Stelle zur Spitze hin verschoben, oberseits sehr rau ***U. glabra***

2* Früchte 15–20 mm lang; Samen am distalen Ende der Frucht *(Abb. 307/1)*; Blätter 4–8 cm lang, breiteste Stelle in der Mitte der Spreite, oberseits glatt od. stumpf ***U. minor***

U. glabra Huds. em. Moss., **Berg-U., Berg-R.** */**

[*U. scabra* Mill., *U. montana* Stokes]. 30–40 m. 2–4. ♄. Bachtälchen, Flussauen, Schlucht- u. Hangschattwälder, mäßig h im Hügel- u. Bergland, im Tiefland seltener; auch kultiviert. V Til.-Acer. (Schwerpunkt), V Aln.-Ulm., V Carp.; europ-nem.

U. laevis Pall., **Flatter-U.** */**

[*U. effusa* Willd.]. Ältere Exemplare am Stammfuß oft mit Brettwurzelbildung. 30–40 m. 2–4. ♄. Flussauen, mäßig h bis z im Tiefland, z im Hügelland; auch kultiviert. V Aln.-Ulm.; europ-kont. Gegen die Holländische Ulmenkrankheit relativ unempfindl.

U. minor Mill. em. Richens, **Feld-U., Feld-R.** */**

[*U. carpinifolia* Gled.]. Zweige oft ± korkflügelig. 30–40 m (heute oftmals nur strauchförmig). 2–4. ♄. Flussauen, h in der Elbaue u. der Elster-Luppe-Aue, sonst im Tief- u. Hügelland z bis s. V Aln.-Ulm., V Carp.-Prun.; europ-nem-submed. Gegen die Holländische Ulmenkrankheit sehr empfindl.

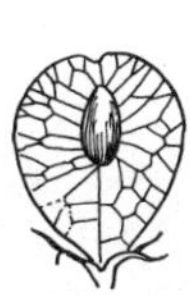

307/1

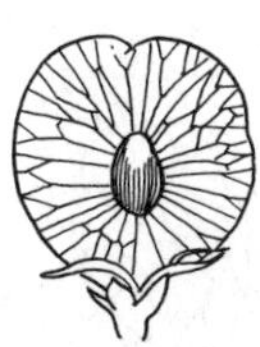

307/2

Bastard:

U.* × *hollandica MILL., **Holländische U.***/**

[*U. glabra* × *U. minor*]. Die Nachkommen in der F_1-Generation stehen in ihren Merkmalen zwischen den Eltern u. sind wiederum fertil, so dass schwer bestimmbare Formenschwärme entstehen. Gegen die Holländische Ulmenkrankheit weniger empfindl.

Mehrere Kulturformen, oftmals aus mehr als 2, vielfach asiatischen, Elternarten, wurden gezüchtet und werden als Straßen- und Parkbäume gepflanzt.

Fam. *Cannabaceae* MARTINOV, Hanfgewächse

1 Stängel (rechts)windend, höckerig rau; Blätter gelappt od. gespalten; ♀ Blüten in zapfenförmigen Ähren *(Abb. 308/1)* ***Humulus,*** 308

1* Stängel aufrecht, kurzhaarig rau; Blätter gefingert; ♀ Blüten in ährigen Knäueln ***Cannabis,*** 308

Cannabis L., **Hanf**

Blätter 5–7(–9)-zählig gefingert, oberste 3-zählig od. ungeteilt; Blättchen lanzettl., gesägt; ♂ Blütenstand rispig; ♀ Pflanzen dichter beblättert als ♂ u. buschiger. Heimat: O-Europa bis O-Asien. ***C. sativa*** L., **Hanf***

1 Perigon verkümmert od. fehlend; Frucht 3,5–5 mm lang, 2,5–4 mm breit, meist grau, netzartig, ohne stielähnl. Ringwulst. 100–300 cm. 7–8. ⊙. Ruderalfluren (Müllplätze, Mauerfüße, Brachen), oft Ausbreitung über Vogelfutter, z. NU. V Sis. Kulturpflanze, als Faserpflanze („Industriehanf") zunehmend kultiviert. Off. Harzreiche Sorten werden gelegentlich verbotenerweise als Droge gebaut (Haschisch, Marihuana). **subsp. *sativa*, Kultur-H.**

1* Perigon vorhanden; Frucht 2,5–3,5 mm lang, 1,8–2,5 mm breit, dunkel graubraun netzartig marmoriert, am Grund mit kurzem, stielähnl. Ringwulst. 40–120 cm. 7–9. ⊙. Müllplätze, s, z. B. Leipzig, Bautzen: Seitschen. **subsp. *spontanea*** (VAVILOV) SEREBR., **Wilder H.**

Humulus L., **Hopfen**

Blätter gestielt, 3–5-lappig od. -spaltig bis ungeteilt, am Grund herzförmig, stachelspitzig gezähnt gesägt, oberseits rau; ♂ Blütenstände rispig. 2–6 m. 7–8. ♃ (windend). Waldränder, Gebüsche, Ufer, Ruderalfluren, h bis ins

308/1

mittlere Bergland, im oberen s. V Conv., O Prun., V Aln.-Ulm., V Arct.; euras, circ. Off. Wg. u. Kulturpflanze, ♀ Pflanzen zur Bierherstellung kultiviert. Die Frucht u. der Grund der Deckblätter sind mit goldgelben Körnchen bedeckt, die den wirksamen Bitterstoff Lupulin liefern.

H. lupulus L., **Gewöhnlicher H., Zaun-H.***

Kultiviert wird als Zierpflanze ***H. japonicus*** SIEBOLD et ZUCC., **Japanischer H.:** Ähnl. voriger Art, doch Pflanze ⊙; Blätter meist 7-lappig. Auf Verwilderungen ist zu achten.

Neuerdings werden zu der Fam. *Cannabaceae* auch die nicht selten kultivierten **Zürgelbäume**, ***Celtis*** L. gerechnet: Blattspreite an der Basis mit 3 kräftigen Nerven; Steinfrüchte; mit ***C. occidentalis*** L., **Nordamerikanischer Z.:** Blattspreite oberseits glatt (häufiger kultiviert) u. ***C. australis*** L., **Südlicher Z.:** Blattspreite oberseits kurz steifhaarig. Verwilderungen sind bisher nicht bekannt. Sie wurden früher zu den *Ulmaceae* od. *Celtidaceae* LINK gestellt.

Fam. *Moraceae* GAUDICH., Maulbeergewächse

Morus L., **Maulbeerbaum**

1 Blätter am Grund nicht od. schwach herzförmig, ungeteilt od. gelappt, oberseits hellgrün, kahl od. nur schwach rau, unterseits auf den Nerven behaart; Rand der Blütenhülle u. die Narben kahl; Scheinfrucht weiß bis rosa, selten purpurn ***M. alba***

1* Blätter am Grund tief herzförmig, oberseits dunkelgrün, sehr rau, unterseits heller u. wenigstens entlang der Nerven behaart; Rand der Blütenhülle u. die Narben rauhaarig; Scheinfrucht dunkel- bis schwarzrot ***M. nigra***

M. alba L., **Weißer M.****

6–12 m. 5. ♄. Zierbaum, früher auch für die Seidenraupenzucht kultiviert. Off. Heimat: M-Asien bis N-Indien.

M. nigra L., **Schwarzer M.****

6–12 m. 5. ♄. Zierbaum, seltener als vorige Art angebaut. Off. Heimat: Vorderasien.

Zu den *Moraceae* gehört auch ***Ficus carica*** L.**, **Gewöhnlicher Feigenbaum.** Er verwildert leicht u. kann sich an günstigen Stellen über Jahre halten, z. B. Leipzig, Dresden.

Fam. *Urticaceae* JUSS., Brennnesselgewächse

1 Pflanze mit Brennhaaren; Blätter gegenständig, gesägt ***Urtica,*** 310

1* Pflanze ohne Brennhaare; Blätter wechselständig, ganzrandig

2 Stängel aufrecht od. niederliegend, aber dann nicht an den Knoten wurzelnd; Blätter > 10 mm lang ***Parietaria,*** 310

2* Stängel niederliegend, an den Knoten wurzelnd; Blätter kaum > 6 mm lang ***Soleirolia,*** 310

Parietaria L., **Glaskraut**

1 Pflanze 1-jährig; reife Nüsse braun ***P. pensylvanica***
1* Pflanze ausdauernd; reife Nüsse schwarz
2 Stängel aufrecht, einfach od. nur wenig verzweigt; Blätter längl. eiförmig, lang zugespitzt, ± glasartig glänzend, 3–12 cm lang; Hochblätter am Grund frei; Nüsse 1,5–1,8 mm lang ***P. officinalis***
2* Stängel niederliegend, reich verzweigt; Blätter rundl. eiförmig, 2–5 cm lang, kurz zugespitzt, Hochblätter am Grund verwachsen; Nüsse 1–1,2 mm lang ***P. judaica***

P. judaica L., **Ausgebreitetes G., Mauer-G.***
50–70 cm. 6–10. ♃. Burgmauern, seit über 100 Jahren †, früher s ELH: Meißen; DDH: Eilenburg; s eingeschleppt, z. B. Leipzig. A. O Pariet.

P. officinalis L., **Aufrechtes G.***
30–80 cm. 6–10. ♃. Frische Ruderalfluren u. Waldränder, Hecken, Parks, z ELH, LLA; s OLH; fehlt im Gebirge. A. ↘ V Geo-All., V Arct. Off.

P. pensylvanica WILLD., **Pennsylvanisches G.**
Pflanze aufrecht. 15–80 cm. 5–11. ⊙. Müllplätze, Hecken, s LLA: seit 1990 in Leipzig. NU. V Sis., V. Geo-All. Heimat: N-Amerika.

Soleirolia GAUDICH., **Helxine, Bubiköpfchen**

Stängel sehr dünn; Blätter wechselständig, behaart, fast rund; Blüten einzeln in den Blattachseln. Bis 20 cm lang. 6–8. ♃. Schattige, wärmebegünstigte Stellen am Fuß von Mauern. Zierpflanze, verwildert, s, z. B. seit Jahren in Leipzig. NU (?). Heimat: westmediterrane Inseln. [*Helxine soleirolii* REQ.]. ***S. soleirolii*** (REQ.) DANDY, **Helxine, Bubiköpfchen**

Urtica L., **Brennnessel**

1 ♀ Blütenstände gestielt, kugelig ***U. pilulifera***
1* Alle Blütenstände rispig
2 Pflanze ausdauernd u. meist 2-häusig; Blütenzweige entweder nur mit ♂ od. nur mit ♀ Blüten, ♂ Blütenzweige mit kurzen, ♀ mit längeren Seitenästen, zuletzt hängend, alle ährig rispig, länger als der Blattstiel; Blattspreiten längl. herzförmig, zugespitzt, grob gesägt, 5–15 cm lang, länger als ihr Stiel ***U. dioica***
2* Pflanze 1-jährig u. 1-häusig; Blütenzweige mit ♂ u. ♀ Blüten, meist kürzer als die Blattstiele, aufrecht od. waagerecht, rispig; Blattspreiten eiförmig od. elliptisch, spitz, eingeschnitten gesägt, 1–5 cm lang, die unteren kürzer als ihr Stiel ***U. urens***

U. dioica L., **Große B.***

50–150 cm. 6–10. ♃. Frische Ruderalfluren in Siedlungen, Müllplätze, Wegränder, Waldsäume, Gebüsche, Auenwälder, sehr h. K Artem., O Atrop., V Salic. alb., V Aln.-Ulm.; euras. Off.

1 Blattspreiten mit Brennhaaren, auf den Nerven ± behaart; Brennhaare am Stängel fehlend bis sehr zahlreich; unterster Blütenstand am 7.–14. Stängelknoten; Blattfarbe dunkelgrün. Ökologie u. Soziologie wie Art. **subsp. *dioica***

1* Blattspreite ohne Brennhaare, wenigstens unterseits dicht behaart; Brennhaare am Stängel fast fehlend; unterster Blütenstand am 13.–20. Stängelknoten; Blattfarbe gelbgrün. Erlenwälder, Flussufer, s ELH: Dresden-Blasewitz, ESG: Königstein; möglicherweise übersehen u. weiter verbreitet. **subsp. *subinermis*** (R. UECHTR.) WEIGEND

U. pilulifera L., **Pillen-B.**

30–90 cm. 6–10. ⊙. Müllplätze, Komposthaufen, s, z. B. Dresden. NU. Heimat: Mittelmeergebiet.

U. urens L., **Kleine B.***

15–60 cm. 6–11. ⊙. Frische Ruderalfluren, Gärten, gedüngte Äcker (bes. Hackfruchtkulturen), mäßig h bis z bis ins Bergland. A. ↘ V Sis., K Stell. med., besonders Sperg.-Ox.; euras-submed. Off.

Fam. *Fagaceae* DUMORT., Buchengewächse

1 ♂ Blüten in köpfchenförmigen, lang gestielten u. hängenden Kätzchen; Frucht 3-kantige Nuss (Buchecker), zu 2 von weichstachligem Fruchtbecher (Cupula) umschlossen *(Abb. 311/1);* Blätter unzerteilt, ganzrandig od. geschweift, höchstens entfernt seicht buchtig gezähnt ***Fagus,*** 312

1* ♂ Blüten in verlängerten, aufrechten od. hängenden Kätzchen; Frucht nicht 3-kantig, an den Seiten abgerundete Nüsse, einzeln u. nur am Grund von Cupula bedeckt od. zu 2–3 u. völlig von hartstacheliger Cupula umschlossen; Blätter unzerteilt u. stachelspitzig gezähnt od. gelappt bis gespalten

2 Blätter unzerteilt, stachelspitzig gezähnt; ♂ Kätzchen aufrecht od. abstehend, walzenförmig; Nüsse (Maronen) zu 2 od. 3 in einer kugel-

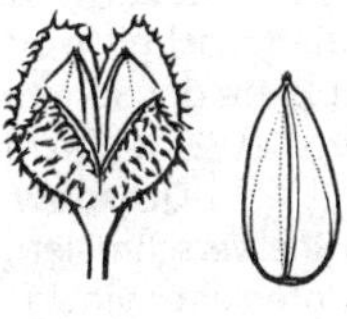

311/1

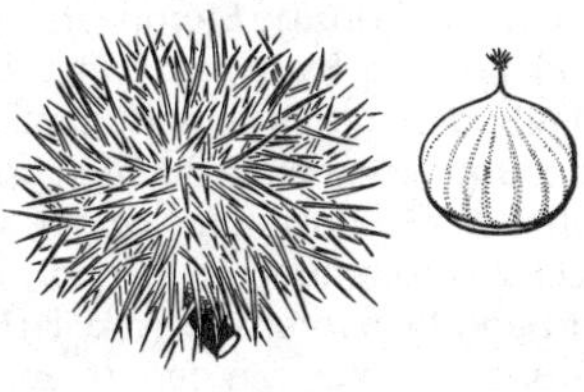

311/2

311/3

förmigen, später 4-klappig sich öffnenden Cupula mit stechenden Stacheln umschlossen *(Abb. 311/2)* ***Castanea,*** 312

2* Blätter fiederlappig bis -spaltig; ♂ Kätzchen hängend, fadenförmig, unterbrochen; Nüsse (Eicheln) einzeln in einer sie nur am Grund napfförmig umschließenden, außen beschuppten Cupula *(Abb. 311/3)* ***Quercus,*** 312

Castanea L., **Kastanie**

Blätter längl. lanzettl., 10–25 cm lang, derb, oberseits dunkelgrün, glänzend, unterseits blassgrün, anfangs behaart; Stammborke rissig. 15–30 m. 6. ♄. Kultur- u. Zierbaum, verwildert u. eingebürgert, besonders in bodensauren, mesophilen Hangwäldern, oft in der Umgebung (ehemaliger) Weinberge, z, z. B. Elbtal zwischen Dresden u. Meißen; submed. P. ↗.
C. sativa MILL., **Ess-K., Edel-K.** */**

Fagus L., **Buche**

Blätter eiförmig bis elliptisch, 5–10 cm lang, am Rand lang gewimpert; Cupula zur Reife sich 4-klappig öffnend; Stammrinde weißgrau, glatt. 30–40 m. 5. ♄. Mesophile u. bodensaure Laubmischwälder, meist h im Berg- u. Hügelland, z im Tiefland. Schattbaumart. O Fag., V Pic., V Querc. rob.
F. sylvatica L., **Gewöhnliche B., Rotbuche** */**

Als Zierbaum in mehreren Formen kultiviert, z. B. rotlaubige Blut-B. (fo. *purpurea* (AITON.) C. K. SCHNEID. u. Sorten der Atropunicea-Gruppe), Schlitzblättrige B. (´Asplenifolia´) od. Hänge-B. (´Pendula´).

Die Blätter sind häufig von spitz-eiförmigen, bis 8 mm langen Gallen besetzt, die von der Buchengallmücke (*Mikiola fagi* HART.) herrühren.

Quercus L., **Eiche**

1 Blattabschnitte abgerundet *(Abb. 313/1);* Frucht im 1. Jahr reifend

2 Jungtriebe, Knospen u. Blattstiele filzig; Blattspreite oberseits verkahlend, unterseits bleibend kraus weichhaarig (Büschelhaare), Behaarung mit bloßem Auge sichtbar ***Qu. pubescens***

2* Jungtriebe, Knospen u. Blätter kahl od. fast kahl, wenn behaart, dann nur mit Lupe sichtbare, winzige Sternhaare

3 Blattstiel 2–5(–8) mm lang; Blattspreite am Grund meist gestutzt, herzförmig od. umgebogen (geöhrt), meist ganz kahl, Blattabschnitte oft unregelmäßig u. ungleich, tiefste Buchten über der Mitte der Spreite *(Abb. 313/2);* Stiel des Fruchstandes länger als Blattstiel, 2–4(–8) cm lang; Stamm sich zu Kronenbeginn teilend ***Qu. robur***

3* Blattstiel 1–3 cm lang, Blattspreite meist keilig in den Stiel verschmälert, seltener am Grund gestutzt, nie geöhrt, auf der Unterseite winzige Sternhaare, Blattabschnitte meist regelmäßig, tiefste Buchten in od. un-

313/1

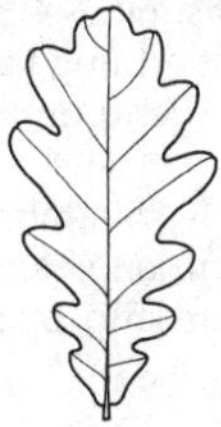
313/2

313/3

313/4

terhalb der Spreitenmitte *(Abb. 313/3);* Fruchtstand sitzend od. dessen Stiel kürzer als Blattstiel, > 1 cm lang; Stamm meist bis in Oberkrone ungeteilt **Qu. petraea**

1* Blattabschnitte mit längerer haarförmiger Granne od. zumindest kurz zugespitzt; Frucht im 2. Jahr reifend

4 Blätter anfangs beiderseits dicht behaart, ausgewachsen wenigstens unterseits bleibend behaart, besonders auf den Nerven, Spreite beiderseits mit 4–9 3-eckigen, meist ungezähnten Abschnitten *(Abb. 313/4),* die stachelspitzig enden; Cupula mit pfrieml., abstehenden Schuppen **Qu. cerris**

4* Blätter bis auf braune Achselbärte in den Nervenwinkeln der Unterseite kahl, jederseits mit 2–6 gezähnten Abschnitten, die wie die Zähne in eine haarförmige Granne auslaufen *(Abb. 313/5–7);* Cupula mit anliegenden Schuppen

5 Blatter fiederlappig bis -spaltig, Buchten höchstens bis zur Mitte der Spreitenhälfte reichend, jederseits 4–5(–6) sehr variable Blattabschnitte, diese breiter als die Buchten *(Abb. 313/5),* Spreite oberseits tiefgrün u. matt, unterseits blass- bis grau- od. gelbl.-grün **Qu. rubra**

5* Blätter tiefer eingeschnitten, fiederspaltig bis -teilig, Buchten bis über die Mitte der Spreitenhälfte reichend, jederseits 2–4 fast waagerecht abstehende, längl. bis 3-eckige Blattabschnitte, diese schmaler als die Buchten *(Abb. 313/6–7),* Spreite beiderseits grün, meist glänzend

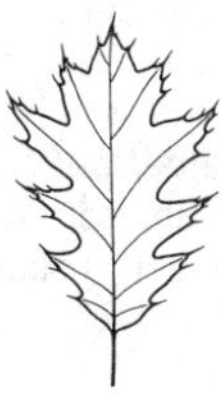
313/5

313/6

313/7

6 Blätter 8–12 (–15) cm lang, jederseits mit 2–4 Blattabschnitten *(Abb. 313/6)*, Blattstiel 2–5 cm lang; Herbstfärbung karmin- bis dunkel- od. braunrot; Eichel halbkugelig, 1–1,5 cm lang, unteres Drittel von Cupula umgeben **_Qu. palustris_**

6* Blätter 8–15 cm lang, jederseits mit 3–4 Blattabschnitten *(Abb. 313/7)*, selten breit keilförmig, Blattstiel 4–6 cm lang; Herbstfärbung leuchtend scharlachrot; Eichel eiförmig, 1,3–2 cm lang, bis zur Hälfte von Cupula umgeben **_Qu. coccinea_**

Qu. cerris L., **Zerr-E.****

Blätter 6–12 cm lang, von variabler Form der Blattabschnitte, Buchten unterschiedl. tief; Nebenblätter fädl., bleibend; Knospen von fädl. Schuppen umgeben; Eichel 2–4 cm lang. 20–30 m. 4. ♄. Parkbaum, s in Wäldern gepflanzt, verwildert, s, z. B. ELH, VGT. ↗ NE. Wärmebedürftige Lichtbaumart. Heimat: südl. M- u. S-Europa, Kleinasien.

Bei gemeinsamem Auftreten von *Qu. cerris* u. *Qu. robur* ist mit dem Vorkommen von „Knoppern", deformierten Fruchtbechern, bei der Stiel-Eiche zu rechnen. Sie werden durch die Gallwespe *Cynips quercus-calicis*, die beide Eichenarten als Wirtspflanze benötigt, verursacht.

Qu. coccinea MÜNCHH., **Scharlach-E.***/**

Stamm nicht durchgehend, sich meist mit Beginn der Krone aufteilend. 15–35 m. 5. ♄. Park- u. Forstbaum, vereinzelt in Wäldern gepflanzt, z. B. ERO. NU. Heimat: östl. N-Amerika.

Qu. palustris MÜNCHH., **Sumpf-E.****

Stamm meist durchgehend bis in Oberkrone, im Kroneninneren meist zahlreiche hängende tote Äste u. Zweige. 15–25 m. 5. ♄. Park- u. Forstbaum, vereinzelt in Wäldern gepflanzt, z. B. ERO, OLT. NU. Heimat: östl. N-Amerika.

Qu. petraea LIEBL., **Trauben-E.***/**

[*Qu. sessiliflora* SALISB.]. 20–35 m. 5. ♄. Laubmischwälder auf frischen bis trockenen, mäßig nährstoffversorgten, auch flachgründigen bis felsigen Böden, wärmebegünstigte Gebüsche, Waldmäntel, meist h bis ins mittlere Bergland (höchste Vorkommen bei etwa 770 m), im westl. Teil von LLA u. in einigen Regionen von OLT zurücktretend. Lichtbaumart. V Querc. rob., V Carp., V Fag., O Prun.; submed+subatl. Off.

Qu. pubescens WILLD., **Flaum-E.***/**

5–20 m. 5. ♄. Trockene Eichenwälder u. Gebüsche. Park- u. Forstbaum, s in Wäldern gepflanzt, z. B. ELH: Meißen (Bosel). Wärmebedürftige Lichtbaumart. Heimat: südl. M-Europa, S-Europa, Kleinasien bis Kaukasien.

Qu. robur L., **Stiel-E.***/**

[*Qu. pedunculata* EHRH.]. 20–40 m. 5. ♄. Laubmischwälder auf grund- u. wechselfeuchten u. trockenen bis mäßig trockenen, nährstoffarmen bis -reichen, auch felsigen Böden, h bis etwa 900 m NN. V Querc. rob., V Carp., V Fag., V Aln.-Ulm., V Dicr.-Pin.; europ-nem. Off.

Qu. rubra L., **Rot-E.***/**

Blätter 10–23 cm lang, im Herbst orange- bis scharlachrot; Frucht eiförmig bis halbkugelig, 2–3 cm lang. 20–25 m. 5. ♄. Zier- u- Forstbaum, h kultiviert u. oft verwildert. ➚ NE. K Querc.-Fag. Heimat: östl. N-Amerika.

Bastard:

Qu. × ***rosacea*** BECHST. [*Qu. robur* × *Qu. petraea*]: Da die Eltern in der Blattform variabel sind, ist der Bastard nicht immer sicher zu erkennen, wahrscheinl. z.

Fam. *Juglandaceae* PERLEB, Walnussgewächse

1 Zweige mit gekammertem Mark; Nuss meist runzlig ***Juglans,*** 315

1* Zweige mit vollem Mark; Nuss glatt od. längsrillig ***Carya,*** 315

Carya NUTT., **Hickorynuss****

Mehrere Arten werden als Zierbaum kultiviert, teils früher auch als Forstbaum gepflanzt, besonders *C. ovata* (MILL.) K. KOCH, Schindelborkige H.: Blättchen 5; Spindel der Blattspreite behaart; äußere Fruchtschale bis zum Grund aufbrechend; bei Leipzig u. Moritzburg forstl. angebaut. Heimat: N-Amerika.

Juglans L., **Walnuss**

1 Blätter mit meist 3–4 Fiederpaaren; nur unterseits in den Nervenwinkeln behaart, fast ganzrandig; Fruchtschale glatt, grün ***J. regia***

1* Blätter mit meist 6 od. mehr Fiederpaaren, das vorderste manchmal fehlend, unterseits zerstreut kurzhaarig, vor allem auf den Mittelnerven; Fruchtschale höckerig, schwarz werdend ***J. nigra***

J. nigra L., **Schwarze W., Schwarznuss****

15–30 m. 5. ♄. Parkbaum, h kultiviert. Heimat: N-Amerika.

J. regia L., **Echte W.***/**

15–25 m. 5. ♄. Fruchtbaum, h kultiviert, verwildert, Ruderalfluren, Gebüsche, Straßenränder, z. ➚ NU. Off. Heimat: SO-Europa, W-Asien.

Fam. *Betulaceae* GRAY, Birkengewächse (inkl. *Corylaceae* MIRB., Haselgewächse)

1 Früchte nicht geflügelt, von einer Hülle umgeben; ♂ Blüten in walzenförmigen Kätzchen, ♀ Blüten in lockeren Kätzchen od. knospenförmigen Blütenständen; Staubbeutel an der Spitze mit Haarbüschel

2 Pflanze zur Blütezeit Blätter entfaltend; Frucht am Grund einer 3-lappigen Hochblatthülle sitzend *(Abb. 316/1);* ♂ Kätzchen erst zur Blütezeit erscheinend; ♀ Kätzchen vielblütig, locker; Blätter längl. eiförmig, am Grund schief abgerundet bis schwach herzförmig, längs der Seitennerven etwas faltig, oberseits anfangs seidig behaart, bald kahl, unterseits nur auf den Seitennerven u. in deren Winkeln behaart ***Carpinus,*** 320

2* Pflanze zur Blütezeit noch ohne Blätter; Frucht in einer becherförmigen, gelappten bis zerschlitzten Hülle sitzend *(Abb. 316/2);* ♂ Kätzchen schon im Spätsommer des Vorjahrs erscheinend; ♀ Blüten in knospenartigen Blütenständen, aus denen die roten Narben herausragen; Blätter rundl. bis verkehrt eiförmig, am Grund herzförmig, nicht faltig, beiderseits behaart ***Corylus,*** 320

1* Früchte geflügelt, teils Flügel schmal bis fehlend, aber Frucht nicht von einer Hülle umgeben; ♂ u. ♀ Blüten in walzenförmigen od. längl. Kätzchen; Staubbeutel stets kahl

3 ♀ Kätzchen einzeln, walzenförmig *(Abb. 316/3),* mit dem Erscheinen der Blätter stäubend; Frucht stets deutl. geflügelt; Fruchtschuppen 3-lappig, nicht holzig werdend, zur Reife abfallend; Staubblätter 2-spaltig ***Betula,*** 318

3* ♀ Kätzchen zu 3–5 traubenförmig an einem gemeinsamen Stiel *(Abb. 316/4),* vor od. mit Erscheinen der Blätter stäubend; Frucht kaum geflügelt od. (bei *A. alnobetula*) deutl. geflügelt; Fruchtschuppen 5-lappig, verholzend, als zapfenartige Fruchtstände am Baum verbleibend *(Abb. 316/5);* Staubblätter nicht gespalten ***Alnus,*** 316

Alnus MILL., **Erle**

1 Sträucher; Knospen nicht gestielt, spitzl.; Blattspreite zugespitzt *(Abb. 317/1),* beiderseits grün; ♂ Kätzchen mit Erscheinen der Blätter stäubend; Frucht breit geflügelt ***A. alnobetula***

1* Bäume; Knospen gestielt, stumpf; Blattspreite stumpf bis ausgerandet u. beiderseits grün od. zugespitzt u. unterseits graugrün; Kätzchen vor der Blattentfaltung stäubend; Frucht nur schmal od. fast nicht geflügelt

316/1

316/2

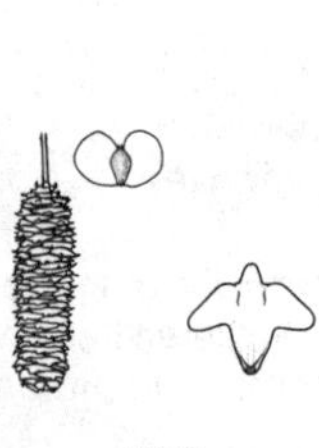
316/3

316/4

316/5

2 Blätter jederseits mit 5–8 Seitennerven, rundl. bis verkehrt eiförmig, vorn stumpf bis abgerundet od. ausgerandet, ungleich grob gesägt od. ausgeschweift gezähnt *(Abb. 317/2)*, grüne Unterseite ausgewachsen kahl, nur in den Nervenwinkeln bärtig; ♀ Kätzchen deutl. gestielt **A. glutinosa**

2* Blätter jederseits mit 8–12 Seitennerven, eiförmig bis längl. eiförmig, spitz od. kurz zugespitzt, scharf doppelt gesägt, oft schwach gelappt *(Abb. 317/3)*, grau- bis blaugrüne Unterseite anfangs dicht graufilzig, bis auf Nerven weitgehend verkahlend; ♀ Kätzchen sitzend **A. incana**

A. alnobetula (EHRH.) K. KOCH, **Grün-E.***/**

[*A. viridis* (CHAIX) DC., *Duschekia alnobetula* (EHRH.) POUZAR]. Blätter 3–8 cm lang, eiförmig bis elliptisch, scharf u. dicht doppelt gesägt, kahl, nur unterseits auf den Nerven kurzhaarig. 2–4 m. 4–5. ♄. Gebüsche, Bachauen, gepflanzt u. stellenweise eingebürgert, ERM, OL. ↘ NE. Heimat: Gebirge M- u. SO-Europas; pralp.

A. glutinosa (L.) GAERTN., **Schwarz-E., Rot-E.***/**

Junge Blätter wie die Knospen klebrig; junge Zweige kahl; Borke älterer Stämme schwarzbraun u. längsrissig. 3–25 m. 3–4. ♄. Quell-, Auen- u. Niederungswälder, Bruchwälder u. -gebüsche auf mäßig nährstoffreichen bis nährstoffreichen Standorten, auch an Nassstellen in Wäldern gepflanzt, h. V Aln., V Aln.-Ulm. V Querc. rob., V Salic. cin.; europ-nem.

A. incana (L.) MOENCH, **Grau-E., Weiß-E.***/**

Junge Zweige anfangs graufilzig, verkahlend; Rinde älterer Stämme glatt, grau. 3–25 m. 3–4. ♄. Ufer, feuchte od. mäßig trockene Wälder, Kippengelände, im gesamten Gebiet gepflanzt u. stellenweise eingebürgert. ↗ NE. Heimat: N-, M- u. O-Europa.

A. rugosa (DU ROI) SPRENG., **Runzelblättrige E.****

[*A. incana* subsp. *rugosa* (DU ROI) R. T. CLAUSEN]. Ähnl. *A. incana*; Nerven der Blattunterseite, Blattstiele u. junge Zweige wenigstens anfangs rostfarben filzig; Blätter elliptisch bis breit

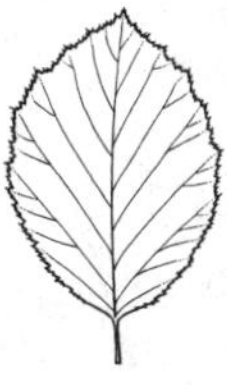

317/1

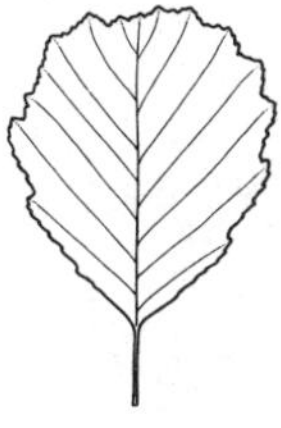

317/2

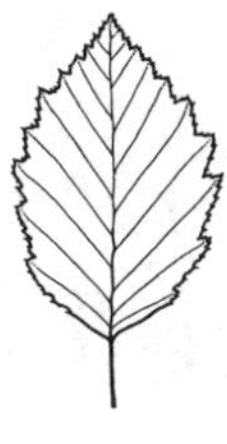

317/3

eiförmig, spitz od. abgerundet; die oberen Kätzchen sitzend, die unteren gestielt. 2–6 m. 3–4. ħ, ♄, in der OL mehrfach gepflanzt, ob eingebürgert? Heimat: N-Amerika.

Bastard:

A̲. × pube̲scens TAUSCH [*A. glutino̲sa × A. inca̲na*]: In allen Merkmalen intermediär: Blätter rundl. od. verkehrt eiförmig, stumpf od. (die oberen am Zweig) kurz zugespitzt, unterseits blasser grün bis graugrün, weichhaarig u. in den Nervenwinkeln etwas bärtig. Unter den Eltern z.

Be̲tula L., **Birke**

1 Bis 1 m hoher Strauch; Blätter 1–3 mm lang gestielt, Spreite bis 1,5 cm lang, grob gekerbt *(Abb. 318/1)* ***B. na̲na***

1* Baum; Blätter > 1 cm lang gestielt, Spreite > 2,5 cm lang, einfach od. doppelt gesägt

2 Jungtriebe dicht mit warzigen Harzdrüsen besetzt, wie die Blätter kahl (jedoch an Jungpflanzen u. Stockausschlägen behaart!); Blätter rautenförmig od. deltoid bis 3-eckig, lang zugespitzt, doppelt gesägt, ohne abgerundete Seitenecken; Mittellappen der Fruchtschuppen kürzer als die beiden stets zurückgebogenen Seitenlappen ***B. pe̲ndula***

2* Jungtriebe nicht od. kaum mit warzigen Harzdrüsen besetzt, wie die Blätter weichhaarig, später teils verkahlend; Blätter deltoid od. herzeiförmig, seltener rautenförmig, kurz zugespitzt, meist einfach gesägt, mit abgerundeten Seitenecken *(Abb. 318/2);* Mittellappen der Fruchtschuppen länger als die aufwärtsgebogenen Seitenlappen *(Abb. 318/3)* ***B. pube̲scens***

B. na̲na L., **Zwerg-B.***/**

Blätter rundl. od. quer breiter *(Abb. 318/1),* kahl; Kätzchen alle aufrecht; Flügel der Früchtchen ½ so lang wie diese. 30–100 cm. 5–6. ħ(Zwstr.). Hochmoore, s in erzgebirgischen Mooren, aber nur gepflanzt u. eingebürgert (Georgenfelder Hochmoor, Pfahlbergmoor, Kleiner Kranichsee), dagegen auf tschechischer Seite des ERZ natürl. vorkommend. V Sphag., V Vacc.-Pin.; (sub)arct-pralp. Kaltzeitrelikt. ∇

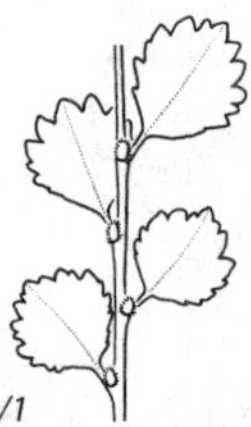

318/1

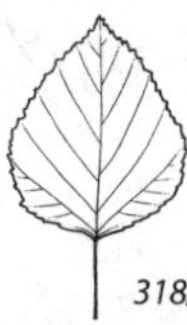

318/2

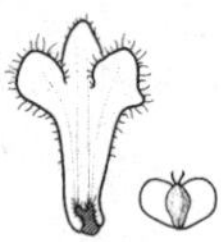

318/3

B. pendula ROTH, **Hänge-B., Warzen-B., Sand-B.***/**

[*B. verrucosa* EHRH.]. An älteren Bäumen Zweigenden auffällig überhängend u. Stämme mit leuchtend weißer, abrollender Rinde, im unteren Bereich schwarze, raue u. rissige Borke. 6–25 m. 4–5. ♄. Vorwaldgehölze, Pionierwälder auf trockenen bis feuchten, nährstoffarmen u. sauren Standorten, lichte Laub- u. Nadelwälder, Moore, h. K Call.-Ull., V Samb.-Salic., V Querc. rob., V Carp., O Pic., K Vacc.-Pin.; eurosib. Off.

B. pubescens EHRH., **Moor-B.***/**

Zweige aufrecht od. abstehend, auch an älteren Bäumen nicht hängend; Stammrinde grau- bis gelbl.-weiß, selten rötl.- bis schwarzbraun, erst im Alter an der Stammbasis grauschwarze u. rissige Borke. 2–25 m. 4–5. ♄, ♄. Vorwaldgehölze u. Pionierwälder auf feuchten Sandböden u. in nährstoffarmen bis mäßig nährstoffreichen Mooren, Moor- u. Bruchwälder, feuchte Birken-Eichen-Wälder, mäßig h bis z. V Samb.-Salic., V Aln., V Bet., V Querc. rob., V Carp.; eurosib.

Im Vergleich zu *B. pendula* sehr variable Art. Die Unterscheidung der folgenden Unterarten u. die Trennung der Karpaten-B. vom unten genannten Bastard (*B.* × *aurata*) erweisen sich als sehr schwierig. Die taxonomische Bewertung der Sippen erfolgt unterschiedl., möglicherweise gehört **subsp. *carpatica*** zu den an verschiedenen Orten durch introgressive Hybridisation von *B. pendula* entstehenden Populationen. Fundortangaben sind nicht in allen Fällen gesichert.

1 Jungtriebe behaart, kaum verkahlend; Blattspreite 3–8 cm lang, unterhalb der Mitte am breitesten, deltoid bis herzeiförmig, einfach gesägt, behaart, ausgewachsen zumindest unterseits Haare in den Nervenwinkeln bleibend; Rinde gelbl.- od. grauweiß; Verbreitung etc. wie Art. **subsp. *pubescens*, Echte Moor-B.**

1* Jungtriebe verkahlend; Blattspreite 2,5–5 cm lang, in der Mitte am breitesten, rautenförmig bis rundl. eiförmig, meist unregelmäßig doppelt gesägt, anfangs behaart, dann auch unterseits verkahlend; Rinde gelbl. od. rötl. bis schwarzbraun. Moorgehölze u. -wälder, Vorwaldgehölze auf blockreichen Standorten, z im Bergland, s im Tiefland (LLA: Eilenburg: Wölpern); opralp-sudeto-karpat. [*B. carpatica* WILLD., *B. p.* subsp. *glutinosa* BERHER]. **subsp. *carpatica*** (WILLD.) SIMONK., **Karpaten-B.**

Bastarde:

B.* × *aurata BORKH. [*B. pendula* × *B. pubescens*]: Wegen der Variabilität von *B. pubescens* u. Übergangsformen zwischen den Elternarten (introgressive Hybridisation) ist die Verbreitung ungenau bekannt, wahrscheinl. wegen der triploiden Nachkommen (unterschiedl. Ploidiestufen der Eltern) höchstens z. Lebensräume wie die Elternarten.

B.* × *intermedia (HARTM.) GAUDIN [*B. nana* × *B. pubescens*]: Kommt im ERZ auf tschechischer Seite vor. Die aus Bastardierung mit *B. pubescens* subsp. *carpatica* entstandene Unterart **nothosubsp. *seideliana*** (MISSBACH) P. A. SCHMIDT wurde von dem Dresdener Botaniker MISSBACH im Gottesgaber Moor entdeckt. Auf ein eventuelles Vorkommen im sächsischen ERZ ist zu achten.

Carpinus L., **Hainbuche**

Blätter doppelt gesägt; Stamm mit Längswülsten; Rinde aschgrau, glatt. 6–20 m. 4–5. ♄. Laubmischwälder auf grund- u. wechselfeuchten u. auf mäßig trockenen bis trockenen, nährstoffreichen Standorten, Auen- u. Hangwälder, Gebüsche, h im Tief- u. Hügelland, s u. meist gepflanzt im Bergland; auch als Heckenpflanze strauchartig kultiviert. V Carp., V Aln.-Ulm., V Til.-Acer., O Prun.; europ-nem.

C. betulus L., **Hainbuche, Weißbuche, Hornbaum***/**

Corylus L., **Hasel**

1 Baum; Zweige mit rauer korkiger Borke; Fruchthülle mindestens 2-mal so lang wie die Frucht, tief zerschlitzt; Früchte in Büscheln; Blattstiel 1,5–3 cm lang ***C. colurna***

1* Strauch; Zweige mit glatter Rinde; Fruchthülle etwa so lang bis 2-mal so lang wie die Frucht, nicht zerschlitzt; Früchte einzeln od. zu 2–4; Blattstiel 0,5–1,5 cm lang

2 Fruchthülle glockig, offen, etwa so lang wie die Frucht; Staubbeutel gelb ***C. avellana***

2* Fruchthülle röhrig, oberwärts etwas verengt, meist 2-mal so lang wie die Frucht; Staubblätter meist rot ***C. maxima***

C. avellana L., **Gewöhnliche H.***/**

Blätter rundl. eiförmig, zugespitzt, am Grund herzförmig, schwach eckig gelappt, doppelt gesägt, beiderseits weichhaarig. 2–8 m. 2–4. ♄. Gebüsche u. Laubwälder auf frischen bis mäßig trockenen, nährstoffreichen Standorten, h bis etwa 800 m NN, auch in mehreren Sorten kultiviert. K Rham.-Prun., O Fag.; europ-nem.

C. colurna L., **Baum-H.***/**

Blätter etwas gelappt, am Grund deutl. herzförmig, unterseits auf den Nerven behaart; Fruchthülle drüsig, bis unter die Mitte in viele lange, vereinzelt gezähnte, zurückgebogene Zipfel zerschlitzt; Nuss sehr dickschalig. 10–20 m. 2–3. ♄. Straßen- u. Parkbaum. Heimat: SO-Europa.

C. maxima Mill., **Lambertsnuss***/**

Blätter wie *C. avellana*. 2–6 m, 2–4. ♄. Zier- u. Nutzstrauch, s verwildert. Heimat: SO-Europa, Kleinasien.

Kultiviert in zahlreichen Fruchtsorten, als Ziergehölz meist die rotblättrige Sorte ´Purpurea´ (Blut-L., Blut-Hasel).

Fam. *Cucurbitaceae* Juss., Kürbisgewächse

1 Spreite der Blätter 1–2-fach fiederteilig, am Grund nicht herzförmig **Citrullus,** 322
1* Spreite der Blätter ungeteilt od. handförmig gelappt bis gespalten, am Grund meist tief herzförmig
2 Blüten einzeln od. (seltener) zu wenigen in den Blattachseln
3 Frucht < 5 cm lang, längl. kugelig; Staubblätter frei **Thladiantha,** 323
3* Frucht > 5 cm lang längl.; Staubfäden u. Staubbeutel verwachsen
4 Ranken einfach; Blüten > 5 cm **Cucumis,** 322
4* Ranken verzweigt; Blüten < 5 cm — Krone gelb **Cucurbita,** 322
2* ♂ Blüten in Trauben od. Doldentrauben
5 Pflanze ausdauernd; Frucht eine 6–10 mm lange rote od. schwarze, glatte Beere — Pflanze 1-häusig od. 2-häusig, mit doldenförmigen Blütenständen; Krone grünl. bis gelbl.-weiß, höchstens 2 cm breit *(Abb. 321/1)* **Bryonia,** 321
5* Pflanze 1-jährig, stets 1-häusig; Frucht trocken, borstig stachlig
6 Blätter 5-lappig, fast kahl; Kelch u. die weiße Krone 6-zählig; Kronzipfel 1–2 mm lang; Frucht 30–50 mm lang **Echinocystis,** 323
6* Blätter schwach gelappt, rau behaart; Kelch u. die weißl. bis grünl.-gelbe Krone 5-zählig; Kronzipfel 5–6 mm lang; Frucht 12–15 mm lang **Sicyos,** 323

Bryonia L., **Zaunrübe, Gichtrübe**

1 Pflanze 1-häusig; ♀ Blüten ohne Staubbeutelreste, 9–10 mm lang, ihr Kelch so lang wie die Krone; Narben kahl; Blattlappen scharf gezähnt, die mittleren viel länger als die seitl.; reife Beeren schwarz ***B. alba***
1* Pflanze 2-häusig; ♀ Blüten im Schlund mit verkümmerten, dicht behaarten Staubblättern, 6 mm lang, ihr Kelch etwa ½ so lang wie die Krone; Narben rauhaarig; Blattlappen ganzrandig od. mit wenigen großen stumpfl. Zähnen, die mittleren kaum länger als die seitl.; reife Beeren rot ***B. dioica***

B. alba L., **Weiße Z.***

2–4 m. 6–7. ♃. Hecken, Zäune, Gebüsche, Ruderalfluren, z im Tief- u. Hügelland. P. (Verwilderung seit 16. JH.). ↘ V Conv., K Rhamn.-Prun., V Arct. NE. Heimat: O-Europa, W-Asien. Giftig. Früher Off.

321/1

B. dioica Jacq., **Rotfrüchtige Z., Zweihäusige Z.***

[*B. cretica* L., subsp. *dioica* (Jacq.) Tutin]. 2–4 m. 6–9. ♃. Hecken, Zäune, Gebüsche, Ruderalfluren, z im Tief- u.

Hügelland, mäßig h in urban-industriellen Ballungsgebieten. ↗ NE. V Conv., K Rhamn.-Prun., V Arct. Heimat: M- u. S-Europa, W-Asien. Giftig. Früher Off.

Citrullus ECKL. et ZEYH., **Wassermelone**

Pflanze 1-häusig; Stängel kletternd, jung behaart, bis 1 m lang; ♂ u. ♀ Blüten einzeln, gelb, bis über die Hälfte geteilt; Früchte ± kugelig, groß, grün od. gelb, glatt, kahl. 6–9. ⊙. Kulturpflanze, verwildert, Müllplätze, s. NU. Heimat: S-Afrika. ***C. lanatus*** (THUNB.) MANSF., **Wassermelone**

Cucumis L., **Gurke, Zuckermelone**

1 Blätter spitz 5-eckig gelappt, ungleich gezähnt, am Grund mit tiefem schmalem Einschnitt; Frucht längl., gerade od. gekrümmt, grün, weiß od. gelb; Krone dottergelb ***C. sativus***

1* Blätter 5-lappig mit abgerundeten Lappen, am Grund breit herzförmig eingeschnitten; Früchte kugelig od. elliptisch, höckerig, rau od. mit netzförmiger Oberfläche; Krone blassgelb ***C. melo***

C. melo L., **Zuckermelone***

Fruchtfleisch orange od. rötl., selten grün, wohlriechend. 1,5–3 m lang. 6–9. ⊙. Kulturpflanze, verwildert, Müllplätze, s. NU. Heimat: Indien u. Afrika.

C. sativus L., **Gurke***

0,5–3 m lang. 6–9. ⊙. Formenreiche Kulturpflanze, verwildert, Müllplätze, s. NU. Heimat: NO-Indien.

Cucurbita L., **Kürbis**

1 Frucht grün mit weißen Streifen; Samen schwarz od. dunkelbraun; Blätter stets rauhaarig, 5-lappig (feigenblattähnl.) ***C. ficifolia***

1* Frucht zur Reife meist nicht grün, selten gestreift; Samen weißl., gelbl. od. grünl.; Blätter rau- od. weichhaarig, meist wenig od. nicht gelappt

2 Fruchtstiele stumpf 5-kantig gerippt; Fruchtfleisch faserig; Samen 7–15 mm lang; Blätter deutl. 5–7-lappig, rauhaarig ***C. pepo***

2* Fruchtstiel rund; Fruchtfleisch kaum faserig; Samen 20–30 mm lang; Blätter weniger deutl. 5-lappig, weichhaarig ***C. maxima***

C. ficifolia BOUCHÉ, **Feigenblatt-K.**

Frucht 15–30 cm Ø. 1–3 m. 7–10. ⊙. Kulturpflanze (meist Pfropfunterlage für Gurken), verwildert, Müllplätze, s. NU. Heimat: S-Amerika

C. pepo L., **Garten-K., Patisson, Zucchini***
Frucht rundl. od. längl., orange, grün od. weißl., seltener gestreift. 5–10 m lang. 6–8. ⊙. Kulturpflanze, in vielen Sorten gebaut, verwildert, Müllplätze, s. NU. Off. Heimat: M-Amerika.

C. maxima (DUCHESNE) POIR., **Riesen-K.***
Früchte kugelig, oft etwas abgeplattet, sehr groß. 4–10 m lang. 6–8. ⊙. Kulturpflanze. Heimat: S-Amerika.

Echinocystis TORR. et A. GRAY, **Stachelgurke, Igelgurke**

1–6 m. 6–8. ⊙. Hecken, Zäune, Müllplätze, Flussufergebüsche. Zierpflanze, verwildert, s ELH: Meißen, Sörnewitz, Dresden; ERB: Zwickau, Wilkau-Haßlau, Crimmitzschau, Chemnitz; ERW: Stein; ESG: Pirna; LLA: Leipzig; OLH: Niederneundorf. NU. V Conv., V Sys. Heimat: N-Amerika.
E. lobata (MICHX.) TORR. et A. GRAY, **Gelappte S.**

Sicyos L., **Haargurke**

Stängel steifhaarig; Blätter herzförmig 5-eckig gelappt, mit gezähnelten spitzen Lappen; ♂ Blüten in wenigblütigen Trauben, die ♀ fast doldig gehäuft. 2–6 m. 7–9. ⊙. Zierpflanze, verwildert, Zäune, Müllplätze, s, z. B. Görlitz, Leipzig. NU. V Sis., O Glech. Heimat: N-Amerika.
S. angulatus L., **Eckige H.**

Thladiantha BUNGE, **Quetschgurke**

Pflanze 2-häusig; Blätter herz- bis eiförmig, gezähnt, bis 10 cm lang u. 9 cm breit; ♀ Blüten 2,5 cm breit, ♂ Blüten 6–7 cm breit; Krone (gold)gelb, tief 5-teilig; Frucht eine längl., behaarte, reif tiefrote Beere, 4–5 cm lang, 2,5 cm Ø. 1–2 m. 7–9. V. Rankende Zierpflanze, verwildert, s, z. B. DDH: Belgern: Staritz. NU. Heimat: nördl. O-Asien. ***T. dubia*** BUNGE, **Gewöhnliche Qu.**

Fam. *Begoniaceae* BERCHT et J. PRESL, Schiefblattgewächse

Begonia L., **Schiefblatt, Begonie**

Stängel u. Äste fleischig; Blätter schief eirund, gekerbt wellig, am Grund herzförmig; Nebenblätter schwach bewimpert; Blüten rosa bis purpurrot. 10–30 cm. 6–9. ⊙. Häufige Zierpflanze, entstanden aus mehreren, meist brasilianischen Arten [*B.* × *semperflorens* LINK et OTTO].
***Begonia*-Semperflorens-Cultorum**-Gruppe, **Eisblatt-B.**

Zahlreiche Kreuzungen der in den Tropen wachsenden Stammarten werden ihrer prächtigen Blüten wegen als „Knollenbegonien" gehalten (*Begonia*-Tuberhybrida-Gruppe), andere ihrer eigenartigen farbigen „Schiefblätter" wegen als „Blattbegonien".

Fam. *Celastraceae* R. Br., Spindelbaumgewächse, Baumwürgergewächse

Euonymus L. [*Evonymus* L.], **Pfaffenhütchen, Spindelstrauch**

1 Pflanze sommergrün, aufrecht **_E. europaea_**
1* Pflanze immergrün, niederliegend od. klimmend **_E. fortunei_**

E. europaea L., **Europäisches P.***/**
Junge Äste 4-kantig, glatt od. mit einzelnen Wärzchen; Blüten meist 4-zählig; Kronblätter längl., hellgrün; Kapsel rosa; Samenmantel orange, den ganzen Samen umgebend; Samen weiß. 1–3 m. 5–6. ♄. Laubmischwälder, Hecken, vorwiegend auf frischen, nähr- u. basenreichen Lehm- u. Mullböden, mäßig h bis ca. 700 m, darüber u. auf Silikatböden s od. fehlend. O Prun., K Querc.-Fag.; europ-nem. Giftig, früher Off.

E. fortunei (Turcz.) Hand.-Mazz., **Kletter-P.****
Pflanze niederliegend bis aufstrebend od. mit Haftwurzeln kletternd; Blätter elliptisch bis eiförmig elliptisch; Blüten grün-weißl.; Frucht rundl., ca. 8 mm Ø, weißl.-grün bis rötl.; Samenmantel orange; Samen weiß. 1–4 m. 6–7. Zierpflanze, vielgestaltiger Kletterstrauch, verwildert, s, z. B. LLA: Leipzig, Markkleeberg. Heimat: O-Asien.

Oft verwechselt mit **_E. japonica_** L. f.**, **Japanisches P.:** aufrechter Strauch mit eiförmigen bis schmal elliptischen, glänzend dunkelgrünen Blättern; meist Kübelpflanze.

Fam. *Oxalidaceae* R. Br., Sauerkleegewächse

Oxalis L., **Sauerklee**

1 Kronblätter gelb; Stängel beblättert
2 Nebenblätter fehlend; Blütenstiele nach dem Verblühen aufrecht bis waagerecht abstehend; Kapsel kahl od. mit spärl., mehrzelligen Haaren, 8–12(–15) mm lang **_O. stricta_**
2* Nebenblätter meist vorhanden, dem Stiel angewachsen; Blütenstiele nach dem Verblühen meist herabgeschlagen; Kapsel von zahlreichen einzelligen Haaren weichhaarig u. dadurch fast grau, 10–25 cm lang
3 Pflanze kriechend, an den Knoten wurzelnd, oft braunpurpurn; Blätter wechselständig; Blättchen auf ¼–½ 2-lappig; Nebenblätter deutl., dem Blattstiel angewachsen; Kapsel 10–16 mm lang; Querrippen der Samen braun, meist ohne deutl. weiße Linien; Stängel mit anliegenden bis ± abstehenden Haaren besetzt **_O. corniculata_**
3* Pflanze aufrecht, ohne Ausläufer, meist grün; Blätter fast gegenständig bis gebüschelt; Blättchen auf ⅙ 2-lappig; Nebenblätter weniger deutl. zu erkennen, dem Blattstiel als schmaler Saum angewachsen, manchmal fehlend; Kapsel 15–25 mm lang; Querrippen der Samen

braun, mit deutl. weißen Linien; Stängel zieml. dicht aufwärts anliegend behaart **_O. dillenii_**

1* Kronblätter weiß od. rosa; Stängel nicht beblättert; Blätter grundständig

4 Krone weiß, purpurn geadert, am Grund mit gelbem Fleck, selten blassviolett; Blütenstand 1-blütig; Wurzelstock kriechend, durch die verdickten Blattstielbasen gezähnelt **_O. acetosella_**

4* Krone rosa; Blütenstand mehrblütig, zymös; rübenförmige Wurzeln bis 10 cm lang, mit zahlreichen von einer hellbraunen Haut umhüllten Knollen

5 Blättchen fischschwanzförmig, außen u. vorn sanft konvex gebogen; Knollen locker sitzend, kaum hakig; Tochterknollen an bis 5 cm langen Ausläufern; Kronblätter bis 12 mm lang, am Grund auf 2 mm verwachsen **_O. latifolia_**

5* Blättchen rundl. u. vorn breit ausladend eingeschnitten; Knollen sehr dicht sitzend, oft hakig; Tochterknollen ungestielt; Kronblätter bis 17 mm lang, am Grund auf 7 mm verwachsen **_O. corymbosa_**

O. acetosella L., **Wald-S.***

Kronblätter 10–16 mm lang; Samen mit Längsrippen. 5–12 cm. 4–5. ♃. Schattige Buchen- u. Eichenmischwälder, Fichten- u. Kiefernwälder u. -forste, meist h bis ins obere Bergland. K Querc.-Fag., O Pic.; eurosib. Giftig (für Vieh). Früher Off.

O. corniculata L., **Gehörnter S.***

[*Xanthocallis c.* (L.) SMALL]. Kronblätter ausgerandet, goldgelb, am Grund mit roten Tupfen. 10–30 cm. 5–10. ⊙, ♃. Gärten, Blumenrabatten, Friedhöfe, Pflasterfugen, z bis mäßig h. ↗ NE. V Sperg.-Ox., V Veron., V Polyg. Heimat: wahrscheinlich tropisches Asien.

1 Stängel niederliegend, oft dem Boden dicht angepresst; Pflanze oft braunrot gefärbt (fo. *atropurpurea* PLANCH.). Kapsel (4–)8–16(–18) mm lang; Blättchen (3–)5–12(–15) mm breit. [*O. repens* THUNB.]. var. *repens* (THUNB.) ZUCC.

1* Stängel meist niederliegend bis aufsteigend; Pflanzen selten braunrot gefärbt; Früchte (9–)12–25 mm lang; Blättchen (8–)10–25 mm breit. var. *corniculata*

O. corymbosa DC., **Brasilianischer S.**

[*O. debilis* HUMB. et al. var. *corymbosa* (DC.) LOURT.]. 10–30 cm. 6–10. ♃. Gärtnereien, Blumenrabatten, s, z. B. VGT: Adorf. NU. Heimat: S-Amerika.

O. dillenii JACQ., **Dillenius-S.**

[*O. navieri* JORD., *Xanthocallis d.* (JACQ.) HOLUB]. 10–40 cm. 7–10. ⊙, ♃ (kurzlebig). Gärten, Mauerfüße, Straßenränder, z, in Dresden u. Leipzig schon mäßig h; s VGT: Adorf. ↗ NE. V Sperg.-Ox., V Sis. Heimat: N-Amerika.

O. latifolia HUMB. et al., **Breitblättriger S.**
10–30 cm. 6–10. ♃. Gärtnereien, Blumenrabatten, Müllplätze, s, z. B. Adorf, Bad Elster, Leipzig, Uhyst a. T., Demitz-Thumitz. NU. Heimat: M- u. S-Amerika.

O. stricta L., **Europäischer S., Steifer S.***
[*O. fontana* BUNGE, *O. europaea* JORD., *Xanthocallis fontana* (BUNGE) HOLUB]. Pflanze hell- bis gelbl.-grün; Stängel einzeln an unterirdischen Ausläufern, aufrecht, später ± liegend; Blätter wechselständig bis gegenständig od. fast quirlig; Kronblätter hellgelb. 10–30 cm. 6–10. ♃. Gärten, Äcker, Ruderalfluren, h. ↗ NE. V Sperg.-Ox., V Veron., seltener V Sis. Heimat: N-Amerika.

Zu achten ist auf eine ***O.***-Art, die vorläufig als ***O. cymosa*** SMALL. bestimmt wurde: ähnl. *O. stricta*, aber Blütenstiele ± abstehend flaumig behaart, Blüten kleiner. Bisher OL: Löbau, Kottmarsdorf, Oelsa.

In Kultur außerdem:
O. tetraphylla CAV. [*O. deppei* SWEET]. **Glücksklee,** mit 4 Blättchen, Blüten rosarot. Zierpflanze, verwildert, Erdaufschüttungen, Kompost, s. NU. Heimat: Mexiko.

Fam. *Euphorbiaceae* JUSS., Wolfsmilchgewächse

1 Pflanze ohne Milchsaft; Blüten getrenntgeschlechtig
2 > 1 m hohe, 1-häusige Pflanze mit handförmig gelappten Blättern ***Ricinus,*** 332
2* Bis 50 cm hohe, 2-häusige Pflanze mit ungeteilten Blättern ***Mercurialis,*** 332
1* Pflanze mit Milchsaft; 1-häusig, mit ⚥ Scheinblüten (Cyathien): mehrere aus 1 Staubblatt bestehende ♂ Blüten u. 1 gestielte ♀ Blüte von einer glockigen Hülle umgeben, die am Rand 4–5 auswärts gerichtete Drüsen trägt *(Abb. 51/2)*
3 Blätter wechselständig, selten kreuzgegenständig u. dann 7–10 cm lang, ohne Nebenblätter; Blattspreite am Grund symmetrisch; Stängel aufrecht ***Euphorbia,*** 327
3* Blätter in einer Ebene gegenständig, klein (3–30 mm lang), mit Nebenblättern; Blattspreite am Grund unsymmetrisch; Stängel meist liegend ***Chamaesyce,*** 326

Chamaesyce GRAY, **Zwergwolfsmilch**

Zur sicheren Bestimmung sind reife Samen nötig.

1 Pflanze aufrecht od. aufsteigend; Blätter meist 15–30 mm lang, 6–10 mm breit; Scheinblüten in ± dichten Scheindolden ***Ch. nutans***
1* Pflanze niederliegend; Blätter < 15 mm lang; Blüten nicht in dichten Scheindolden

2 Stängel u. Blätter kahl; Frucht kahl; Samen glatt **_Ch. humifusa_**
2* Stängel u. Blätter behaart; Frucht behaart; Samen mit Querfurchen **_Ch. maculata_**

Ch. humifusa (Willd.) Prokh., **Niederliegende Z.**

[*Euphorbia h.* Willd.]. Stängel an den Knoten nicht wurzelnd; Blätter gesägt, längl., meist 4–6 mm lang u. 2–3 mm breit; Nebenblätter pfrieml., nicht miteinander verwachsen; Samen eiförmig, oft braun/weißl. gefleckt, 1,1–1,4 mm lang. 3–15 cm. 6–9. ⊙. Pflasterfugen, Gärten, s, z. B. ELH: Dresden; LLA: Leipzig; OLH: Löbau: Neugersdorf. NU. V Polyg., V Veron. Heimat: O-Europa, Asien.

Zu achten ist auf ***Ch. serpens*** (Kunth) Small [*Euphorbia s.* Kunth], **Kriechende Z.:** Stängel an den Knoten wurzelnd; Blätter ganzrandig; Nebenblätter 3-eckig u. paarweise miteinander verwachsen.

Ch. maculata (L.) Small, **Gefleckte Z.**

[*Euphorbia m.* L.]. Frucht anliegend u. gleichmäßig behaart; Samen mit 3–5 flachen Querfurchen; Blattspreite meist mit dunklem Fleck; Nebenblätter nicht verwachsen, ± gleich groß. 5–20 cm. 6–9. ⊙. Trittstellen, Pflasterfugen, s, z. B. ERB: Vielau, Glauchau; LLA: Markkleeberg, Leipzig; mehrfach östl. OL. ↗ NU. V Polyg., V Veron. Heimat: N-Amerika.

Zu achten ist auf ***Ch. prostrata*** (Aiton) Small [*Euphorbia p.* Aiton], **Ungefleckte Z.:** Frucht nur an den Kanten u. am Grund abstehend behaart; Samen mit 5–8 tiefen Querfurchen; Blätter ungefleckt; Nebenblätter an der Stängelunterseite miteinander verwachsen.

Ch. nutans (Lag.) Small, **Nickende Z.**

[*Euphorbia n.* Lag.]. Stängel ± behaart; Frucht kahl; Samen runzlig, schwärzl.; Blätter oft mit dunklem Fleck, gesägt. 15–40 cm. 7–9. ⊙. Müllplätze, Gärten, s, z. B. Leipzig. NU. V Sis. Heimat: N-Amerika.

Euphorbia L., **Wolfsmilch**

Alle Arten, mit Ausnahme von *E. dulcis*, sind giftig

1 Stängelblätter kreuzgegenständig **_E. lathyris_**
1* Blätter wechselständig
2 Hüllblätter u. Hüllchenblätter mit breitem weißen Rand; Nektardrüsen mit weißem Anhängsel **_E. marginata_**
2* Hüllblätter u. Hüllchenblätter ohne weißem Rand; Nektardrüsen ohne Anhängsel
3 Drüsen des Hüllbechers rundl. od. querelliptisch, abgerundet
4 Scheindolden 3–5-strahlig; Pflanze 1- od. mehrjährig
5 Pflanze 1-jährig; Wurzel spindelförmig
6 Kapsel glatt; Samen grubig; Blätter verkehrt eiförmig od. spatelförmig, keilförmig in den Blattstiel verschmälert, vorn klein gesägt **_E. helioscopia_**

6* Kapsel warzig; Samen glatt; obere Blätter mit schwach herzförmigem Grund sitzend, längl. lanzettl., vorn etwas breiter, von der Mitte an ungleich klein gesägt

7 Kapsel mit halbkugeligen Warzen besetzt, 3–4 mm breit; Scheindolden meist 5-strahlig; Blätter hellgrün, unterseits meist zerstreut behaart ***E. platyphyllos***

7* Kapsel mit walzenförmigen Haaren, 2 mm breit; Scheindolden meist 3-strahlig; Blätter dunkler grün, meist kahl ***E. stricta***

5* Pflanze ausdauernd; Wurzelstock kriechend, dick

8 Warzen der Frucht fadenförmig, > 3-mal so lang wie breit, oben rot; Hüllblätter zur Blütezeit intensiv hellgelb, später orange; Stängel dicht waagerecht abstehend behaart; Zierpflanze ***E. epithymoides***

8* Warzen der Frucht halbkugelig bis kurz walzig, höchstens 2-mal so lang wie breit; Hüllblätter grün; Stängel schwach behaart; Wildpflanze ***E. dulcis***

4* Scheindolden vielstrahlig; Pflanze immer ausdauernd

9 Kapsel glatt od. nur fein punktiert; Blätter lineal lanzettl. bis linealisch, kurz zugespitzt bis stumpfl., stachelspitzig, blaugrün; Stängel bis etwa 3 mm Ø; bis 50 cm hohe Pflanze trockener Standorte ***E. seguieriana***

9* Kapsel warzig; Blätter längl. lanzettl., meist stumpf, die der unfruchtbaren Äste kleiner, schmäler (bis lineal lanzettl.), spitz, sparsam klein gesägt; Stängel bis 15 mm Ø; bis 120 cm hohe Sumpfpflanze ***E. palustris***

3* Drüsen des Hüllbechers halbmondförmig od. 2-hörnig *(Abb. 51/2)*

10 Pflanze 1-jährig, mit spindelförmiger Wurzel; Scheindolden 3(–5)-strahlig; Samen höckerig od. grubig

11 Blätter verkehrt eiförmig od. rundl., stumpf, ganzrandig, meist 2–5 mm lang gestielt; Deckblätter eiförmig, stachelspitzig; Kapselfächer auf dem Rücken mit 2 schwach geflügelten Kielen; Samen 6-kantig, eingestochen punktiert ***E. peplus***

11* Blätter linealisch, 1–3 mm breit, meist mit etwas breiterem Grund, sitzend, spitz od. stumpfl., stachelspitzig; Deckblätter aus breitem, fast herzförmigem Grund linealisch; Kapselfächer am Rücken abgerundet; Samen 4-kantig, querrunzlig ***E. exigua***

10* Pflanze ausdauernd, mit Wurzelstock; Scheindolden vielstrahlig; Samen glatt

12 Blätter 1–2(–3) mm breit; Pflanze meist nicht höher als 30 cm ***E. cyparissias***

12* Blätter alle > (3–)4 mm breit; Pflanze meist höher als 30 cm

13 Blätter schmal lanzettl. od. lineal lanzettl., oberhalb der Mitte am breitesten, meist (3–)5–10 mm breit; Blattspreite zum Grund hin allmähl. verjüngend, sitzend, vorn abgerundet od. abgestumpft *(Abb. 329/1)*; Hüllbecher innen mit deutl. in Längsrichtung verlaufenden Haarleisten;

Blütenstand unterhalb der Enddolde ohne od. mit wenigen blütentragenden Ästen; Pflanze beim Austrieb purpurn ***E. esula***

13* Blätter linealisch bis lanzettl. od. manchmal ± schmal eiförmig lanzettl., meist in od. unterhalb der Mitte am breitesten, meist 4–5 mm breit; Blattspreite am Grund plötzl. verschmälert, sitzend, vorn spitz od. zugespitzt *(Abb. 329/2, 329/3);* Hüllbecher innen ohne od. nur mit Resten von Haarleisten, besonders an der Mündung des Bechers; Blütenstand unterhalb der Enddolde meist mit vielen blütentragenden Seitenzweigen u. deshalb rispig; Pflanze beim Austrieb graugrün ***E. virgultosa***

Bei der ähnl., nur bis etwa 80 cm groß werdenden ***E. virgata*** WALDST. et KIT. (**Ruten-W.**, syn. *E. waldsteinii* (SOJÁK) CZEREP.), sind die Blätter deutl. unterhalb der Mitte am breitesten *(Abb. 329/4)* u. besitzen am Grund ein kurzes, aber klar erkennbares Stielchen. Im Gebiet noch nicht nachgewiesen.

E. cyparissias L., **Zypressen-W.***

Blätter 1–3 cm lang, die der Seitenäste fast fadenförmig; Scheindolden 10–20-strahlig; Hüllchenblätter gelb, zuletzt rot, meist stumpf; Gesamtblütenstand breiter als lang; Niederblätter am Stängelgrund zur Blütezeit noch vorhanden. 15–30 cm. 4–5. ♃. Trocken- u. Halbtrockenrasen, Böschungen, Bahndämme, sonnige Felsbänder, wärmebegünstigte Eichenwälder, mäßig h im Tief- u. Hügelland, z im Bergland, streckenweise fehlend, K Fest.-Brom., K Koel.-Coryn., V Conv.-Agrop., K Trif.-Ger., V Querc. rob., V Querc. pub.; submed+europ-kont. Früher Off.

Der Erbsenrost (*Uromyces pisi*), ein Rostpilz (*Uredinales*), befällt die Pflanzen u. führt zu Missbildungen: Blätter verkürzt u. vergilbend, Stängel unverzweigt, verlängert, keine Blütenbildung.

E. dulcis L., **Süße W.**

Stängel stielrund; Blätter 4–8 cm lang, lebhaft grün, sehr kurz gestielt, stumpf od. stumpfl., unterseits zerstreut behaart, lanzettl. längl., die unteren verkehrt eiförmig längl., kleiner; Scheindolden meist 5-strahlig, Doldenstrahlen meist nur 1–2-teilig; Randdrüsen dunkelpurpurn od. braunrot; Samen glatt. 20–50 cm. 5–6. ♃. Nährstoffreiche, humose, meist frische

329/1

329/2

329/3

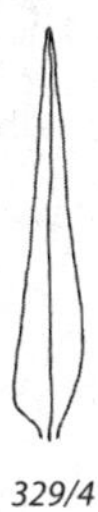

329/4

Laubwälder u. Gebüsche, mäßig h im Hügel- u. unterem Bergland, bis ca. 680 m, z bis s im Tiefland. O Fag. (besonders V Aln.-Ulm.); europ-nem.

Im Gebiet nur **subsp. *dulcis*.**

E. esula L., **Esels-W.***

Blätter 3–8 cm lang; Hüllblättchen grün od. gelbgrün, Gesamtblütenstand länger als breit; Niederblätter am Stängelgrund zur Blütezeit abgefallen. 30–60 cm. 5–7. ♃. Trockene Wiesen, ruderal beeinflusste Halbtrockenrasen, Weg- u. Ackerränder, Uferböschungen, Felsdurchragungen, trockene Ruderalfluren, z bis mäßig h bis ins untere Bergland, h im Elbtal. O Arrh., K Fest,-Brom., V Onop., V Conv.-Agrop.; euras-kont, ehem. fluv. Früher Off.

Der deutsche Namen ist volksetymologisch von lat. esula = Wolfsmilch abgeleitet.

E. epithymoides L., **Vielfarbige W.**, **Bunte W.**

[*E. polychroma* A. Kern.]. Stängelblätter 3–5,5 cm lang u. 1,5–3 cm breit, eiförmig längl., ganzrandig, unterseits weichhaarig. 30–50 cm. 5–6. ♃. Zierpflanze, verwildert, Müllplätze, Gartenauswurf, s. NU. Heimat: M- u. SO-Europa.

E. exigua L., **Kleine W.***

6–20 cm. 6–10. ⊙. Äcker auf Lehm- od. Kalkböden, seltener Ruderalfluren, z im Tief- u. Hügelland; s ERW: Schöneck u. OL. A. ↘ O Secal., s V Sis.

E. helioscopia L., **Sonnen-W., Sonnenwend-W.***

Hüllchenblätter meist oberhalb der Mitte am breitesten. 10–30 cm. 5–10. ⊙. Äcker, Gärten, Ruderalfluren, h, nur im Gebirge seltener. A. K Stell. med., O Sis., O Onop. Früher Off.

E. lathyris L., **Spring-W., Kreuzblättrige W., Springwurz***

Durchwachs, Kaffeebaum

Pflanze aufrecht; Blätter dunkel bläul.-grün, kreuzweise gegenständig, sitzend, längl. lineal, stumpf, stachelspitzig, die obersten am Grund herzförmig; Scheindolde 2–4-strahlig, sehr groß; Drüsen des Hüllbechers kurz 2-hörnig, hellgelb; Kapsel schwach runzlig; Samen netzförmig runzlig. 30–100 cm. 6–8. ⊙, ⊙. Früher Off., heute Zierpflanze, verwildert, Gärten, Ruderalfluren (Komposthaufen, Erdaufschüttungen, Mauerfüße), ortsnahe Gebüschränder, mäßig h bis z. ↗ NU. V Fum.-Eup., V Sperg.-Ox., V Sis., s V Geo-All.; angebl. Wühlmäuse vertreibend. Heimat: östl. Mittelmeergebiet, SW-Asien.

E. marginata Pursh, **Weißberandete W., „Schnee-auf-dem-Berge"**

15–50 cm. 7–9. ⊙, ①. Zierpflanze, verwildert, Ruderalfluren (Müllplätze, Komposthaufen, Erdaufschüttungen), Friedhöfe, s. NU. V Sis. Heimat: N-Amerika.

E. palustris L., **Sumpf-W.***
Hüllblätter der Scheindolden eiförmig od. elliptisch, stumpf, am Grund verschmälert; Scheindoldenstrahlen erst 3-, dann 2-teilig; Drüsen braungelb. 50–150 cm. 5–6. ♃. Brache Feuchtwiesen, Gräben, Ufer (Röhrichte u. Großseggenriede), flussbegleitende Hochstaudenfluren, s LLA: Leipzig, Schkeuditz; ELH: früher Dresden. ↘ V Filip., V Magnocar.; eura-kont, fluv. Stromtalpflanze. ∇

E. peplus L., **Garten-W.***
Hüllblätter eiförmig, kurz stachelspitzig; Scheindolde meist 3-strahlig; Drüsen mit haarfein auslaufenden Hörnern. 15–30 cm. 7–11. ⊙. Gärten, Äcker, Ruderalfluren, mäßig h bis ins untere Bergland, im oberen z. A. K Stell. med., V Sis.

E. platyphyllos L., **Breitblättrige W.**
Hüllblätter längl. elliptisch, oft oberhalb der Mitte am breitesten; Hüllchenblätter rundl. eiförmig. 25–60 cm. 7–8. ⊙. Äcker, Gärten, Ruderalfluren (Wegränder, vegetationarme Brachen), s ELB: Gröbers; früher s im Tief- u. Hügelland, heute nur noch s verschleppt. A. ↘ O Secal., V Sperg.-Ox., V Sis.

E. seguieriana NECK., **Steppen-W.**
[*E. gerardiana* JACQ.]. Hüllblätter der Scheindolden breit, 3-eckig eiförmig, stachelspitzig; Drüsen gelb; Kapsel kahl, glatt od. nur fein punktiert. 15–45 cm. 6–7. ♃. Basenhaltige Sandmagerrasen, Ufer, Wegränder, früher s am Elbufer (schon vor 1900 †). V Koel.; euras-kont.

E. stricta L., **Steife W.**
Pflanze riecht wie die Blätter des Schwarzen Holunder. 15–45 cm. 6–9. ⊙. Früher in Dresden-Neustadt in Gärten (wohl nur eingeschleppt). NU. Heimat: Europa bis M-Asien.

E. virgultosa KLOK., **Buschige W.**
[*E. virgata* auct. non WALDST. et KIT., *E.* × *pseudovirgata* auct. non (SCHUR) SOÓ]. Pflanze kahl, mit Rhizomen. 60–120 cm. 5–7. ♃. Trockene Ruderalfluren (Bahnanlagen, Dämme, Umschlagplätze, Brachen), ± trockene Wiesen, z DDH, LLA, ELH, OLT, s ERO, ESG, GHP, MLH, OLH. ↗ NE. O Onop., V Conv., V Arrh., V Brom. Heimat: Europa, W-Asien.
Alle bisher für Sachsen angegebenen Funde von *E. virgata (E. waldsteinii)*, Ruten-W., beziehen sich auf diese Art.

Bastard:
E.* × *pseudoesula SCHUR [*E. esula* × *E. cyparissias*]: Besonders im oberen Stängelbereich u. im auffallend reichästigem Blütenstand mit schmalen Blättern, im unteren u. mittleren Stängelbeich mit bis 3 mm breiten, vorn stumpfen Blättern. VGT: Dobeneck, unter den Eltern.

Mercurialis L., **Bingelkraut**

1 Stängel einfach, stielrund, Ausläufer treibend; Blätter gestielt, eiförmig längl. bis elliptisch lanzettl.; ♀ Blüten lang gestielt; Kapsel rauhaarig **_M. perennis_**

1* Stängel ästig, 4-kantig; Blätter längl. eiförmig bis längl. lanzettl.; ♀ Blüten fast sitzend; Kapsel mit spitzen, ein Haar tragenden Höckern **_M. annua_**

M. annua L., **Einjähriges B.***

♀ Pflanze mit schmaleren Blättern als die ♂. 20–50 cm. 6–10. ⊙. Gärten, Weinberge, nährstoffreiche Äcker, Ruderalfluren (Wegränder, Müllplätze), mäßig h ELH, LLA; sonst z od. s bis ins untere Bergland. P. (Weinbergbegleiter). A. O Secal., V Sperg.-Ox., V Sis., V Onop.; europ-nem. Giftig, früher Off.

M. perennis L., **Ausdauerndes B.***

Pflanze mit langen kriechenden Rhizomen. 15–30 cm. 3–5. ♃. Krautreiche, schattige Laubwälder u. Gebüsche, auf nährstoff- u. basenreichen Mullböden, mäßig h bis h, doch in den Heide- u. Ackerbaugebieten s od. fehlend. O Fag., O Prun. Giftig, früher Off.

Ricinus L., **Rizinuspflanze, Wunderbaum**

Stängel einfach od. verzweigt, grün od. bräunl.-rot, kahl, oft blau bereift; Blätter lang gestielt, schildförmig, fingerförmig gelappt, bis 60 cm breit; Blütenstand rispig, endständig, scheinbar seitenständig; Blüten 1-geschlechtig, die ♂ unterhalb der ♀; Frucht eine kugelige Kapsel, glatt od. weichstachelig; Samen bohnenförmig. 1–4 m. 7–10. ⊙ (in der Heimat ♄). Zierpflanze. Stark giftig. Heimat: M- u. N-Afrika. ***R. communis*** L., **Rizinuspflanze, Wunderbaum**

Fam. *Elatinaceae* Dumort., Tännelgewächse

Elatine L., **Tännel**

1 Stängel aufrecht od. aufsteigend; Blätter quirlständig, sitzend, untergetauchte lineal lanzettl., obere eiförmig; Krone grünl.-weiß **_E. alsinastrum_**

1* Stängel kriechend; Blätter gegenständig, gestielt; Krone rötl.

2 Blattstiel meist länger als die Spreite; Kronblätter 4; Staubblätter 8; Narben 4; Samen hakenförmig gekrümmt *(Abb. 333/1)* **_E. hydropiper_**

2* Blattstiel kürzer als die Blattspreite; Kronblätter 3; Staubblätter 3 od. 6; Narben 3; Samen nicht hakenförmig gekrümmt *(Abb. 333/2 b)*

3 Blüten sitzend; Kelch 2-teilig; Krone 3-blättrig *(Abb. 333/3);* Staubblätter 3 *(Abb. 333/3);* Blätter längl. bis linealisch; Samen leicht gebogen **_E. triandra_**

3* Blüten gestielt; Kelch 3-teilig; Krone 3-blättrig; Staubblätter 6; Blätter längl.; Samen fast gerade ***E. hexandra***

E. alsinastrum L., **Quirl-T.**

Krone 4-blättrig; Staubblätter 8; Samen fast gerade *(Abb. 333/2 a)*. 2–25 cm. 7–8. ⊙. Periodisch trockenfallende, nährstoffreiche, sandig-lehmige Schlammbänke, Teiche, Gräben, †, früher z OLH, OLT; s ELH, LLA. O Nanocyp.; eurosib disj.

E. hexandra (LAPIERRE) DC., **Sechsmänniges T., Stiel-T.**

2–12 cm. 6–8. ⊙. Periodisch trockenfallende, meist nährstoffreiche, sandige Schlammbänke, Teiche, Ufer, z OLH, OLT, sonst s im Tiefland; s ERB: Kirchberg; MLH: Waldenburg: Stausee Oberwald. ↘ O Nanocyp., O Litt.; atl-subatl.

E. hydropiper L. em. OEDER, **Wasserpfeffer-T., Pfeffer-T**.

Blätter längl. elliptisch bis spatelförmig. 2–12 cm. 6–9. ⊙. Periodisch trockenfallende, ± nährstoffreiche, sandige Schlammbänke, Teiche, Ufer, z OLT, sonst s bis ins untere Bergland, z. B. Kirchberger Teichgebiet, Schönberg (580 m), Großhartmannsdorf u. Dittmannsdorf bei Freiberg. ↘ O Nanocyp., O Litt.; eurosib, circpol.

E. triandra SCHKUHR, **Dreimänniges T., Kreuz-T.**

2–8 cm. 6–9. ⊙. Periodisch trockenfallende, meist nährstoffreiche, sandige Schlammbänke, Teiche, Ufer, z OLT, sonst s u. oft unbeständig bis ins untere Bergland, z. B. ERO: Großhartmannsdorf bei Freiberg; VGT: Plauen: Großer Weidenteich bei Neundorf. ↘ O Litt., O Nanocyp.; europ-bor.

333/1

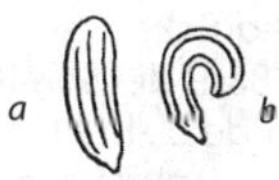

333/2

333/3

Fam. *Salicaceae* Mirb., Weidengewächse

1 Winterknospen mit mehreren Schuppen; Kätzchen herabhängend; Kätzchenschuppen (Tragblätter) gekerbt od. geschlitzt; Blüten becherförmig; Narben 2–4; Staubgefäße (5–)8–30; Blätter herzförmig, 3-eckig, rhombisch, eiförmig od. rundl. ***Populus,*** 334

1* Winterknospen nur von einer Schuppe umhüllt, selten daneben 1–2 kleine Schuppen; Kätzchen aufrecht od. abstehend; Kätzchenschuppen ganzrandig; Blütenhülle durch 1 od. 2 Drüsen vertreten; Narben 2; Staubgefäße meist 2 (selten 3–5); Blätter linealisch, längl., lanzettl. bis elliptisch od. verkehrt eiförmig bis rundl. ***Salix,*** 337

Populus L., **Pappel**

1 Blätter unterseits weiß-, grau- od. grünl. weiß-filzig

2 Jungtriebe u. Knospen dicht weißfilzig; Blätter unterseits bleibend weißfilzig; Blätter der Langtriebe 3–5-lappig, die der Kurztriebe eiförmig bis rundl., ungelappt, nur sehr grob gezähnt *(Abb. 334/1, 334/2);* Kätzchenschuppen mit wenigen kurzen Zähnen, nicht eingeschnitten ***P. alba***

2* Jungtriebe u. Knospen dünn weiß- bis graufilzig; Blätter unterseits anfangs grau- od. grünl. weiß-filzig, später verkahlend bis kahl; Blätter der Langtriebe schwach gelappt od. nur grob buchtig gezähnt, die der Kurztriebe rundl. bis eiförmig; Kätzchenschuppen ± geschlitzt ***P.* × *canescens***

1* Blätter unterseits grün od. weißl., kahl od. schwach behaart, nie filzig

3 Blattspreite am Rande mit deutl. durchsichtigem Saum, 3-eckig, eiförmig bis rhombisch, fein od. kerbig gezähnt

4 Blattstiel ± rund ***P.* × *berolinensis***

4* Blattstiel seitl. zusammengedrückt

5 Blattrand nicht gewimpert; Basis der Spreite am Stielansatz ohne Drüsen; junge Zweige rund, kahl, gelbl.-braun; Narben 2, sitzend; alte Borke meist netzartig tief gefurcht, mit auffälligen horizontalen Korkwülsten, schwärzl.; Stamm oft mit Maserknollen besetzt; Blätter meist mit Blattstielgallen ***P. nigra***

5* Blattrand wenigstens anfangs gewimpert; Basis der Spreite am Stielansatz meist mit 1–2 Drüsen; junge Zweige rund bis etwas kantig, kahl,

334/1

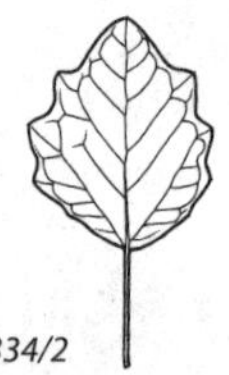

334/2

334/3

seltener schwach behaart, mehr grau gefärbt; Narben 2–4, sehr kurz gestielt; alte Borke weniger auffallend tief gefurcht u. mit weniger deutl. horizontalen Korkwülsten, meist heller (grau) gefärbt; Blätter nie mit Blattstielgallen **P. × *canadensis***

3* Blattspreite am Rand ohne durchsichtigen Saum, wenn ganz schmaler Saum, dann Spreite meist rundl. u. grob buchtig gezähnt

6 Blattstiel seitl. zusammengedrückt; Blattspreite rundl. bis breit eiförmig, unregelmäßig u. grob buchtig gezähnt *(Abb. 334/3)*, an Langtrieben u. Schösslingen auch breit eiförmig; Blattunterseite hell- bis graugrün ***P. tremula***

6* Blattstiel stielrund; Blattspreite eiförmig bis rhombisch elliptisch od. verkehrt eiförmig, unterseits blassgrün od. weißl. bis silbrig blaugrau, teils mit gelbbraunen Balsam-Längsstreifen

7 Jungtriebe gelbbraun bis gelbl.-grau; Blätter eiförmig bis rhombisch, lang zugespitzt, unterseits blassgrün bis weißl. **P. × *berolinensis***

7* Jungtriebe braun, rotbraun bis dunkelpurpurn

8 Blattstiel 0,5–1,5(–2,5) cm lang; Blattspreite rhombisch, elliptisch bis verkehrt eiförmig, in od. oberhalb der Mitte am breitesten, am Grund abgerundet bis keilförmig verschmälert, kahl; Jungtriebe kahl; Knospen klebrig, aber nicht stark duftend ***P. simonii***

8* Blattstiel 2–6 cm lang; Blattspreite eiförmig bis rhombisch, unterhalb od. in der Mitte am breitesten, am Grund abgerundet, gestutzt od. herzförmig, kahl od. schwach behaart; Jungtriebe kahl od. schwach behaart; Knospen stark klebrig u. auffällig balsamisch duftend

9 Knospen bis 2,5 cm lang; Fruchtkapsel eiförmig, 2-klappig; Jungtriebe rund u. kahl (bei var. *subcordata* schwach kantig u. behaart); Blattspreite eiförmig bis breit eiförmig od. 3-eckig, am Grund abgerundet bis schwach herzförmig *(Abb. 335/1)* ***P. balsamifera***

9* Knospen 1–1,5 cm lang; Fruchtkapsel kugelig, 3–4-klappig; Jungtriebe etwas kantig, anfangs schwach behaart; Blattspreite eiförmig bis rhombisch längl., am Grund gestutzt bis abgerundet od. schwach herzförmig *(Abb. 335/2)* ***P. trichocarpa***

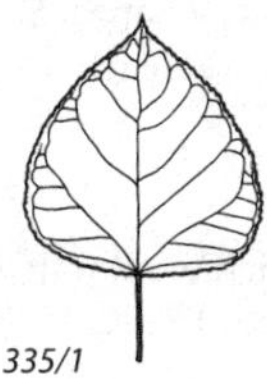

335/1

335/2

P. alba L., **Silber-P.***/**

Rinde weißgrau; Blätter oberseits dunkelgrün; Kätzchen 5–10 cm lang; Narben gelb. 15–30 m. 3–4. ♄. Zier- u. Forstbaum, verwildert u. eingebürgert an Flussauen, auf Ruderal- u. Brachflächen, besonders in der Bergbaufolgelandschaft, z bis mäßig h bis ins untere Bergland, ↗ NE. O Prun., V Salic.-alb.; europ-submed.

P. balsamifera L., **Balsam-P., Kanadische** od. **Echte Balsam-P.****

[*P. tacamahacca* MILL.]. Blattspreite oberseits dunkelgrün, glänzend, nur am Rand bewimpert, sonst wie Blattstiel kahl (wenn Spreite unterseits u. Blattstiel behaart, var. *subcordata* HYL., Ontario-P.); Staubblätter pro Blüte 12–30. 15–30 m. 4. ♄. Zier- u. Forstbaum, verwildert, Ruderal- u. Bergbaufolgestandorte, s. NU. Heimat: N-Amerika.

P.* × *berolinensis (K. KOCH) DIPPEL, **Berliner P.****

[*P. laurifolia* LEDEB. × *P. nigra* L. 'Italica']. Jungtriebe leicht kantig, schwach behaart; Blattrand kerbig gesägt u. oft mit durchscheinendem Saum; Staubblätter pro Blüte ± 15. 10–25 m. 4. ♄. Zier- u. Nutzbaum, verwildert, besonders auf Bergbau- u. a. Brachflächen, s. NU. Heimat: vor 1870 im Botanischen Garten Berlin entstanden.

P.* × *canadensis MOENCH, **„Kanadische" P., Euroamerikanische Hybrid-P.***/**

[*P.* × *euramericana* (DODE) GUINIER, *P. deltoides* MARSHALL × *P. nigra* L.]. Blattspreite 3-eckig bis deltoidisch, lang zugespitzt, Basis gestutzt, Rand kerbig gesägt; Staubblätter pro Blüte 15–30. 15–30 m. 4. ♄. Nutzbaum, verwildert, Auenwälder, Flussufer, Bergbau- u. Brachflächen, h bis z. NE. V Salic. alb., V Samb.-Salic. Heimat: um 1750 in Frankreich entstanden.

Durch Züchtung entstanden zahlreiche für die Holzproduktion od. Windschutzpflanzungen wichtige Cultivare, für deren Bestimmung Spezialliteratur notwendig ist. In Sachsen häufiger angebaute Sorten z. B. 'Forndorf', 'Gelrica', 'Harff', 'Löns', 'Marilandica', 'Robusta', 'Serotina'.

P.* × *canescens (AITON) SM., **Grau-P.****

[*P.* × *hybrida* M. BIEB., *P. alba* × *P. tremula*]. Rinde grünl.-weiß; Staubblätter pro Blüte 8–16; Kätzchen 5–10 cm lang. 15–30 m. 3–4. ♄. Zier- u. Nutzbaum, auch spontan entstehend, verwildert, Auenwälder, Bergbau- u. Brachflächen, z. NE (besonders im Elbtal). V Salic. alb., V Samb.-Salic.

Anmerkung: Eine sehr variable Hybride, deren Merkmale bald der einen, bald der anderen Elternart ähneln.

P. nigra L., **Schwarz-P.***/**

Rinde im Kronen- od. oberem Stammbereich weißgrau, sonst am Stamm starke Borkenbildung; Staubblätter pro Blüte 15–30. 15–50 m. 4. ♄. Auenwälder, Ufergehölze, heimisch wohl nur an der Elbe, Mulde, Neiße, Spree, sonst gepflanzt u. z. T. verwildert. V Salic. alb, V. Aln.-Ulm.; euras-submed. Off.

Im Gebiet bisher nur **subsp. *nigra*** nachgewiesen.

Häufig gepflanzt Sorte ´Italica´, Pyramiden-P.: Äste steil aufrecht, nur ♂ bekannt, Allee- u. Parkbaum.

Die spiralig gedrehten od. bauchigen Blattstielgallen werden von Pappelblattläusen hervorgerufen.

P. simonii CARRIÈRE, **Simon-P., Birken-P.****

Krone schmal od. mit überhängenden Zweigen; Rinde graugrün, Blattoberseite glänzend dunkelgrün; Blattrand gesägt; Kätzchen 2–6 cm lang; früh austreibend. 10–15 m. 4. ♄. Zier- u. Alleebaum, zunehmend gepflanzt. Heimat: China, Korea.

P. tremula L., **Zitter-P., Espe, Aspe***/**

Jungtriebe rund u. kahl, glatt; Rinde grünl. od. graugelbl., erst spät im unteren Stammbereich schwarzgraue Borke; Blattspreite 3–8 cm lang, an Langtrieben u. Schösslingen bis 15 cm lang, an der Spitze abgerundet od. etwas zugespitzt, an der Basis gestutzt od. schwach herzförmig; Knospen kahl; Kätzchen 5–10 cm lang; Narben purpurn; Kätzchenschuppen tief eingeschnitten, mit langen seidigen Haaren. 10–30 m. 3–4. ♄. Schläge, Gebüsche, Vorwälder, lichte Laubwälder. Waldlichtungen u. -mäntel, Brachen, besonders in der Bergbaufolgelandschaft, h, nur oberhalb 900 m ü. NN seltener. V Samb.-Salic., V Carp., V Querc. rob.; bor-eurosib.

P. trichocarpa HOOK., **Westliche** od. **Kalifornische Balsam-P.****

Junge Zweige etwas kantig; Blätter derb lederig; Blattrand fein kerbig gesägt; Staubblätter pro Blüte 30–60. 20–60 m. 4. ♄. Forstbaum, s verwildert. Heimat: N-Amerika.

Elternart häufig gepflanzter Hybriden, vor allem der Sorte ´Androscoggin´ (*P. maximowiczii* HENRY × *P. trichocarpa*).

Salix L., **Weide**

Maikätzchen, Maimiezchen (blühende Zweige)

1 2–3-jährige Zweige bläul.-weiß bereift; Rinde innen auffällig gelb

2 Blätter breit lanzettl. bis längl. lanzettl., 6–10 cm lang, anfangs schwach behaart, früh verkahlend; Nebenblätter halb herzförmig, am Grund mit dem Blattstiel verwachsen, erst im Herbst mit den Blättern abfallend; Jungtriebe zuweilen anfangs schwach behaart; Äste dick u. steif, Zweige aufrecht, am Grund leicht abbrechend ***S. daphnoides***

2* Blätter lineal lanzettl., 10–16 cm lang; kahl; Nebenblätter lanzettl., nicht mit dem Blattstiel verwachsen, abfallend; Jungtriebe kahl; Äste dünn, Zweige bogig überhängend, am Grunde zäh, nicht abbrechend ***S. acutifolia***

1* Zweige nicht bereift, Rinde innen grünl.

3 Kleinsträucher von 0,5–1 (selten –1,8) m Höhe mit unterirdischen, im Boden kriechenden, bewurzelten Ästen, nur Seitenzweige oberirdisch, aufrecht od. aufsteigend; Blattspreite unterseits dicht seidig silbrig behaart ***S. repens*** agg.

3* Sträucher od. Bäume, wenn < 1 m hoch, dann alle Äste oberirdisch u. aufrecht; Blätter kahl od. behaart, wenn seidenhaarig, dann höhere Sträucher u. Bäume

4 Blattspreite anfangs stark, später schwächer, aber stets am Rand umgerollt, meist ganzrandig, höchstens entfernt gesägt od. Rand gewellt, längl., schmal lanzettl. bis lineal, (6–)8–20-mal so lang wie breit *(Abb. 338/1)*

5 Blattspreite unterseits von krausen u. verflochtenen Haaren filzig, matt weiß bis grauweiß; Zweige an der Basis leicht abbrechend ***S. eleagnos***

5* Blattspreite unterseits dicht seidig behaart, die Haare parallel zu den Seitenadern, silbrig weiß schimmernd; Zweige zäh, an der Basis nicht abbrechend ***S. viminalis***

4* Blattspreite am Rand flach, ringsum od. zumindest in der vorderen Hälfte deutl. gezähnt od. gesägt, wenn ganz schwach umgerollt, fast ganzrandig od. Rand gewellt, dann Blätter breiter, 1,5–6-mal so lang wie breit

6 Holz 2–4-jähriger Zweige u. Äste mit Striemen (schmale, scharf hervortretende Längsrippen, die nach Entrinden sichtbar werden)

7 Blätter lanzettl., 10–20 cm lang, 4–6-mal so lang wie breit, Rand oft etwas umgerollt, fast ganzrandig od. kerbig bis ausgeschweift gezähnt ***S. gmelinii***

7* Blätter längl. bis verkehrt eiförmig, 2,5–12 cm lang, 1,5–4-mal so lang wie breit, Rand nicht umgerollt, fein od. grob unregelmäßig gezähnt

8 1–2-jährige Zweige dünn, kahl od. höchstens anfangs schwach behaart, rotbraun; Blätter 2,5–5 cm lang, verkehrt eiförmig, Oberseite durch eingesenkte Adern stark runzelig, Rand wellig, grob bis ausgebissen unregelmäßig gezähnt, Blattspitze gekrümmt *(Abb. 338/2)* ***S. aurita***

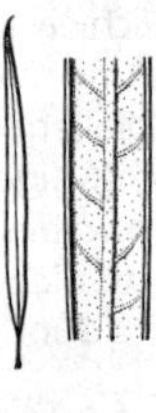

338/1

338/2

338/3

338/4

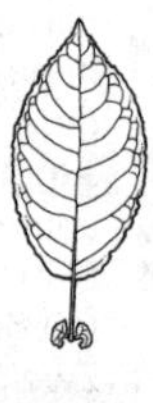

338/5

8* 1–2-jährige Zweige kräftig, grau- bis schwarzfilzig, ihre Rinde grau bis olivgrün od. schmutzigbraun; Blätter 5–12 cm lang, längl. verkehrt eiförmig, Oberseite kaum runzelig, Rand fein od. grob gekerbt gezähnt, Blattspitze gerade ***S. cinerea***

6* Holz der Zweige u. Äste ohne Striemen

9 Blattspreite im oberen Teil fein gesägt, untere Hälfte od. zumindest ihr basaler Teil stets ganzrandig, meist deutl. über der Mitte am breitesten, schmal verkehrt eilanzettl. *(Abb. 338/3)*, 0,5–1,5 cm breit; zumindest einige Blätter gegenständig; Nebenblätter fehlend ***S. purpurea***

9* Blattspreite ringsum gesägt, gezähnt od. gekerbt, wenn ± ganzrandig, dann ringsum u. Blätter in od. unterhalb der Mitte am breitesten u. > 1,5 cm breit; alle Blätter wechselständig; Nebenblätter vorhanden od. fehlend

10 Blätter lanzettl., eiförmig lanzettl. bis eiförmig elliptisch od. längl. bis elliptisch, kahl od. silbrig seidenhaarig, 3–8-mal so lang wie breit, wenn breiter, dann ausgewachsene Blätter stets kahl u. am oberen Ende des Blattstiels 1–5 Paar Drüsen; hohe Sträucher od. Bäume

11 Blattstiel am Übergang zum Spreitengrund mit 2–5 Paar Drüsen; Blattrand fein u. dicht drüsig gezähnt, Drüsen an der Spitze der Zähne abstehend; junge Blätter klebrig u. balsamisch duftend; Staubblätter je Blüte mindestens 5; Kätzchen mit den Samen bis zum Winter an der Pflanze ***S. pentandra***

11* Blattstiel ohne od. mit 1–2 Paar Drüsen am oberen Ende des Blattstiels; Blattrand fein, grob od. unauffällig drüsig gezähnt, Drüsen in den Buchten od. an der Spitze der Zähne, kaum abstehend; junge Blätter weder klebrig noch balsamisch duftend; Staubblätter 2 od. 3; Samen nach der Reife ausfallend

12 Blattspreite an der Basis meist herzförmig od. gestutzt, teils auch abgerundet od. keilförmig ***S. eriocephala***

13 Blattspreite längl. bis elliptisch, mit kurzer Spitze, im mittleren Drittel am breitesten, hier fast parallelrandig; Seitenaderpaare einen stumpfen bis rechten Winkel bildend; Drüsenpaar am oberen Ende des Blattstiels meist stiftförmig vergrößert; 2- u. 3-jährige Zweige meist mit Vorblattknospen (zusätzliches Knospenpaar an der Basis der Jahrestriebe); 3 Staubblätter je Blüte; Rinde stärkerer Äste sich in Platten od. Fetzen lösend ***S. triandra***

13* Blattspreite lanzettl. bis eilanzettl., mit lang ausgezogener Spitze *(Abb. 338/4)*, meist im unteren Drittel am breitesten; Seitenaderpaare einen spitzen bis rechten Winkel bildend; keine auffälligen Drüsen am oberen Ende des Blattstiels; ohne Vorblattknospen; 2 Staubblätter; Rinde sich nicht in Platten ablösend

14 Jungtriebe u. Blätter kahl; Blattrand grob gezähnt, Drüsen in den Buchten der Zähne; Knospen kahl; Zweige lehmfarben, am Grund leicht abbrechend ***S. fragilis***

14* Jungtriebe behaart, zumindest spitzenwärts u. in der Knospenachsel; Blätter unterseits zumindest schwach behaart; Blattrand grob od. fein gesägt, Drüsen meist an der Spitze der Zähne; Knospen kahl od. behaart; Zweige oliv- bis rotbraun, rötl. od. gelb, am Grund brüchig od. zäh

15 Blattspreite unterseits dicht silbrig seidenhaarig; Blattrand fein gesägt, Drüsen stets auf den Spitzen der Zähne; Knospen anliegend behaart; Zweige oliv- bis dunkelbrotbraun, bei Kulturformen rot od. gelb, am Grund zäh, nicht abbrechend ***S. alba***

15* Blattspreite unterseits nur spärl. seidenhaarig, Blattrand grob gesägt; Drüsen meist auf den Spitzen der Zähne; Knospen kahl od. schwach behaart; Zweige rot- bis grünbraun, am Grund zäh od. abbrechend ***S. × rubens***

10* Blätter breit lanzettl., eiförmig, elliptisch od. verkehrt eiförmig bis rundl., 1,5–4-mal so lang wie breit, behaart, aber nicht silbrig seidenhaarig, auch verkahlend, dann zumindest Hauptadern bleibend behaart; Sträucher, selten baumförmig

16 Blattspreite unterseits 2-farbig, überwiegend blau- bis graugrün, aber im vorderen Teil grün; Blatt beim Trocknen od. Welken schwarz od. schwarzfleckig werdend ***S. myrsinifolia***

16* Blattspreite unterseits in der Gänze hell-, grau- od. blaugrün, getrocknet sich nicht schwarz verfärbend

17 Blätter breit lanzettl. bis längl. eiförmig, am Rand scharf gesägt, unterseits hell- bis blaugrün, schwach behaart bis kahl; Spreitenbasis meist herzförmig od. gestutzt ***S. eriocephala***

17* Blätter längl. bis breit elliptisch od. fast rundl., Blattrand fast ganzrandig bis wellig u. unregelmäßig gezähnt *(Abb. 338/5)*, unterseits grau- bis blaugrün, bleibend kraus u. weich samtig behaart; Spreitenbasis meist abgerundet, nie herzförmig ***S. caprea***

S. acutifolia WILLD., **Spitzblättrige W., Kaspische Reif-W.****

Blätter lanzettl., beiderseits kahl, oberseits glänzend dunkelgrün, unterseits blaugrün; Rinde der Zweige violett bis rotbraun, weißgrau bereift; Kätzchen vor der Laubentfaltung. 3–6 m. 3–4. ♄. Ziergehölz, verwildert, Flussauen, Ruderal- u. Brachflächen, Bergbaufolgelandschaft, s ELH, OLH, OLT. NU. Heimat: O-Europa.

S. alba L., **Silber-W.***/**

Blätter lanzettl.; Kätzchen kurz nach der Laubentfaltung. 15–25 m. 4–5. ♄. Auenwälder, Altwässer, Ufer, wechselnasse Sekundärstandorte, natürliche Vorkommen wohl nur in Flussauen des Tief- u. Hügellandes, als Zier- u. Forstbaum gepflanzt u. verwildert, z bis mäßig h bis ins untere Bergland. V Salic. alb.; euras-nem-submed. Off.

Neben der Gewöhnlichen Silber-W. (var. *alba*), die auch als Kopfweide gezogen wird, häufig in Kultur u. auch verwildert Sorten der Bunten od. Dotter-W. [var. *vitellina* (L.) STOKES] mit auffällig gelben od. roten Zweigen. Hierzu auch eine Hängeform ('Tristis') mit gelben überhängenden Zweigen, die kaum unterscheidbar ist von den häufig gepflanzten Trauerweiden des Bastardes *S. alba* × *S. babylonica* L. (*S.* × *sepulcralis* SIMONK. 'Chrysocoma'), früher irrtüml. als *S. babylonica* angegeben. Diese wie auch die ähnl., aber verdrehte Zweige aufweisende Korkenzieher-Weide (*S. matsudana* KOIDZ. 'Tortuosa') tritt vereinzelt ebenfalls verwildert auf. Weitere Bastarde von *S. alba* sind *S.* × *rubens* u. *S.* × *undulata*.

S. aurita L., Ohr-W., Öhrchen-W.*/**

Dicht u. sparrig verzweigter Strauch, im Freistand mit abgerundeter Krone; Nebenblätter stets vorhanden, groß, nierenförmig; Knospen kahl, meist rötl.; Kätzchen kurz vor der Blattentfaltung. 0,5–3 m. 4–5. ♄. Weidengebüsche basen- u. nährstoffarmer Zwischen- u. Niedermoore, Moorwiesen, Torfstiche, lichte Bruchwälder, mäßig h vom Tiefland bis in die Kammlagen des Erzgebirges, s im Lösshügelland. O Salic. aur.; bor-eurosib.

Verwechslungsgefahr mit dem häufigen Bastard mit *S. cinerea* (*S.* × *multinervis*). Weitere Bastarde sind *S.* × *ambigua*, *S.* × *capreola*, *S.* × *fruticosa*.

S. caprea L., Sal-W.*/**

Blattspitze stumpf od. kurz zugespitzt, meist gefaltet; Spreitenoberseite durch etwas vertieftes Adernetz schwach runzelig; Nebenblätter wenig entwickelt, nur an Langtrieben deutl. u. oft groß; Knospen gelbbraun bis braun, kahl; Kätzchen deutl. vor der Blattentfaltung. 3–10 m. 3–4. ♄, ♄. Lichte Wälder, Vorwälder, Waldlichtungen u. -ränder, Brachen, Halden, h. V Samb.-Salic., O Prun.; eurosib.

Diese Art u. ihr Bastard mit *S. viminalis* (*S.* × *smithiana*) sind eine der ersten Bienenweiden im Jahr, beliebte Kätzchenweide (früher als Palmkätzchen geweiht). Weitere Bastarde: *S.* × *reichardtii*, *S.* × *wimmeriana*.

S. cinerea L., Grau-W., Asch-W.*/**

Hoher Strauch mit kräftigen, straff aufrechten Ästen, im Freistand breiter als hoch, abgeflacht; Spreitenoberseite mit zum Rand hin schwach eingesenkten Blattadern, nicht runzelig erscheinend; Knospen grau bis olivgrün, samtig behaart. 1,5–6 m. 3–4. ♄. Moorgebüsche der Niedermoore, Moorwiesen, lichte Erlen-Bruchwälder, Graben- u. Teichufer, h bis mäßig h vom Tiefland bis ins mittlere Bergland, z bis s im oberen Bergland. V Salic. cin., Salic. alb., V Aln.; eurosib.

Häufiger Bastard mit *S. aurita* (*S.* × *multinervis*) kann eindeutige Bestimmung erschweren. Weitere Bastarde: *S.* × *holosericea*, *S.* × *sordida*.

S. daphnoides VILL., Reif-W.**

Blätter längl. lanzettl., im Austrieb behaart, aber dann verkahlend, oberseits glänzend dunkelgrün, unterseits matt graugrün; Zweige rot- bis gelbbraun od. grünl., meist auffällig graublau bereift; Kätzchen vor der Blattentfaltung, am frühesten blühende Weide. 3–30 m. 3–4. ♄, ♄. Zier- u. Bienenweidegehölz, auch gepflanzt in Auen u. Bergbaufolgelandschaft, s verwildert. NU. Heimat: Europa.

S. eleagnos SCOP., **Lavandel-W.****
Blätter 5–15 cm lang, bis 1(1,5) cm breit, lineal lanzettl., anfangs beiderseits weißfilzig, später Spreitenoberseite kahl u. dunkelgrün; Nebenblätter meist fehlend; Kätzchen mit dem Blattaustrieb erscheinend. 3–6 m. 4–5. ♄. Ziergehölz, s verwildert. NU. Heimat: Europa, N-Afrika, nördl. Kleinasien.
Häufig gepflanzt sehr schmalblättrige Sorten (z. B. 'Angustifolia').

S. eriocephala MICHX., **Herzblättrige W., „Amerikaner-W."****
[*S. cordata* MUHL. non MICHX., *S. rigida* MUHL., *S. petiolaris* SM.]. Blätter 8–15 cm lang, im Austrieb rötl.; Nebenblätter groß, nierenförmig. Jungtriebe anfangs behaart, verkahlend. 0,3–2 m. 4–5. ♄. Korbweidenkulturen, auch zur Wildäsung gepflanzt, s verwildert. NU. Heimat: Östl. N-Amerika.

S. fragilis L., **Bruch-W., Knack-W.****
[*S. euxina* I. V. BELYAEVA]. Blätter lanzettl., mit lang ausgezogener Spitze, größte Breite unterhalb der Mitte, Oberseite glänzend grün, Unterseite heller, matt; Knospen mit zusätzlicher Knospenschuppe u. 1 Pseudoschuppe; Kätzchen mit dem Blattaustrieb blühend; Krone breit, kugelförmig. 4–15 m. 4–5. ♄. Erlen- u. Weiden-Ufergehölze sommerkühler Bach- u. Flussauen, z im Berg- u. angrenzenden Hügelland, auch gepflanzt u. verwildert. O Salic. purp., V Aln.-Ulm.; euras-nem.
Nach neueren Untersuchungen gehört der Typus von *S. fragilis* zur Fahl-W., dem Bastard zwischen Silber- u. Bruch-W. Deshalb wurde für die Bruch-W. ein neuer Name eingeführt (*S. euxina* I. V. BELYAEVA) u. die Fahl-W. *S.* × *fragilis* benannt. Da es Bemühungen gibt, den Namen *S. fragilis* im bisherigen Sinn zu konservieren, wird er vorerst beibehalten. Genaue Verbreitung nicht sicher bekannt, da Verwechslungen mit spontanen u. kultivierten Bastarden, besonders *S.* × *rubens*, aber auch *S.* × *alopecuroides* u. *S.* × *meyeriana*.

S. gmelinii PALL., **Filzast-W., Bandstock-W.**
[*S.* × *dasyclados* WIMM.]. Jungtriebe dick, samtfilzig behaart, 2-jährige Zweige schwarzgrau-samtig bis -filzig. 3–5 m. 3–4. ♄. Zier- u. Nutzgehölz, als Bienen- u. Korbweide gepflanzt, möglicherweise auch spontan entstehend, z verwildert, im Elbtal vermutlich eingebürgert, Auen, Bergbau- u. Brachflächen. V Salic. alb., V Samb.-Salic. ↗ NE. Heimat: O-Europa.
Vermutl. durch Kreuzungen von *S. caprea* × *S. cinerea* × *S. viminalis* entstanden. Verwechslungsmöglichkeit mit Bastarden, besonders *S.* × *holosericea*, *S.* × *smithiana*.

S. myrsinifolia SALISB., **Schwarz-W., Schwarzwerdende W.****
[*S. nigricans* SM.]. Blattform u. -behaarung variabel, Spreite lanzettl. bis elliptisch, eiförmig bis rundl. od. verkehrt eiförmig, anfangs oft behaart, meist

verkahlend od. kahl, Oberseite dunkelgrün, schwach glänzend, Unterseite nur im Bereich der Spitze grün, sonst matt blaugrün; Kätzchen kurz vor dem Blattaustrieb. 1,5–6 m. 4–5. ♄. Auen- u. Moorgebüsche, Teich- u. Grabenufer, Rohböden der Bergbaufolgelandschaft, s LLA, MLH, OL, VGT, wohl meist gepflanzt od. verwildert. Heimat: Europa, W-Sibirien.

S. pentandra L., **Lorbeer-W.****

Blätter 5–12 cm lang, eiförmig elliptisch, völlig kahl, derb, Oberseite lackartig glänzend, im Austrieb balsamisch, welkend nach Bittermandel riechend; Zweige rotbraun, glänzend, kahl; Nebenblätter meist fehlend; Kätzchen nach der Blattentfaltung (am spätesten blühende Weide). 1–12 m. 5–6. ♄, ♄. Moorwiesen u. -gebüsche, lichte Bruchwälder, Bach- u. Flussauen, z OL bis EET, ELH, ERM, sonst s. ↘ V Salic. cin, Salic. alb., Aln.-Ulm.; eurosib.

Verwechslungsgefahr mit *S.* × *meyeriana*.

S. purpurea L., **Purpur-W.****

Blätter oberseits bläul.- bis dunkelgrün, unterseits blau- bis graugrün, welkend sich blauschwarz verfärbend; straff aufrechter, schlanker Strauch mit dünnen, zähen u. biegsamen, gelbl.-braunen bis rotpurpurnen Zweigen; Kätzchen während der Blattentfaltung; pro Blüte scheinbar nur 1 Staubblatt, da Staubfäden bis zu den Staubbeuteln verwachsen, Staubbeutel vor Blütenbeginn purpurn. 0,5–6 m. 3–4. ♄. Bach- u. Flussauen, mäßig h in Auen vom Tief- bis Bergland, z auf wechselnassen Kies- u. Sandböden u. an Gewässern außerhalb der Auen, auch gepflanzt (Korbweide, Schutzpflanzungen). O Salic. purp.; eurosib. Off.

Vereinzelt wird **subsp. *lambertiana*** (SM.) RECH. f. (Blattzähne teilweise fast bis zum Spreitengrund, dieser etwas breiter, abgerundet) angegeben, aber Übergänge zu **subsp. *purpurea*** erschweren eine eindeutige Abgrenzung. Bastard mit *S. viminalis* (*S.* × *rubra*) durch zumindest schwache Behaarung der Blattunterseite gut abgrenzbar.

S. repens L. agg., **Artengruppe Kriech-W.****

Blattspreite anfangs beiderseits seidenhaarig, oberseits meist verkahlend, unterseits bleibend dicht behaart, silbrig glänzend; Nebenblätter klein od. fehlend; Kätzchen kurz vor od. mit dem Blattaustrieb. 0,2–1,8 m. 4–5. ♄. Moorwiesen, Feuchtweiden, feuchte Magerrasen u. Zwergstrauchheiden. V Mol., V. Eric. tetr., V Salic. cin.; eurosib.

1 Blattspreite 1,2–5-mal so lang wie breit, breit lanzettl., elliptisch bis verkehrt eiförmig, größte Breite in od. oberhalb der Mitte, vorn meist spitzbogig mit oft gekrümmter Spitze, 4–10 Paar Seitenadern, Blattrand meist umgerollt, ganzrandig bis entfernt gesägt; oberirdische Zweige niederliegend bis aufsteigend **S. *repens*** s. str.

1* Blattspreite 3–10-mal so lang wie breit, längl. lanzettl. bis lineal lanzettl., größte Breite in od. unterhalb der Mitte, meist lang zugespitzt u. ohne Spitzchen, 10–12 Paar Seitenadern, Blattrand flach bis umgerollt, meist ganzrandig; oberirdische Zweige niederliegend od. aufsteigend u. aufrecht ***S. rosmarinifolia***

S. repens L. s. str., **Kriech-W.** i. e. S., **Echte Kriech-W.**

Blätter 1–3 cm lang, 0,5–2 cm breit. Mäßig h bis z im Tiefland von OLT bis DDH, z OLB, ERZ, VGT, sonst s; subatl.

Im Gebiet bisher nur **subsp. *repens;*** in OLT ist auf **subsp. *dunensis*** Rouy [*S. arenaria* L.] zu achten (Blätter breit elliptisch, auch oberseits dicht behaart bleibend).

S. rosmarinifolia L., **Rosmarin-W.**

Blätter 2–5 cm lang, 0,2–0,8 cm breit. Sehr s ELH, OLT, früher GHP, OLH; sarmat-südsib.

S. × ***rubens*** Schrank**, Fahl-W., Hohe W.****

[*S. alba* × *S. fragilis*]. Blätter 7–13 cm lang, anfangs seidig behaart, verkahlend, aber zumindest Unterseite u. Blattstiel nie ganz kahl; Jungtriebe anfangs schwach behaart, bis auf Blatt- u. Knospenachseln verkahlend; Baumkrone hochgewölbt. 4–25 m. 4–5. ♄. Spontan in Flussauen im gemeinsamen Verbreitungsgebiet der Elternarten, oft häufiger als diese, aber meist gepflanzt, auch außerhalb von Bach- u. Flussauen, u. oft verwildert, h im Tief- u. Hügelland, z im Bergland.

Der Name *S.* × *rubens* wurde nicht durch *S.* × *fragilis* ersetzt (s. unter *S. fragilis*). Häufigster Weidenbastard, der nicht immer eindeutig von den Elternarten zu trennen ist; wird auch als Kopfweide gezogen.

S. triandra L., **Mandel-W.***/**

Blätter 5–10 cm lang, oberseits glänzend grün, unterseits grün od. blaugrau, Kätzchen mit der Blattentfaltung, meist aufrecht stehend; breit ausladender Strauch; nach Ablösung der Rinde an älteren Ästen junge Rinde zimtbraun. 2–4(–7) m. 4–5. ħ. Weidengebüsche der Bach- u. Flussauen, Altwässer, Ufer, Buhnen, Feuchtstandorte in der Bergbaufolgelandschaft, mäßig h in Auen größerer Flüsse, sonst z, auch gepflanzt (Uferbefestigung, Korbweidenkulturen). V Salic. alb.; euras.

Verbreitung der Unterarten **subsp. *triandra*** (Blattunterseite hellgrün, schwach glänzend) u. **subsp. *amygdalina*** (W. D. J. Koch) Schübl. et G. Martens (Blattunterseite blaugrau bereift, matt) unzureichend bekannt. Verwechslungsgefahr mit auch spontan auftretenden, jedoch meist gepflanzten u. gelegentlich verwildernden Bastarden (*S.* × *alopecuroides*, *S.* × *mollissima*).

S. viminalis L., **Korb-W.***/**

Jungtriebe samtig behaart, verkahlend, Zweige schlank u. biegsam, gelbl.-grau bis grün od. graubraun; anliegende Haare auf Spreitenunterseite parallel zu Seitenadern; Kätzchen kurz vor Blattaustrieb. 2–10 m. 3–4. ħ, selten ♄. Weidengebüsche der Bach- u. Flussauen, Altwässer, Ufer, Feuchtbereiche in Bergbaufolgelandschaft, h im Tief- u. Hügelland, z unteres Bergland, s ERZ, außerhalb der Auen meist gepflanzt od. verwildert; gebietsweise NE 18. Jh. V Salic. alb.; euras. Off.

Außerhalb von Siedlungen eine der am häufigsten gepflanzten Strauchweiden; Elternart oft gepflanzter Bastarde wie *S.* × *mollissima* u. *S.* × *rubra*, die ebenfalls als Korbweiden Bedeutung erlangten.

Bastarde:

S.* × *alopecuroides Tausch [*S. fragilis* × *S. triandra*]: **Fuchsschwanz-W.;** s im Verbreitungsgebiet der Elternarten spontan, meist gepflanzt

S.* × *ambigua Ehrh. [*S. aurita* × *S. repens*]: **Bastard-Ohr-W.;** z bis s EET, ERZ, LLA, OLT, VGT

S.* × *capreola Jos. Kern. [*S. aurita* × *S. caprea*]: s bis z GHP, ERZ, OL, VGT

S.* × *doniana Sm. [*S. purpurea* × *S. repens*]: s OLH, OLT, LLA, auch gepflanzt

S.* × *fruticosa Döll [*S. aurita* × *S. viminalis*]: s OL

S.* × *holosericea Willd. [*S. cinerea* × *S. viminalis*]: **Seidenblatt-W.;** z bis s EET, LLA, OLT, auch gepflanzt; Verwechslungsgefahr mit *S. gmelinii* u. *S.* x *smithiana*

S.* × *meyeriana Willd. [*S. fragilis* × *S. pentandra*]: **Zerbrechliche Lorbeer-W., Färber-W.;** s bis z, GHP, LLA, OL, VGT, oft gepflanzt u. auch verwildert

S.* × *mollissima Elwert [*S. triandra* × *S. viminalis*]: **Busch-W.;** s bis z EET, ELH, LLA, OLH, OLT, meist gepflanzt u. auch verwildert

S.* × *multinervis Döll [*S. aurita* × *S. cinerea*]: **Vielnervige W.;** z im Verbreitungsgebiet der Elternarten, häufigster unter den nicht kultivierten Weidenbastarden

S.* × *reichardtii A. Kern. [*S. caprea* × *S. cinerea*]: **Reichhardt-W.;** z bis s LLA, OL, VGT

***S.* × *rubens*:** s. oben

S.* × *rubra Huds. [*S. purpurea* × *S. viminalis*]: **Blend-W.;** z, auch spontan auftretend, aber meist gepflanzt (Ufer, Korbweidenkulturen) u. verwildert

S.* × *sepulcralis Simonk. [*S. alba* × *S. babylonica* L.]: s. unter *S. alba*!

S.* × *smithiana Willd. [*S. caprea* × *S. viminalis*]: **Kübler-W.** *(Abb. 345/1);* z, aber meist gepflanzt od. verwildert

S.* × *sordida A. Kern [*S.* × *pontederiana* Willd., *S. cinerea* × *S. purpurea*]: s OL, VGT, früher ELH, ESG

S.* × *undulata Ehrh. [*S. alba* × *S. triandra*]: s LLA, MLH

S.* × *wimmeriana Gren. et Godr. [*S. caprea* × *S. purpurea*]: s, früher ELH, LLA

Weitere, früher für Sachsen angegebene (wenn gepflanzt, dann außerhalb von Siedlungen), aber aktuell nicht bestätigte Arten u. Bastarde: *S. aegyptiaca* L. [*S. medemii* Boiss.] (OL, neue Angabe VGT), *S. appendiculata* Vill. (ERO), *S. babylonica* L. (irrtüml. für Trauerweiden, die zu *S. alba* od. Bastarden mit *S. alba* gehören, s. unter *S. alba*!), *S. bicolor* Willd., *S.* × *coriacea* Schleich. [*S. aurita* × *S. myrsinifolia*] (OL), *S. gracilistyla* Miq. (OL), *S.* × *laurina* Sm. [*S. bicolor* × *S. caprea*], *S. lucida* Muhl. (OL), *S.* × *subsericea* Döll [*S. cinerea* × *S. repens*] (OLT), *S.* × *strepida* J. Forbes. [*S.* × *vaudensis* Schleich., *S. cinerea* × *S. myrsinifolia*] (OL).

345/1

Fam. *Violaceae* BATSCH, Veilchengewächse

Viola L., **Veilchen, Stiefmütterchen**

1 Pflanze ohne entwickelte Stängel, höchstens mit Ausläufern; Blüten in den Achseln der grundständigen Blätter; die beiden mittleren Kronblätter immer seitl. abstehend; Kelchblätter stumpf

2 Narbe schief scheibenförmig, am unteren Rand röhrenförmig vorgestreckt *(Abb. 346/1)* od. Narbe aufgesperrt rachenförmig; Blütenstiele zur Fruchtzeit aufrecht, an der Spitze hakig

3 Narbe aufgesperrt rachenförmig; Blätter herz-eiförmig; Nebenblätter bis zur Mitte dem Blattstiel angewachsen, drüsig gezähnelt; Blattstiel geflügelt; Krone violett, 2–3 cm lang ***V. uliginosa***

3* Narbe schief scheibenförmig, am unteren Rand röhrenförmig vorgestreckt; Blätter nierenförmig; Nebenblätter frei, fransig gezähnelt od. ganzrandig; Blattstiel höchsten oberwärts geflügelt; Krone blass rötl. bis blaulila, < 2 cm lang

4 Laubblätter meist zu 4 (2–6), nierenförmig herzförmig, stumpf, die Spreite meist breiter als lang, kahl; Vorblätter in od. wenig über der Mitte der Blütenstiele eingefügt; Krone meist < 1,5 cm lang; Sporn nur wenig länger als die Kelchanhängsel ***V. palustris***

4* Laubblätter meist nur zu 2, nierenförmig, spitz, die Spreite meist länger als breit, unterseits zerstreut behaart; Vorblätter hoch über der Mitte der Blütenstiele entspringend; Krone 1,5–2 cm lang; Sporn 2–3-mal so lang wie die Kelchanhängsel ***V. epipsila***

2* Narbe in ein herabgezogenes Schnäbelchen verschmälert *(Abb. 346/2)*; Blütenstiele zur Fruchtzeit niederliegend, an der Spitze gerade

5 Pflanze ohne Ausläufer (aber manchmal mit bis 1 cm langen unterirdischen Seitensprossen); Blüten duftend od. geruchlos

6 Blätter eiförmig od. 3-eckig eiförmig (länger als breit), am Grund herzförmig, mit seichter, weiter Bucht, gekerbt *(Abb. 346/3)*, grasgrün, kurzhaarig; Nebenblätter lanzettl., ganzrandig od. kurz gefranst, kahl od. spärl. behaart, Fransen kürzer als der Querdurchmesser der Nebenblätter; Vorblätter meist unter der Mitte des Blütenstiels; Krone hellviolett, selten dunkelviolett, weiß od. rosa; Sporn 3–5 mm lang, dünn, gerade, oft an

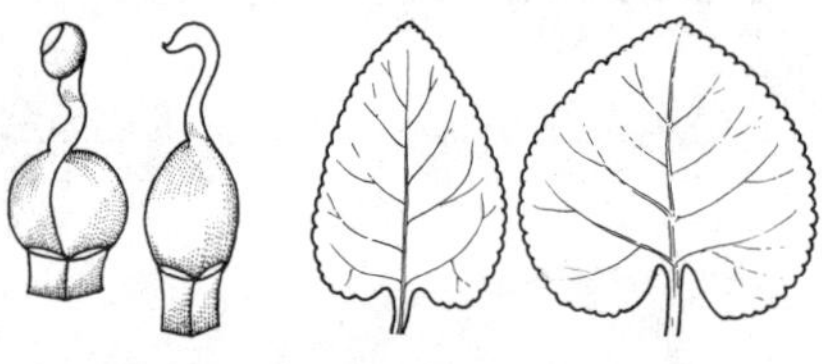

346/1 346/2 346/3 346/4

der Spitze mit einem Haken, rötl.-violett, dunkler als die Kronblätter; Kronblätter an der Spitze ausgerandet; Blüten geruchlos ***V. hirta***

6* Blätter rundl. eiförmig, am Grund herzförmig, mit tiefer, enger Bucht, fein gekerbt *(Abb. 346/4)*, hell-, unterseits etwas graugrün, weichhaarig; Nebenblätter schmal lanzettl., lang zugespitzt, am Rand wie die Fransen fein rauhaarig; mittlere Fransen so lang wie der Querdurchmesser der Nebenblätter; Vorblätter in od. über der Mitte des Blütenstiels; Krone hellblau; Sporn 3 mm lang, kurz, spitzl., aufwärts gebogen, weißl., heller als die Kronblätter; nur das unterste Kronblatt ausgerandet; Blüten wohlriechend ***V. collina***

5* Pflanze mit deutl. ober- od. unterirdischen Ausläufern; Blüten immer duftend

7 Vorblätter in od. etwas über der Mitte des Blütenstiels sitzend; Nebenblätter ganzrandig od. kurz gefranst; Blätter eiförmig bis nierenförmig, abgerundet, etwa so lang wie breit, behaart; Ausläufer oberirdisch, meist > 8 cm lang; Krone dunkelviolett, zur Mitte hin heller, ohne ausgeprägt weißes Zentrum, selten weiß od. rosa ***V. odorata***

7* Vorblätter weit unter der Mitte des Blütenstiels sitzend; Nebenblätter lang gefranst; Blätter herz-eiförmig, dunkelgrün, fast kahl; Ausläufer unterirdisch, bis etwa 8 cm lang; Krone blauviolett od. blau, mit deutl. weißem Zentrum ***V. suavis***

1* Pflanze mit entwickelten Stängeln; Blüten in den Achseln stängelständiger Blätter; die beiden mittleren Kronblätter seitl. abstehend od. zu den 2 oberen empor gerichtet u. diese mit den Rändern deckend; Kelchblätter spitz od. zugespitzt

8 Die beiden mittleren Kronblätter seitl. abstehend; Krone nie gelb

9 Stängel u. Blattstiele 1-reihig behaart; Stängel anfangs unentwickelt, mit meist unfruchtbaren Blüten in den Achseln grundständiger Blätter, später entwickelt, mit fruchtbaren, aber meist kronenlosen Blüten in den Achseln der stängelständigen Blätter ***V. mirabilis***

9* Stängel u. Blätter ringsum behaart od. kahl; Stängel stets vorhanden (manchmal aber kurz!)

10 Stängelgrund mit lang gestielten Blättern; Blätter breit eiförmig od. rundl., am Grund deutl. herzförmig

11 Stängel, Blätter u. Blütenstiele von kurzen, dichten Haaren graugrünl.; Blätter rundl. herzförmig, stumpfl., bis 2 cm lang, schwach gekerbt od. ganzrandig; Nebenblätter spitz, gezähnt ***V. rupestris***

11* Stängel, Blätter u. Blütenstiele kahl; Blätter breit herzförmig, meist > 2 cm lang, deutl. gekerbt; Nebenblätter kammartig gefranst

12 Sporn dunkelviolett, schlank, nach unten gebogen, an der Spitze nicht gefurcht; Kelchblätter mit bis 1 mm langen, an der reifen Frucht fast verschwundenen Kelchanhängseln; Krone rötl.-violett, 12–15 mm, höher als breit; Kronblätter längl., schmal, sich nicht überdeckend; Narbenschnabel geradeaus gerichtet, behaart; Nebenblätter lineal lanzettl., dicht u. lang gefranst; Stängel aufsteigend, dünn, zur Fruchtzeit bis 25 cm hoch ***V. reichenbachiana***

12* Sporn weißl., dick, unterseits gefurcht u. an der Spitze ausgerandet; Kelchblätter mit meist 2–3 mm langen, auch an der reifen Frucht deutl. sichtbaren Kelchanhängseln; Krone hell blauviolett, 14–22 mm, im Umriss fast quadratisch; Kronblätter breit, sich meist überdeckend, unteres deutl. geadert; Narbenschnabel an der Spitze nach oben gerichtet, kahl od. nur in der Biegung schwach behaart; Nebenblätter lanzettl., weniger u. kürzer gefranst; Stängel meist aufrecht, kräftiger, zur Fruchtzeit bis 40 cm hoch ***V. riviniana***

Anm.: Stimmen nicht alle Merkmale, dann vgl. *V.* × *bavarica*!

10* Stängelgrund ohne lang gestielte Blätter; Blätter eiförmig od. längl. eiförmig, am Grund seicht herzförmig, gestutzt od. verschmälert

13 Sporn 5–8 mm lang, 1–2-mal so lang wie die Kelchanhängsel, weißl.; wenigstens die unteren Nebenblätter kürzer als der halbe Blattstiel; Blätter meist breit lanzettl., mit herzförmigem Grund

14 Stängel niederliegend od. aufsteigend; Blätter aus seicht herzförmigem od. fast gestutztem Grund eiförmig od. längl. eiförmig, stumpfl., kahl, vorn mit konvexen Rändern; Nebenblätter mehrmals kürzer als der Blattstiel, die der mittleren Stängelblätter 5 mm lang, die der oberen 8–10 mm lang (± 1/4 des Blattstiels); Krone meist tiefblau, im Umriss quadratisch, 7–18 mm lang; Sporn 2–3-mal so lang wie die Kelchanhängsel, walzenförmig, gelbl. od. weißl., meist gerade; Kapsel stumpf od. abgestutzt, mit einem Spitzchen ***V. canina***

14* Stängel aufrecht, höher; Blätter längl. eiförmig bis breit herzförmig, am Grund gestutzt bis schwach herzförmig, vorn etwas verschmälert, zugespitzt, vorn mit geraden od. konkaven Rändern; Nebenblätter der oberen Stängelblätter 20 mm lang, meist länger als der Blattstiel; Krone blassblau, im Umriss rechteckig, 15–22 mm lang; Sporn etwa 2-mal so lang wie die Kelchanhängsel, weiß, oft etwas herab gebogen; Kapsel spitzer als bei *V. canina* ***V. montana***

13* Sporn 2–3 mm lang, die Kelchanhängsel kaum überragend, grünl.-gelb; Nebenblätter ½ so lang bis ebenso lang wie der Blattstiel; Blätter eilanzettl., mit gestutztem od. keilförmigem Grund

15 Pflanze oberwärts ziemlich dicht flaumhaarig, kräftig, 15–30(–40) cm hoch; gesporntes Kronblatt 2–2,5 cm lang ***V. elatior***

15* Pflanze kahl od. nur mit wenigen kurzen Haaren, niedriger (bis 20 cm hoch); gesporntes Kronblatt 1–1,7 cm lang

16 Nebenblätter der mittleren Stängelblätter etwa ½ so lang wie der Blattstiel; Spreite am Grund gestutzt bis schwach herzförmig; Krone milchweiß, lila geadert; Pflanze bleichgrün, sehr spärl. behaart ***V. stagnina***

16* Nebenblätter der mittleren Stängelblätter so lang wie der Blattstiel, die oberen länger; Spreite am Grund keilförmig in den Stiel verschmälert;

Krone hellviolett, dunkel geadert; Pflanze frischgrün, völlig kahl **_V. pumila_**

8* Die beiden mittleren Kronblätter zu den 2 oberen emporgerichtet u. diese an den Rändern deckend; Kronblätter gelb, weiß, violett od. bunt, stets wenigstens das untere am Grund gelb

17 Blattspreite breiter als lang; Griffel winkelig gebogen mit gestutzter, flacher, fast lappiger Narbe; Krone gelb, unteres Kronblatt bräunl. gestreift **_V. biflora_**

17* Blattspreiten länger als breit; Griffel fast gerade mit fast kugeliger, krugförmig ausgehöhlter, großer, beiderseits mit einem Haarbüschel versehener Narbe; Krone meist mehrfarbig (Stiefmütterchen)

18 Blüten meist 3–6 cm breit, 1- bis vielfarbig; Zierpflanze **_V. wittrockiana_**

18* Blüten bis 2,5(–3,5) cm breit; Wildpflanze

19 Mittellappen der Nebenblätter nicht blattähnl., meist lanzettl., gekerbt od. ganzrandig; Lippe des Narbenkopfes groß **_V. tricolor_**

19* Mittellappen der Nebenblätter blattähnl., meist eilanzettl. bis eiförmig, gekerbt gesägt; Lippe des Narbenkopfes kleiner od. fehlend **_V. arvensis_**

V. arvensis MURRAY, **Feld-St., Acker-St.***

Pflanze locker kurzhaarig. 5–20 cm. 4–10. ⊙, ①, ⊙. Äcker, Gärten, Ruderalfluren (Wegränder, Brachflächen, Erdaufschüttungen), h bis ins obere Bergland. K Stell. med., V Sis.; euras-nem, z. T. Kosmopolit, Offenlandzeiger.

1 Blüten nicht duftend; Krone 10–15 mm lang, etwa so lang wie der Kelch, trichterförmig, hellgelb, höchstens die beiden oberen Kronblätter weißl. od. etwas violett; Sporn ebenso lang wie die Kelchanhängsel, zuweilen violett. Verbreitung etc. wie Art. **subsp. _arvensis_**

1* Blüten auffallend duftend; Krone (18–)20–24(–26) mm lang, deutl. länger als der Kelch, flach, blassgelb, oft blau überlaufen bzw. am oberen Rand der beiden oberen Kronblätter mit purpurnen od. purpurvioletten Flecken; Sporn etwas bis deutl. länger als die Kelchanhängsel; meist Übergangsformen zu voriger. Getreideacker, Ackerbrachen, s OLH: Marsdorf, OLT: Klitten-Dürrbach, VGT: Oelsnitz, Landwüst. **subsp. _megalantha_** NAUENB.

V. biflora L., **Zweiblütiges V.***

Stängel zart, meist 2-blütig; Blätter rundl. nierenförmig, gekerbt; Nebenblätter klein, eiförmig, ganzrandig. 5–15 cm. 5–8. ♃. Feuchte, schattige Rieselfluren, Felsüberhänge, s, nur im ostelbischen ESG; früher OLB: Zittau: Lausche (außerhalb Sachsens). ↘ V Card.-Mont.; arct-alp, circpol. Kaltzeitrelikt.

V. canina L., **Hunds-V.***

5–15 cm. 5–6. ♃. Borstgras-Magerrasen, Zwergstrauchheiden, Magerrasen, Halbtrockenrasen, bodensaure Wälder u. Gebüsche, kalkmeidend, meist mäßig h, doch z LLA. K Call.-Ul., O Brom., V Querc. rob.; eurosib.

V. collina BESSER, **Hügel-V.**

6–10 cm. 4–5. ♃. Früher LLA: neophytisch in den Parks von Leipzig-Zweinaundorf u. Schönwölkau.

V. elatior FR., **Hohes V.**

[*V. erecta* auct., *V. persicifolia* auct. p. p.]. 15–40 cm. 5–7. ♃. Ränder von Auenwäldern u. -gebüschen, Auenwiesen, †, früher s LLA: südl. u. westl. von Leipzig. Stromtalpflanze. V Mol.; sarmat-südsib.

V. epipsila LEDEB., **Torf-V.**

8–15 cm. 5–6. ♃. Sumpfwiesen, Schwingrasen in Zwischenmooren, †, früher s OLT: Niesky, letzter Nachweis 1952 Buchgarten bei Tränke (Bad Muskau). V Car. lasi.

V. hirta L., **Raues V., Rauhaariges V., Behaartes V.**

Sommerblätter längl. eiförmig, mit tiefer Bucht, sehr lang gestielt u. groß (bis 9 cm lang). 5–10 cm. 4–5. ♃. Wärmebegünstigte Eichenmischwälder, Gebüsche, Halbtrockenrasen, Säume, mäßig h EET, ELH, LLA, VGT, s bis ins mittlere Bergland, fehlt OLT. V Berb., V Querc. pub., V Carp., V Brom., V Cirs.-Brach., V Ger.; submed+euras-kont.

V. mirabilis L., **Wunder-V.***

Blätter breit herzförmig, kurz zugespitzt, klein gekerbt, untere fast nierenförmig; Nebenblätter lanzettl., ganzrandig, die unteren rotbraun, kahl, die oberen gewimpert; Krone blasslila; Kronblätter breit lanzettl., 3-nervig, zugespitzt; Blüten duftend; Wurzelstock dick, mit schuppenförmigen, braunen Niederblättern besetzt. 10–25 cm. 4–5. ♃. Krautreiche Laubmischwälder, lichte Gebüsche, †, früher s LLA: Schkeuditz. V Carp.; sarmat+euras-nem.

Die Angabe von Radebeul (in HARDTKE et IHL 2000) beruht auf Fehlbestimmung. Aktuelle Vorkommen im benachbarten Sachsen-Anhalt (Elster-Luppe-Aue).

V. montana L., **Berg-V.**

[*V. canina* L. subsp. *montana* (L.) HARTM.]. 10–40 cm. 5–6. ♃. Anmoorige Wiesen, Bergwiesen, Waldränder, s, Verbreitung ungenau bekannt, angegeben von ERO: Spechtshausen; MLH: Nossen; OLH: Niederoderwitz; VGT: Treuen: Gospersgrün; früher z. B. LLA: Leipzig; MLH: Lommatzsch: Leuben; OLH: Herrnhut, Löbau; OLT: Schwarzkollm. ↘ V Mol., O Nard. Alte Angaben beruhen z. T. auf Fehlbestimmungen.

V. odorata L., **März-V.***

Vorblätter 3–4 mm lang, ganzrandig od. kurz gefranst; Ausläufer wurzelnd; erst im 2. Jahr blühend; Sporn gerade od. wenig gebogen, dick, die Kelchanhängsel deutl. um 3–4 mm überragend. 5–10 cm. 3–4. ♃. Gebüsche, etwas ruderalisierte Laubwaldränder, Parks, mäßig h vom Tiefland bis ins mittlere

Bergland, im oberen seltener. P. ↗ V Carp., K Rhamn.-Prun., V Aln.-Ulm., O Glech.; auch häufig in Gärten gepflanzt u. verwildernd. Off.

V. palustris L., **Sumpf-V.***

5–12 cm. 5–6. ♃. Nährstoffarme Niedermoore, saure Kleinseggenriede, Ränder von Erlenbrüchen, h im Bergland u. OL, sonst z, stellenweise fehlend: westl. u. südwestl. von Leipzig, Lommatzscher Pflege. V Car. nig., V Viol.; bor.

V. pumila Chaix, **Niedriges V., Zwerg-V.**

Nebenblätter ganzrandig od. besonders auf der äußeren Seite mit Zähnen. 10–25 cm. 5–6. ♃. Wechselfeuchte Stromtalwiesen, s DDH: Gräfendorf; LLA: Schkeuditz, früher mehrfach um Leipzig; ELH: Pirna; OLB: früher Schönauer Hutberg. ↘ V Mol., V Cnid.; sarmat-südsib.

V. reichenbachiana Boreau, **Wald-V.***

[*V. silvatica* Fr., *V. sylvestris* Lam. em. Rchb.]. 10–25 cm. 3–5. ♃. Frische Laubmischwälder, Gebüsche, z GHP, sonst meist mäßig h. K Querc.-Fag.; europ-nem.

V. riviniana Rchb., **Hain-V.***

10–40 cm. 4–6. ♃. Frische Laubmischwälder (vor allem Eichen-Hainbuchenwälder), Gebüsche, mäßig h, im Bergland z. K Querc.-Fag.; submed+subatl.

V. rupestris F. W. Schmidt, **Sand-V.**

[*V. arenaria* DC.]. Stängel sehr kurz, niederliegend od. aufsteigend, 1–2-blütig; Nebenblätter breit lanzettl., mit kurzen Anhängseln; Kronblätter verkehrt eiförmig längl., blauviolett, lila od. weiß; Sporn meist gleichfarbig, 2–3-mal so lang wie die Kelchanhängsel, etwas nach oben gebogen; Kapsel fein behaart. 3–8 cm. 5–6. ♃. Trocken- u. Halbtrockenrasen, Kiefern-Trockenwälder, †, früher s ELH: Dresden, Meißen; OLT: Muskauer Heide, Niesky. V Cyt.-Pin., K Fest.-Brom.; euras kont. Offenlandzeiger.

V. stagnina Schult., **Graben-V., Milchweißes V.**

[*V. persicifolia* auct., *V. lactea* auct. non Sm.]. Blätter am Grund schwach herzförmig od. gestutzt, längl. lanzettl., lang verschmälert, fein behaart (Lupe!). 10–20 cm. 6. ♃. Wechselfeuchte Wiesen, besonders Stromtalwiesen, Grabenränder, s EET: Prodel Dölen, nordwestl. Torgau; LLA: Schkeuditz, Leipzig-Holzhausen, früher mehrfach um Leipzig u. OLT: Tränke, Lomske; früher s ELH. ↘ V Mol., V Cnid.; sarmat-südsib.

V. suavis M. Bieb., **Blau-V.**

[*V. beraudii* Bor., *V. cyanea* Čelak., *V. sepincola* Jord.]. 6–20 cm. 3–4. ♃. Hecken, lichte Laubgehölze, Zierpflanze, verwildert, z ELH, ERB, OL, sonst s. ↗ NE. V Trif., O Glech. Heimat: Europa, W-Asien.

V. tricolor L., **Wildes St.***

Nebenblätter leierförmig fiederspaltig, mit oft blattartigem, gekerbtem Endzipfel; Blätter u. Stängel kahl od. kurzhaarig, gekerbt, die unteren herzeiförmig, die oberen längl. elliptisch, allmähl. zugespitzt; Sporn etwa 2-mal so lang wie die Kelchanhängsel; Krone in Größe u. Farbe sehr verschieden, gelb od. 3-farbig. 10–35 cm. 4–9. Bor+pralp-mont-demont. Offenlandzeiger. Früher Off.

1 Kronblätter gelb, von oben her schwach bläul. überlaufen — Sporn 5–6 mm lang, ± gleich lang bis 2-mal so lang wie die Kelchblattanhängsel; meist ♃; Blüten duftend. Bergwiesen, Gebirgsäcker, z im oberen ERZ. V Pol.-Tris., V Aphan. [*V. t.* subsp. *subalpina* (LATOURR.) GAUDIN, *V. alpestris* (DC.) JORD., *V. t.* subsp. *saxatilis* (F. W. SCHMIDT) ARCANG.]. **subsp. *alpestris*** (GING.) CES.

1* Kronblätter, wenigstens die oberen, blau- bis purpurviolett

2 Pflanze ① bis 3-jährig; Krone meist 15–20 mm lang, meist 3-farbig (unteres Kronblatt meist gelbl.-weiß). Äcker, Wegränder, Sandtrockenrasen, Kiefernwälder, mäßig h, doch s im sommerwarmen Hügelland u. westl. von Leipzig. O Aper., V Coryn., V Dicr.-Pin. **subsp. *tricolor***

2* Pflanze stets ♃; Krone 20–35 mm lang, meist purpurviolett. Gebirgswiesen, ERZ. V Pol.-Tris., V Viol. [var. *polychroma* (A. KERN.) GAMS]. **subsp. *polychroma*** (A KERN.) J. MURR

V. uliginosa BESSER, **Moor-V.**

Laubblätter meist zu 3 od. 4, unbehaart, dicht braun drüsig. 10–15 cm. 3–4. ♃. Wechselfeuchte Wiesen, Erlen-Bruchwälder; s OLT: Kreba am Hammerbruch u. Mücka; früher z; sonst †, OLB: Nordfuß des Czorneboh; LLA: Schkeuditz, Bockwitz, Bad Lausick. ↘ V Aln., V Mol.; bor-sarmat. Einzige aktuelle Vorkommen in Deutschland!

V. wittrockiana NAUENB. et BUTTLER, **Garten-St.***

10–30 cm. 3–10. Meist ①. Bastard aus *V. lutea* HUDS. subsp. *sudetica* (WILLD.) NYMAN, *V. tricolor* u. *V. altaica* KER.-GAWL.; in vielen Sorten kultiviert u. gelegentlich auf Kompost- u. Erdhaufen u. auf Friedhöfen verwildert.

Häufig kultiviert wird ***V. cornuta*** L., **Sporn-V.:** Nebenblätter gesägt od. gelappt bis ca. ½ zur Mittelrippe, Blüten 2–4 cm Ø, violett od. lila, duftend; Sporn 10–15 mm lang. 15–30 cm. ♃. In vielen Sorten gepflanzt, s in Parkrasen verwildert. NU. Heimat: Pyrenäen.

Bastarde:

V. × ***bavarica*** SCHRANK [*V.* × *intermedia* RCHB., *V. reichenbachiana* × *V. riviniana*]: Unter den Eltern od. auch allein auftretend u. mit diesen rückkreuzbar. Blüten etwas kleiner als bei *V. riviniana*, Sporn hellblau bis blauviolett u. meist gefurcht, stellenweise mäßig h u. häufiger als die Eltern.

V. × ***borussica*** (BORBÁS) W. BECKER [*V. canina* × *V. reichenbachiana*]: s, z. B. mehrfach OL

V. × ***contempta*** JORD. [*V.* × *tricoloriformis* GERSTL., *V. arvensis* × *V. tricolor*]: z, z. B. OL, VGT

V. × ***erdneri*** GERSTL. [*V. odorata* × *V. suavis*]: s, z. B. VGT: Erlbach, Markneukirchen; ELH

V.* × *intersita BECK [*V.* × *baltica* W. BECKER, *V. canina* × *V. riviniana*]: s
V.* × *ritschliana W. BECKER [*V. canina* × *V. stagnina*]: früher s
V.* × *scabra F. BRAUN [*V.* × *permixta* JORD., *V. hirta* × *V. odorata*]: Im Vergleich zu *V. odorata* mit dickeren, oft nicht wurzelnden Ausläufern; Blätter herzförmig, etwas zugespitzt od. herz-eiförmig; Nebenblätter lanzettl., kurz gefranst; Krone heller violett, geruchlos od. schwach duftend; mäßig h, z. T. auch ohne Elternarten auftretend
V.* × *semseyana BORBÁS [*V.* × *stipularis* PETERM., *V. canina* × *V. pumila*]: früher s, z. B. Leipzig
V.* × *torslundensis W. BECKER [*V. elatior* × *V. stagnina*]: früher s, z. B. Leipzig

Fam. *Linaceae* PERLEB, Leingewächse

1 Kelch 4-zählig, Kelchblätter 2- od. 3-zähnig; Kronblätter 4; Kapsel 8-fächrig ***Radiola,*** 354
1* Kelch 5-zählig, Kelchblätter ganzrandig; Kronblätter 5; Kapsel unvollkommen 10-fächrig ***Linum,*** 353

Linum L., **Lein**

1 Blätter gegenständig; Kronblätter weiß, am Grund gelb, 4–5 mm lang ***L. catharticum***
1* Blätter wechselständig; Kronblätter blau, 10–15 mm lang
2 Kronblätter am Rand fein gewimpert; Blätter 3-nervig; Pflanze meist 1-jährig ***L. usitatissimum***
2* Kronblätter am Rand kahl; Blätter meist 1-nervig; Pflanze ausdauernd ***L. austriacum***

L. austriacum L., **Österreichischer L.**
Fruchtstiele abwärts gekrümmt; Kapsel 3,5–5 mm lang. 30–60 cm. 5–7. ♃. Halbtrockenrasen, Ruderalfluren, s im Tiefland. NU. V Brom., V Dauco-Mel. Heimat: Europa, Vorderasien. (∇)

L. catharticum L., **Wiesen-L., Purgier-L.***
Blätter am Rand sehr fein gezähnelt, spitz, kahl, untere verkehrt eiförmig, obere lanzettl.; Stängel dünn, oben gabelästig; Blütenstände vor dem Aufblühen überhängend; Kronblätter elliptisch, drüsig gewimpert. 5–20 cm. 6–8. ⊙, selten ♃ (kurzlebig). Magerwiesen u. -weiden Kalkquellmoore, Weg- u. Straßenränder, auch Rohbodenbesiedler, auf frischen bis feuchten, meist basenhaltigen Böden, z im Tiefland, mäßig h im Hügel- u. Bergland. O Mol., V Cirs.-Brach., V Brom., O Nard., V Car. davall.; eurosib. Off.
Die taxonomische Einstufung der folgenden Sippen als Unterarten bedarf noch der Prüfung.

1 Stängel am Grund nicht verholzt, einzeln, locker beblättert, im Herbst ohne sterile Triebe; Blütenstände locker; ⊙. Verbreitung usw. wie Art. **subsp. *catharticum***

1* Stängel am Grund ± verholzt, zu mehreren, dicht beblättert, aufsteigend, im Herbst mit sterilen Kurztrieben; Blütenstände dicht; ♃. Wechseltrockene Triften, s im oberen ERZ; angegeben auch OLT: Charlottenhof. **subsp. *suecicum*** HAYEK

L. usitatissimum L., **Saat-L., Gebauter L., Flachs***

Fruchtstiele aufrecht; Frucht 6–8 mm lang. 40–100 cm. 6–7. ⊙, ①, selten ⊙. Sehr alte Kulturpflanze (Faser- u. Ölpflanze), verwildert, Ruderalfluren (Straßenränder, Erdaufschüttungen, Mauerfüße, Bahnanlagen), z. NU. O Sis. Off. Nur in Kultur bekannt. Wird in mehreren Sorten kultiviert.

L. grandiflorum DESF., **Großblütiger L.:** Kronblätter karmin- bis blutrot (selten weiß od. rosa); Kelchblätter 10 mm lang, drüsig berandet. 30–50 cm. 6–9. ⊙. Zierpflanze, auch s in Rasenansaaten. NU. Heimat: Algerien.

Radiola HILL, **Zwerg-Lein, Zwergflachs**

Stängel dünn, gabelteilig vielästig; Blätter gegenständig, eiförmig bis längl.; Blüten gegenständig, sehr klein; Kronblätter so lang wie die Kelchblätter, weiß. 1–5 cm. 7–8. ⊙. Vegetationsarme feuchte, sandige od. torfige Böden, nasse Äcker, s OLT: von Bröthen bis Nisky; VGT: Rebesgrün; früher z in Tief- u. Hügelland. ↘ V Rad.; atl-subatl. ***R. linoides*** ROTH, **Zwergflachs**

Fam. *Hypericaceae* JUSS., Hartheugewächse

Hypericum L., **Hartheu, Johanniskraut**

1 Stängel liegend od. aufsteigend, am Grund oft wurzelnd

2 Pflanze flaumig behaart; Stängel stielrund; Kelchblätter eiförmig, am Rand rotdrüsig gefranst; Kapsel 1-fächrig ***H. elodes***

2* Pflanze kahl; Stängel fadenförmig, fast 2-kantig; Kelchblätter längl., ganzrandig mit schwarzen Drüsenpunkten, ungleich groß; Kapsel 3-fächerig ***H. humifusum***

1* Stängel aufrecht

3 Stängel kantig; Kelchblätter ganzrandig od. im vorderen Teil schwach gezähnelt, nicht od. nur sehr sparsam drüsig gewimpert

4 Stängel 2-kantig, innen markig; Kelchblätter lanzettl., sehr spitz, ungezähnt od. schwach gezähnelt, 2-mal so lang wie der Fruchtknoten ***H. perforatum***

4* Stängel 4-kantig, wenigstens im unteren Teil, od. 4-flüglig, hohl; Kelchblätter etwa so lang wie der Fruchtknoten

5 Stängel geflügelt 4-kantig; Kronblätter hellgelb ***H. tetrapterum***

5* Stängel 4-kantig, im oberen Teil oft nur 2-kantig; Kronblätter goldgelb

6 Kelchblätter elliptisch od. schmal eiförmig, vorn nicht od. unregelmäßig gezähnelt
7 Kelchblätter vorn ± abgerundet, an der Spitze ganzrandig; Kronblätter randl. meist ohne dunkle Drüsenpunkte; Stängel durchgehend 4-kantig (selten im oberen Teil 2-kantig) ***H. maculatum***
7* Kelchblätter vorn deutl. gestutzt, auf der gestutzten Fläche unregelmäßig gezähnelt; Kronblätter randl. mit dunklen Drüsenpunkten; Stängel nicht immer durchgehend 4-kantig, im oberen Teil 2-kantig ***H. dubium***
6* Kelchblätter eiförmig lanzettl. bis schmal lanzettl., deutl. zugespitzt, zumindest etwas gezähnelt (mehrere Kelche untersuchen, Lupe!) ***H.* × *desetangsii***
3* Stängel stielrund; Kelchblätter am Rand drüsig gesägt od. gewimpert
8 Stängel u. Blätter behaart; Blätter kurz gestielt, eiförmig od. längl. ***H. hirsutum***
8* Stängel u. Blätter kahl; Blätter am Grund herzförmig, sitzend
9 Kelchblätter verkehrt eiförmig, sehr stumpf; Blütenstand lang gestreckt; Blätter herz-eiförmig, stumpf, durchscheinend punktiert, am Rand ohne schwarze Punkte ***H. pulchrum***
9* Kelchblätter lanzettl., spitz; Blütenstand fast kopfig; Blätter eiförmig od. längl., spitz, am Rand schwarz punktiert, nur die oberen durchscheinend punktiert ***H. montanum***

H.* × *desetangsii LAMOTTE, **Französisches H., Bastard-H.**
[*H. dubium* × *H. perforatum*]. Blätter locker netzadrig; Kronblätter am Rand u. auf der Fläche schwach schwarz punktiert. 30–80 cm. 6–8. ♃. Wiesen, Waldsäume, kaum beachtet od. mit *H. perforatum* verwechselt, wahrscheinl. z im gesamten Gebiet. K Mol.-Arrh., V Filip.

H. dubium LEERS, **Stumpfes H.**
[*H. maculatum* subsp. *obtusiusculum* (TOURLET) HAYEK, *H. erosum* (SCHINZ) O. SCHWARZ]. Kronblätter auf der Fläche u. am Rand hell u. dunkel drüsig; Blätter schwächer netzadrig als bei *H. maculatum*. 30–100 cm. 7–8. ♃. Waldwege, Auenwiesen, nasse Staudenfluren, Ufergebüsche, Verbreitung in Sachsen kaum bekannt, wohl im westl. ERZ mäßig h, sonst s. V Filip., V Aln.

H. elodes L., **Sumpf-H.**
Blätter rundl. eiförmig, sitzend, durchscheinend punktiert; Blütenstand armblütig; Kronblätter 6–8 mm lang. 10–30 cm. 8–9. ♃. Heidetümpel, Schlenken, Grabenränder, †, früher OLT: mehrfach um Hoyerswerda, letzte Beobachtung 1935. V Hydro.-Bald.; atl.

H. hirsutum L., **Rauhaariges H., Behaartes H.***
Blütenstand rispig, lang gestreckt; Kelchblätter lanzettl., spitz; Kronblätter hell goldgelb, 8–10 mm lang. 50–100 cm. 7–8. ♃. Waldsäume u. -schläge, Eichenmischwälder, Auenwälder, auf nährstoffreichen Böden, kalkliebend, meist z vom Tiefland bis ins untere Bergland, fehlt in weiten Gebieten, aber mäßig h im Leipziger Auenwald. ↘ V Trif., O Glech., V Carp., V Aln.; euras-nem.

H. humifusum L., **Liegendes H.***
Blätter längl., nur die oberen durchscheinend punktiert; Blütenstand wenigblütig; Kelchblätter stachelspitzig, 2-mal so lang wie der Fruchtknoten; Kronblätter hellgelb, 4–7 mm lang. 5–15 cm. 6–10. ♃, ⊙. Sandig-lehmige Äcker, feuchte Waldwege, Ufer, Gräben, mäßig h bis ins untere Bergland, im oberen s. O Nanocyp., V Aphan.; atl-subatl.

H. maculatum CRANTZ, **Kanten-H.***
Blätter wenig od. nicht durchscheinend punktiert, breit, eiförmig bis elliptisch, dicht netzadrig. 10–40 mm lang, 6–19 mm breit, am Rand schwach punktiert; Kronblätter hell goldgelb. 20–80 cm. 7–9. ♃. Borstgras-Magerrasen, Wiesen, nasse Staudenfluren, Waldsäume, kalkmeidend, z im Tief- u. Hügelland, h im Bergland. K Mol.-Arrh., O Nard.; euras-nem.

H. montanum L., **Berg-H.**
Kronblätter blassgelb, etwa 10 mm lang. 30–60 cm. 6–8. ♃. Säume, Gebüsche, wärmebegünstigte Laubmischwälder, kalkliebend, z im Hügelland, s im westl. Tiefland, fehlt im Bergland. ↘ O Orig., O Prun., O Fag.; submed+europ-nem.

H. perforatum L., **Tüpfel-H.***
Blätter eiförmig längl. bis längl. linealisch, durchscheinend punktiert; Blütenstand meist breit ausladend; Kronblätter ± 13 mm lang, goldgelb, unterseits höchstens am Rand mit schwarzen Punkten. 20–80 cm. 6–9. ♃. Trocken- u. Halbtrockenrasen, Gebüsche, bodensaure Eichenwälder, Ruderalfluren (Wegränder, Brachen, Bahnanlagen), Waldlichtungsfluren, wahrscheinl. mäßig h, im oberen Bergland z. Verbreitung aber wegen Verwechslungen mit *H. × desetangsii* nicht völlig geklärt. K Koel.-Coryn., K Fest.-Brom., O Orig., V Querc. rob., O Nard.; eurosib. Off., giftig (für Vieh).

Ob Exemplare, die mit dem Bestimmungsschlüssel zu *H. perforatum* führen, aber leicht gezähnelte Kelchblätter besitzen, zu *H. × desetangsii* zu stellen sind, bleibt zu prüfen.

H. pulchrum L., **Schönes H.***
Kronblätter goldgelb, 6–9 mm lang, oft rötl. überlaufen. 20–60 cm. 7–9. ♃. Bodensaure Eichen- u. Buchenmischwälder, Nadelholzforste, Waldwege, z MLH; s DDH: Dahlener Heide; ERB: Werdauer Wald; ESG: z. B. Reinhardtsdorf,

Hinterhermsdorf; früher s OLH: Rengersdorf, Gaußig. ↘ O Fag. (besonders V Carp.), V Querc. rob.; atl-subatl.

H. tetrapterum Fr., **Flügel-H.***
[*H. acutum* Moench, *H. quadrangulum* auct.]. Blätter eiförmig, durchscheinend punktiert; Kelchblätter lanzettl., zugespitzt, fast so lang wie die nur bis 8 mm langen Kronblätter, diese ohne od. nur am Rand mit 1–2(–4) schwarzen Drüsenpunkten. 30–60 cm. 7–8. ♃. Gräben, Bäche, Staudenfluren, Röhrichte, Feuchtwiesen, z bis mäßig h im Tief- u. Hügelland, s im Bergland. V Filip., O Phragm., V Calth.; atl-subatl.

Weiterer Bastard:
H.* × *carinthiacum A. Fröhl. [*H. perforatum* × *H. maculatum*]: Unterscheidet sich von *H.* × *desetangsii* wie folgt: hohe Sterilität; an einer Pflanze unterschiedl. kantige Stängel; Kelchblätter vorn abgerundet bis gestutzt, mit einer lang ausgezogenen Spitze; wahrscheinl. sehr s, z. B. VGT: Siebenbrunn, Gopplasgrün.

Als **Zierpflanzen** kultiviert 2 zwerg- bis kleinstrauchige Arten, deren Laub-, Kelch- u. Kronblätter immer ohne schwarze Drüsenpunkte sind:

1 Kronblätter 25–40 cm lang; Staubbeutel rötl.; Griffel 5; Kapsel nickend; Blüten einzeln, endständig, Blätter ± elliptisch. 20–60 cm. 6–9. ♄. h kultiviert, s verwildert. Heimat: SO-Europa u. N-Kleinasien, eingebürgert nördl. Mittelmeergebiet bis Vorderasien. ***H. calycinum*** L., **Großblütiges H.***/**

1* Kronblätter 6–12 mm lang; Staubbeutel gelb; Griffel 3; Frucht beerenartig, aufrecht, erst rot, dann schwarz; Blütenstand 5–10-blütig; Blätter breit eiförmig. 50–100 cm. 6–9. ♄. Heimat: S-Europa bis Kaukasus u. Iran. ***H. androsaemum*** L., **Blut-H., Mannsblut****

Fam. *Geraniaceae* Juss., Storchschnabelgewächse

1 Blätter handförmig eingeschnitten od. gefingert; Staubblätter 10, meist alle mit Staubbeutel; Fruchtschnäbel bei der Reife sich bogig aufwärts ablösend *(Abb. 357/1)*; Samen werden abgeschleudert ***Geranium,*** 359

1* Blätter gefiedert od. fiederteilig; Staubblätter 10, nur 5 mit Staubbeuteln; Fruchtschnäbel bei der Reife im unteren Teil schraubenförmig gedreht *(Abb. 357/2)*; Samen bleiben mit dem Fruchtschnabel verbunden ***Erodium,*** 358

357/1

357/2

Erodium L´HÉR., **Reiherschnabel**

1 Blätter einfach, aber tief fiederförmig gelappt; Kronblätter bläul. ***E. botrys***

1* Blätter gefiedert; Kronblätter hellpurpurn od. rosa

2 Kelch zur Fruchtzeit 4–5(–8) mm lang; Fruchtschnabel höchstens 5 cm lang; Blattspindel zwischen den Fiedern ohne Zähne od. Lappen

3 Blattfiedern fiederspaltig bis fiederschnittig, sitzend; fruchtbare Staubfäden am Grund verbreitert, ohne Zähnchen; Gruben an der Spitze der Teilfrucht nicht drüsig, am Grund mit scharf abgesetzter Furche; Teilfrüchte abstehend behaart ***E. cicutarium***

3* Blattfiedern gezähnt bis fiederlappig, aber nicht mehr als halbwegs bis zur Mittelrippe der Fieder geteilt, kurz gestielt; fruchtbare Staubfäden am Grund 2-zähnig; Gruben an der Spitze der Teilfrucht drüsig, am Grund mit einer breiten, tiefen Furche; Teilfrüchte mit aufwärts stehenden Haaren ***E. moschatum***

2* Kelch zur Fruchtzeit 10 mm lang; Fruchtschnabel 8 cm lang; Blattspindel zwischen den Fiedern mit Zähnen od. kleinen Lappen ***E. ciconium***

E. botrys (CAV.) BERTOL., **Trauben-R.**

Pflanze aufrecht od. aufsteigend; Kelchblätter u. Blütenstiele mit zahlreichen abstehenden Drüsenhaaren u. einzelnen einfachen Haaren; Fruchtschnabel 6–9 cm lang. 10–40 cm. 5–8. ⊙. Müll- u. Umschlagplätze, s, z. B. Leipzig. NU. V Sis. Heimat: Mittelmeergebiet.

E. cicutarium (L.) L´HÉR., **Gewöhnlicher R., Schierlingsblättriger R.***

Pflanze aufrecht od. niederliegend, meist dicht behaart, nicht od. nur wenig drüsig; Dolden meist 5–8-blütig; Fruchtschnabel (25–)30–35 mm lang. 10–45 cm. 4–10. ⊙, ①. Wegränder, Äcker, Böschungen, Brachen, lückige Trockenrasen, Ruderalfluren, auf sandigen u. trockenen Böden, h, im Gebirge mäßig h od. z. V Pan.-Set., V Aphan., K Koel.-Coryn., V Sis.; atl-subatl+eurosib.

E. ciconium (L.) L´HÉR., **Großer R.**

Pflanze dicht drüsig behaart; Kronblätter purpurn, ± 8 mm lang; Fruchtschnabel 6–10 cm lang. 20–60 cm. 5–8. ⊙. Müll- u. Umschlagplätze, Straßenränder, s EET: Riesa; ELH: Dresden; ERO: Glashütte; GHP: Nieschütz; LLA:. Leipzig; OL: z. B. Lippen. NU. V Sis.. Heimat: Mittelmeergebiet.

E. moschatum (L.) L´HÉR., **Moschus-R.**

Pflanze meist aufsteigend; Fruchtschnabel 2–4 cm lang. 10–50 cm. 5–8. ⊙, ①. Müll- u. Umschlagplätze, Wegränder, s, z. B. Leipzig, Görlitz. NU. V Sis. Heimat: Mittelmeergebiet.

Einige weitere Arten wurden aus dem Mittelmeergebiet vorübergehend eingeschleppt, z. B. *E. cygnorum* NEES, *E. malacoides* (L.) WILLD. u. *E. hoefftianum* C. A. MEY. (Bestimmung mit Spezialliteratur, z. B. „Flora Europaea“).

Geranium L., **Storchschnabel**

1 Blütenstand 3–9-blütig; Rhizom auffallend kräftig ***G. macrorrhizum***
1* Blüten einzeln od. zu 2; Rhizom fehlend od. nicht auffallend kräftig
2 Blüten einzeln ***G. sanguineum***
2* Blüten zu 2 in Teilblütenständen
3 Blätter aus 3–5 völlig getrennten, bis nahe dem Mittelnerv fiederschnittigen gestielten Blättchen zusammengesetzt
4 Kronblätter 9–13 mm lang, hellpurpurn, ihre Platte schmal verkehrt eiförmig, 4–6(–8) mm lang; die 0,4–0,7 mm langen Staubbeutel orange bis purpurrot; Pollen orange; Kelchblätter mit einer meist 1,5–2,5 mm langen Granne; Fruchtklappen an der Spitze mit 1–2 starken Querleisten; Pflanze unangenehm riechend ***G. robertianum***
4* Kronblätter 5–9 mm lang, dunkelrosa, ihre Platte längl. elliptisch, 2–3 mm lang; die 0,2–0,3(–0,4) mm langen Staubbeutel wie die Pollen hellgelb; Kelchblätter mit einer 0,5–1(–1,5) mm langen Granne; Fruchtklappen an der Spitze mit 3–4 starken Querleisten; Pflanze meist nicht od. wenig unangenehm riechend ***G. purpureum***
3* Blätter fingerförmig gespalten bis geschnitten
5 Kronblätter meist 13–20 mm lang; Pflanze stets ausdauernd
6 Kronblätter wenig länger als der Kelch, rotbraun; Staubfäden bis zur Mitte lang abstehend behaart; Frucht querfaltig, behaart; Stängelblätter wechselständig ***G. phaeum***
6* Kronblätter etwa 2-mal so lang wie der Kelch, blau, violett od. purpurn; Staubfäden kahl od. sehr fein behaart; Frucht glatt; obere Stängelblätter gegenständig
7 Stängel drüsenlos, wie die Blütenstiele durch rückwärts gerichtete Haare rau; Krone hellpurpurn ***G. palustre***
7* Stängel oberwärts wie die Blütenstiele drüsig behaart; Krone blau od. rötl.-violett
8 Kronblätter blau; Staubfäden aus eiförmigem Grund plötzl. verschmälert; Blütenstiele nach dem Verblühen abwärts gebogen, später oft wieder aufgerichtet; Krone flach ausgebreitet; Blätter 7-teilig, mit fast fiederspaltigen Zipfeln *(Abb. 360/1)* ***G. pratense***
8* Kronblätter violett; Staubfäden lanzettl., allmähl. verschmälert; Blütenstiele stets aufrecht; Krone schalenförmig ausgebreitet; Blätter 7-spaltig, mit eingeschnitten gesägten Zipfeln *(Abb. 360/2)* ***G. sylvaticum***
5* Kronblätter 2–12 mm lang; Pflanze meist 1-jährig (vgl. aber 16)
9 Pflanze völlig kahl od. nur mit einzelnen Haaren ***G. lucidum***
9* Pflanze behaart
10 Blätter bis zum Grund od. fast bis zum Grund geteilt *(Abb. 360/3, 360/4)*

11 Stängel abstehend behaart; Blätter kurz behaart *(Abb. 360/4);* Stiele der Blütenstände kurz, 0,5–3 cm lang, so lang wie od. kürzer als ihr Tragblatt; Kelchblätter nicht hautrandig, drüsenhaarig, einschließlich Granne 5–8 mm lang; Blütenstiele u. Früchtchen abstehend drüsenhaarig; Kronblätter 4–6 mm lang, so lang wie der Kelch, karminrot; Schnabel 7–12 mm lang ***G. dissectum***

11* Stängel angedrückt behaart; Blätter fast kahl *(Abb. 360/3);* Stiele der Blütenstände 2–12 cm lang, ihr Tragblatt überragend; Kelchblätter hautrandig, drüsenlos, einschließl. Granne 8–10 mm lang; Blütenstiele ohne Drüsen; Früchtchen kahl od. drüsenlos weichhaarig; Kronblätter 7–10 mm lang, etwas länger als der Kelch, hellpurpurrot; Schnabel 15–20 mm lang ***G. columbinum***

10* Blätter nicht od. kaum über die Hälfte gespalten

12 Kronblätter nicht ausgerandet ***G. rotundifolium***

12* Kronblätter vorn ausgerandet

13 Blätter im Umriss eckig *(Abb. 361/1);* Kelchblätter begrannt

14 Kronblätter 6–10 mm lang, blau mit violetten Adern; Kelchblätter 2–3 mm lang begrannt; Samen punktiert ***G. bohemicum***

14* Kronblätter 5–7 mm lang, rosa; Kelchblätter 0,5–2 mm lang begrannt; Samen glatt ***G. divaricatum***

13* Blätter im Umriss rundl. *(Abb. 361/1, 361/2);* Kelchblätter nur kurz bespitzt

15 Stängel kurzhaarig; Kronblätter schwach ausgerandet, so lang wie der Kelch; die 5 äußeren Staubblätter ohne Staubbeutel ***G. pusillum***

15* Stängel mit kurzen weichen u. längeren zottigen Haaren; Kronblätter tief ausgerandet, länger als der Kelch; alle Staubblätter mit Staubbeutel

16 Pflanze 2-jährig oder ausdauernd; Kronblätter 6–10 mm lang, etwa 2-mal so lang wie der Kelch, violett; Fruchtklappen glatt, anliegend behaart; Stängelblätter gegenständig *(Abb. 361/2)* ***G. pyrenaicum***

16* Pflanze 1-jährig; Kronblätter 3,5–7 mm lang, etwas länger als der Kelch, rosa; Fruchtklappen querrunzlig, kahl; Stängelblätter meist wechselständig

17 Fruchtklappen querrunzlig, kahl od. nur mit einzelnen Wimpern, die Samen völlig überdeckend; Kronblätter 4,5–7 mm lang ***G. molle***

360/1

360/2

360/3

360/4

17* Fruchtklappen glatt, am Grund mit dichter Wimperbehaarung, die Samen nicht vollständig überdeckend; Kronblätter 3,5–4,5 mm lang **_G. aequale_**

G. aequale (BAB.) AEDO, **Glattfrüchtiger St.**
10–40 cm. 5–8. ①. Ruderalfluren, nicht wieder beobachtet, Herbarbelege: OLH: Reichenbach, Bautzen: Niederkaina, Sebnitz: Lichtenhain; OLT: Königswartha; auch für Leipzig angegeben.

G. bohemicum L., **Meiler-St., Böhmischer St.**
Stängel u. Blütenstiele drüsig behaart u. zottig; Blütenstiele nach dem Verblühen aufrecht; Kronblätter an Grund u. am vorderen Rand bewimpert; Frucht am oberen Schnabelteil gedreht; Klappen glatt, wie der Schnabel drüsen- u. langhaarig. 25–50 cm. 6–7. ⊙, ①. Kiefernwälder, Brandstellen, Waldlichtungsfluren, †, früher s OLT: Buchgarten bei Tränke, letzter Nachweis 1961. V Dicr.-Pin.: europ-bor.

G. columbinum L., **Tauben-St.***
20–60 cm. 6–9. ⊙, ①. Mäßig trockene Ruderalfluren, Brachen, mäßig h bis z. A. O Sis., O Onop.; (med)-submed+subatl.

G. dissectum L., **Schlitzblättriger St.***
15–50 cm. 5–10. ⊙, ①. Hackfruchtäcker, Gärten, Ruderalfluren, auf frischen, nährstoffreichen Lehmböden, mäßig h, im Tiefland z bis s. A. V Veron., V Sperg.-Ox., V Sis.

G. divaricatum EHRH., **Spreizender St., Ausgebreiteter St.**
Blätter 5-lappig *(Abb. 361/1);* Kronblätter wie die Staubfäden kahl; Fruchtklappen querrunzlig, kurzhaarig. 25–60 cm. 6–8. ⊙. Lichte, wärmebegünstigte Gebüsche, halbruderale Halbtrockenrasen, mäßig frische Ruderalfluren, auf trockenwarmen, nährstoffreichen Lehmböden, s ELH: zwischen Heidenau u. Zadel, Spargrund, Bosel, Dresden-Wülfnitz; ERO: Schloss Kuckucksstein in Liebstadt, Nentmannsdorf, Göppersdorf; OLH: Rothstein;

361/1

361/2

361/3

361/4

früher s ERM: Schlossberge von Schwarzenberg u. Wolkenstein;. ↘ V Conv.-Agrop., O Prun.; submed-sarmat.

G. *lucidum* L., **Glänzender St.**
Blätter glänzend, in 5 stumpf gekerbte bis stärker eingeschnittene Lappen geteilt *(Abb. 361/4);* Stängel rot, sehr zerbrechl.; Kelchblätter aufrecht, kegelförmig zusammenneigend; Kronblätter längl. keilförmig, rosa. 15–30 cm. 5–8. ⊙, ①. Ruderalfluren, s LLA: Leipzig (Ende 19. Jh. vorübergehend nach Ansaat eingebürgert); OLH: Großhennersdorf (verwildert). NU. Heimat: W- u. S-Europa, W-Asien.

G. macrorrhizum L., **Felsen-St.**
Blätter handförmig gespalten, Abschnitte tief gekerbt bis fiederspaltig; Blütenstiele mit Drüsenhaaren u. drüsenlosen Haaren; Kronblätter purpurrot, 15–20 mm lang, deutl. genagelt; Staubfäden purpurrot, bis 22 mm lang, wie die Griffel aus der Krone herausragend; Fruchtklappen querrunzlig. 20–50 cm. 6–9. ♃. Zierpflanze, verwildert, Mauern, steinige Ruderalfluren, meist halbschattig, s EET, OL, sonst z. ↗ NE. V Geo-All. Heimat: Gebirge S-Europas.

G. molle L., **Weicher St.***
Zipfel der unteren Blätter längl., vorn eingeschnitten, die der oberen lanzettl. 10–30 cm. 5–10. ⊙, ①. Wegränder, Schuttplätze, ruderalisierte, lückige Wiesen u. Weiden, Äcker, meist auf nährstoffärmeren, sandigen Böden, mäßig h vom Tief- bis ins untere Bergland, sonst s. A. V Sis., V Cynos., O Fest.-Sed., V Geo-All., O Aper.

G. palustre L., **Sumpf-St.***
Blätter 5–7-spaltig *(Abb. 362/1);* Blütenstiele nach dem Verblühen abwärts gerichtet; Samen fein netzig längsstreifig. 30–100 cm. 6–9. ♃. Ufer von Fließgewässern, lückige Feuchtgebüsche, Feuchtwiesenbrachen, Auenwaldränder, Hochstaudenfluren, mäßig h vom Tief- bis ins obere Bergland, streckenweise (Sandgebiete) aber s bis z. V Filip., V Calth., V Mol., V Salic. alb.; sarmat.

G. phaeum L., **Brauner St.**
Blätter 5–7-spaltig; Stängel wie Blätter kurzhaarig, oberwärts zusätzl. mit längeren Haaren. 30–60 cm. 5–6. ♃. Zierpflanze der Neuromantik u. Zeit

362/1

362/2

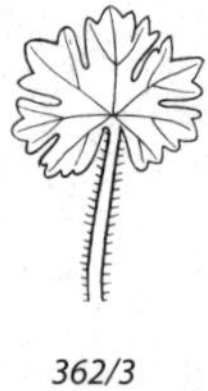
362/3

362/4

der Landschaftsparks Ende 18. Jh., verwildert, Staudenfluren, Säume u. Gebüsche auf frischen Standorten, Auenwälder, Fettwiesen, auf nährstoffreichen, tiefgründigen Lehm- u. Tonböden, stellenweise mäßig h im Hügel- u. unterem Bergland, sonst s u. unbeständig. NE. V Filip., V Aln.-Ulm., O Arrh.; opralp-sudeto-karp.

Im Gebiet nur **subsp. *phaeum*.**

G. pratense L., **Wiesen-St.***

20–60 cm. 6–8. ♃. Frische u. wärmebegünstigte Tal-Glatthaferwiesen auf nährstoffreichen Ton- u. Lehmböden, Böschungen, Deiche, h bis mäßig h EET, ELH, LLA; sonst z im Tief- u. Hügelland, s OLT (Sandgebiete); im Bergland bis etwa 600 m. V Arrh.; euras-kont, fluv.

G. purpureum VILL., **Purpur-St.**

[*G. robertianum* subsp. *purpureum* (VILL.) NYMAN]. 20–40 cm. 5–8. ⊙, ①. Bahnanlagen (Gleisschotter), s EET: Riesa; ELH: Radebeul, Dresden; LLA: Leipzig; OL: erstmals Kamenz, Bautzen. ↗ NU (seit 2001). V Sals. Heimat: S-Europa.

G. pusillum BURM. f., **Zwerg-St.***

Stängel ausgebreitet, oft niederliegend; Blattzipfel keilförmig längl., vorn meist eingeschnitten gekerbt *(Abb. 362/2)*; Fruchtklappen glatt, angedrückt behaart. 15–50 cm. 5–10. ⊙, ①, ⊙. Äcker, Brachen, mäßig trockene Ruderalfluren (Wegränder, Schutt), auf nährstoffreichen Lehm- u. Sandböden, h. A. O Secal., K Artem., V Conv.-Agrop.

G. pyrenaicum BURM. f., **Pyrenäen-St.***

Stängel aufrecht; Kronblätter über dem Nagel beiderseits bärtig; Blütenstiele nach dem Verblühen abwärts gebogen, drüsig weichhaarig. 30–60 cm. 5–10. ♃ (auch ⊙). Ruderalfluren (Schutt, Wegränder, Brachen), ruderalisierte Frischwiesen, vor allem in urban-industriellen Ballungszentren, h LLA, ELH; mäßig h MLH, FRB, VGT, sonst z. NE. K Artem., O Sis., V Arrh. Heimat: S-Europa.

G. robertianum L., **Stinkender St., Ruprechtskraut***

20–40 cm. 5–11. ⊙, ①. Krautreiche Schatthang-, Schlucht- u. Auenwälder, schattige Felsen, Mauern, Blockhalden, Säume, Gebüsche, Bahnanlagen, Mauerfüße, auf frischen bis feuchten, nährstoffreichen Lehmböden, h. V Aln.-Ulm., V Til.-Acer., V Galeops., O Glech., O Sis. Off.; europ-nem.

Im Gebiet nur **subsp. *robertianum*.**

G. rotundifolium L., **Rundblättriger St.**

Stängel ausgebreitet ästig, kurz zottig, oberwärts drüsenhaarig; Blätter rundl. nierenförmig *(Abb. 362/3)*; Kronblätter längl. keilförmig, rosenrot; Kelchblätter kurz begrannt; Fruchtklappen abstehend behaart; Samen netzig grubig. 10–30 cm. 6–10. ⨀, ①. Ruderalfluren, Gärten, s ELH: Dresden; ERB: Chemnitz; LLA: Leipzig; MLH: Nerchau; OLH: Kamenz; OLB: Zittau: Jonsdorf. A. O Sis. Heimat: S-Europa, W-Asien.

G. sanguineum L., **Blutroter St., Blut-St.***
Kronblätter 20 mm lang, purpurrot, 2-mal so lang wie der Kelch, ausgerandet; Staubfäden kahl; Blätter fast bis zum Grund 7-teilig, mit 3–5-spaltigen Zipfeln u. linealischen Zipfelchen *(Abb. 362/4);* Stängel wie die Blütenstände abstehend behaart. 15–50 cm. 6–8. ♃. Trockengebüsche u. -säume, lückige Trockenwälder, Felsfluren, s ELH: von Pirna-Copitz bis Meißen; LLA: Leipzig: am Bienitz; MLH: Leisnig; früher ESG: Niederrathen; s aus Anpflanzungen verwildert. ↘ V Ger., V Berb., V Querc. pub.; submed+sarmat. Früher Off.

G. sylvaticum L., **Wald-St.***
20–60 cm. 5–7. ♃. Bergwiesen, Hoch- u. Uferstaudenfluren, Auenwälder, auf frischen bis feuchten, nährstoffreichen Ton u. Lehmböden, mäßig h ERZ, an den Flussufern weit herabsteigend; meist z VGT; s u. verschleppt ELH, ESG, LLA, OLH. V Pol.-Tris., V Aln.-Ulm., V Conv., V Aden.; bor+pralp-demont.

Zu achten ist auf ***G. sibiricum*** L., **Sibirischer St.:** Blütenstand (meist) 1-blütig, Kronblätter 5–7 mm lang, blassrosa bis weiß; Stängel ausgebreitet; Behaarung abwärts gerichtet. 30–60 cm. 6–8. ♃. Heimat: O-Europa, Sibirien, China. In Sachsen zu erwarten.

Mehrere Sippen werden kultiviert, u. a. ***G. platypetalum*** Fisch. et C. A. Mey., **Großblütiger St.:** Stängel nicht zottig, drüsig; Krone 3,5–4 cm Ø, blauviolett; Pflanze ohne Ausläufer. 30–60 cm. 6–9. ♃. s verwildert. Heimat: Kaukasus, Iran, Türkei.

G. × magnificum Hyl., **Pracht-St.** [*G. platypetalum* × *G. ibericum* Cav.]: Krone 4,5–5 cm Ø, blauviolett; Pflanze mit unterirdischen Ausläufern, 40–70. 6–7. ♃. Verwildert, s VGT: Treuen, Bad Reiboldsgrün, Wernitzgrün.

G. nodosum L., **Knotiger St.:** Kronblätter blasslila mit dunklen Nerven, 13–18 mm lang, seicht ausgerandet; Blätter 5-lappig. 30–50 cm. 6–9. ♃. Zierpflanze, verwildert, s VGT: Reichenbach. Heimat: S- u. SW-Europa.

Fam. *Lythraceae* J. St.-Hil., Blutweiderichgewächse (inkl. *Trapaceae* Dumort., Wassernussgewächse)

1 Wasserpflanze mit Schwimmblattrosette ***Trapa,*** 365
1* Landpflanze
2 Pflanze aufrecht od. aufsteigend; Achsenbecher röhrig walzenförmig, 4–7 mm lang, 8–12-zähnig; Kronblätter 4–6; Staubblätter 6 od. 12; Kapsel unregelmäßig zerreißend od. durch Mittelteilung der Fächer aufspringend ***Lythrum,*** 365
2* Pflanze kriechend; Achsenbecher glockig, etwas zusammengedrückt, bis 1,5 mm lang, 12-zähnig; Kronblätter 6 od. fehlend; Staubblätter 6; Kapsel unregelmäßig zerreißend ***Peplis,*** 365

Lythrum L., **Blutweiderich, Weiderich**

1 Blätter meist gegenständig od. zu 3, aus herzförmigem Grund lanzettl.; Blüten quirlig in langer endständiger Ähre; innere Kelchzähne ½ so lang wie die äußeren; Krone purpurn, 8–12 mm lang; Staubblätter 12, 6 lange u. 6 kurze ***L. salicaria***

1* Blätter wechselständig, die unteren oft gegenständig, lineal lanzettl. od. linealisch; Blüten einzeln in den Blattachseln; Kelchzähne gleich lang; Krone violettrot, 5–7 mm lang; Staubblätter (2–)6, alle gleich lang ***L. hyssopifolia***

L. hyssopifolia L., **Ysop-B., Ysop-W.**

5–20 cm. 7–9. ⊙. Gräben, Ufer, Teichböden, feuchte Äcker, verdichtete nasse Trittstellen, s im Tief- u. Hügelland, oft unbeständig. O Nanocyp.; submed+subatl.

L. salicaria L., **Gewöhnlicher B., Blut-W.***

50–140 cm. 7–9. ♃. Nassstellen in Feuchtwiesen, Staudenfluren an Ufern u. Gräben, Röhrichte, mäßig h vom Tief- bis ins untere Bergland. O Mol., O Phragm., V Potent. ans.; circpol. Off., früher Färbepflanze.

Peplis L., **Sumpfquendel, Burgel**

Stängel oft rot überlaufen; Blätter längl. verkehrt eiförmig, stumpf; Blüten einzeln in den Blattachseln, fast sitzend; Krone rosa. 5–20 cm. (5–)7–9. ⊙. Vernässte Äcker, Gräben, Teich- u. Flussufer, feuchte Waldwege, mäßig h OLT, GHP, sonst z bis s bis ins untere Bergland. O Nanocyp., V Chen.; submed+atl-subatl. ***P. portula*** L., **Sumpfquendel**

Trapa L., **Wassernuss**

Untergetauchte Blätter gegenständig, linealisch, hinfällig, an ihrem Grund fiederig verzweigte Wurzeln; schwimmende Blätter rosettig, lang gestielt, rautenförmig, lederig *(57/1);* Blattstiel in der Mitte oft bauchig aufgeblasen; Blüten einzeln in den Blattachseln; Krone klein, weiß; Kelchblätter 4, nach der Blüte zu Dornen auswachsend (Schließfrucht). 60–200 cm. 7–8. ⊙. Sommerwarme Gewässer (Teiche, Altarme, Gräben) mit schlammigem Untergrund, s GHP, sonst †. V Nymph.; euras-nem. Warmzeitrelikt, im Gebiet heute vermutl. nur Kulturrelikt. Nuss essbar. ∇

T. natans L., **Gewöhnliche W.***

Fam. *Onagraceae* ADANS., Nachtkerzengewächse

1 Staubblätter 2; Krone u. Kelch 2-blättrig — Frucht eine 1- od. 2-fächerige Schließfrucht; Blätter gegenständig **_Circaea,_** 366
1* Staubblätter 8; Krone 4-blättrig
2 Samen mit Haarschopf — Krone stets rot od. weißl. **_Epilobium,_** 367
2* Samen ohne Haarschopf
3 Krone gelb (ausnahmsweise bei Zierpflanzen rosa od. weiß: *Oe. speciosa*); Kronblätter nie genagelt **_Oenothera,_** 375
3* Krone rot, rosa od. weiß; Kronblätter meist (vgl. aber *C. amoena*) genagelt **_Clarkia,_** 367

Circaea L., **Hexenkraut**

1 Narbe ausgerandet, 2-lappig; jede Frucht 2-fächrig, jedes Fach 1-samig; Kronblätter so lang wie der Kelch; Stängel behaart bis kahl; Blüten bereits zur Blütezeit in verlängerten Trauben
2 Blattspreite matt, am Grund kaum herzförmig; Blattstiel ringsum behaart; Stängel zerstreut bis dicht behaart; Blütentrauben ohne Deckblätter **_C. lutetiana_**
2* Blattspreite glänzend, am Grund herzförmig; Blattstiel kahl od. nur oberseits behaart; Stängel kahl, höchstens zerstreut kurzhaarig; Blütentrauben mit sehr kleinen borstenförmigen Deckblättern **C. × _intermedia_**
1* Narbe schwach ausgerandet, kopfig; jede Frucht 1-fächrig; Kronblätter kürzer als der Kelch; Stängel kahl; Blütentrauben sich erst nach der Blütezeit verlängernd **_C. alpina_**

C. alpina L., **Alpen-Hexenkraut**

Blätter rundl. eiförmig, geschweift gezähnt, fettglänzend, mit geflügeltem, oben flachem Stiel; Kronblätter weiß, oft rötl. überlaufen; Frucht schief birnenförmig, von der Seite zusammengedrückt, mit hakigen Haaren. 5–15 cm. 6–8. ♃. Nährstoffreiche Schlucht- u. Auenwälder, z DDH, ERZ, ESG, OLB, sonst s, fehlt LLA, OLT; vielfach erloschen. ↘ V Til.-Acer., V Aln.-Ulm.; eurasnem, circpol.

C. × ***intermedia*** EHRH., **Mittleres Hexenkraut***

[*C. lutetiana* × *C. alpina*]. Blätter eiförmig, zugespitzt, geschweift gezähnt, etwas fettglänzend, mit oft schmal geflügeltem Stiel; Kronblätter weiß od. rötl.; Frucht steril, unreif abfallend, mit weichen, widerhakigen Haaren, mit 2 ungleichen Fächern. 10–40 cm. 6–8. ♃. Nährstoffreiche Schlucht- u. Auenwälder, Säume, mäßig h, im oberen ERZ u. im Tiefland s od. fehlend, V Til.-Acer., V Aln.-Ulm., V Geo-All.; europ-nem.

C. *lutetiana* L., **Großes Hexenkraut***

Blätter eiförmig bis längl., zugespitzt, mit oberseits rinnigem, ungeflügeltem Stiel; Kronblätter weiß, oft rötl. überlaufen; Frucht fertil, verkehrt eiförmig, zieml. locker mit hakigen Borsten besetzt, mit 2 gleich großen Fächern. 20–70 cm. 6–8. ♃. Nährstoffreiche Laubwälder, frische Säume, mäßig h; jedoch meist s ERW, OLT, VGT. O Fag., O Glech.; euro-nem, circpol.

Clarkia PURSH, Clarkie, Mandelröschen, Sommerfuchsie, Buntkerze

1 Kronblätter nicht od. sehr wenig genagelt ***C. amoena***
1* Kronblätter genagelt
2 Platte der Kronblätter nicht gelappt, am Rand gezähnelt od. gekräuselt; Kronröhre dicht abstehend behaart ***C. unguiculata***
2* Platte der Kronblätter gelappt; Kronröhre kurzhaarig ***C. pulchella***

C. amoena (LEHM.) NELSON et MACBRIDE, **Atlasblume, Sommerazalee**

[*Godetia a.* (LEHM.) G. DON]. Kronblätter 1,5–6 cm lang, rosa od. weiß mit rotem Zentralfleck; Kapsel breit geflügelt 4-kantig; Kronröhre kürzer als der Fruchtknoten (Gegensatz zu *Oenothera speciosa*). 15–100 cm. 6–9. ⊙. Zierpflanze, s verwildert. Heimat: N-Amerika.

C. pulchella PURSH, **Großblütige C.**

Blätter ganzrandig, schmal lanzettl. 20–90 cm. 6–7. ⊙. Zierpflanze, s verwildert. Heimat: N-Amerika.

C. unguiculata LINDL., **Zierliche C., Schöne C.**

[*C. elegans* DOUGLAS]. Blätter gezähnelt, eilanzettl. 30–90 cm. 6–7. ⊙. Zierpflanze, s verwildert. Heimat: N-Amerika.

Epilobium L., Weidenröschen

Unter Innovationspflanze wird eine Pflanze verstanden, die aus dem vorjährigen Wurzelstock austreibt. Diese kann im Habitus sehr unterschiedl. zu Pflanzen sein, die direkt aus Samen entstehen u. nur eine einfache Primärwurzel haben.

Kleinblütige Arten (*E. ciliatum, lamyi, obscurum, parviflorum, roseum* u. *tetragonum*) dienen als Heilpflanzen.

1 Krone ausgebreitet, 20–40 mm im Ø; alle Blätter wechselständig; Griffel etwas abwärts gekrümmt; Kelchblätter rot gefärbt; Narbe immer 4-spaltig
2 Samenoberfläche glatt, ohne Papillen, Blätter lanzettl., unterseits mit deutl. Adern, 10–25 mm breit ***E. angustifolium***
2* Samenoberfläche warzig, Blätter lineal lanzettl., unterseits nervenlos, 1–5 mm breit ***E. dodonaei***
1* Krone trichterförmig, 4–30 mm im Ø; mittlere u. untere Blätter gegenständig (selten quirlständig); Kelchblätter grün; Narbe kopfig od. 4-spaltig
3 Narben 4-spaltig; Stängel immer stielrund, ohne erhabene Längsleisten

4 Stängel abstehend zottig behaart; Kronblätter 8–20 mm lang; Blütenknospen aufrecht; Blätter sitzend od. stängelumfassend

5 Stängel drüsenhaarig; Kelchblätter stachelspitzig; Blätter scharf gesägt, zumindest die unteren halbstängelumfassend, schwach herablaufend; Krone 15–30 mm breit ***E. hirsutum***

5* Stängel nur zottig behaart; Kelchblätter stumpf; Blätter verschmälernd od. herzförmig sitzend, nicht stängelumfassend; Krone 6–9 mm breit ***E. parviflorum***

4* Stängel kahl od. angedrückt behaart; Kronblätter 4–12 mm lang; Blütenknospen meist nickend; Blätter zumindest kurz gestielt

6 Kronblätter 4–7(–10) mm lang; Blätter 1–7 mm lang gestielt

7 Blätter lanzettl. mit keilförmigem, ganzrandigem Grund, in der Mitte am breitesten; Blattstiel 4–8 mm lang; Kapseln mit einzelnen Drüsenhaaren; Stängel oben mit wenigen Drüsen; Pflanze nur oben verzweigt ***E. lanceolatum***

7* Blätter eiförmig bis eiförmig längl. mit herzförmigem Grund, unterhalb der Mitte am breitesten; Blattstiel 1–4 mm lang; Kapsel drüsenlos behaart; Stängel oben mit drüsenlosen Haaren; Pflanze bis über die Mitte verzweigt ***E. collinum***

6* Kronblätter 8–12 mm lang; Blätter sitzend od. < 1 mm lang gestielt; Pflanze unverzweigt od. nur im oberen Teil wenigästig

8 Blätter ganzrandig; Samenoberfläche ohne Papillen; Griffel länger als die Staublätter ***E. hypericifolium***

8* Blätter immer gesägt od. gezähnt; Samenoberfläche dicht mit verlängerten Papillen besetzt; Griffel so lang wie die Staubblätter ***E. montanum***

3* Narben kopfig; Stängel meist mit erhabenen Längsleisten, selten stielrund (*E. palustre*).

9 Samen beiderseits spindelartig verschmälernd, an der Spitze mit durchscheinendem Anhängsel

10 Stängel oberhalb mit zahlreichen eingestreuten Drüsenhaaren; Innovationsknospen sitzend, keine Ausläufer treibend; Blätter 1,5–3 mm lang gestielt ***E. ciliatum***

10* Stängel andrückt behaart, nicht drüsig; Innovationsknospen ober- od. unterirdische Ausläufer treibend; Blätter sehr kurz gestielt od. sitzend

11 Stängel stielrund, nur manchmal mit 2 dünnen Haarleisten bedeckt; Innovationspflanze mit fadenförmigen Ausläufern, die am Ende haselnussgroße Knospen (Gemmen) bilden ***E. palustre***

11 Stängel mit erhabenen Leisten; Innovationspflanze keine Gemmen bildend

12 Blätter 3–8 cm lang u. 1–3 cm breit, in der Regel 3–4-zählig quirlig angeordnet; Kronblätter 8–12 mm lang ***E. alpestre***

12* Blätter 1–5 cm lang u. 0,4–1,5 cm breit, niemals 3–4-zählig quirlig angeordnet; Kronblätter kleiner

13 Innovationspflanze unterirdische Ausläufer bildend; Blätter 2–4 cm lang, glänzend, dickl., zugespitzt, etwas gezähnt ***E. alsinifolium***

13* Innovationspflanze oberirdische Ausläufer bildend; Blätter 1–2 cm lang, (fast) ganzrandig, stumpf

14 Samen warzig; Stängel einzeln; Innovationspflanze dünne, fädl. Ausläufer bildend; Blätter sitzend, höchstens die unteren kurz gestielt; Kapsel grauhaarig ***E. nutans***

14* Samen glatt, nicht warzig; Stängel meist zu mehreren; Innovationspflanze dickl. Ausläufer bildend (fast so dick wie der Stängel); Blätter kurz (1–2 mm), obere auch zieml. lang gestielt; Kapsel kahl ***E. anagallidifolium***

9* Samen oben nicht verschmälernd, verkehrt eiförmig, ohne Anhängsel

15 Blattstiel (3–)5–20 mm lang; Blätter am Rand drüsig gezähnt; Stängel mit zahlreichen Drüsenhaaren; Kronblätter rosaweiß bis weiß ***E. roseum***

15* Blattstiel bis 1 mm lang; Blätter am Rand nicht drüsig gezähnt; Stängel oben mit einzelnen Drüsenhaaren (*E. obscurum*) od. ganz ohne Drüsen; Kronblätter rosa, rosenrot od. purpurn, ohne weißl. Farbton

16 Innovationspflanze am Wurzelhals stark verlängerte Ausläufer bildend; Stängel im Blütenbereich mit einzelnen Drüsenhaaren; Blätter kahl ***E. obscurum***

16* Innovationspflanze ohne Ausläufer; Stängel nicht drüsig; Blätter kahl od. auf den Nerven u. am Rande flaumig behaart

17 Blätter unterseitig besonders auf den Nerven behaart, entfernt gezähnt; Kronblätter 4–6 mm lang; Stängel kahl od. oberwärts von dichten bogigen Härchen grau; Pflanze graugrün ***E. lamyi***

17* Blätter kahl od. fast kahl, dicht gezähnt; Kronblätter bis 4–6 mm lang; Stängel kahl od. oberwärts spärl. andrückt behaart; Pflanze hellgrün ***E. tetragonum***

E. alpestre (JACQ.) KROCK., **Quirlblättriges W.**

[*E. trigonum* SCHRANK]. Stängel kräftig, mit 2–3 erhabenen Leisten, meist einfach, am Grund mit vertrockneten Niederblättern; Blätter sitzend od. die unteren kurz u. breit gestielt, eiförmig längl. bis längl. lanzettl., am Grund abgerundet od. gestutzt, ungleich gezähnt, grün, oberseitig glänzend, auf den Nerven behaart, sonst kahl; Kronblätter hellpurpurn; Kapseln auf den Flächen mit abstehenden Drüsenhaaren, an den Kanten mit wenig gekrümmten drüsenlosen Haaren, 4,5–8 cm lang; Samen 1,8 mm lang, mit kurzem Anhängsel; Wurzelstock ohne Ausläufer. 30–100 cm. 7–8. ♃. Hochmontane, sickerfeuchte Hochstaudenfluren, s ERM: Fichtelberggebiet. V Aden.; alp-subalp. Kühlzeitzeuge.

E. *alsinifolium* VILL., **Mierenblättriges W.**

Stängel kaum verzweigt, nur auf 2–4 Kanten behaart, sonst kahl; Blätter 2–3-mal so lang wie breit, dunkelgrün, sitzend od. bis 4 mm gestielt, eiförmig lanzettl., entfernt gezähnt; Kronblätter 7–12 mm lang, z. T. tief geadert, rosenrot; Kapsel dickl., kahl od. spärl. drüsenhaarig; Samen fast glatt, ohne Papillen, 1,3–1,7 mm lang, mit deutl. Anhängsel; Wurzelstock unterirdisch, mit eiförmig rundl., weißl.-gelbl., fleischigen Niederblättern besetzt, 4–10 cm lange Ausläufer treibend. 10–30 cm. 7–8. ♃. Quellfluren, s ERM: Fichtelberggebiet. V Card.-Mont.; arkt-alp. Kaltzeitzeuge.

E. *anagallidifolium* LAM., **Alpen-W.**

[*E. alpinum* auct. non L.]. Stängel mit 2–4 herablaufenden behaarten Linien, sonst kahl; Blätter eiförmig bis breit eiförmig; Kronblätter 4–5 mm lang; Kapsel meist sichelig gebogen; Samen glatt, 1,2–1,5 mm lang; Wurzelstock meist reich verzweigt, oberirdische Ausläufer bildend, die mit kleinen ovalen u. runden Blättern besetzt sind. 4–15 cm. 7–8. ♃. Quellfluren, im Gebiet noch nicht nachgewiesen, aber im tschechischen ERZ am Keilberg (Klinovec) bei Gottesgab (Boži Dar). V Card.-Mont.; alp. Kaltzeitzeuge.

E. *angustifolium* L., **Schmalblättriges W.***

[*Chamaenerion a.* (L.) SCOP., *Chamerion a.* (L.) HOLUB]. Stängel stumpfkantig, kahl, nur im Blütenstandsbereich angedrückt behaart; Blätter zahlreich, 5–20 cm lang, ganzrandig od. sparsam drüsig gezähnt, etwas grau- od. blaugrün; Kronblätter verkehrt eiförmig, purpurn bis weinrot, selten weiß; Kelchblätter rot; Samen 1–1,3 mm lang; Wurzelstock Ausläufer treibend. 60–180 cm. 6–9. ♃. Waldlichtungsfluren, Waldränder, Gebüsche, Nadelforste, Ruderalfluren, sehr h. V Car.-Epil., V Samb.-Salic., O Pic.; circpol. Wg. (Salat).

E. *ciliatum* RAF., **Düsiges W.**

[*E. adenocaulon* HAUSSKN.]. Stängel unten stielrund, oben mit 2–4 erhabenen Leisten; Blätter kraushaarig, drüsig gezähnt, bis 10 cm lang u. 1,8–3 cm breit; Kronblätter 4–7 mm, rosa od. weiß, kaum aus dem Kelch herausragend, vorn tief eingeschnitten; Narbe ½ so lang wie der Griffel; Kapsel 4,5–6 cm lang, drüsig; Samen 1 mm lang, längl., mit weißen spitzen Papillen, die dicht gedrängt in auffallenden Längsreihen stehen, so dass der Samen weiß gestreift erscheint, an der Spitze u. am Grund mit kurzem durchsichtigem Anhängsel; Wurzelstock im Herbst kleine Laubrosetten am Stängelgrund bildend. 30–150 cm. 6–9. ♃. Gräben, Bachröhrichte, Müllplätze, sandig-kiesige Brachen, auch in gestörten Wäldern, h. NE (1948). V Glyc.-Sparg, V Phragm., V Sis., V Veron., K Querc.-Fag., O Bid. Heimat: N-Amerika.

1 Deckblätter fast so lang wie die mittleren Blätter; Kapsel fast nur mit Drüsenhaaren u. wenigen einfachen Haaren; Blütenstand meist unverzweigt, 5–20-blütig; Wurzelstock mit knöllchenförmigen Erneuerungsknospen — Kronblätter ± 7 mm lang, purpurrosa bis rosa; Stiele der Blütenknospen aufrecht; Samen grubig od. gerippt, Blätter groß, breit eiförmig, trocken schwarz. Im Gebiet noch nicht nachgewiesen.
subsp. *glandulosum* (LEHM.) HOCH et P. H. RAVEN

1* Deckblätter viel kürzer als die mittleren Blätter; Kapsel mit Drüsenhaaren u. zahlreichen angedrückten einfachen Haaren; Blütenstand meist stark verzweigt, 5–15-blütig; Wurzelstock mit od. ohne knöllchenförmigen Erneuerungsknospen
Die beiden folgenden Unterarten wurden bisher im Gebiet nicht getrennt:
2 Wurzelstock mit knöllchenförmigen Erneuerungsknospen; Stängel nur oben verzweigt; Kapsel 4–10 mm lang; Kronblätter 4–6,5 mm lang, purpurrosa, selten weiß. **subsp. *adenocaulon*** (HAUSSKN.) P. H. RAVEN
2* Wurzelstock mit Laubrosetten, Stängel vom Grund an verzweigt; Kapsel 10–20 mm lang; Kronblätter 4–5 mm lang, weiß, selten hellrosa. **subsp. *ciliatum***

E. collinum C. C. GMEL., **Hügel-W.**

Stängel anliegend, etwas kraus behaart, ohne Drüsenhaare; Blätter 1–4 cm lang, 5–15 mm breit, entfernt gesägt, graugrün; Kronblätter 4–6 mm lang, rosa; Kelchblätter stumpf; Kapsel dick, grau; Samen etwa 1,2 mm lang, am Grund meist ohne Anhängsel; Rhizom kurz. 10–50 cm. 6–9. ♃. Schotterfluren (Bahngelände, Blockhalden), Felsspalten, Mauern, im Bergland mäßig h, im Hügelland z, im Tiefland s; LLA u. DDH weitgehend fehlend od. s. O Galeops., O Andros.; bor-atl+sarmat+pralp-dealp.

E. dodonaei VILL., **Rosmarin-W.**

[*E. rosmarinifolium* HAENKE, *Chamaenerion dodonaei* (VILL.) SCHUR, *Chamerion dodonaei* (L.) HOLUB]. Stängel am Grund oft verholzt, rund bis stumpfkantig, zumindest im oberen Teil fein behaart; Blätter 2–6 cm lang, ganzrandig, grün; Kronblätter rosa bis violettrot; Samen 1,5–2 mm lang; Wurzelstock unterirdische Ausläufer bildend. 20–100(–150) cm. 7–9. ♃. Kiesgruben, Steinbrüche, Schotterfluren, s, z. T. unbeständig, OLH: Kamenz, Bautzen, Görlitz, Kunnersdorf; OLT: Deutschbaselitz, Görlitz-Ludwigsdorf. NE (seit 1953). V Dauco-Mel. Heimat: Gebirge M- u. SO-Europas; nächstliegendes Vorkommen in den Sudeten.

E. hirsutum L., **Rauhaariges W.***

Stängel stielrund, mit längeren, oberwärts auch mit zottig abstehenden Drüsenhaaren; Blätter 6–12 cm lang, scharf gesägt; Kronblätter tiefrosa bis rot, 12–23 mm lang; Kelchblätter stachelspitzig, 8–10 mm lang; Samen etwa 1 mm lang; Wurzelstock besonders im Herbst lange fleischige unterirdische Ausläufer treibend. 80–150 cm. 6–9. ♃. Gräben, Ufer, feuchte Stauden- u. Ruderalfluren, meist h bis ins mittlere Bergland, im oberen ERZ s od. fehlend. V Glyc.-Sparg., V Phragm., V Conv., V Filip., s K Artem.; eurosib.

E. hypericifolium TAUSCH, **Hartheublättriges W.**

Stängel glatt, oft ohne Haarleisten, schwach flaumig, oben etwas drüsig; Blätter am Rand u. auf den Nerven feinflaumig; Kronblätter zungenförmig, manchmal mit dunklen Adern, 5–6 mm lang; Kapseln rosa, 5–6 cm lang. 30–80. 6–9. ♃. Laubwälder, Waldlichtungen u. Waldränder, im Gebiet noch nicht nachgewiesen, aber im unmittelbar angrenzenden Tschechien vorkommend: Hoher Schneeberg in der Böhmischen Schweiz.

E. lamyi F. W. SCHULTZ, **Graugrünes W.**

[*E. tetragonum* subsp. *lamyi* (F. W. SCHULTZ) NYMAN]. Stängel aufrecht, kaum verzweigt, unten rundl., oben 4-kantig, auf den Leisten flaumig behaart; Blätter nicht glänzend, sehr kurz gestielt, nicht herablaufend, auf den Mittelnerven u. am Rande mit gekrümmten Haaren besetzt, längl. eiförmig, 3–4 cm lang, 0,5–1 cm breit; Kronblätter purpurn; Kapsel dicht weißl. bis grau behaart; Samen längl., dicht kurz warzig; Wurzelstock im Herbst kleine Laubrosetten bildend. 30–100 cm. 7–8. ♃. Ruderalfluren (Schuttplätze, Wegränder, lückige Brachen), Waldschläge, Waldwege, LLA: mäßig h, sonst meist z. ↗ O Sis., V Epil. ang, O Mel.-Holc., V Sis.; submed-subatl.

E. lanceolatum SEBAST. et MAURI, **Lanzettblättriges W.**

Stängel einfach od. mit wenigen steifen, rutenförmigen Ästen, anliegend u. kraus behaart, im oberen Teil mit einzelnen Düsenhaaren; Blätter am Rande entfernt u. oft scharf gesägt, zum Grund hin ganzrandig; Kronblätter weißl., später rosa, 6–10 mm lang; Samen etwa 1,2 mm lang, am Grund meist mit kurzem Anhängsel; Wurzelstock kleine Laubblattrosetten bildend. 30–60 cm. 6–8. ♃. Silikatschutthänge, Waldränder, Mauern, †, früher s ELH: Meißen; ERO: Tharandt, Freital, Bärenstein; MLH: Grimma, Nossen, Riesa. (Ob übersehen?). K Thlasp., O Mel.-Holc., O Andros.; subatl-submed.

E. montanum L., **Berg-W.***

Stängel glatt, aber mit 2 aus kurzen Kraushaaren bestehenden Haarleisten, kurz anliegend behaart, im oberen Teil mit abstehenden Drüsenhaaren; Blätter 4–10 cm lang, am Rand kerbig gesägt, eiförmig lanzettl., etwa bis zur Mitte gegenständig, selten (var. *verticillatum* KOCH) quirlständig, sitzend od. sehr kurz gestielt (0–4 mm); Kronblätter herzförmig, lila bis trüb purpurn; Kelchblätter spitz, Kapseln mit Drüsenhaaren, 6–9 cm lang; Samen etwa 1,2 mm lang, am Grund ohne Anhängsel; Wurzelstock ohne Ausläufer. 10–80 cm. 6–9. ♃. Gärten, lichte, nährstoffreiche Wälder, Waldschläge u. -säume, h im Berg- u. Hügelland, s im OLT. ↗ V Veron., O Fag., K Epil. ang., V Geo-All.; europ-nem.

E. nutans F. W. SCHMIDT, **Nickendes W.**

Stängel unten kahl, oben weichhaarig, Sprossspitze überhängend; Blätter längl. bis eiförmig, stumpfl., schwach gezähnt bis ganzrandig, bis 2 cm lang; Kronblätter bis 5 mm lang; Samen mit Anhängsel, dicht u. fein papillös, 1–5 mm lang; Wurzelstock einfach od. wenig verzweigt. 5–20 cm. 7–8. ♃. Quellfluren, Moore, s ERW: Gopplasgrün bei Erlbach (Hoher Brand), Steinbach; früher z im oberen ERZ, z. B. Fürstenwalde, Rübenau, Satzung, Jöhstadt, Oberwiesenthal. ↘ V Car. nigr., Card.-Mont.; alp-subalp. Kaltzeitzeuge.

E. obscurum SCHREB., **Dunkelgrünes W.***
Stängel aufrecht, verzweigt, leicht zusammendrückbar, unterwärts kahl, oberwärts weichhaarig, mit 2–4 erhabenen Linien; Blätter dunkelgrün, matt, die mittleren sitzend, längl. bis lineal lanzettl., etwa 4–8-mal so lang wie breit, am Grund meist abgerundet, etwas herablaufend, gezähnt; Kronblätter 5–9 mm lang, trüb rosenrot, scharf eingeschnitten; Blüte vor dem Aufblühen nickend; Kelchblätter mit vereinzelten Drüsenhaaren; Kapsel 5–7 cm lang, 1–2 cm lang gestielt, angedrückt grauhaarig mit einzelnen Drüsenhaaren; Samen verkehrt eiförmig, 0,9–1,1 mm lang, dicht mit kurzen Warzen besetzt, ohne Anhängsel. 60–100 cm. 6–9. ♃. Feuchte Staudenfluren, Röhrichte, Gräben, Quellfluren, z ERZ, OLB, OLH, VGT, sonst selten od. fehlend. V Phragm., V Glyc.-Sparg, V Card.-Mont.; subatl-mont-demont.

E. palustre L., **Sumpf W.***
Stängel ohne erhabene Längsleisten, kurzhaarig bis kahl, meist einfach; Blätter lanzettl. bis lineal lanzettl., mit keilförmigem Grund sitzend, gegen die Spitze allmähl. verschmälernd, ganzrandig, selten entfernt gezähnt, am Rand umgerollt, mattgrün; Kronblätter 4–8 mm lang, rötl.-weiß, selten weiß; Knospen meist nickend; Kapsel weichhaarig; Samen kahl, etwa 1,5–2 mm lang, mit deutl. durchscheinenden Anhängsel, dicht warzig. 10–50 cm. 7–9. ♃. Feuchtwiesen, Nieder- u. Quellmoore, Gräben, Großseggenriede, mäßig h DDH, ERZ, VGT; sonst meist z; s in vorwiegend agrarisch genutzten Gebieten von LLA, MLH u. ESG. V Calth., V Magnocar., V Car. nig.; circpol.

E. parviflorum SCHREB., **Kleinblütiges W.***
Stängel stielrund, kaum verzweigt, dicht abstehend zottig behaart, dazwischen auch kürzere Drüsenhaare; Blätter graugrün, undeutl. entfernt gesägt, lanzettl. bis schmal lanzettl., 3–7 cm lang; Kronblätter blassrosa-hellpurpurn; Blütenstand dicht drüsig; Kelchblätter stumpf, 2–4 mm lang; Samen etwa 1 mm lang; Wurzelstock im Herbst kurze, an der Spitze eine Blattrosette tragende Ausläufer treibend; Innovationspflanze mit verlängertem reichfaserigem Rhizom. 20–80 cm. 6–9. ♃. Gräben, Ufer, feuchte Stauden- u. (seltener) Ruderalfluren, gestörte Röhrichte, Seggenriede, mäßig h DDH, LLA; s OL; sonst z od. über weite Strecken fehlend. V Glyc.-Sparg., V Magnocar., O. Bid., V Conv., V Filip., selten K. Artem. u. V Sis.; med+atl-subatl.

E. roseum SCHREB., **Rosarotes W.***
Stängel meist sehr ästig u. reichblütig, zumindest unten 4-kantig, oben mit 4 fein behaarten Linien u. Drüsenhaaren; Blätter eiförmig lanzettl., an beiden Enden verschmälernd, oben freudig grün, unterseitig glänzend u. mit deutl. hervortretenden Nervennetz, am Rand u. auf den Nerven zerstreut behaart; Kronblätter 6–10 mm lang, nur wenig länger als der Kelch;

Blüten jung nickend; Kapsel mit gerundeten Kanten, dicht grau behaart mit einzelnen Drüsenhaaren; Samen kahl, an der Spitze abgerundet, etwa 1 mm lang, mit braunen runden Papillen; Wurzelstock kurz gestielte od. sitzende, aus kleinen, fleischigen, fast laubartigen, dunkelgrünen Niederblättern bestehende Blattrosetten bildend. 15–80 cm. 7–9. ♃. Bachröhrichte, Feuchtwiesen, Gräben, Gärten, mäßig h im Hügel- u. Bergland, s in den Lössgebieten u. OLT, fehlt im obersten ERW. V Phragm., V Filip., V Calth., V Glyc.-Sparg, V Veron.; euras-nem.

E. tetragonum L., **Vierkantiges W.***
[*E. adnatum* Griseb.]. Stängel glänzend, oft rot überlaufen, unten stielrund, oben mit 2–4 Längsleisten, nur mit wenigen angedrückten Haaren auf den Leisten, vor allem im oberen Teil verzweigt; Blätter sitzend, hellgrün, glänzend, die mittleren lineal lanzettl., kurz herablaufend, nicht drüsig gezähnt, 3–8 cm lang u. 0,5–2 cm breit, Blattrand unbehaart; Kronblätter blassrosa; Blüten stets aufrecht, Kelch ohne Drüsenhaare; Kapseln sehr kurz angedrückt behaart bis kahl; Samen verkehrt eiförmig, dicht mit langen Warzen besetzt, ohne Anhängsel; Wurzelstock im Herbst kleine Laubrosetten bildend. 20–80 cm. 7–9. ♃. Ufer, Gräben, Gärten, Ruderalfluren, meist mäßig h. V Card.-Mont., V Glyc.-Sparg., V. Bid., V Veron., O Sis.; eurosib.

Zu achten ist auf ***E. brachycarpum*** C. Presl, **Kurzfrüchtiges W.:** Pflanze 1-jährig; Wuchs auffallend sparrig; Blätter wechselständig, linealisch bis schwach lanzettl.; Narbe 4-spaltig. Die Art breitet sich in Deutschland aus u. ist im Gebiet zu erwarten.

Bastarde:
E. × ***aggregatum*** Čelak. [*E. montanum* × *E. obscurum*]
E. × ***beckhausii*** Hausskn. [*E. montanum* × *E. tetragonum*]
E. × ***borbasianum*** Hausskn. [*E. roseum* × *E. tetragonum*]
E. × ***brachiatum*** Čelak. [*E. obscurum* × *E. roseum*]
E. × ***confine*** Hausskn. [*E. collinum* × *E. montanum*]
E. × ***dacicum*** Borbás [*E. obscurum* × *E. parviflorum*]
E. × ***dufftii*** Hausskn. [*E. lamyi* × *E. roseum*]
E. × ***erroneum*** Hausskn. [*E. hirsutum* × *E. montanum*]
E. × ***floridulum*** Smejkal [*E. ciliatum* × *E. parviflorum*]
E. × ***fossicola*** Smejkal [*E. ciliatum* × *E. palustre*]
E. × ***glanduligerum*** Knaf f. [*E. collinum* × *E. roseum*]
E. × ***haussknechtianum*** Borbás [*E. lamyi* × *E. montanum*]
E. × ***heterocaule*** Borbás [*E. montanum* × *E. roseum*]
E. × ***iglaviense*** Smejkal [*E. ciliatum* × *E. lamyi*]
E. × ***interjectum*** Smejkal [*E. ciliatum* × *E. montanum*]
E. × ***laschianum*** Hausskn. [*E. palustre* × *E. tetragonum*]
E. × ***limosum*** Schur [*E. montanum* × *E. parviflorum*]
E. × ***mentiens*** Smejkal [*E. ciliatum* × *E. tetragonum*]

E. × ***montaniforme*** Knaf [*E. montanum* × *E. palustre*]
E. × ***novae-civitatis*** Smejkal [*E. ciliatum* × *E. hirsutum*]
E. × ***nutantiflorum*** Smejkal [*E. ciliatum* × *E. roseum*]
E. × ***palatinum*** F. W. Schultz [*E. lamyi* × *E. parviflorum*]
E. × ***persicinum*** Rchb. [*E. parviflorum* × *E. roseum*]
E. × ***probstii*** H. Lév. [*E. lamyi* × *E. palustre*]
E. × ***purpureum*** Fr. [*E. palustre* × *E. roseum*]
E. × ***ratisbonense*** Rubner [*E. hirsutum* × *E. lamyi*]
E. × ***rivulare*** Wahlenb. [*E. palustre* × *E. parviflorum*]
E. × ***schmidtianum*** Rostk. [*E. obscurum* × *E. palustre*]
E. × ***semiadnatum*** Borbás [*E. lamyi* × *E. tetragonum*]
E. × ***semiobscurum*** Borbás [*E. lamyi* × *E. obscurum*]
E. × ***subhirsutum*** Gennari [*E. hirsutum* × *E. parviflorum*]
E. × ***vicinum*** Smejkal [*E. ciliatum* × *E. obscurum*]
E. × ***weissenburgense*** F. W. Schultz [*E. parviflorum* × *E. tetragonum*]
E. ×? [*E. ciliatum* × *E. collinum*]

Oenothera L., **Nachtkerze**

Alle im Folgenden verschlüsselten *Oe.*-Arten sind 2-jährig. Mehrere Sippen entstanden erst in Europa aus nordamerikanischen Arten durch Hybridisation (neoindigene Arten). Da diese sich im Allgemeinen wie Arten verhalten, wurde das Bastardzeichen weggelassen. Nordamerikanische Neophyten sind folgende, ± fest eingebürgerte Arten: *Oe. canovirens, deflexa, depressa, glazioviana, oakesiana, parviflora, pycnocarpa, royfraseri, subterminales, suaveolens* (?), *victorinii*. Nachtkerzen besiedeln meist ± trockene Ruderalfluren (Bahnanlagen, Straßenränder, Tagebaue, Brachflächen, Halden, Müllplätze, Sand- u. Kiesflächen), seltener lückige Trocken- u. Halbtrockenrasen. Soziologie: O Sis., O Onop. (besonders V Dauco-Mel.), seltener K Fest.-Brom., O Coryn.

Nachtkerzen lassen sich im frischen Zustand am besten bestimmen, an Herbarmaterial sind Merkmale wie Färbung von Blattnerven, Knospen, Stängeln u. Blütenstandsachsen od. Länge u. Breite von Kronblättern nur noch schlecht od. gar nicht mehr zu erkennen. Deshalb notiere man sich diese Merkmale beim Sammeln.

Neben den im Folgenden verschlüsselten Sippen können weitere schwer bestimmbare Bastarde auftreten.

Die zur Bestimmung wichtigen Merkmale sind in *Abb. 376/1* dargestellt.

1 Kelchzipfelspitzen der Knospen am Grund aneinandergedrückt, sich berührend *(Abb. 376/1a: 3 u. 4)*; Blütenstandsachse (auch vor dem Aufblühen) nicht nickend

2 Fruchtknoten dicht weißl. mit anliegenden Borstenhaaren bedeckt; Haarbasen der Borstenhaare des Stängels meist niedrig kegelförmig, d. h. ohne warzenartige Verdickung *(Abb. 376/1b: 3)*; Fruchtzähne kurz, deutl. ausgerandet *(Abb. 376/1c: 1)*

3 Stängel u. Blütenstandsachse rot getupft; Haarbasen rot; junge Blütenstandsachse oben rot

4 Blätter u. Deckblätter am Rand wellig, oft mit gedrehter Spitze; Blüten- u. Fruchtstand locker; Knospen rot gestreift, oft im geschlossenen Zustand abfallend ***Oe. depressa***

4* Blätter u. Deckblätter flach od. leicht wellig; Blüten- u. Fruchtstand dicht, sich normal öffnend

5 Kelchzipfel 4–7 mm lang; Knospen immer grün — seltener Bastard **Oe. wienii**

5* Kelchzipfel 1–3 mm lang; Knospen grün, später oft rötl. angelaufen — weißl. behaart; seltene Form von **Oe. canovirens**

3* Stängel u. Blütenstandsachse nicht getupft; junge Blütenstandsachse oben grün, selten schwach gerötet

6 Blätter hell graugrün; Blattmittelnerven weiß — Knospen weißl. behaart, anfangs grün, später oft rötl. angelaufen **Oe. canovirens**

6* Blätter dunkelgrün; Blattmittelnerven rot

7 Stängel tiefrot angelaufen; Blütenröhre 30–40 mm lang; Blätter flach, nur Deckblätter oft mit gedrehter Spitze **Oe. paradoxa**

7* Stängel grün; Blütenröhre 25–32 mm lang; Blätter auffallend gedreht — stark (fast seidig) behaart **Oe. scandinavica**

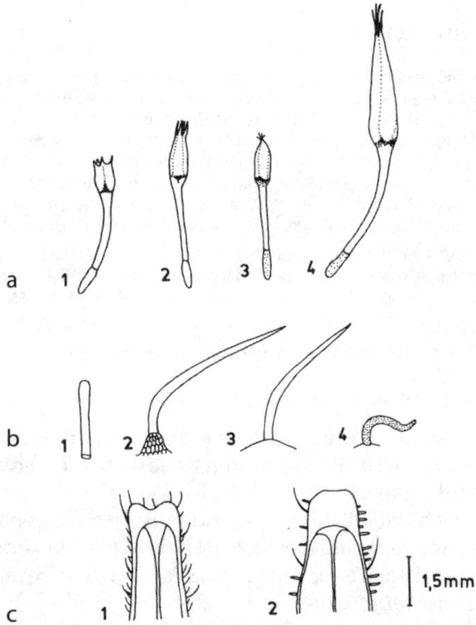

376/1: a) Knospen von 1 *Oe. parviflora*, 2 *Oe. subterminalis*, 3 *Oe. rubricaulis*, 4 *Oe. glazioviana;* b) Haartypen: 1 Drüsenhaar, 2 Borstenhaar mit warzenförmiger Haarbasis, 3 Borstenhaar ohne warzenförmige Haarbasis, 4 stumpfes Haar mit warziger Oberfläche; c) Aufsicht auf den oberen Teil der Innenseite der Fruchtklappe nach Aufspalten der Kapsel, die Ausrandung der Kapsel zeigend: 1 *Oe. depressa*, 2 *Oe. biennis*.

2* Fruchtknoten (meist deutl.) mit stumpfen Drüsenhaaren *(Abb. 376/1b: 1)* u. längeren Borstenhaaren bedeckt; Haarbasen der Borstenhaare des Stängels deutl. kegel- bis warzenförmig; Fruchtzähne meist gestutzt od. stumpf

8 Pflanzen vom Grund an stark verzweigt — Stängel stark rot getupft; Blätter dunkelgrün, breit eilanzettl., mit roten Mittelnerven; seltener Bastard ***Oe. rigirubata***

8* Pflanzen gewöhnl. nicht od. nur im oberen Teil verzweigt

9 Stängel u. Blütenstandsachse grün, nicht getupft; Stängel kann unten rötl. überlaufen sein; Knospen grün

10 Kronblätter 25–35(–40) mm lang; Früchte 30–50 mm lang — Mittelnerv des Blattes immer weiß ***Oe. suaveolens***

10* Kronblätter 9–30 mm lang; Früchte kleiner

11 Kronblätter meist 20–30 mm lang, deutl. breiter als lang — Früchte 20–35 mm lang

12 Blätter meist elliptisch, ihr Mittelnerv rot; Knospen immer grün ***Oe. biennis***

12* Blätter lanzettl., ihr Mittelnerv weiß; Knospen anfangs grün, dann braunrötl. gestreift ***Oe. pseudocernua***

11* Kronblätter 9–24 mm lang

13 Kronblätter 9–12 mm lang u. breit ***Oe. deflexa***

13* Kronblätter 10–24 mm lang

14 Kronblätter 10–20 (–22) mm lang, 8–19 mm breit, stets länger als breit; Kronröhre 25–40 mm lang; Kapsel bis 50 mm lang; Blätter eiförmig lanzettl. ***Oe. victorinii***

14* Kronblätter 12–20 mm lang, 15–18 mm breit, meist ebenso lang wie breit; Blütenröhre 20–25 mm lang; Kapsel bis 35 mm lang; Blätter längl. lanzettl. ***Oe. casimiri***

9* Stängel u. Blütenstandsachse deutl. rot getupft, junge Blütenstandsachse oben meist rötl., seltener grün; Knospen meist rotstreifig

15 Kronblätter > 30 mm lang

16 Kronblätter > 40 mm lang; gespreizte Narben überragen die Staubbeutel; Früchte 20–32 mm lang; Fruchtzähne bis 2 mm lang; Blätter elliptisch, bucklig, mit weißen od. roten Mittelnerven ***Oe. glazioviana***

16* Kronblätter 30–40 mm lang; gespreizte Narben zwischen den Staubbeuteln; Früchte 30–40 mm lang; Fruchtzähne bis 3 mm lang; Blätter breit lanzettl., flach, mit meist roten Mittelnerven ***Oe. coronifera***

15* Kronblätter 10–30 mm lang

17 Stängel auffallend tiefrot gefärbt ***Oe. coloratissima***

17* Stängel grün od. rötl. (vgl. aber 23)

18 Fruchtzähne deutl. ausgerandet

19 Kelchzipfel 2–4 mm lang; Blütenstandsachse oben gerötet; Blütenröhre 25–35 mm lang; Blätter flach od. wellig, oft mit gedrehter Spitze — Fruchtstand auffallend lang ***Oe. hoelscheri***

19* Kelchzipfel 4–6 mm lang; Blütenstandsachse grün, Blütenröhre 30–35 mm lang; Blätter flach bis schwach gedreht, mäßig seidig behaart — seltener Bastard ***Oe. purpurans***

18* Fruchtzähne gestutzt od. nur schwach ausgerandet

20 Blätter elliptisch, meist auffallend bucklig — Knospen rötl. überlaufen; Kronblätter 15–30 mm lang, 18–34 mm breit; Kelchzipfelspitzen 2–4 mm lang; Früchte 20–30 mm lang, junge Früchte dicht mit Drüsenhaaren besetzt; Fruchtzähne meist < 1,5 mm lang ***Oe. fallax***

20* Blätter elliptisch lanzettl. bis lanzettl. (wenn untere elliptisch u. gewellt, dann aber obere lanzettl., vgl. *Oe punctulata*)

21 Knospen rötl. überlaufen — Kronblätter ± 22 mm lang u. breit; Kelchzipfelspitzen 2–2,5 mm lang; Früchte bis 20 mm lang, junge Früchte dicht mit langen spitzen Haaren besetzt; Fruchtzähne meist 1,5–2 mm lang; seltener Bastard ***Oe. saxonica***

21* Knospen grün

22 Junge Blütenstandsachse oben ± deutl. rot gefärbt

23 Stängel rot gefärbt

24 Blätter deutl. gezähnt; Kelchzipfel dünn, 3–5 mm lang; junge Frucht grün ***Oe. flaemingina***

24* Blätter schwach gezähnt; Kelchzipfel dick, bis 3 mm lang; junge Frucht rot gestreift ***Oe. octolineata***

23* Stängel grün od. rötl. überlaufen

25 Kronblätter 10–18 mm lang u. breit ***Oe. acutifolia***

25* Kronblätter gewöhnl. länger als breit

26 Kapsel 30–40 mm lang; Blätter lanzettl.; Kelchzipfel dickl., 4–7 mm lang ***Oe. mediomarchica***

26* Kapsel 20–30 mm lang; Blätter elliptisch bis eilanzettl.; Kelchzipfel dünn, 3–5 mm lang

27 Narben die Staubgefäße nicht überragend; Kronblätter 15–25 mm lang; Blütenröhre 15–25 mm lang; Kelchzipfel 3–4 mm lang ***Oe. rubricaulis***

27* Narben die Staubgefäße stets überragend; Kronblätter 20–28 mm lang; Blütenröhre 25–35 mm lang; Kelchzipfel 3–5 mm lang ***Oe. rubricauloides***

22* Junge Blütenstandsachse oben grün

28 Fruchtstand auffällig kurz ***Oe. editicaulis***

28* Fruchtstand deutl. verlängert

29 Untere Blätter elliptisch, gewellt, obere lanzettl. ***Oe. punctulata***

29* Alle Stängelblätter lanzettl.

30 Kronblätter 5–11 mm lang u. breit — Blütenstand gestutzt od. breit pyramidenförmig; Kelchzipfel 2–3 mm lang ***Oe. royfraseri***

30* Kronblätter bis 22 mm lang

31 Blütenstand kegel- bis pyramidenförmig; Kronblätter 12–20 mm lang u. breit; Kelchzipfel 3–6 mm lang ***Oe. pycnocarpa***

31* Blütenstand nicht kegelförmig; Kronblätter ± 22 mm lang u. breit; Kelchzipfelspitzen 2–2,5 mm lang — Blätter elliptisch lanzettl., nicht buckelig; Früchte bis 20 mm lang, jung dicht mit langen Spitzhaaren besetzt; Fruchtzähne meist 1,5–2 mm lang; seltener Bastard ***Oe. saxonica***

1* Kelchzipfelspitzen der Knospen vom Grund an ± U-förmig od. V-förmig spreizend, sich nicht berührend *(Abb. 376/1a: 1 u. 2);* Gipfel des Blütenstandes anfangs (besonders vor dem Aufblühen) meist ± nickend, später meist aufrecht

32 Blütenstandgipfel deutl. nickend

33 Stängel ungetupft ***Oe. albipercurva* var. *impunctata***

33* Stängel rot getupft

34 Blätter dunkelgrün; Stängel deutl. schräg wachsend mit nickendem Gipfel des Hauptsprosses u. der Seitenäste; Haarbasen deutl. ausgeprägt ***Oe. ammophila***

34* Blätter hellgrün; Stängel aufrecht; Blütenstandgipfel leicht nickend; Haarbasen niedrig kegelförmig

35 Blätter fast ganzrandig, schmal lanzettl.; Blütenstand locker; Stängel nur leicht getupft; Kelchzipfel 4–6 mm lang; Blütenknospen rot gefleckt ***Oe. albipercurva* var. *albipercurva***

35* Blätter in der unteren Hälfte buchtig gezähnt, lanzettl.; Blütenstand dicht; Stängel getupft; Kelchzipfel 2–3 mm lang; Blütenknospen grün od. rötl. angelaufen ***Oe. oakesiana***

32* Blütenstandsgipfel zu Beginn der Blütezeit kaum nickend, später völlig aufrecht; Stängel schwach od. nicht getupft, unten meist dunkelrot überlaufen — Blätter lanzettl., meist dunkelgrün mit roten Mittelnerven

36 Kelchzipfel an der Knospe deutl. U-förmig entfernt, bis 3 mm lang; Blütenstand kopfig gestaucht; Kronblätter 6–12 mm lang u. breit ***Oe. parviflora***

36* Kelchzipfel von unten an V-förmig auseinandergehend od. unten fast anliegend u. dann bogig spreizend; Blütenstand pyramidenförmig; Kronblätter 12–20 mm lang u. breit

37 Stängel unten dunkelrot; Stängelblätter dunkelgrün mit tiefroten Mittelnerven; Kelchzipfel gerade, bis 5 mm lang ***Oe. subterminalis***

37* Stängel grün od. rötl. überlaufen; Stängelblätter grasgrün, am Grund mit hellroten Mittelnerven; Kelchzipfel bogig, dünn, bis 3 mm lang ***Oe. issleri***

Oe. acutifolia ROSTAŃSKI, **Spitzblättrige N.**

[*Oe. rubricaulis* × *Oe. ammophila* od. *subterminalis*]. Blätter mit rotem Mittelnerv, mittlere u. obere Stängelblätter im unteren Teil deutl. am breitesten, lang zugespitzt, flach, untere Stängelblätter nicht auffallend breit werdend; Kelchzipfel sich am Grund nur undeutl. berührend, dickl., ± gerade, 2–4 mm lang; Blütenstand locker; Frucht 20–30 mm lang, untere Früchte nur mit wenigen Drüsen. 80–200 cm. 7–9. ⊙. z OLT; s ELH; ERB: Zwickau, Niederwürschnitz; ERM: Schwarzenberg; LLA: Leipzig; OLH; VGT: Lengenfeld.

Ähnl. ist *Oe. perangusta* R. R. Gates, sich durch breit lanzettl. Blätter, eine bis 35 mm lange Blütenröhre, rot gestreifte Kapseln u. schwach konkave Fruchtzähne unterscheidend. Bisher nur OLH: Görlitz

Oe. albipercurva Hudziok, **Gekrümmte N.**

[*Oe. biennis* × *Oe. ammophila*]. Blütenröhre 30–40 mm lang; Kronblätter 15–25 mm lang u. 17–28 mm breit; obere Deckblätter am Grund mit roten Mittelbasen; Frucht 30–35 mm lang. 100–200 cm. 7–8. ⊙. z OLH, OLT; s LLA; ERB: Zwickau.

1 Stängel schwach rot getupft — var. *albipercurva*
1* Stängel nicht getupft — var. *impunctata* Rostański

Oe. ammophila Focke, **Sand-N.**

Blätter bläul.-grün, etwa 10 mm breit u. 6–9-mal so lang; Kelchzipfel 2–5 mm lang, sich am Grund kaum berührend; Blütenröhre (25–)30–40 mm lang; Kronblätter 12–18 mm lang u. 10–16 mm breit; Früchte oft rotfleckig od. rotstreifig, 25–35 mm lang; Fruchtzähne kurz, stumpf, ausgerandet od. leicht zugespitzt u. rot überlaufen; Stängel meist mit flächigen roten Warzen. 50–100 cm. 6–8. ⊙. Mäßig h bis z im Tief- u. Hügelland, sonst s.

1 Blattnerven rot, Knospen deutl. rot überlaufen — var. *germanica* (Boed.) Renner
1* Blattnerven weiß, Knospen grün od. leicht rötl. überlaufen — var. *ammophila*

Oe. biennis L. s. str., **Zweijährige N.***

Rapontica (ERZ)

Stängel grün, unten evtl. rötl. überlaufen; Blätter etwa 20–40 mm breit u. 4–5-mal so lang; Blattmittelnerv zumindest im unteren Teil rot od. rötl.; Kelchzipfel 3–4 mm lang; Blütenröhre 25–35 mm lang; Fruchtknoten stark drüsig, mit Borstenhaaren; Früchte 30–35 mm lang. 50–180 cm. 6–8. ⊙. Im Bergland z, sonst h. Wg. Off.

Kronblätter kräftig gelb — var. *biennis*
Kronblätter blass- bzw. schwefelgelb — var. *sulphurea* Klemann
Kronblätter viel schmaler als breit, Kelchblätter länger als Kronblätter — var. *leptomeris* Bartlett
Laubblätter lanzettl. — var. *angustifolia* Renner

Oe. canovirens E. S. Steele, **Renner-N., Graugrüne N.**

[*Oe. renneri* H. Scholz, *Oe. velutinifolia* Hudziok]. Blätter lanzettl., flach bis rinnig; Blattmittelnerv weiß; Blütenröhre 25–35 mm lang, oben plötzl. erweitert; Kelchzipfel 1–3 mm lang; Kronblätter 10–20(–25) mm lang u. breit; Blütenstandsachse grün od. später gerötet (f. *mollis* Rostański); Blüten sich normal öffnend; Blütenstand dicht; Stängel selten auch rot getupft. 50–150 cm. 7–9. ⊙. s LLA: Tagebau Zwenkau; früher OLT: nach 1990 keine Beobachtungen.

Oe. casimiri ROSTAŃSKI, **Kasimir-N.**
[*Oe. biennis* × *Oe. rubricaulis*]. Merkmale wie *Oe. biennis*, d. h. Stängel grün, ungetupft, junge Blütenstandsachse grün, aber Kelchzipfel 3 mm lang. 50–160 cm. 6–8. ⊙. s LLA: Leipzig; OLH: Putzkau. Immer nur einzeln unter den Eltern.

Oe. coloratissima HUDZIOK, **Gefärbte N.**
Kelchzipfel 4–6 mm lang; Kronröhre 28–36 mm lang; Kapsel 30–40 mm lang. 80–150. 6–8. ⊙. s ERB: Zwickau.

Oe. coronifera RENNER, **Kronen-N.**
Blätter breit lanzettl.; Kronblätter meist etwas schmaler als lang, 30–40 mm lang; Fruchtzähne lang u. abgestutzt; stumpf; Kelchzipfelspitzen bis 6 mm lang, an der Spitze grün. 80–180 cm. 7–9. ⊙. z LLA; s ERB: Zwickau; OLH: Bautzen, Bischofswerda.

1 Blattnerven rot var. *coronifera*
1* Blattnerven weiß; bisher nur ERB: Zwickau; LLA: Markkleeberg var. *albinervis* BAUMANN, DITTMANN et GUTTE

Oe. deflexa R. R. GATES, **Abgebogene N., Leipziger N.**
[*Oe. lipsiensis* ROSTAŃSKI et GUTTE]. Blätter (breit) lanzettl.; Blattmittelnerv weiß od. rot; Kelchzipfel 3–4 mm lang; Früchte bis 40 mm lang, meist mit Borstenhaaren, obere auch mit Drüsenhaaren. 60–150 cm. 7–8. ⊙. z LLA: in u. um Leipzig; s ERB: Zwickau; OLH: Görlitz, Bischofswerda: Medewitz; OLT: Burghammer.

Oe. depressa GREENE, **Weidenblättrige N.**
[*Oe. salicifolia* G. DON, *Oe. hungarica* BORBÁS]. Stängel oft rötl. überlaufen; Blätter hellgrün bis graugrün; Blattmittelnerv anfangs weiß, später am Grund rot; junge Blütenstandsachse oben rot; Kronblätter 15–20 mm lang u. breit. 50–250 cm. 7–9. ⊙. Im Tief- u. Hügelland s, nur OLT etwas häufiger.

Oe. editicaulis HUDZIOK, **Hochwüchsige N.**
Kronblätter 14–22 mm lang u. 17–28 mm breit, tellerförmig ausgebreitet; Blütenröhre 28–40 mm lang; Kelchzipfel 4–9 mm lang; Früchte 28–36 mm lang; Blätter eilanzettl. bis lanzettl.; Stängel gerötet. 80–200 cm. 7–8. ⊙. Fehlt im Gebiet, kommt aber in Brandenburg bei Brieske (Niederlausitz) u. in Sachsen-Anhalt vor.

Oe. fallax RENNER, **Täuschende N.**
[*Oe. biennis* × *Oe. glazioviana*]. Knospen rotstreifig. 60–160 cm. 6–9. ⊙. Mäßig h bis z im Tief- u. Hügelland, sonst s.

Oe. flaemingina HUDZIOK, **Fläming-N.**

[*Oe. pycnocarpa* × *Oe. rubricaulis*]. Blütenröhre 20–25 mm lang; Blätter tief dunkelgrün, ihre Seitennerven vom Mittelnerv in einem zieml. spitzen Winkel ausgehend; Kronblätter 7–17 mm lang u. breit. 50–150 cm. 7–8. ⊙. s ERB: Zwickau; LLA: Leipzig; OLH: Bautzen, Bischofswerda; OLT: früher Hoyerswerda.

Oe. glazioviana MICHELI, **Rotkelchige N., Glaziou-N.**

[*Oe. erythrosepala* BORBÁS, *Oe. lamarckiana* auct. genet. non SER., *Oe. grandiflora* auct. non L'HÉR, *Oe. vrieseana* H. LÉV.]. Blätter elliptisch, untere u. Rosettenblätter stark bucklig querrunzlig; Kronblätter 40–50(–60) mm lang, breiter als lang; Kelchzipfel 5–10 mm lang; Fruchtzähne bis 2 mm lang, gestutzt od. ausgerandet. 80–180 cm. 7–9. ⊙. Zierpflanze, verwildert, mäßig h bis z im Tief- u. Hügelland, im Bergland s.

1 Mittelnerven grün — var. *glazioviana*
1* Mittelnerven rot — var. *rubrinervis* DE VRIES

Oe. hoelscheri ROSTAŃSKI, **Hoelscher-N.**

[*Oe. depressa* × *Oe. rubricaulis*]. Ähnl. *Oe. rubricaulis* , aber mit viel längeren Blütenröhren u. breiteren Kronblättern; Blütenstandsachse gerötet, nur am Gipfel drüsig; Kelchzipfel 2–4 mm lang; Kronblätter 14–23 mm lang u. 14–26 mm breit; Früchte 20–30 mm lang. 80–200 cm. 7–9. ⊙. s ERM: Bernsbach; ERB: Zwickau, Thurm; LLA, OLH, OLT.

1 Blattnerven rot
2 Knospen grün; untere Früchte mit Borstenhaaren u. meist nur wenigen Drüsenhaaren — var. *hoelscheri*
2* Knospen rotstreifig; alle Früchte auch mit Drüsenhaaren — var. *rubricalyx* ROSTAŃSKI
1* Blattnerven weiß — Kelch rot gefleckt; Früchte deutl. drüsig behaart; Blätter etwas wellig — var. *albinervis* ROSTAŃSKI

Oe. issleri ROSTAŃSKI, **Issler-N.**

[*Oe. biennis* × *Oe. oakesiana*]. Blütenstand breit pyramidenförmig; Blütenröhre 30–40 mm lang; Kronblätter 10–18 mm lang u. 10–19 mm breit; Fruchtstand sehr dicht; junge Früchte stark drüsig; Kapseln 20–30 mm lang; Blätter lebhaft grün mit weißen od. schwach rötl. Mittelnerven. 50–100 cm. 6–8. ⊙. s ERB: Zwickau; OLH: früher Demitz-Thumitz.

Oe. mediomarchica HUDZIOK, **Mittelmärkische N.**

[*Oe. pycnocarpa* × *Oe. rubricaulis* (?)]. Stängel oft rot überlaufen; Fruchtzähne abgerundet od. abgestutzt; Blüten fallen oft ab. 50–150 cm. 7–8. ⊙. s ELH: früher Dresden; OLH: Putzkau.

Oe. oakesiana (A. GRAY) S. WATSON et COULT., **Küsten-N.**
[*Oe. syrticola* BARTLETT]. Blätter graugrün, lanzettl., 8–12 mm breit u. 7–10-mal so lang; Blütenröhre 25–35 mm lang; Kronblätter 12–16 mm lang; Früchte ohne rote Flecken, 25–35 mm lang; Fruchtzähne über 1 mm lang, stumpf. 50–150 cm. 7–8. ⊙. z OLT, OLH; s ELH, ERB: Zwickau, LLA.

1 Blattnerven weiß — var. *oakesiana*
1* Blattnerven rot — var. *rhodoneura* RENNER

Oe. octolineata HUDZIOK, **Achtrotstreifige N.**
[*Oe. pycnocarpa* × *Oe. rubricaulis*]. Mittlere u. obere Blätter ± parallelrandig; Blütenröhre 20–30 mm lang; Früchte dickl., glänzend, mit 8 roten Streifen. 50–150 cm. 7–8. ⊙. s OLT: früher Zeißholz.

Oe. paradoxa HUDZIOK, **Seltsame N.**
[*Oe. depressa* × *Oe. parviflora* od. *Oe. subterminalis*]. Blätter rotnervig, lanzettl. bis elliptisch; Deckblätter oft gedreht; Stängel tiefrot angelaufen; Blütenstandsachse grün; Kelchzipfel 3–6 mm lang; Kronblätter 10–20 mm lang u. breit; Früchte 25–35 mm lang. 50–160 cm. 7–9. ⊙. s OLT: früher Niemtsch; außerhalb des Gebietes um Senftenberg (Brandenburg) häufiger.

Oe. parviflora L., **Kleinblütige N.***
[*Oe. pachycarpa* RUDLOFF]. Blätter etwa 10–20 mm breit u. 6–10-mal so lang; Knospen zuerst grün, dann braunrot überlaufen; Blütenröhre 30–40 mm lang; Früchte auffällig kurz u. dick, 20–30 mm lang. 50–150 cm. 7–9. ⊙. Im Tiefland z, sonst s.

Oe. pseudocernua HUDZIOK, **Falsche N.**
[*Oe. ammophila* × *Oe. biennis*]. Blätter lanzettl., grasgrün, Mittelnerv weiß; Kelchzipfel 4–6 mm; Blütenröhre 30–40 mm; Fruchtlänge 20–35 mm. 50–150 cm. 7–8. ⊙. Nicht im Gebiet, aber bei Ruhland (Brandenburg).

Oe. punctulata ROSTAŃSKI et GUTTE, **Feinpunktierte N.**
[*Oe. biennis* × *Oe. pycnocarpa*]. Blütenstand breit pyramidenförmig; Kelchzipfel 3–4 mm lang; Blütenröhre 25–35 mm lang; Kronblätter 15–20 mm lang, 18–24 mm breit; Früchte 25–35 mm lang, drüsig behaart, mit Borstenhaaren. 80–180 cm. 6–8. ⊙. s ELH, ERB, LLA, OLT, VGT.

Oe. purpurans BORBÁS, **Purpurkelchige N.**
[*Oe. depressa* × *glazioviana*]. Ähnl. *Oe. glazioviana*, aber auffallend behaart; Blüten > 25 mm; Stängel relativ unauffällig getupft; Blütenstandsachse grün; Knospen rotstreifig; Blätter relativ hellgrün, Blattmittelnerv grün; Kelchzipfel 4–6 mm lang; Blätter wie *Oe. biennis*, doch schwach gedreht u. mäßig seidig behaart; Blütenröhre 30–35 mm lang; Fruchtzähne ausgerandet; Früchte 35 mm lang, stark drüsen- u. spitzhaarig. 60–120. 6–8. ⊙. s MLH: bei Meißen.

Oe. pycnocarpa G. F. Atk. et Bartlett, **Dichtfrüchtige N.**
[*Oe. chicaginensis* Renner]. Stängel grün od. leicht rötl. angelaufen; Blütenröhre 30–40 mm lang; Früchte 30–40 mm lang, junge Früchte im unteren Teil des Fruchtstandes nur mit Borstenhaaren, die oberen auch mit Drüsenhaaren. 100–200 cm. 7–9. ⊙. Mäßig h LLA, OLT; sonst meist s, z. B. ERB: Zwickau, Niederwürschnitz.

Oe. rigirubata Gutte et Rostański
[*Oe. ammophila* × *Oe. biennis*]. Blütenstandsachse anfangs schwach, später stärker rötend; Knospen anfangs grün, später braunrot. 50–150 cm. 6–8. ⊙. ELH: außer dem Locus typicus bei Nünchritz kein weiterer Fundort bekannt.

Oe. royfraseri R. R. Gates, **Royfraser-N.**
[*Oe. turoviensis* Rostański]. Kelchzipfel nur gering aneinandergedrückt; Blütenröhre u. Früchte 30–40 mm lang; 50–150 cm. 7–9. ⊙. Mäßig h OLT; s OLH: Neißetal; ELH: Graupa; ERB: Zwickau; LLA: um Leipzig.

Oe. rubricaulis Kleb., **Rotstänglige N.**
[*Oe. muricata* L. nom. conf.]. Kronblätter breiter als lang od. so breit wie lang; Kelchzipfelspitzen oben bogig auseinanderstehend; untere Blätter sehr breit werdend (etwa 35 mm breit u. nur 3–4-mal so lang); Achse (von der oberen Blütenstandsachse abgesehen) grün od. schwach gerötet; Blätter grün, ihre Seitennerven vom Mittelnerv in einem großen Winkel ausgehend. 50–150 m. 6–8. ⊙. h LLA, OLT, OLH; sonst z.

Oe. rubricauloides Rostański, **Rotstängelähnliche N.**
[*Oe. rubricaulis* Kleb. var. *longistylis* Gutte et Rostański]. 50–150 cm. 6–8. ⊙. s ELH: Dresden.

Oe. saxonica Gutte et Rostański, **Sächsische N.**
[*Oe. coronifera* × *Oe. biennis*]: Stängel unten rot überlaufen; junge Blütenstandsachse grün, stark rot getupft. 80–100 cm. 7–8. ⊙. s LLA: Leipzig (Locus typicus); OLH: Bautzen.

Oe. scandinavica Rostański, **Skandinavische N.**
[*Oe. biennis* × *Oe. depressa*, *Oe. depressa* Greene f. *latibracteata* Rostański]. Kronblätter etwa 15 mm lang u. breit, Kelchspitzen rot überlaufen, Blätter dunkelgrün, Kapseln 20–30 mm lang, mit Borstenhaaren; Fruchtzähne etwas eingekerbt. 60–120 cm. 6–8. ⊙. s LLA: Leipzig: Kulkwitz.

Oe. suaveolens Pers., **Duftende N.**
Blätter eilanzettl.; Blüten duftend; untere Früchte ohne Drüsenhaare, nur mit Borstenhaaren. 80–200 cm. 7–9. ⊙. s ELH: Klotzsche; ERB: Wilkau-Haßlau,

Steinpleis, Fährbrücke; OLT: bei Spremberg (Brandenburg) unmittelbar an das Gebiet heranreichend.

Oe. subterminalis R. R. GATES, **Schlesische N.**
[*Oe. silesiaca* RENNER]. Blätter lanzettl., etwa 15–20 mm breit u. 5-mal so lang; Blütenröhre 30–40 mm lang; Kronblätter 12–20 mm lang u. breit; junge Frucht mit Drüsen- u. Borstenhaaren; Frucht 20–30 mm lang. 50–150 cm. 7–9. mäßig h OLT; sonst meist s im Tief- u. Hügelland.

Oe. victorinii R. R. GATES, **Victorin-N.**
[*Oe. nissensis* ROSTAŃSKI var. *fiedleri* GUTTE et ROSTAŃSKI]. Blattmittelnerven weiß, an den Ansatzstellen manchmal rot; Knospen grün, selten rot geflammt; Frucht mit Borsten- u. Drüsenhaaren. 60–150 cm. 6–8. s ERB: Zwickau; LLA: früher Leipzig-Gundorf.

Oe. wienii ROSTAŃSKI, **Danziger N.**
[*Oe. rubricaulis* × *Oe. depressa*]. Kronblätter 14–20 mm lang u. 14–24 mm breit; Fruchtknoten der unteren Blüten ohne Drüsenhaare; Fruchtzähne oft schwach ausgerandet; Blätter graugrün, lanzettl., flach od. etwas wellig, bis 20 cm lang, Blattmittelnerv meist weiß. 40–150 cm. 7–9. s OLT: früher bei Knappenrode.

Eingeschleppte Arten; Stängel aufsteigend bis aufrecht, meist verzweigt; Krone gelb.

Oe. laciniata HILL, **Ausgefranste N.:** Blätter buchtig gefiedert bis gezähnt; Kapsel zylindrisch. 5–30 cm. 6–7. ⊙. Müll- u. Umschlagplätze, s, z. B. Riesa, Sörnewitz, Dresden. NU. Heimat: N-Amerika.

Oe. stricta LINK, **Steife N.:** Blätter gezähnt, meist leicht gewellt; Kapsel im vorderen Teil auffallend erweitert. 20–50 cm. 6–7. ⊙, ⚇. Müll- u. Umschlagplätze, s, z. B. Leipzig. Heimat: Kalifornien.

Mehrere nordamerikanische ausdauernde Oe.-Arten werden in Gärten kultiviert:

Oe. speciosa NUTT., **Rosa N.:** Krone rosa od. weiß, ± 3,5 cm lang; Knospen nickend; Blätter buchtig gefiedert bis fast ganzrandig; Kapsel 8-rippig, mit schmalen Flügeln. ⊙, ♃. 15–60 cm. 6–9. Zierpflanze, s verwildert, z. B. Leipzig

Gelb blühend, stets mehrjährig: ***Oe. macrocarpa*** NUTT. [*Oe. missouriensis* SIMS], **Missouri-N.**, ***Oe. fruticosa*** L., **Strauchige N.** u. ***Oe. perennis*** L., **Stauden-N.** Bisher im Gebiet keine Verwilderung bekannt.

Eingeschleppt od. angesalbt: ***Ludwigia peploides*** (KUNTH) P. H. RAVEN, **Heusenkraut:** Ausläufer treibende Sumpf- od. Wasserpflanze mit Blüten ähnl. *Oenothera*, aber mit 5 Kronblättern, 2008 bei Wilkau-Haßlau zahlreich.

Fam. *Staphyleaceae* MARTINOV, Pimpernussgewächse, Klappernussgewächse

Staphylea L., **Pimpernuss, Klappernuss**

Blätter 5–7-zählig gefiedert; Blättchen längl. lanzettl. od. längl., zugespitzt, gesägt; Blüten in hängenden Rispen, weißl.; Kapsel kugelig, meist 2-lappig u. aufgeblasen; Kronblätter weiß, außen oft rötl. 2–5 m. 5–6. ♄. Zierstrauch, verwildert, s ERO: Oederan, im Memmendorfer Park. Heimat: südl. M- u. SO-Europa. ***St. pinnata*** L., **Gewöhnliche P., Gefiederte P.****

Fam. *Anacardiaceae* R. BR., Sumachgewächse

1 Blätter einfach; Fruchtstiele verlängert, lang u. abstehend behaart ***Cotinus,*** 386

1* Blätter zusammengesetzt; Fruchtstiele nicht lang abstehend behaart ***Rhus,*** 386

Cotinus MILL., **Perückenstrauch**

Blätter gestielt, elliptisch od. verkehrt eiförmig, ganzrandig, kahl, unterseits blaugrün, 3–8 cm lang; Blüten in endständiger lockerer Rispe, grünl. 1–3 m. 6–7. ♄. Zierstrauch. Heimat: S-Europa. [*Rhus cotinus* L.]. ***C. coggygria*** SCOP., **Echter P.****

var. *purpureus* REHD.: Blätter im Austrieb rot; Fruchtstände purpurrot; hierzu selten kultivierte Sorten

Rhus L., **Sumach**

1 Blätter unpaarig gefiedert; aufrechter Strauchbaum ***R. typhina***

1* Blätter 3-zählig; kriechender od. mit Haftwurzeln kletternder Strauch ***R. radicans***

R. typhina L., **Essigbaum, Kolben-S.****

[*R. hirta* (L.) SUDW.]. Blättchen zu 10–31, längl. lanzettl., zugespitzt, grob gesägt, unterseits fein behaart; Blattstiele u. Zweige stets dicht zottig; Pflanze meist 2-häusig; ♂ Blütenstände gelbl.-weiß, ♀ rot; Fruchtstand kolbenartig, rot; Frucht von säuerl. Geschmack; Wurzelsprossbildung. 3–6 m. 6–7. ♄. Ziergehölz, verwildert, Schuttplätze, Bahnanlagen, städtische Brachflächen, Dämme, z. ↗ NE (lokal). Giftig. Heimat: N-Amerika.

R. radicans L., **Kletternder Gift-S.****

[*Toxicodendron radicans* (L.) O. KUNTZE]. Blätter lang gestielt, Blättchen breit eiförmig, zugespitzt; Zweige später kahl; Blüten in kleinen lockeren Rispen, grünl., oft purpurn geadert. 1–8 m. 6–7. ♄ (Kriechstr. od. Liane), verwildert, Ufer, Wälder, s ESG: Krippen; LLA: Oberholz, in der OL mehrfach gepflanzt u. z. T. vorübergehend eingebürgert, z. B. Görlitz, Reichenbach, Landeskrone. NE (?). Sehr giftig. Heimat: östl. N-Amerika.

Früher nur selten von dem nicht kletternden Strauch *R. toxicodendron* L. [*Toxicodendron quercifolium* (MICHX.) GREENE] unterschieden, so dass einige Literaturangaben nicht zuzuordnen sind.

Fam. *Sapindaceae* JUSS., Seifenbaumgewächse (inkl. *Aceraceae* JUSS., Ahorngewächse, u. *Hippocastanaceae* A. RICH., Rosskastaniengewächse)

1 Blätter gefingert **_Aesculus,_** 389
1* Blätter gefiedert, handförmig gelappt od. ungeteilt
2 Blätter gegenständig; Frucht in 2 einseitig geflügelte Teilfrüchte zerfallend (Spaltfrucht) *(Abb. 387/1)* **_Acer,_** 387
2* Blätter wechselständig; Frucht eine blasige Kapsel **_Koelreuteria,_** 390

Acer L., Ahorn

1 Blätter 3-zählig od. gefiedert **_A. negundo_**
1* Blätter handförmig 3–7-lappig od. -spaltig, selten ungeteilt
2 Blätter etwa 2-mal so lang wie breit, ungeteilt od. meist 3-lappig **_A. tataricum_**
2* Blätter etwa so lang wie breit
3 Blätter unterseits weiß; Blüten vor den Blättern erscheinend **_A. saccharinum_**
3* Blätter unterseits grün, graugrün od. rötl.; Blüten mit od. nach den Blättern erscheinend
4 Blätter mit (5–)7(–11) Lappen, bis über die Mitte eingeschnitten **_A. palmatum_**
4* Blätter nicht bis über die Mitte eingeschnitten
5 Blattlappen ungleich grob gezähnt od. gekerbt *(Abb. 387/2)*; Blüten in hängenden Trauben, nach den Blättern erscheinend; Flügel der Frucht etwas voneinander abstehend (einen ± spitzen Winkel bildend, *Abb. 387/3)* **_A. pseudoplatanus_**

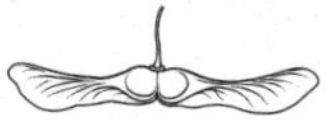

387/1

387/2

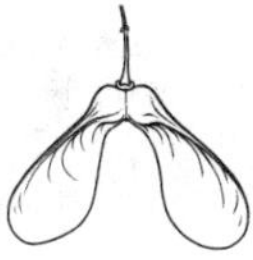

387/3

388/1

388/2

5* Blattlappen nicht gezähnt od. mit einigen großen stumpfen bis spitzen Zähnen; Blüten in aufrechten Doldentrauben, mit od. wenig nach den Blättern erscheinend; Flügel der Frucht (fast) waagerecht abstehend *(Abb. 387/1)*

6 Blätter 5–7-lappig *(Abb. 388/1),* unterseits kahl; Lappen fast mit parallelen Seitenrändern, lang zugespitzt, beiderseits mit 1 od. 2 spitzen Zähnen, Buchten stumpf; Blüten mit den Blättern erscheinend; Blütenstiele fast kahl; Krone gelbgrün, durchscheinend **_A. platanoides_**

6* Blätter 3–5-lappig *(Abb. 388/2),* unterseits weichhaarig; Lappen stumpf, ganzrandig od. kerbig eingeschnitten, Buchten spitz; Blüten kurz nach den Blättern erscheinend; Blütenstiele meist weichhaarig; Krone gelbl.-grün od. grün **_A. campestre_**

A. campestre L., **Feld-A., Maßholder***/**

Früchte, junge Zweige u. Blütenstiele kahl (var. *leiocarpum* (Opiz) Wallr.) od. behaart (var. *campestre*). Bis 20 m. 5–6. ♄. Krautreiche, wärmebegünstigte Laubwälder, Gebüsche, mäßig h LLA u. Elbtal, sonst z bis ins Bergland (hier oft nur verwildert). K Querc.-Fag., K Rham.-Prun. Auch häufig angepflanzt u. verwildert; submed+europ-kont.

Auffallend: fo. *suberosum* (Dumort.) Rog. mit breit korkig geflügelten Zweigen.

A. negundo L., **Eschen-A.***/**

Blüten vor den Blättern erscheinend, in hängenden Trauben; Pflanze 2-häusig; 1–2-jährige Zweige oft bläul. bereift. Bis 20 m. 3–4. ♄. Auenwälder, Böschungen, städtische Brachen, Gebüsche, angepflanzt, verwildert, mäßig h bis z, im Bergland seltener. ↗ NE. V Aln.-Ulm., V Samb.-Salic. Heimat: N-Amerika.

A. palmatum Murr., **Fächer-A.****

Blätter im Umriss rundl., meist < 10 cm breit; Blattlappen fein u. scharf gesägt; Herbstfärbung meist rot. Bis 8 m. 5–6. ♄, ♄. In zahlreichen Sorten kultiviertes Ziergehölz. Heimat: Japan, Korea.

A. platanoides L., **Spitz-A.***/**
Borke längsrissig, nicht abschuppend; Knospen glänzend rotbraun. Bis 25 m. 5–6. ♄. Krautreiche Laubwälder, Gebüsche, h. In vielen Teilen Sachsens NE (Erstnennung 1799). V Aln.-Ulm., V Carp., V Til.-Acer.; europ-nem.

A. pseudoplatanus L., **Berg-A.***/**
Blätter 5-lappig, unterseits blaugrün; Lappen zugespitzt od. spitz, Buchten spitz; Staubblätter der ♂ Blüten 2-mal so lang wie die Kronblätter; Borke sich plattenförmig ablösend; Knospenschuppen olivgrün, mit dunkel gewimpertem Rand. Bis 30 m. 5. ♄. Krautreiche Laubwälder, h; doch z GHP, OLT. O Fag.; europ-nem.

A. saccharinum L., **Silber-A.***/**
[*A. dasycarpum* EHRH.]. Blätter 5-lappig, bis zur Mitte eingeschnitten, Lappen spitz; Blüten grünl., in Büscheln. Bis 30 m. 3–4. ♄. Park- u. Straßenbaum, s verwildert. NU. Heimat: N-Amerika.

A. tataricum L., **Steppen-A.****
Strauch od. kleiner Baum; Blüten duftend. Bis 8 m. 5. ♄. In Parks u. Hecken gepflanzt, s verwildert. NU.

1 Gut entwickelte Blätter meist ungelappt od. mit 1–2 undeutl. stumpfen Seitenlappen (Jungblätter oft 3-lappig), unterseits stumpfgrün, mindestens an der Basis u. an den Nerven bleibend behaart; Blüten grünl.-weiß. Heimat: SO-Europa, W-Asien. **subsp. *tataricum*, Tatarischer Steppen-A.**

1* Gut entwickelte Blätter 3-lappig, mit deutl. zugespitzten Lappen, zusätzl. mit kleinen Sekundärlappen, unterseits glänzend grün, verkahlend od. mit wenigen Haaren auf den Nerven; Blüten gelbl.-weiß. Heimat: M- u. O-Asien. [*A. ginnala* MAXIM.]. **subsp. *ginnala*** (MAXIM.) WESMAEL, **Mongolischer Steppen-A.**

Aesculus L., **Rosskastanie**

1 Winterknospen ± klebrig; Blättchen 5–7, sitzend; Kronblätter meist 5; Staubblätter meist 7, niedergebogen; Kapsel stachelig

2 Blätter (5–)7-zählig; Kronblätter weiß, rot u. gelb gefleckt ***Ae. hippocastanum***

2* Blätter meist nur 5-zählig; Kronblätter fleischrosa bis rot ***Ae.* × *carnea***

1* Winterknospen nicht klebrig; Blättchen meist 5, deutl. gestielt; Kronblätter 4; Staubblätter 5–8, gerade; Kapsel ohne Stacheln

3 Kronblätter am Rand drüsig bewimpert, leuchtend rot ***Ae. pavia***

3* Kronblätter am Rand zottig behaart, nicht drüsig, sattgelb ***Ae. flava***

Ae.* × *carnea HAYNE, **Rote R.***/**
[*Ae. pavia* × *A. hippocastanum*]. Blättchen fast ganzrandig, flach od. ± gefaltet; Kronblätter 4 od. 5, nicht wellig; Kapsel mit wenigen kurzen Stacheln bis (selten) stachellos, oft nicht ausgebildet. Bis 20 m. 5–6. ♄. Häufiger Zierbaum.

Ae. flava AITON, **Gelbe R.****

[*Ae. octandra* MARSHALL]. Blättchen 10–22 cm lang, fein gesägt, unterseits wie die Blütenstiele weichhaarig; Kelch u. Blütenstiele drüsig; Frucht ohne Stacheln. Bis 20 m. 5–6. ♄. Zierbaum. Heimat: N-Amerika.

Ae. hippocastanum L., **Weiße R., Gewöhnliche R.***/**

Blättchen keilförmig verkehrt eiförmig, kurz zugespitzt, gezähnelt, etwas faltig; Kronblätter am Rand wellig; Frucht bis 6 cm dick, dicht bestachelt. Bis 20 m. 5–6. ♄. Wälder, Straßen, Parks, h gepflanzter Zierbaum, verwildert, Wälder, Hecken, h. ↗ NE (lokal). O Fag. Giftig (für Vieh), Off. Heimat: Balkan.

Ae. pavia L., **Rote R., Echte Pavie****

Blättchen längl., zugespitzt, gesägt, am Grund keilförmig, unterseits wie die Stiele fast kahl, nur in den Nervenachseln bärtig; Früchte ohne Stacheln, glatt. Strauch, baumförmig nur nach Veredlung auf andere Arten. 5–8 m. 5–6. ♄. Häufiger Parkbaum. Heimat: N-Amerika.

Koelreuteria LAXM., **Blasenbaum**

Blätter unpaarig gefiedert, bis 35 cm lang; Blüten in einer endständigen, 30–40 cm langen Rispe; Kronblätter 5, gelb, genagelt; Staubblätter 8; Frucht 3–5 cm lang, mit 3 Samen. 5–10 m. 6–8. ♄. Zierbaum. Heimat: O-Asien. ***K. paniculata*** LAXM., **Blasenbaum****

Fam. *Rutaceae* JUSS., Rautengewächse

1 Staude; Frucht eine 5-lappige Kapsel ***Dictamnus,*** 390
1* Halbstrauch, Strauch od. Baum; Frucht eine 4-lappige Kapsel, geflügelte Nuss od. Steinfrucht
2 Blätter 3-zählig; Frucht eine ringsum geflügelte Nuss (ähnl. einer Ulmenfrucht) ***Ptelea,*** 391
2* Blätter unpaarig gefiedert od. fiederschnittig zerteilt; Frucht eine 4-lappige Kapsel od. Steinfrucht
3 Kelch 4-teilig, bleibend; Kronblätter 4, gleich; Kapsel 4-teilig; Blätter doppelt fiederschnittig zerteilt; Halbstrauch ***Ruta,*** 391
3* Kelch 5-teilig, abfallend; Kronblätter 5, etwas ungleich; Frucht eine ± kugelige schwarze Steinfrucht; Baum ***Phellodendron,*** 391

Dictamnus L., **Diptam**

Stängel besonders oberwärts kurzhaarig u. drüsig; Blätter unpaarig gefiedert; Blättchen eiförmig bis lanzettl., klein gesägt, durchscheinend punktiert, zitronenartig duftend; Blüten in Trauben, etwas ungleich; Krone zygomorph, Kronblätter rosa mit dunklen Adern. 60–120 cm. 5–6. ♃. Zierpflanze, indigen auf Kalkböden an Trockengebüschen in M- u. S-Deutschland u. in Böhmen. Verursacht Dermatitis. (∇) ***D. albus*** L., **Diptam***

Phellodendron RUPR., **Korkbaum**

Stamm mit grauer korkiger dicker Borke; 1-jährige Zweige kahl, hell orangebraun; Blätter 5–13-zählig gefiedert, unterseits fast kahl, gewimpert; Blüten in kurz gestielten end- od. achselständigen Rispen; Frucht ca. 1 cm Ø, stark nach Terpentin riechend. Bis 12 m. 6. ♄. Zierbaum in Parks u. an Straßen, z. B. Dresden, Leipzig. Heimat: O-Asien.

Ph. amurense RUPR., **Amur-K.****

Ptelea L., **Kleeulme, Lederstrauch, Kleestrauch**

Blätter wechselständig, Blättchen sitzend, ganzrandig od. undeutl. gekerbt; Blüten in 5–8 cm breiten doldenähnl. Rispen, Krone grünl.-weiß bis gelbl.-grün; Frucht 2–2,5 cm breit, lange an der Pflanze bleibend. 1–4 m. 6. ♄. Zierstrauch, in Gärten, Parks u. Gehölzpflanzungen außerhalb von Siedlungen, verwildert, s ERB: Zwickau; LLA: Bergbaufolgelandschaft südl. Leipzig; MLH: Burgberg Pesterwitz; OLT. NU. Heimat: N-Amerika.

P. trifoliata L., **Kleeulme****

Ruta L., **Raute**

Pflanze kahl, graugrün, stark aromatisch; Stängel zu mehreren, aufrecht, Blätter gestielt, doppelt fiederteilig; Blättchen längl., die endständigen verkehrt eiförmig; Blüten 4-zählig (die Gipfelblüte 5-zählig); Kronblätter gelb, mit kapuzenförmiger Spitze. 30–80 cm. 6–8. ♄. Zierpflanze, verwildert, s, z. B. ELH: Dresden, Plauenscher Grund; ERB: Cainsdorf, Wildenfels; MLH: Wechselburg (Burgmauer, um 2004 durch Beschattung †); OL; VGT: Treuen. A. Heimat: SO-Europa. Gw. (Bauerngärten). Off., verursacht Dermatitis.

R. graveolens L., **Wein-R.***/**

Neuerdings oft kultivierter Zierstrauch:
Skimmia japonica THUNB.**, **Japanische Skimmie:** Immergrüner Strauch mit kahlen, ganzrandigen, wechselständigen Blättern; Blüten in dichten endständigen Rispen; Frucht eine Steinfrucht.

Fam. *Simaroubaceae* DC., Bittereschengewächse

Ailanthus DESF., **Götterbaum**

Blätter unpaarig gefiedert, bis 1 m lang, Blättchen gestielt, aus seicht herzförmigem Grund eiförmig bis längl. lanzettl., zugespitzt, am Grund gezähnt, mit einer Drüse an jedem Zahn; Blüten in großen Rispen, gelbl.-weiß, von unangenehm holunderartigem Geruch; Frucht geflügelt, 3–4 cm lang, im Herbst zuweilen rot gefärbt. Bis 25 m. 6–7. ♄. Zierbaum, verwildert, Ruderalfluren (Stadt- u. Industriebrachen, Bahnanlagen, Müllplätze), städtische Forste, verwilderte Parks, vorwiegend in urbanen Ballungsgebieten, z. B. Dresden, Leipzig, Riesa, Wurzen, Plauen, Zwickau, Freiberg. ↗ NE. V Samb.-Salic. Heimat: China. [*A. glandulosa* DESF.].

A. altissima (MILL.) SWINGLE, **Götterbaum***/**

Fam. *Malvaceae* JUSS., Malvengewächse (inkl. *Tiliaceae* ADANS., Lindengewächse)

1	Bäume	***Tilia,*** 396
1*	Kräuter, selten *(Hibiscus)* Sträucher	
2	Blüten ohne Außenkelch	***Abutilon,*** 392
2*	Blüten mit Außenkelch	
3	Frucht eine aufspringende Kapsel; Griffel 5	***Hibiscus,*** 393
3*	Frucht in 1-samige Teilfrüchte zerfallend; Griffel mehr als 5	
4	Teilfrüchte (u. Stempel) ein Köpfchen bildend — Außenkelch 3-blättrig, den Kelch verhüllend, herzförmig	***Malope,*** 394
4*	Teilfrüchte in einen Kreis gestellt	
5	Außenkelch 3-blättrig od. 3-spaltig	
6	Außenkelch frei, am Grund nur mit dem Kelch verwachsen, stets länger als breit	***Malva,*** 394
6*	Außenkelch verwachsen, nicht länger als breit	***Lavatera,*** 394
5*	Außenkelch 6–9-blättrig	
7	Kronblätter 30–55 mm lang; Pflanze 1–3 m hoch	***Alcea,*** 393
7*	Kronblätter 10–22 mm lang; Pflanze 60–120 cm hoch	***Althaea,*** 393

Abutilon MILL., **Samtpappel**

Pflanze samtig behaart; Blätter bis 25 cm lang, rundl. herzförmig, gekerbt, zugespitzt, lang gestielt (an *Tilia platyphyllos* erinnernd); Kronblätter 6–15 mm lang, gelb; Teilfrüchte 9–15, behaart, schwarz, länger als der am Grund verwachsene Kelch. 20–150 cm. 7–9. ⊙. Ruderalfluren (Müllplätze, Komposthaufen, Brachflächen), Grabenränder, Flussufer, Hackfruchtäcker, z. NU. K Sis., K Stell. med.,

O Bid. Heimat: östl. Mittelmeergebiet, Asien. [*A. avicennae* GAERTN.].
A. theophrasti MEDIK., **Samtpappel, Gelbe Schönmalve**

Alcea L., Stockrose

Stängel u. Blätter rauhaarig; Blätter rundl. herzförmig, 5–7-eckig od. gelappt, runzlig; Blütenstand lang, ährenartig; Blüten meist einzeln in den Blattachseln; Teilfrüchte auf dem Rücken gefurcht, mit scharfen Rändern; Krone purpurn, schwarzrot, gelb od. weiß. 100–300 cm. 6–10. ⊙, ♃ (kurzlebig). Zierpflanze (vermutlich Kulturhybride, alte Bauerngartenpflanze), verwildert, Ruderalfluren (Müllplätze, städtische Brachen, Bahngelände, Komposthaufen), z. NU (beginnende Einbürgerung). K Artem. Heimat: SO-Europa, SW-Asien. [*Althaea r.* (L.) CAV.].
A. rosea L., **Stockrose, Rosenpappel, Roter Eibisch***

Althaea L., Eibisch

1 Mittlere u. obere Blätter rundl. herzförmig, schwach 3–5-lappig; Teilfrüchte sichelförmig, ihr Rückenteil behaart; Blütenstiele kürzer als das Tragblatt, Blütenstand deshalb geknäuelt erscheinend **A. officinalis**

1* Mittlere u. obere Blätter 3–5-schnittig; Teilfrüchte ganz kahl; Blütenstiele länger als die Tragblätter, Blütenstand deshalb locker erscheinend **A. cannabina**

A. officinalis L., Echter E.*

Stängel u. Blätter samtig filzig; Blüten in reichblütigen blattachselständigen Büscheln. 60–120 cm. 7–9. ♃. Brachen, Müllplätze, s vom Tiefland bis ins untere Bergland. NU. K Artem.; submed+euras-kont. Off.

A. cannabina L., **Hanf-E.**
Blattabschnitte längl. bis lanzettl., unregelmäßig gezähnt. 60–120 cm. 7–9. ♃. Ruderalfluren, Gebüschränder, s, seit etwa 1970 in Leipzig. NU. V Arct. Heimat: S-Europa bis M-Asien.

Bastard:
A. × taurinensis DC. [*A. officinalis × A. cannabina*]: In allen Merkmalen intermediär; um 1960 in Leipzig.

Hibiscus L., Stundenblume, Eibisch

1 Pflanze krautig; Kelch zur Fruchtzeit aufgeblasen; Kronblätter 1,5–2 cm lang, schwefelgelb, am Grund violett; Samen kahl **H. trionum**

1* Strauch; Kelch zur Fruchtzeit nicht aufgeblasen; Kronblätter 4–5 cm lang, weiß, rosa, purpurn, blau od. violett; Blüten einfach od. gefüllt; Samen behaart **H. syriacus**

H. syriacus L., **Strauch-E.***/**

Außenkelch 7–9-blättrig. 1–3 m. 7–10. ♄. Zierstrauch. Heimat: S- u. O-Asien (nicht Syrien!).

H. trionum L., **Gelbe St., Stunden-E.**

Pflanze steifhaarig u. von Sternhaaren filzig; Außenkelch meist 12-blättrig; Staubfäden purpurn. 15–60 cm. 7–8. ⊙. Müllplätze, städtische Brachen, Komposthaufen, s, z. B. Dresden, Leipzig, Bautzen, Görlitz. NU. V Sis. Heimat: SO-Europa, östl. Mittelmeergebiet.

Lavatera L., Strauchpappel, Strauchmalve

1 Pflanze ausdauernd, sternhaarig filzig; mittlere Blätter deutl. 3–5-lappig; Kronblätter tief ausgerandet; Griffelpolster kegelförmig; Krone hellrosa ***L. thuringiaca***

1* Pflanze1-jährig, abstehend rauhaarig; mittlere Blätter meist ungeteilt, rundl. herzförmig, oben oftmals eckig od. gelappt, besonders unterseits dünnfilzig; Kronblätter gestutzt od. ausgeschweift; Griffelpolster scheibenförmig; Krone rosa od. weiß ***L. trimestris***

L. thuringiaca L., Thüringer S.

[*Malva thuringiaca* (L.) VIS.)]. Krone 5–8 cm Ø, hellrosa, dunkel geadert. 50–120 cm. 7–8. ♃ (trotz des deutschen Namens nicht strauchig!). Grasige Ruderalfluren, s, z. B. Leipzig. NU. V Arct.; euras-kont. Nächste natürl. Vorkommen in Sachsen-Anhalt.

L. trimestris L., **Garten- S., Bechermalve**

[*Malva t.* (L.) SALISB.]. Krone 8–10 cm Ø, rosa od. weiß, dunkelrot geadert. 80–100 cm. 7–9. ⊙ (nicht strauchig!). Zierpflanze, verwildert, Kompost, Gartenauswurf, s. NU. Heimat: Mittelmeergebiet.

Malope L., **Sommermalve**

Stängel aufrecht, ästig, oberwärts zerstreut behaart; Blätter lang gestielt, rundl., kahl, gezähnt, 3-spaltig, gelappt od. ungeteilt; Blüten lang gestielt, einzeln in den Blattachseln, bis 8 cm Ø; Kronblätter purpurn, dunkel gestreift. 60–100 cm. 7–10. ⊙. Zierpflanze. Heimat: S-Spanien, S-Portugal. ***M. trifida*** CAV., **Spanische S.**

Malva L., Malve

1 Blüten einzeln in den Blattachseln od. nur oberwärts büschelig; Blätter handförmig geteilt od. gespalten, mit eingeschnitten gezähnten bis doppelt fiederspaltigen Zipfeln

2 Außenkelchblätter eiförmig od. eiförmig längl., am Grund verbreitert, meist 3–8 mm lang; reife Teilfrüchte fast kahl, auf den Seiten runzlig; Stängel durch anliegende Sternhaare graugrün; Blüten geruchlos; Blattabschnitte grob gesägt ***M. alcea***

2* Außenkelchblätter längl. linealisch, am Grund verschmälert, 6 mm lang; reife Teilfrüchte am Rücken stark behaart, auf den Seiten nicht runzlig;

Stängel durch abstehende, meist einfache Haare rau; Blüten schwach nach Moschus duftend; Blattabschnitte in linealische Zipfel zerteilt **_M. moschata_**

1* Blüten in den Blattachseln büschelig gehäuft; Blätter handförmig gelappt

3 Blütenstiele sehr kurz, zur Fruchtzeit höchstens 2-mal so lang wie der Kelch — Stängel aufrecht **_M. verticillata_**

3* Blütenstiele wenigstens zur Fruchtzeit mehrmals so lang wie der Kelch

4 Kronblätter meist 20–30 mm lang, hell- bis dunkelpurpurn; Fruchtstiele abstehend od. aufrecht **_M. sylvestris_**

4* Kronblätter bis 12 mm lang, blasslila bis fast weiß; Fruchtstiele abwärts gebogen

5 Kelchzipfel am Rand flach; Kronblätter tief ausgerandet, etwa 2-mal so lang wie der Kelch, 5–12 mm lang, rosa bis weiß; Teilfrüchte glatt, am Rand ausgerandet **_M. neglecta_**

5* Kelchzipfel am Rand kraus; Kronblätter seicht ausgerandet, so lang wie od. kürzer als der Kelch, 4–5 mm lang, weißl.; Teilfrüchte runzlig **_M. pusilla_**

M. alcea L., **Rosen-M., Siegmarswurz***

Kelch u. Außenkelch filzig sternhaarig; Kronblätter 20–35 mm lang, sich randl. deckend, rosa. 50–80 cm. 6–9. ♃. Sonnige Wald- u. Wegränder, grasige Böschungen, z im Tief- u. Hügelland, s im Bergland. P. ↘ V Arct., V Onop.; europ-kont. Alte Zier- u. Zauberpflanze, früher Off.

M. moschata L., **Moschus-M.***

Ähnl. *M. alcea,* aber Blätter viel feiner zerteilt; Kelch u. Außenkelch mit Sternhaaren u. längeren, 1–3-strahligen Büschelhaaren; Kronblätter 25–35 mm lang, sich randl. nicht deckend, rosa od. (seltener) weiß. 20–80 cm. 6–10. ♃. Bergwiesen, Weg- u. Waldränder, im Bergland meist mäßig h, z bis s im Hügel- u. Tiefland. P. V Brom., V Arrh., O Orig.; submed+subatl. Alte Zier- u. Bauerngartenpflanze.

M. neglecta Wallr., **Weg-M., Kleine Käsepappel***

Stängel liegend bis aufsteigend. 15–50 cm. 6–10. ☉–⚇, ♃ (kurzlebig). Ruderalfluren (Wegränder, Mauerfüße, Dorfplätze), Ackerränder, mäßig h vom Tiefland bis ins untere Bergland, sonst z bis s. A. V Sis., V Arct., seltener V Veron., V Sperg.-Ox.; submed+euras-kont. Früher Wg. u. Off.

M. pusilla Sm., **Nordische M., Kleinblütige M.**

[*M. borealis* Wallmann]. Stängel niederliegend bis ± aufrecht. 15–30 cm. 6–9. ☉. Wegränder, Müllplätze, Ackerränder, s ELH: Radebeul; ERO: Borstendorf; LLA: früher um Leipzig; OL: unbeständig. (Wahrscheinl.) A. ↘ V Sis., V Sperg.-Ox.; euras-kont.

M. sylvestris L., **Wilde M., Große Käsepappel***

Stängel rauhaarig, niederliegend bis aufrecht; Blätter meist mit 5 spitzen Lappen; Außenkelchblätter längl.; Kronblätter tief ausgerandet; Teilfrüchte scharf berandet, am Rücken netzig grubig. Off., Wg.

1 Krone hellpurpurn mit dunklen Längsstreifen; Pflanze niederliegend od. aufsteigend, dicht behaart; Blattstiel ringsum dicht behaart. 20–100 cm. 6–10. ⊙, ♃ (kurzlebig). Sonnige Ruderalfluren (Wegränder, Mauerfüße, Schuttplätze), mäßig h im Tief- u. Hügelland, sonst z bis s. A. V Arct., V. Onop., V Sis.; submed+euras-kont. **subsp. *sylvestris***

1* Krone dunkelpurpurn mit schwärzl. Adern; Pflanze aufrecht, schwach behaart; Blattstiele meist nur oberseits behaart. 30–150 cm. 6–10. Meist ⊙. Ruderalfluren (Müllplätze, Komposthaufen, Wegränder), Ansaaten, s. NU. V Sis., V Arct. Heimat: Mittelmeergebiet bis O-Asien. [*M. mauritiana* L.]. **subsp. *mauritiana*** (L.) COUTINHO

M. verticillata L., **Quirl-M.**

Blätter am Rand glatt od. (var. *crispa* L.) wellig kraus; Krone blassrosa, bis 2-mal so lang wie der Kelch. 80–120 cm. 7–9. ⊙, ①. Ruderalfluren (z. B. Müllplätze, Komposthaufen), alte Kulturpflanze, verwildert, s, z. B. Leipzig; VGT: Grobau. NU. V Sis. Off. Heimat: O-Asien.

Tilia L., **Linde**

1 Blätter unterseits weiß od. silbergrau, sternhaarig filzig

2 Blattstiel meist < ½ so lang wie die Blattspreite; Blätter unterseits weiß; Äste aufrecht bis abstehend ***T. tomentosa***

2* Blattstiel mindestens ½ so lang wie die Blattspreite; Blätter unterseits silbergrau; Äste ± überhängend ***T. petiolaris***

1* Blätter unterseits kahl od. kurzhaarig, grün od. bläul. grün, nicht filzig, Sternhaare fehlend

3 Blattzähne mit deutl. Grannenspitzen ***T.* × *euchlora***

3* Blattzähne spitz, aber nicht deutl. grannenspitzig

4 Triebe behaart; Blätter unterseits weichhaarig, in den Nervenwinkeln weißl. bärtig, beiderseits meist hellgrün; Frucht stark 5-kantig, holzig; Griffel behaart, mit zusammenhängenden Narben ***T. platyphyllos***

4* Triebe kahl; Blätter kahl, unterseits in den Nervenwinkeln gelbl., weißl. od. rostbraun bärtig; Frucht schwach kantig, ledrig; Griffel kahl od. nur am Grund behaart, Narben abstehend

5 Blattspreite 3–6(–10) cm lang, rundl., oberseits matt dunkelgrün, unterseits blaugrün, in den Nervenwinkeln rostbraun bärtig; Blattstiel 1,5–3 cm lang; Blütenstand 5–9-blütig, nach vorn gerichtet; Griffel kahl ***T. cordata***

5* Blattspreite 6–10 cm lang, breit eiförmig, oberseits matt dunkelgrün, unterseits graugrün, in den Nervenwinkeln gelbl. od. weißl. bärtig; Blattstiel 3–5 cm lang; Blütenstand 3–7-blütig, hängend; Griffel am Grund behaart ***T.* × *europaea***

T. cordata MILL., **Winter-L.** */**

Bis 25 m. 6–7. ♄. Laubmischwälder, vor allem Linden-Hainbuchen-Wälder auf Lehm-, Löss- od. Tonböden, Eichen- u. Ahorn-Linden-Steilhangwälder, Eichen-Ulmen-Auenwälder, mäßig h im Tiefland, h vom Hügel- bis ins mittlere Bergland (am Geising bis 685 m). V Carp., V Til.-Acer., V Querc., V Aln.-Ulm.; europ-nem+sarmat-südsib. Off.

T. × ***euchlora*** K. KOCH, **Krim-L.** */**

[*T. cordata* × *T. dasystyla* STEV.]. Blätter oberseits glänzend dunkelgrün, unterseits heller, bis ca. 10 cm lang, in den Nervenwinkeln rostbraun bärtig; Blütenstand 3–7-blütig, hängend. Bis 20 m. 7. ♄. Straßen- u. Parkbaum.

T. europaea L., **Holländische L.** */**

[*T.* × *vulgaris* HAYNE, *T.* × *hollandica* K. KOCH, *T.* × *intermedia* DC., *T. cordata* × *T. platyphyllos*]. Straßen- u. Parkbaum, Verwilderungen beobachtet ERZ, LLA, MLH, VGT.

T. petiolaris DC., **Hänge-Silber-L.** **

[*T. tomentosa* var. *p.* KIRCHN., *T. tomentosa* subsp. *p.* (KIRCHN.) SOÓ]. Blätter hängend, 7–10 cm lang; Blütenstand 5–10-blütig, hängend. Bis 25 m. 7. ♄. Straßen- u. Parkbaum. Heimat: wahrscheinlich SO-Europa. Wird heute meist als Kulturform von *T. tomentosa* aufgefasst: Sorte 'Petiolaris'.

T. platyphyllos SCOP., **Sommer-L.** */**

Blätter rundl. eiförmig, 7–15 cm lang, plötzl. zugespitzt; Blüten hellgelb; Blütenstand 2–5-blütig, senkrecht hängend. Bis 30 m. 6. ♄. Laubmischwälder nährstoffreicher, sickerfeuchter u. luftfeuchter Standorte, Schluchtwälder, Schatthangwälder, mäßig h bis ins mittlere Bergland (Geising 685 m), genaue Verbreitung wegen häufiger Kultur u. subspontaner Ausbreitung (z. B. in NW-Sachsen) nicht genau bekannt. V Til.-Acer., V Fag., sekundär Aln.-Ulm.; submed-subatl. Sehr formenreich. Die Gliederung in Unterarten ist bisher nicht befriedigend geklärt. Off.

T. tomentosa MOENCH, **Silber-L.** */**

[*T. argentea* DC.]. Blätter 7–15 cm lang; Blütenstand 5–10-blütig, hängend. Bis 30 m. 7–8. ♄. Straßen- u. Parkbaum. Heimat: SO-Europa, Kleinasien.

Fam. *Thymelaeaceae* JUSS., Spatzenzungengewächse

Daphne L., **Seidelbast**

Blätter sommergrün, lanzettl., am Grund keilig verschmälert; Blütenstände seitl., meist 3-blütig, sitzend, vor den Blättern erscheinend; Blütenhülle dunkelrosa, selten weiß; Steinfrucht scharlachrot. 0,40–1,5 m. 3–4. ♄. Frische Laubwälder, Gebüsche, Steinrücken, auf meist nährstoffreichen, basenreichen, humosen Lehm- u. Tonböden, mäßig h bis z im Hügel- u. Bergland, s im Tiefland. ↘ O Fag.; submed+europ-nem. Auch Zierpflanze. Sehr giftig. Früher Off. ∇ ***D. mezereum*** L., **Gewöhnlicher S., Kellerhals***/**

Fam. *Cistaceae* JUSS., Zistrosengewächse

1 1-jähriges Kraut; Blätter mit 3 Längsnerven, ungestielt; Blütenstand ohne Vorblätter; Griffel fast fehlend ***Tuberaria,*** 398

1* Zwergstrauch; Blätter fiedernervig, untere kurz gestielt; Blütenstand mit Vorblättern; Griffel deutl., am Grund gekrümmt ***Helianthemum,*** 398

Helianthemum MILL., **Sonnenröschen**

Stängel niederliegend bis aufsteigend; Blätter gegenständig, eiförmig bis lineal lanzettl., mit lanzettl. Nebenblättern; Krone gelb, am Grund dunkler gefleckt; Staubblätter unten u. oben ausgerandet; Fruchtstiel bogig zurückgekrümmt. 10–20 cm. 6–10. ♄ (Zwstr.). Halbtrockenrasen, wärmebegünstigte Bergwiesen, Säume, Gebüsche, s bis z im Tief- u. Hügelland, s im Bergland. ↘ K Fest.- Brom., V Pol.-Tris., O Orig., V Querc. rob.; submed. Offenlandzeuge. ***H. nummularium*** (L.) MILL., **Gewöhnliches S.***/**

1 Blattunterseite von meist kurzen Sternhaaren weiß bis grau filzig, lineal lanzettl. s MLH: Wurzen (Wachtelberg); ELH: Meißen (Bosel). **subsp. *nummularium***

1* Blattunterseite von Borsten- u. Sternhaaren locker behaart od. fast kahl, eiförmig lanzettl. [*H. n.* subsp. *ovatum* (VIV.) SCHINZ et THELL.]. Verbreitung etc. wie bei Art. **subsp. *obscurum*** (WAHLENB.) HOLUB

Tuberaria (DUNAL) SPACH, **Sandröschen**

Pflanze graugrün, behaart; Stängel aufrecht; untere Blätter gegenständig, verkehrt eiförmig, ohne Nebenblätter, obere wechselständig, zuweilen mit Nebenblättern; Krone gelb, am Grund meist auffallend schwarzbraun gefleckt; Staubblätter spitz; Fruchtstiele waagerecht abstehend od. etwas zurückgeschlagen, leicht abfallend. 7–25 cm. 6–9. ☉. Sandmagerrasen, lichte Kiefernwälder, †, früher s GHP: Zeithain. V Thero-Air.; med-submed. [*Helianthemum guttatum* (L.) MILL.]. ***T. guttata*** (L.) FOURR., **Geflecktes S.**

Fam. *Tropaeolaceae* DC., Kapuzinerkressengewächse

Tropaeolum L., **Kapuzinerkresse**

Pflanze mit Hilfe der Blattstiele kletternd; Blätter schildförmig, ausgeschweift, unterseits graugrün, lang gestielt, scharf schmeckend; Blüten dorsiventral; Krone mit Sporn u. Saftmalen, die 3 vorderen Kronblätter am Grund gefranst, orange mit feuerroten Streifen bis rot. 1,5–3 m. 6–10. ⊙. Zier-, Speise- u. Gewürzpflanze, verwildert, Komposthaufen, Müllplätze, z. NU. Heimat: S-Amerika (dort ausdauernde Pflanze). 1684 eingeführt.
T. majus L., **Große K.***

Fam. *Resedaceae* Martinov, Resedengewächse

Reseda L., **Resede, Wau**

1 Blätter ungeteilt, höchstens einige mit 1–2 Seitenlappen
2 Kelch- u. Kronblätter 4-teilig; Früchte ± 4 mm lang, aufrecht ***R. luteola***
2* Kelch- u. Kronblätter je 6; Früchte > 5 mm lang, hängend
3 Reife Kapseln 5–8 (–11) mm lang; Kronblätter zur Fruchtzeit bis 5 mm lang ***R. odorata***
3* Reife Kapseln 11–15 mm lang; Kronblätter zur Fruchtzeit > 5 mm lang ***R. phyteuma***
1* Wenigstens die oberen u. mittleren Blätter tief fiederig gelappt
4 Kronblätter weiß; Fruchtblätter 4; Samen höckerig ***R. alba***
4* Kronblätter gelbl.; Fruchtblätter 3; Samen glatt ***R. lutea***

R. alba L., **Weiße R.**
Kelch u. Krone 5-teilig, Blüten wohlriechend. 30–80 cm. 6–9. ⊙, ♃ (kurzlebig). Zierpflanze, verwildert, Müllplätze, Gartenauswurf, s, z. B. Zittau, Riesa. NU. Heimat: S-Europa.

R. lutea L., **Gelbe R.***
Blütenstiele so lang wie der Kelch; Blüten nicht duftend. 20–60 cm. 5–8. ⊙, ⊙. Bahnanlagen, Müllplätze, halbruderale Halbtrockenrasen, mäßig h im Tief- u. Hügelland, s im Bergland. ↗ NE. O Onop, V Conv.-Agrop.; med.

R. luteola L., **Färber-R.***
Kronblätter hellgelb; Blütenstiele kürzer als der Kelch. 50–120 cm. 6–9. ①, ⊙. Bahnanlagen, Müllplätze, Wegränder, halbruderale Halbtrockenrasen, z bis mäßig h im Tief- u. Hügelland, bevorzugt in urban-industriellen Ballungsgebieten, s im Bergland. P. O Onop., V Arct., V Conv.-Agrop.; med-submed. Alte Färbepflanze.

R. odorata L., **Garten-R.***

Kronblätter grünl.-gelb; Blüten duftend. 15–40 cm. 7–9. ⊙. Zierpflanze, verwildert, Müllplätze, Gartenauswurf, s, z. B. Leipzig, Plauen. NU. Heimat: SO-Europa.

R. phyteuma L., **Rapunzel-R.**

Kronblätter weißl. 10–40 cm. 6–9. ⊙, ⚇. Müllplätze, Brachen, s, z. B. OLT: Königswartha. Heimat: S-Europa.

Fam. *Brassicaceae* Burnett od. *Cruciferae* Adans., Kreuzblütler, Kreuzblütengewächse

1 Frucht höchstens 3-mal so lang wie breit, d. h. ein Schötchen bildend (Schötchenfrüchtige Kreuzblütler) **Tabelle 1,** 400

1* Frucht > 3-mal so lang wie breit, d. h. eine Schote bildend (Schotenfrüchtige Kreuzblütler) **Tabelle 2,** 403

Tabelle 1: Schötchenfrüchtige Kreuzblütler

1 Kronblätter fehlend

2 Frucht kugelig ***Coronopus didymus,*** 420

2* Frucht flachgedrückt, 3-eckig od. rundl.

3 Frucht 3-eckig verkehrt herzförmig, nicht geflügelt ***Capsella,*** 416

3* Frucht rundl. bis breit elliptisch, an der Spitze ± geflügelt ***Lepidium,*** 427

1* Kronblätter vorhanden

4 Kronblätter weiß, rosa, lila od. rötl.

5 Kronblätter ungleich, die äußeren größer

6 Blätter am Stängel verteilt; Stängel ästig; Staubblätter ohne Anhängsel; Fruchtfächer 1-samig *(Abb. 401/1)* ***Iberis,*** 426

6* Blätter alle od. bis auf 1–2 in grundständiger Rosette; Staubblätter am Grund mit häutigem Anhängsel *(Abb. 401/2);* Fruchtfächer 2-samig *(Abb. 401/2)* ***Teesdalia,*** 437

5* Kronblätter gleich groß

7 Kronblätter 2-spaltig

8 Blätter am Stängel verteilt; Staubblätter am Grund mit zahnförmigem Anhängsel ***Berteroa,*** 412

8* Blätter in grundständiger Rosette; Staubblätter ohne Anhängsel ***Draba (Erophila),*** 421

7* Kronblätter nicht gespalten, höchstens seicht ausgerandet

9 Obere Blätter herz- od. pfeilförmig stängelumfassend

10 Pflanze völlig kahl; Schötchen ± flach gedrückt, besonders an der Spitze geflügelt *(Abb. 401/3)* ***Thlaspi,*** 437

10* Pflanze ± behaart; Schötchen mit anderen Merkmalen

11 Fruchtfächer 1-samig; Stängelblätter stets mit pfeilförmigem Grund
12 Frucht herzförmig *(Abb. 401/4)* — Griffel fast so lang wie die Scheidewand ***Cardaria,*** 418
12* Frucht elliptisch eiförmig, nach oben zu breit geflügelt *(Abb. 401/5)* ***Lepidium campestre,*** 428
11* Fruchtfächer 2- bis mehrsamig; Stängelblätter mit herzförmigem od. pfeilförmigem Grund
13 Frucht elliptisch, an der Spitze nicht ausgerandet; Stängelblätter mit herzförmigem Grund ***Draba muralis,*** 421
13* Frucht 3-eckig verkehrt herzförmig *(Abb. 401/6);* Stängelblätter mit pfeilförmigem Grund ***Capsella,*** 416
9* Obere Blätter nicht herz- od. pfeilförmig stängelumfassend
14 Kronblätter purpurn, violett bis blauviolett (bei *Lunaria* selten weiß)
15 Blätter am Grund herzförmig, groß, gestielt; Schötchen 3–5 cm lang ***Lunaria,*** 429
15* Blätter am Grund nicht herzförmig, klein, sitzend; Schötchen < 1 cm lang
16 Blätter gezähnt, mit Sternhaaren; Krone blauviolett bis rot ***Aubrieta,*** 410
16* Blätter ganzrandig mit 2-strahligen, anliegenden Haaren; Krone blasslila ***Lobularia,*** 429
14* Kronblätter weiß
17 Stängel niederliegend; Blätter alle fiederteilig; Schötchen 2-knotig ***Coronopus,*** 419
17* Stängel nicht niederliegend; Blätter geteilt od. ganzrandig; Schötchen nicht 2-knotig
18 Frucht deutl. kugelig (wenigstens der obere Teil) od. birnförmig, nicht od. nur schwach zusammengedrückt
19 Frucht aus einem stielartigen unteren Glied u. einem kugelförmigen oberen Glied bestehend ***Crambe,*** 420
19* Frucht nicht aus einem stielartigen unteren Glied u. einem kugelförmigen oberen Glied bestehend
20 Frucht mit schnabelförmigem, gekrümmtem u. behaartem Griffel *(Abb. 402/1)* ***Euclidium,*** 425
20* Frucht ohne Schnabel, höchstens kurz bespitzt
21 Pflanze meist 50–150 cm hoch; grundständige Laubblätter > 30 cm lang ***Armoracia,*** 410

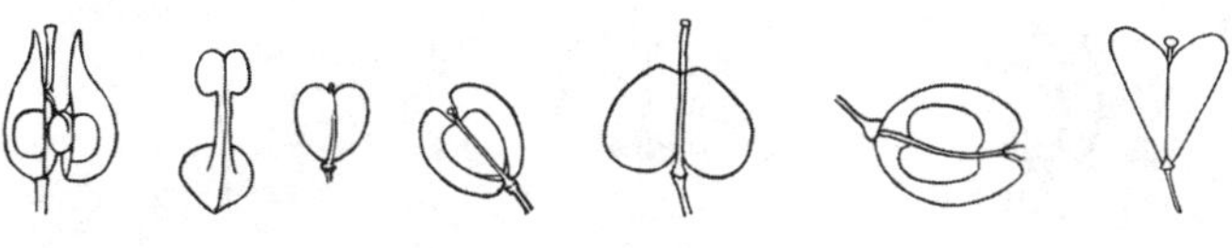

401/1 *401/2* *401/3* *401/4* *401/5* *401/6*

21* Pflanze höchstens 30 cm hoch; grundständige Laubblätter höchstens 10 cm lang
22 Blätter kahl; Spreite der Grundblätter rundl.; Stängelblätter gestielt, Spreite ± oval ***Cochlearia,*** 419
22* Blätter mit 2-strahligen, anliegenden Haaren; keine Grundblätter vorhanden; Stängelblätter nur sehr kurz gestielt, Spreite lineal lanzettl. ***Lobularia,*** 429
18* Frucht deutl. zusammengedrückt, flach
23 Fruchtfächer 2- bis mehrsamig
24 Blätter behaart ***Capsella,*** 416
24* Blätter kahl ***Thlaspi,*** 437
23* Fruchtfächer 1-samig
25 Frucht ein kugel- bis eiförmiges Schötchen *(Abb. 401/5);* Griffel sehr kurz, nicht länger als die Ausrandung der Frucht ***Lepidium,*** 427
25* Frucht eine herzförmige Nuss; Griffel länger als die halbe Frucht ***Cardaria,*** 418
4* Kronblätter gelb, zuweilen ausbleichend
26 Blütenstände scheinbar seitenständig, den Laubblättern gegenüberstehend ***Coronopus didymus,*** 420
26* Blütenstände endständig
27 Früchte hängend, keilförmig, geflügelt, zur Fruchtzeit schwarz ***Isatis,*** 426
27* Früchte aufrecht, ungeflügelt, zur Fruchtzeit nicht schwarz
28 Frucht brillenähnl. (aus 2 kreisförmigen Fächern bestehend) *(Abb. 402/2)* ***Biscutella,*** 412
28* Frucht nicht brillenähnl.
29 Wenigstens die oberen Blätter stängelumfassend
30 Frucht kugelig
31 Pflanze 1-jährig, mit Gabelhaaren; reife Frucht ohne Griffel ***Neslia,*** 430
31* Pflanze ausdauernd, kahl od. nur kurz rauhaarig; reife Frucht mit langem Griffel ***Rorippa austriaca,*** 433
30* Frucht ei- od. birnenförmig
32 Obere Blätter am Grund auffallend rundl. herzförmig ***Lepidium perfoliatum,*** 428
32* Alle Blätter am Grund pfeilförmig

402/1

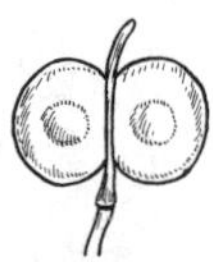
402/2

402/3

403/1

403/2

403/3

403/4

33 Frucht ei- bis birnenförmig, mit 2 erhabenen Längsleisten *(Abb. 402/3)*; Pflanze meist behaart, grün; Kronblätter gelb **Camelina,** 415

33* Frucht ± birnenförmig; Pflanze ganz kahl, blaugrün; Kronblätter hellgelb **Myagrum,** 430

29* Blätter nicht stängelumfassend

34 Blätter alle ungeteilt

35 Grundblätter 4–10 cm lang; Frucht kahl **Aurinia,** 410

35* Grundblätter 0,2–1,5 cm lang (zur Blütezeit oft schon fehlend); Frucht behaart **Alyssum,** 407

34* Blätter, wenigstens die unteren, fiederteilig bis gefiedert

36 Frucht mehrsamig; Pflanze kahl od. höchstens im unteren Teil mit einzelnen Haaren; meist Sumpf- od. Wasserpflanze **Rorippa,** 432

36* Frucht höchstens 4-samig; Pflanze behaart od. höckerig rau; Landpflanze

37 Stängel von drüsigen Höckern rau; Frucht schief eiförmig *(Abb. 403/1)* od. eine 4-kantige od. zackig geflügelte Nuss bildend *(Abb. 403/2)* **Bunias,** 414

37* Stängel behaart, ohne drüsige Höcker; Frucht ein 2-gliedriges Schötchen, das untere Glied walzenförmig, das obere kugelig *(Abb. 403/3)* **Rapistrum,** 431

Tabelle 2 Schotenfrüchtige Kreuzblütler

Bei nicht blühenden Gemüse- u. Futterpflanzen siehe unter *Brassica*.

1 Kronblätter weiß, rötl., lila od. violett, wenn fehlend s. *Cardamine* (S. 416)

2 Obere Blätter einfach, ungeteilt, ganzrandig od. gezähnt

3 Blätter mit herz- od. pfeilförmigem Grund stängelumfassend

4 Blätter u. Stängel rauhaarig; Kronblätter rein weiß **Arabis,** 409

4* Blätter alle kahl od. nur die Grundblätter rauhaarig; Kronblätter weiß od. gelbl.

5 Schoten der Traubenachse angedrückt; Grundblätter rauhaarig (zur Blütezeit meist fehlend); Samen in jedem Fach der Schote 2-reihig **Turritis,** 438

5* Schoten abstehend; Blätter alle kahl; Samen in jedem Fach der Schote 1-reihig **Conringia,** 419

3* Blätter gestielt od. mit verschmälertem Grund sitzend

6 Blätter am Grund herzförmig, gestielt

7 Kronblätter weiß; Früchte längl. linealisch, 4-kantig ***Alliaria,*** 407

7* Kronblätter lila, selten weiß; Frucht breit elliptisch, flach ***Lunaria,*** 429

6* Blätter am Grund nicht herzförmig

8 Kronblätter weiß (vgl. auch 9: *Matthiola*!) ***Arabidopsis,*** 408

8* Kronblätter purpurn od. violett

9 Narbe mit 2 nach innen gekrümmten Lappen, auf dem Rücken angeschwollen od. gehörnt *(Abb. 405/1)* ***Matthiola,*** 429

9* Narbe weder angeschwollen noch gehörnt, aus 2 aneinander liegenden Lappen bestehend

10 Fruchtschnabel höchstens 1/4 so lang wie der Rest der Frucht ***Hesperis,*** 425

10* Fruchtschnabel zumindest ½ so lang wie der Rest der Frucht ***Chorispora,*** 419

2* Obere Blätter fiederspaltig bis gefiedert

11 Blätter fleischig, kahl, fiederteilig; Schote 2-gliedrig, das obere Glied dolchförmig *(Abb. 405/2)* ***Cakile,*** 415

11* Merkmalskombination nicht zutreffend

12 Schoten nicht aufspringend, 2-gliedrig od. ungegliedert; obere Blätter leierförmig; Kulturpflanze, selten verwildert ***Raphanus sativus,*** 431

12* Schoten aufspringend; Blätter gefiedert; Wildpflanze

13 Schwärzl. Zwiebelknospen in den oberen Blattachseln (meist) vorhanden; Wurzelstock waagerecht ***Cardamine bulbifera,*** 417

13* Zwiebelknospen fehlen; Wurzelstock fehlend

14 Stängel hohl; Fruchtstiele ± waagerecht abstehend; Schoten kurz, drehrund, etwas gedunsen; Staubbeutel gelb, Kronblätter weiß ***Nasturtium,*** 430

14* Stängel nicht hohl; Fruchtstiele meist aufrecht; Schoten lang, zusammengedrückt; Staubbeutel gelb od. rot; Kronblätter weiß od. violett ***Cardamine,*** 416

1* Kronblätter gelb (selten braungelb) od. gelbl.-weiß

15 Blätter zu 3(–4) quirlig genähert, 3-zählig gefingert ***Cardamine enneaphyllos,*** 417

15* Blätter nicht quirlig genähert

16 Stängelblätter am Grund herz- od. pfeilförmig stängelumfassend

17 Frucht eine hängende geflügelte, schwarz werdende Nuss *(Abb. 405/3)* ***Isatis,*** 426

17* Frucht nicht hängend

18 Kronblätter hellgelb; Stängelblätter alle ungeteilt

19 Schoten der Traubenachse angedrückt; Grundblätter rauhaarig (zur Blütezeit meist fehlend); Samen in jedem Fach der Schote 2-reihig ***Turritis,*** 438

19* Schoten abstehend; Blätter alle kahl; Samen in jedem Fach der Schote 1-reihig ***Conringia,*** 419

18* Kronblätter intensiv gelb, wenn hellgelb, dann obere Stängelblätter tief fiederspaltig

20 Obere Stängelblätter eiförmig, blaugrün, manchmal etwas gezähnt; Kulturpflanze ***Brassica,*** 412

20* Obere Stängelblätter gefiedert od. leierförmig, rein grün; Wildpflanze

21 Fruchtklappen durch den starken Mittelnerv fast gekielt; Samen in jedem Fach der Schote 1-reihig ***Barbarea,*** 410

21* Fruchtklappen fast nervenlos, auf dem Rücken gewölbt; Samen in jedem Fach der Schote 2-reihig ***Rorippa,*** 432

16* Stängelblätter gestielt od. am Grund verschmälert, nicht stängelumfassend

22 Frucht eine perlschnurartige Gliederschote, in 1-samige Bruchstücke zerfallend *(Abb. 405/4)* ***Raphanus raphanistrum,*** 431

22* Frucht nicht perlschnurartig, sich mit 2 Längsklappen öffnend

23 Stängel u. Blätter ausschließl. mit 2–6-strahligen, anliegenden Haaren besetzt; ± rau — höchstens die unteren Blätter gefiedert ***Erysimum,*** 423

23* Stängel u. Blätter nicht ausschließl. von Gabelhaaren bedeckt, sondern auch mit anderen Haartypen od. kahl

24 Narbe tief 2-spaltig; Fruchtschnabel auffallend abgeflacht; Kronblätter gelbl., mit auffallenden violetten Adern ***Eruca,*** 422

24* Narbe kopfig od. scheibenförmig; Fruchtschnabel rundl., abgeflacht od. fehlend; Kronblätter ohne violette Adern

25 Alle Blätter ungeteilt, zuweilen grob gesägt, gezähnt od. gekerbt

26 Blätter eiförmig bis lanzettl., Stängel bis oben ± kurzhaarig ***Sisymbrium strictissimum,*** 436

26* Wenigstens die oberen Blätter linealisch bis lanzettl.; Pflanze oberwärts kahl

27 Stängel vor allem im unteren Teil beblättert, bis ± 50 cm hoch; Samen in jedem Fach 2-reihig, eiförmig ***Diplotaxis,*** 420

27* Stängel bis oben beblättert, bis > 100 cm hoch; Samen in jedem Fach 1-reihig, fast kugelig ***Brassica,*** 412

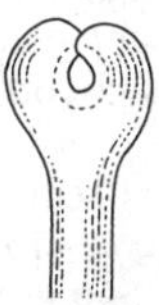
405/1

405/2

405/3

405/4

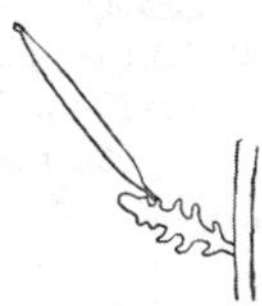
405/5

25* Wenigstens die unteren Blätter 3-zählig, gefiedert, fiederspaltig od. buchtig gelappt

28 Stängel im oberen Teil blattlos od. nur mit wenigen Blättern, die meisten Blätter rosettig; Samen in jedem Schotenfach in 2 Längsreihen angeordnet ***Diplotaxis,*** 420

28* Stängel auch im oberen Teil reich beblättert; Samen in jedem Schotenfach in 1 Längsreihe angeordnet

29 Schoten ungeschnäbelt od. nur sehr kurz geschnäbelt

30 Klappen der Schoten nervenlos; Schoten ellipsoidisch bis linealisch, bis höchstens 20 mm lang; Samen in jedem Schotenfach ± 2-reihig; Blätter kahl ***Rorippa,*** 432

30* Klappen der Schote 3-nervig; Schoten linealisch od. gegen die Spitze zu verschmälert; Samen in jedem Schotenfach 1-reihig; Blätter meist behaart

31 Blätter 2–3-fach gefiedert, mit linealischen Abschnitten, durch Sternhaare rau ***Descurainia,*** 420

31* Blätter einfach fiederteilig bis -schnittig, leierförmig od. buchtig gelappt, ohne Sternhaare ***Sisymbrium,*** 435

29* Schoten wenigstens 1,5 mm lang geschnäbelt

32 Schoten der Traubenachse angedrückt

33 Schnabel deutl. abgeflacht ***Eruca,*** 422

33* Schnabel nicht deutl. abgeflacht, stielrund od. 4-kantig

34 Schoten 15–20 mm lang; Mittelnerv der Fruchtklappe kielartig hervorspringend; Schnabel viel dünner als die Schote, 2–3 mm lang; Blätter grasgrün ***Brassica nigra,*** 413

34* Schoten 8–12 mm lang; Mittelnerv der Fruchtklappe nicht sichtbar; Schnabel etwa so dick wie die Schote, 4–7 mm lang, bauchig; Blätter graugrün ***Hirschfeldia,*** 426

32* Schoten der Traubenachse nicht angedrückt, ± abstehend

35 Schnabel der Schote < 4 mm lang; Traube im unteren Teil beblättert *(Abb. 405/5)* ***Erucastrum gallicum,*** 422

35* Schnabel der Schote 6–12 mm lang; Traube im unteren Teil nicht beblättert

36 Klappen der Schote mit einem deutl. Nerv; Schnabel 5–10 mm lang, höchstens ¼ so lang wie die Klappen, schmal kegelförmig, nicht abgeflacht ***Brassica juncea,*** 413

36* Klappen der Schote mit 3 Nerven (wenigstens wenn jung); Schnabel 10–20 mm lang, ¼ so lang wie die Klappen od. länger; abgeflacht od. kegelförmig (dann aber mit 1, selten 2 Samen)

37 Kelchblätter aufrecht; Schote mit 15–50 Samen; Schnabel abgeflacht ***Coincya,*** 419

37* Kelchblätter waagerecht abstehend; Schote mit 4–8(–13) Samen; Schnabel kegelförmig ***Sinapis,*** 434

Alliaria Fabr., **Knoblauchsrauke**

Stängel aufrecht, meist einzeln; Blätter herzförmig, buchtig gezähnt, untere nierenförmig rundl., grob gekerbt, lang gestielt, gerieben nach Knoblauch riechend. 20–110 cm. 4–6. ⊙. Stickstoffreiche Säume von Hecken, Gebüschen u. Wälder, Parks, an Zäunen, h im Tief- u. Hügelland, mäßig h im Bergland. K Gal.-Urt.; europ-nem. Wg. [*A. officinalis* Andrz.].

A. petiolata (M. Bieb.) Cavara et Grande, **Knoblauchsrauke***

Alyssum L., **Steinkraut**

1 Blütenstand fast schirmrispig; Blätter länger als 3 cm; Kronblätter an der Spitze abgerundet, 2–3,5 mm lang

2 Fruchtklappen völlig mit Sternhaaren bedeckt ***A. argenteum***

2* Fruchtklappen nicht völlig mit Sternhaaren bedeckt ***A. murale***

1* Blütenstand traubig; Blätter kürzer als 3 cm; Kronblätter an der Spitze ausgerandet, 3–6 mm lang

3 Kronblätter hellgelb, weiß ausbleichend, 3–4 mm lang; Kelch zur Fruchtzeit noch vorhanden; Pflanze 2-jährig od. 1-jährig überwinternd ***A. alyssoides***

3* Kronblätter goldgelb, 3,5–6 mm lang; Kelch zur Fruchtzeit abgefallen; Pflanze ausdauernd ***A. montanum***

A. alyssoides (L.) L., **Kelch-St.***

[*A. calycinum* L.]. Blätter u. Schötchen von Sternhaaren grau. 5–20 cm. 4–8. ①, ⊙. Trockenwarme, lückige u. grusige Rohböden über Diabas u. Kalk, seltener auch ruderalisierte kiesige Böden, z VGT; sonst s in Tief- u. Hügelland. ↘ V Alyss.-Sed.; med-submed.

A. argenteum All., **Silbergraues St.**

15–50 cm. 5–8. ♃. Zierpflanze, verwildert, trockene Böschungen, Mauern, s z. B. Elbtal: VGT: Hammerbrücke. NU. Heimat: Italien, SW-Alpen.

A. montanum L., **Berg-St.***

Stängel krautig, doch am Grund fast halbstrauchig erscheinend, wie die Blätter u. Schötchen von Sternhaaren grau; längere Staubfäden meist einseitig geflügelt; Fruchttraube verlängert. 7–20 cm. 3–5(–9). ♃. Trockenwarme Felsen, Steinbrüche, Mauern, s EET: Strehla, früher Schirmenitz; ELH: Lößnig, Riesa, Meißen; außerhalb des Elbtals nur verschleppt od. angesalbt. ↘ O Sedo-Scler., O Fest.; submed+europ-kont. ∇

A. murale Waldst. et Kit., **Mauer-St.***

25–70 cm. 5–6. ♃. Zierpflanze, verwildert, trockene Böschungen, Mauern, s, z. B. ERB: Hirschfeld; LLA: Leipzig-Burghausen; OLH: Rachlau, Reichenbach/OL., Bischofswerda; VGT: Röthenbach, Plohn. NU. Heimat: Europa, W-Asien.

Arabidopsis HEYNH., Schmalwand, Gänsekressling

1 Stängelblätter sitzend; Schoten im Querschnitt rundl., sehr dünn **_A. thaliana_**

1* Stängelblätter kurz gestielt; Schoten meist zusammengedrückt

2 Pflanze ohne Ausläufer; Stängel einfach od. ästig, von einfachen Haaren rau; Blätter gabelhaarig, die grundständigen u. unteren Stängelblätter leierförmig fiederspaltig, leierförmig schrotsägeförmig od. fiederspaltig, mit 6–9 Läppchen auf jeder Seite, die oberen längl. lanzettl., geschweift gezähnt bis ganzrandig; Blütenstiele 3–5 mm lang; Schötchen fast flach; Kronblätter weiß od. rosa **_A. arenosa_**

2* Pflanze mit Ausläufern; Stängel ästig, ausgebreitet, wie auch die Blätter kahl od. zerstreut behaart; grundständige Blätter u. untere Stängelblätter lang gestielt, rundl. od. elliptisch, zuweilen leierförmig fiederteilig, ganzrandig od. geschweift gezähnt, die mittleren eiförmig, die oberen lanzettl.; Blütenstiele 5–12 mm lang; Schötchen gedunsen; Kronblätter weiß **_A. halleri_**

A. arenosa (L.) LAWALRÉE, **Sand-Sch.**

[*Arabis a.* (L.) SCOP., *Cardaminopsis a.* (L.) HAYEK]. 15–40 cm. 4–8. ⊙, selten ♃. Trockene u. sandige Ruderalfluren (Bahnanlagen, Sand- u. Ascheplätze), Bergwiesen, z bis mäßig h bis ins obere Bergland. ↗ NE. O Sis., V Pol.-Tris., auch O Mol., O Coryn.; europ-nem.

1 Endzipfel der Grundblätter kaum größer als die 4–9 Paar Seitenzipfel; Schoten 0,9–1,7 mm breit; Samen 1,0–1,6 mm lang meist mit ± breitem Hautrand; Kronblätter hellpurpurn, selten weiß; Pflanze ⊙ bis ♃. Verbreitung unzureichend bekannt, z. B. ELH: Meißen; ESG: Königstein, Bad Schandau; LLA: Leipzig; OLH: Bautzen. **subsp. _borbasii_** (ZAPAL.) O´KANE et AL-SHEHBAZ

1* Endzipfel der Grundblätter deutl. größer als die 1–6 Paar Seitenzipfel; Schoten 0,6–1,1 mm breit; Samen 0,6–1,1 mm lang, ohne Hautrand; Kronblätter weiß, seltener hellpurpurn od. rosa; Pflanze ⊙. Verbreitung wie bei Art angegeben. **subsp. _arenosa_**

A. halleri (L.) O´KANE et AL-SHEHBAZ, **Hallers Sch., Quellen-Sch.**

[*Arabis h.* L., *Cardaminopsis h.* (L.) HAYEK]. 15–50 cm. 4–6. ♃. Bergwiesen, Dämme, Gebüschränder, Erzbergbauhalden, mäßig h ERZ, ESG; an den Flüssen weit herabsteigend (DDH, MLH), z VGT, OL; bevorzugt schwermetallreiche Böden. ↗ K Mol.-Arrh. (besonders Pol.-Tris.); subalp-demont.

Im Gebiet nur **subsp. _halleri_.**

A. thaliana (L.) HEYNH., **Acker-Schmalwand, Gänsekressling***

[*Stenophragma thaliana* (L.) ČELAK.]. Stängel wenigblättrig, unterwärts rauhaarig; Blätter eiförmig bis längl. lanzettl., gewimpert u. zerstreut gabelhaarig, die grundständigen rosettig. 5–30 cm. 3–5. ①. Sandmagerrasen, offene Stellen in Trocken- u. Halbtrockenrasen, lückige Ruderalfluren (besonders Wegränder), mäßig gedüngte Äcker, kalkmeidend, h bis ins obere Bergland. K Koel.-Coryn., V Sis., V Conv.-Agrop., O Aper.; submed., heute Kosmopolit.

Arabis L., **Gänsekresse**

1 Reife Schoten dem Stängel angedrückt; Stängel aufrecht, nicht od. kaum verzweigt, dicht beblättert, mit grundständiger Rosette, aber ohne nichtblühende Blattrosetten

2 Stängel am Grund mit zahlreichen ungeteilten, abstehenden Haaren; Kronblätter 5–7 mm lang; Stängelblätter am Grund mit spreizenden, spitzen Öhrchen ***A. sagittata***

2* Stängel am Grund mit 2–4-spaltigen (neben ungeteilten) Haaren; Kronblätter 4–5,5 mm lang; Stängelblätter am Grund mit abgerundeten Öhrchen

3 Stängel am Grund mit abstehenden, ungeteilten od. 2-spaltigen Haaren, oben meist mit 2–4(–5)-spaltigen Haaren; Stängelblätter meist 10–20; Schoten 20–40 mm lang; Griffel 0,5 mm lang, kegelförmig; Fruchtklappen mit deutl. Mittelnerv; Samen ringsum geflügelt ***A. hirsuta***

3* Stängel am Grund mit anliegenden, 2–4-spaltigen Haaren, oben kahl; Stängelblätter meist 20–90; Schoten 30–50 mm lang; Griffel 1 mm lang, zylindrisch; Fruchtklappen (fast) ohne Mittelnerv; Samen nur an der Spitze geflügelt ***A. nemorensis***

1* Reife Schoten abstehend; Stängel meist verzweigt, mit nichtblühenden Blattrosetten

4 Stängel- u. Grundblätter stark gezähnt, beiderseits mit 4–8 langen Zähnen; Kronblätter 6–8 mm lang, allmähl. in den Nagel verschmälert, rein weiß; Kelchblätter 3–4 mm lang; Pflanze rauhaarig, ± grün ***A. alpina***

4* Stängel- u. Grundblätter schwach gezähnt, beiderseits mit 2–5 kurzen Zähnen; Kronblätter 9–19 mm lang, plötzl. in den Nagel verschmälert, weiß, elfenbeinfarbig, selten purpurn; Kelchblätter 4–6 mm lang; Pflanze grau bis weiß filzig ***A. caucasica***

A. alpina L., **Alpen-G.***

[*A. alpina* L. subsp. *alpina*]. 10–25 cm. 4–5. ♃. Zierpflanze, verwildert, Mauern, Verbreitung im Gebiet unbekannt, da oft mit *A. caucasica* verwechselt. Heimat: Alpen.

A. caucasica Willd., **Garten-G., Kaukasische G.***

[*A. alpina* L. subsp. *caucasica* (Willd.) Briq.]. 15–30 cm. 3–5. ♃. Zierpflanze, verwildert, Mauern, Felsen, Schotterfluren, Pflasterfugen, z. ↗ NE. O Potent. caul. Heimat: N-Afrika, S-Europa bis M-Asien.

A. hirsuta (L.) Scop., **Behaarte G., Rauhaarige G.***

15–80 cm. 5–6. ⊙, ♃ (kurzlebig). Waldränder, Gebüsche, ruderal beeinflusste Trocken- u. Halbtrockenrasen, Ruderalfluren, z, doch stellenweise (LLA, OL) s. O Orig., O Brom., O Mol., K Aspl.; submed-euras, circpol.

A. nemorensis (HOFFM.) W. D. J. KOCH, **Gerards G.**

[*A. gerardii* auct, *A. planisiliqua* auct., *A. hirsuta* (L.) SCOP. subsp. *planisiliqua* (PERS.) THELL.]. 50–80 cm. 5–7. ⊙, ♃ (kurzlebig). Feuchtwiesen, Auenwaldränder u. -gebüsche, früher s LLA: um Leipzig, letzter Nachweis 1959. O Mol., V Aln.; sarmat-südsib.

A. sagittata (BERTOL.) DC., **Pfeilblättrige G.**

[*A. hirsuta* (L.) SCOP. subsp. *sagittata* (BERTOL.) GAUD.]. 30–80 cm. 5–7. ⊙, ♃ (kurzlebig). Halbtrockenrasen, Mauern, Burgwälle, s ELH; ESG: Burgberg Altwehlen, Wehlen, Rathen, Burg Altrathen. O Potent.-caul., O Brom.

Armoracia G. GAERTN et al., **Meerrettich**

Kren, Krin

Grundständige Blätter bis 1 m lang, untere Stängelblätter oft fiederschnittig, obere eiförmig lanzettl. bis linealisch, fast ganzrandig, mit verschmälertem Grund sitzend. 50–125 cm. 5–7. ♃. Kulturpflanze, verwildert, nährstoffreiche, meist feuchte Ruderalfluren, Gräben, Feuchtwiesen, Wegränder, h. NE. V Arct., V Arrh., V Conv., V Aegop.; europ-kont. Wurzelknospen-Geophyt. Wg. [*A. lapathifolia* USTERI]. ***A. rusticana*** G. GAERTN. et al., **Meerrettich***

Aubrieta ADANS. [*Aubrietia* DC.], **Blaukissen, Aubrietie**

Pflanze ± grau behaart, niedrig, lockerrasig; Kronblätter 12–20 mm lang. 10–20 cm. 4–5 (selten auch im Herbst). ♃. Zierpflanze, verwildert, Schutt, Gartenauswurf, Brachflächen, Friedhöfe, s. NU. Heimat: Italien, Griechenland, Kleinasien.
A. deltoidea (L.) DC., **Griechisches B., Aubrietie***

Aurinia DESV., **Steinkraut**

Stängel am Grund holzig; Grundblätter längl. spatelig, stumpf, weich grau filzig; alle Staubfäden inwendig mit einem kurzen Zahn; Fruchttraube kurz. 15–35 cm. 4–5. ♃. Felsen, Mauern, z ELH; s MLH: Wechselburg (Eulenkluft); sonst meist unbeständig, z. B. ERB: Hirschfeld; VGT: Mylau, Rodewisch. ↗ NE. K Aspl., V Sesl.-Fest.; europ-kont. [*Alyssum saxatile* L.]. (∇)
A. saxatilis (L.) DESV., **Felsen-St.***

Barbarea W. T. AITON, **Barbarakraut, Winterkresse**

1 Oberste Blätter ungeteilt, gezähnt od. gelappt
2 Kronblätter goldgelb, fast 2-mal so lang wie der Kelch (7–9 mm), Kelchblätter an der Spitze kahl; Grundblätter mit 2–5 Paar Seitenzipfeln u. rundl., am Grund herzförmigen Endzipfel, der kürzer als der Rest des Blattes ist; Schoten aufrecht abstehend, auf dünnen, 4–6 mm langen Stielen; Griffel zur Fruchtzeit 2–3 mm lang ***B. vulgaris***

2* Kronblätter hellgelb, wenig länger als der Kelch (5–6 mm); Kelchblätter an der Spitze pinselartig bewimpert; Grundblätter mit 1–2 Paar Seitenzipfeln u. eiförmig längl., am Grund nie herzförmigen Endzipfel, der länger als der Rest des Blattes ist; Schoten der Spindel angedrückt, auf dicken, 3–5 mm langen Stielen; Griffel zur Fruchtzeit 0,5–1,5 mm lang **_B. stricta_**

1* Oberste Blätter fiederspaltig bis fiederteilig

3 Grundblätter mit 3–5 Paar Seitenzipfeln u. großem Endzipfel; Schoten 1,5–3 cm lang, gerade **_B. intermedia_**

3* Grundblätter mit 6–10 Paar Seitenzipfeln u. kleinem Endzipfel; Schoten 3–7 cm lang, etwas gekrümmt **_B. verna_**

B. intermedia BOREAU, **Mittleres B.***

20–50 cm. 4–5. ⊙. Ruderalfluren (Schotterflächen, Wegränder, Erdaufschüttungen), Mauern, s ERB: Zwickau, Wilkau-Haßlau, Friedrichsgrün; VGT: Bösenbrunn, Sachsgrün, Dröda. NU. K Aspl., V Sis. Heimat: westl. Mittelmeergebiet.

B. stricta ANDRZ., **Steifes B.**

60–100 cm. 4–6. ⊙. Ufer, Ränder von Weidengebüschen, Auenwiesen, z, etwas häufiger im Elbtal, um Leipzig u. OLT; sonst s ERW: Schlema; VGT: Schönfels, Elsterberg, Syrau, Treuen, Beerheide. ↘ V Conv., V Aegop., V Bid., auch K Mol.-Arrh.; euras-kont, fluv. Stromtalpflanze.

B. verna (MILL.) ASCH., **Frühes B.**

20–70 cm. 4–6. ⊙. Ruderalfluren, Dämme, s OLH: Reichenbach, Hilbersdorf, Bischofswerda: Karlsdorf, VGT: Jößnitz, Syrau-Kauschwitzer Heide. NU. Heimat: wahrscheinl. W-Asien.

B. vulgaris W. T. AITON, **Echtes B., Wildes B.***

20–90 cm. 5–7. ⊙. Wegränder, Gräben, Ufer, ruderalisierte Auenwiesen, frische Ruderalfluren, mäßig h bis ins Bergland, z. T. unbeständig. P? V Potent. ans., K Mol.-Arrh., K Artem.; circpol. Früher Wg.

1 Fruchtstiele u. Frucht aufrecht abstehend; Endzipfel der Grundblätter am Grund ± herzförmig; Blütentraube während des Aufblühens sehr dicht, meist breiter als lang; Griffel an der Frucht 2,5–3 mm lang. Verbreitung wie Art. **subsp. _vulgaris_**

1* Fruchtstiele u. Frucht bogig aufsteigend; Endzipfel der Grundblätter am Grund ± keilförmig; Blütentraube während des Aufblühens zieml. locker, meist länger als breit; Griffel an der Frucht 2 mm lang. Verbreitung im Gebiet unbekannt. [*B. v.* var. *arcuata* (J. PRESL et C. PRESL) FR., *B. arcuata* (J. PRESL et C. PRESL) RCHB.]. **subsp. _arcuata_** (J. PRESL et C. PRESL) HAYEK

Bastard:

B. × ***gradlii*** J. MURR [*B. intermedia* × *B. vulgaris*]: ERB: Friedrichsgrün.

Berteroa DC., **Graukresse**

Stängel aufrecht, oberwärts meist ästig; ganze Pflanze von Sternhaaren graugrün; Blätter lanzettl., spitz; längere Staubfäden am Grund geflügelt, kürzere gezähnt; Schötchen elliptisch, flach. 20–60 cm. 6–10. ①, ⊙. Trockenwarme Ruderalfluren (Bahnanlagen, Dämme, Wegränder, Brachen), ruderalisierte Trocken- u. Halbtrockenrasen, mäßig h im Tief- u. Hügelland, s im Bergland. O Sis., O Onop., V Conv.-Agrop., K Fest.-Brom.; euras-kont. Extensivweidezeiger. ***B. incana*** (L.) DC., **Graukresse***

Biscutella L., **Brillenschötchen**

Stängel aufrecht, unterwärts wie auch die Blätter steifhaarig; grundständige Blätter keilförmig längl., in den Blattstiel verschmälert, obere längl. lanzettl. bis linealisch, sitzend; Schötchen kahl; Kronblätter hellgelb. 10–30 cm. 5–6. ♃. Felsfluren, Trockenrasen, lichte Kiefernwälder, Steinbrüche, kalkmeidend, ELH: Radebeul, früher im Elbtal z. O Sedo.-Scler., V Koel.-Phlei.; adalp. Kaltzeitrelikt, Offenlandzeuge. ∇ ***B. laevigata*** L., **Glattes B.***

Im Gebiet nur diploide **subsp. *gracilis*** MACH.-LAUR.

Brassica L., **Kohl**

Kultursippen nach PISTRICK in JÄGER & WERNER (2005)

1 Obere Stängelblätter gestielt od. wenigstens stielartig verschmälert
2 Schoten u. ihre Stiele dicht dem Stängel angedrückt ***B. nigra***
2* Schoten dem Stängel nicht angedrückt
3 Schote oberhalb des Kelches deutl. gestielt, ihr Schnabel 1–2,5 mm lang ***B. elongata***
3* Schote oberhalb des Kelches nicht gestielt, ihr Schnabel meist 5–12 mm lang ***B. juncea***
1* Obere Stängelblätter am Grund abgerundet bis herzförmig stängelumfassend, sitzend
4 Kronblätter schwefelgelb; Kelchblätter u. alle Staubblätter aufrecht; obere Blätter mit verschmälertem od. abgerundetem Grund sitzend, nicht stängelumfassend, längl., untere gestielt, leierförmig ***B. oleracea***
4* Kronblätter goldgelb; Kelchblätter u. kürzere Staubblätter ± abstehend; obere Stängelblätter am Grund herzförmig, stängelumfassend
5 Blätter alle bläul. bereift, die unteren schwach behaart, die oberen meist kahl u. halbstängelumfassend; geöffnete Blüten von den Blütenknospen überragt; Blütenstiel so lang wie od. nur wenig länger als die Blüten; Kelch zuletzt aufrecht abstehend ***B. napus***
5* Rosettenblätter grasgrün, Stängelblätter schwach bläul. bereift; alle Blätter stängelumfassend u. meist stark behaart; Blütenknospen von

den geöffneten Blüten überragt; Blütenstiel stets länger als die Blüte; Kelch zuletzt waagerecht abstehend **B. rapa**

B. elongata EHRH., **Langtraubiger K., Langrispen-K.**

Blätter unterseits blaugrün, längl. eiförmig, buchtig fiederteilig od. ungeteilt, die obersten längl. linealisch, ganzrandig; Traube verlängert, unterwärts beblättert; Kronblätter blassgelb; Kelch aufrecht abstehend. 50–90 cm. 6–9. ⊙, ♃ (kurzlebig). Ruderalfluren (Müll- u. Umschlagplätze, Bahnanlagen), s, z. B. ELH, LLA: um Leipzig, OL. NU. V Sis., O Onop. Heimat: S-Europa, W-Asien.

B. juncea (L.) CZERN., **Ruten-K., Sareptasenf**

Kronblätter 6–12 mm lang, hellgelb. 60–100 cm. 6–9. ⊙. Müllplätze, Wegränder, Bahnanlagen, eingeschleppt od. verwildert, s. NU. O Sis. Alte Kulturpflanze (Öl, Gemüse, Senf), Gew. Heimat: O-Europa, W-Asien.

B. napus L. em. METZG., **Raps, Kohlrübe, Schnittkohl***

[*B. oleracea* × *B. rapa*]. 60–150 cm. 4–9. ⊙. Kulturpflanze, verwildert, Weg- u. Straßenränder, Bahnanlagen, Müllplätze, h. ↗ NU. O Sis., O Onop.

1 Wurzel, Hypokotyl u. Stängelgrund verdickt; Futter- u. Gemüsepflanze, formenreich [var. *napobrassica* (L.) PETERM., var. *rapifera* METZG.]. **subsp. *napobrassica*** (L.) HANELT, **Kohlrübe, Steckrübe, Wruke**

1* Wurzel, Hypokotyl u. Stängelgrund nicht verdickt. **subsp. *napus*, Raps**

2 Untere Blätter leierförmig, flach, am Rand wellig; Öl- u. Futterpflanze; hierzu die verwilderten Pflanzen. var. *napus*, Raps

2* Blätter zerschlitzt, kraus; Gemüse. var. *pabularia* (DC.) RCHB., Schnittkohl

B. nigra (L.) W. D. J. KOCH, **Schwarzer Senf, Schwarz-K.***

Kelchblätter zuletzt waagerecht abstehend; Kronblätter klein, goldgelb. 60–120 cm. 6–9. ⊙. Ruderalfluren, Flussufer, z, stellenweise nur verschleppt. NE. V Sis., V Chen., V Conv. Alte Kulturpflanze, Gew. Heimat: W- u. S-Europa.

B. oleracea L., **Gemüse-K.***

Blütentrauben locker, schon vor dem Aufblühen verlängert. 60–100 cm. 5–9. ⊙, ⊙. Außerordentl. variable Kulturpflanzen, s verwildert (Gartenauswurf u. ä.). Die Wurzeln werden zuweilen durch den Pilz *Plasmodiophora brassicae* zur Bildung von bis faustgroßen Wucherungen (Kohlhernie) veranlasst. Die Wildpflanze (**subsp. *oleracea***) wächst in Deutschland nur auf Helgoland. Die Kultursippen können als Unterart **subsp. *capitata*** (L.) DC. em. GLADIS et K. HAMMER zusammengefasst werden. Die wichtigsten sind:

1 Köpfe aus Blättern od. Blütenständen bildend od. Blütenstandsachse fleischig verdickt

2 Köpfe aus Blütenstandsachsen bildend od. Blütenstandsachsen fleischig

3 Fleischig verdickte Blütenstandsachse meist stark gestaucht u. einen endständigen Kopf mit unregelmäßig aufgewölbten Gruppen von Blütenknospen bildend; Blütenknospen nicht ausdifferenziert, formenreich var. *botrytis* L., Blumen-K. (Kopf weiß), Romanesco (Kopf gelbgrün, kegelförmig zugespitzt), Kopfbrokkolie (Köpfe gelbl. od. violett)

3* Fleischig verdickte Blütenstandsachse etwas gestaucht, end- od. seitenständig; Blütenknospen ausdifferenziert — Blütenstände grünl. od. violett
var. *italica* PLENCK, Brokkoli, Spargel-K., Sprossbrokkoli
2* Köpfe aus Blättern bildend
4 In den Blattachseln des gestreckten Stängels befinden sich zahlreiche vergrößerte Knospen („Rosen") var. *gemmifera* DC., Rosen-K.
4* Stängelachse gestaucht, mit einem endständigen Kopf aus ungestielten Blattrosetten
5 Blätter blasig kraus, ± locker, gelb bis dunkelgrün var. *sabauda* L., Wirsing, Wirsing-K.
5* Blätter ± glatt, fest übereinander liegend, hellgrün (Weiß-K.) od. purpurn (Rot-K.)
var. *capitata* L., Kopf-K.
Ähnl., aber mit lockeren Köpfen u. bunten stark gewellten bis krausen Blättern: var. *helmii* GLADIS et K. HAMMER, Zier-K.
1* Keine Köpfe bildend; Blütenstandsachse nicht fleischig
6 Stängel über dem Grund stark festfleischig verdickt
7 Stängel gestaucht, am Grund knollig verdickt var. *gongylodes* L., Kohlrabi
7* Stängel gestreckt, verdickte Stämme bildend. Futterpflanze (für Huftiere in Mengen giftig) var. *medullosa* THELL., Markstamm-K.
6* Stängel ± unverdickt, holzig — Blattspreite wellig kraus; Gemüsepflanze
var. *sabellica* L., Kraus-K., Grün-K., Braun-K.

B. rapa **L., Rübsen, Stoppelrübe, Wasserrübe***

30–80 cm. 4–9. ☉, ⊙. Vorwiegend Kulturpflanzen:

1 Rosettenblätter sitzend, einen Kopf bildend od. gestielt; Blattspreite meist unzerteilt, kahl
2 Junge Blätter ovale od. rundl. Köpfe bildend, ohne deutl. abgesetzten Blattstiel; Mittelrippe weiß, bandartig verbreitert, 2–8 cm breit; Gemüse.
subsp. *pekinensis* (LOUR.) HANELT, **Pekingkohl, Chinakohl**
2* Rosettenblätter gestielt, keinen Kopf bildend
3 Spreite verkehrt eiförmig bis rundl., vom fleischig verdickten u. zuweilen im oberen Teil schwach geflügelten Blattstiel deutl. abgesetzt.
subsp. *chinensis* (L.) HANELT, (eigentl.) **Chinakohl**
3* Spreiten lanzettl. bis verkehrt eilanzettl., allmähl. in den unverdickten Blattstiel verschmälert; Gemüse. **subsp. *nipposinica*** (BAILEY) HANELT, **Senfspinat**
1* Stängelblätter keine Köpfe bildend, gestielt, fiederschnittig, untere meist borstig
4 Wurzel u. Hypokotyl rübenartig verdickt; Futter- u. Gemüsepflanze, formenreich.
subsp. *rapa*, Stoppelrübe, Wasserrübe, Speiserübe, Weiße Rübe, Mairübe, Herbstrübe, Teltower Rübchen
4* Wurzel u. Hypokotyl nicht verdickt
5 Samen rotbraun, 1,5–2,0 mm Ø. **subsp. *oleifera*** (DC.) METZG., **Rübsen**
5* Samen schwarz od. grau, 1,1–1,8 mm Ø [subsp. *sylvestris* (L.) JANCHEN], s, ob im Gebiet? NU. **subsp. *campestris*** (L.) A. R. CLAPHAM, **Wilder R.**

Bunias **L., Zackenschote**

1 Rosettenblätter längl., buchtig fiederteilig od. (selten) ungeteilt; Schötchen (Nuss) schief eiförmig, ungeflügelt, 1–2-fächrig, warzig *(Abb. 403/1);* Pflanze ausdauernd ***B. orientalis***
1* Rosettenblätter leierförmig, schrotsägeförmig fiederteilig; Schötchen elliptisch, 4-kantig, an den Kanten zackig geflügelt, 4-fächrig *(Abb. 403/2);* Pflanze 2-jährig ***B. erucago***

B. erucago L., **Echte Z.**

10–50 cm, 5–7. ⊙. Müll- u. Umschlagplätze, s, z. B. Leipzig. NU. V Sis., Heimat: Mittelmeergebiet, W-Asien.

B. orientalis L., **Orientalische Z.***

25–130 cm. 5–8. ♃. Müllplätze, ruderalisierte Wiesen u. Halbtrockenrasen, Bahnanlagen, Straßenränder, z im Tief- u. Hügelland, s im Bergland. NE. O Onop., V Arct., V Conv.-Agrop.; europ-kont.

Cakile MILL., **Meersenf**

15–30 cm. 7–10. ⊙. Müll- u. Umschlagplätze, s, z. B. Dresden, Heidenau, Leipzig. NU. An der Küste natürl. vorkommend. ***C. maritima*** SCOP., **Europäischer M.***

Camelina CRANTZ, **Leindotter, Dotter**

1 Stängelblätter lineal längl., über dem pfeilförmigem Grund verschmälert, darüber wieder verbreitert, meist buchtig gezähnt bis fast fiederspaltig; Schötchen oben abgestutzt ***C. alyssum***
1* Stängelblätter längl. lanzettl. od. lanzettl., ganzrandig od. gezähnelt; Schötchen oben abgerundet
2 Stängel im unterem Teil u. Blätter dicht mit kurzen Sternhaaren u. langen verzweigten u. einfachen Haaren besetzt, ± zottig; Kronblätter meist (2,2–)2,6–4,0(–4,5) mm lang; Schötchen ohne Griffel 4,0–6,5 (–7,2) mm lang u. (2,0–)2,5–4(–4,8) mm breit; Fruchtklappen nur schwach gewölbt; Samen (0,9–)1,0–1,3 mm lang ***C. microcarpa***
2* Stängel im unteren Teil u. Blätter mit kurzen Sternhaaren weniger dicht besetzt, mit nur einzelnen langen Haaren; Kronblätter meist 4–4,5(–5,0) mm lang; Schötchen ohne Griffel (6,2–)6,6–9,0(–10) mm lang u. (3,5–)4,0–5,5 mm breit; Fruchtklappen stark aufgewölbt; Samen 1,5–2 mm lang ***C. sativa***

C. alyssum (MILL.) THELL., **Gezähnter L., Lein-D.**

[*C. dentata* (WILLD.)PERS.]. Fruchttraube kurz; Schötchen birnförmig bis fast kugelig, 5–7 mm lang, dünnhäutig, an waagerecht abstehenden u. aufwärts gebogenen Stielen; Kronblätter 5–6 mm lang, hellgelb; Samen 2–2,7 mm lang. 20–80 cm. 5–8. ⊙. Leinäcker, früher wahrscheinl. z; s in Ruderalfluren (Umschlagplätze, Kläranlagen), seit über 60 Jahren im Gebiet †. A. V Lol.-Lin., V Sis.; med-orient.

C. microcarpa DC., **Kleinfrüchtiger L.**

Krone hellgelb. 30–60 cm. 5–7. ⊙, ①. Kalkreiche Äcker, Ruderalfluren (Wegränder, Bahnanlagen, Müll- u. Umschlagplätze), s. A. ↘ V Sis., V Caucal.; med-orient.

Die Verbreitung der Unterarten ist unzureichend bekannt.

1 Pflanze hellgrün, ⊙; Kronblätter (2,2–)2,6–3,5 mm lang; Schötchen 4,0–5,2 mm lang, (2,0–)2,5–3,5 mm breit u. 1,7–2,5 mm dick. **subsp. *microcarpa***

1* Pflanze dunkelgrün, ①; Kronblätter 3,4–4,1(–4,5) mm lang, Schötchen (3,6–)3,8–4,4 (–4,8) mm breit u. 2,3–3,1 mm dick; ERB: Zwickau; VGT: Taltitz, Weißensand, Waldkirchen, Plauen, Raun. [subsp. *sylvestris* (WALLR.) HIITONEN]. **subsp. *pilosa*** (DC.) HIITONEN

C. sativa (L.) CRANTZ, **Saat-L.***

Kronblätter gelb. 30–60 cm. 5–7. ⊙. Äcker, Wegränder, Bahnanlagen, s, Verbreitung ungenügend bekannt, z. B. OLH: Großhennersdorf; VGT: Plauen, Altensalz. A. ↘ V Sis., V Caucal.; euras-kont. Ehemalige Ölpflanze.

Capsella MEDIK., **Hirtentäschel**

Stängel aufrecht, einfach od. verzweigt; grundständige Blätter rosettig, gestielt, buchtig gezähnt od. fiederspaltig, seltener ungeteilt (fo. *integrifolia* DC.); Schötchen auf zieml. waagerecht abstehenden Stielen; Kronblätter weiß, den Kelch überragend, selten auch fehlend. 10–50 cm. 1–12. ⊙, ①. Nährstoffreiche Äcker, Gärten, Wege, Ruderalfluren, sehr h. A. K Stell. med., O Sis., V Polyg.; med-orient., heute Kosmopolit. Früher Off.
C. bursa-pastoris (L.) MEDIK., **Gewöhnliches H.***

Cardamine L., **Schaumkraut, Zahnwurz**

1 Grundständige Laubblätter fehlen; Wurzelstock fleischig schuppig; Schoten deutl. geschnäbelt; Keimblätter gefaltet

2 Stängelblätter 3, diese quirlig angeordnet, 3-zählig; Kronblätter gelbl.-weiß ***C. ennaeaphyllos***

2* Stängelblätter > 3, diese wechselständig u. meist mit schwärzl. od. bräunl. Zwiebelknospen in den Blattachseln, untere gefiedert, obere 3-zählig, oberste ungeteilt; Kronblätter violett ***C. bulbifera***

1* Grundständige Laubblätter vorhanden; Wurzelstock faserig, nicht fleischig; Schoten kurz od. undeutl. geschnäbelt; Keimblätter flach

3 Kronblätter 2–5 mm lang (manchmal fehlend), 2-mal so lang wie der Kelch, aufrecht; Pflanze 1-jährig bis kurzlebig ausdauernd

4 Blattstiel am Grund mit 2 langen, pfeilförmigen Öhrchen; Blättchen der unteren Blätter eiförmig, gestielt, die oberen sitzend ***C. impatiens***

4* Blattstiel am Grund ohne Öhrchen; Blättchen der unteren Blätter rundl., meist gestielt

5 Pflanze kahl (höchstens Stängelblätter am Grund mit bis 0,2 mm langen Haaren), ohne grundständige Rosette; Kronblätter 2–2,5 mm lang ***C. parviflora***

5* Pflanze stets behaart (höchstens Stängel kahl), mit deutl. grundständiger Rosette; Kronblätter 2,5–4 mm lang (selten bei *C. hirsuta* fehlend)

6 Stängel meist einzeln, aufrecht, reich beblättert, dicht behaart, 4–10-blättrig; Rosettenblätter wenige, mit 3–6 Paar Blättchen;

Staubblätter 6 (selten 4); Blütenstiel 3–4 mm lang; Schoten die Knospen kaum überragend ***C. flexuosa***

6* Stängel meist mehrere, wenig beblättert, kahl od. zerstreut behaart, 2–4-blättrig; Rosettenblätter zahlreich, mit 1–3 Paar Blättchen; Staubblätter 4; Blütenstiel 1,5–2 mm lang; Schoten die Knospen überragend ***C. hirsuta***

3* Kronblätter 7–15 mm lang, 2–3-mal so lang wie der Kelch; Pflanze ausdauernd

7 Stängel markig, kantig; Staubbeutel violett; Kronblätter stets weiß; Rhizom mit Ausläufern ***C. amara***

7* Stängel hohl, rund; Kronblätter rosa od. weiß; Rhizom ohne Ausläufer

8 Blättchen der Stängelblätter deutl. gestielt, oft abfallend (z. B. beim Sammeln), elliptisch, verkehrt eiförmig, ganzrandig od. unregelmäßig gesägt; Endfieder der Grundblätter nicht vergrößert; Kronblätter meist weiß ***C. dentata***

8* Blättchen der Stängelblätter nicht od. kurz gestielt, nicht abfallend, verkehrt eilanzettl. bis linalisch; Endfieder der Grundblätter deutl. größer als die Seitenblättchen; Kronblätter meist rosa ***C. pratensis***

C. amara L., **Bitteres Sch., Unechte Brunnenkresse***

Pflanze von scharfem Geschmack. 15–50 cm. 5–6. ♃. Quellfluren, Bach- u. Grabenränder, Erlenwälder, im Bergland h, sonst mäßig h bis z. O Mont.-Card., V Aln.; euras-nem. Wg.

Nicht verwechseln mit *Nasturtium officinale* (Brunnenkresse), zur Blütezeit leicht durch gelbe Staubbeutel zu unterscheiden!

C. bulbifera (L.), CRANTZ, **Zwiebel-Z., Zwiebeltragende Z.***

[*Dentaria b.* L.]. 30–60 cm. 5–6. ♃. Buchenreiche Mischwälder auf nährstoffreichen, frischen Böden, z im Bergland bis 900 m, im Hügelland u. unterem Bergland meist †, z. B. MLH: Rochsburg, Wechselburg; s verschleppt, z. B. LLA: Pappelforste in Leipzig. ↘ V Fag., V Til.-Acer.; europ-nem.

C. dentata SCHULT., **Sumpf-Sch.**

[*C. pratensis* L. subsp. *dentata* (SCHULT.) ČELAK., *C. palustris* (WIMM. et GRAB.) PETERM.] Kronblätter 12–18 mm lang, meist weiß. 20–50 cm. 5–6 (blüht 1–2 Wochen später als *C. pratensis*). ♃. Röhrichte, Großseggenriede, Erlen-Bruchwälder, Grauweiden-Gebüsche, z im Tiefland, sonst s. O Phragm., V Aln., V Salc. alb.,V Salic. cin.; bor. Ist leicht mit *C. pratensis* zu verwechseln.

C. ennaeaphyllos (L.) CRANTZ, **Weiße Z., Quirl-Z., Neunblättrige Z.***

[*Dentaria e.* L.]. 20–60 cm. 4–5. ♃. Buchenreiche Hang- u. Schluchtwälder auf nährstoffkräftigen, frischen, meist basenreichen Böden, früher z, heute s im Bergland vom ERO bis in die südl. OL; ERW: Goldberg, Brunndöbra (verschollen), Hartenstein. V Fag., V Til.-Acer.; pralp-sudeto-karp.

C. flexuosa WITH., **Wald-Sch.***

[*C. sylvatica* LINK]. 10–30 cm. 4–10. ☉, ①, selten ♃ (kurzlebig). Nasse Waldwege, Waldbachufer, Waldgräben, im Bergland mäßig h, im Hügelland z, im Tiefland s u. meist mit Rindenmulch verschleppt. V Card.-Mont.; euras-nem, circpol.

C. hirsuta L., **Viermänniges Sch., Haariges Sch.***

5–30 cm. 2–5(–11). ☉, ①. Gärten, Parks, Weinberge, Baumschulen, Blumenrabatten, Gebüsche, Müllplätze, kalkmeidend, z bis h. ↗ NE. K Stell. med. (besonders Sperg.-Ox.), V Sis. Heimat: Europa, W-Asien; submed+subatl.

C. impatiens L., **Spring-Sch.***

Schoten mit fast waagerechten Stielen abstehend; Kronblätter klein, oft fehlend. 10–60 cm. 5–6. ☉, ①. Schluchtwälder, feuchte Waldwege, z in Hügelland u. Bergland, s im Tiefland (Leipziger Auwald, Neißetal). V Til.-Acer., V Geo-All.; eurosib-nem.

C. parviflora L., **Kleinblütiges Sch.**

Stängel oft hin u. her gebogen; Blättchen sitzend, ganzrandig, die der unteren Blätter längl., die der oberen linealisch, Endblättchen fast gleichgroß; Kronblätter weiß; Schoten auf sehr weit abstehenden Stielen aufrecht. 5–25 cm. 5–7. ☉. Vegetationsarme Böden an Teichrändern, Ufer, Gräben, z OLT: Gebiet der Großen Spree um Uhyst/Spree, Königswartha, Milkel u. Kreba; vorübergehend Rammenau, Löbau, Bautzen, früher besonders um Kolpen/Geißlitz. Im Elbtal unterhalb Torgau, aber bereits außerhalb des Gebiets. ↘ V Potent. ans.; euras-kont.

C. pratensis L., **Wiesen-Sch.**

VN: Kaffeeblume, Grützeblume, Spuckblüml, Buttermilchblümel, Gänseschnabel

10–50 cm. 4–6. ♃. Magere bis schwach gedüngte, nasse bis mäßig frische Wiesen, Parkrasen, feuchte Laubwälder, h. K Mol.-Arrh., O Fag.; euras, circpol. Sehr vielgestaltig. Formen mit kurz gestielten, aber lanzettl. Blättern u. nicht abfallenden Blättchen sowie rosa Blüten werden manchmal mit *C. dentata* verwechselt. Früher Off., Wg.

var. *nemorosa* (LEJ.) LEJ. [*C. nemorosa* LEJ.]: blüht 8 Tage vor var. *pratensis* u. hat größere Kronblätter (12–19 mm). Auenwälder (V Aln.-Ulm.), z. B. um Leipzig.

Cardaria DESV., **Pfeilkresse**

Blätter längl., geschweift gezähnt, die untersten in den Stiel verschmälert; Kronblätter weiß. 30–60 cm. 4–7. ♃. Trockenwarme Ruderalfluren (Brachen, Straßenränder, Müllplätze), ruderal beeinflusste Halbtrockenrasen, stellenweise h vom Tiefland bis ins untere Bergland, besonders in industriell-urbanen Ballungsräumen, s im mittleren u. oberen Bergland.

NE. V Conv.-Agrop., O Onop., O Sis.; euras-kont. [*Lepidium draba* L.].
C. draba (L.) DESV., **Pfeilkresse***

Chorispora DC., **Gliederschote**

Kronblätter 10–12 mm lang; Schote 15–30 mm lang, walzenförmig, ihr Schnabel nochmals 15–30 mm lang. 10–60 cm. 5–7. ①. Müll- u. Umschlagplätze, s, z. B. Leipzig. NU. O Sis. Heimat: S-Europa, Asien. ***Ch. tenella*** (PALLAS) DC., **Zarte G.**

Cochlearia L., **Löffelkraut**

Blätter alle gestielt, höchstens die oberen sitzend, efeuähnl. 3–7-lappig. 6–20 cm. 5–6. ⊙, ①. Autobahnränder, Dresden, Leipzig, Eilenburg. NU. Natürl. Vorkommen an Küsten u. Binnensalzstellen. (∇) ***C. danica*** L., **Dänisches L.***

Ähnl. ist die ostmediterrane ***Calepina irregularis*** (ASSO) THELL., **Wendich, Calepine:** Blüten weiß, Früchte kugelig mit kleinem Spitzchen, aber Grundblätter fiederspaltig. 20–50. 5–6. ⊙, ①. Neuerdings ruderal s in Chemnitz nachgewiesen.

Coincya ROUY, **Schnabelsenf, Lacksenf**

Stängel unterwärts u. Blattstiele abstehend steifhaarig; Kronblätter schwefelgelb, grünl. geadert, 4–7 mm lang. 30–60 cm. 6–10. ⊙. Müll- u. Umschlaglätze, s, z. B. Leipzig. NU. O Sis. Heimat: W-Europa. [*Rhynchosinapis cheiranthos* (VILL.) DANDY, *Coincya monensis* (L.) GREUTER et BURDET subsp. *cheiranthos* (VILL.) AEDO et al., *Brassicella erucastrum* O. E. SCHULZ].
C. monensis (L.) GREUTER et BURDET, **Schnabelsenf, Lacksenf**

Im Gebiet nur **subsp. *cheiranthos*** (VILL.) AEDO et al.

Conringia FABR., **Ackerkohl**

Blätter bläul. bereift, ganzrandig, die unteren verkehrt eiförmig, kurz gestielt, die oberen elliptisch, herzförmig stängelumfassend; Kronblätter gelbl. od. weiß; Schoten 4-kantig, ihre Klappen 1-nervig. 30–50 cm. 5–7. ⊙, ①. Äcker auf Lehm- u. Kalkböden, früher z ELB; VGT: Plauen, Pirk; auf Müll- u. Umschlagplätzen s eingeschleppt. A. O Secal., O Sis.; med.
C. orientalis (L.) C. PRESL, **Ackerkohl**

Coronopus ZINN, **Krähenfuß**

1 Blütenstiele kürzer als die Blätter; Kronblätter weiß, länger als der Kelch; Staubblätter 6; Schötchen nierenförmig, gezähnelt *(Abb. 419/1)*
C. squamatus

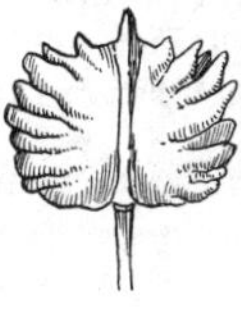

419/1

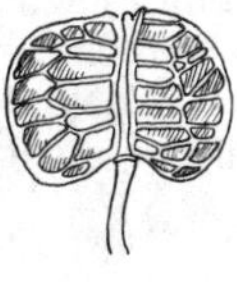

419/2

1* Blütenstiele länger als die Blätter; Kronblätter gelbl., kürzer als der Kelch od. fehlend; Staubblätter 2; Schötchen 2-knotig, glatt *(Abb. 419/2)* ***C. didymus***

C. didymus (L.) SM., **Zweiknotiger K.**
[*Lepidium didymus* L.]. Stängel niederliegend; 10–30 cm lang, 6–9. ⊙. Ruderalfluren, Gärten, Wege, Friedhöfe, z vom Tiefland bis ins mittlere Bergland. ↗ NU. O Sis., V Polyg. Heimat: S-Amerika.

C. squamatus (FORSSK.) ASCH., **Gewöhnlicher K.**
[*C. procumbens* GILIB., *Lepidium coronopus* (L.) AL-SHEHBAZ]. Stängel niederliegend. 5–30 cm lang. 5–7. ⊙. Trittfluren auf lehmigen, tonigen, meist feuchten Böden, s auch auf Müllplätzen, nur noch s EET, ELH, LLA (hier früher h). P. ↘ V Polyg., auch V Sis.

Crambe L., **Meerkohl**

Stängel, besonders im unteren Teil, kurz rau behaart; untere Blätter geteilt, mit großem rundl. ovalen bis herzförmigen Endlappen, etwa 6 cm lang, obere meist ungeteilt; Schötchen mit je 1 Samen. 20–50 cm. 6–8. ⊙. In den 1960er u. 1970er Jahren versuchsweise als Ölpflanze angebaut u. mehrfach verwildert. NU. Heimat: O-Afrika bis Türkei. [*C. hispanica* L. subsp. *abyssinica* (R. E. FR.) PRINA]. ***C. abyssinica*** R. E. FRIES, **Abessinischer Meerkohl, Krambe**

Descurainia WEBB et BERTHEL., **Besenrauke, Sophienrauke**

Schoten dünn, auf aufrechten Stielen aufsteigend; Kronblätter blassgelb, sehr klein. 30–80 cm. 5–9. ⊙, ①. Trockenwarme, meist sandige Ruderalfluren (Wegränder, Brachen, Müllplätze), Äcker, mäßig h im Tief- u. Hügelland, z bis s im Bergland, oft unbeständig. ↗ NE (16. Jh.). V Onop., V Sis.; med-orient. [*Sisymbrium s.* L.]. ***D. sophia*** (L.) PRANTL, **Sophienrauke, Besenrauke***

Diplotaxis DC., **Doppelsame**

1 Stängel am Grund fast halbstrauchig, beblättert, meist kahl, ohne Rosette; Blätter fiederspaltig od. buchtig, mit linealischen Zipfeln, oberste oft ungeteilt, linealisch; Kronblätter 8–15 mm lang, schwefelgelb, unterseits heller; Kelchblätter 4–7 mm lang; Schoten über dem Kelchansatz kurz (0,5–1,5 mm) gestielt ***D. tenuifolia***

1* Stängel krautig, nur am Grund beblättert u. meist mit einzelnen, rückwärts gerichteten Haaren besetzt, mit Rosette; Blätter buchtig od. fiederspaltig, mit eiförmigen od. längl. Zipfeln; Kronblätter 5–8 mm lang, beiderseits rein schwefelgelb; Kelchblätter 3–4 mm lang; Schoten über dem Kelchansatz nicht gestielt ***D. muralis***

D. muralis (L.) DC., **Mauer-D.**

15–30 cm. 6–9. ⊙, ①. Trockene Ruderalfluren (Bahnanlagen, Straßenränder, Müllplätze), mäßig h bis sehr z in Tief- u. Hügelland, im Bergland s verschleppt. Häufung der Funde in urban-industriellen Ballungsgebieten. ↘ NE. V Sis., V Conv.-Agrop.; med-submed.

D. tenuifolia (L.) DC., **Schmalblättriger D.***

30–80 cm. 5–10. ♃. Trockene Ruderalfluren (Bahnanlagen, Straßenränder, Müllplätze, städtische Brachen), mäßig h bis z im Tief- u. Hügelland, im Bergland nur verschleppt. Häufung der Funde in urban-industriellen Ballungsgebieten. ↗ NE. V Conv.-Agrop., O Sis., O Onop.; med-submed.
Die unter dem Namen „Rucola" zu kaufenden Gewürz- u. Salatblätter gehören vorwiegend zu dieser Art.

D. erucoides (L.) DC., **Raukenähnlicher D.:** Kronblätter(5–)7–13 mm, weiß, lila geadert, später blasslila; Pflanze locker behaart; Blätter fiederlappig bis -spaltig; Zähne u. Lappen der Blattabschnitte knorpelig. 10–50 cm. 5–9. ⊙, ①. Müll- u. Umschlagplätze, s Leipzig. NU. Heimat: S-Europa, W-Asien.

Bastard:
D. × ***wirtgenii*** Rouy et Fouc. [*D. tenuifolia* × *D. muralis*]: s.

Draba L., **Felsenblümchen, Hungerblümchen**

1 Kronblätter nur seicht ausgerandet ***D. muralis***
1* Kronblätter 2-spaltig
2 Schötchen längl. elliptisch, 5–10 mm lang, 2,5–5-mal so lang wie breit — Blätter breit lanzettl. od. elliptisch, auf der Oberseite ± dicht sternhaarig, meist ohne einfache Haare ***D. verna***
2* Schötchen 3–6 mm lang, 1,5–2-mal so lang wie breit
3 Schötchen breit verkehrt eiförmig bis fast rund, etwa 1,5-mal so lang wie breit; Blätter dickl., verkehrt eiförmig spatelig, auf der Oberseite mit Gabel- u. Sternhaaren ***D. spathulata***
3* Schötchen elliptisch bis verkehrt lanzettl., etwa 2-mal so lang wie breit; Blätter verkehrt eiförmig lanzettl., auf der Oberseite ± dicht mit einfachen Haaren u. wenigen Sternhaaren ***D. praecox***

D. muralis L., **Mauer-F.***

Stängel beblättert; grundständige Blätter rosettig, verkehrt eiförmig, kurz gestielt; Kronblätter seicht ausgerandet, weiß; Fruchtstiele zuletzt waagerecht abstehend, Schötchen kahl, mit < 20 Samen. 10–40 cm. 4–5. ⊙, ①.

Felsen, steinige Abhänge, Mauern, Eisenbahngelände, s ELH: früher Gauernitz, Meißen, Oberspaar; ERB: mehrfach zwischen Glauchau u. Zwickau. K Koel.-Coryn.; submed.

Zu achten ist auf die neophytische Art ***D. nemorosa*** L., **Hain-F.:** Ähnl., aber Blüten hellgelb, Schötchen mit kurzen einfachen Haaren u. mit > 25 Samen.

D. praecox Stev., **Frühes H.**

[*Erophila. verna* subsp. *praecox* (Stev.) Vollm.]. 2–8 cm. 3–4. ⊙, ① Kiesflächen, s LLA: Leipzig; OLH: Löbau: Neugersdorf; VGT: Pirk. K Koel.-Coryn.; submed-subatl-atl.

D. spathulata (Láng) Sadler, **Rundfrüchtiges H.**

[*Erophila verna* (L.) Chevall. subsp. *spathulata* (Láng) Vollm., *E. brachycarpa* Jordan]. 2–10 cm. 3–5. ⊙, ①. Vegetationsarme Felsfluren, Kiesflächen, z VGT; s ERW: Oelsnitz; s LLA: Markkleeberg. K Koel.-Coryn.; submed-alt-subatl.

Bem.: Oft schwer von voriger Art zu trennen.

D. verna L., **Frühlings-H.***

[*Erophila v.* (L.) Chevall, *E. v.* (L.) Chevall. subsp. *verna*]. 3–15 cm. 3–5. ⊙, ①. Trocken- u. Halbtrockenrasen, Ruderalfluren (Bahnanlagen, Parkplätze, Steinbrüche, Brachen) auf sandigen bis grusigen Böden, mäßig h bis h. K Koel.-Coryn., besonders V Thero-Air., auch K Fest.-Brom.; euras-med.

Eruca Mill., **Rauke**

Stängel aufrecht, kantig gestreift; Blätter leierförmig fiederteilig, beim Zerreiben streng eigenartig würzig riechend. 10–60 cm. 5–6. ⊙, ①. Müllplätze, Feld- u. Wegränder, z. NU. V Sis. Früher als Öl- u. Gemüsepflanze gebaut. Heimat: Mittelmeergebiet. [*E. vesicaria* (L.) Cav.].

E. sativa Mill., **Öl-R., Ruke**

Unter dem Namen „Rucola" im Handel, aber seltener als *Diplotaxis tenuifolia*.

Erucastrum C. Presl, **Hundsrauke**

Stängel u. Blätter kurzhaarig; Blätter fiederteilig, die unteren gefiedert; Kelchblätter aufrecht abstehend; Kronblätter 7–8 mm lang, hellgelb, mit grünen Adern. 30–60 cm. 5–10. ⊙. Ruderalfluren (Müll- u. Umschlagplätze, Wegränder, Bahnanlagen), s, z. B. LLA: Leipzig; MLH: Nossen; VGT: Rodewisch, Plauen. NU. O Sis.; subatl.

E. gallicum (Willd.) O. E. Schulz, **Französische H.**

Erysimum L., **Schöterich**

1 Narbe tief 2-lappig, mit später zurückgekrümmten Lappen; ausdauernde, am Grund oft verholzte Pflanze; Schote seitl. zusammengedrückt; Kronblätter dunkelgelb bis orangebraun — Blüten stark duftend **_E. cheiri_**

1* Narbe nicht tief 2-lappig, kopfig; Pflanze 1-jährig od. kurzlebig ausdauernd; Schoten stielrund od. 4-kantig; Kronblätter hell- bis sattgelb

2 Pflanze 1-jährig od. 1-jährig überwinternd, daher zur Blütezeit keine Laubblattreste am Stängelgrund; reife Schoten abstehend; Staubbeutel nicht länger als 1,2 mm

3 Schotenstiel 6–12 mm lang; Schoten 12–30 mm lang, 2–3-mal so lang wie der Stiel, schräg aufwärts stehend, ihre Klappen ohne Einschnürungen; Kronblätter 3–5 mm lang, goldgelb; Blätter mit zahlreichen 3- od. 4-teiligen Haaren bedeckt **_E. cheiranthoides_**

3* Schotenstiel 2–5 mm lang; Schoten 30–90 mm lang, > 5-mal so lang wie der Stiel, meist ± waagerecht abstehend, ihre Klappen mit Einschnürungen; Kronblätter 6–8 mm lang, schwefelgelb; Blätter mit 3-teiligen u. vielen 2-teiligen Haaren besetzt **_E. repandum_**

2* Pflanze 2-jährig od. ausdauernd, deshalb am Stängelgrund Blattrosetten, Reste von Blättern od. wenigstens deren Narben; reife Schoten meist dicht anliegend; Staubbeutel 1–4 mm lang

4 Staubbeutel 1–2 mm lang; Pflanze von vorwiegend 3(–4)-strahligen Haaren bedeckt

5 Kronblätter 8–13 mm lang, spatelförmig, dunkelgelb, auf der Außenseite mit Sternhaaren; Blüten schwach duftend; Schoten schwach aufrecht abstehend, ohne Griffel (30–)35–50 mm lang, mit vorwiegend 3-teiligen, auch 4-teiligen u. wenig 2-teiligen Haaren besetzt; Griffel 1,3–2(–2,5 mm) lang, von der Schote deutl. absetzt, Fruchtstiel (4,5–)5,5–7(–10) mm lang **_E. virgatum_**

5* Kronblätter 6–8,5 mm lang, keilförmig, hellgelb, auf der Außenseite kahl; Blüten ohne Duft; Schoten aufrecht, der Traubenachse anliegend, ohne Griffel 23–30(–40) mm lang, mit vorwiegend 4-teiligen, weniger 5-teiligen od. selten 6-teiligen Haaren besetzt; Griffel 0,5–1,2 mm lang, von der Schote nicht od. nur sehr undeutl. abgesetzt; Fruchtstiel (3–)4–5(–6) mm lang **_E. marschallianum_**

4* Staubbeutel 2–4 mm lang; Pflanze mit 2-strahligen (kompassnadelähnl.) od. 3–4-strahligen Haaren bedeckt

6 Schoten seitl. stark zusammengepresst; Klappen auf dem Rücken gekielt od. schwach geflügelt **_E. cuspidatum_**

6* Schoten 4-kantig od. rund; Klappen weder geflügelt noch gekielt

7 Haare alle 2-strahlig; Kronblätter 8–10 mm lang — Grundblätter linealisch bis lineal lanzettl., nicht buchtig gezähnt **_E. diffusum_**

7* Neben 2-strahligen sind auch 3- u. mehrstrahlige Haare vorhanden; Kronblätter 11–20 mm lang — Blätter meist lanzettl. bis breit lanzettl., untere Blätter oft buchtig gezähnt

8 Stängel einfach, selten im oberen Teil mit wenigen Bereicherungsästen; Schoten 4-kantig, die Kanten wesentl. schwächer behaart als die Seiten; Blätter mit vielen 3-teiligen u. wenigen 2-, 4- u. 5-teiligen Haaren, Stängel auch mit 3-teiligen besetzt; Kronblätter 4–7 mm breit, 10–20 mm lang, intensiv zitronengelb **_E. odoratum_**

8* Stängel schon im unteren Teil meist mit mehreren Bereicherungsästen; Schoten zylindrisch mit kaum sichtbaren Kanten, ringsum gleich behaart; Blätter mit vielen 2-teiligen u. wenigen 3- u. 4-teiligen Haaren, Stängel nur mit 2-teiligen Haaren besetzt; Kronblätter 2–4 mm breit, 10–16 mm lang, schwefelgelb **_E. crepidifolium_**

E. cheiranthoides L., **Acker-Sch.***

(3–)30–80 cm. 4–10. ⊙, ①. Feuchte, nährstoffreiche Äcker, Gärten, Ruderalfluren, meist h bis ins mittlere Bergland, im oberen Bergland etwas seltener. A. K Stell. med., V Bid., V Conv.-Agrop., V Sis.; euras-kont, circpol.

E. cheiri (L.) CRANTZ, **Goldlack, „Gelbveigelein"***

[*Cheiranthus cheiri* L.]. Stängel aufrecht, sehr ästig; Blätter angedrückt behaart, lanzettl., spitz, obere vorn breiter; Krone wohlriechend, zuweilen gefüllt. 20–60 cm. 4–6. ♃. Zierpflanze, s verwildert. Giftig. NU. Heimat: SO-Europa, Türkei, Syrien.

E. crepidifolium RCHB., **Bleicher Sch., Gänsesterbe**

Blütenstiele ½–⅓ so lang wie der Kelch; seitl. Kelchblätter am Grund höckerig; Schoten 2,5–6 cm lang, grau behaart. 15–60 cm. 4–6. ①, ⚇, ♃. Felsfluren, Trockenrasen, warmtrockene Ruderalfluren, †, früher z im Elbtal zwischen Bad Schandau u. Diesbar; s MLH: Kriebstein-Talsperre. V Sesl.-Fest., V Fest.; europ-kont. Für bestimmte Tiere (Ratten, Kaninchen, Meerschweinchen, besonders aber für Gänse) giftig.

E. cuspidatum (M. BIEB.) DC., **Stachelspitziger Sch.**

Fast alle Haare sternförmig; Blätter halb-stängelumfassend, 2–5-mal so lang wie breit, lanzettl. bis eiförmig lanzettl., eingeschnitten gesägt od. gezähnt, grün; Schoten 1–3 cm lang, aufrecht od. dem Stängel angepresst, grau mit grünen Kanten, mit 3–6 mm langem Griffel. 20–70 cm. 6–7. ⊙, ⚇. Trockene, grasige Ruderalfluren, s, Dresden, Meißen. NU. V. Conv.-Agrop. Heimat: SO-Europa, W-Asien.

E. diffusum EHRH., **Grauer Sch.**

[*E. canescens* ROTH]. Schoten 3,5–8 cm lang, abstehend, grau, mit kahleren, grünen Kanten, dicker als der Fruchtstiel; Blätter ganzrandig od. entfernt gezähnelt; in den Blattachseln meist kleine sterile Ästchen; Kronblätter hell schwefelgelb; Blüte ohne Duft. 30–80 cm. 6–7. ⚇. Ruderalfluren; Mauern, s ELH: Zschieren; ESG: bei Königstein, Pirna; OLH: Bautzen. NU. V Sis.; Heimat: O-Europa, W-Asien.

E. marschallianum DC., **Harter Sch.**
[*E. durum* J. PRESL et C. PRESL, *E. hieraciifolium* auct. non L. subsp. *durum* (J. PRESL et C. PRESL) THELL.]. Blätter lanzettl. bis breit lanzettl. 20–90 cm. 6–9. ⊙̈. Gebüschsäume, halbruderale Halbtrockenrasen, Flussufer, Ruderalfluren, Steinbrüche, s vom Tiefland bis ins untere Bergland, vorwiegend im Elbtal u. VGT; ➚ V Conv.-Agrop., V Arct., V Dauco-Mel.
Ist leicht mit *E. virgatum* zu verwechseln!

E. odoratum EHRH., **Duft-Sch., Wohlriechender Sch.**
[*E. pannonicum* CRANTZ]. Schoten 2–8 cm lang, auf bedeutend dünneren Stielen, graufilzig, mit grünen Kanten, der Traubenachse locker anliegend od. schief abstehend; Blütenstiele etwa ½ so lang wie der grau behaarte Kelch; Antheren vorwiegend mit 3-teiligen, reichl. 2-teiligen u. einigen 4-teiligen Haaren besetzt. 30–80 cm. 6–8. ⊙, ①, selten ♃ (kurzlebig). Basische Felsfluren, Trocken- u. Halbtrockenrasen, s ESG: Königstein, sonst †: ELH: Dresden: Großes Gehege; VGT: Plauen: Weißer Stein, Helmsgrün. V Sesl.-Fest., O Brom.; europ-kont+submed.

E. repandum L., **Spreizender Sch., Sparriger Sch.**
Stängel meist mit 2- od. 3-strahligen Haaren; Fruchtstiele fast gleich dick wie die Schote. 10–30 cm. 5–7. ⊙. Trockene Ruderalfluren (Bahnanlagen, Umschlagplätze), s, z. B. Dresden, Leipzig, mehrfach OL. NU. O Sis.; med-orient.

E. virgatum ROTH, **Ruten-Sch., Steifer Sch.**
[*E. hieraciifolium* auct. non L. subsp. *strictum* (G. GAERTN. et al.) THELL., *E. strictum* G. GAERTN. et al.]. Stängelblätter breit lanzettl., buchtig gezähnt. 30–100 cm. 5–7. ⊙̈, ♃ (kurzlebig). Ruderalisierte Trocken- u. Halbtrockenrasen, Gebüschsäume, Ruderalfluren (Bahnanlagen, Wegränder, Brachen), Mauern, z vom Tiefland bis ins untere Bergland. K Fest.-Brom., V Conv.-Agrop., O Sis., V Dauco-Mel., V Geran.
Ist leicht mit *E. marschallianum* zu verwechseln!

Euclidium W. T. AITON, **Schnabelschötchen**

Stängel kantig, behaart, reich verzweigt; Kronblätter 1,2–1,5 mm lang, weiß, Blüten in dichter Traube; Schötchen behaart. 15–30 cm. 6–8. ⊙. Müll- u. Umschlagplätze, Wegränder, s, z. B. Leipzig. NU. V Sis. Heimat: Ost-Europa, SW-Asien.
E. syriacum (L.) W. T. AITON, **Schnabelschötchen**

Hesperis L., **Nachtviole**

Stängel kahl od. von ästigen Haaren weichhaarig; Blätter eiförmig bis lanzettl., zugespitzt, gezähnt, untere gestielt, obere sitzend; Blüten violett, wohlriechend, zieml. groß; Kronblätter verkehrt eiförmig, sehr stumpf, meist mit einem Spitzchen; Schoten fast stielrund, zieml. uneben. 40–100 cm. 5–7. ♃. Zierpflanze, verwildert, Hecken, Gebüsche, Bach- u. Waldränder, Zäune, mäßig h bis z. ↗ NE. O Glech., K Rhamn.-Prun. Heimat: S- u. O-Europa, W-Asien. ***H. matronalis*** L., **Gewöhnliche N.***

Im Gebiet nur **subsp. *matronalis*.**

Hirschfeldia MOENCH, **Bastardsenf, Grausenf**

Pflanze meist dicht grauhaarig; Blätter leierförmig fiederschnittig; Kronblätter blassgelb; Stiel der Schote oben verdickt. 20–100 cm. 5–10. ⊙, ①. Ruderalfluren (Müll- u. Umschlagplätze, Bahnanlagen, städtische Brachen), z, vor allem in Städten (Leipzig, Dresden, Chemnitz, Zwickau, Treuen). NU. V Sis. Heimat: Mittelmeergebiet, W-Asien. [*Erucastrum i.* (L.) W. D. J. KOCH].
H. incana (L.) LAGR.-FOSS., **Grausenf, Grauer Bastardsenf**

Iberis L., **Schleifenblume**

1 Halbstrauch ***I. sempervirens***
1* 1-jähriges Kraut
2 Blätter lanzettl., spitz, ganzrandig, die unteren schwach gezähnt; Blüten- u. Fruchtstand doldentraubig; Schötchen 2-spaltig; Kronblätter hellpurpurn ***I. umbellata***
2* Blätter keilförmig, längl., stumpf, beiderseits 2–3-zähnig; Fruchtstand locker, traubig; Schötchen fast kreisrund, schwach ausgerandet; Kronblätter weiß, seltener blassviolett ***I. amara***

I. amara L., **Bittere Sch.***

10–25 cm. 6–8. ⊙, ①. Zierpflanze, verwildert, Müllplätze u. Gartenabfälle, s. NU. Heimat: W-Europa.

I. sempervirens L., **Immergrüne Sch.***/**

15–30 cm. 4–7. ♃. Zierpflanze, verwildert, Mauern, s, z. B. ESG: Hohnstein. Heimat: NW-Afrika, Spanien bis Türkei.

I. umbellata L., **Doldige Sch.***

15–30 cm. 6–8. ⊙, ①. Zierpflanze, verwildert, Müllplätze u. Gartenabfälle, s. NU. Heimat: S-Europa.

Isatis L., **Waid**

Stängel aufrecht. Ästig; Blätter bläul.-grün, untere längl. lanzettl., gestielt, obere pfeilförmig stängelumfassend. 60–120 cm. 5–6. ⚇, ♃. Warmtrockene Ruderalfluren (Weg- u. Straßenränder, Dämme, Steinbrüche, Schotterpackungen), ruderalisierte Halbtrockenrasen, z EET, ELH; s LLA: Markkleeberg; MLH, ERB: um Zwickau (seit 1970). P. (Kultur vor 1550). V Onop., V Conv.-

Agrop., K Fest.-Brom.; med-europ-kont. Alte Färbepflanze.
I. tinctoria L., **Färber-W.***

Lepidium L., **Kresse**

1 Kronblätter blassgelb ***L. perfoliatum***
1* Kronblätter weiß od. fehlend
2 Obere Stängelblätter mit pfeilförmigem Grund stängelumfassend od. am Grund pfeilförmig geöhrt
3 Griffel die Ausrandung der Schötchen nicht überragend, ca. 0,5 mm lang; Schötchen dicht mit schuppigen Bläschen besetzt; Pflanze 1-stängelig (selten mehrstängelig) ***L. campestre***
3* Griffel die Ausrandung der Schötchen deutl. überragend, > 1 mm lang; Schötchen kahl od. mit nur wenigen Schuppen; Pflanze mehrstängelig ***L. heterophyllum***
2* Obere Blätter nicht stängelumfassend u. nicht geöhrt
4 Schötchen 5–6 mm lang u. 3–4 mm breit, oberwärts breit geflügelt, viel länger als ihre steil aufrecht stehenden Stiele ***L. sativum***
4* Schötchen bis 4 mm lang, kürzer als ihr Stiel, nicht od. nur wenig geflügelt
5 Schötchen nicht geflügelt, weichhaarig; Staubblätter 6; Pflanze bis 150 cm groß, ausdauernd; Grundblätter ± eiförmig, bis etwa 30 cm lang ***L. latifolium***
5 Schötchen geflügelt, kahl; Staubblätter 2 od. 4; Pflanze bis 50 cm groß, 1- od. 2-jährig; Grundblätter (falls vorhanden) viel kleiner
6 Kronblätter länger als der Kelch ***L. virginicum***
6* Kronblätter kürzer als der Kelch od. fehlend
7 Pflanze stinkend; Schötchen eiförmig, 2–2,5 mm lang u. 1,5–2 mm breit, ihr Stiel 1,5–2-mal so lang wie die Frucht; Traube zieml. locker; Kronblätter fehlend ***L. ruderale***
7* Pflanze nicht stinkend; Schötchen rund od. verkehrt eiförmig, > 2,5 mm lang, ihr Stiel etwa so lang wie das Schötchen od. etwas länger, Traube dicht; Kronblätter verkümmert
8 Schötchen kreisrund, 3 mm Ø, fast waagerecht abstehend, ca. 3 mm lang gestielt; obere Stängelblätter linealisch, ganzrandig, 1-nervig, am Rand ringsum papillös ***L. neglectum***
8* Schötchen breit verkehrt eiförmig, 2,5–4 mm lang u. 2,5–3 mm breit; schräg aufwärts abstehend, 4–5,5 mm lang gestielt, obere Stängelblätter lineal lanzettl., entfernt gezähnt, mit Seitennerven, am Grund lang gewimpert ***L. densiflorum***

L. campestre (L.) W. T. AITON, **Feld-K.***

Schötchen eiförmig elliptisch, nach oben breit geflügelt; grundständige Blätter gestielt, verkehrt eiförmig, manchmal leierförmig eingeschnitten, obere längl. gezähnt; Pflanze 1-stängelig, selten [var. *pluricaule* (L.) R. BR., nicht mit *L. heterophyllum* verwechseln!] mehrstängelig. 15–60 cm. 5–7. ⊙, ①. Wegränder, Dämme, Müllplätze, Bahnanlagen, z bis mäßig h vom Tiefland bis ins untere Bergland, im oberen s u. meist unbeständig. A. V Sis., V Dauco-Mel., V Conv.-Agrop.; europ-kont.

L. densiflorum SCHRAD., **Dichtblütige K.**

Untere Blätter ungeteilt u. gezähnt od. einfach fiederteilig. 20–40 cm. 5–7. ⊙, ①. Ruderale, offene Sandflächen, Müll- u. Umschlagplätze, Bahnanlagen, mäßig h in den Sandgebieten der OL, sonst z bis s u. oft unbeständig vom Tiefland bis ins untere Bergland. NE. V Sis, auch V Onop. u. V Polyg. Heimat: N-Amerika.

L. heterophyllum BENTH., **Verschiedenblättrige K.**

15–45 cm. 6–7. ♃ (kurzlebig). Ruderalfluren, s, z. B. LLA: Leipzig; OLH: Zittau, Rothenburg, Bautzen; VGT: Weißensand. NU. V Sis. Heimat: W-Europa.

L. latifolium L., **Breitblättrige K., Pfefferkraut***

Pflanze scharf schmeckend; Stängel kahl, bereift. 50–150 cm. 5–7. ♃. Müll- u. Umschlagplätze, Straßenränder, Ufer, Autobahnränder, in Ausbreitung vor allem in Städten (Leipzig u. Umgebung, Riesa, Zwickau, Dresden, Pirna), sonst s. ↗ NE. V Arct., O Sis., V Conv. Heimat: europäische Meeresstrände, S- u. SO-Europa bis M-Asien. Wg.

L. neglectum THELL., **Verkannte K., Übersehene K.**

Untere Blätter unzerteilt u. gezähnt od. einfach fiederteilig.15–40 cm. 5–7. ⊙, ①. Müll- u. Umschlagplätze, s, z. B. LLA: Leipzig; OLH: Bautzen; VGT: Weißensand, Reichenbach, Plauen. NU. V Sis, auch V Polyg. Heimat: N-Amerika.

L. perfoliatum L., **Durchwachsenblättrige K.**

Untere Stängelblätter doppelt fiederschnittig mit fast linealischen Zipfeln, obere rundl. eiförmig, mit tief herzförmigem Grund stängelumfassend; Schötchen rautenförmig bis eiförmig. 15–30 cm. 5–6. ①. Müll- u. Umschlagplätze, s. NU. O Sis. Heimat: SO-Europa, W-Asien.

L. ruderale L., **Schutt-K.***

Untere Blätter fiederteilig bis doppelt fiederteilig, obere linealisch, ganzrandig, stumpfl. 10–30 cm. 5–10. ⊙, ①. Offene Trittstellen, Brachen, Müllplätze, Bahnanlagen, mäßig h vom Tief- bis ins mittlere Bergland, in höheren Lagen s. A. ↗ V Polyg., O Sis.; euras-kont.

L. sativum L., **Garten-K.***

Pflanze kahl, blaugrün; Stängel bereift; untere Blätter fiederteilig, mittlere 3-teilig, obere ungeteilt. 20–40 cm. 5–7. ⊙. Kulturpflanze, verwildert, Wegränder, Müllplätze, Grasansaaten, z. NU. V Sis. Heimat: N-Afrika bis SW-Asien.

L. virginicum L., **Virginische K.**

Grundblätter leierförmig fiederteilig, borstig; Stängelblätter längl. lanzettl., scharf gezähnt, am Rand behaart; der kurze Griffel in der Ausrandung des Schötchens eingeschlossen. 25–60 cm. 6–10. ⊙, ①. Müll- u. Umschlagplätze, Wegränder, vegetationsarme Stellen auf sandigen Wegen, mäßig h bis z OLT; sonst s. NE (lokal). O Sis., V Polyg., V Dauco-Mel. Heimat: N-Amerika

Lobularia DESV., **Silberkraut**

Stängel ästig; Kronblätter meist weiß, seltener blasslila; Blüten duftend. 10–25 cm. 6–10. ⊙, ①. Zierpflanze, verwildert, Wegränder, Gärten, Friedhöfe, Müllplätze, s. NU. V Sis. Heimat: Küsten NW-Afrikas u. der westl. Mittelmeerländer. [*Alyssum maritimum* (L.) LAM.]. ***L. maritima*** (L.) DESV., **Strand-S.***

Lunaria L., **Silberblatt, Mondviole**

1 Schötchen elliptisch lanzettl., an beiden Enden spitz; Samen nierenförmig, breiter als lang; alle Blätter gestielt; Kronblätter lila; Blüte duftend ***L. rediviva***

1* Schötchen rundl. bis elliptisch, an beiden Enden rund; Samen herzförmig, so breit wie lang; obere Blätter sitzend; Kronblätter violett, selten weiß; Blüte geruchlos ***L. annua***

L. annua L., **Einjähriges S., Zweijähriges S.***

Silberpfennig (FLH, FRZ)

30–90 cm. 5–6. ①, ⊙. Zierpflanze, verwildert, frische Ruderalfluren, Hecken, Gebüsche, Ränder von Gartenanlagen, z bis h. ↗ NE (lokal). O Glech., V Arct., K Rhamn.-Prun. Heimat: SO-Europa.

L. rediviva L., **Ausdauerndes S.***

50–140 cm. 5–7. ♃. Schluchtwälder, luftfeuchte, steile Hangwälder, z im Hügel- u. Bergland; um Leipzig NE in Parks, Pappel- u. Eichen-Hainbuchenwäldern. ↘ O Fag.; europ-nem. ▽

Matthiola W. T. AITON, **Levkoje**

Stängel aufrecht, ästig, wie die lanzettl., stumpfen, meist ganzrandigen Blätter sternhaarig graufilzig; Schoten auf ebenso dicken Stielen aufrecht abstehend, drüsenlos behaart, spitz; Krone in vielen Farben, meist gefüllt, wohlriechend. 20–60 cm. 6–9. ⊙. Zierpflanze, verwildert, Müllplätze, Gartenauswurf, s. NU. V Sis. Heimat: Küsten des Mittelmeergebiets.

M. incana (L.) W. T. AITON, **Garten-L.***

Myagrum L., **Hohldotter**

Pflanze beim Zerreiben unangenehm riechend. 20–50 cm. 5–7. ①. Müll- u. Umschlagplätze, s. NU. V Sis. Heimat: S-Europa, W-Asien. ***M. perfoliatum*** L., **Hohldotter**

Nasturtium W. T. Aiton, **Brunnenkressse**

Nicht verwechseln mit *Cardamine amara*, die violette Staubbeutel besitzt!
Beide *Nasturtium*-Arten in Sachsen vielleicht nur aus Kulturen verwildert.

1 Schote 2–2,5 mm breit, meist gerade; Samen in jedem Fach deutl. 2-reihig, jederseits mit 25–50 großen, erhabenen Netzmaschen; Stiele der Schoten relativ dick, meist 8–12 mm lang, gerade od. schwach gebogen; Blätter im Herbst grün bleibend ***N. officinale***

1* Schote 1,2–3 mm breit, meist gebogen; Samen in jedem Fach ± 1-reihig, jederseits mit über 100 kleinen, erhabenen Netzmaschen; Stiele der Schoten dünner, meist 11–20 mm lang, oft gebogen, Blätter im Herbst purpurn bis bronzefarben ***N. microphyllum***

N. microphyllum (Boenn.) Rchb., **Einreihige B., Braune B., Kleinblatt-B.** [*N. officinale* var. *microphyllum* Rchb.]. 20–80 cm. 5–19. ♃. Bäche u. Gräben mit sauberem Wasser, wahrscheinl. s, doch zu wenig beachtet, z. B. Elbtal; ERB: Chemnitz; GHP; MLH: Ketzerbachtal. A. V Glyc.-Sparg.

N. officinale W. T. Aiton, **Gewöhnliche B.***
20–80 cm. 5–10. ♃. Bäche u. Gräben mit sauberem Wasser, seltener auch flutend, s bis z im Tief- u. Hügelland. A. V Glyc.-Sparg.; submed+subatl. Wg.

Bastard:
N. × ***sterile*** (Airy Shaw) Oefelein [*N. microphyllum* × *N. officinale*]: Im Gebiet zu erwarten.

Neslia Desv., **Finkensame**

Stängel aufrecht, wie die Blätter von ästigen Haaren rau; Blätter längl. bis lanzettl., mit pfeilförmigem Grund sitzend; Schötchen auf aufrecht abstehenden Stielen; Griffel lang; Krone goldgelb. 20–80 cm. 5–7. ⊙. Äcker, Wegränder, Umschlagplätze, z u. oft unbeständig bis ins untere Bergland. A. ↘ O Aper., auch V Sis.; med-orient. [*Vogelia paniculata* (L.) Hornem.]
N. paniculata (L.) Desv., **Finkensame, Ackernüsschen**

1 Frucht nicht zugespitzt, breiter als lang, am Grund mit nur 2 Längsrippen. Verbreitung etc. wie Art. **subsp. *paniculata***

1* Frucht beidseitig zugespitzt, ± so lang wie breit, am Grund mit 4 Längsrippen, Umschlagplätze, s eingeschleppt, Leipzig. Heimat: Mittelmeergebiet, W-Asien. [*N. apiculata* G. Fisch. et al.]. **subsp. *thracica*** (Velen.) Bornm.

Raphanus L., **Rettich**

1 Schoten walzenförmig, längsfurchig, zwischen den Samen perlschnurartig eingeschnürt, an den Einschnürungsstellen in 1-samige Stücke (Gliederfrüchte) zerfallend *(Abb. 405/4);* Kronblätter hellgelb, selten weiß, z. T. violett geadert ***R. raphanistrum***

1* Schoten längl., gedunsen, schwammig, schwach längs gestreift, nicht eingeschnürt u. nicht in Stücke zerfallend; Kronblätter weiß od. lila, violett geadert ***R. sativus***

R. raphanistrum L., **Hederich, Acker-R.***

Kelch aufrecht (vgl. aber den ähnl. Senf, *Sinapis*). 30–60 cm. 6–10. ⊙. Äcker, Ruderalfluren (Erdaufschüttungen, Wegränder, Brachen), h bis ins obere Bergland. Schwacher Säurezeiger. A. K Stell. med, O. Sis.; med-orient, heute euras. Giftig (für Vieh).

R. sativus L., **Rettich, Radieschen***

30–100 cm. 5–10. ⊙, ①. Sortenreiche Kulturpflanze, auch verwildert, Ruderalfluren (Wegränder, Müllplätze, Brachen), Ackerränder, Rasenansaaten, z. V Sis.

Kultursippen nach Pistrick in Jäger et al. (2008).

1 Wurzel u. Hypokotyl nicht fleischig verdickt

2 Frucht sehr stark verlängert, (3–)8–17(–25) cm lang. Salat, Gemüse convar. *caudatus* (L. f.) Pistrick, Schlangen-R.

2* Frucht nicht extrem verlängert, (2–)4,5–7,5(–10,5) cm lang. Gründüngung, Futter convar. *oleifer* (Stokes) Alef., Öl-R., Futter-R.

1* Wurzel u. Hypokotyl od. nur das Hypokotyl fleischig verdickt, kugelig od. zapfenförmig (Rüben bzw. Hypokotylknollen); Gemüse convar. *sativus*

3 Wurzelrüben od. Hypokotylknollen mindestens im oberen Teil rot od. rötl.; Stängelgrund rötl.; Kronblätter rosa od. weiß var. *sativus*, Rotes Radieschen

3 Wurzelrüben od. Hypokotylknollen nicht rötl.; Stängelgrund nicht rötl.; Kronblätter violett od. weiß

4 Wurzelrüben od. Hypokotylknollen wenigstens im oberen Teil ± intensiv violett var. *violaceus* (Peterm.) Alef., Violetter R.

4* Wurzelrüben od. Hypokotylknollen nicht violett

5 Wurzelrüben od. Hypokotylknollen weiß var. *albus* DC. em. Pistrick, Weißer R., Radi, Weißes Radieschen

5* Wurzelrüben od. Hypokotylknollen schwarz, grau, braun od. gelb var. *niger* (Mill.) Kern., Schwarzer R.

Rapistrum Crantz, **Rapsdotter, Windsbock**

1 Pflanze ausdauernd; untere Blätter ungleich fiederspaltig, mit längl-, gezähnten Zipfeln; Griffel kurz kegelförmig, kürzer als das obere Glied des kahlen Schötchens *(Abb. 403/4)* ***R. perenne***

1* Pflanze 1-jährig; untere Blätter leierförmig, mit sehr großem, verkehrt eiförmigem Endzipfel; Griffel fadenförmig, so lang wie od. länger als das obere Glied des kurzborstigen Schötchens *(Abb. 403/3)* ***R. rugosum***

R. perenne (L.) ALL., **Dauer-R., Ausdauernder W.**

30–80 cm. 6–7. ♃. Trockene Ruderalfluren (Müll- u. Umschlagplätze, Wegränder), s, Elbtal, Leipzig, OL, Plauen. NU. V Sis., V Conv.-Agrop. Heimat: S- u. O-Europa.

R. rugosum (L.) ALL., **Runzliger W., Runzliger R.**

30–60 cm. 6–8. ⊙, ①. Trockene Ruderalfluren (Müll- u. Umschlagplätze, Bahnanlagen, Wegränder), z, im Bergland s, meist NU, auch NE (vor allem in wärmebegünstigten Gebieten). V Sis. Heimat: S-Europa, W-Asien.

Rorippa SCOP., **Sumpfkresse**

Bem.: Einige Arten besitzen Schoten, andere Schötchen; im Folgenden wird deshalb nur von Früchten gesprochen.
Für die oftmals schwierige Bestimmung der Bastarde ist die Stellung der Früchte wichtig.

1 Kronblätter so lang od. kaum so lang wie die Kelchblätter, blassgelb ***R. palustris***

1* Kronblätter länger als die Kelchblätter, goldgelb

2 Blätter immer ungeteilt **und** reife Frucht kugelig, ohne Griffel 1,5 mm lang u. ebenso breit ***R. austriaca***

2* Wenigstens die Grundblätter fiederspaltig bis fiederschnittig, wenn ungeteilt, dann mit verschmälertem Grund sitzend; reife Frucht elliptisch bis linealisch, wenn fast kugelig, dann Blätter grob buchtig eingeschnitten

3 Stängelblätter meist ungeteilt, längl. lanzettl., ganzrandig od. gezähnt, mit verschmälertem Grund sitzend; Grundblätter meist fiederlappig bis -spaltig; Früchte elliptisch bis fast kugelig; Pflanze mit Wurzelsprossen u. beblätterten unteren Stängelgliedern ***R. amphibia***

3* Stängel- u. Grundblätter ± stark buchtig eingeschnitten bis fiederteilig; Früchte kurz elliptisch bis linealisch; Pflanze meist ohne Wurzelsprosse u. beblätterte untere Stängelglieder

4 Pflanze zur Blütezeit mit Blattrosette; Stängelblätter sitzend, mit schmalem Öhrchen stängelumfassend; Blätter fiederschnittig mit linealischen Abschnitten — Frucht 2,5–6 mm lang, so lang wie ihr Stiel od. etwas kürzer ***R. pyrenaica***

4* Pflanze zur Blütezeit ohne Blattrosette, diese bereits verwelkt; Stängelblätter mit od. ohne Öhrchen; Blätter verschieden tief eingeschnitten, aber nie mit linealischen Zipfeln

5 Stängelblätter mit Öhrchen am Grund, die den Stängel ± umfassen

6 Kronblätter im frischen Zustand < 3,5 mm lang Stängelblätter etwa 4-mal so lang wie breit; Fruchtstiele abstehend bis zurückgekrümmt ***R. × erythrocaulis***

6* Kronblätter im frischen Zustand > 3,5 mm lang; Stängelblätter 2–3-mal so lang wie breit; Fruchtstiele aufrecht abstehend **R. × *armoracioides***

5* Stängelblätter ohne od. mit kleinen, nicht stängelumfassenden Öhrchen

7 Früchte 8–22 mm lang u. 1–1,2 mm breit, ihre Stiele waagerecht abstehend bis aufwärts gebogen; Griffel an der Frucht 0,5–1 mm lang; obere Blätter gestielt, fiederspaltig bis -schnittig, etwa 2-mal so lang wie breit, Endfieder kürzer als 1/4 der gesamten Blattlänge ***R. sylvestris***

7* Früchte meist 3–7 mm lang u. 1,2–2 mm breit, ihre Stiele waagerecht abstehend od. aufrecht abstehend; Griffel an der Frucht 1,2 mm lang od. länger; Endfieder oft mehr als 1/4 der Blattlänge

8 Fruchtstiele meist zurückgebogen, Früchte 3–7 mm lang u. 1,2–2,5 mm breit **R. × *anceps***

8* Fruchtstiele ± aufrecht abstehend, 2,5–5 mm lang u. 1,5–2 mm breit, oft fast kugelig **R. × *armoracioides***

R. amphibia (L.) Besser, **Wasser-S.***
Frucht 3–6 mm lang u. 1,8–3 mm breit, gerade, ihr Stiel waagerecht abstehend od. zurückgebogen, 2–3-mal so lang wie die Frucht. 40–120 cm. 5–9. ♃. Gewässerränder, Weidengebüsche, Schlammböden, mäßig h im Tief- u. Hügelland, sonst s. O Phragm., V Potent. ans., O Bid.; circpol.

R. × *anceps* (Wahlenb.) Rchb., **Niederliegende S.**
[*R. amphibia* × *R. sylvestris*, *R.* × *prostrata* (J. P. Bergeret) Schinz et Thell.]. Blätter fiederspaltig, die unteren zuweilen leierförmig fiederteilig, am Grund nicht od. schwach geöhrt; Früchte längl. ellipsoidisch bis längl. linealisch. 30–100 cm. 5–9. ♃. Ufer, Gräben, feuchte Ruderalfluren, z im Tief- u. Hügelland, aber wohl z. T. verkannt. O Phragm., V Arct., K Bid., V Potent ans.

R. × *armoracioides* (Tausch) Fuss, **Meerrettichblättrige S.**
[*R. austriaca* × *R. sylvestris*]. Blätter grob bis buchtig doppelt gezähnt, am Grund meist mit schmalen Öhrchen; Fruchtstiele meist schräg aufrecht abstehend. 30–80 cm. 5–8. ♃. Ruderalfluren, Grasplätze, z im Elbtal, mehrfach in Leipzig. V Arct., V Conv.-Agrop.

R. austriaca (Crantz) Besser, **Österreichische S.**
[*Nasturtium austriacum* Crantz]. Stängel aufrecht, markig; Blätter längl. spatelig, meist stumpf, unregelmäßig gezähnt, mit tief herzförmigem Grund sitzend, untere in den geöhrten Blattstiel verschmälert; Frucht so lang wie der Griffel; Pflanze mit unterirdischen Ausläuferwurzeln. 40–100 cm. 6–8.

♃. Uferwiesen der Elbe z, außerhalb des Elbtals s in Ruderalfluren, z. B. ERB: Chemnitz; LLA: Leipzig, Markkleeberg; MLH: Brausebach. V Potent. ans., K Mol.-Arrh., V Arct.; europ-kont, fluv. Stromtalpflanze.

R. × ***erythrocaulis*** BORBÁS, **Rotstängelige S.**
[*R. palustris* × *R. amphibia*]. Stängelblätter fiederig gelappt. 40–100 cm. 6–8. ♃. Ufer, feuchte Ruderalfluren, Verbreitung u. Soziologie kaum bekannt, z. B. LLA, VGT: früher zwischen Weischlitz u. Elsterberg; wahrscheinl. s unter den Eltern im Tief- u. Hügelland.

R. palustris (L.) BESSER, **Gewöhnliche S.***
[*R. islandica* auct., *Nasturtium palustre* DC.]. Früchte längl. (5–12 mm lang u. 1,7–3 mm breit), gedunsen, etwa so lang wie ihr Stiel; Griffel sehr kurz; Blätter fiederspaltig, die unteren fast leierförmig, Blattzipfel längl., gezähnt; Stängel ästig, aufrecht, aufsteigend od. niederliegend. 15–60 cm. 6–9. ⊙. ⊙, auch ♃ (kurzlebig). Ufer, Gräben, Schlammböden, feuchte Äcker, mäßig h bis ins obere Bergland. K Bid., V Eleoch., V Potent. ans., O Phragm., V Sperg.-Ox. Kosmopolit.

R. pyrenaica (L.) RCHB., **Pyrenäen-S.**
[*R. stylosa* (PERS.) MANSF. et ROTHM., *R. lippizensis* (WULF.) RCHB., *Nasturtium pyrenaicum* (L.) RCHB.]. Stängel aufrecht. 10–30 cm. 5–8. ♃. Ruderal- u. Sandfluren, früher eingeschleppt, s OLH: Hosena, Görlitz. NU. Heimat: S- u. M-Europa.

R. sylvestris (L.) BESSER, **Wilde S.***
[*Nasturtium sylvestre* (L.) W. T. AITON]. Früchte etwa so lang wie ihr Stiel; Stängel sehr ästig, ausgebreitet; Pflanze mit Wurzelsprossen. 20–60 cm. 5–9. ♃. Ufer, Gräben, offene Schlammböden, feuchte Äcker, Gärten, Ruderalfluren, mäßig h bis ins obere Bergland. ↗ V Potent. ans., K Bid., O Phragm., V Sperg.-Ox.; euras-nem.

Weiterer Bastard:
R. × ***brachystyla*** (WALLR.) LAWALRÉE [*R. palustris* × *R. sylvestris*]: ob im Gebiet?

Sinapis L., **Senf**

1 Fruchtschnabel flach, keine Samen enthaltend; Blätter fiederteilig, mit ungleich gezähnten Zipfeln; Schoten beiderseits 5-nervig, steifhaarig; Samen gelbl., grubig, 4–8 pro Schote ***S. alba***

1* Fruchtschnabel 4-kantig, einen Samen enthaltend; Blätter eiförmig, ungleich buchtig gezähnt, die unteren fast leierförmig, am Grund meist geöhrt; Schoten beiderseits mit 3(–5) deutl., gerade verlaufenden Nerven; Schoten kahl od. fast kahl; Samen schwarz, glatt, 8–13 pro Schote ***S. arvensis***

S. alba L., **Weißer S.***

30–60 cm. 6–7. ⊙. Ruderalfluren (Brachen, Wegränder, Komposthaufen), Ackerraine; zur Senfgewinnung u. als Grünfutter gebaut, verwildert, z. NU. V Sis. Gew. Heimat: (wahrscheinl.) östl. Mittelmeergebiet.

S. arvensis L., **Acker-S.***

Kelchblätter abstehend (im Gegensatz zum Hederich, *Raphanus raphanistrum*). 25–60 cm. 6–10. ⊙. Nährstoffreiche, neutrale bis schwach basische Äcker, annuelle Ruderalfluren, h, im oberen Bergland u. OLT seltener. A. K Stell. med., V Sis.; euras-nem. Lebensdauer jeder Blüte: 2 Tage.

Sisymbrium L., **Rauke**

1 Blätter ungeteilt, lanzettl., gezähnt **S. strictissimum**
1* Blätter fiederspaltig
2 Schoten nach der Spitze verschmälert (pfriemenförmig), kurz gestielt, der Traubenachse dicht angedrückt **S. officinale**
2* Schoten gleich dick, ± abstehend
3 Fruchtstiele dünner als die (1–)1,5–6 cm langen Schoten
4 Kelchblätter 4–4,5 mm lang, 2 davon unter der Spitze gehörnt; Pflanze ausdauernd, mit Ausläuferwurzeln **S. volgense**
4* Kelchblätter 2–4 mm lang, nicht gehörnt (bei *S. loeselii* gelegentl.); Pflanze 1- od. 2-jährig
5 Kronblätter blassgelb, 3–4 mm lang; Kelchblätter 2–2,5 mm lang; junge Schoten die Blüten überragend **S. irio**
5* Kronblätter goldgelb, 4–7 mm lang; Kelchblätter 3–4 mm lang; junge Schoten die Blüten nicht od. kaum überragend
6 Kronblätter 5,5–6 mm lang; Griffel bis 0,5 mm lang; Stängel im unteren Teil abwärts bis waagerecht abstehend behaart **S. loeselii**
6* Kronblätter 4–7 mm lang, Griffel zur Blütezeit 1–2 mm lang; Stängel unten fast kahl, mit meist aufwärts gerichteten Börstchen **S. austriacum**
3* Fruchtstiele etwa so dick wie die 5–10 cm langen Schoten
7 Kelchblätter abstehend, 2 davon unter der Spitze gehörnt; Pflanze grün; Stängel am Grund durch 3 mm lange Haare borstig; obere Blätter meist sitzend, fiederschnittig mit linealischen Abschnitten **S. altissimum**
7* Kelchblätter aufrecht, nicht gehörnt; Pflanze graugrün; Stängel unten kurzhaarig; obere Blätter gestielt, 3-teilig spießförmig bis ungeteilt **S. orientale**

S. altissimum L., **Hohe R., Ungarische R.***

[*S. pannonicum* Jacq., *S. sinapistrum* Crantz]. Stängel oben kahl u. bereift; Schoten weit abstehend, kahl, etwa 10-mal so lang wie ihre Stiele. 20–80 cm.

5–7. ⊙, ①. Trockene Ruderalfluren (offene Brachen, Müllplätze, Bahnanlagen, Wegränder), mäßig h im Tief- u. Hügelland, z im Bergland. NE. O Sis.; europ-kont.

S. austriacum Jacq., **Österreichische R.**

30–50 cm. 5–6. ⊙, ♃. VGT: von 1929–1933 in Plauen mit Grassamen eingeschleppt. NU. Heimat: S- u. M-Europa.

S. irio L., **Glanz-R.**

10–60 cm. 5–8. ⊙, ①. Müll- u. Umschlagplätze, s, z. B. LLA: Leipzig; OLH: Görlitz, Bautzen: Merka, Soculahora, Hirschfelde, Laubusch, Jänkendorf. NU. V Sis. Heimat: W-Europa, Mittelmeergebiet, W-Asien.

S. loeselii L., **Lösels R.**, **Steifhaarige R.**

Stängel u. Blätter rauhaarig (selten verkahlend); Schoten bogig aufstrebend, 2-mal so lang wie die abstehenden Stiele. 30–150 cm. 5–8. ⊙, ①. Ruderalfluren (Müllplätze, Wegränder, Bahnanlagen, Brachen, Erdaufschüttungen), mäßig h bis h im Tief- u. Hügelland mit Bevorzugung urban-industrieller Ballungsgebiete, z bis s im Bergland. ↗ NE. O Sis.; euras-kont.

S. officinale (L.) Scop., **Wege-R.***

Blätter mit längl., gezähnten Seitenzipfeln u. spießförmigen Endzipfeln, wie der sperrig ästige Stängel kurzhaarig; Kronblätter klein, gelb. 30–60 cm. 6–10. ⊙, ①. Ruderalfluren (Wegränder, Brachen, Müllplätze), mäßig h im Tief- u. Hügelland, z im Bergland. V Sis., V Polyg., auch V Arct. u. V Onop.; euras. Alte Heilpflanze.

S. orientale L., **Orientalische R.**

[*S. columnae* Jacq.]. 30–60 cm. 6–7. ⊙, ①, ⊙. Trockene Ruderalfluren (offene Brachen, Müll- u. Umschlagplätze, Bahnanlagen), sehr z bis ins untere Bergland. ↘ NU. O Sis.; med-orient.

S. strictissimum L., **Steife R.**

Stängel dicht beblättert, oberwärts rutenförmig ästig; Pflanze weichhaarig; Kelchblätter zuletzt waagerecht abstehend; Schoten auf abstehenden Stielen aufrecht, gebogen; Kronblätter goldgelb. 50–130 cm. 6–7. ♃. Gebüschsäume, Wegränder, Pappel- u. Robinien-Forste, z ELH, ESG: im Elbtal (hier natürl. vorkommend ↘); s neophytisch, z. B. LLA: mehrfach in Leipzig ↗; OLH: Zittau: Rosenthal. O Glech., V Arct.; europ-kont, fluv.

S. volgense E. Fourn., **Wolga-R.**

30–80 cm. 5–8. ♃. Ruderalfluren (Müll- u. Umschlagplätze, Straßenränder, Bahnanlagen), s ELH, LLA, OL, MLH. NE. O Onop., V Sis., V Arct.; euras-kont.

Teesdalia W. T. Aiton, **Bauernsenf**

Stängel meist einfach; Blätter grundständig, rosettig, leierförmig fiederspaltig, mit stumpfl. Endzipfel, seltener ungeteilt; Griffel sehr kurz; Schötchen rundl., oben ausgerandet, etwas geflügelt; Kronblätter klein, weiß. 5–15 cm. 4–5. ①. Nährstoffarme Sandmagerrasen, Kiefernheiden, sandige Äcker, mäßig h OLT; z DDH, OLH; sonst s od. fehlend. V Coryn., V Thero-Air., O Aper.; atl-subatl. ***T. nudicaulis*** (L.) W. T. Aiton, **Bauernsenf**

Thlaspi L., **Hellerkraut, Täschelkraut**

1 Pflanze ausdauernd, Stängel am Grund mit nichtblühender Rosette ***T. caerulescens***

1* Pflanze 1-jährig, nichtblühende Rosetten fehlend

2 Stängel stielrund ***T. perfoliatum***

2* Stängel kantig

3 Pflanze völlig kahl; Kronblätter 3–4 mm lang; Frucht fast kreisrund, 10–18 mm, ringsum breit geflügelt, oben mit tiefer U-förmiger Ausrandung; in jedem Fruchtfach 5–8 konzentrisch runzelige Samen ***T. arvense***

3* Stängel am Grund zerstreut behaart; Kronblätter 2,5–3 mm lang; Frucht verkehrt eiförmig bis keilförmig, 6–10 mm lang, am Grund fast ungeflügelt, oberwärts schmal geflügelt, mit flacher, V-förmiger Ausrandung; jedes Fruchtfach mit 3–5 grubig netzigen Samen ***T. alliaceum***

T. alliaceum L., **Lauch-H.**
Pflanze beim Zerreiben auffallend nach Lauch riechend; obere Blätter längl., mit pfeilförmigem Grund sitzend. 20–60 cm. 4–6. ☉, ①. Ruderalfluren, s, seit 2002 in Leipzig beobachtet. NU. V Sis.

T. arvense L., **Acker-H., Pfennigkraut***

Pflanze beim Zerreiben mit schwachem Lauchgeruch; obere Blätter kurz pfeilförmig, längl., meist buchtig gezähnt, Pflanze gelbgrün. 10–50 cm. 4–10. ☉, ①. Nährstoffreiche Äcker, frische Ruderalfluren, h bis ins obere Bergland. A. K Stell med., V Sis.; med-orient, heute euras.

T. caerulescens J. Presl et C. Presl, **Gebirgs-H.**
Schokoladenblümchen

[*T. alpestre* (L.) L. non Jacq., *Noccaea c.* (J. Presl et C. Presl) F. K. Mey.]. Schötchen keilförmig verkehrt eiförmig mit 4–8-samigen Fächern; Griffel deutl., so lang wie od. etwas länger als die Ausrandung; Stängelblätter eiförmig längl. bis lanzettl., am Grund herzförmig pfeilförmig, die grundständigen Blätter spatelförmig od. verkehrt eiförmig, gestielt, kahl, meist blaugrün. 7–25 cm. 4–6. ♃. Magere Bergwiesen, Grasgärten, Auenwiesen, im westelbischen Berg- u. Hügelland mäßig h, an den Flüssen bis ins Tiefland herabsteigend, z OLB; sonst im Tief- u. Hügelland s. O Arrh. (besonders V Pol.-Tris.); pralp-demont.

Im Gebiet nur **subsp. *caerulescens***.

T. perfoliatum L., **Durchwachsenblättriges H.***

[*Microthlaspi p.* (L.) F. K. MEY.]. Schötchen keilförmig verkehrt eiförmig, nur nach vorn geflügelt, mit etwa 4-samigen Fächern; Samen glatt; obere Blätter tief pfeilförmig eiförmig, ganzrandig od. entfernt gezähnelt; Pflanze blaugrün. 3–25 cm. 3–6. ⊙, ①. Lückige, halbruderale Halbtrockenrasen, Ruderalfluren, s u. meist unbeständig, z. B. ELH: Meißen; LLA: Leipzig; VGT: Planschwitz, Magwitz, Schönfels. A? ↘ V Alysso-Sed., V Conv.-Agrop., auch V Sis.; o-med-submed.

Turritis L., **Turmkraut**

Pflanze außer den Grundblättern kahl; Stängel steif aufrecht, meist einfach; Grundblätter buchtig gezähnt bis leierförmig; Stängelblätter graugrün, eiförmig lanzettl., ganzrandig, mit tief herz-pfeilförmigem Grund stängelumfassend; Kronblätter gelbl.-weiß; Schoten 4-kantig; Samen in jedem Fruchtfach 2-reihig. 50–120 cm. 6–7. ⊙. Waldlichtungsfluren, Gebüsche, Wald- u. Wiesenwege, z bis mäßig h. O Atrop., V Geo.-All., O Prun.; submed-euras, circpol. [*Arabis glabra* (L.) BERNH.] ***T. glabra*** L., **Turmkraut***

Fam. *Santalaceae* R. Br., Sandelgewächse

1 Pflanze auf Bäumen wachsend, strauchig **_Viscum,_** 440
1* Pflanze auf dem Erdboden wachsend, krautig **_Thesium,_** 439

Thesium L., **Vermeinkraut, Leinblatt**

Alle Arten sind Halbschmarotzer.

1 Unter jeder Blüte nur 1 Deckblatt *(Abb. 439/1);* Stängel mit blütenlosem Blattschopf endend **_Th. ebracteatum_**
1* Unter jeder Blüte 3 Hochblätter: 1 Deckblatt u. 2 kleinere Vorblätter *(Abb. 439/2, 439/4);* Stängel an der Spitze ohne Blattschopf
2 Blütenhülle zur Fruchtzeit bis auf den Grund eingerollt, viel kürzer als die Frucht *(Abb. 439/4);* Wurzelstock mit od. ohne Ausläufer
3 Wurzelstock ohne Ausläufer; Blätter 2–7 mm breit, lanzettl., lang zugespitzt, meist deutl. 3–5-nervig, im unteren Teil am breitesten; Pflanze dunkelgrün **_T. bavarum_**
3* Wurzelstock mit Ausläufern; Blätter 1–4 mm breit, linealisch, spitz, mit1 Hauptnerv u. 2 undeutl. Seitennerven, in der Mitte am breitesten; Pflanze gelbl.-grün **_Th. linophyllon_**
2* Blütenhülle zur Fruchtzeit nur an der Spitze eingerollt, röhrig, so lang wie od. etwas länger als die Frucht *(Abb. 439/3);* Wurzelstock ohne Ausläufer
4 Fruchttragende Ästchen viel länger als die Frucht, waagerecht abstehend, allseitswendig; Blütenhülle 5-zipfelig **_Th. pyrenaicum_**
4* Fruchttragende Ästchen so lang wie od. kürzer als die Frucht, stets einfach, aufrecht abstehend, einseitswendig; Blütenhülle meist 4-zipfelig **_Th. alpinum_**

Th. alpinum L., **Alpen-V.**

10–25 cm. 5–8. ♃. Magerrasen, magere Weiden, lückige Halbtrockenrasen, s, vielerorts †. V Viol., V Cynos.; adalp. Offenlandrelikt.

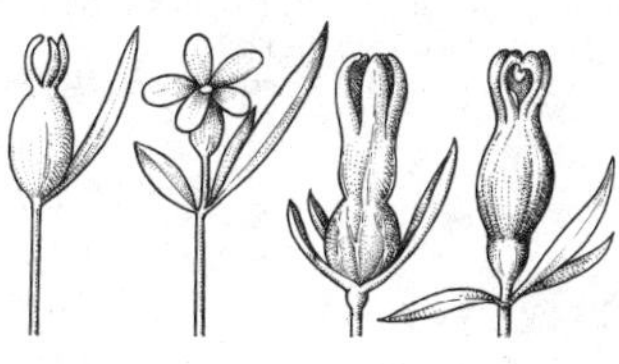

439/1 *439/2* *439/3* *439/4*

Th. bavarum SCHRANK, **Bayerisches V.***
[*Th. montanum* HOFFM.]. 30–60 cm. 6–8. ♃. Lückige Halbtrockenrasen, wärmebegünstigte Säume, lichte Kiefernwälder, meist über Kalk, †, früher s ELH: Meißen, Lößnitzgrund. V Brom., V Ger.; submed+europ-kont.

Th. ebracteatum HAYNE, **Vorblattloses V.**
Oberste Deckblätter ohne Blüten, einen Schopf bildend; Wurzelstock kriechend, mit Ausläufern; Blätter linealisch, schwach 3-nervig; Blütenhülle zur Fruchtzeit höchstens so lang wie die eiförmige, grüne Frucht. 15–20 cm. 5–6. ♃. Wechselfeuchte Magerwiesen, †, früher s LLA: an der Benndorfer Mühle bei Delitzsch. Wahrscheinl. V Mol.; europ-kont. ∇

Th. linophyllon L., **Mittleres V.***
[*Th. intermedium* SCHRAD.]. 15–30 cm. 6–7. ♃. Lückige Halbtrockenrasen, Kalk-Magerweiden, †, früher s DDH, ELH, GHP, LLA, MHL. V Brom., V Cirs.-Brach.; submed+euras-kont.

Th. pyrenaicum POURR., **Pyrenäen-V., Wiesen-V.***
[*Th. pratense* SCHRAD.]. 10–45 cm. 6–7. ♃. Bodensaure Bergwiesen, s ERO: Glashütte, Altenberg, Falkenhain; VGT: Kottengrün, früher Falkenstein, Oelsnitz, Bad Elster. ↘ V Viol., V Pol.-Tris.; pralp-mont. Offenlandrelikt.
Im Gebiet nur **subsp. *pyrenaicum*.**

Viscum L., **Mistel**

Immergrüner Strauch, Halbschmarotzer mit teilweise strenger Bindung an die Wirtspflanzen. 20–80 cm. 3–5. Off. ***V. album*** L., **Gewöhnliche M.***/**

1 Nur auf Laubgehölzen; Beeren weiß; Samen weiß, mit 2 Keimlingen. Mäßig h bis z in wintermilden, luftfeuchten Gebieten (Flussauen) bis ca. 580 m (Oelsen), vorwiegend auf *Malus, Populus, Sorbus aucuparia, Crataegus, Betula, Tilia, Robinia, Acer*, nie auf *Fagus*. ↗ O Prun., V Salic. alb., O Fag.; submed+subatl. **subsp. *album*, Laubholz-M.**

1* Nur auf Nadelgehölzen; Beeren weißl. bis gelbl.; Samen grünl., mit 1 Keimling

2 Meist auf Kiefer, selten auf Fichte; Beeren gelbl.; Blätter 4–5(–6)-mal so lang wie breit. Mäßig h DDH, EET, OLT: z OLH; s ELH: um Dresden. V Bet., V Querc. rob., V Dicr.-Pin.; submed-sarmat. [*V. laxum* BOISS. et REUT., *V. album* L. var. *laxum* FIEK]. **subsp. *austriacum*** (WIESB.) VOLLM., **Kiefern-M.**

2* Nur auf Tanne; Beeren weiß.; Blätter höchstens 3-mal so lang wie breit., s, meist im Gebirge (ehemaliges Tannenareal). ↘ V Fag., V Pic.; pralp-submed. [*V. laxum* subsp. *abietis* (WIESB.) O. SCHWARZ, *V. album* var. *abietis* BECK]. **subsp. *abietis*** (WIESB.) K. MALÝ, **Tannen-M.**

Fam. *Loranthaceae* JUSS., Riemenblumengewächse

Loranthus JACQ. non L., **Riemenblume, Eichenmistel**

Sommergrüner Strauch, Halbschmarotzer; Blätter gegenständig, gestielt, längl., am Grund verschmälert; Beeren hellgelb; Zweige schwarzgrau. 30–100 cm. 4–5. ♄. Auf Eichen in sommerwarmer u. wintermilder Lage, s ERO: Pirna: Dohma, früher auch Dohna; ↘ o-submed-pont. Warmzeitrelikt. Einziges Vorkommen in Deutschland.

L. europaeus JACQ., **Europäische R.***/**

Fam. *Tamaricaceae* LINK, Tamariskengewächse

Tamarix L., **Tamariske**

Sommergrüne Sträucher mit schuppenförmigen Blättern; Blüten in dichten Trauben, zu endständigen Rispen vereinigt, klein, rosa. Mehrere Arten werden als Ziersträucher kultiviert, vor allem:

1 Blätter am Grund verschmälert; Rinde der Zweige fast schwarz, Blüten 4-zählig; Kronblätter bleibend; Blütezeit 4–5 ***T. tetranda***

1* Blätter am Grund nicht verschmälert, breit; Rinde der Zweige rotbraun bis tief purpurfarben; Blüten 5-zählig; Kronblätter hinfällig; Blütezeit 6–9 ***T. gallica***

T. gallica L., **Französische T.**

3–10 m. ♄. Zierstrauch, verwildert, Rohböden der Bergbaufolgelandschaft, s, z. B. Leipzig. NU. Heimat: SW-Europa.

T. tetranda PALL., **Viermännige T.****

1–5 m. ♄. Zierstrauch aus SO-Europa.

Fam. *Plumbaginaceae* JUSS., Bleiwurzgewächse

Armeria WILLD., **Grasnelke**

Blätter in grundständiger Rosette, linealisch, spitzl. od. stumpf, am Grund gewimpert; Stängel 4–6-mal so lang wie die Blätter, kahl; äußere Hüllblätter haarspitzig, innere sehr stumpf; Krone lila od. rosa. 20–40 cm. 6–9. ♃. Sandmagerrasen, lichte Kiefernwälder, Dämme, Deiche, auf humosen Sandböden, mäßig h im Tiefland, z im Hügelland, s im Bergland (z. B. Altbergbauhalden). V Armer., V Dicr.-Pin., V Koel.; subatl+balt. Offenlandzeiger. [*A. elongata* (HOFFM.) K. KOCH]. ▽

A. maritima (MILL.) WILLD., **Gewöhnliche G.***

Im Gebiet nur **subsp. *elongata*** (HOFFM.) BONNIER.

Fam. *Polygonaceae* JUSS., Knöterichgewächse

1 Perigonblätter 6-teilig, meist grünl.; Staubblätter 6 od. 9; Narben pinselig
2 Pflanze mit auffallend großen, lang gestielten herzförmigen Grundblättern, Blattspreite 30–70 cm lang u. 30–60 cm breit, Rand wellig, Nervatur handförmig; Zipfel der Blütenhülle gleich; Frucht (selten ausgebildet) frei, 2-flügelig; Staubblätter 9 ***Rheum,*** 449
2* Blätter nicht auffallend groß, Nervatur fiederig; innere Zipfel der Blütenhülle zur Fruchtzeit vergrößert, die 3-kantige Frucht einschließend; Staubblätter 6 ***Rumex,*** 449
1* Perigonblätter 4- od. 5-spaltig, wenigstens innen gefärbt; Staubblätter 5–8; Narben kopfig
3 Perigon der reifen Frucht gekielt od. geflügelt; unterhalb des Blattstielansatzes am Stängel eine rundl. bis längl. drüsige Vertiefung; windende Pflanzen od. hohe Stauden ***Fallopia,*** 443
3* Perigon der reifen Frucht nicht gekielt od. geflügelt; Blattstielansatz ohne drüsige Vertiefung; nie Windepflanzen
4 Blätter 3-eckig herz- od. pfeilförmig; reife Frucht > 2-mal so lang wie das Perigon; Stängel oben mit einer Haarleiste ***Fagopyrum,*** 443
4* Blattspreite länger als breit, linealisch bis eiförmig; reife Frucht höchstens 1,5-mal so lang wie breit; Stängel kahl
5 Blüten einzeln od. zu 2–5 in den Blattachseln (obere zuweilen zu Scheinähren gedrängt); Blätter kahl; Ochrea (Tute, Nebenblattscheide) hell glänzend, zerschlitzt; Staubbeutel gelb; Stängel oft niederliegend ***Polygonum,*** 448
5* Blüten in deutl. abgegrenzten Scheinähren; Blätter meist behaart; Ochrea nicht hell glänzend; Staubbeutel rosa, violett od. weiß; Stängel meist aufrecht
6 Blüten in endständigen Rispen ***Aconogonon,*** 442
6* Blüten in Scheinähren
7 Stängel einfach, an seiner Spitze eine einzige, dichte Scheinähre; Blätter vor allem in der Grundrosette, Stängelblätter wenige, nach oben kleiner werdend; Pflanze ausdauernd ***Bistorta,*** 443
7* Stängel meist verzweigt, mit 2 od. mehr Scheinähren, keine Blattrosette vorhanden, die größten Blätter in der Stängelmitte; Pflanze überwiegend 1-jährig ***Persicaria,*** 446

Aconogonon (MEISN.) RCHB., **Bergknöterich**

Blätter bis 40 cm lang, kurz gestielt, Spreite breit lanzettl., vorn lang zugespitzt, am Grund wenig verschmälert, gestutzt; Perigonblätter weiß (selten rosa), etwa 4 mm lang. 100–200 cm. 9–10. ♃. Ruderalfluren, s OLH: Löbau: Herrnhut; VGT: Kottengrün. NE. V Arct. Heimat: China. [*Polygonum p.* (MEISN.)

H. GROSS non OPIZ, *Persicaria polystachya* (MEISN.) H. GROSS].
A. polystachyum (MEISN.) SMALL, **Himalaja-B., Vieljähriger Knöterich**

Bistorta MILL., **Wiesenknöterich**
Otterzunge

Scheinähre dick walzenförmig, Perigonblätter rosa. 30–100 cm. 5–6. ♃. Feucht- u. Bergwiesen, Hochstaudenfluren, mäßig h im Tiefland, doch stellenweise s, h im Bergland. V Pol.-Tris., V Calth.; eurosib. Wg. Früher Off. [*Polygonum bistorta* L.].
B. officinalis DELARBRE, **Schlangen-W., Schlangenknöterich***

Zierpflanze: ***Bistorta affinis*** (D. DON) GREENE, **Teppich-W., Schnecken-W.** (*Polygonum affine* D. DON): Ähnl. *B. officinalis;* Blätter lanzettl.; Pflanze mit Ausläufern, bis 80 cm hoch, Zierpflanze, verwildert, Friedhöfe, s, z. B. Bärenstein. Heimat: Nepal.

Fagopyrum MILL., **Buchweizen**

1 Blätter so lang wie od. länger als breit; Scheinähren meist doldenrispig gehäuft; Frucht mit scharfen, ganzrandigen Kanten; Perigon weiß od. rötl.; Stängel zuletzt meist rot ***F. esculentum***
1* Blätter meist breiter als lang; Scheinähren oft einzeln; Frucht mit stumpfl., ausgeschweiften Kanten; Perigon u. Stängel meist grün ***F. tataricum***

F. esculentum MOENCH,. **Echter B., Gebauter B., Heidekorn***
[*F. sagittatum* GILIB.]. 20–80 cm. 6–9. ⊙. Kulturpflanze, seit dem 15. Jh. angebaut, Ruderalfluren, z verwildert. NU. V Sis. Früher Off. Heimat: M-Asien bis S-Sibirien u. N-China.

F. tataricum (L.) GAERTN., **Tatarischer B.***
20–80 cm. 7–9. ⊙. Müll- u. Umschlagplätze, Buchweizenfelder, s. NU. V Sis. Heimat: Asien (Kaukasus bis O-Sibirien, China u. Pakistan).

Fallopia ADANS., **Windenknöterich, Staudenknöterich, Flügelknöterich**

1 1-jährige Windepflanze od. verholzte Liane; Narbe kopfig
2 Liane mit im Alter verholzten Sprossen; Blätter längl. eiförmig mit etwas welligem Rand, bei 2-jährigen Sprossen an Kurztrieben gebüschelt; Blüten meist weiß (zuweilen etwas rosa überlaufen), in traubig rispigen Blütenständen; Perigon 5 mm lang ***F. baldschuanica***
2* 1-jährige, bis 3 m hoch windende Kletterpflanze; Blätter herzförmig, nicht gebüschelt; Blüten grün, am Rand u. innen weiß, in traubigen Blütenständen; Perigon 3–4 mm lang

3 Stängel kantig gefurcht, meist kurzhaarig; Blätter herz-pfeilförmig; Blütenstiele länger als die Blütenhülle, dicht unter dieser gegliedert; äußere Zipfel der Blütenhülle auf dem Rücken stumpf gekielt, Frucht glanzlos schwarz ***F. convolvulus***

3* Stängel fast glatt, gestreift, kahl; Blätter herzförmig 3-eckig; Blütenstiele so lang wie die Fruchthülle, unterhalb der Mitte gegliedert; äußere Zipfel der Blütenhülle auf dem Rücken häutig geflügelt; Frucht glänzend schwarz ***F. dumetorum***

1* Große Rhizomstaude mit zahlreichen, bis 4 m hohen, dicken, hohlen Stängeln; Narben fransig zerteilt

4 Blattspreite breit eiförmig, mit aufgesetzter schmaler Spitze, am Grund rechtwinklig gestutzt *(Abb. 444/1),* meist 10–20 cm lang, fest, lederartig, kahl, jedoch am Blattrand u. auf den Nerven unterseits mit kurzen haarähnl. Papillen besetzt; Stängel deutl. rot gefleckt, nur ein großes Grubennektarium am Blattstielgrund; Blüten weiß; Pflanze meist nur bis 2,5 m hoch ***F. japonica***

4* Blattspreite lang eiförmig, oben spitz od. weniger aufgesetzt zugespitzt, unten gestutzt bis deutl. herzförmig, 20–45 cm lang, unterseits mit kurzen, 0,5–2 mm langen Haaren besetzt; Stängel rein grün od. undeutl. braunrötl. gefleckt, teilweise zusätzl. kleine Grubennektarien seitl. am Knoten; Blüten weiß od. grünl.; Pflanze meist über 2,5 m hoch

5 Stängel wenigstens teilweise etwas rötl. fleckig, an den Knoten seitl. Grubennektarien fehlend od. wenige kleine vorhanden; Blätter eiförmig mit gestutztem Grund bis breit eiförmig, mit herzförmigem Grund, 20–30 cm lang, fest, aber nicht ledrig, unterseits mit ca. 0,5 mm langen Haaren auf den Nerven *(Abb. 444/2);* Blüten weiß ***F.*** × ***bohemica***

5* Stängel rein grün, an den Knoten stets seitl. deutl. Grubennektarien vorhanden; Blätter 30–45 cm lang, eiförmig, oben allmähl. zugespitzt, unten deutl. herzförmig, weich, unterseits mit 1–2 mm langen, weißl., weichen Haaren *(Abb. 444/3);* ♂ Blüten weiß, ♀ Blüten grünl.-weiß ***F. sachalinensis***

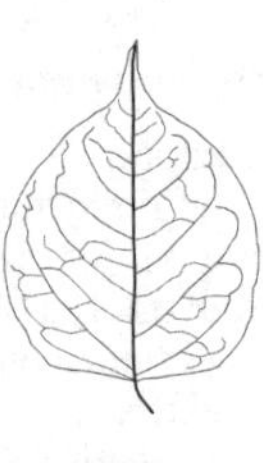

444/1

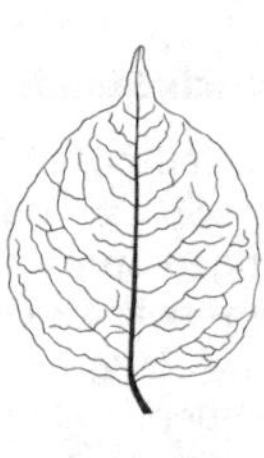

444/2

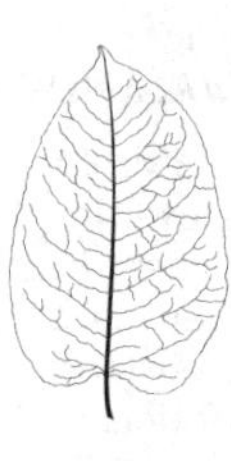

444/3

F. baldschuanica (REGEL) HOLUB, **Silberregen, Schling-F.***
[*Polygonum baldschuanicum* REGEL, *Fallopia aubertii* (L. HENRY) HOLUB]. 3–15 m. 5–11. ♄ (Winde-Liane). Zierpflanze, verwildert, Müllplätze, stadtnahe Gebüsche, an Zäunen, mäßig h bis ins untere Bergland mit Schwerpunkt in Städten. ↗ NE. V Conv., O Prun. Heimat: M-Asien.

Die chinesischen Herkünfte mit rötl. Jungtrieben u. mehr spießförmiger Blattspreitenbasis werden teilweise auch als eigene Art [*F. aubertii* (L. HENRY) HOLUB] bewertet.

F. × ***bohemica*** (CHRTEK et CHRTKOVÁ) J. P. BAILEY, **Bastard-St.***
[*F. japonica* × *F. sachalinensis*, *Reynoutria* × *bohemica* CHRTEK et CHRTKOVÁ]. 2–4 m. 8–10. ♃. Zierpflanze, verwildert, ausdauernde Ruderalfluren, Waldränder, Flussufer, z (Verbreitung ungenügend bekannt), z. B. LLA: Leipzig, Neukieritzsch; MLH: Grimma; OLH: Bautzen; VGT: Plauen, Bad Brambach, Gößwein; ERB: Zwickauer Mulde zwischen Hartenstein u. Crossen. O Glech., V Arct. Kommt auch ohne die Eltern vor.

F. convolvulus (L.) Á. LÖVE, **Acker-W., Gewöhnlicher W.***
[*Polygonum convolvulus* L.]. 15–120 cm. 7–10. ⊙. Äcker, Gärten, Ruderalfluren, h, im oberen Bergland z. A. K Stell. med., V Conv.-Agrop.; euras. Kosmopolit.

F. dumetorum (L.) HOLUB, **Hecken-W., Hecken-F.***
[*Polygonum dumetorum* L.]. 100–300 cm. 7–10. ⊙. Hecken, Gebüsche, Waldsäume u. -lichtungsfluren, h bis ins untere Bergland, im oberen fehlend. O Prun., O Glech., O Orig.; euras-nem.

F. japonica (HOUTT.) RONSE DECR., **Japanischer St.***
[*Reynoutria j.* HOUTT., *Polygonum cuspidatum* SIEBOLD et ZUCC.].1,5–3 m. 8–10. ♃. Bach- u. Flussufer, grasige Böschungen, ausdauernde Ruderalfluren, Waldränder, h. ↗ NE. O Glech., V Arct. Heimat: Japan.

var. *compacta* (HOOK. f.) J. P. BAILEY: Blattspreite rundl., doch vorn zugespitzt, derb, bis 11 cm lang u. breit; Blüten rötl.; Pflanze klein. Zierpflanze, s verwildert (ob auch im Gebiet?).

F. sachalinensis (F. SCHMIDT) RONSE DECR., **Sachalin-St., Riesen-Knöterich***
[*Reynoutria s.* (F. SCHMIDT) NAKAI, *Polygonum sachalinense* F. SCHMIDT]. 2–4,5 m. 8–9. ♃. Zierpflanze, verwildert, Wald- u. Gebüschsäume, Bachufer, Ruderalfluren, mäßig h. ↗ NE. O Glech., V Arct., K Epil. ang. Heimat: Sachalin, Japan.

Persicaria (L.) MILL. [***Polygonum*** L. p. p.], **Knöterich**

1 Scheinähren dicht, gedrungen, walzenförmig; Blüten sich z. T. dachziegelartig verdeckend
2 Pflanze ausdauernd; Blattstiel oberhalb der Mitte der Ochrea abgehend; Staubblätter 5 ***P. amphibia***
2* Pflanze 1-jährig; Blattstiel unterhalb der Mitte od. am Grund der Ochrea abgehend; Staubblätter meist 6
3 Ochrea auf der Fläche behaart, am Rand mit 1–2 mm langen Wimpern ***P. maculosa***
3* Ochrea auf der Fläche kahl, am Rand ohne od. nur mit bis 0,6 mm langen Wimpern ***P. lapathifolia***
1* Scheinähren locker, dünn, fadenförmig; fast jede Einzelblüte sichtbar
4 Ochrea 1–2 mm lang bewimpert, ihre Fläche kahl; Perigonblätter grünl., mit gelbl. bis bräunl., gewölbten Drüsen; Scheinähren übergebogen bis nickend; Pflanze scharf schmeckend; Frucht schwarzbraun, zieml. matt ***P. hydropiper***
4* Ochrea 3–6 mm lang bewimpert, auf der Fläche deutl. behaart; Perigonblätter meist rötl., ohne Drüsen od. nur mit undeutl. flachen Drüsen; Scheinähren nur schwach übergebogen od. gerade; Pflanze nicht scharf schmeckend; Frucht glänzend schwarz
5 Blätter lanzettl., am Grund keilförmig verschmälert, etwa 1–2 cm breit, deutl. fiedernervig; Scheinähre fast stets etwas überhängend; Perigon drüsenlos od. mit einigen kleinen ± flachen Drüsen, zur Fruchtreife 3–4 mm lang; Frucht meist 3-kantig, meist 2,5–3,5 mm lang ***P. mitis***
5* Blätter meist lineal lanzettl., in der unteren Hälfte fast parallelrandig, am Grund meist abgerundet, etwa 0,2–0,8 mm breit, undeutl. fiedernervig; Scheinähre fast immer aufrecht; Perigon stets drüsenlos, zur Fruchtreife 2–2,5 mm lang; Frucht meist linsenförmig, meist 1,5–2,0 mm lang ***P. minor***

P. amphibia (L.) DELARBRE, **Wasser-K.***
[*Polygonum amphibium* L.]. Stängel im Wasser flutend mit lang gestielten, längl. eiförmigen, vorn nicht zugespitzten Schwimmblättern od. außerhalb des Wassers aufrecht bis aufsteigend wachsend, mit längl. lanzettl., vorn zugespitzten Blättern. 30–100 cm, Wasserform bis 300 cm. 6–9. ♃. Wasserform in stehenden nährstoffreichen Gewässern, Landform an Ufern, auf feuchten Ruderalstellen u. Äckern, h bis ins Bergland, doch im oberen nur z. V Nymph., O Phragm., V Pol.-Chen., V Potent. anser.; euras-circpol.

P. hydropiper (L.) DELARBRE, **Pfeffer-K., Wasserpfeffer***
[*Polygonum hydropiper* L.]. 20–70 cm. 7–9. ⊙. Ufer, Gräben, Nassstellen in Äckern, h, nur im oberen Bergland zurücktretend. O Bid., V Sperg.-Ox.; euras.; Kosmopolit. Früher Off.

P. lapathifolia (L.) DELARBRE, **Ampfer-K., Ampferblättriger K.*** [*Polygonum lapathifolium* L.]. Achse des Blütenstands mit sitzenden od. kurz gestielten Drüsen; Frucht beidseitig konkav bis plankonkav, nur selten 3-kantig; Blätter unterseits z. T. mit deutl. Drüsenpunkten od. filzig behaart; Perigon grünl. bis rötl. 20–150 cm. 6–10. ⊙. Euras-nem. Früher Off.

Die Verbreitung der Unterarten ist in Sachsen noch ungenügend bekannt. Pflanzen mit unterseits filzig behaarten Blättern gehören nicht zu einer eigenen Unterart, sondern gehören meist zu subsp. *pallida*. Exemplare mit intermediären Merkmalen treten besonders bei gemeinsamen Vorkommen der Unterarten auf. So vermittelt subsp. *mesomorpha* (DANSER) SOJÁK zwischen subsp. *pallida* u. subsp. *lapathifolia*. Diese Unterart bedarf weiterer Untersuchung.

1 Spreite der unteren u. mittleren Blätter breit eiförmig bis fast rund, 1–(maximal)2-mal so lang wie breit; Stängel fast immer niederliegend od. schwach aufsteigend (nur im dichten Bestand auch ± aufrecht) — Blätter oberseits oft mit dunklen Flecken. 20–100 cm. Flussufer (Elbtal), s auch Ruderalfluren. V Chen. [*Polygonum lapathifolium* subsp. *brittingeri* (OPIZ) SOÓ, *P. brittingeri* OPIZ]. **subsp. *brittingeri*** (OPIZ) SOJÁK

1* Spreite der unteren u. mittleren Blätter schmal eiförmig bis schmal eilanzettl., 3–8-mal so lang wie breit; Stängel stets aufrecht od. aufsteigend

2 Stängel mit 14–30 Knoten u. meist kurzen Internodien, oft rötl. gefärbt; Laubblattspreiten oberseits mit deutl. dunkelbraunen bis (fast) schwarzen Flecken; Laubblätter unterseits nicht filzig behaart, allmähl. in die Hochblätter übergehend; die obersten 3–5 Scheinähren deutl. gestielt, diese schlank walzenförmig, zur Fruchtzeit 6–8 mm Ø; Perigon rosa bis rötl. od. weiß, höchstens basal grünl.; Frucht 1,7–2,3 (–2,5) mm lang, breit eiförmig, am Grund abgerundet; Nerven der Perigonblätter deutl. sichtbar, einfach. 20–150 cm. Feuchte Äcker, Fluss- u. Teichufer, Ruderalfluren, h im Tief- u. Hügelland, im Bergland seltener. O Bid., K Stell. med., V Sis. [*Polygonum lapathifolium* subsp. *lapathifolium*, *P. nodosum* PERS., *P. lapathifollum* subsp *nodosum* (PERS.) SCHUSTER]. **subsp. *lapathifolia***

2* Stängel mit 6–14 Knoten u. meist langen Internodien, stets grün; Laubblattspreiten oberseits stets grün, ohne od. mit undeutl. schwarzen Flecken; Laubblätter unterseits filzig behaart, von den Hochblättern meist deutl. abgesetzt, die obersten mit 1–2(–3) Scheinähren kurz gestielt bis fast sitzend; Scheinähren dick walzenförmig, zur Fruchtreife 8–10 mm Ø; Perigon grünl.-weiß, besonders zur Fruchtzeit grünl. gefärbt; Frucht (2–)2,3–3 mm lang, breit eiförmig, mit schwach gerundeter bis fast gerader Basis; Nerven der Perigonblätter schwach od. undeutl., zuoberst mit unregelmäßigen Seitennerven. 20–100 cm. Äcker (vor allem Hackfruchtäcker), Ufer, Ruderalfluren, h. O Bid., K Stell med., V Sis. [*Polygonum lapathifolium* subsp. *pallidum* (WITH.) FR., *P. tomentosum* auct. non SCHRANK, *P. lapathifolium* subsp. *incanum* auct. non F. W. SCHMIDT]. **subsp. *pallida*** (WITH.) Á. LÖVE

P. maculosa GRAY, **Floh-K.*** [*Polygonum persicaria* L.]. Achse des Blütenstands drüsenlos; Frucht auf einer Seite gewölbt od. 3-kantig; Blätter unterseits nicht drüsig punktiert u. nicht filzig behaart; Perigon meist rosa bis purpurrot. 10–80 cm. 6–10. ⊙. Äcker, Ruderalfluren, Ufer, h im Tief- u. Hügelland, mäßig h im Bergland. O Aper., V Bid., V Sis.; euras. Kosmopolit.

P. minor (HUDS.) OPIZ, **Kleiner K.** [*Polygonum minus* HUDS.]. 10–40 cm. 7–10. ⊙. Gräben, bodenfeuchte Waldwege, Ufer, mäßig h bis z bis ins untere Bergland. V Bid.; euras-nem.

P. mitis (SCHRANK) ASSENOV, **Milder K.**

[*Polygonum mite* SCHRANK, *P. dubia* (A. BRAUN) FOURR.]. 20–70 cm. 7–9. ⊙. Gräben, Ufer, bodenfeuchte Waldwege, mäßig h bis ins untere Bergland, im oberen s. O Bid.; subatl.

Seltene Neophyten sind:

Persicaria capitata (D. DON) H. GROSS, **Kopfiger K.** [*Polygonum capitatum* D. DON]: Ausdauernde, bis etwa 15 cm große Pflanze, mit runden, köpfchenartigen Scheinähren; Blätter längl. eiförmig mit einer dunklen Zeichnung in Form eines „V" auf der Oberseite, verwildert, s, z. B. Bischofswerda, Blankenhain. NU. Heimat: Himalaja.

Persicaria orientalis (L.) SPACH, **Orientalischer K.** [*Polygonum orientale* L.]: 1-jährige, verzweigte, bis 150 cm große Zierpflanze; Scheinähren verschieden rot bis weiß gefärbt, überhängend; Blätter groß, längl. herzförmig, verwildert, s, z. B. OL. NU. Heimat: SO-Asien, Australien.

Polygonum L. s. str., **Vogelknöterich**

1 Die beiden größten Seitenflächen der Frucht konkav; Perigon deutl. über 2/3 geteilt *(Abb. 448/1);* Staubblätter 7–8; Früchte 2,5–3 mm lang; Stängel aufrecht od. niederliegend; Blätter des Haupttriebes meist deutl. größer als die der Nebentriebe ***P. aviculare*** s. str.

1* Die beiden größten Seitenflächen der Frucht konvex; Perigon an der Frucht mindestens im unteren Drittel verwachsen *(Abb. 448/2);* Staubblätter 5–8; Früchte 1,5–2,5 mm lang; Stängel meist niederliegend; Blätter der Haupttriebe etwa so groß wie die der Nebentriebe ***P. arenastrum***

P. arenastrum BOREAU, **Gewöhnlicher V.**

Perigonblätter meist weiß bis hellrötl. berandet. 5–50 cm lang. 7–11. ⊙. Trittstellen, trockene Ruderalfluren, Äcker. V Polyg., V Sperg.-Ox.

1 Frucht bis 2,5 mm lang, gerieft od. punktiert *(Abb. 448/3);* Staubblätter 7–8; Blätter variabel, meist breit oval bis längl. zugespitzt; Pflanze oft im Herbst abgestorben; h. **subsp. *arenastrum***

1* Frucht 1,5–2 mm lang, meist glänzend, glatt *(Abb. 448/4);* Blätter meist schmal, längl.; Staubblätter 5–8; Pflanze meist bis zum Spätherbst noch frischgrün

2 Perigon mindestens bis zur Hälfte verwachsen, die freien Perigonzipfel der längl. Frucht eng anliegend; Staubblätter 5–6. z [*P. calcatum* LINDM.]. **subsp. *calcatum*** (LINDM.) WISSKIRCHEN

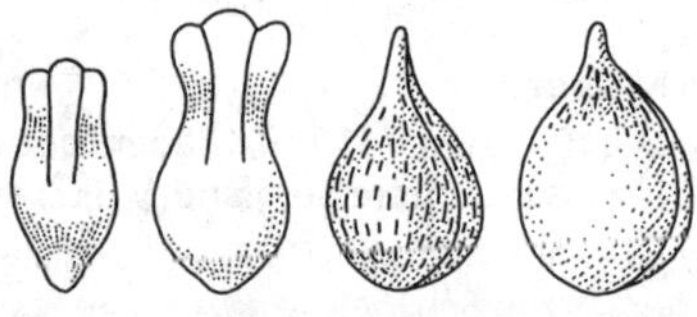

448/1 448/2 448/3 448/4

2* Perigon bis über die Hälfte tief geteilt, die freien Perigonzipfel von der kurzen, gedrungenen Frucht ± abstehend; Staubblätter 6–8. s, z. B. VGT: Taltitz, Kürbitz, Adorf-Remtengrün; MLH: um Döbeln. [*P. microspermum* BOREAU].
subsp. *microspermum* (BOREAU) H. SCHOLZ

P. aviculare L., Echter V.*

Perigonblätter meist kräftig rot berandet. 5–100 cm lang. 6–11. ⊙. Äcker, Ruderalfluren, sandige Trittstellen, Weg- u. Wiesenränder. V Polyg., V Sperg.-Ox., V Sis. Samen als Vogelfutter. Off.

1 Blätter blaugrün, 0,1–1,2 cm breit, alle deutl. zugespitzt, die der Seitentriebe oft auffallend kleiner als die des Haupttriebes; Perigon stets kürzer als die 2,5 mm lange reife Frucht, diese gerieft od. glatt. Wahrscheinl. z. [*P. heterophyllum* auct.]. **subsp. *rectum*** CHRTEK

1* Blätter frischgrün bis bläul.-grün, 0,5–2 cm breit; Perigon kürzer bis deutl. länger als die bis 3 mm lange Frucht — freie Perigonzipfel weiß bis dunkelrot berandet; Staubblätter 8

2 Perigonblätter schmal, die Frucht nicht ganz verdeckend; Frucht glatt; Ochrea etwa 10 mm lang, am Grund rötl.-braun. Wahrscheinl. z. **subsp. *rurivagum*** (BOREAU) BERHER

2* Perigonblätter sich berührend, die Frucht verdeckend; Frucht gerieft; Ochrea etwa 5 mm lang, weißl. durchscheinend

3 Grundblätter u. unterste Stängelblätter den restl. Stängelblättern gleich gestaltet, meist längl. oval, spitz bis stumpfl. Mäßig h, doch im Bergland seltener. **subsp. *aviculare***

3* Grundblätter u. oft auch unterste Stängelblätter sehr breit oval bis tellerförmig, sich deutl. von den restl. Blättern unterscheidend, vorn abgerundet. Besonders im Ackerland des Tieflands, sonst wohl fehlend. **subsp. *monspeliense*** (PERS.) ARCANG.

Rheum L., Rhabarber

Kräftige Rhizomstaude; Grundblätter eiförmig, länger als breit, am Grund herzförmig, mit unterseits nicht gefurchten Stielen; Blüten in großen rispenähnl. Blütenständen. 80–180 cm. 5–6. ♃. Kulturpflanze, verwildert, Kompost, Müllplätze, s. Off. Heimat: M-Asien.
Rh. rhabarbarum* L., Gewöhnlicher Rh.

Rumex L., Ampfer, Sauerampfer

1 Blätter pfeil- od. spießförmig (von saurem bis bitterl. Geschmack); Blüten 1-geschlechtig (Sauerampfer) od. ⚥

2 Äußere Zipfel der Blütenhülle zur Fruchtzeit aufrecht, innere ohne Schwiele *(Abb. 450/1);* Stängel meist 10–50 cm hoch; Blüten 1-geschlechtig od. ⚥

3 Blüten 1-geschlechtig; Blätter lanzettl. bis lineal spießförmig (zuweilen ohne Spießecken), grasgrün; Stängel aufsteigend od. aufrecht
R. acetosella

3* Blüten ⚥ u. ♂ (auf derselben Pflanze); Blätter meist rundl. spießförmig (etwa so lang wie breit), graugrün; Stängel niederliegend od. aufsteigend ***R. scutatus***

2* Äußere Zipfel der Blütenhülle zur Fruchtzeit zurückgeschlagen, innere am Grund mit einer kurzen Schwiele *(Abb. 450/2);* Stängel 30–120 cm hoch; Blüten stets 1-geschlechtig

4 Ochrea fransig zerschlitzt od. gezähnt; Spießecken der grundständigen Blätter spitz, pfeilförmig abwärts gerichtet; untere Stängelblätter längl. eiförmig, dickl., mit undeutl. Nerven

5 Blütenstand locker, unterbrochen, seine Äste einfach od. nur wenig verzweigt; Wurzelstock mit Seitenwurzeln; Spießecken der Blätter ganzrandig; Blüten blass rot, hinfällig; Fruchtstiele rot ***R. acetosa***

5* Blütenstand dicht, seine Äste wiederholt u. reich verzweigt; Wurzelstock ohne Seitenwurzeln; Spießecken der Blätter vielfach eingeschnitten od. mit 1 Zahn; Blüten lebhaft rot, bleibend; Fruchtstiele grün ***R. thyrsiflorus***

4* Ochrea ganzrandig, spitz; Spießecken der grundständigen Blätter spießförmig stumpfl., waagerecht abstehend; untere Stängelblätter fast 3-eckig, dünn, glänzend, mit deutl. Nerven ***R. arifolius***

1* Blätter am Grund verschmälert, abgerundet bis herzförmig; Blüten ⚥ (Ampfer)

6 Alle 3 Valven (innere, der Frucht anliegende Perigonblätter) od. wenigstens eine mit Schwiele, ganzrandig od. gezähnt *(Abb. 450/3, 450/4, 450/5)*

7 Valven ganzrandig, selten mit 0,5(–1) mm langen Zähnen

8 Grundblätter fehlend; Blattachseln mit beblätterten Seitentrieben, die später als der Hauptspross blühen u. diesen deshalb zum Schluss übergipfeln ***R. triangulivalvis***

8* Grundblätter vorhanden; Stängel ohne spätblühende Achselsprosse

9 Valven lineal längl. (fast 2-mal so lang wie breit), stumpf; Scheinwirtel voneinander entfernt; Blütenstände zur Fruchtzeit unterbrochen; Stängel meist nur bis 80 cm hoch

10 Blütenstände fast bis zur Spitze beblättert; alle 3 Valven mit gleich großen längl. Schwielen *(Abb. 451/1)*; Blütenstiel etwas unter der Mitte gegliedert; meist abstehend ästig verzweigt ***R. conglomeratus***

10* Blütenstände nur am Grund beblättert; meist nur 1 Valve mit Schwiele, fast kugelig, selten 2–3 Schwielen, dann diese aber ungleich lang; Blütenstiel ganz nah am Grund gegliedert; einfach od. aufrecht ästig verzweigt ***R. sanguineus***

450/1

450/2

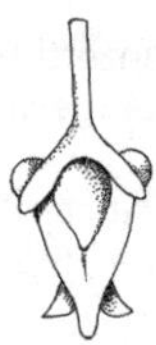
450/3

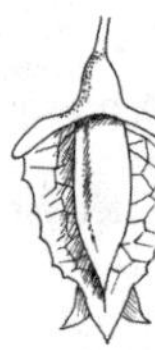
450/4

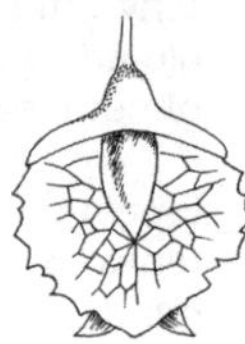
450/5

9* Valven 3-eckig eiförmig, herzförmig rundl. od. rundl. (so breit od. fast so breit wie lang); Scheinwirtel dicht; Blütenstände zur Fruchtzeit nicht unterbrochen; Stängel meist über 80 cm hoch

11 Wasser- u. Sumpfpflanze; Spreiten der Grundblätter 50–80 cm lang, am Grund verschmälert; Seitennerven in der Spreitenmitte fast rechtwinklig abgehend; Valven 3-eckig, mit gestutztem bis keilförmigem Grund; Schwiele 2–3-mal so lang wie breit

12 Blattspreite an der Basis beidseitig verschmälert; Äste des Blütenstands bogig aufsteigend u. meist verzweigt; äußere Perigonblätter anliegend, innere längl. rautenförmig, Valven 4–4,5 mm breit, 5–7 mm lang, spitz, am Grund nicht herzförmig, am Rand durch vorspringende Nerven gezähnelt, alle od. 2 mit längl. Schwielen ***R. hydrolapathum***

12* Blattspreite an der Basis schief, gestutzt bis schwach od. einseitig herzförmig; Äste des Blütenstands aufrecht abstehend; äußere Perigonblätter horizontal abstehend, innere 3-eckig, Valven 4,5–5 mm breit, 5,5–8 mm lang, am Grund gestutzt bis schwach herzförmig, im unteren Teil schwach gekerbt, alle mit längl., weniger dicken u. oft ungleichen Schwielen ***R.* × *heterophyllus***

11* Landpflanze; Spreiten der Grundblätter bis 40 cm lang, am Grund herzförmig od. abgerundet; Seitennerven in der Blattmitte spitzwinklig abzweigend; Valven breit eiförmig, mit herzförmigem Grund; Schwiele 1–2-mal so lang wie breit

13 Spreiten der Grundblätter 3(–4)-mal so lang wie breit, hell grün, am Rand flach od. wellig; Schwielen klein, spät entwickelt u. lange weich bleibend; meist nur 1 Valve mit Schwiele ***R. patientia***

13* Spreiten der Grundblätter 4–8-mal so lang wie breit, am Rand meist wellig kraus; Schwielen groß, sich früh entwickelnd u. verhärtend; meist alle 3 Valven mit Schwielen

14 Valven (fast) ganzrandig; 1 od. alle mit Schwiele, meist 3–5,5 mm lang *(Abb. 451/2)*; Fruchtstiel 2–2,5-mal so lang wie die Valven; Blattrand stark kraus, Spreite am Grund meist keilig verschmälert ***R. crispus***

14* Valven mit zahlreichen, bis 0,5(–1) mm langen Zähnchen besetzt, ± 4 mm lang; Fruchtstiel 1,5–2-mal so lang wie die Valven; Blattrand

451/1

451/2

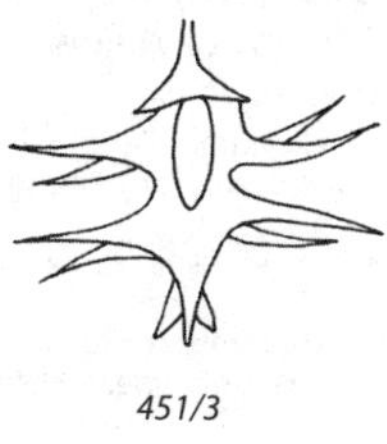

451/3

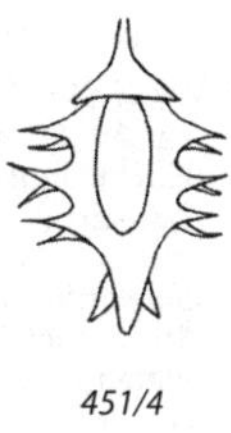

451/4

schwach kraus, Spreite am Grund meist abgerundet (vgl. auch *R.* × *pratensis*) **R. stenophyllus**

7* Valven mit mindestens 1 mm langen Zähnen (vgl. aber *R. obtusifolius* subsp. *sylvestris*)

15 Pflanze 1-jährig od. 1-jährig überwinternd; untere Blätter mit verschmälertem Grund; Valven beidseitig mit 2(–3) langen borstl. Zähnen; alle Blätter lanzettl. bis lineal lanzettl., in den Stiel verschmälert; Blütentrauben bis zur Spitze beblättert

16 Reife innere Perigonblätter 3–4 mm lang, schmal zungenförmig, stumpfl., Zähne etwa so lang wie die Breite der inneren Perigonblätter; Schwiele eiförmig, mit stumpfer Spitze *(Abb. 451/3)*; Fruchtstiel dick, steif; Staubbeutel 0,9–1,3 mm lang; Pflanze zur Fruchtzeit bräunl.- bis rötl.-grün; Blütenstand locker, mit entfernten Quirlen **R. palustris**

16* Reife innere Perigonblätter 2,5–3 mm lang, schmal 3-eckig, zugespitzt, Zähne etwa 2-mal so lang wie die Breite der inneren Perigonblätter; Schwiele schmal lanzettl., zugespitzt *(Abb. 451/4)*; Fruchtstiel dünn, fadenförmig, biegsam; Staubbeutel 0,4–0,6 mm lang; Pflanze zur Fruchtzeit goldgelb bis bräunl.; Blütenstand meist dicht **R. maritimus**

15* Pflanze ausdauernd; untere Blätter mit herzförmigem Grund; Valven beidseitig mit 3–6 Zähnen; untere Blätter herz-eiförmig, stumpf, mittlere herzförmig längl.; Blütentrauben oberwärts blattlos **R. obtusifolius**

6* Valven alle ohne Schwiele, (fast) ganzrandig

17 Grundblätter mit verschmälertem Grund, 3–4-mal so lang wie breit **R. longifolius**

17* Grundblätter mit tief herzförmigem Grund, 1,5–2-mal so lang wie breit, auffallend groß **R. aquaticus**

R. acetosa L., **Wiesen-S.***

Sauerlump

30–100 cm. 5–6. ♃. Frische Fettwiesen u. -weiden, h. O Arrh.; eurosib-circpol. Wg. Früher Off.

R. acetosella L., **Kleiner S.***

Geschmack etwas bitterl., nicht sauer. 10–50 cm. 5–7. ♃. Bodensaure Sand- u. Silikatmagerrasen, Sandäcker, Magerasen, Waldschläge, Felsfluren, ausgehagerte Stellen in Wiesen u. Weiden, h. K Koel.-Coryn., K Fest.-Brom., O Aper.; eurosib.- circpol.

1 Valven die Frucht nur locker umhüllend u. leicht von ihr zu lösen, schwach nervig; Frucht länger als breit; Standorte, Verbreitung u. Soziologie wie die Art. Vielgestaltige Unterart. **subsp. *acetosella***

Blätter längl. bis lanzettl. mit einfachen Spießecken fo. *acetosella*

Spießecken fehlen fo. *integrifolius* WALLR.

Spießecken fingerförmig 2-bis mehrteilig fo. *multifidus* (L.) DC.

Blätter wie auch Spießecken schmal linealisch bis fast fadenförmig [*R. tenuifolius* (WALLR.) Á. LÖVE] var. *tenuifolius* WALLR.

1* Valven fest mit der Frucht verbunden, erhaben nervig; Frucht so lang wie breit. Sandmagerrasen, angegeben von MLH: Dolsenhain, sonst? [*R. angiocarpus* auct. non MURB.].
subsp. *pyrenaicus* (LAPEYR.) AKEROYD

R. aquaticus L., **Wasser-A.**
80–150. 7–8. ♃. Ufer (insbesondere an Fließgewässern), Hochstaudenfluren, z bis ins obere Bergland, doch streckenweise s, z. B. LLA, OL. O Phragm., V Filip.; eurosib.

R. arifolius ALL., **Berg-S., Gebirgs-S., Berg-A.***
30–100 cm. 6–9. ♃. Montane Hochstaudenfluren, Bergwiesen, Schluchtwälder, mäßig h im oberen ERZ, meist über 900 m. V Aden., V Pol.-Tris.; pralp-subalp. Kaltzeitzeuge.

R. conglomeratus MURRAY, **Knäuel-A.**
30–80 cm. 7–8. ♃. Ufer, Gräben, Wiesen, feuchte Ruderalfluren, mäßig h bis z in Tief- u. Hügelland, s im Bergland. O Bid., V Potent. ans.; submed.

R. crispus L., **Krauser A.***
30–150 cm. 6–9. ♃. Ruderalfluren, Gräben, vernässte Äcker, nährstoffreiche Säume, Fettweiden, h. O Glech., V Arct., V Potent. ans., K Mol.-Arrh.; euras-nem. Kosmopolit. Früher Off.

R. × heterophyllus SCHULTZ, **Verschiedenblättriger A.**
[*R. aquaticus* × *R. hydrolapathum*]. 100–150 cm. 7–8. ♃. Verlandungsbereiche von Gewässern, Gräben, Flussufer, Großseggenriede, s ERO: Talsperre Lehnmühle; OLT, (sonst?). O Phragm.

R. hydrolapathum HUDS., **Fluss-A., Hoher A.***
100–200 cm. 7–8. ♃. Verlandungsbereiche von Gewässern, Flussufer, Gräben, meist mäßig h im Tiefland, z im Hügelland, s im Bergland. O Phragm.; bor-europ-nem.

R. longifolius DC., **Gemüse-A.**
[*R. domesticus* HARTM.]. 50–150 cm. 6–8. ♃. Fettweiden, Straßenränder, Ruderalfluren, stellenweise im Bergland mäßig h (erstmals 1988), sonst s eingeschleppt (Elbtal, Leipzig). NE. O Arrh., V Calth., V Arct., V Aegop. Heimat: N-Europa, N-Asien?

R. maritimus L., **Strand-A.**
10–80. 7–9. ⊙. Schlammige Ufer, feuchte Ruderalfluren, vegetationsarme nährstoffreiche Schlammbänke, mäßig h, doch über weite Strecken im Gebirgsvorland u. im Bergland fehlend od. s. O Nanocyp., O Bid.; euras.

R. obtusifolius L., **Stumpfblättriger A.**

Hungersteck (ERZ, VGT), Ochsenzunge, Dockenblätter (auch für andere großblättrige Arten)

Valven beidseitig mit 3–5 kurzen Zähnen bis fast ganzrandig. 50–150 cm. 7–9. ♃. Frische Ruderalfluren (Wegränder, Gräben, Brachflächen, Müllplätze), überdüngte Wiesen, Flussufer, Waldsäume, sehr h. K Artem., V Conv.-Agrop., K Mol.-Arrh., V Epil. ang.; europ-nem.

Verbreitung u. Soziologie sind im Gebiet weitgehend unbekannt.

1 Valven schmal, längl. 3-eckig, 3–4 mm lang, undeutl. nervig, kurz gezähnelt bis fast ganzrandig, alle mit längl. Schwiele; Blätter unterseits kahl, längl. bis elliptisch. Waldsäume, z OL, nach Westen seltener werdend. **subsp. _sylvestris_** (WALLR.) ČELAK.

1* Valven eiförmig 3-eckig, 4–6 mm lang, deutl. nervig, mit verlängerten Zähnen

2 Valven 4,5–6 mm lang, meist nur mit 1 Schwiele, die längsten Zähne so lang wie od. länger als die Breite der Valven, flatterig wirkend; Blattstiel u. Nerven auf der Blattunterseite mit dicken, kurzen rauen Haaren besetzt. Wahrscheinl. z. **subsp. _obtusifolius_**

2* Valven 4–5 mm lang, starr wirkend, Spitze etwas vorgezogen, alle mit unregelmäßigen Schwielen, die längsten Zähne so lang wie die halbe Breite der Valven; Pflanze kahl; h. **subsp. _transiens_** (SIMONK.) RECH. f.

R. palustris SM., **Sumpf-A.**

10–80 cm. 7–9. ⊙, ⊙. Nährstoffreiche, schlammige Ufer, spätsommerl. trockenfallende Schlammbänke, z bis ins untere Bergland; früher s OLT: Uhyst a. T.; fehlt VGT. O Bid.; euras-submed.

R. patientia L., **Garten-A., Ewiger Spinat***

80–150 cm. 7–8. ♃. Kulturpflanze, verwildert, Ruderalfluren (Brachen, Wegränder, Müllplätze), s ERO (Dippoldiswalde), LLA, MLH, OLT, OLH. NU. V Arct., V Dauco-Mel.

R. sanguineus L., **Blut-A.***

Blattstiel u. -rippen zuweilen blutrot. 40–80 cm. 6–8. ♃. Bodenfeuchte Laubwälder, Waldsäume u. -schläge, Waldwege, z bis mäßig h im Tief- u. Hügelland, s im Bergland. O Fag., O Atrop., K Rham.-Prun., O Glech.; europ-nem.

R. scutatus L., **Schild-S.***

20–40 cm. 7–8. ♃. Felsen, Mauern, Bahnschotter, verwildert, s, z. B. ELH: Radebeul, Pillnitz, früher Sörnewitz; ERW: früher Hartenstein (Schlossmauer); ESG: Königstein. NU. K Aspl., V Dauco-Mel. Früher Wg. Heimat: Europa.

R. stenophyllus LEDEB., **Schmalblättriger A.**

Blattspreite 4–7-mal so lang wie breit; alle Valven mit Schwielen. 50–100 cm. 7–8. ♃. Ruderalfluren, Flussufer, eingeschleppt, aber z. T. über Jahrzehnte vorhanden, s, z. B. Leipzig: Kulkwitz; OLH: Görlitz, Bautzen: Kauppa, Merka. NU. V Potent. ans., O Bid., V Arct.. Heimat: SO-Europa bis Sibirien u. M-Asien.

R. thyrsiflorus FINGERH., **Rispen-S., Bahndamm-S.**
30–120 cm. 7–8 (2–4 Wochen später als *R. acetosa*). ♃. Wiesen u. Weiden, Brachen, Ruderalfluren (Bahnanlagen, Weg- u. Straßenränder), gestörte Halbtrockenrasen, h im Tiefland, mäßig h im Hügelland, im Gebirge nur s verschleppt. ↗ V Dauco-Mel., O Arrh., K Fest.-Brom.; euras-kont.

Zu achten ist auf ***R. rugosus*** CAMPD., **Garten-S.:** Ähnl., aber Blätter nur 2–4-mal so lang wie breit, mit zum Blattgrund hin gerichteten Spießecken; selten verwilderte Kulturpflanze, ob im Gebiet?

R. triangulivalvis (DANSER) RECH. f., **Weidenblatt-A.**
[*R. salicifolius* WEINM. subsp. *triangulivalvis* DANSER]. Untere Stängelblätter lineal lanzettl., 10–15 cm lang; Valven 3-eckig. 30–100 cm. 6–9. ♃. Flussufer, s im Elbtal, vorübergehend eingeschleppt in Leipzig. NU. V Potent. ans. Heimat: N-Amerika.

Bastarde:

R. × ***abortivus*** RUHMER [*R. conglomeratus* × *R. obtusifolius*]: s, z. B. OL
R. × ***dufftii*** HAUSSKN. [*R. obtusifolius* × *R. sanguineus*]: s, z. B. Leipzig
R. × ***heterophyllus*** SCHULTZ: siehe 12*
R. × ***knafii*** ČELAK. [*R. conglomeratus* × *R. maritimus*]: s, z. B. OLH: Pannewitz, Rattwitz
R. × ***pratensis*** MERT. et W. D. J. KOCH, **Wiesen-A.** [*R. crispus* × *R. obtusifolius*]: Ähnl. *R. stenophyllus*, doch weitgehend steril; nur 1 Valve mit deutl. Schwiele; innere Perigonblätter am selben Individuum auffallend voneinander abweichend; Blattspreite am Grund nicht abgerundet, 3–4-mal so lang wie breit; außerdem lässt sich *R. stenophyllus*, im Gegensatz zu *R. pratensis*, meist leicht mitsamt der Wurzel aus der Erde ziehen; z unter den Eltern.
R. × ***ruhmeri*** HAUSSKN. [*R. conglomeratus* × *R. sanguineus*]: s, z. B. OLH: Herrnhut
R. × ***sugorskii*** HAUSSKN. [*R. crispus* × *R. sanguineus*]: s, z. B. OLH: Königshain

Fam. *Droseraceae* SALISB., Sonnentaugewächse

Drosera L., **Sonnentau**

1 Stängel aufsteigend, wenig länger als die Blätter; Kapsel gefurcht — Blattspreiten 7–10 mm lang, keilig verschmälert, aufrecht, 2–4-mal so lang wie breit *(Abb. 456/3)* ***D. intermedia***

1* Stängel aufrecht, 2–4-mal so lang wie die Blätter; Kapsel ungefurcht

2 Blätter ausgebreitet, lang gestielt; Blattspreite fast kreisrund *(Abb. 456/1)* ***D. rotundifolia***

2* Blätter aufrecht; Blattspreite lineal längl. bis lineal keilförmig, 10–40 mm lang, 4–8-mal so lang wie breit *(Abb. 456/2)* ***D. anglica***

D. anglica HUDS., **Langblättriger S.***

[*D. longifolia* L.]. Krone weiß. 5–20 cm. 7–8. ♃. Hoch- u. Zwischenmoore, s ERW: Großer u. Kleiner Kranichsee, Hermannsdorfer Wiesen (ob hier angesalbt?); früher ELH, ERM, OLH, OLT. ↘ O Scheuchz.; bor-atl. ∇

D. intermedia HAYNE, **Mittlerer S.***

Krone weiß. 3–8 cm. 7–8. ♃. Zwischenmoore (besonders Verlandungszonen von Teichen), Feuchtheiden, auf sauren Sand- od. Torfböden, z OLT: früher mäßig h; s DDH, OLH; früher s ERM, ERO, GHP, MLH. ↘ V Rhynch., V Eric.; atl-subatl. ∇

D. rotundifolia L., **Rundblättriger S.***

Krone weiß. 7–20 cm. 7–8. ♃. Hoch- u. Zwischenmoore, Waldwege, Grabenränder, Feuchtheiden, z im Tief- u. Bergland, s im Hügelland, stellenweise fehlend (Lommatzscher Pflege, Leipziger Tieflandsbucht). ↘ K Oxyc.-Sphag., K Scheuchz.-Car., O Nard.; circpol. Off. ∇

Bastarde:

D. × ***beleziana*** E. G. CAMUS [*D. intermedia* × *D. rotundifolia*]: z. B. früher mehrfach OLT

D. × ***obovata*** MERT. et W. D. J. KOCH [*D. anglica* × *D. rotundifolia*]: z. B. OLT: früher Muskau: Schleife; ERW: Großer Kranichsee

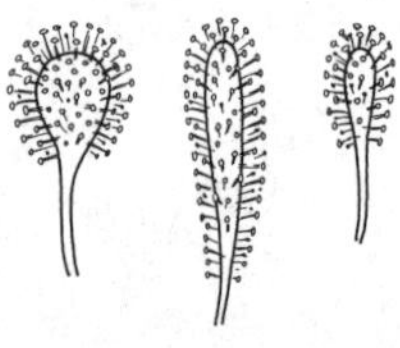

456/1 456/2 456/3

Fam. *Caryophyllaceae* JUSS., Nelkengewächse

1 Kelch freiblättrig od. 4- od. 5-teilig; Krone zuweilen sehr klein od. fehlend

2 Blätter ohne häutige Nebenblätter

3 Kronblätter gezähnt, ausgerandet od. 2-spaltig bis 2-teilig, selten fehlend

4 Kronblätter vorn gezähnt; Samen schildförmig; Blütenstand eine Scheindolde — Staubblätter 3–5 *(Abb. 457/1);* Kapsel mit 6 sich an der Spitze umrollenden Zähnen aufspringend ***Holosteum,*** 468

4* Kronblätter ausgerandet bis 2-teilig; Samen nierenförmig; Blütenstand nicht in Scheindolden angeordnet

5 Griffel 3 — Kronblätter 2-spaltig bis 4-teilig; Staubblätter meist 10; Kapsel elliptisch bis kugelig, bis zur Mitte mit 6 Klappen aufspringend ***Stellaria,*** 479

5* Griffel 5

6 Kronblätter bis auf den Grund 2-teilig; Kapsel eiförmig, bis über die Mitte mit 5 2-zähnigen Klappen aufspringend ***Myosoton,*** 470

6* Kronblätter etwa bis zur Mitte gespalten; Kapsel walzenförmig, an der Spitze mit 10 Zähnen aufspringend ***Cerastium,*** 460

3* Kronblätter nicht od. nur ganz seicht ausgerandet od. fehlend

7 Griffel 4, 5 od. 10 (selten 8)

8 Kapsel an der Spitze mit 8 Zähnen aufspringend, Griffel 4; Blätter lanzettl. — Staubblätter 4; Stängel aufrecht ***Moenchia,*** 470

8* Kapsel mit 4 od. 5 Klappen aufspringend; Griffel 4, 5 od. 10; Blätter linealisch bis fadenförmig — Kronblätter zuweilen fehlend ***Sagina,*** 471

7* Griffel 3 od. 2 bzw. 2 od. 1 (u. dann ohne Kronblätter)

9 Griffel 2 od. 1; Kronblätter fehlend; Frucht eine 1-samige Schließfrucht — Staubgefäße 5(–10); Blätter linealisch, gegenständig ***Scleranthus,*** 473

9* Griffel 3 od. 2; Kronblätter vorhanden; Frucht eine Kapsel

10 Kapsel 3-klappig aufspringend *(Abb. 457/2)* — Blätter lanzettl. od. linealisch od. linealisch bis pfrieml.; Samen zahlreich, klein, nierenförmig ***Minuartia,*** 469

457/1

457/2

a *b*

457/3

10* Kapsel 4–6-zähnig od. 4–6-klappig aufspringend

11 Samen höckerig, ohne Anhängsel; Blätter eiförmig bis linealisch, ungestielt; Kapsel mit 4–6 Zähnen aufspringend ***Arenaria,*** 459

11* Samen glatt, mit Anhängsel *(Abb. 457/3b);* Blätter eiförmig, die unteren gestielt; Kapsel mit 4 od. 6 Klappen aufspringend ***Moehringia,*** 470

2* Blätter mit häutigen Nebenblättern

12 Blätter wechselständig, blaugrün — Kronblätter von der Größe der Kelchzipfel; Narben 3; Blüten in end- u. seitenständigen Trugdolden ***Corrigiola,*** 463

12* Blätter, wenigstens die unteren, gegenständig od. quirlig

13 Kronblätter so groß wie od. größer als der Kelch

14 Griffel 5; Staubblätter 5–10; Kapsel mit 5 Klappen aufspringend; Blätter scheinbar quirlig ***Spergula,*** 477

14* Griffel 3; Staubblätter 10; Kapsel mit 3 Klappen aufspringend; Blätter gegenständig ***Spergularia,*** 478

13* Kronblätter sehr klein, kürzer als der Kelch

15 Narben 3; Kapsel mit > 1 Samen; Pflanze aufrecht — Blätter meist in 4(–6)-zähligen Quirlen, längl. eiförmig bis eiförmig, stumpf ***Polycarpon,*** 471

15* Narben 2; Kapsel nur mit 1 Samen; Pflanze niederliegend; Blätter nicht quirlig

16 Kelchzipfel nicht verdickt, etwas vertieft, krautig; Blüten grünl., unscheinbar, in blattwinkelständigen, meist 10-blütigen Knäueln ***Herniaria,*** 467

16* Kelchzipfel knorpelig verdickt, von der Seite her zusammengedrückt, zugespitzt, gefärbt; Blüten schneeweiß, zu 3 od. 4 in blattwinkelständigen Knäueln ***Illecebrum,*** 468

1* Kelch verwachsenblättrig, an der Spitze meist 5-zähnig; Krone stets vorhanden

17 Griffel 3–5

18 Stängel kletternd; Frucht eine Beere — Fruchtknoten 1-fächrig ***Cucubalus,*** 463

18* Stängel nicht kletternd; Frucht eine Kapsel

458/1

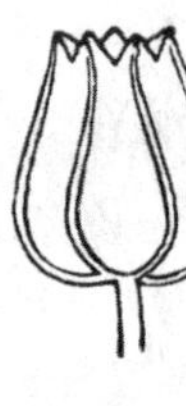

458/2

458/3

19 Kronblätter kürzer als die Kelchzipfel, ungeteilt, ohne Krönchen (Nebenkrone) — Kapsel 1-fächerig, ohne Scheidewände, mit 5 Zähnen aufspringend **_Agrostemma,_** 459
19* Kronblätter länger als die Kelchzähne
20 Kapsel (Fruchtknoten) am Grund mehrfächrig
21 Griffel 5; Kapsel am Grund 5-fächerig, mit 5 Zähnen aufspringend; Kronblätter rot, ungeteilt, mit Krönchen — Pflanze kahl, unter den Knoten klebrig **_Lychnis viscaria,_** 469
21* Griffel 3; Kapsel am Grund 3-fächerig, mit 6 Zähnen aufspringend; Kronblätter rot od. weiß **_Silene,_** 474
20* Kapsel (Fruchtknoten) am Grund 1-fächrig, ohne Scheidewände — Kronblätter mit Krönchen
22 Kronblätter 4-spaltig od. ungeteilt; Griffel 5; Kapsel mit 5 Zähnen aufspringend **_Lychnis,_** 468
22* Kronblätter 2-spaltig; Griffel 3 od. 5; Kapsel mit 6 od. 10 Zähnen aufspringend **_Silene,_** 474
17* Griffel 2
23 Kelch mit trockenhäutigen Streifen, kurz u. weit; Kronblätter allmähl. in den Nagel verschmälert
24 Kelch am Grund ohne schuppenförmige Hochblätter **_Gypsophila,_** 466
24* Kelch am Grund von schuppenförmigen Hochblättern umgeben (*Abb. 458/1)* **_Petrorhagia,_** 470
23* Kelch ohne trockenhäutige Streifen; Kronblätter mit deutl. abgesetztem Nagel
25 Kronblätter ohne Krönchen
26 Kelch am Grund ohne Hochblätter, bauchig, scharf 5-kantig geflügelt *(Abb. 458/2)* **_Vaccaria,_** 481
26* Kelch am Grund von schuppenförmigen Hochblättern umgeben, walzenförmig, nicht kantig *(Abb. 458/3)* **_Dianthus,_** 463
25* Kronblätter mit Krönchen **_Saponaria,_** 473

Agrostemma L., **Rade**

Pflanze graufilzig, zottig; Blätter linealisch, spitz; Blüten lang gestielt, einzeln; Kelch lederartig, rauhaarig; Kronblätter seicht ausgerandet, trüb purpurn, gestreift. 50–100 cm. 6–7. ①. Früher Halmfruchtäcker, heute an Wegrändern, in Rasenansaaten, z u. unbeständig. Als A †. K Stell. med., V Sis. Giftig; früher Off. ***A. githago*** L., **Korn-R.***

Arenaria L., **Sandkraut**

1 Pflanze grün od. graugrün; Blütenstände immer ± dicht zymös; Fruchtstiele aufrecht; Kapsel breit eiförmig, am Grund bauchig, 1,5-

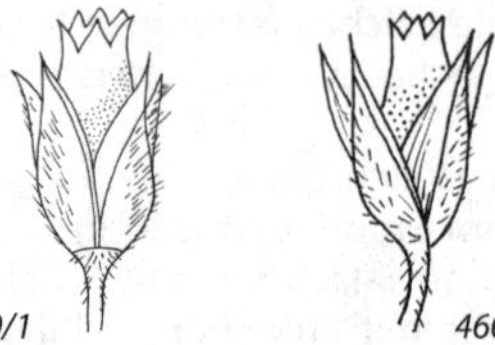

mal so lang wie breit u. etwas länger als der 3–5 mm lange Kelch, zieml. derbwandig *(Abb. 460/1);* Fruchtstiele 2/3–2-mal so lang wie der Kelch **_A. serpyllifolia_**

1* Pflanze gelbgrün; Blütenstände zunächst locker zymös, später durch Streckung einiger Äste ± deutl. wickelig-traubig; Fruchtstiele oft an der Spitze gebogen; Kapsel schmal kegelförmig, am Grund kaum bauchig, 2-mal so lang wie der Ø u. höchstens so lang wie der 1,8–3 mm lange Kelch, dünnwandig *(Abb. 460/2);* Fruchtstiele 2–3-mal so lang wie der Kelch **_A. leptoclados_**

A. leptoclados (RCHB.) GUSS., **Dünnstängeliges S.**

3–15 cm. 5–9. ⊙, ①. Lückige Trockenrasen, Ruderalstellen, s ESG: Burg Wehlen; LLA: Leipzig; MLH: Ketzerbachtal; VGT: Reichenbach. O Fest., V Sis.

Nicht mit schwach entwickelten Exemplaren der folgenden Art verwechseln!

A. serpyllifolia L., **Quendel-S.***

5–25 cm. 4–9. ⊙, ①. Lückige Pioniergesellschaften, Ruderalfluren (Sand- u. Schotterfluren), Mauern, Äcker, Gärten. mäßig h bis h. K Koel.-Coryn., K Stell med., O Sis.; euras, circpol.

Formenreich; schwachwüchsige Exemplare werden oft fälschl. als *A. leptoclados* bestimmt; die Verbreitung der Unterarten ist noch weitgehend unbekannt.

1 Pflanze ± drüsig behaart; Kapsel fast kugelig, z. B. ELH: Elbtal, VGT: Reimersgrün, Adorf; LLA: Leipzig. **subsp. _glutinosa_** (MERT. et W. D. KOCH) ARCANG.

1* Pflanze ohne Drüsen, kahl od. ± behaart; Kapsel eiförmig

2 Pflanze graugrün; Blütenstiele wenigstens 2–3-mal so lang wie der Kelch; die vorherrschende Sippe. **subsp. _serpyllifolia_**

2* Pflanze grün; Blütenstiele so lang wie der Kelch od. maximal 1,5-mal so lang; eine Angabe aus N-Sachsen beruht wahrscheinl. auf Fehlbestimmung. **subsp. _lloydii_** (JORD.) BONNIER

Cerastium L., **Hornkraut**

1 Griffel 3 **_C. dubium_**

1* Griffel 4 od. 5

2 Kronblätter kaum länger als der Kelch, < 8 mm lang

3 Alle Deckblätter krautig, besonders an der Spitze abstehend behaart

4 Pflanze blass- od. gelbgrün; Blütenstiele auch zur Fruchtzeit nicht länger als der Kelch; Blütenstand gedrängt; Staubfäden kahl ***C. glomeratum***

4* Pflanze graugrün; Blütenstiele länger als der Kelch, zur Fruchtzeit 2–4(–5)-mal so lang; Blütenstand locker; Staubfäden bewimpert ***C. brachypetalum***

3* Deckblätter, wenigstens die oberen, hautrandig, an der Spitze kahl

5 Pflanze 1-jährig, vom Grund an aufrecht, nur blühende Stängel treibend, nach dem Blühen absterbend, meist gelbgrün; Kelchblätter drüsig; Blütezeit 3–5

6 Unterstes Deckblattpaar (wie auch die Kelchblätter) breit hautrandig, so dass nur ein kleines grünes Mittelfeld bleibt; Kronblätter nur ausgerandet; Samen gelbl.-braun; Staubblätter 5; Kapsel 4,5–6,5 mm lang; Blütenstiele nach dem Verblühen zurückgeschlagen ***C. semidecandrum***

6* Unterstes Deckblattpaar ganz krautig od. nur mit einem ganz schmalen häutigen Rand; Kelchblätter bis ¼ hautrandig; Kronblätter 1/5–¼ 2-lappig; Samen dunkel; Staubblätter 5–10; Blütenstiele zur Fruchtzeit aufrecht bis abstehend (selten zurückgekrümmt)

7 Unterstes Deckblattpaar ganz krautig, beiderseits behaart, obere Deckblätter schmal hautrandig; Staubblätter fast stets 5; Pflanze dunkelgrün mit oft rotem Stängelgrund ***C. pumilum***

7* Alle Deckblätter vorn mit sehr schmalem Hautrand, oberseits meist kahl; Staubblätter (5–)6–10; Pflanze meist gelbgrün ***C. glutinosum***

5* Pflanze ausdauernd, am Grund liegend u. mit nichtblühenden Trieben in den Blattachseln, ganzjährig dunkelgrün; Kelchblätter nicht drüsig; Blütezeit 4–10

8 Kelch- u. Kronblätter (3–)5–6(–7) mm lang; Kapsel 7–12 mm lang; Samen 0,4–0,8 mm; untere Deckblätter oft ohne Hautrand; Blätter 10–25 mm lang, 3–10 mm breit, derb ***C. holosteoides***

8* Kelch- u. Kronblätter 6–9 mm lang; Kapsel 12–18 mm lang; Samen 0,7–1,2 mm; alle Deckblätter häutig od. an den endständigen Blüten ganz krautig; Blätter 30–60 mm lang, 12– 25 mm breit, dünn, etwas durchscheinend ***C. lucorum***

2* Kronblätter etwa 2-mal so lang wie der Kelch, > 8 mm lang

9 Pflanze nicht weiß filzig, aber grauhaarig u. drüsig ***C. arvense***

9* Pflanze dicht weiß filzig

10 Frucht 9–12 mm lang; Kapselzähne ± spreizend, mit schwach umgerolltem Rand; Samen 1,3–1,8 mm lang; Blätter 10–30 mm lang, 2–5 mm breit, Blattrand umgerollt ***C. tomentosum***

10* Frucht 12–14 mm lang; Kapselzähne aufrecht, nicht umgerollt; Samen 1,8–2,3 mm lang; Blätter 35–50 mm lang, 3–8 mm breit, Blattrand nicht umgerollt ***C. biebersteinii***

C. *arvense* L., **Acker-H.***

Kaffeeblume, Zuckerblume, Heilgebrauch (OL)

5–30 cm. 4–7. ♃. Halbtrockenrasen, trockene Frischwiesen, halbruderale Pionierfluren, h bis ins obere Bergland. K Fest.-Brom., O Arrh., V Conv.-Agrop.; euras-nem, circpol.

Im Gebiet nur **subsp. *arvense*.**

C. *biebersteinii* DC., **Biebersteins H.**

10–50. 5–7. ♃. Zierpflanze, s verwildert. NU. Heimat: Krim. Sichere Unterscheidung von *C. tomentosum* oft schwierig.

C. *brachypetalum* PERS., **Kleinblütiges H.**

5–30 cm. 4–6. ⊙, ①. Lückige Trocken- u. Halbtrockenrasen, s an Wegrändern, z VGT: Plauener Binnenzone; ELH: um Meißen mäßig h, sonst s: DDH: Eilenburg (ob?); ELH: Dresden; ERO: Dohna; OLH: Görlitz, Bautzen: Guttau. ↘ O Sedo-Scler., K Fest.-Brom.; submed. Warmzeitzeuge.

Im Gebiet nur **subsp. *brachypetalum*** [incl. **subsp. *tauricum*** (SPRENG.) MURB.].

C. *dubium* (BASTARD) GUÉPIN, **Klebriges H., Drüsiges H.**

Deckblätter u. Kelch wie die ganze Pflanze drüsig flaumig. 5–30 cm. 4–6. ⊙. Sandige u. überschlickte Störstellen in Auenwiesen u. Flutrasen, z im Elbtal unterhalb Dresden, s verschleppt: OLT: auf Teichböden bei Holscha, Königswartha, Rauden; ERB: Werdau, Crossen. V Potent. ans.; submed.

C. *glomeratum* THUILL., **Knäuel-H.***

3–30 cm. 3–11. ⊙, ①. Gärten, Äcker, Wegränder, Erdaufschüttungen, mäßig h. ↗ O Aper., V Polyg., V Potent. ans., V Sis.; euras-nem., heute Kosmopolit.

C. *glutinosum* FR., **Drüsiges H., Bleiches H.**

[*C. pallens* F. W. SCHULTZ]. 2–15 cm. 3–5. ⊙, ①. Lückige Trocken- u. Halbtrockenrasen, trockene Ruderalfluren (Bahngelände, Sand- u. Kiesfluren, Wegränder), mäßig h im Tiefland, z im Hügelland u. unteren Bergland, im oberen s, z. B. ERW: Schöneck. K Koel.-Coryn., O Sis.; submed+subatl.

C. *holosteoides* FR., **Gewöhnliches H., Rasiges H.***

[*C. caespitosum* GILIB., *C. triviale* LINK]. 5–50 cm. 4–10. ♃. Wiesen, Weiden, Wegränder, grasige Böschungen, h. K Mol.-Arrh.; früher euras-nem., jetzt Kosmopolit.

C. *lucorum* (SCHUR) MÖSCHL, **Großfrüchtiges H.**

10–60 cm. 4–6. ♃. Feuchte Wälder, Säume, s LLA: Kämmereiforst bei Eilenburg, OLH: angegeben von Gaußig. Genaue Verbreitung u. Soziologie im Gebiet unbekannt.

C. pumilum CURTIS, **Dunkles H., Niedriges H.**
[*C. glutinosum* auct.]. 3–15 cm. 3–5. ⊙, ①. Trocken- u. Halbtrockenrasen, kiesige u. sandige Brachen, Wegränder, z im Tiefland, s im Hügel- u. Bergland. K Fest.-Brom., K Koel.-Coryn.; submed. Warmzeitzeuge?

C. semidecandrum L., **Sand-H.***
Pflanze hell gelbgrün bis trübgrün; Kapsel 4,5–6,5 mm lang. 2–20 cm. 3–5. ⊙, ①. Sandtrockenrasen, Weg- u. Ackerränder, trockene Ruderalfluren (Bahnanlagen, Aschekippen, Rekultivierungsflächen des Bergbaus), mäßig h im Tiefland, stellenweise auch im Hügelland, sonst z. V Thero-Air., O Coryn., O Aper.; submed+subatl.

C. tomentosum L., **Filziges H.***
10–45 cm. 5–7. ♃. Zierpflanze, verwildert, grasige Böschungen, Wegränder, Mauern, Friedhöfe, mäßig h. ↗ NE. VArrh., V Conv.-Agrop., O Sedo-Scler. Heimat: M-Italien, Sizilien.

Bastard:
C.* × *maureri SCHULZE [*C. arvense* × *C. tomentosum*]: Friedhöfe, Mauern, Böschungen, wahrscheinl. z.

Corrigiola L., **Hirschsprung**

Stängel mit zahlreichen niederliegenden Zweigen; Blätter lineal längl., vorn breiter; Blüten sehr klein u. in end- od. seitenständigen Zymen; Krone weiß. 5–20 cm. 7–10. ⊙. Kiesige Fluss- u. Teichufer, nasse Äcker, Sandgruben, mäßig h im Elbtal, z OLT. ↘ O Nanocyp., V Chen.; med-atl-subatl.
C. litoralis L., **Hirschsprung, Strand-H.**

Cucubalus L., **Taubenkropf, Hühnerbiss**

Stängel sehr ästig, schlaff, kletternd, wie die Blätter kurzhaarig; Blätter eiförmig od. längl., spitz; Blüten einzeln; Kronblätter 2-spaltig, mit kurzem Krönchen, grünl.-weiß; Griffel 3; Beere kugelig, schwarz. 60–150 cm. 7–8. ♃. Auengebüsche, Auenwaldsäume, z an der Elbe u. Vereinigten Mulde, sonst s. K Salic. purp., V Carp.-Prun., V Conv.; euras-kont, fluv. [*Silene baccifera* (L.) ROTH, *S. cucubalus* (L.) DURANDE]. ***C. baccifer*** L., **Taubenkropf**

Dianthus L., **Nelke**

1 Blüten fast sitzend, kopfig od. büschelförmig gehäuft, selten zu 2
2 Blattscheide > 4-mal so lang wie die Breite des Blattes

3 Hochblätter an der Spitze abgerundet bis ausgerandet, mit aufgesetzter Stachelspitze; Pflanze rein grün ***D. carthusianorum***

3* Hochblätter zur Spitze hin ± gleichmäßig verschmälert; Pflanze oft blaugrün ***D. giganteus***

2* Blattscheide so lang wie die Breite des Blattes od. kürzer

4 Hochblätter, Stängel u. Blätter rauhaarig ***D. armeria***

4* Hochblätter, Stängel u. Blätter kahl od. nur am Rand rau

5 Kelchschuppen ganz krautig; Hochblätter linealisch, zurückgebogen; Krone rosa, weiß od. gestreift; Blätter 5–18 mm breit ***D. barbatus***

5* Kelchschuppen am Rand trockenhäutig; Hochblätter lanzettl. pfrieml.; Krone hell-purpurn; Blätter 1–5 mm breit ***D. sylvaticus***

1* Blüten länger gestielt, einzeln od. in lockeren Zymen

6 Kronblätter ungeteilt, nur gezähnt

7 Kelchschuppen meist zu 2, elliptisch, lang begrannt, mit der Granne ½ so lang wie die Kelchröhre *(Abb. 458/3);* Blätter u. Stängel kurzhaarig, grün ***D. deltoides***

7* Kelchschuppen 4–6, kurz zugespitzt u. stumpf; Blätter u. Stängel kahl, graugrün

8 Stängel meist 1-blütig; Blätter stumpfl., am Rand rau, zurückgerollt; Kelchschuppen eiförmig, die oberen stumpf; Krone rosa ***D. gratianopolitanus***

8* Stängel mehrblütig; Blätter spitz, am Rand glatt; Kelchschuppen fast rautenförmig, spitz od. stachelspitzig; Krone verschieden gefärbt, meist gefüllt ***D. caryophyllus***

6* Kronblätter mindestens bis zur Mitte geschlitzt

9 Stängel meist einzeln, 2- bis mehrblütig; Blätter grasgrün, lineal lanzettl., die unteren stumpfl., die oberen spitz; Kelchschuppen eiförmig, bespitzt od. kurz begrannt; Kronblätter fiederspaltig eingeschnitten, mit längl. Mittelfeld, hellrosa bis -purpurn, selten weiß ***D. superbus***

9* Stängel durch wurzelnde Triebe dicht rasig, 2–5-blütig; Blätter blaugrün, lineal pfrieml.; Kelchschuppen rundl. eiförmig, mit kurzer Stachelspitze; Kronblätter fingerförmig eingeschnitten, mit verkehrt eiförmigem Mittelfeld, rosenrot od. weiß ***D. plumarius***

D. armeria L., **Raue N.***

Hochblätter aufrecht, wie die ganz krautigen Kelchschuppen eiförmig pfrieml., Krone klein, hell karminrot. 25–50 cm. 6–8. ⊙. Trockenwarme Säume, Dämme, trockene Brachen, z im Tief- u. Hügelland, s im Bergland. ↘ V Trif., K Koel.-Coryn.; submed+subatl. ▽

D. barbatus L., **Bart-N., Büschel-N.***

30–60 cm. 6–8. ♃. Zierpflanze (oft fälschl. als Karthäuser-N. bezeichnet), verwildert, Waldränder, lichte Wälder, Ruderalfluren, z. NU. Heimat: Gebirge S-Europas.

D. carthusianorum L., **Karthäuser-N.***

Blätter linealisch; Blüten in köpfchenartigen Büscheln; Hochblätter u. Kelchschuppen (Hüllschuppen) braun trockenhäutig, verkehrt eiförmig, die oberen pfrieml. zugespitzt; Krone purpurn, selten weiß. 15–45 cm. 6–9. ♃. Halbtrockenrasen, Triften, s auch in Rasenansaaten, mäßig h im Tief- u. Hügelland, s u. meist nur verschleppt im Bergland, auf weite Strecken fehlend. K Fest.-Brom. (besonders V Brom.); submed-sarmat. ▽

D. caryophyllus L., **Garten-N.***

Blüten wohlriechend. 40–80 cm. 7–8. ♃. Häufige Zierpflanze. Heimat: S-Europa.

D. deltoides L., **Heide-N., Stein-N.***

Rainnelke, Hühnernelken, Hühneräuglein, Pferdenelke, Feuernelke, Uhrnelke

Krone karminrot, mit dunklerem Ring u. helleren Punkten. 15–40 cm. 6–9. ♃. Saure, magere Wiesen u. Weiden, mäßig h, doch stellenweise s od. fehlend, z. B. nördl. von Leipzig. V Arrh., V Koel.-Phlei., V Viol., V Pol.-Tris.; europ-nem-subatl. ▽

D. giganteus D'Urv., **Riesen-N.:** Im Habitus ähnl. *D. carthusianorum*, aber Pflanze meist größer, 20–80 cm. 7–9. ♃. Rasenansaaten, bisher ERB: Zwickau; ERW: Burkersdorf; LLA: Leipzig; OL: mehrfach; VGT: Plauen, Bad Reiboldsgrün. NU. Heimat: SO-Europa.

D. gratianopolitanus Vill., **Pfingst-N.***

Blüte wohlriechend. 7–20 cm. 5–6. ♃. Felsrasen, Felsbänder, s ELH: früher Meißen: Seußlitz; ERO: Dresden: Plauenscher Grund; VGT: Steinicht. ↘ V Sesl.-Fest.; zentraleurop disj. Offenlandrelikt. ▽

D. plumarius L., **Feder-N.**

15–30 cm. 7–8. ♃. Zierpflanze, s verwildert. Heimat: SO-Europa.

D. superbus L., **Pracht N.***

Verbreitung u. Soziologie der Unterarten bedarf weiterer Untersuchungen; eurosib-kont. Frühwaldzeuge. ↘ ▽

1 Blätter schmal linealisch, hell blaugrün; Pflanze lockerrasig, stark verzweigt u. reich beblättert. 50–80 cm. 6–9. ♃. Lichte Gebüsche u. Eichenwälder auf wechseltrockenen Diabasböden, s, z. B. ERZ, VGT. V Querc. rob. **subsp. *sylvestris*** Čelak.

1* Blätter lineal lanzettl., dunkel blaugrün od. grasgrün; Pflanze wenig verzweigt; 20–40 cm. 6–9. ♃. Moorwiesen u. Grabenränder auf wechselnassen, nähr- u. basenreichen Tonböden, s im gesamten Gebiet (?). V Mol. **subsp. *superbus***

D. sylvaticus Willd., **Busch-N.**

[*D. seguieri* Vill. subsp. *glaber* Čelak.]. Blüten zu 2 od. büschelig, selten auch einzeln; 25–50 cm. 6–8. ♃. Bergwiesen, Borstgrasrasen, wechselfeuchte Wiesen u. Wälder, s ERM: Zschopautal oberhalb Mittweida; EET: Torgau: Döbrichau; ERO; ESG: Königstein; früher ELH: Dresden, Meißen: Zadel; OLT: um Neschwitz. ↘ V Pol.-Trif., V Viol., V Trif.; sarmat. Frühwaldzeuge. ▽

Zierpflanze:
***D. chinensis* L., Chinesische N.:** Blüten groß, einzeln od. an Zweigenden gepaart; Kelchschuppen spitz, meist abstehend, etwa so lang wie od. etwas länger als der Kelch; Blütenblätter unregelmäßig gezähnt od. eingeschnitten bis fransig. In Farbe u. Form sehr veränderl. Heimat: China, Korea

Bastarde:
D. × ***hellwegii*** Asch. [*D. armeria* × *D. deltoides*]: s, z. B. VGT: Oberlosa
D. × ***jaczonus*** Asch. [*D. deltoides* × *D. superbus*]: s, z. B. VGT: Straßberg

Gypsophila L., **Gipskraut**

1 Blätter, wenigstens die unteren, > 1 cm breit, eiförmig bis lanzettl., 3- bis mehrnervig

2 Pflanze gelbl.-grün, von unten an reich verzweigt, mit ± spreizenden Ästen; Stängel unten meist dicht drüsenhaarig, im Blütenstand wie die Blütenstiele u. Kelche völlig kahl; Blätter eiförmig bis längl. lanzettl., 2–4(–5)-mal so lang wie breit, vorn stumpf u. mit aufgesetztem Spitzchen, besonders am Rand u. auf dem Mittelnerv drüsenhaarig; Blüten etwa 9 mm Ø; Kronblätter abgerundet, selten schwach ausgerandet, purpurlila ***G. perfoliata***

2* Pflanze blaugrün, vorwiegend im oberen Teil verzweigt, mit aufrecht abstehenden Ästen; Stängel unten kahl, im Blütenstandsbereich (Blütenstiele, Kelche) drüsenhaarig; Blätter lanzettl., 5–10-mal so lang wie breit u. lang zugespitzt, kahl; Blüten etwa 10 mm Ø; Kronblätter deutl. ausgerandet, unterseits hell rosa, oberseits fast weiß ***G. scorzonerifolia***

1* Auch die unteren Blätter nicht > 1 cm breit, 1-nervig od. mit nur undeutl. Seitennerven

3 Pflanze 1-jährig, mit dünner, spindelförmiger Wurzel; Blütenstiele mehrfach länger als der Kelch; Kronblätter schwach ausgerandet; Staubblätter kürzer als die Krone ***G. muralis***

3* Pflanze ausdauernd, mit kräftiger Wurzel; Blütenstiele höchstens 1,5-mal so lang wie der Kelch; Kronblätter abgerundet; Staubblätter länger als die Krone

4 Stängel aus niedergestrecktem od. aufsteigendem Grund aufrecht, am Gipfel gedrungen schirmrispig, oberwärts wie auch die Äste drüsig-weichhaarig; Pflanze am Grund mit nicht blühenden Trieben; Blätter bis 5 mm breit, 1-nervig; Krone weiß od. rötl. ***G. fastigiata***

4* Stängel aufrecht, vom Grund an sehr locker, ästig, unten kurzhaarig; Blüten in reich verzweigten Rispen; Pflanze ohne nicht blühende Triebe; Blätter bis 10 mm breit, 1- bis schwach 3-nervig; Krone weiß od. selten rosa ***G. paniculata***

G. fastigiata L., **Ebensträußiges G.**

15–40 cm. 5–8. ♃. Früher auf Binnendünen, heute auf Rohböden der Bergbaufolgelandschaft; lichte Kiefernwälder, s OLT: um Hoyerswerda, Nochten, früher bei Rietschen. ↘ V Cyt.-Pin.; sarmat. ∇

Im Gebiet nur **subsp. *fastigiata*.**

G. muralis L., **Mauer-G.**

Stängel aufrecht, fast vom Grund an gabelästig, oberwärts kahl, unterwärts kurzhaarig; Äste 1-blütig; Blätter linealisch; Kronblätter gekerbt od. ausgerandet, hellrot, dunkler geadert. 5–25 cm. 6–10. ⊙. Feuchte Äcker, vegetationsarme Sand- u. Lehmböden (Brachen, Ufer, Wegränder), meist z im Tief- u. Hügelland, s im Bergland. A. ↘ O Nanocyp., O Aper.; euras-nem.

var. *serotina* Hoefft: Blütenstand stark ausgebreitet; die dickl. Blätter meist länger als die Stängelglieder; Kronblätter meist weiß, lila geädert. Verbreitung ungenau bekannt.

G. paniculata L., **Rispen-G., Schleierkraut**

50–100 cm. 6–9. ♃. Zierpflanze, verwildert, Müllplätze, grasige Böschungen, sandige Halbtrockenrasen, s. NU. V Arct., O Sis., O Coryn. Heimat: O-Europa, W-Sibirien.

G. perfoliata L., **Durchwachsenblättriges G.**

30–80 cm. 6–9. ♃. Trockenwarme Ruderalfluren (Müllplätze, Bergbaugelände), s LLA. NU. O Sis., V Dauco-Mel. Heimat: O-Europa, W-Asien.

G. scorzonerifolia Ser., **Schwarzwurzelblättriges G.**

50–160 cm. 6–9. ♃. Ruderalfluren (Müll- u. Umschlagplätze, Aschekippen, Bergbauhalden, Bahnanlagen), z im Tief- u. Hügelland; s VGT: Treuen. ↗ NE. V Dauco-Mel., O Sis. Heimat: O-Europa, W-Asien.

Zu achten ist auf:

G. repens L., **Kriechendes G.:** Pflanze ♃, kriechend, niederliegend bis aufsteigend, kahl, bis 25 cm hoch, blaugrün; Krone weiß bis blassrosa, etwa 2-mal so lang wie der Kelch. Zierpflanze, s verwildert. NU. Heimat: Europa (Hochgebirge).

G. elegans M. Bieb., **Einjähriges Schleierkraut:** Pflanze ⊙, bis 50 cm hoch, reich gabelig verzweigt mit kleinen 1-nervigen Blättern; Blüten in Rispen angeordnet, weiß od. rosa. Zierpflanze, s verwildert. NU. Heimat Kleinasien, Kaukasus, S-Ukraine.

G. pilosa Hudson, **Behaartes G.** [*G. porrigens* (L.) Boiss.]: Pflanze ⊙, stark behaart. Ruderalfluren, s, z. B. Coswig bei Dresden, Leipzig. NU. Heimat: Orient.

Herniaria L., **Bruchkraut, Tausendkorn**

1 Stängel u. Blätter kahl od. sehr kurzhaarig, gelbgrün, selten (fo. *puberula* Peterm.) Blätter mit kurzen, weichen, krausen Haaren bedeckt od. bewimpert; Kronblätter nicht bewimpert; reife Frucht die Blütenhülle überragend ***H. glabra***

1* Stängel u. Blätter grau behaart u. dadurch graugrün; Kronblätter steifhaarig bewimpert; reife Frucht von der Blütenhülle eingeschlossen u. sie deshalb nicht überragend ***H. hirsuta***

H. glabra L., **Kahles B.***

3–25 cm. 6–10. ⊙, ♃ (kurzlebig). Sandige Brachen, Wege, Pflasterfugen, Bahnanlagen, h OLT; sonst mäßig h, im oberen Bergland z. K Koel.-Coryn., V Polyg.; euras-kont. Früher Off.

Im Gebiet nur **subsp. *glabra*.**

H. hirsuta L., **Behaartes B.**

3–20 cm. 7–10. ⊙, ♃ (kurzlebig). Ruderalfluren (Bahnanlagen, Wegränder, kiesig-sandige Brachen), s, z. B. ELH, LLA, MLH, OL. NU. V Polyg., auch V Sis. Heimat: Europa, W-Asien.

Holosteum L., **Spurre**

468/1

Pflanze bläul.-grün; Stängel einfach, oberwärts mit 2 entfernten Blattpaaren, unter den doldigen Blütenstielen drüsenhaarig; Blätter längl., spitz, am Rand drüsig bewimpert (var. *umbellatum*) od. völlig kahl (var. *glabrum* Schur, s); Blütenstiele nach dem Verblühen zurückgeschlagen, später wieder aufrecht *(Abb. 468/1)*; Kronblätter weiß, selten rötl. 3–30 cm. 3–5. ⊙, ①. Lückige Sandmagerrasen, sandige u. kiesige Flächen, Weinberge, mäßig h bis z im Tief- u. Hügelland. K Koel.-Coryn., K Fest.-Brom.; med-europ-kont. ***H. umbellatum*** L., **Doldige Spurre**

Im Gebiet nur **subsp. *umbellatum*.**

Illecebrum L., **Knorpelmiere**

Stängel niederliegend, reich verzweigt, fadenförmig, meist rötl.; Blätter verkehrt eiförmig. 5–25 cm. 7–9. I. Feuchte Äcker, Sandgruben, Torfstiche, Gräben, Teichränder, z OLT; s DDH. ↘ O Nanocyp.; med-atl-subatl. ***I. verticillatum*** L., **Quirlige K., Quirliges Knorpelkraut**

Lychnis L., **Lichtnelke**

1 Stängel unter den Knoten stark klebrig ***L. viscaria***
1* Stängel unter den Knoten nicht klebrig
2 Kronblätter tief 4-spaltig mit schmal linealischen Zipfeln ***L. flos-cuculi***
2* Kronblätter ungeteilt, ausgerandet od. 2-spaltig

3 Pflanze rauhaarig, nicht filzig ***L. chalcedonica***
3* Pflanze seidenhaarig, weiß filzig
4 Kronblätter 2-spaltig, hellpurpurn; Blütenstand dicht zymös ***L. flos-jovis***
4* Kronblätter ungeteilt, trübpurpurn; Blüten einzeln ***L. coronaria***

L. chalcedonica L., **Brennende Liebe**
[*Silene chalcedonica* (L.) E. H. L. KRAUSE]. Krone 2-spaltig, scharlachrot; Blütenstand dicht zymös; Blätter eiförmig, spitz. 30–50 cm. 6–7. ♃. Zierpflanze, verwildert, Ruderalfluren, s. NU. Heimat: O-Europa, W-Asien.

L. coronaria (L.) DESR., **Kronen-L., Vexiernelke**
[*Silene coronaria* (L.) CLAIRV.]. 60–90 cm. 6–8. ♃. Zierpflanze, verwildert, Ruderalfluren (Wegränder, Müllplätze), Säume, grasige Böschungen, Friedhöfe, mäßig h bis z. ↗ NE. V Arct., V Arrh. Heimat: SO-Europa, W-Asien.

L. flos-cuculi L., **Kuckucks-L., Fleischblume***
Fleischerblume, Fleischernelke, Schneidernelke, Trudltüchel (Trudl = Fransen der Umhängetücher), Feuerblume, Uhrblume, Liebesnelke
[*Silene flos-cuculi* (L.) CLAIRV.]. Krone rosarot, selten weiß; Blätter schmal linealisch, die grundständigen längl. spatelförmig, alle spitz, etwas rau; Blütenstand locker zymös. 30–80 cm. 5–7. ♃. Frisch- u. Feuchtwiesen, mäßig h. O Arrh., O Mol.; euras-nem.

L. flos-jovis (L.) DESR., **Jupiter-L.**
[*Silene flos-jovis* (L.) CLAIRV.]. 30–60 cm. 6–7. ♃. Zierpflanze, verwildert, Ruderalfluren, s. NU. Heimat: W- u. S-Alpen.

L. viscaria L., **Pechnelke***
[*Viscaria vulgaris* BERNH., *Silene viscaria* (L.) BORKH.]. Blüten in endständigen, scheinquirligen Teilblütenständen; Kronblätter purpurrot, vorn etwas ausgerandet; Kelch rötl. 30–60 cm. 5–7. ♃. Wärmebegünstigte Eichenwälder u. Säume, Silikatmagerrasen, Straßenränder, mäßig h im Hügelland, z im Tief- u. Bergland. V Querc. rob., V Koel.-Phlei., O Orig., V Arrh.; europ-nem.

Minuartia L., **Miere, Meirich**

1 Pflanze (im Gebiet!) meist kahl, Stängel aufsteigend, lockerästig; Kelchblätter eiförmig lanzettl., 3–4 mm lang, deutl. kürzer als die 3,8–4,8 mm lange Kapsel *(Abb. 457/2);* Samen 0,4–0,5 mm Ø ***M. hybrida***
1* Pflanze drüsig behaart, Stängel aufrecht, dichtästig; Kelchblätter schmal lanzettl., 2–2,5 (–3) mm lang, so lang wie die 2(–3) mm lange Kapsel od. länger; Samen 0,25–0,35 mm Ø ***M. viscosa***

M. hybrida (VILL.) SCHISCHK., **Schmalblättrige M., Feinblättrige M.**
[*M. tenuifolia* [L.] HIERN]. 5–20 cm. 5–7. ⊙. Sandäcker, †, früher s bei Dresden: Plauenscher Grund. K Stell. submed.
Im Gebiet nur **subsp. *vaillantiana*** (DC.) FRIEDRICH.

M. viscosa (SCHREB.) SCHINZ et THELL., **Klebrige M.**
3–15 mm. 5–7. ⊙. Sandäcker, lückige Trockenrasen, †, früher s bei Leipzig. K Stell. med., K Koel.-Coryn.; submed+europ-kont.

Moehringia L., **Nabelmiere**

Stängel aufsteigend od. aufrecht; Blätter eiförmig, spitz, 3(–5)-nervig; Kelchblätter spitz, 3-nervig, länger als die weißen Kronblätter *(Abb. 457/3 a)*. 10–25 cm. 5–7. ①, ♃. Schattige, krautreiche Wälder, Forsten, Schlagfluren, Waldwege, Gebüsche, Gärten, h. K Querc.-Fag., V Geo-All., seltener V Veron.; europ-nem. ***M. trinervia*** (L.) CLAIRV., **Dreinervige N.***

Moenchia EHRH., **Weißmiere, Vierling**

Pflanze blaugrün, kahl; Stängel 1–2-blütig, aufrecht, meist einfach; Blätter lineal lanzettl., kürzer als die Stängelglieder; Kelchblätter lanzettl., weißhäutig berandet, länger als die weißen Kronblätter; Staubblätter 4. 2–10 cm. 4–5. ⊙, ①. Sandmagerrasen, Sandbrachen, †, früher s ELH: Meißen: Zscheila; ERB: Chemnitz; GHP: Großenhain; LLA: Leipzig (heutiges Stadtgebiet); Bad Lausick; OLH: Bautzen. A. V Thero-Air.; med.
M. erecta (L.) G. GAERTN. et al., **Aufrechte W.**

Myosoton MOENCH [*Malachium* FR.], **Wasserdarm, Weichkraut**

Stängel schlaff liegend od. klimmend, unten 4-kantig, kahl (Gegensatz zur ähnl. *Stellaria nemorum*), oberwärts von Drüsenhaaren klebrig; Blätter zart, herzförmig od. längl. zugespitzt, sitzend, unterste gestielt; Blütenstand locker trugdoldig; Hochblätter krautig; Kelchblätter krautig, kürzer als die Krone; Griffel 5; Kronblätter weiß. 20–120 cm. 6–9. ♃. Uferfluren, Schleiergesellschaften, Gräben, Weidengebüsche, h im Tief- u. Hügelland, z bis s im Bergland. V Conv., O Bid.; euras-nem. [*Malachium aquaticum* (L.) FR., *Stellaria aquatica* (L.) SCOP.].
M. aquaticum (L.) MOENCH, **Wasserdarm, Wasser-Weichkraut***

Petrorhagia (DC.) LINK, **Felsennelke, Nelkenköpfchen**

1 Pflanze 1-jährig; Stängel aufrecht, meist einfach, kahl; Blüten in endständigen, 1- bis wenigblütigen Köpfen, von gemeinsamer Hochblatthülle eingeschlossen; Krone rosa; Kronblätter deutl. in Platte u. Nagel gegliedert **P. prolifera**

1* Pflanze ausdauernd; Stängel stark verzweigt; Blüten einzeln, lang gestielt, mit Außenkelch (Gegensatz: die im Habitus ähnl. *Gypsophila muralis*); Krone hell lila bis tief rosa, mit 3 dunklen Adern; Kronblätter keilförmig verschmälert **P. saxifraga**

P. prolifera (L.) P. W. BALL et HEYWOOD, **Sprossende F.***
[*Kohlrauschia prolifera* (L.) KUNTH, *Tunica prolifera* (L.) SCOP.]. 10–45 cm. 6–10. ⊙, ①. Steinige u. sandige Magerrasen, Felsköpfe, Schotterfluren, seltener Binnendünen, z im Tiefland, etwas häufiger im Hügelland, fehlt im Bergland. ↘ K Koel.-Coryn.; submed+subatl. Es ist immer nur 1 Blüte des Köpfchens von 8–13 Uhr geöffnet.

P. saxifraga (L.) LINK, **Steinbrech-F.**
[*Tunica saxifraga* (L.) SCOP.]. 10–30 cm. 6–9. ♃ (kurzlebig). Raseneinsaaten (auch Dachbegrünung), Kiesflächen, Bahnanlagen, s, z. B. Leipzig, Dresden, Niesky, Hoyerswerda, Boxberg, Stolpen, Plauen, Rodewisch, Chemnitz. NU. O Sis., V Thero-Air. Heimat: S-Europa.

Polycarpon L., **Nagelkraut**

Pflanze vielstängelig, kahl; Blüten in reich verzweigten Dichasien. 3–15 cm. 6–9. ⊙. Müll- u. Umschlagplätze, s, z. B. Leipzig, Görlitz, Dresden. NU. Heimat: W-Europa, Mittelmeergebiet. **P. tetraphyllum** (L.) L., **Vierblättriges N.**

Sagina L., Mastkraut

1 Kelch u. Krone 4-blättrig (sehr selten auch 5-blättrig), die oft hinfälligen Kronblätter kürzer als der Kelch; Staubblätter 4

2 Stängel niederliegend od. aufsteigend, am Grund wurzelnd; Blätter lineal lanzettl., beiderseits verschmälert, mit kurzer Stachelspitze, kahl; Kelchblätter alle stumpf, ohne Stachelspitzchen **S. procumbens**

2* Stängel aufrecht, oberwärts oft drüsig behaart; Blätter linealisch bis fast fadenförmig, mit langer Stachelspitze *(Abb. 471/1 b)*, am Grund bewimpert; die 2 äußeren Kelchblätter mit kleiner aufgesetzter Grannenspitze *(Abb. 471/1 a)*

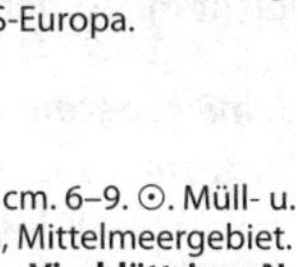

a b

471/1

3 Kelchblätter an der reifen Frucht waagerecht abstehend, deutl. kürzer als die breit eiförmige Kapsel, die beiden äußeren kapuzenförmig u. mit aufgesetzten Stachelspitzchen; Pflanze hellgrün **S. micropetala**

3* Kelchblätter der reifen Frucht anliegend, fast so lang wie die schmal eiförmige Kapsel, die beiden äußeren spitz; Pflanze dunkelgrün **S. apetala**

1* Kelch u. Krone 5-blättrig; Staubblätter 10
4 Kronblätter 2-mal so lang wie der Kelch ***S. nodosa***
4* Kronblätter so lang wie der Kelch
5 Laubblätter gewimpert, ihre Stachelspitze so lang wie die Blattspreite; reife Kapsel nur wenig länger als der Kelch ***S. subulata***
5* Laubblätter kahl, ihre Stachelspitze nur halb so lang wie die Blattspreite; Kapsel bis 2-mal so lang wie der Kelch
6 Kelchblätter 2,5–3 mm lang; Staubblätter meist 10 (selten 5); Kapsel stets gut entwickelt; Rosettenblätter bis 2 cm lang ***S. saginoides***
6* Kelchblätter 1,5–2,5 mm lang; Staubblätter 4 od. 5; Kapsel meist verkümmert, ohne entwickelte Samen; Rosettenblätter bis 3 cm lang ***S.* × *normaniana***

S. apetala Ard., **Wimper-M., Gewimpertes M.**
[*S. ciliata* Fr.]. 3–12 cm. 4–7. ⊙, ①. Feuchte Sandfluren, Pflasterfugen, s ELH, ERO, GHP, LLA. A. O Nanocyp., V Thero-Air., V Polyg.; submed+subatl. Wird leicht mit folgender Art verwechselt.

S. micropetala Rauschert, **Aufrechtes M., Kronloses M.**
[*S. apetala* auct.]. 2–15 cm. 5–9. ⊙, ①. Krumenfeuchte Äcker, Pflasterfugen, feuchte Sandfluren, z im Tief- u. Hügelland, s im Bergland. A. O Nanocyp., V Thero-Air., V Polyg.; submed+subatl.

S. nodosa (L.) Fenzl, **Knotiges M.**
Stängel mit nichtblühenden Kurztrieben in den Blattachseln; Blütenstiele stets aufrecht; Kapsel nicht länger als der Kelch; Krone weiß. 5–15 cm. 7–8. ♃. Lückige Stellen auf Torfwiesen u. an Gräben, †, früher z im Tiefland, s im Hügelland. O Nanocyp.; bor-atl.

S.* × *normaniana Lagerh., **Norman-M.***
[*S. procumbens* × *S. saginoides*, *S. scotica* (Druce) Druce]. 3–10 cm. 6–8. ♃. Gestörte Bergwiesen,†, früher s ERW: Aschberg bei Klingenthal (bis 1993).

S. procumbens L., **Liegendes M.***
Blütenstiele nach dem Verblühen hakenförmig herabgekrümmt, zur Fruchtzeit wieder aufrecht; Krone weiß. 2–10 cm. 5–10. ♃. Pflasterfugen, Wege, Äcker, Gärten, Ufer, h. V Polyg., K Stell. med., V Chen.; euras-nem., heute Kosmopolit.

S. saginoides (L.) H. Karst., **Alpen-M.**
Krone weiß. 2–8 cm. 6–8. ♃. Waldstraßenränder, Grabenböschungen, s ERM: Oberwiesenthal (ob noch?). V Nard., V Polyg.; arct-alp. Kaltzeitrelikt.
Im Gebiet nur var. *macrocarpa* (Rchb.) Moss.

S. subulata (Sw.) C. Presl, **Pfriemen-M., Friedhofsmoos***
Krone weiß. 3–10 cm. 6–8. ♃. Zierpflanze, verwildert, Friedhöfe, s. NU. Heimat: W- u. S-Europa.

Saponaria L., **Seifenkraut**

1 Stängel aufrecht, etwas rau; Blätter elliptisch od. längl., spitz, 3-nervig, am Rand rau, grasgrün; Blüten büschelig gehäuft; Krone weiß od. rötl., oft gefüllt, schwach duftend; Kelch > 18 mm lang ***S. officinalis***
1* Stängel niederliegend, ästig, zottig behaart; Blätter verkehrt eiförmig bis spatelig; Blüten klein, in lockeren Zymen, Krone lebhaft rot, seltener weiß; Kelch bis 15 mm lang ***S. ocymoides***

S. ocymoides L., **Liegendes S.**
10–30 cm. 4–9. ♃. Säume, Felsfluren, s ELH: Dresden-Pillnitz; ERO: Triebischtal bei Rothschönberg, Tharandt; auch s verwildert in Ruderalfluren, z. B. Leipzig, Bautzen. ↘ NE. O Orig., V Sis. Heimat: Gebirge W- u. S-Europas.

S. officinalis L., **Echtes S.***
30–80 cm. 6–9. ♃. Flussufer, Wegränder, Bahnanlagen, Müllplätze, Dämme, mäßig h im Tief- u. Hügelland, z bis s im Bergland. ↘ K Artem., V Conv.-Agrop.; euras-kont, fluv., ehem. Stromtalpflanze. Jede Blüte ist 2 Tage geöffnet. Auch Zierpflanze (u. dann oft mit gefüllten Blüten). Off.

Scleranthus L., **Knäuel**

1 Pflanze ausdauernd; Kelchzipfel stumpf, 0,3–0,5 mm breit milchweiß berandet, zur Fruchtzeit zusammenneigend ***S. perennis***
1* Pflanze 1-jährig; Kelchzipfel spitz, mit schmalem (höchstens 0,2 mm breiten), nach vorn verschmälertem Hautrand
2 Reife Frucht 2,2–3(–3,8) mm lang, am Grund meist abgerundet, mit gerade vorgestreckten, seltener schwach spreizenden Kelchzipfeln *(Abb. 473/1);* Stängelglieder < 1 cm lang, kürzer als die 6–9 mm langen Blätter; Blütenstand dicht, meist sitzende Knäuel ***S. polycarpos***
2* Reife Frucht (3,2–)4–5,3 mm lang, am Grund meist kreiselförmig, mit meist deutl. spreizenden Kelchzipfeln *(Abb. 473/2);* Stängelglieder 1–5 cm lang, meist deutl. länger als die > 1 cm langen Blätter; Blütenstand oft locker ***S. annuus***

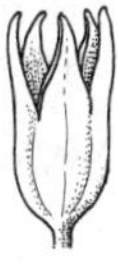
473/1

473/2

S. annuus L., **Einjähriger K.***

5–20 cm. 4–9. ☉, ①. Äcker, Wegränder, Brachen, mäßig h, im Bergland z. Wahrscheinl. A. O Aper.; euras-nem., fast Kosmopolit.

S. perennis L., **Ausdauernder K.***

Zymen meist nur endständig; Staubblätter fast so lang wie die Kelchzipfel; Pflanze am Grund mit abgestorbenen Blattresten; Blüten grün. 5–20 cm. 5–10. ♃. Pionierrasen auf Felsen, Dünen, Wegränder, mäßig h im Tief- u. Hügelland, s im Bergland u. der Leipziger Tieflandsbucht. K Koel.-Coryn.; submed+europ-kont.

S. polycarpos L., **Triften-K.**

5–15 mm. 4–7. ☉, ①. Grusige Felsköpfe, Sandfluren, Bergbaugelände, Äcker, mäßig h bis z im Tief- u. Hügelland, stellenweise fehlend (od. übersehen), im VGT vorwiegend über Diabas. Wahrscheinl. A. O Aper., K Koel.-Coryn.; submed+subatl.

Bastarde:

S.* × *intermedius Kitt. [*S. annuus* × *S. perennis*]: s, z. B. früher mehrfach in der OL
S.* × *podperae Smejkal [*S. perennis* × *S. polycarpos*]: s

Silene L., **Leimkraut** od. **Lichtnelke**

1 Pflanze 2-häusig; Griffel 5 od. 3
2 Griffel 3; Kelch kahl, 4–5 mm lang; Kronblätter ungeteilt, gelbgrün, ohne Nebenkrone ***S. otites***
2* Griffel stets 5; Kelch behaart, 10–25 mm lang; Kronblätter 2-spaltig, weiß od. rot, mit Nebenkrone
3 Krone weiß; Stängel oberwärts wie die Blütenstiele drüsig weichhaarig; Kelchzähne schmal 3-eckig; Blätter spitz, untere längl., obere lanzettl.; Zähne der Kapsel aufrecht; Blüten sich erst nachmittags u. abends öffnend, duftend ***S. latifolia***
3* Krone rot; Stängel zottig weichhaarig, ohne Drüsen; Kelchzähne breit 3-eckig; Blätter zugespitzt, untere eiförmig, obere längl.; Zähne der Kapsel zurückgerollt; Blüten am Tage geöffnet, geruchlos ***S. dioica***
1* Meist alle Blüten ⚥; Griffel stets 3 (wenn Pflanze 2-häusig, dann Kelch aufgeblasen, 20-nervig u. Blüte weiß)
4 Kelch 20–30-nervig
5 Kelch mit 20 netzartig verbundenen Nerven, eiförmig, aufgeblasen, wie die ganze Pflanze kahl; Krone weiß (selten rosa); Kronblätter ohne Nebenkrone ***S. vulgaris***
5* Kelch mit 30 einfachen Nerven, kegelförmig, oben verengt, kurzhaarig; Krone rosenrot, am Schlunde mit Nebenkrone

6 Kapsel 7–12 mm lang, längl. eiförmig; Samen 1 mm im Ø od. weniger, bereift; Staubblätter behaart; Kelch etwa 10–18 mm lang, zur Fruchtzeit kegelförmig; Kronblätter ausgerandet, verkehrt herzförmig; Blätter lineal lanzettl. ***S. conica***

6* Kapsel 12–18 mm lang, flach kugelig; Samen > 1 mm Ø, dunkelbraun; Staubblätter kahl; Kelch etwa 25 mm lang, zur Fruchtzeit kugelig; Kronblätter nicht ausgerandet, meist unregelmäßig gezähnelt; Blätter längl. lanzettl. ***S. conoidea***

4* Kelch 10-nervig

7 Nebenkrone fehlend ***S. nemoralis***

7* Nebenkrone vorhanden

8 Kronblätter 2-spaltig

9 Stängel u. Blätter kahl, Krone grünl. ***S. chlorantha***

9* Stängel u. meist auch die Blätter behaart (nur bei *S. nutans* fo. *glabra* kahl); Krone weiß od. rosa

10 Pflanze ausdauernd, zur Blütezeit mit nicht blühenden Blattrosetten ***S. nutans***

10* Pflanze 1-jährig, zur Blütezeit ohne nicht blühende Blattrosetten

11 Stängel oben drüsig klebrig; Kelch > 18 mm lang ***S. noctiflora***

11* Stängel behaart, nicht klebrig; Kelch < 18 mm lang

12 Krone weiß; Kelchzipfel spitz; Blütenstand wiederholt gegabelt, mit einer Einzelblüte in jeder Gabelung ***S. dichotoma***

12* Krone intensiv rosa; Kelchzipfel stumpf; die wenigen Blüten traubig angeordnet ***S. pendula***

8* Kronblätter ungeteilt od. nur schwach ausgerandet od. gezähnelt

13 Blüten in traubenähnl., meist einseitswendigen Wickeln; Kelch walzenförmig, später eiförmig, meist rauhaarig, mit lanzettl. pfrieml. Zipfeln; untere Blätter verkehrt eiförmig längl., stachelspitzig, obere lanzettl., spitz; Pflanze behaart, oberwärts drüsig; Krone blassrötl. od. weiß ***S. gallica***

13* Blüten in dichten Scheindolden; Kelch schmal keulenförmig, mit eiförmigen Zipfeln; Blätter eiförmig od. längl. eiförmig, sitzend, spitz; Stängel unter den Knoten klebrig; Pflanze völlig kahl, blaugrün; Krone hellrot ***S. armeria***

S. armeria L., **Nelken-L., Garten-L.**

[*Atocion a.* FOURR.]. 15–60 cm. 6–9. ⊙. Zierpflanze, verwildert, Ackerbrachen, Ruderalfluren, s. NU. V Sis. Heimat: M-, S- u. O-Europa.

S. chlorantha (WILLD.) EHRH., **Grünliches L.**

Grundblätter lanzettl. spatelförmig, obere Blätter linealisch; Blütenstand oft traubig, mit 1–3-blütigen Ästchen, überhängend; Kelchzipfel stumpf. 30–60 cm. 6–8. ♃. Sandtrockenrasen, lichte Kiefernwälder, †, früher VGT: Plauen: Rößnitz. V Koel.; sarmat-südsib.

S. conica L., **Kegeliges L.**
15–30 cm. 6–7. ⊙. Sandmagerrasen, Böschungen, Dämme, s, z. B. Dresden, Zwickau, Leipzig. NU. Heimat: Mittelmeergebiet, W-Asien.

S. conoidea L., **Kugeliges L.**
20–60 cm. 6–7. ⊙. Kleeäcker, s, z. B. Bischofswerda. NU. Heimat: W- u. S-Europa, W-Asien.

S. dichotoma EHRH., **Gabeliges L.**
Untere Blätter elliptisch, obere lanzettl.; Blüten abends geöffnet, duftend. 30–70 cm. 5–9. ⊙, ①, ⊙. Ruderalfluren, Äcker, z. ↘ NU. V Arct., V Dauco-Mel.; submed-europ-kont.

S. dioica (L.) CLAIRV., **Rote Lichtnelke***
Fleischerblume (ERZ)
[*Melandrium rubrum* (WEIGEL) GARCKE]. 30–90 cm. 4–9. ♃ (kurzlebig). Lichte Wälder, Säume, Bergwiesen, Staudenfluren, z bis mäßig h im Tiefland, meist h im Hügel- u. Bergland. O Fag., O Glech., V Polyg.-Tris.; euras-nem.

S. gallica L., **Französisches L.**
10–45 cm. 6–8. ⊙, ①. Äcker, Weinberge, lückige Ruderalfluren, s, z. B. Leipzig, Elbtal, OL. NU. K Stell. med., V Sis. Heimat: Mittelmeergebiet.

S. latifolia POIRET, **Weiße Lichtnelke, Weiße Nachtnelke***
[*Melandrium album* (MILL.) GARCKE, *S. pratensis* (RAFN) GODR., *S. alba* (MILL.) E. H. L. KRAUSE]. 30–100 cm. 5–9. ♃ (kurzlebig). Ruderalfluren, Wege, Ackerraine, Frischwiesen, h. K Artem., O Sis., O Arrh., s auch O Secal.; euras-nem.
Im Gebiet nur **subsp. *alba*** (MILL.) GREUTER et BURDET.

S. nemoralis WALDST. et KIT., **Hain-L.**
Kronblätter 2-spaltig, oberseits weiß, unterseits hellviolett, grau od. grün geadert; Rispe ausgebreitet, mit 3 gabelig verzweigten, klebrig beringelten, 3- bis vielblütigen Ästen; Kelch keulenförmig; untere Blätter rundl. elliptisch, bärtig gewimpert; Stängel weichhaarig, wenigblättrig. 30–80 cm. 5–7. ⊙, ⊚. Trockenwarme Säume, Felsköpfe, s im Elbtal zwischen Pirna u. Meißen, fast erloschen. ↘ NE. O Orig. Heimat S- u. SO-Europa.

S. noctiflora L., **Acker-Lichtnelke**
[*Melandrium noctiflorum* (L.) FR.]. Blütenstand ein armblütiges Dichasium; Krone blassgelb bis blassrosa; Kelch bauchig röhrig, 10-nervig; Blüten nachts geöffnet, duftend. 15–45 cm. 5–9. ⊙, ①. Getreideäcker, Wegränder, Erdaufschüttungen, z bis mäßig h im Tief- u. Hügelland, doch s OLT, DDH, ERM, ERW, OLB (Saalendorf). A. ↘ O Secal.; euras-kont.

S. *nutans* L., Nickendes L.*

Stängel u. Blätter weichhaarig (siehe aber fo. *glabra*), oberwärts drüsig klebrig; Grundblätter spatelförmig, lang gestielt; Stängelblätter längl. bis lanzettl.; Blütenstand rispig, überhängend, mit 3–7-blütigen Ästchen. 30–60 cm. 5–8. ♃. Wärmebegünstigte Standorte (Säume, Gebüsche, Wälder, Felsen), mäßig h im Hügelland, s im Tiefland, f im Bergland. ↘ K Trif.-Ger., O Sedo-Scler., V Querc. rob.; subatl-sarmat-südsib.

Im Gebiet nur **subsp. *nutans*.**

Der taxonomische Status u. die Verbreitung von fo. *glabra* DC. [subsp. *glabra* (DC.) ROTHM.] mit kahlem Stängel u. nur am Grund bewimperten Blättern sind noch unklar.

S. otites (L.) WIB., **Ohrlöffel-L.**

Grundblätter spatelig, Stängelblätter linealisch, alle spitz; Stängel einfach, etwas klebrig. 20–50 cm. 5–8. ♃. Gebüschsäume, früher z im Elbtal bei Dresden u. Meißen u. s bei Eilenburg, jetzt nur noch neophytisch Leipzig: Hafengelände (vorübergehend) u. in einer trockenen Glatthafer-Wiese am Völkerschlachtdenkmal. O Prun., V Arrh.; subatl-sarmat-südsib.

Im Gebiet nur **subsp. *otites*.**

S. pendula L., **Hängendes L.**

Stängel ästig, drüsig behaart; Äste zunächst hängend, dann aufrecht; Blätter längl. 40–60. 6–8. ⊙. Zierpflanze, s verwildert. NU. Heimat: Mittelmeergebiet.

S. vulgaris (MOENCH) GARCKE, **Aufgeblasenes L., Gewöhnliches L., Taubenkropf-L.***

[*S. cucubalus* WIB.]. Blüten ⚥ od. 1-geschlechtig. 10–60 cm. 6–9. ♃. Lückige Magerrasen, Säume, Böschungen, Steinbrüche, Bahngelände, mäßig h. O Brom., O Orig., V Dauco-Mel.; eurosib-submed.

Im Gebiet nur **subsp. *vulgaris*.**

Bastard:

S. × ***hampeana*** MEUSEL et K. WERNER [*S. dioica* × *S. latifolia*]: s

Spergula L., **Spark, Spergel**

1 Blätter unterseits mit Längsfurche; Samen mit schmalem Hautrand, gewölbt, linsenförmig; Krone weiß, seltener rosa ***S. arvensis***

1* Blätter unterseits ohne Längsfurche; Samen mit breitem, strahlig gerieftem Flügelrand; Krone stets weiß

2 Staubblätter 10; Kronblätter breit elliptisch, stumpf, sich am Rand berührend od. etwas deckend; Samenrand bräunl., ½ so breit wie der Ø des übrigen Samens ***S. morisonii***

2* Staubblätter 5; Kronblätter lanzettl., spitzl., sich nicht berührend; Samenrand weißl., so breit wie der übrige Samen ***S. pentandra***

S. *arvensis* L., **Acker-S.***

Knörich, Knähl

10–30(–100) cm. 6–9. ⊙. Sandige u. steinige Äcker, mäßig h bis h, doch in westl. LLA u. MLH seltener; s in Ruderalfluren. V Aphan., V Sperg.-Ox.; euras.

1 Samen mit weißl. od. bräunl. Papillen

2 Pflanze bis etwa 30 cm hoch, meist reich verzweigt, kahl od. leicht drüsig behaart; Samen 0,8–1 mm Ø. Verbreitung wie Art. **subsp. *arvensis***

2* Pflanze bis 100 cm hoch; Samen bis 1,5 mm Ø. Äcker, auch Kulturpflanze. Verbreitung wenig bekannt. **subsp. *maxima*** (WEIHE) O. SCHWARZ

1* Samen ohne Papillen, fein punktiert – Pflanze stark verzweigt; Stängel dick; Blätter auffallend fleischig. Ehemalige Kulturpflanze, s verwildert. Verbreitung wenig bekannt. **subsp. *sativa*** (BOENN.) CES.

S. *morisonii* BOREAU, **Frühlings-S.***

[*S. vernalis* WILLD. p. p.]. 5–25 cm. 4–6. ⊙, ①. Lückige Sandfluren, Felsköpfe, Dünen, Sandwege, in Heidegebieten h, sonst z; s ERZ, VGT: Schreiersgrün, Ruderitz, Schönberg. V Thero-Air., V Coryn.; atl-subatl.

S. *pentandra* L., **Fünfmänniger S.**

5–20 cm. 4–5. ①. Vegetationsarme, trockene Sandböden, ob im Gebiet? (bisherige Angaben unrichtig); atl-subatl.

Spergularia (PERS.) J. PRESL et C. PRESL, **Schuppenmiere, Spärkling**

1 Samen am Rand mit zahlreichen Stacheln, auf der Fläche mit spitzen Wärzchen ***S. echinosperma***

1* Samen nicht bestachelt, fein runzlig

2 Blätter stachelspitzig, beiderseits flach, nicht drüsig, glänzend; Pflanze dunkel- bis graugrün, meist niederliegend bis aufsteigend; Nebenblätter silberweiß glänzend, meist zerschlitzt; Kapsel etwa so lang wie der Kelch; Krone rosarot; Samen 3-eckig eiförmig, ungeflügelt, mit deutl. Randwulst, graubraun ***S. rubra***

2* Blätter stumpfl., fleischig, drüsig; Pflanze hellgrün, meist aufrecht; Nebenblätter kaum glänzend, meist nicht zerschlitzt; Kapsel bis 1,5-mal so lang wie der Kelch; Krone tiefrosa, am Grund weiß; Samen rundl. eiförmig, zuweilen geflügelt ***S. salina***

S. *echinosperma* (ČELAK.) ASCH. et GRAEBN., **Igelsamige Sch., Stachelsamige Sch.**

Untere Blätter stumpf, obere stachelspitzig; Nebenblätter sehr klein, fast glanzlos, kurz, breit 3-eckig, hinfällig; Blüte klein, Krone rosa. 4–10 cm. 6–10. ⊙. Flussufer, s EET: nördl. Torgau; die Angabe für Dresden beruht auf Fehlbestimmung. V Elat.-El., V Chen.; sarmat+lit.

S. rubra (L.) J. PRESL et C. PRESL, **Rote Sch.***

Blütezeit 10–15 Uhr. 3–25 cm. 5–9. ⊙, ①, ♃ (kurzlebig). Vegetationsarme Pionierrasen, Wege, Ackerränder, h bis ins obere Bergland. V Polyg., O Nanocyp.; euras-nem.

S. salina J. PRESL et C. PRESL, **Salz-Sch.***

5–20 cm. 5–9. ⊙, ①. Autobahn- u. Straßenränder, z ERB, VGT; s ERO: Nassau, Dohna; ERW: Stollberg; MLH: Soppen bei Meißen; OLH: an der Autobahn von Pulsnitz bis Görlitz. ↗ NE. Heimat: Küsten u. Salzstellen des Binnenlands.

Bastard:

S.* × *salontana I. POP [*S. rubra* × *S. salina*]: Straßen- u. Autobahnräder, s, z. B. ERB: Zwickau, Ebersbrunn, Hüttelsgrün, Wildenfels; ERW: Niedercrinitz; VGT: Plauen, Treuen, Schönfels.

Stellaria L., **Sternmiere**

1 Stängel stielrund; untere Blätter der blühenden Stängel gestielt, eiförmig od. herz-eiförmig, am Rand bewimpert

2 Stängel 1-reihig behaart; Krone höchstens etwas länger als die Kelchblätter, manchmal fehlend; Blätter eiförmig, meist kahl

3 Staubblätter meist 3–5 (selten bis 10 od. fehlend); Kronblätter etwas kürzer als die Kelchblätter od. fehlend; Samen weniger als 1,3 mm im Ø, mit breiten stumpfen Warzen

4 Kelchblätter 3–5 mm lang, breit lanzettl.; Kronblätter ± so lang wie der Kelch (seltener kürzer od. fehlend); Staubblätter meist 3–5, Staubbeutel meist rotviolett; Samen 0,8–1,3 mm im Ø, dunkel rötl.-braun; Blütenstiele 5–10 mm lang; Pflanze meist grasgrün ***S. media***

4* Kelchblätter 2–3,4 mm, schmal lanzettl.; Kronblätter fehlend od. sehr klein; Staubblätter meist 1–3, Staubbeutel grauviolett; Samen 0,5–0,8 mm im Ø, gelbl.-braun; Blütenstiele 1–3 mm lang (Blütenstand daher oft etwas knäuelig); Pflanze meist gelbgrün ***S. pallida***

3* Staubblätter meist 10 (selten weniger od. 11), vor dem Aufspringen mit purpurroten Staubbeuteln; Kronblätter so lang wie od. wenig länger als die Kelchblätter; Samen 1,3–1,7 mm im Ø, dunkel rotbraun, mit 4 Reihen hoher spitzkegeliger Warzen ***S. neglecta***

2* Stängel oberwärts ringsum drüsig weichhaarig; Blätter bewimpert (im Gegensatz zu *Myosoton*), herzförmig ***S. nemorum***

1* Stängel 4-kantig; Blätter der blühenden Stängel alle sitzend

5 Kronblätter bis zu Mitte 2-spaltig, 2-mal so lang wie die Kelchblätter; diese undeutl. nervig; Hochblätter krautig, hellgrün ***S. holostea***

5* Kronblätter bis zum Grund 2-spaltig; Kelchblätter 3-nervig; Hochblätter fast immer trockenhäutig

6 Blätter längl. bis lanzettl., in der Mitte am breitesten, am Grund etwas gewimpert ***S. alsine***
6* Blätter schmal lanzettl., fast linealisch, am Grund am breitesten
7 Stängel oberwärts rau ***S. longifolia***
7* Stängel glatt
8 Stängel aufrecht, meist unverzweigt; Blätter ganz kahl, meist graugrün, etwas fleischig; Hochblätter am Rand kahl; Kronblätter meist 2-mal so lang wie der Kelch ***S. palustris***
8* Stängel aufsteigend, meist ästig, schlaff; Blätter am Grund gewimpert, grasgrün; Hochblätter gewimpert; Kronblätter meist so lang wie der Kelch ***S. graminea***

S. alsine GRIMM, **Quell-S., Sumpf-S.***

[*S. uliginosa* MURRAY]. Hochblätter am Rand kahl, bisweilen krautig; Kelchblätter länger als die Kronblätter. 10–30 cm. 5–7. ♃. Quellfluren, feuchte Waldwege, Gräben, sumpfige Waldstellen, mäßig h im Hügel- u. Bergland u. DDH, seltener u. streckenweise fehlend LLA, MLH, OLT. V Card.-Mont., V Car. nig., V Eleoch.; euras-nem, circpol.

S. graminea L., **Gras-S.***

10–50 cm. 5–7. ♃. Frischwiesen u. -weiden, Wegränder, h. K Mol.-Arrh.; euras-nem.

S. holostea L., **Echte St.***

Blätter steif, lanzettl., lang zugespitzt, am Rand u. auf dem Kiel rau. 15–30 cm. 4–5. ♃. Krautreiche Eichen-Hainbuchen- u. Buchenmischwälder, Gebüschsäume, h im Tief- u. Hügelland, im Bergland s. O Fag., V Trif.; euras-nem.

S. longifolia WILLD., **Langblättrige S.**

Stängel schlaff, zart, aufsteigend; Blätter hellgrün, am Rand u. auf der Mittelrippe rau; Hochblätter am Rand kahl; Kronblätter so lang wie der Kelch. 10–25 cm. 6–8. ♃. Moorige Fichtenwälder, Waldmoore, z ERW: vor allem um Morgenröthe-Rautenkranz; s OLT: Muskauer Heide (Rietschen). O Pic.; bor-circpol. Kühlzeitrelikt.

S. media (L.) VILL., **Vogel-S., Vogelmiere***

Meier, Hühnerdarm, Hühnerscharre, Hühnerschärfe, Mäusedärme, Mäuseschärfe, Vogelfutter, Vogelgras

3–40 cm. 1–12. ☉, ①. Äcker, Gärten, Brachen, Ruderalfluren, Intensivgrünland, sehr h. A. K Stell. med., V Sis.; euras. Kosmopolit.

var. *media*: Verbreitung etc. wie Art.

var. *apetala* (UCRIA) GAUDIN: Kronblätter sehr klein od. ganz fehlend (nicht mit *S. pallida* verwechseln!), Verbreitung unbekannt.

S. nemorum L., **Hain-S.***

Kelchblätter lanzettl., viel kürzer als der Kronblätter; Staubblätter 10; Kapsel so lang wie der Kelch. 20–60 cm. 5–9. ♃. Schattige, staudenreiche Buchen- u. Erlenwälder, Uferstaudenfluren, mäßig h bis z im Tiefland, h im Bergland. V Carp., V Aln.-Ulm., O Glech.; eurosib.

1 Obere Blätter (fast) sitzend, Blattspreite mindestens 2-mal so lang wie breit, am Grund ± herzförmig od. abgerundet; Samen am Rand mit kurzen, halbkugeligen Papillen. Ökologie u. Verbreitung wie Art. **subsp. *nemorum***

1* Obere Blätter deutl. (bis 4 cm) gestielt; Blattspreite höchstens 2-mal so lang wie breit, eiförmig, am Grund kaum herzförmig; Samen am Rand mit verlängerten, zylindrischen Papillen. Waldschläge u. -ränder, s, angegeben von Frauenstein, Leipzig u. Meißen. [var. *glochidosperma* (MURB.) GÜRKE, *S. montana* PIERRAT]. **subsp. *montana*** (PIERRAT) BERHER

S. neglecta WEIHE, **Auenwald-S.**

[*S. media* subsp. *neglecta* (WEIHE) GREMLI]. 20–80 cm. 4–7. ⊙, ①. Auenwälder, Saum- u. Schleiergesellschaften, mäßig h bis h in den Tälern von Elbe u. Weißer Elster, sonst z bis s bis ins Hügelland. V Aln.-Ulm., V Geo-All.; submed+subatl.

S. pallida (DUMORT.) CRÉP., **Bleiche S.**

[*S. media* subsp. *pallida* (PIRÉ) ASCH. et GRAEBN.]. 3–30 cm. 3–5(–7). ⊙, ①. Offene Ruderalfluren, Wege, offene Stellen in Parkrasen, mäßig h bis h im Tiefland (besonders LLA), sonst s od. übersehen. A. ↗ V Sis.; submed-sarmat?

S. palustris (ROTH) HOFFM., **Graugrüne S.**

[*S. glauca* WITH.].10–40 cm. 5–7. ♃. Teich- u. Grabenränder, Feuchtwiesen, Niedermoore, z im Tiefland, s im Hügelland. V Calth., V Car. nig., V Magnocar.; eurosib.

Zu achten ist auf ***Lepyrodiclis holosteoides*** (C. A. MEY.) FENZL, **Blasenmiere:** Im Habitus ähnl. *Stellaria holostea*, aber 1-jährig, Blätter lineal lanzettl.; Kronblätter an der Spitze schwach, aber deutl. ausgerandet; Griffel 2, starr; Kapsel sich mit 2 Klappen öffnend, wobei jede 2 Samen enthält. 10–30 cm. 5–7. ⊙. s in Perserklee-Ansaaten eingeschleppt; für Sachsen angegeben. Heimat: W-Asien bis Himalaja.

Vaccaria WOLF, **Kuhkraut, Kuhnelke**

Stängel oben ästig, kahl; Blätter eiförmig od. lanzettl., spitz, am Grund verwachsen, blaugrün; Blüten einzeln; Krone hellpurpurn od. fleischfarben. 30–60 cm. 6–7. ⊙. Früher auf Äckern mäßig h, heute s eingeschleppt in Ruderalfluren u. als Bestandteil von Rasenansaaten. Als A †. K Stell. med., V Sis.; submed+europ-kont. [*V. pyramidata* MEDIC.]

V. hispanica (MILL.) RAUSCHERT, **Kuhkraut, Saat-Kuhnelke**

var. *hispanica:* Kronblätter kaum länger als 20 mm, etwa 1/3 länger als der Kelch, Nägel nicht deutl. sichtbar; Platte meist vorn abgerundet.

var. *grandiflora* (SER.) MEUSEL et MÜHLBERG: Kronblätter 20–23 mm lang, fast um die Hälfte länger als der Kelch; Nägel deutl. aus dem Kelch herausragend; Platte ausgerandet od. ausgeschweift. Eingeschleppt, s, z. B. Görlitz, Leipzig, Kospa bei Leipzig.

Fam. *Chenopodiaceae* VENT., Gänsefußgewächse

Bem.: Zur sicheren Bestimmung sind meist reife Früchte notwendig.

1 Stängel knotig gegliedert, fleischig, scheinbar blattlos **_Salicornia,_** 494

1* Stängel nicht knotig gegliedert, beblättert

2 Blütenhülle krautig, grün; Blätter vorwiegend breit u. flach

3 Blüten 1-geschlechtig od. Pflanze 2-häusig

4 Pflanze 1-häusig; Blüten zuweilen mit Zwitterblüten untermischt; ♀ Blüten ohne Blütenhülle, von 2 sich vergrößernden Vorblättern umgeben, Narben 2; Staubblätter 2–3 **_Atriplex,_** 483

4* Pflanze 2-häusig; ♀ Blüten mit 2–4-zähniger Hülle, Narben 4, fadenförmig — Kulturpflanze **_Spinacia,_** 494

3* Blüten ⚥

5 Blätter schmal, lineal lanzettl. bis linealisch

6 Pflanze ± behaart; Perigon nach der Blütezeit am Rücken unter der Spitze mit einem Anhängsel *(Abb. 482/1)* **_Bassia,_** 486

6* Pflanze kahl; Perigon ohne Anhängsel **_Suaeda,_** 495

5* Blätter breit, flach, oft 3-eckig od. rautenförmig

7 Blütenhüllblätter am Grund untereinander u. mit dem Fruchtknoten verwachsen; Staubblätter einem den Fruchtknoten umgebenden Ring eingefügt; Narben 2 od. 3 — meist Kulturpflanze **_Beta,_** 486

7* Blütenhülle frei; Staubblätter am Grund der Blütenhüllblätter entspringend; Narben 2–5 **_Chenopodium,_** 487

2* Blütenhülle fehlend od. trockenhäutig; Blätter stets schmal, linealisch

8 Blütenhülle fehlend od. 2-blättrig; Staubblätter 1–5 — Früchte geflügelt **_Corispermum,_** 493

8* Blütenhülle 5-blättrig

9 Staubblätter 5, nicht verwachsen; Blütenhüllblätter nach der Blütezeit auf dem Rücken mit querstehendem, flügel- od. wulstartigem Anhängsel *(Abb. 482/2)* **_Salsola,_** 494

9* Staubblätter 3, am Grund zu einem Ring verwachsen; Blütenhülle ohne Anhängsel **_Polycnemum,_** 493

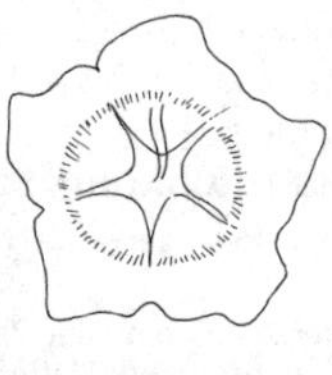

482/1

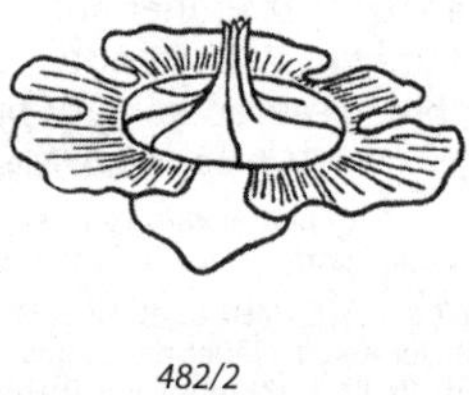

482/2

Atriplex **L., Melde**

1 Die 2 Vorblätter (Fruchthülle) eiförmig u. bespitzt od. kreisrund, ganzrandig (bei *A. oblongifolia* mit einem sehr kleinen Zahn), auf der Fläche glatt (bei *A. oblongifolia* gelegentlich mit einzelnen Knötchen)

2 ♀ Blüten 2-gestaltig: diejenigen mit 4- od. 5-zipfligem Perigon besitzen horizontal abgeflachte 1-samige Früchte, jene ohne Perigon haben vertikal abgeflachte Früchte zwischen 2 großen Vorblättern

3 Alle Blätter, auch die oberen, beiderseits kahl, evtl. die jüngsten leicht schilferig, glanzlos, oft rot überlaufen, die unteren herzförmig 3-eckig, zugespitzt, die mittleren aus spießförmigem Grund längl.; Vorblätter fast kreisrund, mit rundl. Spitze; Fruchtstiel so lang wie die 3,5–4,5 mm lange Frucht ***A. hortensis***

3* Blätter, vor allem die oberen, auf der Unterseite grau-od. weiß-schilferig, oberseits glänzend, 3-eckig eiförmig od. längl., zugespitzt, am Grund gestutzt od. fast spieß-herzförmig; Vorblätter rundl. eiförmig, deutl. bespitzt *(Abb. 483/1)*; Fruchtstiel viel kürzer als die 3–3,5 mm lange Frucht ***A. sagittata***

2* Alle ♀ Blüten gleichartig: zwischen den beiden Vorblättern eine vertikal abgeflachte 1-samige Frucht; Perigon fehlt

4 Blätter bis 15 cm lang u. breit, davon 4 cm Stiel, 3-eckig pfeilförmig, mit ausgezogenen Spießecken, zugespitzt, die unteren gestutzt bis herzförmig, ganzrandig od. geschweift gezähnt; Vorblätter mit hervortretenden Nerven, am Rand ohne kleinen Zahn *(Abb. 483/2)* ***A. micrantha***

4* Blätter bis 7 cm lang, davon 1 cm Stiel, bis 2 cm breit, eiförmig rhombisch od. eiförmig lanzettl., zugespitzt od. abgerundet, Blattgrund ± abgerundet od. keilförmig gestutzt, mit einem großen Zahn (daher fast spießförmig); Vorblätter mit nicht hervortretenden Längsnerven, an der breitesten Stelle mit einem sehr kleinen Zahn *(Abb. 483/3)* ***A. oblongifolia***

1* Die 2 Vorblätter (Fruchthülle) ± 3-eckig, verlängert od. quadratisch rautenförmig, auf der Fläche ohne od. mit verschieden gestalteten Warzen od. Anhängseln

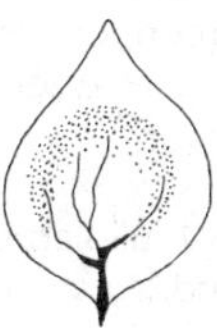

483/1

483/2

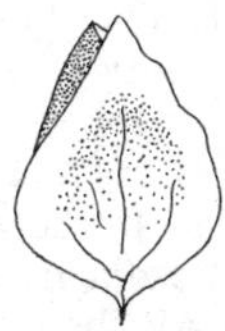

483/3

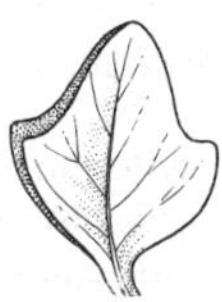

483/4

5 Vorblätter nur am Grund miteinander verwachsen, im Umriss meist 3-eckig bis verlängert rautenförmig, krautig od. häutig; untere Äste spreizend

6 Untere Blätter rhombisch lanzettl., der untere Zahn auf jeder Seite oft spießförmig hervortretend, obere lanzettl. od. schmal, Blattspreitengrund deutl. keilförmig verschmälert, Blattspreite 2–3-mal so lang wie breit; Vorblätter so groß wie od. größer als die Frucht, mit spießförmig vorgezogenen Seitenecken *(Abb. 483/4)*, glatt od. weichstachlig **_A. patula_**

6* Untere Blätter 3-eckig spießförmig, am Grund meist gestutzt od. plötzlich in den Blattstiel verschmälert, mit abstehenden od. etwas abwärts gerichteten Spießecken, Blattspreite höchstens um die Hälfte länger als breit; Vorblätter so groß wie od. größer als die Frucht, fast 3-eckig, gezähnt od. ganzrandig **_A. prostrata_**

5* Vorblätter mindestens bis zur Mitte verwachsen, im Umriss meist quadratisch rautenförmig, bei der Fruchtreife knorpelig verhärtet

7 Blütenstände in unterbrochenen, fast bis zur Spitze beblätterten Scheinähren; Vorblätter eiförmig 3-eckig; Blätter ungleich buchtig gezähnt; Stängel wie die Blätter u. Blütenhüllen weiß schilferig **_A. rosea_**

7* Blütenstände in schweifartigen, dünnen, oberwärts blattlosen u. gedrungenen, gelbl. Scheinähren; Vorblätter rautenförmig; Blätter tief u. ungleich buchtig gezähnt; Stängel grün u. weiß gestreift, nur jung schilferig, dann verkahlend **_A. tatarica_**

Selten eingeschleppt: ***A. littoralis*** L., **Strand-M.,** mit schmal lanzettl., ganzrandigen bis entfernt gezähnten Blättern, z. B. Leipzig. Heimat: Küsten Europas u. östl. N-Amerika.

A. hortensis L., **Garten-M.***

20–150 cm. 7–9. ☉. Kulturpflanze, verwildert, Müllplätze, Erdaufschüttungen, Komposthaufen, z im Tief- u. Hügelland. NU. V Sis. Wg. Heimat: M-Asien.

A. micrantha LEDEB., **Verschiedensamige M.**

[*A. heterosperma* BUNGE]. Die 3 Hauptnerven der Vorblätter vereinigen sich erst am unteren Rand der Vorblätter (vgl. aber *A. sagittata*). 30–150 cm. 7–10. ☉. Mäßig trockene Ruderalfluren (Straßenränder, Müllplätze, Erdaufschüttungen), z ELH, ERB, LLA (mit Schwerpunkt in Ballungsräumen); s OLH: um Bautzen; VGT: Treuen, Weißensand. ↗ NE. O Sis. Heimat: W- u. M-Asien.

A. oblongifolia WALDST. et KIT., **Langblättrige M.**

30–150 cm. 7–9. ☉. Meist trockene Ruderalfluren (Straßenränder, Müllplätze, Erdaufschüttungen), Ackerraine, Flussufer, h im Tief- u. Hügelland, z bis s im Bergland. ↗ V Sis., auch V Chen.; europ-kont.

A. *patula* L., **Ruten-M.***

30–100 cm. 7–10. ⊙. Frische Ruderalfluren (Müllplätze, Wegränder, Erdaufschüttungen, Komposthaufen), nährstoffreiche Äcker, Gärten, Ufer, h. V Sis., K Stell. med., V Chen.; euras, circpol.

A. *prostrata* DC., **Spießblättrige M., Spieß-M.***

[*A. hastata* auct. s. l.]. 10–80 cm. 7–9. ⊙. Frische Ruderalfluren (Wegränder, Müllplätze, Erdaufschüttungen), Ufer, Schlammbänke, mäßig h. V Sis., O Bid.; euras.

Die Verbreitung der Unterarten in Sachsen ist weitgehend unbekannt. Neben den im Folgenden genannten gibt es offenbar Übergänge u. nicht zuzuordnende Pflanzen. Zur Bestimmung sind gut entwickelte Blätter u. reife Früchte notwendig. Schlüssel nach KRISCH in JÄGER & WERNER (2005):

1 Blattspreite ein ± gleichschenkliges Dreieck bildend, um etwa 1/3 länger als breit; Blattspreitengrund ohne rückwärts gerichtete Zähne; seitl. Blattränder ganzrandig od. entfernt gezähnt; Vorblätter auch ausgereift dünn, die größten netznervig, fast immer ohne Warzen

2 Untere Seitenzweige in der ganzen Länge liegend, oft mehrfach länger als die Hauptachse; Blattspreite 1,5–3 cm lang, graugrün, schilferig; Vorblätter 2–4 mm lang, nur so lang wie die Frucht, ganzrandig, od. mit winzigen Zähnchen, stets ohne Warzen; Fruchtstand mit kurzen Seitenzweigen. Müllplätze, s, z. B. Leipzig, Flöha, Dresden (in angenäherter Form). [*A. latifolia* subsp. *prostrata* (DC.) HIITONEN]. **subsp. *prostrata***

2* Seitenzweige aufrecht bis schräg abstehend, kürzer als die Hauptachse; Blattspreite bis 8 cm lang, dunkelgrün; Vorblätter 4–8 mm lang, größer als die Frucht, ganzrandig od. gezähnt, meist ohne Warzen; Fruchtstand mit lang übergebogenen Seitenästen. Standorte wie Art. Im Gebiet vorherrschend. [*A. latifolia* WAHLENB. em. PEDERSEN, *A. hastata* auct. s. str.]. **subsp. *latifolia*** (WAHLENB.) RAUSCHERT

1* Blattspreite ein beinahe gleichseitiges Dreieck bildend, nicht od. nur wenig länger als breit; Blattspreitengrund in jeder Hälfte mit 1 rückwärts gerichteten Zahn; seitl. Blattränder stets (?) gezähnt; Vorblätter dick, oft nur der Mittelnerv sichtbar, meist mit Warzen

3 Blattspreite bis 5 cm lang, graugrün, schilferig, ziemlich regelmäßig gezähnt, spitz od. selten (var. *obtusifolia* PEDERSEN – ob im Gebiet?) breit zungenförmig abgerundet. Aufschüttungen, Müllplätze, Straßenränder, wahrscheinlich s, z. B. Bautzen, Dresden. [*A. latifolia* var. *salina* (WALLR.) W. D. J. KOCH]. **subsp. *triangularis*** (WILLD.) RAUSCHERT

3* Blattspreiten bis 10 cm lang, dunkelgrün, ungleichmäßig grob gezähnt. Straßenränder, s, z. B. Leipzig, Zwickau, Bautzen, Niesky. [*A. latifolia* subsp. *deltoidea* (BAB.) HIITONEN]. **subsp. *deltoidea*** (BAB.) RAUSCHERT

A. *rosea* L., **Rosen-M.**

Stängel gespreizt vielästig; 25–80 cm. 7–9. ⊙. Trockenwarme Ruderalfluren (Dorfanger, Wegränder, Müllplätze), meist unbeständig, z OL, s LLA: Leipzig; früher s ELH. A. ↘ O Sis.; med-europ-kont.

A. *sagittata* BORKH., **Glanz-M.**

[*A. nitens* SCHKUHR, *A. acuminata* WALDST. et KIT.]. Die 3 Hauptnerven der Vorblätter vereinigen sich im unteren Viertel der Vorblätter zum fruchttragenden Strang (vgl. aber *A. micrantha*). 50–180 cm. 7–9. ⊙. Trockene bis frische Ruderalfluren (Müllplätze, Straßenränder, Erdaufschüttungen), nährstoffreiche Ufer, h im Tief- u. Hügelland, z bis s im Bergland. A? V Sis., V Chen.; euras-kont.

A. tatarica L., **Tataren-M.**

Stängel reich, aber meist nicht sparrig verzweigt. 30–100 cm. 7–9. ⊙. Trockenwarme Ruderalfluren (Straßenränder, Müllplätze), z LLA, OL; sonst s. NE. Heimat: S- u. O-Europa, Asien. O Sis.; euras-kont.

Sehr formenreiche Art.

Bastard:

A. × gustafssoniana TAUSCHEREAU [*A. longipes* DREJER × *A. prostrata*]: Ähnelt *A. patula*, besitzt jedoch zumindest einige gestielte Früchte in den Hauptachseln. 20–60 cm. 9–11. ⊙. Autobahnränder, Ruderalfluren, bisher Plauen, Leipzig.

Bassia ALL. [*Kochia* ROTH], Radmelde

Pflanze aufrecht, ästig ± behaart; Blätter lineal lanzettl., bis über 4 mm breit; Anhängsel der Fruchthülle krautig, nicht voneinander getrennt, 3-eckig spitzl. 20–150 cm. 7–10. ⊙. Trockenwarme Ruderalfluren (Bahnanlagen, Müllplätze, Straßenränder). O Sis.; euras-kont. [*Kochia scoparia* (L.) SCHRAD.]. **B. scoparia** (L.) VOSS, **Besen-R.**

1 Pflanze kahl bis wenig behaart, im Herbst oft rot überlaufen; endständige Scheinähren lockerblütig, verlängert; Blätter kahl od. wenig behaart, am Grund manchmal mit einzelnen langen Haaren; Blüten am Grund kahl od. nur einzelne lange Haare. Zierpflanze, verwildert, s ELH, LLA, OL, VGT. NU. [*K. scoparia* fo. *trichophylla* hort.]. **subsp. *scoparia*, Sommerzypresse**

1* Pflanze wenigstens oben anfangs kraushaarig; endständige Scheinähren dichtblütig, gedrungen; Blätter unterseits fein behaart, am Rand bewimpert; Blüten am Grund mit einem ± deutl. Haarkranz. Meist z im Tief- u. Hügelland, vor allem in Ballungsräumen, s im Bergland. NE. [*K. scoparia* var. *densiflora* MOQ.]. **subsp. *densiflora*** (B. D. JACKS.) CIRUJANO et VELAYOS

Beta L., Runkelrübe, Mangold

1 Blütenhüllblätter 3-eckig od. pfrieml. zugespitzt od. schmal löffelförmig, gelbl. (nicht kronblattartig); Kulturpflanze **B. vulgaris**

1* Blütenhüllblätter längl. oval od. spatelförmig, meist groß u. auffallend kronblattartig gefärbt (gelbl.-weiß, weiß bis rötl.); eingeschleppte Wildpflanze **B. trigyna**

B. trigyna WALDST. et KIT., **Kaukasische R.**

30–60 cm. 6–7. ♃. Ruderalfluren, s, Leipzig, Dresden. NU. Heimat: O-Europa, W- u. SW-Asien.

B. vulgaris L., **Gewöhnliche Rübe***

Grundblätter rosettig, lang gestielt, eiförmig, stumpf, am Grund etwas herzförmig, am Rand meist wellig; Stängel ästig, Stängelblätter klein, längl. bis lanzettl., zugespitzt; Blüten in langen rispigen, beblätterten Scheinähren. 50–150 cm. 7–9. ⊙, ⊙, ⊗. Müllplätze, Komposthaufen, s verwildert.

1 Wurzel zylindrisch, derb **subsp. *cicla*** (L.) ALEF., **Mangold,** hierzu
var. *cicla*: Blatt-Mangold, Schnitt-Mangold
var. *flavescens* DC.: Stiel-Mangold
1* Wurzel spindelförmig, fleischig; sehr formenreich **subsp. *vulgaris*,** hierzu u. a.
var. *altissima* DÖLL: Zucker-Rübe
var. *rapacea* K. KOCH: Futter-Rübe
var. *vulgaris*: Rote Beete, Rote Rübe

Chenopodium L., Gänsefuß

Zum Prüfen der Samenoberfläche ist eine starke Lupe notwendig!

1 Ganze Pflanze drüsig, ± stark aromatisch riechend
2 Blüten in Knäueln in den Achseln der Laub- u. Hochblätter
3 Knäuel 2–3 mm breit, wenigblütig, in pyramidal rispigem Blütenstand in den Achseln von Hochblättern; Blätter längl. elliptisch bis breit lanzettl., unregelmäßig buchtig gezähnt od. buchtig gelappt bis fast ganzrandig; Stängel u. Äste aufrecht; sehr aromatisch riechend **_Ch. ambrosioides_**
3* Knäuel 3–5 mm breit, reichblütig, in den Achseln von Laubblättern; Blätter im Umriss ± rautenförmig, in der unteren Hälfte ganzrandig, oben buchtig mit ganzrandigen Zipfeln; Stängel im unteren Teil reich verzweigt u. mit ± liegenden Ästen; schwach aromatisch riechend **_Ch. pumilio_**
2* Blüten in dichasial verzweigten, lockeren Blütenständen
4 Perigonzipfel auf dem Rücken ohne kammartig höckerige Anhängsel; Blätter längl. bis eiförmig, vom Grund an buchtig gelappt bis geteilt, meist mit gezähnten Zipfeln **_Ch. botrys_**
4* Perigonzipfel auf dem Rücken mit mehreren Höckern; Blätter oval elliptisch, oft tief buchtig fiederspaltig mit schwach zugespitzten Abschnitten **_Ch. schraderianum_**
1* Ganze Pflanze kahl, aber oft mehlig bestäubt
5 Pflanze ausdauernd; Blätter sehr groß (bis > 10 cm lang), 3-eckig, am Grund spießförmig, lang gestielt, ganzrandig **_Ch. bonus-henricus_**
5* Pflanze 1-jährig, Blätter nie spießförmig, (fast) immer kleiner, nicht ganzrandig (falls ganzrandig, dann Blätter klein u./od. schmal)
6 Blütenknäuel kugelig; Blütenhülle zur Fruchtzeit saftig fleischig, scharlachrot
7 Stängel bis zur Spitze beblättert; Blätter längl. rautenförmig od. 3-eckig längl., am Grund keilförmig, zugespitzt, eingeschnitten gezähnt; Blütenstände sämtl. in den Blattachseln; Samen am Rand abgerundet od. rinnenförmig vertieft **_Ch. foliosum_**
7* Stängel oberwärts nicht beblättert; Blätter 3-eckig, am Grund gestutzt od. fast spießförmig, meist schwach gezähnt; die oberen Blütenstände zu einer Scheinähre verbunden, blattlos; Samen scharfrandig **_Ch. capitatum_**

6* Blütenknäuel nicht kugelig; Blütenhülle zur Fruchtzeit nicht saftig fleischig

8 Blätter ganzrandig, höchstens selten mit einem lappenartigen Zahn

9 Blätter linealisch od. schmal lanzettl., zuweilen mit je einem lappenartigen Zahn **_Ch. pratericola_**

9* Blätter eiförmig od. rautenförmig

10 Pflanze nicht bestäubt, dunkel- od. hellgrün, oft rot überlaufen; untere Blätter längl. bis längl. eiförmig *(Abb. 488/1);* Blütenstände locker; Blütenhülle zur Fruchtzeit offen; Pflanze nicht stinkend **_Ch. polyspermum_**

10* Pflanze mehlig bestäubt, graugrün; Blätter breit rautenförmig *(Abb. 488/2);* Blütenstände geknäuelt, am Ende des Stängels u. der Äste rispenförmige Scheinähren bildend; Blütenhülle zur Fruchtzeit geschlossen; Pflanze stark nach Heringslake (Trimethylamin) riechend **_Ch. vulvaria_**

8* Blätter nicht ganzrandig

11 Blätter am Grund ± herzförmig *(Abb. 488/3)* **_Ch. hybridum_**

11* Blätter am Grund nicht herzförmig, sondern gestutzt od. verschmälert

12 Blätter, Blütenstiele u. Blütenhülle anfangs mehlig bestäubt; Frucht von der Blütenhülle fest umschlossen

13 Junge Blätter u. Stängel rötl.-violett bestäubt; Pflanze bis 2 m groß **_Ch. giganteum_**

13* Blätter u. Stängel weiß bestäubt (selten bei *Ch. album* auch rötl. bestäubt, dann aber Pflanze stets viel kleiner)

14 Blätter unterseits nur wenig bemehlt, oberseits immer kahl u. meist glänzend, eiförmig bis rautenförmig, meist reich u. tief gezähnt, dunkelgrün *(Abb. 488/4);* Gesamtblütenstand locker, in abstehenden kleinen Rispen; Samen nicht glänzend, am Rand scharf gekielt – Samenoberfläche mit wabenartigen Grübchen bedeckt (starke Lupe!); Pflanze stinkend **_Ch. murale_**

14* Wenigstens junge Blätter beidseitig bemehlt, matt; Gesamtblütenstand langästig; Samen glänzend, stumpfrandig

15 Pflanze stinkend (nach Heringslake) **_Ch. hircinum_**

15* Pflanze nicht stinkend

16 Mittellappen der Blätter lang ausgezogen, ± parallelrandig *(Abb. 489/1);* Samen 0,8–1 mm Ø, deutl. bienenwabenartig grubig punktiert **_Ch. ficifolium_**

488/1

488/2

488/3

488/4

16* Blätter ohne lang ausgezogenen Mittellappen; Samen meist über 1,2 mm Ø, nicht mit deutl. bienenwabenartiger Oberfläche

17 Samenoberfläche mit flachgrubigen Netzfeldern; Stängel nie mit roten Tönen (od. höchstens in den Astwinkeln), lebhaft grün bis graugrün **Ch. suecicum**

17 Samenoberfläche glatt od. nahezu glatt (z. T. mit feinen, nur bei starker Vergrößerung erkennbaren Rillen); Stängel (außer bei *Ch. opulifolium*) oft rotstreifig

18 Seitenlappen der Blätter tief stehend, dadurch 3-lappig, breit; untere Blätter ± so breit wie lang

19 Mittlere Blätter klein (1,5–3 cm), dünn, zieml. stark bestäubt *(Abb. 489/2)*; Pflanze nie mit rötl. Tönen, graugrün od. rein grün; Äste fast waagerecht abstehend; Gesamtblütenstand trugdoldig abgeflacht, zieml. dicht; Samen ± 1,25 mm breit **Ch. opulifolium**

19* Mittlere Blätter bis 10 cm lang u. 8 cm breit, dunkelgrün, dickl., kaum bestäubt; Pflanze frühzeitig rot überlaufen; Äste schräg abstehend; Gesamtblütenstand pyramidal, Samen 1 mm breit **Ch. probstii**

18* Seitenlappen der Blätter nicht tief stehend, stets länger als breit (vgl. aber var. *borbasii* bei *Ch. album*)

20 Stängel grün gestreift, doch oft ± rot überlaufen (nicht mit *Ch. strictum* verwechseln!); untere u. mittlere Blätter sehr vielgestaltig, meist rhombisch, längl., eiförmig, lanzettl., z. T. 3-lappig, nicht parallelrandig, gezähnt, zugespitzt, seltener (fast) ganzrandig, nicht rotrandig; Blütenstand pyramidal, untere Äste schräg aufwärts abstehend; Perigon weißl., bemehlt; Samen 1,2–1,5 mm Ø **Ch. album**

20* Stängel stets rot gestreift; untere u. mittlere Blätter längl., mit fast parallelen Rändern, die sich bald röten, wenig gezähnt, vorn stumpf; untere Äste (fast) waagerecht abstehend; Blütenstand schmal pyramidal; Perigon dunkel olivgrün, kaum bemehlt; Samen 0,9–1,3 mm Ø **Ch. strictum**

12* Blätter, Blütenstiele u. Blütenhülle nicht mehlig bestäubt; Frucht von der Blütenhülle nicht fest umschlossen

21 Blätter oberseits dunkelgrün, unterseits (weißl.) bläul.-grau **Ch. glaucum**

21* Blätter nicht deutl. 2-farbig

489/1

489/2

489/3

22 Alle Blüten mit 5-blättriger Blütenhülle, 5 Staubblätter; Blütenstände zu steif aufrechten, fast blattlosen Scheinähren vereinigt; reife Frucht im Perigon sichtbar; Samen schwarz; Blätter bis 20 cm lang ***Ch. urbicum***

22* Nur die Endfrucht jedes Knäuels 5-zählig, die seitl. mit 2–4-blättriger Blütenhülle; 2–3 Staubblätter; Blütenstände nicht steif aufrecht; reife Frucht im Perigon nicht sichtbar; Samen rotbraun; Blätter bis etwa 6 cm lang *(Abb. 489/3)* ***Ch. rubrum***

Ch. album L., **Weißer G.***

20–150 cm. 6–8. ☉. Äcker, Gärten, Ruderalfluren, Ufer, sehr h. K Stell. med., O Sis., auch O Bid. Kospmopolit. Schwach giftig (für Vieh).

Sehr vielgestaltig, zur infraspezifischen Gliederung, vor allem eingeschleppter Sippen, ist Spezialliteratur nötig, z. B. AELLEN (1979); bemerkenswerte Sippen:

subsp. *album* var. *borbasii* (MURR) LUDWIG: Blätter ± 3-lappig. Müllplätze s, z. B. OL, Leipzig.

subsp. *pedunculare* (BERTOL.) ARCANG.: Blätter graugrün, ganzrandig od. nur mit wenigen Zähnen, relativ lang gestielt; nur wenig bemehlt. Ruderalfluren, Gärten, z.

Ch. ambrosioides L., **Wohlriechender G., Mexikanischer Tee, Jesuitentee**

[*Dysphania a.* (L.) MOSYAKIN et CLEMANTS]. 30–60 cm. 6–10. ☉. Müll- u. Umschlagplätze, Erdaufschüttungen, s, z. B. Leipzig, Zittau, Görlitz, Weißwasser, Dresden. NU. V Sis. Off. Heimat: tropisches Amerika.

Ch. bonus-henricus L., **Guter Heinrich***

Blütenstände zu einer dichten Rispe vereinigt; Pflanze mehlig bestäubt; Wurzel rübenartig. 20–80 cm. 6–9. ♃. Feuchte bis frische Wegränder, Mauerfüße, besonders in Dörfern, mäßig h im Hügel- u. Bergland, s im Tiefland. P. ↘ V Arct.; europ-nem-subalp. Früher Wg.

Ch. botrys L., **Klebriger G.***

[*Dysphania b.* (L.) MOSYAKIN et CLEMANTS]. 30–70 cm. 5–9. ☉. Ruderalfluren (Müll- u. Umschlagplätze, städtische Brachen), Rohböden der Bergbaufolgelandschaft, z LLA, OL; s ELH: Dresden; ERB: Dänkritz; OL. NU. O Sis. Heimat: SO-Europa, W-Asien.

Ch. capitatum (L.) ASCH., **Kopfiger Erdbeerspinat**

15–60 cm. 6–8. ☉. Früher als Gemüse gebaut, verwildert, früher s ELH, LLA, OL. Heimat: vielleicht N-Amerika.

Ch. ficifolium SM., **Feigenblättriger G.**

Blätter mit mehreren Seitennerven (bei *Ch. pratericola* sind die Blätter viel kleiner, stark bemehlt u. besitzen nur je einen am Grund des Hauptnervs abgehenden Seitennerv). 30–90 cm. 6–9. ☉. Ruderalfluren (Erdaufschüttungen, Müllplätze, Komposthaufen), Ufer, Gärten, Maisfelder, Hackfruchtäcker, mäßig h vom Tiefland bis ins untere Bergland, im oberen z. NE. V Sis., O Bid., K Stell. med.; euras-kont.

Ähnl. ist ***Ch. berlandieri*** Moq., **Berlandiers G.:** Blätter aber im Umriss breit eiförmig, undeutl. 3-lappig, Seitenlappen etwa in der Mitte; Samen 1–1,4 mm Ø; besonders gekennzeichnet durch die auffallend bienenwabenartige Samenoberfläche. 50–150 cm. 7–9. ⊙. Müllplätze, eingeschleppt, s LLA: Leipzig; OLH: Ottendorf-Okrilla.

Ch. foliosum Asch., **Durchblätterter Erdbeerspinat**

15–60 cm, 6–8. ⊙. Mäßig trockene Ruderalfluren, s ELH: Meißen, Dresden; ESG: Neundorf; LLA: Leipzig; OLH: Weixdorf; OLT: Weißwasser, Dürrbach; VGT: Lengenfeld-Grün. NU. V Sis. Früher Wg. Heimat: S-Europa, W-Asien.

Ch. giganteum D. Don, **Riesen-G.**

Blätter meist sehr groß (bis 18 cm lang, 16 cm breit), rhombisch 3-eckig od. rhombisch eiförmig, reich gezähnt. 50–200 cm. 6–9. ⊙. Müll- u. Umschlagplätze, s ELH: Dresden; LLA: Leipzig, OLH: Langburkersdorf, Naundorf. NU. V Sis. Heimat: Indien.

Ch. glaucum L., **Blaugrüner G.**

Blätter längl. od. eiförmig, in den kurzen Blattstiel verschmälert, buchtig gezähnt; Blütenstände in achsel- u. endständigen, nicht beblätterten Scheinähren, zieml. dicht; Samen scharfkantig. 15–50 cm. 7–10. ⊙. Nasse bis frische Ruderalfluren (Dung- u. Müllplätze, Wegränder), Ufer, überdüngte Äcker, mäßig h bis ins untere Bergland, sonst s. V Chen., V Sis.; euras-kont.

Ch. hircinum Schrader, **Bocks-G.**

Blätter stark bemehlt; untere Blätter meist deutl. 3-lappig, mit fast rechteckigem Mittellappen, Seitenlappen ± in der Mitte der Blattspreite stehend, vorwärts gerichtet, ± gezähnt *(Abb. 491/1)*, insgesamt Blätter nicht viel länger als breit. 20–100 cm. 7–10. ⊙. Müllplätze, eingeschleppt, s, z. B. Leipzig, Eilenburg, Dresden, Bautzen: Naundorf. NU. V Sis. Heimat: S-Amerika.

491/1

Ch. hybridum L., **Bastard-G.**

Blätter groß, eiförmig 3-eckig, grob buchtig gezähnt, nicht mehlig bestäubt; Blütenstände geknäuelt, in endständiger, unbeblätterter Rispe. 30–100 cm. 6–9. ⊙. Mäßig trockene Ruderalfluren, Gärten, Äcker, mäßig h im Tief- u. Hügelland, z im Bergland. P. V Sis., K Stell. med.; euras-kont.

Ch. murale L., **Mauer-G.**

15–45 cm. 7–9. ⊙. Trockenwarme Ruderalfluren (Wegränder, Mauerfüße, seltener auf Müllplätzen), z im Tief- u. Hügelland. A. ↘ V Sis.; med+europ-kont. Kosmopolit.

Ch. opulifolium W. D. J. Koch et Ziz, **Schneeballblättriger G.**

30–100 cm. 7–9. ⊙. Ruderalfluren (Mauerfüße, Müllplätze, Wegränder), z im Tief- u. Hügelland, s im Bergland (verschleppt, z. B. Altenberg). A. ↘ V Sis.; med-europ-kont. Kosmopolit.

Ch. polyspermum L., Vielsamiger G.

15–60 cm. 6–9. ⊙. Äcker, Gärten, frische u. feuchte Ruderalfluren, Flussufer, h, z im oberen Bergland. K Stell. med. (besonders V Sperg.-Ox., V Veron.), O Bid., V Sis.; euras-nem.

1 Pflanze ausgebreitet ästig, meist dunkelgrün; Blütenstände trugdoldig, vorwiegend auf Äckern u. Ruderalfluren, mäßig h. var. *polyspermum*

1* Pflanze mit aufrechtem Haupttrieb u. aufsteigenden Ästen, meist hellgrün od. rot überlaufen; Blütenstände ährenförmig, meist an Flussufern (V Chen.), Verbreitung nicht genügend bekannt. var. *acutifolium* (SM.) GAUDIN

Ch. pratericola RYDB., Schmalblättriger G.

[*Ch. leptophyllum* auct.]. Neben dem Hauptnerv des Blattes nur das basale Seitennervenpaar sichtbar; Samenoberfläche flach hügelig. 20–80 cm. 6–9. ⊙. Müll- u. Umschlagplätze, eingeschleppt, s ELH: Dresden, Meißen; GHP: Blattersleben; LLA: Leipzig; OLT: Hoyerswerda. NU. V Sis. Heimat: wärmeres N-Amerika.

Ch. probstii AELLEN, Probsts G.

80–150 cm. 8–11 (daher selten reife Samen ausbildend). ⊙. Müll- u. Umschlagplätze, eingeschleppt, z im Tief- u. Hügelland. NU. V Sis. Heimat: unbekannt, wahrscheinlich N-Amerika.

Ch. pumilio R. BR., Australischer G.

[*Dysphania p.* (R. BR.) MOSYAKIN et CLEMANTS]. 20–80 cm. 6–10. ⊙. Müllplätze, Erdaufschüttungen, Blumenrabatten, eingeschleppt, s ELH: Dresden, Meißen; LLA: Leipzig; OLH: Bretnig, Neustadt; OLT: See. NU. V Sis., s V Veron. Heimat: Australien.

Ch. rubrum L., Roter G.

Blätter rautenförmig 3-eckig, fast spießförmig, tief buchtig gezähnt; Stängel gestreift, oft rot überlaufen. 5–80 cm. 6–10. ⊙. Ufer, frische bis nasse Ruderalfluren (Müllplätze, Dungplätze, Brachen), mäßig h im Tief- u. Hügelland, s im Bergland. K Bid., V Sis.; euras, circpol.

Ch. schraderianum SCHULT., Schraders G.

[*Dysphania sch.* (SCHULT.) MOSYAKIN et CLEMANTS]. 30–90 cm. 7–9. ⊙. Müll- u. Umschlagplätze, s LLA: Leipzig; OLH: Löbau. NU. V Sis. Heimat: Afrika.

Ch. strictum ROTH, Gestreifter G.

[*Ch. striatum* (KRAŠAN) J. MURR]. 40–150 cm. 8–10. ⊙. Trockene Ruderalfluren (Bahnanlagen, Müllplätze, kiesige od. sandige Brachen), mäßig h im Tiefland, z im Hügel- u. Bergland (oft mit *Ch. album* verwechselt!). NE. O Sis.; med-europ-kont.

subsp. _strictum:_ Standorte und Verbreitung wie Art

subsp. _striatiforme_ (J. MURR) UOTILA [*Ch. album* var. *microphyllum* BOENN., *Ch. striatiforme* J. MURR]: zierlicher u. in allen Teilen kleiner; Blätter deltoid, bis maximal 3,5 cm lang, fein gesägt; Sprossachse schlank. 10–50 cm. Feinsandige, mörtelreiche Standorte an Mauerfüßen, auch Bahnanlagen, mehrfach in Leipzig, sonst s (vielleicht übersehen).

Ch. suecicum J. MURR, **Grüner G.**

[*Ch. viride* auct.]. Blütenstand locker zymös (meist zierlicher als bei dem ähnl. *Ch. album*); Blätter dünn, meist eiförmig rhombisch, mit scharfen, vorwärts gerichteten Zähnen; zwischen den oberen Blättern u. den Abzweigungen der Teilblütenstände befindet sich oft (aber nicht immer!) ein kleiner Abstand (bisher bei *Ch. album* nicht beobachtet); sehr schwierig zu erkennende, oft übersehene od. mit *Ch. album* verwechselte Art. 30–100 cm. 6–8. ⊙. Meist frische Ruderalfluren (Wegränder, Müllplätze), Heckensäume, z im Tief- u. Hügelland. V Sis., seltener V Geo-All.; euras-kont.

Ch. urbicum L., **Stadt-G.**

30–120 cm. 7–9. ⊙. Müllplätze, Brachflächen, Wegränder, s im Tief- u. Hügelland. Als A †; jetzt nur s eingeschleppt. NU. V Sis.; euras-kont.

1 Blätter glänzend, so breit wie lang, 3-eckig, am Grund fast gestutzt; Vorkommen usw. wie bei Art. var. *urbicum*

1* Blätter 2-mal so lang wie breit, rautenförmig, am Grund keilförmig; Brachen, s eingeschleppt, z. B. Leipzig. var. *intermedium* (MERT. et W. D. J. KOCH) W. D. J. KOCH,.

Ch. vulvaria L., **Stinkender G.**

10–30 cm. 6–9. ⊙. Trockenwarme Ruderalfluren (Mauerfüße, Wegränder), besonders in Dörfern, auch auf Müllplätzen, s im Tief- u. Hügelland, früher mäßig h LLA, ELH. P. ↘ V Sis.; med+europ-kont. Kosmopolit.

Bastarde:

Ch. album × *Ch. probstii*: s, Leipzig, Bischofswerda

Ch. × ***fursajewii*** AELLEN et ILJIN [*Ch. album* × *Ch. suecicum*]: im Gebiet zu erwarten

Ch. × ***pseudostriatum*** J. MURR [*Ch. album* × *Ch. strictum*]: s, z. B. Leipzig

Corispermum L., **Wanzensame**

Blütenhülle 2-blättrig, Frucht rundl. eiförmig, höchstens 1/4 so breit wie der Samen, ihr Flügelrand schmal durchscheinend, nicht gezähnelt u. mit 2 Stachelspitzchen; obere Deckblätter eiförmig, zugespitzt, häutig berandet. 15–40 cm. 8–9. ⊙. Trockene, meist sandige Ruderalfluren (Bahnanlagen, Kies- u. Sandablagerungen, Rohböden der Braunkohlefolgelandschaft), unbeständig, mäßig h im Tiefland, z im Hügelland, sonst s. NE. O Sis. Heimat: S-Europa. [*C. hyssopifolium* auct. non L.].

C. leptopterum (ASCH.) ILJIN, **Schmalflügeliger W.**

Polycnemum L., **Knorpelkraut**

1 Vorblätter bedeutend länger als die Blütenhülle; Blüten 2–2,5 mm lang; Samen 1,5–2 mm lang; Blätter 10–20 mm lang; Äste ± steif aufrecht ***P. majus***

1* Vorblätter etwa so lang wie die Blütenhülle; Blüten 1–1,5 mm lang; Samen 1–1,5 mm lang; Blätter < 10 mm lang; Pflanze niederliegend od. aufsteigend ***P. arvense***

P. arvense L., **Acker-K.**

2–25 cm. 7–10. ⊙. Sandäcker, Wege, †, früher z u. unbeständig im Tief- u. Hügelland. A. O Coryn., O Aper.; submed+europ-kont.

P. majus A. Braun, **Großes K.**

10–20 cm. 7–10. ⊙. Ruderalfluren, s, Leipzig. NU. V Sis. Heimat: S-Europa, W-Asien.

Salicornia L., **Queller**

Stängel einfach oder verzweigt, aufsteigend, grünl., im Herbst sich rot verfärbend; Stängelglieder oberwärts verdickt; Ähren kurz u. dünn gestielt. 5–30 cm. 8–9. ⊙. Auf stark salzhaltigem Boden. Fehlt im Gebiet, aber Vorkommen im angrenzenden Sachsen-Anhalt in der westl. Elster-Luppe-Aue. ***S. europaea*** L., **Gewöhnlicher Qu.***

Salsola L., Salzkraut

1 Blütenstand mit ± abstehenden Blütenstandsblättern, keine schlanke Ähre bildend ***S. tragus***

1* Blütenstand mit anliegenden Blütenstandsblättern, lang, schlank, ährenförmig ***S. collina***

S. collina Pall., **Hügel-S.**

10–100 cm. 7–10. ⊙. Ruderalfluren, s, Dresden, Leipzig. NU. Heimat: O-Europa, Asien.

S. tragus L., **Kali-S.***

[*S. kali* L. subsp. *ruthenica* (Iljin) Soó, *S. kali* subsp. *iberica* (Sennen et Pau) Rilke]. 5–100 cm. 7–10. ⊙. Trockenwarme Ruderalfluren (Bahnanlagen, Müllplätze, Aschekippen), mäßig h, s im Bergland. NE. V Sals.; euras-kont.

1 Laubblätter u. Vorblätter nicht auffallend lang u. dünn; Flügel der Blütenhüllblätter groß, häutig, gestreift; Verbreitung usw. wie Art. var. *tragus*

1* Laubblätter u. Vorblätter auffallend lang u. dünn; Blütenhüllblätter der unteren u. mittleren Blüten mit ungestreiften Kielen, die obersten mit deutl. u. gestreiften Flügeln (nicht mit schmächtigen Jungpflanzen von var. *tragus* verwechseln!); s, z. B. Leipzig. var. *tenuifolia* (Tausch) Aellen

Spinacia L., Spinat

Stängel einfach od. ästig; Blätter lang gestielt, untere u. mittlere 3-eckig od. längl. eiförmig, obere längl.; Blüten in Knäueln, bei der ♀ Pflanze achselständig, bei der ♂ in unbeblätterten, end- od. achselständigen Scheinähren. 30–45 cm. 6–9. ⊙, ①. Alte Gemüsepflanze, verwildert, Müllplätze, Gartenauswurf, s. NU. Heimat: Orient. ***S. oleracea*** L., **Spinat***

Suaeda J. F. GMEL., **Sode**

Pflanze kahl, oft rot überlaufen; Blätter linealisch, fleischig; Blüten zu 2–3 in den Blattachseln. 5–40 cm. 7–9. ☉. Müllplätze, eingeschleppt, s, z. B. Leipzig, Dresden, Muskau. NU. Heimat: Eurasien, Afrika u. Australien; in Deutschland an Küsten u. Binnensalzstellen **S. maritima** (L.) DUMORT., **Strand-S.***

Im Gebiet nur **subsp. *maritima*.**

Andere Arten sind vorübergehend eingeschleppt worden, z. B. ***S. altissima*** (L.) PALL., **Hohe S.,** die mehrere Jahre in Leipzig vorkam (Pflanze bis 2 m groß, Blätter fadenförmig, Samen glatt, glänzend).

Fam. *Amaranthaceae* JUSS., Fuchsschwanzgewächse

1 Griffel 2–3; Blüten in dichten Ährenrispen od. in dichten achselständigen Knäueln ***Amaranthus,*** 495

1* Griffel 1; Blüten in Ähren, federbusch- od. hahnenkammähnl. Blütenständen ***Celosia,*** 499

Amaranthus L., **Fuchsschwanz, Amarant**

Die Bestimmung der meisten Fuchsschwanz-Arten ist nur mit reifen Samen möglich.

1 Blütenknäuel zu einer endständigen Scheinähre vereinigt

2 Blütenhüllblätter 2–3; Pflanze (außer 3*) ± niederliegend

3 Frucht längl. eiförmig bis breit ellipsoidisch, glatt od. schwach runzlig

4 Pflanze ausdauernd od. 1-jährig; Stängel oberwärts dicht flaumig behaart, niederliegend bis aufsteigend; Blätter vorn gestutzt od. mit stumpfer Spitze ***A. deflexus***

4* Pflanze stets 1-jährig; Stängel oberwärts kahl, niederliegend bis aufsteigend; Blätter fast immer ausgerandet

5 Pflanze dunkel- bis rötl.-grün, ± niederliegend; Blätter mit hellem od. dunklem Fleck; Blütenhüllblätter 3; Samen (1,0–)1,1–1,5 mm lang ***A. blitum***

5* Pflanze grün, ohne Rotfärbung, niederliegend od. selten ± aufrecht u. dann mit dünner Endähre; Blätter ungefleckt; Blütenhüllblätter 2–3; Samen 0,8–1,1 mm lang ***A. emarginatus***

3* Frucht rundl. (aber mit aufgesetzter Spitze), auffallend runzlig ***A. viridis***

2* Blütenhüllblätter (4–)5; Pflanze (außer 6) straff aufrecht

6 Blütenhüllblätter auffallend nagelförmig (aus schmaler Basis nach vorn verbreitert), oft im vorderen Teil abstehend, mit bis 1 mm langer Stachelspitze; Pflanze niederliegend bis aufsteigend ***A. standleyanus***

6* Blütenhüllblätter nicht nagelförmig; Pflanze immer aufrecht

7 Blütenstände lang u. überhängend, meist ± rot ***A. caudatus***

7* Blütenstände steif aufrecht, höchstens oberster Teil der endständigen Ähre etwas nickend

8 Frucht sich nicht durch einen Querriss öffnend (Nuss), sondern unregelmäßig aufreißend *(Abb. 496/1)* ***A. bouchonii***

8* Frucht sich durch einen Querriss öffnend *(Abb. 496/2)*

9 Hüllblätter der ♀ Blüten ± spatelförmig, stumpf od. gestutzt

10 Stängel (besonders oberwärts) dicht rauflaumig zottig; Blütenstand kompakt, endständige Scheinähre nicht auffallend verlängert; Blütenhüllblätter der ♀ Blüten 2–3 mm lang, ihr grüner Mittelnerv meist unter der Spitze verschwindend (Merkmal bei älterem Herbarmaterial kaum noch erkennbar); Pflanze graugrün ***A. retroflexus***

10* Stängel oberwärts nur flaumhaarig bis fast kahl; endständige Scheinähre reich u. dicht verzweigt, jedoch dünnästig; Blütenhüllblätter der ♀ Blüten ca. 2 mm lang, ihr grüner Mittelnerv unter der Stachelspitze nicht verschwindend; Pflanze trübgrün ***A. quitensis***

9* Blütenhüllblätter der ♀ Blüten lanzettl. bis schmal elliptisch

11 Vorblätter 2-mal so lang wie die Blütenhüllblätter, 4–5(–8) mm lang u. zieml. lang begrannt

12 Pflanze hellgrün; Blütenstand nicht auffallend vergrößert, locker, langästig ***A. powellii***

12* Pflanze rötl. bis gelbl.; Blütenstand vergrößert, dicht ***A. hypochondriacus***

11* Vorblätter so lang bis 1,5-mal so lang wie die Blütenhülle, kurzgrannig

13 Pflanze dunkelgrün; Vorblätter ca. 3–5 mm lang ***A. hybridus***

13* Pflanze rot, rotgelb od. gelbl.; Vorblätter nur so lang wie die ♀ Blütenhülle ***A. cruentus***

1* Blütenknäuel achselständig

14 Blütenhüllblätter der ♀ Blüten 4–5

15 Frucht mit Querriss aufspringend, glatt ***A. blitoides***

15* Frucht nicht durch Querriss aufspringend, faltig runzlig

16 Stängel dicht weißhaarig, niederliegend bis aufsteigend; Blätter am Rand auffallend wellig gekräuselt, klein (bis etwa 15 mm lang); Blütenhüllblätter der ♀ Blüten schmal spatelförmig, gegen die Frucht geneigt; Blütenstände alle blattachselständig ***A. crispus***

16* Stängel nur spärl. behaart; Blätter am Rand nur fein gekräuselt, 2–4 cm lang; Blütenhüllblätter der ♀ Blüten nagelförmig, im oberen Teil nach außen abstehend; Blütenstand oft mit endständiger, kurzer Scheinähre ***A. standleyanus***

496/1

496/2

14* Blütenhüllblätter der ♀ Blüten 3
17 Frucht nicht durch Querriss aufreißend vgl. unter 3 bis 5
17* Frucht sich durch Querriss öffnend, Stängel kahl
18 Vorblätter 2-mal so lang wie die Blütenhüllblätter der ♀ Blüten, schmal lanzettl., 0,7–1,2 mm lang, in eine kräftige Grannenspitze verlängert; Stängel meist aufrecht bis aufsteigend, stark verzweigt, hellgrün **_A. albus_**
18* Vorblätter etwa so lang wie die ♀ Blüten, lanzettl. bis schmal eiförmig, 1,3–2 mm lang, ohne lange kräftige Spitze; Stängel aufrecht bis aufsteigend, grün bis rötl. **_A. graecizans_**

A. albus L., **Weißer F.**

Blätter längl. od. spatelig, vorn abgerundet, mit kurzem Spitzchen, fein gekräuselt. 10–60 cm. 7–10. ⊙. Trockenwarme Ruderalfluren (Bahngelände, Aschehalden, Müll- u. Umschlagplätze, Wegränder), z im Tief- u. Hügelland, s im Bergland. NU. O Sis., O Onop.; circpol. Formenreich. Heimat: N- u. M-Amerika.

A. blitoides S. Watson, **Westamerikanischer F.**

Stängel niederliegend bis aufsteigend, reichästig u. dicht beblättert, hellgrün bis weißl.; Blätter mit auffallender weißlicher Berandung u. bis 1 mm langer Grannenspitze, Nerven der Blattunterseite ebenfalls weißl.; alle Blütenknäuel achselständig; ♂ Blüten meist 4-zählig; Frucht etwa 2 mm groß (u. damit größer als die der meisten anderen niederliegenden *A.*-Arten). 10–50 cm. 6–10. ⊙. Ruderalfluren (Müll- u. Umschlagplätze, Bahngelände), s ELH, LLA, MLH, OLH, OLT. ↘ NU. O Sis. Heimat: N-Amerika.

A. blitum L., **Aufsteigender F., Missfarbener F.***

[*A. lividus* L., *A. lividus* var. *ascendens* (Loisel.) Thell.]. Keimblätter breit, vorn stumpf, oberseits kräftig bläul.- bis rötl.-grün, unterseits rot; Frucht nicht mit Querriss aufspringend, oft unregelmäßig aufreißend. 20–70 cm. 6–10. ⊙. Mäßig feuchte Ruderalfluren, Hackfruchtäcker, Gärten, Friedhöfe, Ufer, mäßig h bis z im Tiefland u. warmen Hügelland. ↘ V Sis., K Stell. med., besonders V Veron., V Bid.; med+europ-kont. Früher auch als Kulturpflanze [var. *oleraceus* (L.) Thell., „Weißer Meier"] angebaut.

A. bouchonii Thell., **Bouchons F.**

Blütenstand dicht; Vorblätter pfrieml. bis lanzettl., langgrannig, 3,5–4(–6) mm lang; Stängel oberwärts zerstreut u. fein behaart. 30–100 cm. 7–10. ⊙. Mäßig trockenwarme Ruderalfluren (Straßenränder, Müllplätze, Bahnanlagen, Erdhaufen), seltener auch in Hackfruchtkulturen, mäßig h EET, ELH; z LLA, OLT; sonst s im Tief- u. Hügelland. ↗ NE. O Sis., seltener V Veron. Heimat: wahrscheinl. in Europa entstanden. Im Gebiet seit 1932 (Dresden u. Umgebung).

A. caudatus L., **Garten-F.***
Pflanze dunkel purpurn (selten gelbl.); Vorblätter wenig länger als die Blütenhülle; Blütenhüllblätter verkehrt eiförmig bis breit spatelförmig. 80–120 cm. 6–10. ⊙. Zierpflanze, verwildert, Müllplätze, Komposthaufen, z im Tief- u. Hügelland. ➚ NU. V Sis. Heimat: aus *A. quitensis* entstanden.
Neuerdings wird die Art zu *A. cruentus* gestellt.

A. crispus (Lesp. et Thév.) N. Terracc., **Krauser F.**
♀ Blütenhülle spatelig bis verkehrt eiförmig, allmähl. in den Nagel verschmälert, an der Spitze etwas der Frucht zugebogen. 10–50 cm. 7–10. ⊙. Ruderalfluren (Müll- u. Umschlagplätze, Bahnanlagen), s LLA, früher ERO. NU. O Sis. Heimat: S-Amerika.

A. cruentus L., **Rispiger F.**
[*A. paniculatus* L., *A. hybridus* var. *paniculatus* (L.) Thell.]. 30–150 cm. 7–11.⊙. Zierpflanze, verwildert, Müllplätze, Gartenauswurf, z im Tief- u. Hügelland, s im Bergland. ➚ NU. V Sis. Heimat: wahrscheinl. tropisches Amerika.

A. deflexus L., **Herabgebogener F.**
Blätter grün, meist ohne dunklen Fleck, etwa 1–4 cm lang; Blütenhüllblätter 2(–3); Frucht 2,5–3 mm lang, nicht durch Querriss aufspringend. 10–50. 6–10. ⊙, ⊙ Trockene bis mäßig feuchte Ruderal- u. Trittfluren, s ELH: Dresden, Radebeul, Pirna; LLA: Leipzig; OLH: Hermsdorf; OLT: Rietschen. NE. V Sis., V. Polyg. Heimat: S-Amerika.

A. emarginatus Uline et W. L. Bray, **Ufer-F.**
[*A. blitum* subsp. *emarginatus* (Uline et W. L. Bray) Carretero et al.]. Keimblätter schmaler als bei *A. blitum*, vorn deutl. zugespitzt, hellgrün bis grün, unterseits höchstens mit rötl. Anflug. 10–70 cm. 6–10. ⊙. Umschlagplätze, feuchte Ruderalfluren, s ELH: Dresden; LLA: Leipzig; OLH: Bautzen. NU. V Sis., K Bid.

1 Stängel niederliegend; Endähre kurz u. dick; Verbreitung usw. wie Art. **subsp. *emarginatus***
1* Stängel ± aufrecht, Endähre dünn; LLA: Leipzig; OLH: Bautzen. **subsp. *pseudogracilis*** (Thell.) Hügin

A. graecizans L., **Griechischer F.**
[*A. angustifolius* Lam.]. 10–70 cm. 7–10. ⊙. Müll- u. Umschlagplätze, s, z. B. Leipzig, Dresden. NU. O Sis. Heimat: Mittelmeergebiet, W-Asien, Afrika.

A. hybridus L. s. str., **Ausgebreiteter F.**
[*A. hybridus* var. *patulus* (Bertol.) Thell., *A. patulus* Bertol., *A. chlorostachys* auct. non Willd.]. 30–100 cm. 7–10. ⊙. Müll- u. Umschlagplätze, s ELH: Dresden; OLH: Zittau; OLT: Guttau, Großsärchen. NU. O. Sis. Heimat: tropisches Amerika. Fundort-Angaben wegen der verworrenen Taxonomie z. T. nicht gesichert.

A. hypochondriacus L., **Trauer-F**.
[*A. flavus* L., *A. hybridus* var. *erythrostachys* Moq., *A. chlorostachys* Willd. var. *erythrostachys* (Moq.) Aellen]. Endständige Scheinähre oft sehr lang u. steif aufrecht. 70–150 cm. 7–10. ⊙. Zierpflanze, verwildert, Ruderalfluren (Müll- u. Umschlagplätze, Komposthaufen), s, früher z. B. Dresden, Leipzig. NU. Heimat: N-Amerika.
A. hypochondriacus ist wahrscheinl. nur eine rote Kulturform der folgenden Art. Leicht mit anderen Arten, z. B. *A. cruentus*, zu verwechseln.

A. powellii S. WATSON, **Grünähriger F., Bastard-F.**
[*A. chlorostachys* auct. p. p. non WILLD.]. Stängel flaumig bis fast kahl; endständige Scheinähre schlank u. oft verlängert, hellgrün. 20–100 cm. 7–10. ⊙. Mäßig trockene Ruderalfluren (Müllplätze, Straßenränder), Flussufer, Hackfruchtäcker, z im Tief- u. Hügelland, sonst s. ↗ NE. O Sis., V Veron. Heimat: tropisches Amerika.

A. quitensis H. B. K., **Quito-F.**
30–100 cm. 7–11. ⊙. Müll- u. Umschlagplätze, s ELH: Dresden; LLA: Delitzsch, Leipzig; VGT: Treuen. NU. V Sis.

A. retroflexus L., **Rauhaariger F., Zurückgebogener F.***
30–100 cm. 7–10. ⊙. Mäßig trockenwarme Ruderalfluren (Müllplätze, Bahnanlagen, Straßenränder), Hackfruchtäcker, Gärten, mäßig h im Tief- u. Hügelland, s im Bergland. ↗ NE. O Sis., V Veron., V Pan.-Set.; circpol. Heimat: wahrscheinl. N-Amerika.

1 Längere Vorblätter 4–6 mm, 2-mal so lang wie die dazugehörige ♀ Blütenhülle; die weit verbreitete Sippe. var. *retroflexus*
1* Längere Vorblätter 3–4 mm lang, 1,3–1,5-mal so lang wie die ♀ Blütenhülle; s OLH: Kamenz; OLT: Doberschütz bei Neschwitz. var. *delilei* (RICHTER et LORET) THELL.

A. standleyanus COVAS, **Argentinischer F., Standleys F.**
[*A. vulgatissimus* SPEG.]. Stängel schwach behaart; Blätter etwa 2–4 cm lang, am Rand schwach gekräuselt (bedeutend weniger als bei *A. crispus*); Frucht dicht faltig runzlig, nicht aufspringend. 10–70 cm. 7–10. ⊙. Müll- u. Umschlagplätze, s ELH: Dresden; GHP: Naundorf; LLA: Leipzig; OLH: Naundorf, Großhennersdorf. NU. V Sis. Heimat: S-Amerika.

A. viridis L., **Zierlicher F.**
[*A. gracilis* DESF.]. Frucht 1–1,5 mm lang; Blütenhüllblätter so lang wie od. kürzer als die Frucht; Stängel meist aufrecht, schwach kurzhaarig flaumig; Frucht nicht od. unregelmäßig aufreißend. 20–80 cm. 7–10. ⊙. Müll- u. Umschlagplätze, s, z. B. ELH: Dresden; GHP: Naunhof; LLA: Delitzsch, Leipzig; MLH: Rochlitz. NU. V Sis. Heimat: Tropen.

Weitere *A.*-Arten wurden s eingeschleppt, z. B. ***A. spinosus*** L. **(Dorniger F.)**: Pflanze mit Achseldornen (Dresden, Leipzig). Heimat: Tropen.

Bastard:
A. × ozanonii THELL [*A. powellii* × *A. retroflexus*]: OLT: Uhyst/Spree

Celosia L., **Brandschopf, Hahnenkamm**
Blütenstand meist rot, seltener orange, gelb od. weiß; 40–80 cm. 6–9. ⊙. Zierpflanze, verwildert, Komposthaufen, Erdaufschüttungen, s. NU. V Sis. Heimat: unbekannt. [*C. cristata* L.].
C. argentea L., **Hahnenkamm, Federbuschhahnenkamm**
In vielen Sorten gepflanzt.

Fam. *Phytolaccaceae* R. BR., Kermesbeerengewächse

Phytolacca L., **Kermesbeere**

1 Fruchtblätter 8, frei; Staubgefäße 8(–9); Blätter 10–40 cm lang, eiförmig elliptisch bis fast rundl.; Trauben aufrecht; Sammelfrucht beerenartig, schwarz; Stängel grün ***Ph. esculenta***

1* Fruchtblätter 10, bis auf die Griffel zu einem Fruchtknoten verwachsen; Staubblätter 10; Blätter 10–30 cm lang, eiförmig lanzettl., etwas herablaufend; Trauben zur Fruchtzeit übergebogen; Frucht eine Beere mit 10 Längsfurchen, rötl.-schwarz, zuletzt rein schwarz; Stängel oft rot überlaufen ***Ph. americana***

Ph. americana L., **Amerikanische K.**
[*Ph. decandra* L.]. 100–200 cm. 6–9. ♃. Zier- u. Kulturpflanze, verwildert, Ruderalfluren, s. NU. V Arct.; manchmal mit der folgenden Art verwechselt. Früher Off. Heimat: M- u. N-Amerika.

Ph. esculenta VAN HOUTTE, **Asiatische K.**
100–200 cm. 7–9. ♃. Zier- u. Kulturpflanze, verwildert, frische Ruderalfluren, Weinberge, Gebüsch, mäßig h LLA: in u. um Leipzig; z ELH; sonst s. ↗ NE. O Glech., V Arct. Heimat: O-Asien.

Fam. *Nyctaginaceae* JUSS., Wunderblumengewächse

1 Blüten etwa 25 mm Ø; Hochblatthülle unterhalb der einzelnen Blüten kelchartig, röhrenförmig, sich nach der Blüte nicht vergrößernd ***Mirabilis,*** 500

1* Blüten etwa 8 mm Ø; Hochblatthülle unterhalb einer Gruppe von Blüten breit kegelförmig, sich nach der Blüte vergrößernd ***Oxybaphus,*** 500

Mirabilis L., **Wunderblume**

Stängel kahl od. schwach kurzhaarig; Blüten purpurn, gelb, rot, weiß od. mehrfarbig, abends u. nachts geöffnet. 50–100 cm. 7–9. ♃ (doch meist kurzlebig kultiviert). Zierpflanze, s verwildert. Heimat: Mexiko. ***M. jalaba*** L., **Bunte W.**

Oxybaphus WILLD., **Nachtwunderblume, Regenschirmkraut**

Blätter breit, herz-eiförmig; die 5-spaltige Hochblatthülle umschließt 3–5 purpurne kleine Blüten. 50–100 cm. 6–7. ♃. Wegränder, Weinbergs- u. Gartenmauern, s ELH: Dresden-Trachau, hier um 1850 ausgesät, seitdem beständig. NE. V Arct., V Cymb.-Aspl. Heimat: N-Amerika. [*Mirabilis nyctaginea* MICHX.]. ***O. nyctagineus*** (MICHX.) SWEET, **Nachtwunderblume**

Fam. *Montiaceae* Raf., Quellkrautgewächse

1 Grundblätter lang gestielt, rosettig; Staubblätter 5, Tepalen frei; Pflanze meist trockener Standorte ***Claytonia,*** 501

1* Alle Blätter stielartig verschmälert, gegenständig; Staubblätter 3, Tepalen am Grund verwachsen; Pflanze nasser Standorte ***Montia,*** 501

Claytonia L., Claytonie

1 Die beiden Tragblätter der Blütenstände sind zu einem flachen, unsymmetrischen u. 2-spitzigen Trichter verwachsen; nur die untersten Blüten mit Deckblättern, 5–8 mm breit, Perigonblätter vorn abgerundet bis schwach ausgerandet, weiß ***C. perfoliata***

1* Die beiden Tragblätter der Blütenstände am Grund nicht verwachsen; alle Blüten mit gegenüber stehenden Deckblättern, 10–15 mm breit, Perigonblätter tief ausgerandet bis 2-spaltig, rosa bis weiß ***C. sibirica***

C. perfoliata Willd., **Tellerkraut, Kubaspinat***

[*Montia p.* (Willd.) Howell]. 5–25 cm. 4–6. ☉, ①. Ruderalfluren (Wegränder, Baumscheiben), Friedhöfe, Gärten, Parks, z ELH, LLA; sonst s. NU (Tendenz zur Einbürgerung). V Sis., V Geo-All., V Sperg.-Ox. Heimat: N-Amerika.

C. sibirica L., **Sibirische C.**

[*Montia sibirica* (L.) Howell]. 5–30 cm. 4–6. ☉, auch ♃ (kurzlebig). Gärten, Ruderalfluren, verwildert, s, z. B. Botanischer Garten Schellerau. Heimat: N-Amerika.

Montia L., Quellkraut

Pflanze kahl, nicht od. nur schwach fleischig, niederliegend bis aufsteigend od. flutend; Blüten klein, weiß, in end- od. seitenständigen Wickeln. 2–40 cm. 5–8. ☉, ①. ↘ V. Card.-Mont., O Nanocyp. ***M. fontana*** L., **Bach-Qu.***

Die Bestimmung der Unterarten ist nur mit reifen Samen u. starker Vergrößerung mögl.!

1 Samen auch am Kiel glatt, glänzend. Quellfluren, Gräben, s ERZ, OLB: Zittauer Gebirge; bor-atl. **subsp. *fontana***

1* Samen am Kiel mit ± deutl. Warzen

2 Samen nicht glänzend, mit großen stumpfen Warzen auf der gesamten Fläche. Nassstellen auf Äckern, Fahrrinnen, Gräben, Ufer, z DDH, OLT, s OLH; LLA: früher um Leipzig; subatl. [*M. minor* auct., *M. verna* auct.]. **subsp. *chondrosperma*** (Fenzl) Walters

2* Samen ± glänzend, Warzen kleiner u. nur am Kiel; Pflanze nie auf Äckern

3 Samen am Kiel dicht mit spitzen Warzen besetzt. Quellfluren, Wiesengräben, z ERZ; s oberes VGT, OLT. [*M. rivularis* auct. p. p.]. **subsp. *amporitana*** Sennen

3* Samen am Kiel mit entfernt stehenden, niedrigen, stumpfen od. zugespitzten Warzen. Quellfluren, Wiesengräben, z im Bergland, im Tief- u. Hügelland s u. meist erloschen; bor-subatl, circpol. [*M. rivularis* auct. p. p.]. **subsp. *variabilis*** Walters

Fam. *Portulacaceae* Juss., Portulakgewächse

Portulaca L., **Portulak**

1 Blätter spatelig od. verkehrt eiförmig, am Grund keilförmig verschmälert, sitzend, wechselständig, am Ende der Sprosse quirlig gehäuft u. dort fast gegenständig, bis 4 cm lang; Tepalen goldgelb, 6–10 mm lang; Staubblätter 7–12(–15) ***P. oleracea***

1* Blätter fast stielrund, spindelförmig; Tepalen rot od. orange (seltener auch gelb od. weiß, auch gefüllt), 4–5 cm lang; Staubblätter > 12 ***P. grandiflora***

P. grandiflora Hook., **Portulakröschen, Großblütiger P.***
10–50 cm. 7–9. ⊙. Zierpflanze, verwildert, Komposthaufen, Erdaufschüttungen, s. NU. Heimat: südl. S-Amerika.

P. oleracea L., **Gemüse-P.***
Stängel oft rot überlaufen, wie die Blätter fleischig. 5–30 cm. 6–9. ⊙. Trockenwarme Ruderalfluren (Wegränder, Brachen), sandige Stellen am Elbufer, Weinberge, Gärten, mäßig h LLA, ELH; sonst s bis ins untere Bergland. ↗ um Leipzig, sonst ↘. NE. V Polyg., V Sis., V Sperg.-Ox., V Chen. Früher Wg. Heimat: wahrscheinl. Vorderasien.

1 Stängel niederliegend; Blätter 1–2 cm lang, an der Spitze abgerundet; Kelchzipfel stumpf gekielt. Verbreitung u. Soziologie wie bei der Art. [subsp. *sylvestris* (DC.) Thell.]. **subsp. *oleracea***

1* Stängel ± aufrecht; Blätter 3–4 cm lang, an der Spitze meist gestutzt od. ausgerandet; Kelchzipfel flügelig gekielt. 10–40 cm. 6–9. ⊙. Alte Kulturpflanze, heute nur sehr s in Kultur, früher auch s verwildert. **subsp. *sativa*** (Haw.) Ces.

Fam. *Cornaceae* BERCHT. et J. PRESL, Hartriegelgewächse

Cornus L., Hartriegel

1 Krone gelb, Blüten vor den Blättern erscheinend, in einfachen, von 4-blättriger Hülle (Hochblätter) umgebenen Dolden; Frucht längl., hängend, kirschrot u. glänzend; Blätter unterseits in den Achseln der Nerven bärtig **C. *mas***
1* Krone weiß, Blüten nach den Blättern erscheinend, in Schirmrispen ohne Hochblätter; Frucht aufrecht, kugelig, weiß, blau od. schwarz; Blätter unterseits in den Achseln der Nerven ohne Bärtchen
2 Blätter beiderseits grün, mit 3–4 Paar Seitennerven; Frucht blauschwarz **C. *sanguinea***
2* Blätter unterseits weißl., mit 5–7 Paar Seitennerven; Frucht weiß bis hellblau
3 Frucht 7–8,5 mm lang; Steinkern ellipsoidisch, länger als breit **C. *alba***
3* Frucht 5–6 mm lang; Steinkern ± kugelig, breiter als lang **C. *stolonifera***

C. *alba* L., **Tatarischer H., Sibirischer Weißer H.***/**
[*C. alba* subsp. *tatarica* (MILL.) WANGERIN, *C. tatarica* MILL., *Swida alba* (L.) OPIZ]. Pflanze ohne od. mit wenigen wurzelnden Ausläufern; Blattspreite 4–8 cm lang, unterseits angedrückt behaart. 1–3 m. 6–7. ħ. Zierstrauch, verwildert, Ufer, Brachen, bodenfeuchte Wälder, Bergbaufolgestandorte; Verbreitung nicht genau bekannt. ↗ NE. Heimat: O-Europa, N- bis O-Asien.

C. *mas* L., **Kornelkirsche, Herlitze***/**
Blätter eiförmig, zugespitzt, beiderseits grün, mit 3–5 Paar Seitennerven, unterseits in den Nervenwinkeln mit Bärtchen; Frucht essbar. 2–6 m. 3–4. ħ. Zier- u. Obststrauch, h gepflanzt, verwildert, wärmebegünstigte Gebüsche, Friedhöfe, Brachen, s. NE (lokal). O Prun.; submed-oriet. Natürl. Vorkommen in Sachsen-Anhalt, Thüringen u. Böhmen.

C. *sanguinea* L., **Blutroter H.***/**
[*Swida sanguinea* (L.) OPIZ]. Blätter längl. od. eiförmig, zugespitzt, im Herbst rot; Zweige oft glänzend rot od. braunrot. 1–5 m. 5–6. ħ. Wärmebegünstigte Laubwälder, Eichen-Trockenwälder, Gebüsche, Hecken, Brachflächen, auch h als Zierstrauch gepflanzt, meist mäßig h bis ins mittlere Bergland, stellenweise jedoch s od. z. O Fag., V Querc. pub., O Prun.; europ-nem.

Die Verbreitung der Unterarten ist noch unklar. Übergänge zwischen ihnen erschweren die Abgrenzung.

1 Blätter unterseits nur mit abstehenden, oft gekräuselten Haaren; wahrscheinl. im Gebiet vorherrschend. **subsp. *sanguinea***
1* Blätter unterseits mit dicht anliegenden 2-schenkligen Haaren (Lupe!)

2 Blätter unterseits mit 2-schenkligen Haaren u. einfachen, gekräuselten Haaren; verwilderter Zierstrauch, ob auch indigen (?), z. B. um Leipzig recht h, z um Zwickau. **subsp. *hungarica*** (KÁRPÁTI) SOÓ

2* Blätter unterseits nur mit 2-schenkligen Haaren; gepflanzt u. verwildert, z. B. ERB: um Zwickau; ERW: Burkersdorf; LLA: Leipzig; VGT: Auerbach, Mühlhausen. **subsp. *australis*** (C. A. MEY.) JÁV.

C. stolonifera MILL., **Nordamerikanischer Weißer H.**

[*C. alba* subsp. *stolonifera* (MILL.) WANGERIN, *C. sericea* auct. non L.]. Pflanze meist mit zahlreichen wurzelnden Ausläufern; Blattspreite 5–14 cm lang. 1–3 m. 6–7. ♄. Zierstrauch, verwildert, Ufer, Brachen, bodenfeuchte Wälder, Bergbaufolgestandorte; Verbreitung nicht genau bekannt. ↗ NE. Heimat: N-Amerika.

Form der Frucht u. des Steinkerns sind die einzigen sicheren Unterscheidungsmerkmale zu *C. alba* s. str., weshalb die Sippe besser als Unterart einer weit gefassten Art *C. alba* s. l. aufzufassen ist.

Fam. *Hydrangeaceae* DUMORT., Hortensiengewächse

1 Kelchzipfel 4(–6); Staubblätter zahlreich; Griffel 4–5 *(Abb. 505/1)*; Blätter ohne Sternhaare ***Philadelphus,*** 504

1* Kelchzipfel 5; Staubblätter 10; Griffel 3–4; Blätter mit Sternhaaren ***Deutzia,*** 504

Deutzia THUNB., **Deutzie**

1 Blätter am Grund stumpf keilig, 3–4-mal so lang wie breit, unterseits fast kahl; Kelch an der Frucht bleibend ***D. gracilis***

1* Blätter am Grund rundl., 2–2,5-mal so lang wie breit, beiderseits behaart, rau; Kelch meist abfallend ***D. scabra***

D. gracilis SIEBOLD et ZUCC., **Zierliche D.**[**]

Krone weiß, einfach od. gefüllt. 0,50–1 m. 5–6. ♄. Zierstrauch. Heimat: Japan.

D. scabra THUNB., **Raue D.**[**]

Krone weiß od. rosa, oft gefüllt. 1–2 m. 6–7. ♄. Zierstrauch. Heimat: O-Asien.

Weitere Arten u. Hybriden werden angepflanzt.

Philadelphus L., **Pfeifenstrauch**

Blätter elliptisch, zugespitzt, gesägt gezähnelt, 3-nervig; Blüten in Rispen, stark duftend; Kelchzipfel kurz zugespitzt; Griffel fast bis auf den Grund getrennt; Kronblätter weiß. 2–3 m. 5–6. ♄. Zierstrauch, verwildert, Brachen, Gebüsche, Parks, z. ↗ NU. Heimat: Europa, Vorderasien.

Ph. coronarius L., **Großer P., Falscher Jasmin**[*/**]

Außer dieser Art werden weitere Arten u. Hybriden kultiviert, auch Sorten mit gefüllten Blüten.

Weitere Ziersträucher:

Hydrangea L., **Hortensie****

Blüten sehr zahlreich in Schirmrispen od. Rispen; Blüten klein (mit Ausnahme der randl. sterilen, die bei Kultursorten allein vorhanden sein können). Hierzu u. a.

H. petiolaris SIEBOLD et ZUCC. [*H. anomala* D. DON subsp. *petiolaris* (SIEBOLD et ZUCC.) MCCLINT., **Kletter-H.:** Mit Haftwurzeln bis 10 m hoch kletternd; Schirmrispe 15–20 cm breit mit bis 3 cm breiten sterilen Randblüten. 5–6. Heimat: O-Asien.

H. paniculata SIEBOLD, **Rispen-H.:** Blattstiel 0,5–2,5 cm lang; Blütenstand eine pyramidale, 15–25 cm lange Rispe mit Hochblättern; sterile Blüten gleichmäßig verteilt, etwa 3 cm breit; Fruchtknoten halboberständig. 1–2 m. 8–11. Heimat: O-Asien.

H. macrophylla (THUNB.) SER., **Garten-H.**: Schirmrispen ohne Hochblätter, abgeflacht bis halbkugelig od. bei der am häufigsten gepflanzten Sorte ´Otaksa´ kugelrund; Fruchtknoten nahezu unterständig; Blüten rosa, blau od. weiß. 0,60–1,5 m. 7–8. Heimat: Japan.

H. arborescens L., **Wald-H., Baumartige H.:** Blattstiel 2–8 cm lang; Schirmrispen flach konvex, nicht beblättert; fertile Blüten weiß, sterile weiß bis grünl., bis 2 cm breit u. oft fehlend; Fruchtknoten unterständig. 1–3 m. 7–10. Heimat: N-Amerika.

Fam. *Balsaminaceae* A. RICH., Balsaminengewächse

Impatiens L., **Springkraut**

1 Blüten rot; Blätter gegenständig od. zu 3 quirlig ***I. glandulifera***
1* Blüten gelb od. blass violett-bläul.; Blätter wechselständig
2 Blüten hängend, mit gekrümmtem Sporn *(Abb. 505/2)*, goldgelb, innen mit roten Punkten, 3 cm lang; Blätter jederseits mit 5–16(–20) Zähnen ***I. noli-tangere***
2* Blüten aufrecht, meist hellgelb od. violett-bläul.; Sporn gekrümmt od. gerade; Blätter jederseits mit ca. 20–35 Zähnen
3 Blüten 1 cm lang, (hell)gelb, mit geradem Sporn ***I. parviflora***
3* Blüten 2,5–3 cm lang, hellgelb, gelb od. blass violett-blau, innen mit brauner Schlundzeichnung, mit gekrümmtem Sporn ***I. edgeworthii***

I. edgeworthii HOOK. f., **Buntes S.**

Trauben meist 5–8-blütig; Blätter lang gestielt, elliptisch bis elliptisch oval, kerbig gezähnt, an jedem Zahn eine kleine, der Blattspreite zugerichtete

505/1

505/2

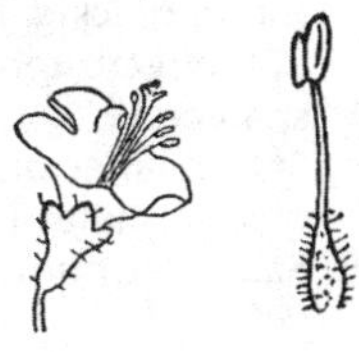

505/3

Drüse; Sporn 10 mm lang. 60–150 cm. 7–10. ⊙. Schattige Waldwegränder, Waldlichtungen, Grabenränder, s LLA: Leipzig (seit 2001), Buchholz bei Otterwisch (seit 2010). NE. V Geo-All. Heimat: Himalaja.

I. glandulifera ROYLE, **Drüsiges S.***
[*I. roylei* WALP.]. Trauben 2–14-blütig; Sporn dick; Blätter eilanzettl., an den unteren Zähnen u. am Blütenstiel mit Drüsen. 50–250 cm. 7–10. ⊙. Ufer von Fließgewässern, Weidengebüsche, feuchte Ruderalfluren, mäßig h bis h. ↗ NE. V Conv., V Salic. alb., auch O Glech., V Arct. Heimat: Himalaja.

I. noli-tangere L., **Großes S., Rührmichnichtan***
Trauben kürzer als die Blätter, 3– 4-blütig; Sporn 6–12 mm lang. 30–100 cm. 7–8. ⊙. Beschattete Quellsümpfe u. Bäche, nährstoffreiche, bodenfeuchte Säume, Nassstellen in Laubwäldern, mäßig h im Hügel- u. Bergland, z im Tiefland. V Fag., V Aln.-Ulm., V Til.-Acer., V Geo-All.; europ-nem.

I. parviflora DC., **Kleinblütiges S.***
Trauben mindestens so lang wie die Blätter, meist 4–16-blütig. 30–60 cm. 6–9. ⊙. Säume, Waldlichtungen, Wälder u. Forsten, Parks, bodenfeuchte Ruderalfluren, h. NE. V Geo-All., K Rham.-Prun., O Fag., V Arct. Heimat: M-Asien bis W-Sibirien u. Himalaya. 1837 im Botanischen Garten Dresden ausgesät u. von da aus über ganz Deutschland ausgebreitet.

Häufig in Gärten kultiviert: ***I. balsamina*** L.*, **Garten-S., Balsamine:** Blätter längl. lanzettl., knorpelig gesägt, die unteren gegenständig; Blüten zu mehreren od. einzeln blattachselständig, verschiedenfarbig, oft gefüllt. 30–60 cm. 7–8. ⊙. Heimat: SO-Asien.

Fam. *Polemoniaceae* JUSS., Himmelsleitergewächse

1 Blätter unpaarig gefiedert; Krone mit sehr kurzer Röhre, weitglockig od. radförmig; Staubblätter in gleicher Höhe angeheftet; Fächer der Kapsel mehrsamig ***Polemonium,*** 507
1* Blätter ungeteilt; Krone mit langer Röhre; Staubblätter in ungleicher Höhe angeheftet; Fächer der Kapsel 1–2-samig
2 Staubblätter die Krone überragend; Kelch verkehrt kegelförmig od. röhrig glockig; Blüten mit Deckblättern; Krone mit langer, dünner Röhre u. abstehendem, zieml. unregelmäßigem Saum, hellorange, später rötl. ***Collomia,*** 507
2* Staubblätter die Krone nicht überragend; Kelch pyramidenförmig glockig; Blüten ohne Deckblätter; Krone stieltellerförmig, mit flachem Saum, rot, purpurn, lila od. weiß ***Phlox,*** 507

Collomia NUTT., Leimsaat

Stängel oberwärts wie Blätter u. Kelch drüsig kurzhaarig; Blätter längl. lanzettl., sitzend; Blüten in vielblütigen Köpfen; Kelchzipfel stumpf. 30–70 cm. 6–7. ⊙. Zierpflanze, verwildert, Ruderalfluren, s, z. B. VGT: Elsterberg, Plauen; früher OLH: Herrnhut. NU. V Sis. Heimat: westl. N-Amerika.
C. grandiflora DOUGLAS, **Großblütige L.**

Phlox L., Phlox, Flammenblume

1	Pflanze 1-jährig	***Ph. drummondii***
1*	Pflanze ausdauernd	
2	Pflanze niedrig, rasenbildend; Blätter 1–2 mm breit	***Ph. subulata***
2*	Pflanze aufrecht; Blätter 2–4 cm breit	***Ph. paniculata***

Ph. drummondii HOOK., **Einjähriger Ph.**
Pflanze drüsig zottig behaart; Blätter meist wechselständig, lanzettl., obere mit herzförmigem Grund stängelumfassend; Krone rosa, purpurrot, weiß, gestreift od. marmoriert. 20–50 cm. 6–10. ⊙. Zierpflanze. Heimat: N-Amerika.

Ph. paniculata L., **Rispiger Ph.** (einschließl. Hybriden)
Stängel kahl; Blätter eilanzettl. bis elliptisch, fast sitzend, untere kreuzgegenständig; Krone rosa, dunkelpurpurn, lachsfarben, violettrot, weiß, gestreift od. gescheckt. 80–150 cm. 8–9. ♃. Zierpflanze, s verwildert. NU. Heimat: N-Amerika.

Ph. subulata L., **Pfriemenblättriger Ph.**
Krone blau, rosa od. weiß. 8–10 cm. 7–9. ♃. Sortenreiche Zierpflanze. Heimat: N-Amerika.

Polemonium L., Himmelsleiter, Sperrkraut

Stängel kantig, gefurcht, aufrecht, kahl; Blätter wechselständig, untere gestielt, obere sitzend; Blättchen eiförmig od. elliptisch lanzettl., spitz; Blüten in drüsig kurzhaariger Rispe, mittelgroß, Krone himmelblau od. weiß *(Abb. 505/3)*. 30–80 cm. 6–7. ♃. Zierpflanze, verwildert, Gebüsche, Wegränder, Ruderalfluren, z. ↗ NE (lokal). O Glech., V Arct., K Rham.-Prun. Heimat: Europa, W-Asien. (∇)
P. caeruleum L., **Blaue H.***

Weitere Zierpflanzen: **_Gilia_** RUIZ et PAV., **Gilie:** Meist blau blühende, zarte Sommerblumen, die gelegentl. verwildern, z. B. *G. capitata* SIMS, Kopfblütige G., mit kopfförmigen Blütenstand.

Fam. *Primulaceae* BORKH., Primelgewächse (inkl. *Myrsinaceae* R. BR., Myrsinengewächse u. *Theophrastaceae* D. DON, Salzbungengewächse)

1 Blätter kammförmig fiederteilig, im Wasser untergetaucht **_Hottonia,_** 510

1* Blätter ungeteilt, Landpflanze

2 Blätter grundständig

3 Krone mit walzenförmiger, oben erweiterter Röhre u. 5-lappigem Saum, gelb od. rot, > 8 mm im Ø **_Primula,_** 512

3* Krone mit eiförmiger, oben verengter Röhre u. 5-teiligem Saum, weiß, 3–6 mm im Ø — Blüten in Dolden an der Spitze des Stängels **_Androsace,_** 509

2* Blätter am Stängel verteilt

4 Krone fehlend — Kelch hellrosa, glockig, 5-spaltig **_Glaux,_** 510

4* Krone vorhanden

5 Krone gelb **_Lysimachia,_** 510

5* Krone weiß, rötl., rot od. blau

6 Blätter gegenständig; Krone 5-teilig, rot od. blau, selten fleischfarben, lila od. weiß — Staubblätter 5; Kapsel quer aufspringend *(Abb. 508/1)* **_Anagallis,_** 509

6* Blätter wechselständig bis fast quirlig; Krone weiß od. rötl.

7 Krone 7-teilig, weiß; Staubblätter (6–)7(–8); Blätter in der Mitte des Stängels fast quirlig gedrängt **_Trientalis,_** 513

7 Krone 5-teilig od. 4-spaltig; Staubblätter 10 od. 4; Blätter in der Mitte des Stängels nicht quirlig gehäuft

8 Krone 4-spaltig, weiß od. rötl.; Staubblätter 4; Blätter bis 5 mm lang, die unteren nicht rosettig gehäuft; Pflanze höchstens 8 cm hoch **_Centunculus,_** 510

8* Krone 5-teilig, weiß; Staubblätter 10, davon 5 steril (als Zipfel zwischen den Kronblättern); Blätter > 5 mm lang, fleischig, die unteren rosettig gehäuft; Pflanze bis 30 cm hoch **_Samolus,_** 513

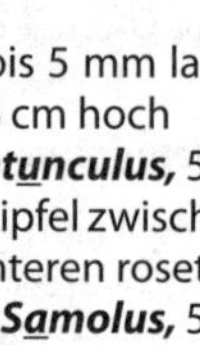

508/1

Anagallis L., **Gauchheil**

1 Krone rot [fo. *arvensis*], seltener fleischfarben [fo. *carnea* (SCHRANK) HYL.], lila [fo. *lilacina* (ALEF.) HYL.], blau [fo. *azurea* HYL.] od. weiß [fo. *pallida* (HOOK. f.) HYL.]; Kronzipfel etwa 7 mm lang u. 6 mm breit, in der unteren Hälfte sich deckend, verkehrt eiförmig; Drüsenhaare am Rand der Kronblätter (30–)50–70 (starke Lupe!); Kelch ± so lang wie die Krone; Kapsel 5-streifig, mit 20–22 Samen; Samen 1,3 mm lang u. 1 mm breit; Blütenstiele meist 1¼ -2-mal so lang wie ihr Deckblatt ***A. arvensis***

1* Krone stets blau; Kronzipfel etwa 6 mm lang u. 3,5 mm breit, sich nicht deckend; Drüsenhaare am Rand der Kronblätter meist 5–15 (Lupe!); Kelch etwa ⅔ so lang wie die Krone; Kapsel mehr als 5-streifig, mit 15–16 Samen; Samen 1,6 mm lang u. 1, 3 mm breit; Blütenstiele ⅔–1(–1¼)-mal so lang wie ihr Deckblatt ***A. foemina***

A. arvensis L., **Acker-G.***

8–15 cm. 6–10. ⊙, ①. Äcker, Gärten, Ruderalfluren, mäßig h bis ins mittlere Bergland. A. V Sperg.-Ox., O Secal., V Sis. Einzelblüte ist von 9–15 Uhr geöffnet. Früher Off.

A. foemina MILL., **Blauer G.***

[*A. arvensis* L. subsp. *coerulea* (SCHREB.) SCHINZ et KELLER]. 5–25 cm. 6–9. ⊙, ①. Basenreiche, vorzugsweise kalkhaltige Äcker, †, LLA: früher s um Leipzig; ELH: früher s; jetzt nur verschleppt, z. B. OLH: Löbau, Bautzen, Herrnhut. A. O Secal., V Sis.

Bastard:

A. × ***doerfleri*** RONNIGER [*A. arvensis* × *A. foemina*]: ob im Gebiet?

Androsace L., **Mannsschild**

1 Stängel 1–2-mal so lang wie die Blütenstiele; Kelch fein sternhaarig, länger als die Krone, mit spitzen Buchten, zur Fruchtzeit abstehend; Hochblätter eilanzettl. ***A. elongata***

1* Stängel vielmals länger als die Blütenstiele; Kelch kahl, kürzer als die Krone, mit stumpfen Buchten, zur Fruchtzeit aufrecht; Hochblätter linealisch ***A. septentrionalis***

A. elongata L., **Verlängerter M.**

Krone weiß, mit gelbem Schlund. 2–7 cm. 4–5. ⊙. Sandmagerrasen, Äcker, s EET: bei Torgau; sonst †: ELH: Dresden: Trinitatisfriedhof; ERO: Dohna am Schlossberg; LLA: Schkeuditz. V Sedo-Ver.; euras-kont.

A. septentrionalis L., **Nördlicher M.**

Krone weiß, mit gelbem Schlund. 7–20 cm. 4–5. ⊙, ①. Magerrasen, Äcker, †, s ELH: Dresden: Trinitatisfriedhof (hier letztmals 1932); ERO: Berggießhübel, Liebstadt. O Sedo-Scler.; euras-kont.

Centunculus L., Kleinling, Zwerggauchheil

Stängel aufrecht, einfach od. ästig; Blätter eiförmig, sehr kurz gestielt, spitz; Blüten einzeln, blattachselständig, sehr kurz gestielt; Krone nur mittags offen; Frucht kugelig, mit einem Deckel aufspringend. 2–8 cm. 5–6. ①. Sandige, krumenfeuchte Äcker, Truppenübungsplätze, Teichböden, s, früher z im Tief- u. Hügelland. ↘ O Nanocyp., V Aphan.; submed+atl-subatl. [*Anagallis minima* (L.) E. H. L. Krause]. ***C. minimus*** L., **Acker-K., Zwerggauchheil**

Glaux L., Milchkraut

Stängel dicht beblättert; Blätter dickl., längl. lanzettl. bis elliptisch, meist gegenständig; Blüten einzeln, blattachselständig, sitzend. 5–15 cm. 5–6. ♃. Leicht salzige Wiesen, Wegränder, fehlt in Sachsen, doch vorhanden im benachbarten Sachsen-Anhalt: Kötzschau, Tollwitz, Zöschen. Auftreten an Autobahnrändern u. ähnl. sekundär salzbeeinflussten Stellen möglich.
G. maritima L., **Strand-Milchkraut***

Hottonia L., Wasserfeder

Blüten quirlig, in endständiger lockerer Traube; Traubenstiele wie die Blütenstiele u. Kelche drüsenhaarig; Krone weiß, seltener blassrosa, mit kurzer walzenförmiger Röhre u. flachem 5-teiligem Saum, am Schlund gelb. 15–50 cm. 5–6. ♃. Flache, mäßig nährstoffreiche Tümpel u. Gräben, Erlen-Bruchwälder, mäßig h im Tiefland, z im Hügelland, s im unteren Bergland. ↘ V Nymph., V Aln.; submed+sarmat. Warmzeitzeuge. ∇
H. palustris L., **Sumpf-W., Wasserprimel***

Lysimachia L., Gilbweiderich, Felberich

1 Blüten etwa 4 mm breit, 6(–7)-zählig; Krone zwischen den Zipfeln mit kleinen Zähnen ***L. thyrsiflora***
1* Blüten > 4 mm, 5-zählig; Krone ohne Zähnchen zwischen den Zipfeln
2 Stängel aufrecht; Blüten traubig od. rispig; Staubfäden fast bis zur Mitte verwachsen
3 Stängel rundl. kantig; Blätter gegenständig, seltener quirlständig; Blütenstand rispig, im unteren Teil beblättert; Kelchzipfel meist rötl. berandet; Kronzipfel am Rand kahl; Krone ohne rote Punkte ***L. vulgaris***
3* Stängel 4-kantig, die Kanten schmal 2-flügelig; Blätter zu 3–4 quirlständig, selten gegenständig; Blüten in beblätterter Traube; Kelchzipfel

nicht rötl. berandet; Kronzipfel am Rand drüsig bewimpert; Krone mit roten Punkten ***L. punctata***

2* Stängel kriechend; Blüten einzeln, seltener zu 2, in den Blattachseln; Staubfäden frei od. nur am Grund verwachsen

4 Blätter rundl., stumpf; Blütenstiele etwa 2-mal so lang wie die Blüten; Kelchzipfel fast herzförmig; Kronzipfel spitz, 9–16 mm lang; Staubfäden nur am Grund verwachsen; Stängel weit kriechend ***L. nummularia***

4* Blätter eiförmig, spitz; Blütenstiele mehrfach länger als die Blüten; Kelchzipfel schmal lanzettl. od. linealisch; Kronzipfel stumpf, 5–9 mm lang; Staubfäden ganz frei; Stängel kurz kriechend od. aufsteigend ***L. nemorum***

L. nemorum L., **Hain-G., Hain-F.***

Krone dottergelb. 10–30 cm. 5–6. ♃. Feuchte Laubwälder, Quellsümpfe, Waldsäume, Hochstaudenfluren, z im Hügelland, mäßig h im Bergland; s OLT: Hoyerswerda, Muskau, Malenza bei Köbeln. V Fag., V Aln.-Ulm., V Card.-Mont., V Aden., V Geo-All.; subatl-mont.

L. nummularia L., **Pfennig-G., Pfennigkraut, Münz-F.***

Krone goldgelb; Laubblätter auffallend in einer Ebene ausgebreitet. 10–50 cm. 6–7. ♃. Frische bis feuchte Wiesen u. Weiden, Grabenränder, Auenwälder, Parks, Gärten, h; auch Zierpflanze u. verwildert. K Mol.-Arrh., V Potent. ans., O Glech., V Aln.-Ulm.; euras-nem.

L. punctata L., **Drüsiger G., Punkt-F.***

Krone goldgelb, am Grund braun; Blätter beiderseits dicht flaumhaarig: Pflanze harzig duftend. 50–100 cm. 6–8. ♃. Zierpflanze, verwildert, Wegränder, ruderale Staudenfluren, Ufer, Müllplätze, Bahndämme, z. NE. ↗ V Aegop., V Arct., V Conv., V Filip. Heimat: SO-Europa.

L. thyrsiflora L., **Strauß-G., Strauß-F.***

[Naumburgia thyrsiflora (L.) Rchb.]. Blüten in achselständigen, dichten, gestielten Trauben; Stängel aufrecht, oberwärts zottig, schwarz punktiert; Blätter meist gegenständig, lanzettl. bis lineal lanzettl., spitz, mit stängelumfassendem Grund sitzend, schwarz punktiert; Kelchzipfel linealisch, spitzl.; Krone mit langen Zipfeln, goldgelb, 30–60 cm. 5–7. ♃. Uferröhrichte, Großseggenriede, Bruchwälder, auf torfigen, mäßig nährstoffreichen Böden, z bis mäßig h im Tiefland, doch s LLA; s im Hügel- u. Bergland (ERW: Tannenbergsthal), auch aus Gärten verwildert od. ausgepflanzt. ↘ O Phragm., V Aln., V Salic. cin.; bor, circpol.

L. vulgaris L., **Gewöhnlicher G., Gold-F.***

Krone bei Lichtpflanzen goldgelb, am Grund rot, bei Schattenpflanzen heller, kleiner. 50–150 cm. 6–8. ♃. Hochstaudenfluren, Ufer, Gräben, Feuchtwiesen, Bruch- u. Auenwälder, Weidengebüsche, meist h bis ins obere Bergland. V Filip., V Magnocar., V Mol., V Aln., V Aln.-Ulm., V Salic. cin.; euras-nem.

Primula L., **Schlüsselblume, Primel**

1 Blüten in grundständiger, ungestielter Dolde; Blütenstiele zottig; Kelch bis zur Mitte gespalten; Blätter oberseits kahl ***P. vulgaris***

1* Blüten doldig auf langen Stielen; Blütenstiele kurzhaarig; Kelch auf ¼ gelappt, Lappen spitz; Blätter beiderseits behaart

2 Kelch walzenförmig, oben wenig erweitert, weißl. mit grünen Kanten *(Abb. 512/2);* Kelchzähne lang zugespitzt, Krone mit flachem Saum, hellgelb, mit dottergelbem Fleckenring am Schlund, fast geruchlos; Kapsel mindestens so lang wie der Kelch; Blattspreite allmähl. in den Stiel verschmälert ***P. elatior***

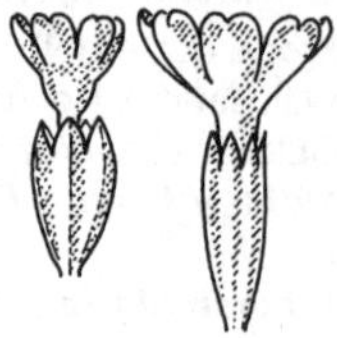

512/1 512/2

2* Kelch glockig erweitert, durchgehend weißl. *(Abb. 512/1);* Kelchzähne kurz zugespitzt; Krone mit vertieftem Saum, dottergelb, mit 5 rotgelben Flecken am Schlund, wohlriechend; Kapsel ½ so lang wie der Kelch; Blattspreite am Grund gestutzt bis fast herzförmig, vom meist geflügelten Stiel scharf abgesetzt ***P. veris***

P. elatior (L.) Hill, **Hohe Sch., Geruchlose P., Wald-P., Himmelschlüssel***

10–30 cm. 3–5. ♃. Krautreiche Laubwälder, Wiesen, auf nährstoffreichen, frischen bis feuchten Böden, mäßig h, doch s EET, GHP u. OLT; auch Zierpflanze. V Fag., V Aln.-Ulm., V Carp., V Cath., V Pol.-Tris.; europ-nem. Früher Off. ∇

Im Gebiet nur **subsp. *elatior*.**

P. veris L., **Wohlriechende Sch., Wiesen-P., Wiesen-Sch., Himmelschlüssel***

[*P. officinalis* (L.) Hill]. 15–30 cm. 4–5. ♃. Halbtrockenrasen, trockenwarme Wiesen, Gebüschsäume, Wälder, auf basenreichen, oft kalkhaltigen Böden, z bis ins mittlere Bergland (besonders ERO), streckenweise aber s od. fehlend (ERM, ERW, OLT). ↘ V Brom., V Arrh., V Pol.-Tris., O Orig., V Carp., V Fag.; submed+europ-nem. Off. ∇

P. vulgaris Huds., **Stängellose P., Schaftlose P.***

[*P. acaulis* (L.) Hill]. Blüten schwefelgelb. 8–15 cm. 2–5. ♃. In Gärten u. auf Friedhöfen gelegentl. kultiviert u. s, besonders in Rasenflächen, verwildert;

subatl., natürl. Vorkommen in NW-Deutschland u. im Alpenvorland. Häufiger werden die ebenfalls auf Rasen, vorwiegend auf Friedhöfen, verwildernden Bastarde mit anderen *P.*-Arten, vor allem *P. veris* u. *P. elatior*, in verschiedenen Farben kultiviert. (∇)

Bastarde:

P.* × *media PETERM. [*P. elatior* × *P. veris*]: s

P.* × *pubescens JACQ., **Gartenaurikel*** [*P. auricula* L. × *P. hirsuta* ALL., *P.* × *hortensis* WETTST.]: Blätter glatt, fleischig. 10–30 cm. 5–7. ♃. Zierpflanze, verwildert, Friedhöfe, s. In mehreren Farbsorten kultiviert.

Samolus L., **Bunge**

Pflanze gelbgrün; Blätter verkehrt eiförmig bis längl., wechselständig; Blüten in endständiger, zuletzt verlängerter Traube; Blütenstiele dünn, in der Mitte mit lanzettl. Tragblatt; Krone glockig, weiß, am Schlund gelb, mit 5-teiligem Saum; Fruchtknoten unterständig. 5–30 cm. 6–9. ♃. Grabenränder, feuchte Weiden, meist auf salzhaltigen, verdichteten Tonböden, s LLA: nur noch Dölzig; ELH: früher Meißen. ↘ O Nanocyp., V Potent. ans., V Phragm.; med+euras-kont. ***S. valerandi*** L., **Salz-B.***

Trientalis L., **Siebenstern**

Stängel aufrecht; Blätter sitzend, untere verkehrt eiförmig, einzeln, klein, obere lanzettl., größer, quirlig zusammengedrängt, sehr ungleich; Blüten lang u. dünn gestielt, 11–19 mm im Ø. 4–20 cm. 5–6. ♃. Bodensaure Laub- u. Nadelwälder, Zwergstrauchheiden, mäßig h im Bergland, z im Hügelland, s im Tiefland (DDH, OLT). O Pic., V Querc. rob., V Bet., V Fag., V Genist.; bor, circpol. ***T. europaea*** L., **Europäischer S.***

Fam. *Sarraceniaceae* DUMORT., Sarraceniengewächse

Sarracenia L., **Schlauchpflanze**

Blätter immergrün, 10–25 cm lang, schlauchförmig (dem Fang von Kleintieren dienend); Blüten nickend, 3–5 cm breit, purpurrot. 20–40 cm. 6–8. ♃. Hoch- u. Zwischenmoore, angesalbt, OLT: Bernsdorf bei Kamenz (seit 1963 sich ausbreitend); ERO: Altenberg: Galgenteich (1993 wieder †). K Oxyc.-Sphag. Heimat: östl. N-Amerika. ***S. purpurea*** L., **Purpurrote Sch.**

Fam. *Ericaceae* Juss., Heidekrautgewächse (inkl. *Empetraceae* Gray, Krähenbeerengewächse, *Pyrolaceae* Lindl.,Wintergrüngewächse, u. *Monotropaceae* Nutt., Fichtenspargelgewächse)

1 Pflanze wachsgelb, fleischig, ohne Chlorophyll ***Hypopitys,*** 516
1* Pflanze mit grünen Blättern
2 Pflanze krautig od. basal schwach verholzt, mit meist deutl. entwickelter Blattrosette; Blätter ± rundl. od. elliptisch bis lanzettl.; Fruchtknoten oberständig
3 Blüten in Schirmtrauben; Griffel höchstens 0,5 mm lang, dick; Blätter lanzettl., scharf gesägt ***Chimaphila,*** 515
3* Blüten einzeln od. in Trauben; Griffel 1–8 mm lang; Blätter eiförmig od. rundl., ganzrandig od. fein gekerbt
4 Blüten einzeln, endständig; Kapsel aufrecht ***Moneses,*** 517
4* Blüten in Trauben; Kapsel hängend
5 Traube einseitswendig, zur Blütezeit nickend; Blätter eiförmig, spitz ***Orthilia,*** 517
5* Traube allseitswendig, nicht nickend; Blätter rundl., stumpf ***Pyrola,*** 518
2* Strauch, Zwerg- od. Spalierstrauch, selten Kriech-Halbstrauch, ohne Blattrosette; Fruchtknoten unterständig od. oberständig
6 Blätter flach od. nur am Rand umgerollt, > 2 mm breit
7 Fruchtknoten unterständig, Krone 4–5-zähnig od. tief 4-teilig; Frucht eine Beere ***Vaccinium,*** 519
7* Fruchtknoten oberständig; Krone 5-zählig; Frucht eine Kapsel od. beerenartige Steinfrucht
8 Staubbeutel in 2 Hörner ausgezogen
9 Frucht eine 5-fächrige, fachspaltige (in der Mitte der Klappen sich öffnende) Kapsel; Blätter am Rand umgerollt, lineal lanzettl., aber nicht nadelförmig ***Andromeda,*** 515
9* Frucht eine Steinfrucht mit 5 1-samigen Steinen; Blätter am Rand nicht umgerollt, verkehrt eiförmig ***Arctostaphylos,*** 515
8* Staubbeutel ohne Hörner
10 Kelch 5-zähnig; Krone 5-blättrig, weiß, 5–8(–10) mm lang ***Ledum,*** 517
10* Kelch 5-teilig; Krone 5-spaltig, verschiedenfarbig, > 10 mm lang ***Rhododendron,*** 519
6* Blätter nadel- od. schuppenförmig
11 Blätter schuppenförmig, 1–4 mm lang, gegenständig; Frucht eine Kapsel ***Calluna,*** 515
11* Blätter nadelförmig, 3–8 mm lang, quirl- od. wechselständig; Frucht eine Kapsel od. eine Beere

12 Blätter im Querschnitt hohl, unterseits mit weißl. Längsstreifen; Kelch u. Krone 3-zählig, ± 1,5 mm lang; Frucht eine schwarze beerenartige Steinfrucht **_Empetrum,_** 516

12* Blätter nicht hohl, unterseits ohne weißem Längsstreifen; Kelch u. Krone 4–5-zählig, über 2 mm lang *(Abb. 515/1);* Frucht eine Kapsel **_Erica,_** 516

515/1

Andromeda L., **Rosmarinheide, Gränke**

Stängel aus liegendem Grund aufsteigend; Blätter lederig; Spreite 1,5–4 cm lang, oberseits glänzend grün; Blüten zu 2–5(–8) in Schirmtrauben, nickend; Kelch u. Blütenstiele rosa; Krone 5–8 mm lang, kugelig eiförmig, rosa bis weiß. 15–45 cm. 5–7. ♄ (Zwstr.). Hochmoore, Zwischenmoore, feuchte (Kiefern-)Moorwälder, s, früher z OLH, OLT; s ERZ, früher in den Hochmooren mäßig h. ↘ K Oxyc.-Sphag., V Rhynch., V Bet.; bor, circpol. Giftig. **_A. polifolia_** L., **Rosmarinheide, Polei-G.** */**

Arctostaphylos ADANS., **Bärentraube**

Stängel niederliegend; Blätter 1–3 cm lang, lederig, immergrün, ganzrandig, unterseits blassgrün, netzadrig, nicht drüsig punktiert (Gegensatz zu *Vaccinium vitis-idaea*); Blüten nickend, in kurzen, endständigen, 3–10-blütigen Trauben; Krone weiß, am Saum rot; Frucht rot, mehlig. 20–60 cm. 3–6. ♄ (Zwstr.). Nadelwälder, Zwergstrauchheiden, Felsvorsprünge, auf trockenen, sandigen, sauren Böden, s ESG: Kirnitzschtal am Großstein, am Arnstein; OLT: früher z; ERM: früher Greifenstein bei Geyer. ↘ V Genist., V Pic., V Cyt.-Pin.; bor-kont, circpol. Off. ∇ **_A. uva-ursi_** (L.) SPRENG., **Echte B.** */**

Calluna SALISB., **Heidekraut**

Erika (VGT)

Blätter 4-reihig, dachziegelig, kahl, seltener [var. *hirsuta* (F. K. WAITZ) GRAY] grau behaart; Blüten in einseitswendigen Trauben; Kelch u. Krone blassrot, selten weiß. 30–100 cm. 8–10. ♄ (Zwstr.). Borstgrasrasen, Sandheiden, saure Magerrasen, lichte Nadel- u. Eichenwälder, Moore, Felsen, mäßig h bis h, doch in Ackerbaugebieten fehlend od. s (LLA, Lommatzscher Pflege). K Call.-Ul., O Pic., K Oxyc.-Sphag., V Querc. rob., O Coryn.; bor-atl-subatl. Auch Zierpflanze. **_C. vulgaris_** (L.) HULL, **Heidekraut, Besenheide** */**

Chimaphila PURSH, **Winterlieb**

Blätter scheinbar quirlig, ledrig, immergrün; Schirmtraube 3–7-blütig; Krone weiß od. hell rosa. 7–15 cm. 6–7. ♄ (Zwstr.). Kiefernwälder auf trockenen,

oft etwas basischen Sandböden, früher sehr z im Hügel- u. Bergland; nur noch z OLT. ↘ V Dicr.-Pin., V Cyt.-Pin.; bor. [*Pyrola umbellata* L.]. ∇
Ch. umbellata (L.) W. P. C. BARTON, **Doldiges W.**

Empetrum L., **Krähenbeere**

Stängel liegend, mit aufsteigenden, dicht beblätterten Ästen; Blätter 4–5 mm lang, 1–1,5 mm breit, fast quirlständig; Blüten blattachselständig, sitzend, klein; Krone rosa od. purpurn, von den Staubblättern weit überragt; Beere kugelig. 15–45 cm. 4–5. ♄ (Zwstr.). Zwergstrauchheiden, Felssimse, Moore, moorige Nadelwälder, z ESG: Schrammstein-Winterberg-Gebiet; sehr z oberes ERZ. ↘ V Genist., K Oxyc.-Sphag., V Bet., O Pic.; arct+bor+prap-subalp. Kaltzeitzeuge. ***E. nigrum*** L., **Gewöhnliche K., Schwarze K.***/**

Erica L., **Heide**

1 Blätter wie auch die Kelchzipfel steifhaarig gewimpert, stumpf; Blüten zu 5–12 in endständigen, kopfigen Dolden; Staubbeutel begrannt, in der rosa Krone eingeschlossen ***E. tetralix***

1* Blätter wie die ganze Pflanze kahl, stachelspitzig; Blüten in meist einseitswendigen Trauben; Staubbeutel unbegrannt, aus der fleischfarbenen Krone herausragend, am Ende 2-spaltig ***E. carnea***

E. carnea L., **Schnee-H.***/**

[*E. herbacea* L.]. Blätter zu 4 quirlständig; Krone 5–7 mm lang, fleischfarben (in Kultur auch weiß, dunkel- od. hellrosa). 15–45 cm. 2–5. ♄ (Zwstr.). Lichte Kiefernwälder, auf grusigen, nährstoffarmen, leicht humosen Böden, s VGT: zwischen Brambach u. Landwüst, zwischen Brambach u. Schönberg. ↘ V Dicr.-Pin.; alp-dealp. Kaltzeitzeuge. Auch häufige Zierpflanze, s verwildert (od. angesalbt).

E. tetralix L., **Glocken-H.***/**

Blätter zu 3–4 quirlständig; Krone 6–9 mm lang, fleischrosa, selten weiß. 15–45 cm. 7–8. ♄ (Zwstr.). Zwischenmoore (Heidemoore), lichte (Kiefern-) Moorwälder, mäßig h OLT; s u. meist erloschen OLH, sonst s verschleppt od. angesalbt, z. B. DDH, ERW: Schöneck, VGT: Kottenheide-Tannenhaus. ↘ K Oxyc.-Sphag.; atl.

Hypopitys HILL, **Fichtenspargel**

Pilzkraut, Pilzblüte

Stängel einfach, brüchig, mit Schuppenblättern besetzt; Blütenstand übergeneigt, zur Fruchtzeit aufrecht; Wurzel bis 50 cm tief, dicht von Pilzhyphen überzogen; Pflanze lebt parasitisch auf Pilzen. 10–25 cm. 6–7. ♃. Eurosib. ↘ Vorkommen u. Soziologie siehe Unterarten **_H. monotropa_** CRANTZ*

Die Trennung der beiden Sippen ist nicht immer eindeutig mögl.

1 Traube dicht, meist (6–)10–15-blütig; Kronblätter 10–15 mm lang; Innenseite der Krone, Staubfäden, Griffel u. manchmal der Fruchtknoten steifhaarig; Fruchtknoten länger als breit *(Abb. 518/1)*. Frische bis mäßig trockene Nadelwälder, seltener in Laubwäldern, z, doch streckenweise fehlend. O Pic., O Fag. [*Monotropa hypopytis* L., *M. hypopytis* var. *hirsuta* ROTH]. **subsp. _monotropa,_ Echter F.**

1* Traube lockerer, 3–6(–12)-blütig; Kronblätter 8–10 mm lang; gesamter Blütenstand stets kahl; Fruchtknoten so lang wie breit *(Abb. 518/2)*; Kapsel erhaben punktiert. Humusreiche Buchenwälder, wahrscheinlich s im gesamten Gebiet, z. B. OLT: Görlitz (Berzdorfer See); OLH: Königsbrück, Olbersdorf; VGT: unteres Göltzschtal. V Fag. [*Hypopitys hypophegea* (WALLR.) DON, *Monotropa hypophegea* WALLR., *M. hypopytis* var. *glabra* ROTH]. **subsp. _hypophegea_** (WALLR.) TZVELEV, **Kahler F., Buchenspargel**

Ledum L., **Porst**

Mottenkraut, Zeidheede

Blätter lineal lanzettl., am Rand stark umgerollt, unterseits wie auch die jungen Äste rostrot filzig; Blüten in Schirmtrauben; Blütenstiele drüsig; Kapsel hängend; Pflanze stark duftend. 0,60–1,50 m. 5–7. ♄. Kiefern- u. Tieflagen-Fichten-Moorwälder, feuchte Felssimse in Beerstrauch-Kiefernwäldern, z ESG, OLT; sonst s ERO: Reitzenhain, Georgenfeld (sonst ERZ u. VGT †); früher DDH. ↘ V Bet., O Vacc.-Pin., V Dicr.-Pin.; bor-kont. Frühwaldzeuge. Giftig, früher Off., auch Bierzusatz. [*Rhododendron tomentosum* HARMAJA]. ▽ **_L. palustre_** L., **Sumpf-P.***/**

Die Art wurde in der Gattung *Ledum* belassen, wird jedoch heute meist in die Gattung *Rhododendron* eingeordnet.

Moneses GRAY, **Moosauge**

Blüten nickend, ca. 2 cm breit, duftend; Kronblätter flach ausgebreitet, weiß; Kelchzipfel eiförmig, gewimpert, stumpf, Blätter rundl., kerbig gesägt, Spreite so lang wie ihr Stiel. 5–10 cm. 5–6. ♃. Im Tiefland an feuchten u. moosigen Stellen in Kiefernwäldern, im Gebirge in Fichtenwäldern, z OLT; s OLH: im Neißetal nördl. Hirschfelde; † ERZ u. VGT: früher z; früher s DDH. ↘ O Pic., V Cyt.-Pin.; bor, circpol. [*Pyrola uniflora* L.]. **_M. uniflora_** (L.) A. GRAY, **Moosauge, Einblütiges Wintergrün***

Orthilia RAF., **Birngrün**

Krone glockig, grünl.-weiß; Griffel gerade, länger als die Krone; Blattspreite länger als der Stiel, fein gekerbt. 6–15 cm. 6–7. ♄ (Zwstr.). Nadelwälder, seltener Eichen-Birken-Mischwälder, Bergbauhalden, auf frischen bis mäßig trockenen, humosen Sand- u. Grusböden, mäßig h OLT; z ERB, ERM, ERW,

OLH; sonst s od. fehlend. V Cyt.-Pin., O Pic., V Querc. rob., K Frang.; bor, circpol. [*Pyrola secunda* L., *Ramischia secunda* (L.) GARCKE].

O. secunda (L.) HOUSE, **Birngrün, Einseitwendiges Wintergrün***

Pyrola L., **Wintergrün**

1 Krone offen, glockig; Staubblätter aufwärts gebogen, Griffel s-förmig abwärts gekrümmt; Blattstiel länger als die Blattspreite

2 Blätter 3–5 cm lang, rundl. od. oval; Stängel stumpfkantig, am Grund mit breiten, scheidig umfassenden Niederblättern; Deckblätter so lang wie od. länger als die Blütenstiele; Kelchzipfel lanzettl., fein zugespitzt, abstehend, etwa ½ so lang wie die weiße, seltener rötl. Krone; Griffel länger als die Krone *(Abb. 518/3);* Blütenstand meist 8–15-blütig **P. rotundifolia**

2* Blätter 1,5–2,5 cm lang, spatelförmig rundl.; Stängel am Grund scharfkantig; mit schmalen, linealischen bis fädl. Niederblättern; Deckblätter kürzer als die Blütenstiele; Kelchzipfel 3-eckig, der Krone anliegend, bis $^1/_3$ so lang wie die weiße bis grünl.-weiße Krone; Griffel nur so lang wie die Krone; Blütenstand meist 3–5-blütig **P. chlorantha**

1* Krone kugelig, geschlossen; Staubblätter zusammenneigend; Griffel gerade od. nur sehr wenig gekrümmt; Blattstiel höchstens so lang wie die Blattspreite

3 Blätter fast kreisrund; Kelchzipfel eiförmig lanzettl., mit der Spitze abstehend; Griffel länger als die Krone, etwas abwärts gekrümmt, (3–)4–6 mm lang, etwa doppelt so lang wie der Fruchtknoten *(Abb. 518/4),* nach oben verdickt; Narbe schmäler als od. so breit wie der Griffel; Krone weiß, 7–10 mm Ø **P. media**

3* Blätter eirundl.; Kelchzipfel 3-eckig eiförmig, der Krone angedrückt; Griffel kürzer als die Krone, gerade, 1–2(–4) mm lang, etwa so lang wie der Fruchtknoten, nach oben nicht verdickt *(Abb. 518/5);* Narbe 2-mal so breit wie der Griffel; Krone hellrosa od. weiß, 5–7 mm Ø **P. minor**

P. chlorantha SW., **Grünblütiges W., Grünliches W.**

[*P. virens* SCHWEIGG.]. Stängel rot; Blütenstand 4–12-blütig; Griffel 6–7 mm lang. 10–25 cm. 6–7. ♃. Trockene moos- u. flechtenreiche Kiefernwälder, z OLT; s OLH: früher z; † ERZ, MLH, OLB, VGT. ↘ V Cyt.-Pin., V Dicr.-Pin.; bor.

518/1 518/2 518/3 518/4 518/5

P. media Sw., **Mittleres W.**

15–30 cm. 6–7. ♃. Bodensaure, humusreiche Nadelwälder, s OLT: Bernsdorf, Michalken: Zeißholz; alle anderen Funde in OL † (Bautzen: Döhlener Berg, Mehlteuer; Königshainer Berge; Zittau: Jägerdörfel); VGT: früher Oelsnitz (Galgenberg). O Pic.; bor.

P. minor L., **Kleines W.***

7–35 cm. 6–7. ♃. Nadel- u. Laubwälder, auch auf Bergbauhalden, auf sauren, steinig-humosen Böden, mäßig h bis z im Bergland, z im Hügelland u. OLT, sonst s od. fehlend. O Pic., V Querc. rob., s K Frang.; bor, circpol.

P. rotundifolia L., **Rundblättriges W.***

15–30 cm. 6–7. ♃. Humose, leicht basische Sand- u. Lehmböden in schattigen Misch- u. Nadelwäldern, Bergbauhalden, s, früher z. ↘ O Pic., V Querc. rob., K Rham.-Prun.; bor, circpol. Off.

Im Gebiet nur **subsp. *rotundifolia*.**

Rhododendron L., **Rhododendren, Alpenrosen, Azaleen****

Immergrüne Pflanzen werden als Rhododendren od. Alpenrosen bezeichnet, laubwerfende meist als Azaleen. Von den mehr als 1000 Arten sind in Deutschland etwa 100 in Kultur, hinzu kommt ein Vielfaches an Hybriden. Stammpflanze für viele Züchtungen ist der nordamerikanische Catawka-Rh. (*Rh. catawbiense* Michx.). Häufigste laubwerfende Sippen sind die Dahurische Azalee (*Rh. dauricum* L.) u. ihre Bastarde. Für die schwierige Bestimmung ist Spezialliteratur erforderlich. Verwilderungen von *R. catawbiense* u. seiner Hybriden sind s, z. B. VGT: Grünheide.

Vaccinium L., **Heidelbeere, Preiselbeere, Moosbeere**

1 Krone radförmig, tief 4-teilig, mit zurückgeschlagenen Zipfeln; Stängel fadenförmig, kriechend; Beeren rot

2 Blätter eiförmig bis 3-eckig, spitz, 4–8 mm lang, mit deutl. umgerolltem Rand, unterseits weißgrau; Blütenstiele an den Zweigenden, 2–4 cm lang; Vorblätter etwa in der Mitte des Blütenstiels; Kelchzipfel 5–6 mm lang; Beere 5–10 mm breit, kugelig od. birnförmig ***V. oxycoccos***

2* Blätter längl., stumpf, 6–18 mm lang, am Rand nicht od. nur schwach umgerollt, unterseits blaugrün; Blütenstiele weit unterhalb der Zweigenden entspringend, 1–3 cm lang; Vorblätter dicht unter der Blüte; Kelchzipfel 6–10 mm lang; Beere 10–20 mm breit, kugelig ***V. macrocarpon***

1* Krone krugförmig od. glockig, 4–5-zähnig; Stängel aufrecht od. aufsteigend; Beeren rot od. blauschwarz

3 Pflanze immergrün; Blätter ledrig, am Rand umgerollt; Blüten in Trauben, 4-zählig; Krone glockenförmig, weiß, meist rosa überlaufen; Beere scharlachrot, sehr selten weiß **_V. vitis-idaea_**

3* Pflanze sommergrün; Blätter krautig, nicht glänzend, nicht umgerollt; Blüten einzeln od. zu 2–3, 5-zähnig; Krone krugförmig, rötl.-grün od. rötl.-weiß; Beeren blauschwarz

4 Äste scharfkantig; Blätter eiförmig od. längl. eiförmig, spitz, klein gekerbt gesägt, beiderseits hellgrün; Blüten einzeln; Krone rötl.-grün; Beere schwarzblau, innen purpurn, mit rotem Saft **_V. myrtillus_**

4* Äste stielrund; Blätter verkehrt eiförmig, ganzrandig, unterseits blaugrün; Blüten zu 1–5 gehäuft; Krone grünl.- bis rötl.-weiß; Beeren schwarz, blau bereift, innen weißl., mit farblosem Saft **_V. uliginosum_**

V. macrocarpon AITON, **Großfrüchtige M., Krannbeere, Cranberry***/**

[*Oxycoccus macrocarpon* (AITON) PURSH]. Krone rosa; Beere korallenrot. 20–100 cm lang. 6. ♄ (Zwstr.). Gestörte Hochmoore, Bruchwälder, s DDH: mehrfach (Anfang des 20. Jh. im Zadlitzbruch bei Doberschütz angepflanzt); OLT: Niesky: Särichen. ↗ NE. K Oxyc.-Sphag. Heimat: N-Amerika. Wildobst.

V. myrtillus L., **Wald-H., Blaubeere, Schwarzbeere***/**

Äste mehrere Jahre grün bleibend. 15–60 cm. 4–6. ♄ (Zwstr.). Erträgt mehr Schatten als *V. vitis-idaea*; Nadelwälder u. -forste, Mischwälder, Gebüsche, Zwergstrauchheiden, verheidete Borstgrasrasen u. Bergwiesen, auch in entwässerten Mooren, meist h, fehlt den Ackerbaugebieten in LLA u. MLH. V Bet., O Pic., O Querc.-rob., seltener O Fag. (außer Aln.-Ulm.), K Call.-Ul., K Oxyc.-Sphag., O Arrh.; eurosib, circpol. Off. Wildobst.

V. oxycoccos L., **Gewöhnliche M.***/**

[*Oxycoccus palustris* PERS.]. Krone rosa; Beere gelbrot bis rot. 15–80 cm lang. 6–8. ♄. Hoch- u. Zwischenmoore, lichte Moorwälder, mäßig h bis z DDH, ERZ, OLT, VGT; sonst s. ↘ K Oxyc.-Sphag., V Bet.; bor. Wildobst.

Das für das ERZ: Großer Kranichsee angegebene *V. microcarpon* (RUPR.) HOOK. f. fehlt in Deutschland.

V. uliginosum L., **Moor-H., Trunkelsbeere, Rauschbeere***/**

Blätter unterseits mit hervortretendem Adernetz; Äste braun. 30–100 cm. 5–6. ♄ (Zwstr.). Hoch- u. Zwischenmoore, Moorwälder, Zwergstrauchheiden, z östl. ERZ, OLT VGT, sonst s u. meist erloschen: DDH, ESG: Markersbach, Schöna; MLH: Groß- u. Kleinbothen; OLH: Dresdener Heide. ↘ K Oxyc.-Spag., V Bet., O Vacc.-Gen.; bor, circpol.

Im Gebiet nur **subsp. _uliginosum_.**

Die nur selten auftretende Rauschwirkung (Name!) wird durch den in den wohlschmeckenden Beeren schmarotzenden Pilz *Sclerotinia megalospora* bewirkt, aber auch nur nach dem Verzehr größerer Mengen.

V. vitis-idaea L., **Preiselbeere***/**
Blätter unterseits zerstreut drüsig punktiert (Gegensatz zu *Arctostaphylos*) u. ohne Stachelspitzchen (Gegensatz zu *Polygala chamaebuxus*); Krone weiß bis rosa. 5–15 cm. 5–6 u. 7–8. ♄ (Zwstr.). Lichte Nadelwälder u. -forsten, Zwergstrauchheiden, verheidete Borstgrasrasen u. Bergwiesen, auf sandig-grusigen bis lehmigen, sauren, meist trockenen Böden, mäßig h bis z (stellenweise h) im Bergland u. OLT, seltener DDH u. MLH. O Pic., V Cyt.-Pin., V Querc.-rob., K Call.-Ul., O Arrh.; bor, circpol. Wildobst.

Bastard:
V. × intermedium RUTHE** [*V. myrtillus × V. vitis-idaea*]: Stängel stumpfkantig; Blätter eiförmig, stumpf gezähnelt, am Rande etwas umgerollt, unterseits sparsam punktiert; Blüten einzeln od. wenige, 4- od. 5-zählig; Krone rötl.-weiß; s unter den Eltern: ERW, OLT, VGT.

Fam. *Rubiaceae* JUSS., Rötegewächse

1 Blüten in endständigen, von Hüllblättern umgebenen Büscheln; Krone blau, lila od. rosa, selten weiß (vgl. auch *Phuopsis*, S. 529)
2 Kelch deutl. 4–6-spaltig; Hüllblätter kurz stachelig rau, am Grund verwachsen *(Abb. 521/1)* ***Sherardia,*** 529
2* Kelch fehlend; Hüllblätter lang borstig bewimpert, am Grund frei ***Asperula arvensis,*** 522
1* Blüten in endständigen Thyrsen od. Zymen, nicht von Hüllblättern umgeben; Krone weiß, gelb, grünl. od. rötl.
3 Blüten in achselständigen Zymen
4 Krone gelb; Blätter 3-nervig, zu 4 quirlig; Pflanze ausdauernd ***Cruciata,*** 523
4* Krone weiß od. grünl.-weiß; Blätter 1-nervig, zu 6–10 quirlig; Pflanze 1-jährig ***Galium,*** 523
3* Blüten in endständigen, meist rispenartigen Thyrsen
5 Frucht beerenartig, saftig; Krone 5-zipflig, grünl.-gelb *(Abb. 521/2);* Staubblätter meist 5; Stängel mit rückwärts od. seitl. gerichteten Klimmhaaren ***Rubia,*** 529

521/1

521/2

5* Frucht trocken; Krone 3–4-zipflig; Staubblätter meist 4; Stängel kahl od. mit Stachelborsten besetzt u. dann Krone weiß

6 Kronröhre so lang wie die Kronzipfel od. länger, Krone stets trichterförmig; Frucht ohne Borsten, höchstens körnig rau; Blütenstiel meist kürzer als der Fruchtknoten ***Asperula,*** 522

6* Kronröhre kürzer als die Kronzipfel, oft fast fehlend, Krone radförmig, glockig od. trichterförmig u. dann Frucht mit hakigen Borsten; Blütenstiel fast stets länger als der Fruchtknoten ***Galium,*** 523

Asperula L., **Meier**

1 Krone blau; Pflanze 1-jährig od. 1-jährig überwinternd ***A. arvensis***

1* Krone weiß od. rötl.; Pflanze ausdauernd

2 Krone 3-spaltig, weiß, wie die Frucht glatt; Stängel meist einzeln u. aufrecht; Blätter spitzl., untere zu 6, obere zu 4; Deckblätter eiförmig, spitz ***A. tinctoria***

2* Krone meist 4-spaltig, weiß, außen rau u. oft rötl.; Frucht körnig rau; Stängel zahlreich, ausgebreitet; Blätter stachelspitzig, meist zu 4; Deckblätter lanzettl. od. längl., stachelspitzig ***A. cynanchica***

A. arvensis L., **Acker-M.**

Blätter unterseits u. am Rand rau, untere verkehrt eiförmig, zu 4, obere lineal lanzettl., zu 6–8; Krone 5–6 mm lang; Blüten kopfig gehäuft, kürzer als die äußeren Deckblätter, diese borstig bewimpert. 15–30 cm. 5–6. ☉, ①. Lehmäcker, Müllplätze, s eingeschleppt, früher s auf Äckern. Als A †. V Sis., früher V Veron.; med.

Nicht mit *Sherardia arvensis* od. der folgenden Art verwechseln!

A. orientalis Boiss. et Hohen. [*A. azurea* Jaub. et Spach], **Morgenländischer M.:** Ähnl. *A. arvensis*, aber die Deckblätter nur ½ so lang wie die blauen Blüten; Krone 7–12(–14) mm lang. 20–30 cm. 6–7. ☉. Zierpflanze, verwildert, Müllplätze, Komposthaufen, s. Heimat: SW-Asien.

A. cynanchica L., **Hügel-M.***

Krone 2,5–5 mm lang. 5–30 cm. 6–8. ♃. Lückige Trockenrasen, wärmebegünstigte Gebüschsäume, Felsfluren, s ELH: Diesbar-Seußlitz, Radebeul; MLH: Wurzen, Ketzerbach- u. Käbschützbachtal, früher z ELH, MLH; sonst †: s LLA: Leipzig: am Bienitz; VGT: Plauen. ↘ K Fest.-Brom., V Ger.; euras-kont+submed.

A. tinctoria L., **Färber-M.***

30–50 cm. 5–7. ♃. Halbtrockenrasen, wärmebegünstigte Säume, †, ELH: Dresden: Gehege; LLA: am Bienitz bei Leipzig. V Brom., V Ger.; europ-kont, coll. Steppenrelikt.

Cruciata Mill., **Kreuzlabkraut**

1 Stängel u. Blütenstiele behaart; Krone gelb; Blütenstiele mit je 2 lanzettl. Tragblättchen ***C. laevipes***

1* Stängel oberwärts u. Blütenstiele kahl; Krone blassgrün; Blütenstiele ohne Tragblättchen ***C. glabra***

C. glabra (L.) Ehrend., **Kahles K., Frühlings-K.**
[*Galium vernum* Scop.]. Stängel unterwärts schwach behaart; Blätter 7–16 mm lang, 3–7 mm breit. 10–25 cm. 4–6. ♃. Straßen- u. Wegränder, Gebüschsäume, z VGT; s ERM: Olbernhau; OLH: Bautzen (seit1923), Putzkau, Weickersdorf; oft unbeständig. NE (lokal). V Trif., O Prun.; submed+europ-kont.

C. laevipes Opiz, **Gewimpertes K.***
[*Galium cruciata* (L.) Scop.]. Blätter 12–20 mm lang, 4–10 mm breit. 15–50 cm. 4–6. ♃. Frische bis feuchte Säume an Gebüschen u. Wäldern, grasige Böschungen, Wegränder, mäßig h bis ins Bergland; s OL: nur neophytisch. V Aegop., V Conv., O Prun.; subatl+submed.

Galium L., **Labkraut**

1 Blätter 3-nervig, zu 4 quirlig; Blüten stets weiß

2 Stängel aufrecht, steif; Blätter derb, lanzettl. bis lineal lanzettl., stumpfl., ohne Stachelspitze, mit kahlen Nerven; Frucht kurzhaarig bis kahl; Blüten in dichten Blütenständen ***G. boreale***

2* Stängel aufsteigend, schlaff; Blätter zart, untere eiförmig, obere elliptisch, kurz stachelspitzig, an Rand u. Nerven zerstreut weiß borstig; Frucht hakig borstig; Blüten in armblütigen, lockeren Blütenständen ***G. rotundifolium***

1* Blätter 1-nervig od. mit undeutl. Nerv, zu 4–12 quirlig; Blüten weiß, gelbl. od. gelb

3 Stängel durch rückwärts gerichtete Stachelchen rau

4 Krone schmaler als die reife Frucht; Blüten weiß, grünl. od. grünl.-gelb; Blüten (außer bei *G. parisiense*) in achselständigen armblütigen Zymen; 1-jährige od. 1-jährig überwinternde Arten trockener Standorte

5 Blätter am Rand rückwärts stachelig rau

6 Fruchtstiele zurückgekrümmt; Zymen meist 3-blütig, kürzer als die Tragblätter; Blattoberseite kahl, glatt; Krone weiß od. gelbl.-weiß ***G. tricornutum***

6* Fruchtstiele gerade; Zymen 3–9-blütig, länger als die Tragblätter; Blattoberseite mit vorwärts gekrümmten Stachelchen; Krone weiß od. grünl.-weiß

7 Krone 1,5–2 mm Ø, weiß; Frucht (ohne die Haken) 3–6 mm hoch, mit auf Knötchen sitzenden, 0,4–0,5 mm langen Hakenborsten; Blätter 3–8 mm breit; Zymen 2–5-blütig, mit 4–8 Hochblättern; Blattzahl pro Quirl 6–7 ***G. aparine***

7* Krone 0,8–1,3 mm Ø, grünl.-weiß; Frucht 1,5–3 mm hoch, ihre 0,2–0,5 mm langen Hakenborsten nicht auf Knötchen sitzend, selten borstenlos; Blätter 2,5–4 mm breit; Zymen 3–9-blütig, mit 2–3 Hochblättern; Blattzahl pro Quirl 7–9 ***G. spurium***

5* Blätter am Rand durch vorwärts gerichtete Stachelchen rau

8 Blüten in verlängerten Thyrsen; Krone grünl.-gelb, außen rötl.; Frucht 1 mm breit, körnig rau, steifhaarig od. kahl ***G. parisiense***

8* Blüten zu 1–3 achselständig, später abwärts gekrümmt; Krone grünl.-weiß; Frucht 5–6 mm breit, dicht weißwarzig ***G. verrucosum***

4* Krone breiter als die reife Frucht, rein weiß; Blüten in rispenförmigen Thyrsen; ausdauernde Pflanzen nasser Standorte

9 Blätter zu 6–8, spitz, mit Grannenspitze, getrocknet grün bleibend; Staubbeutel gelb; Frucht feinkörnig rau ***G. uliginosum***

9* Blätter zu 4–6, stumpf, ohne Grannenspitze, getrocknet schwarz werdend; Staubbeutel rot; Frucht fast glatt

10 Stängel nicht weißkantig, nicht geflügelt, schlank; Blätter der Stängelmitte 5–14(–17) mm lang, am Rand kurz behaart; Blütenstand ± walzenförmig, ziemlich kurzästig u. dicht; Krone 2,5–4 mm Ø; Frucht 1,2–1,6 mm hoch ***G. palustre***

10* Stängel ± weißkantig, meist schwach geflügelt; Blätter der Stängelmitte 16–30 mm lang, am Rand kahl; Blütenstand breit kegelförmig, zieml. langästig u. locker; Krone (3–)4–4,5 mm Ø; Frucht 1,7–2,5 mm hoch ***G. elongatum***

3* Stängel ohne rückwärts gerichtete Stachelchen, kahl od. behaart

11 Krone trichterförmig od. weitglockig, weiß od. rötl.

12 Pflanze rein grün; Blätter lanzettl., untere zu 6, obere zu 8, am Rand nicht umgerollt; Krone trichterförmig *(Abb. 525/1);* Frucht mit hakigen Borsten besetzt ***G. odoratum***

12* Pflanze blaugrün; Blätter linealisch, zu 8–10, am Rand umgerollt; Krone weit glockig; Frucht kahl ***G. glaucum***

11* Krone radförmig, weiß od. gelb

13 Krone gelb, weißl.-gelb od. blassgelb

14 Stängel bis zum Grund rundl.; Blätter fädl. linealisch bis linealisch, beim Trocknen meist schwarz werdend; Blütenstand gedrängt, meist dicht flaumhaarig; Kronzipfel zugespitzt, aber nicht grannenspitzig ***G. verum***

14* Stängel unten ± 4-kantig; Blätter schmal lanzettl. bis linealisch, trocken grün bleibend; Blütenstand ± locker, flaumhaarig bis kahl; Kronzipfel schwach grannenspitzig ***G. × pomeranicum***

13* Krone weiß

15 Stängel stielrund, fein 4-rippig; Blätter unterseits deutl. heller als oberseits, bläul. grün; Pflanze ohne Ausläufer, Triebe daher horstig stehend ***G. sylvaticum***

15* Stängel wenigstens oberhalb der Mitte 4-kantig; Blätter unter- u. oberseits ± gleichfarbig, nicht bläul.-grün (außer bei 16); Pflanze mit od. ohne Ausläufer

16 Blätter bläul.-grün; Blütenstand sehr locker, breit pyramidenförmig bis schirmförmig, mit langen Ästen; Stängel unten rundl., oben deutl. 4-kantig; Pflanze mit Ausläufern, daher Triebe locker stehend ***G. intermedium***

16* Blätter ± gleichfarbig grün; Blütenstand eiförmig längl.; Stängel in der gesamten Länge 4-kantig; Pflanze mit od. ohne Ausläufer

17 Kronzipfel vorn abgerundet, mit aufgesetzter grannenartiger Spitze od. stachelspitzig *(Abb. 525/2);* Stängel meist aufrecht od. aufsteigend-aufrecht, am Grund > 1 mm Ø, über 30 cm hoch

18 Krone 2–3 mm Ø; längere Blütenstiele länger als der Ø der Krone, zur Fruchtzeit stark spreizend, dadurch Fruchtstand locker; Blätter verkehrt eiförmig bis längl., 2–4-mal so lang wie breit, zieml. dünn ***G. mollugo***

18* Krone 3–5 mm Ø; längere Blütenstiele kürzer als der Ø der Krone, zur Fruchtzeit spitzwinkelig zur Achse stehend, daher Fruchtstand ± dicht; Blätter verkehrt eilanzettl. bis schmal linealisch, 3–7-mal so lang wie breit, zieml. derb

19 Blätter allmähl. in die Spitze verschmälert; Stängel 1,8–2,2 mm Ø; Pflanze meist kahl, selten kurzflaumig, bis 100 cm hoch ***G. album***

19* Blätter plötzl. in die Spitze verschmälert; Stängel 2,5–5 mm Ø; Pflanze meist dicht kurzhaarig, bis 150 cm hoch ***G. pycnotrichum***

17* Kronzipfel zugespitzt, aber ohne Granne od. Stachelspitze *(Abb. 525/3);* Stängel dünn, kriechend od. niederliegend aufsteigend, seltener aufrecht, < 1 mm Ø, meist unter 25 cm hoch

20 Blätter am Rand mit vorwärts gerichteten kurzen Wimpern (Lupe!), verkehrt eilanzettl. bis verkehrt eiförmig, 2–5-mal so lang wie breit, trocken meist schwarz werdend; Frucht von spitzen Papillen dicht warzig rau ***G. saxatile***

525/1

525/2

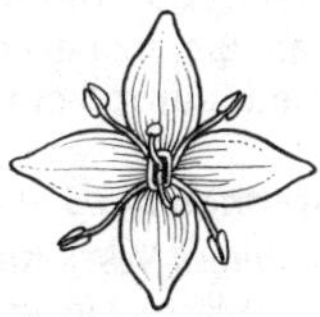

525/3

20* Blätter am Rand mit abstehenden od. rückwärts gerichteten Stachelzähnchen od. abstehend flaumhaarig, selten ganz kahl, schmal verkehrt eilanzettl. bis linealisch, 5–16-mal so lang wie breit, trocken meist grün bleibend; Frucht glatt od. von stumpfen (bei der sehr seltenen Art *G. valdepilosum* auch spitzen) Papillen körnig

21 Frucht glatt od. mit stumpfen Papillen; Blätter ± sichelförmig gekrümmt; Blütenstiele > 1 mm lang; Blütenstand schmal kegelförmig, meist kurzästig; Stängel am Grund nicht rötl. ***G. pumilum***

21* Frucht mit spitzen od. stumpfen Papillen; Blätter nicht sichelförmig gekrümmt; Blütenstiel nur bis 1 mm lang; Blütenstand ± breit kegelförmig bis eilängl.; Stängel am Grund rötl. ***G. valdepilosum***

G. album MILL., **Weißes L.**

[*G. mollugo* auct. non L., *G. erectum* HUDS.]. Frucht kahl, etwas runzlig. 30–120 cm. 5–9. ♃. Wiesen, Halbtrockenrasen, Säume, h. V Arrh., V Trif., V Brom.; euras-nem.

G. aparine L., **Kleb-L., Kletten-L., Klebkraut***

Blätter unterhalb der Spitze am breitesten. 60–150 cm. 6–10. ☉, ①. Ruderalfluren, Heckensäume, lehmige bis tonige Äcker, Ufer, Auenwälder, h. K Stell. med., K Artem., V Aln.-Ulm., V Salic. alb. Off.

G. boreale L., **Nordisches L.**

30–50 cm. 7–8. ♃. Pfeifengras-, Stromtal-, Feucht- u. Bergwiesen, Halbtrockenrasen, wechselfeuchte Hainbuchen-Eichenwälder, meist auf basenreichen Böden, LLA: stellenweise mäßig h bis z; sonst s. ↘ V Mol., V Calth., VPol.-Tris., V Brom., V Carp.; sarmat-südsib.

G. elongatum C. PRESL, **Verlängertes L., Verlängertes Sumpf-L.**

[*G. palustre* subsp. *e.* (C. PRESL) LANGE]. Pflanze blüht später u. wird größer als *G. palustre.* 50–150 cm. 6–9. ♃. Erlen-Bruchwälder, Großseggenriede, Röhrichte, z, im Bergland s. V Aln., V Phragm., V Magnocar.; eurosib.

G. glaucum L., **Blaugrünes L.**

[*Asperula glauca* (L.) BESSER]. 30–60 cm. 5–7. ♃. Felsfluren, Trockenrasen, Trockengebüschsäume, z ELH; s MLH: Elbnebentäler, Leisnig; früher s LLA: am Bienitz bei Leipzig; OLH: früher Hainewalde. ↘ V Sesl.-Fest., V Trif.; submed+europ-kont.

G. intermedium SCHULT., **Glattes L., Glattfrüchtiges L.**

[*G. schultesii* VEST]. Krone 3–(4–5)–6 mm Ø, flach, mit grannig bespitzten Zipfeln; Blätter lanzettl., zur Spitze u. zum Grund hin zu verschmälert, spitz; Frucht glatt. 30–120 cm. 7–8. ♃. Hainbuchen-Eichen-Wälder, Buchenwälder,

Gebüsche, Säume, z OL: Neißegebiet zwischen Zittau u. Görlitz u. westl. angrenzendes Gebiet (ersetzt hier *G. sylvaticum*). ↘ V Carp., V Fag., V Trif., O Prun.; sarmat.

G. mollugo L., **Wiesen-L.***

[*G. elatum* THUILL.]. Frucht meist kahl. 30–80 cm. 5–7. ♃. Wiesen, Halbtrockenrasen, Säume, z vom Tiefland bis ins obere Bergland, wahrscheinl. oft übersehen. O Arrh., V Trif., V Brom.

Nicht mit *G. album* verwechseln!

G. odoratum (L.) SCOP., **Waldmeister***

[*Asperula odorata* L.]. Stängel 4-kantig; Blätter am Rand rau, stachelspitzig. 15–30 cm. 5–6. ♃. Laubwälder, vor allem Buchenwälder, s im Tiefland, z bis mäßig h im Hügel- u. Bergland bis über 1000 m, auch Zierpflanze u. aus Kultur verwildert. V Fag., V Carp., V Til.-Acer.; europ-nem. Off. Beim Welken wird der typische Waldmeistergeruch infolge des Cumaringehalts frei.

G. palustre L., **Sumpf-L.***

10–50(–80) cm. 5–7. ♃. Röhrichte, Großseggenriede, Feucht- u. Sumpfwiesen, Gräben, Erlen-Bruchwälder, h. O Phragm., O Mol., V Aln.; eurosib.

G. parisiense L., **Pariser L.**

10–20 cm. 6–8. ①. Ruderal beeinflusste Sandtrockenrasen, früher s (verschleppt) LLA: Leipzig; OLT: Mücka.

G. × pomeranicum RETZ., **Gelblichweißes L.**

[*G. album* × *G. verum*]. 30–100. 6–9. ♃. Halbtrockenrasen, Wald- u. Gebüschsäume, z im Tiefland, mäßig h im Hügelland. ↗ V Brom., O Orig.

G. pumilum MURRAY, **Heide-L.**

Stängel niederliegend od. aufsteigend, meist alle blühend, an den Kanten öfter durch feine Zähnchen rau; Behaarung sehr wechselnd. 10–30 cm. 6–8. ♃. Borstgras-Magerrasen, magere, frische bis wechselfeuchte Wiesen u. Weiden, Zwergstrauchheiden, kalkmeidend, z im Tief- u. Hügelland, meist mäßig h im Bergland. K Call.-Ul., V Querc. rob., V Brom., seltener V Arrh., V Mol.; subatl.

G. pycnotrichum (HEINR. BRAUN) BORBÁS, **Dickes Wiesen-L.**

[*G. album* subsp. *pycnotrichum* (HEINR. BRAUN) KRENDL]. 50–100(–150) cm. 6–9. ♃. Halbtrockenrasen, trockene Waldsäume. Im Gebiet evtl. bisher übersehen (Elbtal?).

G. rotundifolium L., **Rundblättriges L.**

[*G. scabrum* auct. non L.]. Blätter auf dem Rand u. auf den Nerven mit zerstreuten weißl. Borsten. 15–30 cm. 6–8. ♃. Mäßig anspruchsvolle Buchen-

u. Fichten-Buchen-Mischwälder, Nadelholzforsten, z OLB, OLH, VGT; s im Tiefland (DDH, OLT) u. ERZ. ↘ V Fag., V Pic.; europ-nem, mont.

G. saxatile L., **Harz-L.***

[*G. harcynicum* WEIGEL]. Stängel niederliegend, die blühenden aufsteigend; Blüten in lockeren Rispen; Blätter beim Trocknen ± schwarz werdend. 7–25 cm. 6–8. ♃. Fichtenwälder- u. -forste, bodensaure Eichenwälder, Borstgrasrasen, h im Bergland, z im Tief- u. Hügelland. O Pic., V Querc. rob., O Nard.; subatl-mont., z. T. neophytisch infolge Ausbreitung durch Fichtenanbau.

G. spurium L., **Kleinfrüchtiges Kletten-L., Unechtes L.**

Blätter in der Mitte od. wenig über der Mitte am breitesten. 30–100 cm. 5–10. ⊙, ①. Lehmige u. tonige, basenreiche Äcker, Ruderalfluren, meist s u. unbeständig vom Tief- bis ins mittlere Bergland. A. ↘ O Secal., V Sis.; med. Weinbaubegleiter.

Taxonomischer Wert u. Verbreitung der beiden Unterarten sind noch ungenügend bekannt:

1 Frucht borstenlos, ± glatt. **subsp. *spurium***

1* Frucht mit hakigen Borsten. [*G. vallantii* DC., *G. spurium* var. *echinospermum* (WALL.) HAY., *G. spurium* var. *vaillantii* (DC.) GREN.]. **subsp. *vaillantii*** (DC.) GAUDIN

G. sylvaticum L., **Wald-L.***

Krone 2–4 mm Ø, beckenförmig vertieft, mit kurz bespitzten Zipfeln; Blätter längl. lanzettl. bis elliptisch, meist stumpf, stachelspitzig. 30–100 cm. 7–8. ♃. Eichen-Hainbuchen-Wälder, Buchenwälder, Gebüsche, Säume, mäßig h im Hügel- u. unteren Bergland, s im Tief- u. oberen Bergland sowie OL. V Carp., V Fag., V Trif., O Prun.; europ-nem.

G. tricornutum DANDY, **Dreihörniges L.**

[*G. tricorne* auct. non STOKES]. Stängel kaum verzweigt, kahl; Blätter in der oberen Hälfte am breitesten; Frucht 3–4 mm hoch, warzig. 15–45 cm. 7–10. ⊙, ①. Lehmige bis tonige, kalkhaltige Äcker, Ruderalfluren (Bahnanlagen, Umschlagplätze), s eingeschleppt. A. V Caucal., V Sis.; med.

G. uliginosum L., **Moor-L.***

15–30 cm. 6–9. ♃. Feuchte, kalkarme Wiesen, Kleinseggenriede, mäßig h bis z, doch stellenweise (um Leipzig, Lommatzscher Pflege) s. O Mol., V Car. nig.; eurosib.

G. valdepilosum HEINR. BRAUN, **Mährisches L.**

Stängel oft abstehend behaart. 10–30 cm. 6–7. ♃. Südgerichtete Diabasfelsen, s, bisher MLH: Hohenstein-Ernstthal u. früher VGT: bei Weischlitz.

G. verrucosum HUDS., **Anis-L.**

5–20 cm. 6–7. ⊙. Lehmige u. tonige Äcker, Ruderalfluren, s. NU. Heimat: S-Europa.

G. verum L., **Echtes L.***

1 Krone goldgelb, duftend; Stängel aufsteigend od. aufrecht; Blütenstand dicht, wenigstens seine längsten Seitenzweige länger als die Stängelglieder; Blätter 0,5–1(–2) mm breit, glänzend. 20–70 cm. 6–9. ♃. Silikat- u. Sandtrockenrasen, Halbtrockenrasen, trockene Säume, meist mäßig h im Tief- u. Hügelland, im Bergland u. OL seltener. V Cirs.-Brach., O Brom., O Coryn., O Sedo-Scler., O Orig.; submed+euras-nem. **subsp. *verum***

1* Krone zitronengelb, nicht duftend; Stängel steif aufrecht; Blütenstand locker, auch seine längsten Zweige meist kürzer als die Stängelglieder; Blätter 1–3 mm breit, matt. 20–60 cm. 5–6. ♃. Halbtrockenrasen, trockene Wiesen, z ELH, OLT, sonst s, wahrscheinl. weiter verbreitet. V Brom., V Arrh. [*G. wirtgenii* F. W. Schultz, *G. praecox* (K. H. Lang) Heinr. Braun]. **subsp *wirtgenii*** (F. W. Schultz) Oborný

Rubia L., **Färberröte**

Pflanze spreizklimmend; Stängel 4-kantig, besonders an den Kanten rückwärts stachelig rau; Blätter lanzettl., mit unterseits hervortretendem Nervennetz, untere zu 4, obere zu 6, kurz gestielt; Früchte schwarz. 60–100 cm. 6–8. ♃. Ruderalfluren (Wegränder, Brachen, Umschlagplätze), s, z. B. Leipzig. NU. V Arct. Früher wegen des roten Farbstoffs (Krapprot) angebaut. Heimat: Mittelmeergebiet. ***R. tinctorum*** L., **Echte F., Krapp***

Sherardia L., **Ackerröte**

Stängel meist liegend, ästig, wie die Blätter am Rand kleinstachelig rau; Blätter stachelspitzig, untere zu 4, spatelförmig, obere zu 6, lanzettl.; Krone 4–5 mm lang. 5–25 cm. 6–10. ⊙, ①. Nährstoffreiche Lehmäcker, Gärten, s im Tiefland, sonst meist z bis ins Bergland, etwas häufiger um Zwickau u. Plauen. A. ↘ V Aphan., O Secal.; med. ***S. arvensis*** L., **Ackerröte***

Phuopsis stylosa (Trin.) B. D. Jacks., **Rosenwaldmeister, Baldriangesicht**

Stängel meist niederliegend, schwach stachelig rau; Blätter linealisch bis schmal elliptisch, 12–30 mm lang; Blüten in endständigen Büscheln; Krone rosa, 5-zipfelig, 12–15 mm lang, mit enger Kronröhre, diese viel länger als die Kronzipfel; Griffel lang heraushängend. 10–50 cm. 6–8. ⊙. Zierpflanze, verwildert, Ruderalfluren, s. Heimat: Kaukasus, Iran.

Fam. *Gentianaceae* Juss., Enziangewächse

1 Griffel fadenförmig, vom Fruchtknoten deutl. abgesetzt; Krone gelb od. rosa

2 Krone 4-zählig, goldgelb, 3–5 mm Ø; Staubblätter 4, ei-herzförmig, nach dem Ausstäuben in der Form unverändert ***Cicendia,*** 531

2* Krone 5-zählig, rosa, selten weiß, 6–12 mm Ø; Staubblätter 5, linealisch, nach dem Ausstäuben gewunden (*Abb. 530/1*) ***Centaurium,*** 530

1* Griffel kurz od. fehlend, nicht deutl. vom Fruchtknoten abgesetzt; Krone blau od. violett, selten gelb

3 Krone radförmig, bis fast zum Grunde 5-teilig, ihre Zipfel am Grund mit 2 gewimperten Honiggruben *(Abb. 530/2)* ***Swertia,*** 534

3* Krone weitröhrig glockig od. stieltellerförmig, mit deutl. Röhre, mit 4–9-spaltigem Saum; Zipfel ohne Honiggruben *(Abb. 530/3)*
4 Schlund u. Krone innen kahl, ihre Zipfel nicht gefranst ***Gentiana,*** 531
4* Schlund der Krone innen bärtig *(Abb. 530/4)* od. die Kronzipfel am Grund gefranst
5 Kronzipfel am Rand gefranst; Krone 4-zählig, leuchtend blau ***Gentianopsis,*** 534
5* Kronzipfel nicht gefranst; Krone 4- od. 5-zählig, lila, selten weiß ***Gentianella,*** 532

Centaurium Hill, **Tausendgüldenkraut**

1 Stängel meist einfach; untere Blätter rosettig; Stängelblätter längl. eiförmig bis lineal lanzettl.; endständige Blüte anfangs fast sitzend; Kelch beim Aufblühen ½ so lang wie die Kronröhre; Kronsaum zieml. flach, mit stumpfl. Zipfeln; Krone rosa ***C. erythraea***
1* Stängel meist vom Grund an wiederholt gabelästig, mit aufrecht abstehenden Ästen; untere Blätter nicht rosettig; Stängelblätter eiförmig bis längl. eiförmig; alle Blüten deutl. gestielt; Kelch beim Aufblühen so lang wie die Kronröhre; Kronsaum trichterig mit spitzen Zipfeln; Krone dunkelrosa (fleischrot) ***C. pulchellum***

C. erythraea Rafn, **Echtes T., Großes T.***
[*C. umbellatum* Gilib., *Erythraea centaurium* auct.]. 10–40 cm. 7–8. ①, ⊙. Halbtrockenrasen, schwach verbrachte Wiesen, Ränder bodensaurer Laubwälder, vergraste Zwergstrauchheiden, Pionierstadien auf Rohböden der Bergbaufolgelandschaft, z, oft unbeständig, bis mäßig h im Tief- u. Hügelland, s im Bergland. V Cynos., V Mol., V Arrh., V Dauco-Mel., V Brom., O Orig.; med+europ-nem. Off. ∇

C. pulchellum (Sw.) Druce, **Zierliches T., Kleines T.**
[*Erythraea pulchella* (Sw.) Fr.]. 2–15 cm. 7–9. ⊙. Magerrasen u. -weiden, Pionierstadien auf Rohböden, salz- u. basenliebend, z im Tiefland, s im Hügelland. O Nanocyp.; med+atl-subatl. ∇

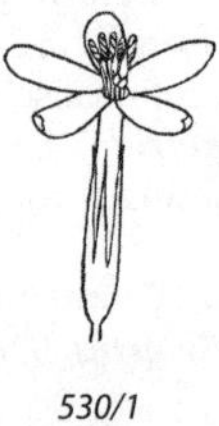
530/1

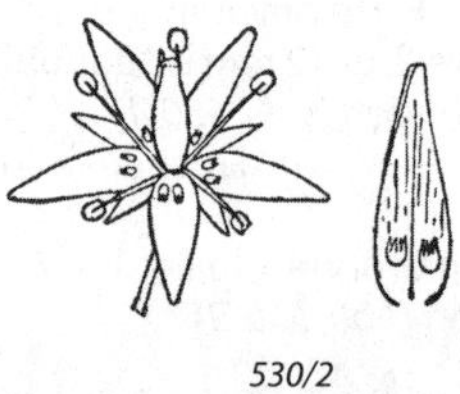
530/2

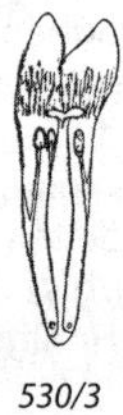
530/3

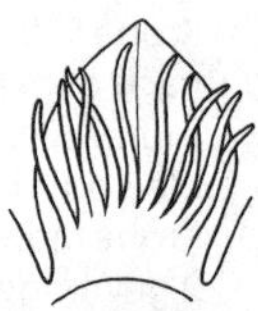
530/4

Cicendia Adans., **Zindelkraut, Bitterling, Fadenenzian**

Stängel meist vom Grund an ästig; Blätter lanzettl.; Blütenstiele verlängert, blattlos; Kelch kurz glockig, 4-zähnig. 3–10 cm. 7–9. ⊙. Teichränder, lückige Kleinseggenriede, †, früher s OLT: Rietschen. O Nanocyp.; med+atl. [*Microcala f.* (L.) Hoffmanns. et Link]. ***C. filiformis*** (L.) Delarbre, **Heide-Z.**

Gentiana L., **Enzian**

1 Krone goldgelb ***G. lutea***
1* Krone tiefblau
2 Krone in den oberen Blattachseln u. an der Spitze des Stängels gehäuft; Kronzipfel fast immer 4; untere Stängelblattpaare am Grund zu einer kurzen Scheide verwachsen ***G. cruciata***
2* Krone meist einzeln, end- u. blattachselständig; Kronzipfel meist 5; Blätter nicht deutl. scheidig
3 Pflanze mit grundständiger Rosette; Stängel 1-blütig; Krone stielteller-förmig mit enger zylindrischer Röhre ***G. verna***
3* Pflanze ohne grundständige Rosette; Stängel fast immer mehrblütig; Krone weit röhrig glockig
4 Blätter linealisch bis lineal lanzettl., in der Regel 1-nervig, < 1 cm breit; Kelchzipfel mindestens so lang wie die Kelchröhre ***G. pneumonanthe***
4* Blätter eilanzettl., lang zugespitzt, 5-nervig, 2–5 cm breit; Kelchzipfel höchstens ½ so lang wie die Kelchröhre ***G. asclepiadea***

G. asclepiadea L., **Schwalbenwurz-E.***
Blätter deutl. netznervig; Blüten einzeln od. zu 2–3 in den oberen Blattachseln gebüschelt, bei überhängendem Stängel einseitswendig; Krone 2,5–5 cm lang, blau, innen rotviolett punktiert u. mit hellen Längsstreifen; Staubbeutel verklebt. 20–60 cm. 7–10. ♃. Mäßig feuchte Wald- u. Gebüschränder, seit 1922 mehrfach ausgepflanzt, ESG: Hinterhermsdorf; ERW: Schnarrtanne; ERO: z. B. Kahleberg, Geisingberg, Hennersdorf. ↗ NE. Pralpsudeto-karp. Nächstliegende Wildvorkommen im Isergebirge. (∇)

G. cruciata L., **Kreuz-E.**
Blätter längl. lanzettl., meist 3-nervig; Krone außen blaugrau, innen azurblau, 2–2,5 cm lang; Staubbeutel frei. 15–50 cm. 7–8. ♃. Trockene Extensivweiden, ursprüngliche Vorkommen †: ERO: Dohna: Maxen; ESG: Pirna: bei Cotta, LLA: Dölzig, Kleinliebenau; MLH: Crimmitzschau, im Rudelswalder Grund; OLH: Zittau, bei Mittelherwigsdorf; gegenwärtig nur NU: OLT: Weißwasser. V Brom., V Cynos., V Cirs.-Brach.; eurosib. Extensivweiderelikt. ∇

G. lutea L., **Gelber E.***
Kronblätter bis fast zum Grund 5–6-teilig; Kelch einseitig aufgeschlitzt; Blätter bläul.-grün. 50–120 cm. 6–8. ♃. Zwergstrauchheiden, nach Anpflanzung eingebürgert, ERO: Kahleberg. Off. Heimat: europäische Hochgebirge. (∇)

G. pneumonanthe L., **Lungen-E.***
Blätter am Rand umgerollt; Blüten zu mehreren od. einzeln an der Stängelspitze; Krone 2,5–5 cm lang, dunkel azurblau, außen mit 5 grünen Streifen; Staubbeutel verklebt. 15–50 cm. 7–10. ♃. Wechselfeuchte, bodensaure Pfeifengraswiesen, Feuchtheiden, s DDH, OLT: Weißwasser, Guteborn, Schwepnitz, Wittichenau, früher z im Tief- u. Hügelland; mäßig h OL. ↘ V Mol., V Eric.; sarmat-südsib. Früher Off. ∇

G. verna L., **Frühlings-E.***
Blätter elliptisch bis lanzettl., spitz, 3-nervig, Rosettenblätter größer als die Stängelblätter; Kelch eiförmig, aufgeblasen, mit schmal geflügelten Kanten; Krone himmelblau. 3–7 cm. 4–5. ♃. Quellmoore, †, früher s OLT: Neustadt an der Spree (1940 erloschen); MLH: Nossen (nur 1965) Klostergelände Altzella. V Car. nig.; alp-pralp+zentralasiat-alp. Kaltzeitrelikt. ∇

Gentianella Moench, **Enzian, Kranzenzian**

Alle Arten ∇

Die Gattung neigt zur Bastardbildung. Deshalb sind immer mehrere Blüten u. deren Kelche zu untersuchen.

1 Krone meist 4-zählig, selten 5-zählig; Kelch bis zum Grund geteilt, äußere Kelchblätter breit oval, innere breit lineal lanzettl. *(Abb. 532/1);* Kelchblätter stark papillös gewimpert ***G. campestris***
1* Krone meist 5-zählig, selten 4-zählig; Kelch fast bis zur Hälfte verwachsen; Kelchzipfel ± lanzettl.; Kelchblätter nicht od. papillös gewimpert
2 Fruchtknoten u. Kapsel ungestielt; Blüten 10–18 mm lang ***G. amarella***
2* Fruchtknoten u. Kapsel deutl. gestielt; Blüten 20–40 mm lang
3 Kelchzähne am Rand stark papillös gewimpert *(Abb. 532/2)* ***G. aspera***
3* Kelchzähne am Rand glatt bis kaum sichtbar (starke Lupe!) papillös

532/1

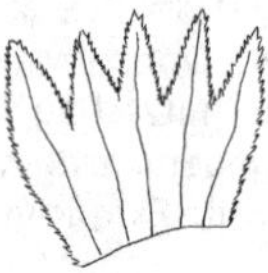
532/2

532/3

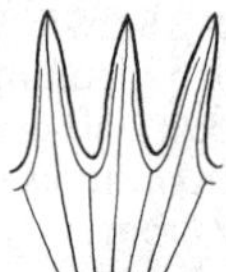
532/4

4 Kelchbuchten spitz *(Abb. 532/3)*, mit leicht rau papillösen Rändern der Kelchzähne; Kelchblätter kahl ***G. germanica***
4* Kelchbuchten abgerundet *(Abb. 532/4)*, mit glatten Rändern der Kelchzähne; Kelchblätter behaart ***G. lutescens***

G. amarella (L.) BÖRNER, **Bitterer E.**
[*G. axillaris* (F. W. SCHMIDT) Á. LÖVE et D. LÖVE, *Gentiana a.* L.]. Stängel von häutigen, braunen Blattresten umgeben, mit 4–12 Stängelgliedern; Grundblätter u. untere Stängelblätter zungenförmig od. spatelig, mittlere Stängelblätter spitz; Krone rötl.-lila, selten weiß. 5–30 cm. 6–9. ⊙⊙. Magere Wiesen u. Weiden, s ERM: Hammerunterwiesenthal; früher OLH: Görlitz: Landskrone, Löbau: Rotstein. ↘ V Arrh. V Cynos.; arct+eurosib.

G. aspera (HEGETSCHW. et Heer) SKALICKÝ et al., **Rauer E.**
[*Gentiana a.* HEGETSCHW. et HEER]. Mittlere Stängelblätter höchstens 3-mal so lang wie breit, 3-eckig bis eiförmig, die oberen spitz. 5–20 cm. 5–10. ⊙⊙. Anmoorige Feuchtwiesen, †, früher s VGT: Oberpirk bei Pausa. V Mol.

G. campestris (L.) BÖRNER, **Feld-E.***
[*Gentiana c.* L.]. Stängel ästig; Schlundschuppen fast so lang wie die Kronzipfel *(Abb. 530/4)*. 5–30 cm. 6–10. ⊙, ⊙⊙. Magere Wiesen u. Weiden, †, früher z im Bergland, s im Hügelland. O Arrh., O Nard.; europ-arct+alp-pralp. Kaltzeitzeuge.

Die Untergliederung in 2 Arten [*G. campestris* u. *G. baltica* (MURB.) BÖRNER] bzw. in 2 Subspezies [subsp. *campestris* u. subsp. *baltica* (MURB.) Á. LÖVE et D. LÖVE] kann nach neuen Untersuchungen nicht aufrechterhalten werden.

G. germanica (WILLD.) BÖRNER, **Deutscher E.***
[*Gentiana g.* WILLD.]. Stängel einfach od. oberwärts mit kurzen Ästen, der Blütenstand daher traubig; mittlere Stängelblätter spitz; Krone 18–27 mm lang, violett, oft mit weißl. Röhre, selten ganz weiß od. gelbl. 7–25 cm. 6–10. ⊙⊙. Lückige, bodensaure Magerrasen, Extensivweiden, Pfeifengraswiesen, heute nur noch VGT: Krebes, sonst †: ERO: Oelsen; LLA: Leipzig: Thräna. MLH: Lommatzsch; VGT: früher z. ↘ V Cynos., V Mol.; zentraleurop+dealp.

Im Gebiet nur **subsp. *saxonica*** W. HEMPEL.

533/1

533/2

533/3

G. lutescens (VELEN.) HOLUB, **Karpaten-E.**

[*Gentiana praecox* auct.]. Stängel mit kurzen unteren Ästen, der Blütenstand daher eine verlängerte Rispe. 5–40 cm. 6–8. ⊙. Kurzhalmige Bergwiesen, s ERO: Altenberg: am Geising. V Arrh., V Cynos.; pralp-sudeto-karpat.

Bastarde:

G. lutescens (VELEN.) HOLUB × ***G. germanica*** (WILLD.) BÖRNER: Mittlere Stängelblätter stumpf, zungenförmig, obere eiförmig lanzettl., stumpf od. spitzl.; Krone 18–35 mm lang, violett, selten gelbl.-weiß; Kelchzipfel kaum länger als die Röhre *(Abb. 533/1).* 6–20 cm. 6–8. ⊙. Kurzhalmige Bergwiesen, s ERO: Altenberg: am Geising, früher Fürstenau, Ebersdorf, am Mückenberg; VGT: Schneckengrün bei Plauen [dieser Fund gehört möglicherweise zu *G. germanica* subsp. *saxonica* × *G. praecox* (A. KERN. et JOS. KERN.) E. MAYER (syn. *G. bohemica* SKALICKÝ)]. V Pol.-Tris.

G.* × *macrocalyx (ČELAK.) DOSTÁL [*G. campestris* × *G. germanica*]: Ähnl. *G. germanica*, doch neben 5- auch 4-blättrige Kelche vorhanden, die Kelchblätter sind sowohl lanzettl. als auch eiförmig *(Abb. 533/2).* Der Teilungsgrad der Kelchblätter schwankt von tief geteilt bis nur zur Hälfte geteilt. Früher s VGT: Langenbach bei Mühltroff.

G.* × *aerimontium S. E. FRÖHNER [*G. amarella* × *G. campestris*]: Ähnl. *G. amarella*, aber Blüten 3–4-zählig; Kelchblätter sehr verschieden groß *(Abb. 533/3).* ERM: früher Hammerunterwiesenthal.

Gentianopsis MA, **Fransenenzian**

Kapsel lang gestielt; Blätter linealisch, spitz; Stängel 1-blütig od. mit wenigen 1-blütigen Ästen; Krone 25–50 mm lang. 8–30 cm. 8–10. ♃. Lückige basen- u. wärmebegünstige Magerrasen, Kalkschuttfluren, †, früher s ERO: Oederan-Memmendorf, Dresden-Plauen, Nentmannsdorf bei Pirna; VGT: Kürbitz, Rodersdorf. V Brom.; alp-pralp. ∇ [*Gentiana c.* L., *Gentianella c.* (L.) BORKH.]. ***G. ciliata*** (L.) MA, **Fransenenzian***

Swertia L., **Tarant**

Stängel aufrecht; Grundblätter eiförmig od. elliptisch, lang gestielt; Stängelblätter entfernt, untere kurz gestielt, obere sitzend; Blüten in endständiger, schmaler Rispe; Blütenstiele fast geflügelt 4-kantig; Krone stahlblau, dunkler punktiert, am Grund grünl. 15–45 cm. 6–8. ♃. Lückige Quellmoore, Nassstellen in Bergwiesen, s ERM: Oberwiesenthal, Crottendorf. ↘ V Card.-Mont., V Car. nig.; alp+balt, disj. Kaltzeitrelikt. ∇

S. perennis L., **Blauer T., Sumpfenzian, Sumpfstern**

Im Gebiet nur **subsp. *alpestris*** (FUSS) SIMONK.

Fam. *Apocynaceae* Juss., Hundsgiftgewächse (inkl. *Asclepiadaceae* Borkh., Seidenpflanzengewächse)

1 Krone blau bis blauviolett, selten weiß, 2,5–5 cm Ø; Pflanze ± niederliegend, mit Ausläufern ***Vinca,*** 535
1* Krone gelbl.-weiß od. fleischrot, 0,3–2 cm Ø; Pflanzen aufrecht
2 Krone gelbl.-weiß, radförmig; Staubbeutel außen mit Anhängsel, die zu einem 5-spaltigen, napfförmigen Kranze verwachsen sind; Narben mit kurzen Spitzchen; Blattunterseite nur auf den Nerven flaumig; Frucht glatt, 4–6 cm lang ***Vincetoxicum,*** 536
2* Krone fleischrot, mit zurückgeschlagenen Zipfeln; Anhängsel der Staubbeutel getrennt, kapuzenförmig, innen mit einem hörnchenartigen Fortsatz; Narben ohne Spitzchen, niedergedrückt; Blattunterseite durchweg dicht graufilzig; Frucht stachelig, 8–11 cm lang ***Asclepias,*** 535

Asclepias L., **Seidenpflanze**

Stängel oberwärts wie auch die Stiele der Scheindolden grau kurzhaarig; Blätter kurz gestielt, längl. eiförmig; Blüte stark riechend. 100–150 cm. 6–8. ♃. Zierpflanze, verwildert, Bahnanlagen, Brachen, s, z. B. ELH: Radebeul; LLA: Leipzig, Markkleeberg-Großdeuben; OLT: Schwarzkollm, Tzschelln; VGT: Rautenkranz. NU. Giftig. Heimat: N-Amerika. ***A. syriaca*** L., **Echte S.**

Vinca L., **Immergrün**

1 Blätter lanzettl. bis elliptisch, 1–2,5 cm breit, völlig kahl; Kelchzipfel 3–5 mm lang; Krone 2,5–3 cm Ø; Bogenausläufer bis 60 cm lang ***V. minor***
1* Blätter herz- bis eiförmig, 2–5 cm breit, am Rande kurz bewimpert; Kelchzipfel 7–17 mm lang; Krone meist 4–5 cm Ø; Bogenausläufer bis 180 cm lang ***V. major***

V. major L., **Großes I.***
Blühende Triebe bis 30 cm. 4–9. ♄. Zierpflanze, verwildert, Gebüsche, Waldränder, ortsnahe Wälder, s. NE (lokal). O Prun., O Fag. Giftig. Heimat: Mittelmeergebiet.

V. minor L., **Kleines I.***
Blühende Triebe bis 20 cm. 4–6(–9). ♄. Krautreiche Laubwälder, Gebüsche, Wegränder, mäßig h bis z. NE. ↗ V Carp., V Fag., V Querc. pub., O Prun.; submed+subatl. Giftig.

Vincetoxicum WOLF, **Schwalbenwurz**

Blätter kurz gestielt, ganzrandig, herz-eiförmig längl., zugespitzt, oberste längl. lanzettl.; Blüten in lockeren Zymen. 30–100 cm. 6–8. ♃. Trocken- u. Halbtrockenrasen, wärmebegünstigte Wälder u. Gebüsche, Felsfluren, mäßig h bis z im Hügelland, s im Tief- u. Bergland. ↘ V Querc. rob., V. Cyt.-Pin., V Carp., V Verb., O Orig., V Sedo-Ver. V Stip.; submed+euras-kont. Giftig. [*V. officinale* MOENCH, *Cynanchum vincetoxicum* (L.) PERS.]
V. hirundinaria MEDIK., **Weiße Sch.***

Fam. *Boraginaceae* JUSS., Boretschgewächse (inkl. *Hydrophyllaceae* R. BR., Wasserblattgewächse)

1 Blätter gefiedert, Blättchen fiederspaltig, mit gesägt gekerbten Abschnitten ***Phacelia,*** 545
1* Blätter ungeteilt
2 Krone radförmig od. fast radförmig — Krone blau, sehr selten weiß
3 Krone 2 cm Ø; Kronzipfel spitz, 2-mal so lang wie breit *(Abb. 536/1)* ***Borago,*** 539
3* Krone < 2 cm Ø; Kronzipfel stumpf, etwa so lang wie breit
4 Teilfrüchte am Grund mit einem deutl. verdickten, kragenförmigen Ring ***Brunnera,*** 539
4* Teilfrüchte am Grund ohne kragenförmigen Ring ***Omphalodes,*** 545
2* Krone trichterförmig, glockig od. stieltellerförmig
5 Pflanze völlig kahl, blaugrün bereift ***Cerinthe,*** 540
5* Pflanze behaart
6 Blüten dorsiventral (fast 2-lippig od. mit geknickter Röhre)
7 Krone fast 2-lippig, mit gerader Röhre *(Abb. 536/2)* ***Echium,*** 540
7* Krone mit geknickter Röhre *(Abb. 536/3)* ***Anchusa arvensis,*** 538
6* Blüten radiär
8 Krone am Schlund stets mit meist deutl. Schuppen (Schlundschuppen) versehen
9 Kelch nach der Blütezeit vergrößert, zusammengedrückt, 2-buchtig gezähnte Lappen bildend *(Abb. 536/4)* ***Asperugo,*** 539

536/1

536/2

536/3

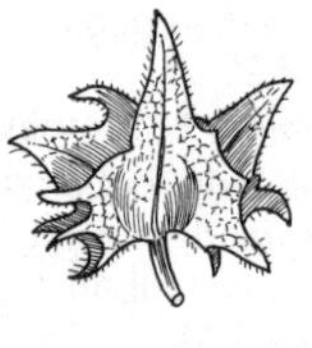
536/4

9* Kelch nach der Blütezeit nicht od. wenig vergrößert, nicht zusammengedrückt
10 Teilfrüchte mit widerhakigen Stacheln besetzt
11 Krone stieltellerförmig, hellblau; Teilfrüchte nur am hervortretenden Rand mit Stacheln besetzt, 3-kantig *(Abb. 537/1)* ***Lappula,*** 541
11* Krone trichterförmig, braunrot od. purpurviolett; Teilfrüchte fast auf der ganzen Außenfläche stachelig, abgeflacht ***Cynoglossum,*** 540
10* Teilfrüchte stachellos
12 Krone keulenförmig; Schlundschuppen spitz *(Abb. 537/2)* ***Symphytum,*** 547
12* Krone trichter-, stielteller- od. radförmig; Schlundschuppen stumpf
13 Schlundschuppen undeutl.; Krone klein, röhrig trichterig, gelbl.-weiß bis hell grünl.-gelb ***Lithospermum,*** 541
13* Schlundschuppen deutl.; Krone klein u. dann blau od. nur anfangs mit gelbl. Saum, od. größer u. dann blau od. dunkelviolett
14 Kronröhre kurz (< 5mm), aber deutl.; Krone blau od. nur anfangs gelb; Schlundschuppen kahl, gelb, einen erhabenen Ring bildend; Teilfrüchte glatt; Pflanze mit dünner Hauptwurzel od. sprossbürtigen Wurzeln ***Myosotis,*** 541
14* Kronröhre 5–10 mm lang; Krone blau od. dunkelviolett; Schlundschuppen bärtig od. samtig behaart; Teilfrüchte rau; Pflanze mit kräftiger Pfahlwurzel
15 Teilfrüchte nicht gestielt ***Anchusa,*** 538
15* Teilfrüchte kurz, aber deutl. gestielt ***Pentaglottis,*** 545
8* Krone ohne Schlundschuppen, höchstens mit kleinen behaarten Wülsten, Haarbüscheln od. -leisten
16 Fruchtknoten zur Blütezeit noch ungeteilt — Krone stieltellerförmig, weißl., mit gefaltetem Saum ***Heliotropium,*** 541
16* Fruchtknoten schon zur Blütezeit tief 4-teilig
17 Kelch höchsten bis zu Mitte gespalten, zur Fruchtzeit vergrößert
18 Krone erst rosarot, dann azurblau bis violett, röhrig, 5-kantig; Schlund mit ringförmig angeordneten Haarbüscheln; Teilfrüchte glatt ***Pulmonaria,*** 546
18* Krone purpurrosa, braun- bis schwarzviolett od. gelb, röhrig glockig, nicht kantig; Schlund mit 5 behaarten Wülsten; Teilfrüchte gerippt ***Nonea,*** 544

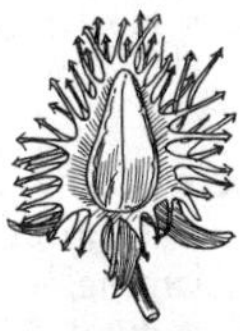

537/1

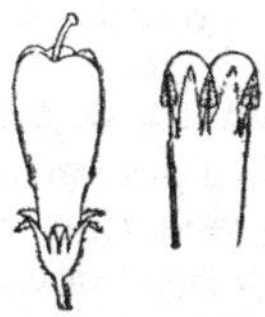

537/2

17* Kelch fast bis zum Grund geteilt, zur Fruchtzeit kaum vergrößert

19 Blattunterseite deutl. fiedernervig; Kronzipfel stumpf; Teilfrüchte stets weiß; Kronschlund mit 5 behaarten Wülsten; Krone weiß bis gelbl.-weiß ***Lithospermum,*** 541

19* Blattunterseite nur mit Mittelnerv, nicht fiedernervig; Kronzipfel spitz; Teilfrüchte braun od. weiß; Kronschlund mit 5 Haarleisten; Krone weiß od. (aufgeblüht) tiefblau ***Buglossoides,*** 539

Selten eingeschleppt werden Arten der nordamerikanischen Gattung ***Amsinckia*** LEHM., **„Gelbe Klette":** Pflanze 1-jährig; Krone gelb, Kronröhre mehrfach länger als ihre ausgebreiteten Zipfel. Die schwierige Bestimmung erfolgt nach reifen Früchten (vgl. Schlüssel in SEYBOLD 2011).

Anchusa L., Ochsenzunge

1 Kronröhre knieförmig gekrümmt, hellblau mit weißer Röhre; Kronsaum 4–6 mm Ø; Blätter längl. bis lineal lanzettl., ausgeschweift gezähnt, am Rand wellig ***A. arvensis***

1* Kronröhre gerade; Krone himmelblau od. dunkelviolett; Kronsaum 7–15 mm Ø; Blätter lanzettl., ganzrandig

2 Krone tief blauviolett; Kronsaum 7–10 mm Ø; Schlundschuppen eiförmig, samthaarig; Kelch etwa bis zur Mitte geteilt ***A. officinalis***

2* Krone himmelblau; Kronsaum 12–15 mm Ø; Schlundschuppen längl., bärtig behaart; Kelch bis fast zum Grund geteilt ***A. azurea***

A. arvensis (L.) M. BIEB., Acker-O., Acker-Krummhals*

[*Lycopsis arvensis* L.]. Untere Blätter in den Blattstiel verschmälert, obere mit herzförmigem Grund halb-stängelumfassend; Schlundschuppen rauhaarig. 15–40 cm. 6–10. ⊙, ①. Äcker, Weinberge, Ruderalfluren (Erdaufschüttungen, Schuttplätze), auf mäßig trockenen, sandigen bis steinigen Böden, mäßig h im Tief- u. Hügelland, z im mittleren Bergland. A. O Aper., V Sis.

A. azurea MILL., **Italienische O.**

[*A. italica* RETZ.]. 60–130 cm. 5–9. ⊙, ⊗. Ruderalfluren (Müllplätze, Kiesgruben, Umschlagplätze), Rasenansaaten, s, z. B. ELH: Dresden; LLA: Leipzig; OLH: Bautzen: Merka, Nadelwitz, Zittau: Pethau. NU. V Sis. Heimat: S-Europa, W-Asien.

A. barrelieri (ALL.) VITMAN, **Falsche O.** [*Cynoglottis b.* (ALL.) VURAL et KIT TAN]. Ruderalfluren, s OLH: Görlitz (ähnl. *A. azurea*, aber Kronröhre kürzer als die Kronlappen).

A. officinalis L., Gewöhnliche O., Echte O.*

Untere Blätter in den Stiel verschmälert, obere sitzend. 30–80 cm. 5–9. ⊙, ⊗. Ruderalfluren (Wegränder, Schuttplätze, Kiesgruben, Bahnanlagen), ruderalisierte Trocken- u. Halbtrockenrasen, Dämme, auf sandigen bis steinigen Böden im sommerwarmen Gebieten, mäßig h EET, ELH; sonst z im Tief- u. s im Hügelland. A. O Onop., K Fest.-Brom., V Conv.-Agrop., O Arrh.

Asperugo L., **Schlangenäuglein, Scharfkraut**

Stängel meist ästig, niederliegend, durch rückwärts gerichtete Stacheln rau; Blätter elliptisch lanzettl., untere wechselständig, obere zu 2–4; Blüten klein, blau, mit weißer Röhre, anfangs purpurviolett. 15–60 cm. 5–8. ⊙, ①. Ruderalfluren (Wegränder, Komposthaufen, Müllplätze), Dämme, unbeständig, s ELH u. im Tiefland. ↘ V Sis., O Onop.; euras-kont.

A. procumbens L., **Schlangenäuglein, Liegendes Sch.**

Borago L., **Boretsch**

Stängel saftig, ästig, mit breiten, stechenden Haaren; untere Blätter elliptisch, in den Blattstiel verschmälert, die oberen eiförmig längl., halb-stängelumfassend; Blüten lang gestielt, nickend; Kelchzipfel zur Fruchtzeit zusammenneigend; Krone mit eiförmigen, zugespitzten Zipfeln, himmelblau, selten weiß od. rötl.; Geschmack gurkenartig. 30–60 cm. 6–8. ⊙. Kulturpflanze, verwildert, Ruderalfluren (Komposthaufen, Müllplätze, Wegränder), z. NU. V Sis. Gew.; früher Off. Heimat: SW-Europa. ***B. officinalis*** L., **Garten-B., Gurkenkraut***

Brunnera Steven, **Kaukasusvergissmeinnicht**

Grundblätter lang gestielt, herzförmig; Stängelblätter breit, sitzend; Krone 4 mm Ø, vergissmeinnichtähnl.; Teilfrüchte runzlig. 20–40 cm. 4–5. ♃. Zierpflanze, verwildert, Gebüschsäume, Gebüsche, Ruderalfluren, s ELH, ERM, LLA, OL. NE. V Aegop., K Rham.-Prun., V Arct. Heimat: Kaukasus. [*Anchusa myosotidiflora* Lehm.].

B. macrophylla (Adams) I. M. Johnst., **Breitblättriges K.**

Buglossoides Moench, **Steinsame**

1 Krone weiß; Früchte runzelig, braun; Pflanze 1 jährig ***B. arvensis***

1* Krone in der Knospe purpurrot, aufgeblüht tiefblau; Früchte glatt, glänzend, weiß; Pflanze ausdauernd ***B. purpurocaerulea***

B. arvensis (L.) I. M. Johnst., **Acker-St., Bauernschminke**
[*Lithospermum arvense* L.]. Stängel wenigästig, entfernt beblättert. 10–60 cm. 4–7. ⊙, ①. Getreidefelder, Feldraine, seltener Ruderalfluren (Erdaufschüttungen, Wegränder), auf sandigen bis lehmigen, oft basenreichen Böden, mäßig h bis ins untere Bergland. A. O Secal., seltener V Sis., V Conv.-Agrop.

Im Gebiet nur **subsp. *arvensis*.**

B. purpurocaerulea (L.) I. M. Johnst., **Purpurblauer St.**
[*Lithospermum purpurocaeruleum* L.]. Pflanze mit übergebogenen bis liegenden u. aufrechten Stängeln, stark beblättert. 20–60 cm. 4–6. ♃. Zierpflanze, s verwildert. Nächstliegende natürl. Vorkommen in Sachsen-Anhalt, Thüringen u. Böhmen.

Cerinthe L., Wachsblume

Stängel ästig; Grundblätter oft weißl. gefleckt, untere Blätter verkehrt eiförmig, obere eiförmig längl., mit tief herzförmigem Grund stängelumfassend, alle mit flachen Höckerchen dicht besetzt; Krone fast 5-teilig, mit linealischen, spitzen, aufrecht zusammenneigenden Zähnen, gelb; Staubbeutel 4-mal so lang wie die Staubfäden, pfeilförmig. 15–45 cm. 6–8. ⊙. Feldraine, Äcker, auf basenreichen Böden, früher s ELH: bei Dresden; MLH: bei Lommatzsch; als P (ehem. Weinbergbegleiter) †, jetzt in Ruderalfluren s eingeschleppt, s ELH: Dresden. Früher O Secal., heute V Onop. **_C. minor_ L., Kleine W.**

Cynoglossum L., Hundszunge

Pflanze kurzhaarig, grau; Blätter lanzettl. bis ei-lanzettl., beiderseits angedrückt kurz grauhaarig, die unteren stielartig verschmälert, die mittleren u. oberen mit halb-stängelumfassendem Grund sitzend; Krone braunrot, selten weiß mit hellroten Schlundschuppen [fo. *bicolor* (WILLD.) LEHM.]; Geruch unangenehm. 30–70 cm. 5–7. ⊙, ⊗. Ruderalfluren (Wegränder, Schuttplätze, Brachen), halbruderale Halbtrockenrasen, mäßig h LLA; sonst z im Tief- u. Hügelland, ins Bergland nur verschleppt. A. O Onop., V Dauco-Mel., V Conv.-Agrop.; euras-kont+submed. Giftig (für Vieh); früher Off.

C. officinale L., Echte H.*

Echium L., Natternkopf

1 Stängel mit verschiedenen Haaren (starre, abstehende Borsten u. rückwärts abstehende, kurze Haare); Krone auf der Außenseite ± gleichmäßig behaart; Staubgefäße kahl, meist 3–5 aus der Krone herausragend **_E. vulgare_**

1* Stängel gleichmäßig mit vorwärts abstehenden Borsten besetzt; Krone nur auf den Nerven u. am Rand behaart; Staubgefäße mit einigen langen Haaren, meist 2 aus der Krone hervorragend **_E. plantagineum_**

E. plantagineum L., Wegerichblättriger N.

[*E. lycopsis* auct. non L.]. Stängel aufrecht od. aufsteigend; Krone 18–30 mm lang, purpurn. 20–50 cm. 5–10. ⊙, ①. Müll- u. Umschlagplätze, s, z. B. ELH: Dresden; ESG: Fährhaus Zeichen; LLA: Leipzig; VGT: Plauen. NU. V Sis. Heimat: S- u. SW-Europa.

E. vulgare L., Blauer N.*

Stängel gewöhnl. aufrecht; Stängelblätter lanzettl., sitzend, nicht stängelumfassend; Krone 10–19 mm lang, erst rosarot, später blau, selten weiß. 20–100 cm. 5–10. ⊙, ⊗. Ruderalfluren (Wegränder, Eisenbahnanlagen, Steinbrüche, Brachflächen), Felsfluren, lückige Silikatmagerrasen, mäßig h bis ins untere Bergland, im oberen z. O Onop., K Koel.-Coryn., K Fest.-Brom.; submed+euras-kont. Giftig (für Vieh).

Heliotropium L., **Sonnenwende**

Pflanze kurzhaarig, grau; Stängel ästig, ausgebreitet; Blätter gestielt, eiförmig elliptisch, ganzrandig, beiderseits weich behaart; Kelchzipfel dicht behaart, zur Zeit der Fruchtreife sternförmig ausgebreitet; Krone 2–4 mm lang, tragblattlos, weißl., am Schlund gelb. 15–30 cm. 7–8. ⊙. Müll- u. Umschlagplätze, s, z. B. Leipzig, Dresden. NU. V Sis. Giftig (für Vieh). Heimat: S-Europa, W-Asien. ***H. europaeum*** L., **Europäische S.**

Lappula Moench, **Igelsame**

1 Teilfrüchte an den Kanten mit je 2 Reihen widerhakiger Borsten; Fruchtstiel dick, aufrecht; Blätter u. Stängel angedrückt behaart; Stängel meist nur oberwärts sparrig verzweigt ***L. squarrosa***

1* Teilfrüchte an den Kanten mit je 1 Reihe widerhakiger Borsten; Fruchtstiele schlank, herabgebogen; Blätter u. Stängel abstehend behaart; Stängel meist vom Grund an verzweigt ***L. deflexa***

L. squarrosa (Retz.) Dumort., **Kletten-I.**

[*L. echinata* Gilib., *L. myosotis* Moench]. 10–40 cm. 6–7. ①. Trocken- u. Halbtrockenrasen, Ruderalfluren (Umschlag- u. Müllplätze, Brachflächen), Mauerkronen, auf trockenen, meist nährstoffreichen Böden, unbeständig, s bis ins untere Bergland. A. ↘ O Sis., V Onop., K Fest.-Brom.

L. deflexa (Wahlenb.) Ces., **Herabgebogener I.**

[*Hackelia deflexa* (Wahlenb.) Opiz]. 20–60 cm. 6–8. ①, ⊙. Trockene Felspodeste, s VGT: früher Steinicht bei Elsterberg (letzter Nachweis 1965).

Lithospermum L., **Steinsame**

Stängel sehr ästig, dicht beblättert, wie die Blätter angedrückt steifhaarig, rau; Blätter lanzettl., sitzend; Krone mit kurzer Röhre *(Abb. 541/1)*; Teilfrüchte hart, glatt, stark glänzend. 30–60 cm. 5–7. ♃. Säume, lichte Auenwälder, Felsen, auf basischen Böden, s LLA: Leipzig; früher s ELH: Meißen; ERB: Chemnitz; ERO: Dohna, Unkersdorf; OLH: Bautzen. O Orig., V Aln.-Ulm., V Brom.; med-submed+euras-kont.

L. officinale L., **Echter St.***

541/1

Myosotis L., **Vergissmeinnicht**

1 Kelch angedrückt behaart, Haare 1/4 mm lang, vorn nie hakig — Kelch zur Fruchtzeit offen bleibend, meist kürzer als sein Stiel; Pflanzen feuchter Standorte

2 Wickel am Grund beblättert; Fruchtkelch auf etwa 2/5 gespalten, seine Zähne fast so lang wie die Röhre; Pflanze ohne Ausläufer, 2-jährig ***M. laxa***

2* Wickel am Grund blattlos; Fruchtkelch auf 1/5–2/5 gespalten, seine Zähne etwa ½ so lang wie die Röhre; Pflanze mit Ausläufer, ausdauernd

3 Stängel scharfkantig, glänzend, im unteren Teil fast kahl od. mit abwärts gerichteten (seltener aufwärts anliegenden) Haaren; untere Blätter unterseits meist rückwärts abstehend behaart, oberseits mit vorwärts gerichteten Haaren; Pflanze meist ohne nichtblühende Triebe ***M. nemorosa***

3* Stängel stumpfkantig bis fast stielrund, seine Haare waagerecht abstehend od. aufwärts weisend, selten verkahlend; untere Blätter beiderseits mit meist vorwärts anliegenden (bis vorwärts abstehenden) Haaren od. verkahlend; nicht blühende Triebe meist zahlreich ***M. scorpioides***

1* Kelch abstehend behaart; Haare bis 1 mm lang, gerade od. hakig

4 Kronsaum flach, 6–10 mm Ø, lebhaft hell- bis azurblau; Fruchtstiel 1–2-mal so lang wie der Kelch

5 Kelch fast ohne Hakenhaare, mit geraden Haaren, am Grund spitz u. allmähl. in den Stiel übergehend, bei der Reife sich nicht von dem ebenso langen Fruchtstiel trennend; Teilfrüchte oval bis stumpf eiförmig; Krone azurblau; Stiele der Rosettenblätter deutl. von der Spreite abgesetzt; Pflanze ausdauernd ***M. alpestris***

5* Kelch neben kurzen geraden auch stets mit langen Hakenhaaren, mit abgerundetem Grund vom Stiel deutl. abgesetzt, bei der Reife von seinem 1–2-mal so langem Stiel abbrechend; Teilfrüchte spitz eiförmig; Krone hellblau; Stiele der Rosettenblätter allmähl. in die Spreite übergehend; Pflanze 1-jährig ***M. sylvatica***

4* Kronsaum schüsselförmig, 1–5 mm Ø, blassblau od. gelbl.; Fruchtstiele 2–3-mal so lang wie od. kürzer als der Kelch

6 Fruchtstiele 2–3-mal so lang wie der Kelch

7 Blütenstand locker- u. wenigblütig, am Grund mit Tragblättern; Kelch zur Fruchtzeit offen; Fruchtstiele ± zurückgekrümmt ***M. sparsiflora***

7* Blütenstand reichblütig, am Grund ohne Tragblätter; Kelch zur Fruchtzeit zusammenneigend; Fruchtstiele ± abstehend ***M. arvensis***

6* Fruchtstiele kürzer als od. so lang wie der Kelch

8 Blattunterseite u. unterer Teil des Stängels mit Hakenhaaren; untere Blüten mit Tragblättern; Fruchtstiele steif aufrecht abstehend, etwa 1 mm lang ***M. stricta***

8* Blätter u. Stängel ohne Hakenhaare; alle Blüten ohne Tragblätter; Fruchtstiele schräg bis waagerecht abstehend, 1,5–5 mm lang

9 Krone zunächst gelb, dann violett, zuletzt blau; Kronröhre zuletzt fast 2-mal so lang wie der zur Fruchtzeit geschlossene Kelch; Fruchtstiele 1/4–¾ so lang wie der Kelch, schräg abstehend ***M. discolor***

9* Krone blau; Kronröhre im Kelch eingeschlossen, dieser zur Fruchtzeit offen; Fruchtstiele ± so lang wie der Kelch, ± abstehend ***M. ramosissima***

M. alpestris F. W. SCHMIDT, **Alpen-V.***
5–30 cm. 7–9. ♃. Zierpflanze, verwildert, Gebüschränder, s. Angaben für Sa. bedürfen der Überprüfung. Möglicherweise liegen Verwechslungen mit Gartenformen von *M. sylvatica* vor.

M. arvensis HILL, **Acker-V.***
[*M. intermedia* LINK]. Reife Teilfrüchte schwarzbraun, bis 2,5 mm lang; Fruchtstand etwa so lang wie der beblätterte Stängelabschnitt. 15–50 cm. 4–10. ⊙, ①. Äcker, Ruderalfluren, h bis ins obere Bergland. K Stell. med., O Sis.; eurosib.
Im Gebiet bisher nur **subsp. *arvensis*.**

M. discolor PERS., **Buntes V.**
[*M. versicolor* (PERS.) SM.]. Reife Teilfrüchte schwarzbraun. 10–25 cm. 5–6. ⊙, ①. Sandmagerrasen, Wegränder, Äcker, Mauerkronen, kalkmeidend, z bis ins untere Bergland. K Koel.-Coryn., bes. V Thero-Air., O Aper.; atl-subatl.

M. laxa LEHM., **Rasen-V.**
[*M. caespitosa* SCHULTZ, *M. scorpioides* L. subsp. *caespitosa* (SCHULTZ) HERM.]. Griffel 1–1,5 mm lang. Stängel meist von unten an mit blühenden Seitentrieben, stielrund, wie die Blätter aufwärts anliegend behaart; Kronsaum 3–6 mm Ø; Fruchtstiele 5–20 mm lang. 5–20 cm. 5–7. ⊙. Teich- u. Flussufer, Gräben, Feuchtwiesen, Weidengebüsche, Röhrichte, auf nassen, nährstoffreichen Böden, z im Tief- u. Hügelland, s im unteren Bergland. K Phragm.-Mag.; eurosib, circpol.
Im Gebiet nur **subsp. *caespitosa*** (SCHULTZ) NORD.

M. nemorosa BESSER, **Hain-V.**
[*M. strigulosa* RCHB.]. Pflanze zart, meist ohne nichtblühende Triebe. 10–40 cm. 5–8. ♃. Feuchtwiesen, Quellen, Bäche, Gräben, auf feuchten, meist sauren Böden, im Bergland meist mäßig h, s im Tief- u. Hügelland. O Mol., (besonders V Calth.), V Magnocar., V Card.-Mont.; sarmat.

M. ramosissima KOCHEL, **Raues V.**
[*M. hispida* D. F. K. SCHLTDL., *M. collina* auct.]. Fruchtstand so lang wie od. länger als der dünne beblätterte Stängelabschnitt; reife Teilfrüchte hellbraun. 5–25 cm. 4–6. ①. Lückige Halbtrockenrasen, Weinberge, trockene Ruderalfluren (Wegränder, Bahnanlagen, Brachen), z im Tief- u. Hügelland, s im unteren Bergland. A? K Fest.-Brom., K Koel.-Coryn., O Sis.; med-orient+euras.

M. scorpioides L., **Sumpf-V.***
[*M. palustris* (L.) L., *M. laxiflora* RCHB., *M. strigulosa* auct.]. 10–60 cm. 5–9. ♃. Gräben, Bachufer, Röhrichte, Bruchwälder, seltener Feuchtwiesen, auf feuchten, lehmigen bis sandig-grusigen Böden, mäßig h bis z im Tief- u. Hügelland, s im Bergland. O Phragm., V Aln., V Filip., V. Calth.; eurosib.
Im Gebiet nur **subsp. *scorpioides*.**

M. sparsiflora POHL, **Wenigblütiges V., Zerstreutblütiges V.**

Krone hellblau; Fruchtstiele meist 6–20 mm lang; Teilfrüchte mit je einem weißen Anhängsel (Ölkörper). 10–40 cm. 5–6. ⊙, ①. Wald- u. Gebüschränder; Ufergebüsche, z im Elbtal (EET, ELH, ESG), DDH, LLA; s ERO u. OL. ↘ V Geo-All., O Prun.; sarmat.

M. stricta ROEM. et SCHLTDL., **Raues V.**

[*M. arenaria* SCHULTZ, *M. micrantha* auct.]. Blütenstände vielblütig, tief unten am Stängel beginnend; Krone hellblau; reife Teilfrüchte schwarzbraun. 5–20 cm. 4–6. ⊙. Lückige Halbtrockenrasen, Weg- u. Straßenränder, Felsfluren, seltener sandige Äcker, mäßig h im Tief- u. Hügelland, s im Bergland (z. B. Bärendorf 700 m). K Koel.-Coryn., K Fest.-Brom., O Aper.

M. sylvatica HOFFM., **Wald-V.***

Stängelblätter lanzettl., Grundblätter kurz gestielt; Teilfrüchte < 1,7 mm. 15–45 cm. 5–6. ⊙, ♃. Krautreiche Wälder u. Gebüsche, auch Zierpflanze u. leicht verwildernd (Verwechslungsgefahr mit *M. alpestris*), z, im Bergland mäßig h. O Fag., O Prun.; submed+euras-kont.

Bastard:

M. × ***pseudohispida*** (J. MURR) DOMIN [*M. arvensis* × *M. ramosissima*]: s ERZ, LLA; mehrfach VGT

Nonea MEDIK., **Mönchskraut**

1 Krone gelb; Blätter borstig behaart ***N. lutea***

1* Krone rosaviolett od. schwarzbraun; Blätter borstig od. mit grauen weichen Haaren besetzt

2 Krone schwarzbraun bis braunviolett; Blätter längl. lanzettl., undeutl. ausgeschweift, mit grauen weichen Haaren; Kelchzipfel zugespitzt ***N. erecta***

2* Krone rosaviolett, später bläul.; Blätter deutl. geschweift gezähnt, borstig behaart; Kelchzipfel stumpf ***N. rosea***

N. erecta BERNH., **Braunes M.**

[*N. pulla* DC.]. Stängel aufrecht od. aufsteigend, meist nur oberwärts ästig; obere Blätter halb stängelumfassend, untere in einen Stiel verschmälert. 15–50 cm. 5–7. ♃. Kalkäcker, trockene Ruderalfluren, früher s ELH: Dresden; LLA: um Leipzig; OLH: Bautzen. A. V Caucal., V. Onop.; euras-kont.

N. lutea (DESR.) DC., **Gelbes M.**

15–40 cm. 4–6. ⊙. Zierpflanze, verwildert, Blumenrabatten, Gebüschränder, mehrfach in Leipzig (von 1980 bis etwa 2006 im Stadtzentrum eingebürgert). Heimat: Kaukasus.

N. rosea (M. Bieb.) Link, **Rosenrotes M.**
Kronröhre innen gelb od. gelb gestreift; Pflanze oberwärts manchmal drüsig. 30–60 cm. 6–8. ⊙. Kalkäcker, Wegränder, s ELH: um 1930 etwa 15 Jahre lang eingebürgert bei Meißen: Neusörnewitz, Weinböhla. V Caucal., V Onop. Heimat: Kaukasus, Vorderasien.

Omphalodes Mill., Gedenkemein

1 Blätter spatelförmig bis lanzettl., zerstreut rauhaarig; Blütenstände verlängert, bis zur Spitze durchblättert; Krone 3–4 mm Ø, hellblau; Schlundschuppen gelb; Blütenstiele zuletzt abwärts gebogen; Pflanze 1-jährig; Stängel niederliegend ***O. scorpioides***

1* Blätter herz-eiförmig bis eilanzettl., fast kahl; Blütenstand verkürzt, wenigblütig, unbeblättert od. nur am Grunde beblättert; Krone 8–12 mm Ø, himmelblau; Schlundschuppen weiß, meist rot punktiert; Blütenstiele zuletzt aufwärts gebogen; Pflanze ausdauernd; Stängel aufrecht ***O. verna***

O. scorpioides (Haenke) Schrank, **Wildes G., Wald-G.**
15–30 cm. 4–5. ①. Nährstoffkräftige Laubwälder in Schluchten auf frischen, basenreichen Böden, s ERO: Burkhardswalde, Mühlbach, Altenberg; ESG: Schmilka; OLH: nur noch Rotstein, früher z; früher s ELH: Dresden, Pirna. V Carp., V Til.-Acer.; sarmat.

O. verna Moench, **Frühlings-G.**
Pflanze mit Ausläufern. 5–20 cm. 4–5. ♃. Zierpflanze, verwildert, Parks, Friedhöfe, Straßenränder, ortsnahe Wälder, z. ↗ NU. O Prun., V Aln.-Ulm. Heimat: SO-Alpen bis S-Karpaten.

Pentaglottis Tausch, **Spanische Ochsenzunge, Fünfzunge**
Pflanze im Habitus wie *Anchusa* (vgl. Schlüssel); Blattspreite oval, am Grund plötzl. zusammengezogen, grundständige Blätter bis 40 cm lang, lang gestielt; Blüten in endständigen od. seitlichen Zymen; Krone 8–10 cm Ø, blau. 30–100 cm. 4–7. ♃. Waldränder, s ELH: Pillnitz; ERO: Fördergersdorf; OLH: Bautzen; Medewitz, Merka; VGT: Bobenneukirchen, Droda. NE. Heimat: SW-Europa. ***P. sempervirens*** (L.) L. H. Bailey, **Spanische Ochsenzunge**

Phacelia Juss., Phazelie, Büschelschön

Pflanze behaart; Blüten in dichten, einseitswendigen, schneckenförmig eingerollten Wickeln; Krone trichterförmig, mit 10 halbmondförmigen Schuppen, blau od. rosa; Staubfäden weit herausragend. 30–70 cm. 6–10. ⊙. Zier- u. Nutzpflanze (Bienenfutter, Gründüngung), verwildert, Ruderalfluren (Wegränder, Brachen, Erdaufschüttungen, Bahnanlagen, Komposthaufen), mäßig h. ↗ NU. V Sis. Heimat: Kalifornien.
Ph. tanacetifolia Benth., **Rainfarn-Ph.***

Pulmonaria L., **Lungenkraut**

1 Spreite der Grundblätter am Grund herzförmig od. abgerundet, plötzl. in den Stiel verschmälert — Spreite oberseits immer mit kleinen (Lupe!) Stachelhöckern u. Borstenhaaren besetzt, gefleckt od. ungefleckt

2 Grundblätter fast immer mit rundl. weißen Flecken, derb, fast gelbgrün, ihr Stiel meist kürzer als die Spreite; Kelch zur Blütezeit am Grund trichterförmig verschmälert (V-förmig), 1,5–2,5-mal so lang wie breit ***P. officinalis***

2* Grundblätter ohne weiße Flecken, dünn, weich, dunkelgrün, ihr Stiel meist länger als die Spreite; Kelch zur Blütezeit am Grund abgerundet (U-förmig), 2,5–4,5-mal so lang wie breit ***P. obscura***

1* Spreite der Grundblätter allmähl. in den Blattstiel verschmälert

3 Krone rot, erst beim Verblühen violett ***P. rubra***

3* Krone azurblau od. leuchtend dunkelblau

4 Spreiten der Grundblätter schmal lanzettl., 6–9-mal so lang wie breit, oberseits mit gleich langen Borsten besetzt; Krone azurblau ***P. angustifolia***

4* Spreiten der Grundblätter eiförmig lanzettl., 3–5-mal so lang wie breit, oberseits mit verschieden langen Borsten, einzelnen Haaren u. Stieldrüsen besetzt; Krone leuchtend dunkelblau ***P. dacica***

P. angustifolia L., **Schmalblättriges L.**

Grundblätter im Sommer 1,5–5 cm breit, etwa 8-mal so lang wie breit; Blütenstand steifhaarig, schwach drüsig od. drüsenlos. 10–30 cm. 4–5. ♃. Wärmebegünstigte Eichenwälder, †, früher s LLA: am Bienitz bei Leipzig. V Querc. rob.; sarmat-südsib. ∇

Die im Handel angebotene „*P. angustifolia*" gehört wohl ausschließl. zur folgenden Art.

P. dacica SIMONK., **Siebenbürgisches L.**

15–35 cm. 4–5. ♃. Zierpflanze, verwildert, s, z. B. VGT: Auerbach. NU. Heimat: SO-Europa bis O-Asien.

P. officinalis L., **Geflecktes L., Echtes L.***

[*P. officinalis* subsp. *maculosa* (LIEBL.) GAMS]. 10–30 cm. 3–4. ♃. Nährstoffkräftige Laubwälder auf lehmigen, leicht basischen Böden, mäßig h ELH; z ERO, OLH, OLB; s OLT; auch Zierpflanze u. verwildert in Parks, Gärten u. siedlungsnahen Wäldern, z. B. LLA, VGT. O Fag., O Prun.; o-submed-sarmat.

P. obscura DUMORT., **Dunkles L.***

[*P. officinalis* subsp. *obscura* (DUMORT.) MURB.]. 10–30 cm. 3–5. ♃. Frische bis feuchte Laub- u. Nadelmischwälder, Gebüsche, z im Tiefland, sonst mäßig h, bis 1000 m ü. NN. O Fag., O Prun.; sarmat. Off.

P. rubra SCHOTT, **Rotes L.**

Blattspreite (meist) nicht gefleckt; Blütenstand stark drüsig-klebrig. 10–40 cm. 3–5. ♃. Zierpflanze, verwildert, s ELH: Dresden; OLT: Emmerichswalde; VGT: Treuen, Markneukirchen, Bad Brambach. NU. Heimat: SO-Europa.

P. officinalis × *P. rubra*: VGT: Friedhof Markneukirchen, spontan entstanden u. sich ausbreitend.

Symphytum L., **Beinwell**

1 Stängel einzeln an kriechenden Rhizomen mit Knolle, einfach od. nur mit wenigen Ästen, bis 30 cm hoch; Krone blassgelb ***S. tuberosum***

1* Stängel zu mehreren auf einer Rübe, oft reichästig, bis 150 cm hoch; Krone purpurn, blau od. gelbl.-weiß

2 Stängel u. Blätter weichhaarig; Kelchzähne kürzer als die Kelchröhre; Krone blau ***S. caucasicum***

2* Stängel u. Blätter auffallend rau behaart; Kelchzähne mindestens so lang wie die Kelchröhre; Krone purpurn od. gelbl.-weiß

3 Schlundschuppen so lang wie Staubblätter; Teilfrüchte glatt, glänzend

4 Krone (12–)14–20 mm lang, rotviolett, selten weiß od. gelbl.-weiß, ihr Saum an der Öffnung deutl. verengt ***S. officinale***

4* Krone 10–13(–15) mm lang, blassgelb, ihr Saum an der Öffnung kaum verengt ***S. bohemicum***

3* Schlundschuppen länger als die Staubblätter; Teilfrüchte ± runzlig, rau

5 Obere Blätter gestielt od. mit verschmälertem Grund sitzend; Stängel mit derben, am Grund deutl. verdickten Stachelhaaren; Krone erst karminrot, später himmelblau; Kelchhaare meist alle mit weißen, am Grund breiten Borsten ***S. asperum***

5* Obere Blätter kurz herablaufend od. wenigstens halb stängelumfassend; Stängel stachel- od. borstenhaarig; Krone purpurn od. ins Bläuliche wechselnd; Kelchhaare sowohl mit am Grund breiten Borsten als auch mit schmaleren Haaren ***S. × uplandicum***

S. asperum LEPECH., **Rauer B., Kaukasus-Comphrey***

80–170. 6–9. ♃. Zier- u. (ehemalige) Futterpflanze, verwildert, Ruderalfluren (Wegränder, Müllplätze), s OLH: Moritzburg; VGT: Unterlauterbach, Markneukirchen. NU. Heimat: Kaukasus.

S. bohemicum F. W. SCHMIDT, **Böhmischer B.**

[*S. officinale* subsp. *bohemicum* (F. W. SCHMIDT) ČELAK.]. Mittlere u. obere Blätter lang herablaufend, dadurch Stängel geflügelt. 30–100 cm. 5–6. ♃. Feuchtwiesen, Ufer-Staudenfluren, Auenwälder, mäßig h LLA; sonst s (Verwechslungsgefahr mit gelbl.-weiß blühenden Formen von *S. officinale*). O Mol., V Conv., V Aln.-Ulm.

S. caucasicum M. BIEB., **Kaukasus-B.**
Spreite der Grundblätter längl. eiförmig bis breit lanzettl., in den Stiel verschmälert; Stängelblätter sitzend, kurz herablaufend; Krone 3-mal so lang wie der Kelch. 60–100 cm. 4–7. ♃. Zierpflanze, verwildert, Gebüschsäume, Ruderalfluren (Weg- u. Grabenränder, Brachen), z LLA: um Leipzig. ↗ NE. Heimat: Kaukasus.

S. officinale L., **Gewöhnlicher B., Echter B., Schwarzwurz, Wallwurz***
Mittlere u. obere Blätter lang herablaufend, dadurch Stängel geflügelt. 30–100 cm. 5–6. ♃. Feuchtwiesen, Ufer-Staudenfluren, Auen- u. Bruchwälder, feuchte Ruderalfluren, h. K Mol.-Arrh. (besonders V Filip.), V Aln.-Ulm., V Aln., V Arct., V Conv.; europ-nem. Früher Off.

S. tuberosum L., **Knoten-B., Knolliger B.**
[*S. nodosum* SCHUR]. Wurzelstock schief, ästig, mit knolligen Anschwellungen; Blätter herablaufend, unterste klein, gestielt, zur Blütezeit schon verwelkt, folgende eiförmig, in den Blattstiel verschmälert, obere lanzettl., sitzend; Schlundschuppen die Kelchzipfel nicht überragend; Krone 12–20 mm lang. 10–30 cm. 4–5. ♃. Nährstoffreiche Laubwälder u. Gebüsche sowie deren Säume, früher auch Gartenpflanze, mäßig h im Elbtal u. seinen Nebentälern, sonst s verwildert u. z. T. eingebürgert, s LLA: Leipzig; OLH: Herrnhut, Bautzen: Weißnaußlitz. O Fag., O Prun.; atl-subatl.
Im Gebiet nur **subsp. *angustifolium*** (A. KERN.) NYMAN [*S. tuberosum* subsp. *nodosum* (SCHUR) SOÓ].

S.* × *uplandicum NYMAN, **Futter-B., Comfrey***
[*S. asperum* × *S. officinale*]. 80–180 cm. 6–9. ♃. Zier- u. Futterpflanze, verwildert, feuchte Ruderalfluren (Wegränder, Brachen, Müllplätze), Wiesen, Ufer, z. ↗ NE. V Arct., V. Bid., O Mol.

Zierpflanzen:

S. orientale L [*S. tauricum* auct.], **Orientalischer B.:** Pflanze weichhaarig; obere Blätter sitzend; Krone weiß od. hellgelb, nur ± doppelt so lang wie der Kelch. Zierpflanze, verwildert, s OLH: Großdrebnitz bei Bischofswerda. NE. Heimat: SO-Europa.

S. grandiflorum A. DC. [*S. ibericum* STEVEN], **Kleiner Kaukasus-B.:** Pflanze mit niederliegenden, beblätterten Ausläufern, Krone erst rötl., voll erblüht bleichgelb. Zierpflanze, verwildert, s VGT: Treuen. NU. Heimat: Kaukasus.

Fam. *Convolvulaceae* JUSS., Windengewächse (inkl. *Cuscutaceae* DUMORT., Seidengewächse)

1 Stängel blattlos; Blüten in Knäueln, Krone 0,2–0,5 cm lang, glockig trichterförmig ***Cuscuta,*** 550

1* Stängel beblättert; Blüten lang gestielt; Krone 2–7 cm lang, glockig od. krugförmig
2 Vorblätter eiförmig bis herzförmig, den Kelch ± umhüllend; Narben 2-lappig, elliptisch; Kapsel unvollkommen 2-fächrig ***Calystegia,*** 549
2* Vorblätter linealisch, vom Kelch entfernt stehend; Narbenlappen 2-teilig, fadenförmig od. kopfig; Kapsel 3–4-fächrig od. vollständig 2-fächrig
3 Narben 2-teilig, fadenförmig; Kelchblätter abgestumpft; Kapsel vollständig 2-fächrig ***Convolvulus,*** 550
3* Narben kopfig; Kelchblätter zugespitzt; Kapsel 3–4-fächrig ***Ipomoea,*** 552

Calystegia R. Br., **Zaunwinde**

1 Vorblätter nicht aufgeblasen, länger als breit, ihre Ränder sich nicht deckend u. deshalb den Kelch nicht voll bedeckend; Buchten der Blattspreite zu beiden Seiten des Blattstiels spitz ***C. sepium***
1* Vorblätter blasig aufgetrieben, breiter als lang, mit sich überdeckenden Rändern, den Kelch (fast) völlig bedeckend; Buchten der Blattspreite zu beiden Seiten des Blattstiels rund
2 Krone rosa, meist mit 5 weißen Längsstreifen, 4,5–6(–7) cm lang u. breit; Blatt- u. Blütenstiele wenigstens anfangs behaart ***C. pulchra***
2* Krone rein weiß, 6–8 cm lang u. breit; gesamte Pflanze kahl ***C. silvatica***

C. pulchra Brummit et Heywood, **Schöne Z.**

[*C. silvatica* subsp. *pulchra* (Brummit et Heywood) Rothm. nom. illeg.]. 1–3 m. 6–9. ♃. Zierpflanze, verwildert, stickstoffreiche Säume, Ruderalstellen, Hecken, z, im Tiefland seltener. NU. K Gal.-Urt., V Prun.-Rub. Heimat: wahrscheinl. NO-Asien.

C. sepium (L.) R. Br., **Gewöhnliche Z., Echte Z.***

[*Convolvulus sepium* L.]. Pflanze kahl, Linkswinder; Blütenstiel meist länger als die längl. eiförmigen, am Grund pfeilförmigen Blätter; Krone rein weiß, 3,5–5 cm lang. 1–3 m. 6–9. ♃. Röhrichte, feuchte Hochstauden- u. Ruderalfluren, Bruchwälder, Feuchtgebüsche, Ufer, h, im oberen Bergland seltener. V Conv., O Bid., V Salic. cin., V Salic. alb., V Aln., V Aln.-Ulm., seltener V Arct.; eurosib, circpol. Früher Off.

Im Gebiet nur **subsp. *sepium*.**

C. silvatica (Kit.) Griseb., **Wald-Z.**

[*Convolvulus silvaticus* Kit.]. 1–3 m. 6–9. ♃. Hecken, s LLA: Leipzig. NE. V. Conv, V Prun.-Rub. Heimat: S-Europa, W-Asien, NW-Afrika.

Bastard:

C. × ***lucana*** (TEN.) DON [*C. sepium* × *C. silvatica*]: Krone meist > 5 cm lang, weiß; Vorblätter z. T. aufgeblasen, sich teilweise deckend; Buchten der Blattspreite zu beiden Seiten des Blattstiels sowohl spitz als auch abgerundet; z ERZ, VGT.

Convolvulus L., **Winde**

1 Stängel windend od. liegend; Blätter gestielt, längl. eiförmig bis lanzettl., mit pfeil- od. spießförmigem Spreitengrund; Kelchzipfel rundl., stumpf od. ausgerandet, die spitze, kahle Kapsel dicht einschließend; Krone weiß od. rötl., selten außen mit 5 roten Streifen ***C. arvensis***

1* Stängel aufrecht od. aufsteigend, nicht windend; Blätter sitzend, längl. spatelförmig bis längl. lanzettl., vorn breiter, am Grund gewimpert; Kelchzipfel längl. eiförmig, stachelspitzig, rauhaarig, die kugelförmige rauhaarige Kapsel locker umgebend; Krone dunkelblau, Röhre weiß, am Grund hellgelb ***C. tricolor***

C. arvensis L., **Acker-W.***

Pflanze meist kahl, selten etwas kurzhaarig, mit zahlreichen Rhizomen, Linkswinder; Blätter mit meist zugespitzten Öhrchen. Blüten 2–3 cm lang. 30–60 cm. 5–9. ♃. Äcker, Gärten, Weinberge u. deren Säume, Ruderalfluren, halbruderale Halbtrockenrasen, Auenwiesen, Weiden, h bis ins Bergland, doch oberhalb 500 m seltener. O Aper., V Arct., V Conv.-Agrop., V Dauco-Mel, O Arrh., K Fest.-Brom.; med+atl, heute circpol.

Eine auffallende Sippe an trockenen Standorten ist fo. *auriculatus* DESR. mit schmal lanzettl. bis linealischen Blättern mit lang zugespitzten Öhrchen u. oft kleineren Blüten.

C. tricolor L., **Dreifarbige W.**

20–50 cm. 6–9. ☉. Zierpflanze, s verwildert. NU. Heimat: Mittelmeergebiet.

Cuscuta L., **Seide**

Alle Arten Vollschmarotzer; alle ☉.

Zur Bestimmung sind blühende u. fruchtende Exemplare notwendig. Die Kronröhre ist innen mit lappenförmigen, gefransten Anhängseln, den Schlundschuppen, besetzt.

1 Griffel 1, mit 2-teiliger Narbe; Blüten u. Früchte in 1,5–3 cm langen Ähren, Trauben od. Rispen; Frucht 6–7 mm lang; Stängel meist 1–3 mm Ø, warzig rau ***C. lupuliformis***

1* Griffel 2(–4); Blüten u. zumindest die Früchte in ± dichten Knäueln; Frucht 1,5–4 mm lang; Stängel 0,2–1(–2) mm Ø, glatt

2 Narben fädl. *(Abb. 551/1);* Frucht quer aufspringend; Krone sich loslösend u. die Frucht kapuzenförmig bedeckend; Blüten sitzend od. nur kurz gestielt, stets in dichten kugeligen Knäueln; Stängel rot, weiß od. gelbl.

3 Griffel mit Narben 1,4–2 mm lang, länger als der Fruchtknoten, die Krone überragend; Schlundschuppen zusammengeneigt, die Kronröhre verschließend, spatelförmig, gleichmäßig gefranst ***C. epithymum***

3* Griffel mit Narben 0,6–1,2 mm lang, so lang wie od. kürzer als der Fruchtknoten u. die Krone; Schlundschuppen aufrecht, der Kronröhre angedrückt, gestutzt od. 2-spaltig, ungleichmäßig gefranst

4 Blüten meist 4-zählig, wenige 5-zählig, 3–4 mm lang, kurz gestielt; Kelchzipfel eiförmig, stumpf, sich nicht überlappend; Kapsel kugelig konisch; Stängel reich verzweigt, 1–2 mm Ø, erst gelbl., später rötl. ***C. europaea***

4* Blüten alle 5-zählig, 2,5–3 mm lang, sitzend; Kelchzipfel breit 3-eckig, spitz, sich am Grunde überlappend; Kapsel abgeplattet kugelig; Stängel nicht od. wenig verzweigt, 0,5–1 mm Ø, gelbl.-grün ***C. epilinum***

2* Narben kopfig *(Abb. 551/2)*; Frucht nicht od. unregelmäßig aufreißend; Krone bleibend u. die Frucht am Grund umgebend; Blüten gestielt, in lockeren Trauben od. Rispen, selten in kugeligen Knäueln; Stängel auffallend orange bis gelbl.

5 Blüten 3–4(–5) mm lang; Kelchzipfel 1/3–1/2 so lang wie die Kronröhre; Fruchtknoten verkehrt eiförmig ***C. suaveolens***

5* Blüten 2–3 mm lang; Kelchzipfel etwa so lang wie die Kronröhre; Fruchtknoten kugelig, oben abgeplattet

6 Kelchzipfel eiförmig, sich nicht überlappend; Kronzipfel eiförmig, stumpfl.; Schlundschuppen kürzer als die Kronröhre, 2-teilig; Griffel ungleich lang, kürzer als der Fruchtknoten; Blüten duftend ***C. scandens***

6 Kelchzipfel breit eiförmig rundl., sich am Grund überlappend; Kronzipfel 3-eckig, spitz; Schlundschuppen die Kronröhre überragend, dicht gefranst; Griffel gleich lang, etwa so lang wie der Fruchtknoten; Blüten nicht duftend ***C. campestris***

C. campestris YUNCK., **Nordamerikanische S.**

[*C. arvensis* auct.]. Stängel lebhaft orange; Blüten 5-zählig. 20–50 cm. 7–9. Gärten, Äcker, schmarotzt vorwiegend auf *Fabaceae* (z. B. *Trifolium*, *Medicago*), *Lamiaceae* (z. B. *Satureja hortensis*), *Daucus*, s im Tief- u. Hügelland. NU. K Stell. med., bes. V. Veron. Heimat: N-Amerika.

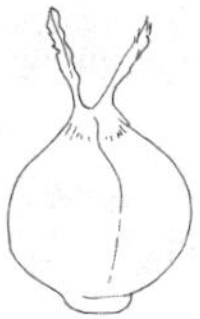

551/1

551/2

C. epilinum WEIHE, **Flachs-S., Lein-S.***

Krone gelbl.-weiß; Griffel kürzer als die Krone. 30–60 cm. 6–8. Äcker, nur auf *Linum usitatissimum*, früher z (heute wahrscheinl. weltweit †). A. V Lol.-Lin.

C. epithymum (L.) L., **Quendel-S., Klee-S.**

20–80 cm. 7–9. Med+europ-nem. Weitere Angaben siehe bei den Subspezies.

1 Blüten 3–4 mm lang, sitzend od. kurz gestielt, in meist 8–10-blütigen 5–6 mm breiten Knäueln; Kelchzipfel so lang wie die Kronröhre; Narben die Staubbeutel deutl. überragend; Stängel meist purpurn; trockene, kurzrasige Wiesen, auf *Thymus*, *Teucrium*, *Achillea*, *Artemisia*; s im Tief- u. Hügelland, früher z. ↘ K Fest.-Brom., K Call.-Ul.
subsp. *epithymum*, Quendel-S.

1* Blüten 4–5 mm lang, die meisten deutl. gestielt, zu 12–20 in 8–12 mm breiten Knäueln; Kelchzipfel kürzer als die Kronröhre; Narben die Staubgefäße nicht od. nur wenig überragend; Stängel weiß od. rötl.; Äcker, auf *Trifolium* u. *Medicago*; früher s eingeschleppt. NU. **subsp. *trifolii*** (BAB. et GIBSON) BERHER, **Klee-S.**

C. europaea L., **Europäische S., Hopfen-S.***

30–150 cm. 6–8. Ufer-Hochstaudenfluren, Gebüsche; vorwiegend auf *Urtica*, *Humulus*, *Calystegia*, *Salix*, *Alnus*, *Vicia*, *Asteraceae*, seltener *Lycium*, mäßig h bis z im Tief- u. Hügelland, s im Bergland. V Conv.; eurosib.

C. lupuliformis KROCK., **Pappel-S.**

Stängel purpurn bis gelbl. od. purpurn punktiert; Krone weiß bis rötl. od. purpurn punktiert. 50–200 cm. 7–9. Weidengebüsche am Elbufer, auf *Salix*, z EET; s ELH. NE. V Salic. alb. Heimat: Europa, W-Asien.

C. scandens BROT., **Südliche S.**

[*C. australis* R. BR.]. 20–50 cm. 6–9. Ruderalfluren, auf *Polygonum* s. l., *Trifolium*, *Medicago*. NU. Heimat. Australien, Eurasien. Im Gebiet noch nicht nachgewiesen.

C. suaveolens SER. **Chilenische S.**

[*C. racemosa* MERT.]. Blüten 3–6 mm lang gestielt; Stängel 0,5–1 mm Ø, glatt. 20–50 cm. 8–9. Äcker, auf *Medicago*, *Trifolium pratense*, s ELH: Pirna. NU. Heimat: tropisches Amerika.

Ipomoea L., **Prunkwinde, Trichterwinde**

Stängel windend, mit rückwärts gerichteten steifen Haaren; Blätter lang gestielt, herzförmig eiförmig, zugespitzt, behaart; Blütenstände meist 2–5-blütig; Blütenstiele behaart; Kelchzipfel breit lanzettl., spitz, besonders am Grund rauhaarig; Krone meist violettpurpurn. 1–3 m. 7–10. ⊙. Zierpflanze, verwildert, Ruderalfluren (Müllplätze, Komposthaufen, Umschlagplätze), s ELH: Meißen, Gauernitz; LLA: Leipzig. NU. V Sis. Heimat: Mexiko. [*Pharbitis purpurea* (ROTH) BOJER]. ***I. purpurea*** ROTH, **Purpur-P., Purpur-T.**

Fam. *Solanaceae* Juss., Nachtschattengewächse

1 Sträucher mit ± überhängenden Zweigen, oft dornig; Krone trichterförmig, mit flachem Saum, rotlila — Kelch kurz glockig, 2-lippig od. ungleich 3–5-zähnig; Frucht eine rote Beere ***Lycium,*** 555

1* Kräuter od. dornenloser kletternder Halbstrauch mit radförmiger Krone

2 Staubbeutel kegelförmig zusammenneigend od. zu einer Röhre verwachsen; Frucht stets eine Beere

3 Krone gelb; Pflanze nicht stachlig ***Lycopersicon,*** 556

3* Krone weiß, violett od. rötl., wenn gelb, dann Pflanze stachlig ***Solanum,*** 557

2* Staubbeutel nicht kegelförmig zusammenneigend, nicht zu einer Röhre verwachsen; Frucht eine Beere od. Kapsel

4 Blätter buchtig gezähnt

5 Blüten in mehr- bis vielblütigen Blütenständen; Pflanze drüsig klebrig; Krone schmutziggelb, violett geadert (sehr selten rein gelb) ***Hyoscyamus,*** 555

5* Blüten einzeln in den Achseln oberer Laubblätter; Pflanze kahl; Krone weiß, blau od. blauviolett

6 Frucht eine stachelige 4-klappige Kapsel *(Abb. 553/1 b);* Krone bis 18 cm lang, trichterförmig, faltig, weiß od. blauviolett *(Abb. 553/1 a)*; Kelch zur Fruchtzeit nicht aufgeblasen, bis auf den bleibenden, abgestutzten Grund abfallend ***Datura,*** 554

6* Frucht eine trockene, braune Beere; Krone bis 4 cm lang, glockig, nicht faltig, hellblau mit weißem Grund; Kelch zur Fruchtzeit aufgeblasen ***Nicandra,*** 556

4* Blätter ganzrandig, höchstens geschweift gezähnt

7 Kelch zur Fruchtzeit auffallend aufgeblasen, die orangerote od. gelbe Beere umhüllend; Blüten schmutzigweiß od. gelb mit dunklen Flecken — Blüten einzeln, nickend; Staubbeutel sich mit Längsspalten öffnend ***Physalis,*** 557

7* Kelch zur Fruchtzeit nicht auffallend aufgeblasen; Blüten andersfarbig

8 Kelch 5-blättrig, frei; Pflanze drüsig klebrig, meist niederliegend bis aufsteigend — Krone > 3,5 cm lang; Kapsel der Klappen eingerollt ***Petunia,*** 557

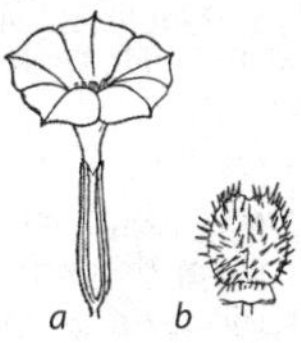

553/1

553/2

8* Kelch 5-zähnig bis 5-spaltig; Pflanze nicht klebrig (doch *Nicotiana rustica* drüsig), meist steif aufrecht

9 Blüten in mehr- bis vielblütigen Blütenständen, trichter- od. stieltellerförmig *(Abb. 553/2)*; Frucht eine Kapsel, 2-klappig aufspringend **Nicotiana,** 556

9* Blüten einzeln, glockig; Frucht eine Beere od. grünl. Deckelkapsel

10 Kelch 5-zähnig; Krone röhrig glockig, außen glänzend braun, innen olivgrün; Frucht eine Deckelkapsel, zur Fruchtzeit vom vergrößerten Kelch becherförmig umhüllt **Scopolia,** 557

10* Kelch 5-teilig; Krone glockig, violettbraun, innen schmutziggelb; Frucht eine glänzende schwarze Beere, vom Kelch zur Fruchtzeit nicht umhüllt **Atropa,** 554

Atropa L., Tollkirsche

Stängel ästig; Blätter eiförmig, kurz gestielt, in den Stiel verlaufend, obere zu 2, davon 1 kleiner; Blüten nickend; Beere kugelig, mit violettem Saft. 50–150 cm. 6–8. ♃. Lichtungen, Waldränder, kalkliebend, z ESG; sonst s im Hügel- u. Bergland, auch verschleppt. ↘ V Atrop.; europ-nem. Die Krone welkt schon 1 Stunde nach der Bestäubung. Stark giftig, alte Zauberpflanze. Off. ***A. belladonna*** L., **Schwarze T.***

Datura L., Stechapfel

1 Blätter, Blütenstiele u. Kelch samthaarig; Krone 10–18 cm lang; Kapsel nickend ***D. innoxia***

1* Blätter, Blütenstiele u. Kelch kahl od. zerstreut behaart; Krone 4–10 cm lang; Kapsel aufrecht

2 Stacheln bis 15 mm lang, ± dicht stehend ***D. stramonium***

2* Stacheln bis 30 mm lang, locker stehend ***D. ferox***

D. ferox L., **Gefährlicher St.**

Krone 4–6 cm lang, weiß; Kapsel (einschließl. Stacheln) 5–8 cm lang. 30–100 cm. 7–8. ⊙. Müll- u. Umschlagplätze, s LLA: Leipzig; OLB: Neukirch. Giftig. NU. Heimat: O-Asien.

D. innoxia Mill., **Garten-St., Weichstachliger St.**

Blätter seicht gezähnt od. ganzrandig; Kelch 60–90 mm lang; Frucht unregelmäßig aufspringend; Samen gelbbraun. 50–120 cm. 8–10. ⊙. Zierpflanze, verwildert, Müllplätze, Komposthaufen, Brachflächen, s LLA: Leipzig; OLT: Klitten. Giftig. Off. NU. Heimat: M-Amerika.

D. stramonium L., **Weißer St.***

Stängel meist ästig; Blätter gestielt, eiförmig, ungleich buchtig gezähnt bis fiederlappig; Blüten einzeln, gabel- od. endständig; Krone 5–10 cm lang; Frucht regelmäßig 4-klappig aufspringend; Samen nierenförmig, schwarz. 10–120 cm. 7–9. ⊙. Stickstoffreiche Ruderalfluren (Müllplätze,

Komposthaufen, städtische Brachen, Wegränder), oft unbeständig, z bis ins mittlere Bergland. ↗ NE. V Sis., V Onop.; med+europ-nem+europ-kont. Heimat: tropisches Amerika? Die Blüten öffnen sich zwischen 19 u. 20 Uhr u. blühen nur eine Nacht. Stark giftig. Früher Off.

var. *stramonium*: Blüten weiß; Stängel u. Blätter meist nicht violett überlaufen; Verbreitung etc. wie bei der Art.

var. *tatula* (L.) TORR. [*D. tatula* L., *D. stramonium* var. *chalybaea* W. D. J. KOCH]: Blüten violett; Stängel u. Blätter oft violett überlaufen; Zierpflanze, verwildert, z, aber seltener als vorige.

var. *inermis* (JACQ.) SCHINZ et THELL.: Frucht stachellos; s, z. B. Leipzig.

Es gibt weitere, selten eingeschleppte, behaarte Arten, z. B. ***D. metel*** L., **Indischer St.,** mit 15–20 cm langen Blüten! Die nahe verwandte, baumartig wachsende Gattung ***Brugmansia*** PERS.*, **Engelstrompete,** wird in mehreren Arten u. vielen Sorten in Kübeln kultiviert.

Hyoscyamus L., **Bilsenkraut**

Stängel ästig, wie die Blätter u. Kelche klebrig zottig; Blätter längl. eiförmig, grob buchtig gezähnt, untere gestielt, obere stängelumfassend; Blüten fast sitzend; Kelch bleibend, mit stechenden Zähnen. 30–60 cm. 6–10. ⊙, ⊙. Nährstoffreiche, meist dörfliche Ruderalfluren (Wegränder, Müllplätze, Komposthaufen, Mauerfüße), Gartenland, oft unbeständig, z bis ins untere Bergland,. A. ↘ V Sis., V Onop., V Sperg.-Ox.; submed-euras-kont. Stark giftig, alte Zauberpflanze. Off. ***H. niger*** L., **Schwarzes B.***

Lycium L., **Bocksdorn, Teufelszwirn**

Früchte galten früher als giftig, sind heute wegen ihrer Bedeutung für die Gesundheit als Goji-Beeren im Handel.

1 Blätter längl. lanzettl., allmähl. in den Stiel verschmälert, in der Mitte am breitesten, graugrün; Kelch 2-lippig, 3-zipflig; Kronröhre 7–10 mm lang, ihr unterster, engröhriger Teil 2,5–3 mm lang; Zweige oft dornig ***L. barbarum***

1* Blätter eiförmig lanzettl. bis rhombisch, plötzl. in den Stiel verschmälert, unter der Mitte am breitesten; Kelch radiär, 5-zipflig; Kronröhre 4–6 mm lang, ihr unterster, engröhriger Teil ± 1,5 mm lang; Zweige meist dornenlos ***L. chinense***

L. barbarum L., **Gewöhnlicher B.***/**

[*L. halimifolium* MILL.]. Beeren längl., scharlachrot. 1–5 m. 6–9. ♄. Trockene, ruderalisierte Hänge, Wegränder, Müllplätze, mäßig h im Tiefland u. Hügelland, mit deutlicher Häufung in urban-industriellen Ballungszentren (Dresden, Riesa, Leipzig), z im unteren Bergland. ↗ NE. O Prun., V Arct. Heimat: China.

L. chinense MILL., **Chinesischer B.**

Beeren ± eiförmig, scharlach- od. orangerot. 1–3 m. 6–9. ♄. Trockene, ruderalisierte Hänge, Wegränder, Müllplätze, LLA: in u. um Leipzig mäßig h; s ELH, GHP, OLH, VGT. ↗ NE. V Arct., O Prun. Heimat: O-Asien.

Lycopersicon MILL. [*Lycopersicum* HILL], **Tomate**

Pflanze drüsig; Blätter unterbrochen gefiedert; Beere 2–10 cm Ø, reif rot od. gelbl., essbar. 60–150 cm. 7–10. ☉ (in der Heimat auch ♃). Kulturpflanze, verwildert, Müllplätze, Komposthaufen, Fluss- u. Seeufer, mäßig h. NU. V Sis., O Bid. Heimat: S-Amerika. [*Solanum lycopersicum* L.].

L. esculentum MILL., **Speise-T.***

Nicandra ADANS., **Giftbeere**

Stängel etwas kantig; Blätter eiförmig od. längl., meist buchtig gezähnt, kahl; Blüten gabel- u. endständig, überhängend; Krone 25–40 cm lang u. breit. 12–20 mm Ø. 30–100 cm. 7–10. ☉. Zierpflanze, verwildert, Komposthaufen, Müllplätze, offene Brachflächen, z, s im Bergland. NU. V Sis. Giftig. Heimat: Peru. Die Blüten sind von 11 bis 16 Uhr geöffnet.

N. physalodes (L.) G. GAERTN., **Blaue G.**

Nicotiana L., **Tabak**

1 Krone rosa bis rot, selten weiß, trichterförmig, mit 35–55 cm langer Röhre; Blätter längl. lanzettl., zugespitzt, sitzend, die unteren herablaufend ***N. tabacum***

1* Krone grünl. gelb, stieltellerförmig, mit 12–18 mm langer Röhre; Blätter eiförmig, stumpf, am Grund oft etwas herzförmig, gestielt, stark drüsig ***N. rustica***

N. rustica L., **Bauern-T.***

60–120 cm. 7–9. ☉. Kulturpflanze, verwildert, Müllplätze, Komposthaufen, Brachen, z OL; sonst s. NU. V Sis. Giftig. Heimat: N-Amerika (?).

N. tabacum L., **Virginischer T.***

75–300 cm. 7–9. ☉. Kulturpflanze, verwildert, Müllplätze, Brachen, s ERB, LLA, VGT, früher s ELH. NU. V Sis. Giftig. Heimat: S-Amerika (?).

Zierpflanzen, s verwildert:

N. alata LINK et OTTO, **Geflügelter T.:** Blätter längl. lanzettl.; Blüten weißl., zahlreich, nickend, stark duftend; Blütenröhre 5–10 cm lang. 40–150 cm. 7–9. ☉. Heimat: S-Amerika.

N. × sanderae W. WATSON, **Roter Bastard-T.:** [*N. alata* × *N. forgetiana* HEMSL.]. Blüten lebhaft rot; Pflanze nur bis 75 cm; Blütenröhre bis 4 cm lang; sonst ähnl. voriger Art.

Petunia Juss., **Petunie**

Stängel niederliegend od. aufsteigend; Blätter gegenständig, sitzend od. kurz gestielt; Blütenfarben sehr vielfältig. 20–80 cm. 6–10. ☉. Zierpflanze, s verwildernd, entstanden durch Züchtung aus *P. axillaris* (Lam.) Britton et al. × *P. integrifolia* (Hook.) Schinz et Thellung].

P. × atkinsiana D. Don, **Garten-Petunie**

Physalis L., **Blasenkirsche, Judenkirsche**

1 Kelch im Fruchtzustand wie die Beere orangerot; Krone weißl.; Pflanze nur kurz behaart ***Ph. alkekengi***

1* Kelch im Fruchtzustand hell bräunl.; Beere gelb; Krone gelb mit dunklen Flecken; Pflanze flaumig filzig ***Ph. peruviana***

Ph. alkekengi L., **Gewöhnliche B., Laternenpflanze, Lampionpflanze, Judenkirsche***

Blätter gestielt, eiförmig zugespitzt, paarweise beisammen. 25–80 cm. 5–8. ♃. Zierpflanze, verwildert, Gebüsche, Müllplätze, Weinberge, Zäune, z bis ins Bergland. ↗ NE. V Arct., O Prun., O Glech.; submed. Früher Off. Heimat: Japan, Korea, N-China.

var. *alkekengi*: Fruchtkelch ± kugelig, 2–5 cm lang; Wildsippe, im Gebiet wahrscheinl. fehlend

var. *franchetii* (Mast.) Makino [*Ph. franchetii* Mast.]: Fruchtkelch eilängl., 4–8 cm lang; weitere Angaben siehe bei Art.

Ph. peruviana L., **Peruanische B., Kapstachelbeere***

Blätter ± herzförmig; Fruchtkelch 2–4 cm lang. 30–100 cm. 7–10. ☉ (in der Heimat ♃). Kulturpflanze, verwildert, Müllplätze, Komposthaufen, Brachen, z OL u. in den Ballungsräumen der großen Städte (Leipzig, Zwickau, Dresden). NU. V Sis. Heimat: Peru.

Weitere *Ph.*-Arten wurden s eingeschleppt, z. B. *Ph. angulata* L. (Beeren 10–12 mm Ø, Staubbeutel 1,5–2 mm lang, nach der Blüte gerade); *Ph. philadelphica* Lam. (Beeren 13–40 mm Ø, Staubbeutel 1,5–4 mm lang, nach der Blüte gekrümmt).

Scopolia Jacq., **Tollkraut**

Pflanze kahl, aufrecht. 30–60 cm. 4–5. ♃. s LLA: Leipzig: Gutspark Güldengossa. NE. Giftig. Früher Off. Heimat: SO-Europa.

S. carniolica Jacq., **Krainer Tollkraut**

Solanum L., **Nachtschatten**

1 Pflanze unbestachelt

2 Blätter gefiedert od. fiederteilig

3 Blätter bis 30 cm lang u. 15 cm breit, unterbrochen gefiedert; Fiedern ± eiförmig; Beeren 1,5–3 cm Ø, hellgrün; Pflanze mit Ausläuferknollen ***S. tuberosum***

3* Blätter bis 8 cm lang u. 5 cm breit, fiederschnittig; Zipfel lineal längl.; Beeren ± 1 cm Ø, grün u. weiß marmoriert; Pflanze ohne Ausläuferknollen **_S. triflorum_**

2* Blätter ungeteilt od. nur am Grund mit 1–2 Zähnen

4 Kletternde, halbstrauchige Pflanze; Blätter längl. eiförmig, am Grund oft herzförmig, die obersten oft spießförmig od. geöhrt od. 3-zählig; Krone violett; Beeren eiförmig od. ellipsoidisch, scharlachrot **_S. dulcamara_**

4* Pflanze 1-jährig; Blätter eiförmig, ungleichmäßig gezähnt bis gelappt; Krone weiß, selten lila od. rötl.; Beeren kugelig

5 Kelch die reifen Beeren zur Hälfte umfassend, seine Zipfel aufrecht abstehend; Beeren reif mit Kelch u. Stielende abfallend; Pflanze hellgrün **_S. physalifolium_**

5* Kelch nur den Grund der Beere bedeckend, seine Zipfel waagerecht abstehend bis zurückgeschlagen; Beeren reif sich aus dem Kelch lösend; Pflanze dunkel- od. gelbgrün

6 Reife Beeren schwarz, selten grünl.-gelb (dann nicht mit 8 u. 8* verwechseln); Kelchzipfel durch spitze Buchten getrennt, breit eiförmig; Blütenstände (10–)15–30 mm lang gestielt, meist 5–10-blütig; Fruchtstiele meist kürzer als der Stiel des Fruchtstands; Staubfäden viel kürzer als die Staubbeutel

7 Pflanze drüsenlos, spärl. angedrückt behaart, verkahlend **_S. nigrum_**

7* Pflanze, vor allem oberwärts, dicht abstehend drüsig behaart **_S. decipiens_**

6* Reife Beeren rot od. gelb; Kelchzipfel durch runde Buchten getrennt, 3-eckig; Blütenstände 5–15 mm lang gestielt, meist 3–5-blütig; Fruchtstiele meist länger als der Stiel des Fruchtstands; Staubfäden etwa so lang wie die Staubbeutel

8 Stängel mit ungeflügelten, glatten Kanten, mit abstehenden Drüsenhaaren; Pflanze gelbgrün; reife Beeren gelb, selten mennigrot, die braunen Samen durchscheinend **_S. villosum_**

8* Stängel mit schmalen, von rauen Zähnchen besetzten Flügeln, mit meist angedrückten drüsenlosen Haaren spärl. besetzt; Pflanze dunkelgrün; reife Beeren mennigrot; Samen weißl. **_S. alatum_**

1* Pflanze bestachelt

9 Krone gelb; Stängel sternhaarig u. wie die Blätter u. Kelche von gelbl. Stacheln dicht besetzt; Beere ziemlich trocken, völlig vom Kelch umschlossen; unteres Staubblatt viel länger als die übrigen **_S. rostratum_**

9* Krone weißl. bis bläul. purpurn; Stängel, Blätter u. Kelche mit weißl. od. gelbl. Stachel ± locker besetzt; Beere saftig, etwa $^{2}/_{3}$ vom Kelch umschlossen; alle Staubblätter gleich **_S. sisymbriifolium_**

S. alatum MOENCH, **Rotbeeriger N.**
[*S. villosum* subsp. *a.* (MOENCH) EDMONDS; *S. miniatum* WILLD.]. 10–45 cm. 6–10. ⊙. Müll- u. Umschlagplätze, s im Tief- u. Hügelland. NU. V. Sis. Heimat: Mittelmeergebiet.

S. decipiens OPIZ, **Haariger N.**
[*S. nigrum* subsp. *schultesii* (OPIZ) WESSELY]. 10–90 cm. 6–10. ⊙. Vorwiegend in Ruderalfluren (Müllplätze, Mauerfüße, Wegränder, Komposthaufen), seltener in Gärten u. auf Feldern; wahrscheinlich wärmeliebender als *S. nigrum*, mäßig h LLA; z EET, ELH, OL; s ESG, ERO, VGT. A. ↗ V Sis., seltener K Stell.

S. dulcamara L., **Bittersüßer N., Bittersüß**
Pflanze kahl; Krone zuletzt zurückgeschlagen, violett, am Grund jedes Zipfels mit 2 grünen, weiß gerandeten Flecken, selten weiß; Beeren scharlachrot. 30–200 cm. 6–8. ♃. Erlenwälder, Weidengebüsche, feuchte Waldsäume, Waldlichtungen, Röhrichte, feuchte Ruderalfluren, mäßig h vom Tief- bis ins mittlere Bergland, s in höheren Lagen. V Aln., V Aln.-Ulm., K Salic. purp., K Frang., V Conv., O Phragm., V Arct.; euras-nem. Giftig. Früher Off.

S. nigrum L. em. MILL., **Schwarzer N.***
Spreite keilförmig in den Blattstiel verschmälert, meist nur seicht buchtig gezähnt od. ganzrandig; Krone meist nur etwa 2-mal so lang wie der Kelch, weiß, selten blasslila; Beeren reif schwarz, selten grünl.-gelb, mit ca. 50 Samen. 10–90 cm. 6–10. ⊙. Ruderalfluren (Müllplätze, Wegränder, Komposthaufen, Bahnanlagen), Gärten, Äcker, Weinberge, h im Tief- u. Hügelland, z im unteren Bergland. A. K Stell. med., O Sis.; ursprünglich med-submed., heute Kosmopolit. Off.

S. physalifolium RUSBY, **Argentinischer N.**
[*S. nitidibaccatum* BITTER]. Beeren dunkelgrün bis braunviolett, mit 15–25 braunen Samen; Blütenstände meist 4–8-blütig; Pflanze kaum klebrig. 10–40 cm. 6–10. ⊙. Ruderalfluren (Wegränder, Müllplätze, Komposthaufen), Weinberge, Äcker, z EET, ELH, LLA, OL; s ESG, ERO. NE. V Sis., O Aper. Heimat: S-Amerika.

Im Gebiet nur var. *nitidibaccatum* (BITTER) EDMONDS.

Zu erwarten ist die ähnl. Art ***S. sarachoides*** SENDTN. em. BITTER, **Saracha-N.:** Gesamte Beere vom Fruchtkelch umschlossen; Kelchzipfel 5,5–8 mm lang; reife Beeren blassgrün, mit 50–75 blassgelben Samen; Blütenstände 3–4-blütig; Pflanze drüsig klebrig, stark aromatisch.

S. rostratum DUNAL, **Stachel-N., Büffelklette**
[*S. cornutum* auct.]. Blätter tief fiederteilig, ihre Zipfel längl. verkehrt eiförmig bis fast rundl.; Beere vom stachligen Kelch bis zur Reife umschlossen, etwa 10 mm Ø; ein Staubgefäß länger als die übrigen 4. 30–60 cm. 6–8. ⊙. Müll- u. Umschlagplätze, Gartenland, s ERB: Zwickau;

LLA: Leipzig; OLH: Bautzen, Neukirch; VGT: Plauen; früher s EET: Riesa; ELH: Dresden. NU. V Sis. Heimat: N-Amerika.

S. sisymbriifolium LAM., **Raukenblättriger N., Klebriger N.**
Blätter tief fiederförmig gelappt, ihre Zipfel längl. lanzettl. bis schmal eiförmig; alle Staubgefäße gleich lang; Beere rot, kugelig, etwa 2–2,5 cm Ø. 30–100 cm. 7–10. ⊙. Müllplätze, Brachen, Gartenland, s ELH: Pirna, Dresden; ERB: Zwickau; LLA: Leipzig, Delitzsch; MLH; OLH: Bautzen: Baruth, Görlitz. NU. Heimat: S-Amerika.

S. triflorum NUTT., **Dreiblütiger N.**
Pflanze meist niederliegend u. sparrig verzweigt; Blätter tief eingeschnitten, mit schmalen Zipfeln; Beeren nicht vom Kelch eingeschlossen. 20–80 cm. 6–9.⊙. Müll- u. Umschlagplätze, s, z. B. Leipzig, Dresden. NU. Heimat: N-Amerika.

S. tuberosum L., **Kartoffel***
Blätter unterbrochen unpaarig gefiedert; Krone 2-mal so lang wie der Kelch, bläul., lila od. weiß; Beeren grünl., kugelig. 40–100 cm. 7–8. ♃. Kulturpflanze, verwildert, Müllplätze, Komposthaufen, s. V Sis. Heimat: Hochanden Perus. Giftig mit Ausnahme der nicht ergrünten Knollen!

S. villosum MILL., **Zottiger N., Gelbbeeriger N.***
[*S. luteum* MILL. s. str.]. 10–50 cm. 6–10. ⊙. Ruderalfluren (Müll- u. Umschlagplätze, Brachen, Bahnanlagen), s EET, ELH, LLA: Leipzig; OLH: Bautzen. NU. V Sis.; med-orient.
Nicht mit *S. decipiens* verwechseln!

Fam. *Oleaceae* HOFFMANNS. et LINK, Ölbaumgewächse

1 Bäume mit unpaarig gefiederten Blättern; Krone freiblättrig od. fehlend; Frucht eine geflügelte Nuss ***Fraxinus,*** 561
1* Aufrechte od. kletternde Sträucher; Blätter ungeteilt bis 3-teilig od. 3-zählig; Krone verwachsenblättrig; Frucht eine Kapsel, Beere od. Steinfrucht
2 Krone gelb; Blüten vor den Blättern erscheinend; Blätter ungeteilt bis 3-teilig u. dann gezähnt od. 3-zählig mit ganzrandigen Blättchen
3 Krone 4-zipflig, mit kurzer Röhre; Blätter gesägt, ungeteilt bis 3-teilig; aufrechte Sträucher, manchmal mit überhängenden Ästen; Zweige hohl od. mit gefächertem Mark; Frucht eine Kapsel ***Forsythia,*** 561
3* Krone meist 6-teilig, mit langer Röhre; Blätter 3-zählig, mit ganzrandigen Blättchen; kletternde Sträucher; Zweige nicht hohl od. gefächert; Frucht eine schwarze Beere ***Jasminum,*** 562
2* Krone weiß, violett od. rot, mit relativ langer Röhre; Blüten nicht vor den Blättern erscheinend; Blätter ganzrandig (bei *Syringa* × *persica* auch ± geteilt)

4 Blätter lanzettl. bis eiförmig elliptisch, sommer- od. wintergrün, < 3 cm breit; Krone trichterförmig weiß; Frucht eine schwarze Steinfrucht **_Ligustrum,_** 562

4* Blätter herzförmig bis eiförmig, stets sommergrün, > 4 cm breit; Krone mit 10–15 mm langer Röhre, weiß, violett od. rot; Frucht eine Kapsel **_Syringa,_** 563

Forsythia VAHL, Forsythie, Goldglöckchen, Goldweide

1 Zweige hohl, nur an den Knoten mit vollem Mark **_F. suspensa_**

1* Zweige mit gefächertem Mark (selten bei *F.* × *intermedia* auch hohl)

2 Mark an den Zweigknoten voll, sonst gefächert, selten hohl **_F. × intermedia_**

2* Mark durchweg gefächert **_F. viridissima_**

F. × intermedia ZABEL, **Hybrid-F.****

[*F. suspensa* × *F. viridissima*]. Blattstiel länger als 2 cm, wenn kürzer, dann kahl; Blätter einfach, an Langtrieben auch 3-teilig; Wuchs aufrecht bis stark sparrig u. überhängend; Blüten verschiedenartig gelb. 1–3 m. 3–5. ♄. Zierstrauch, s verwildert. In zahlreichen Sorten kultiviert.

F. suspensa (THUNB.) VAHL, **Hänge-F.***/**

Blattstiel kaum 2 cm lang, behaart; Blätter nicht selten 3-teilig; Zweige anfangs aufrecht, dann überhängend, olivgelb od. rotbraun; Blüten goldgelb. 1–3 m. 3–5. ♄. Zierstrauch, s verwildert. Heimat: China.

F. viridissima LINDL., **Grüne F.****

Wuchs völlig aufrecht; Zweige anfangs grün, später gelbbraun, stark 4-kantig; Blüten sattgelb mit grünl. Anflug. 1–3 m. 3–5. ♄. Zierstrauch. Heimat: China.

Fraxinus L., Esche

1 Junge Zweige u. Blattspindel meist behaart; Knospen braun — Blättchen gestielt, meist behaart **_F. pennsylvanica_**

1* Zweige u. Spindel kahl; Knospen schwarz, braun od. silbergrau

2 Alle Blättchen sitzend; Knospen schwarz, samtartig **_F. excelsior_**

2* Blättchen gestielt, seltener einzelne sitzend; Knospen braun od. silbergrau

3 Knospen silbergrau bis bräunl.-grau, filzig; Blütenhülle doppelt; Krone weiß; Blütenstände rispig, alle endständig od. in den Achseln diesjähriger Blätter **_F. ornus_**

3* Knospen braun, bereift; Blütenhülle einfach (nur Kelchblätter); Blütenstände seitenständig, alle in den Achseln vorjähriger Blätter **_F. americana_**

F. americana L., **Weiß-E.****

Blättchen meist 7, unterseits weißl., mit Papillen (Lupe!), 5–13 mm lang gestielt, ihre Form sehr variabel (von breit lanzettl. bis elliptisch); Endknospen stumpf, meist breiter als lang; Blattnarben die Seitenknospen sichelförmig umfassend; Frucht spindelförmig; Flügel nicht od. kaum bis zur Mitte herablaufend. 10–30 m. 4–5. ♄. Zier- u. Forstbaum, s verwildert. Heimat: N-Amerika.

F. excelsior L., **Gewöhnliche E.***/**

Blättchen 9–13, längl. lanzettl., zugespitzt, klein gesägt, unterseits am Grund u. auf dem Mittelnerv behaart; gesamte Blütenhülle fehlend; Blüten in seitenständigen Rispen, ⚥ od. 1-geschlechtig; Staubbeutel dunkelrot; Frucht abgeflacht, ihre Flügel 7–10 mm breit, überhängend, länglich. 10–40 m. 4–5. ♄. Auen- u. Schluchtwälder, Steinrücken, auf sickerfeuchten, nährstoffreichen Böden, h bis ins Bergland, im oberen seltener. O Fag., insbes. V Aln.-Ulm.; europ-nem. Auch in verschiedenen Sorten kultiviert; früher Off.

F. ornus L., **Blumen-E., Manna-E.***/**

Blättchen 5–9, eiförmig bis längl. lanzettl., zugespitzt, kerbig gesägt, unterseits längs der Mittelnerven behaart; Blüten mit den Blättern erscheinend, duftend; Frucht lineal längl., aufrecht. 5–10 m. 4–6. ♄. Zierbaum. Heimat: S-Europa, Kleinasien.

F. pennsylvanica MARSHALL, **Rot-E., Pennsylvanische E.****

Blättchen ganzrandig od. schwach gezähnt, unterseits grasgrün, ohne Papillen, 1–7 mm lang gestielt, zu 5–9, längl. lanzettl.; Frucht spindelförmig; Flügel bis zur Mitte der Frucht herablaufend; Blattnarben die Seitenknospen nicht umfassend. 10–25 m. 4–5. ♄. Zier- u. Forstbaum, s verwildert. ↗ NE (lokal). Heimat: N-Amerika.

Jasminum L., **Jasmin**

Kletternder Strauch mit rutenförmigen, überhängenden, 4-kantigen Trieben; Blättchen tiefgrün, bis 3 cm lang; Blüten einzeln, achselständig an vorjährigen Zweigen. 1–4 m. 12–4. ♄. Häufige Zierpflanze. Heimat: W-China. ***J. nudiflorum*** LINDL., **Winter-J.***/**

Weitere Jasmin-Arten werden als Ziersträucher kultiviert.

Ligustrum L., **Liguster**

1 Kronröhre etwa so lang wie die Kronzipfel; junge Triebe behaart; Blätter längl. lanzettl. ***L. vulgare***

1* Kronröhre etwa 3-mal so lang wie die Kronzipfel; junge Triebe kahl; Blätter eiförmig elliptisch bis elliptisch längl. ***L. ovalifolium***

L. ovalifolium HASSK., **Wintergrüner L.***/**

Strauch überwiegend wintergün; Blätter oberseits glänzend dunkelgrün. 1–5 m. 6–7. ♄. Zierstrauch. Heimat: Japan.

L. vulgare L., **Gewöhnlicher L., Rainweide***/**

Strauch überwiegend sommergrün. 0,50–5 m. 6–7. ħ. Sonnige Waldränder, wärmeliebende Gebüsche, lichte Wälder, auf basenreichen Böden, mäßig h im Tief- u. Hügelland, z bis s im Bergland, in wärmebegünstigten Gebieten (Elbtal, LLA) vielleicht einheimisch, sonst nur Verwilderungen. O Prun., V Carp., V Querc. pub. Giftig (Beeren).

Syringa L., **Flieder**

Blätter u. Triebe kahl; Blüten in end- od. seitenständigen Rispen. 2–10 m. 4–5. ħ. Zierstrauch, verwildert, trockenwarme Böschungen, Mauern, z im Bergland, sonst mäßig h. NE (lokal). Meist V Berb. Heimat: SO-Europa.

S. vulgaris L., **Gewöhnlicher F.***/**

Weitere Arten werden als Ziersträucher in Anlagen kultiviert, vor allem:

S. × ***persica*** L.**, **Persischer F.:** [*S. protolaciniata* × *S. ?*]. Blätter lanzettl., bis 6 cm lang, auch 3-lappig od. 3–9-fiederschnittig.

S. × ***chinensis*** Willd.**, **Chinesischer F.:** [*S. protolaciniata* × *S. vulgaris*]. Blätter eilanzettl., bis 8 cm lang, zugespitzt, an der Basis abgerundet od. breit keilförmig; Blüten duftlos.

Fam. *Plantaginaceae* Juss., Wegerichgewächse (inkl. *Hippuridaceae* Vest, Tannenwedelgewächse, *Callitrichaceae* Link, Wassersterngewächse u. *Scrophulariaceae* Juss., p.p.)

Zur Neufassung der Familie siehe Fam. *Scrophulariaceae*, S. 582.

1 Blätter in Quirlen zu 6–12(–16) — Sumpf- od. Wasserpflanze ***Hippuris,*** 568

1* Stängel blattlos od. beblättert; Blätter gegen- od. wechselständig od. höchstens zu 4 quirlig

2 Staubblätter 1 — Wasserpflanze, auch auf Schlamm; Blüten sehr klein, in Blattachseln; Blätter gegenständig ***Callitriche,*** 565

2* Staubblätter 2 od. 4

3 Alle Blätter grundständig

4 Krone fast regelmäßig 5-spaltig — 2–5 cm hohe Schlammpflanze ***Limosella,*** 569

4* Krone 4-zipflig

5 Blüten in gestielten Ähren, ⚥ — Frucht eine 2–3-fächrige, ringsum aufspringende Kapsel; Landpflanze ohne Ausläufer ***Plantago,*** 571

5* Blüten einzeln, gestielt, zwischen den Blättern angeordnet, 1-geschlechtig — Kelch der ♂ Blüten 4-teilig, mit 4-teiligem Saum *(Abb. 564/1 a);* Kelch der ♀ Blüten 2- od. 3-blättrig *(Abb. 564/1 b);* Krone krugförmig, 3-zähnig; Wasser- u. Sumpfpflanze mit Ausläufern ***Littorella,*** 571

3* Blätter stängelständig
6 Staubblätter 2 od. 2 fruchtbare u. 2 unfruchtbare
7 Kelch 5-teilig, dicht unter demselben 2 Vorblättchen; Krone 2-lippig, weiß, rötl. geadert, mit verlängerter Röhre *(Abb. 564/2);* 2 fruchtbare u. 2 unfruchtbare Staubblätter ***Gratiola,*** 568
7* Kelch meist 4-teilig, seltener 5-teilig, ohne Vorblättchen; Krone blau, seltener rosa od. weiß; keine unfruchtbaren Staubblätter ***Veronica*** (inkl. ***Pseudolysimachion***), 573
6* Staubblätter 4 (2 längere u. 2 kürzere)
8 Blüten ± 3 mm lang, in kopfähnl. endständigen Ähren; Krone trockenhäutig — Blätter schmal, gegenständig ***Plantago,*** 571
8* Blüten > 4 mm lang, in lockeren Trauben od. einzeln in den Blattachseln; Krone verschiedenfarbig
9 Krone am Grund ohne Sporn od. Höcker, offen ***Digitalis,*** 567
9* Krone am Grund mit einem Sporn od. sackartigem Höcker, ihr Schlund durch einen Gaumen (Ausstülpung der Unterlippe) geschlossen
10 Krone am Grund mit einem längeren Sporn *(Abb. 564/3);* Kapsel klappig aufspringend
11 Stängel aufrecht, seltener aufsteigend
12 Blüten blattachselständig, lockere Trauben bildend; Pflanze drüsig behaart ***Chaenorhinum,*** 567
12 Blüten in endständigen Trauben; Pflanze kahl od. nur der Blütenstand drüsenhaarig ***Linaria,*** 569
11* Stängel niederliegend, kriechend od. hängend
13 Pflanze kahl, selten kurz behaart; Blattspreite kürzer als der Stiel, fingernervig; Krone hellviolett ***Cymbalaria,*** 567
13* Pflanze drüsig weichhaarig; Blattspreite länger als ihr Stiel, fiedernervig; Krone gelb od. gelbl.-weiß, nur Oberlippe innen violett ***Kickxia,*** 569
10* Krone am Grund mit einem sackartigen Höcker; Kapsel an der Spitze mit 3 Löchern aufspringend
14 Pflanze kriechend, auffallend drüsig zottig ***Asarina,*** 565
14* Pflanze aufrecht, nicht auffallend drüsig zottig
15 Krone 8–15 mm lang, das Deckblatt nicht überragend; Kelch länger als Krone u. Kapsel ***Misopates,*** 571

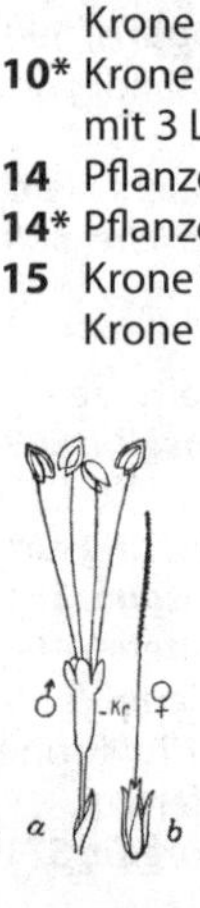

564/1

564/2

564/3

564/4

15* Krone 25–45 mm lang, das Deckblatt weit überragend; Kelch kürzer als Krone u. Kapsel *(Abb. 564/4)* ***Antirrhinum,*** 565

Antirrhinum L., **Löwenmaul**

Stängel unterwärts kahl, oberwärts drüsig weichhaarig; Krone verschiedenfarbig, Gaumen meist gelb. 30–60 cm. 6–10. ①, ♃ (kurzlebig). Zierpflanze, verwildert, Mauern, Ruderalfluren (Müllplätze, Wegränder, Zäune), z. NE (lokal). V Cymb.-Aspl. Heimat: westl. Mittelmeergebiet.

A. majus L., **Garten-L.***

Asarina MILL., **Asarine, Löwenmaul**

Blätter gegenständig, lang gestielt, nierenförmig, grob gekerbt; Blüten lang gestielt, einzeln in den Blattachseln; Krone 25–40 mm lang, bis auf den Gaumen kahl, blass gelbl., rosa gestreift, Gaumen ockergelb. 10–50 cm. 7–9. ♃. Mauern, Felsen, auf saurem bis leicht basischem Gestein, z ERO: z. B. um Freiberg, MLH: z. B. bei Siebenlehn; s ELH: Pirna; OLB: Oybin, OLH: Dahren; VGT: Adorf. Zu Anfang des 19. Jh. im Schlosspark Hainewalde bei Zittau u. in Krummhennersdorf bei Freiberg ausgepflanzt u. sich von dort ausbreitend. V Potent. caul. NE. Heimat: Zentral-Frankreich, NO-Spanien. [*Antirrhinum asarina* L.].

A. procumbens MILL., **Liegende A., Kriechendes L.**

Callitriche L., Wasserstern

1 Früchte rundrückig bis leicht gekielt, ungeflügelt; Vorblätter fast so lang wie die Frucht ***C. cophocarpa***

1* Früchte geflügelt; Vorblätter fast so lang wie die Frucht, kleiner od. fehlend

2 Früchte verkehrt eiförmig, meist nur am oberen Rand, gelegentl. auch am unteren Rand geflügelt; Narben an der reifen Frucht meist fehlend; Staubblätter u. Griffel-Narben-Komplex oft rudimentär ***C. palustris***

2* Früchte ± rundl., rundum geflügelt; Narben an der reifen Frucht fehlend od. vorhanden; Blüten normal entwickelt

3 Narben an der Frucht herabgebogen; Pollen u. Staubbeutel farblos — Tauchblätter schmal linealisch, an der Spitze hakig

4 Frucht rundl., fast ungestielt, selten bis 1,5 mm lang gestielt; Blatthaken gleichmäßig ***C. hamulata***

4* Frucht etwas länger als breit, über 3 mm, oft über 5 mm lang gestielt; Blatthaken ungleichmäßig ***C. brutia***

3* Narben sich weit über den oberen Fruchtrand erhebend; gerade od. zurückgekrümmt; Blätter variabel, an der Spitze nicht hakig; Pollen u. Staubbeutel gelb

5 Frucht breit geflügelt; meist alle Teilfrüchte voll entwickelt; Narben gebogen bis gewunden; Schildhaare in der Mehrzahl regulär (symmetrisch); Pollenkörner rundl.; Staubbeutel blassgelb, 1–2 mm lang **_C. stagnalis_**

5* Frucht schmal geflügelt; oft einzelne Teilfrüchte verkümmert; Narben meist gestreckt; Schildhaare meist stark irregulär (asymmetrisch); Pollenkörner variabel, meist unregelmäßig eckig; Staubbeutel kräftig gelb, 2–6 mm lang **_C. platycarpa_**

C. brutia PETAGNA, **Langgestielter Haken-W.**
Früchte auffällig lang gestielt. 0,5–20 cm. 5–10. ♃. Gewässer, s u. möglicherweise nur verschleppt, VGT: Posseck; atl-med.

C. cophocarpa SENDTN., **Stumpfkantiger W.**
Pollen sehr variabel; Griffel über der Frucht erhaben, doch Länge u. Form variabel. 0,5–40 cm. 3–11. ♃. Gewässer, staunasse Waldwege, Teich- u. Grabenränder, nasse Schlammböden, z ERB, MLH, OL, VGT; sonst s, fehlt EET. O Potam., V Elat.-El.; eurosib.

C. hamulata W. D. J. KOCH, **Haken-W.**
Vegetativ oft durch schmal bandartige, vorn gleichmäßig hakenspitzige Blätter auffallend. 0,5–100 cm. 3–11. ♃. Gewässer, staunasse Waldwege, Teich- u. Grabenränder, nasse, meist basenarme Schlammböden; mäßig h im Tief- u. Bergland, h im Hügelland (die häufigste *Callitriche*-Art). O Potam., V Elat.-El.; subatl.

C. palustris L., **Sumpf-W.***
Meist in niedrigen, dichten Rasen wachsend; reife Früchte durch geringe Größe, fast schwarzbraune Färbung u. schmal verkehrt eiförmige Form auffallend; Blätter meist klein u. oval bis rundl. 0,5–10 cm. 3–11. ♃. Abgelassene Teiche, stehende Gewässer, offene, meist basenarmen Schlammböden, staunasse Waldwege, h ERZ, OL, VGT, sonst z. V Elat.-El., V Eleoch.; bor.

C. platycarpa KÜTZ., **Flachfrüchtiger W.**
Oft kräftige Pflanzen; in Fließgewässern nicht selten lang flutende Rasen bildend. 0,5–100 cm. 3–11. ♃. Stehende u. fließende Gewässer, staunasse Waldwege, Teich- u. Grabenränder, nasse Schlammböden, z, doch streckenweise fehlend. O Potam., V Elat.-El.; atl-subatl.

C. stagnalis SCOP., **Teich-W.**
Schwimmblätter meist breit oval bis fast rundl. 0,5–80 cm. 3–11. ♃. Staunasse Waldwege, Gewässer, Teich- u. Grabenränder, nasse Schlammböden, mäßig h. O Potam., V Elat.-El.; euras-nem.

Bastard:

C.* × *vigens MARTINSSON [*C. platycarpa* × *C. cophocarpa*]: Im Gebiet, besonders in fließenden Gewässern, zu erwarten.

Chaenorhinum (L.) RCHB., **Orant**

Blütenstiele 3–4-mal so lang wie der Kelch; Kelchzipfel lineal längl., stumpf; Krone etwas offen, 3–6 mm lang, hellviolett, mit blassgelbem Gaumen; Blätter lanzettl., stumpf. 5–25 cm. 6–10. ⊙. Äcker, Mauern, Flussufer, Ruderalfluren (Wegränder, Brachen, Bahnanlagen), vorwiegend auf trockenen, steinigen, grusigen bis sandig-lehmigen Böden, h LLA, OLH, VGT, sonst mäßig h. ➚ NE. V Veron., O Sis.; atl-subatl. [*Linaria minor* (L.) DESF., *Microrrhinum minus* (L.) FOURR.]. ***Ch. minus*** (L.) LANGE, **Kleiner O., Klaffmund***

Im Gebiet nur **subsp. *minus*.**

Cymbalaria HILL, **Zimbelkraut**

1 Krone 5–15 mm lang, einschließl. des 1,5–3 mm langen Sporns; Stängel oft mehr als 20 cm lang kriechend ***C. muralis***
1* Krone 15–25 mm lang, einschließl. des 4–9 mm langen Sporns; Stängel meist kürzer als 20 cm ***C. pallida***

C. muralis G. GAERTN. et al., **Mauer-Z., Gewöhnliches Z.***

Blätter herzförmig rundl., eckig 5-lappig *(Abb. 567/1)*, unterseits meist purpurn überlaufen; Krone hellviolett, Gaumen mit 2 gelben Flecken; Fruchtstiele wenden sich vom Licht ab. 20–60 cm. 4–10. ♃. Zierpflanze, verwildert, Mauerfugen, meist mäßig h. ➚ NE. V Cymb.-Aspl., V Potent caul.; submed. [*Linaria cymbalaria* (L.) MILL.].

567/1

C. pallida (TEN.) WETTST., **Italienisches Z.**

Blätter rundl., wenig gelappt; Krone hellviolett mit weißem Buckel auf der Unterlippe. 5–15 m. 5–9. ♃. Zierpflanze, verwildert, Mauern, s ERM: Hammerunterwiesenthal, Bärenstein; ERW: Zwickau-Kirchberg (erstmals 1957); VGT: Plauen: Oberlosa. NU. Heimat: Italien.

Digitalis L., **Fingerhut**

1 Krone rot, selten rosa od. weiß ***D. purpurea***
1* Krone nicht rot
2 Krone gelb, einseitswendig ***D. grandiflora***
2* Krone weißl. u. dicht rostbraun netzadrig, allseitswendig ***D. lanata***

D. grandiflora MILL., **Großblütiger F.***

Stängel oberwärts wie auch die Blütenstiele drüsig weichhaarig; Blätter längl. lanzettl., gesägt, unterseits u. am Rand flaumig; Blüten waagerecht abstehend; Krone 30–40 cm lang, drüsig weichhaarig, gelb, innen mit braunen Adern. 40–120 cm. 6–8. ♃. Wärmebegünstigte, trockene, relativ nährstoffreiche, basenreiche Eichen- u. Eichen-Hainbuchenwälder, Waldränder. mäßig h VGT; z ERO; sonst z im Hügelland, s verschleppt. ↘ V Querc. rob., V Carp., V Car.-Epil.; sarmat. Giftig. ∇

D. lanata EHRH., **Wolliger F.**

Mittelzipfel der Unterlippe herabgeschlagen, etwa so lang wie die kugelig aufgeblasene Kronröhre; Traube drüsig u. lang weiß wollig; Stängel im unteren Teil kahl. 50–120 cm. 6–7. ⊙. Alte Heilpflanze, verwildert, s MLH: Döbeln: Kalkbruch Kattwitz; LLA: Markkleeberg. NE. Giftig. Off. Heimat: SO-Europa.

D. purpurea L., **Roter F.***

Stängel u. Blattstiele graufilzig; Blätter eiförmig bis eiförmig lanzettl., gekerbt, runzlig, unterseits graufilzig; Blüten hängend; Krone außen ganz kahl, innen bärtig, meist purpurn, mit weiß umrandeten Flecken, bis 6 cm lang. 60–150 cm. 6–8. ⊙, selten ♃ (kurzlebig). Waldlichtungen, Waldwege, lichte, bodensaure Buchen- u. Eichenwälder, auch als Zierpflanze kultiviert, h im Hügel- u. Bergland, mäßig h im Tiefland; nach Aussaat in Wäldern (erstmals 1821) eingebürgert. NE. V Car.-Epil., V Fag., V Querc. rob.; atl-submont. Giftig, Off.

Gratiola L., **Gnadenkraut**

Pflanze hellgrün; Stängel oberwärts 4-kantig; Blätter gegenständig, lanzettl., halb stängelumfassend, schwach gesägt, meist 3-nervig, drüsig punktiert; Blüten gestielt, einzeln, blattachselständig *(Abb. 564/2)*. 7–30 cm. 6–8. ♃. Flutrasen, Feucht- u. Brenndoldenwiesen, Ufer, auf wechselfeuchten bis nassen, periodisch überschwemmten Böden, s ESG: Bad Schandau; OLT: Niederspree; früher z ELH (Elbufer); früher s EET: bei Torgau; LLA: bei Leipzig; VGT: bei Plauen. V Potent. ans., V Cnid.; euras-kont, fluv. Giftig, früher Off. ∇ ***G. officinalis*** L., **Gottes-G., Echtes G.**

Hippuris L., **Tannenwedel**

Stängel aufrecht, seltener flutend, röhrig, dicht beblättert; Blätter linealisch, ganzrandig, die untergetauchten zurückgeschlagen; Blüten blattachselständig, sitzend, grünl. *(Abb. 50/4)*. 20–60 cm (Wasserformen auch länger). 6–8. ♃. Stehende u. langsam fließende Gewässer, Ufer, salztolerant, s vom Tief- bis ins mittlere Bergland, vielerorts nur angesalbt. O Potam., V Phragm.; circpol. ***H. vulgaris*** L., **Gewöhnlicher T.***

Kickxia DUMORT., **Tännelkraut**

1 Mittlere Blätter spieß-, obere pfeilförmig; Blattstiele meist kahl; Krone mit Sporn 7–10 mm lang; Sporn gerade ***K. elatine***
1* Alle Blätter am Grund abgerundet; Blattstiele meist rauhaarig; Krone mit Sporn 10–15 mm lang; Sporn gebogen ***K. spuria***

K. elatine (L.) DUMORT., **Echtes T., Pfeilblättriges T.**

[*Linaria elatine* (L.) MILL.]. Krone gelbl.-weiß, Oberlippe innen violett, Unterlippe gelb. 8–45 cm. 7–10. ☉. Getreideäcker auf basischen, doch nicht zu kalkreichen Lehmböden, s in Ruderalfluren (Wegränder, Bahnanlagen), s vom Tief- bis ins untere Bergland, vielerorts †, früher z LLA. A. ↘ V Caucal., V Sis.; med.

K. spuria (L.) DUMORT., **Unechtes T., Eiblättriges T.**

[*Linaria spuria* (L.) MILL.]. Krone wie bei *K. elatine*. 8–30 cm. 7–9. ☉. Getreideäcker auf basischen Lehmböden, s ELH: Dresden-Zschieren; früher s DDH, LLA, MLH: Colditz; jetzt nur s verschleppt. Als A †. ↘ V Caucal.; med.

Limosella L., **Schlammkraut**

Blätter lang gestielt, länger als die Blütenstiele; Spreite spatelförmig od. längl., etwas fleischig, im tieferen Wasser oft fehlend; Krone weißl. od. rötl.-weiß. 2–8 cm. 6–10. ☉. Flussufer, Altarme, Teiche, Lachen, Ackersenken, z bis ins mittlere Bergland. O Nanocyp., V Chen.; eurosib, circpol.
L. aquatica L., **Gewöhnliches Sch., Schlammling**

Linaria L., **Leinkraut**

1 Krone hellgelb, mit orangefarbenem Gaumen
2 Blätter eiförmig bis schmal lanzettl., (2–)5–20(–40) mm breit, meist 1,5–8-mal so lang wie breit, mit abgerundetem bis schwach herzförmigem Grund sitzend, 3–7-nervig ***L. genistifolia***
2* Blätter lineal lanzettl. bis pfrieml., 0,5–5(–8) mm breit, mindestens 10-mal so lang wie breit, mit verschmälertem Grund sitzend, meist 1-nervig
3 Pflanze ausdauernd, mit Wurzelsprossen; Blätter linealisch bis lanzettl., > 1 mm breit, alle wechselständig; Blütenstiel höchstens so lang wie sein Deckblatt; Samen scheibenförmig, hautrandig ***L. vulgaris***
3* Pflanze 1-jährig, mit dünner Wurzel; Blätter lineal pfrieml., 0,5–1 mm breit, die unteren quirlig; Blütenstiel bedeutend länger als sein Deckblatt; Samen prismatisch ***L. spartea***
1* Krone bläul. od. violett, wenn gelbl.-weiß, dann Oberlippe violett geadert

4 Krone mit Sporn 4–9 mm lang; Samen geflügelt — Blütenstiel drüsig **L. arvensis**
4* Krone mit Sporn > 8 mm lang; Samen ungeflügelt
5 Pflanze ausdauernd, mit Ausläufern, kahl; Krone bläul.- od. gelbl.-weiß, Gaumen gelb **L. repens**
5* Pflanze 1-jährig, im Blütenstand etwas drüsig; Krone einfarbig, hellblauviolett — Zierpflanze **L. bipartita**

L. arvensis (L.) DESF., **Acker-L.**

Untere Blätter zu je 4 quirlständig, schmal lineal, blaugrün; Blütenstiele kürzer als der Kelch; Kelchzipfel linealisch, stumpf; Krone hellblau mit dunklen Streifen, Gaumen weißl., violett geadert; Sporn 1,5–3(–4) mm lang, stark gekrümmt; Samen scheibenförmig. 15–30 cm. 6–10. ☉. Sandige Hackfruchtäcker, Kiesflächen, Bahnanlagen, †, früher sehr z im Tief- u. Hügelland. A. O Aper., V Sis.; med-submed. Früher Off.

L. bipartita (VENT.) WILLD., **Zweiteiliges L., Spanisches L.**

[*L. incarnata* (VENT.) SPRENG.]. Krone mit Sporn 18–20 mm lang; Blütenstiele 2-mal so lang wie der Kelch. 30–50 cm. 6–8. ☉. Zierpflanze, s verwildert. NU. Heimat: Spanien, NW-Afrika. Meist werden Kreuzungen mit anderen Arten kultiviert.

L. genistifolia (L.) MILL., **Ginsterblättriges L.**

Samen scharf 3-kantig, ungeflügelt. 30–100 cm. 6–10. ♃. Halbruderale Trocken- u. Halbtrockenrasen (Bahndämme, Straßenböschungen), Bahnanlagen. V Conv.-Agrop., V Dauco-Mel.

1 Krone mit Sporn 12–22 mm lang; Sporn 5–12 mm lang; Blätter meist 2–10 mm breit, 4–10-mal so lang wie breit. Standorte etc. wie Art; s EET: Zeithain; OLT: Hohenbocka; OLH: Löbau. NE (lokal). Heimat: O-Europa, W-Sibirien. **subsp. *genistifolia***
1* Krone mit Sporn (20–)30–40(–50) mm lang; Sporn 12–20 mm lang; Blätter meist 9–30 mm breit, 1,5–4-mal so lang wie breit, Standorte etc. wie Art; s OLH: Eibau. NU. Heimat: O-Europa, Vorderasien. [*L. dalmatica* (L.) MILL.]. **subsp. *dalmatica*** (L.) MAIRE et PETITM.

L. repens (L.) MILL., **Streifen-L.**

[*L. striata* (LAM.) DC., *L. monspessulana* (L.) MILL.]. Krone mit Sporn 8–18 mm lang; Oberlippe zurückgeschlagen, violett gestreift; Sporn 3–5 mm lang, gerade; Blütenstiel etwa so lang wie der Kelch; Samen 3-kantig, ungeflügelt. 20–60 cm. 7–8. ♃. Bahnanlagen, Waldwege, s ERO: Freiberg; LLA: Borna, Leipzig, Markkleeberg; OLH: Dresdener Heide, Bautzen; VGT: Syrau; früher s ELH, MLH. NU. O Sis., O Onop. Heimat: SW-Europa.

L. spartea (L.) CHAZ., **Ruten-L.**

Krone mit Sporn 15–20 mm lang. 20–60 cm. 5–8. ☉. Sandige Brachen, Bahnanlagen, s LLA: Leipzig; OLT: Bad Muskau, Hoyerswerda, Diehsa. NU. O Sis. Heimat: SW-Europa.

L. vulgaris L., **Gewöhnliches L., Echtes L., Frauenflachs***
Krone mit Sporn 20–33 mm lang; Traubenspindel u. Blütenstiele meist drüsig weichhaarig. 20–60 cm. 6–10. ♃. Ruderalfluren (Straßen- u. Feldränder, Bahnanlagen, Steinbrüche), Äcker, halbruderale Halbtrockenrasen auf frischen bis trockenen, steinigen Böden, h. O Sis., V Dauco-Mel., K Stell. med., V Conv.-Agrop.; euras.

Bastard:
L. × ***sepium*** Allman [*L. repens* × *L. vulgaris*]: s

Neben verschiedenen Bastarden werden in Gärten auch die beiden folgenden, gelegentl. verwilderten Arten kultiviert:

L. marrocana Hook. f., **Marokko-L.:** Sporn länger als der Rest der Krone, diese 17–30 mm lang, meist purpur-violett; Pflanze 1-jährig. Heimat: Marokko.

L. purpurea (L.) Mill., **Purpur-L.:** Ausdauernde, Ausläufer bildende Art mit roten, 7–9 mm langen Blüten. Heimat: Italien.

Littorella P. J. Bergius, **Strandling**

Blätter rosettig, linealisch bis pfrieml., am Grund breit scheidig; Blütenstand meist 3-blütig; Krone weißl. *(Abb. 564/1)*. 5–10 cm. 5–8. ♃. Sandige, aber basenreiche, zeitweise überschwemmte Flachufer nährstoffarmer bis mäßig nährstoffreicher Teiche, s DDH: Schildau: Blankenau; GHP: z. B. Zschorna; z ERO, OLT; früher s ELH: z. B. Dresden-Stetzsch; ERW: Schneeberg; MLH: bei Zehren; VGT: Brambach. ↘ O Litt.; bor-atl-subatl. Unter Wasser ohne Blütenbildung, dann Vermehrung durch 10 cm lange Ausläufer. [*L. lacustris* L.].
L. uniflora (L.) Asch., **Europäischer S.**

Misopates Raf., **Katzenmaul**

Stängel rauhaarig; Blätter lanzettl. bis linealisch; Krone rosa, dunkler geadert; Kelchzipfel linealisch, länger als die Krone u. die Kapsel. 8–30 cm. 7–10. ⊙. Äcker, Weinberge, Brachen, Bahngelände, auf sandig-lehmigen, meist sauren Grus- u. Schotterböden, z bis ins untere Bergland, vielerorts †. A. ↘ O Aper., V Dauco-Mel.; med. [*Antirrhinum orontium* L.].
M. orontium (L.) Raf., **Gewöhnliches K., Feldlöwenmaul***

Plantago L., **Wegerich**

1 Stängel beblättert; Blätter gegenständig, linealisch ***P. arenaria***
1* Blätter grundständig, eine Rosette bildend
2 Blätter fiederteilig od. grob gezähnt ***P. coronopus***
2* Blätter ungeteilt, ganzrandig od. etwas gezähnt
3 Blätter lanzettl. od. lineal lanzettl., > 3-mal so lang wie breit; Ährenstiele gefurcht od. rundl.

4 Blätter lanzettl.; Ährenstiele gefurcht; Ähre kurz walzenförmig, eiförmig bis kugelig; Kronröhre kahl ***P. lanceolata***

4* Blätter linealisch; Ährenstiele nicht gefurcht; Ähre dünn walzl.; Kronröhre außen behaart ***P. maritima***

3* Blätter eiförmig od. elliptisch; Ährenstiele immer rundl.

5 Blätter elliptisch, kurzhaarig, mit kurzem Stiel; Ährenstiele mehrfach länger als die Blätter; Ähren längl. walzenförmig, 6–8-mal kürzer als die Ährenstiele; Krone durchscheinend *(Abb. 572/1)*; Staubfäden lila, 5–10 mm lang; Blüten nach Vanille duftend ***P. media***

572/1

5* Blätter breit eiförmig, kahl, mit zieml. langem Stiel; Ährenstiele wenig länger als die Blätter; Ähren lineal walzenförmig, so lang wie die Ährenstiele; Krone bräunl.; Staubfäden weißl., ± 2 mm lang; Blüten geruchlos ***P. major***

P. arenaria Waldst. et Kit., **Sand-W.***

[*P. indica* L., *Psyllium arenarium* (Waldst. et Kit.) Mirb., *Psyllium indicum* Dum. Cours.]. Stängel ästig, aufrecht od. ausgebreitet, kurz steifhaarig; obere Ährenstiele fast doldig; Ähren kugelig bis eiförmig. 15–30 cm. 6–9. ⊙. Binnendünen entlang der Elbe, sandige, trockene Ruderalfluren (Wegränder, Bahnanlagen, Tagebaue), Sandmagerrasen, z ELH; mäßig h OLT; sonst meist unbeständig bis ins untere Bergland. V Coryn. O Sis.; submed+euras-kont, fluv. Im Elbtal A ↘, sonst NU.

P. coronopus L., **Krähenfuß-W.**

Ähre etwa so lang wie der meist bogig aufsteigende Schaft. 5–30 cm. 6–9. ①, ⊙, ⊗. ↗ NU. Med-atl-lit.

1 Blütentragblatt 2–2,6 mm lang, etwa bis zur Spitze der Kelchblätter reichend, mit lang ausgezogener, pfrieml., fast parallelrandiger Spitze, diese etwa so lang wie der verbreiterte Basisteil; hyaliner Rückenkiel der hinteren Kelchblätter etwa 0,2–0,3 mm breit; Kronröhre kahl od. im oberen Teil mit wenigen gekräuselten Haaren; Umschlagplätze, Straßenränder (besonders an der Autobahn), s ELH: Meißen; LLA: Leipzig, z OLH: z. B. Burkau bis Weißenberg, Uhyst/Spree; OLT: Rietschen, Großhennersdorf; VGT: Frankenberg. Heimat: Europa, W-Asien, N-Afrika. **subsp. *coronopus***

1* Blütentragblatt 1,6–2,3 mm lang, die Spitze der Kelchblätter nicht erreichend, keilförmig in eine kurze Spitze verschmälert, diese etwa ½ so lang wie der verbreiterte Basisteil; hyaliner Rückenteil der hinteren Kelchblätter etwa 0,4–0,6 mm breit; Kronröhre abstehend behaart; salzhaltige Autobahnränder, s VGT: Plauen, Großzöbern. Heimat: Mittelmeergebiet. **subsp. *commutata*** (Guss.) Pilg.

P. lanceolata L., **Spitz-W.***

Blätter 3–5-nervig, mit rinnenförmigem Stiel; Ährenstiele viel länger als die Blätter; Krone durchscheinend punktiert; Staubfäden gelbl.-weiß. 15–40 cm. 5–9. ♃. Frische Wiesen u. Weiden, mäßig trockene Magerrasen, frische Ruderalfluren, h. K Mol.-Arrh., K Fest.-Brom., seltener O Coryn. u. V Arct.; euras-nem. Off.

var. *dubia* (L.) WAHLENB. [subsp. *sphaerostachya* auct.]: Fruchtstand fast kugelig (0,5–1,5 cm lang); Blätter besonders im unteren Teil wollig zottig behaart. Sandtrockenrasen, sandige Brachflächen, wahrscheinlich z.

P. altissima L., **Hoher W.:** Ähnl. *P. lanceolata*, Ährenstiel bis 90 cm hoch, mit 5–9 tiefen Furchen (außerdem Zwischenfurchen), Grasansaaten, s LLA: Markkleeberg. NU. Heimat: S-Europa.

P. major L., Breit-W., Großer W.*

Unterarten nach WERNER in JÄGER & WERNER (2005)

1 Spreite vom Blattstiel deutl. abgesetzt, 5–9-nervig, höchstens 1,5-mal so lang wie breit, kaum gezähnt, dunkelgrün, ledrig, fast kahl; Schaft meist steif aufrecht, kahl od. am Grund anliegend behaart; Fruchtähre meist 5–15 cm lang, sehr dicht; Trennlinie der Kapsel fast in der Mitte, gut sichtbar; Kapsel mit (4–)6–10(–15) Samen, diese 1,3–1,6 mm lang u. 0,7–1 mm breit. 5–40 cm. 6–10. ♃. Ruderal- u. Trittfluren, Weiden, feuchte bis frische Äcker, h. V Polyg., V Potent. ans., V Cynos., K Stell. med.; euras, heute Kosmopolit. Off. **subsp. *major***

1* Spreite in den Stiel verschmälert, 3–5-nervig, > 1,5-mal so lang wie breit, am Grund meist weitbuchtig gezähnt, oft gelbl.-grün, krautig weich, kurzhaarig; Schaft liegend bis bogig aufsteigend, am Grund deutl. abstehend behaart; Fruchtähre 1–6(–10) cm lang, locker, am Grund meist unterbrochen; Trennlinie des Deckels im unteren Drittel der Kapsel, von den Kelchblätter bedeckt; Samen 0,8–1,3 mm lang u. 0,5–0,7 mm breit

2 Kapsel mit (12–)15–25(–35) Samen; Blätter dünn, 3–5-nervig. 3–15 cm. 6–10. ⊙. Feuchte Ruderal- u. Trittfluren, Ufer, auf verdichteten, luftarmen Böden, mäßig h. V Potent. ans., O Nanocyp., K Stell. med., V Bid.; subatl. [*P. intermedia* DC., *P. uliginosa* F. W. SCHMIDT]. **subsp. *intermedia*** (DC.) LANGE

2* Kapsel mit (6–)8–12(–15) Samen; Blätter dickl., meist 3-nervig. 5–15 cm. 6–8. ♃. Autobahnränder, s ERB: Chemnitz; OLH: Salzenforst; VGT: bei Plauen; die Angaben von Leipzig bedürfen der Bestätigung. [*P. major* var. *salina* WIRTG., *P. winteri* WIRTG.]. **subsp. *winteri*** (WIRTG.) W. LUDWIG

P. media L., Mittlerer W.*

20–40 cm. 5–6. ♃. Trockene Wiesen, Halbtrockenrasen, Parkrasen, auf basenreichen Böden, mäßig h; s in Sandgebieten (DDH, OLT) u. im Gebirge, meist nur an warmen Standorten. NE (Grassamenankömmling). O Arrh., K Fest.-Brom.; submed+euras-kont.

P. maritima L., **Strand-W.***

Blätter dickl. 10–30 cm. 7–10. ♃. Autobahnränder, s OLH: Bautzen. NU. Heimat: Salzstellen der Küste u. des Binnenlands.

Veronica L., Ehrenpreis (inkl. *Pseudolysimachion* OPIZ)

1 Blüten in scharf begrenzten, gestielten Trauben

2 Trauben am Stängel u. zugleich an den Ästen endständig; Krone trichterförmig, schwach 2-lippig, ihre Röhre länger als breit; Blüten meist > 40 pro Ähre

3 Blätter spitz, bis zur Spitze scharf-, am Grund fast doppelt gesägt, gegenständig od. zu 3–4 quirlig; Blattspreite > 5 cm lang; Pflanze meist < 50 cm hoch; Stängel gewöhnl. mit 3–5 Blütenständen; Stängelhaare abwärts gerichtet, die meisten drüsenlos ***V. longifolia***

3* Blätter stumpf, gesägt gekerbt, an der Spitze ganzrandig; Blattspreite meist < 5 cm lang; Pflanze meist > 40 cm hoch; Stängel oft mit nur 1 Blütenstand; Stängelhaare waagerecht abstehend, meist drüsig ***V. spicata***

2* Trauben blattachselständig; Krone meist radförmig, ihre Röhre höchstens so lang wie breit; Blüten < 40 pro Ähre

4 Krone 5-teilig, der 5. (obere) Zipfel kleiner

5 Stängel meist aufrecht; Kapsel kurz behaart; Blätter eiförmig bis lanzettl., am Grund etwas herzförmig, ungleich eingeschnitten gesägt, die unteren kurz gestielt; Krone tiefblau ***V. teucrium***

5* Stängel niederliegend-aufsteigend; Kapsel kahl; Blätter lineal lanzettl., kurz gestielt, sparsam grob gezähnt od. ganzrandig, am Rand zurückgerollt; Krone hellblau, selten rosa od. weiß ***V. prostrata***

4* Krone 4-teilig

6 Stängel u. Blätter behaart

7 Stängel 2-reihig behaart, aufrecht ***V. chamaedrys***

7* Stängel ringsum ± gleichmäßig behaart, kriechend bis aufsteigend

8 Blätter kurz gestielt, verkehrt eiförmig elliptisch od. längl., gekerbt, wie der obere Teil des Stängels u. die 15–25-blütigen Traube rauhaarig; Blütenstiele kurz, zur Fruchtzeit aufrecht; Kapsel 4–5 mm lang u. breit, 3-eckig, am Grund verschmälert *(Abb. 574/1)*, drüsenhaarig; Krone hellblau od. lila, selten weiß ***V. officinalis***

8* Blätter lang gestielt, rundl. eiförmig, runzlig, zart, wie der schlaffe Stängel u. die 2–8-blütigen Trauben zerstreut behaart; Blütenstiele lang, fadenförmig, zur Fruchtzeit weit abstehend; Kapsel 7–8 mm breit, oben u. unten ausgerandet *(Abb. 574/2)*, drüsig gewimpert, sonst kahl; Krone bläul.-weiß, mit dunklen Adern ***V. montana***

6* Stängel u. Blätter kahl

9 Trauben lockerblütig, in der Achsel nur eines der beiden gegenständigen Blätter; Kapsel sehr flach, meist > 5 mm breit, tief ausgerandet, meist 2-mal so lang wie der Kelch *(Abb. 574/3)* ***V. scutellata***

9* Trauben dichtblütig, gegenständig, in den Achseln beider Blätter eines Blattpaars; Kapsel gedunsen, höchstens 5 mm breit, schwach ausgerandet, nicht od. wenig länger als der Kelch

574/1

574/2

574/3

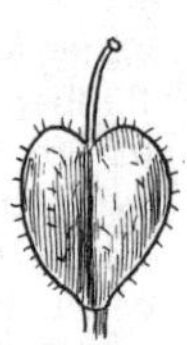

574/4

10 Blätter kurz gestielt, elliptisch od. längl-, stumpf, gekerbt gesägt; Spreite dickl.; blühende Triebe wenigstens am Grund kriechend, aufsteigend, markig ***V. beccabunga***

10* Blätter sitzend, halb-stängelumfassend, längl. od. eiförmig, spitz, entfernt klein gesägt; Spreite nicht dickl.; Stängel aufrecht, hohl

11 Pflanze ausdauernd; Krone blaulila bis lila, (4–)5–7 mm Ø; vegetative Seitensprosse am Grund des Stängels vorhanden; untere Blätter kurz gestielt, ihre Spreite längl. bis breit lanzettl., etwa 15–30 mm breit; Traube meist völlig kahl; Fruchtstiel bogig aufrecht abstehend (daher die Kapsel meist aufrecht), 1,5–2(–3)-mal so lang wie das Deckblatt; Kelchzipfel so lang wie od. länger als die Kapsel ***V. anagallis-aquatica***

11* Pflanze 1-jährig; Krone weiß bis blassrosa, purpurn geadert, 4–6 mm Ø; vegetative Seitensprosse am Grund des Stängels fehlend; auch die unteren Blätter sitzend, linealisch bis lanzettl., zuweilen unterseits rötl., 6–15 mm breit; Traube zuweilen mit einigen verstreuten Drüsenhaaren; Fruchtstiel (fast) waagerecht abstehend (daher die Kapsel schräg bis waagerecht), meist etwas kürzer als sein Deckblatt; Kelchzipfel kürzer als die Kapsel ***V. catenata***

1* Blüten in lockeren, nicht scharf begrenzten Trauben od. einzeln in den Blattachseln

12 Deckblätter (Blätter, in deren Achseln Blüten stehen) sitzend, wenigstens die oberen anders gestaltet als die übrigen, meist einfacher; Blüten bei vollständiger Entwicklung traubig angeordnet; Pflanze meist aufrecht

13 Pflanze ausdauernd; Stängel einfach, am Grund wurzelnd, aufsteigend; Blätter ungeteilt, schwach gekerbt, kahl, eiförmig od. längl., die untersten oft rundl. — Traube vielblütig, verlängert ***V. serpyllifolia***

13* Pflanze 1-jährig; Stängel (wenigstens der größeren Pflanzen) ästig; Blätter gekerbt bis geteilt

14 Blütenstiele so lang wie od. etwas länger als der Kelch; Fruchtstiel 4–10 mm lang; Drüsenhaare auf Traube u. Kapsel (auch auf deren Fläche) mit dunklen Drüsenköpfen; Kapsel gedunsen, auf der Fläche locker drüsenhaarig od. fast kahl; Samen vertieft, beckenförmig — Laubblätter eingeschnitten gekerbt bis geteilt, dunkelgrün, oft rötl. überlaufen u. drüsenhaarig; Pflanze getrocknet schwärzl.

15 Blätter alle kurz gestielt, eingeschnitten gekerbt, rundl. eiförmig, die unteren am Grund herzförmig; Deckblätter 1- od. 2-zähnig od. ganzrandig; Kapsel länger als breit *(Abb. 574/4);* Krone; Samen gelbl. od. rotbraun; Pflanze nicht unangenehm riechend ***V. praecox***

15* Mittlere u. obere Blätter sitzend, handförmig, 3–5-teilig *(Abb. 576/1),* untere gestielt, eiförmig, gekerbt; Deckblätter 3-teilig; Kapsel rundl. *(Abb. 576/2);* Samen dunkelbraun bis schwarz; Pflanze unangenehm riechend ***V. triphyllos***

14* Blütenstiele kürzer als der Kelch; Fruchtstiel höchstens 3,5 mm lang; Drüsenhaare auf Traube u. Kapselrand mit hellen Drüsenköpfen; Kapsel abgeflacht, auf der Fläche stets kurz u. drüsenlos flaumhaarig (starke Lupe!); Samen flach schildförmig — mittlere u. obere Laubblätter fiederteilig bis fast handförmig geteilt, kurz drüsenlos behaart

16 Mittlere Blätter fiederteilig, stielartig verschmälert *(Abb. 576/3);* Krone blau

17 Krone 2–4 mm Ø, hellblau; Griffel 0,4–0,6 mm lang, die Kapselbucht nicht überragend *(Abb. 576/4);* Fruchtstiele 1–2,5 mm lang; Kapsel 3 mm lang u. 3,5–4 mm breit, mit 12–18 Samen; Pflanze oberwärts kurzhaarig, nicht od. wenig drüsig; Blätter dünn, grasgrün, getrocknet wie die ganze Pflanze grünl.-braun ***V. verna***

17* Krone 4–6 mm Ø, dunkelblau; Griffel 1–1,5 mm lang, die Kapselbucht deutl. überragend *(Abb. 577/1);* Fruchtstiele 2–3,5 mm lang; Kapsel 3,5–4,5 mm lang u. 4,5–5,5 mm breit, mit 18–26 Samen; Pflanze oberwärts spärl. behaart u. mit zerstreuten Drüsenhaaren; Blätter dickl., trübgrün, getrocknet wie die ganze Pflanze schwärzl. ***V. dillenii***

16* Blätter ungeteilt; Krone hellblau od. weiß

18 Pflanze zerstreut behaart; Blätter herz-eiförmig, kerbig gesägt, am Grund abgerundet; Kapsel gewimpert, tief ausgerandet; Griffel 0,4–0,8 mm lang, die Kapselbucht deutl. überragend *(Abb. 577/2)* ***V. arvensis***

18* Pflanze kahl od. oberwärts mit kleinen, sitzenden Drüsen; Blätter längl. verkehrt eiförmig, ganzrandig od. schwach gesägt gezähnelt, am Grund keilförmig verschmälert; Kapsel kahl, seicht ausgerandet; Griffel ± 0,2 mm lang, die Kapselbucht nicht überragend *(Abb. 577/3)* ***V. peregrina***

12* Deckblätter gestielt, alle gleich gestaltet (die oberen zuweilen kleiner); Blüten blattachselständig; Stängel mit verlängerten niederliegenden Ästen

19 Kelchblätter breit herzförmig, kurz gestielt, am Rand 0,1–1 mm lang abstehend bewimpert; Deckblätter meist deutl. 3–7-lappig; Kapsel fast kugelig, nicht ausgerandet, völlig kahl; Samen 2–3 mm lang, topfförmig ausgehöhlt, in jedem Fach nur 1–2, ein Fach oft verkümmert (*V. hederifolia* agg.)

20 Krone blasslila mit sich nur undeutl. abhebendem weißl. Zentrum, 4–5 mm Ø, mit 14–19 Längsadern; Griffel 0,3–0,6 mm lang; mittlere

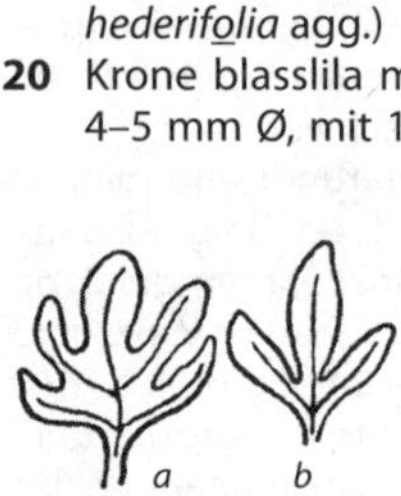

576/1

576/2

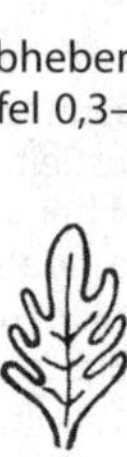
576/3

576/4

u. obere Deckblätter meist nur seicht 5(–7)-lappig; Kelchblätter unterseits meist nur mit wenigen Haaren; Kelchwimpern 0,5–0,8 mm lang; Staubbeutel blasslila; Fruchtstiele (7–)10–18(–24) mm lang, meist 3–4-mal so lang wie der Kelch, meist außer den Wimperhaaren mit weiteren Haaren; Samen rötl.-braun, mit weißl., glattem, glänzendem Randsaum ***V. sublobata***

20* Krone hellblau mit sich deutl. abhebendem weißem Zentrum, 5–7 mm Ø, mit 20–22 Längsadern; Griffel 0,7–1 mm lang; mittlere u. obere Deckblätter meist (3–)5-spaltig bis -lappig; Kelchblätter unterseits meist völlig kahl; Kelchwimpern 0,7–1 mm lang; Staubbeutel blau; Fruchtstiele (5–)7–14(–18) mm lang, meist 2–3-mal so lang wie der Kelch, meist außer den Wimpern ohne Haare; Samen gelbl., ihr Randsaum unauffällig ***V. hederifolia***

19* Kelchblätter elliptisch bis lineal lanzettl., sitzend, nicht auffallend bewimpert; Deckblätter gekerbt bis gesägt; Kapsel abgeflacht, mit deutl. Ausrandung, ± behaart; Samen höchstens 1 mm lang, in jedem Fach mehrere, ± flach

21 Blütenstiele mehrmals länger als die Deckblätter; Krone 10–15 mm breit; Griffel 2–4 mm lang

22 Pflanze 1-jährig, niederliegend, nicht od. nur wenig wurzelnd; Spreite der Deckblätter meist länger als breit, deutl. gekerbt; Griffel 2–3 mm lang *(Abb. 577/4);* Krone 10–15 mm Ø, himmelblau; Kapsel fast immer ausgebildet ***V. persica***

22* Pflanze ausdauernd, weit kriechend, deutl. wurzelnd; Spreite der Deckblätter rundl., seicht gekerbt; Griffel 3–4 mm lang; Krone 8–14 mm Ø, hell- bis kräftig lilablau; Kapsel selten ausgebildet (Pflanze selbststeril!) ***V. filiformis***

21* Blütenstiel so lang od. wenig länger als die Deckblätter; Krone 5–7 mm breit; Griffel höchstens 1,5 mm lang

23 Krone weiß, rosa od. blassblau; Kapsel nur mit Drüsenhaaren, drüsenlose Haare fehlen (Achtung: Drüsenköpfchen können besonders bei älteren Früchten abbrechen) *(Abb. 578/1);* Deckblätter meist längl. u. gelbl.-grün — Pflanze auch getrocknet grünl. bleibend ***V. agrestis***

23* Krone blau od. blau u. weiß; Kapsel hauptsächl. mit kurzen drüsenlosen u. dazwischen einigen längeren Drüsenhaaren; meist auch obere Deckblätter eiförmig bis rundl.

577/1

577/2

577/3

577/4

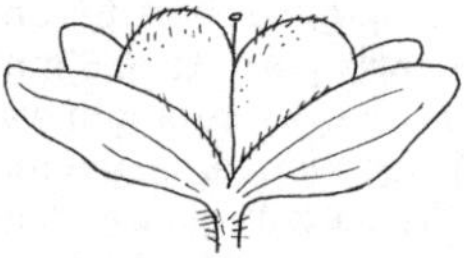

578/1

578/2

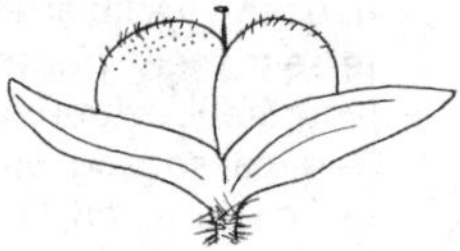

578/3

24 Kelchzipfel breit eiförmig, spitz, meist > 2,6 mm breit, locker bis kurz behaart; Haare am Grund des Kelchs bis 0,7 mm lang, Deckblätter eiförmig bis längl., unterseits meist viel stärker als oberseits behaart; Blattrand ± umgerollt, tief gekerbt, mit 2–4 Zähnen pro Seite; Griffel die Kapselbucht meist überragend *(Abb. 578/2);* Kapsel seitl. fast ungekielt, mit meist 16–24 Samen; Pflanze getrocknet graugrünl. bleibend; Krone einfarbig blau od. blau u. weiß **_V. polita_**

24* Kelchzipfel längl., stumpf, meist < 2,7 mm breit, dicht behaart; Haare am Grund des Kelchs 0,7–1,3 mm lang; Deckblätter breit eiförmig bis rundl., unterseits nur wenig dichter als oberseits behaart; Blattrand flach, seicht gekerbt, mit 3–4(–5) Zähnen pro Seite; Griffel die Kapselbucht nicht od. nur etwas überragend *(Abb. 578/3);* Kapsel seitl. deutl. gekielt, meist mit 10–12 Samen; Pflanze getrocknet sich schwärzl. färbend; Krone stets 1-farbig dunkelblau **_V. opaca_**

V. agrestis L., **Acker-E.**

Deckblätter mit 4–6 Zähnen pro Seite; Kelchzipfel längl. bis längl. lanzettl., schwach drüsig behaart od. drüsenlos; Kapsel mit 8–14 Samen; Griffel meist 0,9–1,1 mm lang, die Kapselbucht meist kaum überragend 2–5 cm hoch, 10–30 cm lang. 4–10. ①. Kalkarme, meist sandige od. kiesige Äcker, Gärten, z bis ins untere Bergland, im oberen s. A. O Aper.; submed-subatl.

V. anagallis-aquatica L., **Gauchheil-E.***

Fruchtstiel 4–8 mm lang; Kapsel rundl. bis etwas länger als breit. 15–80 cm. 5–10. ♃. Nährstoffeiche Ufer von Bächen, Flüssen u. Stillgewässern, Gräben, mäßig h im Tief- u. z im Hügelland, s im Bergland. O Phragm., O Bid.; eurosib. Pflanze sehr variabel.

V. arvensis L., **Feld-E.***

Blütenstiele viel kürzer als die gewimperte Kapsel; Krone nur vormittags u. bei Sonnenschein geöffnet. 3–30 cm. 3–6(–10). ①. Nährstoffreiche, sandige bis lehmige Äcker, Ruderalfluren, lückige Sand- u. Halbtrockenrasen, lückige, meist trockene Wiesen u. Parkrasen, h. A. K Stell. med., K Koel.-Coryn., K Fest.-Brom., O Arrh., V Conv.-Agrop; med-orient, heute Kosmopolit.

V. beccabunga L., **Bach-E., Bachbunge***

Fruchttraube locker, kahl; Krone himmelblau mit weißem Zentrum, selten weiß; Fruchtstiel waagerecht bis schräg abstehend; Kapsel meist etwas breiter als lang, Griffel meist 1,5–2 mm lang. 10–60 cm. 5–9. ♃. Bachufer, Gräben, Quellen, seltener Fluss- u. Teichufer, mäßig h bis z im Tiefland, h im Hügel- u. Bergland. O Phragm. (besonders V Glyc.-Sparg.), seltener V Chen. rub., K Mont.-Card.; eurosib. Früher Off.

V. catenata PENNELL, **Roter Wasser-E., Bleicher Gauchheil-E.**

[*V. comosa* auct., *V. aquatica* BERNH.]. Fruchtstiel 3–6 mm lang; Kapsel rundl. bis etwas breiter als lang. 10–60 cm. 6–10. ⊙. Vegetationsarme, nährstoffreiche Schlammböden, meist an Stillgewässern, Gräben, s ELH: Dresden-Cotta; LLA: um Leipzig; früher OLT: Königswartha. O Nanocyp., V Bid., V Potent. ans.; submed+euras-nem, circpol.

V. chamaedrys L., **Gamander-E.***

Männertreu, Gewitter-, Blitz- od. Donnerblume, Gottesauge, Gewitterveilchen, Kaffeetässchen

Blätter eiförmig od. herz-eiförmig, sitzend od. kurz gestielt, tief gekerbt gesägt; Trauben gegenständig, locker; Kapsel 3-eckig verkehrt herzförmig *(Abb. 579/1)*, 4–4,5 mm lang u. 5–5,5 mm breit; Krone himmelblau, dunkler geadert. 15–30 cm. 4–10. ♃. Wiesen, Säume, Wälder, Gebüsche, h. O Arrh. (Schwerpunkt), O Glech., V Trif., O Mel.-Holc., K Querc.-Fag., K Rham.-Prun.; europ-nem.

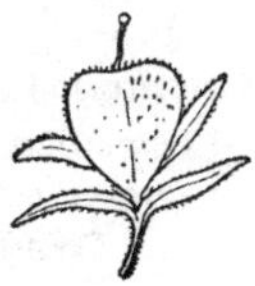

579/1

Im Gebiet nur **subsp. *chamaedrys*.**

V. dillenii CRANTZ, **Dicklicher E., Dillenius-E.**

5–30 cm. 4–5. ①. Nährstoffarme Sandmagerrasen, früher auch auf sandigen Äckern, früher mäßig h im Tiefland u. s im Hügelland, heute nur noch s ELH: z. B. um Radebeul, Oberpoyritz; MLH: Ketzerbachtal; OLH: Löbau: Großdehsa; VGT: Blosenberg; z OLT. ↘ K Koel.-Coryn., früher O Aper.; submed+europ-kont.

V. filiformis SM., **Faden-E.***

Stängel stark verzweigt, dichte Rasen bildend; Blätter rundl. bis eiförmig, ± 0,5 cm lang u. breit, am Grund abgerundet bis schwach herzförmig; Rand grob gekerbt; Kelchzipfel längl., zerstreut drüsig; Blütenstiel zur Fruchtzeit nickend. 2–7 cm hoch, 20–60 cm lang. 3–6. ♃. Parkrasen, Weiden, Wiesen, mäßig h im Bergland u. um Leipzig, z im übrigen Gebiet. ↗ NE (erstmals 1930). O Arrh. (besonders V Cynos.). Heimat: Kaukasus.

V. hederifolia L. s. str., **Efeu-E.***

[*V. hederifolia* subsp. *hederifolia*]. 2–10 cm hoch, 5–40 cm lang. 3–5. ①. Äcker, Gärten, offene Ruderalfluren, z bis mäßig h bis ins mittlere Bergland (aber seltener als *V. sublobata*). K Stell. med.; europ-nem.

V. longifolia L., **Langblättriger E., Langblättriger Blauweiderich**

[*Pseudolysimachion longifolium* (L.) Opiz, *V. maritima* L.]. Fruchtstiele 1–3 mm lang, so lang wie ihr linealisches Deckblatt od. kürzer; Kelchblätter meist kahl. 60–120 cm. 6–8. ♃. Uferstaudenfluren, wechselfeuchte Wiesen, Augebüsche, Grabenränder, mäßig h EET; z LLA; sonst meist s im Tief- u. Hügelland. ↘ O Mol. (besonders V Filip., V Mol.), V Conv.; euras-kont, fluv. Stromtalpflanze. Auch Zierpflanze u. verwildert. ∇

Verbreitung u. taxonomischer Wert der folgenden Subspezies sind noch unklar:

1 Blätter gegenständig, lanzettl. bis breit lanzettl., am Grund abgerundet bis schwach herzförmig; Blattrand regelmäßig gesägt; Frucht kahl; Pflanze meist > 50 cm. **subsp. *longifolium***

1* Blätter zu 3–4 in Quirlen, schmal lanzettl. u. lang zugespitzt, am Grund keilig verschmälert; Blattrand meist doppelt gesägt; Frucht behaart; Pflanze meist < 50 cm. **subsp. *maritima*** (L.) Soó et Borsos

V. montana L., **Berg-E.***

5–12 cm hoch, 15–50 cm lang. 5–6. ♃. Feuchte Laubwälder, Säume. Waldlichtungen, z im Bergland u. im Leipziger Auenwald, s im Hügelland u. OLT: Laske. ↘ O Fag., O Glech., V Atrop.; europ-nem.

V. officinalis L., **Echter E.***

2–10 cm hoch, 15–40 cm lang. 6–8. ♃. Bodensaure Säume, Borstgras-Magerrasen, Zwergstrauchheiden Wälder, magere Ränder von Frischwiesen u. –weiden, Waldlichtungen, z LLA, sonst meist h. O Querc. rob., O Pic., K Call.-Ul., V Car.-Epil., O Mel.-Holc.; europ-nem. Früher Off.

V. opaca Fr., **Glanzloser E.**

2–8 cm hoch, 8–30 cm lang. 3–10. ①. Lehmige u. nährstoffreiche Äcker, Gärten, s im Hügelland u. unterem Bergland, früher s in Tiefland. A. ↘ K Stell. med.; sarmat. Ist leicht mit Arten wie *V. opaca* od. *V. agrestis* zu verwechseln!

V. peregrina L., **Fremder E.**

Blätter sitzend od. fast sitzend; Deckblätter viel länger als die Blüte; Krone weiß, kürzer als der Kelch. 5–30 cm. 4–6. ⊙, selten ⊙. Gärten, Äcker, Friedhöfe, Teichufer, z ELH, ERB, OL; s LLA: um Leipzig; VGT: Reichenbach, Klingenthal. NE (erstmals 1863). V Veron., V Sperg.-Ox., V Elat.-El., V Potent. ans. Heimat: S-Amerika.

V. persica Poir., **Persischer E.***
[*V. tournefortiana* C. C. Gmel.]. 3–15 cm hoch, 10–60 cm lang. 1–12. ①. Nährstoffreiche Äcker, Gärten, Weinberge, offene Ruderalfluren, h. NE (erstmals 1821). K Stell. med., V Sis. Heimat: SW-Asien.

V. polita Fr., **Glanz-E., Glänzender E.**
5–20 cm lang. 3–10(–11). ①. Nährstoffreiche, lehmige Äcker, Gärten, Weinberge, lückige Ruderalfluren (Brachen, Erdaufschüttungen, Wegränder), z bis ins mittlere Bergland; mäßig h LLA. A. ➘ O Secal., V Sperg.-Ox., auch V Sis.; med-orient.

V. praecox All., **Früher E.**
Krone dunkelblau, ziemlich klein. 3–20 cm. 3–5. ①. Lückige Pionierrasen, s EET: Jakobsthal; ELH: Radebeul, Meißen; früher s LLA. K Koel.-Coryn.; submed.

V. prostrata L. s. str., **Gestreckter E., Liegender E.**
Blätter, besonders unterseits, dicht u. sehr kurz flaumig; Traube zieml. kurz, mit etwa 25–50 Blüten. 8–20 cm. 4–5. ♃. Trockenrasen, s EET: Elbtal Torgau, Kreinitz; sonst †, früher z ELH, s ERO: Wesenstein; ESG: Prossen; LLA: bei Leipzig; OLH: Kamenz; OLT: Muskau. ➘ V Brom., V Fest.; euras-kont. Auch kultiviert als Steingartenpflanze.

V. scutellata **L., Schild-E.**
Stängel oft rötl. überlaufen, schlaff, oft hin u. her gebogen, am Grund meist ästig, liegend u. wurzelnd, oberwärts aufsteigend; oberste Blätter oft ohne Trauben; Blätter linealisch bis lanzettl., sitzend, mit rückwärts gerichteten, entfernt stehenden, kleinen Zähnen, meist 3–6 mm breit; Krone weißl., rot od. bläul. geadert; Samen 1,2–1,6 mm lang. 15–45 cm. 6–9. ♃. Vegetationsarme Schlammböden in Gräben, an Ufern u. in Niedermooren, mäßig h bis z, doch im Lösshügelland seltener. ➘ V Magnocar., O Litt., V Car. nig.; bor-atl+eurosib.

V. serpyllifolia L., **Quendel-E.***
Blütenstiele etwas länger als der drüsenhaarige Kelch, aufrecht; Krone weißl., bläul. gestreift. 5–20 cm. 5–9. ♃. Wiesen, Weiden, Parkrasen, Wegränder, feuchte Äcker u. Gärten, mäßig h, stellenweise h. V Cynos., V Polyg., O Aper., V Potent. ans.; eurosib+arct.

Im Gebiet nur **subsp. *serpyllifolia*.**

V. spicata L., **Ähriger E., Ähriger Blauweiderich***
[*Pseudolysimachion spicatum* (L.) Opiz]. Krone himmelblau, selten rosa; Kelchblätter auf der Fläche drüsenhaarig u. am Rand lang abstehend drüsenlos

bewimpert. 15–40 cm. 6–8. ♃. Trocken- u. Halbtrockenrasen, Trockensäume, auch Zierpflanze u. s verwildert, s EET: Leckwitzer Schanze; ELH: Meißen; MLH: Lommatzsch; früher s LLA; OLH: Luppa bei Bautzen, Görlitz: Neißehänge. ↘ K Fest.-Brom., V Ger.; euras-kont. Offenlandzeuge. ∇

V. sublobata M. A. FISCH., **Hecken-E.**
[*V. hederifolia* subsp. *lucorum* (KLETT et K. RICHTER) HARTL]. 5–12 cm hoch, 5–40 cm lang. 3–5. ①. Auenwälder, Gebüsche, Säume, auch auf Äckern u. in Gärten, z bis h bis ins mittlere Bergland. O Fag., besonders V Aln.-Ulm., K Rhamn.-Prun., O Glech.; europ-nem. Wird oft mit *V. hederifolia* verwechselt.

V. teucrium L., **Großer E.***
Krone 12–18 mm Ø. 20–60 cm. 6–7. ♃. Halbtrockenrasen, besonnte Gebüschränder, gelegentl. aus Gärten verwildert, s im Tief- u. Hügelland (etwas häufiger um Meißen); früher z OLH. ↘ V Ger., V Brom.; submed+europ-kont+sarmat.

V. triphyllos L., **Finger-E., Dreiteiliger E.**
Krone dunkelblau. 5–20 cm. 3–4. ①. Kalkarme, meist sandige Äcker, lückige Trockenrasen, z bis mäßig h im Tief- u. Hügelland, doch s um Leipzig u. OLT: Muskauer Heide. A. O Aper, seltener V Thero-Air.; med-orient.

V. verna L., **Frühlings-E.**
3–15 cm. 4–5. ①. Lückige Sandfluren, Felsköpfe, Trocken- u. Halbtrockenrasen, z bis mäßig h im Tief- u. Hügelland u. VGT: um Plauen, sonst über weite Strecken fehlend. K Koel.-Coryn., O Brom.; europ-kont+sarmat.

Fam. *Scrophulariaceae* JUSS., Braunwurzgewächse

Nach neuen Erkenntnissen kann die Familie der Braunwurzgewächse nicht im alten Sinne aufrechterhalten werden. Viele Gattungen gehören zu den *Plantaginaceae*, die Halbschmarotzer der Gattungen *Rhinanthus*, *Euphrasia*, *Melampyrum* sowie *Pedicularis* u. der Vollschmarotzer *Lathraea* zu den *Orobanchaceae*. Die Gattungen *Paulownia*, *Lindernia* u. *Mimulus* gehören zu eigenen Familien. Somit verbleiben von den im Gebiet vorkommenden bisherigen Gattungen der Fam. *Scrophulaciaceae* nur *Scrophularia* u. *Verbascum*, doch muss hier *Buddleja* eingegliedert werden.

1	Pflanze strauchig	***Buddleja,*** 583
1*	Pflanze krautig	
2	Blätter wechselständig; Staubblätter 5	***Verbascum,*** 584
2*	Blätter gegenständig; Staubblätter 4	***Scrophularia,*** 583

Buddleja L., **Sommerflieder**

Blätter gegenständig, eilanzettl., gezähnt, unterseits weiß filzig, 5–10 cm lang; Rispen 20–30 cm lang; Krone lila, weiß, purpurn od. blau. 1–2 m. 7–8. ♄. Zierstrauch, verwildert, Ruderalfluren (Bahnanlagen, Brachflächen; Müllplätze), Mauern, s im Tief- u. Hügelland, aber mäßig h LLA: Leipzig. ↗ NE. V Samb.-Salic. Heimat: China. [*B. variabilis* HEMSL.].

B. davidii FRANCH., **Gewöhnlicher S., Schmetterlingsstrauch***/**

Scrophularia L., **Braunwurz**

1 Blüten in achselständigen Zymen, hellgelb, vorn krugförmig eingeschnürt; Pflanze drüsig zottig ***S. vernalis***

1* Blüten in endständigen Thyrsen, bräunl., vorn nicht eingeschnürt; Pflanze kahl

2 Stängel wie die Blütenstiele ungeflügelt, scharf 4-kantig; Kelchzipfel eiförmig, sehr schmalhäutig berandet; untere Blätter eiförmig, obere eiförmig lanzettl., einfach bis doppelt gesägt, die unteren Sägezähne länger u. spitzer; Krone trübbraun, sehr selten gelbgrün, 7–11 mm lang ***S. nodosa***

2* Stängel u. Blätter breit geflügelt; Kelchzipfel rundl., breit häutig berandet; Blätter längl. eiförmig, spitz od. rundl., scharf gesägt, die unteren Sägezähne kleiner; Krone grünl.-rotbraun; 6–8 mm lang ***S. umbrosa***

S. nodosa L., **Knotige B., Neunte Nessel***

30–120 cm. 6–9. ♃. Laub- u. Nadelwälder, Gebüsche, Waldlichtungen, Wegränder, Säume, auf meist frischen, nährstoffreichen Böden, h. K Querc.-Fag., K Rham.-Prun., O Glech., O Atrop.; euras-nem, circpol. Off.

S. umbrosa DUMORT., **Geflügelte B., Flügel-B.***

[*S. alata* GILIB.]. 60–120 cm. 7–9. ♃. Gräben, Bach- u. Teichufer, auf feuchten, nährstoffreichen, meist basischen Böden, mäßig h MLH, z im Elbtal u. LLA; sonst s im Tiefland. O Phragm., V Conv.; submed+euras-kont.

Im Gebiet nur **subsp. *umbrosa*** nachgewiesen.

S. vernalis L., **Frühlings-B.**

Kelchzipfel längl., unberandet; Staubbeutel zuletzt aus der Krone hervorragend; Blütenstiele kürzer als der Kelch; Blätter herz-eiförmig od. rundl., eingeschnitten doppelt gesägt; Stängel 4-kantig. 15–70 cm. 5–6. ①. Parks, Friedhöfe, an Mauern u. Zäunen, auf frischen, nährstoffreichen Böden, s ELH, ERM, OLH. ↘ NU (seit 1804). V Arct., V Geo-All.; submed-opralp.

Verbascum L., **Königskerze**

Wollblumen (ERB)

1 Blüten lang gestielt, in einfacher, verlängerter Traube — Krone flach; Staubfäden alle violett wollig; Blätter nicht herablaufend

2 Krone hellgelb, außen vor dem Aufblühen rötl., selten weiß; Blätter kahl ***V. blattaria***

2* Krone violett, am Grund gelbl.; Blätter unterseits kurzhaarig ***V. phoeniceum***

1* Blüten kurz gestielt, in ährenartig angeordneten Knäueln (Thyrsen)

3 Blütenstiele während der Blütezeit 2-mal so lang wie der Kelch; alle Staubfäden wollig; Blätter nicht herablaufend

4 Staubfäden weiß wollig; Blütenstand rispig ästig; Blätter oberseits fast kahl, unterseits wie der Stängel staubig filzig, die unteren in den oft langen Blattstiel verschmälert ***V. lychnitis***

4* Staubfäden violett wollig; Blütenstand verlängert, seltener ästig; Blätter oberseits fast kahl, unterseits wie der Stängel dünn filzig, die unteren am Grund herzförmig, gestielt ***V. nigrum***

3* Blütenstiele während der Blütezeit sehr kurz; die 2 längeren Staubfäden kahl od. fast kahl, die übrigen weiß wollig; wenigstens die oberen Blätter herablaufend

5 Krone weit trichterförmig, 12–25 mm breit; die 2 längeren Staubfäden 3–4-mal so lang wie ihre kurz herablaufenden Staubbeutel; Narbe kopfig ***V. thapsus***

5* Krone flach od. fast flach, 30–40 cm breit; die 2 längeren Staubfäden 0,5–2-mal so lang wie ihre lang herablaufenden Staubbeutel; Narbe keulenförmig, herablaufend

6 Blätter längl. elliptisch, gekerbt, die mittleren u. oberen bis zum nächstunteren Blatt herablaufend ***V. densiflorum***

6* Blätter eiförmig, die mittleren längl. eiförmig, undeutl. gekerbt, die mittleren u. oberen nur kurz u. nicht bis zum nächsten Blatt herablaufend ***V. phlomoides***

V. blattaria L., **Schaben-K.**

Untere Blätter längl. verkehrt eiförmig, buchtig, kurz gestielt, die oberen mit etwas herzförmigem Grund sitzend; Blattstiele zu Beginn der Blüte 1,5–2-mal so lang wie die Hochblätter. 60–120 cm. 6–8. ⊙, ⊗. Ruderalfluren (Schutt, Wegränder, Steinbrüche), Ufer, s vom Tiefland bis ins untere Bergland. K Artem.; o-submed+europ-kont. ↘ NU. Alte Kulturpflanze („Ungeziefermittel").

V. densiflorum BERTOL., **Großblütige K.***

[*V. thapsiforme* SCHRAD.]. Krone hellgelb. 50–250 cm. 7–9. ⊙, ⊗. Mäßig trockene Ruderalfluren (Bahnanlagen, Wegränder, Brachen, Dämme), Waldlichtungen, Ufer, mäßig h vom Tiefland bis ins mittlere Bergland, s im oberen Bergland, z. B. Aschberg. V Onop., V Sis., V Atrop.; submed+europ-kont. Off.

V. lychnitis L., **Mehlige K.***

Stängel oberwärts wie die Zweige scharfkantig; Krone hellgelb, selten weiß, 10–16 mm breit. 60–120 cm. 6–8. ⊙, ⊗. Trockengebüsche u. ihre Säume, Trocken- u. Halbtrockenrasen, mäßig trockene Ruderalfluren (Steinbrüche, Brachen, Bahnanlagen), mäßig h im Tiefland, z im Hügelland, s im mittleren Bergland. K Trif.-Ger., K Fest.-Brom., O Onop.; submed+sarmat.

V. nigrum L., **Schwarze K.***

Stängel oberwärts scharfkantig; Krone hellgelb, am Grund blutrot gefleckt, selten weiß. 60–120 cm. 6–9. ♃. Ruderalisierte Wiesen, frische Ruderalfluren, Ufer, Waldlichtungen, mäßig h, doch z im Bergland. V Arrh., V Arct., V Car.-Epil.; euras-nem.

V. phlomoides L., **Windblumen-K., Filzige K.**

50–180 cm. 7–8. ⊙, ⊗. Mäßig trockene, wärmebegünstigte Ruderalfluren (Brachen, Wegränder, Schutt), z vom Tiefland bis ins mittlere Bergland mit Schwerpunkt in urbanen Ballungszentren (Dresden, Leipzig, Chemnitz, Riesa). O Onop.; o-submed+euras-kont. Off.

V. phoeniceum L., **Purpur-K., Violette K.***

Grundständige Blätter rosettig, eiförmig od. längl., grob gekerbt, gestielt, die stängelständigen klein, sitzend; Blattstiele mehrfach länger als die Hochblätter. 30–80 cm. 5–7(–9). ♃. Trockengebüsche u. ihre Säume, kontinentale Trockenrasen, meist auf basischen Böden, auch Zierpflanze, s verwildert, s im Elbtal u. einigen Nebentälern unterhalb von Meißen. ↘ V Ger., V Fest.; euras-kont, coll. Offenlandzeuge, Hügelsteppenpflanze.

V. thapsus L., **Kleinblütige K.***

Blätter vollständig herablaufend, schwach gekerbt; Krone hellgelb (doch dunkler als *V. densiflorum*), seltener weiß od. hellorange. 50–160 cm. 6–8. ⊙, ⊗. Säume, Waldlichtungen, Ruderalfluren (Wegränder, Dämme, Steinhaufen), mäßig h bis h, doch z DDH, EET, LLA. V Onop., O Atrop., O Orig.; submed+europ-kont. Off.

Zierpflanzen: ***V. speciosum*** SCHRAD., **Prächtige K.:** Bis 250 cm hoch; Stängel im oberen Teil mit zahlreichen Ästen (kandelaberartig); Blätter oberseits filzig. Zierpflanze, verwildert, grasige Böschungen, Ruderalfluren, s LLA: Leipzig: Dölzig, Glesien; ERW: Zschocken, Klingenthal. Heimat: SO-Europa. Kaukasus.

Ähnl. ist ***V. olympicum*** BOISS., **Kandelaber-K.:** Vordere 2 Staubblätter mit kahlen Konnektiven (bei voriger dicht papillös); Staubfäden an der Spitze kahl (bei voriger Art immer dicht wollig). Zierpflanze. Heimat: NW-Türkei.

Bastarde:

V. × ***adulterinum*** W. D. J. KOCH [*V. densiflorum* × *V. nigrum*]
V. × ***bastardii*** ROEM. et SCHULT. [*V. blattaria* × *V. densiflorum*]
V. × ***brockmuelleri*** RUHMER [*V. nigrum* × *V. phlomoides*]
V. × ***denudatum*** PFUND [*V. lychnitis* × *V. phlomoides*]
V. × ***hamnickii*** FRANCH. [*V. densiflorum* × *V. thapsus*]
V. × ***incanum*** GAUDIN [*V. lychnitis* × *V. nigrum*]
V. × ***ramigerum*** LINK [*V. densiflorum* × *V. lychnitis*]
V. × ***semialbum*** CHAUB. [*V. nigrum* × *V. thapsus*]
V. × ***spurium*** W. D. J. KOCH [*V. lychnitis* × *V. thapsus*]
V. × ***trolanderi*** ROTHM. [*V. densiflorum* × *V. phlomoides*]
V. × ***ustulatum*** ČELAK. [*V. nigrum* × *V. phoeniceum*]

Fam. *Linderniaceae* BORSCH et al., Büchsenkrautgewächse

Lindernia ALL., **Büchsenkraut**

1 Blätter ganzrandig, 3-nervig; alle 4 Staubblätter mit Staubbeuteln; Krone weiß, oben rötl., 4–6 mm lang; Blütenstiele länger als die Tragblätter ***L. procumbens***

1* Wenigstens die oberen Blätter entfernt gesägt, 5-nervig; nur 2 der 4 Staubblätter mit Staubbeuteln; Krone weißl., 7–8 mm lang, Unterlippe am Rand violett; Blütenstiele kürzer als die Tragblätter ***L. dubia***

L. dubia (L.) PENNELL, **Großes B.**

[*Ilysanthes attenuata* (MUHL.) SMALL]. 5–15 cm. 8–9. ⊙. Zeitweise überflutete Ränder von Flüssen u. Altwässern, im Elbtal unterhalb von Torgau zu erwarten; bereits eingebürgert in Sachsen-Anhalt.

L. procumbens (KROCK.) BORBÁS, **Liegendes B.**

[*L. pyxidaria* L. p. p.]. 3–10 cm. 8–10. ⊙. Elbufer, Elblachen, auf offenen, periodisch trockenfallenden, nährstoffreichen Schlammböden, s ELH: Dresden; ESG: Königstein, Pirna-Copitz, Prossen. V Elat.-El.; submed, jetzt euras-nem. ∇

Fam. *Lamiaceae* MARTINOV od. *Labiatae* JUSS., Lippenblütengewächse

1 Krone nicht deutl. 2-lippig

2 Krone scheinbar 1-lippig

3 Oberlippe sehr kurz, 2-lappig, Unterlippe 3-spaltig *(Abb. 587/1);* Kronröhre innen mit einem Haarring, Krone nach dem Verblühen bleibend ***Ajuga,*** 591

3* Oberlippe tief gespalten, ihre Zipfel der Unterlippe anliegend, daher diese scheinbar 5-spaltig *(Abb. 587/2);* Kronröhre innen ohne Haarring, Krone nach dem Verblühen abfallend ***Teucrium,*** 613

2* Krone fast regelmäßig 4-spaltig

4 Staubblätter 2 (dazu meist noch 2 fadenförmige unfruchtbare); Kelch glockig, 5-spaltig *(Abb. 587/3)* ***Lycopus,*** 599

4* Staubblätter 4; Kelch 5-zähnig

5 Blütenstände allseitswendig; Staubblätter fast gleich lang; Staubbeutelhälften gleichlaufend nebeneinander *(Abb. 587/4)* ***Mentha,*** 600

5* Blütenstände einseitswendig u. mit großen Tragblättern; untere Staubblätter deutl. länger; Staubbeutelhälften nach unten auseinandertretend, zuletzt oben zusammenfließend *(Abb. 587/5)* ***Elsholtzia,*** 593

1* Krone deutl. 2-lippig

6 Staubblätter 2, dazu oft 2 kleine sterile

7 Blätter linealisch, am Rand umgerollt — Pflanze immergrün; Krone 10–12 mm lang, hellblau ***Rosmarinus,*** 607

7* Blätter breiter, nicht linealisch, am Rand nicht umgerollt

8 Kelch fast regelmäßig 5-zähnig, 15-nervig — Scheinquirle dichtblütig, oft nur ein endständiger Scheinquirl vorhanden; Pflanze stark aromatisch riechend ***Monarda,*** 605

8* Kelch 2-lippig

9 Krone höchstens so lang wie der Kelch, gelb; Staubblätter aus der Kronröhre nicht herausragend *(Abb. 610/1 b)* ***Sideritis,*** 610

9* Krone deutl. länger als der Kelch, nie gelb (außer bei der selten eingeschleppten *Salvia glutinosa*); Staubblätter aus der Kronröhre herausragend *(Abb. 588/1)* ***Salvia,*** 607

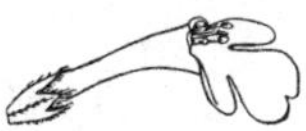

587/1

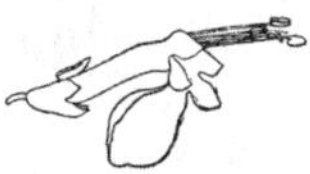

587/2

587/3

587/4

587/5

6* Staubblätter 4, 2 längere u. 2 kürzere

10 Untere Kronzipfel viel breiter als die 4 anderen u. bartartig gefranst; Frucht 4-klappig, in 4 Teilfrüchte aufreißend — kleiner Zierstrauch; Krone blau ***Caryopteris,*** 592

10* Kronzipfel nicht so ausgebildet; Frucht in 4 Teilfrüchte (Klausen) zerfallend

11 Stängelblätter handförmig, 3–7-spaltig; Kelchzähne mit dorniger, stechender Spitze *(Abb. 588/2)* ***Leonurus,*** 598

11* Stängelblätter ungeteilt, gesägt od. gekerbt

12 Oberlippe der Krone löffelartig ausgehöhlt od. gewölbt — Staubfäden dicht nebeneinander od. wenigstens anfangs gleichlaufend unter die Oberlippe gestellt

13 Kelch 2-lippig

14 Kelch zur Fruchtzeit nicht geschlossen; obere Staubgefäße länger als die unteren — selten eingeschleppte Arten ***Dracocephalum,*** 593

14* Kelch zur Fruchtzeit geschlossen; untere Staubgefäße länger

15 Beide Lippen des Kelchs ungeteilt, die oberen am Rücken mit einer aufrechten, hohlen Schuppe *(Abb. 588/3);* Oberlippe der Krone 3-spaltig, Unterlippe ungeteilt ***Scutellaria,*** 609

15* Oberlippe des Kelchs kurz 3-zähnig, Unterlippe 2-spaltig; Oberlippe der Krone ungeteilt, Unterlippe 3-spaltig *(Abb. 588/4)* ***Prunella,*** 606

13* Kelch ziemlich regelmäßig 5-zähnig *(Abb. 588/5)*

16 Unterlippe der Krone am Grund beiderseits mit 1 aufrechten, hohlen, von unten her eingedrückten Höcker (Zahn) *(Abb. 589/1)* ***Galeopsis,*** 594

16* Unterlippe ohne einen Höcker

17 Blüten bis 5–8 mm lang, Krone hellpurpurn — Krone kürzer als die Kelchzähne, außen graufilzig; Blattrand grob gekerbt, vorn zugespitzt ***Leonurus marrubiastrum,*** 599

17* Blüten > 10 mm lang, Krone weiß, rot od. gelb (wenn 6–8 mm, dann alle Blätter stumpf abgerundet u. gekerbt)

18 Kronunterlippe ungeteilt od. 2-lappig, seitl. mit 2 kleinen fadenförmigen Anhängseln *(Abb. 589/2)* — Krone weiß, purpurn od. rosa ***Lamium,*** 597

588/1

588/2

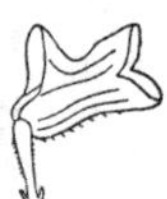
588/3

588/4

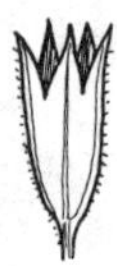
588/5

18* Kronunterlippe deutl. 3-lappig, ihre Seitenlappen nicht fadenförmig
19 Krone goldgelb od. gelbl.-weiß
20 Krone goldgelb; Seitenlappen der Kronunterlippe 3-eckig spitz, Mittellappen ungeteilt; Pflanze mit bogenförmigen Ausläufern ***Galeobdolon,*** 593
20* Krone blassgelb; Seitenlappen der Kronunterlippe mit stumpfen, breiten Zipfeln, Mittellappen ungeteilt od. ± tief ausgerandet; Pflanze ohne bogenförmige Ausläufer — Kelch röhrig glockig, 5- od. 10-nervig ***Stachys,*** 610
19* Krone rötl.
21 Blätter vorwiegend rosettig; Stängel mit nur 1–3 Blattpaaren ***Betonica,*** 592
21* Blätter nicht rosettig, zahlreich am Stängel verteilt
22 Kelch trichterförmig, mit 10 hervorspringenden Nerven; Blüten in gestielten, lockeren, gegenständigen Zymen ***Ballota,*** 592
22* Kelch röhrig glockig, 5- od. 10-nervig; Blüten in ± dichten Scheinquirlen ***Stachys,*** 610
12* Oberlippe der Krone flach od. doch nur wenig gewölbt
23 Staubblätter u. Griffel in der Kronröhre eingeschlossen
24 Krone intensiv blau; Blätter linealisch, am Rand umgerollt; Scheinquirle in den Achseln kleiner Hochblätter, eine endständige lang gestielte Scheinähre bildend ***Lavandula,*** 598
24* Krone gelb od. weiß; Blätter lanzettl. od. rundl. eiförmig; Scheinquirle in den Achseln von Laubblättern, keine lang gestielte Scheinähre bildend
25 Krone gelb, bräunl. gesäumt, kürzer als der Kelch; Blätter lanzettl. ***Sideritis,*** 610
25* Krone weiß, länger als der Kelch *(Abb. 589/3);* Blätter rundl. eiförmig ***Marrubium,*** 600
23* Staubblätter u. Griffel aus der Kronröhre herausragend
26 Krone tiefblau; Staubblätter nach allen Richtungen aus der Kronröhre herausragend — Mittelzipfel der Kronunterlippe größer als die Seitenzipfel; Staubbeutelhälften oben verschmolzen *(Abb. 589/4)* ***Hyssopus,*** 597
26* Krone nie tiefblau; Staubblätter ± parallel

589/1

589/2

589/3

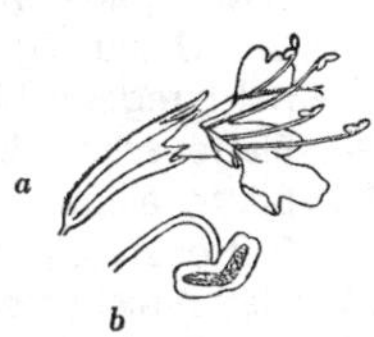

589/4

590/1

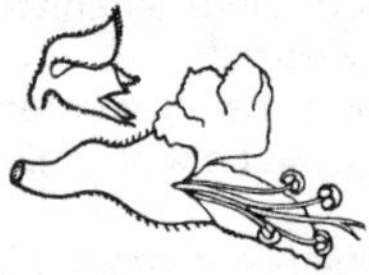

590/2

590/3

27 Kelch scheinbar 1-lippig (ungezähnt, vorn fast bis zur Mitte gespalten) *(Abb. 590/1)* ***Majorana,*** 600

27* Kelch 5-zählig od. 2-lippig

28 Kelch mit rundl. schildförmiger Ober- u. 4-zähniger Unterlippe; Oberlippe der Krone kurz 4-zipflig; Unterlippe verkehrt eiförmig *(Abb. 590/2)* ***Ocimum,*** 606

28* Kelch u. Krone anders ausgebildet

29 Wenigstens die 2 längeren Staubblätter die Kronoberlippe überragend

30 Kelch deutl. 2-lippig; Blüten in Scheinquirlen, Blütenstand kopfig od. verlängert walzenförmig u. z. T. unterbrochen ***Thymus,*** 614

30* Kelch 5-zähnig; Blüten einzeln in den Achseln oft gefärbter Hochblätter *(Abb. 590/3);* Blütenstand doldenähnl. ***Origanum,*** 606

29* Kein Staubblatt die Kronoberlippe überragend

31 Kelch 2-lippig

32 Blüten 27–45 mm lang ***Melittis,*** 600

32* Blüten höchstens 30 mm lang

33 Krone weiß, selten blassrosa ***Melissa,*** 600

33* Krone blasspurpurn, purpurn bis blauviolett, selten blassgelb (u. dann obere Blätter fiederspaltig)

34 Tragblätter sehr breit, rundl. herzförmig, ganzrandig; Scheinquirle zu endständigen Köpfchen vereinigt ***Prunella,*** 606

34* Tragblätter u. Scheinquirle anders gestaltet

35 Scheinquirle am Grund von lineal pfrieml., langzottigen Hochblättern umgeben; Kelchröhre am Grund nicht bauchig; Krone 25–30 mm lang — Blüten zu 10–20; Pflanze von unangenehmem Geruch ***Clinopodium,*** 593

35* Scheinquirle ohne solche Hülle, 3–5-blütig; Kelchröhre gebogen, am Grund bauchig; Krone 7–12 mm lang ***Acinos,*** 591

31* Kelch regelmäßig 5-zähnig

36 Blätter schmal linealisch, ganzrandig ***Satureja,*** 609

36* Blätter elliptisch od. eiförmig, stets gezähnt od. gekerbt

37 Blätter ± nierenförmig ***Glechoma,*** 596

37* Blätter nicht nierenförmig

38 Blattspreite mit 10–25 Zähnen je Seite; Kelch 15-nervig ***Nepeta,*** 605

38* Blattspreite mit 3–8 Zähnen je Seite; Kelch 13-nervig
Calamintha nepeta, 592

Acinos Mill., **Steinquendel, Kölme**

Blätter eiförmig od. längl. rautenförmig, spitzl. gezähnelt, am Rand meist umgerollt, unterseits mit stark hervortretenden Nerven; Fruchtkelch durch die zusammenneigenden Zähne geschlossen; Krone lila, selten weiß. 10–30 cm. 6–9. ☉, ⚇ od. ♃ (kurzlebig). Trockene, steinige, oft leicht basische Böden, Ruderalfluren (Bahnanlagen, Industriebrachen, Mauern, Wegränder), Felsfluren, lückige Trockenrasen, z in Tief- u. Hügelland, s im unteren Bergland, z. B. Chemnitz, Gersdorf, Grünau. A. K Koel.-Coryn., K Fest.-Brom.; submed. [*Calamintha acinos* (L.) Clairv., *Satureja acinos* (L.) Scheele].
A. arvensis (Lam.) Dandy, **Gewöhnlicher St.***

Ajuga L., **Günsel**

1 Pflanze mit beblätterten Ausläufern; Stängel 2-seitig behaart, an der Basis ± kahl ***A. reptans***
1* Ausläufer fehlen; Stängel ringsum, auch an der Basis, ± gleichmäßig behaart
2 Stängel dicht zottig; Scheinähre zieml. locker; untere Tragblätter 3-lappig, die oberen kürzer als od. kaum so lang wie die Blüten; Krone dunkelblau; Staubblätter am Grund behaart, aus der Kronröhre weit herausragend ***A. genevensis***
2* Stängel meist kurzhaarig; Scheinähre anfangs sehr dicht, fast pyramidal; Tragblätter (fast) ganzrandig, oberste 2-mal so lang wie die Blüten; Krone hellblau; Staubblätter kahl, nicht od. wenig aus der Kronröhre herausragend ***A. pyramidalis***

A. genevensis L., **Heide G.***
Grundblätter meist aufrecht, lang gestielt, zur Blütezeit nicht mehr vorhanden. 7–30 cm. 5–7, seltener 8–9. ♃. Säume, Halbtrockenrasen, Trockenwälder, z bis mäßig h im Tief- u. Hügelland, s im Bergland. ↘ V Ger., K Fest.-Brom., V Querc. pub.; submed+euras-kont.

A. pyramidalis L., **Pyramiden-G.**
Grundblätter rosettig, in einen kurzen breiten Stiel verschmälert. 7–30 cm. 5–6. ♃. Bergwiesen, nicht im Gebiet vorkommend, nächster Fundort in Tschechien (ERZ) bei Satzung.

A. reptans L., **Kriechender G.***
Donnerblume (ERZ, VGT)
Grundblätter groß, lang gestielt, spatelförmig; Tragblätter seicht gekerbt bis ganzrandig, oberste kürzer als die Blüten; Krone blau; Staubblätter am Grund

behaart. 7–30 cm. 5–6. ♃. Krautreiche Laub- u. Laubmischwälder, Gebüsche, Wiesen, Zierrasen, h bis ins obere Bergland. O Fag., O Arrh.; europ-nem.

Bastard:
A. × ***hybrida*** A. KERN. [*A. genevensis* × *A. reptans*]: z

Ballota L., **Schwarznessel, Gottvergess, Schwarzer Andorn***

Stängel ± aufrecht, ästig; Blätter weichhaarig, kurz gestielt, grob kerbig gesägt, eiförmig, die untersten herzförmig rundl.; Krone bläul.-rot, selten weiß; Pflanze unangenehm riechend. 50–100 cm. 6–10. ♃. Trockene bis frische Ruderalfluren (Mauerfüße, Zäune, Wege, Müllplätze, besonders in Dörfern), Friedhöfe, Hecken, Gebüsche, h im Tief- u. Hügelland, z ESG; s im Bergland. P. V Arct., O Prun., O Glech.; o-submed+europ-kont. Früher Off.

1 Kelchzähne (2,5–)4–6,5 mm lang, schmal 3-eckig pfrieml., allmähl. in eine 2–3 mm lange stechende Granne verschmälert; Blattspreite ± 2-mal so lang wie breit; Verbreitung usw. wie bei Art. [*B. ruderalis* SW.]. **subsp. *nigra***

1* Kelchzähne 1–2,5(–3) mm lang, eiförmig, plötzl. in eine 0,2–0,5 mm lange Stachelspitze zusammengezogen; Blattspreite ± so lang wie breit; wahrscheinl. s, nachgewiesen aus Umgebung Dresden. [*B. nigra* subsp. *foetida* (VIS.) HAYEK]. **subsp. *meridionalis*** (BÉG.) BÉG.

Betonica L., **Betonie, Heilziest**

Stängel einfach, kurzhaarig; untere Blätter sehr lang, obere sehr kurz gestielt, kleiner; Blattspreite ± 3-mal so lang wie breit, längl. eiförmig, am Grund herzförmig; Blütenstand endständig, dicht; Kelch rauhaarig, aderlos; Kelchzähne 3-eckig, lang bewimpert; Krone purpurn, selten weiß. 30–100 cm. 7–8. ♃. Waldsäume, Halbtrockenrasen, wechselfeuchte Wiesen, auf nährstoffreichen, meist basischen Böden, mäßig h bis z im Tief- u. Hügelland, s im Bergland. ↘ O Orig., O Brom., O Mol.; sarmat-südsib. Früher Off. [*Stachys officinalis* (L.) TREVIS.]. ***B. officinalis*** L., **Gewöhnliche B., Heilziest***

Calamintha MILL., **Bergminze**

Krone 8–12 mm lang; Zymen ihre Tragblätter weit überragend; Kelch 5–7 mm lang. 30–60 cm. 7–9. ♃. Ruderalfluren, s ELH: Meißen: Gasern; LLA Leipzig. NU. Heimat: S-Europa. ***C. nepeta*** (L.) SAVI, **Kleinblütige B.**

Caryopteris BUNGE, **Bartblume**

Blätter 5–8 cm lang, eilanzettl., fiederlappig bis grob gekerbt od. ganzrandig, unterseits dünn graugrün filzig, aromatisch; Blüten bis 10 mm lang. 50–100 cm. 8–10. ♄. Häufiger Zierstrauch, entstanden aus zwei ostasiatischen Arten: *C. incana* (HOUTT.) MIQ. × *C. mongholica* BUNGE. ***C.*** × ***clandonensis*** REHD., **Blaue B.****

Clinopodium L., **Wirbeldost**

Stängel abstehend zottig; Blätter eiförmig, unterseits etwas blasser grün. 30–60 cm. 7–9. ♃. Wärmebegünstigte Eichen- u. Kiefernwälder, Gebüsche, Säume, Halbtrockenrasen, Ruderalfluren (Steinbrüche, Dämme, Bahnanlagen), meist auf basischen Böden, mäßig h ERO, VGT u. östl. OL, sonst z, im oberen ERZ nur auf Basaltbergen. V Cyt.-Pin., V Querc. rob., V Querc. pub., O Prun., O Orig.; med-submed+europ-nem. [*Calamintha clinopodium* SPENN., *Satureja vulgaris* (L.) FRITSCH]. ***C. vulgare*** L., **Gewöhnlicher W.***

Dracocephalum L., **Drachenkopf**

1 Kelchoberlippe 3-zähnig; Krone 20–25 mm lang, blauviolett od. weiß, den Kelch überragend; Blätter eingeschnitten gekerbt ***D. moldavicum***

1* Kelchoberlippe 1-zähnig; Krone 8–10 mm lang, hellblau, kaum länger als der Kelch; untere Blätter grob gesägt, obere ganzrandig ***D. thymifolium***

D. moldavicum L., **Türkischer D., Türkische Melisse**

Scheinquirle 3–5-blütig, zu einem verlängertem Blütenstand vereinigt; Pflanze von melissenartigem Geruch. 30–50 cm. 7–8. ⊙. Zierpflanze, verwildert, Ruderalfluren, s LLA: Leipzig; OLH: Stolpen. NU. Off. Heimat: Innerasien.

D. thymifolium L., **Thymianblättriger D.**

Pflanze schwach behaart, an *Acinos arvensis* erinnernd. 10–20 cm. 5–7. ⊙. Müll- u. Umschlagplätze, s ELH: Dresden; OLH: Bautzen. NU. Heimat: O-Europa, W-Sibirien.

Elsholtzia WILLD., **Kammminze**

Blätter gestielt, eiförmig, beiderseits verschmälert; Tragblätter breit eiförmig, gewimpert, Krone rötl.-lila. 30–60 cm. 7–9. ⊙. Gewürzpflanze, verwildert, Müll- u. Umschlagplätze, Mauerfüße, s. NU. V Sis. früher Gew. Heimat: O-Asien. [*E. cristata* WILLD.]. ***E. ciliata*** (THUNB.) HYL., **Echte K.**

Galeobdolon ADANS., **Goldnessel**

1 Blattoberseite aller Blätter ganzjährig mit großflächigen, intensiv silberweißen Flecken; Krone 20–28 mm lang, ihre Oberlippe 7,5–11 mm breit u. am Rand mit meist 1,2–1,8(–2,3) mm langen Wimpern; Fruchtkelch 12–15 mm lang; Blütenstandsachse unregelmäßig querrunzlig ***G. argentatum***

1* Blattoberseite ohne od. mit silbergrauen Tupfen od. ± großen Flecken, aber nicht an allen Blättern u. nicht beständig; Krone 18–23(–25) mm lang, ihre Oberlippe 5,5–8,5 mm breit u. mit meist 0,7–1,3(–1,6) mm langen Wimpern; Fruchtkelch 8–12 mm lang; Blütenstandsachse glatt

2 Stängel am Grund fast nur an den Kanten abwärts anliegend behaart; Tragblätter der Scheinquirle 1,5–4 cm lang, alle rundl. eiförmig bis eiförmig, 1–2-mal so lang wie breit, gekerbt bis kerbig gesägt; Scheinquirle mit 2–8 Blüten; Blätter oft gefleckt ***G. luteum***

2* Stängel am Grund ringsum meist abstehend behaart; Tragblätter 2,5–9(–12) cm lang, untere eiförmig bis lanzettl., obere breit od. schmal lanzettl., 1,5–3,5-mal so lang wie breit, gesägt; Scheinquirle mit 8–18 Blüten; Blätter selten gefleckt ***G. montanum***

G. argentatum SMEJKAL, **Silberblättrige G.***

[*Lamium a.* (SMEJKAL) G. H. LOOS, *L. galeobdolon* subsp. *argentatum* (SMEJKAL) P. U. DUVIGN.]. Scheinquirle mit 5–10 Blüten; Ausläufer sehr kräftig, bis 1 m lang. 20–50 cm. 4–6. ♃. Zierpflanze, verwildert, ruderal beeinflusste, vor allem siedlungsnahe Wälder, Parks, Friedhöfe, Wegränder, z bis mäßig h. ↗ NE. O Fag., O Prun. Wahrscheinl. in Kultur entstanden.

G. luteum HUDS., **Echte G.***

[*Lamium galeobdolon* (L.) L. subsp. *galeobdolon*]. 15–50 cm. 5–7. ♃. Feuchte bis frische Laubwälder, z EET, OLT; sonst mäßig h bis ins obere Bergland. O Fag.; europ-nem.

G. montanum (PERS.) RCHB., **Berg-G.**

[*Lamium m.* (PERS.) KABATH, *L. galeobdolon* subsp. *montanum* (PERS.) HAYEK]. 20–60 cm. 5–6. ♃. Nährstoffreiche, frische Laubmischwälder, besonders Schluchtwälder, mäßig h ESG; z in den Seitentälern von ELH u. ERO; s MLH, OLB, OLH, doch vielleicht stellenweise übersehen. V Til.-Acer, V Aln.-Ulm.; zentraleurop-mont disj.

Galeopsis L., **Hohlzahn**

1 Stängel unter den Knoten nicht verdickt u. nicht steifhaarig, mit weichen, abwärts angedrückten Haaren besetzt; Blattspreite 1–4 cm lang

2 Krone gelbl.-weiß, 25–30 mm lang ***G. segetum***

2* Krone purpurn, selten weiß, 10–20 mm lang

3 Kelch grün, abstehend behaart u. stark drüsig; Blätter eilanzettl., beiderseits mit 4–8 Zähnen, 6–16 mm breit; Krone ± 2-mal so lang wie der Kelch ***G. ladanum***

3* Kelch von dichten, anliegenden Haaren weißl., zuweilen außerdem mit abstehenden Haaren besetzt, nicht od. nur schwach drüsig; Blätter lineal lanzettl., entfernt gesägt, mit beiderseits 0–4 Zähnen, 2–5(–15) mm breit; Krone ± 3-mal so lang wie der Kelch ***G. angustifolium***

1* Stängel unter den Gelenken deutl. verdickt, meist überall, doch zumindest unter den Knoten, mit rückwärts gerichteten Borstenhaaren besetzt, außerdem oft Seidenhaare; Blattspreite 3–12 cm lang

4 Kronröhre so lang wie od. kürzer als der Kelch; Grundfarbe der Krone weißl. od. trübrot; Verdickungen des Stängels immer borstig — Kronunterlippe mit gelbem, rot od. violett gezeichnetem Fleck

5 Krone 10–15(–25) mm lang, rot od. selten weiß; Mittellappen der Kronunterlippe 4-eckig, am Vorderrand nur sehr seicht ausgerandet *(Abb. 595/1)*, der Fleck auf der Unterlippe (meist in Form einer Gitterzeichnung) nimmt nur $^{2}/_{3}$ der Länge u. Breite des Mittellappens ein; Kelchzipfel stechend ***G. tetrahit***

5 Krone 10–15 mm lang, blassrot; Mittellappen der Kronunterlippe vorn deutl. ausgerandet u. beim Verblühen mit eingerollten Seitenrändern *(Abb. 595/2)*; der Fleck erstreckt sich auf den ganzen Mittellappen u. lässt höchstens einen ganz schmalen Rand frei; Kelchzipfel kaum stechend ***G. bifida***

4* Kronröhre 2–3-mal so lang wie der Kelch; Grundfarbe der Krone gelb od. purpurn; Verdickungen des Stängels borstig od. flaumhaarig

6 Krone purpurn mit gelbem Fleck, sehr selten gelb, 20–25(–30) mm lang; Stängel oft nur spärl. u. dann zumindest unter den oberen Knoten borstig, unter den Knoten nur wenig verdickt; Verdickungen mit anliegenden Flaumhaaren; Kelch nur am Rand u. auf den Zähnen borstig; Blätter weich bis häutig, am Grund verbreitert bis herzförmig, Zähne zart u. kurz ***G. pubescens***

6* Krone schwefelgelb, Mittellappen violett, (15–)25–35(–40) mm lang; Stängel meist dicht borstig, unter den Knoten stark verdickt; Verdickungen borstig; Kelch auch auf der Fläche borstig; Blätter mit verschmälertem Grund u. deutl. ausgezogener Spitze u. scharf abgesetzten Zähnen ***G. speciosa***

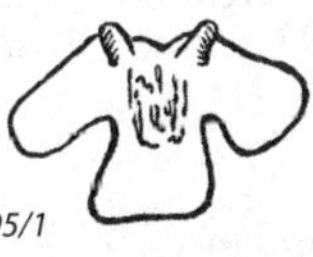

595/1

595/2

G. angustifolia Pers., **Schmalblättriger H.**

10–60 cm. 6–10. ☉. Sandfluren, Bahnanlagen, Steinschuttböden, z VGT, sonst s. NE. K Koel.-Coryn., O Sis., K Thlasp.; europ-nem.

G. bifida Boenn., **Kleinblütiger H.***

Köpfe der Drüsenhaare des Kelchs hell; Scheinquirle meist armblütig. 10–80 cm. 6–10. ☉. Waldlichtungsfluren, Wald- u. Gebüschränder, frische bis feuchte Ruderalfluren (Wegränder, Müllplätze), Äcker, z ELH, GHP; sonst mäßig h. A. O Atrop., O Glech., K Stell. med., V Arct.; eurosib.

G. ladanum L., **Acker-H.**

10–60 cm. 6–10. ♃. Bahnanlagen, Steinbrüche, Felsen, basen- u. skelettreiche Äcker, z, im Gebirge meist fehlend. A. ↘ K Thlasp., V Sis., V Dauco-Mel., V Caucal.; submed-euras-kont.

G. pubescens BESSER, **Weichhaariger H.**

Köpfe der Drüsenhaare des Kelchs dunkel; Mittellappen der Unterlippe ausgerandet, auch beim Verblühen flach. 20–70 cm. 7–9. ⊙. Dörfl. Ruderalfluren, Waldränder, Waldlichtungsfluren, Hecken, Äcker, h im Hügel- u. Bergland; s LLA. A. V Arct., O Glech., O Atrop., V Aphan.; europ-nem.

1 Krone purpurn mit gelbem Schlund, weitere Angaben wie Art. **subsp. *pubescens***

1* Krone blassgelb, oft mit violetter Zeichnung am Mittellappen der Unterlippe, eingeschleppt, s MLH: Grimma. **subsp. *murriana*** (BORBÁS et WETTST.) MURR

G. segetum NECK., **Saat-H.***

Blätter eiförmig bis eiförmig lanzettl., beiderseits dicht seidenhaarig; Kelch abstehend drüsenhaarig; Oberlippe der Krone eingeschnitten gezähnt. 15–50 cm. 7–10. ⊙. Ruderalfluren, s ESG: Rosenthal; früher s LLA: Leipzig; MLH: Lommatzsch; OLH: Ortrand. NU. Im benachbarten Thüringen natürl. Vorkommen.

G. speciosa MILL., **Bunter H.***

[*G. versicolor* CURTIS]. Köpfe der Drüsenhaare des Kelchs hell; Scheinquirle meist kräftig u. vielblütig. 50–100 cm. 7–10. ⊙. Frische Waldränder u. Waldlichtungsfluren, Ufer, Äcker, Wegränder, auf stickstoffreichen u. lehmigen Böden, mäßig h bis h, doch z VGT, s GHP, OLT. A. O Atrop., V Geo-All., O Aphan.; eurosib-kont.

G. tetrahit L., **Stechender H.***

Köpfe der Drüsenhaare des Kelchs dunkel. 10–80 cm. 6–10. ⊙. Äcker, Waldränder, Waldlichtungsfluren, Ruderalfluren, h. K Stell. med., K Artem., O Atrop.; eurosib.

Bastarde:

G.* × *acuminata RCHB. [*G. pubescens* × *G. tetrahit*]: z

G.* × *carinthiaca FIORI [*G. bifida* × *G. pubescens*]: s

G.* × *ludwigii HAUSSKN. [*G. bifida* × *G. tetrahit*]: s (evtl. übersehen)

Glechoma L., **Gundermann, Gundelrebe**

Stängel kriechend, wurzelnd, blütentragende Zweige aufrecht; Blätter lang gestielt, die unteren nieren-, die oberen rundl. herzförmig, alle stumpf gekerbt; Scheinquirle meist 6-blütig; Krone 10–22 mm lang, blauviolett, selten fleischfarben. 15–60 cm. 3–6. ♃. Auenwälder, feuchte Gebüsche u. ihre

Säume, feuchte u. meist gestörte Wiesen, h. V Aln.-Ulm., O Prun., O Glech., K Mol.-Arrh.; euras-nem. Off. ***G. hederacea*** L., **Gewöhnlicher G.***

var. *villosa* KOCH: Pflanze auffallend abstehend kurzhaarig, wahrscheinlich s.

Hyssopus L., **Ysop**

Blätter lineal lanzettl. od. linealisch, ganzrandig; Scheinquirle dicht, eine endständige, einseitswendige Ähre bildend; Krone 7–12 mm lang, dunkelblau, selten rosa od. weiß. 30–80 cm. 7–9. ♄. Zier- u. Nutzpflanze, verwildert, trockene Standorte (Zäune, Kirchhöfe, Mauern, Bahngelände), s ERB: Zwickau; MLH: Göhlis; OLH: z. B. Demitz-Thumitz; früher s ELH: mehrfach um Dresden u. LLA: Leipzig. NU. Gew. Off. Heimat: S-Europa, W-Asien.
H. officinalis L., **Echter Y.***/**

Lamium L., **Taubnessel**

1 Obere Blätter sitzend, stängelumfassend, nierenförmig, untere gestielt, herz-eiförmig od. rundl., alle gekerbt; Kronröhre innen ohne Haarring ***L. amplexicaule***
1* Blätter gestielt, höchstens obere sitzend, aber nicht stängelumfassend; Kronröhre (außer bei *L. hybridum*) mit deutl. Haarring
2 Krone (gelbl.-)weiß — Kronröhre aufwärts gekrümmt ***L. album***
2* Krone purpurn od. rosa, selten reinweiß
3 Kronröhre aufwärts gekrümmt; Krone 20–30 mm lang; Pflanze ausdauernd ***L. maculatum***
3* Kronröhre gerade; Krone 10–23 mm lang; Pflanze 1-jährig
4 Tragblattspreite regelmäßig kerbig gesägt (Zähne viel breiter als lang), herzförmig bis längl. eiförmig, 1–2-mal so lang wie breit, mit ± herzförmigem Grund; Kronröhre innen stets mit deutl. Haarring ***L. purpureum***
4* Tragblattspreite unregelmäßig gelappt bis gespalten (Zipfel meist länger als breit), 3-eckig bis eiförmig, etwa so lang wie breit, mit gestutztem od. keilförmig in den Stiel verschmälertem Grund; Kronröhre innen meist ohne od. mit undeutl. Haarring ***L. hybridum***

L. album L., **Weiße T.***

Schlund am Rand beiderseits mit einem größeren Zahn u. meist mit 1 od. mehreren kleinen *(Abb. 589/2)* olivfarbenen Flecken; Haarring der Kronröhre schräg aufsteigend; Blätter, besonders die oberen, zugespitzt, schärfer gesägt; Pflanze mit Ausläufern. 30–50 cm. 4–11. ♃. Frische Ruderalfluren (Zäune, Mauern, Hecken), Gebüsche, h. V Arct., seltener V Conv., O Prun.; euras-nem. Off.

L. amplexicaule L., **Stängelumfassende T.***

Scheinquirle entfernt stehend, nur oberste gedrängt; Krone purpurn, oft knospenartig geschlossen bleibend, wenn offen, dann 14–22 mm lang. 10–30 cm. 4–10. ☉, ①. Äcker, Gärten, frische Ruderalfluren (Wegränder, Schutt, Erdhaufen), mäßig h bis ins untere Bergland, z im oberen. A. V Sperg.-Ox., V Veron., V Sis.

L. hybridum Vill., **Eingeschnittene T.**

[*L. incisum* Willd., *L. purpureum* var. *molucellifolium* Schumach.]. Blattstiel der oberen Blätter oft deutl. verbreitert. 10–30 cm. 3–10. ☉, ①. Äcker, s VGT: Adorf: Unterwürschnitz, andere Angaben zweifelhaft; europ-nem.

L. maculatum L., **Gefleckte T.***

Krone hellpurpurn, selten weiß od. rosa; Unterlippe dunkler gefleckt; Schlund am Rand beiderseits nur mit 1 Zahn; Haarring der Krone quer verlaufend; Blätter herz-eiförmig, spitz od. etwas zugespitzt, gekerbt od. kerbig gesägt; Pflanze mit unterirdischen Ausläufern. 20–60 cm. 4–11. ♃. Bodenfeuchte Wälder u. Gebüsche, Säume, Ufer, feuchte bis frische Ruderalfluren (Wegränder, an Mauern), im Tief- u. Hügelland stellenweise h, sonst mäßig h. K Gal.-Urt., O Fag., O Prun.; europ-nem.

L. purpureum L., **Rote T.***

Untere Blätter rundl., lang gestielt, oft rot überlaufen, obere herzförmig, kurz gestielt, alle gekerbt. 10–40 cm. 2–11. ①. Äcker, Gärten, Ruderalfluren (Wegränder, Schuttplätze), h. A. K Stell. med., V Sis.

Bastard:

L. × holsaticum E. H. L. Krause [*L. album × L. maculatum*]: s ERO: Liebstadt; LLA: Leipzig; MLH: Ketzerbachtal; OLH: Bautzen; VGT: Elstertal nördl. Plauen.

Lavandula L., **Lavendel**

Blätter anfangs graufilzig, zuletzt grün, unterseits drüsig punktiert; Scheinquirle eine unterbrochene, endständige Ähre bildend. 30–60 cm. 7–9. ♄. Zier- u. Nutzpflanze, verwildert, z. B. ELH, MLH, VGT. NU. Heimat: S-Europa. Gew., Off. [*L. officinalis* Chaix]. ***L. angustifolia*** Mill., **Echter L.***/**

Leonurus L., **Herzgespann**

1 Untere Blätter handförmig 3–7-spaltig, am Grund herzförmig, obere am Grund keilig, 3-spaltig od. 3-lappig; Krone 8–12 mm lang, deutl. länger als der 5-nervige Kelch; Kronröhre mit schiefem Haarring; Staubblätter weit aus der Kronröhre herausragend ***L. cardiaca***

1* Untere Blätter rundl. eiförmig, obere eiförmig lanzettl. bis lanzettl., alle grob kerbig gezähnt, Krone 5–8 mm lang, nicht od. kaum länger als der 10-nervige Kelch; Kronröhre ohne Haarring; Staubblätter wenig aus der Kronröhre herausragend ***L. marrubiastrum***

L. cardiaca L., **Echtes H.***

1 Stängel nur an den Kanten abwärts angedrückt kurzhaarig, Haare etwa 0,5 mm lang; Stängelblätter etwa bis zur Hälfte gespalten, oberseits fast kahl od. zerstreut angedrückt flaumhaarig; Kelch kahl od. höchstens sehr kurz angedrückt kurzflaumig. 30–100 cm. 6–9. ♃. Dörfliche Ruderalfluren, Hecken, Müllplätzen, z im Tief- u. Hügelland, s im Bergland. P. ↘ V Arct. Früher Off. **subsp. *cardiaca***

1* Stängel ringsum dicht abstehend zottig behaart, Harre 1–2 mm lang; Stängelblätter meist bis über die Mitte geteilt, dicht weichhaarig; Kelch zottig. 50–150 cm. 6–9. ♃. Ruderalfluren (Müllberge, Zäune, Böschungen), eingeschleppt od. nach Anbau durch Imker verwildert, s EET, LLA, OL, VGT. NE. V Arct. Heimat: SO-Europa, W-Asien. [*L. villosus* D`URV.]. **subsp. *villosus*** (D`URV.) HYL.

Hybridogene Übergangsformen zwischen beiden Sippen wurden als *L. intermedius* HOLUB beschrieben.

L. marrubiastrum L., **Andorn-H., Katzenschwanz**

[*Chaiturus marrubiastrum* (L.) SPENN.]. Blätter unterseits graufilzig. 50–120 cm. 7–8. ♃. Nährstoffreiche Böden in Auen, Gebüsche an Flussufern u. Altarmen, Wegränder, z EET: im Elbtal unterhalb Belgern; früher ELH: im Elbtal; LLA: bei Leipzig. ↘ V Conv., seltener V Arct.; euras-kont, fluv.

Lycopus L., **Wolfstrapp**

1 Stängel ästig; Blätter längl. eiförmig bis eiförmig lanzettl., grob buchtig gezähnt, am Grund fiederspaltig, meist < 4 cm lang; Kelchzähne länger als die Kronröhre, 1,6–2,6 mm lang; Klausen gestutzt ***L. europaeus***

1* Stängel meist einfach; Blätter tief fiederspaltig, die unteren u. mittleren im Umriss breit eiförmig, obere lanzettl., meist 4 cm lang; Kelchzähne so lang wie die Kronröhre, 1,3–2 mm lang; Klausen am Ende abgerundet ***L. exaltatus***

L. europaeus L., **Ufer-W.***

Krone weiß, innen purpurn punktiert. 30–80 cm. 7–8. ♃. Röhrichte an stehenden u. fließenden Gewässern, Gräben, Erlen-Bruchwälder, h bis ins untere Bergland, im oberen s. O Phrag., V Aln.; eurosib. Früher Off.

L. exaltatus EHRH., **Hoher W.**

Krone weiß, purpurn punktiert. 60–120 cm. 7–8. ♃. Ufer, Weidengebüsche, Auenwälder, †, früher s ELH: bei Pillnitz. V Salic. alb., V Magnocar.; euras-kont, fluv.

Majorana MILL., **Majoran**

Blätter elliptisch, graufilzig; Krone weiß od. hell rötl.; Tragblätter breit, abgerundet, beiderseits drüsig. 20–40 cm. 7–8. ⊙. Kulturpflanze, Gew., Off. Heimat: N-Afrika. [*Origanum majorana* L.]. ***M. hortensis*** MOENCH, **Garten-M.***

Marrubium L., **Andorn**

Stängel aufrecht, ästig, weißwollig filzig; Blätter stark runzlig, grau- od. weißfilzig, ungleich gekerbt, untere lang, obere kurz, aber breit, gestielt; Blütenquirle reichblütig, fast kugelig; Kelchzähne mit langer, kahler, am Ende hakenförmiger Stachelspitze. 30–60 cm. 6–8. ♃. Dörfl. Ruderalfluren (Mauern, Zäune, Wegränder), eingeschleppt auf Müllplätzen, s LLA: Leipzig; indigene Vorkommen †, früher z im Tief- u. Hügelland. V Onop., V Arct.; euras-kont.; ehem. Steppenrelikt. Früher Off.
M. vulgare L., **Gewöhnlicher A., Mauer-A.**

Melissa L., **Melisse**

Pflanze stark nach Zitrone duftend; Blätter gestielt, eiförmig, gekerbt od. kerbig gesägt, am Grund fast herzförmig, die oberen keilförmig; Scheinquirle wenigblütig, einseitswendig. 20–60 cm. 7–8. ♃. Kulturpflanze, verwildert, Wegränder, Zäune, Schutt, z im Tief- u. Hügelland ↗ NE. K Artem., V Aegop. Gew., Off. Heimat: O-Europa, W-Asien. ***M. officinalis*** L., **Zitronen-M.***

Melittis L., **Immenblatt**

Pflanze dicht weichhaarig; Stängel aufrecht; Blätter kurz gestielt, herz- od. eiförmig längl., grob gekerbt, runzlig; Blüten zu 1–3 in den Blattachseln; Kelch weitglockig; Krone außen weiß, Oberlippe innen rötl. punktiert, Unterlippe innen rosa, der Mittelpunkt purpurn, weiß gesäumt. 20–50 cm. 5–6. ♃. Lichte Laubwälder u. ihre Säume, auf lockeren, humosen u. basenreichen Böden, s ELH: Ziegenbusch bei Oberau; MLH: um Grimma, Waldheim, Döbeln, Ostrau; früher z ELH, MLH; s LLA: bei Leipzig. V Querc. rob., V Querc. pub., V Carp.; submed. ∇ ***M. melissophyllum*** L., **Melissen-I.***

Mentha L., **Minze**

Die zahlreichen Bastarde sind oft schwer zu bestimmen. Ihre Verbreitung ist im Gebiet meist unzulängl. bekannt. Bastarde in Anlehnung an HAMMER in JÄGER & WERNER (2005).

1 Kelch fast 2-lippig, sein Schlund nach der Blütezeit durch einen Haarkranz geschlossen; Kronröhre plötzl. in den Schlund erweitert; Pflanze mit oberirdischen Ausläufern ***M. pulegium***

1* Kelch 5-zähnig, mit offenem Schlund; Kronröhre allmähl. in den Schlund erweitert *(Abb. 587/4);* Pflanze mit überwiegend unterirdischen Ausläufern

2 Scheinquirle, wenigstens die unteren, in den Achseln von Laubblättern, zuweilen außerdem am Stängelende kopfig gehäuft; Kronröhre innen meist mit dichtem Haarkranz — Kelchzähne bei der Fruchtreife gerade vorgestreckt

3 Scheinquirle am Ende des Stängels kopfig gehäuft, darunter oft noch 1 od. 2 gesonderte in den Blattachseln ***M. aquatica***

3* Scheinquirle voneinander entfernt in den Achseln fast gleich großer Laubblätter; Stängel endet mit einem Blattbüschel

4 Kelch, besonders zur Fruchtzeit, glockig, nicht od. nur schwach gefurcht; Kelchzähne 3-eckig eiförmig, nur etwa so lang wie breit; Blätter schwach gesägt bis gekerbt ***M. arvensis***

4* Kelch röhrig glockig, gefurcht; Kelchzähne 3-eckig lanzettl. bis pfrieml., länger als breit; Blätter mit abstehenden Sägezähnen

5 Krone im Schlund mit Haarkranz; Kelch röhrig, stets bis zum Grund behaart, gefurcht, seine Zähne 3-eckig lanzettl., zugespitzt; Blätter 5–10 mm lang gestielt; Pflanze ohne Zitronengeruch ***M.*** × ***verticillata***

5* Krone im Schlund kahl od. mit einzelnen Haaren; Kelch meist glockig, wenn röhrig, dann nicht bis zum Grund behaart; Blätter sitzend od. bis 10 mm lang gestielt; Pflanze mit Zitronengeruch

6 Kelch stets bis zum Grund behaart

7 Stängel mit einfachen, ± krausen u. verzweigten Haaren; Blattoberseite flaumig od. fast kahl, unterseits meist nur auf den Nerven behaart, mit stark hervortretendem Nervennetz, am Grund meist abgerundet; Blütenstiele kahl, seltener stark behaart; Kelchzähne lanzettl., zugespitzt ***M.*** × ***carinthiaca***

7* Stängel nur mit einfachen, ± glatten Haaren; Blätter beiderseits behaart bis verkahlend, mit sehr schwachem od. ohne Nervennetz, am Grund meist verschmälert; Blütenstiele behaart, seltener verkahlend; Kelchzähne lanzettl. bis pfrieml. ***M.*** × ***dalmatica***

6* Kelch kahl od. wenigstens am Grunde kahl — Blattstiele kahl od. fast kahl

8 Kelch glockig od. seltener verlängert glockig, seine Zähne 0,5–1 mm lang; Blätter ± dicht behaart, oft verkahlend; Spreite in einen 3–8 mm langen Blattstiel keilig verschmälert ***M.*** × ***gracilis***

8* Kelch röhrig, seine Zähne 1–1,5 mm lang; Blätter kahl od. fast kahl; Spreite in einen 5–10 mm langen Stiel verschmälert, am Grund abgerundet — Stängel meist stark rot überlaufen ***M.*** × ***smithiana***

2* Scheinquirle in den Achseln von Hochblättern, zu endständigen Scheinähren vereinigt; Kronröhre innen meist ohne Haarkranz — Kelch glockig, undeutl. 10-nervig

9 Blätter alle deutl. gestielt, Stiel 3–7 mm lang

10 Pflanze kahl od. fast kahl, nur die Nerven der Blattunterseite oft flaumig ***M.*** × ***piperita***

10* Pflanze flaumig bis wollig behaart, wenigstens die oberen Blätter auf der Fläche behaart, oft zottig

11 Blätter längl. eiförmig bis elliptisch, vorn ± spitz, am Grund verschmälert od. abgerundet, in der Behaarung sehr unterschiedlich, aber immer ohne verzweigte Haare; Scheinähren verlängert u. locker bis kurz u. dick ***M.*** × ***dumetorum***

11* Blätter breit eiförmig, ± runzlig, mit stumpfer Spitze, am Grund herzförmig, oberseits zerstreut behaart, unterseits flaumig filzig, mit einfachen u. verzweigten Haaren; obere Scheinquirle kopfig gedrängt ***M.*** × ***suavis***

9* Blätter sitzend, höchstens die unteren kurz gestielt

12 Blätter kahl od. nur auf den Nerven zerstreut behaart, längl. bis lanzettl., scharf gesägt mit vorwärts gerichteten, aber nicht abstehenden Zähnen; Stängel kahl ***M. spicata***

12* Blätter meist unterseits filzig; Stängel weichhaarig zottig

13 Blätter rundl. eiförmig bis eiförmig, vorn abgerundet — Fruchtknoten nicht eingeschnürt

14 Pflanze fertil; Blätter rundl. eiförmig, relativ klein, auffallend kerbig gesägt, am Grund herzförmig bis abgerundet, oberseits stark runzlig, unterseits filzig (var. *suaveolens*) od. beiderseits verkahlend (var. *glabrescens* (TIMB.) BÄSSLER); Krone helllila, fast weiß ***M. suaveolens***

14* Pflanze steril; Blätter eiförmig bis rundl., regelmäßig u. meist grob gesägt, am Grund meist herzförmig, meist runzlig u. behaart (*M.* × *niliaca* auct.), zuweilen kahl (*M.* × *cordifolia* auct.); Krone rötl. ***M.*** × ***villosa***

13* Blätter längl. lanzettl. bis längl. elliptisch, in eine Spitze auslaufend, scharf gesägt

15 Blätter nicht runzlig, am Grund deutl. verschmälert; Geruch unangenehm; Fruchtknoten oben eingeschnürt ***M. longifolia***

15* Blätter runzlig, am Grund breit abgerundet; Geruch angenehm; Fruchtknoten nicht eingeschnürt

16 Pflanze fertil; Blätter längl. lanzettl.; Krone helllila ***M.*** × ***rotundifolia***

16* Pflanze steril; Blätter längl. elliptisch; Krone rosa — Sägezähne abstehend (im Vergleich zur ähnl., aber kahlen *M. spicata*) ***M.*** × ***villosonervata***

M. aquatica L., **Wasser-M.**

Kelch röhrig trichterförmig, gefurcht, 13-zähnig; Kelchzähne aus 3-eckigem Grund pfrieml., sehr viel länger als breit; Blätter gestielt, eiförmig od. längl. eiförmig, am Grund abgerundet od. herzförmig [var. *aquatica*] od. verschmälert [var. *orthmanniana* (OPIZ) HEINR. BRAUN]; Krone hellviolett, lila, fleischfarben od. weiß. 25–90 cm. 6–10. ♃. Feuchtwiesen, Verlandungszonen, Röhrichte, Bruchwälder, Weidengebüsche, mäßig h bis z im Tief- u. Hügelland, s im Bergland. V Filip., V Phragm., V Aln., V Salic. alb., V Sal. cin.; submed+euras-nem. Früher Off.

M. arvensis L., **Acker-M.***

Stängel meist aufsteigend, Krone lila. 15–45 cm. 6–10. ♃. Feuchte bis nasse Äcker, Feuchtwiesen, Grabenränder, Ufer, h. O Secal., V Filip., V Calth.; euras-nem. Früher Off.

Die Verbreitung der 3 folgenden, vielleicht nur als Varietäten zu wertenden Sippen ist noch wenig bekannt:

1 Blattspreite am Grund breit abgerundet od. kurz gestutzt, eiförmig bis elliptisch; Stängel u. Blätter beidseits ± behaart; vorwiegend auf Äckern. **subsp. *arvensis***

1* Blattspreite in den Stiel verschmälert, elliptisch lanzettl.

2 Pflanze ± stark behaart; Blattstiele so lang wie die Scheinquirle od. kürzer; vorwiegend auf Feuchtwiesen; im Gebiet die häufigste Unterart. **subsp. *austriaca*** (JACQ.) BRIQ.

2* Pflanze schwach behaart; Blätter groß u. dünn, ihre Stiele länger als die Scheinquirle, die unteren fast doppelt so lang; Ufer, Gräben, Feuchtwiesen, seltener. **subsp. *parietariifolia*** (BECKER) BRIQ.

M. × carinthiaca HOST, **Kärntner M.**

[*M. arvensis × M. suaveolens*]. Krone lila bis rötl. 30–60 cm. 7–9. ♃. Wahrscheinl. nicht im Gebiet vorkommend.

M. × dalmatica TAUSCH, **Dalmatiner M.**

[*M. arvensis × M. longifolia*]. Krone lila bis rötl. 40–70 cm. 7–9. ♃. Kulturpflanze, s verwildert.

M. × dumetorum SCHULT., **Gebüsch-M.**

[*M. aquatica × M. longifolia*]. Krone rötlich. 40–60 cm. 7–9. ♃. Kulturpflanze, s verwildert. Nicht mit behaarten Formen von *M. × piperita* verwechseln!

M. × gracilis SOLE, **Edel-M.**

[*M. × gentilis* auct. non L., *M. arvensis × M. spicata*]. Krone lila bis rötl.-lila. 30–100 cm. 7–9. ♃. Kulturpflanze, verwildert, Wegränder, Zäune, z, fehlt ESG. NU. V Arct.

M. longifolia (L.) L., **Ross-M.***

Krone rötl.-lila. 50–120 cm. 7–9. ♃. Ufer, Gräben, feuchte Wegränder, wahrscheinl. s im Tief- u. Hügelland (oft mit anderen Sippen, z. B. *M. × villosa* od. *M. spicata*, verwechselt). V Filip., V Calth., V Potent. ans.; ursprüngl. submed, jetzt euras. Früher Off.

M. × piperita L., **Pfeffer-M.***

[*M. aquatica × M. spicata*]. Scheinquirle meist etwas locker stehend, an den Seitenästen oft kopfig gedrängt; Krone rötl.-lila. 50–80 cm. 6–7. ♃ Kulturpflanze, verwildert, Ruderalfluren (Wegränder, Zäune, Müllplätze), Gräben, z. NU. V Arct., V Filip. Off.

M. pulegium L., **Polei-M.***

[*Pulegium vulgare* MILL.]. Blätter meist nur 1–2 cm lang, 0,5–1 cm breit, gestielt, eiförmig od. elliptisch, sparsam gezähnt, sehr aromatisch; Krone rötl.-lila. 10–30 cm. 7–9. ♃. Fluss- u. Teichufer, vernässte Grasplätze, s ESG: Bad Schandau; sonst † ELH: Pirna-Copitz, um Meißen; EET: Torgau; LLA: Leipzig: Thräna. O Bid., V Potent. ans.; med-euras-kont, fluv. Giftig.

M.* × *rotundifolia (L.) HUDS., **Falsche Apfel-M.**
[*M.* × *niliaca* JACQ., *M. longifolia* × *M. suaveolens*]. 50–100 cm. 7–9. ♃. Wahrscheinl. s.

M.* × *smithiana GRAHAM, **Rote M.**
[*M. rubra* SMITH, *M. aquatica* × *M. arvensis* × *M. spicata*]. Krone rötl. 70–150 cm. 7–9. ♃. Im Gebiet wahrscheinl. nicht vorkommend od. nur als Kulturpflanze.

M. spicata L., **Grüne M.***
[*M. crispa* L.]. Scheinähren dünn, schlank, unterbrochen; Krone blass rötl.-lila; Pflanze von angenehmem Geruch. 30–90 cm. 7–9. ♃. Kulturpflanze, verwildert, bodenfeuchte Ruderalfluren, Grabenränder, Feuchtwiesen, z. NE (lokal). V Arct., V Filip., V Arrh.; w-med. Off. Heimat: nicht bekannt, möglicherweise in Kultur entstanden.

M. suaveolens EHRH., **Rundblättrige M.**
[*M. rotundifolia* auct.]. 30–80 cm. 7–9. ♃. Ob im Gebiet? Oft mit *M.* × *villosa* u. *M.* × *rotundifolia* verwechselt.

M.* × *suavis GUSS., **Liebliche M.**
[*M.* × *maximilliana* F. W. SCHULTZ, *M. aquatica* × *M. suaveolens*]. Krone rötl. 30–90 cm. 7–10. ♃. Im Gebiet wahrscheinl. nicht vorkommend.

M.* × *verticillata L., **Quirl-M., Wirtel-M.**
[*M. aquatica* × *M. arvensis*]. Stängel aufrecht od. aufsteigend; Pflanze abstehend behaart od. kahl; Krone rötl.-lila, rosa od. weiß. 25–80 cm. 7–8. ♃. Verlandungszonen, Grabenränder, mäßig h bis ins untere Bergland, s im oberen Bergland. V Filip., V Calth., V Potent. ans.; europ-nem.

M.* × *villosa HUDS., **Apfel-M., Zottige M.***
[*M. spicata* × *M suaveolens*, *M. nemorosa* WILLD., *M. niliaca* auct. non JACQ., *M. velutina* (LEJ.) BRIQ., *M.* × *cordifolia* auct.]. 50–100 cm. 7–9. ♃. Kulturpflanze, verwildert, Müllplätze, Komposthaufen, an Zäunen, Grabenränder, s bis z.
Sehr variabel: var. *villosa*: deutl. intermediär; var. *alopecuroides* (HULL) BRIQ.: *M. suaveolens* genähert.

M.* × *villosonervata OPIZ, **Gezähnte M.**
[*M. longifolia* × *M. spicata*]. 50–100 cm. 7–9. ♃. Kulturpflanze, verwildert, Müllplätze, Gartenabfälle, s LLA: Leipzig; OL: z. B. Bautzen, Görlitz.

Monarda L., Monarde

1 Krone kahl od. sehr spärl. behaart, scharlachrot, 30–45 mm lang; Kronschlund fast kahl; Blätter längl. eiförmig, zugespitzt, am Grund abgerundet od. etwas herzförmig, stachelspitzig gesägt, meist zerstreut kurzhaarig ***M. didyma***

1* Krone behaart, hellrosa od. purpurn, 20–35 mm lang; Kronschlund rauhaarig *(Abb. 605/1)*; Blätter längl. lanzettl., oft unterseits weichhaarig ***M. fistulosa***

605/1

M. didyma L., **Scharlachrote M.**
50–100 cm. 7–9. ♃. Zierpflanze. Heimat: N-Amerika.

M. fistulosa L., **Röhrige M.**
60–120 cm. 7–9. ♃. Zierpflanze. Heimat: N-Amerika. Kultiviert werden meist Hybriden.

Nepeta L., Katzenminze

1 Stängel u. Blätter kahl od. flaumhaarig, grün — Krone 14–18 mm lang, blau ***N. grandiflora***

1* Stängel u. Blätter flaumig bis filzig, grau

2 Krone weißl. od. rötl., Mittelzipfel der Unterlippe purpurn punktiert; Kronröhre den Kelch nur wenig überragend ***N. cataria***

2 Krone blau od. blauviolett (selten weiß), Mittelzipfel der Unterlippe nicht purpurn punktiert; Kronröhre den Kelch deutl. überragend — Kelch 5–9 mm lang

3 Grund der rundl. eiförmigen Blattspreite herzförmig; Stängel niederliegend bis aufsteigend ***N. racemosa***

3* Grund der lanzettl. bis längl. eiförmigen Blattspreite keilförmig od. gestutzt; Stängel meist aufrecht od. aufsteigend ***N.*** × ***faassenii***

N. cataria L., Echte K.*

Stängel aufrecht, kräftig; Blattspreiten ei-herzförmig bis rundl. eiförmig mit herzförmigem Grund; Scheinquirle am Ende des Stängels u. der Äste einen gedrängten, meist längl. Blütenstand bildend; Kelch eiförmig, wenig gekrümmt; Kelchzähne pfrieml., stachelspitzig, obere länger. Pflanze meist mit Zitronengeruch. 45–100 cm. 6–8. ♃. Trockenwarme, vor allem dörfl. Ruderalfluren (Wegränder, Mauerfüße, Müllplätze), trockenwarme Gebüschränder, z in Tief- u. Hügelland, im Bergland nur verschleppt. P. ↘ V Onop., V Arct., V Berb.; o-med-orient. Früher Off.

N. × ***faassenii*** Stearn [*N. nepetella* L. × *N. racemosa*], **Blaue K.:** Zierpflanze, verwildert, Ruderalfluren, grasige Böschungen, Parks, s. 15–30 cm. 5–10. ♃.

N. grandiflora M. BIEB., **Großblütige K.**

Blattspreite längl. bis elliptisch, mit gestutztem, kaum herzförmigem Grund; Scheinquirle einen lockeren, oft verlängerten Blütenstand bildend, die unteren lang, die oberen kurz gestielt; Kelch walzenförmig, gekrümmt, 9–13(–18) mm lang. 60–100 cm. 7–8. ♃. Zierpflanze, verwildert, Ruderalfluren, Parks, s. NU. Heimat: Kaukasus.

N. racemosa LAM. , **Trauben-K.**

[*N. mussinii* HENCKEL] 15–30 cm. 4–10. ♃. Zierpflanze, verwildert, Ruderalfluren, grasige Böschungen, Parks, s. Heimat: Kaukasus.

Ocimum L., **Basilienkraut, Basilikum**

Pflanze kahl, von aromatischen Duft; Blätter eiförmig rhombisch, weich, ganzrandig od. entfernt gezähnt, 1–2 cm lang gestielt; Scheinquirle meist 6-blütig; Krone weiß od. rötl. *(Abb. 590/2)*. 20–40 cm. 6–10. ⊙. Gew. Heimat: Vorderindien. ***O. basilicum*** L., **Basilikum**

Origanum L., **Dost**

Blätter längl. eiförmig, undeutl. gezähnt, fast kahl, durchscheinend punktiert; Tragblätter elliptisch, spitzl., oberseits od. beiderseits drüsenlos, meist dunkelpurpurn; Kelch 5-zähnig; Krone hellpurpurn, selten weiß, 4–7 mm lang. 20–60 cm. 7–9. ♃. Wärmebegünstigte Eichen- u. Kiefernwälder, Gebüsche, Säume, Halbtrockenrasen, Steinbrüche, meist auf basischen Böden, z vom Hügelland bis ins untere Bergland, s im Tiefland. V Cyt.-Pin., V Querc. rob., V Querc. pub., O Prun., O Orig., K Fest.-Brom.; med-submed+euras-kont. Off. ***O. vulgare*** L., **Gewöhnlicher D., Wilder D.***

1 Blütenstand im Umriss ± kugelförmig u. insgesamt ± dichtblütig, Vorkommen etc. wie Art. **subsp. *vulgare*:**

1* Blütenstand im Umriss lang pyramidal, alle Teilblütenstände voneinander entfernt; Kulturpflanze, verwildert od. eingeschleppt, s, z. B. Bautzen. Heimat: Europa. [subsp. *prismaticum* (GAUDIN) ARCANG.]. **subsp. *megastachyum*** (W. D. J. KOCH) CES., **Wintermajoran**

Prunella L., **Braunelle**

1 Krone gelbl.-weiß; wenigstens die oberen Blätter fiederspaltig ***P. laciniata***

1* Krone blauviolett, selten rötl. od. weiß; Blätter ungeteilt

2 Krone 7–15 mm lang, höchstens 2-mal so lang wie der Kelch; Kronröhre gerade; Zähne der Kelchoberlippe sehr kurz, gestutzt; Zahn der längeren Staubfäden pfrieml., gerade *(Abb. 588/4);* oberes Laubblattpaar direkt am Grund des Blütenstands ***P. vulgaris***

2* Krone 20–25 mm lang, 2–3-mal so lang wie der Kelch; Kronröhre etwas aufwärts gekrümmt; Zähne der Kelchoberlippe zugespitzt; Zahn der längeren Staubfäden kurz, stumpf; oberes Laubblattpaar vom Blütenstand entfernt ***P. grandiflora***

P. grandiflora (L.) SCHOLLER, **Großblütige B., Große B.***

5–25 cm. 6–9. ♃. Trockene Säume, Halbtrockenrasen, auf trockenen u. basischen Böden, auch als Zierpflanze (Dachbegrünung) verwildert, s ELH, MLH, OL; indigen früher s ELH: Meißen; GHP: Lenz; MLH: Ketzerbachtal; LLA: um Leipzig. ↘ V Brom., V Ger., V Potent ans.; submed-subatl+sarmat.

P. laciniata (L.) L., **Weiße B.**

Krone 14–18 mm lang; Stängelkanten u. Blätter weißzottig. 5–20 cm. 6–8. ♃. Flussdamm auf trockenem Boden, s LLA: Borna: Deutzen. NU. V Arrh. Heimat: Mittelmeergebiet bis Vorderasien.

P. vulgaris L., **Gewöhnliche B., Kleine B.***

5–30 cm. 6–9. ♃. Magere Wiesen u. Weiden, Halbtrockenrasen, Waldwege, auf trockenen bis frischen, sauren bis basischen Böden, h. K Mol.-Arrh., K Fest.-Brom., V Potent. ans.; euras, jetzt Kosmopolit.

Bastard:

P. × ***intermedia*** LINK (*P. laciniata* × *P. vulgaris*): Hierzu gehört wahrscheinl. die früher bei Leipzig-Connewitz gefundene „var. *pinnatifida* KOCH" von *P. vulgaris*.

Rosmarinus L., **Rosmarin**

Strauch mit rutenförmigen, aufrechten Zweigen; Blätter sitzend, unterseits graufilzig. 15–150 cm. 12–6. ♄. Kulturpflanze, meist in Töpfen kultiviert. Gew. Off. Heimat: Mittelmeergebiet. ***R. officinalis*** L., **Garten-R.***/**

Salvia L., **Salbei**

1 Stängel am Grund holzig; Blätter längl. od. längl. lanzettl., Spreite am Grund verschmälert ***S. officinalis***

1* Stängel krautig; Blattspreite am Grund abgerundet od. meist herzförmig, selten spießförmig

2 Krone intensiv gelb; Blattspreitengrund spießförmig; Pflanze drüsig klebrig ***S. glutinosa***

2* Krone blauviolett, hellblau, selten weiß; Blattspreite am Grund nicht spießförmig; Pflanze nicht drüsig klebrig

3 Scheinquirle 14–30-blütig, zieml. dicht, fast kugelig; Staubblätter unbewegl. ***S. verticillata***

3* Scheinquirle höchstens 10-blütig, locker; Staubblätter bewegl. (mit Hebelmechanismus)

4 Stängel mit wenigen Blattpaaren; Grundblätter rosettig, längl. od. längl. eiförmig, kerbig gezähnt, ungeteilt od. 3-lappig; Spreite am Grund herzförmig; Tragblätter grün, obere kürzer als der Kelch; Krone dunkelblau, selten weiß ***S. pratensis***

4* Stängel dicht beblättert, ohne grundständige Rosette; Blätter längl. lanzettl., gekerbt; Spreite am Grund abgerundet od. herzförmig; Tragblätter meist purpurn, die oberen so lang wie der Kelch; Krone violett od. rosa **_S. nemorosa_**

S. glutinosa L., **Klebriger S.***

Krone 3–4 cm lang; Stängelblätter lang gestielt, scharf gesägt. 40–80 cm. 7–10. ♃. Gebüsch, s, z. B. um 1965 etwa 10 Jahre in Leipzig. Heimat: Hochgebirge Europas, Kleinasiens u. Kaukasiens.

S. nemorosa L., **Steppen-S.**

Stängel u. Blätter grauflaumig, ohne Borsten- u. Drüsenhaare. 30–70 cm. 6–8. ♃. Ruderalisierte Trocken- u. Halbtrockenrasen, wärmebegünstigte Ruderalfluren (Bahnanlagen, Wegränder, Böschungen, Müllplätze), Gebüschsäume, z ELH, LLA, OL; s EET, ERO, VGT. ↘ NE. K Fest.-Brom., V Onop., O Orig.; europ-kont.

S. officinalis L., **Echter S.***/**

Blätter fein gekerbt, runzelig, jung wie auch der Stängel weißl. graufilzig; Scheinquirle 4–12-blütig; Kelchzähne in eine dornige Granne endigend; Krone violett, selten weiß *(Abb. 588/1)*; Kronröhre innen mit Haarring. 30–80 cm. 6–9. ♄. Kulturpflanze, verwildert, s um Dresden. Off. NU. Heimat: S-Europa.

S. pratensis L., **Wiesen-S.***

Stängel kurz borstig, oberwärts drüsig. 30–70 cm. 6–7. ♃. Halbtrockenrasen, magere u. trockene Wiesen, Dämme, mäßig h LLA u. im gesamten Elbtal, z im Tief- u. Hügelland, s im unteren Bergland, durch Rasenansaaten neuerdings weitere Verbreitung. V Arrh., K Fest.-Brom.; submed. Off.

S. verticillata L., **Quirl-S.**

Blätter fast 3-eckig herzförmig, ungleich kerbig gesägt, meist mit 2 getrennten Öhrchen am Blattstiel, kurz weichhaarig. 30–60 cm. 6–9. ♃. Ruderalisierte Halbtrockenrasen, Ruderalfluren (Bahngelände, Wegränder, Umschlagplätze), z um Leipzig, Dresden u. Zwickau, sonst s im Tief- u. Hügelland. ↘ V Brom., V Cirs.-Brach., V Onop.; euras-kont.

Bastard:

S. × ***sylvestris*** L. [*S. nemorosa* × *S. pratensis*]: s, z. B. Leipzig; auch als Zierpflanze kultiviert.

Zierpflanzen:

S. splendens ROEM. et SCHULT.*, **Pracht-S.:** Krone scharlachrot, ebenso die Tragblätter, Unterlippe verkümmert. 50–150 cm. 6–9. ☉, in der Heimat Brasilien strauchig.

S. farinacea BENTH., **Mehliger S.:** Krone dunkel lilablau, bis 25 mm lang; Achse des Blütenstands blau; Behaarung grauweiß filzig. 50–80 cm. 6–10. ♃. Heimat: südl. N-Amerika.

S. sclarea L.*, **Muskateller S.:** Krone rosa bis lila, ebenso die Tragblätter; Stängel zottig drüsig; Blätter locker graufilzig; harzig balsamisch riechend. 30–110 cm. 7–9. ⊙, ⊙. s verwildert. Off. Heimat: M- u. O-Europa, W-Asien.

S. viridis L., **Buntschopf-S.:** Tragblätter so lang wie od. länger als die Blüten, an der Spitze des Stängels in einem blütenlosen violetten od. roten Schopf endend. 20–50 cm. 6–8. ⊙. Mehrfach in Rasenansaaten, z. B. LLA: Leipzig; OLH: Bischofswerda. Heimat: S-Europa, SW-Asien.

Satureja L., **Bohnenkraut**

Stängel aufrecht, sehr ästig; Blätter gewimpert; Blüten meist zu 5 in den Blattachseln scheinquirlig; Krone 4–6 mm lang. 15–30 cm. 6–10. ⊙. Kulturpflanze, verwildert, Wegränder, Müllplätze, s. NU. Gew. Off. Heimat: SO-Europa, Kleinasien. ***S. hortensis*** L., **Garten-B.***

Scutellaria L., **Helmkraut**

1 Blätter ringsum grob gezähnt; Deckblätter breit eiförmig, ganzrandig, viel kleiner als die Laubblätter; Pflanze meist > 60 cm ***S. altissima***

1* Blätter ganzrandig od. schwach gezähnt; Deckblätter von den Laubblättern kaum unterschieden, allmähl. kleiner werdend; Pflanze meist < 60 cm hoch

2 Blüten 6–7 mm lang; Krone rötl.; Kronröhre gerade ***S. minor***

2* Blüten 12–20 mm lang; Krone blauviolett, selten rötl. od. weiß; Kronröhre aufwärts gebogen

3 Alle Blätter entfernt gekerbt gesägt, aus herzförmigem Grund längl. lanzettl.; Krone 12–18 mm lang, wie der Kelch kahl od. kurzhaarig *(Abb. 588/3)*, ohne Drüsen; Blüten entfernt, gegenständig, einseitswendig ***S. galericulata***

3* Obere Blätter ganzrandig, längl. lanzettl., mittlere am Grund beiderseits mit waagerecht abstehenden Öhrchen, fast spießförmig, Krone 20–22 mm lang, wie der Kelch drüsig flaumig; Blüten traubig gehäuft ***S. hastifolia***

S. altissima L., **Hohes H.**

Krone 15–18 mm lang, blauviolett mit weißer Unterlippe. 60–100 cm. 6–7. ♃. Zierpflanze, verwildert, Gebüsche, feuchte Säume, s, z. B. Oederan, Meißen, früher Zwickau. NE. O Prun., O Glech. Heimat: S-Europa.

S. galericulata L., **Gewöhnliches H., Großes H.***

20–60 cm. 6–8. ♃. Ufer, Gräben, Feuchtwiesen, Erlen-Bruchwälder, auf nassen, nährstoffreichen Böden, mäßig h vom Tiefland bis ins untere Bergland. V Magnocar., O Mol., V Aln.; eurosib+circpol.

S. hastifolia L., **Spießblättriges H.**

10–30 cm. 6–8. ♃. Wechselfeuchte Wiesen, feuchte Staudenfluren, Säume von Auenwäldern, Ränder von Tümpeln u. Gräben, auf lehmigen, basischen Böden, s LLA: Schkeuditz, früher z um Leipzig; sonst †, s EET: Torgau; ELH: Dresden, Meißen; MLH: Wurzen; OLH: Moritzburg. ↘ V Cnid., auch V Mol., V Filip.; europ-kont, fluv. Stromtalpflanze.

S. minor Huds., **Kleines H.**

Krone u. Kelch flaumig, drüsenlos; untere Blätter eiförmig, obere lanzettl., am Grund beiderseits mit 1 od. 2 stumpfen Zähnen od. völlig ganzrandig. 7–20 cm. 6–10. ♃. Feuchtwiesen, Kleinseggenriede, Gräben, Wagenspuren in feuchten Wäldern, besonders Bruchwäldern, auf meist nährstoffarmen Böden, z DDH, GHP; s OLH: Moritzburg; OLT. ↘ V Calth., V Aln., V Car. nig.; atl-subatl-mont.

Sideritis L., **Gliedkraut**

Stängel meist vom Grund an ästig, wie die Blätter zottig; Kelchzähne fast gleich, stechend begrannt *(Abb. 610/1 a).* 10–30 cm. 7–9. ⊙. Trockene Ruderalfluren (Bahnanlagen, Umschlag- u. Müllplätze), s LLA: Leipzig; OL: Ebersbach bei Löbau, früher auch Bautzen, Königswartha, Horka, Hoyerswerda; früher s ELH: Dresden, Meißen; ERO: Tharandt. NU. V Sis. Heimat: S-Europa, W-Asien. **S. montana** L., **Berg-G.**

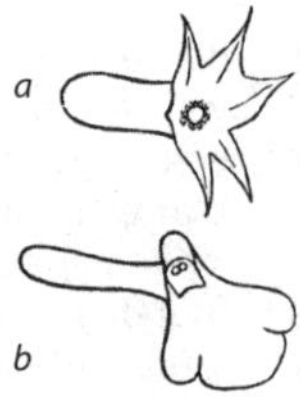

610/1

Stachys L., **Ziest**

1 Krone rot; Blattspreite unterer u. mittlerer Blätter am Grund herzförmig od. gestutzt

2 Scheinquirle 10- bis mehrblütig; Vorblätter so lang wie der Kelch

3 Stängel lang weichhaarig, oberwärts drüsenhaarig, Blätter grob gesägt, anliegend kurzhaarig, alle gestielt; Krone schmutzig- bis dunkelrot **S. alpina**

3* Stängel weißwollig filzig, drüsenlos; Blätter fein gekerbt bis fast ganzrandig, weißwollig, untere gestielt, obere sitzend; Krone rosa bis purpurn

4 Stängel u. Blätter filzig, graugrün; Oberfläche unter der Behaarung noch sichtbar; Blattspreite längl. eiförmig, am Grund gestutzt bis fast herzförmig, deutl. gekerbt **S. germanica**

4* Stängel u. Blätter sehr dicht weißwollig filzig; Oberfläche unter der Behaarung nicht sichtbar; Blattspreite breit lanzettl. bis elliptisch, keilförmig in den Stiel verschmälert, undeutl. gekerbt bis fast ganzrandig **S. byzantina**

2* Scheinquirle 6–10-blütig; Vorblätter fehlend od. höchstens ½ so lang wie der Kelch

5 Krone kaum länger als der Kelch, 6–8 mm lang; Kelchzähne lanzettl. ***S. arvensis***

5* Krone 2-mal so lang wie der Kelch; Kelchzähne pfrieml.

6 Blätter alle lang gestielt, Stiele der unteren $^1/_3$ bis fast so lang wie die Spreite, etwa 3–7 cm lang; Spreite breit, am Grund tief herz-eiförmig — Pflanze unangenehm riechend ***S. sylvatica***

6* Blätter sitzend od. kurz gestielt; Stiel der unteren höchstens $^1/_6$ so lang wie die Spreite, bis 1 cm lang; Spreite eiförmig längl., 2–5-mal so lang wie breit, am Grund meist nur schwach herzförmig

7 Blattspreite längl. bis längl. lanzettl., 3–5-mal so lang wie breit, 1–2 (–3) cm breit; Stiel der unteren Blätter < 0,5 cm lang (höchstens $^1/_{10}$ so lang wie die Spreite), obere Blätter sitzend, halb-stängelumfassend; Krone blasspurpurn; reife Klausen gut entwickelt; Geruch nicht unangenehm; Stängel flaumig bis fast kahl, seltener dicht weichhaarig ***S. palustris***

7* Blattspreite eiförmig längl. bis eilanzettl., 2–4-mal so lang wie breit, 2–5 cm breit; Stiele etwa 0,5–1 cm lang ($^1/_{10}$–$^1/_6$ so lang wie die Spreite), die oberen Blätter manchmal sitzend; Krone lebhaft purpurn; reife Klausen nur selten entwickelt; Pflanze von unangenehmem Geruch; Stängel meist schwach behaart ***S.* × *ambigua***

1* Krone gelb; Blattspreite am Grund abgerundet od. verschmälert

8 Pflanze 1-jährig; Blätter meist kahl, gestielt, untere längl., stumpf, obere lanzettl., spitz; Scheinquirle 4–6-blütig, ihre Tragblätter fein zugespitzt, nicht grannig; Kelchzähne lanzettl., mit behaarter Stachelspitze ***S. annua***

8* Pflanze ausdauernd; Blätter kurzhaarig, längl. bis lanzettl., die unteren sehr kurz gestielt, obere sitzend; Scheinquirle 6–10-quirlig, ihre Tragblätter grannig bespitzt; Kelchzähne 3-eckig, mit kahler Stachelspitze ***S. recta***

S. alpina L., **Alpen-Z.**

Kelchzähne breit eiförmig, stachelspitzig. 60–100 cm. 7–8. ♃. Waldlichtungen, Säume, lichte, krautreiche Wälder, s ERM: Lengefeld; MLH: Zschopau- u. Striegistal. V Atrop., V Til.-Acer.; pralp+zentraleurop desubalp. Kühlzeitzeuge.

S.* × *ambigua Sm., **Zweifelhafter Z.**

[*S. palustris* × *S. sylvatica*]. 30–100 cm. 6–9. ♃. Waldränder, Ufer, s, z. B. ERB: Schönfels; LLA: Leipzig; OLH: Görlitz; OLT: Commereau, Niesky; VGT: Oelsnitz. O Glech., V Filip.

S. annua (L.) L., **Sommer-Z., Einjähriger Z.**

10–30 cm. 7–10. ⊙. Äcker, Weinberge (früher z ELH), jetzt trockene Ruderalfluren (Umschlagplätze, Bahnanlagen), s EET: Opitzsch; früher s bis z ELH: Meißen; ERO: bei Maxen, Hainsberg; ESG: Pirna; LLA: bei Leipzig; OLH: bei Radeburg. Als A †. V Caucal., V Veron., heute V Sis.; o-med.

S. arvensis (L.) L., **Acker-Z.**

Blätter gestielt, rundl. eiförmig, Spreite am Grund gestutzt od. seicht herzförmig, obere längl., sitzend; Stängel niederliegend od. aufsteigend; Krone blassrosa. 7–30 cm. 7–10. ⊙. Extensiv genutzte Äcker, Gärten, Ackerbrachen, Wegränder, s ERO: z. B. Liebenauer Platte, s MLH: Schwochau, Wurzen; früher z im Tief- u. Hügelland, s im Bergland. A. ↘ V Aper., V Sperg.-Ox.; w-med.

S. byzantina K. Koch, **Wolliger Z.***

[*S. lanata* Jacq., *S. olympica* Poir.]. 30–80 cm. 6–8. ♃. Zierpflanze, verwildert, Wegränder, Müllplätze, z. NU. Heimat: Kaukasus, Türkei.

S. germanica L., **Deutscher Z.**

50–100 cm. 7–8. ⊙, ♃ (kurzlebig). Halbtrockenrasen, Weg- u. Waldränder, s EET: Strehla; sonst †, früher s ELH: Dresden-Plauen; ERO: Tharandt; MLH: Ketzerbachtal; LLA: Leipzig-Dösen, Markkleeberg. V Brom , V Onop.; med.

S. palustris L., **Sumpf-Z., Schweinsrübe***

Pflanze mit rosenkranzartig verdickten, rhizomartigen Knollen (ehemals Schweinefutter). 30–80 cm. 7–8. ♃. Feuchte, kalkarme Äcker, Gräben, wechselnasse Wiesen, meist überall h. V Sperg.-Ox., V Filip., V Mol.; circpol.

S. recta L., **Aufrechter Z.***

30–60 cm. 6–10. ♃. Trocken- u. Halbtrockenrasen, Weinberge, Trockengebüsche u. -säume, lichte Eichenwälder, z ELH, MLH (im Elbbereich), sonst s. ↘ K Fest.-Brom., V Ger., V Berb.; submed.

Im Gebiet nur **subsp. *recta*.**

S. sylvatica L., **Wald-Z.***

Stängel dicht abstehend behaart; Blätter grob kerbig gesägt, weich; Krone schmutzig dunkelpurpurn, 11 mm lang. 60–120 cm. 6–8. ♃. Bodenfeuchte, krautreiche Laubmischwälder, Gebüsche, schattige Säume, mäßig h EET, GHP, OLT; sonst h. O Fag., O Prun., O Glech.; eurosib.

Teucrium L., **Gamander**

1* Krone gelbl.-weiß, Kelch 2-lippig, Oberlippe ungeteilt, Unterlippe 4-zähnig *(Abb. 587/2);* Blüten einzeln, end- od. blattachselständig, Trauben bildend ***T. scorodonia***

1* Krone purpurn od. rosa, selten weiß; Kelch 5-zähnig; Blüten in 2–4-blütigen, entfernten Scheinquirlen

2 Blätter einfach bis doppelt fiederteilig ***T. botrys***

2* Blätter ungeteilt

3 Blätter gestielt, Spreite längl., keilförmig, in den Stiel verschmälert, eingeschnitten gekerbt; Scheinquirle meist 6-blütig, zu einer endständigen, ± einseitswendigen Scheinähre vereinigt; wenigstens die oberen Tragblätter kürzer als die Blätter; Krone purpurn, selten weiß, 10–15 mm lang ***T. chamaedrys***

3* Blätter sitzend, Spreite längl. bis längl. lanzettl., grob gekerbt, die unteren am Grund abgerundet, die oberen keilförmig verschmälert; Scheinquirle meist 4-blütig; Scheinähre allseitswendig, ihre Tragblätter viel länger als die Blätter; Krone hellpurpurn, 6–10 mm lang ***T. scordium***

T. botrys L., **Trauben-G.***

Blätter gestielt; Scheinquirle 2–6-blütig; Krone schmutzig-rosa; Mittelzipfel der Unterlippe gelbl., selten weiß. 10–30 cm. 7–9. ⊙. Natürl. Steinschutthalden auf Diabas, Kalkbrüche, Initialstadien von Trockenrasen, z VGT: im Diabasgebiet; s ERB: Zwickau, Brüche bei Schönau u. Grünau; s ERO: Pirna: Bornaer u. Nentmannsdorfer Kalkbrüche; s verschleppt, z. B. LLA: Leipzig; früher ELH (Elbdamm). ↘ V Galeops., neophytisch V Sals.; submed-subatl.

T. chamaedrys L., **Edel-G.***/**

Pflanze am Grund holzig. 7–30 cm. 7–9. ♄. Mauern, Steinbrüche, Dämme, s im Tief- u. Hügelland, im Gebiet nur NF nach Verwilderung, z. B. MLH: Nossen; früher GHP: Großenhain. O Orig., K Fest.-Brom.; med-submed. Steingartenpflanze. Nächste natürl. Vorkommen in Thüringen u. Böhmen. Früher Off.

T. scordium L., **Lauch-G.**

Pflanze krautig, stark nach Knoblauch riechend. 10–50 cm. 7–8. ♃. Feuchtwiesen, Uferzonen, auf nährstoffreichen, lehmigen Böden, s LLA: Schkeuditz; früher s im Tief- u. Hügelland, fehlt OL. ↘ V Cnid., V Mol., V Magnocar.; med-orient.+submed.

T. scorodonia L., **Salbei-G.***

Blätter gestielt, Spreite aus herzförmigem Grund eiförmig od. längl., gekerbt, runzelig. 30–50 cm. 7–8. ♃. Nadel- u. Eichenmischwälder, Säume, Ränder von Blockhalden, Bahndämme, mäßig h bis z bis ins mittlere Bergland. ↘ V Carp., V Querc. rob., V Mel., O Pic.; atl-subatl. In Nordsachsen indigen, sonst durch Fichtenanbau verbreitet.

Thymus **L., Thymian, Quendel**

Quannel, Kunele, Kunnerle (ERZ, VGT), Feldthymian, Heemlichfutter (Heemlich = Grille) (OL)

Zur Bestimmung sind mehrjährige Zweige mit Blütentrieben erforderl. Merkmale der Blütentriebe sind am 2. od. 3. Internodium unterhalb des Blütenstandes festzustellen, Merkmale der Blattadern sind nur an trockenen Blättern erkennbar. Bei gemeinsamen Vorkommen zweier Arten ist mit Bastarden zu rechnen.

Alle einheimischen Arten sind Spalier-Zwerghalbsträucher.

1 Blütentriebe deutl. 4-kantig, 4-zeilig behaart, je 2 Seitenflächen schmaler u. eingesenkt, nur an den Kanten behaart *(Abb. 614/1 a),* schmalere Seiten können durch Kantenhaare verdeckt sein — Pflanze stark aromatisch, Duft typisch „quendelartig", selten zitronenartig

2 Stängel lang kriechend, mit liegendem, vegetativ endendem Trieb abschließend, wenn dieser fehlend, dann 2-jährige Kriechsprosse, die nicht in einem Blütenstand enden, Blütentriebe seitenständig *(Abb. 614/2)* ***T. alpestris***

2* Stängel aufsteigend od. anfangs niederliegend bis kriechend u. dann aufsteigend, spätestens im 2. Jahr mit einem Blütenstand abschließend, zur Blütezeit ohne liegende vegetative Triebe, Blütentriebe end- u. seitenständig *(Abb. 615/1)* ***T. pulegioides***

1* Blütentriebe stumpf 4-kantig bis scheinbar rundl., ohne deutl. schmalere od. eingesenkte Seitenflächen, ringsum ± gleichmäßig behaart *(Abb. 614/1 b)*

3 Stängel aufsteigend od. niederliegend u. dann aufsteigend, spätestens im 2. Jahr mit einem Blütenstand abschließend, zur Blütezeit ohne liegende vegetative Triebe, Blütentriebe end- u. seitenständig *(Abb. 615/1);* Kelch 2,5–3,5(–4) mm lang; Blätter 1–2(–3) cm lang, kurz gestielt bis sitzend; Blütenstand meist verlängert, walzenförmig, oft unterbrochen ***T. pannonicus***

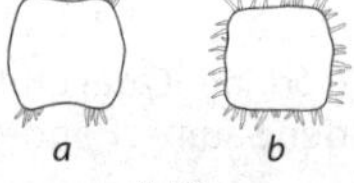

a *b*

614/1

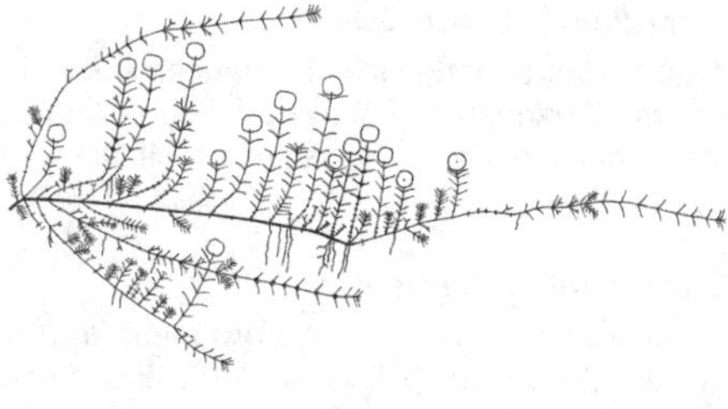

614/2

3* Stängel lang kriechend, mit liegendem, vegetativ endendem Trieb abschließend, wenn dieser fehlend, dann mindestens 2-jährige Kriechsprosse, die nicht in einem Blütenstand enden, Blütentriebe seitenständig *(Abb. 614/2);* Kelch 3,5–5 mm lang; Blätter 0,3–1(–1,5) cm lang; Blütenstand meist kopfig, selten etwas verlängert

4 Obere Kelchzähne breit 3-eckig, etwa so lang wie am Grund breit *(Abb. 615/2 a);* Blätter lineal, längl. bis elliptisch od. schmal verkehrt eiförmig, 1–3 mm breit, kurz gestielt bis sitzend, Blätter entlang der Blütentriebe mit Ausnahme der untersten in Größe u. Form nicht wesentl. abweichend, Seitenadern an Blattunterseite nicht od. stumpf hervortretend, oberstes Paar Seitenadern zur Blattspitze verlaufend, ohne dass sich ihre Enden vereinigen ***T. serpyllum***

4* Obere Kelchzähne schmal 3-eckig, länger als am Grund breit *(Abb. 615/2 b);* Blätter elliptisch bis breit eiförmig od. rundl., (2–)3–6 (–8) mm breit, deutl. gestielt, an Blütentrieben meist von oberen zu unteren Blättern Spreite kleiner u. Stiel länger, Spreite unterer Blätter oft in einen Stiel verschmälert, der mindestens ½ so lang wie die Spreite ist, dadurch Blätter ± spatelförmig, Seitenadern an Blattunterseite meist scharf hervortretend, oberstes Paar sich mit den Enden an der Blattspitze vereinigend u. eine Randader bildend ***T. praecox***

T. alpestris (ČELAK.) A. KERN., **Hochgebirgs-Th., Riesengebirgs-T.**
Blattspreite an den Blütentrieben von oberen zu unteren Blättern auffällig kleiner u. Stiel länger, dadurch untere Blätter rundl. spatelförmig; Blütenstand meist kopfig; Kelch (3,5–) 4–5 mm lang, Oberseite u. obere Kelchzähne meist kahl. 3–10(–15) cm. 7–9. Felsfluren, Magerrasen, ob im obersten ERZ? Sicherer Nachweis bisher nur auf tschechischer Seite (Klínovec); sudeto-karp, subalp.

T. pannonicus ALL., **Steppen-Th., Pannonischer Th.****
[*T. marschallianus* auct.]. 5–30 cm. 6–8. Trockenrasen, trockene Böschungen von Bahn- u. Elbdämmen, s bei Riesa: Nickritz, früher mehrfach ELH: Pirna-Copitz, Gehege in Dresden; ob natürliche Ausbreitung od. Verschleppung im Elbtal aus Böhmen? Euras-kont., coll.

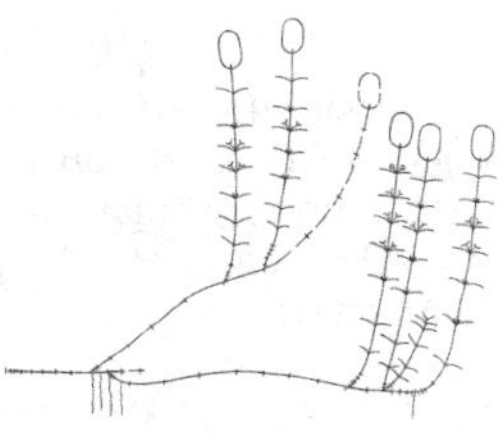

615/1

615/2

T. praecox Opiz, **Frühblühender Th.****

[*T. humifusum* auct.]. 3–15 cm. 5–7. Felsfluren, Trockenrasen, s ESG: früher Strand bei Königstein, vermutlich Verschleppung aus Böhmen; weitere Angaben irrtüml. (Dresden) od. unbestätigt (Meißen); submed+adalp. Nächste natürl. Vorkommen in Böhmen und Thüringen.

Im Gebiet nur **subsp. *praecox***.

T. pulegioides L., **Gewöhnlicher Th.** od. **Quendel, Arznei-Th., Feld-Th., Feldkümmel***/**

[*T. ovatus* Mill., *T. chamaedrys* Fr.]. Blütenstand kopfig od. verlängert, meist walzenförmig u. unterbrochen; Kelch 2,5–4 mm lang, Oberseite u. obere Kelchzähne meist bewimpert; 5–25(–40) cm. (6–)7–9. Frische bis trockene, basenreiche bis saure Grasfluren, Magerwiesen u. -weiden, Halb- u. Sandtrockenrasen, meist an deren Rändern od. in lückigen Stellen (auch auf Ameisen- u. Maulwurfshaufen), Zwergstrauchheiden, Waldränder, gern an Böschungen u. Dämmen, in Steinbrüchen, auch an Felsen u. Mauern, auf Sand-, Stein- od. Lehmböden, h bis mäßig h, nur z LLA u. OLT. O Arrh., O Nard., K Fest.-Brom., V Armer. elong., u. a.; europ-nem. Gew., Off.

Formenreiche Art mit mehreren Unterarten, im Gebiet außer subsp. *pulegioides* eine bisher als Varietät eingestufte Sippe, die nicht nur morphologisch, sondern durch die Blütezeit deutl. abweicht:

1 Blätter entlang der Blütentriebe mit Ausnahme der untersten in Größe u. Form der Spreite meist nicht abweichend, nach unten kleiner werdend, aber in der Form kaum verschieden; Blütezeit 7–9; Pflanze mit kurz od. lang niederliegenden od. aufsteigenden Sprossen, nur auf trockenen u. flachgründigen Standorten < 10 cm hoch, sonst höher. **subsp. *pulegioides***

1* Spreite von oberen zu unteren Blättern auffällig kleiner u. Stiel länger, untere Blätter lang gestielt u. rundl. spatelförmig; Blütezeit 6, also früh blühend, obwohl Bergwiesenpflanze; < 10 cm hohe Pflanze mit lang niederliegenden Sprossen. **subsp. *similialpestris***

subsp. *pulegioides*

[subsp. *chamaedrys* (Fr.) Guşul.]. (5–)10–20(–30) cm. 7–9. Mäßig h im Hügel- u. Bergland, z im Tiefland.

subsp. *similialpestris* Debray

[var. *praeflorens* (Ronniger) P. A. Schmidt, *T. alpestris* var. *praeflorens* Ronniger]. 5–10 cm. 6. Magere Rasen, Feuchtwiesen, s ERZ.

T. serpyllum L. em. Mill., **Sand-Th.***/**

2–10 cm. 7–9. Sand-Pionierfluren, Sandheiden, lückige Trockenrasen auf feinerdearmen u. lockeren Sandböden, an Weg- u. Waldrändern von Sand-Kiefernwäldern, auf Dünen, an Sandgruben, am Rand von Tagebauen in Sandgebieten, mäßig h OLT, sonst z im Tiefland, s ELH, LLA, OLH. O Coryn., O Fest.-Sed., V Genist., V Dicr.-Pin., V Cyt.-Pin.; sarmat. Off.

Im Gebiet nur **subsp. *serpyllum***.

Bastarde:

T. × ***oblongifolius*** OPIZ [*T. pulegioides* × *T. serpyllum*]: s, vor allem im Tiefland

T. × ***porcii*** BORBÁS [*T. pulegioides* × *T. pannonicus*]: s ELH: früher Dresden, Pirna-Copitz

T. × ***pseudoalpestris*** FERD. WEBER [*T alpestris* × *T. pulegioides*]: s ERW, ob noch? (Oberer Zechengrund).

Häufig kultiviert, nur gelegentl. verwildert (z. B. verschleppt durch Ameisen): ***T. drucei*** RONNIGER** [*T. praecox* subsp. *britannicus* (RONNIGER) HOLUB]., **Britischer Th.** (ähnl. *T. praecox*, Blütentriebe an 2 Seiten kahl, z. B. VGT); ***T. vulgaris*** L.*/**, **Echter**, **Garten-** od. **Gewürz-Th.** (stärker verholzter Zwergstrauch von aufsteigendem bis aufrechtem Wuchs mit am Rand umgerollten Blättern, z. B. s LLA, OLH).

Als Zier-, Gewürz- u. Heilpflanze wird auch ***T.*** × ***citriodorus*** (PERS.) SCHWEIGG. *(T. pulegioides* × *T. vulgaris)* kultiviert, nicht zu verwechseln mit nach Zitrone dufenden Pflanzen von *T. pulegioides*, die wildwachsend vorkommen od. auch in Gärten gepflanzt werden.

Fam. *Phrymiaceae* SCHAUER, Gauklerblumengewächse

Mimulus L., Gauklerblume

1 Stängel aufrecht od. aufsteigend, kahl, nur oben etwas drüsig; Blätter rundl. bis längl. eiförmig, meist gezähnelt, untere gestielt, obere sitzend od. halb-stängelumfassend; Pflanze ohne Moschusgeruch; Krone 25–40 mm lang ***M. guttatus***

1* Stängel kriechend, wie die gesamte Pflanze klebrig drüsenhaarig, stark nach Moschus duftend; Blätter kurz gestielt; Krone 14–20 mm lang ***M. moschatus***

M. guttatus DC., **Gefleckte G.***

Blüten gelb, meist am Grund rot gefleckt *(Abb. 617/1)*. 30–60 cm. 6–10. ♃. Fluss- u. Bachufer, Kiesbänke, im mittleren u. oberen Bergland stellenweise mäßig h, sonst z bis s. NE (Mitte 19. Jh.). V Glyc.-Sparg., V Potent. ans., V Chen., V Card.-Mont. Heimat: westl. N-Amerika.

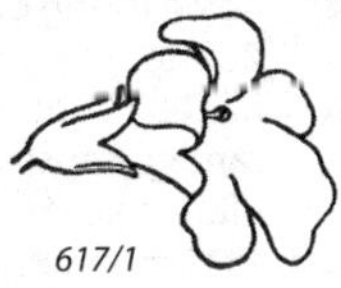

617/1

M. moschatus LINDL., **Moschus-G.**

Krone gelb, selten am Schlund rot gestreift. 10–30 cm. 6–8. ♃. Zierpflanze, verwildert, Flussufer, Wiesengräben, feuchte Stellen in Steinbrüchen, feuchte Wegränder, s ELH, MLH: Penig, OL, VGT: Göltzschtal. NE (lokal, erstmals 1877). V Glyc.-Sparg., V Potent. ans. Heimat: westl. N-Amerika.

Fam. *Paulowniaceae* NAKAI, Paulownien- od. Blauglockenbaumgewächse

Paulownia SIEBOLD et ZUCC., **Paulownie**

Blätter gegenständig, lang gestielt, eiförmig herzförmig, ganzrandig od. schwach 3-lappig, unterseits besonders auf den Nerven weichhaarig filzig, bis 30 cm lang u. 25 cm breit; Blüten in aufrechten Rispen, duftend; Krone 5–6 cm lang, hell blauviolett; Kapsel 3–5 cm lang, 2-klappig, lange am Baum verbleibend. Bis 15 m. 4–5. ♄. Zierbaum, beginnende Verwilderung, z. B. Leipzig, Dresden-Pillnitz. Heimat: Japan.
P. tomentosa (MURR) STEUD., **Kaiser-P., Blauglockenbaum****

Fam. *Orobanchaceae* VENT, Sommerwurzgewächse

Vgl. auch Bemerkungen zur Fam. *Scrophulariaceae* (S. 582)!

Interkalarblätter sind die zwischen dem obersten Seitentrieb u. den untersten Blüten der endständigen Infloreszenz befindl. Blattpaare.

1 Pflanze ohne grüne Blätter
2 Blüten in einseitswendigen Trauben, rosarot **_Lathraea_,** 621
2* Blüten in allseitswendigen Trauben od. Ähren, weiß, gelb, gelbbraun od. blauviolett **_Orobanche_,** 624
1* Pflanze mit grünen Blättern
3 Blätter alle fiederspaltig **_Pedicularis_,** 627
3 Blätter ungeteilt, höchstens tief gezähnt
4 Kelch bauchig aufgeblasen, von der Seite her ± zusammengedrückt; Oberlippe der Krone zusammengedrückt, unter der Spitze beiderseits mit 1 Zahn *(Abb. 618/1)* **_Rhinanthus_,** 627
4* Kelch röhrig od. glockig, nicht aufgeblasen; Oberlippe der Krone ohne Zähne
5 Blätter (nicht zu verwechseln mit den oft gefärbten Deckblättern) ganzrandig; Kapselfächer 1- od. 2-samig; Samen glatt **_Melampyrum_,** 621
5* Blätter alle od. doch die unteren ± deutl. gesägt; Kapselfächer mehrsamig; Samen gefurcht
6 Oberlippe der Krone 2-lippig, an den Rändern umgeschlagen; Zipfel der Unterlippe tief ausgerandet od. 2-spaltig *(Abb. 618/2);* untere Staubbeu-

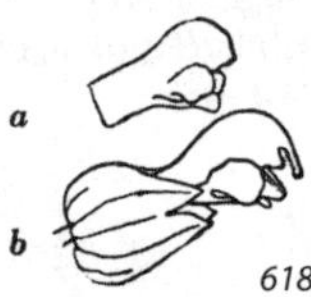

618/1

618/2

telhälfte der kürzeren Staubblätter mit einer längeren Stachelspitze **_Euphrasia,_** 619

6* Oberlippe der Krone ungeteilt od. seicht ausgerandet, an den Rändern nicht umgeschlagen; Zipfel der Unterlippe stumpf od. seicht ausgerandet; Staubbeutelhälften alle mit gleich langen Stachelspitzen **_Odontites,_** 623

Euphrasia L., Augentrost

Die morphologischen Merkmale der Gattung sind sehr variabel, was die Aufstellung eines Bestimmungsschlüssels erschwert. Die Blütengröße überschneidet sich bei den Arten. Recht stabile Merkmale sind Fruchtgröße in Relation zur Kelchgröße u. die Umrissstruktur von Laub- u. Deckblättern. Die Bedrüsung kann von Jahr zu Jahr schwanken. Bastarde sind häufig. Alle Arten früher Off.

1 Kronröhre sich während der Blüte streckend u. zuletzt oft deutl. länger als der Kelch; Krone 8–18 mm lang; Deckblätter meist ± abgespreizt **_E. officinalis_**

1* Kronröhre während der Blüte sich kaum streckend, nicht od. kaum aus dem Kelch ragend; Krone maximal 11 mm lang; Deckblätter abgespreizt od. aufgerichtet

2 Reife Frucht meist kürzer als der Kelch; Zähne der Deckblätter meist begrannt; kräftige, oft reich verzweigte Pflanzen

3 Krone 7–11 mm lang; Zähne der oberen Deckblätter lang begrannt; Basis der Blattspreite keilförmig; unterstes Zahnpaar der Deckblätter stets vorwärts gerichtet; Seitenzweige meist steif aufrecht; Kelchzipfel die Kapsel deutl. überragend **_E. stricta_**

3* Krone 5–7 mm lang; Zähne der oberen Deckblätter zugespitzt od. höchstens schwach begrannt; Basis der Blattspreite keil- bis herzförmig; unterstes Zahnpaar der Deckblätter meist rückwärts gerichtet; Seitenzweige meist nicht steif aufrecht; Kelchzipfel die Kapsel nur wenig überragend **_E. nemorosa_**

2* Reife Frucht so lang wie od. länger als der Kelch; Zähne der Deckblätter unbegrannt; schlanke, schmächtige u. wenig verzweigte bis unverzweigte Pflanzen

4 Griffel bereits zu Blühbeginn stark gekrümmt; Kelchzipfel kürzer als die Kapsel; Stängel meist dünn u. gebogen; Laubblätter kurz gestielt, am Rand nicht verdickt, getrocknet unterseits faltig, grün bleibend; Deckblätter meist länger als breit, spreizend **_E. frigida_**

4* Griffel sich erst während der Blütezeit krümmend; Kelchzipfel länger als die Kapsel; Stängel meist gerade; Laubblätter sitzend, am Rand verdickt, getrocknet unterseits nicht faltig, schwärzend; Deckblätter meist so lang wie breit, anliegend **_E. micrantha_**

E. frigida PUGSLEY, **Skandinavischer A.**

[*E. uechtritziana* auct., *E. coerulea* auct.]. 5–15 cm. 6–7. ⊙. Waldsäume, Zwergstrauchheiden, s ERM: Oberwiesenthal, Zöblitz; OLT: Weißwasser; VGT: Brunndöbra, Raun, Bad Brambach. O Nard.

E. micrantha RCHB., **Schlanker A.**

[*E. gracilis* (FR.) DREJER]. Pflanze oft dunkel weinrot überlaufen; Blätter, Deckblätter u. Seitenzweige steif aufrecht. 5–25 cm. 6–9. ⊙. Zwergstrauchheiden, Sandmagerrasen, Kiefernwälder, s OLT: Hoyerswerda. O Nard., K Koel.-Coryn.; atl-subatl.

E. nemorosa (PERS.) WALLR., **Hain-A.**

Pflanze von sparrigem Aussehen; Blätter kahl bis dicht behaart. 5–30 cm. 7–9. ⊙. Borstgrasrasen, Zwergstrauchheiden, ↘ K Call.-Ul.; subatl-mont.

1 Verzweigung ab 6.–16. Knoten, meist reich u. doppelt verzweigt; Laubblätter mit 1–7 Paar stumpfer bis spitzer Zähne, am Grund oft herzförmig; Deckblätter mit 3–9 Paar zugespitzter, kurz u. hell begrannter Zähne; Krone weiß od. lila, z ERZ, OL, s MLH, ELH: Großsedlitz; früher LLA. **subsp. *nemorosa***

1* Verzweigung ab 3.–6. Knoten, meist unverzweigt od. mit wenigen, kurzen Seitenzweigen; Laubblätter mit höchstens 4 Paar stumpfer Zähne; Deckblätter mit maximal 5 Paar schwach zugespitzter Zähnen; Krone meist purpurn mit lila Oberlippe; z ERZ, OLB, VGT, stellenweise vorherrschend. **subsp. *coerulea*** (HOPPE et FÜRNR.) WETTST.

E. officinalis L., **Gewöhnlicher A.***

Milchdieb (ERB)

Krone weiß, mit gelber Kronröhre u. gelber Unterlippe, violett geadert. 5–25 cm. ⊙. Borstgrasrasen, Silikatmagerrasen, magere Frisch- u. Bergwiesen, Kleinseggenriede. ↘ K Call.-Ul., K Koel.-Coryn., K Mol.-Arrh., K Fest.-Brom., V Car. nig.; eurosib.

1 Laub- u. Deckblätter stieldrüsig, Soziologie usw. wie bei der Art [*E. rostkoviana* HAYNE]; mäßig h im Bergland, z im Hügelland, s im Tiefland. **subsp. *rostkoviana*** (HAYNE) F. TOWNS.

Hierzu var. *montana* (JORD.) WETTST.: Meist Seitenzweige bis zum 4. Knoten, unverzweigt od. mit wenigen, nicht blühenden Seitenzweigen; Laubblätter zur Blütezeit noch grün, diese bei var. *rostkoviana* meist zu Blühbeginn vertrocknet; mit allen Übergängen zwischen den Varietäten; vermutl. Pflanzen auf spät gemähten Wiesen, z ERZ; sonst s ELH: Meißen: Weinböhla; ESG, MLH: Kohren-Sahlis; OLT: Hoyerswerda; ERB: früher z.

1* Laub- u. Deckblätter drüsenlos od. mit wenigen Sitzdrüsen, s ERM: Tellerhäuser, Oberwiesenthal (Zechengrund); ERO: Seiffen. Pralp-sudeto-karpat, subalp. [*E. picta* WIMM.]. **subsp. *picta*** (WIMM.) ČELAK.

Der taxonomische Wert der Sippe bedarf weiterer Klärung.

E. stricta J. F. LEHM., **Steifer A.***

Pflanze oft dunkel weinrot überlaufen, oft mit Drüsenhaaren; Blätter kahl od. nur am Rand kurz behaart. 5–40 cm. 7–9. ⊙. Borstgrasrasen, Zwergstrauchheiden, magere Fettweiden, Kleinseggenriede, z im Bergland, meist s im Tief- u. Hügelland. K Call.-Ul., V Cynos., V Car. nigr.; eurosib.

Bastarde:
E. × ***areschougii*** WETTST. [*E. micrantha* × *E. nemorosa*]: s ERM: Zöblitz, Annaberg; OLT: Schwarzkollm, Weigersdorf, Neustadt
E. × ***gratiosa*** WIINST. [*E. micrantha* × *E. stricta*]: s OLT: Hoyerswerda
E. × ***haussknechtii*** WETTST. [*E. nemorosa* × *E. stricta*]: mäßig h, wohl häufigster Bastard
E. × ***hybrida*** WETTST. [*E. rostkoviana* × *E. stricta*]: s ERM: Oberwiesenthal (Zechengrund); ERO: Oelsen; OLH: Görlitz
E. × ***levieri*** WETTST. [*E. nemorosa* × *E. officinalis* subsp. *rostkoviana*]: s ERM: Pöhlberg, Annaberg-Buchholz; ESG, OLT: Rietschen; VGT: Jägersgrün, Pabstleiten, Bad Elster
E. nemorosa × ***E. frigida:*** s VGT: Schönlind; ERM: Oberwiesenthal; OLH: Weinhübel bei Görlitz; OLT: Schwarzkollm
E. officinalis subsp. ***rostkoviana*** × ***E. frigida:*** s OLT: Muskauer Heide
E. stricta × ***E. nemorosa*** subsp. ***coerulea:*** s ERO: Reitzenhain

Lathraea L., **Schuppenwurz**

Rhizom mit fleischigen Niederblättern; ganze Pflanze blass rosarot, die Blüten dunkler; Blüten in dichten, nickenden, vor dem Aufblühen eingerollten Trauben; Kelch glockig, 4-spaltig; Kelchzipfel eiförmig, spitzl., fast so lang wie die Krone; Oberlippe der Krone helmförmig, ungeteilt; Unterlippe 3-spaltig; Staubbeutel behaart; unter dem Fruchtknoten ein schuppenförmiges Nektarium. 10–25 cm. 4–5. ♃. Laubwälder, vor allem Schlucht- u. Auenwälder, auf frischen, leicht basischen, nährstoffreichen Böden, mäßig h im Hügel- u. mittleren Bergland, seltener im Tief- u. höheren Bergland. ↘ O Fag.; europ-nem. Vollschmarotzer auf den Wurzeln von Gehölzen, vor allem *Corylus*, *Populus*, *Alnus*. ***L. squamaria*** L., **Gewöhnliche Sch.***
Im Gebiet nur **subsp. *squamaria*.**

Melampyrum L., **Wachtelweizen**

1 Blüten in allseitswendigen, ± dichten Ähren; Deckblätter kammförmig od. fransig geschlitzt
2 Ähren 4-kantig, dicht, kurz; Deckblätter rundl. herzförmig, aufwärts zusammengefaltet, kammförmig gezähnt, grünl.-weiß od. rötl.; Krone 12–16 mm lang, gelbl.-weiß, purpurn überlaufen, Unterlippe gelb ***M. cristatum***
2* Ähre rundl., lockerer; Deckblätter eiförmig lanzettl., flach, fransig gezähnt, obere hellpurpurn, unterseits schwach punktiert; Krone 20–25 mm lang, purpurn, mit weißl. Ring ***M. arvense***
1* Blüten in einseitswendigen, lockeren Ähren; Deckblätter nicht geschlitzt

3 Deckblätter herzförmig lanzettl., borstenförmig gezähnt, obere blauviolett, selten rötl. od. weißl.; Kelch wollig zottig — Kelchzähne lanzettl.; Krone goldgelb, Röhre rotbraun ***M. nemorosum***

3* Deckblätter lanzettl., ganzrandig od. am Grund mit einigen Zähnen, grün; Kelch kahl

4 Deckblätter am Grund mit pfrieml. Zähnen; Krone 12–20 mm lang, keulenförmig, mit langer, gerader Röhre, gelbl.-weiß bis sattgelb, seltener purpurn überlaufen; Kelch kürzer als die halbe Kronröhre; Kelchzähne ± anliegend ***M. pratense***

4* Deckblätter ganzrandig od. die unteren am Grund mit kurzen Zähnen; Krone 6–10 mm lang, trichterförmig, mit kurzer, gekrümmter Röhre, goldgelb; Kelch ± so lang wie die Kronröhre; Kelchzähne abstehend ***M. sylvaticum***

M. arvense L., **Acker-W.***

15–30 cm. 6–9. ⊙. Äcker, Halbtrockenrasen, s u. meist unbeständig im Tief- u. Hügelland, früher sehr z ELH, OL, VGT. A. ↘ O Secal., V Brom.; o-submed+europ-kont.

M. cristatum L., **Kamm-W.**

10–30 cm. 6–9. ⊙. Wärmebegünstigte Eichenwälder u. deren Säume, †, früher s DDH: Bad Düben: Winkelmühle; ELH: Dresden: Naunhof, Meißen: Bosel, bei Weinböhla, Naundörfel, Cölln, Diesbar, Seußlitz; LLA: Leipzig: am Bienitz, bei Gundorf, im Oberholz. V Querc. rob., V Ger.; euras-kont. Frühwaldzeuge.

M. nemorosum L., **Hain-W.***

20–60 cm. 6–8. ⊙. Besonnte Säume von Laubwäldern, auf mäßig trockenen bis frischen Böden, mäßig h im Hügel- u. unteren Bergland, s im Tief- u. oberen Bergland, meidet die niederschlagsreichere Buchenwaldstufe (westl. OL, W-Sachsen). ↘ V Carp., V Querc. rob., O Prun., O Orig.; sarmat.

1 Pflanze stark verzweigt mit horizontal od. bogenförmig aufwärts gerichteten Ästen; Blätter breit oval od. lanzettl., am Grund am breitesten. Verbreitung u. Soziologie wie bei der Art. **subsp. *nemorosum***

1* Pflanze mit 1–3 schräg aufwärts gerichteten Ästen; Blätter dickl., ± fleischig, zur Spitze u. zum Grund hin verschmälert. Sonnige Ränder submontaner Buchenwälder, Steinrücken, s ERO. **subsp. *silesiacum*** (RONNIGER) BEAUVERD

M. pratense L., **Wiesen-W.***

15–30 cm. 6–8. ⊙. Bodensaure Laubmischwälder u. deren Säume, Nadelforsten u. -wälder, Moore, Zwergstrauchheiden, h mit Ausnahme der Lössgebiete. O Mel.-Holc., V Querc. rob., O Pic., V Bet., K Call.-Ul.; eurosib.

Verbreitung u. taxonomischer Wert der folgenden Sippen sind noch nicht ausreichend untersucht:

subsp. *pratense* [subsp. *vulgatum* (PERS.) RONNIGER]: hierzu auch die rotblühende Sippe der Muskauer Heide (var. *purpurascens* ASCH.)
subsp. *commutatum* (A. KERN.) C. E. BRITTON: verbreitete Sippe, wahrscheinlich mäßig h
subsp. *oligocladum* (BEAUVERD) SOÓ: s ERZ, VGT: Gunzen
subsp. *paludosum* (GAUDIN) SOÓ: s in Hochmooren
subsp. *engleri* SOÓ: ERZ?

M. sylvaticum L., **Wald-W.***

10–30 cm. 7–8. ⊙. Bodensaure, lichte Säume von Fichtenwäldern u. -forsten, Laubmischwälder, mäßig h im mittleren u. oberen Bergland. ↘ O Mel.-Holc.; bor-sarmat+balt+pralp-kont.

Verbreitung u. taxonomischer Wert der folgenden Sippen ist noch nicht ausreichend untersucht:

subsp. *sylvaticum*: wahrscheinl. die vorherrschende Sippe
subsp. *intermedium* (RONNIGER et SCHINZ) RONNIGER: evtl. ERZ?
subsp. *aestivale* (RONNIGER et SCHINZ) RONNIGER: evtl. oberstes ERZ

Odontites LUDW., **Zahntrost**

1 Krone 5–8 mm lang, dottergelb, bärtig bewimpert; Staubbeutel weit aus dem Helm (Oberlippe) herausragend, kahl, frei; Deckblätter kürzer als die Blüten ***O. luteus***
1* Krone 9–12 mm lang, rot, selten weiß, zottig behaart; Staubbeutel die Krone wenig überragend, an der Spitze durch Zotten verfilzt; Deckblätter so lang wie od. meist länger als die Blüten
2 Stängel unverzweigt od. mit 1–4(–6) Paaren von geraden, kurzen, spitzwinklig abstehenden Ästen; unterste Blüten am 4.–10. Knoten; meist keine od. höchstens 2 Paar Interkalarblätter ***O. vernus***
2* Stängel vom Grund an stark verzweigt, mit 3–12 Paaren von fast waagerecht abstehenden od. bogig aufsteigenden Ästen; unterste Blüten am 10.–30. Knoten; zwischen endständigem Blütenstand u. obersten Astpaar mit 1–12 Paaren von Interkalarblättern ***O. vulgaris***

O. luteus (L.) CLAIRV., **Gelber Z.**

[*Euphrasia lutea* L., *Orthanthella l.* (L.) RAUSCHERT]. 15–40 cm. 7–9. ⊙. Halbtrockenrasen, Steinbruchgelände, auf steinigen, trockenen, basischen Böden,†, früher s ELH: mehrfach an den Uferhöhen bei Meißen; MLH: Triebischtal. K Fest.-Brom.; europ-kont, coll. Hügelsteppenpflanze, Offenlandzeiger.

O. vernus (BELLARDI) DUMORT., **Acker-Z.**

[*O. ruber* (BAUMG.) BESSER subsp. *vernus* (BELLARDI) VOLLM.]. 10–25 cm. 5–7. ⊙. Äcker, vorwiegend Getreidefelder, auf lehmigen, nährstoffreichen Böden, z, stellenweise fehlend od. s. A. ↘ O Aper.; euras.

O. vulgaris MOENCH, **Roter Z.**
[*O. serotinus* (LAM.) DUMORT., *O. ruber* (BAUMG.) BESSER]. 15–50 cm. 7–10. ⊙. Wiesen, Wegränder, Lehmgruben, Trittrasen, Graben- u. Teichränder, z, stellenweise fehlend od. s. ↘ V Cynos., V Potent. ans.

Parentucellia viscosa (L.) CARUEL, **Gelbes Teerkraut:** Pflanze drüsig-klebrig; Stängel meist unverzweigt; Blätter elliptisch bis eilanzettl., grob gesägt; Krone (16–)18–24 mm lang, gelb. s eingeschleppt, z. B. ERO: Freiberg. NU. Heimat: S-Europa, W-Asien.

Orobanche L., **Sommerwurz**

Man untersuche voll erblühte Exemplare, notiere sich vor dem Herbarisieren die Farbmerkmale, vor allem die der Narbe, u. die (potentiellen) Wirtspflanzen!

1 Blüten kurz gestielt, mit 2 seitl., oft dem Kelch angewachsenen Vorblättern u. 1 Deckblatt; Kelch verwachsenblättrig, 4- od. 5-zähnig; Krone stets blau od. bläul.-violett; Narbe weiß od. selten hell gelbl.

2 Stängel, außer bei kleinen Pflanzen, ästig, Krone 10–12(–17) mm lang, blass gelbl. od. bläul. — auf *Cannabis, Nicotiana, Solanum tuberosum* u. *Lycopersicon esculentum*. **O. ramosa**

2* Stängel, außer bei sehr üppigen Pflanzen, unverzweigt; Krone 18–35 mm lang, violett

3 Staubbeutel reich wollig u. lang behaart; Stängel hellgelb, seltener blasslila überlaufen; Kelch- u. Vorblattnervatur meist nur undeutl. hervortretend — Blüten (20–)25–30(–35) mm lang — nur auf *Artemisia campestris* **O. arenaria**

3* Staubbeutel kahl od. spärl. behaart (dann aber nicht dicht wollig); Stängel bleifarben bis rötl.-braun überlaufen od. hellgelb; Kelch- u. Vorblattnervatur deutl. hervortretend

4 Blütenstand locker (mit 1,1–2,0 Blüten pro cm Blütenähre); Zahl der Blüten bei normal entwickelten Pflanzen (keine Kümmerexemplare!) 10–25 (nur bei sehr großen Pflanzen mehr); 5. Kelchzahn (an der Kelchoberseite!) stark reduziert u. höchstens 1/3 so lang wie die anderen 4 Kelchzähne (< 2 mm); Narbe u. Staubbeutel weißl.; Staubbeutel mit wenigen unauffälligen Haaren, nur selten kahl — auf *Achillea*-Arten, sehr selten auf *Artemisia* **O. purpurea**

4* Blütenstand sehr kompakt (mit 2,3–4,1 Blüten pro cm Blütenähre); Zahl der Blüten bei normal entwickelten Pflanzen (keine Kümmerexemplare!) (10–)20–55(–70); 5. Kelchzahn deutl. ausgeprägt u. mindestens ½ so lang wie die anderen 4 Kelchzähne [(3–)4–7 mm]; Narbe u. Staubbeutel gelbl.-weiß; Staubbeutel völlig kahl — nur auf *Artemisia campestris* **O. bohemica**

1* Blüten ± sitzend ohne Vorblätter, nur durch ein Deckblatt gestützt; Kelch 2-teilig, seine Teile meist 2-spaltig; Krone niemals blau od. bläul.-violett; Narbe gelb, braunviolett, niemals weiß

5 Rückenkante (von der Seite gesehen) vom Grund bis zur Spitze zieml. gleichmäßig gekrümmt, an der Oberlippe aufwärts gebogen — nur auf *Centaurea scabiosa* **O. elatior**

5* Rückenkante der Krone gerade od. schwach konkav od. konvex u. über der Oberlippe plötzl. fast winkelig nach abwärts gekrümmt

6 Oberlippe mit hellen sowie mit meist zahlreichen violetten od. purpurroten Drüsenhaaren od. -ansatzstellen; Kelchsegmente meist ungeteilt

7 Kelchsegmente aus längl. Basis lanzettl., zur Spitze deutl. 1–3-nervig, selten 2-spaltig, getrocknet braun; Staubfäden am Grund behaart, im oberen Teil reichl. dunkel drüsig; Seitenzipfel der Unterlippe nur ½ so lang wie der Mittelzipfel; Pflanze meist kleiner als 25(30) cm — nur auf *Thymus* u. sehr selten auf *Origanum* **O. alba**

7* Kelchsegmente aus breit eiförmiger Basis ± kurz zugespitzt, zur Spitze schwach 1-nervig, getrocknet schwärzl.; Staubfäden am Grund kahl od. spärl. behaart, im oberen Teil kahl od. nur spärl. drüsig; Seitenzipfel der Unterlippe ± so lang wie der Mittelzipfel; Pflanze meist viel größer als 25(30) cm — auf *Carduus acanthoides* u. *Cirsium arvense* **O. reticulata**

6* Oberlippe nur mit hellen Drüsenhaaren bzw. -ansatzstellen; Kelchsegmente meist 2-spaltig

8 Krone 10–15 mm lang, weißl., rötl. geadert, auf dem Rücken meist violett überlaufen (vgl. auch *O. caryophyllacea*); Kronzipfel am Rand ± kahl — auf *Hedera* (in Gewächshäusern auch auf anderen *Araliaceae*) **O. hederae**

8* Krone 20–25 mm lang, rötl.- od. gelbl.-braun bis braunviolett; Kronzipfel am Rand ± drüsenhaarig

9 Narbe frischer Blüten gelb; Staubfäden (2–)3–6 mm über dem Grund der Krone eingefügt, bis zur Mitte dicht zottig; Griffel reichl. drüsig behaart; Krone aus gekrümmten Grund röhrig glockig, auf dem Rücken gerade, gelb, rotbraun überlaufen; Stängel kräftig braun (Gegensatz zur gelben Blüte!) auf *Medicago* **O. lutea**

9* Narben frischer Blüten bräunl.-rot; Staubfäden höchstens 2 mm über dem Grund der Krone eingefügt, unterwärts dicht zottig, oberwärts wie der Griffel drüsenhaarig; Krone aus engem Grund allmähl. erweitert, glockig, auf dem Rücken gekrümmt, bräunl.-rot (sehr selten weißl., gelbl. od. hellviolett); Stängel u. Blüten etwa gleichfarbig — auf *Galium* **O. caryophyllacea**

O. alba STEPHAN, **Quendel-S., Weiße S.**

Krone 18–22 mm lang, weißl., zum Saum hin rötl., violett geadert; Oberlippe mit dunklen Drüsenhaaren; Stängel meist rotbraun. 10–25(–60) cm. 6–7. ♃. Halbtrockenrasen, †, früher s ERB: Chemnitz. K Fest-Brom.; euras-kont.

O. arenaria Borkh., **Sand-S.**

10–50 cm. 7–8. ♃. Felsfluren, Silikat- u. Sandmagerrasen, †, früher s ELH: Meißen: Bosel. K Fest.-Brom., K Koel.-Coryn.; o-med-submed.

O. bohemica Čelak., **Böhmische S.**

[*O. purpurea* Jacq. var. *bohemica* (Čelak.) Beck]. 15–50 cm. 6–7. ♃. †, früher s ELH: Meißen: Seußlitz. K Fest.-Brom.

O. caryophyllacea Sm., **Nelken-S., Gewöhnliche S.***

[*O. vulgaris* Poir.]. 10–50 cm. 6–7. ♃. Trocken- u. Halbtrockenrasen, Felsfluren, s MLH: Ketzerbachtal; früher sehr z ELH: zwischen Dresden u. Riesa; s ERO: Freiberg, Oelsen; MLH: Großsermuth. K Fest-Brom.; med-submed.

O. elatior Sutton, **Große S.**

15–70 cm. 6–7. ♃. Gebüschsäume, Halbtrockenrasen, †, früher s ELH, seit ca. 200 Jahren nicht mehr beobachtet. K Fest.-Brom.; euras-kont.

O. hederae Duby, **Efeu-S.**

Krone unter dem Saum ± deutl. eingeschnürt, am Saum meist wieder erweitert; Narbe gelb od. orange. 15–60 cm. 5–7. ♃. Botanische Gärten, Parks, Friedhöfe, aktuell in den Botanischen Gärten von Leipzig u. Dresden sowie auf dem Friedhof in Löbau, vorübergehend ein Fund in einem Garten in Leipzig. NE. Heimat: W- u. S-Europa.

O. lutea Baumg., **Gelbe S.**

10–60 cm. 5–6. ♃. Trocken- u. Halbtrockenrasen, †, früher s ELH: Meißen: Bosel; ERO: Dresden: Plauenscher Grund; LLA: Delitzsch: Mocherwitz. K Fest.-Brom.; submed+euras-kont.

O. purpurea Jacq., **Violette S.**

[*O. caerulea* Vill.]. 15–30 cm. 6–7. ♃. Halbtrockenrasen, trockene Wiesen, Gebüschsäume, s OLH: Stolpen (hier auf *Artemisia vulgaris*), VGT: Ullritz, Wiedersberg, Berglas, Planschwitz; früher ELH. K Fest.-Brom., V Arrh., V Cirs.-Brach.; submed+europ-kont.

O. ramosa L., **Ästige S.**

Kelch kurz glockig. 15–40 cm. 7–8(–11). ⊙. Sandige Äcker, †, früher s (schon im 19. Jh. erloschen). A. O Aper. Heimat: Mittelmeergebiet.

O. reticulata WALLR., **Distel-S.**

30–80 cm. 6–7(–10). ♃. Ruderalisierte Halbtrockenrasen, Weg- u. Ackerränder, †, früher s ELH: Dresden: Lößnitz; ERO: Dohna; MLH: Mügeln. V Brom., K Artem.; europ-kont.

Im Gebiet nur **subsp. *pallidiflora*** (WIMM. et GRAB.) HAYEK [*O. pallidiflora* WIMM. et GRAB.]: Krone weißl. od. gelbl., gegen den Saum zu schwach lila, mit spärl. dunklen Drüsenhaaren besetzt; Staubfäden oberwärts weniger behaart bis fast kahl. Der taxonomische Rang bedarf weiterer Untersuchungen.

Pedicularis L., **Läusekraut**

1 Stängel mehrere, fast vom Grund an Blüten tragend, die äußeren niederliegend; Kelch 5-kantig, ungleich 5-zähnig, am Rand zottig; Oberlippe der Krone mit vorn steil abfallendem Helm u. 2 nach unten gerichteten spitzen Zähnen; Samen hellbraun ***P. sylvatica***

1* Stängel einzeln, aufrecht, ästig; Kelch 2-spaltig, mit blattartigen, krausen, eingeschnitten gezähnten, am Rand kahlen Lappen; Oberlippe der Krone mit vorn wenig abgeschrägtem Helm u. 2 nach außen gerichteten stumpfen Zähnen; Samen schwarzbraun ***P. palustris***

P. palustris L., **Sumpf-L.***

20–50 cm. 5–8. ⊙, ⊗. Niedermoore, Feuchtwiesen, früher z bis mäßig h; heute s ERZ. ↘ V Mol., V Calth., K Scheuchz.-Car.; eurosib. ∇

Im Gebiet nur **subsp. *palustris***.

P. sylvatica L., **Wald-L.***

5–20 cm. 5–7. ⊙, ⊗. Feuchtstellen in Borstgrasrasen u. auf Waldwegen, Feuchtwiesen u. Kleinseggenriede, früher mäßig h; heute im Bergland z, sonst s od. fehlend. ↘ V Mol., V Calth., V Car. nig., V Viol.; subatl. ∇

Rhinanthus L., **Klappertopf**

Unterarten in Anlehnung an ZOPFI und BÖHME in JÄGER & WERNER (2005).

Die subspezifische Gliederung u. die Verbreitung der Sippen sind noch nicht ausreichend geklärt.

1 Zahn der Oberlippe < 1 mm lang, meist weißl., selten blassblau *(Abb. 618/1 a);* Kronröhre gerade, kürzer als der Kelch ***Rh. minor***

1* Zahn der Oberlippe etwa 2 mm lang *(Abb. 618/1 b),* meist blauviolett; Kronröhre aufwärts gekrümmt, mindestens so lang wie der Kelch

2 Kelch u. Deckblätter zottig behaart; Stängel oberwärts dicht abstehend behaart; Zähne der Deckblätter bis zur Spitze etwa gleich groß ***Rh. alectorolophus***

2* Kelch u. Deckblätter kahl; Stängel kahl od. fast kahl; untere Zähne der Deckblätter mindestens 2-mal so lang wie die oberen

3 Krone 15–24 mm lang, hellgelb; Kronröhre schwach od. allmähl. aufwärts gekrümmt; Unterlippe gerade vorgestreckt, dadurch der Schlund der Krone geschlossen; Zahn der Oberlippe waagerecht abstehend, meist blauviolett, selten weiß; mittlere Deckblätter eiförmig, hellgrün, lang zugespitzt, die untersten Zähne spitz, selten in eine Granne auslaufend; Stängelblätter längl. lanzettl. ***Rh. serotinus***

3* Krone ± 15 mm lang, meist mit violetten Punkten u. Strichen, Kronröhre fast knieförmig aufwärts gebogen; Unterlippe von der Oberlippe abstehend, Schlund der Krone dadurch offen; Zahn der Oberlippe schräg aufwärts gerichtet; mittlere Deckblätter eilanzettl., grün, spitz, die untersten 2–3 Zähne lanzettl., tief eingeschnitten, sehr spitz; Stängelblätter längl. eiförmig ***Rh. riphaeus***

Rh. alectorolophus POLLICH, **Zottiger K.***

[*Alectorolophus hirsutus* (LAM.) ALL., *Rh. major* L.]. Deckblätter bleich, die mittleren breit rhombisch 3-eckig; Krone 18–23 mm lang, hellgelb; Unterlippe gerade vorgestreckt; Zahn der Oberlippe waagerecht abstehend. 10–60 cm. 5–6. ⊙. Getreideäcker, Kleefelder, trockene Wiesen, z VGT; sonst s im Bergland; früher mäßig h im Hügel- u. Bergland. ↘ O Aper., O Arrh.; europ-nem.

1 Pflanze meist unverzweigt, höchstens bis 4 Äste; erste Blüten am 5.–9. Knoten; Interkalarblätter fehlend — Stängelglieder stark verlängert; Verbreitung u. Soziologie wie bei Art. **subsp. *alectorolophus***

1* Pflanze mit 2–4 Ästen; erste Blüten am 10.–12. Knoten; Interkalarblätter 0–2; ob im Gebiet? **subsp. *buccalis*** (WALLR.) SCHINZ et THELL.

Rh. minor L., **Kleiner K.***

Krone dunkelgelb, 13–15 mm lang; Schlund offen; mittlere Deckblätter 3-eckig, zieml. gleichförmig gesägt, dunkelgrün; Kelch kahl. 5–25 cm. 5–8. ⊙. Magere Frisch- u. Bergwiesen, Borstgrasrasen, grasige Wegränder, z bis s im Tief- u. Hügelland, mäßig h im Bergland; früher überall h. ↘ O Arrh., O Nard., V Mol.; eurosib.

1 Pflanze meist unverzweigt; erste Blüten am 5.–9. Knoten; Stängelglieder verlängert — Interkalarblätter fehlend

2 Pflanze 10–50 cm hoch; Blätter 5–10 mm breit; Blütezeit 5–6; Verbreitung u. Soziologie wie bei Art. **subsp. *minor***

2* Pflanze 5–15 cm hoch; Blätter 4–8 mm breit; Blütezeit 7–8 — Fruchtkelch oft violett überlaufen. Bergwiesen, s, ERM: Oberwiesenthal u. westl. davon. **subsp. *rusticulus*** (CHAUBERT) O. SCHWARZ

1* Pflanze mit Ästen; erste Blüten meist oberhalb des 9. Knotens; Stängelglieder kurz

3 Pflanze meist mit 2–4 bogig abstehenden Ästen; Interkalarblätter meist 2–4; Stängelglieder kürzer als die 2–5 mm breiten Blätter; erste Blüten oberhalb des 15. Knoten — Blütezeit 7–9. Bergwiesen, Borstgrasrasen, wahrscheinlich im Gebirge z. **subsp. *stenophyllus*** O. SCHWARZ

3* Pflanze meist mit 2–4 Ästen; Interkalarblätter 0–4; Stängelglieder etwas länger od. kürzer als die 4–10 mm breiten Blätter; erste Blüten am 10.–12. Knoten

4 Pflanze 10–50 cm hoch; Interkalarblätter fehlend; Stängelglieder alle etwas länger als die 5–10 mm breiten Blätter; Blütezeit 6–7. Wiesen. Verbreitung ungenau bekannt. **subsp *elatior*** O. SCHWARZ

4* Pflanze 10–15 cm hoch, mit 0–4 kurzen Ästen; Interkalarblätter 0–4; untere Stängelglieder kürzer als die 4–8 mm breiten Blätter; Blütezeit 7–8 — Fruchtkelch violett. Bergwiesen, s ERM: Oberwiesenthal. **subsp. *hercynicus*** O. SCHWARZ

Rh. riphaeus KROCK., **Alpen-K.**

[*Rh. alpinus* BAUMG. non LAM., *Rh. pulcher* OPIZ]. 10–50 cm. 5–7. ⊙. Hochmontane Borstgrasrasen, †, früher s ERM: Fichtelberg. V Nard.; opralp, subalp. Kühlzeitzeuge

1 Pflanze 15–25 cm hoch, mit 0–2 aufrechten Ästen; erste Blüten am 5.–7. Knoten. **subsp. *riphaeus***

1* Pflanze 20–50 cm hoch, mit 2–4 aufrechten od. bogig abstehenden Ästen; erste Blüten am 8.–11. Knoten. [*Rh. alpinus* subsp. *elatus* (STERNECK) SOÓ]. **subsp. *elatus*** (STERNECK) O. SCHWARZ

Rh. serotinus (SCHÖNH.) OBORNY, **Großer K.***

[*Rh. glaber* LAM. p. p., *Rh. angustifolius* C. C. GMEL., *Rh. major* EHRH. non L.]. Krone 18–20 mm lang. 10–70 cm. 5–9. ⊙. Magere Bergwiesen, Borstgrasrasen, z im Gebirge, s bis z im Tief- u. Hügelland, stellenweise fehlend od. †. ↘ V Pol.-Tris., O Nard., O Mol.; eurosib.

1 Pflanze meist unverzweigt; Interkalarblätter fehlend; erste Blüten am 4.–8. Knoten; Blütezeit 5–6 — Pflanze 10–25 cm hoch; Stängelglieder verlängert. Feuchtwiesen; Verbreitung im Gebiet unbekannt. **subsp *vernalis*** (N. W. ZINGER) HYL.

1* Pflanze ästig; erste Blüten meist oberhalb des 8. Knotens

2 Pflanze mit (0–)2–6 aufrechten od. bogig abstehenden Ästen; Interkalarblätter 0–2; Stängelglieder verlängert; erste Blüten meist am 9.–12. Knoten — Pflanze 20–60 cm hoch; Blütezeit 6–7. Bergwiesen, ob im Gebiet? **subsp. *aestivalis*** (N. W. ZINGER) DOSTÁL

2* Pflanze mit zahlreichen Ästen; Interkalarblätter meist > 2; Stängelglieder kürzer als die Blätter; erste Blüten meist oberhalb des 11. Knotens

3 Interkalarblätter 6–10(–20); Blätter 4–8 mm breit; erste Blüten meist oberhalb des 18. Knotens — Pflanze 25–60 cm hoch, Blütezeit 8–9. Verbreitung u. Soziologie wie bei Art. **subsp. *serotinus***

3* Interkalarblätter meist 2–6; Blätter 6–15 mm breit; erste Blüten am 12.–18. Knoten — Pflanze mit bogig abstehenden, verzweigten Ästen

4 Interkalarblätter > 2; Pflanze 20–70 cm hoch; Stängelglieder alle kurz — Blütezeit 7–9. Anmoorige Wiesen, s, im Tiefland zu erwarten. **subsp. *paludosus*** (O. SCHWARZ) U. SCHNEID.

4* Interkalarblätter meist 2; Pflanze 10–60 cm hoch; untere Stängelglieder kurz, obere etwas verlängert — Blütezeit 7–8. Bergwiesen, wahrscheinlich s. **subsp. *polycladus*** (CHABERT) DOSTÁL

Fam. *Bignoniaceae* Juss., Trompetenbaumgewächse

1 Blätter ganzrandig; großer Baum ***Catalpa,*** 630
1* Blätter gefiedert; kletternder Strauch ***Campsis,*** 630

Campsis Lour., **Klettertrompete**

Krone leuchtend rot, braunrot od. gelbl., lang, trichterförmig, groß; Saum etwa 3,5 cm breit; Kelch kurz, rundl.; Zweige mit Luftwurzeln; Blättchen unterseits besonders an den Adern behaart. 5–10 m. 7–9. ♄ (Liane). Ziergehölz. Heimat: N-Amerika. [*Tecoma radicans* (L.) Juss.].
C. radicans (L.) Seem., **Amerikanische K.****

Catalpa Scop., **Trompetenbaum**

Blätter kurz zugespitzt, herzförmig bis kurzlappig, ¾ bis fast so breit wie lang, ihr Stiel meist bedeutend kürzer; Zweige durchweg markerfüllt; Blüten in stattl. Rispen, 3–5 cm groß; Krone weiß, innen gelb u. purpurn gefleckt, trichterförmig; Fruchtkapsel 15–40 cm lang, 5–7 mm dick. 5–15 m. 6–7. ♄. Häufiger Zierbaum, s verwildert. Heimat: N-Amerika.
C. bignonioides Walter, **Gewöhnlicher T.****

Es werden weitere Arten kultiviert, vor allem ***C. ovata*** G. Don**, **Kleinblütiger T.,** u. ***C. speciosa*** (Barney) Engelm.**, **Prächtiger T.**

Fam. *Lentibulariaceae* Rich., Wasserschlauchgewächse

1 Blüten einzeln; Kelch ungleich 5-teilig; Krone offen, blauviolett; Blätter in grundständiger Rosette, eiförmig bis elliptisch, drüsig klebrig, fettglänzend, gelbgrün; Landpflanze mit Wurzeln ***Pinguicula,*** 630
1* Blüten traubig; Kelch 2-teilig; Krone durch einen Gaumen geschlossen, gelb; Blätter im Wasser untergetaucht, vielteilig, mit linealischen Zipfeln u. rundl. Fangblasen (Schläuchen); Wasserpflanze ohne Wurzeln ***Utricularia,*** 630

Pinguicula L., **Fettkraut**

Blätter mit umgerolltem Rand; Sporn pfrieml., etwa ½ so lang wie die Krone *(Abb. 631/1);* Schlundfleck weiß; nur 1 Keimblatt. 5–15 cm. 5–7. ♃. Rieselfluren, quellige Niedermoore, auf meist ± basischen Böden, ERZ, VGT: früher mäßig h, heute nur noch z bis s; früher z OLH, OLT. ↘ O Mont.-Card., V Car. nig., V Car. davall.; arct-zentraleurop+pralp. ▽
P. vulgaris L., **Echtes F., Gewöhnliches F.***

Utricularia L., **Wasserschlauch**

1 Pflanze frei schwimmend, alle Sprosse gleichartig, grün od. bräunl. grün, 20–100 cm lang; Blätter meist 15–50 mm lang, mit je 10–200

Fangblasen besetzt; Endzipfel der Blätter sehr zahlreich, haarfein, am Rand gezähnelt

2 Blütenstiel 2–3-mal so lang wie das Deckblatt, bis 15 mm lang, nach der Blüte sich nicht verlängernd; Blüte dottergelb; Unterlippe sattelförmig gebogen, ihre beiden seitl. Ränder nach unten umgeschlagen; Sporn ± walzenförmig, spitzig auslaufend, mit dickem keilförmigem Grund; kürzere Strahlen der Vierstrahlhaare in den Fangblasen (an deren Innenseite) bilden einen spitzen Winkel (nur mit Mikroskop erkennbar!) ***U. vulgaris***

2* Blütenstiel 3–5-mal so lang wie das Deckblatt, nach der Blüte sich bis auf 40 mm verlängernd; Blüte hellgelb; Unterlippe vollkommen flach, abgerundet; Sporn ± kegelig; kürzere Strahlen der Vierstrahlhaare in den Fangblasen bilden einen stumpfen Winkel ***U. australis***

1* Pflanze nur ausnahmsweise frei schwimmend, neben weißl., im Schlamm verankerten Erdsprossen auch grüne Wassersprosse; Blätter der Wassersprosse 3–20 mm lang, ohne od. mit nur bis 10 Fangblasen; Endzipfel der Blätter 7–25(–30), abgeflacht, linealisch

3 Blattzipfel am Ende ganzrandig, nicht wimperig beborstet, höchstens am Ende eine Wimperborste; Wasserblätter 6–9 mm lang, mit je 1–10 Fangblasen; Sporn ± so lang wie breit, stumpf kegelig; Gaumen der Unterlippe flach, den Schlund nicht verschließend; Winterknospen kahl; längere Strahlen der Vierstrahlhaare in den Fangblasen fast parallel verlaufend, kürzere einen stumpfen Winkel bildend ***U. minor***

3* Blattzipfel am Ende mit Wimperborsten, die auf kleinen Zähnchen sitzen; Wasserblätter 10–15 mm lang, ohne od. mit höchstens 2 Fangblasen; Sporn deutl. länger als breit; Gaumen der Unterlippe gewölbt, den Schlund verschließend; Winterknospen behaart; Strahlen in den Fangblasen anders

4 Blattzipfel beiderseits mit 4–12 Zähnchen, die kaum aus dem Blattrand hervortreten *(Abb. 631/2)*, Endzipfel vorn ± stumpf u. mit aufgesetztem Spitzchen; Wasserblätter stets ohne Fangblasen; Sporn 7–10 mm lang, (fast) so lang wie die Unterlippe, bis zur Spitze fast gleich dick; Strahlen der Vierstrahlhaare in den Fangblasen alle parallel ***U. intermedia***

4 Blattzipfel beiderseits mit bis 3(–7) Zähnchen, die deutl. aus dem Blattrand herausragen *(Abb. 631/3)*, Endzipfel allmähl. zugespitzt; Was-

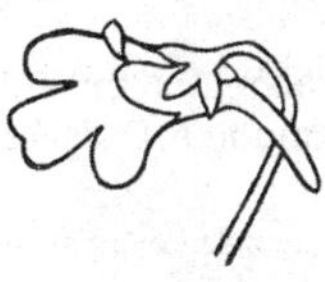

631/1

631/2 *631/3*

serblätter oft mit einzelnen Fangblasen; Sporn 3–5 mm lang, stumpf kegelförmig, höchsten ½ so lang sie die Unterlippe; Strahlen der Vierstrahlhaare in den Fangblasen nicht parallel, sondern spreizend

5 Blütensporn kegelförmig, etwa ½ so lang wie die 7–9 x 10–13 mm große Unterlippe; Endzipfel der Wasserblätter am Rand mit je 0–3(–5) Wimperzähnchen; Krone hellgelb; Sporn ca. 3–4 mm lang; kürzere Strahlen der Vierstrahlhaare in den Fangblasen einen stumpfen Winkel bildend ***U. ochroleuca***

5* Blütensporn weniger als ½ so lang wie die 9–11 x 13–15 mm große Unterlippe; Endzipfel der Wasserblätter am Rand mit je (2–)3–6(–7) Wimperzähnchen; Krone gelb mit rötl. Ton; Sporn 4–5 mm lang; kürzere Strahlen der Vierstrahlhaare in den Fangblasen einen spitzen Winkel bildend ***U. stygia***

U. australis R. BR., **Südlicher W.***

[*U. neglecta* LEHM.]. Frucht stets fehlend. 10–40 cm. 6–8. ♃. Mäßig nährstoffreiche bis nährstoffreiche Gewässer (meist bis etwa 1 m tief), Wiesengräben, mäßig h OLT; sonst z bis ins mittlere Bergland. ↘ V Hydroch.; subatl.

U. intermedia HAYNE, **Mittlerer W.***

15–20 cm. 7–8. ♃. Mäßig nährstoffreiche, oft basenreiche, flache Senken über Torfschlamm, Torfstiche, Moortümpel in Zwischenmooren, s OLT, früher sehr z. ↘ O Utric.; zentraleurop disj+sarmat-balt.

U. minor L., **Kleiner W.**

Unterlippe eiförmig, ihre Seitenränder meist nach unten gebogen, 5–8 mm breit; Traube bis 6-blütig; Krone blassgelb, braun gestreift. 4–15 cm. 6–8. ♃. Mäßig nährstoffreiche, saure, flache Schlenken über Torfschlamm, Torfstiche, Moortümpel in Zwischenmooren, z OLT; sonst s bis ins Bergland. ↘ O Utric.; zentraleurop+balt.

U. ochroleuca R. W. HARTM., **Ockergelber W., Gelblichweißer W.**

10–20 cm. 7–8. ♃. Mäßig nährstoffreiche, flache Schlenken über Torfschlamm, Torfstiche; Moortümpel in Zwischenmooren, s OLT. ↘ V Sphag.-Utric.; bor-atl. ∇ (vgl. Bemerkung bei *U. stygia*).

U. stygia G. THOR, **Dunkler W.**

5–15 cm. 7–8. ♃. Mäßig nährstoffreiche, flache Schlenken über Torfschlamm, Torfstiche; Moortümpel in Zwischenmooren, DDH: Zadlitzbruch; s OLT. V Sphag.-Utric.

Da die Art erst 1988 beschrieben wurde, ist unklar, ob nicht belegte Angaben hierzu od. zu *U. ochroleuca* gehören.

U. vulgaris L., **Gewöhnlicher W., Großer W.***

Fruchtbildung regelmäßig. 15–100 cm. 6–8. ♃. Mäßig nährstoffreiche bis nährstoffreiche Gewässer, Wiesengräben, s im Tiefland. ↘ V Hydroch.; eurosib.

Fam. *Verbenaceae* ADANS., Eisenkrautgewächse

Verbena L., **Eisenkraut, Verbene**

Stängel aufrecht, 4-kantig, ästig; Blätter gegenständig, untere längl., mittlere 3-spaltig mit großem Mittelzipfel, obere längl. u. eingeschnitten gekerbt, oberste ganzrandig; Blüten klein, sitzend, in rispig angeordneten dünnen Ähren; Krone blasslila. 30–100 cm. 7–10. ♃. Ruderalfluren (Wegränder, Mauerfüße, Zäune, Dorfanger), auch gestörte Halbtrockenrasen, auf trockenen bis wechselfeuchten, nährstoffreichen Sand- u. Lehmböden, mäßig h bis z im Tief- u. Hügelland. P. ↘ V Arct., V Polyg., s K Fest.-Brom.

V. officinalis L., **Echtes E.***

Als vielfarbige Zierpflanzen werden mehrere Bastarde u. Sorten südamerikanischer Arten als ***Verbena*-Hybriden** kultiviert. Verwilderte Zierpflanzen mit violetten Blüten:

V. rigida SPRENG., **Ausläufer-V.:** Mit unterirdischen, schuppenblättrigen Ausläufern, Tragblätter zur Blütezeit länger als der Kelch, s, z. B. Leipzig, Markkleeberg. Heimat: S-Amerika.

V. bonariensis L., **Argentinische V.:** Ohne unterirdische Ausläufer, Tragblätter zur Blütezeit so lang wie der Kelch od. kürzer, s, z. B. Leipzig. Heimat: S-Amerika.

Fam. *Aquifoliaceae* BERCHT. et J. PRESL, Stechpalmengewächse

Ilex L., **Stechpalme, Hülse**

Immergrüner Baum od. Strauch; Blätter eiförmig, stachelspitzig, meist stachelig gezähnt u. wellig, glänzend, lederig; Blüten blattachselständig, weiß, zu 1–5 in Trugdolden; Früchte rot. 1–6 m. 5–6. ♄, ♄. Ziergehölz, verwildert, ortsnahe Gebüsche, z. B. s ERO: Dippoldiswalde, Tharandt; OLT: Weißwasser. NU. Früher Off. Heimat: atlantisches Europa.

I. aquifolium L., **Stechpalme, Hülse***/**

Fam. *Adoxaceae* E. MEY., Moschuskrautgewächse

1	Pflanze krautig, nur 5–15 cm hoch	***Adoxa,*** 634
1*	Sträucher od. über 60 cm hohe Kräuter	
2	Blätter ungeteilt od. gelappt	***Viburnum,*** 635
2*	Blätter gefiedert	***Sambucus,*** 634

Adoxa L., **Moschusblümchen, Moschuskraut**

Grundständige Blätter lang gestielt, doppelt 3-zählig, das stängelständige Paar 3-zählig; Blüten zu 5–7 endständig, in fast würfelförmigen Köpfchen; Gipfelblüte 4-zählig, die übrigen 5-zählig; Krone grünl.-weiß; Pflanze schwach nach Moschus duftend. 5–15 cm. 3–5. ♃. Laubwälder u. Gebüsche, auf nährstoffreichen, frischen bis feuchten, humosen Mullböden, mäßig h bis ins Bergland. V Til.-Acer, V Aln.-Ulm., O Prun.; euras-nem.
A. moschatellina L., **Gewöhnliches M.***

Sambucus L., **Holunder**

1 Pflanze krautig; Nebenblätter blattartig, lanzettl., gesägt; Staubbeutel rot, zuletzt schwärzl. ***S. ebulus***
1* Sträucher; Nebenblätter klein, warzenförmig od. fehlend; Staubbeutel gelb
2 Blüten in flachen Trugdolden; Blättchen eiförmig, lang zugespitzt; Krone weiß; Frucht schwarz; Mark der Zweige weiß ***S. nigra***
2* Blüten in eiförmigen Rispen; Blättchen längl. elliptisch; Krone grünl. gelb; Frucht scharlachrot, selten goldgelb; Mark der Zweige gelbl.-braun ***S. racemosa***

S. ebulus L., **Zwerg-H., Attich***

Blättchen 5–9, längl. lanzettl.; Blüten in flachen Trugdolden; Hauptäste der Trugdolde zu 3; Krone rötl.-weiß; Frucht schwarz. 60–180 cm. 6–7. ♃. Gebüsche, Säume, ruderale Staudenfluren, auf frischen, nährstoffreichen Böden, s vom Tief- bis ins untere Bergland. ↘ NE. V Arct., V Aegop.; o-submed+europ-kont. Giftig. Off.

S. nigra L., **Schwarzer H.***/**

Holderstrauch (ELH, ERZ)

Hauptäste der Trugdolde meist 5. 2–7 m. 6–7. ♄. Hecken, Gebüsche, Laubwälder, auf frischen, nährstoffreichen, oftmals gestörten Standorten, ausdauernde Ruderalfluren, Robinienforste, oft in Siedlungsnähe, h. ↗ V Samb.-Salic., O Prun., V Aln.-Ulm.; europ-nem. Obstpflanze. Off.

´Laciniata´ [var. *laciniata* (L.) WILLD.]: Blätter doppelt gefiedert, mit eingeschnittenen Blättchen; in Gärten u. Parks kultiviert, aber auch gelegentl. spontan.

S. racemosa L., **Trauben-H., Hirsch-H., Roter H.***/**

1,5–3 m. 4–5. ♄. Waldränder u. –schläge, Fichtenforste, Steinrücken, h im Bergland, mäßig h bis z im Hügelland u. DDH; im Tiefland sonst z bis s. ↗ V Samb.-Salic., O Prun.; euras-nem, mont-demont. Giftig (für Vieh).

Bastard:
S.* × *strumpfii Gutte [*S. nigra* × *S. racemosa*]: Ob im Gebiet? Beschrieben von Altenburg/ Thüringen.

Viburnum L., **Schneeball**

1 Blätter 3–5-lappig, grob gezähnt, beidseitig grün, unterseits weichhaarig; Blattstiel mit Drüsenhöckern; innere Blüten glockig, gelbl., fruchtbar, äußere viel größer, radförmig, weiß, unfruchtbar; Frucht scharlachrot; Knospen mit Knospenschuppen ***V. opulus***

1* Blätter ungeteilt, elliptisch od. elliptisch längl., gezähnelt gesägt, unterseits runzlig nervig u. wie die Ästchen dicht sternhaarig graufilzig, oberseits locker sternhaarig; Blattstiel ohne Drüsenhöcker; Blüten alle fruchtbar, gleich groß, weißl. od. weiß; Frucht erst rot, dann schwarz; Knospenschuppen fehlend ***V. lantana***

V. lantana L., **Wolliger Sch.***/**

1–3 m. 5–6. ♄. Zierstrauch, verwildert, Wegränder, Brachen, Gebüsche, s. NU. Heimat: Mittelmeergebiet bis Vorderasien. Die nächsten natürl. Vorkommen befinden sich in N-Böhmen u. O-Thüringen.

V. opulus L., **Gewöhnlicher Sch.***/**

1,5–3 m. 5–6. ♄. Gebüsche, Waldränder, Auenwälder, auf sickerfeuchten, nährstoffreichen Böden, mäßig h bis ins mittlere Bergland. V Aln.-Ulm., O Prun., V Salic. alb.; euras-nem.

Mehrere Sorten werden in Parks u. Gärten kultiviert, besonders ´Roseum´, Garten-Sch., mit ballförmigen, völlig sterilen Blütenständen.

Häufig in Parks anzutreffende Ziersträucher:

V.* × *bodnantense Aberc.**, **Bodnant-Sch.,** Blätter lanzettl. bis eiförmig; Blüten duftend, tiefrosa; blüht 11–3.

V. rhytidophyllum Hemsl.*/**, **Runzelblättriger Sch.,** Blätter immergrün, eilängl., oberseits stark runzlig, unterseits grau- bis gelbl.-weiß filzig behaart. Heimat: China.

Fam. *Caprifoliaceae* JUSS., Geißblattgewächse (inkl. *Diervillaceae* (RAF.) PYCK, Weigeliengewächse u. *Linnaeaceae* (RAF.) BACKLUND, Moosglöckchengewächse)

1 Pflanze kriechend, mit fädl. Spross — Blüten zu 1–2 an aufrechtem Stängel, nickend, trichterförmig ***Linnaea,*** 636
1* Pflanze aufrecht od. Stängel windend
2* Fruchtknoten walzenförmig, stielförmig; Krone trichterförmig glockig, 3 cm lang; Frucht eine Kapsel ***Weigela,*** 638
2 Fruchtknoten kugelförmig od. längl.; Krone 2-lippig od. glockig u. dann 5–7 mm lang; Frucht eine Beere
3 Krone glockig, regelmäßig 4–5-lappig; Blüten in unterbrochenen, ährenartigen Trauben ***Symphoricarpos,*** 638
3* Krone meist deutl. 2-lippig *(Abb. 636/1);* Blüten zu 2 auf einem gemeinsamen Stiel od. zu mehreren kopfig quirlig ***Lonicera,*** 636

636/1

Linnaea L., Moosglöckchen

Verholzende Sprossachsen fadenförmig, weithin kriechend (bis 1,5 m); Blätter gegenständig, kurz gestielt, rundl. eiförmig, kahl; Blattstiel lang wimperig behaart; Blüten wohlriechend, einzeln od. meist zu zweit (selten 3–4) auf aufrechten, bis 15 cm hohen Stielen, endständig, nickend; Krone 7–10 mm lang, trichterförmig glockig, weiß od. meist schwach rosarot, innen mit dunkleren Streifen; Frucht (selten ausgebildet) eine durch Fehlschlagen mehrerer Samenanlagen 1-samige Schließfrucht. 5–7. ♄ (immergrün). Moosreiche Nadelwälder, Kiefernforste, s OLT: Muskauer Heide. V Dicr-Pin.; bor. ∇ ***L. borealis*** L., **Moosglöckchen***

Lonicera L., Geißblatt, Heckenkirsche

1 (Rechts)windende Sträucher (Lianen); Blüten quirlig kopfig (Geißblatt)
2 Blätter alle getrennt, die oberen sitzend; Blüten in gestielten Köpfen ***L. periclymenum***
2* Blätter der blühenden Zweige am Grund paarweise verwachsen; Blüten in sitzenden Köpfen ***L. caprifolium***
1* Aufrechte Sträucher; Blüten zu 2 (Heckenkirsche)
3 Blüten am Grund von 2 verwachsenen, tellerförmigen, zur Fruchtzeit vergrößerten Hochblättern umgeben; Krone mit ± gleich großen Zipfeln ***L. ledebourii***
3* Blüten am Grund mit lineal lanzettl. bis pfrieml., zur Fruchtzeit kaum vergrößerten Hochblättern; Krone 2-lippig

4 Zweige mit weißem Mark; Stiele des Blütenstands 3–4-mal so lang wie die Blüten; Beeren schwarz ***L. nigra***

4* Zweige hohl; Stiele des Blütenstands so lang wie od. wenig länger als die Blüten; Beeren rot od. gelbl.

5 Blätter eiförmig od. elliptisch, spitzl., beidseitig weichhaarig; Stiele des Blütenstands behaart; Krone gelbl.-weiß, am Grund oft rötl.; Beere scharlachrot ***L. xylosteum***

5* Blätter herz-eiförmig, stumpf, wie die Stiele des Blütenstands kahl; Krone rot, rosa od. weiß; Frucht gelbl. od. scharlachrot ***L. tatarica***

L. caprifolium L., **Echtes G., Jelängerjelieber***/**

Krone hell purpurn, gelbl.-weiß od. weiß. 3–5 m. 5–6. ♄ (Liane). Zierpflanze, verwildert, Hecken, Gebüsche, s. ↗ NU. O Prun. Heimat: südl. M- u. S-Europa Nächste Wildvorkommen in Thüringen, Sachsen-Anhalt u. N-Böhmen. Giftig.

L. ledebourii ESCHSCH., **Ledebours H.****

Zweige deutl. 4-kantig; Blätter 3–5 mm lang gestielt; Krone gelb od. orangegelb, scharlachrot überlaufen; Hochblattteller meist rot, z. T. ins Schwärzl. übergehend; Beeren fast schwarz. 1–2 m. 5–7. ♄. Zierpflanze, verwildert, Gebüsche, Steinbrüche, s MLH: Döbeln: Trebanitz, Noschkowitz. NE. Heimat: Kalifornien.

Ähnl. Zierstrauch: ***L. involucrata*** (RICHARDSON) SPRENG.**, **Behüllte H.:** Wie vorige, aber Zweige undeutl. 4-kantig; Blätter 5–15 cm lang gestielt; Blüten gelb; Hochblattteller im Zentrum schwarz, zum Rand hin rot(schwarz). Bis 1,5 m. 6–9. Heimat: westl. N-Amerika.

L. nigra L., **Schwarze H.****

Blätter längl. elliptisch bis verkehrt eiförmig, kahl od. nur anfangs unterseits zerstreut behaart; Krone rötl.-weiß od. weißl. 0,50–1 m. 5–6. ♄. Schatthangwälder auf nährstoffreichen, frischen Böden, Auenwälder, Hecken, Steinrücken, mäßig h im Bergland. V Til.-Acer., V Aln.-Ulm., V Carp.-Prun.; pralp-sudeto-karpat, mont. Giftig.

L. periclymenum L., **Deutsches G.***/**

Krone gelbl.-weiß, seltener purpurn. 2–5 m. 6–8. ♄ (Liane). Laubmischwälder auf frischen bis feuchten, sauren Sand- u. Lehmböden, Waldränder, waldnahe Gebüsche, meist z bis ins untere Bergland. ↗ V Carp., V Querc. rob., O Prun. Seit Jahrhunderten als Zierpflanze kultiviert, in vielen Gebieten ledigl. verwildert u. eingebürgert; natürl. Vorkommen wohl nur in NW-Sachsen u. OL.; atl-subatl. Giftig.

L. tatarica L., **Tatarische H.****

1–3 m. 5–6. ♄. Zierstrauch, verwildert, Brachflächen, Gebüsche, Hecken, vor allem in urban-industriellen Ballungsgebieten, z. ↗ NU. K Rhamn.-Prun. Heimat: SO-Europa, W-Asien.

L. xylosteum L., **Rote H.***/**

1–2 m. 5–6. ♄. Wälder, Waldränder, Gebüsche, VGT: mäßig h im Grünsteingebiet; z ERB, besonders um Zwickau; sonst z u. wahrscheinl. nur infolge jahrhundertelanger Kultur verwildert. V Berb., V Querc. rob., V Til.-Acer., V Carp.; submed+sarmat-südsib. Giftig.

Symphoricarpos DUHAMEL, **Schneebeere**

Blätter rundl., eiförmig od. elliptisch, ganzrandig, oft tief buchtig, unterseits blaugrün; Krone innen dicht behaart, rötl.; Frucht kugelig, weiß, bis 1,5 cm Ø. 1–1,5 m. 7–8. ♄. Zierstrauch, verwildert, Hecken, Brachflächen, Wälder, h. ↗ NE. Heimat: N-Amerika. [*S. rivularis* SUKSD., *S. racemosus* MICHX.].

S. albus (L.) S. F. BLAKE, **Weiße Sch., Knallerbse***/**

Häufig kultivierte Ziersträucher:

S.* × *chenaultii REHDER*/** [*S. microphyllus* HUMB. et al. × *S. orbiculatus*], **Bastard-Korallenbeere:** Blätter höchstens 2 cm lang; Früchte lichtseitig rot, schattenseitig weißl., mit weißen Punkten, s verwildert

S. orbiculatus MOENCH**, **Korallenbeere:** Blätter bis 3,5 cm lang; Früchte 4–6 mm Ø, rot. Heimat: N-Amerika, Mexiko

Weigela THUNB., **Weigelie**

Blätter gegenständig, kurz gestielt, längl. bis verkehrt eiförmig, zugespitzt, gesägt, unterseits auf den Nerven ± dicht weichhaarig, am Grund gewimpert; Kelchzipfel lanzettl., meist bis zur Hälfte verwachsen; Krone aus röhrigem Grund trichterförmig glockig, mit fast regelmäßigem 5-spaltigem Saum, rosa bis weiß, etwa 3 cm lang; Fruchtknoten stielförmig; Frucht eine 2-fächrige Kapsel. 1–2 m. 5–7. ♄. Zierstrauch, auch ähnl. Hybriden in Kultur. Heimat: O-Asien. [*Diervilla florida* (BUNGE) SIEBOLD et ZUCC.].

W. florida (BUNGE) A. DC., **Rosenrote W.****

Fam. *Dipsacaceae* JUSS., Kardengewächse

1 Pflanze stachelig; Kelchsaum beckenförmig, ohne Borsten — Blütenboden mit stachelspitzigen Spreublättern (Deckblättchen) besetzt; Außenkelch 8-furchig ***Dipsacus,*** 639

1* Pflanze nicht stachelig; Kelchsaum meist mit Borsten besetzt

2 Krone (meist) 5-spaltig; Außenkelch mit trockenhäutigem od. knorpeligem Saum — Spreublätter vorhanden, klein; Randblüten strahlend ***Scabiosa,*** 641

2* Krone 4-spaltig; Außenkelch 4–8-zähnig

3 Blütenboden ohne Spreublätter, mit Haaren besetzt; blühende Köpfe schwach gewölbt — Außenkelch ungefurcht; Krone 4-spaltig, Randblüten strahlend; Kelch mit 8–16 Borsten ***Knautia,*** 640
3* Blütenboden mit Spreublättern; blühende Köpfe halbkugelig
4 Krone gelb; Blätter gefiedert od. fiederteilig ***Cephalaria,*** 639
4* Krone dunkelblau, selten weißl.; Blätter ungeteilt ***Succisa,*** 642

Cephalaria Roem. et Schult., **Schuppenkopf**

Hüllblätter dachziegelig angeordnet (mehr als 3 Reihen); Köpfe 4–6 cm Ø, am Rand mit Strahlblüten; Außenkelch mit 8 pfrieml. Zähnen. 1,5–2 m. 6–9. ♃. Zierpflanze, verwildert, Gebüschränder, s LLA: Leipzig-Gundorf; OLH: Görlitz. Heimat: Kaukasus, Türkei. [*C. tatarica* auct.]. ***C. gigantea*** (Ledeb.) Bobrov, **Großer Sch.**

Weitere, auch blau blühende Arten in Kultur.

Dipsacus L., **Karde**

1 Blätter gestielt, nicht verwachsen, elliptisch, obere 3-teilig, mit sehr großem zugespitztem Endzipfel; Köpfe halbkugelig, 1,5–4 cm lang, vor dem Aufblühen nickend; Hüllblätter nicht stechend, so lang wie od. kürzer als die Spreublätter; Krone weiß od. gelbl.-weiß
2 Abgeblühte Köpfe 15–20(–28) mm Ø; Spreublätter 8–12 mm lang, aus verkehrt eiförmigem Grund plötzl. in die höchstens gleich lange grannenartige Spitze zusammengezogen, bis zur Spitze borstig bewimpert *(Abb. 639/1);* Staubbeutel meist schwarzviolett ***D. pilosus***
2* Abgeblühte Köpfe (25–)30–45 mm Ø; Spreublätter 14–20 mm lang, aus eiförmigem Grund allmähl. in die meist längere grannenartige Spitze verschmälert, nur auf dem Rücken bewimpert *(Abb. 639/2);* Staubbeutel blassgelb bis grünl. ***D. strigosus***
1* Blätter sitzend, die stängelständigen am Grund breit verwachsen; Köpfe länglich, 5–8 cm lang, aufrecht; Hüllblätter stechend, viel länger als die Spreublätter; Krone lila, selten weiß
3 Spreublätter mit zurückgekrümmter Spitze, kürzer als die Blüte ***D. sativus***

639/1

639/2

3* Spreublätter mit gerader Spitze, länger als die Blüte
4 Stängelblätter fiederspaltig, borstig gewimpert; Hüllblätter weit abstehend; Krone weiß ***D. laciniatus***
4* Stängelblätter alle ungeteilt, am Rand kahl od. zerstreut stachelig; Hüllblätter bogig aufgerichtet; Krone lila ***D. fullonum***

D. fullonum L., **Wilde K.***

[*D. sylvestris* HUDS.]. 70–200 cm, 7–8. ⊙, ⊗. Frische bis feuchte Ruderalfluren (Wegränder, Brachen, Dämme, Müllplätze), Ufer, meist h im Tief- u. Hügelland, z im Bergland. P. ➚ K Artem.; med.

D. laciniatus L., **Schlitzblättrige K.**

80–200 cm. 7–9. ⊙, ⊗. Ruderalfluren (Wegränder, Brachen, Dämme), s bis ins obere Bergland. K Artem. NE. Heimat: Europa. W-Asien.

D. pilosus L., **Behaarte K.***

[*Cephalaria pilosa* (L.) GREN. et GODR., *Virga pilosa* (L.) HILL]. 60–300 cm. 7–8. ⊙, ⊗. Gebüsche, Hecken, Säume, Waldlichtungsfluren, z LLA; sonst s im Tief- u. Hügelland, s ins Bergland verschleppt. ➘ O Glech.; o-submed+europ-kont, fluv.

D. sativus (L.) HONCK., **Weber-K.***

Hochblätter kürzer als die Ähre. 100–150 cm. 7–8. ⊙, ⊗ Ehemalige Kulturpflanze unklarer Herkunft, früher s verwildert; diente zum Rauen von Wollgewebe. Seit wenigstens 60 Jahren nicht mehr beobachtet.

D. strigosus ROEM. et SCHULT., **Schlanke K.**

[*Virga strigosa* (ROEM. et SCHULT.) HOLUB]. 80–200 cm. 7–8. ⊙, ⊗. Ruderalfluren (Brachen, Müllplätze), s ELH: Dresden, LLA: Leipzig, VGT: Herlasgrün. NU. Heimat: S-Russland, Ukraine, W-Asien.

Bastard:
D.* × *pseudosilvester SCHUR [*D. fullonum* × *D. laciniatus*]: s OLB: Wehrsdorf

Knautia L., **Witwenblume**

1 Blätter lebhaft grün, fast glänzend, breit eilanzettl. bis eiförmig, ganzrandig od. gekerbt; Krone hellpurpurn; Rhizom mit einer zentralen, sterilen Blattrosette u. mehreren seitl. aufsteigenden Blütentrieben ***K. drymeia***
1* Blätter gräul.-grün, matt, die oberen meist leierförmig bis fiederspaltig; Krone blauviolett bis lila od. gelbl.-weiß; Pflanze mit verzweigtem Rhizom u. unterirdischen Ausläufern
2 Krone blauviolett bis lila; Stängelgrund oft purpurn gefleckt; Stängelblätter meist geteilt ***K. arvensis***

2* Krone gelbl.-weiß (selten purpurn überlaufen); Stängel nicht rötl.; Stängelblätter meist ungeteilt **_K. kitaibelii_**

K. arvensis (L.) J. M. COULT., **Acker-W.***
Stängel aufrecht, unten von abwärts gerichteten Borsten zottig, oben kahl. 30–80 cm. 7–8. ♃. Wiesen, Raine, Waldränder; Halbtrockenrasen, mäßig h bis h. O Arrh., V Trif., V Brom.; euras-nem.
Im Gebiet nur **subsp. *arvensis***.

K. drymeia HEUFF., **Ungarische W., Balkan-W.**
Stängel u. Blattunterseite weich graufilzig; Blätter stielartig verschmälert; Krone mit 8–16 Borstenstrahlen. 25–80 cm. 5–9. ♃. Wiesen, Säume, Waldlichtungen, Mauern, frische Laubmischwälder, mäßig h ESG. V Arrh., V Carp.; o-submed+europ-kont.
Im Gebiet nur **subsp. *drymeia***.

K. kitaibelii (SCHULT.) BORBÁS, **Gelbe W.**
[*K. arvensis* subsp. *kitaibelii* (SCHULT.) SZABÓ]. 20–50 cm. 7–8. ♃. Wiesen, grasige Böschungen, s OLB: Waltersdorf, Lückendorf (wahrscheinl. †). O Arrh.; europ-kont.

Bastarde:
K. × ***posoniensis*** DEGEN [*K. arvensis* × *K. kitaibelii*]: Fällt durch ± geteilte Blätter u. oft blauviolett überlaufene Blüten auf, s OLB, OLH.
K. × ***speciosa*** SCHUR [*K. arvensis* × *K. drymeia*]: ähnlich *K. arvensis*, doch mit meist ungeteilten, elliptischen bis eiförmigen Blättern; Rhizom ohne sterile Blattrosette. Im Gebiet von *K. drymeia* nicht s.
Bisher oft als *K. dipsacifolia* KREUTZER [*K. sylvatica* auct.] angegeben, die aber in Sachsen fehlt.

Scabiosa L., **Skabiose, Grindkraut**

1 Krone meist schwarzpurpurn, selten rosa od. weiß; Außenkelch knorpelig; Pflanze 1-jährig **_S. atropurpurea_**
1* Krone blau, violett od. hellgelb; Außenkelch häutig; Pflanze ausdauernd
2 Kelchborsten etwa 2-mal so lang wie der Saum des Außenkelchs, blassgelb; Blätter der nicht blühenden Triebe ungeteilt u. ganzrandig, spitz; Stängel u. Blätter kurz grauhaarig **_S. canescens_**
2* Kelchborsten 3–4-mal so lang wie der Saum des Außenkelchs, braunschwarz od. fuchsrot; Blätter der nicht blühenden Triebe gekerbt bis leierförmig, stumpf; Stängel kahl, oberwärts rückwärts angedrückt behaart
3 Krone rötl.-lila, selten weiß; Kelchborsten braunschwarz; Fruchtköpfe meist kugelig **_S. columbaria_**

3* Krone hellgelb; Kelchborsten anfangs fuchsrot; Fruchtköpfe meist eiförmig **_S. ochroleuca_**

S. atropurpurea L., **Samtblume, Schwarzpurpurne S.**
Blätter eingeschnitten bis fiederspaltig; Borsten lang, dunkel purpurn; Köpfe groß. 60–120 cm. 7–10. ⊙. Zierpflanze, s verwildert. NU. Heimat: Mittelmeergebiet.

S. canescens WALDST. et KIT., **Graue S., Wohlriechende S.**
Stängelblätter fiederteilig, mit lineal lanzettl. bis linealischen, ganzrandigen Zipfeln; Krone hellblau, selten weiß od. rötl., duftend; Fruchtköpfe eiförmig. 20–50 cm. 7–9. ♃. Trocken- u. Halbtrockenrasen, Trockenwälder u. -gebüsche, †, LLA: Leipzig; MLH: Ketzerbachtal; OLT: Sprey. O Fest., V Ger., V Berb., V Cyt.-Pin.; euras-kont, plan. Offenland- u. Steppenrelikt.

S. columbaria L., **Tauben-S.***
Blätter meist kraushaarig. 25–60 cm. 7–10. ♃. Trocken- u. Halbtrockenrasen, trockene u. wechseltrockene Wiesen, z im Tief- u. Hügelland. ↘ K Fest.-Brom., V Arrh., V Mol.; submed.-subatl.

S. ochroleuca L., **Gelbe S.**
25–60 cm. 7–10. ♃. Trocken- u. Halbtrockenrasen, Wegränder, Dämme, Deiche, trockene Ruderalfluren, mäßig h ELH; z LLA; sonst s bis ins Bergland verschleppt. ↘ K Fest.-Brom., V Arrh., V Dauco-Mel., V Conv.-Agrop.; euras-kont, coll.

Succisa HALLER, **Teufelsabbiss**
Stängel angedrückt behaart od. kahl; untere Blätter längl. od. längl. lanzettl., meist verschmälert, obere lanzettl.; Hüllblätter nur in 1–3 Reihen; Außenkelch 4-zipfelig. 15–80 cm. 7–9. ♃. Wechselfeuchte od. anmoorige Wiesen, Magerrasen, Gebüsche, mäßig h bis z. O Mol., O Nard., O Arrh.; eurosib.
S. pratensis MOENCH, **Gewöhnlicher T.***

Fam. *Valerianaceae* BATSCH, Baldriangewächse

1 Staubblätter 1; Krone stieltellerförmig, mit langer, am Grund gespornter Röhre *(Abb. 643/1)* — Kelchsaum eingerollt, später zu einem Haarkrönchen auswachsend ***Centranthus,*** 643
1* Staubblätter 3; Krone trichterförmig, ungespornt
2 Stängel gabelästig; Kelchsaum nicht eingerollt, schief 1–5-zähnig; Krone ohne Höcker *(Abb. 643/2)*, bläul.-weiß; Blätter ungeteilt, oft gelappt ***Valerianella,*** 645

2* Stängel einfach; Kelchsaum eingerollt, später zu einem Haarkrönchen auswachsend *(Abb. 643/3);* Krone am Grund höckerig *(Abb. 643/4),* weiß od. rötl.; wenigstens die mittleren u. oberen Blätter gefiedert **_Valeriana,_** 643

Centranthus DC. [*Kentranthus* RAF.], **Spornblume**

Stängel ästig, kahl; Blätter eiförmig od. lanzettl.; Blüten in dichten, zu Thyrsen vereinigten Zymen, purpurn, selten weiß; Sporn doppelt so lang wie der Fruchtknoten. 30–80 cm. 6–9. ♃. Zierpflanze, verwildert, Mauern, trockene Abhänge, s. NU. Heimat: Mittelmeergebiet. ***C. ruber*** (L.) DC., **Rote S.**

Valeriana L., **Baldrian**

Zur Bestimmung der Blattmerkmale sind die jeweils größten Stängelblätter zu untersuchen. Die Behaarung des Stängels ist im unteren Teil zu prüfen. Ausläufer können sich auch erst im Spätsommer entwickeln. Es sind stets mehrere Exemplare zu untersuchen. Beim Sammeln von Herbarbelegen der durch Übergänge verbundenen Sippen von *Valeriana officinalis* agg. sollte immer auf das Vorhandensein von unterirdischen Organen geachtet werden.

1 Untere Blätter ungeteilt, mittlere u. obere gefiedert; Pflanze ± 2-häusig **_V. dioica_**

1* Alle Blätter unpaarig gefiedert; Blüten ⚥ (*V. officinalis* agg.)

2 Pflanze ohne ober- od. unterirdische Ausläufer **_V. officinalis_**

2* Pflanze immer mit (leicht abbrechenden) unterirdischen Ausläufern, oberirdische vorhanden od. fehlend

3 Endfieder der mittleren Stängelblätter so breit wie die Seitenfiedern; mittlere Stängelblätter mit 6–15 Fiedern, diese an der Blattspindel deutl. herablaufend; Früchte 2–3,6 mm lang **_V. pratensis_**

3* Endfieder der mittleren Stängelblätter breiter als die Seitenfiedern; mittlere Stängelblätter meist mit 3–6 Fiedern, nur die obersten an der Blattspindel herablaufend; Früchte 2,8–5,5 mm lang **_V. excelsa_**

V. dioica L., **Kleiner B.***

Pflanze mit beblätterten Ausläufern; Grundblätter rundl.-eiförmig, gestielt; Stängelblätter mit großer Endfieder; ♂ Krone 3 mm breit, rötl., ♀ 1 mm breit, weiß. 10–30(–40) cm. 5–6. ♃. Nieder- u. Quellmoore, Bruchwälder, z

643/1

643/2

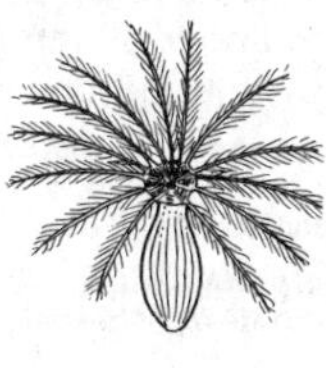

643/3

643/4

im Tief- u. Hügelland, mäßig h im Bergland, s im Nordosten der OL. V Card.-Mont., V Car. nig., V Calth., s V Aln.; atl-subatl.

V. excelsa Poir., Hoher B.

Pflanze immer mit ober- u. unterirdischen Ausläufern; Kronröhre 4–8 mm lang; Übergangsformen der beiden Unterarten nicht selten (*V.* × *waltherae* Rothm.). Off.

1 Stängel dicht behaart, selten kahl, Stängelhaare 0,5–2,2 mm lang; Unterseite der Blättchen meist dicht abstehend behaart, Haare 0,5–2 mm lang **subsp. *excelsa***

1* Stängel kahl bis spärl. behaart, Stängelhaare 0,2–1 mm lang; Unterseite der Blättchen kahl bis spärl. anliegend behaart, Haare 0,1–1 mm lang **subsp. *sambucifolia***

subsp. *excelsa*, Kriechender B.

[*V. officinalis* subsp. *excelsa* (Poir.) Rouy, *V. procurrens* Wallr.]. Pflanze mit 4–40 cm langen Ausläufern, spät blühend. 80–150(–200) cm. 6–8. ♃. Sickernasse, zeitweilig überflutete Staudenfluren mit hohem Grundwasserstand, Gräben, Bäche, Feuchtwiesen u. -gebüsche, Auenwälder, Straßengräben, Dämme. Bisherige Erfassung unvollständig, s bis z im Hügelland, mäßig h bis h im Bergland, fehlt OL. V Filip., V Card.-Mont, V Car. nig, V Salic. cin., V Aln.-Ulm.; subatl.

subsp. *sambucifolia* (Pohl) Holub, **Holunderblättriger B.**

[*V. officinalis* subsp. *sambucifolia* (Pohl) Wirtg., *V. sambucifolia* Pohl]. Pflanze mit meist nur bis 5 cm langen Ausläufern, früh blühend. 40–80(–130) cm. 5–6. ♃. Ufer, quellige Stellen in feuchten Laubwäldern, Feuchtgebüsche, Niedermoore, im W s bis z, im O z bis mäßig h, fehlt VGT. V Card.-Mont., V Car. nig., V Filip., V Salic. cin., V Aln.-Ulm.; bor-atl+zentraleurop.

V. officinalis L. s. str., Echter B.*

[*V. exaltata* Pohl]. Spät blühende, ausläuferlose Pflanze; Frucht 2–4,2 mm lang; Blättchen unterseits ± dicht behaart; mittlere Stängelblätter an der Blattspindel deutl. herablaufend. 70–150 cm. 7–8. ♃. Hochstaudenfluren, Auenwälder, extensive Feuchtwiesen, Ufer, Ruderalfluren (z. B. Burganlagen, Steinbrüche, Straßenränder), basenhold, z, mäßig h östl. OL; s DDH, ELH, ERB, GHP. V Filip., V Card.-Mont., V Car. nig., V Calth., V Salic. cin., V Aln.-Ulm., V Aegop.; o-submed+sarmat. Off.

V. pratensis Dierb., Wiesen-B.

Früh blühende Pflanze mit kurzen unterirdischen, selten oberirdischen Ausläufern; Stängel u. Blättchen meist dicht abstehend behaart; Frucht fast stets behaart. 40–100(–180) cm. 5–6. ♃. Lichte Trockenwälder u. -gebüsche, Halbtrockenrasen, Straßenränder, Steinbrüche, stellenweise h VGT; s ELH, ERO. V Querc. pub., V Carp.-Prun. V Brom.; submed-sarmat. Off.

Im Gebiet nur sichere Nachweise von **subsp. *angustifolia*** (Soó) Kirschner et al., **Hügel-B.** [*V. collina* auct., *V. officinalis* subsp. *tenuifolia* auct., *V. wallrothii* Kreyer]: mittlere Stängelblätter mit ca. 8–12 Fiedern; längster Blattstiel 0,5–7 cm.

Eine Angabe der Unterart **subsp. *pratensis*** (mittlere Stängelblätter mit 6–8 Fiedern; längster Blattstiel 7–14 cm) für Leipzig konnte nicht bestätigt werden.

Valerianella MILL., **Rapünzchen, Feldsalat**

1 Kelchsaum an der Frucht undeutl., kaum gezähnt *(Abb. 645/1, 645/2);* Teilfruchtstände dicht halbkugelig; oberste Astgabeln oft ohne Blüten

2 Frucht seitl. zusammengedrückt, quer ellipsoidisch *(Abb. 645/1),* im Querschnitt elliptisch, die 2 leeren Fruchtfächer mit breiter Scheidewand aneinanderstoßend, Samenfach auf dem Rücken stark korkig verdickt ***V. locusta***

2* Frucht lineal längl., fast 4-kantig, auf der hinteren Fläche rinnig vertieft *(Abb. 645/2),* im Querschnitt fast quadratisch, die 2 leeren Fruchtfächer mit schmaler Scheidewand aneinander stoßend, Samenfach dünnwandig ***V. carinata***

1* Kelchsaum an der Frucht deutl. gezähnt, 1 Zahn (der hintere) merkl. größer *(Abb. 645/3);* Teilfruchtstände meist locker schirmförmig; oberste Astgabel meist mit einzelner Blüte

3 Frucht ei-kegelförmig, mit vertieftem, längl. Mittelfeld, im Querschnitt die 2 leeren Fruchtfächer sehr eng, viel kleiner als das Samenfach *(Abb. 645/4);* Kronsaum ½ so breit wie die Frucht, mit spitzem Mittelzahn ***V. dentata***

3* Frucht fast kugelig eiförmig, aufgetrieben, im Querschnitt jedes der 2 leeren Fächer so groß wie das Samenfach od. größer *(Abb. 645/5);* Kelchsaum ⅓ so breit wie die Frucht ***V. rimosa***

V. carinata LOISEL., **Gekieltes R.***

10–40 cm. 4–5. ⊙, ①. Sandig-lehmige Äcker, Wegränder, s bis ins mittlere Bergland. A. O Aper.; med.

V. dentata (L.) POLLICH, **Gezähntes R.***

10–40 cm. 6–8. ⊙, ①. Lehmig-tonige Äcker, Wegränder, z bis ins mittlere Bergland. A. ↘ O Secal., seltener V Sis.; med-submed.

V. locusta (L.) LATERR. em. BETCKE, **Gewöhnliches R., Feldsalat***

[*V. olitoria* (L.) POLLICH]. 5–30 cm. 4–5. ⊙, ①. Lehmig-tonige Äcker, ruderalisierte Trocken- u. Halbtrockenrasen, Ruderalfluren (Wegränder, offene

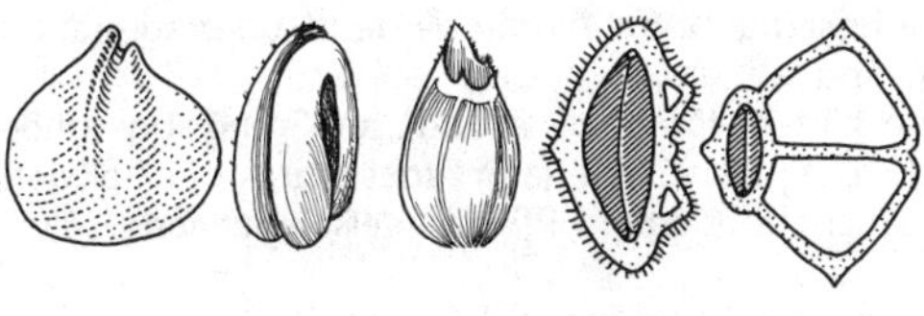

645/1 *645/2* *645/3* *645/4* *645/5*

Brachen), mäßig h bis ins mittlere Bergland, im oberen Bergland s. A. K Stell. med., V Sis., O Brom.; med. Wg.

V. rimosa BASTARD, **Gefurchtes R.**

10–30 cm. 6–7. ⊙, ①. Lehmig-tonige Äcker, früher s bis ins mittlere Bergland, s verschleppt, z. B. Freital. A. O Secal.; med.

Fam. *Campanulaceae* JUSS., Glockenblumengewächse

1 Zipfel der Krone frei, breit; Blüten in Trauben od. Rispen, seltener kopfig gedrängt, aber stets ohne gemeinschaftl. Hülle

2 Krone dorsiventral; Staubblätter röhrig verwachsen ***Lobelia,*** 650

2* Krone radiär; Staubbeutel ± frei

3 Krone glocken- bis trichterförmig; Staubfäden am Grund verbreitert; Kapsel kreiselförmig, mit 3–5 Poren aufspringend ***Campanula,*** 646

3* Krone radförmig; Staubfäden nicht verbreitert; Kapsel längl., prismatisch, mit Seitenritzen aufspringend ***Legousia,*** 650

1* Zipfel der Krone linealisch, anfangs verbunden, später vom Grund aus sich ablösend; Blüten in Köpfen od. dichten Ähren, von einer gemeinschaftl. Hülle umgeben

4 Krone meist krallenartig gekrümmt; Blüten sitzend; Staubfäden am Grund verbreitert; Staubbeutel frei; Kapsel sich mit 2 od. 3 seitl. Poren öffnend ***Phyteuma,*** 650

4* Krone gerade; Blüten kurz gestielt; Staubfäden am Grund nicht verbreitert, pfrieml.; Staubbeutel am Grund verwachsen; Kapsel sich an der Spitze mit 2 Poren öffnend ***Jasione,*** 649

Campanula L., Glockenblume

1 Buchten zwischen den Kelchzipfeln mit zurückgebogenen Anhängseln ***C. medium***

1* Buchten zwischen den Kelchzipfeln ohne Anhängsel

2 Blüten sitzend, kopfig od. knäuelartig gedrängt

3 Untere Blätter lanzettl., in den Blattstiel verschmälert, obere mit halbstängelumfassendem Grund sitzend; Kelchzipfel eiförmig, stumpf; Krone hellblau; Griffel die Krone deutl. überragend; Pflanze borstig steifhaarig ***C. cervicaria***

3* Untere Blätter eiförmig bis lanzettl., am Grund abgerundet od. herzförmig; Kelchzipfel lanzettl., lang zugespitzt; Krone hellviolett; Griffel die Krone nicht überragend; Pflanze meist kurzhaarig, selten fast kahl ***C. glomerata***

2* Blüten gestielt, in Trauben od. Rispen

4 Blätter (mit Ausnahme der unteren!) lanzettl. bis linealisch, meist kahl

5 Blüten 2,5–4 cm lang u. breit, weitglockig; Kelchzipfel lanzettl. ***C. persicifolia***

5* Krone 1,2–2,5(–3,4) cm lang, glockig od. trichterförmig; Kelchzipfel pfrieml.

6 Krone glockig, 5-lappig, blauviolett bis tiefblau (selten weiß); Stängel meist mehrere, bogig aufsteigend bis aufrecht; Blüten in wenigblütigen, einseitswendigen Rispen; Kapsel überhängend, am Grund aufspringend; untere Stängelblätter (zur Blütezeit oft nicht mehr vorhanden) u. Blätter der nichtblühenden Triebe gestielt, nieren- od. herz-eiförmig, gekerbt ***C. rotundifolia***

6* Krone trichterförmig, 5-spaltig, hell blauviolett od. rosalila; Stängel meist einzeln, steif aufrecht; Blüten in meist vielblütigen Rispen; Kapsel aufrecht, über der Mitte od. an der Spitze sich öffnend; untere Stängelblätter längl. spatelförmig od. längl. keilförmig

7 Blätter flach; Rispe mit locker ausgebreiteten Ästen; seitl. Blütenstiele über der Mitte mit 2 Blättchen; Kelchzipfel lanzettl. pfrieml.; Krone rosalila, selten weiß; Blätter flach; Hauptwurzel dünn ***C. patula***

7* Blätter am Rand wellig; Rispe schmal, mit kurzen, aufrecht abstehenden Ästen; seitl. Blütenstiele nahe dem Grund mit 2 Blättchen; Kelchzipfel lineal pfrieml.; Krone hell blauviolett; Blätter am Rand wellig; Hauptwurzel dick, fleischig ***C. rapunculus***

4* Blätter herz-eiförmig od. längl., weich- od. rauhaarig — Kapsel überhängend, am Grund aufspringend

8 Blüten überhängend, 1–3 cm lang, am Rand kahl od. gewimpert; Kelchzipfel lanzettl.

9 Blätter unterseits graufilzig; Stängel stielrund; Blüten in allseitswendiger, reichblütiger, schmaler Rispe ***C. bononiensis***

9* Blätter unterseits grün; Stängel ± kantig; Blütenstand meist einseitswendig

10 Krone 2–3 cm lang, am Rand bewimpert; Blüten kurz gestielt, in langer Traube; untere Blätter gestielt, mit herz-eiförmiger Spreite; Stängel stumpfkantig, kurz rauhaarig ***C. rapunculoides***

10* Krone 1,5–2,2 cm lang, am Rand kahl; Blüten zieml. lang gestielt, in armblütiger Traube; alle Blätter sitzend, eiförmig bis eilanzettl.; Stängel kantig, kahl, nur unten an den Kanten spärl. langhaarig ***C. rhomboidalis***

8* Blüten abstehend od. aufrecht, 3–6 cm lang, am Rand bewimpert; Kelchzipfel eiförmig lanzettl.

11 Stängel scharfkantig, wie die Blätter u. Kelche zerstreut steifhaarig; untere Blätter herz-eiförmig, lang gestielt, obere eiförmig längl., kurz gestielt od. sitzend; Blütenstiele am Grund mit 2 Vorblättern; Krone blaulila, selten weiß ***C. trachelium***

11* Stängel stumpfkantig, kahl, wie auch der Kelch; Blätter beiderseits zerstreut weichhaarig, untere mit geflügeltem Stiel, kaum herzförmig, obere sitzend; Blütenstiele dicht unter der Mitte mit 2 Vorblättern; Krone hellviolett, selten weiß **C. latifolia**

C. bononiensis L., **Bologneser G., Filz-G.**

Krone 1–2 cm lang, am Rand kahl, hellblau, selten rötl. 40–120 cm. 7–8. ♃. Halbtrockenrasen, trockenwarme Gebüschsäume, s, MLH: Lommatzsch: Prositz, früher Daubnitz: Spitzigberg. V Brom., V Ger.; euras-kont, coll. Hügelsteppenrelikt. ∇

C. cervicaria L., **Borstige G.**

40–80 cm. 7–8. ⊙, ⊗. Gebüschsäume, lichte Laubwälder, wechselfeuchte Wiesen, früher sehr z, jetzt s ERB: Niederwiesa; ERM: Scharfenstein, Zöblitz; ERO: Wünschendorf. V Ger., V Querc. rob., V Carp., V Mol.; eurosib. ∇

C. glomerata L., **Knäuel-G.***

30–60 cm. 7–9. ♃. Halbtrockenrasen, Säume, auf meist basischen Böden, z im östl. OLH, sonst s vom Tief- bis ins untere Bergland, früher z, nicht s verwildert aus Gärten. ↘ V Brom., O Orig., V Cirs.-Brach.; euras-kont.

Im Gebiet nur **subsp. *glomerata*.**

C. latifolia L., **Breitblättrige G.**

60–100 cm. 6–7. ♃. Schluchtwälder, Hochstaudenfluren, auf nährstoffreichen, frischen bis feuchten, tiefgründigen Böden, z ERO; s ERM, OLH, OLT; MLH: früher bei Rochlitz, s neophytisch: ERW: Grünheide; VGT: Rodewisch; auch Zierpflanze u. dann oft mit weißen Blüten. V Til.-Acer., V Aegop.; europnem, demont. ∇

C. medium L., **Marien-G.**

Pflanze kurzhaarig; Grundblätter längl. spatelförmig, gestielt, Stängelblätter lanzettl. bis linealisch, sitzend; Blüten bis 6 cm lang, verschiedenfarbig, kurz gestielt, nickend, in Trauben; Kelchanhängsel stumpf. 60–80 cm. 6–9. ⊙. Zierpflanze, verwildert, Müllplätze, Komposthaufen, Gartenauswurf, s. NU. Heimat: westl. Mittelmeergebiet.

C. patula L., **Wiesen-G.***

30–60 cm. 5–7. ⊙, ⊗. Frische, meist extensiv genutzte Wiesen, Gebüschränder, mäßig h bis h. V Arrh., V Pol.-Tris.; eurosib.

In ERM (Mühlleithen, Brunndöbra) eine eigenständige, hexaploide Sippe mit kurzen unterirdischen Ausläufern u. wenigen Blüten; an Waldwegen.

C. persicifolia L., **Pfirsichblättrige G.***

Seitl. Blütenstiele am Grund mit 2 Blättchen; Blätter kahl, derb, lanzettl. bis linealisch, untere längl. keilig, in den Stiel verschmälert; Krone himmelblau, seltener (besonders bei kultivierten Pflanzen) weiß. 30–80 cm. 6–9. ♃. Gebüschsäume, wärmebegünstigte Wälder u. Gebüsche, auf schwach sauren bis basischen, oft kalkhaltigen Böden, z bis ins untere Bergland, auch Zierpflanze u. oft verwildert. V Ger., V Querc. rob., V Querc. pub., O Fag. (außer V Aln.-Ulm.), O Prun.; sarmat-südsib.

C. rapunculoides L., **Acker-G.***

30–80. 6–9. ♃. Raine, Mauerfüße, Äcker, Säume, mäßig h bis h. A. O Orig., V Berb., V Caucal.; eurosib+euras-kont., ursprüngl. Steppenpflanze.

C. rapunculus L., **Rapunzel-G.***

50–80 cm. 6–8. ⊙. Wiesen, Magerrasen, Gebüschsäume, Bahnanlagen, s im Tief- u. Hügelland. ↘ NU. V Arrh., V Brom., O Orig.; submed-subatl. Früher Wg.

C. rhomboidalis L., **Rautenblättrige G.**

20–70 cm. 6–8. ♃. Wiesen, s ESG: Rosenthal. NE. V Pol.-Tris.

C. rotundifolia L., **Rundblättrige G.***

15–30 cm. 6–10. ♃. Magerwiesen u. -weiden, Magerrasen, Zwergstrauchheiden, lichte Wälder, Böschungen, Felsköpfe, Mauern, h. O Arrh., K Fest.-Brom., V Armer., O Sedo-Scler., K Call.-Ul., O Orig., V Querc. pub.; eurosib, circpol.
Sehr formenreiche Art.

C. trachelium L., **Nesselblättrige G.***

60–100 cm. 7–8. ♃. Krautreiche Laubwälder, Waldränder u. -lichtungen, Hecken, auf nährstoff- u. basenreichen, sickerfeuchten Böden, mäßig h, doch stellenweise im Tiefland u. oberen Bergland nur s. O Fag., O Prun., V Aegop.; europ-nem.

Mehrere Arten werden als Zierpflanzen h kultiviert, vor allem

C. carpatica Jacq., **Karpaten-G.:** Blüten einzeln, überhängend; Krone blau (seltener weiß), schüsselförmig, 30–40 mm breit; Pflanze kahl; Grundblätter rundl. od. herzförmig, grob gezähnt. 20–40 cm. 6–9. ♃. Heimat: Karpaten.

C. portenschlagiana Schult., **Dalmatiner G.:** Krone 18–20 mm lang, glockig, zu ¾ verwachsen, tief violett; Blätter rundl. nierenförmig. 10–15 cm. 6–7. ♃. Heimat: Dalmatien.

C. poscharskyana Degen, **Hängepolster-G.:** Krone weit trichterförmig sternförmig, zu ¼–½ verwachsen, lavendelblau; Grundblätter 3-eckig herzförmig. 10–25 cm. 6–8. ♃. s verwildert, Mauern, z. B. LLA: Markkleeberg. Heimat: S-Dalmatien, Montenegro.

Jasione L., **Sandknöpfchen, Jasione**

Pflanze ohne Ausläufer; Stängel meist mehrere, aufrecht od. aufsteigend, wie die Blätter steifhaarig, oberwärts blattlos u. kahl; Blätter am Rand wellig, geschweift, die untersten verkehrt eiförmig, stumpf, obere lanzettl. bis lineal, spitzl.; Krone himmelblau, selten weiß od. rötl. 15–45 cm. 6–8. ①, ⊙. Sandmagerrasen, lichte Kiefernwälder, sandige Ruderalfluren, Felsköpfe, auf meist sauren, sandigen od. grusigen Böden, meist mäßig h bis ins mittlere Bergland; z ERZ, LLA. K Koel.-Coryn., V Koel.-Phlei., V Cyt.-Pin., seltener V Genist. u. V Sis.; subatl-submed. ***J. montana*** L., **Berg-S.***

Legousia DURANDE, **Frauenspiegel**

Stängel aufrecht, ästig, kurzhaarig od. ± kahl; Blätter schwach gekerbt, längl., untere verkehrt eiförmig; Blüten end- od. achselständig, entfernt, eine lockere Rispe bildend; Kelchzipfel linealisch, so lang wie od. etwas länger als die dunkelviolette, seltener weiße, 12–20 mm lange Krone. 10–30 cm. 6–8. ⊙, ①. Hackfruchtäcker, Ruderalfluren (Müll- u. Umschlagplätze, Bahngelände), s LLA: früher bei Leipzig; jetzt s eingeschleppt, z. B. ELH, OLH: Bautzen; OLT: Bad Muskau, Rietschen. Als A. †. V Cauc., V Sis. [*Specularia speculum* DC.]. ***L. speculum-veneris*** (L.) CHAIX, **Echter F.***

Lobelia L., **Lobelie**

Stängel beblättert, zart, ausgebreitet ästig; Blätter längl. verkehrt eiförmig, stielartig verschmälert, stumpf gezähnt, die oberen lanzettl. bis linealisch, fast ganzrandig; Blüten in lockeren, endständigen Trauben; Hochblätter laubblattartig; Krone himmelblau, selten weiß. 15–30 cm. 6–10. ⊙. Zierpflanze, verwildert, Ruderalfluren (Kompost, Gartenauswurf, Müllplätze, Friedhöfe), z. NU. Heimat: S-Afrika. ***L. erinus*** L., **Blaue L.**

Phyteuma L., **Teufelskralle**

1 Blütenstand kugelig — Krone himmelblau ***Ph. orbiculare***
1* Blütenstand längl. od. eiförmig
2 Krone gelbl.-weiß (an der Spitze grünl.-weiß), selten ± hellblau; Spreite der Grundblätter etwa so lang wie breit, mit tief herzförmigem Grund, grob gesägt ***Ph. spicatum***
2* Krone dunkelviolett; Spreite der Grundblätter etwa 2(3)-mal so lang wie breit, am Grund gestutzt od. schwach herzförmig, fein kerbig gesägt ***Ph. nigrum***

Ph. nigrum F. W. SCHMIDT, **Schwarze T.***

Mittlere Stängelblätter am Grund verschmälert, obere mit stark verkleinerter Spreite; Hüllblätter linealisch. 20–50 cm. 5–7. ♃. Bergwiesen, edellaubbaumreiche Mischwälder, mäßig h bis z im Hügel- u. Bergland, streckenweise fehlend; OLB: früher Jonsdorf, Neusalza-Spremberg; OLH: früher Zittau; ELH: Dresden neophytisch nach Ansaat. V Pol.-Tris., V Aln.-Ulm., seltener V Arrh., V Carp.; zentraleurop, mont-demont.

Ph. orbiculare L., **Kugelige T.***

Äußere Hüllblätter eiförmig lanzettl., zugespitzt; Blätter gekerbt, untere eiförmig od. eiförmig lanzettl., obere lanzettl. bis lineal lanzettl., in den Stiel verschmälert. 10–40 cm. 5–6. ♃. Bergwiesen, moorige Wiesen, z ERO, früher mäßig h; LLA: Wölpern bei Eilenburg, Leipzig: früher am Bienitz; OLH: früher um Görlitz; OLT: früher Niesky; VGT: früher Zeidelweidetal, Adorf, Winn bei Falkenstein; ERB: früher bei Werdau. ↘ V Pol.-Tris., V Mol.; pralp-sudeto-karpat.

Im Gebiet nur **subsp. *orbiculare*.**

Ph. spicatum L., **Ährige T.***

Untere u. mittlere Stängelblätter gestielt, obere mit abgerundetem Grund sitzend; Hüllblätter linealisch. 30–80 cm. 5–6. ♃. Krautreiche Wälder, Waldsäume, frische Wiesen, mäßig h im Hügel- u. Bergland, s bis z im Tiefland. O Fag., V Pol.-Tris., seltener V Arrh.; europ-nem.

1 Krone gelbl.-weiß; Griffel u. Narben gelb bis gelbbraun. **subsp. *spicatum***
1* Krone hellblau, Narben gelbl.-braun bis blau, im Gebiet sehr z; wohl identisch mit dem Bastard *Ph.* × *adulterinum*. **subsp. *coeruleum*** (GREMLI) RICH. SCHULZ;

Bastard:
Ph.* × *adulterinum WALLR. [*Ph. nigrum* × *Ph. spicatum*]: unter den Eltern, z. B. ERW: Eibenstock; VGT: Adorf, Sohl, Brunn, Rebersgrün; ERB: Zwickau

Fam. *Menyanthaceae* DUMORT., Fieberkleegewächse

1 Blätter herz- bis kreisförmig; Blüten zu 2–5 achselständig; Wasserpflanze ***Nymphoides,*** 651
1* Blätter 3-zählig; Blüten in lang gestielten Trauben; Sumpfpflanze ***Menyanthes,*** 651

Menyanthes L., **Fieberklee**

Rhizom kriechend; Blätter grundständig, lang gestielt; Blättchen verkehrt eiförmig bis längl. verkehrt eiförmig, stumpfl., fast sitzend, Krone rötl.-weiß od. weiß. 15–30 cm. 5–6. ♃. Mäßig nährstoffreiche Verlandungsbereiche u. Niedermoore, Sümpfe, Gräben, Torfstiche, z bis über 1000 m. ↘ K Scheuchz.-Car., V Magnocar.; circpol. Früher Off. ∇
M. trifoliata L., **Fieberklee, Bitterklee***

Nymphoides SÉG., **Seekanne**

Blätter lang gestielt, oberseits etwas glänzend; Krone 25–35 mm breit, radförmig, goldgelb, am Grund bärtig, an kurzen Stielen aus dem Wasser ragend; Blätter einer kleinen Seerose ähnl. 80–150 cm. 7–8. ♃. Zierpflanze, verwildert od. ausgepflanzt, stehende Gewässer, s. NU. V Nymph. Heimat M- u. S-Europa, W-Asien. (∇) [*Limnanthemum nymphoides* HOFFMANNS. et LINK]. ***N. peltata*** (S. G. GMEL.) KUNTZE, **Gewöhnliche S.***

Fam. *Araliaceae* Juss., Araliengewächse

1 Immergrünes, meist kletterndes Holzgewächs ± trockener u. frischer Standorte mit glänzenden ledrigen, gelappten od. eiförmigen Blättern **_Hedera_, 652**
1* Krautige kriechende Pflanze nasser Standorte mit schildförmigen Blättern **_Hydrocotyle_, 652**

Hedera L., **Efeu**

Pflanze kletternd od. (seltener) auf dem Boden kriechend; Blätter 2-gestaltig, entweder gelappt (eckig 3–5-lappig) od. ungeteilt (eiförmig); Blüten in Dolden; Krone grünl.-gelb; Beeren schwarz. 0,50–20 m. 9–11. ♄ (Liane). Laubmischwälder, an Felsen, Mauern, in Parks, mäßig h im Tief- u. Hügelland, z im Bergland. ↗ O Fag.; submed-subatl. Giftig, Off.
H. helix L., **Gewöhnlicher E.***/**

1 Blätter < 8 cm breit, oft bis über die Hälfte der Spreite gelappt; Blattstiele < 20 cm lang; Haare weißl.; Früchte 8–10 mm Ø. Wildpflanze u. in mehreren Sorten kultiviert. Verbreitung usw. wie Art. **subsp. _helix_**
1* Blätter > 8 cm breit, meist nicht bis zur Hälfte gelappt; Blattstiel kürzer; Haare oft gelbbraun; Früchte bis 12 mm Ø. Zierpflanze, s verwildert. **subsp. _hibernica_** (G. Kirchn.) D. C. McClint

Kultiviert: ***H. colchica*** (K. Koch) K. Koch*/**, **Persischer E.,** Blätter kaum gelappt u. bis > 15 cm breit, Haare junger Blätter u. Triebe halb-schildförmig (bei *H. helix* sternförmig). Heimat: Kaukasus.

Hydrocotyle L., **Wassernabel**

Stängel fadenförmig, kriechend; Blätter lang gestielt, schildförmig, kreisrund, gekerbt; Dolden kopfig, 3–5-blütig; Krone weiß od. rötl. 5–20 cm. 7–8. ♃. Verlandungszonen mäßig nährstoffreicher Gewässer, Braunseggen-Sümpfe, Gräben, mäßig h im Tiefland, aber s LLA; z im Hügelland, s im Bergland, fehlt ESG. V Car. nig., O Scheuchz., V Magnocar., V Mol.; atl-subatl.
H. vulgaris L., **Gewöhnlicher W.***

Fam. *Apiaceae* Lindl. od. *Umbelliferae* Juss., Doldengewächse

Zur Bestimmung der meisten Doldengewächse sind Blüten u. reife Früchte nötig.

1 Blüten nicht in deutl. zusammengesetzten Dolden (vgl. auch *Torilis nodosa* mit fast sitzenden, blattgegenständigen Dolden)
2 Pflanze stachelig, distelartig; Hülle vielteilig, dornig *(Abb. 653/1);* Blüten ungestielt, in Köpfen — Frucht mit Schüppchen od. Knötchen besetzt **_Eryngium_, 666**
2* Pflanze nicht distelartig; Hülle nicht dornig; Blüten in einfachen Dolden

3 Dolden zusammengesetzt, aber die Döldchen kopfförmig, mit ♂ Randblüten *(Abb. 653/2);* Frucht mit hakenförmigen Stacheln besetzt, ohne Rippen; Hüllblätter grünl., unscheinbar ***Sanicula,*** 673

3* Dolden einfach; Frucht stachellos, Teilfrüchte mit 5 stumpfen, gezähnten, hohlen Rippen; Hülle groß, weißl. od. rosa gefärbt, grün geadert ***Astrantia,*** 662

1* Blüten in zusammengesetzten Dolden

4 Krone gelb, grünl.-gelb od. grünl.

5 Blätter alle ungeteilt, einfach, ganzrandig ***Bupleurum,*** 662

5* Wenigstens die Grundblätter zusammengesetzt

6 Hülle u. Hüllchen vielblättrig ***Levisticum,*** 668

6* Hülle fehlend; Hüllchen vielblättrig, nur aus 1–2 unbeständigen Blättchen bestehend od. fehlend

7 Blätter 3–4-fach gefiedert, mit haarförmigen Zipfeln

8 Frucht im Querschnitt rundl., nicht geflügelt; Blattscheiden 3–6 cm lang, an der Spitze mit mützenförmigem Öhrchen ***Foeniculum,*** 667

8* Frucht linsenförmig, im Querschnitt oval, breit geflügelt *(Abb. 653/3);* Blattscheiden 1,5–2 cm lang, ohne Öhrchen ***Anethum,*** 659

7* Blattzipfel nicht haarförmig

9 Hüllchen vielblättrig

10 Kelchsaum undeutl.; Frucht nicht geflügelt

11 Kronblätter rundl., in ein eingebogenes Läppchen verschmälert, grünl.-gelb; Frucht von der Seite zusammengedrückt, fadenförmig gerippt *(Abb. 653/4);* Pflanze gerieben stark riechend; Kulturpflanze ***Petroselinum,*** 670

11* Frucht längl. verkehrt eiförmig, in ein eingebogenes Spitzchen verschmälert, blassgelb; Frucht im Querschnitt rundl., scharf gerippt; Pflanze geruchlos; Wildpflanze ***Silaum,*** 674

10* Kelchsaum 5-zähnig; Frucht am Rand geflügelt

12 Blättchen linealisch, Kronblätter verkehrt eiförmig, mit einwärts gebogenem Spitzchen, gelb; Ränder der Teilfrüchte aneinander liegend (zusammenschließend) ***Peucedanum officinale,*** 671

12* Blättchen eiförmig; Kronblätter elliptisch, einwärts gebogen, grünl.; Ränder der Teilfrüchte klaffend ***Angelica archangelica,*** 660

653/1

653/2

653/3

653/4

9* Hüllchen fehlend od. hinfällig 1–2-blättrig
13 Blätter meist einfach, seltener doppelt gefiedert, untere kurz gestielt, mittlere auf bauchiger Scheide sitzend; Frucht breit elliptisch, flachgedrückt, bis 7 mm lang, reif gelbl.-bräunl., schmal geflügelt ***Pastinaca,*** 670
13* Untere Blätter 3-zählig bis mehrfach 3-zählig, obere ohne deutl. Scheide, sitzend, ungeteilt, mit tief herzförmigem Grund den oberwärts häutig geflügelten Stängel umfassend; Frucht eiförmig kugelig, 3–4 mm lang, reif schwarz glänzend, ungeflügelt ***Smyrnium,*** 674
4* Krone weiß, weißl. od. rötl.
14 Gesamte Frucht borstig od. stachelig
15 Frucht mit einem schnabelartigen Fortsatz
16 Schnabel länger als die Frucht, beide zusammen 2–6 cm lang; Teilfrüchte am Rand kurz bewimpert ***Scandix,*** 673
16* Schnabel kürzer als die Frucht, beide zusammen 4–12 mm lang; Teilfrüchte mit gekrümmten Borsten ***Anthriscus,*** 660
15* Frucht ohne schnabelartigen Fortsatz
17 Hüllchen fehlend od. 1–2-blättrig; Grundblätter ungeteilt ***Pimpinella,*** 671
17* Hüllchen 3- bis vielblättrig; Grundblätter gefiedert od. fiederteilig
18 Blätter einfach gefiedert — Hülle u. Hüllchen 3- bis mehrblättrig
19 Dolde vielstrahlig; Hüllblättchen pfrieml.; Frucht linsenförmig, mit (vor der Reife) knorpelig verdicktem Rand, steifhaarig ***Tordylium,*** 674
19* Dolde 2–4-strahlig; Hüllblättchen längl., stumpf, häutig; Frucht von der Seite zusammengedrückt, mit stacheligen Rippen ***Turgenia,*** 675
18* Blätter, wenigstens die unteren, 2–3-fach gefiedert
20 Hülle fehlend od. 1–2-blättrig
21 Dolden 2–3-strahlig; Fruchtstacheln in Reihen ***Caucalis,*** 663
21* Dolden 4–10-strahlig; Fruchtstacheln regellos ***Torilis arvensis,*** 675
20* Hülle (u. Hüllchen) vielblättrig
22 Hüllblätter 3- bis fiederteilig, mit linealischen Zipfeln ***Daucus,*** 666
22* Hüllblätter ungeteilt
23 Alle Blüten klein, weißl. od. rötl.; Frucht längl.-eiförmig, dicht mit hakigen od. spitzen Stacheln besetzt *(Abb. 654/1)* ***Torilis,*** 675

654/1

654/2

654/3

654/4

654/5

23* Randblüten groß, weiß; Frucht linsenförmig, Hauptrippen borstig, Nebenrippen 2–3-reihig stachelig **Orlaya,** 669

14* Frucht kahl, ± feinhaarig od. (bei *Heracleum mantegazzianum*) nur Randflügel borstig

24 Fruchtknoten bzw. Frucht linealisch od. geschnäbelt (bei *Anthriscus* erscheint der Schnabel oft nur als ein dunkelgrüner, gerippter Hals über der Frucht); Kronsaum undeutl.

25 Frucht mindestens 2 cm lang

26 Frucht lang geschnäbelt (der Schnabel viel länger als die Frucht) *(Abb. 654/2);* Dolde 1–3-strahlig; Pflanze 1-jährig **Scandix,** 673

26* Frucht ungeschnäbelt, bis 25 mm lang *(Abb. 654/3);* Dolde vielstrahlig; Pflanze ausdauernd **Myrrhis,** 669

25* Frucht kaum 1 cm lang — Dolden vielstrahlig

27 Frucht kurz geschnäbelt (Schnabel gerippt bis gefurcht, höchstens ½ so lang wie die Frucht), rippenlos *(Abb. 654/4)* **Anthriscus,** 660

27* Frucht ungeschnäbelt, stumpf gerippt *(Abb. 654/5)* **Chaerophyllum,** 663

24* Fruchtknoten bzw. Frucht längl. bis eiförmig od. rundl., ungeschnäbelt; Kronsaum 5-zähnig od. undeutl.

28 Hülle u. Hüllchen fehlend od. hinfällig 1–5-blättrig

29 Blätter 3-zählig od. doppelt 3-zählig

30 Dolde 10–20-strahlig; Blättchen ungeteilt, gesägt; Blattstiel auffallend 3-kantig; Frucht längl., schwach seitl. zusammengedrückt, ungeflügelt **Aegopodium,** 658

30* Dolde 20–50-strahlig; Blättchen 2–3-spaltig; Blattstiel rundl. kantig; Frucht linsenförmig, zusammengedrückt, am Rand geflügelt *(Abb. 656/1)* **Peucedanum ostruthium,** 671

29* Blätter gefiedert

31 Blätter 1-fach gefiedert

32 Pflanze mit Selleriegeruch, stets kahl; wenigstens einige Dolden scheinbar blattgegenständig; Kronblätter rundl., ganzrandig, sternförmig ausgebreitet, grünl.-weiß; Frucht rundl., 1,5–2 mm lang *(Abb. 656/2)* **Apium graveolens,** 661

32* Pflanze ohne Selleriegeruch, kahl od. behaart; alle Dolden deutl. gestielt, end- od. seitenständig; Kronblätter verkehrt herzförmig, mit eingebogenem Läppchen, weiß; Frucht eiförmig od. längl. eiförmig *(Abb. 656/3)*, 2–5 mm lang **Pimpinella,** 671

31* Blätter 2–3-fach gefiedert

33 Pflanze ohne unterirdische Knolle, mit Kümmelgeruch; Scheiden der Stängelblätter an ihrem Grund jederseits mit vielzipfligem Fiederabschnitt; unterstes Fiederchenpaar jeder Fieder mit der gegenüberstehenden Fieder ein Kreuz bildend **Carum,** 663

33* Pflanze mit unterirdischer, 1–4 cm großer, kugeliger Knolle, ohne Kümmelgeruch; Blattscheiden an ihrem Grund ohne Fiederabschnitte;

unterste Fiederchen kein deutl. Kreuz bildend (vgl. auch Anmerkung nach der Artbeschreibung) ***Conopodium,*** 665
28* Hülle fehlend od. vorhanden, Hüllchen 3- bis mehrblättrig, bleibend
34 Hülle fehlend od. nur aus 1–2 hinfälligen Blättchen bestehend
35 Hüllchen einseitswendig, meist 3-blättrig
36 Dolden 10–18-strahlig; Hüllchen meist länger als die Döldchen; Pflanze ohne unangenehmen Geruch — Kelchsaum undeutl.; Frucht kugelig eiförmig ***Aethusa,*** 658
36* Dolden 3–5-strahlig; Hüllchen kürzer als die Döldchen; Pflanze mit unangenehmem Geruch (nach Wanzen)
37 Kelchsaum 5-zähnig, die beiden äußeren Kelchzähne bedeutend länger; Frucht kugelig *(Abb. 656/4),* reif nicht in 2 Teilfrüchte zerfallend ***Coriandrum,*** 665
37* Kelchsaum ungezähnt; Frucht doppelt kugelig, reif in 2 Teilfrüchte zerfallend *(Abb. 656/5)* ***Bifora,*** 662
35* Hüllchen allseitswendig, 3- bis mehrblättrig
38 Kelchsaum 5-zähnig
39 Blättchen od. Blattzipfel linealisch od. lanzettl.
40 Blättchen groß, scharf gesägt; Rhizom gekammert; Frucht breiter als lang — Sumpfpflanze ***Cicuta,*** 665
40* Blättchen klein, nicht scharf gesägt; Rhizom nicht gekammert; Frucht länger als breit
41 Kelchzähne lang, spitz, dünn; Griffel aufrecht; Sumpfpflanze ***Oenanthe,*** 669
41* Kelchzähne kurz, dick, 3-eckig; Griffel zurückgebogen; Pflanze trockenwarmer Standorte — Frucht nicht geflügelt ***Seseli annuum,*** 673
39* Blättchen breit eiförmig bis herz-eiförmig — Frucht am Rand deutl. geflügelt
42 Blätter groß, bis > 60 cm lang, einfach gefiedert, seltener fiederteilig; Frucht linsenförmig ***Heracleum,*** 667
42* Blätter kaum 25 cm lang, 2- bis mehrfach gefiedert; Frucht eiförmig ***Angelica palustris,*** 660
38* Kelchsaum undeutl.
43 Frucht am Rand 2- od. 10-flügelig
44 Frucht 2-flügelig; Blättchen eiförmig od. breit lanzettl., groß; Stängel stielrund, gestreift; Blattscheiden bauchig aufgeblasen; Kronblätter lanzettl., ausgebreitet od. etwas eingebogen ***Angelica,*** 659

656/1

656/2

656/3

656/4

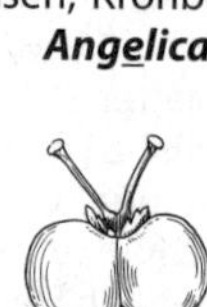
656/5

44* Frucht 10-flügelig; Blättchen fiederspaltig, mit lanzettl. od. linealischen Zipfeln; Stängel kantig gefurcht; Blattscheiden nicht auffallend bauchig aufgeblasen; Kronblätter verkehrt eiförmig, mit eingebogenem Läppchen ***Selinum,*** 673

43* Frucht am Rand nicht geflügelt

45 Blätter doppelt gefiedert, mit lineal-lanzettl. Blättchen; Kronblätter verkehrt eiförmig, mit eingebogenem Spitzchen; Pflanze der Tieflands-Auen ohne würzigen Geruch ***Cnidium,*** 665

45* Blätter 2- bis mehrfach gefiedert, mit haarfeinen Zipfeln; Kronblätter elliptisch, beiderseits spitz; aromatisch riechende, vorwiegend im Gebirge vorkommende Pflanze ***Meum,*** 668

34* Hülle u. Hüllchen 3- bis mehrblättrig

46 Hüllblätter 3-teilig od. fiederteilig, mit schmalen, linealischen Abschnitten ***Ammi,*** 659

46* Hüllblätter nicht geteilt

47 Blätter 1-fach gefiedert od. 3-zählig (Ausnahme Unterwasserblätter); Kelchsaum stets 5-zählig

48 Blätter 3-zählig, mit 2–3-spaltigen Blättchen u. linealischen, verlängerten, scharf gesägten Zipfeln; Pflanze trockenwarmer Standorte ***Falcaria,*** 667

48* Blätter gefiedert; Sumpf- od. Wasserpflanze

49 Stängel flutend od. im Schlamm kriechend — Dolden (scheinbar) blattgegenständig; Frucht rundl., 2-knotig ***Apium inundatum,*** 661

49* Stängel aufrecht

50 Stängel stielrund, gestreift; Dolden wenigstens z. T. scheinbar blattgegenständig; Frucht eiförmig *(Abb. 657/1);* Pflanze mit unterirdischen Ausläufern ***Berula,*** 662

50* Stängel kantig gefurcht; alle Dolden endständig; Frucht längl. *(Abb. 657/2);* Pflanze ohne Ausläufer ***Sium,*** 674

47* Blätter 2–3-fach gefiedert; Kelchsaum 5-zähnig od. undeutl.

51 Kelchsaum 5-zähnig

52 Frucht ungeflügelt, stielrund, kurzhaarig; Fiedern ungestielt, daher das unterste Fiederchenpaar jeder Fieder mit dem der gegenüberstehenden Fieder ein Kreuz bildend *(Abb. 657/3)* ***Seseli libanotis,*** 674

52* Frucht wenigstens am Rand geflügelt, vom Rücken her flach zusammengedrückt; unterste Fiedern gestielt, Fiederchenpaare kein Kreuz bildend

657/1

657/2

657/3

53 Griffel anfangs sehr kurz; Frucht nur am Rand geflügelt, linsenförmig abgeflacht, mit fadenförmigen Haupt- u. Nebenrippen **_Peucedanum,_** 670

53* Griffel schon anfangs zieml. lang; Frucht mit häutig geflügelten Nebenrippen (8-flügelig) u. fadenförmigen Hauptrippen, nicht abgeflacht **_Laserpitium,_** 668

51* Kelchsaum undeutl.

54 Hüllchen einseitswendig; Pflanze mit auffallendem Mäusegeruch **_Conium,_** 665

54* Hüllchen allseitswendig; Pflanze ohne auffallenden Mäusegeruch

55 Kronblätter lanzettl., beiderseits spitz; Frucht längl.; Blättchen fadenförmig; aromatisch duftende, vorwiegend im Gebirge vorkommende Pflanze **_Meum,_** 668

55* Kronblätter verkehrt eiförmig, ausgerandet, mit einem einwärts gebogenen Läppchen; Frucht rundl. eiförmig; Blättchen lineal lanzettl.; Pflanze der Tieflands-Auen, ohne würzigen Geruch **_Cnidium,_** 665

Aegopodium L., **Giersch**

Gartenquecke, Gänsetritt, Wolfstritt

Pflanze mit unterirdischen Ausläufern; Stängel nur oberwärts etwas ästig, kantig gefurcht; untere Blätter doppelt 3-zählig, mit eiförmigen, ungleich kerbig gesägten Blättchen u. bauchigen Scheiden, obere Blätter einfach 3-zählig. 50–100 cm. 6–7. ♃. Stickstoffreiche Säume, Gebüsche, Hecken, Gärten, lichte Laubwälder, h. O Glech. (besonders V Aegop.), O Prun., O Fag. (vor allem V Aln.-Ulm.), V Sperg.-Ox.; euras-nem. Früher Off. Wg.
Ae. podagraria L., **Giersch, Geißfuß***

Aethusa L., **Hundspetersilie**

Blätter unterseits glänzend (Gegensatz zu nicht krausblättrigem *Petroselinum*), 2–3-fach gefiedert, Blättchen fiederspaltig bis gesägt; Hüllchen 3-blättrig, nur auf der Außenseite des Döldchens. 6–9. Submed+euras-nem. Giftig, Off. Weitere Angaben siehe Subspezies.
Ae. cynapium L., **Hundspetersilie, Gartenschierling***

Die taxonomische Bewertung der folgenden Unterarten ist noch nicht endgültig geklärt.

1 Pflanze meist nur 5–25 cm hoch, vom Grund an stark verzweigt; Stängel kantig; Doldenstrahlen 5–15(–20) mm lang. ⊙. Äcker (vor allem Stoppeläcker), wahrscheinl. mäßig h bis z. V Aph., V Caucal. [*Ae. c.* subsp. *agrestis* (WALLR.) DOSTÁL, *Ae. c.* var. *agrestis* WALLR.]. **subsp. *segetalis*** (BOENN.) SCHÜBL. et G. MARTENS

1* Pflanze höher, blühende Seitenzweige meist erst ab dem 3. Stängelknoten od. erst im oberen Stängeldrittel; Stängel rund od. fein gefurcht; Doldenstrahlen (10–)15–30(–80) mm lang

2 Stängel 30–80 cm hoch, am Grund 2–5(–12) mm Ø, meist grün. ⊙. Gärten, Äcker, Ruderalfluren, h. ↗ V Sperg.-Ox., V Veron., V Pan.-Set., V Sis., K Artem. **subsp. *cynapium***

2* Stängel 140–210 cm hoch; Stängel am Grund meist 6–15(–25) mm Ø, zuweilen dunkelbraunrot, weißl. bereift. ⊙, ⊙. Waldwegränder, Auenwälder, Waldsäume, Ufersäume, Verbreitung im Gebiet kaum bekannt, wahrscheinl. s, z. B. ESG: Wehlen; ERO: Burkardswalde, Frauenstein; LLA: Leipzig; MLH: Nossen; OLH: Bautzen; VGT: Bergen. K Gal.-Urt., V Aln.-Ulm. [*Ae. c.* subsp. *cynapioides* (M. BIEB.) NYMAN. **subsp. *elata*** (G. FISCH.) SCHÜBL. et G. MARTENS

Ammi L., Knorpelmöhre, Ammei

1 Untere Blätter 1–3-fach gefiedert, mit meist breiten Blättchen, obere fein zerteilt; Doldenstrahlen 15–30(–60), bei der Reife schlank, nicht nestartig zusammengezogen ***A. majus***

1* Alle Blätter 3-fach gefiedert, Blattzipfel schmal linealisch, ganzrandig; Doldenstrahlen bis 150, bei der Reife dick, starr, nestartig zusammengezogen ***A. visnaga***

A. majus L., **Große K., Großes A.**
Hüllblätter zahlreich; Hüllchenblätter weiß berandet; 20–80 cm. 6–9. ⊙. Müll- u. Umschlagplätze, Wegränder, s. NU. V Sis. Heimat: S-Europa, W-Asien. Giftig.

A. visnaga (L.) LAM., **Zahnstocher-A., Kleine K.**
30–100 cm. 7–9. ⊙. Müll- u. Umschlagplätze, s, Leipzig. NU. Heimat: Mittelmeergebiet.

Anethum L., Dill

Pflanze kahl, von würzigem Geruch; Stängel stielrund, gestreift; Dolden groß, bis 50-strahlig; Hülle u. Hüllchen fehlend. 40–120 cm. 7–9. ⊙. Kulturpflanze, verwildert, Ruderalfluren (Müllplätze, Wegränder), s. NU. V Sis. Heimat: Vorderasien. ***A. graveolens*** L., **Dill, Gurkenkraut***

Angelica L., Brustwurz, Engelwurz

1 Stängel scharfkantig gefurcht, nicht bereift; Kelchsaum deutl. 5-zähnig; Blattabschnitte ± herzförmig, grob kerbig gesägt, unterseits auf den Nerven u. am Rand borstig; Doldenstiele kahl; Kronblätter tief verkehrt herzförmig, genagelt ***A. palustris***

1* Stängel wenigstens unten stielrund, ± bereift; Kelchsaum undeutl. od. schwach 5-zähnig; Blattabschnitte eiförmig lanzettl. bis elliptisch, fein gesägt; Doldenstrahlen zumindest an der Spitze flaumig zottig; Kronblätter elliptisch od. lanzettl., nicht genagelt

2 Blattstiel oberseits rinnig; Blattfiedern unterseits u. am Rand rau behaart; Doldenstrahlen durchweg flaumig behaart; Kronblätter weiß od. rötl., doch vor dem Aufblühen grünl.; Kelchsaum undeutl. ***A. sylvestris***

2* Blattstiel rund, hohl; Blattfiedern unterseits kahl; Doldenstrahlen nur im oberen Teil behaart; Kronblätter grünl.; Kelchsaum schwach 5-zähnig ***A. archangelica***

A. archangelica L., **Echte E.***

[*Archangelica officinalis* HOFFM.]. 120–250 cm. 6–8. ♃. NE.

1 Hüllchenblätter linealisch, so lang wie die Döldchenstiele; Frucht 6–8(–9) mm lang, 4,5–5(–6) mm breit, oft fast rechteckig, mit 3 stark vorspringenden, zieml. scharfen Rückennerven; Blattscheiden ± krautig; Stängel weich u. saftig; Pflanze von angenehmem Geruch. Kulturpflanze, verwildert, Gebüschränder, Hochstaudenfluren, Feuchtwiesen. NU. V Conv., O Mol. V Aln. In ERW früher um Bockau zur Herstellung von Kräuterlikör feldmäßig angebaut; früher Off. Heimat: Gebirge Europas u. W-Asiens. **subsp. *archangelica***

1* Hüllchenblätter pfrieml., meist ½ so lang wie die Döldchenstiele; Frucht 5–6 mm lang, 3–4,5 mm breit, ± rundl. elliptisch, mit wenig hervorspringenden, stumpfen Rückenrippen; Blattscheiden ± häutig; Stängel zieml. hart; Pflanze von strengem Geruch. Flussufer, Röhrichte, Hochstaudenfluren. Wahrscheinl. z, besonders im Elbtal. V Conv., O Mol., V Aln. Heimat: Küsten Europas. **subsp. *litoralis*** (FR.) THELL.

A. palustris (BESSER) HOFFM., **Sumpf-E., Mutterwurz**

[*Ostericum palustre* (BESSER) BESSER]. 50–100 cm. 7–8. ♃. Nährstoffreiche Feuchtwiesen, Auengebüsche, †, s LLA: früher bei Dölzig u. Schkeuditz; schon wenig außerhalb des Gebiets bei Bad Dürrenberg. V Calth.; sarmatsüdsib, fluv. ∇ Die Pflanzen kommen erst im 3. Jahr zur Blüte u. sterben dann ab.

A. sylvestris L., **Wilde E.***

80–150 cm. 7–9. ♃. Waldränder, Gebüsche, Gräben, nährstoffreiche Feuchtwiesen, mäßig h bis ins obere Bergland, seltener in Bergbau- u. Agrargebieten. K Gal.-Urt., V Aln., K Salic. purp., O Mol.; eurosib.

Die Verbreitung der beiden folgenden Varietäten ist noch unzureichend bekannt.

1 Frucht 4–5,5 mm lang; Fiedern eiförmig längl., kaum herablaufend. Überall mäßig h, vor allem in nassen Wiesen . var. *sylvestris*

1* Frucht 6–8 mm lang; Fiedern lanzettl., die oberen herablaufend. Hochstaudenfluren, s ERZ. Ob nur übersehen? [*A. s.* subsp. *montana* auct., *A. s.* subsp. *bernardae* REDURON]. var. *elatior* WAHLENB.

Anthriscus PERS., **Kerbel**

1 Dolden 7–15-strahlig; Hüllchen meist 5-blättrig, allseitswendig; Pflanze ausdauernd ***A. sylvestris***

1* Dolden 2–6-strahlig, z. T. sitzend; Hüllchen 2–4-blättrig, einseitswendig; Pflanze 1-jährig od. 1-jährig überwinternd

2 Griffel länger als das Stempelpolster; Frucht linealisch, kahl [var. *cerefolium*] od. mit aufwärts gerichteten kurzen Borsten besetzt [var. *trichocarpus* NEILR.]; Doldenstrahlen dicht flaumhaarig ***A. cerefolium***

2* Griffel sehr kurz, fast fehlend; Frucht eiförmig, mit gekrümmten Borsten besetzt; Doldenstrahlen kahl ***A. caucalis***

A. caucalis M. Bieb., **Hunds-F., Hecken-K.***

[*A. scandicinus* (Weber) Mansf., *A. vulgaris* Pers. non Bernh.]. Schnabel $^{1}/_{3}$ so lang wie die Frucht; Blattzipfel stumpf, kurz stachelspitzig; Stängel kahl, gestreift. 15–60 cm. 5–6. ①. Zäune, Hecken, Wegränder, z bis s im Tiefland, s ERB: Werdau; ERO: bei Liebstadt; OLH: Putzkau. A. V Geo-All., V Sis.

A. cerefolium (L.) Hoffm., **Garten-K.***

[*Chaerefolium cerefolium* (L.) Thell.]. Stängel über dem Knoten kurzhaarig; Blattscheiden auf den Rippen kahl; Blätter hellgrün, mit stumpfen, kurz stachelspitzigen Zipfeln; Schnabel der Frucht etwa ½ so lang wie die Frucht; Pflanze mit anisartigem Geruch. 30–60 cm. 5–6. ①. Kulturpflanze, s verwildert. NU. Gew. Heimat: SO-Europa, W-Asien.

A. sylvestris (L.) Hoffm., **Wiesen-K.***

Pferdekümmel

Griffel länger als das Stempelpolster; Frucht längl., stark glänzend, ihr Schnabel etwa $^{1}/_{5}$ so lang wie die Frucht; Stängel unterwärts wie die Rippen der Blattscheiden rauhaarig; Blätter glänzend, mit längl. lanzettl., spitzen Zipfeln. 60–150 cm. 5–8. ♃. Nährstoffreiche Wiesen, Gebüsche, Waldränder, h. O Arrh., V Filip., V Arct., V Aegop.; euras-nem. Wg.

Im Gebiet nur **subsp. *sylvestris*.**

Apium L., **Sellerie**

1 Hülle u. Hüllchen fehlend od. nur hinfällig 1–2-blättrig; Stängel sehr ästig; Blätter glänzend, die unteren gefiedert, die oberen 3-zählig, mit keilförmigen, vorn eingeschnittenen Blättchen; Krone weißl. ***A. graveolens***

1* Hülle 3- bis mehrblättrig; Stängel wenig verzweigt, flutend od. im Schlamm kriechend; untere Blätter untergetaucht, doppelt fiederteilig, mit pfrieml. Zipfeln, obere gefiedert, mit keilförmigen oft 3-lappigen Blättchen; Krone weiß ***A. inundatum***

A. graveolens L., **Echter S.***

Dolden sehr kurz gestielt; Pflanze mit starkem Selleriegeruch. 30–80 cm. 7–8. ⊙.

var. *graveolens*: Wurzel dünn, nicht essbar. Gräben, auf salzhaltigem Boden. Bis Anfang des 19. Jh. bei Leipzig. V Potent. anser.; med-submed+atl.

var. *rapaceum* (Mill.) Gaudin, Knollen-S.: Wurzel knollig verdickt, essbar. Kulturpflanze

var. *dulce* (Mill.) Pers., Bleich-S.: Blattstiele fleischig, essbar. Kulturpflanze.

A. inundatum (L.) Rchb. f., **Untergetauchter S., Flutender S.***

[*Helosciadium inundatum* (L.) W. D. J. Koch]. Dolden 2–5-strahlig. 10–50 cm. 6–7. ♃. Gräben, Sümpfe, Schlammböden, †, früher OLT: Hoyerswerda. O Litt.; atl. ∇

A. nodiflorum (L.) LAG., **Knotenblütiger S.**

Zweifelhafter Beleg von 1891 vom Bienitz bei Leipzig im Herbarium DR. Das Vorkommen dieser mediterran-atlantisch verbreiteten Art ist unwahrscheinl.

Astrantia L., Sterndolde

Grundblätter lang gestielt, handförmig 5-teilig, mit 2–3-spaltigen Zipfeln. Hüllblätter so lang wie od. länger als die Dolde; Krone weiß od. rötl. 30–100 cm. 7–8. ♃. Waldwiesen, Waldränder, waldnahe Staudenfluren, mäßig h ERO; sonst z im Hügel- u. Bergland, fehlt VGT. ↘ V Pol.-Tris., V Aden.; opralp-sudeto-karp. Die Dolden hängen nachts u. bei schlechtem Wetter herab. ***A. major*** L., **Große St., Strenze***

Im Gebiet nur **subsp. *major*.**

Berula W. D. J. KOCH, Berle

Frucht mit kaum hervortretenden Rippen; Blätter gefiedert, untere mit eiförmigen, obere mit längl. od. lanzettl., gesägten Blättchen. 30–80 cm. 7–8. ♃. Gräben, Teichufer, z im Tief- u. Hügelland, fehlt ERM, ERW, VGT. ↘ V Glyc.-Sparg., V Ran. fluit.; circpol. [*Sium erectum* HUDS., *Sium angustifolium* L., *B. angustifolia* (L.) Mert. et W. D. J. KOCH].
B. erecta (HUDS.) COVILLE, **Berle, Schmalblättriger Merk***

Bifora HOFFM., Hohlsame

Untere Blätter gestielt, obere sitzend, mit linealischen bis fädl. Zipfeln; Randblüten vergrößert. 15–50 cm. 5–8. ⊙. Müll- u. Umschlagplätze, Straßenränder, s. NU. V Sis. Heimat: S-Europa bis Vorderasien. ***B. radians*** M. BIEB., **Strahlen-H.**

Bupleurum L., Hasenohr

1 Blätter nicht vom Stängel durchwachsen, untere längl. u. in einen Blattstiel verschmälert, obere lanzettl., sitzend ***B. falcatum***
1* Blätter, wenigstens die oberen, vom Stängel durchwachsen, eiförmig bis rundl. ***B. rotundifolium***

B. falcatum L., Sichel-H.*

Dolden 4–8-strahlig; Hülle u. Hüllchen aus mehreren lanzettl. Blättchen bestehend; Frucht glatt. 20–100 cm. 6–8. ♃. Gebüsche, Halbtrockenrasen auf Basalt; s OLH: früher Neißegebiet oberhalb Görlitz, Hörnitz; ELH: früher bei Meißen (Bosel); s unbeständig verschleppt, z. B. LLA: Leipzig-Rückmarsdorf; OLH: Neukirch. V Ger., V Cirs.-Brach.; submed+euras-kont.

B. rotundifolium L., **Rundblättriges H.**

Hülle fehlend, Hüllchen aus 3–5 rundl. Blättchen bestehend. 15–45 cm. 6–8. ⊙. Trockenwarme Äcker, s ELH: früher bei Dresden; VGT: früher Plauen, Schönbach, Elsterberg; s eingeschleppt: Ruderalfluren, Gärten, z. B. ERO: Tharandt. A. K Stell., V Sis.; med. Neuerdings auch als Zierpflanze kultiviert. Früher Off.

Carum L., **Kümmel**

Stängel ästig. 30–70 cm. 5–7. ⊙. Frische Wiesen u. Weiden, z bis mäßig h vom Tiefland bis ins obere Bergland, trittvertragend. Indigenat unsicher (evtl. nur NE). O Arrh.; eurosib. Gew., Off. ***C. carvi*** L., **Wiesen-K.***

Caucalis L., **Haftdolde, Klettenmöhre**

Stängel gefurcht, behaart, sehr ästig; Krone weiß, anfangs rötl. 10–30 cm. 5–7. ⊙. Kalkhaltige Äcker u. Gärten, früher z ELH; s eingeschleppt ERW, LLA, MLH, OLH, VGT. A. V Caucal., V Sis. [*C. lappula* (WEBER) GRANDE, *C. daucoides* L.]. ***C. platycarpos*** L., **Acker-H.***

1 Fruchtstacheln etwa so lang wie der Ø einer Teilfrucht, aus kegelförmigem, rinnigem Grund schlank pfrieml., an der Spitze mit kräftigen Haken. Verbreitung etc. wie Art. **subsp. *platycarpos***

1* Fruchtstacheln kaum 1 mm lang, zu auf Warzen sitzenden Borsten verkümmert. s ELH: früher Dresden. **subsp. *muricata*** (ČELAK.) HOLUB

Chaerophyllum L., **Kälberkropf**

1 Kronblätter am Rand deutl. bewimpert (Lupe!), weiß od. oft rötl.; Stängel unter den Knoten nicht merkl. verdickt; Griffeläste fast parallel ***Ch. hirsutum***

1* Kronblätter am Rand kahl, Stängel unter den Knoten deutl. verdickt; Griffeläste spreizend

2 Blätter 2-fach gefiedert od. 2–3-fach 3-zählig, mit 3–7 cm langen elliptischen, doppelt gesägten Fiedern; Hüllchen bewimpert ***Ch. aromaticum***

2* Blätter 2–4-fach gefiedert; Blättchen am Grund fiederspaltig, an der Spitze gekerbt od. gesägt; Hüllchen bewimpert od. kahl

3 Hüllchen kahl; Pflanze mit kirsch- bis pflaumengroßer Knolle ***Ch. bulbosum***

3* Hüllchen bewimpert; Pflanze ohne Knolle

4 Griffel so lang wie das Griffelpolster; Pflanze mit dünner Wurzel u. deshalb leicht aus dem Boden zu ziehen; Blätter 2–3-fach gefiedert mit stumpfen, eiförmigen Endabschnitten; Dolde 6–12-strahlig; Frucht 5–7 mm lang ***Ch. temulum***

4* Griffel 2–3-mal so lang wie das Griffelpolster; Pflanze mit dickem Rhizom u. deshalb nur schwer aus dem Boden zu ziehen; Blätter 3–4-fach gefiedert mit lang zugespitzten Endabschnitten; Dolde 12–18-strahlig; Frucht 8–11 mm lang ***Ch. aureum***

Ch. aromaticum L., **Aromatischer K., Gewürzhafter K.**
Pflanze von angenehmem, möhrenartigem Geruch, im Aussehen an *Aegopodium podagraria* erinnernd, aber behaart. 60–120 cm. 7–8. ♃. Gebüsch- u. Wegränder, schattige, feuchte Laubwälder, brach gefallene Frischwiesen, mäßig h im Hügel- u. Bergland von Mittelsachsen an ostwärts, sonst s u. meist nur verschleppt, z. B. ERW: Bockau; LLA: Leipzig; VGT: Oberheinsdorf. V Aegop., K Rham.-Prun.; o-submed+sarmat.

Ch. aureum L., **Gold-K., Goldgelber K.**
Stängel unten borstig, oben kahl; Hülle 6–9-blättrig; Kronblätter tief eingeschnitten, weiß; reife Frucht gelbl.; Stängel im Gegensatz zur ähnl. Art *Anthriscus sylvestris* rot gefleckt, deren Kronblätter kaum eingeschnitten sind u. die auch eher blüht. 60–120 cm. 6–7. ♃. Waldränder, Gebüsche, Steinrücken, Straßen- u. Wegränder, mäßig h im Bergland vom VGT bis westl. ERO, s im Hügelland, gelegentl. verschleppt, z. B. ELH: Dresden; LLA: Leipzig; MLH: südl. Riesa. ↗ V Aegop., V Pol.-Tris.; europ-nem-mont-demont.

Ch. bulbosum L., **Knolliger K., Rüben-K.***
Stängel unterwärts steifhaarig u. nur dort rot gefleckt, oberwärts kahl u. blaugrün bereift; Endabschnitte der Fiedern lineal, schmal. Ähnl. ist *Conium maculatum*, aber es fehlt dessen Mäusegeruch. 80–180 cm. 6–8. ⊙. Ufersäume, feuchte Waldränder, Auengebüsche, h im Tiefland, an der Elbe u. Neiße, sonst z, fehlt ERM, ERW, VGT. K Gal.-Urt., V Aln.; euras-kont, fluv. Früher Wg. Giftig (roh).

Ch. hirsutum L., **Rauhaariger K., Behaarter K.***
[*Ch. hirsutum* subsp. *cicutaria* (Vill.) Briq.]. Blätter doppelt 3-zählig mit fiederspaltigen Blättchen u. eingeschnitten gesägten Zipfeln. 50–120 cm. 5–7. ♃. Bachufer, feuchte Bergwiesen, Sümpfe, Auenwälder, h im Bergland, mäßig h im Hügelland. V Filip., V Calth., V Pol.-Tris., V Aden., V Aln.-Ulm.; zentraleurop-mont-demont.

Ch. temulum L., **Taumel-K., Berauschender K., Betäubender K.***
Stängel bis oben gefleckt, unten borstig, oben kahl; Frucht gelbl. 30–120 cm. 5–7. ①, ⊙. Gebüsch- u. Waldränder, Hecken, gestörte Auenwälder, h bis mäßig h im Tief- u. Hügelland, z im Bergland. ↗ O Glech. (besonders V Geo-All.), K Rham.-Prun., V Aln.-Ulm.; europ-nem. Giftig (für Vieh).

Cicuta L., **Wasserschierling**

Rhizomknolle dick, hohl, durch Querwände gefächert; Pflanze kahl; Stängel röhrig. 60–120 cm. 7–8. ♃. Mäßig nährstoffreiche Teichränder, Gräben, Sümpfe, lichte Erlen-Bruchwälder, z im Tiefland, s im Hügelland. ↘ V Phragm., V Magnocar., V Aln.; euras-nem. Stark giftig.

C. virosa L., **Wasserschierling, Wüterich***

Cnidium Cusson, **Brenndolde**

Stängel unten stielrund, oben kantig gefurcht; Blätter doppelt gefiedert, mit lineal lanzettl. od. linealen Blättchen; Hüllchenblätter pfrieml., nicht häutig berandet, so lang wie das Döldchen. 30–80 cm. 8–9. ⚇, ♃. Wechselfeuchte Stromtalwiesen, Gebüschränder, z EET; s DDH; s LLA: Elster-Luppe-Aue südl. u. nordwestl. von Leipzig. ↘ V Cnid.; euras-kont, fluv. [*C. venosum* (Hoffm.) W. D. J. Koch, *Selinum venosum* (Hoffm.) Prantl, *S. dubium* (Schkuhr) Leute].

C. dubium (Schkuhr) Thell., **Sumpf-B.**

Conium L., **Schierling**

Stängel stielrund, kahl, am Grund braun od. rot gefleckt; untere Blätter 3-fach gefiedert, glänzend, mit stielrunden, hohlen Blattstielen; Blättchen tief fiederspaltig, mit eingeschnitten gesägten Zipfeln; Hüllchen 3–5-blättrig, zurückgeschlagen, einseitswendig. 80–180 cm. 7–8. ①, ⚇. Wärmebegünstigte, frische bis feuchte Ruderalfluren (Wegränder, Müllplätze, Komposthaufen), mäßig h bis z im Tief- u. Hügelland, s im Bergland. ↗ V Arct.; submed+euras-kont. Stark giftig, früher Off.

C. maculatum L., **Gefleckter Sch.***

Conopodium W. D. J. Koch, **Erdkastanie**

Stängel hohl; Blätter 2–3-fach gefiedert; Dolden 6–12-strahlig; Hüllchen 3–5-blättrig, hinfällig; Frucht 3–4 mm lang, längl. eiförmig, am Grund plötzl. zusammengezogen; Griffel stets aufrecht. 15–45 cm. 5–6. ♃. Parkrasen, s LLA: 1990–1995 in Leipzig eingebürgert. V Arrh. Heimat: SW- u. W-Europa. [*C. denudatum* (DC.) W. D. J. Koch].

C. majus (Gouan) Loret, **Französische E.**

Bunium bulbocastanum L.*, **Echter Knollenkümmel,** besitzt ebenfalls eine Knolle. Stängel markig, Dolde 10–20-strahlig, Hülle u. Hüllchen 3- bis mehrblättrig, Griffeläste abstehend bis zurückgebogen. Unsichere Angaben für W-Sachsen.

Coriandrum L., **Koriander**

Stängel rundl., gestreift; Blätter ungeteilt bis doppelt fiederteilig mit fiederspaltigen Abschnitten u. linealischen Zipfeln; Dolden 3–5-strahlig; Randblüten strahlend; Kelchsaum gezähnt. 30–60 cm. 6–8. ⊙. Kulturpflanze,

verwildert, Ruderalfluren, s. NU. V Sis. Gew. Heimat: Mittelmeergebiet.
C. sativum L., **Garten-K., Echter K.***

In Kultur var. *sativum*.

Daucus L., **Möhre**

Stängel gefurcht, steifhaarig; Blätter 2–3-fach gefiedert; Blättchen fiederspaltig, mit längl., haarspitzigen Zipfeln; in der Doldenmitte befindet sich oft eine durch Anthocyane schwarzrot gefärbte kleistogame „Mohrenblüte"; Dolde zur Fruchtzeit vogelnestartig vertieft; Hauptrippen der Frucht borstig, Nebenrippen stachlig. 30–100 cm. 6–9. ⊙, ⊗. Halbtrockenrasen, trockenwarme Glatthaferwiesen, Ruderalfluren, h bis ins mittlere Bergland, z im oberen Bergland. V Dauco-Mel., V Arrh., O Brom., V Conv.-Agrop.; euraskont+med. Wg. **D. carota** L., **Gewöhnliche M.***

1 Wurzel dünn, spindelförmig, hart u. zäh, nicht genießbar. Verbreitung usw. wie Art. **subsp. *carota*, Wilde M.**

1* Wurzel rübenförmig verdickt bis kugelig, weniger hart u. nicht zäh, wohlschmeckend. Kulturpflanze. Heimat: wahrscheinl. Asien. **subsp. *sativus*** (Hoffm.) Schübl. et G. Martens, **Garten-M., Karotte, Gelbe Rübe**

Eryngium L., **Mannstreu**

1 Pflanze stark verzweigt, graugrün od. weißl.; Grund- u. untere Stängelblätter 3-zählig, mit 2-fach gefiederten Abschnitten; Köpfe kugelig **E. campestre**

1* Pflanze wenig verzweigt, oberseits blau überlaufen; untere Blätter ungeteilt, herzeiförmig bis längl,, obere 3–5-teilig; Köpfe eiförmig **E. planum**

E. campestre L., **Feld-M.***

Pflanze distelartig. 15–50 cm. 7–8. ♃. Halbtrockenrasen, Wegböschungen, Dämme, trockenwarme Glatthaferwiesen, mäßig h im Elbtal u. seinen Nebentälern: EET, ELH, GHP, MLH; z LLA; s verschleppt. ↘ O Brom., V Cirs.-Brach., V Arrh., V Conv.-Agrop.; med+europ-kont. ∇

E. planum L., **Flachblättriger M.**

Hüllblätter schmal lanzettl.; Köpfe ± 1 cm Ø. 30–60 cm. 7–9. ♃. Zierpflanze, verwildert, Ruderalfluren (Wegränder, Bahnanlagen), grasige Böschungen, s, vor allem im Tiefland. ↘ NE (lokal). V Arct., V Dauco-Mel., V Conv.-Agrop. Heimat: SO-Europa, W-Asien.

E. giganteum M. Bieb., **Riesen-M.:** Grund- u. untere Stängelblätter ungeteilt; Hüllblätter 6–10, längl. eiförmig bis breit eiförmig; Köpfe grau bis bläul., oval, 3–5 cm lang. 50–120 cm. 6–8. ♃. Zierpflanze, verwildert, Ruderalfluren, s LLA: Leipzig. NU. Heimat: SW-Asien.

Falcaria FABR., **Sichelmöhre**

Pflanze kahl, blaugrün; Stängel ästig, ausgebreitet; Frucht längl. gerippt. 30–60 cm. 7–8. ♃. Ruderal beeinflusste Trocken- u. Halbtrockenrasen, Wegränder, Bahnanlagen, Ackerränder, mäßig h im Elbtal u. seinen Nebentälern: EET, ELH, GHP, MLH; mäßig h LLA; z VGT: Plauener Binnenzone; sonst s im Hügel- u. unterem Bergland. ↘ K Fest.-Brom., V Conv.-Agrop., O Secal.; euras-kont. [*F. rivini* HOST]. ***F. vulgaris*** BERNH., **Gewöhnliche S.***

Foeniculum MILL., **Fenchel**

Pflanze mit charakteristischem Geruch; Stängel ästig, kahl, stielrund; Dolden 10–20-strahlig. 80–180 cm. 7–9. ♃. Kulturpflanze, verwildert, Straßen- u. Ackerränder, Ruderalfluren (Brachen, Müllplätze, Bahnanlagen), z, z. B. LLA: um Leipzig; ELH: Dresden, hier NE, sonst NU. ↗ K Artem. Heimat: S-Europa bis Vorderasien. Gew. ***F. vulgare*** MILL., **Echter F.***

var. *vulgare*, Wilder F., Echter F.: Stängelgrund nicht verdickt. Verbreitung etc. wie Art.
var. *azoricum* (MILL.) THELL., Gemüse-F., Knollen-F.: Stängelgrund zwiebelartig verdickt, nicht verwildert.

Heracleum L., **Bärenklau**

1 Pflanze 2–4(–5) m hoch; Stiele der Grundblätter mit rundem Querschnitt, oberseits höchstens schwach rinnig, hohl; Döldchen 50–150-strahlig; Frucht 10–14 mm lang u. 6–8 mm breit, mit borstig behaarten Randflügeln; Stängel am Grund bis 10 cm dick, oft rot gefleckt ***H. mantegazzianum***

1* Pflanze bis 0,5–2 m hoch; Stiele der Grundblätter mit ± 3-eckigem Querschnitt, oberseits deutl. rinnig, markig; Döldchen 6–25-strahlig; Frucht 6–10 mm lang u. 6–9 mm breit, kahl od. weichhaarig; Stängel am Grund bis 2 cm dick ***H. sphondylium***

H. mantagazzianum SOMMIER et LEVIER, **Riesen-B., Herkulesstaude***

Blätter 3(–5)-teilig, mit fiederteiligen spitzen Abschnitten, sehr groß (die unteren bis 3 m lang). 2–5 m. 7–9. ⊙, ⊗. Wald- u. Wegränder, Flussufer, Wiesensäume, Gärten, Parks, Müllplätze, Zierpflanze, verwildert, mäßig h vom Tief- bis ins Bergland, im Osten deutl. seltener. ↗ NE. V Arct., K Gal.-Urt. Giftig. Heimat: SW-Asien.

H. sphondylium L., **Gewöhnliche(r) B., Wiesen-B.***

Pflanze steifhaarig; Stängel kantig gefurcht; Blattabschnitte breit eiförmig bis lanzettl., meist tief gelappt. 50–200 cm. 6–9. ♃. Nährstoffreiche Frischwiesen, Wegränder, Auenwälder, h. O Arrh., V Arct., V Aegop., V Conv., V Aln.-Ulm.; eurosib. Früher Off.

1 Krone rein weiß od. seltener rötl., nie gelbl.; Randblüten mit stark vergrößerten Kronblättern, diese bis zur Hälfte eingeschnitten; Dolden- u. Döldchenstrahlen weichhaarig; Fruchtknoten weichhaarig bis zottig. Verbreitung etc. wie Art. [*H. s.* subsp. *australe* (HARTM.) NEUMAN]. **subsp. *sphondylium***

1* Krone grünl.-weiß bis gelbgrün; Randblüten nur mit wenig vergrößerten Kronblättern; Dolden- u. Döldchenstrahlen zerstreut behaart, mit spitzen Höckern versehen; Fruchtknoten mit aufwärts gerichteten Borsten. Verbreitung u. Soziologie im Gebiet nicht bekannt, eingeschleppt, s ELH, OLH. [*H. s.* subsp. *flavescens* (WILLD.) SOÓ, *H. s.* subsp. *sibiricum* (L.) SIMK.]. **subsp. *glabrum*** (HUTH) HOLUB

Laserpitium L., **Laserkraut**

1 Stängel stielrund, gestreift, kahl; untere Blätter 3-zählig 2-fach gefiedert; Blättchen herzförmig, gesägt, alle gestielt; Blattscheiden aufgeblasen; Krone weiß; Rand der Hüllchenblätter u. Frucht kahl **L. *latifolium***

1* Stängel kantig gefurcht, steifhaarig; untere Blätter 2-fach gefiedert, am Rand wie die Blattstiele steifhaarig; unterste Blättchen fiederspaltig mit längl. od. lanzettl. Zipfeln; Krone gelbl.-weiß; Hüllchenblätter zottig bewimpert; Frucht steifhaarig **L. *prutenicum***

L. latifolium L., **Breitblättriges L.***

60–120 cm. 7–8. ♃. Gebüschsäume, †, früher LLA: am Bienitz bei Leipzig. O Orig.; submed.

L. prutenicum L., **Preußisches L.**

30–100 cm. 7–8. ⊙, ⊗, ♃. Wechselfeuchte Wiesen, Gebüsche, lichte Eichenwälder; s ERO: Oelsen; OLB: Kleindehsa; OLH: Kunnersdorf bei Görlitz, Leutersdorf, Marsdorf, Ostritz, Mittelherwigsdorf; OLT: Crosta, Kleinsaubernitz; früher z im Tief- u. Hügelland. ↘ V Mol., V Querc. rob.; sarmat. Frühwaldzeuge.

Levisticum HILL, **Liebstöckel, Maggikraut**

Stängel stielrund, gestreift; untere Blätter doppelt gefiedert; Blättchen breit verkehrt eiförmig, am Grund keilförmig, meist eingeschnitten; Kronsaum undeutl.; Kronblätter rundl., eingerollt; Frucht geflügelt; Pflanze nach Maggi riechend. 1–2 m. 7–8. ♃. Kulturpflanze, verwildert, Müllplätze, Gartenauswurf, s. NU. Gew., Off. Heimat: W-Asien. ***L. officinale*** W. D. J. KOCH, **Garten-L.***

Meum MILL., **Bärwurz**

Köppernickel (ERZ, VGT)

Wurzelhals faserschopfig; Stängel meist einfach, gefurcht. 15–45 cm. 5–6. ♃. Magere Bergwiesen, Borstgrasrasen, h ERZ, mäßig h oberes VGT; z westl. OLB u. OLH; s im Tiefland u. meist †. V Pol.-Tris., V Viol.; subatl-mont. Gew., Off. ***M. athamanticum*** JACQ., **Bärwurz***

Myrrhis MILL., **Süßdolde**

Bonbonkraut (ERB)

Stängel gestreift, hohl, besonders unten kurzhaarig; Blätter 3-fach gefiedert; Blättchen zart, fiederspaltig, mit längl. eiförmigen, oft gezähnten Zipfeln; Hüllchenblätter bewimpert, später zurückgeschlagen; Griffel länger als das Griffelpolster; Frucht schwarzbraun, firnisglänzend; Pflanze nach Anis duftend. 60–120 cm. 6–7. ♃. Alte Kulturpflanze, verwildert, Hecken- u. Bachränder, Zäune, s ERZ, OLB; OLH, VGT. V Aegop. NE. Heimat: Alpen. Gew. ***M. odorata*** (L.) SCOP., **Echte S., Aniskerbel**

Oenanthe L., **Wasserfenchel, Pferdesaat, Rebendolde**

1 Wurzel fleischig verdickt; Stängel u. Blattstiele weitröhrig, Blätter lang gestielt, untere doppelt, obere 1-fach gefiedert, mit linealen, öfter 3-spaltigen Blättchen; endständige Dolden 3-strahlig, fruchttragend, seitl. 3–5-strahlig, steril; Frucht kreiselförmig; Krone rötl.-weiß ***Oe. fistulosa***

1* Wurzel fadenförmig; Blätter 2–3-fach gefiedert; Blättchen der untergetauchten Blätter mit vielspaltigen, linealischen Zipfeln, die der übrigen fiederspaltig, mit lanzettl., eingeschnittenen Zipfeln; Dolden vielstrahlig; Frucht längl.; Krone weiß ***Oe. aquatica***

Oe. aquatica (L.) POIR., **Großer W., Wasser-P., Wasser-R.***

[*Phellandrium aquaticum* L.]. Stängel am Grund oft stark verdickt. 30–120 cm. 6–8. ①, ⊙. Langsam fließende u. stehende flache Gewässer, Sümpfe, Gräben, mäßig h im Tiefland, z im Hügelland, s im unteren Bergland. O Phragm., O Bid.; eurosib. Giftig (für Vieh).

Oe. fistulosa L., **Röhrige P., Röhriger W., Röhrige R.***

Pflanze mit Ausläufern. 30–60 cm. 6–8. ♃. Gräben, nahrstoffreiche Sümpfe u. Tümpel, †, früher z im Tief- u. unterem Hügelland. V Magnocar., V Phragm.; med-submed+atl-subatl. Warmzeitzeuge. Giftig (für Vieh).

Orlaya HOFFM., **Breitsame**

Stängel kahl, kantig gefurcht; Blätter 2–3-fach gefiedert; Blättchen fiederteilig, mit linealischen Zipfeln, unterseits auf den Nerven fein steifhaarig; nach außen gerichtete Kronblätter der Randblüten stark vergrößert. 10–30 cm. 6–8. ⊙. Müll- u. Umschlagplätze, s ELH. NU. ***O. grandiflora*** (L.) HOFFM., **Strahlen-B.**

Pastinaca L., **Pastinak**

Stängel kantig, gefurcht, kurzhaarig; Gipfeldolde viel größer als die seitl., 8–10-strahlig. 30–100 cm. 7–9. ⊙. Wärmeliebende, z. T. ruderal beeinflusste Frischwiesen, Ruderalfluren (Wegränder, Brachen, Bahnanlagen), h LLA: (hier wahrscheinl. indigen); mäßig h ELH, VGT (Plauener Binnenzone); sonst z bis ins untere Bergland (in diesen Gebieten wahrscheinl. NE). ↗ V Arrh., V Dauco-Mel.; eurosib, ehem. fluv. Wg. (Wurzel).

P. sativa L., Gewöhnlicher P., Garten-P.*

Im Gebiet **subsp. _sativa_**, doch wurden Übergangsformen zur ± grauhaarigen Unterart **subsp. _urens_** (GODR.) ČELAK. in Wurzen gefunden.

Petroselinum HILL, **Petersilie**

Bitterschilche (OL)

Stängel ästig; untere Blätter 3-fach gefiedert, mit eiförmig keilförmigen, knorpelig gezähnten bis 3-spaltigen, oben glänzenden Blättchen, obere Blätter 3-zählig, mit lanzettl., ganzrandigen Blättchen; Blätter oft kraus. 40–90 cm. 6–7. ⊙. Kulturpflanze, verwildert, Müllplätze, Straßenränder, s. NU. Heimat: SO-Europa. Gew., Off. [*P. sativum* HOFFM.].

P. crispum (MILL.) A. W. HILL, **Garten-P.***

convar. *crispum* [var. *foliosum* (ALEF.) THELL.], Blatt-P.: Wurzel dünn, ungenießbar; Blätter kraus od. glatt

convar. *radicosum* (ALEF.) DANERT [var. *tuberosum* (BERNH.) MART. CROV.], Wurzel-P., Knollen-P.: Wurzel verdickt, als Gemüse essbar.

Peucedanum L., **Haarstrang**

1 Hülle fehlend od. wenigblättrig, abfallend; Blüte weiß od. gelb

2 Kronblätter (rötl.-)weiß; untere Blätter doppelt 3-zählig; Blättchen breit eiförmig, ungleich grob gesägt, die seitl. 2-, die endständigen 3-spaltig; Pflanze mit Ausläufern **_P. ostruthium_**

2* Kronblätter gelb; untere Blätter wiederholt (5–6-mal) 3-zählig, mit verlängerten, linealischen, beiderseits verschmälerten Blättchen, obere klein, entfernt, die obersten nur durch blattlose Scheiden dargestellt; Pflanze ohne Ausläufer **_P. officinale_**

1* Hülle u. Hüllchen vielblättrig, bleibend; Blüten weiß

3 Stängel kantig, gefurcht, röhrig **_P. palustre_**

3* Stängel stielrund, fein gerillt, markig

4 Untere Blätter 2(–3)-fach gefiedert; Verzweigungen des Blattstiels gerade abstehend; Blättchen scharf, fast grannig gezähnt, unterseits graugrün, fast lederartig **_P. cervaria_**

4* Untere Blätter 3-fach gefiedert; Verzweigungen des Blattstiels abwärts gebogen (knickbogig); Blättchen eingeschnitten bis fiederspaltig, mit längl. lanzettl. Zipfeln, beiderseits grün, glänzend **_P. oreoselinum_**

P. cervaria (L.) LAPEYR., **Hirsch-H., Hirschwurz, Starrer H.***
[*Cervaria rivini* GAERTN.]. Stängel am Grund mit Faserschopf; Blattstiele oberseits rinnig. 50–100 cm. 7–9. ♃. Wärmeliebende Säume, Gebüschränder, Trockenwälder, Halbtrockenrasen, s ELH: z. B. Weinberggebiet Radebeul, Meuschaer Höhe; MLH: z. B. Ketzerbachtal, Diesbar-Seußlitz; LLA: früher s westl. von Leipzig. ↘ V Ger., V Querc. rob., V Querc. pub., V Brom.; submed+europ-kont.

P. officinale L., **Echter H.**
Blattstiele nicht rinnig. 1–1,5 m. 7–8. ♃. Wechseltrockene, tonige Auenwiesen, Gebüschränder, z LLA: Elster-Luppe-Aue von Leipzig-Knauthain abwärts. ↘ V Cnid., V Brom.; europ-kont, in Europa disj.

P. oreoselinum (L.) MOENCH, **Berg-H.**
Blattstiele oberseits rinnig. 30–100 cm. 6–8. ♃. Kalkarme, oft sandige Trockenrasen u. -wälder, sonnige Gebüschränder u. ihre Säume, z im Tief- u. Hügelland, früher ESG, ERZ, VGT. ↘ O Coryn., V Ger., V Querc. pub., V Querc. rob.; sarmat+europ-kont.

P. ostruthium (L.) W. D. J. KOCH, **Meisterwurz***
[*Imperatoria ostruthium* L.]. Stängel hohl; Blätter unterseits heller grün. 50–100 cm. 7–8. ♃. Früher Kulturpflanze, eingebürgert in stickstoffreichen Säumen von Bergwiesen, Hecken, Zäunen, an Grabenrändern u. Bachufern, ERZ, VGT: im oberen Bergland mäßig h bis z; s ESG: Hinterhermsdorf. ↗ NE. V Aegop. Gew., Off. Heimat: Pyrenäen, Alpen.

P. palustre (L.) MOENCH, **Sumpf-H.***
Stängelgrund auffallend purpurbraun; untere Blätter 3-fach gefiedert; Blättchen eiförmig, meist tief fiederspaltig, mit lanzettl., weißspitzigen Zipfeln; Hülle u. Hüllchen zurückgeschlagen, mit häutig berandeten Blättchen; Blattstiel mit Milchsaft, oberseits rinnig. 80–150 cm. 7–8. ♃. Mäßig nährstoffreiche Sumpfwiesen, Großseggenriede, Erlen-Bruchwälder, z bis mäßig h DDH, ELH, LLA, OLH, OLT; s EET, ERZ (Vorland), MLH, VGT, fehlt ESG. ↘ O Mol., V Magnocar., V Car. nig., V Aln.; eurosib.

Pimpinella L., **Bibernelle, Pimpinelle, Anis**

1 Fruchtknoten u. Frucht behaart; Pflanze 1- od. 2-jährig
2 Frucht abstehend behaart, 1,5–2 mm lang; Dolden (8–)12-strahlig, Doldenstrahlen ungleich lang; junge Dolden nickend; Pflanze ohne Anisgeruch ***P. peregrina***
2* Frucht angedrückt behaart, 3–5 mm lang; Dolden 5–17-strahlig; Doldenstrahlen gleich lang; junge Dolden aufrecht; Pflanze mit Anisgeruch ***P. anisum***

1* Fruchtknoten u. Frucht kahl; Pflanze ausdauernd

3 Stängel kantig gefurcht, röhrig hohl, bis zur Spitze beblättert; Griffel sofort nach dem Abblühen länger als die junge Frucht ***P. major***

3* Stängel stielrund, gestreift, oberwärts fast blattlos, Griffel nach dem Abblühen kürzer als die junge Frucht

4 Stängel kahl od. nur am Grund locker behaart; Blätter kahl od. nur auf der Unterseite locker behaart; die durchschnittene Wurzel sich auf der Schnittfläche nicht blau färbend ***P. saxifraga***

4* Stängel bis zur 1. Verzweigung dicht zottig behaart; Blätter beidseits behaart; Wurzel auf der Schnittfläche sich blau färbend ***P. nigra***

P. anisum L., **Anis***

Untere Blätter ungeteilt, rundl. nierenförmig, mittlere gefiedert, mit keilförmigen, meist 3-spaltigen Blättchen, obere 3-teilig. 15–45 cm. 7–8. ⊙. Kulturpflanze, s angebaut. Gew., Off. Heimat: Orient.

P. major (L.) HUDS., **Große B.***

Blättchen der unteren Blätter gestielt, eiförmig od. längl., eingeschnitten gesägt, die der oberen linealisch. 20–100 cm. 6–9. ♃. Nährstoffreiche Frischwiesen u. Wegränder, mäßig h bis z, im oberen Bergland s. V Arrh.; europ-nem.

Im Gebiet nur **subsp. *major*.**

P. nigra MILL., **Schwarze B.**

[*P. saxifraga* subsp. *nigra* (MILL.) CES.]. 40–80 cm. 7–9. ♃. Trocken- u. Halbtrockenrasen, Verbreitung ungenügend bekannt; wahrscheinl. s im Tiefland, s ELH: Dresden-Nickern; ERO: Colmnitz; OLH: z. B. Hermsdorf; OLT: Mückenhain.

P. peregrina L., **Fremde B.**

Grundblätter ungeteilt. 60–90 cm, 7–8. ⊙. Grasansaaten, grasige Böschungen, z im Tief-, Hügel- u. unterem Bergland. ↗ NE (lokal). V Dauco-Mel., V Arrh. Heimat: S-Europa, W-Asien.

P. saxifraga L., **Kleine B.***

Blättchen der Grundblätter sitzend, rundl., meist gekerbt bis eingeschnitten gezähnt, seltener zerschlitzt, die der Stängelblätter fiederteilig, mit lanzettl. od. linealischen Zipfeln. 10–60 cm. 7–9. ♃. Magerrasen, Halbtrockenrasen, trockene Wälder u. Gebüsche, meist h bis ins obere Bergland. K Fest.-Brom., V Viol., V Genist., V Querc. rob.; submed+europ-nem. Formenreiche Art.

Sanicula L., **Sanikel**

Stängel aufrecht, mit 1–2 sitzenden Blättern; Grundblätter lang gestielt, dunkelgrün, unterseits glänzend, handförmig geteilt, mit 3-spaltigen Zipfeln; ⚥ Blüten sitzend, ♂ kurz gestielt; Krone weiß od. rötl. 25–50 cm. 5–6. ♃. Schattige Laubwälder, meist auf kalkhaltigen Böden, s im Tiefland, z im Hügel- u. Bergland. ↘ V Carp., V Fag., V Til.-Acer.; euras-nem. Off.
S. europaea L., **Sanikel***

Scandix L., **Nadelkerbel**

Stängel zerstreut behaart, ästig; Blätter 3-fach gefiedert, mit vielteiligen Blättchen u. lanzettl. Zipfeln; Schnabel der Frucht vom Rücken her zusammengedrückt, 2-reihig steifhaarig. 15–30 cm. 5–7. ⊙. Kalkreiche, tonige u. meist skelettreiche, extensiv genutzte Äcker, früher s ELH, LLA, MLH; heute in Ruderalfluren s eingeschleppt. Als A †. V Caucal.
S. pecten-veneris L., **Gewöhnlicher N., Venuskamm***

Selinum L., **Silge**

Stängel einfach od. nur oberwärts ästig; untere Blätter 3-fach, obere doppelt gefiedert; Blättchen tief fiederspaltig, mit weißl. Zipfeln; Dolden- u. Döldchenstrahlen schwach flaumig; Blattstiel rinnig, im Querschnitt fast V-förmig. 40–80 cm. 7–8. ♃. Wechselfeuchte Magerwiesen, Gebüschsäume, meist mäßig h im Tief- u. Hügelland, s im unteren Bergland, fehlt ERW. O Mol., V Quer. rob, V Carp.; eurosib. ***S. carvifolia*** (L.) L., **Kümmel-S.***

Seseli L., **Sesel, Bergfenchel**

1 Hülle fehlend od. 1–2-blättrig; Kelchzähne kurz, 3-eckig; Frucht kahl; Stängel stielrund, gestreift, fein rau; untere Blätter 3-fach gefiedert, mit linealischen Zipfeln u. langen bauchigen Scheiden ***S. annuum***

1* Hülle vielblättrig; Kelchzähne verlängert, pfrieml., abfallend; Frucht kurzhaarig; Stängel kantig gefurcht, meist weichhaarig; untere Blätter doppelt gefiedert; Blättchen fiederspaltig, mit lanzettl. Zipfeln, die untersten Paare 2. Ordnung meist am Blattstiel gekreuzt *(Abb. 657/3)*
S. libanotis

S. annuum L., **Steppen-S.**

[*S. coloratum* Ehrh.]. Blätter meist blaugrün; Blattstiele u. Blattunterseiten dicht flaumhaarig; Dolden 15–20-strahlig; Hüllchen vielblättrig, mit lanzettl., breit häutig berandeten Hüllchenblättern, diese so lang wie die Fruchtstiele; Krone weiß od. rötl. 20–60 cm. 7–8. ①, ⊙, ⊗. Basenreiche Trocken- u. Halbtrockenrasen, s OLT: Eisenberg bei Guttau; früher z im Tief- u. Hügelland.

↘ K Fest.-Brom.; europ-kont, coll. Offenlandzeuge, Hügelsteppenelement. Giftig.

S. libanotis (L.) W. D. J. Koch, **Berg-S., Hirschwurz, Heilwurz** [*Libanotis pyrenaica* (L.) Bourg., *L. montana* Crantz]. Blätter unterseits blaugrün; Krone weiß. 60–120 cm. 7–8. ⊛. Basenreiche Felsfluren, Trockengebüsche, s VGT: Gansgrün, Möschwitz, früher z, sonst früher s ELH, MLH, OLH. ↘ O Orig.; euras-kont.

Im Gebiet nur **subsp.** ***libanotis.***

Silaum Mill., **Silau, Wiesensilge**

Stängel ästig, unten fast stielrund, oberwärts gefurcht; Grundblätter 3–4-fach gefiedert, mit lanzettl. linealen, fein gesägten, oft rötl. bespitzten Zipfeln; Hüllchenblätter linealisch lanzettl., häutig berandet; Blattstiel oberseits nicht rinnig. 50–100 cm. 6–9. ♃. Wechselfeuchte Auenwiesen, mäßig h LLA; z DDH; sonst s, zuweilen verschleppt. ↘ O Mol.; atl-subatl, fluv. [*Silaus pratensis* (Crantz) Besser, *Silaus flavescens* Besser].

S. silaus (L.) Schinz et Thell., **Wiesen-S., Wiesensilge** *

Sium L., **Merk**

Wurzel fadenförmig; Stängel auffallend kantig gefurcht; Überwasserblätter 1-fach gefiedert, ihre Abschnitte schief lanzettl., scharf gesägt, Unterwasserblätter 2–3-fach gefiedert, mit linealischen Zipfeln; Kelchzähne gut entwickelt. 60–120 cm. 7–8. ♃. Uferröhrichte von Teichen u. langsam fließenden Gewässern, z im Tiefland, s im Hügelland. ↘ O Phragm.; eurosib. Giftig. ***S. latifolium*** L., **Breitblättriger M.***

Smyrnium L., **Gelbdolde**

Pflanze mit rübenförmiger Knolle; Stängel oberwärts mit 2–4 zottig bewimperten Längsflügeln; Pflanze, vor allem obere Blätter, gelbgrün. 50–120 cm. 5–6. ⊙, ①. Waldsäume, Gebüsche, Pappel- u. Robinienforste, mäßig h LLA: um Leipzig; sonst s DDH: Eilenburg; ERO: Altenberg: am Geising; MLH: Kloster Altzella, Kohren-Sahlis. ↗ NE. V Geo-All., K Rhamn.-Prun. Heimat: S-Europa. ***S. perfoliatum*** L., **Stängelumfassende G.**

Tordylium L., **Zirmet**

Stängel kantig gefurcht, von rückwärts gerichteten Haaren rau; Blättchen stumpf gekerbt, die der unteren Blätter rundl. eiförmig, die der oberen lanzettl., das endständige länger u. schmaler; Doldenstrahlen dick, borstig behaart; Randblüten vergrößert. 60–120 cm. 6–8. ①. Gebüschsäume, halbruderale Quecken-Pionierrasen, s MLH: Meißen: Sörnewitz, Zadel, Diera, Zehren. ↘ O Orig., V Conv.-Agrop.; med-submed. Warmzeitzeuge.

T. maximum L., **Großer Z.**

Torilis ADANS., **Klettenkerbel**

1 Dolden fast sitzend, scheinbar blattgegenständig ***T. nodosa***
1* Dolden lang gestielt, endständig
2 Hülle 5- bis mehrblättrig; Griffel kahl; Fruchtstacheln ohne Widerhaken ***T. japonica***
2* Hülle fehlend od. bis 2-blättrig; Griffel am Grund borstig behaart; Fruchtstacheln mit Widerhaken ***T. arvensis***

T. arvensis (HUDS.) LINK, **Acker-K.***

Frucht 3–5 mm lang. 30–90 cm. 6–9. ⊙, ①. Trockenwarme Ruderalfluren, s MLH: Ketzerbachtal, Eichberg, Wachtnitz; OLH: Bautzen: Rattwitz; s ERB: früher Zwickau. NU? V Sis.; med-submed.

Im Gebiet nur **subsp. *recta*** JURY.

T. japonica (HOUTT.) DC., **Gewöhnlicher K.***

[*T. anthriscus* (L.) C. C. GMEL.]. Stängel fein gerillt; Frucht 2–3 mm lang. 30–120 cm. 6–8. ①, ⊙. Wald- u. Gebüschsäume, Waldlichtungsfluren, Hecken, Zäune, Wegränder, meist h bis ins mittlere Bergland. ↗ O Glech., O Atrop., V Samb.-Salic.; submed+euras-nem.

T. nodosa (L.) GAERTN., **Knäuel-K.**, **Knotiger K.**

Hülle fehlend; Griffel kahl; äußere Früchte widerhakig, innere nur warzig. 15–30 cm. 4–5. ⊙. Ruderalfluren, Gärten, Rasenansaaten, s. NU. V Sis., V Veron. Heimat: W- u. S-Europa, W-Asien.

Turgenia HOFFM., **Turgenie**, **Haftdolde**

Stängel kantig gefurcht, kurz borstig, ästig; Hüllchenblätter 5–7, alle breit hautrandig. 15–50 cm. 6–8. ⊙. Umschlagplätze, kalk- u. zugleich skelettreiche Äcker, früher s im Tiefland auf Äckern, s eingeschleppt. Als A †. V Sis., früher V Caucal. [*Caucalis latifolia* L.]

T. latifolia (L.) HOFFM., **Turgenie**, **Breitblättrige H.**

Fam. *Asteraceae* Bercht. et J. Presl od. *Compositae* Giseke, Korbblütengewächse

1 Blüten alle zungenförmig; Pflanze stets mit Milchsaft (gelegentl. schwer zu erkennen) — Blätter nie gegenständig **_Cichorioideae_ (Tabelle III),** 683

1* Krone aller Blüten röhrenförmig od. am Rande mit Zungenblüten; Pflanze sehr selten mit Milchsaft ***Asteroideae* u. *Carduoideae*** **2**

2 Krone der Randblüten zungenförmig, die der mittleren röhrenförmig (Röhrenblüten, Scheibenblüten); Milchsaft niemals vorhanden **Tabelle I,** 676

2* Krone aller Blüten röhrenförmig, gelegentl. die Randblüten vergrößert u. leicht dorsiventral; Milchsaft sehr selten vorhanden **Tabelle II,** 680

Asteroideae (Tubuliflorae)

Tabelle I: Blütenköpfe mit Röhren- u. Zungenblüten

1 Kelchsaum wenigstens der mittleren Blüten aus Haaren (Pappus) bestehend (bei der klebrig-stachligen *Grindelia* grannenartig u. zeitig abfallend) — Kopfboden stets ohne Spreublätter

2 Stängel mit Schuppen besetzt, ohne Laubblätter; Blüten vor den Blättern erscheinend, gelb — Stängel 1-köpfig ***Tussilago,*** 794

2* Stängel ohne Schuppen, mit Laubblättern; Blüten nach den Blättern erscheinend

3 Zungenblüten weiß, rot, violett od. blau (bei *Erigeron acris* beim Aufblühen gelbl., dann rötl.)

4 Zungenblüten mehrreihig, sehr schmal lineal bis fast fädl., kaum od. deutl. länger als die Röhrenblüten

5 Köpfe 3–5 mm Ø, in vielköpfiger längl. Rispe; Zungenblüten schmutzigweiß ***Conyza,*** 710

5* Köpfe 6–13 mm Ø in wenigköpfiger Traube od. spärl. verzweigter Rispe; Zungenblüten rötl., violett, bläul. od. weiß ***Erigeron,*** 715

4* Zungenblüten 1-reihig, deutl. zungenförmig, stets deutl. länger als die Röhrenblüten

6 Hüllblätter mehrreihig, die äußeren kürzer u. laubblattähnl., eine Außenhülle bildend; Köpfe meist > 6 cm breit, oft „gefüllt"; Pflanze 1-jährig ***Callistephus,*** 698

6* Hüllblätter dachziegelig; Köpfe < 6 cm breit; Pflanze ausdauernd od. 2-jährig

7 Hüllblätter 1,5–3 mm breit, stumpf; Pflanze zur Blütezeit an der Basis meist mit nichtblühenden Rosettentrieben; Wildpflanze ***Aster,*** 695

7* Hüllblätter höchstens 1,5 mm breit, spitz; Pflanze zur Blütezeit ohne Rosetten; (ursprüngl.) Zierpflanzen („Herbstastern") ***Symphyotrichum,*** 755

3* Zungenblüten gelb od. orange

8 Blätter stark drüsig punktiert, (besonders beim Trocknen) stark klebrig, scharf gesägt (daher stachelig); Pappus borstenförmig, leicht abfallend — Pflanze mehrjährig; Köpfe 2,5–3,5 cm Ø ***Grindelia,*** 719

8* Blätter weder klebrig noch stachelig (wenn drüsig-klebrig, dann Köpfe nur 5–10 mm Ø u. Pflanze 1-jährig, *Dittrichia*); Pappus deutl. aus Haaren gebildet

9 Äußere Hüllblätter laubblattartig — Pflanze 1–2,5 m hoch ***Inula helenium,*** 730

9* Äußere Hüllblätter hochblattartig

10 Untere Blätter rosettig, obere gegenständig ***Arnica,*** 692

10* Blätter wechselständig oder rosettig

11 Hüllblätter dachziegelig

12 Zungenblüten 5–20 (–25); Hülle zylindrisch, 1–2-mal so lang wie breit; Staubbeutel am Grunde ohne Anhängsel ***Solidago,*** 753

12* Zungenblüten meist > 20; Hülle schüsselförmig bis halbkugelig od. becherförmig, höchstens so lang wie breit; Staubbeutel nach unten in 2 Borsten auslaufend

13 Pappushaare am Grunde von einem borstig zerschlitzten Krönchen umgeben ***Pulicaria,*** 747

13* Pappushaare am Grunde ohne Krönchen

14 Pflanze mehrjährig, drüsenlos od. etwas drüsig, aber nicht klebrig ***Inula,*** 729

14* Pflanze 1-jährig, stark drüsig-klebrig ***Dittrichia,*** 713

11* Hüllblätter 1–3-reihig

15 Hüllblätter 2–3-reihig; Köpfe 3–7,5 cm breit, meist einzeln ***Doronicum,*** 713

15* Hüllblätter 1-reihig, oft jedoch am Grunde der Hülle einzelne Außenhüllblätter; Köpfe < 3,5 cm breit

16 Köpfe mit 1 bis mehreren Außenhüllblättern; Hüllblätter an der Spitze gefleckt; Blätter ungeteilt bis fiederschnittig ***Senecio,*** 749

16* Köpfe ohne Außenhüllblätter; Hüllblätter an der Spitze nicht od. nur undeutl. gefleckt; Blätter stets ungeteilt ***Tephroseris,*** 792

1* Kelchsaum nicht aus Haaren bestehend

17 Blätter in grundständiger Rosette; Stängel blattlos, 1-köpfig — Kopfboden ohne Spreublätter ***Bellis,*** 696

17* Blätter gegen- od. wechselständig

18 Blätter (wenigstens die unteren) gegenständig — Kopfboden stets mit Spreublättern

19 Blätter am Grunde becherförmig verwachsen; Köpfe 5–8 cm breit — Pflanze mehrjährig, bis 2,5 m hoch ***Silphium,*** 753

19* Blätter am Grunde nicht becherförmig verwachsen; Köpfe meist kleiner

20 Köpfe 4–7 mm breit; Zungenblüten weiß, meist 5 ***Galinsoga,*** 717

20* Köpfe > 7 mm breit; Zungenblüten gelb, rot od. weiß

21 Pappus aus 2–4 widerhakigen Grannen bestehend (*Abb. 680/1*) — Zungenblüten gelb ***Bidens,*** 696

21* Pappus fehlend od. schuppenförmig

22 Blätter ungeteilt

23 Blätter halb- od. ganz stängelumfassend, sitzend, lanzettl. bis eiförmig-lanzettl.

24 Zungenblüten gelb ***Guizotia,*** 719

24* Zungenblüten rot, violett, rosa od. weiß ***Zinnia,*** 795

23* Blätter gestielt od. am Grunde stielartig verschmälert

25 Blätter kahl od. schwach behaart, lanzettl. od. verkehrt ei-lanzettl. ***Coreopsis,*** 710

25* Blätter wenigstens oberseits rau behaart, ei-lanzettl. bis eiförmig

26 Kopfboden deutl. kegelförmig; Krone der Zungenblüten bleibt an der reifen Frucht nicht erhalten ***Helianthus,*** 719

26* Kopfboden flach od. wenig aufgewölbt; Krone der Zungenblüten bleibt an der reifen Frucht erhalten ***Heliopsis,*** 721

22* Blätter gefiedert, fiederschnittig od. nur mit 1–2 Fiedern je Blatthälfte

27 Zungenblüten rosenrot od. weiß ***Cosmos,*** 711

27* Zungenblüten gelb

28 Hüllblätter zu einem gezähnten Becher verwachsen — obere Blätter wechselständig ***Tagetes,*** 757

28* Hüllblätter nicht zu einem gezähnten Becher verwachsen ***Coreopsis,*** 710

18* Blätter wechselständig, wenigstens die oberen

29 Zungenblüten weiß, selten (bei *Achillea*) rosa od. purpurn

30 Kopfboden mit Spreublättern

31 Röhrenblüten weißl.; Köpfe nur 3–18 mm Ø, in Schirmrispen ***Achillea,*** 685

31* Röhrenblüten gelb; Köpfe 15–40 mm Ø, einzeln an langen Stielen

32 Spreublätter stumpf, längl., am Rande u. an der Spitze trockenhäutig; Zier- u. Heilpflanze ***Chamaemelum,*** 706

32* Spreublätter spitz od. stachelspitzig; Wildpflanze ***Anthemis,*** 689

30* Kopfboden ohne Spreublättern

33 Blätter 2–3-fach fiederschnittig mit linealischen bis fadenförmigen Zipfeln

34 Kopfboden lang kegelförmig, hohl; Zungenblüten schräg abwärts gerichtet; Pflanze aromatisch riechend ***Matricaria,*** 734

34* Kopfboden gewölbt bis halb-kugelförmig, markig; Zungenblüten ausgebreitet; Pflanze(fast) geruchlos ***Tripleurospermum,*** 794

33* Blätter ungeteilt od. 1–2-fach fiederteilig od. -schnittig mit längl.-lanzettl. bis eiförmigen Abschnitten
35 Stängel 1-köpfig od. mit wenigen, langgestielten Seitenzweigen; Blätter gesägt bis eingeschnitten gezähnt ***Leucanthemum,*** 733
35* Stängel mit zahlreichen, in Schirmrispen stehenden Köpfen; Blätter 1– 2-fach fiederteilig od. –schnittig ***Tanacetum,*** 757
29* Zungenblüten meist gelb, seltener orange, bräunl., rosa, weinrot od. gelb mit rotem Grund
36 Hüllblätter zu einem gezähnten Becher verwachsen, nur obere Blätter wechselständig ***Tagetes,*** 757
36* Hüllblätter nicht zu einem gezähnten Becher verwachsen, alle Blätter wechselständig
37 Zungenblüten gelb mit rotem Grund od. roten Querstreifen ***Gaillardia,*** 717
37* Zungenblüten ohne roten Grund od. Querstreifen
38 Stängel geflügelt ***Helenium,*** 719
38* Stängel ungeflügelt
39 Kopfboden ohne Spreublätter
40 Hüllblätter dachziegelig, stumpf, eiförmig; Frucht nicht gekrümmt; Pflanze kahl ***Glebionis,*** 717
40* Hüllblätter 2–3-reihig, linealisch bis eilanzettl., spitz; Frucht gekrümmt; Pflanze schwach behaart ***Calendula,*** 698
39* Kopfboden mit Spreublättern
41 Köpfe 50–100, in sehr dichten Schirmrispen — Blätter fiederspaltig ***Achillea filipendulina,*** 687
41* Köpfe meist einzeln, nie in dichten Schirmrispen
42 Blätter doppelt fiederteilig; Köpfe 2,5–4 cm Ø ***Anthemis tinctoria,*** 690
42* Blätter ungeteilt od. fiederspaltig, dann aber Köpfe 6–12 cm Ø
43 Kopfboden kugelförmig bis steil kegelförmig
44 Zungenblüten gelb od. orange; Spreublätter die Röhrenblüten kaum überragend ***Rudbeckia,*** 747
44* Zungenblüten rosa od. weinrot; Spreublätter die Röhrenblüten überragend ***Echinacea,*** 714
43* Kopfboden flach od. schwach gewölbt
45 Pflanze 1-jährig; Zunge der Zungenblüten 5–10 cm lang u. 5–18 mm breit; Köpfe 10–40 cm Ø; Blätter beiderseits rau ***Helianthus annuus,*** 720
45* Pflanze mehrjährig: Zunge der Zungenblüten 1,5–2,5 cm lang u. 1–1,5 mm breit; Köpfe 5–8 cm Ø; Blätter oberseits fast kahl, unterseits weich flaumig ***Telekia,*** 792

Asteroideae (Tubuliflorae)
Tabelle II: Blütenköpfe nur mit Röhrenblüten

1 Jeder Kopf mit 8–20 ♂ Blüten, diese von 1–5 kronenlosen ♀ Blüten umgeben — Köpfe klein, grünl., nickend, in dichten Trauben od. Rispen ***Iva,*** 730
1* Köpfe entweder mit ⚥ od. mit ♂ od. ♀ Blüten
2 Blüten 1-geschlechtig; ♂ Köpfe vielblütig, ♀ Köpfe nur mit 1–2 Blüten; Pflanze 1-häusig
3 ♂ Köpfe in kurzen knäuelartigen Ähren, ♀ Köpfe zur Fruchtreife 10–21 mm lang, oft zu mehreren gehäuft in Blattachseln, mit 2 Blüten, diese von einer gemeinschaftl., stachligen Hülle umgeben *(680/2, 680/3);* Blätter ungeteilt bis gelappt ***Xanthium,*** 795
3* ♂ Köpfe in Trauben od. Ähren, halbkugelig, nickend, ♀ Köpfe sehr klein, in Knäueln unterhalb der ♂ Köpfe in den Achseln der oberen Blätter, 1-blütig, ohne stachlige Hülle; Blätter 1–3-fach fiederteilig, gefiedert od. (außer den ungeteilten oberen) handförmig 3–5-teilig ***Ambrosia,*** 688
2* Blüten ⚥, wenn 1-geschlechtig, dann Pflanze 2-häusig *(Antennaria, Petasites)*
4 Pflanze mit 1 od. mehreren kugeligen Kopfständen von 2,5–6 cm Ø, diese aus zahlreichen 1-blütigen Köpfchen zusammengesetzt — Köpfchen mit borstenförmigen u. häutigen Hüllblättern; Staubbeutel blau; Krone weißl. bis bläul.; Pflanze distelartig ***Echinops,*** 714
4* Kopfstand nicht kugelig; Köpfe mehrblütig
5 Stängel nur mit Schuppenblättern besetzt
6 Stängel 1-köpfig; Rosettenblätter ganzjährig vorhanden, nierenförmig, 1–6 cm breit, fast lederig; Krone schmutzig hellviolett ***Homogyne,*** 728
6* Stängel mit zahlreichen Köpfen in Rispen od. Trauben; Rosettenblätter gegen Ende der Blütezeit erscheinend, >10 cm breit, weich; Krone schmutzig rot, rötl. weiß od. weißl. ***Petasites,*** 735
5* Stängel mit Laubblättern
7 Blätter gegenständig

680/1

680/2

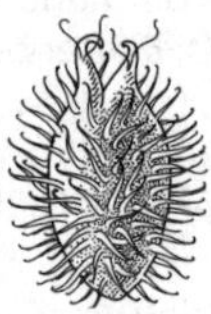
680/3

680/4

8 Kelchsaum aus 2–4 widerhakigen Grannen bestehend; Köpfe > 7 mm Ø **Bidens,** 696
8* Kelchsaum aus 1 Reihe rauer Borsten od. Schüppchen bestehend; Köpfe < 5 mm Ø
9 Kelchsaum aus 1 Reihe rauer Borsten bestehend; Pflanze mehrjährig ***Eupatorium,*** 716
9* Kelchsaum aus 4–12 Schüppchen bestehend; Pflanze (bei uns) 1-jährig ***Ageratum,*** 688
7* Blätter wechselständig — Hüllblätter dachziegelig
10 Kelchsaum nicht aus Haaren gebildet (bei *Centaurea* manchmal sehr kurze Haare vorhanden)
11 Köpfe in Schirmrispen, Rispen od. Traubien — Hüllblätter dachziegelig
12 Köpfe in flachen Schirmrispen, halbkugelförmig, > 5 mm Ø ***Tanacetum,*** 757
12* Köpfe in Rispen od. Trauben, kugel- bis eiförmig, meist < 5 mm Ø ***Artemisia,*** 692
11* Köpfe einzeln am Ende des Stängels od. der Äste
13 Krone rot od. blau, selten weiß
14 Randblüten meist deutl. größer als die übrigen, trichterförmig, geschlechtslos ***Centaurea,*** 701
14* Randblüten kaum größer, 2-lippig 5-zähnig, ♀, meist unfruchtbar — Kelchsaum aus meist 5 2–3 mm langen Schuppen gebildet, bei den Randblüten fast fehlend; Hüllblätter trockenhäutig, die inneren viel länger als die übrigen u. seidig glänzend ***Xeranthemum,*** 795
13* Krone gelb od. orange
15 Äußere Hüllblätter laubblattartig, dornig gezähnt; Köpfe > 2 cm Ø; Krone goldgelb od. orange (bis orangerot) ***Carthamus,*** 701
15* Äußere Hüllblätter nicht laubblattartig; Köpfe < 1 cm Ø; Krone gelb ***Matricaria discoidea,*** 734
10* Kelchsaum aus Haaren gebildet (Pappus)
16 Stängelblätter dornig gezähnt — Hüllblätter meist mit steifen, stechenden Spitzen
17 Krone gelb, gelbl. od. weißl.
18 Innere Hüllblätter trockenhäutig, zungenartig verlängert, gelbl. od. silbrig-weiß (dadurch Zungenblüten vortäuschend) ***Carlina,*** 700
18* Innere Hüllblätter weder trockenhäutig noch zungenartig verlängert
19 Stängel durch herablaufende, grauwollig behaarte, lineal lanzettl. Blätter geflügelt ***Centaurea,*** 701
19 Stängel nicht geflügelt
20 Innere u. äußere Hüllblätter laubblattartig, bleich; Pappushaare gefiedert ***Cirsium oleraceum,*** 709
20* Innere Hüllblätter in einen fiederteiligen, äußere in einen einfachen Dorn auslaufend, breit, laubähnl.; Pappushaare ungefiedert, von 10

3-eckigen Zähnchen krönchenartig umgeben **_Centaurea bendedicta,_** 703
17* Krone purpurn od. rosalila
21 Kopfboden ohne Spreublätter, bienenwabenartig grubig, die Ränder der Gruben fransig gezähnt — Pflanze dicht weißfilzig **_Onopordon,_** 734
21* Kopfboden mit borstigen Spreublättern nicht grubig
22 Blätter weiß gefleckt od. marmoriert; Staubfäden verwachsen **_Silybum,_** 753
22* Blätter nicht weiß gefleckt; Staubfäden frei
23 Pappushaare ungefiedert, gezähnelt **_Carduus,_** 698
23* Pappushaare gefiedert **_Cirsium,_** 707
16* Stängelblätter nicht dornig gezähnt, höchstens scharf gesägt
24 Kopfboden mit Spreublättern od. Borsten — Hüllblätter dachziegelig; Krone purpurn od. blau
25 Randblüten meist vergrößert, trichterförmig, geschlechtslos **_Centaurea,_** 701
25* Randblüten nicht vergrößert — Krone stets purpurn
26 Hüllblätter (mit Ausnahme der innersten) an der Spitze hakenförmig nach innen gekrümmt; Blätter stets ungeteilt u. gestielt **_Arctium,_** 691
26* Hüllblätter an der Spitze nicht hakenförmig gekrümmt; Blätter ungeteilt bis fiederteilig, gestielt od. ungestielt
27 Pappushaare deutl. gefiedert **_Cirsium_**, 707
27* Pappushaare ungefiedert, aber gezähnt — Blätter meist fiederteilig
28 Blätter unterseits weißfilzig, ihre Abschnitte ganzrandig **_Jurinea,_** 730
28* Blätter unterseits nicht weißfilzig, ihre Abschnitte gesägt **_Serratula,_** 752
24* Kopfboden ohne Spreublätter
29 Blätter fiederteilig bis fiederschnittig **_Senecio,_** 749
29* Blätter ungeteilt
30 Köpfe mit Außenhülle — Köpfe am Rande mit 2 od. mehreren Reihen fadenförmiger Blüten; Krone schwefelgelb; Blätter lanzettl., doppelt unregelmäßig gezähnt **_Erechtites,_** 715
30* Köpfe ohne Außenhülle
31 Köpfe 2–6 cm Ø — Hüllblätter völlig trockenhäutig, strohartig, strahlig abstehend; 1-jährige Zierpflanze **_Helichrysum bracteatum,_** 721
31* Köpfe < 2 cm Ø
32 Hüllblätter krautig, grün, nicht wollig; Pflanze nicht weiß- od. graufilzig
33 Krone lila **_Erigeron,_** 715
33* Krone gelb
34 Blätter linealisch **_Aster linosyris,_** 696

34* Blätter lanzettl. bis eiförmig ***Inula conyzae,*** 729
32* Hüllblätter wenigstens teilweise trockenhäutig od. krautig u. dann wollig; Pflanze weiß- od. graufilzig
35 Pflanze 2-häusig (bei *Anaphalis* nur unvollständig) — Hülle weiß od. rosarot
36 Pflanze 5–20 cm hoch, mit oberirdischen Ausläufern; Hülle weiß od. rosarot; Wildpflanze ***Antennaria,*** 689
36* Pflanze >30 cm hoch, mit unterirdischen Ausläuferrhizomen; Hülle schneeweiß; Zierpflanze ***Anaphalis,*** 689
35* Pflanze 1-häusig, Blüten alle ⚥ od. die äußeren ♀
37 Hüllblätter (wenigstens die äußeren) völlig strohartig trockenhäutig, kahl, orange, gelb od. gelbl.-weiß ***Helichysum,*** 721
37* Hüllblätter krautig od. mit breitem trockenem Hautrand, grün, bräunl. od. gelbl.
38 Hüllblätter filzig, krautig (höchstens an Rand u. Spitze schmal trockenhäutig); Köpfe im Ø oft ± 5-kantig ***Filago,*** 716
38* Hüllblätter alle kahl od. die äußeren etwas behaart, mit breitem, oft dunklem, trockenem Hautrand; Köpfe im Ø rund ***Gnaphalium,*** 718

Cichorioideae (Liguliflorae)
Tabelle III

1 Krone blau, purpurn od. violett (selten weiß)
2 Früchte ohne Pappushaare (Pappus aus kleinen Schuppen bestehend od. fehlend); Köpfe meist zu 2–3 in Knäueln; Krone himmelblau ***Cichorium,*** 707
2* Früchte mit einem Kranz von Pappushaaren; Köpfe gestielt; Krone purpurn od. blauviolett
3 Pappushaare gefiedert; Köpfe lang gestielt, zu wenigen in Trauben; Blätter schmal linealisch, ganzrandig ***Tragopogon porrifolius,*** 794
3* Pappushaare nicht gefiedert; Köpfe zahlreich, in Rispen; Blätter breiter, gezähnt od. fiederteilig
4 Früchte deutl. geschnäbelt ***Lactuca,*** 730
4* Früchte nicht geschnäbelt, höchstens etwas verschmälert
5 Köpfe mit (4–)5(–6) Blüten, nickend; Stängel kahl od. etwas flaumig ***Prenanthes,*** 746
5* Köpfe mit zahlreichen Blüten, aufrecht; Stängel oberwärts dicht drüsenhaarig ***Cicerbita,*** 706
1* Krone gelb, seltener (bei *Pilosella*) orange bis rot
6 Früchte ohne Pappushaare
7 Stängel ohne Blätter, 1-köpfig od. mit wenigen 1-köpfigen Ästen ***Arnoseris,*** 692
7* Stängel beblättert, mit locker rispigem Kopfstand ***Lapsana,*** 732

6* Früchte mit einem Kranz von Pappushaaren (selten bei den äußeren Blüten nur mit einem Krönchen aus verwachsenen Schuppen)

8 Pappushaare (zumindest die inneren) deutl. gefiedert

9 Kopfboden mit linealischen Spreublättern ***Hypochaeris,*** 728

9* Kopfboden ohne Spreublätter

10 Blätter fiederteilig; Früchte am Grund mit einem 2–3 mm langen deutl. verbreiterten Abschnitt ***Scorzonera laciniata,*** 748

10* Blätter ungeteilt; Früchte am Grund nicht verbreitert

11 Blätter parallelnervig, ganzrandig, schmal linealisch od. (breit) lanzettl.

12 Hüllblätter 1–2-reihig, alle gleich lang; Früchte mit langem Schnabel ***Tragopogon,*** 793

12 Hüllblätter dachziegelig, ungleichlang; Früchte nach der Spitze zu etwas verschmälert, aber nicht geschnäbelt ***Scorzonera,*** 748

11* Blätter fiedernervig, grob gezähnt bis fast ganzrandig, längl., (verkehrt-) lanzettl. od. eiförmig lanzettl.

13 Alle Blätter in grundständiger Rosette

14 Köpfe vor dem Aufblühen nickend; Stängel 1-köpfig; Blätter mit 2–6-schenkligen Gabel- od. Sternhaaren od. kahl ***Leontodon,*** 733

14* Köpfe vor dem Aufblühen aufrecht; Stängel meist mehrköpfig; Blätter mit einfachen Haaren od. kahl ***Scorzoneroides,*** 748

13* Stängel beblättert

15 Äußere Hüllblätter linealisch bis lanzettl., 1–3 mm breit, ± zurückgebogen; Früchte alle gleich lang, (fast) ungeschnäbelt ***Picris,*** 735

15* Äußere Hüllblätter herz-eiförmig, 5–8 mm breit, eine auffällige Außenhülle bildend; innere Früchte mit langem Schnabel, äußere viel größer u. mit sehr kurzem Schnabel ***Helminthotheca,*** 721

8* Pappushaare alle ungefiedert

16 Früchte flach zusammengedrückt

17 Hüllblätter in 2 Reihen, die äußeren viel kürzer als die inneren u. eine Außenhülle bildend; Köpfe mit 5–6 Blüten ***Mycelis,*** 734

17* Hüllblätter in mehreren Reihen, dachziegelig; Köpfe mit (5–)8–zahlreichen Blüten

18 Früchte deutl. geschnäbelt; Hülle ± zylindrisch ***Lactuca,*** 730

18* Früchte ungeschnäbelt; Hülle krugförmig bis kegelförmig ***Sonchus,*** 754

16* Früchte nicht zusammengedrückt, im Ø stielrund bis 5-kantig

19 Früchte an der Spitze in einen dünnen Schnabel verschmälert; Pappus dadurch gestielt

20 Stängel blattlos, 1-köpfig, röhrig hohl ***Taraxacum,*** 759

20* Stängel mit wenigstens 1 Blatt, mehrköpfig

21 Köpfe mit 7–12 Blüten; Fruchtschnabel am Grund von 5 Schuppen umgeben *(Abb. 685/1);* Stängel mit langen, rutenförmigen Ästen ***Chondrilla,*** 706

21* Köpfe mit zahlreichen Blüten; Fruchtschnabel am Grund nicht von Schuppen umgeben; Stängel nicht mit rutenförmigen Ästen ***Crepis,*** 711

19* Früchte an der Spitze gestutzt od. etwas verschmälert, aber nicht geschnäbelt; Pappus ungestielt

22 Früchte (wenigstens die inneren) oben verschmälert *(Abb. 685/2);* Pappus (außer bei *C. paludosa*) reinweiß u. biegsam; Hüllblätter oft in 2 Reihen, wobei die äußeren viel kürzer als die inneren sind u. eine Außenhülle bilden ***Crepis,*** 711

22* Früchte oben gestutzt; Pappus schmutzigweiß u. leicht zerbrechl.; Hüllblätter ± dachziegelig

23 Früchte 1–2,5 mm lang, ihre Rippen oben in einem kurzen, zahnartigen Vorsprung endend; Blätter ganzrandig od. schwach gezähnelt, allmähl. in den Grund verschmälert; Pflanze oft mit Ausläufern ***Pilosella,*** 736

23* Früchte 3–5 mm lang, ihre Rippen oben in einen ungezähnten, ringförmigen Wulst verschmelzend; Blätter oft gezähnt, mit keiligem, gestutztem, abgerundetem od. herzförmigem Spreitengrund; Pflanze nie mit Ausläufern ***Hieracium,*** 722

Achillea L., **Schafgarbe**, **Garbe**

Verschlüsselung des *Achillea millefolium*-agg. unter Einbeziehung von Beurton (2005).

1 Zungenblüten goldgelb ***A. filipendulina***

1* Zungenblüten weiß, gelbl.-weiß, seltener rosa od. rot

2 Blätter ungeteilt ***A. ptarmica***

2* Blätter fiederspaltig, fiederteilig od. fiederschnittig

3 Wurzelstock ohne Ausläufer; Zungenblüten zurückgebogen, meist gelbl.-weiß, seltener weiß ***A. nobilis***

3* Wurzelstock mit unterirdischen Ausläufern; Zungenblüten waagerecht abstehend, weiß, seltener rosa, purpurn od. schwach gelbl.-weiß (*A. millefolium* agg.)

4 Fiederenden der 3-fach fiederschnittigen Blätter borstl., nur 0,1–0,4 mm breit; Grundblätter nur 1 cm breit *(Abb. 685/3),* ihre Fiedern u. End-

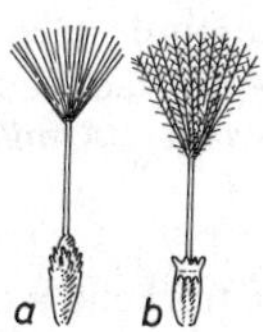

685/1

685/2

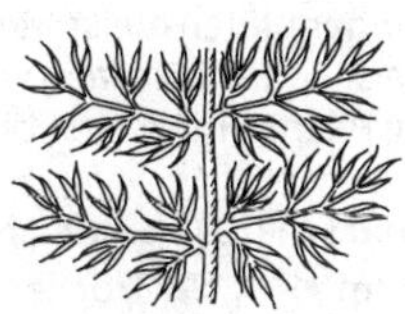
685/3

zipfel flaschenbürstenförmig um die Spindel angeordnet; Zunge der Randblüten nur 1/3 so lang wie die Hülle, weiß od. schwach gelbl.-weiß; Schirmrispe meist dicht **_A. setacea_**

4* Fiederenden der 2–4-fach fiederschnittigen Blätter nicht borstl., meist > 0,3 mm breit; Fiedern u. Endzipfel nicht flaschenbürstenförmig um die Spindel angeordnet, aber durchaus 3-dimensional; Zunge der Randblüten ½ so lang wie die Hülle, nicht gelbl.-weiß; Schirmrispe dicht od. locker

5 Pflanze wollig bis zottig behaart; Zungenblüten (im Gebiet bisher nur) weiß; mittlere Stängelblätter oft < 6 mm breit, ihre Fiedern dicht bis sehr dicht stehend u. oft gedreht ansetzend — Hüllblätter ± dicht langhaarig

6 Hülle 3–4(–4,5) mm lang; Pflanze weniger dicht behaart, meist nur mäßig kräftig, oft mit vielen kurzen Stängelgliedern, unverzweigt od. mit Seitenzweigen in der unteren Stängelhälfte; Kopfstand meist eine dichte Hauptschirmrispe od. aufgelockert u. mit sich nicht entfaltenden kleinen Nebenschirmen in den Achseln von Laubblättern bis ins untere Viertel hinein; mittlere Stängelblätter 3–5(–26) mm breit; Frucht 1,4–1,8(–2,4) mm lang — Grundblätter meist kürzer als die halbe Pflanze, 2– 3(–4)-fach fiederschnittig; Pflanze meist nicht höher als 60 cm **_A. collina_**

6* Hülle (3,5–)4–5 mm lang; Pflanze stets dicht behaart, kräftig, mit vielen kurzen Stängelgliedern, meist erst in der oberen Hälfte od. dem oberen Viertel verzweigt; Kopfstand meist kompakt od. aufgelockert; mittlere Stängelblätter 2–6(–15) mm breit; Frucht (1,7–)2–2,5 mm lang **_A. pannonica_**

5* Pflanze kahl od. schwach behaart; Zungenblüten weiß, rosa od. purpurn; mittlere Stängelblätter bis 30 mm breit, ihre Fiedern entfernt od. dicht stehend, nicht gedreht od. gedreht ansetzend

7 Blühende Sprosse zart, am Grunde 1–2(–3) mm Ø, rund; Hauptschirmrispe 1–3(–4) cm breit; Pflanze auffallend rasig wachsend (meist 10–50 gleich hohe Exemplare zusammenstehend); Stängelblätter grobschnittig, stets flächig, nach oben zu wenig an Größe abnehmend; Zungenblüten meist weiß, selten rosa **_A. pratensis_**

7* Blühende Sprosse kräftiger, 3–8 mm Ø, oft kantig; Hauptschirmrispe bis 15 cm breit; Pflanzen einzeln stehend; obere Blätter meist deutl. kürzer; Zungenblüten meist weiß, doch auch rosa od. purpurn — Grundblätter meist ½–1-mal so lang wie die ganze Pflanze, (2–)3– 4-fach fiederschnittig; Pflanze meist erst oberhalb der Mitte verzweigt **_A. millefolium_**

A. collina (WIRTG.) HEIMERL., **Hügel-Sch.**

20–60 cm. 6–9. ♃. Trocken- u. Halbtrockenrasen, trockene Wegränder, lichte wärmebegünstigte Wälder, z im Elbtal u. seinen Nebentälern; s GHP, LLA, MLH, OL. K Fest.-Brom., V Armer., V Cyt.-Pin., V Querc.-pub.; europ-nem.

A. filipendulina Lam., **Gold-G.**
Blätter ± anliegend behaart, drüsig punktiert, beiderseits mit 10–15 Abschnitten, grob gezähnt bis fiederlappig; Pflanze aromatisch. 50–120 cm. 6–9. ♃. Zierpflanze, verwildert, Wegränder, Müllplätze, städtische Brachflächen, Komposthaufen, z. NU. ↗ V Arct., V Dauco-Mel., V Conv.-Agrop. Heimat: Vorder- u. Zentralasien.

A. millefolium L., **Gewöhnliche Sch.***
20–60 cm. 6–10. ♃. Trocken- u. Halbtrockenrasen, Wiesen, Weiden, Säume, Ruderalfluren, sehr h. K Fest.-Brom., O Arrh., K Koel.-Coryn., K Trif.-Ger., V Conv.-Agrop., O Onop.; euras.

Sehr formenreich, auch Zierpflanze, z. T. mit roten Blüten.

1 Hüllblätter mit schmalen gelbl. bis hellbraunen Rändern; Zungen meist weiß, selten rosa od. purpurn. Verbreitung usw. wie Art. **subsp. *millefolium***

1* Hüllblätter mit meist breiten, schwarzbraunen Ränder; Zungen oft rosa — Stängel meist auffallend dick. Bergwiesen, Borstgras-Magerrasen, Zwergstrauchheiden, z ERZ, s ESG, VGT. K Call.-Ul., V Pol.-Tris. **subsp. *sudetica*** (Opiz) Oborny

A. nobilis L., **Edel-Sch.***
Blätter im Umriss längl.-eiförmig od. längl.; Blattspindel von der Mitte bis zur Spitze durch einzelne Fiederlappen unregelmäßig gezähnt. 20–60 cm. 7–10. ♃. Halbtrockenrasen, trockene Wegböschungen, wärmebegünstigte Ruderalfluren, s VGT: eingebürgert (NE); sonst nur NU. V Brom., O Onop.; euras-kont.

A. pannonica Scheele, **Ungarische Sch.**
30–80 cm. 6–8. ♃. Trocken- u. Halbtrockenrasen, Silikatfelsfluren, Trockengebüschsäume, wärmebegünstige Ruderalfluren, halbruderale Pionierrasen, mäßig h im Elbtal; z LLA; s OLH: Guttau, Baruth, sonst s verschleppt. K Fest.-Brom., K Trif.-Ger., O Sedo-Scler., V Armer., V Dauco-Mel., V Conv.-Agrop.; europ-kont.

Gelegentl. schwer von behaarten Pflanzen von *A. millefolium* zu trennen.

A. pratensis Saukel et Länger, **Wiesen-Sch.**
Stängel vollkommen stielrund. 20–50 cm. 5–11. ♃. Frischwiesen, bisher im Gebiet noch nicht mit Sicherheit nachgewiesen (möglicherweise übersehen); angegeben: Elbtal von Riesa bis Krippen; LLA: Leipzig am Bienitz?

A. ptarmica L., **Sumpf-Sch.***
Zungenblüten etwa 8–13, ihre Zunge 4–6,5 mm lang; Köpfe 13–17 mm breit; Blätter lineal lanzettl., vom Grund bis zur Mitte klein u. dicht gesägt, oberhalb der Mitte tiefer u. entfernter gesägt, mit zieml. angedrückten, außen klein gesägten Zähnen, kahl od. spärl. behaart, nicht durchscheinend punktiert. 30–80 cm. 7–8. ♃. Feucht- u. Moorwiesen, Staudenfluren, besonders an Bächen u. Gräben, Feuchtgebüsche, meist mäßig h, auch Zierpflanze (z. T. mit „gefüllten Blüten“). O Mol., V Conv., V Salic. cin.; eurosib.

Pflanzen, deren Blätter relativ reich u. kurz behaart u. (zumindest im Falle der oberen) ± deutl. durchscheinend punktiert sind, stellen Übergangsformen zu der im Gebiet bisher nicht nachgewiesenen *A. salicifolia* BESSER dar: Flussauen von Elbe (Pirna-Birkwitz) u. Neiße (Werdeck).

A. setacea WALDST. et KIT., **Feinblättrige Sch.**

10–50 cm. 5–6. ♃. Halbtrockenrasen, wärmebegünstigte Silikatmagerrasen, früher z im Elbtal, jetzt s. ↘ K Fest.-Brom., O Coryn.; euras-kont, coll.

Zu achten ist auf 2 rötl. od. rosa blühende Arten mit fast kahlen Hüllblättern:

A. aspleniifolia VENT., **Farnblättrige Sch.:** Blätter flach, dickl. mit knorpeligen Fiederenden, untere meist auffällig gestielt; Fiedern 1. Ordnung der oberen Stängelblätter gezähnt bis gelappt. Ruderalstellen, Frischwiesen, s eingeschleppt, Leipzig. Heimat: SO-Europa (?)

A. roseoalba EHREND., **Blassrote Sch.:** Stängel im unteren Teil oft kantig; Blätter kaum flächig, am Ansatz oft gedreht, dünn, ohne knorpelige Fiederenden; Fiedern 1. Ordnung der oberen Stängelblätter fiederteilig. Im Gebiet noch nicht nachgewiesen, doch im benachbarten Thüringen: Meuselwitz (ob noch?). Heimat: S-Europa (?)

Ageratum L., **Leberbalsam**

Blätter herz- od. eiförmig, grubig netznervig; Köpfe in Doldentrauben angeordnet, himmelblau. 20–50 cm. 5–11. ⊙ (in der Heimat ♃). Zierpflanze, verwildert, Müllplätze, Komposthaufen, s. NU. Heimat: M-Amerika. [*A. mexicanum* SIMS].

A. houstonianum MILL., **Gewöhnlicher L.**

Ambrosia L., **Traubenkraut, Ambrosie**

1 Blätter handförmig 3–5-teilig (nur die oberen oft ungeteilt), gegenständig **A. trifida**

1* Blätter 1–2-fach gefiedert, untere gegen-, obere wechselständig

2 Pflanze 1-jährig; Blätter doppelt fiederschnittig *(Abb. 688/1)*, auch die oberen gestielt; Hülle der ♂ Köpfe kaum behaart; Stängel oberwärts zottig behaart **A. artemisiifolia**

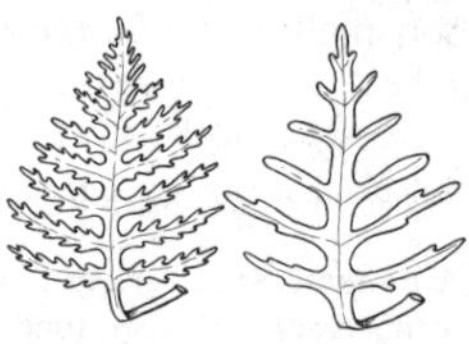

688/1 *688/2*

2* Pflanze ausdauernd, mit kriechenden Wurzeln u. Wurzelsprossen; Blätter 1-fach fiederschnittig *(Abb. 688/2)*, die oberen sitzend; Hülle der ♂ Köpfe dicht behaart; Stängel anliegend behaart **A. psilostachya**

A. artemisiifolia L., **Beifuß-T.***

[*A. elatior* L.]. 30–100 cm. 8–11. ⊙. Straßenränder, Müllplätze, Bahnanlagen, Umschlagplätze, z; in ELH u. OL lokal NE, sonst NU (erstmals 1899). ↗ K Artem., O Sis. Heimat: N-Amerika. Die Pollen sind ein sehr starkes Allergikum.

A. psilostachya DC., **Stauden-T.**
[*A. coronopifolia* TORR. et A. GRAY]. 30–80 cm. 8–10. ♃. Müll- u. Umschlagplätze, Wegränder, z OLT; sonst s ELH, LLA, OLH. NU (erstmals 1873), nur um Hoyerswerda NE. ↗ K Artem. Heimat: N-Amerika.

A. trifida L., **Dreispaltiges T.**
Blattabschnitte breit lanzettl., ganzrandig od. schwach gesägt. 80–200 cm. 8–10. ⊙. Müll- u. Umschlagplätze, Straßenränder, s ELH: mehrfach; LLA: Leipzig; OLH: Schmiedefeld; OLT: Guttau; VGT: Eubenberg. NU (erstmals 1899), nur Dresden: Lößnitzgrund NE. O Sis. Heimat: N-Amerika.

Anaphalis DC., **Perlkraut**

Stängel reich beblättert, Blätter sitzend, unterseits filzig, undeutl. 3-nervig; Köpfe in dichten Schirmrispen; Hüllblätter perlmuttfarbig glänzend, später strahlenförmig ausgebreitet. 30–70 cm. 7–8. ♃. Zierpflanze, verwildert, Müllplätze, Komposthaufen, Wegränder, Friedhöfe, s ELH: Oberau; ERB: Chemnitz; ERW: z. B. Klingenthal, Wernesgrün; LLA, OLH, VGT. V Sis. Heimat: N-Amerika. ***A. margaritacea*** (L.) BENTH. et Hook. f., **Perlkraut**, **Perlkörbchen**, **Perlblume**

Antennaria GAERTN., **Katzenpfötchen**

Grundblätter spatelförmig; ♂ Pflanzen mit meist weißen Blüten, mit stumpfen u. kurzen Hüllblättern, Pappus aus federig-pinseligen, scheinbar keulig verdickten Haaren bestehend; ♀ Pflanzen mit meist rosa Blüten, ihre inneren Hüllblätter spitz; Pappus aus einfachen Haaren bestehend. 7–20 cm. 5–6. ♃. Borstgras-Magerrasen, Halbtrockenrasen, Kiefernwälder, kalkmeidend, früher mäßig h bis z, heute meist s. ↘ O Nard., O Sedo-Scler., V Brom., V Dicr.-Pin.; euras, circpol. Extensivweiderelikt. ∇
A. dioica (L.) GAERTN., **Gewöhnliches K.***

Anthemis L., **Hundskamille**

1 Zungenblüten gelb ***A. tinctoria***
1* Zungenblüten weiß
2 Kopfboden fast halbkugelig; Frucht zusammengedrückt 4-kantig, fast 2-schneidig ***A. austriaca***
2* Kopfboden zuletzt kegelförmig od. walzenförmig; Frucht stumpf 4- od. 3-kantig
3 Spreublätter lineal pfrieml., spitz *(Abb. 690/1)*, zwischen den äußeren Blüten fehlend — Pflanze mit unangenehmen Geruch ***A. cotula***
3* Spreublätter längl. od. lanzettl., mit starrer Stachelspitze, überall vorhanden
4 Spreublätter lineal lanzettl., spitz u. stachelspitzig, ganzrandig *(Abb. 690/2)*; Kopfboden verlängert kegelförmig; Pflanze weichhaarig od. kahl, fast geruchlos ***A. arvensis***

4* Spreublätter längl.-keilförmig, stumpfl. u. stachelspitzig, etwas gezähnelt; Kopfboden verlängert walzl.; Pflanze grau- od. weißzottig, mit aromatischem Geruch ***A. ruthenica***

A. arvensis L., **Acker-H.***

Blätter doppelt fiederteilig, mit lineal lanzettl., ganzrandigen od. 2–3-zähnigen Zipfeln. 15–50 cm. 5–10. ⊙. Äcker, Wegränder, kalkmeidend, mäßig h, sonst z um Leipzig, DDH, ELH, ESG; s im Gebirge bis 850 m. A. ↘ V Aper., seltener V Sis.; med., heute Kosmopolit.

A. austriaca Jacq., **Österreichische H.**

Spreublätter längl., plötzl. in eine lange Stachelspitze zugespitzt; Blätter doppelt fiederteilig, mit ganzrandigen Zipfeln. 30–50 cm. 6–9. ⊙. Bahnanlagen, Straßenränder, Umschlagplätze, Elbufer, früher im Elbtal z, heute s, z. B. Dresden: Zschertnitz; sonst s eingeschleppt, z. B. LLA, OL. NU. O Sis., V Onop.; europ-kont, fluv.

A. cotula L., **Stinkende H.**

Zungenblüten steril; Kopfboden verlängert kegelförmig; Frucht fast stielrund; Blätter doppelt fiederteilig, mit linealischen, ungeteilten od. 2–3-spaltigen Zipfeln. 15–50 cm. 6–10. ⊙. Ruderalfluren, lehmige Äcker, Flussufer, z OL; sonst s, früher mäßig h od. z im Tiefland u. Elbtal. A. ↘ K Stell. med., V Sis.; med-submed.

A. ruthenica M. Bieb., **Russische H.**

Frucht oft mit halbseitigem, schief abgestutzem Kronsaum. 20–50 cm. 5–8. ⊙. Bahngelände, Müll- u. Umschlagplätze, s im Tief- u. Hügelland, um Riesa u. Meißen. ↗, sonst NU. O Sis., V Arct. Heimat: O-Europa.

A. tinctoria L., **Färber-H.***

[*Cota tinctoria* (L.) J. Gray]. Spreublätter schmal rautenförmig, in eine Stachelspitze verschmälert *(Abb. 690/3);* Blätter meist doppelt fiederteilig, mit sparsam gesägten Zipfeln, unterseits anliegend behaart. 30–60 cm. 6–9. ⊙. Felsfluren, Halbtrockenrasen, Steinbrüche, Mauern, Bahndämme, mäßig h

690/1

690/2

690/3

ELH, VGT; sonst z, im Bergland s; durch Grasansaaten ↗. A., in vielen Gebieten nur NU. O Sedo-Scler., V Fest., V Brom., V Conv.-Agrop., V Sis., V Dauco-Mel.; submed+europ-kont.

Verwandte Gattung: ***Anacyclus*** L., **Bertram:** mit ***A. clavatus*** (DESF.) PERS., **Keuliger B.:** Frucht geflügelt; Köpfe 1 cm breit, einzeln auf oberwärts verdickten, hohlen Stielen. 10–30 cm. 6–8. ⊙. Früher s eingeschleppt, z. B. Dresden, Leipzig, seit über 50 Jahren nicht mehr nachgewiesen. Heimat: westl. Mittelmeergebiet.

Arctium L., **Klette**

1 Hüllblätter dicht spinnwebig wollig; innere Hüllblätter mit gerader, rötl. Spitze, nur äußere widerhakig; Blattunterseite dicht graufilzig ***A. tomentosum***

1* Hüllbätter spärl. od. nicht spinnwebig wollig; alle Hüllblätter widerhakig; Blattunterseite kahl od. schwach graufilzig

2 Köpfe in lockeren Schirmtrauben; Hüllblätter alle grün; Stiele der Grundblätter markig ***A. lappa***

2* Köpfe in Trauben; innere Hüllblätter od. alle an der Spitze rot; Stiele der Grundblätter hohl

3 Köpfe 1–3 mm Ø, etwas spinnwebig; innere Hüllblätter kürzer als die Blüten; Stängel mit steif aufrechten Ästen ***A. minus***

3* Köpfe 2,5–4 mm Ø, fast kahl; innere Hüllblätter so lang wie die Blüten; Stängel mit zuletzt (fast) überhängenden Ästen ***A. nemorosum***

A. lappa L., **Große K.***

Köpfe 3–5 cm Ø; Frucht 6–8 mm lang. 80–150 cm. 7–8. ⊙. Mäßig trockene Ruderalfluren (Müllplätze, Wegränder, Zäune), Ufer, h im Tief- u. Hügelland, mäßig h im Bergland bis ca. 500 m. ↗ V Arct., V Conv.; euras. Früher Off.

A. minus (HILL) BERNH., **Kleine K.***

Frucht 5–7 mm lang. 50–130 cm. 7–9. ⊙. Weg- u. Ackerränder, Müllplätze, Zäune, meist h im Tief- u. Hügelland, mäßig h im Bergland. V Arct., V Onop.; med-submed+eurosib. Früher Off.

A. nemorosum LEJ., **Hain-K.**

Frucht 8–11 mm lang. 100–250 cm. 7–8. ⊙. Lichtungen in nährstoffreichen Laubwäldern (besonders Auen- u. Schluchtwälder), Gebüsche, z ERB, ERO, MLH; sonst s, fehlt OLT, VGT. V Atrop.; europ-nem, mont.

A. tomentosum MILL., **Filzige K.***

Köpfe 1–3 cm Ø. 60–150 cm. 7–9. ⊙. Wegränder, Müllplätze, Zäune, h ELH, LLA; sonst im Tief- u. Hügelland mäßig h bis z, s im Bergland u. OLT. V Arct., V Onop.; euras-kont, ursprüngl. fluv.

Bastarde:
A. × ***ambiguum*** (ČELAK.) NYMAN [*A. lappa* × *A. tomentosum*]: mäßig h
A. × ***maasii*** (M. SCHULZE) ROUY [*A. minus* × *A. nemorosum*]: s
A. × ***mixtum*** (SIMONK.) NYMAN [*A. minus* × *A. tomentosum*]: mäßig h
A. × ***nothum*** (RUHMER) J. WEISS [*A. lappa* × *A. minus*]: mäßig h

Arnica L., Arnika, Wohlverleih

VN Tabaksblume (OL), Johannisblume

Stängel einfach, 1(–3)-köpfig; Blätter sitzend, derb, hellgrün, die grundständigen verkehrt eiförmig, die stängelständigen längl. bis lanzettl.; Köpfe 6–8 cm breit, Krone orange; Kopfboden behaart. 20–50 cm. 6–7. ♃. Borstgras-Magerrasen, Bergwiesen, wechseltrockene Moorwiesen, mäßig h ERZ, VGT; s OL; sonst †; früher h im Bergland, z im Hügelland, s im Tiefland. ↘ O Nard., V Pol.-Tris., V Mol.; subatl.-mont. Off. ▽
A. montana L., **Arnika, Berg-W.***

Arnoseris GAERTN., Lämmersalat

Blätter in grundständiger Rosette, spatelförmig, gezähnt; Stängel hohl, unter den Köpfen keulenförmig verdickt; Köpfe 8–13 mm Ø. 10–25 cm. 6–9. ⊙, ①. Nährstoffarme, saure, sandige Äcker u. Brachen, s DDH, früher mäßig h; s OLH, OLT, früher mäßig h; sonst s od verschleppt, ↘. V Aphan.; atl-subatl.
A. minima (L.) SCHWEIGG. et KÖRTE, **Lämmersalat**

Artemisia L., Beifuß

1 Blätter ungeteilt ***A. dracunculus***
1* Blätter geteilt
2 Pflanze ausdauernd
3 Blätter am Grund des Blattstiels ohne Blattöhrchen
4 Kopfboden zottig behaart; Blattzipfel > 2 mm breit — Pflanze seidig filzig ***A. absinthium***
4* Kopfboden kahl; Blattzipfel linalisch fädl. ***A. abrotanum***
3* Blätter am Grund des Blattstiels mit Blattöhrchen
5 Hülle außen kahl ***A. campestris***
5* Hülle außen behaart
6 Blattzipfel > 2 mm breit
7 Fiedern der oberen Blätter lanzettl., tief gesägt; Köpfe eiförmig; äußere Hüllblätter filzig; Pflanze ohne Ausläufer; Blütezeit 7–9 ***A. vulgaris***
7* Fiedern der oberen Blätter linealisch, ganzrandig; Köpfe kugelig; äußere Hüllblätter kahl; Pflanze mit bis 1 m langen Ausläufern; Blütezeit 9–11 ***A. verlotiorum***
6* Blattzipfel < 1 mm breit

8 Köpfe länger als breit; Blätter seidenhaarig, grauweiß, glänzend; ihre Zipfel 5–10 mm lang; Hüllblätter kurz abstehend behaart **_A. austriaca_**

8* Köpfe so lang wie breit (fast kugelig); Blätter flaumfilzig, graugrün, ihre Zipfel 3–4 mm lang; Hüllblätter anliegend behaart **_A. pontica_**

2* Pflanze 1-jährig, selten 2-jährig — vorwiegend an Ruderalstandorten eingeschleppte Arten

9 Blätter seidig filzig (an *A. absinthium* erinnernd); Kopfboden behaart **_A. sieversiana_**

9* Blätter u. Kopfboden kahl

10 Blattzipfel < 1 mm breit; Köpfe 1–2 mm Ø **_A. scoparia_**

10* Blattzipfel stets > 1 mm breit; Köpfe 2 (dann Pflanze sehr aromatisch) od. > 2 mm Ø

11 Köpfe nickend; Hülle < 2 mm lang — Pflanze hellgrün, sehr aromatisch **_A. annua_**

11* Köpfe aufrecht; Hülle > 2 mm lang

12 Blätter einfach fiederteilig, zwischen den Hauptabschnitten keine kleinen Lappen; Hüllblätter schmal hautrandig; Pflanze schwach aromatisch **_A. biennis_**

12* Blätter doppelt fiederteilig, zwischen den Hauptabschnitten kleine Lappen; Hüllblätter breit hautrandig; Pflanze geruchlos **_A. tournefortiana_**

A. abrotanum L., **Eberraute, Gartheil****

Blätter unterseits fein grauhaarig, untere 2–3-fach gefiedert; Köpfe fast kugelig, weißgrau, nickend; Krone gelb; Pflanze aromatisch. 60–150 cm. 9–10. ♃. Kulturpflanze, s verwildert. Off. Heimat: O-Europa, W-Asien.

A. absinthium L., **Wermut***

Köpfe 2–4 mm breit, fast kugelig; Krone gelb; Blätter beiderseits wie auch der Stängel seidenhaarig weißgrau filzig, untere u. mittlere 2–3-fach, obere 1-fach fiederteilig, alle mit lineal lanzettl., stumpfen Zipfeln, durchscheinend punktiert (Öldrüsen); Stängel oberwärts rispig; Pflanze sehr aromatisch, bitter schmeckend. 60–120 cm. 7–9. ♃. Wärmebegünstigte Ruderalfluren (Wegränder, Bahnanlagen, Müllplätze), mäßig h im Tiefland, z im Hügelland, s im Bergland. P. (schon 14. Jh. Gartenpflanze). K Artem., O Sis., V Conv.-Agrop. Off.

A. annua L., **Einjähriger B.**

Blütenstand umfangreich rispig; untere Blätter 2–3-fach fiederteilig, alle mit lineal lanzettl. Zipfeln, durchscheinend punktiert; Köpfe kugelig, 2 mm Ø. 30–150 cm. 9–10. ⊙. Wegränder, Müll- u. Umschlagplätze, Flussufer, s, z. B. Leipzig, Dresden, Zwickau, Görlitz, Bischofswerda. NU (erstmals 1889). V Sis., V Chen. Heimat: Asien.

A. austriaca Jacq., **Österreichischer B.**

Rispe mit steif aufrecht abstehenden Zweigen; Krone rötl.-gelb. 20–60 cm. 7–9. ♃. Bahngelände, Müllplätze, s ELH: Dresden; OL: Görlitz, Zittau, Schwarzkollm, Schlauroth. NU. Heimat: O-Europa, W-Asien.

A. biennis Willd., **Zweijähriger B.**

Blütenstand lang u. schmal rispig, durchblättert. 30–100 cm. 7–10. ⊙, ⚇. Meist kiesig-sandige Ruderalfluren (Bahnanlagen, Müllplätze, Stadtbrachen), z LLA: (doch wieder ↘); sonst s ELH: Dresden, Riesa, Pirna; ERB: Chemnitz, Hartenstein; OLH: Bautzen, Muskau; VGT: Plauen. NU (erstmals 1938). V Sis. Heimat: westl. N-Amerika.

A. campestris L., **Feld-B.***

Pflanze halbstrauchig, mit Pfahlwurzel, von unten an vielstängelig, die nichtblühenden Stängel niederliegend, die blühenden aufsteigend, rispig, mit traubigen Rispenästen; Blätter 2–3-fach fiederteilig, mit linealischen, stachelspitzigen Zipfeln, anfangs seidig, zuletzt kahl; Köpfe eiförmig, aufrecht od. nickend; Krone rotbraun. 30–60 cm. 8–10. ♃. Sand- u. Halbtrockenrasen, Felsfluren, Wegränder, Bahnanlagen, mäßig h DDH, EET, ELH, GHP, OLT; z LLA, OLH; sonst s, fehlt VGT. K Koel.-Coryn., K Fest.-Brom., K Artem.; euras-kont, coll. Hügelsteppenpflanze.

1 Stängel u. Blätter verkahlend; Stängel meist rotviolett; Verbreitung usw. wie Art. **subsp. *campestris***

1* Stängel u. Blätter bleibend dicht grauseidig behaart; Felsen, z im Elbtal; s OLT; LLA: Leipzig (?). **subsp. *lednicensis*** (Spreng.) Greuter et Raab-Straube
Die taxonomische Einstufung dieser Sippe ist nicht abschließend geklärt.

A. dracunculus L., **Estragon***

Blätter ungeteilt (nur die zuerst erscheinenden, untersten meist 3-spaltig), lanzettl. bis lineal lanzettl., stachelspitzig, wie der Stängel (meist) kahl; Köpfe kugelig, 2–3 mm Ø; Krone weißl.; Pflanze aromatisch. 60–120 cm. 8–10. ♃. Kulturpflanze, verwildert, Ruderalfluren, Böschungen, z ELH, LLA, OLT; sonst s. NE. ↗ V Arct., V Dauco-Mel. Gew. Off. Heimat: O-Europa, Asien, N-Amerika.

A. pontica L., **Pontischer B.**

Stängel schmalrispig, oberwärts graufilzig; Köpfe ± 4 mm Ø; Krone gelb. 40–80 cm. 8–10. ♃. Ruderalfluren, Halbtrockenrasen, aufgelassene Weinberge, eingeschleppt od. verwildert, s, z. B. Leipzig, Grimma: Böhlen, Mittweida, Dresden, Görlitz. Wahrscheinl. überall nur NU. V Conv.-Agrop., K Fest.-Brom.; o-submed+europ-kont. Off.

A. scoparia Waldst. et Kit., **Besen-B.**

Stängel schmalrispig, oberseits graufilzig; Köpfe nickend, kugelig; Krone gelb. 30–60. 8–10. ⚇ (seltener ⊙). Ruderalfluren (Müll- u. Umschlagplätze),

Felsfluren, Trockenrasen, s ELH: Meißen; s OLH: Bautzen, früher Görlitz: Landeskrone; LLA: Leipzig (wolladventiv). NE. O Onop., K Fest.-Brom.; euras-kont. Steppenrelikt.

A. sieversiana WILLD., **Sievers B.**

Mittlere Stängelbätter am Stielgrund geöhrt; Köpfe 4–6 mm Ø. 60–120 cm. 7–9. ⊙. Müll- u. Umschlagplätze, Wegränder, s, z. B. Leipzig, Dresden, Bad Muskau. NU. V Dauco-Mel., V Sis.; euras-kont.

A. tournefortiana RCHB., **Armenischer B.**

Blütenstand lang u. schmal rispig, durchblättert. 50–220 cm. 7–9. ☉, ⊙. Ruderalfluren (Stadtbrachen, Müllplätze, Autobahnmittelstreifen), z LLA; früher s ERB: Chemnitz; VGT: Plauen; ELH: Dresden; GHP: Großenhain; VGT: Plauen. NE. O Sis., V Arct., V Dauco-Mel. Heimat: Vorderasien.

A. verlotiorum LAMOTTE, **Verlot-B.**, **Kamtschatka-B.**

Pflanze stark aromatisch. 80–160 cm. 9–11. ♃. Wegränder, Stadtbrachen, Müllplätze, s LLA: Leipzig; ELH: Dresden; ERO, ESG, OLH: Bischofswerda: Goldbach. NE, erstmals 1959. K Artem. Heimat: O-Asien.

A. vulgaris L., **Gewöhnlicher B.***

Blätter oberseits grün, unterseits weißfilzig; Krone gelb od. rotbraun; Stängel meist dunkelrot. 60–200 cm. 7–9. ♃. Ruderalfluren (Wegränder, Müllplätze, Bahnanlagen, Industriebrachen), Ufer, Gebüsche, h. K Artem., V Samb.-Salic.; circpol. Off. Gew.

Aster L., **Aster**

1	Zungenblüten fehlend; Röhrenblüten goldgelb; Köpfe 1–2 cm Ø	***A. linosyris***
1*	Zungenblüten vorhanden, violett od. blau; Köpfe 2–5 cm Ø	
2	Stängel (meist) 1-köpfig; Köpfe 3–5 cm Ø	***A. alpinus***
2*	Stängel mehrköpfig; Köpfe 2–3 cm Ø	
3	Pflanze kahl; Blätter zieml. fleischig; Hüllblätter angedrückt	***A. tripolium***
3*	Pflanze kurz rauhaarig; Blätter nicht fleischig; Hüllblätter etwas abstehend	***A. amellus***

A. alpinus L., **Alpen-A.***

Unterste Blätter rosettig gedrängt, spatelig, die oberen lineal lanzettl. 5–15 cm. 6–8. ♃. Felsfluren, nicht im Gebiet, doch auch als Zierpflanze kultiviert. ▽

A. amellus L., **Berg-A.***

Blätter ganzrandig od. schwach gezähnt, die unteren spatelig, gestielt, die oberen längl. lanzettl., ungestielt. 20–40 cm. 7–9. ♃. Felshänge, früher ELH: Plauenscher Grund. Euras-kont. Bergsteppenrelikt. ∇

A. linosyris (L.) BERNH., **Goldhaar-A.***

[*Galactella l.* (L.) RCHB. f.]. Hülle breit kreiselförmig; Hüllblätter linealisch, spitz, locker; Köpfe in Schirmrispen; Blätter linealisch, sitzend, meist 1-nervig, kahl, fein punktiert; Stängel einfach, kahl, dicht beblättert. 15–45 cm. 8–9. ♃. Trockenrasen, Gebüschsäume, früher s LLA: Leipzig, am Bienitz (ob je?), ELH, ESG: Elbtal bei Pirna-Pratzschwitz u. Königstein (vorübergehend herabgeschwemmt). O-submed+europ-kont. Offenlandrelikt.

A. tripolium L., **Strand-A.**

[*Tripolium pannonicum* (JACQ.) DOBROCZ.]. Blätter meist ganzrandig, lineal lanzettl., die grundständigen vorn breiter u. etwas gesägt. 15–80 cm. 7–9. ⊙, ⊙. Müllplätze, um Leipzig s eingeschleppt. NU.

Bellis L., **Gänseblümchen**

Blätter spatelig, stumpf, gekerbt; Hüllblätter lanzettl., vorn gewimpert, stumpf, meist gekerbt. 2–15 cm. 1–12. ♃. Feuchtwiesen u. -weiden, Parkrasen, h. O Arrh.; euras-nem. Off.

B. perennis L., **Ausdauerndes G., Maßliebchen***

In Gärten werden als „Tausendschön(chen)" Sorten, auch mit gefüllten od. roten Blüten, kultiviert.

Bidens L., **Zweizahn**

1 Blätter ungeteilt, lanzettl. (Achtung: bei Zwergformen von *B. radiatus* u. *B. tripartitus* kommen ungeteilte Blätter vor); Früchte im Querschnitt rhombisch

2 Köpfe aufrecht, ohne Zungenblüten; Blätter in einen geflügelten Stiel verschmälert ***B. connatus***

2* Köpfe nickend, meist mit Zungenblüten; Blätter sitzend, am Grund verwachsen ***B. cernuus***

1* Blätter fiederschnittig, gefiedert od. 3-zählig; Früchte flach

696/1

696/2

696/3

3 Blätter 3–5-zählig gefiedert; Früchte 2-grannig, dicht borstig höckerig *(Abb. 690/3)* ***B. frondosus***

3* Blätter 3–7-teilig; Früchte 2–4-grannig, glatt *(Abb. 696/1)*

4 Köpfe 2–3-mal so breit wie hoch, gelb, mit 9–12 laubblattähnl. Hüllblättern; Spreublättchen linealisch, so lang wie die Früchte mit den Grannen; Blätter hellgrün, 5–7-teilig, Blattzipfel mit scharfen, gekrümmten Sägezähnen *(Abb. 696/2)*; Stängel bleichgrün od. schwach rötl.; Äste aufrecht ***B. radiatus***

4* Köpfe so hoch wie od. höher als breit, braungelb, mit 5–8 laubblattähnl. Hüllblättern; Spreublättchen längl., so lang wie die Früchte ohne die Grannen; Blätter dunkelgrün, meist 3-teilig, Blattzipfel mit groben, meist geraden Sägezähnen *(Abb. 696/3)*; Stängel braunrot; Äste weit ausladend ***B. tripartitus***

B. cernuus L., **Nickender Z.***

Köpfe mit (fo. *radiatus* DC.) od. ohne (fo. *discoideus* DC.) großen, gelben Zungenblüten; äußere Hüllblätter 5–8, am Grund etwas verbunden, lanzettl., entfernt gesägt, hellgrün; Stängel einfach od. aufrecht ästig, oft dunkelrot. 5–90 cm. 8–10. ⊙. Nährstoffreiche Ufer, Röhrichte, meist mäßig h bis ins untere Bergland, doch s ELH, ESG, LLA u. in Teilen MLH. V Bid., subatl.

B. connatus WILLD., **Verwachsenblättriger Z.**

Blätter in einen geflügelten Stiel verschmälert, lanzettl., beiderseits mit 1–5 Zähnen u. verhältnismäßig langer, ungezähnter Spitze, oberseits dunkelgrün, unterseits schwach bläul., selten die untersten 3-teilig; Röhrenblüten hell braungelb, oft scharlachrot überlaufen; äußere Hüllblätter 4–6, laubblattähnl.; Frucht 3–4-kantig, nach unten deutl. verschmälert. 10–90 cm. 8–10. ⊙. Flussufer, Gräben, s bis ins untere Bergland, fehlt OL. NE (erstmals 1835). V Bid. Heimat: N-Amerika.

B. frondosus L., **Schwarzfrüchtiger Z.***

[*B. melanocarpus* WIEGAND]. Blättchen lanzettl., gestielt; Hüllblätter meist 6–8; Frucht schwärzl.; Pflanze oft purpurn überlaufen. 10–120 cm. 8–9. ⊙. Ufer, feuchte Ruderalfluren, h bis ins mittlere Bergland, im oberen s. NE (erstmals 1903). ↗ O Bid. Heimat: N-Amerika.

B. radiatus THUILL., **Strahlender Z.**

10–100 cm. 8–10. ⊙. Nährstoffreiche Ufer, abgelassene Teiche, z EET, ERO: um Freiberg, VGT; sonst s. NE ? (erstmals 1923). O Bid., V Elat.-El.; euras-kont.

B. tripartitus L., **Dreiteiliger Z.***

10–100 cm. 7–10. ⊙. Nährstoffreiche Ufer, nasse Ruderalfluren, Nassstellen in Äckern, h bis mäßig h bis ins mittlere Bergland. O Bid.; euras.

Mehrfach, meist mit Wolle, eingeschleppt wurde ***B. pilosus*** L., **Behaarter Z.:** Formenreiche Art, ähnl. *B. frondosus*, aber Blättchen breiter u. weniger tief gesägt, Früchte ± parallelrandig, nur leicht am Ende verschmälert (bei *B. frondosus* ± von der Spitze zur Basis verschmälert). 15–80 cm. 8–11. ⊙. Müll- u. Umschlagplätze, s ERO: Coßmannsdorf; LLA: Leipzig; OLH: Kirschau, Zittau. NU. O Sis. Heimat: S-Amerika.

Bastard:

B. × ***polakii*** VELEN. [*B. radiatus* × *B. tripartitus*]: s

Calendula L., **Ringelblume**

1 Alle Blätter längl. lanzettl.; Köpfe 1–2 cm Ø, zur Fruchtzeit nickend; äußere Frucht linealisch, gerade, geschnäbelt, mittlere kahnförmig, innere kreisförmig eingerollt; Krone hellgelb ***C. arvensis***

1* Unterste Blätter stielartig verschmälert, fast spatelig, obere längl. bis lanzettl.; Köpfe (2–)3–6 cm Ø, zur Fruchtzeit aufrecht; Früchte fast sämtl. kahnförmig, nur einige der innersten linealisch; Krone meist orange, auch hell- od. goldgelb ***C. officinalis***

C. arvensis L., **Acker-R.***

Geruch unangenehm. 10–20 cm. 6–10. ⊙. Früher s auf Äckern (Leipzig, Dresden), auch s eingeschleppt (Müll- u. Umschlagplätze), z. B. Leipzig, Freiberg. Als A †, jetzt NU. med-orient.

C. officinalis L., **Garten-R.***

30–50 cm. 6–11. ⊙. Zierpflanze, verwildert, Ruderalfluren, h. NU. Off. Heimat: S-Europa.

In vielen Sorten kultiviert.

Callistephus CASS., **Gartenaster**

Untere Blätter gestielt, spatelförmig, grob gezähnt od. gesägt, mittlere sitzend, längl. rhombisch, etwas gezähnt, obere ganzrandig; Köpfe einzeln, groß; Zungenblüten blau, violett, rosa, weiß. 20–50 cm. 7–10. ⊙. Zierpflanze, verwildert, Ruderalfluren (Müllplätze, Kompost), z. NU. V Sis. Heimat: O-Asien. ***C. chinensis*** (L.) NEES, **Gartenaster**, **Sommeraster***

Carduus L., **Distel**

1 Hüllblätter über dem breiten Grund etwas eingeschnürt u. dort zurückgebogen, in einem starken Dorn endend; Köpfe 3–8 cm Ø ***C. nutans***

1* Hüllblätter nicht eingeschnürt, aufrecht od. bogig abstehend; Köpfe 1,5–3,5 cm Ø

2 Köpfe einzeln; Blätter unterseits (fast) kahl, derb dornig, Dornen 5–7 mm lang ***C. acanthoides***

2* Köpfe (meist) gehäuft; Blätter unterseits dicht spinnwebig filzig, ± weichdornig, Dornen bis 3 mm lang

3 Stängel u. Blätter breit (bis 6 mm) kraus geflügelt, alle Blätter fiederlappig bis -spaltig; Köpfe ± gehäuft, die seitl. (bei voller Entwicklung) gestielt; äußere u. mittlere Hüllblätter kürzer als die inneren, anliegend, die Spitze meist zurückgebogen ***C. crispus***

3* Stängel u. Blätter schmal (bis 3 mm) u. kaum kraus geflügelt; obere Blätter ungeteilt, eiförmig lanzettl., die unteren fiederlappig bis -teilig; Köpfe deutl. knäuelig gehäuft, auch die seitl. ungestielt; äußere u. mittlere Hüllblätter fast so lang wie die inneren, locker abstehend ***C. personata***

C. acanthoides L., **Wege-D.***

Krone hellpurpurn. 30–120 cm. 6–9. ⊙, ⊚. Wegränder, Bahnanlagen, Müllplätze, ruderal beeinflusste Halbtrockenrasen, h EET, LLA; mäßig h DDH, ELH, z MLH, OLT; sonst s od. nur verschleppt. O Onop., V Sis., O Fest., V Conv.-Agrop.; submed+europ-kont.

C. crispus L., **Krause D.***

Krone purpurn, selten weiß. 60–180 cm. 7–10. ⊙, ⊚. Ufer, Säume von Feuchtgebüschen u. Auenwäldern, feuchte Ruderalfluren, h LLA, ELH; sonst meist mäßig h bis z bis ins mittlere Bergland. K Gal.-Urt., V Arct.; euras-kont, fluv.

C. nutans L., **Nickende D.***

Köpfe nickend, niedergedrückt kugelig, auf zieml. langen, ungeflügelten, filzigen Stielen; Blätter fiederteilig, herablaufend, mit fast handförmig 3–5-spaltigen Zipfeln, beiderseits grün, lang u. derb dornig. 60–120 cm. 7–9. ⊙, ⊚. Wegränder, gestörte Halbtrockenrasen u. Weiden, mäßig h ERB, VGT; sonst meist z im Tief- u. Hügelland. O Onop., K Fest., V Conv.-Agrop., V Cynos.; med-submed.

Im Gebiet wahrscheinl. nur **subsp. *nutans*.**

C. personata (L.) Jacq., **Kletten-D.**

60–120 cm. 7–8. ♃. Ufer, Gebüschsäume, Auenwälder, s MLH: Mittweida; ERB: Glauchau, Zwickau: Wulm; ERO: Schellerhau; z ERM: Flöhatal; OLT u. OLH: entlang der Neiße. V Filip., V Salic. alb., V Aln.-Ulm.; pralp-subalp-demont.

Besonders im Neiße- u. Zschopautal sind Übergangsformen zu *C. crispus* oft schwer von dieser Art zu trennen (siehe *C.* × *subinteger*).

Bastarde:
C. acanthoides × ***C. nutans***: s
C. × ***leptocephalus*** PETERM. [*C. acanthoides* × *C. crispus*]: z
C. × ***polyacanthus*** SCHLEICH. [*C. crispus* × *C. nutans*]: s
C. × ***subinteger*** J. MURR [*C. crispus* × *C. personata*]: z

Carlina L., Eberwurz

Unterscheidung von *C. vulgaris* u. *C. biebersteinii* in Anlehnung an JÄGER (2011)

1 Stängel sehr kurz, meist mit einem einzigen dicht am Boden sitzenden 4–7 cm breiten Kopf, seltener bis 30 cm hoch; die ausgebreiteten inneren Hüllblätter oberseits silberweiß **C. acaulis**

1* Stängel verlängert, meist 2- bis mehrköpfig; Köpfe 1,5–2,5(–4) cm Ø; die ausgebreiteten inneren Hüllblätter stroh- bis goldgelb

2 Stängelblätter oberhalb der Rosette plötzl. verkürzt u. dann bis zur Spitze etwa gleich lang, bis 7 cm lang, deutl. gelappt bis geteilt mit derbdornigen Lappen, meist sparrig kraus, selten fast flach, obere *(Abb. 700/1)* beiderseits unterhalb der Spitze mit je einem Dornzipfel; äußere Hüllblätter kraus dornig; Pflanze meist mit mehreren Köpfen **C. vulgaris**

2* Stängelblätter von der Rosette bis zur Spitze allmähl. kürzer werdend, mittlere 6–10(–15) cm lang, regelmäßig unterbrochen feindornig gezähnt od. selten kurz gelappt, stets flach, obere *(Abb. 700/2)* am Grunde dornzipflig; äußere Hüllblätter kammförmig feindornig; Pflanze meist nur mit 1 Kopf **C. biebersteinii**

C. acaulis L., **Große E.**, **Silberdistel**, **Golddistel**, **Wetterdistel***

Blätter fiederschnittig. 7–8. ♃. ∇. Weitere Angaben siehe bei den Subspezies.

1 Stängel gestaucht; Blätter meist flach bis mäßig kraus, Endzipfel der Fiedern 1. Ordnung in der Blattmitte eiförmig bis lanzettl., Zipfel an der Basis meist > 6 mm breit, durch gezähnte Rachisflügel miteinander verbunden. 3–5(–20) cm. Silikatmagerrasen, Halbtrockenrasen, s ERM: Annaberg: Pöhlberg (ob indigen?), ERO: Kalkbruch Hermsdorf, südöstl. OL; früher auch ELH, VGT. V Nard., V Cirs.-Brach.; opralp-sudeto-karpat. **subsp. *acaulis***

1* Stängel bis 30 cm hoch, selten gestaucht; Blätter meist kraus, Endzipfel der Fiedern 1. Ordnung in der Blattmitte lanzettl. bis pfrieml., Zipfel an seiner Basis < 6 mm breit, Rachis nicht od. nur schwach geflügelt. 20–30 cm. Halbtrockenrasen, lichte Eichenmischwälder, früher s VGT; jetzt ERM: Annaberg: Pöhlberg (angesalbt). V Brom., V Querc. rob. [*C. a.* subsp. *simplex* (WALDST. et KIT.) NYMAN]. **subsp. *caulescens*** (LAM.) SCHÜBL et G. MARTENS

700/1

700/2

C. biebersteinii HORNEM., **Langblättrige E., Steife G.**

[*C. vulgaris* subsp. *longifolia* (GRABOWSKI) NYMAN]. Stängel u. Blattunterseite zunächst spinnwebig-wollig, später verkahlend. 20–70 cm. 6–9. ⊙. Gebüsche, †, s OLH: früher Zittau: Mittelherwigsdorf.

Im Gebiet nur **subsp. *biebersteinii*.**

C. vulgaris L., **Kleine E., Gewöhnliche G.***

Köpfe 15–25 mm Ø, nicht von Hochblättern überragt. 10–60 cm. 7–9. ⊙. Halbtrockenrasen, Bergbaufolgeflächen, Kiesgruben, Bahngelände, lichte Wälder, mäßig h bis z im Tief- u. Hügelland, s im Bergland. ↘ V Brom., V Cirs.-Brach., V Dauco-Mel., V Querc. rob.; submed+europ-nem.

Carthamus L., **Saflor**

1 Blätter fiederspaltig, stark dornig gezähnt; Krone hellgelb; Stängel zunächst spinnwebig wollig, später verkahlend; Pappus vorhanden ***C. lanatus***

1* Blätter ungeteilt, schwach dornig gezähnt od. ganzrandig; Krone orangegelb, später orange- bis feuerrot; Stängel kahl; Pappus meist fehlend ***C. tinctorius***

C. lanatus L., **Wolliger S.**

Äußere Hüllblätter mit stechenden Dornen. 20–50 cm. 6–8. ⊙. Müll- u. Umschlagplätze, s, z. B. Leipzig. NU. V Sis. Heimat: S-Europa, Asien, N-Afrika.

C. tinctorius L., **Färber-S.**

Blätter halb-stängelumfassend; Köpfe schirmtraubig angeordnet; äußere u. mittlere Hüllblätter wie die mittleren mit einem grünen krautigen, dornig gesägten bis ganzrandigen Anhängsel. 50–80 cm. 7–8. ⊙. Zierpflanze, verwildert, Müll- u. Umschlagplätze, Wegränder, s, z. B. ELH, LLA, OL, VGT. NU. V. Sis. Heimat: W-Asien. Alte Färbe- u. Ölpflanze.

Centaurea L., **Flockenblume, Kornblume**

1 Blätter dornig gezähnt; Köpfe von den oberen Laubblättern umhüllt; Krone gelb ***C. benedicta***

1* Blätter nicht dornig gezähnt; Köpfe nicht von oberen Laubblättern umhüllt; Krone purpurn, blau od. (seltener) gelb

2 Blätter fiederschnittig, oberseits grün, unterseits weißl. filzig ***C. dealbata***

2* Blätter fiederteilig od. -spaltig od. ungeteilt, beiderseits grün, behaart od. nicht behaart

3 Krone der Randblüten leuchtend blau

4 Blätter nicht herablaufend; Hülle eiförmig; Kelchsaum etwa so lang wie die Frucht; Pflanze 1-jährig ***C. cyanus***

4* Blätter herablaufend; Hülle kugelig; Kelchsaum etwa 1/3 so lang wie die Frucht; Pflanze ausdauernd **_C. montana_**

3* Krone der Randblüten nicht blau

5 Krone gelb — Stängel durch herablaufende Blätter geflügelt

6 Hüllblattanhängsel in einen 5–8 mm langen Dorn auslaufend, dieser mit 1–3 Paaren von seitl. Stacheldörnchen besetzt *(Abb. 702/3);* Krone drüsig **_C. melitensis_**

6* Hüllblattanhängsel in einen 10–15 mm langen Dorn auslaufend, dieser am Grunde mit 2–4 kleinen Seitendörnchen besetzt; Krone drüsenlos **_C. solstitialis_**

5* Krone purpurn od. weiß

7 Hüllblätter in einen Dorn auslaufend

8 Krone weiß, selten hellpurpurn; Enddorn der mittleren Hüllblätter 2–4 mm lang, jederseits mit 5–7 kleinen Dörnchen *(Abb. 702/1),* dünn filzig; untere Blätter 3-fach fiederteilig, obere ungeteilt — Pflanze grünl.-grau **_C. diffusa_**

8* Krone purpurn; Enddorn der mittleren Hüllblätter 1–3 cm lang, nur an seiner Basis 2–3 Dörnchen *(Abb. 702/2);* untere Blätter unterbrochen fiederteilig mit stachelspitzig gezähnten Zipfeln, gestielt, obere linealisch, stachelspitzig, sitzend

9 Köpfe 6–8 mm Ø; Blätter jung wollig **_C. calcitrapa_**

9* Köpfe 8–15 mm Ø; Blätter jung kurz steifhaarig **_C. iberica_**

7* Hüllblätter nicht in einen Dorn auslaufend

10 Hüllblattanhängsel stark verlängert u. lang gefranst, daher federartig

11 Anhängsel der innersten Hüllblattreihe in eine fädl. Spitze ausgezogen, die übrigen in eine bis 6 mm lange, leicht zurückgekrümmte, federartig gefranste Spitze ausgezogen *(Abb. 702/4),* die innersten Hüllblätter nicht verdeckend, dunkelbraun bis schwarz; obere Blätter nicht stängelumfassend; Köpfe bis 16 mm lang u. 14 mm breit **_C. phrygia_**

11* Anhängsel der innersten Hüllblattreihe ungeteilt, die übrigen in eine bis 10 mm lange, stark zurückgekrümmte, federartig gefranste Spitze ausgezogen, die innersten Hüllblätter völlig bedeckend, braun; obere Blätter meist mit herzförmigem Grund stängelumfassend; Köpfe bis 20 mm lang u. breit **_C. pseudophrygia_**

702/1

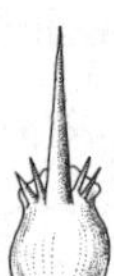
702/2

702/3

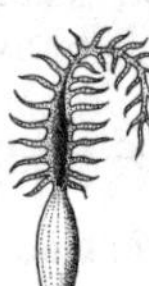
702/4

702/5

702/6

702/7

10* Hüllblattanhängsel nicht stark verlängert u. nicht lang gefranst
12 Blätter alle fiederteilig od. fiederspaltig; trockenhäutiges Anhängsel der äußeren Hüllblätter an deren Rand ± herablaufend
13 Köpfe einzeln am Ende des Stängels u. der Äste; Hülle kugelig, mindestens 2 cm lang; Hüllblätter *(Abb. 702/5)* fast nervenlos; Pappus fast so lang wie die Frucht; Krone trübpurpurn **C. *scabiosa***
13* Köpfe zahlreich in einer Rispe od. Schirmrispe, Hülle rundl. eiförmig, etwa 1 cm lang; Hüllblätter mit 5 hervortretenden Nerven *(Abb. 702/6)*; Pappus deutl. kürzer als die Frucht; Krone blasspurpurn **C. *stoebe***
12* Blätter ungeteilt od. nur die untersten fiederspaltig; trockenhäutiges Anhängsel der äußeren Hüllblätter an deren Rand nicht herablaufend, sondern scharf von der Basis abgetrennt
14 Anhängsel der mittleren Hüllblätter ohne regelmäßige Wimpern od. Fransen am Rand, ungeteilt od. mit dicht stehenden, unregelmäßigen Fransen **C. *jacea***
14* Anhängsel der mittleren Hüllblätter regelmäßig gefranst *(Abb. 702/7)*
15 Frucht mit gut entwickeltem Pappus; strahlende Randblüten fehlend; Hülle einheitl. braunschwarz **C. *nigra***
15* Frucht ohne od. mit verkümmertem Pappus; strahlende Randblüten vorhanden; Hülle meist schwarz-grün gescheckt (weil die äußeren, schwarzen, 3-eckigen Hüllblattanhängsel die darüber stehenden Hüllblätter nur teilweise verdecken) **C. *nigrescens***

C. benedicta (L.) L., **Benediktenkraut**
[*Cnicus benedictus* L.]. Pflanze dünn wollig behaart; Blätter längl., buchtig bis fiederspaltig, die untersten in einen Stiel verschmälert, die oberen mit schwach herzförmigem Grund sitzend, etwas herablaufend; innere Hüllblätter mit fiederteiligem, äußere mit einfachem Dorn. 20–50 cm. 6–8. ⊙, ①. früher Kulturpflanze, verwildert, Müllplätze, Wegränder, s, z. B. VGT: Bad Elster. NU. V Sis. Heimat: W-Asien, N-Afrika.

C. calcitrapa L., **Stern-F.**
Untere Blätter unterbrochen fiederteilig, mit stachelspitzig gezähnten Zipfeln, gestielt, oberste linealisch, stachelspitzig, sitzend; Hülle kahl; Kelchsaum fehlend. 15–60 cm. 7–8. ⚇. Müll- u. Umschlagplätze, Wegränder, s, z. B. Leipzig, Bad Lausick, Dresden. NU. V Sis. Heimat: S-Europa, NW-Afrika.

C. cyanus L., **Korn-F., Kornblume***
[*Cyanus segetum* HILL]. 30–60 cm. 6–8. ⊙, ①. Äcker, meist im Wintergetreide, seltener Ruderalfluren, meist h bis ins mittlere Bergland, im oberen s. A. O Aper., V Sis.; med-submed, heute euraskont.

C. dealbata WILLD., **Zweifarbige F.**
[*Psephellus dealbatus* (WILLD.) BOISS.]. Grundblätter gleichmäßig 2-fach fiederschnittig, Stängelblätter 1-fach fiederschnittig; Köpfe einzeln auf meist locker verzweigten Stängel, mit den rosa Strahlblüten 6–8 cm breit; Hüllblattanhängsel tief gefranst; Scheibenblüten heller. 30–80 cm. 6–9. ♃.

Zierpflanze, verwildert, Wegränder, Bahnanlagen, Müllplätze, z. NE (lokal). ↗ V Arct. Heimat: Kaukasus.

C. *diffusa* Lam., **Sparrige F.**

Stängel im oberen Drittel meist stark sparrig verzweigt; Hüllblattanhängsel deutl. abgesetzt; Kelchsaum fast fehlend. 20–60 cm. 7–9. ⊙. Bahnanlagen, Aschehalden, Bergbaufolgeflächen, s vom Tief- bis ins untere Bergland. NE (erstmals 1893). O Sis., V Dauco-Mel. Heimat: SO-Europa.

C. *iberica* Sprengel, **Iberische F.**

Stängel in der oberen Hälfte sparrig verzweigt; Köpfchen fast sitzend od. kurz gestielt; Dornen der Hüllblätter 15–20 mm lang; Pappus 2–2,5 mm lang. 20–80 cm. 7–9. ⊙. Müll- u. Umschlagplätze, s, z. B. mehrfach Leipzig. NU. V Sis. Heimat: SO-Europa.

Im Gebiet bisher nur **subsp. *iberica*.**

C. *jacea* L., **Wiesen-F.***

Eurosib. Extensivweisepflanze. Merkmale, Verbreitung usw. siehe bei den Subspezies.

1 Blätter elliptisch lanzettl. bis lanzettl.; Pflanze grün, kurzhaarig; Stängel wenig u. meist oberhalb der Mitte verzweigt; Blüten purpurn. 15–60 cm. 6–9. ♃. Wiesen, Weiden, Wegränder, Ruderalfluren, meist überall h. K Mol.-Arrh., V Dauco-Mel. **subsp. *jacea***

1* Blätter linealisch bis lineal lanzettl.; Pflanze flockig filzig behaart; Stängel bereits unter der Mitte reichl. verzweigt; Blüten rosa. 20–80 cm. 7–10. ♃. Halbtrockenrasen, Säume, Wegränder, Ruderalfluren, mäßig h DDH, EEH, ELH, LLA; sonst z, ERZ u. OLT weitgehend fehlend. O Brom., V Cirs.-Brach., O Orig., V Dauco-Mel. [*C. pannonica* (Heuff.) Simonk., *C. angustifolia* Schrank] **subsp. *angustifolia*** (DC.) Gremli

Unklar sind der Status u. das Vorkommen von **subsp. *subjacea*** (Beck.) Hyl. mit gleichmäßig kammartig gefransten Hüllblattanhängseln.

C. *melitensis* L., **Malteser F.**

Blätter grün, kurz kraus behaart, am Rand rau, die unteren lanzettl., leierförmig fiederteilig bis eingeschnitten gelappt, die oberen lanzettförmig. 15-40 cm. 8-10. ⊙. Müll- u. Umschlagplätze, s, z. B. Leipzig, Zittau. NU. Heimat: SO-Europa.

C. *montana* L., **Berg-F.***

[*Cyanus m.* (L.) Hill]. Blätter lanzettl. bis elliptisch, unterseits spinnwebig flockig, ganzrandig od. entfernt gezähnelt, seltener die unteren buchtig. 40–80 cm. 5–9. ♃. Zierpflanze, verwildert, Parks, Gebüschränder, Wiesen, Ruderalfluren, meist z; doch s EET, GHP, OL. NE. ↗ O Arrh., V Arct., O Glech. Heimat: südwest- u. mitteleuropäische Gebirge.

C. *nigra* L., **Schwarze F.**

Hülle eiförmig, 10–15 mm Ø; Blätter breit lanzettl., ± gelappt, obere lanzettl. bis lineal lanzettl.; Stängel kahl bis flockig filzig. 30–60 cm. 6–9. ♃. Wiesen, Ruderalfluren, Bahnanlangen, s, z. B. Leipzig, Chemnitz, Zwickau, Meißen, Dresden, mehrfach OL. NU (erstmals 1918). O Arrh., V Arct.; subatl.

Im Gebiet nur **subsp. *nemoralis*** (Jord.) Gremli. [*C. nemoralis* Jord.].

C. nigrescens WILLD., **Schwärzliche F.**

Hülle < 12 mm Ø; Blätter längl. eiförmig, ganzrandig od. gezähnt, die oberen oft stängelumfassend, die unteren oft ± gelappt. 20–80 cm. 7–9. ♃. Wiesen, Wegränder, Umschlagplätze, s, z. B. Leipzig, Dresden, ERO. O Arrh., V Arct.; pralp+europ-kont. NU.

C. phrygia L., **Phrygische F., Österreichische F.**

[*C. austriaca* WILLD., *C. phrygia* subsp. *austriaca* (WILLD.) GUGLER]. 20–80 cm. 8–9. ♃. Wiesen, Säume, Waldwege, s OLH (früher z), OLT: um Weißwasser. ↘ V Arrh., V Mol., V Mel.; sarmat.

C. pseudophrygia C. A. MEY., **Perücken-F.**

[*C. phrygia* subsp. *p.* (C. A. MEY.) GUGLER]. 20–100 cm. 8–9. ♃. Bergwiesen, Frischwiesen, Säume, im Bergland mäßig h (besonders ERW, ERB, ERO), im Hügelland s, im Tiefland nur verschleppt. V Pol.-Tris., O Nard., V Arrh., O Mel.-Hol.; pralp-sudeto-karpat.

C. scabiosa L., **Skabiosen-F.***

Schreckkraut, Schreckbirn

50–120 cm. 7–10. ♃. Halbtrockenrasen, trockene Frischwiesen, Säume, Rasenansaaten, Ruderalfluren, meist z bis mäßig h vom Tiefland bis ins untere Bergland. ↘ O Brom., V Arrh., O Orig., V Dauco-Mel.; euras. Extensivweiderelikt.

Im Gebiet **subsp. *scabiosa,*** doch finden sich in Rasenansaaten, besonders an Autobahnen, schwer bestimmbare Sippen, die von der einheimischen durch Blattform u. Kopfmerkmale abweichen.

C. solstitialis L., **Sommer-F., Sonnwend-F.**

Stängel von der Mitte ab aufrecht verästelt; Blätter graufilzig, untere leierförmig fiederteilig. gestielt, die übrigen linealisch, ganzrandig, stachelspitzig, sitzend; Hülle wollig. 30–80 cm. 7–9. ⊙, ①. Müll- u. Umschlagplätze, Wegränder, Äcker, s im Tief- u. Hügelland. NU. V Sis., O Onop., K Stell. med.

C. stoebe L., **Gefleckte F., Rispige F.***

[*C. rhenana* BOREAU, *C. maculosa* LAM.]. 30–120 cm. 7–9. Halbtrockenrasen, Sandmagerrasen, Felsfluren, lichte Gebüsche, Wegränder, wärmebegünstigte Ruderalfluren. O Coryn., O Sedo-Scler., K Fest.-Brom., V Conv.-Agrop., V Dauco-Mel.; submed+europ-kont. (In Sachsen) Offenlandrelikt.

1 Pflanze 1-stängelig, ① od. ⊙ (deshalb leicht aus der Erde zu ziehen); Hülle ± 6,5–11 mm Ø; Hüllblattanhängsel beiderseits mit 6–10 meist weißl. Fransen; mäßig h Elbtal u. OLT, sonst z im Tief- u. Hügelland, s im Bergland. **subsp. *stoebe***

1* Pflanze mehrstängelig, ♃ (deshalb meist schwer aus dem Boden zu ziehen); Hülle ± 5–8 mm Ø; Hüllblattanhängsel beiderseits mit 4–7 dunklen Fransen [subsp. *micranthos* (GRISEB.) HAYEK]. Verbreitung ungenau bekannt, z. B. mehrfach um Leipzig. **subsp. *australis*** (A. KERN.) GREUTER

Mehrere Arten wurden vorübergehend in Ruderalfluren eingeschleppt, z. B.:

C. aspera L., **Raue F.:** Köpfe bis 25 mm Ø, Hüllblätter bedornt; Blüten purpurn; OL: Torno, Lauta, Demitz-Thumitz. Heimat: SW-Europa.

C. diluta AITON, **Kleine Stern-F.:** Pflanze ausdauernd; Köpfe eiförmig, bis 12 mm Ø; Hüllblätter mit zahlreichen dünnen Dornen; Krone purpurn; mehrfach in Leipzig.

Bastarde:

C. × ***extranea*** BECK [*C. jacea* × *C. nigrescens*]: s?
C. × ***gerstlaueri*** ERDNER [*C. jacea* × *C. nigra*]: s?
C. × ***juvenalis*** GODR. [*C. diffusa* × *C. jacea*]: s
C. × ***psammogena*** GÁYER [*C. diffusa* × *C. stoebe*]: s

Weitere Bastarde sind zu erwarten.

Amberboa moschata (L.) DC., **Moschusflockenblume:** Sehr ähnl. *Centaurea:* Pflanze verzweigt, kahl, Blätter fiederschnittig, gezähnt, gelappt od. ganzrandig; Krone blau, gelb od. weiß; Köpfe oval; Hüllblätter dornlos, dicht dachziegelförmig; Früchte behaart; Pappus krönchenartig. 20–50 cm. 6–9. ⊙, ⊙. Zierpflanze, verwildert, Müllplätze, Kompost, s. Heimat: Südkaukasus, N-Türkei. [*Centaurea m.* L.]

Chamaemelum MILL., Römische Kamille

Blätter doppelt fiederteilig mit linealischen, ungeteilten od. 2– 3-spaltigen Zipfeln, Pflanze aromatisch. 15–30 cm. 7–10. ♃. Alte Heilpflanze, heute wohl nur noch Zierpflanze (auch mit „gefüllten" Köpfen). Heimat: Europa, N-Afrika. [*Anthemis nobilis* L.]. ***Ch. nobile*** (L.) ALL., **Römische Kamille***

Chondrilla L., Knorpellattich

Pflanze reich verzweigt, schwach blaugrün; Grundblätter buchtig fiederteilig, zur Blütezeit meist vertrocknet; Stängelblätter lineal lanzettl., meist ganzrandig; Köpfe schmal, zu 1–3 an den Ästen sitzend. 30–100 cm. 7–9. ♃. (Ruderale) Sandmagerrasen, Brachen, sandige Ruderalfluren, mäßig h EET, DDH, OLT; z LLA, ELH, OLH. ↘ K Koel.-Coryn.; euras-kont., fluv.
C. juncea L., **Großer K., Binsen-K.***

Cicerbita WALLR., Milchlattich

1 Untere Stängelblätter fiederschnittig, mit 2–3 Paar Seitenzipfeln u. großem 3-eckig spießförmigem Endabschnitt; Köpfe in verlängerten Rispen ***C. alpina***

1* Untere Stängelblätter ungeteilt od. fiederschnittig mit nur 1 Paar Seitenzipfeln u. großem 3-eckig herzförmigem Endabschnitt; Köpfe in lockeren Schirmrispen ***C. macrophylla***

C. alpina (L.) WALLR., **Alpen-M.***

[*Lactuca alpina* (L.) A GRAY]. Krone blauviolett. 60–140 cm. 6–7. ♃. Montane feuchte bis nasse Hochstaudenfluren, Waldsäume, Schluchtwälder, mäßig h im oberen, s im mitteren u. unteren ERZ. V Aden., V Til.-Acer.; arct-bor+alp, subalp; Kühlzeitrelikt.

C. macrophylla (WILLD.) WALLR., **Großblättriger M.**

[*Lactuca macrophylla* (WILLD.) A GRAY]. Pflanze mit unterirdischen Ausläufern; Krone hell blauviolett. 60–80 cm. 7–8. ♃. Parks, Friedhöfe, Zierpflanze, s verwildert, z. B. ERZ, ESG, LLA, OLT, VGT. NE. Heimat: östl. europäisches Russland, Kaukasus.

Cichorium L., **Wegwarte**

1 Blätter unterseits rauhaarig, die unteren schrotsägeförmig fiederspaltig bis fiederteilig; Köpfe 3–5 cm im Ø; Pflanze ausdauernd ***C. intybus***

1* Blätter kahl, die unteren ungeteilt bis fiederteilig; Köpfe ca. 2 cm im Ø; Pflanze 1- od. 2-jährig ***C. endivia***

C. endivia L., **Endivie***

10–100 cm. 7–10. ☉, ⊙. Ruderalfluren, Salatpflanze, in sehr unterschiedl. Sorten kultiviert, s verwildert. NU. Heimat der Wildform: Mittelmeergebiet bis Iran.

C. intybus L., **Gewöhnliche W., Zichorie***

Pflanze reich u. sparrig verzweigt, mit rutenförmigen Ästen. 30–120 cm. 7–10. ♃. Ruderalfluren (Wegränder, Raine, Bahnanlagen, Schuttplätze), auch Kulturpflanze: Chicorée (var. *foliosum* Hegi), früher Kaffee-Ersatz (var. *sativum* Lam. et DC.), mäßig h bis h im Tief- u. Hügelland, z im Bergland. A. V Dauco-Mel., V Conv.-Agrop., V Polyg. med+euras-kont.

Cirsium MILL., **Kratzdistel**

1 Krone blassgelb (sehr selten purpurn – fo. *amarantinum* LANG); Köpfe zu mehreren gehäuft, von großen, eiförmigen blassgrünen Hochblättern umhüllt — Blätter weich, hellgrün ***C. oleraceum***

1* Krone purpurn od. rosalila, selten weiß; Köpfe nicht von Hochblättern umhüllt

2 Stängel sehr kurz, selten bis 25 cm hoch, meist 1-köpfig, selten 2–4-köpfig — Blätter in Rosetten, fiederspaltig; Köpfe groß ***C. acaule***

2* Stängel 20–200 cm hoch

3 Blätter oberseits von kleinen Stacheln rau, fiederspaltig bis fiederteilig — Köpfe groß; Hüllen mindestens 2 cm Ø

4 Stängel durch herablaufende Blätter dornig geflügelt; Blätter dornig geflügelt, unterseits dünn graufilzig, selten weißfilzig; Hüllen 2–4 cm Ø **_C. vulgare_**
4* Stängel ungeflügelt, nicht dornig; Blätter nicht herablaufend, unterseits dicht weißfilzig; Hüllen 4–7 cm Ø **_C. eriophorum_**
3* Blätter oberseits nicht stachelig
5 Hüllen < 14 mm Ø; Köpfe zahlreich; Stängel bis oben beblättert
6 Blätter nicht od. nur kurz herablaufend, Stängel daher nicht geflügelt; Krone rosalila, fast bis zum Grunde 5-teilig; Pflanze mit Ausläuferwurzeln **_C. arvense_**
6* Blätter herablaufend, Stängel kraus geflügelt; Krone purpurn, etwa bis zur Hälfte 5-spaltig; Pflanze ohne Ausläuferwurzeln **_C. palustre_**
5* Hüllen mindestens 15 mm Ø; Köpfe in der Regel höchstens 6; Stängel im oberen Teil blattlos od. beblättert
7 Blätter unterseits schneeweiß filzig, ungeteilt od. fiederspaltig, mit wenigen Zipfel; Stängel bis oben reich beblättert **_C. heterophyllum_**
7* Blätter unterseits grün, flaumig od. spinnwebig behaart od. kahl; Stängel oberwärts (fast) blattlos
8 Untere Stängelblätter herablaufend; Blätter ungeteilt bis fiederlappig **_C. canum_**
8* Blätter nicht herablaufend, fiederspaltig bis fiederteilig
9 Köpfe zu 2–5(–7) gehäuft, selten einzeln; Blätter am Grund deutl. geöhrt, stängelumfassend, ihre Zipfel unzerteilt **_C. rivulare_**
9* Köpfe einzeln auf langen Stielen; Blätter schwach geöhrt, nicht od. halb-stängelumfassend, ihre Zipfel 2–3-spaltig **_C. tuberosum_**

C. acaule Scop., **Stängellose K.***

[*C. acaulon* (L.) Scop.]. 3–25 cm. 7–9. ♃. Halbtrockenrasen, Silikatmagerrasen, mäßig h VGT: in der Plauenschen Binnenzone; sonst im Tief- u. Hügellsand meist s u. oft † (früher z); ERM: Hammerunterwiesenthal, Annaberg, Wildenfels, Schönau; fehlt OLT. ↘ V Cirs.-Brach., V Brom., V Viol.; submed+europ-nem. Extensivweiderelikt.

C. arvense (L.) Scop., **Acker-K.**

60–120 cm. 7–9. ♃. Äcker, Ruderalfluren, Waldlichtungsfluren, Ufer, sehr h. K Stell. med., K Artem., V Conv.-Agrop., O Atrop.; eurosib.

Außerordentl. vielgestaltige Art mit mehreren durch Übergänge verbundenen Varietäten.

C. canum (L.) All., **Graue K.**

30–100 cm. 7–8. ♃. Feuchtwiesen, Pfeifengraswiesen, Grabenränder, s LLA (hier wahrscheinl. NE); s ELH: z. B. Niederau, Birkwitz, ESG: Cottaer Spitzberg; ERO: bei Liebstadt; MLH: Penig; OLH: s um Zittau u. Görlitz. ↘ O Mol.; europ-kont.

C. eriophorum (L.) SCOP., **Woll-K.***

80–150 cm. 7–9. ⊙. Magerweiden, s ERM: früher am Scheibenberg (ob indigen?); jetzt Ruderalfluren, s eingeschleppt. V Cynos., O Onop.; opralp-karpat.

C. heterophyllum (L.) HILL, **Verschiedenblättrige K., Alantdistel**

[*C. helenioides* (L.) HILL]. 50–120 cm. 7–8. ♃. Feucht- u. Frischwiesen, Borstgras-Magerrasen, Staudenfluren, h ERZ, VGT; z ESG, OLB, OLH; s MLH, OLT. ↘ K Mol.-Arrh. (besonders V Pol.-Tris.), O Nard., V Aden.; o-pralp-sudeto-karpat+eurosib.

C. oleraceum (L.) SCOP., **Kohl-K., Kohldistel***

Stängel beblättert; Blätter nicht herablaufend, mit geöhrtem Grunde stängelumfassend, fast kahl. 50–150 cm. 6–9. ♃. Nährstoffreiche Feuchtwiesen, Staudenfluren an Bächen, Gräben u. Quellen, Auenwälder, Waldlichtungsfluren, h, nur OLT s. O Arrh., V Filip., V Calth., V Aln.-Ulm., O Atrop.; eurosib.

C. palustre (L.) SCOP., **Sumpf-K.***

50–200 cm. 7–9. ⊙. Feuchtwiesen, Staudenfluren, Erlen-Bruchwälder, Auenwälder, Waldlichtungsfluren, meist h. O Mol., V Aln., V Aln.-Ulm., V Car.-Epil.; eurosib.

C. rivulare (JACQ.) ALL., **Bach-K.**

40–120 cm. 5–7. ♃. Nährstoffreiche Feuchtwiesen, Quellsümpfe, s OLT: Bad Muskau; früher s OLH: Bautzen: Plotzen, Hirschfelde, um Görlitz. V Calth.; o-pralp-sudeto-karpat+sarmat.

Heute fast nur noch der Bastard mit *C. palustre* vorhanden.

C. tuberosum (L.) ALL., **Knollen-K.**

Wurzelfasern in der Mitte verdickt. 30–120 cm. 7–8. ♃. Wechselfeuchte, kalkhaltige Moorwiesen, s LLA: am Bienitz, Delitzsch: Spröde; MLH: Lunzenau; früher s ELH. ↘ V Mol., V Brom.; atl-subatl.

C. vulgare (SAVI) TEN., **Lanzett-K., Speerdistel***

[*C. lanceolatum* (L.) SCOP. non HILL]. 50–200 cm. 6–10. ⊙. Ruderalfluren, Weiden, Waldlichtungsfluren, h. K Artem., V Cynos., O Atrop.; eurosib.

subsp. *hyloleucum* (DC.) BEGER mit weniger stachligen, unterseits weißwolligen Blättern, steif (nicht bogig aufsteigenden) aufrechten Ästen u. ± runden Köpfe ist wohl nur eine Standortsmodifikation schattiger Gebüsche u. Waldlichtungsfluren.

Bastarde:

C. × ***affine*** TAUSCH [*C. heterophyllum* × *C. oleraceum*]: z

C. × ***ambiguum*** ALL. [*C. heterophyllum* × *C. rivulare*]: s

C. × ***aschersonianum*** ČELAK. [*C. canum* × *C. tuberosum*]: s, nur am Bienitz bei Leipzig
C. × ***braunii*** F. W. SCHULZ [*C. oleraceum* × *C. tuberosum*]: s
C. × ***erucagineum*** DC. [*C. oleraceum* × *C. rivulare*]: s
C. × ***hybridum*** DC. [*C. oleraceum* × *C. palustre*]: z
C. × ***kirschlegeri*** SCH. BIP. [*C. acaule* × *C. palustre*]: s
C. × ***medium*** ALL.[*C. acaule* × *C. tuberosum*]: s
C. × ***reichenbachianum*** M. LOEHR [*C. arvense* × *C. oleraceum*]: s
C. × ***rigens*** (AITON) WALLR. [*C. acaule* × *C. oleraceum*]: z
C. × ***silesiacum*** SCH. BIP. [*C. canum* × *C. palustre*]: s
C. × ***subalpinum*** GAUDIN [*C. palustre* × *C. rivulare*]: s
C. × ***subspinuligerum*** PETERM. [*C. palustre* × *C. vulgare*]: s
C. × ***tataricum*** (JACQ.) ALL. [*C. canum* × *C. oleraceum*]: s
C. × ***wankelii*** REICHARD [*C. heterophyllum* × *C. palustre*]: s
C. × ***winklerianum*** ČELAK. [*C. acaule* × *C. canum*]: s

Conyza LESS., **Berufkraut**

1 Hülle (fast) kahl, 3–4 mm lang; ♀ Randblüten 20–45, mit 0,3–1 mm langer Zunge; Hauptachse des Kopfstandes nicht von Seitenästen überragt ***C. canadensis***
1* Hülle behaart, 3,5–5 mm lang; ♀ 60–150, ohne od. mit bis 0,3 mm langer Zunge; Hauptachse des Kopfstandes von Seitenästen überragt ***C. bonariensis***

C. bonariensis (L.) CRONQUIST, **Südamerikanisches B.**
[*Erigeron canadense* L.]. Pflanze graugrün, kurz anliegend behaart. 20–60 cm. 7–10. ⊙. Müll- u. Umschlagplätze, s, z. B. Leipzig, Großenhain. NU. V Sis. Heimat: S-Amerika.

C. canadensis (L.) CRONQUIST, **Kanadisches B.***
[*Erigeron bonariense* L.]. Pflanze frischgrün, spärl. lang behaart. 5–100 cm. 7–10. ⊙. Ruderalfluren (Müllplätze, Bahnanlagen, Industriebrachen, Straßenränder), Ackerbrachen, Äcker, Waldlichtungsfluren, h. O Sis. V Dauco-Mel., O Aper., V Car.-Epil. NE. Heimat: N-Amerika.

Zu achten ist auf ***C. sumatrensis*** (RETZ.) E. WALKER, **Weißliches B.:** Ähnl. *C. bonariensis*, aber Blätter mattgrün; Kopfstand pyramidenförmig; reife Köpfe 5–8 mm Ø. 40–120 cm. 7–10. ⊙. Heimat: Amerika.

Coreopsis L., **Mädchenauge, Wachsblume**

1 Pflanze 1-jährig; Röhrenblüten dunkelrot; Blätter 1-fach bis doppelt gefiedert, mit lineal lanzettl. bis fädl. Abschnitten ***C. tinctoria***
1* Pflanze ausdauernd; Röhrenblüten gelb; Blätter ei-lanzettl., ungeteilt od. beiderseits mit 1–2 Fiedern ***C. lanceolata***

C. lanceolata L., **Lanzettblättriges M.**
Zungenblüten gelb, keilförmig, oben eingeschnitten. 20–60 cm. 6–10. ♃. Zierpflanze, verwildert, Bahngelände, Industriebrachen, s Dresden, Leipzig, Görlitz. V Dauco-Mel. NU (beginnende Einbürgerung). Heimat: N-Amerika.

C. tinctoria NUTT., **Färber-M.***
Zungenblüten verkehrt eiförmig, am Grund oft mit rotbraunem Fleck. 40–120 cm. 7–9. ⊙. Zierpflanze, s verwildert. NU. Heimat: N-Amerika.

Cosmos CAV., **Kosmee, Schmuckkörbchen**

Zungenblüten weiß, rosa od. rot, 2–5 cm lang. 50–120 cm. 7–10. ⊙. Zierpflanze, verwildert, Ruderalfluren (Komposthaufen, Müllplätze, Wegränder), s. NU. Heimat: M- u. südwestl. N-Amerika. ***C. bipinnatus*** CAV., **Garten-K.***

Crepis L., **Pippau**

1 Stängel blattlos; Kopfstand eine traubige Rispe, deutl. länger als breit ***C. praemorsa***

1* Stängel beblättert; Kopfstand ± schirmrispig, nicht od. wenig länger als breit

2 Pappus schmutzig gelbl.-weiß, zerbrechl.; Hülle mit zahlreichen schwarzen Drüsenhaaren ***C. paludosa***

2* Pappus reinweiß, biegsam; Hülle drüsenlos od. drüsenhaarig

3 Früchte, wenigstens die inneren, mit deutl. Schnabel

4 Köpfe vor dem Aufblühen nickend; Griffel gelb; äußere Früchte mit langem, fast haarförmigem Schnabel, innere Früchte mit kurzem Schnabel ***C. foetida***

4* Köpfe vor dem Aufblühen aufrecht; Griffel schwärzl.-grün; alle Früchte ± gleich ***C. setosa***

3* Alle Früchte ungeschnäbelt

5 Pflanze ausdauernd, mit kurzem, ± waagerechtem Rhizom; Stängelblätter fast ganzrandig bis gezähnelt, mit schwach herzförmigem od. abgerundetem Grund; Hülle mit zahlreichen schwarzen Drüsenhaaren ***C. mollis***

5* Pflanze 1-jährig bis kurzlebig mehrjährig, mit senkrechter Pfahlwurzel; Stängelblätter oft grob gezähnt bis fiederschnittig, am Grund mit pfeilförmigen od. geschlitzten Öhrchen od. Spießecken; Hülle höchstens mit zerstreuten Drüsenhaaren

6 Köpfe 2,5–3,5 cm Ø; Hülle (8–)10–13 mm lang; Früchte 4,5–6 mm lang; Griffel gelb ***C. biennis***

6* Köpfe 1–2,5 cm Ø; Hülle 5–9 mm lang; Früchte 1,5–4 mm lang; Griffel olivgrün od. gelb

7 Mittlere u. obere Stängelblätter am Rand umgerollt, oft ganzrandig; Pflanze graugrün; innere Hüllblätter auf der Innenseite behaart; Griffel olivgrün ***C. tectorum***

7* Stängelblätter am Rand flach, grob gezähnt bis fiederschnittig; Pflanze grasgrün; innere Hüllblätter auf der Innenseite kahl

8 Griffel gelb; Köpfe 1–1,5 cm Ø; äußere Hüllblätter angedrückt od. einwärts gebogen **C. *capillaris***

8* Griffel olivgrün; Köpfe 2–2,5 cm Ø; äußere Hüllblätter ± abstehend **C. *nicaeensis***

C. biennis L., **Wiesen-P.***

Variable Art; Stängel schrotsägeförmig fiederteilig bis -schnittig, mit spießförmigem Grund; Krone goldgelb. 50–120 cm. 5–8. ⊙, ⊗. Fettwiesen, Weg- u. Straßenränder, h EET, ELH, DDH, LLA, MLH; mäßig h ERZ (s in Kammlagen), OLH, VGT; s OLB, OLT; submed-sarmat.

C. capillaris (L.) WALLR., **Kleinköpfiger P.***

Variable Art; Blattöhrchen zerschlitzt; Krone goldgelb, unterseits oft rötl. überlaufen. 15–60 cm. 6–10. ①, ⊙. Magerwiesen u. -weiden, Parkrasen, Wegränder, Schuttplätze, Brachen, h, nur im oberen VGT u. ERZ zurücktretend. O Arrh., V Dauco-Mel., V Sis.; subatl-submed.

C. foetida L., **Stink-P.**

Pflanze mit gelbl., widrig riechendem Milchsaft; Stängelblätter fiederteilig, mit geöhrtem od. spießförmigem Grund; Köpfe 3–3,5 cm Ø; Krone zitronengelb, Zungen der Randblüten unterseits rot. 15–40 cm. 6–8. ⊙, ①. Sandig-kiesige Ruderalfluren, Brachen, z LLA, s ESG, DDH, MLH, OLH; früher s ELH. A (jetzt nur NU). V Sis, V Dauco-Mel.; submed. Warmzeitrelikt.

C. mollis (JACQ.) ASCH., **Weicher P.**

Hülle schwärzl.-grün; Krone auffallend dunkelgelb. 30–60 cm. 6–8. ♃. Bergwiesen, Wegränder, mäßig h obere u. mittlere Lagen ERM, ERO; z ERW; s untere Lagen ERZ, ESG; früher s LLA. V Pol.-Tris., s V Mol.; europ-nem, mont.

Die taxonomische Einstufung der beiden Subspezies u. deren Verbreitung in Sachsen sind unzureichend geklärt.

1 Mittlere Stängelblätter dicht weichhaarig, ganzrandig od. in der unteren Hälfte schwach gezähnelt, meist 2–5-mal so lang wie breit **subsp. *mollis***

1* Mittlere Stängelblätter kahl od. schwach behaart, am gesamten Rand gezähnelt, meist 5–10-mal so lang wie breit **subsp. *succisifolia*** (ALL.) DOSTÁL

C. nicaeensis BALB., **Nizza-P.**

Ähnl. *C. biennis*, aber in allen Teilen kleiner; Stängelblätter mit pfeilförmigem Grund; Griffel olivgrün. 30–90 cm. 5–6. ⊙. Ruderalfluren, s (ob im Gebiet?). NU. Heimat: S-Europa

C. paludosa (L.) MOENCH, **Sumpf-P.***

Stängelblätter scharf gezähnt, mit spitzen Öhrchen stängelumfassend, kahl; Hülle reich schwarzdrüsig; Krone goldgelb. 40–80 cm. 6–8. ♃. Feuchtwiesen, Quellfluren, Niedermoore, Bachufer, Erlen-Eschen-Bachwälder, h im Bergland; mäßig h im Tief- u. Hügelland. V Calth., V Filip., V Car. nig., V Aln.-Ulm.; eurosib.

C. praemorsa (L.) WALTHER, **Abgebissener P.**

Grundblätter verkehrt eilanzettl. bis schmal elliptisch, fast ganzrandig bis gezähnelt, in wenigblättriger Rosette. 15–60 cm. 5–6. ♃. Wechseltrockene Wiesen, lichte Hainbuchen-Eichenwälder. †, früher s LLA: westl. Elster-Luppe-Aue, s ELH: bei Meißen; s OLH: Baruth. V Mol, V Carp.; sarmat-südsibir.

C. setosa HALLER f., **Borsten-P.**

Grundblätter schrotsägeförmig fiederteilig; Stängelblätter fiederspaltig bis fast ganzrandig, mit spieß- od. pfleiförmigem Grund; Kopfstiele u. Hüllen reich steifborstig; Hüllblätter höchstens schmal hautrandig. 15–50 cm. 6–9. ⊙. Müll- u. Umschlagplätze, s, z. B. Leipzig, Dresden. NU. Heimat: S-Europa.

Ähnl. ***C. vesicaria*** L., **Blasen-P., Löwenzahn-P.**

[*C. taraxacifolia* THUILL.]. Kopfstiele u. Hüllen kahl od. spärl. behaart; Hüllblätter breit hautrandig. 30–80 cm. 5–6. ♃. Ruderalfluren, s, nur einmal eingeschleppt (1916 Leipzig). Heimat: W-Europa, Mittelmeergebiet.

C. tectorum L., **Dach-P., Mauer-P.**

Stängelblätter mit pfeilförmigem Grund; Krone hellgelb; reife Früchte schwarzbraun. 10–60 cm. 5–10. ⊙, ①. Trockene, sandige od. steinige Ruderalfluren (Bahngelände, Wegränder, Mauern, Dächer, Industriebrachen), sandige Äcker, mäßig h ERB, LLA, OLT; sonst meist z bis ins mittlere Bergland. V Sis., K Koel.-Coryn., V Aper.; eurosibir.

Dittrichia GREUTER, **Klebalant**

Blätter linealisch, 1–10 mm breit; Zungenblüten die Hülle nicht od. kaum überragend. 10–50 cm. 8–10. ⊙. Müllplätze, vor allem aber an Autobahnrändern, s LLA: Leipzig, Naunhof, Markkleeberg, Glesien; OLH: Bautzen, Weißenberg; z ERB, VGT: an allen Autobahnen. ↗ NE. V Sis. Heimat: Mittelmeergebiet. [*Inula graveolens* (L.) DESF.]. ***D. graveolens*** (L.) GREUTER, **Klebalant***

Doronicum L., **Gämswurz**

1 Blätter u. Blattstiele dicht weichhaarig, untere Stängelblätter gestielt, tief herzförmig, mittlere mit geöhrtem Grund sitzend, obere herzförmig stängelumfassend; Köpfe zu 1–6 ***D. pardalianches***

1* Blätter u. Blattstiele zerstreut behaart, untere Stängelblätter alle sitzend; Köpfe einzeln

2 Stängelblätter (1–)2(–3); Rhizom knollig, an der Spitze behaart; Blätter im Sommer abgestorben ***D. orientale***

2* Stängelblätter 3–5; Rhizom nicht knollig, kahl; Blätter im Sommer erhalten ***D. columnae***

D. columnae Ten., **Herzblättrige G.**
Blätter beiderseits behaart bis verkahlend. 15–50 cm. 5–6. ♃. Zierpflanze, verwildert, Gebüschränder, Wegränder, s ELH, ERB (z um Zwickau), ERM, ERO, OLB. NU. Heimat: Alpen, Gebirge SO-Europas.

D. orientale Hoffm., **Kaukasus-G.**
[*D. caucasicum* M. Bieb.]. Blätter beiderseits schwach kraus flaumhaarig. 30–50 cm. 4–7. ♃. Zierpflanze, s verwildert, s ERZ, VGT. NU. Heimat: SO-Europa, Kaukasus, Türkei.

D. pardalianches L., **Kriechende G.**
Blattrand buchtig gezähnt. 30–80 cm. 5–6. ♃. Zierpflanze, verwildert, Laubwälder, Gebüsche, Parks, z. ↗ NE. V Carp., V Til.-Acer., K Rham.-Prun. Heimat: SW-Europa.

Echinacea Moench, **Igelkopf, Scheinsonnenhut**

Grundblätter eiförmig, gestielt, Stängelblätter lanzettl., gezähnt, selten ganzrandig, rauhaarig. 40–150 cm. 7–9. ♃. Zierpflanze, s verwildert. NU. Heimat: östl. N-Amerika. Off. In mehreren Sorten kultiviert. ***E. purpurea*** (L.) Moench, **Roter I., Roter Sch.**

Echinops L., **Kugeldistel**

1 Pflanze völlig ohne Drüsenhaare; Hüllblätter an der Spitze deutl. gekrümmt ***E. exaltatus***
1* Pflanze wenigstens auf der Blattunterseite mit Drüsenhaaren; Hüllblätter gerade od. höchstens schwach gekrümmt
2 Stängel oberwärts mit braunroten Drüsenhaaren dicht besetzt; Blattrand umgerollt, glatt; Hüllborsten nur im unteren Drittel verwachsen ***E. sphaerocephalus***
2* Stängel ohne Drüsenhaare; Blattrand flach, rau; Hüllborsten bis zur Mitte verwachsen ***E. bannaticus***

E. bannaticus Schrad., **Banater K.***
Stängel 1- bis wenigköpfig; Köpfe 2,5–4(–5) cm Ø; Krone graublau; Hülle der Einzelköpfe 14–20 mm lang. 50–120 cm. 7–9. ♃. Zierpflanze, verwildert, Müllplätze, Brachland, Dämme, z im Tief- u. Hügelland, besonders LLA. ↗ NE. V Arct., V Conv.-Agrop. Heimat: SO-Europa.

E. exaltatus Schrad., **Drüsenlose K.**
Stängel meist 1-köpfig; Köpfe 4–6 cm Ø; Krone bläul.-grau. 50–180(–250) cm. 6–8. ♃. Zierpflanze, verwildert, Müllplätze, Brachland, Dämme, z OL, sonst s im Tief- u. Hügelland. ↗ NU. V Arct., V Conv.-Agrop. Heimat: O- u. SO-Europa.

E. sphaerocephalus L., **Drüsige K.***
Stängel meist mehrköpfig; Köpfe 4–6 cm Ø; Krone weißl. od. graugrün; Hülle der Einzelköpfe 15–25 mm lang. 50–180(–250). 6–8. ♃. Zierpflanze,

verwildert, Müllplätze, Brachland, Dämme, mäßig h ELH, ERB, LLA, VGT; sonst z, im Berglamd s. ↗ NE. O Onop., V Arct., V Conv.-Agrop. Heimat: S-Europa, W-Asien.

Erechtites Raf., **Scheingreiskraut, Scheinkreuzkraut**

Hüllblätter braunrot, weiß berandet. 50–120 cm. 7–10. ⊙. Waldlichtungsfluren, s OLT: Lomske, Niesky: Dürrbach. NU. V Atrop. Heimat: S-Amerika, Neuseeland.
E. hieraciifolius (L.) DC., **Amerikanisches Sch.**

Erigeron L., **Berufkraut, Feinstrahl**

1 Zungenblüten aufrecht, kurz, die Röhrenblüten wenig überragend; Köpfe bis 12 mm Ø ***E. acris***
1* Zungenblüten abstehend, viel länger als die Röhrenblüten; Köpfe bis meist 15–20 mm Ø
2 Blätter meist grob gezähnt, gestielt bis sitzend; Zungenblüten weiß od. lila ***E. annuus***
2* Blätter ± ganzrandig, mit halb-stängelumfassendem Grund sitzend; Zungenblüten kräftig rosa, selten weiß ***E. philadelphicus***

E. acris L., **Scharfes B.***

Zungenblüten rötl. od. bläul. 10–60 cm. 6–9. ⊙, ♃. Trocken- u. Halbtrockenrasen, Ruderalfluren (Bahngelände, Industriebrachen, Wegränder), mäßig h. K Fest.-Brom., K Koel.-Coryn., V Dauco-Mel.; submed+euras-kont.

1 Stängel u. Blätter (fast) kahl; Blätter auf den Flächen kahl; Hüllblätter (fast) kahl; Pflanze bis 60 cm hoch; s ERM: Hammerunterwiesenthal (eingeschleppt?). **subsp. *droebachiensis*** (O. F. Müll.) Arcang.
1* Stängel u. Blätter beiderseits rau; Hülle dicht kurzhaarig
2 Blätter flach, am Rand nicht gewellt od. in sich gedreht, 1,5–2,5-mal so lang wie die Stängelglieder; Pflanze bis etwa 30 cm hoch. Verbreitung usw. wie bei Art. **subsp. *acris***
2* Blätter am Rand wellig u. oft in sich gedreht, 2–4,5-mal so lang wie die Stängelglieder; Pflanze bis etwa 50 cm hoch; Stängel oft auffallend rot gefärbt. Im Gebiet bisher nicht nachgewiesen (übersehen?), nächstes Vorkommen in Thüringen: bei Crossen. [*E. muralis* Lapeyr.]. **subsp. *serotinus*** (Weihe) Greuter

E. annuus (L.) Desf., **Feinstrahl-B., Gewöhnlicher F.***

[*Stenactis annua* (L.) Nees]. 50–120 cm. 6–9. ⊙. Wegränder u. -böschungen, Industrie- u. Bergbaubrachen, Parks, Lichtungen in Auenwäldern, Ufer, h ELH, LLA; sonst mäßig h bis z, im Bergland s. ↗ NE (erstmals um 1770). V Arct., V Dauco-Mel., K Gal.-Urt. Heimat: N-Amerika.

Die Verbreitung der beiden Subspezies ist nicht genau bekannt.

1 Zungenblüten rötl.-lila, bis 10 mm lang, Zunge etwa so lang wie die Köpfe breit; untere u. mittlere Blätter grob gezähnt; Stängel abstehend langhaarig (> 1 mm) **subsp. *annuus***
1* Zungenblüten weiß, bis 6 mm lang, Zunge kürzer als die Köpfe breit; Stängelblätter ganzrandig bis entfernt gesägt; Stängel im Mittelteil zerstreut abstehend behaart — Hüllblatthaare < 1 mm **subsp. *septentrionalis*** (Fern. et Wieg.) Wagenitz

subsp. *strigosus* (WILLD.) WAGENITZ wurde bisher in Sachsen nicht nachgewiesen: Ähnl. subsp. *septentionalis*, aber mit dicht kurz u. anliegend behaartem Mittelteil des Stängels, Hüllblatthaare > 1 mm.

E. philadelphicus L., **Philadelphia-B.**

50–80 cm. 5–6. ①, ♃ (kurzlebig). Zierpflanze, verwildert, Ruderalfluren, Gartenränder, Parks, s. NU. V Arct., O Glech. Heimat: N-Amerika.

Eupatorium L., **Wasserdost**

Stängel aufrecht; Blätter kurz gestielt, meist 3-teilig, grob gesägt, mit lanzettl. Zipfeln; Köpfe klein, in dichten Schirmrispen; Krone rosa, selten weiß. 50–150 cm. 7–8. ♃. Ufer, Auenwälder u. ihre Säume u. Lichtungsfluren, meist mäßig h bis ins mittlere Bergland. ↗ V Conv., O Phragm., V Filip., V Aln., V Atrop.; euras-subozean.

E. cannabinum L., **Gewöhnlicher W., Kunigundenkraut***

Filago L., **Filzkraut**

1 Mittlere Hüllblätter grannig zugespitzt *(Abb. 716/1),* Hüllblätter zur Fruchtreife aufrecht; Köpfe zu 10–40 in Knäueln

2 Mittlere Hüllblätter reich wollig behaart bis fast kahl, mit roter Grannenspitze; Blätter oberhalb der Mitte am breitesten ***F. lutescens***

2* Mittlere Hüllblätter schwach behaart bis fast kahl, mit gelbl.-weißer Grannenspitze, darunter einem rötl. Fleck; Blätter in od. unterhalb der Mitte am breitesten ***F. germanica***

1* Alle Hüllblätter stumpf bis spitz, aber nicht grannig zugespitzt, zur Fruchtreife sternförmig ausgebreitet, Köpfe zu 2–7(–12) in Knäueln

3 Hauptstängel von den Seitenästen deutl. überragt; Hüllblätter an der Spitze kahl; Köpfe 3–3,5 mm lang ***F. minima***

3* Seitenäste kürzer als der Hauptstängel; Hüllblätter bis zur Spitze dicht wollig filzig; Köpfe 4–5 mm lang ***F. arvensis***

F. arvensis L., **Acker-F.**

5–30 cm. 7–9. ⊙. Sandtrockenrasen, Kiesgruben, sandige Wegränder, Bahnanlagen, Bergbaufolgeflächen, Ackerbrachen, Felsfluren, mäßig h bis z im Tief- u. Hügelland, s im Bergland. A. ↗ V Thero-Air., V Dauco-Mel., O Aper.; med+europ-kont.

F. germanica (L.) HUDS., **Deutsches F.**

[*F. vulgaris* LAM.]. Knäuel mit 20–40 Köpfen. 10–40 cm. 7–9. ⊙, ①. Sandtro-ckenrasen, sandige Ruderalfluren u. Ackerbrachen, s; EET: z. B. Glaubitz; ELH: z. B. Radebeul, Serkowitz; GHP: Leckwitzer Schanze; LLA: Frohburg; früher s MLH, VGT. Alle

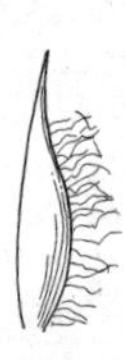

716/1

Angaben aus OL beruhen aus Verwechslung mit *F. lutescens*. A. ↘ V Thero-Air., O Aper.; med-submed.

F. lutescens JORD., **Gelbliches F.**

Knäuel mit 10–25 Köpfen. 5–20 cm. 7–9. ☉. Sandtrockenrasen, sandige Ruderalfluren u. Ackerbrachen, s OLH: Baruth, Weißenberg; früher z OLH, OLT. V Thero-Air., O Aper.; subatl.

F. minima (SM.) PERS., **Zwerg-F., Kleines F.**

5–20 cm. 7–9. ☉, ①. Sandtrockenrasen, sandige Ruderalfluren u. Ackerbrachen, Bergbaufolgeflächen, h OLT; z bis mäßig h DDH, ELH, GHP, LLA, OLH; sonst s. ↗ V Thero-Air., V Coryn., O Aper., V Dauco-Mel.; subatl-submed.

Gaillardia FOUG., **Kokardenblume**

Stängel wenig verzweigt, weichhaarig; Blätter stachelspitzig; Zungenblüten 2–3-spitzig. 40–100 cm.6–9. ♃. Zierpflanze, s verwildert. NU. [*G. aristata* PURSH × *G. pulchella* FOUG.].
G. × grandiflora VAN HOUTTE, **Kokardenblume**

Galinsoga RUIZ et PAV., **Knopfkraut, Franzosenkraut**

1 Stängel kahl bis spärl. kurzhaarig; Kopfstiel drüsenlos od. mit wenigen Drüsenhaaren (Lupe!); Zungen der Randblüten weniger als ½ so lang wie der Ø der Scheibe **G. parviflora**
1* Stängel (besonders oberwärts) dicht langhaarig; Kopfstiele reich drüsig; Zungen der Randblüten ½ so lang wie der Ø der Scheibe **G. ciliata**

G. ciliata (RAFIN.) S. F. BLAKE, **Zottiges K.***

[*G. quadriradiata* auct. non RUIZ et PAV.]. Blätter grob gesägt. 20–80 cm. 5–10. ☉. Äcker, Gärten, Ruderalfluren, h, nur im obersten ERZ z. ↗ NE (erstmals 1867). K Stell. med., V Sis. Heimat: subtropisches Amerika.

G. parviflora CAV., **Kleinblütiges K.***

Blätter fein gesägt. 10–60 cm. 5–10. ☉. Äcker, Gärten, Ruderalfluren, h bis mäßig h im Tiefland- u. Hügelland; z ERZ, VGT. ↗ NE. K Stell. med., V Sis. Heimat: subtropisches Amerika.

Glebionis CASS., **Wucherblume**

1 Blätter längl. verkehrt eiförmig bis lanzettl., die unteren stielartig verschmälert, oft fast fiederspaltig, mit gesägten Zipfeln, die oberen grob gesägt, vorn breiter, oft 3-spaltig, mit herzförmigem Grund stängelumfassend **G. segetum**
1* Blätter doppelt fiederteilig **G. coronaria**

G. coronaria (L.) SPACH, **Kronen-W.**
[*Chrysanthemum coronarium* L.]: Blüten alle goldgelb od. Zungenblüten hellgelb. 30–100 cm. 6–9. ⊙. Zierpflanze, s verwildert. NU. V Sis. Heimat: S-Europa bis N-Iran.

G. segetum (L.) FOURR. **Saat-W.***
[*Chrysanthemum segetum* L.]. Köpfe 2–5 cm Ø. 20–60 cm. 7–10. ⊙. Äcker, Ruderalfluren, heute z bis s u. oft nur eingeschleppt, auch in Grasansaaten; früher z ELH, LLA. Als A †, auch Zierpflanze. O Aper., V Sis.; med.

Gnaphalium L., **Ruhrkraut**

1 Köpfe 3–4 mm lang, am Ende des Stängels u. der Äste in Knäueln, die von laubblattartigen Hochblätter umgeben sind *(Abb. 718/1);* Stängel vom Grund an verzweigt ***G. uliginosum***
1* Köpfe 5–7 mm lang, in Knäueln ohne Hochblatthülle; Knäuel in endständiger Ähre *(Abb. 718/2);* Stängel unverzweigt
2 Stängelblätter 1-nervig (höchstens am Grund undeutl. 3-nervig), die mittlere 2–5 mm breit, kürzer als die unterten; Kopfstand mindestens 1/3 so lang wie der Stängel ***G. sylvaticum***
2 Stängelblätter deutl. 3-nervig, die mittleren 5–15 mm breit, so lang wie die unteren od. länger; Kopfstand höchstens 1/3 so lang wie der Stängel ***G. norvegicum***

G. norvegicum GUNNERUS, **Norwegisches R.**
15–30 cm. 7–9. ♃. Waldwege, Borstgras-Magerrasen, †, früher s Fichtelberggebiet. O Nard.; arct-alp, subalp. Kaltzeitrelikt.

G. sylvaticum L., **Wald-R.***
20–45 cm. 7–9. ♃. Waldwege, Waldlichtungsfluren, Borstgras-Magerrasen, mäßig h DDH, ERZ, ESG, OL, VGT; sonst z. K Epil. ang., O Nard.; eurosib.

G. uliginosum L., **Sumpf-R.***
5–20 cm. 7–8. ⊙. Äcker, Ruderalfluren, Wege, Ufer, auf krumenfeuchten, meist lehmig-tonigen Böden, h. O Nanocyp., O Aper., V Chen.; eurosib.

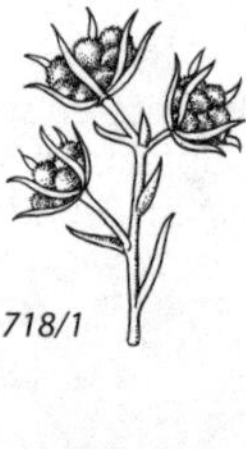
718/1

718/2

Grindelia Willd., Gummikraut

Blätter halb-stängelumfassend, sitzend; Köpfe 2,5–3,5 cm Ø. 15–100 cm. 6–9. ♃. Bahnanlagen, kiesig-sandige Brachflächen, z LLA; s ERB: Zwickau, Crimmitzschau, Glauchau; MLH: Penig. ↗ NE. O Sis., V Dauco-Mel. Heimat: N-Amerika. ***G. squarrosa*** (Pursh) Dunal, **Sparriges G.**

Guizotia Cass., Ramtillkraut

Köpfe 2,5–4 cm Ø; Frucht fettglänzend, ölhaltig, im Gebiet nur selten reifend. 50–120 cm. 9–11. ☉. Müllplätze, Straßenränder, Gräben, z im Tief- u. Hügelland. NU. V Sis., V Bid. Heimat: O-Afrika.
G. abyssinica (L. f.) Cass., **Abessinisches R.**

Helenium L., Sonnenbraut

Blätter sitzend, am Stängel herablaufend, meist entfernt gezähnt; Köpfe zahlreich, in Schirmrispen, 5 cm Durchmeser; Zungenblüten dunkelgelb bis braun, später zurückgeschlagen, an der Spitze meist 3-zähnig. 60-200 cm. 8-10. ♃. Zierpflanze, s verwildert. NU. Heimat: N-Amerika. ***H. autumnale*** L., **Gewöhnliche S.**

Helianthus L., Sonnenblume, Topinambur

Heimat aller Arten: N-Amerika
Pflanzen, die bei uns nicht zur Blüte kommen, gehören zu *H. tuberosus* s. l.

1 Pflanze 1-jährig, ohne Rhizom u. Knollen; Köpfe 10–40 cm Ø, spätestens zur Fruchtreife nickend ***H. annuus***
1* Pflanze ausdauernd, mit Rhizomen u./od. Knollen; Köpfe 4–8 cm Ø, aufrecht
2 Röhrenblüten rot bis braun; Hüllblätter eiförmig, stumpfl., 3–5 mm breit ***H. pauciflorus***
2* Röhrenblüten rein gelb od. gelb mit roten Spitzen; Hüllblätter breit lanzettl. bis lineal lanzettl.
3 Röhrenblüten meist mit roten Spitzen; Hüllblätter breit lanzettl., ± spitz, aber nicht in eine lange Spitze ausgezogen, 3–3,5 mm breit, angedrückt ***H. × laetiflorus***
3* Röhrenblüter nie mit roten Spitzen; Hüllblätter linealisch bis lanzettl., in eine lange Spitze ausgezogen, ± abstehend
4 Stängel (fast) kahl
5 Blätter deutl. gesägt; Hüllblätter 11–16 mm lang, 1,5-mal so lang wie der Ø der Scheibe ***H. decapetalus***
5* Blätter ganzrandig bis schwach gesägt; Hüllblätter 5,5–10 mm lang, etwa so lang wie der Ø der Scheibe ***H. strumosus***
4* Stängel deutl. behaart
6 Blätter sitzend od. bis 1,2 cm lang gestielt, Hüllblätter (zumindest die inneren) schwarzgrün, 1,2–2 mm breit ***H. giganteus***

6* Blätter 2–8 cm lang gestielt; Hüllblätter meist schwarzgrün, 2–4 mm breit **H. tuberosus**

H. annuus L., **Gewöhnliche S.**, **Einjährige S.***
Blätter fast alle wechselständig, Spreite herzförmig 3-eckig, am Grund gestutzt u. plötzl. in den Stiel zusammengezogen; Zungenblüten gelb, Röhrenblüten braun. 100–250 cm. 7–10. ⊙. Zier- u. Nutzpflanze, verwildert, Ruderalfluren (Müllplätze, Wegränder, Komposthaufen), Flussufer, mäßig h, z im Gebirge. NU. V Sis.

H. decapetalus L., **Zehnstrahlige S.**
50–150. 8–10. ♃. Ruderalfluren, Zierpflanze:Verbreitung wenig bekannt, da mit anderen Arten verwechselt; von Leipzig angegebene Nachweise beziehen sich auf *H. tuberosus* s. l.

Sehr ähnl. u. schwer unterscheidbar ist die oft als Zierpflanze in vielen Sorten kultivierte Hybride ***H.*** × ***multiflorus*** L., **Vielblütige S.** [*H. annuus* × *H. decapetalus*]. Sie ist jedoch stets steril, zuweilen sind die Köpfe größer (bis 12 cm Ø) od. „gefüllt". Möglicherweise beziehen sich manche Fundortangaben von *H. decapetalus* auf diese Sippe.

H. giganteus L., **Riesen-S.**
100–300 cm. 8–10. ♃. Zierpflanze, ob verwildert?

H. × ***laetiflorus*** PERS., **Bastard-S.**, **Blühfreudige S.**
[*H. pauciflorus* × *H. tuberosus*]. 100–200 cm. 8–10. ♃. Zierpflanze, verwildert, Wegränder, Müllplätze, Flussufer, z, fehlt im Bergland. NE. ↗ K Artem., V Conv.

H. pauciflorus NUTT., **Wenigblütige S.**
[*H. rigidus* (CASS.) DESF.]. 50–200 cm. 8–10. ♃. Zierpflanze, verwildert, Wegränder, Müllplätze, Flussufer, s. ↗ NE. K Artem., V Conv.

H. strumosus L., **Kropfige S.**
100–200 cm. 8–10. ♃. Zierpflanze, ob verwildert?

H. tuberosus L. s. str., **Topinambur***
100–250 cm. 8–11. ♃. Zier- u. Nutzpflanze, verwildert, Wegränder, Müllplätze, Flussufer (vor allem in urban-industriellen Ballungsgebieten), z, s im Bergland. ↗ NE. K Artem., V Conv.

In 2 Formen:
1. Früh blühend; Knollen schlank, spindelförmig od. fehlend; Stängel locker beblättert, obere Blätter schmaler, Zierpflanze.
2. Spät (ab Oktober), oft jedoch nicht blühend; Knolle dick; Stängel dicht beblättert, Blätter breit. Besonders an Flussufern. Nutzpflanze.

Helichrysum Mill., **Strohblume, Immortelle**

1 Köpfe 20–60 mm Ø, einzeln am Ende des Stängels u. der Zweige; Stängel u. Blätter kahl od. etwas rauhaarig ***H. bracteatum***

1* Köpfe 4–6 mm Ø, in dichten Schirmrispen od. Knäueln; Stängel u. Blätter weißfilzig

2 Hülle zitronengelb bis orange, 5 mm lang; Köpfe in ± dichter Schirmrispe; Pflanze ausdauernd ***H. arenarium***

2* Köpfe gelbl.-weiß, 4 mm lang; Köpfe in dichten, kugeligen Knäueln *(Abb. 721/1)*; Pflanze 1-jährig ***H. luteoalbum***

H. arenarium (L.) Moench, **Sand-S.***

Untere Blätter längl. verkehrt eiförmig, stumpfl., obere lineal lanzettl., spitz. 10–30 cm. 7–8. ♃. Sand-Trockenrasen, lichte Kiefernwälder, sandige Ruderalfluren, mäßig h OLT; z DDH, GHP; s EET, ELH, LLA, MLH, OLH (früher z), gelegentl. verschleppt. K Koel.-Coryn., V Cyt.-Pin., V Dicr.-Pin., V Dauco-Mel.; euras-kont, plan. Sandsteppenpflanze. ∇

H. bracteatum (Vent.) Willd., **Garten-S.***

Blätter lanzettl., spitz, ausgeschweift. 60–120 cm. 7–8. ⊙. Zierpflanze. Heimat: Australien.

H. luteoalbum (L.) Rchb., **Gelblichweiße S., Scheinruhrkraut**

[*Gnaphalium l.* L., *Laphangium* l. (L.) Tzvelev, *Pseudognaphalium l.* (L.) Hillard et B. L. Burtt.] Stängel meist einfach, selten mit aufsteigenden Ästen; Blätter halb-stängelumfassend, die unteren längl., die oberen lineal längl. 15–30 cm. 7–8. ⊙. Feuchte, meist sandige Äcker, Brachen, Teichränder, s im Tiefland, † im Hügelland. ↘ O Nanocyp.; subatl-submed.

721/1

Heliopsis Pers., **Sonnenauge**

Köpfe end- od. seitenständig, lang gestielt; Zungenblüten gelb od. goldgelb, zu 8–18. 60–150 cm. 6–9. ♃. Zierpflanze, verwildert, Ruderalfluren (Müllplätze, Komposthaufen), s, z. B. ERB: Chemnitz; LLA: Leipzig, Markkleeberg; OLH: Bautzen: Preuschwitz; OLT: Dürrbach, Hoyerswerda; VGT: Reichenbach, Treuen. NU. V Sis. Heimat: östl. N-Amerika. ***H. helianthoides*** (L.) Sweet, **Garten-S.**

Ähnl. ist ***H. buphthalmoides*** (Jacq.) Dunal, aber nur bis 75 cm hoch, stark verzweigt; Früchte runzlig. Zierpflanze, wiederholt aus Bad Muskau als verwildert angegeben. NU. Heimat: Mexiko bis Bolivien.

Helminthotheca Vaill., **Wurmlattich**

Blätter verkehrt eilanzettl. bis elliptisch, die oberen mit herzförmigem Grund stängelumfassend; Pflanze mit widerhakigen (an der Spitze meist 3–4-schenkeligen) Borstenhaaren; Früchte gekrümmt, quer runzlig; Zungen der Randblüten unterseits oft purpurn überlaufen. 30–80 cm. 6–10. ⊙, ①?. Ruderalfluren (Müll- u. Umschlagplätze, Bahngelände) Äcker, s im Tief- u. Hügelland. NU. Heimat: S-Europa. [*Picris echioides* L.].

H. echioides (L.) HOLUB, **Wurmlattich, Natternkopf-Bitterkraut**

Hieracium L., **Habichtskraut**

Fast alle Arten in Sachsen sind Apomikten (Ausnahme *H. umbellatum*). Die meisten bestehen aus einer ± großen Anzahl von Unterarten (Kleinarten). Dadurch ist die Abgrenzung der weit gefassten (Sammel-)Arten oft erschwert und in manchen Fällen sogar bis heute unzureichend geklärt. Die Merkmalsangaben im Schlüssel beziehen sich nicht immer auf die gesamte Breite innerhalb der Arten, stets aber auf alle in Sachsen vorkommenden Formen.

Die vorliegende Bearbeitung enthält neben den „Hauptarten" auch alle „Zwischenarten". Diese stehen morphologisch zwischen 2 oder mehreren Hauptarten und besitzen keine wesentlichen eigenen Merkmale; sie sind in der Regel hybridogenen Ursprungs. Die morphologische Stellung der Zwischenarten ist durch eine kurze Formel [ ] wiedergegeben. Dabei bedeutet „–" eine intermediäre Stellung, während „>" oder „<" die Nähe zur ersten bzw. zweiten Hauptart anzeigen.

Als „Haare" werden im Schlüssel nur die einfachen und drüsenlosen Haare bezeichnet. Daneben kommen Drüsenhaare („Drüsen") und viele kleine Sternhaare vor.

Pflanzen, deren Hauptstängel beschädigt, abgefressen oder abgemäht ist, weichen in ihren Merkmalen oft erhebl. ab und sind dann kaum bestimmbar. Sie sollten auch nicht gesammelt werden.

1 Gesamte Pflanze dicht klebrig drüsig; Blätter stängelumfassend; Kronzähne stark bewimpert ***H. amplexicaule***

1* Pflanze drüsenlos od. drüsig, aber nicht klebrig, Drüsen an den Blättern höchstens vereinzelt; Blätter nicht stängelumfassend; Kronzähne nicht od. etwas bewimpert

2 Stängelblätter (0–)1, selten 2 u. dann das obere hochblattartig; Pflanze mit deutl. Grundblattrosette, Grundblätter mit herzförmigem, abgerundetem, gestutztem od. kurz zusammengezogenem Spreitengrund, selten (bei *H. schmidtii*) auch verschmälert

3 Blätter stark blaugrün, am Rand mit steif abstehenden, (2–)4–10 mm langen Haaren u. winzigen Drüsen; Kronzähne meist bewimpert ***H. schmidtii***

3* Blätter gras-, dunkel- od. etwas blaugrün, am Rand mit weicheren, höchstens 4 mm langen Haaren, ohne od. mit einzelnen winzigen Drüsen; Kronzähne kahl od. bewimpert

4 Hüllblätter mit zahlreichen Sternhaaren, spärl. bis zerstreut drüsig, zerstreut bis reich behaart; Kopfstand locker rispig bis gabelig, mit ± geraden Ästen – Blätter oberseits kahl ***H. bifidum***

4* Hüllblätter sternhaarlos bis zerstreut sternhaarig, zerstreut bis (meist) reichdrüsig, haarlos bis zerstreut behaart; Kopfstand rispig, mit ± bogigen Ästen

5 Blätter schwach blau- bis lauchgrün, meist violett gefleckt, am Rand meist mit einzelnen winzigen Drüsen; Kronzähne oft bewimpert; Hüllblätter spitz ***H. glaucinum***

5* Blätter gras- od. dunkelgrün, ungefleckt, drüsenlos; Kronzähne meist unbewimpert; Hüllblütter spitz bis stumpfl. ***H. murorum***

2* Stängelblätter (2–)3 bis viele; Grundblätter allmähl. in den Spreitengrund verschmälert (selten, bei *H. diaphanoides*, 13*, auch plötzl. verengt) od. fehlend

6 Pflanze zur Blütezeit mit Grundblättern; Stängelblätter (2–)3–8 (selten mehr)

7 Stängelblätter mindestens 6, ungestielt, schmal elliptisch lanzettl. bis längl. lanzettl., 4–8-mal so lang wie breit, jede Blätthälfte meist mit 3–4 Zähnen; Hüllblätter ± dachziegelig angeordnet (s. auch 12*) ***H. laevigatum***

7* Stängelblätter (2–)3–8, untere u. meist auch mittlere gestielt, meist elliptisch lanzettl., meist 3–5-mal so lang wie breit, jede Blätthälfte meist mit 4–6 Zähnen; Hüllblätter in wenigen Reihen

8 Hüllblätter zerstreut bis reich behaart, arm bis zerstreut drüsig; Kopfstand gabelig od. locker rispig

9 Hüllblätter wenigstens am Rand mit zahlreichen Sternhaaren, arm bis zerstreut drüsig, spitz bis stumpfl.; Blattränder stets drüsenlos ***H. laevicaule***

9* Hüllblätter nur mit wenigen Sternhaaren, zerstreut drüsig, spitz; Blattränder zuweilen mit einzelnen winzigen Drüsen ***H. saxifragum***

8* Hüllblätter haarlos bis arm behaart, reich drüsig; Kopfstand rispig

10 Blätter etwas blaugrün u./od. deutl. violett gefleckt, zuweilen am Rand mit einzelnen winzigen Drüsen; Kronzähne zuweilen bewimpert

11 Hüllblätter schmal, spitz bis stumpfl., wenigreihig ***H. maculatum***

11* Hüllblätter mit ± breiter Basis, stumpfl., ± dachziegelig angeordnet ***H. rigidiceps***

10* Blätter stets rein grün, sehr selten gefleckt, drüsenlos; Kronzähne unbewimpert

12 Grundblätter allmähl. in den Stiel verschmälert; Stängelblätter 3–8, allmähl. kleiner werdend; Kopfstiele ± gerade, zerstreut bis reich drüsig ***H. lachenalii***

12* Grundblätter ± gestutzt bis plötzl. verengt; Stängelblätter 2–3(–5), rasch kleiner werdend; Kopfstiele ± bogig, reich drüsig ***H. diaphanoides***

6* Pflanze zur Blütezeit ohne Grundblätter; Stängelblätter 8 bis viele

13 Kopfstand zumindest im oberen Teil doldig; Hüllblätter an der Spitze wenigstens etwas zurückgebogen, die äußeren meist etwas sparrig abstehend; Abstand der Stängelblätter 0,6–2,8 cm

14 Hüllblätter deutl. zurückgebogen; Stängelblätter meist mit verschmälertem Grund sitzend ***H. umbellatum***

14* Hüllblätter undeutl. zurückgebogen; mittlere u. obere Stängelblätter mit breitem Grund sitzend ***H. vasconicum***

13 Kopfstand rispig od. traubig, auch im oberen Teil nicht doldig; Hüllblätter (fast) nicht zurückgebogen, nicht sparrig abstehend; Abstand der Stängelblätter 2–10 cm

15 Hüllblätter regelmäßig dachziegelig angeordnet, breit u. stumpf, drüsenlos bis zerstreut winzig drüsig, dazu manchmal mit einzelnen längeren Drüsen; Abstand der Stängelblätter 2–3,5 cm **_H. sabaudum_**

15* Hüllblätter unregelmäßig dachziegelig angeordnet, stumpfl., sehr arm bis fast reich drüsig; Abstand der Stängelblätter 2,5–10 cm **_H. laevigatum_**

H. amplexicaule L., **Stängelumfassendes H.**

Pflanze mit Grundblattrosette u. 3–6(–10) Stängelblättern; Kopfstand hochgabelig bis locker rispig, mit 5–25 großen Köpfen; Hüllen 10–16 mm lang. 10–50 cm. 6-8. ♃. Mauern, s ERM: Schloss Pfaffroda. NE. V Potent. caul. Heimat: SW- u. südl. M-Europa, nördl. bis zum Schwarzwald.

H. bifidum Hornem., **Gabeliges H.**

Rosettenpflanze, meist mit einem oft stark reduzierten Stängelblatt u. 3–8 (–20) Köpfen; Blätter oft etwas blaugrün. 10–40 cm. 5–7. ♃. Kalkreiche Standorte, †, früher s ELH: Radebeul-Niederlößnitz; arct-alp+dealp.

Aus dem Gebiet nur **subsp. *thuringiacum*** ZAHN angegeben.

Ähnl.: ***H. hypochoeroides*** GIBSON, **Wiesbauers H.**

[*H. wiesbauerianum* R. UECHTR.; *H. bifidum – H. schmidtii*], aber die etwas blaugrünen Blätter oberseits behaart, an Rand mit einzelnen winzigen Drüsen; Kronzähne meist etwas bewimpert. 20–50 cm. 5–7. ♃. Zweifelhafte Angabe von ELH: Göhrisch bei Diesbar; Beleg im Herbarium DR gehört zu *H. schmidtii.*

H. diaphanoides LINDEB., **Durchscheinendes H.**

[*H. lachenalii – H. murorum*]. Vielgestaltige Zwischenart, deren Abgrenzung gegen die beiden Arten unzureichend geklärt ist; von *H. murorum* durch ≥ 2 gut entwickelte Stängelblätter u. die etwas in den Stiel verschmälerten Grundblätter verschieden. 30–80 cm. 6–7. ♃. Lichte Wälder, Waldsäume, Verbreitung ungenügend bekannt, bisher ELH, OLB, OLT. K Querc.-Fag., O Mel-Holc.

H. glaucinum JORD., **Frühblühendes H.**

[*H. praecox* SCH.BIP; *H. murorum – H. schmidtii*]. Rosettenpflanze mit meist einem, manchmal reduzierten Stängelblatt u. 3–10(–20) Köpfen; hinsichtl. Form der Blattspreite u. der Bekleidung der Hüllblätter sehr vielgestaltig; Fleckung der Blätter z. T. von Jahreszeit u. Standort abhängig, manche Formen stets gefleckt u. dann von dem sehr ähnl. *H. murorum* nicht immer sicher zu unterscheiden; Griffel meist gelb. 20–50 cm. 4–7. ♃. Lichte Wälder,

Waldsäume, felsige Abhänge, Parks, Bahnanlagen, Verbreitung ungenügend bekannt, indigen ELH, ERO, MLH, VGT; NE in LLA, OLH, OLT, auch Zierpflanze (stark gefleckte Formen). O Querc. Rob., O Mel.-Holc., V Dauco-Mel.

H. lachenalii SUTER, **Gewöhnliches H.***

[*H. vulgatum* auct.]. Vielgestaltige Art; Grund- u. untere Stängelblätter breit elliptisch bis lanzettl., gezähnelt bis fast fiederschnittig gazähnt; Kopfstand mit (5–)10–25(–50) Köpfen; Hüllblätter sternhaarlos od. mit wenigen, höchstens am Rand zerstreuten Sternhaaren, von Arten ähnl. Wuchsform durch die anders gestaltete Bekleidung der Hüllblätter (siehe Schlüssel) u. die rein grüne Blattfarbe verschieden. 30–100 cm. 6–8. ♃. Lichte Wälder, Vorwälder, Gebüsche, Waldlichtungsfluren, Magerwiesen, Heiden, Felsen, Steinbrüche, Straßenränder, mäßig h LLA, sonst h. K Querc.-Fag., V Dicr.-Pin., O Mel.-Holc., O Nard., V Pol.-Tris.; eurosib.

Aus Sachsen ca. 20 Subspezies angegeben, deren taxonomische Wertigkeit unzureichend geklärt ist.

H. laevicaule JORD., **Dünnstängeliges H.**

[*H. vulgatum* auct., *H. bifidum* < *H. lachenalii*]. Sehr ähnl. *H. lachenalii*, aber Hüllblätter reicher sternhaarig; Stängel oft bereits weit unten verzweigt; Abgrenzung bisher unzureichend geklärt; 20–80 cm. 5–7. ♃. Mauern, Felsen, Steinbrüche, Straßenränder, lichte Wälder, auf kalkreichen bis -armen Standorten, Verbreitung ungenügend bekannt, ERW: z. B. Annaberg, Hammerunterwiesenthal, OLB: Cunewalde; OLH: Bautzen; OLT. K Aspl., K Trif.-Ger., V Dicr.-Pin.

H. laevigatum WILLD., **Glattes H.***

Vielgestaltige Art; Grundblätter zur Blütezeit meist abgestorben, selten 1–3; Kopfstand rispig, mit (5–)10–30(–50) Köpfen. 30–120 cm. 6–8. ♃. Lichte Wälder, Gebüsche, verhagerte Waldsäume, Magerwiesen, Heiden, Felsen, Steinbrüche, Straßenränder, mäßig h LLA, MLH, sonst h. O Querc rob., V Dicr.-Pin., O Mel.-Holc., O Nard., V Pol.-Tris.

Aus Sachsen sind über 25 Subspezies angegeben, deren taxonomische Wertigkeit unzureichend geklärt ist, die sich aber meist 4 Gruppen zuordnen lassen:

1 Mittlere Stängelblätter mit ± abgerundetem Grund, elliptisch lanzettl. od. ei-lanzettl. *(Abb. 726/1 a)*; Kopfstiele meist zerstreut behaart, Haare mit langer heller Spitze; Hüllblätter zerstreut behaart u. meist zerstreut drüsig; Stängelblätter 6–14, 3–7,5 cm voneinander entfernt; mäßig h ERZ, VGT, sonst Verbreitung ungenügend bekannt. **subsp. *amaurolepis*** J. MURR et ZAHN s. l.

1* Stängelblätter mit verschmälertem Grund; Kopfstiele haarlos bis arm, selten zerstreut behaart; Hüllblätter haarlos bis zerstreut behaart, sehr arm bis reich drüsig

2 Mittlere Stängelblätter elliptisch lanzettl., 3–4,5-mal so lang wie breit *(Abb. 726/1 b)*; Hüllblätter meist arm drüsig; Stängelblätter 8–20, 3–6,5 cm voneinander entfernt; mäßig h ERZ, sonst Verbreitung ungenügend bekannt. **subsp.-Gruppe *dryadeum***

2* Mittlere Stängelblätter lanzettl. od. längl. lanzettl., 4,5–8-mal so lang wie breit; Hüllblätter gewöhnl. zerstreut drüsig

3 Mittlere Stängelblätter längl. lanzettl., jede Blatthälfte mit 3–4 meist geraden Zähnen *(Abb. 726/1 c;* Stängelblätter 6–14, 4–10 cm voneinander entfernt; Blütezeit 6–7; h im Bergland, sonst Verbreitung ungenügend bekannt. **subsp.-Gruppe *perangustum***

3* Mittlere Stängelblätter lanzettl., jede Blattthälfte meist mit 4 deutl. gekrümmten Zähnen *(Abb. 726/1 d);* Stängelblätter 8–40, 2,5–6,5 cm voneinander entfernt; Blütezeit 7–8; h. **subsp.-Gruppe *laevigatum***

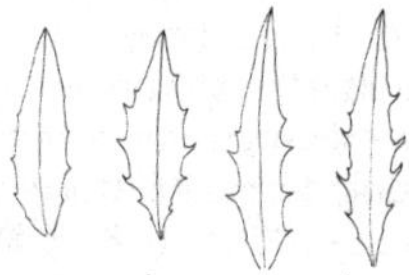

a b c d

726/1

H. maculatum SCHRANK, **Geflecktes H.**

[*H. glaucinum* ≥ *H. lachenalii*]. Von dem sehr ähnl. *H. lachenalii* durch Fleckung u. Farbe der Blätter verschieden. 30–80 cm. 5–7. ♃. Lichte Wälder, Waldsäume, Parks, Verbreitung ungenügend bekannt, s ERW, LLA: Leipzig, MLH, VGT. O Querc. rob., O Mel.-Holc.

H. murorum L., **Wald-H., Mauer-H.***

[*H. sylvaticum* (L.) L.]. Vielgestaltige Art; Spreite der Grundblätter sehr variabel, eiförmig bis lanzettl., gezähnelt bis fiederschnittig, manchmal am Grund mit freien Zähnen; Kopfstand mit (2–)5–15(–25) Köpfen; Hüllblätter reich drüsig, meist haarlos, selten arm behaart; Griffel oft dunkel. 20–60 cm. 5–8. ♃. Wälder, Waldlichtungsfluren, Waldsäume, Parks, Bergwiesen, Felsen, Mauern, mäßig h im Tiefland, h im Hügel- u. Bergland. K Querc.-Fag., O Mel.-Holc., K Aspl., V Pol.-Tris.; europ-nem.

Aus Sachsen ca. 18 Subspezies angegeben.

H. rigidiceps S. BRÄUT. et V. BRÄUT., **Steifköpfiges H.**

[*H. glaucinum* ≥ *H. laevigatum*]. Ähnl. *H. lachenalii*; Blattspreite am Grund fast fiederschnittig, in ihrer unteren Hälfte grob, darüber schwächer gezähnt; Pflanze bereits von den unteren Stängelblättern an sparrig verzweigt; Hüllblätter schwarzgrün, reich drüsig, mit einzelnen Haaren. 30–80 cm. 7–8. ♃. Parks, Mauern, s Leipzig (locus classicus – 2010 wahrscheinl. erloschen).

H. sabaudum L., **Savoyer H.***

Stängelblätter 20–50(–70), eiförmig, elliptisch od. längl. lanzettl., mit gerundetem od. schwach herzförmigem Grund sitzend, gezähnelt bis grob gezähnt, an schattigen Standorten oft in der unteren Hälfte des Stängels rosettenartig gedrängt, sonst gleichmäßig verteilt, die unteren zur Blütezeit meist abgestorben. 50–150 cm. 8–10. ♃. Laubwälder, Gebüsche, Waldsäume, Wegränder, Steinbrüche, Bahnanlagen, h im Tief- u. Hügelland u. unterem Bergland bis 650 m NN, s im oberen Bergland, aber in Ausbreitung. K Querc.-Fag, K Rham.-Prun., K Trif.-Ger., V Dauco-Mel..

Aus Sachsen 17 Subspezies angegeben.

H. saxifragum Fr., **Steinbrech-H.**

[*H. lachenalii* ≥ *H. schmidtii*]. Von dem ähnl. *H. lachenalii* durch die andersartig bekleideten u. spitzeren Hüllblätter verschieden; Kopfstand locker u. oft weit herab verzweigt; Blätter oft etwas blaugrün, am Stängel 2–4(–8). 20–70 cm. 6–7. ♃. Lichte Eichenwälder, Silikatfelsfluren, Mauern, s ERO: Liebstadt; OLH: Bautzen, V Querc. rob., O Sedo-Scler.

H. schmidtii Tausch, **Bleiches H., Blasses H.**

[*H. pallidum* Biv.]. Grundblätter elliptisch bis lanzettl., gezähnelt, nach den Spreitengrund zu auch grober gezähnt; Kopfstand gabelig bis locker rispig, mit 3–10 relativ großen Köpfen; Hüllen 9–13 mm lang; Griffel gelb. 10–40 cm. 5–7. ♃. Silikatfelsfluren, lichte Eichenwälder, s ELH: Dresden-Plauen, Freital-Pesterwitz, Meißen; ERM: Rothenthal, früher Hartenstein; ERO: Liebstadt; ESG: Rathen; MLH: Grimma, früher Diesbar. V Querc. rob., O Sedo-Scler., V Aspl.; arkt-alp+sudeto-karp, dealp.

H. umbellatum L., **Doldiges H.***

Stängelblätter 20–50(–80), linealisch bis lanzettl., mit umgerollten Rändern, ganzrandig bis lang gezähnt, die unteren zur Blütezeit oft abgestorben; Griffel gelb. 30–120 cm. 7–10. ♃. Lichte Eichen- u. Kiefernwälder, Waldsäume, Zwergstrauchheiden, Magerrasen, Sandtrockenrasen, Kiesgruben, Steinbrüche, Bahnanlagen, h (besonders Granitgebiete) ERB, OLB, OLH, s ERZ bis 530 m, sonst z bis mäßig h. V Querc. rob., V Dicr.-Pin., O Mel.-Holc., O Sedo-Scler., V Viol.; circpol.

In Sachsen nur **subsp. *umbellatum*.**

H. brevifolium Tausch

[*H. latifolium* Link; *H. racemosum* ≤ *H. umbellatum*]. Ähnl. *H. umbellatum*, aber Blätter elliptisch lanzettl., die unteren kurz gestielt, sehr groß, die folgenden rasch kleiner werdend; taxonomisch problematische Art, die von *H. sabaudum* u. besonders von *H. vasconicum* schwer zu unterscheiden ist. Einmal eingeschleppt: Leipzig, Großmarkthalle, 1935. NU. Heimat: S- u. südl. M-Europa, nördl. bis Österreich.

H. vasconicum Martrin-Donos, **Lorbeerartiges H.**

[*H. laurinum* Arv.-Touv.; *H. sabaudum* < *H. umbellatum*]. Stängelblätter 20–50(–75), breit lanzettl. bis elliptisch lanzettl., mit umgerollten Rändern, gezähnelt bis gezähnt, die unteren zur Blütezeit oft abgestorben; Kopfstand oben doldig, darunter rispig, wobei die Zahl der Doldenstrahlen geringer als die Zahl der Rispenäste ist; Griffel gelb. 50–120 cm. 8–10. ♃. Laubwälder, Gebüsche, Waldsäume, Verbreitung unbekannt, früher ELH: Dresden. V Querc. rob.

Im Gebiet nur **subsp. *vasconicum.***

Homogyne Cass., **Alpenlattich**

Pflanze mit beblätterten Ausläufern. 15–30 cm. 5–6. ♃. Montane Fichten- u. Buchenwälder, Borstgras-Magerrasen, z oberes ERZ: früher mäßig h, heute z; s VGT: Falkenstein. K Vacc.-Pic., V Luz.-Fag., V Nard.; alp-subalp. Kühlzeitrelikt. ***H. alpina*** (L.) Cass., **Gewöhnlicher A.**

Hypochaeris L., **Ferkelkraut**

1 Stängel auf ganzer Länge behaart, oft mit 1–2 Laubblättern; Grundblätter meist auffällig rotbraun gefleckt; Köpfe 4–5 cm im Ø ***H. maculata***

1* Stängel kahl od. nur am Grund behaart, höchstens mit Schuppenblättern; Grundblätter nie gefleckt; Köpfe kleiner

2 Stängel blaugrün; Blätter zerstreut borstig behaart; Köpfe 2–3,5 cm im Ø; meist alle Früchte lang geschnäbelt ***H. radicata***

2* Stängel frischgrün; Blätter kahl; Köpfe 0,5–1,5 cm im Ø; randl. Früchte ungeschnäbelt ***H. glabra***

H. glabra L., **Kahles F., Sand-F.**

Randblüten nur so lang wie die Hülle, dadurch Köpfe auffallend klein; Krone hellgelb. 15–40 cm. 6–10. ⊙, ①. Sandige Äcker u. Brachen, Sandtrockenrasen, Wegränder, z OLT, sonst s DDH (früher z), EET, ELH, ERO, LLA, MLH, OLH. ↘ O Aper., V Cory., V Thero-Air.; atl-subatl.

H. maculata L., **Geflecktes F.**

Pflanze mit großen, dem Boden aufliegenden Rosettenblättern. 30–100 cm. 5–7. ♃. Magerrasen, Halbtrockenrasen, Trockenwälder, Säume, s ERO; früher s DDH, EET, ELH, ERO, MLH. K Fest.-Brom., V Viol., V Querc. pub,. V Ger.; euras-kont+submed. Offenlandrelikt

H. radicata L., **Gewöhnliches F.***

Rosettenblätter dem Boden aufliegend; Pflanzen dem Herbstlöwenzahn *(Scorzoneroides autumnalis)* ähnl., aber Stängel blaugrün; Krone dunkel goldgelb, Zungen der Randblüten unterseits blaugrau, rötl.-grau od. grünl.. 15–60 cm. 6–9. ♃. Magerrasen, Parkrasen, Weiden, Ackerbrachen, lichte Kiefernwälder, h. K Koel.-Coryn., V Viol., O Arrh., V Dicr.-Pin.; . med+europ-nem.

Inula L., **Alant**

1 Köpfe 6–7 cm Ø; äußere Hüllblätter laubblattartig; Pflanze > 1 m hoch ***I. helenium***
1* Köpfe 0,5–5 cm Ø; äußere Hüllblätter nicht laubblattartig; Pflanze höchstens 80 cm hoch
2 Zungenblüten fehlend od. mit sehr kurzer, die Hülle nicht überragender, schmutziggelber Zunge ***I. conyzae***
2* Zungenblüten stets vorhanden; Zungen 3–30 mm lang, die Hülle überragend, goldgelb
3 Zungenblüten die Hülle nur um 1–2 mm überragend; Köpfe 0,7–1,1 cm im Ø, zahlreich, in Schirmrispen ***I. germanica***
3* Zungenblüten die Hülle weit überragend; Köpfe 2,5–5 cm Ø, einzeln od. wenige in Schirmtrauben
4 Stängelblätter mit verschmälertem od. abgerundetem Grund sitzend; Stängel abstehend rauhaarig ***I. hirta***
4* Stängelblätter mit herzförmigem Grund sitzend od. ± stängelumfassend; Stängel kahl od. anliegend behaart
5 Stängel kahl (höchstens ganz unten etwas behaart); Blätter kahl od. unterseits auf den Nerven etwas behaart; Früchte kahl ***I. salicina***
4* Stängel u. Blätter unterseits anliegend behaart; Früchte behaart ***I. britannica***

I. britannica L., **Wiesen-A.***

Blätter lanzettl., ganzrandig od. besonders gegen den Grund hin gesägt, weich; äußere Hüllblätter lineal pfrieml., so lang wie od. kürzer als die inneren. 20–60 cm. 7–9. ♃. Flussufer, Auenwiesen, Uferverbauung (Elbe), feuchte Ruderalfluren, h entlang der Elbe, mäßig h in der Elster-Luppe-Aue, sonst s im Tiefland; früher s OLH. V Mol., V Potent. ans., V Chen.; euras-kont, fluv.

I. conyzae (GRIESS.) DC., **Dürrwurz-A., Dürrwurz***

[*I. conyza* DC.]. Äußere Hüllblätter an der Spitze abstehend; Sängel dünnfilzig; Blätter eiförmig bis lanzettl., unterseits filzig, obere mit verschmälertem Grund sitzend; Köpfe in Schirmrispen; Röhrenblüten hellbräunl. 50–100 cm. 7–10. ♃. Halbtrockenrasen, Trockengebüsche, Säume, Bergbaufolgeflächen, Ruderalfluren, mäßig h LLA: besonders in der Bergbaufolgelandschaft; z ELH, ERO, MLH, OLT, VGT; sonst s od. fehlend. ↗ (um Leipzig), sonst ↘ V Brom., O Prun., O Orig., V Dauco-Mel., V Conv.-Agrop., V Arct.; submed-subatl. Giftig (für Vieh).

I. germanica L., **Deutscher A.**

Blätter längl., spitzl., am Grund etwas herzförmig, wie der Stängel behaart; Frucht kahl. 15–50 cm. 6–7. ♃. Halbtrockenrasen, fehlt im Gebiet, aber im benachbarten Sachsen-Anhalt bei Röglitz. V Brom.; europ-kont.

I. helenium L., **Echter A.***
Köpfe in Schirmrispen; Blätter groß, ungleich gezähnt, unterseits filzig, die stängelständigen herz-eiförmig, zugespitzt, stängelumfassend; Wurzelstock knollig (bis faustdick). 100–200 cm. 7–8. ♃. Ufer, Ruderalfluren, alte Parkanlagen, s aus Anbau verwildert, z. B. ELH, OL, VGT; meist NU, bei Leipzig: Kulkwitz NE. O Conv., V Arct. Alte Färbe-, Gewürz- u. Zierpflanze, früher Off.

I. hirta L., **Rauer A.**
Blätter unterseits mit stark hervortretendem Adernetz; äußere Hüllblätter so lang wie die inneren, rauhaarig, gewimpert; Frucht kahl. 15–45 cm. 6–7. ♃. Säume, Halbtrockenrasen, Trockengebüsche, s Elbtal von Diesbar bis Pirna; MLH: Ketzerbachtal; LLA: früher Leipzig, am Bienitz. ↘ V Ger., V Cirs.-Brach., V Berb.; euras-kont.

I. salicina L., **Weiden-A., Weidenblättriger A.***
Blätter längl. lanzettl., gezähnt, starr, etwas glänzend, am Rand rau; äußere Hüllblätter lanzettl., kürzer als die inneren, an der Spitze zurückgebogen, gewimpert. 30–80 cm. 6–8. ♃. Wechselfeuchte Wiesen, Halbtrockenrasen, Säume, in der Elster-Luppe-Aue mäßig h, sonst z bis s im Tief- u. Hügelland. ↘ V Mol., V Brom., V Ger.; sarmat-südsib.

Iva L., **Rispenkraut, Ive**

Stängel aufrecht ästig, oben zerstreut behaart; Blätter fast gegenständig, gestielt, oberseits rau, unterseits kurzhaarig, ungleich grob gesägt. 50–180 cm. 7–11. ⊙. Müllplätze, Wegränder, Bahnanlagen, s bis ins mittlere Bergland, etwas häufiger in Leipzig u. ELH. NU. O Sis. Heimat: N-Amerika.
I. xanthiifolia NUTT., **Spitzkletten-R.**

Jurinea CASS., **Silberscharte**

Blätter unterseits weißfilzig, unterste u. oberste oft ungeteilt; Köpfe einzeln, lang gestielt; Hüllblätter außen graufilzig. 30–45 cm. 7–9. ♃. Sandtrockenrasen, †, EET: früher um Strehla. V Koel.-Phlei.; euras-kont, plan. Sandsteppenrelikt. ***J. cyanoides*** (L.) RCHB., **Sand-Sch.**

Lactuca L., **Lattich**

1 Krone blau od. blauviolett
2 Stängelblätter fiederteilig bis fiederschnittig, mit zahlreichen Zipfeln; Hülle 10–15 mm lang; Hüllblätter nicht purpurn punktiert; Früchte schwarz (Schnabel heller) ***L. perennis***

2* Stängelblätter schrotsägeförmig gezähnt, jederseits mit 1–4 Zipfeln, die oberen ungeteilt; Hülle 15–18 m lang; Hüllblätter purpurn punktiert od. gestrichelt; Früchte graugrün **L. *tatarica***

1* Krone gelb

3 Stängel hohl, grün; Krone nicht blassgelb; Fruchtschnabel ½ so lang wie der samentragende Teil der Frucht, dauerhaft **L. *quercina***

3* Stängel markig, weißl.; Krone blassgelb; Fruchtschnabel mindestens so lang wie der samentragende Teil der Frucht, fädl., leicht abbrechend

4 Stängelblätter herablaufend; Köpfe meist 5-blütig **L. *viminea***

4* Stängelblätter nicht herablaufend; Köpfe 7–20-blütig

5 Mittlere u. obere Stängelblätter stets ungeteilt, linealisch, ganzrandig, die unteren fiederteilig; Köpfe ± traubig angeordnet; Fruchtschnabel 2-mal so lang wie der samentragende Teil der Frucht **L. *saligna***

5* Stängelblätter längl. bis verkehrt eiförmig, fiederspaltig bis fiederteilig od. ungeteilt; Köpfe rispig angeordnet; Fruchtschnabel etwa so lang wie der samentragende Teil der Frucht

6 Kulturpflanze; Blätter mit herzförmigem Grund stängelumfassend, frischgrün, nicht stachlig **L. *sativa***

6* Wildpflanze; Blätter mit pfeilförmigem Grund, blau- bis graugrün, unterseits auf dem Mittelnerv meist stachlig

7 Stängelblätter ± senkrecht gestellt, meist buchtig fiederteilig mit rückwärts gerichteten Zipfeln *(Abb. 731/1);* reife Früchte graubraun, nicht geflügelt, an der Spitze kurzhaarig **L. *serriola***

7* Stängelblätter waagerecht gestellt, meist ungeteilt *(Abb. 731/2);* reife Früchte schwärzl., schmal, aber deutl. geflügelt, kahl **L. *virosa***

L. perennis L., **Blauer L.***

Blätter blaugrün; Köpfe in lockerer Schirmrispe. 30–50 cm. 5–6. ♃. Felsfluren, Trockenwaldsäume, s ELH. O Sedo-Scler., V Ger.; med-submed. Warmzeitrelikt.

L. quercina L., **Eichen-L.**

Blätter auffallend weich, mit pfeilförmigem Grund stängelumfassend, meist fiederteilig mit grob u. unregelmäßig gezähnten seitl. Abschnitten, selten ungeteilt; Pflanze ähnl. dem Mauerlattich *(Mycelis muralis),* aber Endabschnitt der Blätter nicht deutl. vergrößert u. Köpfe kleiner, 8–13-blütig. 60–120 cm. 7–9. ⊙. In westl. angrenzenden Gebieten von Sachsen-Anhalt, eine unbestätigte Angabe (1841) von Leipzig: am Bienitz; o-submed+europ-kont.

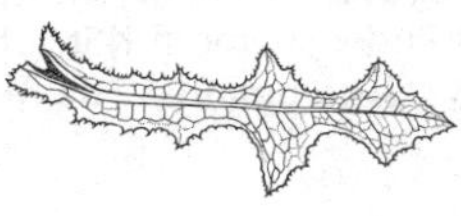

731/1

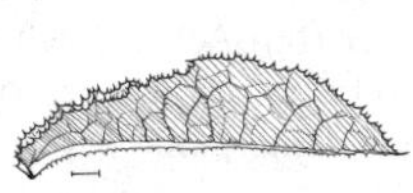

731/2

L. saligna L., **Weiden-L.**
Pflanze sehr schlank, oberwärts rutenförmig, Blätter blaugrün. 30–60 cm. 7–8. ⊙, ①. Ruderalfluren, früher s LLA: zwischen Markranstädt u. Lützen (ob auf sächsischem Gebiet ?). O Onop., V Conv.-Agrop.; med-submed.

L. sativa L., **Grüner Salat, Garten-L.***
In zahlreichen, sehr unterschiedl. Sorten kultivierte Gemüsepflanze. 60–100 cm. 6–8. ⊙, ①. Ruderalfluren, s verwildert. NU.

L. serriola L., **Stachel-L., Kompass-L.***
Die senkrecht gestellten Blätter weisen in Nord-Süd-Richtung. 60–120 cm. 7–9. ①. Ruderalfluren (Wegränder, Schuttplätze, Bahnanlagen, Steinbrüche, Kiesgruben u. a.), im mittleren u. oberen Bergland z, sonst h. A. Stammart von *L. sativa*. V Sis., V Dauco-Mel.; submed, heute euras.; ehemalige Steppenpflanze.

L. tatarica (L.) C. A. MAY., **Tataren-L.**
Pflanze mit unterirdischen Ausläufern; Blätter blaugrün; Köpfe in verlängerter Rispe. 30–80 cm. 7–8. ♃. Ruderalfluren (meist Bahnanlagen), früher s OLH, OLT. NU. Heimat: SO-Europa, Asien. K Artem. Heimat: SO-Europa.

L. viminea (L.) J. PRESL et C. PRESL., **Ruten-L.**
Stängel mit aufrecht abstehenden rutenförmigen Ästen; Blätter fiederschnittig, mit längl. bis linealischen Abschnitten. 30–60 cm. 7–8. ⊙. Trockengebüschsäume, Felsfluren, †, früher s im Elbgebiet von Meißen bis Pirna (Biensdorf, Großröhrsdorf), letztmalig 1948: Meißen: Bosel. V Ger., K Fest.-Brom.; med-submed. Warmzeitrelikt.

L. virosa L., **Gift-L.***
Pflanze meist mit deutl. Grundblattrosette; Stängelblätter längl. bis verkehrt eiförmig, selten fiederspaltig, dornig gezähnt. 50–150 cm. 7–8. ①, ⊙. Wegränder, Schuttplätze, lichte Gebüsche, s Elbgebiet zwischen Riesa u. Dresden. NE. V Arct., O Glech. Heimat: S- u. SW-Europa. Giftig. Früher Off.

Lapsana L., **Rainkohl**

Stängel mit zahlreichen kleinen Köpfen; untere Stängelblätter leierförmig fiederteilig, mit sehr großem Endabschnitt, oft auf diesen reduziert; Krone blassgelb. 30–100 cm. 6–9. ①, ⊙, ♃. Wald- u. Gebüschsäume, Waldlichtungsfluren, Hecken, Gärten, Äcker, Brachen, frische Ruderalfluren, h. K Stell. med., V Geo-All., K Epil. ang., O Prun.; eurosibir. ***L. communis*** L., **Rainkohl***
Im Gebiet nur **subsp. *communis*.**

Leontodon L. s.str., **Löwenzahn**

1 Hüllblätter schwarz berandet; Köpfe 1,2–2 cm im Ø; Randfrüchte (von Hüllblättern eingeschlossen u. leicht zu übersehen) nicht mit Pappushaaren, sondern mit einem krönchenartigen Pappus ***L. saxatilis***

1* Hüllblätter nicht schwarz berandet; Köpfe 2,5–4 cm im Ø; alle Früchte mit Pappushaaren ***L. hispidus***

L. hispidus L., **Rauer L., Steifhaariger L.***

Pflanze reich behaart bis kahl; Blätter buchtig gezähnt bis fiederspaltig; Zungen der Randblüten unterseits rot od. bläul. gestreift. 10–60 cm. 5–10. ♃. Frische u. wechselfeuchte Wiesen u. Weiden, Halbtrockenrasen, Waldränder, sehr h im Berg- u. Hügelland, h bis mäßig h im Tiefland. K Mol. Arrh., O Nard., K Fest.Brom., K Epil. ang.; med+eurosib.

Vielgestaltige Art, deren Untergliederung noch nicht ausreichend geklärt ist; alle im Gebiet vorkommenden Formen werden zur **subsp. *hispidus*** s. l. (incl. subsp. *danubialis* u. subsp. *opimus*) gestellt.

L. saxatilis LAM., **Nickender L., Hundslattich**

[*L. nudicaulis* auct., *L. taraxacoides* (VILL.) MÉRAT)]. Pflanze *L. hispidus* sehr ähnl., aber zarter, mit dünneren, bogig aufsteigenden Stängeln; Zungen der Randblüten unterseits graublau gestreift. 5–30 cm. 7–10. ♃ (kurzlebig). Magerwiesen u. -weiden, Sandmagerrasen, Parks, Brachen, Bergbaufolgeflächen, h OLT, z LLA, OLH; s EET, ELH; früher s DDH. ↘. V Cynos., O Coryn., V Conv.-Agrop., V Dauco-Mel.; atl-subatl.

Leucanthemum MILL., **Margerite**

(nach WAGENITZ in JÄGER 2011)

1 Spreite der mittleren Stängelblätter zum Grund hin wenig verschmälert, im unteren Teil mit Zähnen, die meist kürzer als sind als die Breite der Spreite, untere Zähne nicht auffallend öhrchenartig ausgebildet. Stängel oft behaart ***L. ircutianum***

1* Spreite der mittleren Stängelblätter (ohne Berücksichtigung der Zähne) zum Grund hin deutl. verschmälert, im unteren Drittel mit Zähnen, die länger sind als die Breite der Spreite, untere Zähne verlängert, öhrchenartig angeordnet; Stängel meist kahl ***L. vulgare***

L. ircutianum DC., **Große Wiesen-M., Zahnöhrchen-M.**

[*Chrysanthemum leucanthemum* L. p. p.]. Köpfe 4–6 cm Ø. 20–80 cm. 6–7(–10). ♃. Wiesen, Weiden, Parks, Halbtrockenrasen, Acker- u. Industriebrachen, h. O Arrh., V Brom., V Dauco-Mel.; euras-nem.

L. vulgare (VAILL.) LAM. S. str., **Kleine Wiesen-M., Fiederöhrchen-M.***
[*Chrysanthemum leucanthemum* L. p.p.]. 20–80 cm. 6–7(–10). ♃. Für Sachsen noch nicht mit Sicherheit nachgewiesen. Bisherige Angaben beziehen sich offenbar alle auf *L. ircutianum*.

L. maximum (RAMOND) DC.*, **Garten-M.:** Von *L. ircutianum* durch keilförmig in den Stiel verschmälerte Grundblätter unterschieden; Köpfe 5–10(–15) mm Ø. Zierpflanze (in zahlreichen Sorten), s verwildert. NU. Heimat: Pyrenäen.

Matricaria L., Kamille

1 Köpfe 3–10 mm lang gestielt, mit weißen Zungenblüten; Röhrenblüten 5-zähnig ***M. chamomilla***

1* Köpfe 0,2–3 mm gestielt, ohne Zungenblüten; Röhrenblüten 4(–5)-zähnig ***M discoidea***

M. discoidea DC., **Strahllose K.***
[*M. matricarioides* auct., *Chamomilla suaveolens* (PURSH) RYDB.]. 5–30 cm. 6–9. ⊙. Ruderalfluren, bes. Trittstellen, Äcker, h. NE (erstmals 1852). V Polyg., V Sis., O Aper. Heimat: N-Amerika, NO-Asien. Off.

M. chamomilla L., **Echte K.**
[*M. recutita* L., *Chamomilla recutita* (L.) RAUSCHERT]. 15–40 cm 5–9. ⊙, ①. Äcker, Ruderalfluren (Wegränder, Erdaufschüttungen, Acker- u. Industriebrachen), h bis ins mittlere Bergland, im oberen seltener. A. O Aper., V Sis., V Polyg.; med-orient. Off.

Mycelis CASS., Mauerlattich

Blätter oberseits dunkel-, unterseits bläul.-grün, fiederteilig, mit auffallend großem, 3–5-eckigem Endabschnitt; die oberen Blätter mit geöhrtem Grund ± stängelumfassend. 40–80 cm. 6–9. ♃. Frische Wälder, Waldlichtungsfluren, Säume, schattige Felsen u. Mauern, h, doch in den Ackerbaugebieten von GHP, LLA u. MLH zurücktretend. V Geo-All., O Atrop., K Querc.-Fag., K Aspl.; europ-mem. [*Lactuca muralis* (L.) G. GAERTN.].
M. muralis (L.) DUMORT., **Mauerlattich***

Onopordum L., Eselsdistel

Stängel etwas wollig, durch herablaufenden Blätter breit geflügelt, stachelig; Köpfe einzeln, 3–5 cm lang; Hüllblätter linealisch, pfrieml., untere weit abstehend. 50–200 cm. 7–8. ⊙. Trockenwarme Ruderalfluren (Wegränder, Müllplätze, Kiesgruben), früher im Tief- u. Hügelland z, heute beliebte Zierpflanze u. bis ins Bergland mäßig h bis z verwildert. A. V Onop. Früher Off. ***O. acanthium*** L., **Gewöhnliche E.***

Petasites L., **Pestwurz**

1 Krone rötl.-weiß od. rot; Schuppenblätter des Blütenstängels ± rot überlaufen ***P. hybridus***
1* Krone weiß od. weißl.; Schuppenblätter des Blütenstängels bleich
2 Blätter 20–40 cm Ø; Köpfe zu 15–45 in kurz walzenförmigem, zur Fruchtzeit gestreckten Blütenstand; Hüllblätter drüsig ***P. albus***
2* Blätter 30–80cm Ø; Köpfe zu 25–35 in dicht kugeligem, zunächst abgeflachten, später gestreckten Blütenstand; Hüllblätter nicht drüsig ***P. japonicus***

P. albus (L.) GAERTN., **Weiße P.***
Blätter rundl., doppelt gezähnt, unterseits dünnwollig filzig mit deutl. hervortretendem Nervennetz, die untersten Seitennerven nicht an den Rand der Stielbucht verlaufend; Krone gelbl.-weiß; Blattstiele markig. 10–80 cm. 4–5. ♃. Hochstaudenfluren an Bächen u. Gräben, feuchte Laub- u. Mischwälder, im Bergland mäßig h, im Hügellland z, in den Tälern weit herabsteigend. ↘ V Aden., V Filip., O Fag.; europ-nem, mont.

P. hybridus (L.) G. GAERTN. et al., **Rote P.***
[*P. officinalis* MOENCH]. Blätter rundl. herzförmig, > 60 cm Ø, einfach gezähnt, schnell verkahlend, die untersten Seitennerven am Rand der Stielbucht; Blattspreite mit am Grund tiefer Bucht; Blattstiele hohl; Blütenstände zur Fruchtreife gestreckt, locker; Krone schmutzig rot bis rötl.-weiß; Hülle (fast) kahl. 20–100 cm. 4–5. ♃. Hochstaudenfluren, brachgefallene Feuchtwiesen, Weidengebüsche, mäßig h im Hügel- u. Bergland, z im Tiefland, P. V Aden., V Filip., V Aegop., V Salic. alb.; pralp-sudeto-karpat. Off.

P. japonicus (SIEBOLD et ZUCC.) MAXIM., **Japanische P.**
Blätter sehr ähnl. der vorigen Art; ♂ Blüten cremefarbig, ♀ Blüten weißl.; Schuppenblätter der Blütenstängel > 1 cm breit (bei vor *P. hybridus* < 1 cm). 20–100 cm. 4–5. ♃. Auenwaldrand, verwildert, s LLA: Leipzig-Leutzsch. NE (lokal). V Aegop. Heimat: NO-Asien.

Picris L., **Bitterkraut**

Pflanze von zahlreichen, an ihren Spitzen 2-schenkeligen Borstenhaaren rau; Zungen der Randblüten unterseits meist rot überlaufen. 30–80 cm. 6–10. ♃. Ruderale Wiesen u. Halbtrockenrasen, Wegränder, Bahnanlagen, Schuttplätze, h LLA; z ELH, DDH, MLH, OLH, OLT, sonst s verschleppt. In NW-Sachsen u. im Elbtal indigen, sonst NE. V Dauco-Mel., V Conv.-Agrop., V Brom., V Arrh.; euras-kont, fluv.

P. hieracioides L., **Gewöhnliches B., Habichtskraut-B.***

Formenreiche Art, deren Untergliederung noch nicht ausreichend geklärt ist; im Gebiet bisher nur **subsp. *hieracioides*** nachgewiesen.

Pilosella VAILL., Mausohrhabichtskraut, Habichtskraut
[*Hieracium* subgen. *Pilosella* (VAILL.) GRAY]

Siehe auch die Anmerkungen bei *Hieracium*, S. 722. Die Fortpflanzungsverhältnisse sind jedoch komplizierter. *Pilosella*-Arten sind entweder ± vollständig apomiktisch, partiell apomiktisch bzw. bestehen aus sexuellen und apomiktischen Populationen oder sie sind sexuell (in Sachsen *P. echioides*, *P. lactucella*, *P. officinarum* und *P. peleterianum*). Die Zwischenarten sind entweder stabile hybridogene Sippen (oft außerhalb des Verbreitungsgebietes der Elternarten) oder junge Primärbastarde oder Komplexe aus vielen. Bei der Bestimmung ist es hilfreich, manchmal sogar notwendig, alle benachbart vorkommenden Arten zu beachten.
Spezielle Begriffe:
- gabelige Verzweigung: die Verzweigung erstreckt sich mindestens auf das obere Viertel des Stängels,
- hochgabelig: alle Zweige beginnen oberhalb der Stängelmitte,
- Flagellen: ausläuferartige, basale Seitensprosse, die sich aufrichten und einen Kopf od. Kopfstand tragen.

Mit „Ausläufern" sind, wenn nicht anders angegeben, stets oberirdische Ausläufer gemeint. Bei schwach entwickelten oder jungen Pflanzen ausläuferbildender Arten können die Ausläufer fehlen oder noch nicht eindeutig als solche erkannt werden; deshalb sollte die gesamte Population beachtet werden.

1 Krone rot od. orange
2 Pflanze mit 5–15(–25) Köpfen, Kopfstand ± gedrängt rispig **_P. aurantiaca_**
2* Pflanze mit 1–4 Köpfen, gabelig verzweigt **_P. stoloniflora_**
1* Krone innen rein gelb, außen gelb od. gelb mit roten Streifen
3 Stängel 1-köpfig, blattlos; Blätter unterseits durch zahlreiche Sternhaare deutl. weiß- od. graufilzig
4 Hüllblätter 2–3 mm breit, aus breitem Grund lang zugespitzt, mit zahlreichen, 3–4 mm langen, hellen, seidigen Haaren; Ausläufer höchstens 5 cm lang **_P. peleteriana_**
4* Hüllblätter 0,5–1,5 mm breit, spitz, aber nicht zugespitzt, ihre Haare mit dunklem Fuß, nicht seidig, od. Hüllblätter haarlos; Ausläufer über 5 cm lang **_P. officinarum_**
3* Stängel mehrköpfig, (selten 1-köpfig bei Kümmerexemplaren u. bei *P. schultesii*), mit wenigstens 1 Blatt; Blätter unterseits sternhaarlos od. mit wenigen bis zahlreichen Sternhaaren, aber nicht deutl. filzig
5 Kopfstand gabelig od. sehr locker rispig; Hüllen (6,5–)8–10(–12) mm lang
6 Stängel meist bereits in der Mitte od. darunter gabelig verzweigt; Äste mit 1–2 Köpfen
7 Blätter ± blaugrün, oberseits auf der Fläche mit nur wenigen Haaren od. kahl, ihre Spitze rasch zusammengezogen, oft rundl.; Blätter der Ausläufer spatelförmig, nach deren Spitze zu ± größer werdend; Hüllblätter mit breitem, kahlem, hellem Rand **_P. schultesii_**
7* Blätter gras-, bläul.- od. dunkelgrün, oberseits auf der Fläche arm bis reich behaart, ihre Spitze allmähl. verschmälert, nie rund; Blätter der Ausläufer lanzettl. elliptisch bis leicht spatelförmig, nach deren Spitze

zu kleiner werdend; Hüllblätter (zumindest die äußeren) nicht mit breitem, kahlem Rand

8 Blätter oberseits arm bis zerstreut behaart, stets sternhaarlos, oft bläul.-grün; Ausläufer ± schlank

9 Haare an Kopfstielen u. Hüllblätter dunkel od. mit dunklem, kräftigem Fuß (dieser mindestens so lang wie die Drüsen) u. heller Spitze; meist in Populationen von *P. floribunda* od. *P. iserana* ***P. piloselliflora***

9* Haare an Kopfstielen u. Hüllblätter hell od. mit dunklem, zartem Fuß (dieser kürzer als die Drüsen); meist in Populationen von *P. bauhini* od. *P. piloselloides* ***P. brachiata***

8* Blätter oberseits ± reich behaart, grasgrün; Ausläufer ± dickl.

9 Blätter oberseits sternhaarlos, mit 3–5 mm langen Haaren ***P. flagellaris***

9* Blätter oberseits mit wenigen bis zerstreuten Sternhaaren u. 2–3 (–4) mm langen Haaren

10 Haare an Stängel u. Hüllen mit deutl. schwarzem Fuß u. heller Spitze; Kopfstiele reich drüsig; Stängelblätter (0–)1–2 ***P. macranthela***

10* Haare an Stängel u. Hüllen hell; Kopfstiele höchstens arm drüsig; Stängelblätter 2–4 ***P. cinereiformis***

6* Stängel erst im oberen Drittel verzweigt (manchmal mit einem tiefer abgesetzten Ast); Äste mit 1 bis mehreren Köpfen

11 Gesamte Pflanze reich behaart; Haare deutl. borstig, hell, oft krumm od. gekniet; Blätter ± graugrün

12 Stängelblätter 4–10; Haare an Stängeln u. Blätter 3–6 mm lang ***P. rothiana***

12* Stängelblätter 2–4; Haare an Stängeln u. Blätter 2–4 mm lang ***P. crassiseta***

11* Pflanze arm od. reich behaart; Haare kaum borstig, dunkel od. hell mit dunklem Fuß, gerade; Blätter gras- od. etwas blaugrün

13 Pflanze stets ohne Ausläufer; Blätter ± blaugrün ***P. visianii***

13* Pflanze mit Ausläufern; Blätter gras- od. blaugrün

14 Blätter oberseits mit zerstreuten Sternhaaren

15 Blätter grasgrün; Hüllblätter kaum hell gerandet ***P. macranthela***

15* Blätter ± blaugrün; Hüllblätter mit hellem Rand ***P. polioderma***

14* Blätter oberseits (fast) ohne Sternhaare

16 Haare an Kopfstielen u. Hüllblätter hell od. mit dunklem, zartem Fuß; Blätter oberseits meist nur arm behaart, blaugrün; Pflanze mit schlanken Ausläufern, ohne Flagellen ***P. leptophyton***

16* Haare an Kopfstielen u. Hüllblätter dunkel; Blätter oberseits arm bis reich behaart, gras- od. etwas blaugrün; Pflanze mit schlanken bis dickl. Ausläufern, oft mit Flagellen

17 Kopfstand gabelig, mit 2–6 Köpfen; Hüllen 9–11 mm lang; Blätter oberseits reich behaart, grasgrün ***P. flagellaris***

17* Kopfstand locker rispig bis hochgabelig, mit 5–10(–18) Köpfen; Hüllen 7–10 mm lang

18 Blätter oberseits meist nur arm behaart, bläul.-grün; Ausläufer schlank **P. iserana**

18* Blätter oberseits zerstreut bis reich behaart, grasgrün; Ausläufer dickl. **P. prussica**

5* Kopfstand rispig, schirmrispig od. doldig, mindestens zu Beginn der Blütezeit ± gedrängt; Hüllen 5–8(–9) mm lang

19 Stängel meist < 20 cm hoch, mit 2–7 Köpfen u. 1 Blatt nahe der Grundblattrosette; Ausläufer schlank — Blätter blaugrün, beiderseits haar- u. sternhaarlos od. am Rand mit wenigen Haaren **P. lactucella**

19* Stängel meist > 30 cm hoch, meist mit mehr als 7 Köpfen, mit 1–10(–20) Blättern; Ausläufer dickl., schlank od. fehlend

20 Blätter blaugrün, zur Blütezeit nur am Rand u. unterseits auf der Mittelrippe behaart (selten, vor allem im Spätsommer oberseits auch auf der Fläche behaart), sternhaarlos od. unterseits auf der Mittelrippe (selten auch auf der Fläche mit einzelnen) Sternhaaren

21 Pflanze stets ohne Ausläufer, aber manchmal mit ausläuferähnl. Flagellen **P. piloselloides**

21* Pflanze mit Ausläufern **P. bauhini**

20* Blätter gras-, dunkel-, grau- od. blaugrün, beiderseits auf der Fläche wenigstens etwas behaart, unterseits auch auf der Fläche mit Sternhaaren

22 Stängelblätter (3–)4–10(–15); gesamte Pflanze reich behaart, Haare hell, deutl. borstig, oft gebogen od. gekniet; Pflanze ohne Ausläufer

23 Grundblätter zur Blütezeit abgestorben; Stängelblätter 5–15, graugrün; Hüllblätter drüsenlos; Äste des doldigen bis doldig rispigen Kopfstandes mit 5–10 mm langen u. bis 3 mm breiten Tragblättern **P. echioides**

23* Pflanze zur Blütezeit mit Grundblattrosette; Stängelblätter (3–)4–8(–10); Hüllblätter wenigstens an der Spitze etwas drüsig; Äste des Kopfstandes mit 3–5(–7) mm langen u. bis 1 mm breiten Tragblättern

24 Kopfstand doldig, darunter manchmal mit einzelnen abgesetzten Ästen; Blätter graugrün, auffallend derb **P. setigera**

24* Kopfstand rispig od. doldig rispig; Blätter ± blaugrün, nicht auffallend derb **P. calodon**

22* Stängelblätter 1–3(–4); Pflanze schwach od. reich behaart, Haare an Kopfstielen u. Hüllblättern dunkel od. hell, aber dann kaum borstig, meist gerade

25 Kopfstand zumindest im oberen Teil doldig od. doldig rispig; Pflanze meist reich behaart; Haare an Kopfstielen u. Hüllblättern ganz od. z. T. hell; Blätter unterseits mit zerstreuten bis zahlreichen, oberseits mit einzelnen bis zerstreuten Sternhaaren

26 Stängel im unteren Teil sehr reich behaart, Haare höchstens 2 mm lang; Blätter gras- od. gelbgrün, selten bläul.-grün

27 Kopfstand doldig, höchstens 1 Ast abgerückt; Hüllen 5–7(–7,5) mm lang, reich behaart u. arm drüsig od. arm bis nicht behaart u. reich drüsig; Haare der Hüllen hellgrau od. dunkel, weich ***P. cymosa***

27* Kopfstand doldig rispig; Hüllen 7–9 mm lang, zerstreut bis reich behaart, reich drüsig; Haare der Hüllen stets mit schwarzem Fuß, steif ***P. glomerata***

26* Stängel im unteren Teil zerstreut behaart, Haare 3–5 mm lang; Blätter ± blaugrün

28 Rosettenblätter spatelförmig lanzettl., oberseits zerstreut behaart; Köpfe 5–20; Hüllen (6,5–)7–8 mm lang; Ausläufer dickl. od. fehlend ***P. dubia***

28* Rosettenblätter lanzettl. (höchstens die äußeren etwas spatelförmig), oberseits zerstreut bis reich behaart; Köpfe 10–40; Hüllen (5–)6–7 (–8) mm lang; Ausläufer ± schlank od. fehlend

29 Pflanze stets ohne Ausläufer, aber oft mit ausläuferähnl. Flagellen ***P. zizianum***

29* Pflanze mit Ausläufern ***P. densiflorum***

25* Kopfstand rispig (mitunter gedrängt, u. dann zu Beginn der Blütezeit doldenähnl.); Pflanze zerstreut bis reich behaart; Haare an Kopfstielen u. Hüllblättern dunkel od. mit schwarzem Fuß u. heller Spitze; Blätter unterseits mit einzelnen bis zerstreuten Sternhaaren, oberseits sternhaarlos od. mit wenigen Sternhaaren

30 Stängel im unteren Teil sehr reich behaart, Haare 0,5–1,5 mm lang ***P. glomerata***

30* Stängel im unteren Teil zerstreut bis reich behaart, Haare 2–6 mm lang

31 Griffel braun od. (besonders zu Beginn der Blütezeit) schmutziggelb; Blätter gras-, dunkel- od. gelbgrün, zerstreut bis reich behaart, unterseits mit zerstreuten Sternhaaren ***P. caespitosum***

31* Griffel gelb; Blätter ± blaugrün, verkahlend bis zerstreut behaart, unterseits mit wenigen bis zerstreuten Sternhaaren

32 Rosettenblätter spatelförmig lanzettl.; Stängelblätter 1–2; Blätter der Ausläufer nach deren Spitze zu größer werdend ***P. floribunda***

32* Rosettenblätter lanzettl. (höchstens die äußeren etwas spatelförmig); Stängelblätter 2–4; Blätter der Ausläufer nach deren Spitze zu kleiner werdend od. Pflanze ohne Ausläufer ***P. erythrochrista***

P. aurantiaca (L.) F. W. Schultz et Sch. Bip., **Orangerotes M.***

[*H. aurantiacum* L.]. Rosettenblätter elliptisch lanzettl., weich, hellgrün; Stängelblätter 1–4; Ausläufer unterirdisch u./od. oberirdisch (manchmal fehlend); Stängel u. Kopfstand reich, oben meist schwärzl. behaart; Blätter oberseits stets ohne Sternhaare. 20–50 cm. 6–8. ♃. Bergwiesen, Magerrasen, Parkrasen, Straßenränder, Friedhöfe, mäßig h im Berg- u. Hügelland u.

LLA, sonst im Tiefland z, als Zierpflanze oft verwildert. NE. O Arrh., O Nard., V Dauco-Mel. Heimat: N-Europa u. Gebirge M-Europas, bereits im Riesengebirge indigen.

In Sachsen nur **subsp. *aurantiaca*.**

P. bauhini (SCHULT.) ARV.-TOUV., **Ungarisches M., Bauhins M.**

[*H. bauhini* SCHULT.]. Rosettenblätter längl. lanzettl.; Stängelblätter 1–4; Ausläufer oberirdisch, lang u. schlank; Kopfstand (schirm-)rispig, im oberen Teil manchmal doldig, mit 10–30(–80) Köpfen. 25–80 cm. 5–7. ♃. Bahnanlagen, Bergbauhalden, Steinbrüche, ruderale Grasfluren, lichte Vorwälder, z ELH, LLA, OLH; sonst s, fehlt DDH, EET, GHP. V Conv.-Agrop., V Dauco-Mel., V Samb.-Salic.

1 Kopfstiele reich sternhaarig bis filzig; Hüllblätter oft auf der gesamten Länge sternhaarig; Hüllen 5,5–8 mm lang; Stängel meist zerstreut behaart (selten reich behaart od. haarlos). Verbreitung u. Standorte wie Art. **subsp. *bauhini***

1* Kopfstiele nur mit wenigen Sternhaaren od. sternlos; Hüllblätter nur am Grund sternhaarig; Hüllen 5–7 mm lang; Stängel haarlos bis spärl. behaart. Bahngelände, s Chemnitz, Freiberg, OLH. NU. Heimat: südl. M- u. SO-Europa, Vorderasien, bereits in Bayern u. Böhmen indigen. **subsp. *magyarica*** (PETER)

P. brachiata (DC.) F. W. SCHULTZ et SCH. BIP., **Gabelästiges M.**

[*H. brachiatum* DC.; *P. officinarum* > *piloselloides* od. *bauhini*]. Rosettenblätter verkehrt eiförmig lanzettl. bis lanzettl.; Stängel mit (0–)1 Blatt u. (1–)2–5(–8) Köpfen; Pflanze oft mit Flagellen; Randblüten unterseits oft rot gestreift; Wuchsform u. Bekleidung sehr variabel. 10–35 cm. 5–7. ♃. Bahnanlagen, Bergbauhalden, Steinbrüche, ruderale Grasfluren, lichte Vorwälder, z LLA, OLH, sonst s, Verbreitung ungenügend bekannt. V Conv.-Agrop., V Dauco-Mel., V Samb.-Salic.

In Sachsen wahrscheinl. nur Primärbastard.

P. caespitosum (DUMORT.) P. D. SELL et C. WEST, **Wiesen-M.**

[*H. caespitosa* DUMORT.]. Rosettenblätter elliptisch bis lanzettl.; Ausläufer oberirdisch, kurz, dickl. (Ø 1,5–2 mm) u./od. unterirdisch u. dünner od. fehlend; Pflanze manchmal mit Wurzelsprossen; Kopfstand mit 10–30(–50) Köpfen; Hüllen dunkelgrün bis schwarz, meist reich behaart u. reich drüsig; Krone sattgelb, selten mit roten Spitzen. 30–60 cm. 5–7. ♃. Frischwiesen, Magerrasen, Brachen, Straßenböschungen, Bahnanlagen, Bergbauhalden, lichte Vorwälder, früher auch Feuchtwiesen, mäßig h ERZ, LLA (südl. Teil), VGT; sonst z bis s; früher s EET, OLT. K Mol.-Arrh., V Dauco-Mel.

Die typische, tetraploide Unterart **subsp. *caespitosa*** hat auf der Blattoberseite (fast) keine Sternhaare u. ist im Rückgang.

Eine pentaploide Sippe mit oberseits arm bis zerstreut sternhaarigen Blättern, die einen Übergang zu *P. glomerata* darstellt u. eher gestörte Lebensräume besiedelt, nimmt an Häufigkeit zu.

P. calodon (PETER) SOJÁK, **Schönhaariges M.**

[*H. calodon* PETER; *P. echioides – piloselloides*]. Rosettenblätter lanzettl. bis schmal lanzettl.; Kopfstand mit 10–30(–60) Köpfen. 30–80 cm. 6–7. ♃. Felsen, † ELH: Dresden-Plauen, ERO: Dohna.

P. cinereiformis (R. MEISSN. et ZAHN) S. BRÄUT. et GREUTER, **Aschgraues M.**

[*H.cinereiforme* R. MEISSN. et ZAHN; *P. officinarum* ≥ *setigera*]. Rosettenblätter schmal lanzettl. bis elliptisch lanzettl.; Kopfstand mit 2–6 Köpfen; Pflanze reich borstig behaart, oft mit Flagellen. 15–30 cm. 6. ♃. Ruderale Halbtrockenrasen, LLA: am Bienitz bei Leipzig.

Nur als Primärbastard in einer Population von *P. setigera*.

P. crassiseta (PETER) SOJÁK, **Dickborstiges M., Fuckels M.**

[*H. fallaciforme* LITV. et ZAHN, *H. fuckelianum* TOUTON et ZAHN; *P. officinarum* < *setigera*]. Rosettenblätter lanzettl.; Pflanze oft mit Flagellen, manchmal mit Ausläufern; Kopfstand sehr locker rispig bis hoch gabelig, mit 5–25 Köpfen. 20–40 cm. 6. ♃. Kiesig-sandige Böschungen, Pionierrasen, ruderale Wiesen, LLA: Leipzig-Schönau, Laue bei Delitzsch.

P. cymosa (L.) F. W. SCHULTZ et SCH. BIP., **Trugdoldiges M.**

[*H. cymosum* L.]. Rosettenblätter verkehrt eiförmig bis lanzettl.; Ausläufer kurz, unterirdisch, selten oberirdisch, oft aber fehlend; Kopfstand deutl. doldig, anfangs oft gedrängt, mit (10–)20–50(–100) Köpfen; Krone ± sattgelb. 30–80 cm. 5–6. ♃. Halbtrockenrasen, Steinbrüche, Bahndämme, Straßenränder, Gebüschsäume, s im Hügel- u. Bergland, aktuelle Verbreitung unzureichend bekannt. V Dauco-Mel., K Mol.-Arrh., K Trif.-Ger.

1 Kopfstand u. Hüllen reich behaart, arm drüsig; Haare der Hüllen >1 mm lang, hellgrau; Hüllen 5–6 mm lang. s ERO; früher s ELH: Lößnitzgrund bei Radebeul. **subsp. *cymosa***

1* Kopfstand u. Hüllen haarlos od. arm behaart, reich drüsig; Haare der Hüllen 1 mm lang, dunkel; Hüllen 6–7,5 mm lang. [*H. cymosum* subsp. *cymigerum* (RCHB.) PETER]. Die häufigere Unterart, s ELH: Dresden-Nickern, ERM: Cranzahl, ERO, ERW: Johanngeorgenstadt, früher z OLH, s VGT. **subsp. *vaillantii*** (TAUSCH) S. BRÄUT. et GREUTER

P. densiflorum (TAUSCH) SOJÁK, **Dichtblütiges M.**

[*H. densiflorum* TAUSCH, *H. tauschii* ZAHN; *P. bauhini – cymosa*]. Stängelblätter 2–4; Hüllen zerstreut bis reich behaart, arm bis reich drüsig. 30–80 cm. 5–6. ♃. Steinbrüche, Straßenränder, s ERO: aktuell nur Borna bei Liebstadt; ERW: Schönheide; früher ELH, GHP, MLH: Döbeln, OLH. V Dauco-Mel., V Conv.-Agrop.

P. dubia (L.) F. W. SCHULTZ et SCH. BIP., **Zweifelhaftes M.**

[*H. dubium* L.; *P. cymosa – floribunda*]. Ähnl. *P. floribunda*, aber Blätter oberseits mit Sternhaaren; Ausläufer oft (auch) unterirdisch; Pflanze oft mit Nebenstängeln od. Flagellen; Stängelblätter 1–2; Kopfstand doldig rispig;

Hüllen (zerstreut bis) reich behaart u. ebenso drüsig. 20–60 cm. 6. ♃. Magerrasen, Wegränder, z im oberen ERM u. ERW von Bärenstein bis Klingenthal; früher s OLH: Schönau-Berzdorf. V Pol.-Tris., O Nard.

P. echioides (Lumn.) F. W. Schultz et Sch. Bip., **Natternkopf-M.**
[*H. echioides* Lumn.]. Kopfstand mit 10–30 Köpfen; Krone u. Griffel sattgelb. 25–60 cm. 7. ♃. Silikatfelsfluren, s GHP: Diesbar. V Sedo-Ver.

P. erythrochrista (Nägeli et Peter) S. Bräut. et Greuter, **Rain-M.**
[*H. arvicola* Nägeli et Peter; *P. caespitosa – piloselloides*]. Ausläufer oberirdisch, kurz u. dickl., od. unterirdisch, oft aber fehlend; Pflanze oft mit Flagellen od. Nebenstängeln; Kopfstand mit 8–40 Köpfen. 30–70 cm. 5–7. ♃. Bergbaufolgelandschaften, Bahnanlagen, z LLA; s ELH, ERB, OLH. V Conv.-Agrop., V Dauco-Mel.

In Sachsen wahrscheinl. nur Primärbastard.

P. flagellaris (Willd.) Arv.-Touv., **Ausläuferreiches M.**
[*H. flagellare* Willd.; *P. caespitosa* ≤ *officinarum*]. Rosettenblätter elliptisch bis (breit) lanzettl.; Stängel oft aufsteigend; Pflanze oft mit Flagellen; Randblüten unterseits meist rot gestreift. 15–40 cm. 5–7. ♃. Gestörte Wiesen, Brachen, Straßenräder, Bergbauhalden, Steinbrüche, z LLA; s ERZ, MLH, OLH, VGT; früher s ELH, GHP. K Mol.-Arrh., V Conv.-Agrop., V Dauco-Mel.

1 Stängel in od. oberhalb der Mitte verzweigt, mit 2–6 Köpfen u. (0–)1–2 Blättern. Verbreitung wie Art. **subsp. *flagellaris***

1* Stängel im unteren Drittel verzweigt, mit (1–)2–3 Köpfen u. (0–)1 Blatt. s VGT; früher Leipzig, Nossen, Dresden. [*H. flagellare* subsp. *cernuiforme* Nägeli et Peter]. **subsp. *macrostolona*** (Gus. Schneid.)

In Sachsen vermutl. nur Primärbastard.

P. floribunda (Wimm. et Grab.) Fr., **Reichblütiges M.**
[*H. floribundum* Wimm. et Grab., *H. longiscapum* auct.; *P. caespitosa* ≥ *lactucella*]. Ausläufer oberirdisch, schlank bis dickl. (Ø 1–1,8 mm), oft auch unterirdisch; Pflanze oft mit Flagellen, manchmal mit Wurzelsprossen; Kopfstand mit (5–)10–20(–25) Köpfen; Hüllen dunkelgrün bis schwarz, arm bis zerstreut behaart, reich drüsig; Randblüten manchmal mit roten Spitzen. 15–55 cm. 6–9. ♃. Bergwiesen, Magerrasen, Weg- u. Straßenränder, mäßig h ERZ, VGT; s ELH, ESG, südöstl. MHL; früher OLB, OLH. V Pol.-Tris., O Nard.

P. glomerata (Froel.) Fr., **Geknäultköpfiges M.**
[*H. ambiguum* Ehrh., *H. glomeratum* Froel., *H. caespitosum* subsp. *madarum* (Nägeli et Peter) S. Bräut.; *P. caespitosa – cymosa*]. Rosettenblätter verkehrt eilanzettl. bis lanzettl., oberseits stets etwas sternhaarig; Ausläufer oberirdisch u. dickl. (Ø 1,8–2 mm) od. unterirdisch od. fehlend; Pflanze oft auch mit Flagellen, manchmal mit Wurzelsprossen; Stängel u. Blätter durch die reiche,

weiche u. kurze Behaarung von etwas samtartigem Aussehen; Kopfstand gedrängt bis locker (schirm-)rispig od. doldig rispig, mit 10–25(–50) Köpfen; Griffel gelb. 30–70 cm. 5–7. ♃. Straßenböschungen, Wegränder, Brachen, Bahnanlagen, Bergbauhalden, Steinbrüche, mäßig h OLH; z ERO; sonst s, fehlt DDH, EET, GHP. V Conv.-Agrop., V Dauco-Mel., K Mol.-Arrh.

P. iserana (R. Uechtr.) Soják, **Isergebirgs-M.**

[*H. iseranum* (R. Uechtr.) Zahn; *P. floribunda > officinarum*]. Rosettenblätter längl. od. spatelförmig bis lanzettl.; Stängelblätter 1–2; Pflanze meist mit Flagellen, manchmal mit Wurzelsprossen; Kopfstand locker rispig bis hoch gabelig; Randblüten unterseits meist rot gestreift. 20–50 cm. 6–7. ♃. Bergwiesen, Magerrasen, Weg- u. Straßenränder, z ERO, OLB (besonders im östl. Teil), OLH; s ELH, ERB, ERM. Pol.-Tris., O Nard.

P. lactucella (Wallr.) P. D. Sell et C. West, **Öhrchen-M.**

[*H. auricula* auct., *H. lactucella* Wallr.]. Zierl. Pflanze mit langen schlanken, ober- od. halb unterirdischen Ausläufern; Rosettenblätter ± spatelförmig; Blätter der Ausläufer nach deren Spitze zu zunehmend größer; Hüllblätter meist grün mit hellem Rand, haarlos bis zerstreut behaart; Krone zitronengelb, nie mit roten Streifen od. Spitzen. (5–)10–20(–30) cm. 5–8. ♃. Frische bis wechselfeuchte Magerrasen, Flachmoorwiesen, Wegränder, mäßig h ERZ, VGT; z OLB, OLH; s ESG, GHP, MLH, OLT; früher s DDH, EET, LLA. O Nard., O Mol.

P. leptophyton (Nägeli et Peter) S. Bräut. et Greuter, **Zartes M.**

[*H. leptophyton* Nägeli et Peter; *P. bauhini > officinarum*]. Rosettenblätter lanzettl. bis verkehrt eilanzettl.; Stängelblätter 1–2; Kopfstand sehr locker (schirm-)rispig od. gabelig, mit (3–)5–15 Köpfen; Randblüten unterseits oft rot gestreift. 25–65 cm. 5–7. ♃. Bahnanlagen, Bergbauhalden, s u. unbeständig, OLH, OLT; früher s ELH: Windberg bei Dresden. V Conv.-Agrop., V Dauco-Mel.

In Sachsen wahrscheinl. nur Primärbastard.

P. macranthela (Nägeli et Peter) Soják, **Großblütiges M.**

[*H. macranthelum* Nägeli et Peter; *P. glomerata – officinarum*]. Kopfstand sehr variabel, bei den im Gebiet nachgewiesenen Formen gabelig u. *P. flagellaris* ähnl.; Pflanze oft mit Flagellen; Ausläufer kurz, manchmal fehlend. 30–55 cm. 6–7. ♃. Wegränder, Brachen, Bergbauhalden, s OLH: Schönau-Berzdorf, Mittelherwigsdorf; früher s ERO: Bad Gottleuba. V Conv.-Agrop., V Dauco-Mel., K Mol.-Arrh.

In Sachsen wahrscheinl. nur Primärbastard.

P. officinarum (L.) VAILL., **Kleines M., Gewöhnliches M., Langhaariges M.** [*H. pilosella* L.]. Rosettenblätter verkehrt eilanzettl. bis lanzettl., oberseits reich bis arm behaart; Bekleidung (Haare, Sternhaare, Drüsen) der Stängel u. Hüllblätter sehr variabel; Randblüten unterseits meist rot gestreift. 5–30 cm. 5–6. ♃. Mager- u. Trockenrasen, Zwergstrauchheiden, Brachen, Parks, Wegränder, trockene Waldsäume, lichte Kiefernwälder, h. K Koel.-Coryn., K Fest.-Brom., K Call.-Ul., O Mel.-Holc., V Dicr.-Pin.

P. peleteriana (MÉRAT) F. W. SCHULTZ et SCH. BIP., **Peletiers M.** [*H. peleterianum* MÉRAT]. Rosettenblätter schmal längl. lanzettl., auffallend seidig behaart; Hüllblätter drüsenlos od. spärl. drüsig, oft mit rötl. Spitzen; Randblüten unterseits meist stark rot gestreift. 5–30 cm. 5–6. ♃. Felsen, lichte Eichenwälder, früher auch Weinbergsbrachen, s GHP: Diesbar-Seußlitz, MLH: am Göhrisch, früher Döbeln. O Sedo-Scler., V Querc. rob.

P. piloselliflora (NÄGELI et PETER) SOJÁK, **Erzgebirgs-M.** [*H. apatelium* NÄGELI et PETER, *H. piloselliflorum* NÄGELI et PETER; *P. floribunda* ≤ *officinarum*]. Rosettenblätter längl. bis lanzettl.; Stängel mit 1–2 Blättern u. (1–)2–8(–10) Köpfen; Randblüten unterseits oft rot gestreift; Wuchsform u. Bekleidung sehr variabel. 10–35 cm. 6–7. ♃. Ruderale Magerrasen, Brachen, Wegränder, z im oberen ERW; s ERM, ERO, OLB: Zittauer Gebirge, VGT; früher ELH, OLH. V Pol.-Tris., O Nard.

Oft nur Primärbastard.

P. piloselloides (VILL.) SOJÁK, **Florentiner M.*** [*H. piloselloides* VILL., *H. praealtum* GOCHNAT, *H. obscurum* RCHB.]. Rosettenblätter längl. lanzettl.; Stängelblätter 1–3(–4); Pflanze oft mit Nebenstängeln od. Flagellen, selten manchmal mit Wurzelsprossen; Kopfstand (schirm-)rispig, im oberen Teil manchmal doldig, mit 10–40(–80) Köpfen. 20–80 cm. 5–6. ♃. Ruderale Grasfluren, Brachen, Straßenränder, Bahnanlagen, Bergbauhalden, Steinbrüche, Dächer, Waldsäume, lichte Vorwälder, h LLA; mäßig h ELH, OLH; sonst z. V Conv.-Agrop., V Dauco-Mel., V Samb.-Salic.

In Sachsen nur **subsp. *praealta*** (GOCHNAT) S. BRÄUT. et GREUTER s. l. mit reich sternhaarigen Kopfstielen.

P. polioderma (DAHLST.) SOJÁK, **Grauweißhäutiges M.** [*H. poliodermum* DAHLST., *P. dubia* ≥ *officinarum*]. Rosettenblätter längl. bis lanzettl.; Kopfstand locker rispig bis hochgabelig, mit 6–15 Köpfen; *P. iserana* sehr ähnl., von dieser durch die oberseits sternhaarigen Blätter verschieden. 20–60 cm. 6. ♃. Ruderale Magerwiesen, s ERW: Klingenthal. Pol.-Tris.

In Sachsen wahrscheinl. nur Primärbastard.

P. prussica (Nägeli et Peter) Soják, **Preußisches M.**

[*H. prussicum* Nägeli et Peter; *P. caespitosa* > *officinarum*]. Rosettenblätter elliptisch bis lanzettl.; Stängelblätter 1–2; Kopfstand locker rispig; Randblüten unterseits manchmal rot gestreift od. mit roten Spitzen. 20–60 cm. 6. ♃. Ruderale Wiesen, Wegränder, s u. unbeständig ELH, ERZ, MLH; früher OLB, OLH. O Arrh.

In Sachsen wahrscheinl. nur Primärbastard.

P. rothiana (Wallr.) F. W. Schultz et Sch. Bip., **Roths M.**

[*H. rothianum* Wallr.; *P. echioides* > *officinarum*]. Rosettenblätter lanzettl. bis schmal lanzettl.; Ausläufer nur selten vorhanden u. dann sehr kurz; Pflanze oft mit Nebenstängeln od. Flagellen; Kopfstand sehr locker rispig bis langästig doldig, mit 10–40 Köpfen. 30–70 cm. 6–7. ♃. Bahnanlagen, s LLA: Zedlitz bei Borna, OLH: Bautzen. N(U?) (bereits um Halle sowie in Nordböhmen indigen). V Dauco-Mel.

P. schultesii (F. W. Schultz) F. W. Schultz et Sch. Bip., **Schultes´ M.**

[*H. schultesii* F. W. Schultz; *P. lactucella* – *officinarum*]. Rosettenblätter spatelförmig bis lanzettl.; Stängel mit (0–)1 oft stark reduzierten Blatt u. 1–3(–5) Köpfen; Pflanze oft mit Flagellen; Randblüten unterseits oft rot gestreift. 5–25 cm. 5–6. ♃. Magerrasen, Wegränder, s ERZ, OL, VGT; früher s LLA. O Nard., Pol.-Tris.

Meist als Primärbastard zusammen mit *P. lactucella*; s (ERW) auch in stabilen Populationen u. dann meist 1-köpfig.

P. setigera Fr., **Täuschendes M.**

[*H. fallax* auct., nicht *H. setigerum* auct.]. Sehr ähnl. *P. echioides;* Rosettenblätter lanzettl., oberseits mit Sternhaaren; Kopfstand mit 15–35 Köpfen. 35–60 cm. 6. ♃. Sandtrockenrasen, Bergbaufolgelandschaften, Wegränder, Böschungen, lichte Kiefernwälder, z LLA, s DDH, OLT: Röhrsdorf bei Königsbrück. K Koel.-Coryn, V Conv.-Agrop., V Dauco-Mel., V Dicr.-Pin.

P. stoloniflora (Waldst. et Kit.) F. W. Schultz et Sch. Bip., **Läuferblütiges M.**

[*H. stoloniflorum* Waldst. et Kit., *H. rubrum* hort. non Peter; *P. aurantiaca* ≤ *officinarum*]. Rosettenblätter elliptisch bis lanzettl.; Pflanze mit (0–)1 Stängelblatt, mit ober- od. unterirdischen Ausläufern; Köpfe relativ groß, Hüllen 8–11 mm lang. 10–30 cm. 6–8. ♃. Parks, Straßenböschungen, Grasansaaten, in Sachsen nur verwilderte Zierpflanze bzw. Spontanbastard, s, z. B. ERZ, LLA, OLH, VGT. O Arrh.

P. visianii F. W. Schultz et Sch. Bip. s. l., **Visianis M.**

[*H. visianii* (F. W. Schultz et Sch. Bip.) Schinz et Thell., inkl. *H. aridum* Freyn; *P. officinarum* ≤ *piloselloides*]. Rosettenblätter breit lanzettl. bis schmal lanzettl.; Stängelblätter 1–2(–3); Pflanze manchmal mit Flagellen od. Nebenstängeln; Kopfstand sehr locker rispig od. gabelig, mit 5–15(–30) Köpfen; Randblüten unterseits zuweilen rot gestreift; Bekleidung der Blätter u. Hüllblätter variabel.15–50 cm. 6–7. ♃. Bahnanlagen, Bergbauhalden, ruderale Grasfluren, s u. unbeständig ERB, LLA, OLH, OLT. V Conv.-Agrop., V Dauco-Mel., V Samb.-Salic.

In Sachsen wahrscheinl. nur Primärbastard.

P. zizianum (Tausch) F. W. Schultz et Sch. Bip., **Ziz´ M.**
[*H. zizianum* Tausch; *P. cymosa – piloselloides*]. Stängelblätter 2–4; Hüllen zerstreut bis reich behaart, arm bis reich drüsig. 30–80 cm. 5–7. ♃. Halbtrockenrasen, Bergbauhalden, Steinbrüche, s ERM: Bärenstein, LLA, OLH; früher s ERO: Dohna, VGT: Möschwitz. V Dauco-Mel., V Conv.-Agrop., O Brom.

Verschollene, seltene Sippen, wahrscheinl. nur Primärbastarde:

P. chaetocephala (H. Hofm.) Holub
[*H. chaetocephaum* H. Hofm.; *P. caespitosa – peleteriana*]. Früher s MLH: Döbeln (locus classicus).

P. cochleraris Norrl., **Löffelblättriges H.**
[*H. cochleatum* Norrl.; *P. caespitosa* < *lactucella*]. Früher s ERO: Hermsdorf. Angaben von Zittau beziehen sich auf heute polnisches Gebiet bzw. beruhen auf Fehlbestimmungen.

P. fallacina (F. W. Schultz) F. W. Schultz
[*H. fallacinum* F. W. Schultz; *P. densiflora* ≥ *officinarum*]. Früher s MLH: Glaucha bei Döbeln, GHP: Porschütz.

P. heterodoxa (Tausch) Soják
[*H. heterodoxum* (Tausch) Nägeli et Peter; *P. calodon* > *officinarum*]. Angegeben von „Plauen", ob Dresden-Plauen?

P. kalksburgensis (Wiesb.) Soják
[*H. kalksburgense* Wiesb., *H. laschii* Zahn; *P. cymosa* < *officinarum*]. Früher s ERO: Schellerhau, Liebenau, OLH: Görlitz.

P. longisquama (Peter) Holub
[*H. longisquamum* Peter, *H. pachylodes* Nägeli et Peter; *P. peleteriana – officinarum*]. Früher s ELH: Seußlitz, Bosel bei Meißen, MLH: Döbeln.

P. polymastix (Peter) Holub
[*H. polymastix* Peter; *P. bauhini – caespitosa*]. Früher s OLH: Görlitz.

P. sulphurea (Döll) F. W. Schultz et Sch. Bip.
[*H. sulphureum* Döll; *P. lactucella – piloselloides*]. Früher s ELH: Pirna

Prenanthes L., **Hasenlattich**

Stängelblätter zahlreich, kahl, unterseits blaugrün, grob gezähnt bis fast ganzrandig, die unteren längl. verkehrt eiförmig, obere längl. lanzettl. u. mit geöhrtem Grund stängelumfassend. 50–150 cm. 7–9. ♃. Montane Laub- u. Nadelwälder, Säume, Waldlichtungsfluren, Hochstaudenfluren, h ERZ u. angrenzendes VGT, ESG, OLB; z übriges VGT, ELH, MLH, OLH. V Fag.,

V Pic., V Car.-Epil., O Aden.; europ-nem, mont.

P. purpurea L., **Hasenlattich***

Pulicaria GAERTN., **Flohkraut**

1 Köpfe 7–10 mm Ø; Zungenblüten aufrecht, kaum länger als die Hülle, untere Blätter kurz gestielt, obere mit abgerundetem Grund sitzend; Stängel oberwärts zottig ***P. vulgaris***

1* Köpfe 15–30 mm Ø; Zungenblüten ausgebreitet, viel länger als die Hülle; Blätter mit herzförmigem Grund stängelumfassend; Stängel oberwärts wollig filzig ***P. dysenterica***

P. dysenterica (L.) BERNH., **Großes F.**

30–60 cm. 7–9. ♃. Feuchtwiesen, Grabenränder, Flutrasen, feuchte Ruderalfluren, z LLA; s ERO; früher s DDH, ELH. O Mol., V Conv.-Agrop.; med-submed. Früher Off.

P. vulgaris GAERTN., **Kleines F.**

10–30 cm. 7–8. ⊙. Ufer, Flutrasen, dörfl. Ruderalfluren, z EEH, ELH; früher z im Tief- u. Hügelland. ↘ V Bid., V Conv.-Agrop., V Elat.-El., V Potent. ans.; euras-kont.

Rudbeckia L., **Sonnenhut**, **Rudbeckie**

1 Untere Blätter fiederschnittig, mittlere 3-teilig; Stängel (fast) kahl, bereift; Röhrenblüten olivgrün ***R. laciniata***

1* Blätter alle ungeteilt; Stängel rauhaarig, unbereift; Röhrenblüten purpurbraun ***R. hirta***

R. hirta L., **Rauhaariger S.**

Zungenblüten orange od. goldgelb; Köpfe einzeln auf langen Stielen. 10–50 cm. 7–9. ⊙, ⚇ od. kurzlebig ♃. Zierpflanze, verwildert, Müllplätze, Wegränder, Bahndämme, z ELH, ERB: Chemnitz, ERO, ERW, LLA: Leipzig, OL, VGT. NU. V Sis., V Arct. Heimat: N-Amerika.

R. laciniata L., **Schlitzblättriger S.**

Pulsnitzblume, Röderblume, Wittichblume

Zungenblüten dottergelb, herabhängend; Stängel reich ästig. 100–200 cm. 7–8. ♃. Staudenfluren an Flüssen, Teichen u. Gräben, mäßig h OLH, OLT; sonst z bis s. ↗ NE (18. Jh.). V Conv. Auch Zierpflanze (u. dann oft mit „gefüllten Blüten“, „Goldball“). Heimat: N-Amerika.

Scorzonera L., **Schwarzwurzel**

1 Grund- u. untere Stängelblätter fiederschnittig mit schmal linealischen Zipfeln **S. laciniata**
1* Alle Blätter ungeteilt
2 Stängel meist 1-köpfig, seltener mit 2–3 Köpfen, mit 0–3 Blättern; äußere Hüllblätter allmähl. in die inneren übergehend; Mittelnerv der Laublätter kaum breiter als die Seitennerven **S. humilis**
2* Stängel mit (1–)2–5(–8) Köpfen u. 5–15 Blättern; äußere Hüllblätter deutl. von den inneren abgesetzt; Mittelnerv der Laubblätter viel breiter als die Seitennerven **S. hispanica**

S. hispanica L., **Garten-Sch.***
Blätter längl. lanzettl. bis linealisch, oft mit gewellten Rändern, die mittleren u. oberen halb-stängelumfassend. 40–100 cm. 6–8. ♃. Müll- u. Schuttplätze, als Gemüsepflanze angebaut u. s verwildert, NU, wahrscheinl. in benachbarten Gebieten von Thüringen u. N-Böhmen indigen. V Sis., V Dauco-Mel. (∇)

S. humilis L., **Niedrige Sch.**
Blätter linealisch bis eiförmig elliptisch; Hülle am Grund auffällig weiß wollig; Pflanze in Wäldern oft nicht blühend u. dann leicht mit *Plantago lanceolata* zu verwechseln. 10–40 cm. 5–6. ♃. Moorwiesen, Magerrasen, lichte Kiefernwälder, z ERM, ERO, OLT, s VGT, OLH; früher s ELH, GHP. ↘ O Mol., O Nard., V Cyt.-Pin., V Dicr.-Pin.; bor+sarmat-südsibir. ∇

S. laciniata L., **Schlitzblättrige Sch., Stielsamenkraut**
[*Arachnospermum laciniatum* (L.) F. W. Schmidt, *Podospermum laciniatum* (L.) DC.]. Köpfe nur 1,2 cm Ø; Blüten kaum länger als die Hülle. 15–45 cm. 5–7. ⊙, ⊗. Trockene, meist salzhaltige Ruderalfluren (Wegränder), früher s LLA, aber bereits wenige km entfernt in Sachsen-Anhalt. V Dauco-Mel., V Conv.-Agrop.; euras-kont. Offenlandrelikt.

Scorzoneroides Vaill., **Schuppenlöwenzahn**

Rosettenblätter fiederspaltig bis fiederteilig mit nach vorn gerichteten, schmalen Zipfeln; Stängel mit Schuppenblättern; Kopfstiele oben verdickt, hohl; Zungen der Randblüten unterseits meist rötl. gestreift. 15–50 cm. 6–10. ♃. Wiesen, Weiden, Parks, Wegränder, Trittstellen, Waldränder u. -wege, Ruderalfluren, h. O Arrh., V Polyg., K Artem. [*Leontodon autumnalis* L.].

S. autumnalis (L.) Moench, **Herbst-Sch., Herbstlöwenzahn***

Die Untergliederung in die beiden Subspecies ist noch nicht ausreichend geklärt.

1 Kopfstiele u. Hüllen mit zerstreuten weißl. Sternhaaren bis kahl. Verbreitung wie Art. **subsp. *autumnalis***

1* Kopfstiele u. Hüllen dicht schwärzl. lang zottig behaart. Besonders im Bergland, Verbreitung ungenügend bekannt. [subsp. *pratensis* (LESS.) ARCANG.] . **subsp. *borealis*** (BALL) GREUTER

Senecio L., **Greiskraut, Kreuzkraut**

1 Blätter ungeteilt

2 Zungenblüten 10–20; Außenhülle 10- u. mehr-blättrig

3 Köpfe 1,8–2,5 cm Ø; Blätter 1–4 mm breit, linealisch bis schmal lanzettl., fein gezähnt bis flach gelappt, Blattrand oft umgerollt, am Grund halbstängelumfassend; Stängel vom Grund an stark verzweigt **S. *inaequidens***

3* Köpfe 3–4 cm Ø; Blätter10–60 mm breit, schmal längl. lanzettl., scharf gesägt, sitzend, die untersten gestielt; Stängel wenig verzweigt **S. *paludosus***

2* Zungenblüten 5–9; Außenhülle 2–6-blättrig

4 Blätter längl. lanzettl., über der Mitte am breitesten, mit vorwärts gekrümmten Spitzchen der Zähne; Hülle kurz glockig walzig; Zungenblüten meist 6–8, goldgelb — seltene Elbuferpflanze **S. *sarracenicus***

4* Blätter eiförmig, elliptisch od. lanzettl., aber dann in od. unter der Mitte am breitesten; Hülle schmal walzenförmig; Zungenblüten meist 5, hellgelb (*S. nemorensis* agg.)

5 Obere Stängelblätter mit verschmälert abgerundetem od. nach anfänglicher Verschmälerung mit öhrchenartig verbreitetem Grund halbstängelumfassend; Kopfstiele u. Hüllen ± dicht abstehend drüsenhaarig — mittlere Stängelblätter 2,5–3-mal so lang wie breit; Stängel meist grün **S. *hercynicus***

5* Obere Stängelblätter mit einem allmähl. bis plötzl. verschmälertem Grund, kurz gestielt od. sitzend, nie stängelumfassend; Kopfstiel u. Hüllen kahl od. ± drüsenlos behaart (höchstens einzelne Drüsenhaare)

6 Außenhüllblätter prieml. bis linealisch, kürzer als die Hülle kahl od. spärl. kurzhaarig; obere Stängelblätter gestielt, selten verschmälert sitzend, meist fein gesägt; Stängelblätter 4–7-mal so lang wie breit; Stängel unterwärts kahl od. zerstreut kurzhaarig, oft rotbraun **S. *ovatus***

6* Außenhüllblätter linealisch bis lineal lanzettl., so lang wie od. länger als die Hülle, am Rand deutl. bewimpert; obere Stängelblätter mit plötzl. verschmälertem Grund sitzend od. kurz breit geflügelt gestielt, meist grob gesägt; mittlere Stängelblätter 3–4-mal so lang wie breit; Stängel unterwärts meist flaumhaarig (selten anliegend kurzhaarig od. kahl), meist grün **S. *germanicus***

1* Blätter buchtig fiederspaltig, fiederteilig od. -schnittig

7 Bis 2,5 m hohe Rhizomstaude; Blätter fiederschnittig mit 5–7 breit lanzettl., scharf u. spitz gesägten Abschnitten **S. *cannabifolius***

7* Pflanze meist nicht höher als 1 m; Blätter gelappt od. fiederspaltig bis fiederteilig, aber ohne 5–7 breit lanzettl. Abschnitte
8 Hülle walzenförmig, Hüllblätter linealisch; Zungenblüten fehlend od. sehr kurz, meist zurückgerollt
9 Zungenblüten fehlend **S. vulgaris**
9* Zungenblüten vorhanden, kurz (u. meist) zurückgerollt
10 Pflanze drüsenhaarig klebrig, stinkend; Außenhüllblätter locker, ½ so lang wie die Hülle, an der Spitze schwärzl.; Frucht zuletzt kahl **S. viscosus**
10* Pflanze spinnwebig weichhaarig, drüsenlos, nicht stinkend; Außenhüllblätter angedrückt, etwa ½ so lang wie die Hülle, meist nicht schwärzl.; Frucht angedrückt kurzhaarig **S. sylvaticus**
8* Hülle glockig, Hüllblätter eiförmig bis lanzettl.; Zungenblüten abstehend
11 Außenhüllblätter 6–14; Blattrand zwischen den Zipfeln wie diese gleichmäßig gezähnt **S. vernalis**
11* Außenhüllblätter 1–6(–8); Blattrand zwischen den Zipfeln nicht od. undeutl. gezähnt
12 Außenhüllblätter 4–6, ½ so lang wie die Hülle; alle Früchte kurzhaarig; Pflanze mit Ausläufern **S. erucifolius**
12* Außenhüllblätter 1–4, mehrmals kürzer als die Hülle; randständige Früchte kahl; Pflanze ohne Ausläufer
13 Frucht der Röhrenblüten dicht behaart; Grundblätter zur Blütezeit meist abgestorben, ihr Endabschnitt kürzer als der übrige Teil der Blattspreite **S. jacobaea**
13* Frucht der Röhrenblüten nicht od. spärl. behaart; Grundblätter zu Blütezeit noch frisch; Endabschnitt so lang wie od. länger als der übrige Spreitenteil (*S. aquaticus* agg.)
14 Stängel ab der Mitte mit langen, im Winkel von 45–90° abstehenden Ästen; mittlere u. ober Stängelblätter mit großem, eiförmigem Endlappen u. nur 2 Fiederpaaren, diese fast rechtwinklig abstehend; Köpfe 12–15 mm Ø **S. erraticus**
14* Äste im Winkel von 30–40° abstehend; mittlere u. obere Stängelblätter mit längl. Endlappen u. 3–4 Fiederpaaren, diese spitzwinklig vorwärts gerichtet; Köpfe 20–30 mm Ø **S. aquaticus**

S. aquaticus HILL s. str., **Wasser-G.**

30–60 cm. 7–8. ⊗, ♃. Feuchtwiesen, anmoorige Wiesen, z im Tief- u. Hügelland, früher stellenweise mäßig h, s ERM, ERO, ERW, OLB. ↘ O Mol.; subatl.

S. cannabifolius LESS., **Hanfblättriges G.**

150–250 m. 7–8. ♃. Auenwaldsaum, s LLA: Leipzig-Leutzsch. NE (aber wieder ↘). V Aegop. Heimat: O-Asien.

S. *erraticus* BERTOL., **Spreizblättriges G.**
30–100 cm. 7–10. ⊙, ⊙. Ruderalfluren, s LLA: Leipzig, Eilenburg (vielleicht übersehen od. nur unbeständig eingeschleppt).

S. *erucifolius* L., **Raukenblättriges G.**
Blätter fiederteilig, mit linealischen, ungeteilten od. fiederspaltig gezähnten Zipfeln, unterseits spinnwebig flockig; Köpfe 12–15 mm Ø. 30–120 cm. 7–9. ♃. Halbtrockenrasen, Gebüschränder, s LLA: Markranstädt, Regis-Breitingen; OLH: Bautzen. O Arrh., K Trif.-Ger.; sarmat-südsib.

S. *germanicus* WALLR., **Deutsches G.**
[*S. nemorensis* L. p. p.]. 60–130 cm. 7–9. ♃. Laubwälder, Waldlichtungsfluren, Hochstaudenfluren, Verbreitung ungenügend bekannt, wahrscheinl. im Hügel- u. unterem Bergland z, sonst s. O Fag., O Atrop.; europ-nem, subalp.
Im Gebiet nur **subsp. *germanicus*** [*S. nemorensis* subsp. *jacquinianus* (RCHB.) ČELAK.].

S. *hercynicus* HERBORG, **Harz-G., Hain-G.**
[*S. nemorensis* L. p. p., *S. nemorensis* subsp. *jaquinianus* auct.]. Köpfe 12–15 mm. 60–150 cm. 6–7 (3–6 Wochen vor *S. ovatus*). ♃. Sickerfeuchte Laub- u. Nadelwälder, Waldlichtungsfluren, Hochstaudenfluren, mäßig h bis z: oberes VGT u. oberes ERZ. V Pic., V Til.-Acer. O Aden.; europ-nem, mont.
Im Gebiet nur **subsp. *hercynicus***.

S. *inaequidens* DC., **Schmalblättriges G.***
30–100 cm. 6–11. ♃. Ruderalfluren (Verkehrswege, Müllplätze, Industriebrachen), mäßig h bis z im Tief- u. Hügelland, im Bergland s. ↗ NE. V Dauco-Mel., V Conv.-Agrop. Heimat: S-Afrika.

S. *jacobaea* L., **Jakobs G.***
Köpfe 15–20 mm Ø; Krone goldgelb. 30–100 cm. 7–9. ⊙, ♃. Wiesen, Halbtrockenrasen, Säume, mäßig h im Tief- u. Hügelland, s im Bergland. O Arrh., O Brom., V Cirs.-Brach., O Orig.; submed+euras-kont. Giftig.

S. *ovatus* (G. GAERTN. et al.) HOPPE, **Fuchssches G.***
[*S. fuchsii* C. C. GMEL., *S. nemorensis* L. subsp. *fuchsii* (C. C. GMEL.) DURAND]. 60–150 cm. 7–9. ♃. Laub- u. Mischwälder, Waldlichtungsfluren; Hochstaudenfluren, h im Hügel- u. Bergland, s bis z im Tiefland. O Fag., V Til.-Acer, V Pic., O Atrop., O Aden.; europ-nem. Giftig (für Vieh).
Im Gebiet nur **subsp. *ovatus***.

S. *paludosus* L., **Sumpf-G.**
Stängel vielköpfig. 80–170. 7–8. ♃. Ufer, Gräben, fehlt im Gebiet, doch bereits Sachsen-Anhalt: (früher) Elster-Luppe-Aue bei Weßmar, Röglitz, Döllnitz; europ-kont+submed.

S. *sarracenicus* L., **Fluss-G.**
[*S. fluviatilis* WALLR.]. Wurzelstock kriechend, mit Ausläufern. 60–150 cm. 8–9. ♃. Ufer-Staudenfluren, Weidengebüsche, s ELH: Pillnitz; ESG: Bad Schandau, Wehlen, sonst † ESG: Rathen, Pirna, Prossen; MLH: Penig, Hohenstein. ↘ V Conv., V Salic. alb.; euras-kont, fluv.

S. *sylvaticus* L., **Wald-G.***
15–80 cm. 6–8. ⊙. Nadelwälder, Waldlichtungsfluren, meist h vom Tiefland bis ins obere Bergland, in Ackerbaugebieten von LLA u. MLH zurücktretend. ↗ O. Pic., O Atrop.; europ-nem.

S. *vernalis* WALDST. et KIT., **Frühlings-G.**
Pflanze spinnwebig-wollig. 15–50 cm. 5–6(–11). ⊙, ⊙. Ruderalfluren (Wegränder, Müllplätze, Bahnanlagen), Ackerbrachen, Äcker, h im Tiefland, mäßig h im Hügelland, z im Bergland. ↗ NE (erstmals 1862). O Sis., O Onop., K Stell. med. Heimat: O-Europa, Vorderasien. Giftig (für Vieh).

S. *viscosus* L., **Klebriges G.***
15–50 cm. 6–10. ⊙. Ruderalfluren (Bahnanlagen, Industriebrachen, Kiesgruben), Waldlichtungsfluren, Schotterfluren, meist überall h. V Sis., V Car.-Epil., seltener V Galeops.; eurosib.

S. *vulgaris* L., **Gewöhnliches G.***
Blätter meist kahl, buchtig-fiederspaltig. 10–30 cm. 1–12. ⊙, ①. Äcker, Gärten, Ruderalfluren, Waldlichtungsfluren, h. K Stell. med., V Sis., O Atrop.; eurosib, circpol. Giftig.

Bastarde:
S. × *helwingii* BEGER [*S. vernalis* × *S. vulgaris*]: z
S. × *viscidulus* SCHEELE [*S. sylvaticus* × *S. viscosus*]: s
Weitere Bastarde sind zu erwarten.

Serratula L., **Scharte**

Stängel aufrecht, ästig; Blätter eiförmig, scharf gesägt, ungeteilt od. ± tief fiederteilig, untere lang gestielt, obere sitzend; Köpfe in Rispen od. Schirmrispen; Hüllblätter an der Spitze purpurrot. 30–100 cm. 7–9. ♃. Moor- u. Auenwiesen, lichte Wälder, auf meist wechseltrockenen Böden, z im Tief- u. Hügelland; s ERO. ↘ V Mol., V Cnid., V Brom., V Carp.; sarmat-südsib. Früher Färberpflanze, früher Off. **S. *tinctoria*** L., **Färber-Sch.**

Silphium L., **Silphie**

Stängel 4-kantig; Blätter 3-eckig eiförmig, spitz, grob gesägt; Hülle breit eiförmig, stumpf; Frucht breit verkehrt eiförmig, beiderseits geflügelt, oben ausgerandet; Krone goldgelb. 100–200 cm. 7–9. ♃. Zierpflanze, vorübergehend (Ende des 20. Jh.) auch Futterpflanze, verwildert, Müllplätze, Wegränder, Ufer, s. NU. V Arct., V Conv. Heimat: N-Amerika.
S. perfoliatum L., **Durchwachsene S., Becherpflanze**

Silybum ADANS., **Mariendistel**

Stängel u. Blätter kahl, Blätter am Rand mit gelbl.-weißen Stacheln, die unteren buchtig fiederspaltig, die oberen lanzettl., stängelumfassend; Köpfe 4–5 cm lang. 50–150 cm. 7–8. ⊙. Zierpflanze, verwildert, Müllplätze, städtische Brachen, Wegränder, s. NU. V Sis. Heimat: S-Europa, W-Asien. Früher Off. ***S. marianum*** (L.) GAERTN., **Echte M.**

Solidago L., **Goldrute**

1 Köpfe in aufrechten, meist schmalen, allseitswendigen Rispen od.Trauben; Hülle 5–9 mm lang; Zungenblüten deutl. länger als die Hülle ***S. virgaurea***
1* Köpfe in Schirmrispen od. ± pyramidenförmigen Rispen mit einseitswendigen, bogigen Ästen; Hülle 2–5 mm lang; Zungenblüten nicht od. kaum länger als die Hülle
2 Stängel kahl, höchstens im Köpfchenstand etwas behaart, ± bereift; Blätter meist kahl; Zungenblüten länger als die Röhrenblüten; Frucht 1,3–1,8 mm lang ***S. gigantea***
2* Stängel (besonders in der oberen Hälfte) dicht kurzhaarig, nicht bereift; Blätter unterseits behaart; Zungenblüten so lang wie die Röhrenblüten; Frucht 1–1,2 mm lang ***S. canadensis***

S. canadensis L., **Kanadische G.***

Zungenblüten 9–16. 50–200 cm. 8–10. ♃. Zierpflanze, verwildert, Wegränder, Bahnanlagen, Müllplätze, städtische u. Industriebrachen, Ufer, Lichtungsfluren in Auenwäldern, h. ↗ NE (erstmals 1836). K Artem., V Conv., V Atrop. Heimat: N-Amerika. Off.

S. gigantea AITON, **Riesen-G., Spätblühende G.***

[*S. serotina* AITON]. Zungenblüten 7–14. 50–150. 8–9. ♃. Zierpflanze, verwildert, Flussauen, feuchte Ruderalfluren (Wegränder, Müllplätze), z DDH, GHP, LLA, MLH; sonst mäßig h. ↗ NE (20. Jh.). V Conv., O Artem. Heimat: N-Amerika. Off.

S. *virgaurea* L., **Echte G., Gewöhnliche G.***

Untere Blätter elliptisch bis lanzettl., in den geflügelten Blattstiel verschmälert, gesägt, obere lanzettl., fast ganzrandig, fast sitzend. 7–9. ♃. Magerrasen, lichte bodensaure Laubmischwälder, Gebüsche, Säume, Waldlichtungsfluren, z DDH, GHP, LLA; sonst mäßig h. O Nard., V Querc. rob., O Fag., K Trif.-Ger., O Atrop.; eurosib, circpol.

1 Köpfe meist zahlreich u. in Rispen, 10–15 mm Ø; Hülle 5–7 mm lang; Blätter 3–4-mal so lang wie breit. 20–100 cm. Sonstige Angaben wie Art. **subsp. *virgaurea***

1* Köpfe 10–30(–50), meist in Trauben, 15–20 mm Ø; Hülle 7–9 mm lang; Blätter 4–6-mal so lang wie breit. 5–30 cm. Montane Borstgras-Magerrasen, z, oberes ERZ, ESG. V Nard. [subsp. *alpestris* WILLD.] . **subsp. *minuta*** (L.) ARCANG.

Bastard:

S. × *niederederi* KHEK [*S. canadensis* × *S. virgaurea*]: s, z. B. Leipzig

Sonchus L., **Gänsedistel**

1 Stängel (meist schon unterhalb der Mitte) ästig; Griffel u. Narben grünl.; Pflanze 1-jährig; Hülle höchstens mit vereinzelten Drüsenhaaren

2 Blätter etwas blaugrün, matt; Öhrchen der Stängelblätter in eine Spitze ausgezogen u. vom Stängel abstehend *(Abb. 754/1)*; Krone hellgelb **S. *oleraceus***

2* Blätter dunkelgrün, glänzend; Öhrchen der Stängelblätter abgerundet u. dem Stängel anliegend *(Abb. 754/2)*; Krone sattgelb **S. *asper***

1* Stängel nur im Kopfstand verzweigt od. einfach; Griffel u. Narben gelb; Pflanze ausdauernd; Hülle meist mit zahlreichen Drüsenhaaren

3 Stängelblätter mit herzförmigem Grund, ihre Öhrchen abgerundet; Kopfstiele u. Hüllen mit gelben Drüsenhaaren, selten drüsenlos; Köpfe 4–5 cm im Ø **S. *arvensis***

3* Stängelblätter mit pfeilförmigem Grund, ihre Öhrchen schmal 3-eckig, spitz; Kopfstiele u. Hüllen mit schwärzl. Drüsenhaaren; Köpfe 2–3 cm im Ø **S. *palustris***

S. *arvensis* L., **Acker-G.***

Blätter ungeteilt bis buchtig fiederspaltig; Köpfe in lockerer Schirmrispe; Pflanze mit Wurzelsprossen. 50–150 cm. 7–10. ♃. Äcker, Brachen, Rude-

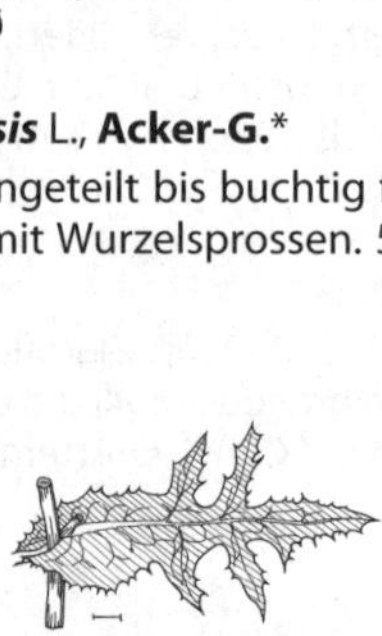

754/1

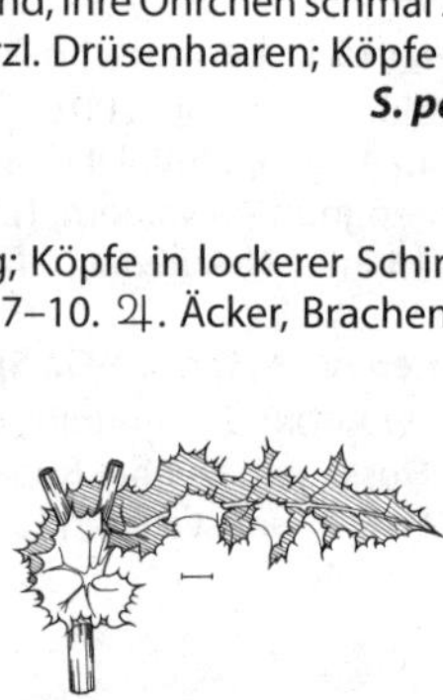

754/2

ralfluren, Straßenränder, Ufer, h, aber z im oberen Bergland. K Stell. med., V Conv.-Agrop., V Conv.; eurosib.

1 Kopfstiele u. Hüllen mit gelben Drüsenhaaren. Verbreitung u. Standorte wie die Art. **subsp. *arvensis***

1* Kopfstiele u. Hüllen (fast) drüsenlos. Ufer, Gräben, salzhaltige Straßenränder, s, z. B. OLH: Uhyst a. T., Salzenforst, wahrscheinl. nur NU; V Conv.-Agrop. [var. *laevipes* W. D. J. KOCH]. **subsp. *uliginosus*** (M. BIEB) NYMAN

S. asper (L.) HILL, **Raue G.***

Blätter ungeteilt, seltener fiederspaltig, dornig gezähnt. 30–80 cm. 6–10. ⊙. Äcker, Gärten, Ruderalfluren (Brachen, Müllplätze, Erdaufschüttungen usw.), Ufer, h. A. K Stell. med., V Sis., O Bid.; med-submed, heute kosm.

S. oleraceus L., **Kohl-G., Saudistel***

Blätter schrotsägeförmig fiederteilig mit großem 3-eckigem Endabschnitt. 30–80 cm. 6–10. ⊙. Äcker, Gärten, Ruderalfluren (Brachen, Wegränder, Müllplätze), Ufer, h. A. K Stell. med., V Sis., O Bid.; med-submed., heute kosm.

S. palustris L., **Sumpf-G.**

Blätter ungeteilt bis fiederteilig mit schmalen Seitenzipfeln; Köpfe in kompakter Schirmrispe; Pflanze nur selten mit Wurzelsprossen. 1–3 m. 7–9. ♃. Nasse Staudenfluren, Röhrichte, Ufer, besonders an Tagebaugewässern, s LLA: z. B. Leipzig, Kulkwitz. V Phragm., V Conv., V Filip.; submed+sarmat.

Bastard:

S.* × *rotundilobus KOVALEVSKAJA [*S. asper* × *S. oleraceus*]: s, z. B. Aue, Annaberg, Klingenthal

Symphyotrichum NEES, **Herbstaster**

1 Hülle mit Drüsenhaaren; Stängel steifhaarig, oberwärts drüsig ***S. novae-angliae***

1* Hülle drüsenlos; Stängel kahl od. oberwärts flaumig behaart

2* Hüllblätter nur undeutl. dachziegelig, die äußeren ca. 2/3 so lang wie die inneren, fast vollständig grün, nur am Grund hell berandet

3 Blätter deutl. geöhrt, halb-stängelumfassend, äußere Hüllblätter 0,7–1 mm breit ***S. novi-belgii***

3* Blätter kaum geöhrt, mit verschmälertem Grund sitzend; äußere Hüllblätter 0,5–0,7 mm breit ***S.* × *salignum***

2* Hüllblätter deutl. dachziegelig, die äußeren höchstens ½ so lang wie die inneren, in der oberen Hälfte mit grünem Mittelfeld, das als grüne Linie ± herabläuft, sonst weißl.

4 Zungenblüten blauviolett (selten weiß); Hüllblätter 0,6–1,2 mm breit; Blätter ± stängelumfassend, meist kahl

5 Pflanze bläul. bereift ***S. laeve***
5* Pflanze nicht bereift ***S. × versicolor***
4* Zungenblüten weißl. od. blasslila; Hüllblätter 0,3–0,7 mm breit; Blätter sitzend bis stängelumfassend, wenigstens unterseits auf der Mittelrippe behaart
6 Zungenblüten blasslila; Kronsaum der Röhrenblüten bis etwa 1/3 gespalten; Blätter nur mit wenigen Haaren ***S. lanceolatum***
6* Zungenblüten weißl.; Kronsaum der Röhrenblüten bis etwa zur Mitte gespalten; Blätter deutl. u. meist auf der ganzen Fläche behaart ***S. parviflorum***

S. laeve (L.) Á. LÖVE et D. LÖVE, **Glatte H.**
[*Aster laevis* L.]. 60–120 cm. 9–10. ♃. Flussufer, Ruderalfluren, s, NE (20. Jh.). O Conv., V Arct. Heimat: N-Amerika.

S. lanceolatum (WILLD.) G. L. NESOM, **Lanzett-H., Lanzettblättrige H.**
[*Aster lanceolatus* WILLD.]. 60–120 cm. 9–10. ♃. Flussufer, Ruderalfluren, Weidengebüsche, im Tiefland z, sonst s. ↗ NE (erstmals 1836). O Conv., V Arct., V Salic. alb. Heimat: östl. N-Amerika.

S. novae-angliae (L.) G. L. NESOM, **Neuengland-H., Raublatt-H.***
[*Aster novae-angliae* L.]. Zungenblüten blau, blauviolett, rosarot od. purpurn. 80–150 cm. 9–11. ♃. Flussufer, Ruderalfluren, z ERB, sonst s. ↗ NU. O Conv., V Arct. Heimat: östl. N-Amerika.

S. novi-belgii (L.) G. L. NESOM, **Neubelgien-H., Glattblatt-H.***
[*Aster novi-belgii* L.]. 50–160 cm. 9–10. ♃. Flussufer, Ruderalfluren, Weidengebüsche, mäßig h bis z, vor allem in urban-industriellen Ballungsgebieten; meist s DDH, ERZ, MLH. ↗ NE (erstmals 1821). O Conv., V Arct., V Salic. alb. Heimat: östl. N-Amerika.

S. parviflorum (NEES) GREUTER, **Kleinblütige H.**
[*Aster parviflorus* NEES, *A. tradescantii* auct. non L.]. 80–100 cm. 8–10. ♃. Flussufer, Ruderalfluren, Weidengebüsche, am Elbufer z, sonst s. Neoindigene Art (erstmals 1859, in Europa vermutl. in Kultur aus amerikanischen Arten entstanden). O Conv., V Arct., V Salic. alb.

S. × salignum (WILLD.) G. L. NESOM, **Weidenblatt-H.**
[*S. lanceolatum* × *S. novi-belgii*, *Aster* × *salignus* WILLD.]. 50–150. 9–10. ♃. Flussufer, Ruderalfluren, Weidengebüsche, z ELH; sonst s. ↗ Neoindigene Sippe (in Europa vermutl. in Kultur aus amerikanischen Arten entstanden). O Conv., V Arct., V Salic. alb.

S.* × *versicolor (WILLD.) G. L. NESOM, **Bunte H.**
[*S. laeve* × *S. novi-belgii*?, *Aster* × *versicolor* WILLD.]. 60–120 cm. 9–10. ♃. Ruderalfluren, s, bisher nur LLA. Neoindigene Sippe (in Europa vermutl. in Kultur aus amerikanischen Arten entstanden). V Arct.

Tagetes L., **Studentenblume, Tagetes**

1 Köpfe in dichten Schirmrispen; Hülle 7–12 mm lang ***T. minuta***
1* Köpfe einzeln; Hülle > 10 mm lang
2 Köpfe 4–6 cm Ø; Krone orange bis bräunl.; Kopfstiele unter dem Kopf wenig verdickt ***T. patula***
2* Köpfe 5–9(–12) cm Ø; Krone dottergelb; Kopfstiele unter dem Kopf deutl. verdickt ***T. erecta***

T. erecta L., **Aufrechte St.**
Stängel grün, kantig, aufrecht ästig; Blätter unpaarig gefiedert, Blättchen lanzettl.. 50–100 cm. 6–11. ⊙. Zierpflanze, verwildert, Komposthaufen, Müllplätze, s. NU. Heimat: Zentral-Amerika.

T. minuta L., **Mexikanische St.**
Blätter bis 12 cm lang, unterseits mit braunen Drüsenpunkten. 30–100 cm. 7–10. ⊙. Müll- u. Umschlagplätze, eingeschleppt, s, z. B. mehrfach Leipzig, Pirna. NU. V Sis. Heimat: Zentral- u. S-Amerika.

T. patula L., **Ausgebreitete St.**
Stängel oft violett überlaufen, rund, abstehend ästig; Blätter unpaarig gefiedert, Blättchen lineal lanzettl., nach dem Blattgrund zu kleiner; Geruch der Pflanze streng. 30–80 cm. 6–11. ⊙. Zierpflanze, verwildert, Komposthaufen, Müllplätze, s. NU. Heimat: Zentral-Amerika.

Tanacetum L., **Straußmargerite, Rainfarn, Mutterkraut, Balsamkraut**

1 Zungenblüten (meist) fehlend
2 Blätter fiederteilig ***T. vulgare***
2* Blätter ungeteilt ***T. balsamita***
1* Zungenblüten vorhanden, weiß
3 Röhrenblüten gelbl.- bis bräunl.-weiß; Köpfe 6–8 mm Ø; Zungen 1–3 mm lang, breiter als lang ***T. macrophyllum***
3* Röhrenblüten gelb; Köpfe 15–30 mm Ø; Zungen 2,5–15 mm lang, länger als breit
4 Zungen lineal längl.; Blätter etwas derb, im Umriss längl., beiderseits mit 6–15 fiederteiligen Abschnitten; Pflanze geruchlos ***T. corymbosum***
4* Zungen verkehrt eiförmig; Blätter zart, beiderseits mit 3–6 Abschnitten; Pflanze stark aromatisch
5 Zungen 2,5–7 mm lang; Pflanze gelbgrün, gering behaart; Köpfe straff aufrecht; Schirmrispe dicht; Blattabschnitte mit stumpfen Zipfeln ***T. parthenium***

5* Zungen 7–10 mm lang; Pflanze mattgrün, dicht grauhaarig; Köpfe auf meist gekrümmten Stielen, Schirmrispe locker; Blattabschnitte mit spitzen Zipfeln ***T. partheniifolium***

T. balsamita L., **Balsamkraut**

[*Chrysanthemum balsamita* L., *Balsamita major* DESF.]. Blätter elliptisch od. längl., gekerbt bis gesägt, obere meist geöhrt; Köpfe in lockeren Schirmrispe; Krone gelb, Pflanze aromatisch duftend. 50–120 cm. 8–10. ♃. Zierpflanze, verwildert, Ruderalfluren, grasige Abhänge, s. NE. V Arct., V Arrh. Heimat: Vorder-Asien. Off.

T. corymbosum (L.) SCH. BIP., **Gewöhnliche St.***

[*Chrysanthemum corymbosum* L.]. Untere Blätter lang gestielt, am Grund gefiedert, an der Spitze fiederteilig, die mittleren sitzend, fiederteilig, mit gesägter Spindel, alle mit längl. bis lanzettl. spitzen Zipfeln u. lanzettl., scharf gesägten Zipfelchen. 50–100 cm. 6–8. ♃. Lichte, wärmebegünstigte Wälder, Gebüsche, Säume, z ELH; s MLH: Grimma, Leißnig, Töpeln, Graußnig; s ERO: früher Tharandt, LLA: früher westl. von Leipzig; OLH: früher Baruth. ↘ V Querc. pub., V Carp., O Prun., O Orig.; submed+sarmat-südsib.

T. macrophyllum (WALDST. et KIT.) SCH. BIP., **Großblättrige St.**

[*Chrysanthemum macrophyllum* WALDST. et KIT.]. Schirmrispe sehr dicht, vielköpfig. 60–120 cm. 6–7. ♃. Zierpflanze, verwildert, Ruderalfluren, Parks, s. NU. Heimat: S-Europa, Kaukasus.

T. partheniifolium (WILLD.) SCH. BIP., **Staubige St.**
Schwarzenberger Edelweiß

[*Chrysanthemum partheniifolium* (WILLD.) PERS.]. 30–80 cm. 7–8. ♃. Felsspalten, Mauern, Bahnanlagen, Bergbauhalden, Flussschotter, z (lokal h) ERB, ERM, ERW, VGT; sonst s u. meist unbeständig ELH, LLA, MLH, OLB. ↗ NE (erstmals 1850). K Aspl., O Sedo-Scler., K Artem. Heimat: W-Asien

T. parthenium (L.) SCH. BIP., **Mutterkraut***

[*Chrysanthemum parthenium* (L.) BERNH.]. 30–60 cm. 6–8. ♃. Zierpflanze, verwildert, Dorfanger, Müllplätze, Wegränder, Zäune, meist mäßig h. P. V Arct.; o-med. Früher Off.

T. vulgare L., **Rainfarn***

[*Chrysanthemum vulgare* (L.) BERNH.]. Blätter fiederteilig, mit lanzettl., an den unteren Blättern fiederteiligen, an den oberen eingeschnitten gesägten Zipfeln; Krone gelb. 60–120 cm. 7–9. ♃. Wegränder, Müllplätze, Dämme, Waldränder, Wiesenbrachen, h. V Arct., V Dauco-Mel., V Arrh.; euras. Giftig, früher Off.

Taraxacum **F. H. Wigg., Kuhblume, Löwenzahn**

Pusteblume (ERZ, VGT)

In Sachsen sind bisher 158 beschriebene *Taraxacum*-Arten nachgewiesen, die sich auf acht Sektionen bzw. Gruppen verteilen. Dies dürfte etwa 30 % der real existierenden Arten entsprechen. Alle Arten sind obligat agamosperm u. deshalb reproduktiv voneinander isoliert. Insofern gibt es keine Neukombinationen des Erbgutes wie bei sexuellen od. fakultativ agamospemen Arten. Eine Abstufung in der taxonomischen Wertigkeit der Sippen gibt es bei *Taraxacum* aufgrund des hohen Ausbreitungsvermögens nicht (vgl. Gattung *Rubus*). Gesammelt werden sollten *Taraxaca* nur während ihrer Hauptblüte im April und Mai. Keine Herbstexemplare sammeln! Ein Herbarbeleg sollte nicht aus der gesamten Pflanze angefertigt werden, sondern nur ca. 5 Blätter, 1 geöffneten, 1 ungeöffneten Blütenstand u. gegebenenfalls (besonders sect. *Erythrosperma*) Früchte aufweisen. Keine ausschließl. fruchtenden Exemplare sammeln, da sich bei späten Entwicklungsstadien die Blattmorphologie ändert! Fruchtmerkmale sind stets an reifen Achänen zu ermitteln. Die Achänen bestehen aus einem ± gefärbten Hauptteil (Achänenkörper) mit aufgesetzter gefärbter Spitze (Pyramide) u. einem farblosen Stiel (Rostrum) des weißen Haarkelches (Pappus).

Spezialbegriffe bei der Gattung *Taraxacum*:
Blattinterlobien: Blattzwischenlappenabschnitte
Gestalt der Seitenlappen:
bügelförmig: Oberkante an der Basis konvex (geschultert), Spitze waagerecht abstehend od. zurückgerichtet
sichelförmig: Oberkante an der Basis konvex (geschultert), Spitze nach oben gebogen (sinusförmig)
hakenförmig: Spitze nach unten gerichtet
zurückgebogen: Spitze nach außen gerichtet
spatelförmig: Spitze verbreitert, stumpf
zungenförmig: längl. u. unterhalb der stumpfen Spitze verjüngt
peitschenförmig: linealisch u. unregelmäßig ausgerichtet
klauenförmig: aus der Spreitenebene heraus nach der Oberseite gekrümmt

Zeichnungen nach Uhlemann in Jäger & Werner (2005), z. T. Neuzeichnungen des Autors.

1 Äußere Hüllblätter mit schmalem, weißem Rand u. an der Außenseite mit schwielenartiger Verdickung; Achänen braun od. rotbraun, sehr selten (*T. tanyolobum*) grau, mit zylindrischer, ca. 1 mm langer Pyramide; Pflanze zart u. klein, mit dünnen Blattstielen; Blätter tief gelappt. 5–20 cm. 4–5. ♃. Trockene Standorte: lückige Xerothermrasen, (ruderale) Sandtrockenrasen, Silikatmagerrasen, Binnendünen, Ruderalstellen, Trittfluren. K Koel.-Coryn., K Fest.-Brom. ***T. sect. Erythrosperma,*** 760

1* Äußere Hüllblätter an der Außenseite ohne schwielenartige Verdickung, mit od. ohne Rand; Achänen stets grau; Pflanze robust, wenn zart u. klein, dann an moorigen od. sumpfigen Standorten

2 Pflanzen sehr zart u. kleinwüchsig; Blätter linealisch bis lineal lanzettl., unzerteilt, gezähnt, gebuchtet od. mit wenigen kleinen od. linealischen Lappen; äußere Hüllblätter den inneren anliegend, meist breit, seltener schmal berandet; Achänen mit zylindrischer Pyramide. 5–20 cm. 4–5. ♃. Staunasse bis wechselfeuchte, basenreiche Wiesen u. Flachmoore, Quellmoore, Salzwiesen. V Car. davall. ***T. sect. Palustria,*** 762

2* Pflanzen robust; Blätter gelappt

3 Innere Hüllblätter blauschwarz, stets deutl. bereift; Blattstiel u. Blattmittelrippe mit einem Muster feiner rot-grüner Linien; Blattseitenlappen meist hakenförmig. Blätter meist kahl od. wenig behaart, nur bei *T. boekmanii* dicht behaart. 15–30 cm. 4–5. ♃. Frische bis nasse Wiesen u. Weiden, Parkrasen, seltener Ruderalstellen. O Arrh., V Polyg. ***T.* sect. *Hamata,*** 763

3* Eines od. mehrere Merkmale dieser Kombination fehlend

4 Blattstiel u. Blattmittelrippe mit einem Muster feiner rot-grüner Linien, Blätter dicht behaart; Blattseitenlappen ± 3-eckig; Hülle mittelgrün bis blaugrün, bereift. 15–25 cm. 4–5. ♃. Frische bis nasse extensive Wiesen u. Weiden, Waldwege. O Arrh. ***T. adamii*-Gruppe,** 765

4* Eines od. mehrere Merkmale dieser Kombination fehlend

5 Äußere Hüllblätter bläul., steif aufrecht stehend, breit lanzettl., unberandet, zuweilen gewimpert, mit dunklem Mittelstreifen auf der Außenseite; Blattseitenlappen aus breiter Basis plötzl. in eine schmale, stumpfe, häufig nach oben gerichtete Spitze verjüngt. 10–20 cm. 4–5. ♃. Störstellen in (frischen), feuchten bis nassen, teils auch salzhaltigen, extensiven Wiesen u. Weiden. O Arrh. ***T.* sect. *Celtica,*** 766

5* Äußere Hüllblätter grün, ohne dunklen Mittelstreifen auf der Außenseite, ± waagerecht abstehend, zurückgeschlagen, zurückgerichtet od. unregelmäßig, wenn aufrecht stehend bis anliegend, dann stets berandet

6 Äußere Hüllblätter < 10 mm lang. 10–25 cm. 4–5. ♃. Kühle, schattige, lange schneebedeckte Weg- u. Straßenränder der oberen Erzgebirgslagen ***T. hercynicum,*** 766

6* Äußere Hüllblätter > 10 mm lang

7 Äußere Hüllblätter den Inneren anliegend, stets berandet. 15–30 cm. 4–5. ♃. (Frische), feuchte bis nasse, teils auch salzhaltige Weiden. O Arrh., V Calth. ***T. subalpinum*-Gruppe,** 767

7* Äußere Hüllblätter ± waagerecht, zurückgeschlagen, zurückgerichtet, unregelmäßig od. sehr selten aufrecht abstehend, berandet od. unberandet. 15–30 cm. 4–5. ♃. Frische bis mäßig frische Weiden, Weg- u. Straßenränder. O Arrh., V Polyg., V Arct. ***T.* sect. *Ruderalia,*** 767

T.* sect. *Erythrosperma (H. Lindb.) Dahlst., **Schwielen-Kuhblumen-Gruppe** [*T. laevigatum* agg.]

Klar abgrenzbare Sektion, trotz des einzigen graufrüchtigen Vertreters, *T. tanyolobum*, der habituell u. ökologisch ohne Einschränkung hier einzuordnen ist.

1 Achänen grau — äußere Hüllblätter zurückgeschlagen, rotviolett; Blattseitenlappen an der Oberkante stark gezähnt; Blattinterlobien schwarzviolett *(Abb. 761/1 a)* ***T. tanyolobum***

1* Achänen braun od. rotbraun

2 Blütenkörbe u. Zungenblüten auch während der Blütezeit geschlossen bleibend — äußere Hüllblätter rotviolett; Blattseitenlappen 3-eckig *(Abb. 761/1 b)* ***T. brachyglossum***
2* Blütenkörbe u. Zungenblüten während der Blütezeit geöffnet
3 Äußere Hüllblätter den inneren anliegend; Blattseitenlappen abstehend, bügelförmig bis längl. spatelförmig *(Abb. 761/1 c)* — Pflanze ausgesprochen zart ***T. rubicundum***
3* Äußere Hüllblätter aufrecht mit zurückgebogenen Spitzen od. zurückgeschlagen
4 Pollen fehlend
5 Äußere Hüllblätter zurückgeschlagen; Blattseitenlappen ± 3-eckig, in etwa gleichen Abständen, auf der Oberkante mit kleinen Zähnen *(Abb. 761/1 g)*; Achänen braun ***T. proximum***
5* Äußere Hüllblätter ± waagerecht abstehend; Blattseitenlappen ± 3-eckig, obere gedrängt stehend, meist ganzrandig *(Abb. 761/1 f)*; Achänen rotbraun ***T. parnassicum***
4* Pollen vorhanden
6 Blattseitenlappen sichelförmig *(Abb. 761/1 e)* — Achänen hell ziegelrot ***T. lacistophyllum***
6* Blattseitenlappen 3-eckig, linealisch od. spatelförmig
7 Blattendlappen aus 3 gleichen, spatelförmigen Teilen bestehend *(Abb. 761/1 d)* ***T. tenuilobum***
7 Blattendlappen mit breiter Basis u. spatelfömiger Spitze od. 3-eckig
8 Blattseitenlappen linealisch, mit parallelem Einschnitt an der Oberkante *(Abb. 761/1 h)*; Achänen dunkel rotbraun ***T. scanicum***
8* Blattseitenlappen ± 3-eckig, selten etwas linealisch verlängert
9 Blattseitenlappen an der Oberkante kräftig gezähnt *(Abb. 762/1 a)*; Achänen hellbraun, kräftig gezähnt ***T. disseminatum***
9* Blattseitenlappen an der Oberkante mit kleinen Zähnen *(Abb. 762/1 b)*; Achänen rotbraun, mit kleinen Zähnen ***T. plumbeum***

761/1 a b c d e f g h

T. brachyglossum (DAHLST.) RAUNK.
s VGT: Planschwitz.

T. disseminatum G. E. HAGLUND
s LLA: früher Leipzig: an der Wollkämmerei; s OLT: Knappenrode, Zeißholz, Weißwasser.

T. lacistophyllum (DAHLST.) RAUNK.
z LLA, MLH, OL, VGT

T. parnassicum DAHLST.
[*T. silesiacum* G. E. HAGLUND]. Häufigste Art der Sektion in Sachsen; z EET, ELH, LLA, MLH, OLT, OLH, VGT; s ERO.

T. plumbeum DAHLST.
[*T. franconicum* SAHLIN]. z ELH, LLA, OLT; s VGT, ERO

T. proximum (DAHLST.) RAUNK.
z OLT; s ELH, GHP, LLA, MLH, OLHs

T. rubicundum (DAHLST.) DAHLST.
Auf kalkhaltigen Böden, s LLA: Modelwitz, VGT: Kobitschwalde, Weischlitz.
Anmerkung: OL-Funde in HARDTKE & IHL (2000) sind falsch!

T. scanicum DAHLST.
z ELH, LLA, OLT

T. tanyolobum DAHLST.
s ELH:, Dresden: Hoher Stein, Kleinzschachwitz.

T. tenuilobum (DAHLST.) DAHLST.
s OLT: Knappenrode, Bärwalde, Hoyerswerda.

T. sect. *Palustria* (H. LINDB.) DAHLST., Sumpf-Kuhblumen-Gruppe (*T. palustre* agg.)

Sehr seltene, vom Aussterben bedrohte Arten.

1 Blätter mit deutl. linealischen, ± waagerecht abstehenden Seitenlappen; Mittelteil des Blattendlappens mit zwei kleinen, meist gegenüberstehenden Zähnen *(Abb. 762/1 c)* — Griffeläste grünl. ***T. ancoriferum***

1* Blätter unzerteilt, gezähnt od. mit sehr kleinen 3-eckigen Lappen

2 Griffeläste gelb — Pollen fehlend; Blätter mit kleinen Zähnen, die häufig als Doppelzähne ausgebildet sind *(Abb. 762/1 d)*; äußere Hüllblätter 8–10 ***T. geminidentatum***

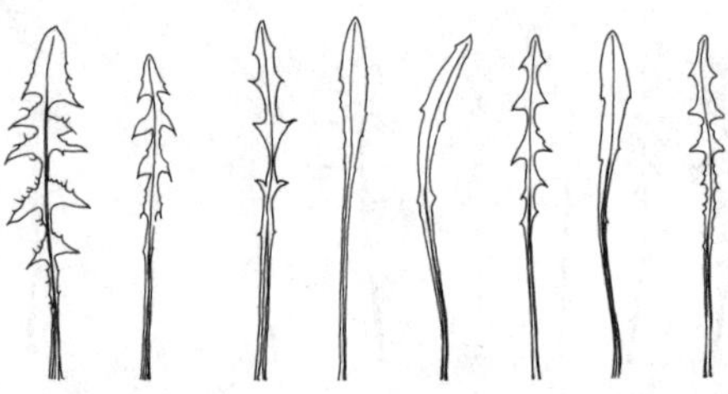

762/1 a b c d e f g h

2* Griffeläste grünl.

3 Pyramide der Achäne 1,6–2 mm lang — Blätter mit sehr kurzen, stumpfen, 3-eckigen, meist asymmetrischen Läppchen od. Zähnen *(Abb. 762/1 e)* ***T. bavaricum***

3* Pyramide der Achäne < 1,6 mm lang

4 Äußere Involukralblätter 2–3 mm breit — Blattseitenlappen kurz 3-eckig, *spitz (Abb. 762/1 f)* ***T. turfosum***

4 Äußere Involukralblätter 4–6 mm breit

5 Blätter mit kleinen, leicht hakigen Zähnen (selten schwach 3-lappig), stufenweise zur Basis hin verschmälert *(Abb. 762/1 g);* Pollen vorhanden ***T. trilobifolium***

5* Blätter mit kurzen, regelmäßigen, 3-eckigen kleinen, stumpfen Seitenlappen *(Abb. 762/1 h);* Pollen fehlend ***T. pollichii***

T. ancoriferum HUDZIOK
Früher ELH: Neusörnewitz.

T. bavaricum SOEST
[*T. calcem-amans* HUDZIOK]. s ESG: Langenhennersdorf; früher OLT: Ödernitz. Einzige noch existente Art der Sektion in Sachsen.

T. geminidentatum HUDZIOK
Früher LLA: Dölzig.

T. pollichii SOEST
Früher ELH: Neusörnewitz.

T. trilobifolium HUDZIOK
[*T. hemiparabolicum* HUDZIOK]. Früher: ESG: Langenhennersdorf; GHP: Lampertswalde; OLT: Ödernitz

T. turfosum (SCH. BIP.) SOEST
[*T. vollmannii* SOEST]. Früher ESG: Langenhennersdorf.

T. palustre agg. (ohne Artzuordnung): früher ELH: Weihnböhla; ERZ: Ansprung.

T. sect. *Hamata* H. ØLLG., Haken-Kuhblumen-Gruppe

(*T. officinale* p. min. p.)

Morphologisch gut abgrenzbare Sektion (Ausnahme: *T. boekmanii*). Verbreitungsschwerpunkt: atlantisches Europa.

1 Blattendlappen größer als die Seitenlappen, beiderseits mit einem großen Zahn *(Abb. 764/1 a)* ***T. atactum***

1* Blattendlappen nicht auffallend größer als die Seitenlappen

2 Äußere Hüllblätter > 4 mm breit

3 Äußere Hüllblätter unberandet; Zunge der Randblüten unterseits fast in gesamter Breite schwarzviolett gestreift — Hüllen sehr dunkel schwarzgrün gefärbt; Blattseitenlappen ganzrandig od. mit kleinen Zähnen *(Abb. 764/1 b)* ***T. fusciflorum***

3* Äußere Hüllblätter berandet; Zungen der Randblüten unterseits etwa zur Hälfte schwarzviolett gefärbt

4 Blätter kräftig behaart; Blattseitenlappen stark hakenförmig, Blattstiel u. Blattmittelrippe tief rotviolett *(Abb. 764/1 c)* ***T. boekmanii***

4* Blätter meist kahl, selten locker behaart, Blattstiel rotviolett, Blattmittelrippe bräunl.

5 Blattseitenlappen kaum hakenförmig, ± waagerecht abstehend, Oberkante kräftig gezähnt, ein Zahn besonders groß *(Abb. 764/1 d);* äußere Hüllblätter unbewimpert ***T. lamprophyllum***

5* Blattseitenlappen deutl. hakenförmig, Spitzen häufig vogelflügelartig knickig, Oberkante ± ganzrandig *(Abb. 764/1 e);* äußere Hüllblätter am Rand gewimpert ***T. hamatulum***

2* Äußere Hüllblätter 3–3,5 mm breit

6 Äußere Hüllblätter unberandet — Hülle stark bereift, deshalb weißl. blauschwarz wirkend; Blattseitenlappen abstehend, kaum hakenförmig *(Abb. 764/1 f)* ***T. subhamatum***

6* Äußere Hüllblätter berandet

7 Blattstiele grün; äußere Hüllblätter schmutzig purpurn mit rosafarbenem Rand; Blattseitenlappenpaare (4–)5–6 *(Abb. 764/1 g)* ***T. polyhamatum***

7* Blattstiele rotviolett, Blattseitenlappenpaare 3–4(–5)

8 Blattseitenlappen kaum hakenförmig, 3-eckig *(Abb. 765/1 a)* ***T. hamatiforme***

8* Blattseitenlappen stark hakenförmig *(Abb. 765/1 b)* ***T. hamatum***

T. atactum Sahlin et Soest
s (wahrscheinl. eingeschleppt), Dresden.

T. boekmanii Borgv.
Einzige Art der Sektion mit kräftiger Blattbehaarung, deswegen zur *T. adamii*-Gruppe vermittelnd; im Tiefland s; wenige Funde in Dresden.

T. fusciflorum H. Øllg.
s ELH: Dresden; ERO: Dittersdorf, Karsdorf.

T. hamatiforme Dahlst.
Am stärksten Ruderalfluren tolerierende u. häufigste *Hamata*-Art; z ELH, ERZ, ESG, LLA, OL, VGT.

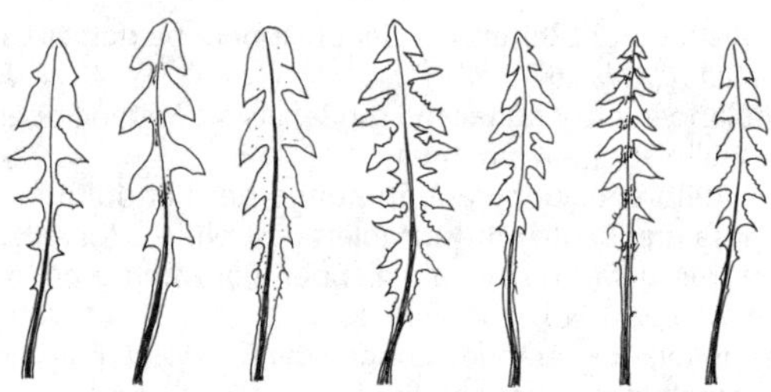

764/1 a b c d e f g

T. hamatulum HAGEND., SOEST et ZEVENB.
Morphologisch *T. hamatum* nahe stehende Art; z ELH, ERZ, OLT, VGT.

T. hamatum RAUNK.
Typusart der Sektion mit sehr stark hakenförmigen Blattseitenlappen; s ERO: Niederfrauendorf; VGT: Bad Elster, Schönlind; DDH: Winkelmühle

T. lamprophyllum M. P. CHRIST.
Fast ebenso häufig wie *T. hamatiforme*, aber fast ausschließl. auf frischen bis feuchten Weiden u. Wiesen, ohne Tendenz, Ruderalstandorte zu besiedeln; z ELH, ERB, ERZ, LLA, MLH, OLT, VGT; s OLH, OLB

T. polyhamatum H. ØLLG.
s (wahrscheinl. eingeschleppt), Dresden.

T. subhamatum M. P. CHRIST.
s ERO: Possendorf, Niederfrauendorf, Liebstadt, Fürstenwalde, Zinnwald, Pretzschendorf.

T. adamii-Gruppe, Adams Kuhblumen-Gruppe

(*T. spectabile* agg. p. p., *T. officinale* agg. p. min. p.)

Vermittelt insbesondere durch die kräftige Behaarung der Blätter zwischen der atlantisch-borealen Sektion *Naevosa* u. der Sektion *Ruderalia*, unterscheidet sich von der ersten durch ungefleckte Blätter u. kleinere Früchte.

1 Äußere Hüllblätter berandet, aufrecht abstehend

2 Blattstiel u. Blattmittelrippe intensiv rot; Blätter ungelappt od. mit 3-eckigen, großen, spitzen End- u. Seitenlappen *(Abb. 765/1 c)* ***T. adamii***

2* Blattstiel intensiv rot; Blattmittelrippe rötl. od. bräunl.; Blattseitenlappen kurz, stumpf, 3-eckig, mit aufwärts gebogenen Spitzen, Blattendlappen stumpf, kurz, 3-eckig *(Abb. 765/1 d)* ***T. gelertii***

1* Äußere Hüllblätter unberandet, ± waagerecht abstehend od. zurückgebogen

3 Blattmittelrippe intensiv rot; Blattseitenlappen stumpf, an der Oberkante ganzrandig od. mit sehr wenigen, kleinen Zähnen *(Abb. 765/1 e)* ***T. excellens***

3* Blattmittelrippe bräunl.; Blattseitenlappen spitz, an der Oberkante mit zahlreichen, kleinen Zähnen *(Abb. 765/1 f)* ***T. duplidentifrons***

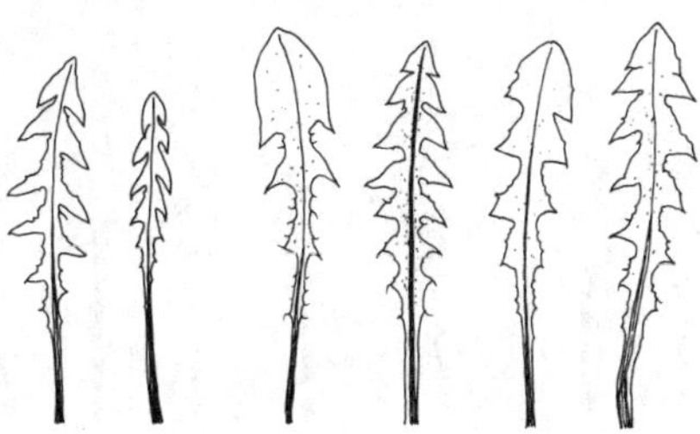

765/1 a b c d e f

T. adamii CLAIRE
s ERM: Fichtelberg, Tellerhäuser, Jöhstadt.

T. duplidentifrons DAHLST.
[*T. raunkiaerii* M. P. CHRIST. et WIINST.]. Extensive Feuchtweiden, s OLT: Mücka; OLH: Seeligstadt, Kleinröhrsdorf.

T. excellens DAHLST.
s ERO: Dittersdorf, Rehefeld, Oberbärenburg, Zinnwald, Kühnhaide; OLT: Wittichenau.

T. gelertii RAUNK.
Häufigste Art der Gruppe in Sachsen, z ELH, OL, VGT.

T.* sect. *Celtica A. J. RICHARDS, **Moor-Kuhblumen-Gruppe** (*T. spectabile* agg. p. p.)

Hier sehr eng gefasste Sektion (unmittelbare Verwandtschaft von *T. nordstedtii*). Früher verschiedentl. in *T.* sect. *Palustria* eingeschlossen.

1 Pollen fehlend; Blattendlappen etwa so lang wie breit, oft 3-lappig, mit kurzen, stumpfen Läppchen *(Abb. 766/1 a)* ***T. nordstedtii***
1* Pollen vorhanden; Blattendlappen länger als breit *(Abb. 766/1 b)* ***T. reichlingii***

T. nordstedtii DAHLST.
[*T. cambriense* A. J. RICHARDS]. Rückgang durch Habitatverlust, z ERZ, OLT; s EET, ELH, GHP, OLH, VGT.

T. reichlingii SOEST
s VGT: Unterlohsa.

T. hercynicum KIRSCHNER et ŠTĚPÁNEK
Durch ihren zarten Habitus, nur bis ca. 10 mm lange äußere Hüllblätter, eine spezifische Blattlappung mit zahlreichen kleinen Seitenlappen *(Abb. 766/1 c)* u. ihre Ökologie zur *T.* sect. *Alpestria* vermittelnde Art. Kühle, feuchte, schattige Stellen, s ERM: Fichtelberg, Jöhstadt; ERO: Glashütte, Wesenstein, Zinnwald; ERW: Schneckenstein; OLH: Steinigtwolmsdorf.

766/1 a b c d e f g

T. subalpinum-Gruppe, Hudziok-Kuhblumen-Gruppe (Palustroide)

Zwischen den Sektionen *Palustria* und *Ruderalia* vermittelnde Gruppe. Unterscheidet sich von den *Palustria* durch einen kräftigen Habitus, eine deutl. Blattlappung u. ökologisch durch höhere Konkurrenzkraft.

1 Pollen fehlend — Blattseitenlappen meist ganzrandig, Endlappen länger als breit, oft eingeschnürt *(Abb. 766/1 d)* ***T. subalpinum***
1* Pollen vorhanden
2 Blattendlappen etwa so lang wie breit *(Abb. 766/1 e)* ***T. fascinans***
2* Blattendlappen länger als breit
3 Äußere Hüllblätter breit eiförmig, bis ca. 6 mm breit; Blattendlappen meist ganzrandig, pfeilförmig *(Abb. 766/1 f)* ***T. copidophyllum***
3* Äußere Hüllblätter breit lanzettl., ca. 4 mm breit; Blattendlappen gezähnt, spießförmig *(Abb. 766/1 g)* ***T. porrigentilobatum***

T. copidophyllum DAHLST.
Extensive Feuchtweiden, s ELH: Dresden; LLA: Markkleeberg; OLH: Möhrsdorf; OLT: Bad Muskau, Commerau

T. fascinans KIRSCHNER, MIKOLAS et ŠTĚPÁNEK
Extensive Feuchtweiden, s; OLH: Oberkaina, OLT: Baruth, Königswartha

T. subalpinum HUDZIOK
[*T. dahnkei* R. DOLL, *T. flaemingense* HUDZIOK]. Extensive Feuchtweiden, salzbeeinflusste Wiesen im Tief- u. Hügelland, z OLH, OLT; s ELH, ERO, MLH

T. porrigentilobatum RAIL.
[*T. tragopogon* KIRSCHNER et ŠTĚPÁNEK]. Häufigste Art dieser Gruppe im Gebiet, vom Tiefland bis Bergland z ERZ, OL.

T. sect. *Ruderalia* KIRSCHNER, H. ØLLG. et ŠTĚPÁNEK
(*T. officinale* agg. p. max. p.)

Umfangreichste Sektion in Sachsen mit gegenwärtig 122 Arten. Darüber hinaus gibt es zahlreiche bislang nicht identifizierte bzw. unbeschriebene Arten.

Tabellenschlüssel

1 Alle Blattstiele einer Pflanze grün **Tabelle R 1,** 768
1* Blattstiele rosa bis rot od. rotviolett, zuweilen die äußeren grün
2 Äußere Hüllblätter berandet **Tabelle R 2,** 773
2* Äußere Hüllblätter unberandet
3 Innere Hüllblätter schwarzgrün **Tabelle R 3,** 776
3* Innere Hüllblätter olivgrün, mittelgrün od. hellgrün
4 Blattinterlobien schwarzviolett **Tabelle R 4,** 778
4* Blattinterlobien grün, höchstens die Ränder schwarzviolett
5 Blätter, besonders die inneren, dicht behaart **Tabelle R 5,** 781
5* Blätter kahl od. locker behaart
6 Blattstiel ungeflügelt od. Flügel nicht breiter als Mittelrippe **Tabelle R 6,** 782
6* Blattstiel geflügelt, Flügel breiter als Mittelrippe

7 Äußere Hüllblätter ± waagerecht abstehend od. unregelmäßig **Tabelle R 7,** 784

7* Äußere Hüllblätter zurückgeschlagen od. zurückgerichtet **Tabelle R 8,** 785

Tabelle R 1

(Blattstiele grün)

1 Äußere Hüllblätter aufrecht abstehend, berandet

2 Blattendlappen länger als breit, oft eingeschnitten; Blattinterlobien deutl. entwickelt, gezähnt *(Abb. 768/1 a)* ***T. intermedium***

2* Blattendlappen etwa so lang wie breit, meist ganzrandig; Blattinterlobien kurz *(Abb. 768/1 b)* ***T. tenebricans***

1* Äußere Hüllblätter meist ± waagerecht abstehend, zurückgeschlagen, zurückgerichtet od. unregelmäßig, berandet od. unberandet

3 Äußere Hüllblätter berandet

4 Blattseitenlappen spatelförmig, Spitzen häufig nach oben gebogen

5 Blattendlappen etwa so lang wie breit; Unterkante der Blattseitenlappen ohne Zähne *(Abb. 768/1 c)* ***T. aberrans***

5* Blattendlappen länger als breit, Unterkante der Blattseitenlappen gezähnt *(Abb. 768/1 d)* ***T. proclinatum***

4* Blattseitenlappen stumpf od. spitz, Spitzen ± waagerecht abstehend

6 Blätter dunkelgrün; Blattseitenlappen nur an der Oberkante etwas gezähnt *(Abb. 768/1 e)* ***T. pallidipes***

6* Blätter hellgrün; Blattseitenlappen an der Ober- u. Unterkante gezähnt *(Abb. 768/1 f)* ***T. sertatum***

3* Äußere Hüllblätter unberandet

7 Äußere Hüllblätter blau- bis rotviolett, lila od. (schmutzig) rosa

8 Blattinterlobien schwarzviolett; Blattseitenlappen abstehend bis etwas aufwärts gerichtet, an der Oberkante eingeschnitten u. gezähnt *(Abb. 769/1 a)* — äußere Hüllblätter (4–)5–6 mm breit ***T. pittochromatum***

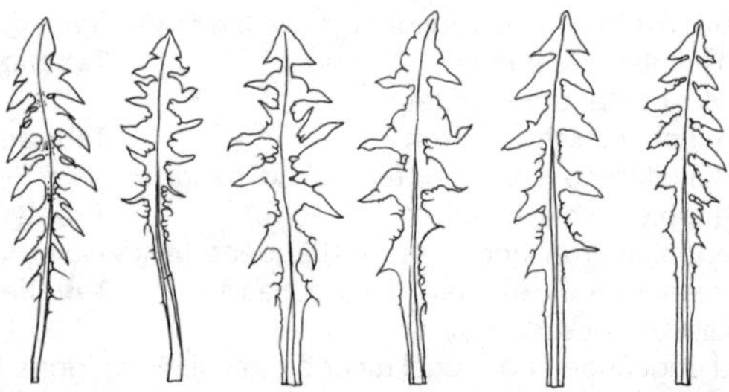

768/1 a b c d e f

8* Blattinterlobien grün, höchstens Ränder schwarzviolett
9 Äußere Hüllblätter blauviolett; Blattseitenlappen mit konvexer Ober- u. Unterkante *(Abb. 769/1 b)* ***T. cyanolepis***
9* Äußere Hüllblätter rotviolett, lila od. (schmutzig) rosa
10 Blattendlappen oft mehrfach u. unregelmäßig eingeschnürt; Oberkante der Blattseitenlappen mit großen, kräftigen Zähnen *(Abb. 769/1 c)* — Blätter behaart; äußere Hüllblätter schmutzig rosa, zurückgeschlagen ***T. horridifrons***
10* Blattendlappen mit wenigen Zähnen, ganzrandig od. einfach eingeschnitten; Oberkante der Blattseitenlappen ganzrandig od. mit wenigen kleinen Zähnen
11 Blattendlappen mit 2 großen gegenüberstehenden Zähnen *(Abb. 769/1 d)* — Blattstiel breit geflügelt ***T. ingens***
11* Blattendlappen ganzrandig od. eingeschnitten
12 Äußere Hüllblätter hell lila, bis 5 mm breit — Blattseitenlappen zurückgerichtet *(Abb. 769/1 e)* ***T. floccosum***
12* Äußere Hüllblätter rotviolett
13 Blattseitenlappen auffallend gleichartig, kurz 3-eckig, dicht stehend *(Abb. 770/1 a)* ***T. curtifrons***
13* Blattseitenlappen nicht auffallend gleichartig, 3-eckig, entfernt stehend *(Abb. 770/1 b)* ***T. piceatum***
7* Äußere Hüllblätter grün
14 Blattseitenlappen zurückgebogen bis hakenförmig
15 Blätter dunkelgrün; Blattseitenlappen hakenförmig, stumpf, nahezu ganzrandig *(Abb. 770/1 c)* ***T. ancistrolobum***
15* Blätter mittelgrün, Blattseitenlappen zurückgebogen, spitz, etwas gezähnt *(Abb. 770/1 d)* ***T. laticordatum***

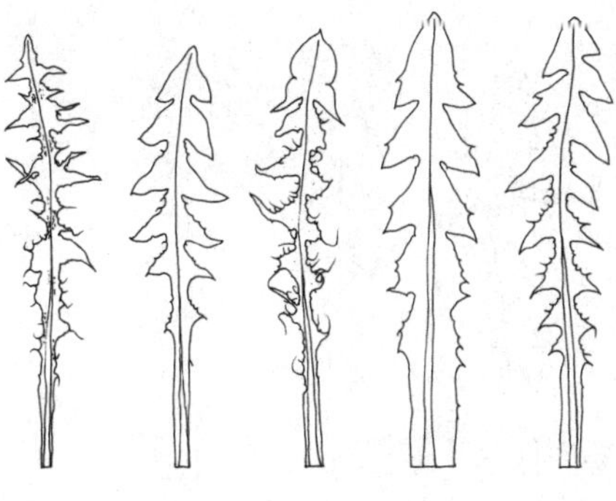

769/1 a b c d e

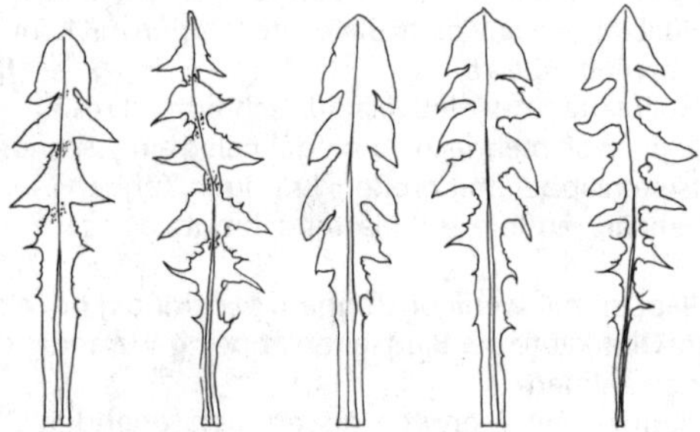

770/1 a b c d e

14* Blattseitenlappen ± waagerecht abstehend od. zurückgerichtet
16 Blattstiele ungeflügelt
17 Blattendlappen 3-eckig bis pfeilförmig; Blattseitenlappen spatelförmig, seltener zungenförmig *(Abb. 770/1 e);* äußere Hüllblätter ca. 12 mm lang u. 4–6 mm breit, abstehend ***T. sublaeticolor***
17* Blattendlappen mit zungenförmiger Spitze; Blattseitenlappen vogelflügelartig knickig *(Abb. 770/2 a);* äußere Hüllblätter > 12 mm lang, zurückgebogen ***T. klingstedtii***
16* Blattstiele geflügelt
18 Äußere Hüllblätter irregulär — Blattseitenlappen mit stark gezähnter Oberkante *(Abb. 770/2 b)* ***T. ottonis***
18* Äußere Hüllblätter regulär

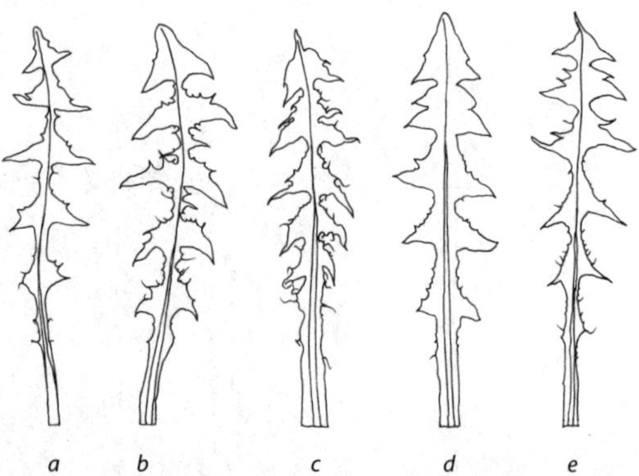

770/2 a b c d e

19 Innere Hüllblätter stark bereift, dadurch weißl. erscheinend
20 Blattendlappen mit deutl. abgesetzter Spitze; Blätter ± kraus — Blattstiel breit geflügelt *(Abb. 770/2 c)* ***T. leucopodum***
20* Blattendlappen ohne abgesetzte Spitze; Blätter glatt *(Abb. 770/2 d)* ***T. sellandii***
19* Innere Hüllblätter schwach bereift od. unbereift, grün
21 Blattseitenlappen mit lang ausgezogenen, linealischen, zuweilen peitschenförmigen Spitzen
22 Blattendlappen mit deutl. abgesetzter Spitze — Blattseitenlappen an der Oberkante mit einem großen Zahn od. Einschnitt *(Abb. 770/2 e)* ***T. panoplum***
22* Blattendlappen ohne abgesetzte Spitze
23 Oberkante der Blattseitenlappen gezähnt, ohne tiefe Einschnitte *(Abb. 771/1 a)* ***T. quadrangulum***
23* Oberkante der Blattseitenlappen mit tiefen Einschnitten
24 Blattendlappen spießförmig; Blätter oft locker behaart *(Abb. 771/1 b)* ***T. undulatiflorum***
24* Blattendlappen 3-eckig bis zungenförmig; Blätter kahl *(Abb. 771/1 c)* ***T. lacerifolium***
21* Blattseitenlappen ± 3-eckig, spitz, stumpf od. spatelförmig
25 Blattinterlobien schwarzviolett
26 Äußere Hüllblätter (15–)17–20 mm lang, zurückgeschlagen — Blattseitenlappen schmal 3-eckig, ± waagerecht abstehend bis schwach sichelförmig *(Abb. 771/1 d)* ***T. infuscatum***
26* Äußere Hüllblätter 12–15(–17) mm lang
27 Blattseitenlappen breit u. kurz 3-eckig, zurückgerichtet; Blattendlappen ganzrandig *(Abb. 771/1 e)* ***T. uniforme***

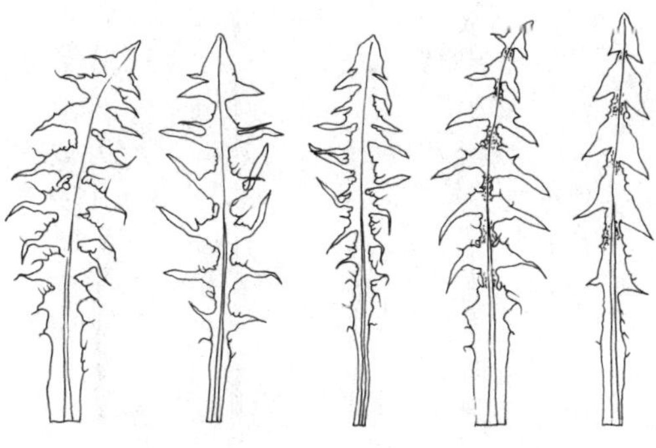

771/1 a b c d e

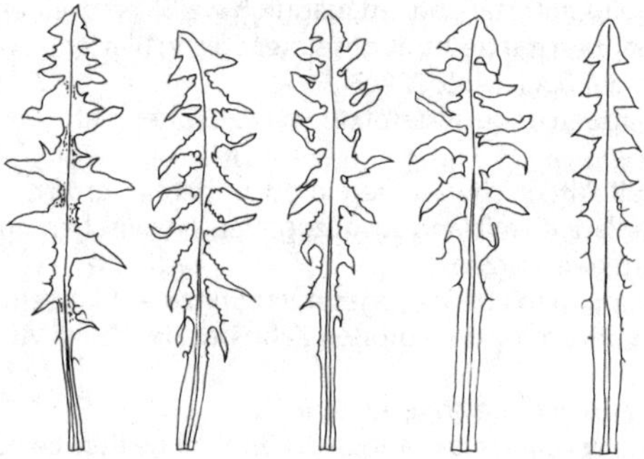

772/1 a b c d e

27* Blattseitenlappen schmal u. lang 3-eckig, zuweilen nach oben gerichtet; Blattendlappen mit tiefen, unregelmäßigen Einschnitten *(Abb. 772/1 a)* ***T. heikkinenii***

25* Blattinterlobien grün, höchstens Ränder schwarzviolett

28 Blattseitenlappen spatelförmig

29 Blattseitenlappen an der Ober- u. Unterkante mit mehreren Zähnen *(Abb. 772/1 b)* ***T. prasinum***

29* Blattseitenlappen an der Oberkante gezähnt od. ganzrandig, an der Unterkante ganzrandig, höchstens mit einem Zahn

30 Blattseitenlappen an der Oberkante mit einem großen stumpfen Zahn *(Abb. 772/1 c)* ***T. corynodes***

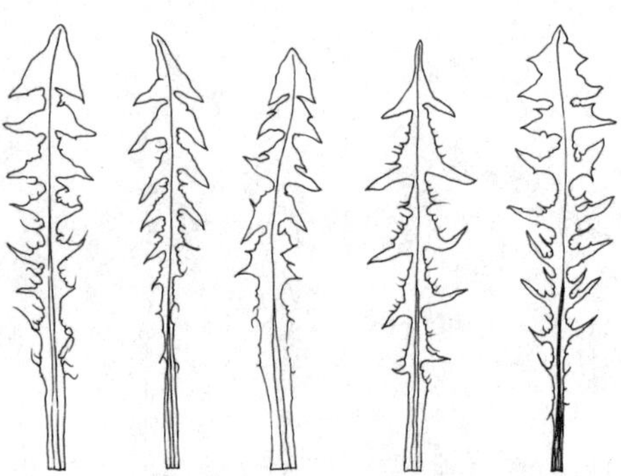

772/2 a b c d e

30* Blattseitenlappen an der Oberkante ganzrandig od. einem spitzen Zahn *(Abb. 772/1 d)* ***T. undulatiforme***

28* Blattseitenlappen ± 3-eckig, spitz od. stumpf

31 Äußere Hüllblätter zurückgeschlagen od. zurückgerichtet

32 Blattseitenlappen dicht stehend, d. h. Blattinterlobien kaum entwickelt *(Abb. 772/1 e)* ***T. necessarium***

32* Blattseitenlappen locker stehend, d. h. Blattinterlobien deutl. entwickelt

33 Blattendlappen etwa so lang wie breit *(Abb. 772/2 a)* ***T. opertum***

33* Blattendlappen länger als breit *(Abb. 772/2 b)* ***T. macranthoides***

31* Äußere Hüllblätter ± waagerecht abstehend od. wenig zurückgeschlagen

34 Spitzen der äußeren Hüllblätter nach oben gerichtet; Blattseitenlappen an der Oberkante ganzrandig od. mit einem großen Zahn; Blattendlappen 3-eckig bis pfeilförmig *(Abb. 772/2 c)* ***T. alatum***

34* Spitzen der äußeren Hüllblätter nach außen od. etwas nach unten gerichtet; Blattseitenlappen an der Oberkante mit zahlreichen, kräftigen, kammförmigen Zähnen; Blattendlappen zungenförmig *(Abb. 772/2 d)* ***T. pannucium***

Tabelle R 2

(Blattstiele rosa bis rot od. rotviolett, zuweilen die äußeren grün; äußere Hüllblätter berandet)

1 Äußere Hüllblätter aufrecht abstehend

2 Blattendlappen spießförmig, gezähnt od. gelappt; Blattseitenlappen jederseits 4–6(–7), schmal 3-eckig, an der Ober- u. Unterkante oft gezähnt *(Abb. 772/2 e)* ***T. subundulatum***

2* Blattendlappen pfeilförmig, ganzrandig od. eingeschnürt; Blattseitenlappen höchstens an der Oberkante gezähnt

773/1 a b c d e

3 Blattstiele sehr schwach rosa, einige zuweilen grün, Blattseitenlappen jederseits 5–6, Spitzen linealisch, oft sichelförmig *(Abb. 773/1 a)* ***T. acutifrons***

3* Blattstiele rotviolett; Blattseitenlappen jederseits 3–4, 3-eckig *(Abb. 773/1 b)* ***T. lucidum***

1* Äußere Hüllblätter ± waagerecht abstehend, zurückgeschlagen, zurückgerichtet od. unregelmäßig

4 Blätter sehr dicht behaart — Blattendlappen mit schmaler zungenförmiger Spitze *(Abb. 773/1 c)* ***T. capillosum***

4* Blätter kahl od. locker behaart

5 Äußere Hüllblätter ± waagerecht abstehend

6 Blattinterlobien grün — Blattseitenlappen aus breiter Basis plötzl. in eine schmale Spitze übergehend, diese oft nach oben gebogen; Blattendlappen mit abgesetzter zungenförmiger Spitze; Blattstiele intensiv purpurrot *(Abb. 773/1 d)* ***T. pulchrifolium***

6* Blattinterlobien schwarzviolett

7 Blattendlappen allmähl. in eine zungenförmige Spitze verlängert *(Abb. 773/1 e)* ***T. haematicum***

7* Blattendlappen 3-eckig od. pfeilförmig *(Abb. 774/1 a)* ***T. altissimum***

5* Äußere Hüllblätter zurückgeschlagen od. zurückgerichtet

7 Blattseitenlappen in linealische, peitschenförmige Spitzen verschmälert *(Abb. 774/1 b)* ***T. pectinatiforme***

8* Blattseitenlappen ± 3-eckig bis spatelförmig

9 Blattstiele sehr schwach rosa — Blattendlappen länger als breit, eingeschnitten *(Abb. 774/1 c)* ***T. delectum***

9* Blattstiele rosarot bis rotviolett

10 Unterkante der Blattseitenlappen gezähnt

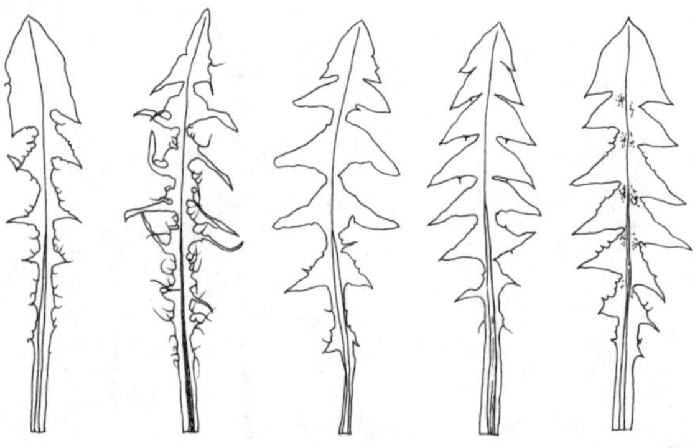

774/1 a b c d e

11 Unterkante der Blattseitenlappen mit einem großen Zahn; äußere Hüllblätter rötl. *(Abb. 774/1 d)* ***T. vastisectum***

11* Unterkante der Blattseitenlappen mit mehreren kleinen Zähnen; äußere Hüllblätter grün *(Abb. 768/1 f)* ***T. sertatum***

10* Unterkante der Blattseitenlappen ganzrandig

12 Blattinterlobien schwarzviolett *(Abb. 774/1 e)* ***T. severum***

12* Blattinterlobien grün

13 Hülle stark bereift — Blattendlappen zungenförmig verlängert u. oft eingeschnürt *(Abb. 775/1 a)* ***T. rhamphodes***

13* Hülle nicht od. schwach bereift

14 Blattseitenlappen ± waagerecht abstehend, entfernt stehend, d. h. Blattinterlobien deutl. entwickelt

15 Blattendlappen meist groß u. eingeschnitten, seltener klein u. ± 3-eckig; Blattseitenlappen an der Oberkante gezähnt *(Abb. 775/1 b)*; Flügel der Blattstiele grün ***T. acervatulum***

15* Blattendlappen spießförmig, ganzrandig; Blattseitenlappen ganzrandig *(Abb. 786/2 a)*; Flügel der Blattstiele wie Mittelrippe rosarot ***T. praestabile***

14* Blattseitenlappen ± waagerecht abstehend, zurückgebogen od. zurückgerichtet, relativ dicht stehend, d. h. Blattinterlobien wenig entwickelt

16 Äußere Hüllblätter stark zurückgerichtet — Blattendlappen mit abgesetzter Spitze *(Abb. 775/1 c)* ***T. retroflexum***

16* Äußere Hüllblätter zurückgebogen

17 Blattseitenlappen ± waagerecht abstehend, 3-eckig *(Abb. 775/1 d)*; äußere Hüllblätter grün ***T. amplum***

17* Blattseitenlappen zurückgebogen bis hakenförmig *(Abb. 776/1 a)*, äußere Hüllblätter rötl. überlaufen ***T. caninum***

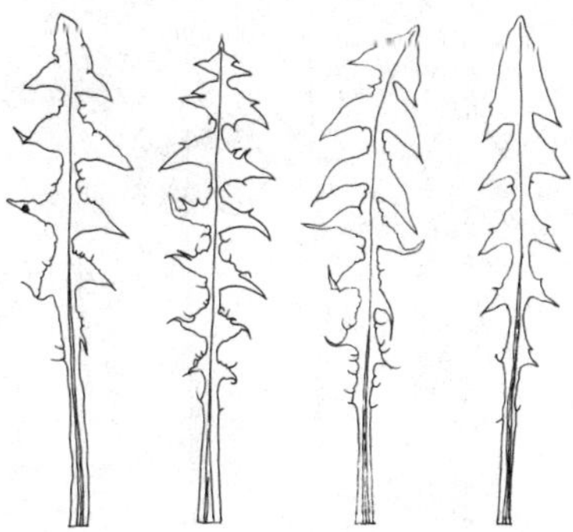

775/1 a b c d

Tabelle R 3

(Blattstiele rosa bis rot od. rotviolett, zuweilen die äußeren grün; äußere Hüllblätter unberandet, innere Hüllblätter schwarzgrün)

1 Blätter auffallend dunkel graugrün — Blattstiele schmutzig rotviolett, schmal geflügelt, locker behaart; Blattseitenlappen schmal 3-eckig, zurückgerichtet, oft in eine ± lange, schmale Spitze ausgezogen, Blattendlappen groß; Blattinterlobien oft schwarzviolett *(Abb. 776/1 b)* ***T. debrayi***

1* Blätter mittel- od. hellgrün, nicht auffallend dunkel

2 Blattendlappen länger als breit

3 Blattinterlobien schwarzviolett; Blattseitenlappen oft wechselständig *(Abb. 776/1 c)* ***T. ohlsenii***

3* Blattinterlobien grün; Blattseitenlappen gegenständig

4 Blattseitenlappen jederseits 2–3, Spitzen lang ausgezogen *(Abb. 776/1 d)* ***T. praecox***

4* Blattseitenlappen jederseits 3–4, Spitzen kurz *(Abb. 776/1 e)* ***T. atricapillum***

2* Blattendlappen etwa so lang wie breit

5 Blattseitenlappen jederseits 5–6(–7) ± waagerecht abstehend, mit einem großen Einschnitt an der Oberkante; Blattinterlobien schwarzviolett *(Abb. 776/1 f)*; Pflanze relativ zart ***T. collarispinulosum***

5* Blattseitenlappen 3–4(–5)

6 Blattseitenlappen stark hakenförmig

7 Griffeläste schwärzl.; Pollen vorhanden; Blattseitenlappen an der Oberkante meist ganzrandig, seltener mit kleinen Zähnen *(Abb. 777/1 a)* ***T. oblongatum***

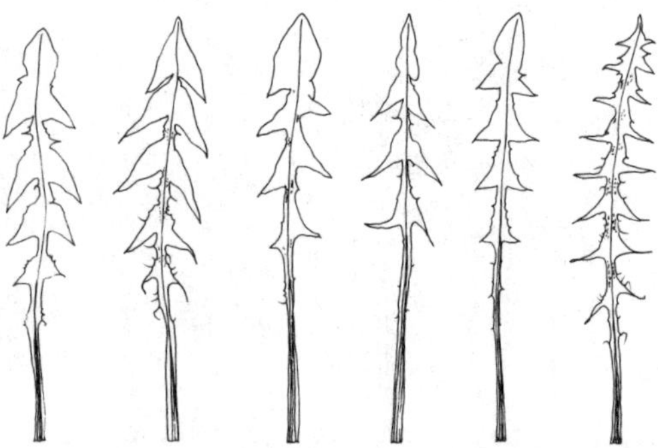

776/1 a b c d e f

7* Griffeläste gelb; Pollen stets fehlend; Blattseitenlappen mit einem großen Zahn an der Oberkante *(Abb. 777/1 b)* ***T. ostenfeldii***

6* Blattseitenlappen ± 3-eckig, abstehend, zurückgebogen od. zurückgerichtet

8 Blattendlappen mit schmaler, abgesetzter Spitze

9 Blattseitenlappen an der Oberkante mit zahlreichen schmalen u. z. T. langen Zähnen *(Abb. 777/1 c)* ***T. subsaxenii***

9* Blattseitenlappen an der Oberkante ganzrandig od. mit einem Einschnitt, zuweilen mit wenigen kleinen Zähnen *(Abb. 777/1 d)* ***T. petterssonii***

8* Blattendlappen ± 3-eckig

10 Blattinterlobien schwarzviolett — Blattseitenlappen ± abstehend bis zurückgebogen, an der Oberkante gezähnt *(Abb. 777/1 e);* Blütezeit meist früher als die der übrigen Arten ***T. atrox***

10* Blattinterlobien grün, höchstens die Ränder schwarzviolett

11 Blattseitenlappen zurückgerichtet; Endlappen oft wenig ausdifferenziert, d. h. nach unten durch immer größer werdende Einschnitte allmähl. in die Seitenlappen übergehend; Blattstiele intensiv rotviolett *(Abb. 777/1 f)* ***T. melanostigma***

11* Blattseitenlappen abstehend bis schwach zurückgebogen; Blattendlappen ausdifferenziert, d. h. von den Seitenlappen abgesetzt; Blattstiele ± rosa

12 Blattstiel ungeflügelt od. Flügel nicht breiter als Mittelrippe; Blattendlappen groß, gezähnt od. eingeschnitten *(Abb. 777/1 g)* ***T. amaurolepis***

12* Blattstiel geflügelt, Flügel breiter als Mittelrippe; Blattendlappen ganzrandig *(Abb. 777/1 h)* ***T. inarmatum***

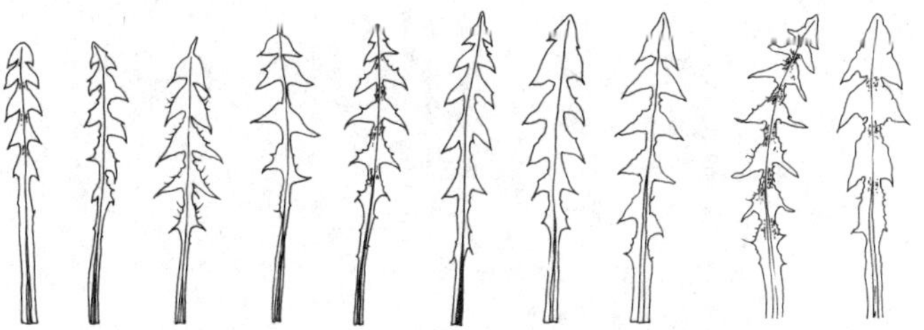

a b c d e f g h i k

777/1

Tabelle R 4

(Blattstiele rosa bis rot od. rotviolett, zuweilen die äußeren grün; äußere Hüllblätter unberandet, innere Hüllblätter olivgrün, mittelgrün od. hellgrün, Blattinterlobien schwarzviolett)

1 Äußere Blattstiele grün, innere rot — Blattinterlobien u. teilweise auch Blattspreiten schwarzviolett *(Abb. 777/1 i)* ***T. maculatum***

1* Alle Blattstiele (hell)rosa bis rot od. rotviolett

2 Rand der abstehenden bis wenig zurückgeschlagenen äußeren Hüllblätter gezähnt — Blattendlappen länger als breit, oft eingeschnürt; Blattseitenlappen ± 3-eckig, etwas zurückgerichtet *(Abb. 777/1 k)* ***T. pulverulentum***

2* Rand der äußeren Hüllblätter glatt

3 Blätter niederliegend — Blattstiel breit geflügelt; Blattseitenlappen in lange, linealische Spitzen auslaufend; Blattinterlobien kraus *(Abb. 778/1 a)*; äußere Hüllblätter irregulär zurückgebogen ***T. planum***

3* Blätter aufrecht

4 Blattseitenlappen aus breiter, konvexer, meist ganzrandiger Oberkante plötzl. in eine linealische Spitze verschmälert *(Abb. 778/1 b)* ***T. aurosulum***

4* Blattseitenlappen allmähl. in die Spitze verschmählert

5 Blattstiele ungeflügelt

6 Blattseitenlappen kurz 3-eckig, mit einem kräftigen Zahn auf der Oberkante *(Abb. 778/1 c)*; äußere Hüllblätter zurückgebogen ***T. subborgvallii***

6* Blattseitenlappen etwas zurückgebogen, ohne einzelnen kräftigen Zahn auf der Oberkante *(Abb. 778/1 d)*; äußere Hüllblätter ± waagerecht abstehend ***T. leptoscelum***

5* Blattstiele geflügelt

778/1 a b c d e

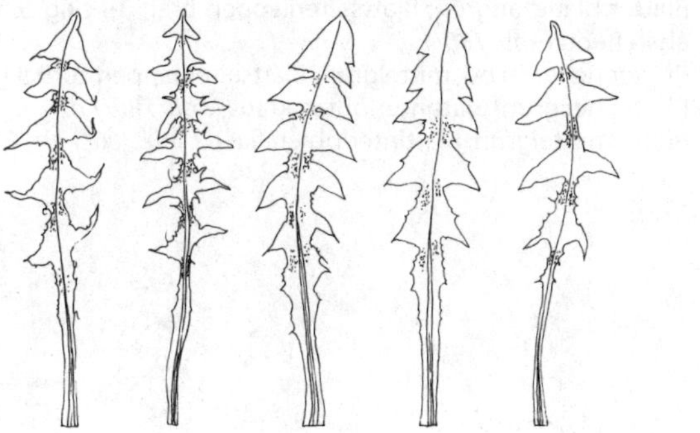

779/1 *a* *b* *c* *d* *e*

7 Blätter deutl. behaart
8 Blattstiele schwach bis sehr schwach rosa
9 Blattseitenlappen oft wechselständig *(Abb. 778/1 e)* ***T. huelphersianum***
9* Blattseitenlappen gegenständig *(Abb. 779/1 a)* ***T. fasciatum***
8* Blattstiele rosa bis rotviolett
10 Blattseitenlappen 4–5, stumpf, locker stehend *(Abb. 779/1 b);* nur Blattstiel rosa bis rotviolett; Blattmittelrippe bräunl. ***T. deltoidifrons***
10* Blattseitenlappen (5–)6–7, spitz, dicht stehend *(Abb. 779/1 c);* Blattstiel u. Blattmittelrippe rotviolett ***T. subxanthostigma***
7* Blätter kahl od. locker behaart
11 Äußere Hüllblätter in unterschiedl. Höhen ansetzend — Blattendlappen eingeschnitten od. gezähnt; Blattseitenlappen ± waagerecht abstehend, an der Oberkante gezähnt *(Abb. 779/1 d)* ***T. polyodon***
11* Äußere Hüllblätter in einer Höhe ansetzend
12 Äußere Hüllblätter schmutzig rosa bis rotviolett
13 Blattendlappen mit abgesetzter Spitze, zuweilen im oberen Drittel eingeschnürt, dadurch bauchförmig *(Abb. 779/1 e);* äußere Hüllblätter zurückgebogen ***T. guttigestans***
13* Blattendlappen ohne abgesetzte Spitze, 3-eckig od. zungenförmig verlängert u. dann eingeschnürt *(Abb. 780/1 a);* äußere Hüllblätter ± waagerecht abstehend ***T. baeckiiforme***
12* Äußere Hüllblätter grün, selten schwach rosa überlaufen
14 Äußere Hüllblätter ± waagerecht abstehend — Blattseitenlappen etwas zurückgerichtet *(Abb. 780/1 b)* ***T. longisquameum***
14* Äußere Hüllblätter zurückgebogen

15 Blätter blaugraugrün; Blattseitenlappen breit 3-eckig, ± waagerecht abstehend *(Abb. 780/1 c)* ***T. lundense***

15* Blätter hellgrün od. mittelgrün; Blattseitenlappen zurückgebogen

16 Blätter hellgrün; Blattinterlobien kraus *(Abb. 780/1 d)* ***T. crassum***

16* Blätter mittelgrün; Blattinterlobien flach *(Abb. 780/1 e)* ***T. hepaticum***

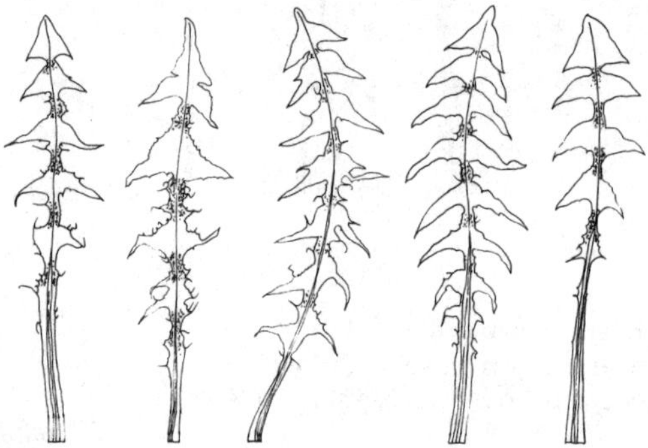

780/1 a b c d e

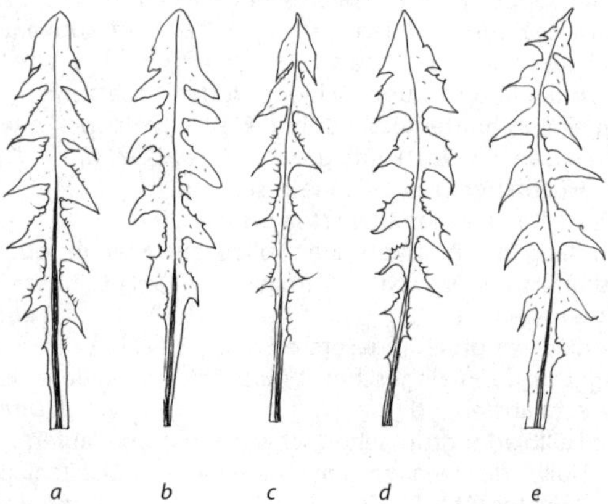

780/2 a b c d e

Tabelle R 5

(Blattstiele rosa bis rot od. rotviolett, zuweilen die äußeren grün; äußere Hüllblätter unberandet, innere Hüllblätter olivgrün, mittelgrün od. hellgrün, Blattinterlobien grün, Blätter dicht behaart)

1 Blattstiel u. Blattmittelrippe intensiv rotviolett — Blattstiel breit geflügelt; Blattseitenlappen in linealische Spitzen auslaufend, an der Oberkante mit dünnen Zähnen *(Abb. 780/2 a)* ***T. speciosiflorum***

1* Blattmittelrippe rötl., bräunl. od. grünl.

2 Blattseitenlappen stumpf *(Abb. 780/2 b)* — Blätter bläul.-grün, Blattstiel intensiv rotviolett ***T. stenoglossum***

2* Blattseitenlappen spitz

3 Äußere Hüllblätter ± waagerecht abstehend od. wenig zurückgeschlagen — Blattstiele schmal geflügelt od. ungeflügelt; Blattendlappen zungenförmig verlängert *(Abb. 780/2 c)* ***T. leptodon***

3* Äußere Hüllblätter deutl. zurückgeschlagen od. zurückgerichtet

4 Oberkante der Blattseitenlappen mit zahlreichen, z. T. kräftigen Zähnen — Blattendlappen oft eingeschnitten od. gezähnt *(Abb. 780/2 d)* ***T. semiglobosum***

4* Blattseitenlappen ganzrandig od. mit wenigen kleinen Zähnen

5 Blattstiele rosarot — Blattendlappen pfeilförmig, eingeschnürt *(Abb. 780/2 e)* ***T. interveniens***

5* Blattstiele sehr schwach rosa

6 Blattendlappen mit abgesetzter Spitze; Blattseitenlappen mit konvexer Oberkante *(Abb. 781/1 a)* ***T. acrolobum***

6* Blattendlappen 3-eckig, ohne abgesetzte Spitze; Blattseitenlappen 3-eckig *(Abb. 781/1 b)* ***T. praeradians***

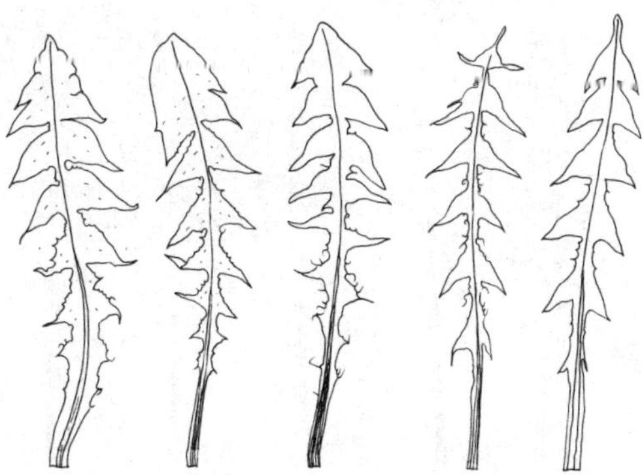

781/1 a b c d e

Tabelle R 6

(Blattstiele rosa bis rot od. rotviolett, zuweilen die äußeren grün; äußere Hüllblätter unberandet, innere Hüllblätter olivgrün, mittelgrün od. hellgrün, Blattinterlobien grün, Blätter kahl od. locker behaart, Blattstiele ± ungeflügelt)

1 Pollen fehlend; Griffeläste gelb — Blattendlappen groß, stumpf *(Abb. 781/1 c)* ***T. obtusulum***

1* Pollen vorhanden; Griffeläste grünl.

2 Blattendlappen mit abgesetzter Spitze

3 Äußere Hüllblätter ± waagerecht abstehend — Blattseitenlappen 3-eckig *(Abb. 781/1 d);* Blattinterlobien sehr ausgeprägt ***T. exacutum***

3* Äußere Hüllblätter zurückgebogen

4 Äußere Hüllblätter regulär zurückgebogen; Blattseitenlappen zurückgebogen bis hakenförmig, Oberkante ganzrandig *(Abb. 781/1 e)* ***T. pseudoretroflexum***

4* Äußere Hüllblätter irregulär zurückgebogen; Blattseitenlappen ± waagerecht abstehend, Oberkante mit Einschnitt *(Abb. 782/1 a)* ***T. canoviride***

2* Blattendlappen ohne abgesetzte Spitze

5 Blattstiel u. Blattmittelrippe intensiv rotviolett — Blattseitenlappen schmal 3-eckig, zuweilen nach oben gebogen *(Abb. 782/1 b);* äußere Hüllblätter 2–3 mm breit, ± waagerecht abstehend ***T. violaceinervosum***

5* Blattstiel rosa od. rotviolett; Blattmittelrippe bräunl., rotbraun od. grün

6 Oberkante der Blattseitenlappen mit einem großen Zahn od. Einschnitt

7 Äußere Hülllblätter waagerecht abstehend, deren Spitzen nach oben gebogen — Blattseitenlappen 3-eckig, meist etwas zurückgerichtet *(Abb. 782/1 c)* ***T. angustisquameum***

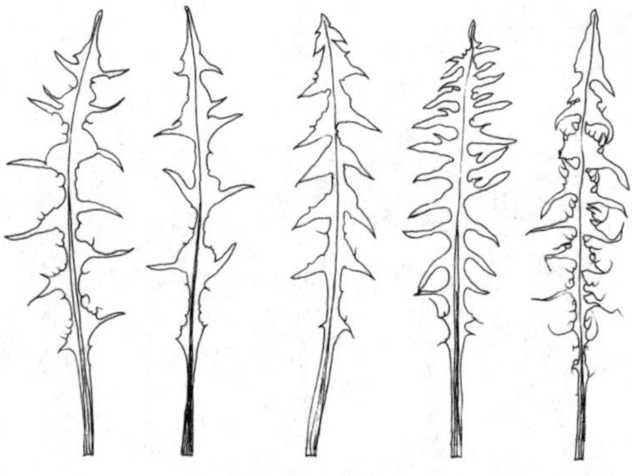

782/1 *a* *b* *c* *d* *e*

7* Äußere Hüllblätter zurückgebogen

8 Blattseitenlappen schmal 3-eckig bis zungenförmig, ± waagerecht abstehend, durch U-förmige Buchten voneinander getrennt *(Abb. 782/1 d)* ***T. gentile***

8* Blattseitenlappen linealisch bis peitschenförmig, durch V-förmige Buchten voneinander getrennt *(Abb. 782/1 e)* ***T. gustavianum***

6* Oberkante der Blattseitenlappen ganzrandig

9 Äußere Hüllblätter außergewöhnl. dünn, fast durchsichtig erscheinend — Blätter blaugraugrün; Blattendlappen länger als breit *(Abb. 783/1 a)* ***T. elegantius***

9* Äußere Hüllblätter nicht auffallend dünn

10 Blattendlappen etwa so groß wie die Seitenlappen *(Abb. 783/1 b)* — äußere Hüllblätter zurückgerichtet ***T. mimulum***

10* Blattendlappen länger als breit

11 Blattendlappen pfeilförmig bis 3-eckig *(Abb. 783/1 c)* ***T. valens***

11* Blattendlappen zungenförmig

12 Pflanze sehr zart; Blattseitenlappen durch lange Interlobien getrennt *(Abb. 783/1 d)* ***T. oxyrhinum***

12* Pflanzen robust; Blattinterlobien kurz *(Abb. 783/1 e)* ***T. contractum***

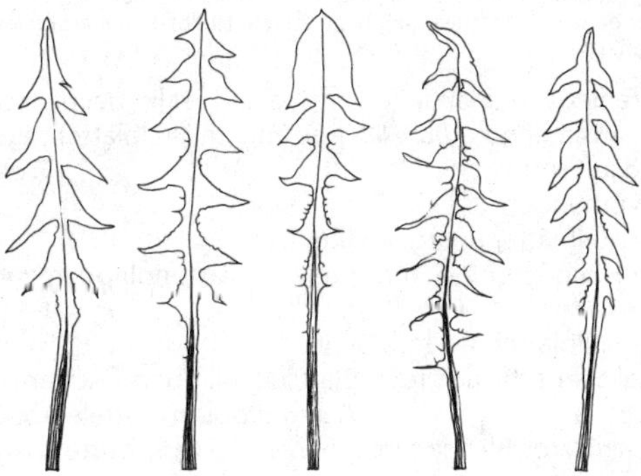

783/1 a b c d e

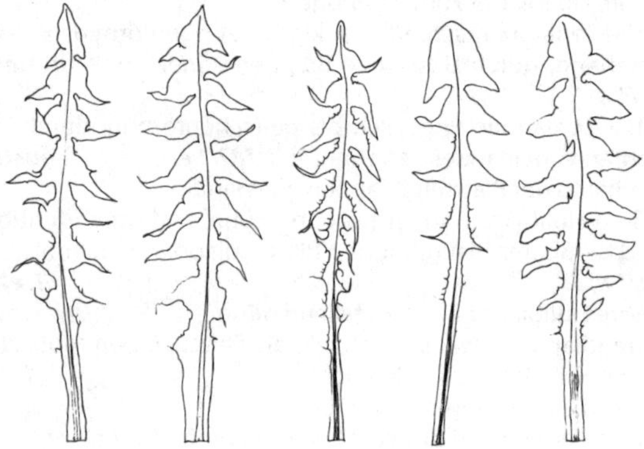

784/1 *a* *b* *c* *d* *e*

Tabelle R 7

(Blattstiele rosa bis rot od. rotviolett, zuweilen die äußeren grün; äußere Hüllblätter unberandet, innere Hüllblätter olivgrün, mittelgrün od. hellgrün; Blattinterlobien grün, Blätter kahl od. locker behaart, Blattstiele geflügelt, äußere Hüllblätter ± waagerecht abstehend od. unregelmäßig)

1 Pollen fehlend — Blattseitenlappen in linealische, peitschenförmige Spitzen auslaufend *(Abb. 784/1 a);* äußere Hüllblätter regelmäßig abstehend, oft rötl. ***T. exsertiforme***

1* Pollen vorhanden

2 Äußere Hüllblätter unregelmäßig

3 Äußere Hüllblätter 2–3 mm breit — Blattendlappen zungenförmig *(Abb. 786/2 b)* ***T. urbicola***

3* Äußere Hüllblätter 4–5 mm breit

4 Blattstiel sehr schwach rosa; Blattseitenlappen fast ganzrandig *(Abb. 784/1 b)* ***T. aequilobum*** (Mitteleuropäischer Typ)

4* Blattstiel rosarot; Blattseitenlappen an der Oberkante u. zuweilen auch an der Unterkante mit Pfriemzähnen *(Abb. 784/1 c)* ***T. aequilobum*** (Nordeuropäischer Typ)

2* Äußere Hüllblätter regelmäßig

5 Innere Hüllblätter stark bereift, dadurch weißl. — Blattendlappen groß, stumpf *(Abb. 784/1 d)* ***T. obtusifrons***

5* Innere Hüllblätter nicht od. sehr wenig bereift, dadurch grün

6 Blattseitenlappen spatelförmig, an der Unterkante oft mit einem großen Zahn *(Abb. 784/1 e)* ***T. sinuatum***

6* Blattseitenlappen 3-eckig, spitz od. stumpf

7 Äußere Hüllblätter 4–6 mm breit — Blattseitenlappen durch U-förmige Buchten voneinander getrennt *(Abb. 785/1 a);* Blattstiele der äußeren Blätter grün, der inneren Blätter rotviolett ***T. diastematicum***
7* Äußere Hüllblätter 3–4 mm breit
8 Blattseitenlappen breit 3-eckig, Oberkante konvex *(Abb. 785/1 b);* Blattstiele sehr schwach rosa ***T. cordatum***
8* Blattseitenlappen schmal 3-eckig *(Abb. 785/1 c);* Blattstiele rosarot ***T. tumentilobum***

Tabelle R 8

(Blattstiele rosa bis rot od. rotviolett, zuweilen die äußeren grün; äußere Hüllblätter unberandet, innere Hüllblätter olivgrün, mittelgrün od. hellgrün; Blattinterlobien grün, Blätter kahl od. locker behaart, Blattstiele geflügelt, äußere Hüllblätter zurückgebogen)

1 Äußere Hüllblätter rosarot
2 Blattendlappen mit abgesetzter zungenförmiger Spitze; Oberkante der Blattseitenlappen mit Einschnitt *(Abb. 785/1 d);* Blätter, besonders Blattinterlobien, kraus ***T. lacinulatum***
2* Blattendlappen ohne abgesetzte Spitze; Oberkante der Blattseitenlappen ganzrandig, seltener mit wenigen Zähnen *(Abb. 785/1 e);* Blätter glatt ***T. rhodopodum***
1* Äußere Hüllblätter grün, bräunl. od. schwach rötl. überlaufen
3 Blattendlappen in eine zungenförmige Spitze verlängert
4 Äußere Hüllblätter stark zurückgerichtet, oft dem Schaft anliegend — Blattseitenlappen 3-eckig, an der Oberkante oft mit einem großen Zahn *(Abb. 786/1 a)* ***T. hempelianum***
4* Äußere Hüllblätter zurückgeschlagen, nicht dem Schaft anliegend
5 Blattseitenlappen mit peitschenförmiger Spitze *(Abb. 786/1 b)* — Blätter locker behaart; äußere Hüllblätter oft bräunl. ***T. acroglossum***

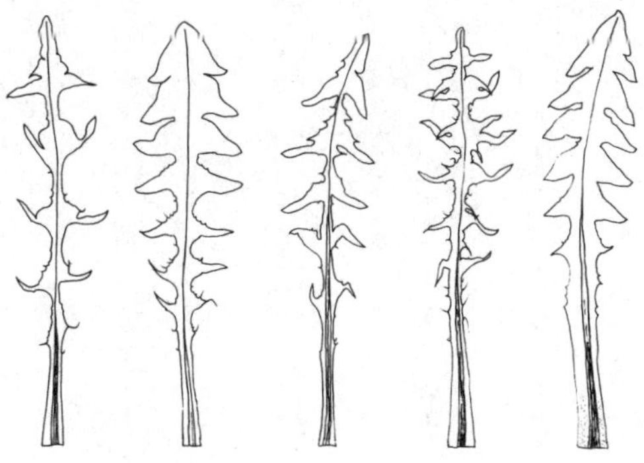

785/1 a b c d e

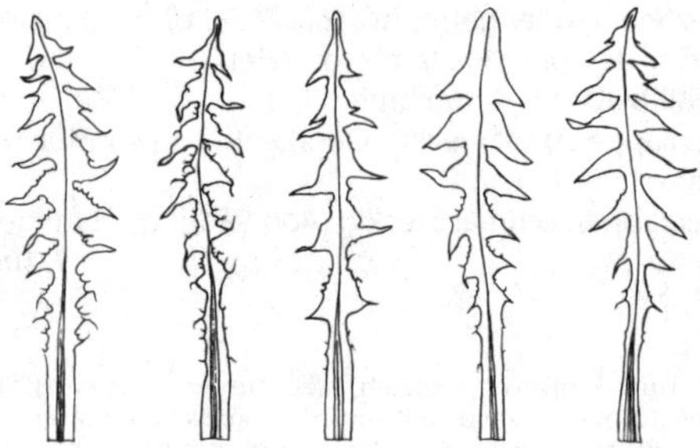

786/1 a b c d e

5* Blattseitenlappen mit ± gerader Spitze
6 Blatt auffallend regelmäßig gelappt; Blattseitenlappen sehr regelmäßig waagerecht abstehend *(Abb. 786/1 c)* ***T. exsertum***
6* Blatt nicht auffallend regelmäßig, sondern etwas irregulär gelappt
7 Blätter blaugraugrün; Blattendlappen ganzrandig *(Abb. 786/1 d);* Blattstiele schwach rosa; Griffeläste hell graugrün ***T. pseudohabile***
7* Blatter dunkelgrün; Blattendlappen oft gezähnt *(Abb. 786/1 e;* Blattstiele intensiv rotviolett; Griffeläste schwarzgrün ***T. habile***
3* Blattendlappen 3-eckig, ohne zungenförmige Spitze
8 Blattendlappen größer als die Blattseitenlappen, an den Seitenkanten mit 2 gegenüberstehenden Zähnen *(Abb. 786/2 c)* ***T. hemicyclum***
8* Blattendlappen ganzrandig od. eingeschnürt

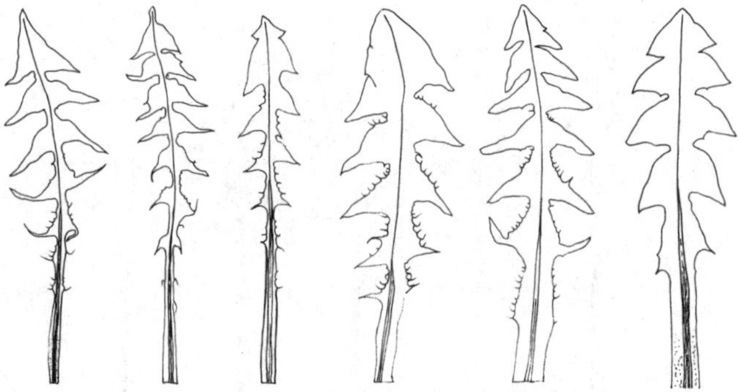

786/2 a b c d e f

9 Blattendlappen wesentl. größer als Blattseitenlappen, diese an der Oberkante mit zahlreichen dünnen Zähnen *(Abb. 786/2 d)* ***T. ekmanii***

9* Blattendlappen etwa so groß wie Blattseitenlappen

10 Blätter hellgrün; Blattseitenlappen stumpf, ± waagerecht abstehend *(Abb. 786/2 e);* Blattstiele schwach rosa, deren Flügel grün ***T. ochrochlorum***

10* Blätter mittelgrün; Blattseitenlappen spitz, zurückgebogen *(Abb. 786/2 f);* Blattstiele u. deren Flügel rosarot ***T. cumulatum***

T. aberrans Hagend., Soest et Zevenb.
z ELH, ERZ, MLH

T. acervatulum Rail.
[*T. ichmadophilum* Rail., *T. purpurisquameum* Soest]. Sehr h im gesamten Gebiet.

T. acroglossum Dahlst.
h ERZ: (oft große Populationen bildend); z ELH, OL

T. acrolobum Dahlst.
[*T. paradoxum* Palmgren]. h ERZ; z ELH, ESG, MLH, OL

T. acutifrons Markl.
s OLH: Steinigtwolmsdorf.

T. aequilobum Dahlst. (Mitteleuropäischer Typ)
h ERZ; z ELH, OL, VGT

T. aequilobum Dahlst. (Nordeuropäischer Typ)
[*T. tanysipterum* Rail.]. s ERO: Dippoldiswalde, Niederfrauendorf

T. alatum H. Lindb.
[*T. semiprivum* Dahlst.]. Sehr h im gesamten Gebiet.

T. altissimum H. Lindb.
s ERO: Altenberg, Liebenau, Seyda, Zinnwald.

T. amaurolepis Markl.
s OLH: Königshainer Berge; Häufungszentrum im ELH: Dresden.

T. amplum Markl.
[*T. pectinatilobatum* Rail., *T. robustum* Puol. non Koidz., *T. semigygaeum* Rail., *T. subedytomum* Rail.]. z ELH, ERZ, LLA, OL, VGT

T. ancistrolobum Dahlst.
z ERZ, OL; s LLA: Leipzig.

T. angustisquameum H. Lindb.
[*T. mimuliforme* Dahlst.]. z ELH, ERZ, MLH, OL

T. atricapillum Sonck
z ELH, ERO, MLH, OL

T. atrox Kirschner et Štěpánek
z bis h ELH, ERZ, ESG; s OLH: Panschwitz-Kuckau, Königshainer Berge.

T. aurosulum H. Lindb.
s ESG: Pirna; MLH: Nossen; OLH: Bischofswerda, Königshainer Berge, Steinigtwolmsdorf.

T. baeckiiforme Sahlin
Sehr h im gesamten Gebiet.

T. caninum Uhlemann
z LLA, ELH, ERZ, OL

T. canoviride PUOL.
s ERO: Freital; ESG: Langenhennersdorf.

T. capillosum H. ØLLG. et UHLEMANN
[*T. marchicum* nom. prov. inval.]. z ERO, OL

T. collarispinulosum UHLEMANN
Sehr h im gesamten Gebiet.

T. contractum MARKL.
[*T. astrictifrons* RAIL.]. z ELH, ERZ, OL, VGT

T. cordatum PALMGREN
[*T. amblycentrum* DAHLST., *T. paucisquameum* PALMGREN]. s ELH, ERZ, OLH

T. corynodes G. E. HAGLUND
s OL

T. crassum H. ØLLG. et TRAVNIČEK
z bis h ELH, ERZ, OLH, VGT

T. cumulatum RAIL.
s ELH: Dresden; ERO: Großröhrsdorf

T. curtifrons H. ØLLG.
s ELH: Dresden.

T. cyanolepis DAHLST.
s ELH: Dresden; OLH: Bischofswerda, Mücka.

T. debrayi HAGEND., SOEST et ZEVENB.
[*T. ampelophytum* SAHLIN, *T. lippertianum* SAHLIN, *T. matricium* SAHLIN]. Sehr h im gesamten Gebiet.

T. delectum UHLEMANN
s ELH: Hänichen, Häufungszentrum im Stadtgebiet von Dresden; ESG: Pirna; ERO: Glashütte, OLH: Schmölln.

T. deltoidifrons H. ØLLG.
z ELH, ERZ, OLH

T. diastematicum MARKL.
h ERZ; z ELH, OL

T. ekmanii DAHLST.
[*T. connexum* DAHLST.]. h EET, ELH, ERZ, ESG, LLA, MLH, OL, VGT

T. elegantius KIRSCHNER, H. ØLLG. et ŠTĚPÁNEK
Im gesamten Gebiet h.

T. exacutum MARKL
[*T. acuminatum* MARKL.]. s ELH: mit Häufungszentrum in Dresden; OLT

T. exsertiforme HAGEND., SOEST et ZEVENB.
Sehr h im gesamten Gebiet.

T. exsertum HAGEND., SOEST et ZEVENB.
s ERO: Zinnwald.

T. fasciatum DAHLST.
[*T. sublatissimum* DAHLST.]. Im Tief- u. Hügelland h, im Bergland sehr h.

T. floccosum RAIL.
[*T. lilaceum* H. ØLLG.]. mäßig h ERZ; z ELH, ESG, MLH, OL

T. gentile G. E. HAGLUND et RAIL.
[*T. catameristum* SAHLIN, *T. latistriatum* RAIL., *T. leontodontoides* SAHLIN]. s ELH, ERZ, MLH, OLT, VGT

T. gustavianum SONCK
z ERB, ERZ, OL; s ELH

T. guttigestans H. ØLLG.
z ERZ; s ELH: Dresden; OL

T. habile RAIL.
s ELH: Dresden

T. haematicum H. ØLLG. et WITTZELL
Extensive, teils salzhaltige Feuchtweiden, s OLT: Bernsdorf, Maukendorf, Schmeckwitz, Zerre.

T. heikkinenii SAARSOO
s ELH: Dresden; ERO: Großröhrsdorf; OLB: Ebersbach.

T. hemicyclum G. E. HAGLUND
z ELH, ERZ, OL

T. hempelianum UHLEMANN
h ELH, ERZ, ESG, LLA, OL, VGT

T. hepaticum RAIL.
z ELH, ESG, ERZ, MLH, OL, VGT

T. horridifrons RAIL.
[*T. rhacodes* RAIL.]. z ERZ, MLH, OL; s DDH, ELH, ESG, VGT

T. huelphersianum G. E. HAGLUND
[*T. angermannicum* DAHLST.]. z bis s ELH, ERZ, ESG, OL

T. inarmatum M. P. CHR.
s ELH: Dresden.

T. infuscatum H. ØLLG.
Im Hügelland s, doch ELH: in Dresden h.

T. ingens PALMGREN
z ERZ, OL, VGT; s ELH

T. intermedium RAUNK.
[*T. laetifrons* G. E. HAGLUND]. s OLT: Knappenrode.

T. interveniens G. E. HAGLUND
h ERZ; z ELH, ESG; OL

T. klingstedtii SONCK
s ERO: Bärenstein.

T. lacerifolium G. E. HAGLUND
s ELH: Dresden.

T. lacinulatum MARKL.
z EET, ESG, ERZ, LLA, OL

T. laticordatum MARKL.
[*T. adalatum* RAIL.]. h ERZ; z ELH, ESG, LLA, OL

T. leptodon MARKL.
[*T. vitelliniforme* M. P. CHRIST. et WIINST.]. s ERO: Geising; OLH, VGT: Markneukirchen

T. leptoscelum H. ØLLG.
z ELH, LLA, OL, VGT; s OLH: Bischofswerda: Neukirch-West

T. leucopodum G. E. HAGLUND
z OL, ELH: mit Häufungszentrum in Dresden

T. longisquameum H. LINDB.
[*T. latispina* DAHLST., *T. sagittatum* DAHLST.]. s ERO: Zinnwald

T. lucidum DAHLST.
s OLH: Bischofswerda

T. lundense H. ØLLG. et WITTZELL
Im Tief- u Hügelland z, h im Bergland (ERZ, OLB)

T. macranthoides G. E. HAGLUND
z ELH, ERZ, ESG, OL

T. maculatum JORDAN
[*T. atripictum* MARKL., *T. fulgens* RAIL., *T. paucimaculatum* RAIL., *T. robustiosum* RAIL.]. z ERZ; s ELH: Bosewitz; LLA: Markkleeberg-Wachau; OLT: Hohenbocka

T. melanostigma H. LINDB. in MARKL.
[*T. lucentipes* M. P. CHRIST., *T. rhadinolepis* SAHLIN, *T. rhodomaurum* SAHLIN]. h ELH, ERZ, ESG, OL

T. mimulum H. LINDB.
s ELH, OLT: Zeißholz, Kreba.

T. necessarium H. ØLLG.
s ELH, ERO

T. oblongatum DAHLST.
[*T. cardiastrum* SAHLIN, *T. falciferum* PUOL., *T. fusciceps* G. E. HAGLUND, *T. perhamatum* DAHLST., *T. pseudoleptodon* SOEST]. h ELH: mit Häufungszentrum in Dresden), ESG, LLA, OL, VGT; s ERO: Schlottwitz, Cunnersdorf

T. obtusifrons MARKL.
z bis h ELH, ERZ, MHL, OL

T. obtusulum H. LINDB.
s ERO: Rehefeld

T. ochrochlorum RAIL.
s ELH, ERZ, OLH

T. ohlsenii G. E. HAGLUND
Sehr h im gesamten Gebiet.

T. opertum H. ØLLG.
s ERO: Karsdorf; VGT: Markneukirchen

T. ostenfeldii RAUNK.
[*T. duplidens* H. LINDB., *T. stenolepis* (BRENNER) HJELT]. s OLT: Biehla, Liebegast, Teicha, Zeißholz

T. ottonis UHLEMANN
s (aber Bestände sehr individuenreich) OLH: Steinigtwolmsdorf, Weifa, Neudörfel; ERO: Liebenau; ERM: Tellerhäuser.

T. oxyrhinum SAHLIN
Vom Tiefland bis Bergland z bis h

T. pallidipes MARKL.
s ERO: Fürstenau, Geising, Zinnwald

T. pannucium DAHLST.
[*T. protractifrons* M. P. CHRIST. et WIINST.]. s OLT

T. panoplum SAHLIN
s ERO: Liebenau

T. pectinatiforme H. LINDB.
s ERO: Bannewitz; ERM: Oberwiesenthal; ESG: Langenhennersdorf

T. petterssonii MARKL.
s OLH: Neukirch; ERO: Freital; Häufungszentrum im ELH: Dresden

T. piceatum DAHLST.
Mäßig h bis h im gesamten Gebiet.

T. pittochromatum SAHLIN
s OLT, VGT

T. planum Raunk. em. H. Øllg.
T. chloroleucum Dahlst., *T. ulogonium* Rail.] Häufungszentren in städtischen Trittbereichen, z bis h ELH, OLT, OLH; s ERZ

T. polyodon Dahlst.
[*T. ardisodon* Dahlst., *T. naeviferum* Dahlst.] s ELH: Dresden; ERO: Cunnersdorf.

T. praecox Puol.
Vom Tiefland bis ins Bergland z ELH, ERO, LLA.

T. praeradians Dahlst.
[*T. macranthum* Dahlst.]. z ERZ; s ELH, OLH

T. praestabile Rail.
z ERZ

T. prasinum Sahlin
z ELH, ERO, ESG, OL, VGT

T. proclinatum Rail.
z ELH, ERZ, ESG, OLH, OLB

T. pseudohabile K. Jung, Meierott et Sackwitz
s ERO: Glashütte; OLH: Kamenz: Höflein, Löbau: Bernstadt

T. pseudoretroflexum M. P. Christ.
s ERO: Liebenau, Zinnwald

T. pulchrifolium Markl.
Mäßig h bis h im gesamten Gebiet.

T. pulverulentum H. Øllg.
s ERM: Ansprung, Pockau-Lengefeld.

T. quadrangulum Rail.
[*T. flagelliferum* Sahlin, *T. paradoxatum* Rail.]. h ERZ, VGT; z ELH, ESG, OLH

T. retroflexum H. Lindb.
[*T. retroflexiforme* M. P. Christ. et Wiinst.]. s ELH: Heidenau; ERO: Liebenau, Zinnwald

T. rhamphodes G. E. Haglund
Im gesamten Gebiet s; Häufungszentrum in ELH: Dresden.

T. rhodopodum M. P. Christ. et Wiinst.
[*T. torstenii* Saarsoo]. s OLH: Pulsnitz

T. sellandii Dahlst.
[*T. granvinense* Dahlst.]. z ELH, ERZ, ESG, MLH, OL

T. semiglobosum H. Lindb.
[*T. adiantifrons* Dahlst., *T. approximans* H. Lindb. in Markl., *T. stellum* R. Doll]. z ELH, ESG, LLA, MLH, OLT, OLH; s ERO: Schlottwitz.

T. sertatum Kirschner, H. Øllg. et Štěpánek
Sehr h im gesamten Gebiet.

T. severum M. P. Christ.
s ELH: Dresden.

T. sinuatum Dahlst.
[*T. geniculatum* M. P. Christ., *T. surrigens* Dahlst. et R. Ohlsen]. z ELH, ERZ, ESG, MLH, OL

T. speciosiflorum M. P. Christ.
z ERZ, OLH, OLB; s ELH: Dresden, Löbsal

T. stenoglossum Brenner
[*T. dahlstedtii* H. Lindb., *T. radians* Brenner]. s OLT: Zeißholz.

T. subborgvallii Uhlemann, Štěpánek et Kirschner
z ELH, ERZ, OL, VGT

T. sublaeticolor DAHLST.
z ELH, ERZ, LLA, OL

T. subsaxenii SAHLIN
s ERO: Reinholdshain; ESG: Pirna; OLT: Boxberg; Häufungszentrum in Dresden.

T. subundulatum DAHLST.
[*T. amphiodon* G. E. HAGLUND, *T. hemipolyodon* DAHLST., *T. similatum* DAHLST.]. Extensive Feuchtweiden, s OLT: Königswartha, Seeligstadt, Zerre

T. subxanthostigma H. ØLLG.
h ERZ; z ELH, ESG, DDH, MLH, OLT, OLH, VGT

T. tenebricans (DAHLST.) RAUNK.
[*T. patulum* (BRENNER) BRENNER, *T. politanum* R. DOLL, *T. sagittaticordatum* BRENNER]. Vorwiegend auf extensiven Feuchtwiesen, s ELH: Dresden, OLT: Ödernitz; OLH: Eutrich, Bischofswerda.

T. tumentilobum PUOL.
s ELH, ERZ

T. undulatiflorum M. P. CHRIST.
[*T. hastatum* MARKL.]. z ELH, ERO, OL; Häufungszentrum in Dresden.

T. undulatiforme DAHLST.
s ELH, OLH, ERO

T. uniforme H. ØLLG.
s ERO, Fürstenau, Glashütte, Hermsdorf, Zinnwald; ERM: Pockau-Lengefeld

T. urbicola KIRSCHNER, ŠTĚPÁNEK et TRÁVNIČEK
Sehr h im gesamten Gebiet.

T. valens MARKL.
[*T. subpulchrifolium* M. P. CHRIST.]. z ELH, ERZ, MLH, OL, VGT

T. vastisectum PUOL.
s ERO: Johnsbach.

T. violaceinervosum RAIL.
[*T. onychium* RAIL.]. s ERM: Fichtelberg

Telekia BAUMG., **Telekie**

Köpfe meist zu mehreren, in Schirmtrauben; Krone goldgelb. 60–150 cm. 6–8. ♃. Zierpflanze, verwildert, Uferstaudenfluren, Wald- u. Wegränder, Parks, z ERZ, OLB, VGT; sonst meist s u. unbeständig. ↗ NE. K Gal.-Urt. Heimat: SO-Europa, Kaukasus

T. speciosa (SCHREB.) BAUMG., **Gewöhnliche T., Großes Rindsauge**

Tephroseris (RCHB.) RCHB., **Greiskraut**

1 Stängel spinnwebig wollig, fast kahl, oberwärts entfernt beblättert; Köpfe zu 3–15 in doldenartiger Schirmtraube ***T. crispa***

1* Stängel, besonders oberwärts, zottig, dick, hohl, meist ästig, reich beblättert; Köpfe zahlreich in Rispen od. Schirmrispen ***T. palustris***

T. crispa (JACQ.) RCHB., **Krauses G., Bach-G.**

[*Senecio rivularis* (WALDST. et KIT.) DC.]. Untere Blätter am Grund herzförmig, eiförmig od. eiförmig längl., in den breit geflügelten, ± gezähnten Blattstiel zusammengezogen, obere längl., sitzend, halb-stängelumfassend, alle ungleich gezähnt, am Rand meist wellig, etwas spinnwebig wollig; Krone dottergelb bis orange. 30–100 cm. 5–6. ♃. Gräben, Bachränder, quellige Staudenfluren, Nasswiesen, Auenwälder, früher mäßig h ERZ, heute s; s oberes VGT u. oberes ERZ; z OLB; früher s OLH. ↘ V Calth., V Aden., seltener V Filip., V Aln.-Ulm.; opralp-sudeto-karpat.

T. palustris (L.) RCHB., **Moor-G.**

[*Senecio palustris* (L.) HOOK., *S. tubicaulis* MANSF.]. Grundblätter zur Blütezeit abgestorben, Stängelblätter zahlreich, lanzettl., halb-stängelumfassend, die unteren buchtig gezähnt; Krone gelb. 30–100 cm. 6–7. ⊙. Moore, Torfstiche, †, früher s u. unbeständig ELH: Dresden, ESG: Pirna, LLA: Leipzig, OL. K Scheuchz.-Car.; euras-kont, fluv.

Tragopogon L., **Bocksbart**

1 Krone weinrot ***T. porrifolius***
1* Krone gelb
2 Kopfstiele oberwärts auffallend keulig verdickt, hohl; Frucht (mit Schnabel) 25–40 mm lang; Krone blassgelb ***T. dubius***
2* Kopfstiele höchstens undeutl. verdickt; Frucht (mit Schnabel) 15–25 mm lang (*T. pratensis* s. l.)
3 Randständige Blüten deutl. länger als die Hüllblätter; Krone goldgelb; Köpfe 4,5–8 cm im Ø; Staubbeutel gelb, mit schwarzbraunen Längsstreifen ***T. orientalis***
3* Randständige Blüten so lang wie die Hüllblätter od. kürzer; Krone hellgelb; Köpfe kleiner; Staubbeutel ohne Streifen
4 Randständige Blüten etwa so lang wie die Hüllblätter; Köpfe 2,5–4,5 cm Ø; Hüllblätter weißl.-grün berandet; Staubbeutel gelb, an der Spitze dunkelviolett ***T. pratensis***
4* Randständige Blüten ½–⅔ so lang wie die Hüllblätter; Köpfe 1,5–3 cm Ø; Hüllblätter (wenigstens anfangs) rosa berandet; Staubbeutel gelb, an der Spitze bräunl. ***T. minor***

T. dubius SCOP., **Großer B.***

Pflanze blaugrün bereift; Stängel oft nur 1-köpfig; Hülle nach der Blütezeit stark verlängert. 30–60 cm. 5–7. ⊙, ⊗. Bahnanlagen, Weg- u. Straßenränder, Müllplätze, ruderale Halbtrockenrasen, mäßig h ELH, LLA, OLT; sonst z im Tief- u. Hügelland, s (verschleppt) im Bergland. A., in OL NE. O Onop., V Conv.-Agrop., K Fest.-Brom., K Koel.-Coryn.; submed+sarmat.

T. minor MILL., **Kleinköpfiger B., Kleiner Wiesen-B.**
[*T. pratensis* subsp. *minor* (MILL.) HARTM.]. Mit Kümmerformen von *T. pratensis* s. str. leicht zu verwechseln. 20–60 cm. 5–7. ⊚, ⊗. Weg- u. Straßenränder, Bahnanlagen, ruderale Wiesen u. Halbtrockenrasen, Verbreitung ungenügend bekannt, wahrscheinl. z. Heimat: W- u. westl. M-Europa. V Sis., V Arrh., O Brom.; subatl-submed.

T. orientalis L., **Östlicher B., Orientalischer B.**
[*T. pratensis* subsp. *orientalis* (L.) ČELAK.]. Durch intensive Blütenfarbe u. die großen Köpfe auffällige Pflanze, sonst ähnl. *T. pratensis* s. str. 30–70 cm. 5–7. ⊚, ⊗. Weg- u. Straßenränder, (besonders Stromtal-)Wiesen, Parks, mäßig h bis h im gesamten Elbbereich; z ERO (Ostteil); s OL: Neißegebiet, sonst wohl nur verschleppt; früher s LLA. V Arrh., K Fest.-Brom.; submed+europ-kont.

T. porrifolius L., **Haferwurz, Lauch-B.***
Kopfstiele oberwärts stark verdickt. 40–120 cm. 6–7. ⊙, ⊚. Ruderalfluren, ehemalige Kulturpflanze (Wurzelgemüse), s verwildert od. eingeschleppt, z. B. Leipzig. NU. Heimat: Mittelmeergebiet

T. pratensis L. s. str., **Wiesen-B.***
[*T. pratensis* subsp. *pratensis*]. Pflanze mit grasartiger Beblätterung u. (1 bis) wenigen langgestielten Köpfen; Fruchtstände groß, kugelig. 30–60 cm. 5–7. ⊚, ⊗. Wiesen, Halbtrockenrasen, Weg- u. Straßenränder, Bahnanlagen, meist mäßig h bis h. V Arrh., Sis., O Brom.; subatl.

Tripleurospermum SCH. BIP., **Strandkamille, Kamille**

Zunge länger als die Hülle; Frucht quer runzlig, mit 3-kantigen Längsrippen, oben mit 2 vertieften Harzpunkten; Kelchsaum krönchenartig. 15–50 cm. 6–11. ⊙, ①. Äcker, Ruderalfluren (Wegränder, kiesige Brachen, Müllplätze), meist überall h. O Aper., V Sis.; euras-kont, heute Kosmopolit. [*Matricaria inodora* L., *M. maritima* L. subsp. *inodora* (L.) SOÓ, *M. perforata* MÉRAT, *T. perforatum* (MÉRAT) LAINZ]. ***T. inodorum*** (L.) SCH. BIP., **Geruchlose St.***

Tussilago L., **Huflattich**

Blätter herzförmig rundl., eckig, ungleich gezähnt, unterseits weißfilzig; Krone goldgelb. 7–20 cm. 3–4. ♃. Feuchte Äcker, frische bis wechselfeuchte Ruderalfluren (Kies- u. Tongruben, Steinbrüche, Müllplätze, Erdaufschüttungen), h. K Stell. med., V Arct., V Dauco-Mel., V Sis., V Conv.-Agrop.; euras. Off. ***T. farfara*** L., **Huflattich***

Xanthium L., **Spitzklette**

1 Blätter am Grund mit 1–2 kräftigen 3-teiligen, gelben Dornen, unterseits weißfilzig ***X. spinosum***

1* Blätter ohne Dornen, beiderseits grün, nicht filzig

2 Reife Fruchtköpfe braun, 17–25 mm lang; Blätter mit keilförmigem od. gestutztem Spreitengrund ***X. albinum***

2* Reife Fruchtköpfe graugrün, 12–15 mm lang; Blätter mit schwach herzförmigem Spreitengrund ***X. strumarium***

X. albinum (WIDDER) H. SCHOLZ, **Elbe-S., Ufer-S.***

[*X. riparium* auct.]. Schnäbel der Fruchtköpfe schwach nach innen gekrümmt *(680/3);* Hülldornen teils gerade, teils mit deutl. hakig gekrümmter Spitze; Stängel mit längl., rötl. od. dunkelbraunen Flecken. 10–100 cm. 8–10. ⊙. Flussufer, Ruderalfluren, am Elbufer mäßig h, sonst s im Tief- u. Hügelland. Neoindigene Art. V Chen., V Sis.; euras-kont, fluv.

Im Gebiet wahrscheinl. nur **subsp. *albinum*.**

Ähnl. die s eingeschleppte ***X. orientale*** L., **Großfrüchtige S.,** aber Schnäbel der Fruchtköpfe deutl. einwärts gekrümmt u. Hülldornen bogig *(Abb. 795/1)*.

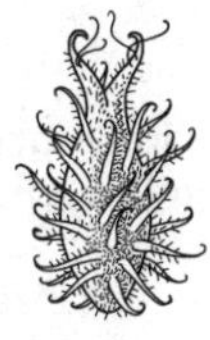

795/1

X. spinosum L., **Dornige S.**

Blätter am Grund keilförmig, meist 3-lappig, mit verlängertem Mittellappen; Fruchtköpfe zwischen den dünnen Hülldornen kurzhaarig. 30–100 cm. 8–9. ⊙. Müll- u. Umschlagplätze, s, z. B. Leipzig, Dresden, Königstein, Löbau, Bautzen, Görlitz, Reichenbach. NU. V Sis. Heimat: S-Amerika.

X. strumarium L., **Gewöhnliche S.***

Schnäbel der Fruchtköpfe gerade *(Abb. 680/2)*. 30–120 cm. 7–10. ⊙. Müllplätze, Wegränder, OL: früher z, heute s; sonst s. V Sis.; o-submed+euras-kont.

Bastard:

X. albinum × ***X. strumarium***: s, Leipzig (1976)

Xeranthemum L., **Spreublume**

Stängel wie die Blätter grauwollig filzig; Blätter sitzend, lineal lanzettl., stachelspitzig, ganzrandig. 30–50 cm. 6–7. ⊙. Ruderalfluren, Zierpflanze, s verwildert. NU. Heimat: S-Europa, Vorderasien. ***X. annuum*** L., **Einjährige S., Papierblume**

Zinnia L., **Zinnie**

Stängel oben verdickt; Blätter sitzend, stängelumfasend; Köpfe 5–7 cm Ø. 10–100 cm. 7–11. ⊙. Zierpflanze. Heimat: Mexiko [*Z. elegans* JACQ.]. ***Z. violacea*** CAV., **Zinnie**

Klasse *Liliopsida, Monocotyledoneae,* Einkeimblättrige Pflanzen

Fam. *Acoraceae* MARTINOV, Kalmusgewächse

Acorus L., **Kalmus**

Wurzelstock kriechend, aromatisch duftend; Blätter querwellig; Stängel flachgedrückt, auf der einen Seite scharfkantig, auf der anderen mit einer Rinne, aus welcher der Kolben hervortritt, dieser bis zur Spitze mit Zwitterblüten besetzt; Hüllblätter dem Stängel ähnl., daher der Kolben scheinbar seitenständig *(Abb. 44/2);* Frucht eine saftlose, bei uns nie reifende rote Beere. 30–100 cm. 6–7. ♃. Nährstoffreiche Röhricht- u. Großseggenriede an stehenden u. langsam fließenden Gewässern, Altwässer, Gräben, mäßig h bis ins mittlere Bergland. NE (16. Jh.). V Phragm. Heimat: subtropisches S- u. O-Asien. Off. ***A. calamus*** L., **Echter K.***

Fam. *Araceae* JUSS., Aronstabgewächse (inkl. *Lemnaceae* GRAY, Wasserlinsengewächse)

1 Pflanze im od. auf dem Wasser schwimmend od. dem Schlamm aufliegend

2 Pflanze mit Rosetten, Blätter bis 8 cm breit, samtig hellgrün ***Pistia,*** 799

2* Pflanze ohne Rosetten, nur wenige mm große Sprossglieder („Linsen") bildend

3 Glieder ohne Wurzeln, senfkorngroß ***Wolffia,*** 799

3* Glieder mit 1 Wurzel od. mehreren Wurzeln, größer

4 Jedes Glied nur mit 1 Wurzel ***Lemna,*** 797

4* Jedes Glied mit einem Wurzelbüschel ***Spirodela,*** 799

1* Land- od. Sumpfpflanze

5 Spatha leuchtend gelb; Blätter breit elliptisch bis verkehrt eilängl., rosettig; Pflanze mit Milchsaft ***Lysichiton,*** 799

5* Spatha weiß od. grünl.; Blätter rundl. herzförmig od. spieß- od. pfeilförmig; Pflanze ohne Milchsaft

6 Blätter rundl. herzförmig; Kolben bis zur Spitze mit Blüten besetzt, ohne sterilen Endabschnitt; Spatha ausgebreitet, innen weiß, außen grünl.; Sumpfpflanze ***Calla,*** 797

6* Blätter spieß- od. pfeilförmig; Kolben mit nacktem Endabschnitt; Blüten 1-geschlechtig (untere ♀, mittlere ♂, obere sterile Fäden); Spatha tütenförmig zusammengezogen, grünl.; Waldpflanze ***Arum,*** 797

Arum **L., Aronstab**

1 Blätter erscheinen im Frühling, 7–20 cm lang, mit grüner Mittelrippe; Kolben etwa ½ so lang wie die 10–20(–25) cm lange Spatha; fruchtender Kolben 3–5 cm lang ***A. maculatum***

1* Blätter erscheinen im frühen Winter, 15–35 cm lang, mit weißl. Mittelrippe; Kolben etwa ⅓ (–½) so lang wie die 15–40 cm lange Spatha; fruchtender Kolben 10–15 cm lang ***A. italicum***

A. italicum MILL., **Italienischer A.**
Blätter nie dunkel gefleckt. 20–45 cm. 5–6. ♃. Zierpflanze, verwildert, ortsnahe Wälder, s, z. B. ERB: Glauchau; ERO: Freiberg; LLA: Leipzig; VGT: Stenn. NE (lokal). Heimat: S-Europa.

A. maculatum **L., Gefleckter A.***

Blätter oft dunkel gefleckt; Beere rot; Wurzelstock rhizomartig (deutl. länger als breit). 15–30 cm. 4–5. ♃. Auenwälder, Laubmischwälder u. Gebüsche auf frischen, tiefgründigen, nährstoffreichen Lehmböden, mäßig h bis z bis ins mittlere Bergland; z OLB, OLH; s EET, GHP; fehlt OLT. O Fag., O Prun.; europ-nem. Giftig. Früher Off. Stärkereiche Knolle nach Kochen essbar.

Ähnl.: ***A. cylindraceum*** GASP., **Südöstlicher A.:** Knolle ± rundl.; Spatha nur etwa 9–15 cm lang, 1,5–2-mal so lang wie der Kolben (bei *A. maculatum* Spatha meist 12–25 cm lang, 2–2,5-mal so lang wie der Kolben); Blätter nie gefleckt. Angegeben von Chemnitz u. OL: Landeskrone. NU(?). Heimat: SO-Europa.

Calla **L., Schlangenwurz**

Spatha etwa so lang wie der Kolben *(Abb. 797/1)*; Beeren rot; Wurzelstock kriechend. 15–30 cm. 5–6(–9). ♃. Bruchwälder, Großseggenriede, Röhrichte, Altwässer, mäßig h GHP, OLT; sonst meist z od. s bis ins mittlere Bergland, fehlt (heute) ELH, ESG, LLA. ↘ V Phragm., V Magnocar., K Scheuchz.-Car., V Aln.; bor-kont, circpol. Beere giftig. ∇
C. palustris **L., Sumpf-Sch., Schweinsohr***

797/1

Lemna **L., Wasserlinse, Entengrütze**

Zur Bestimmung ist eine starke Lupe notwendig!

1 Glieder seicht untergetaucht, längl. lanzettl., an einem Ende stielartig verschmälert, meist viele kreuzweise zusammenhängend ***L. trisulca***

1* Glieder schwimmend, rundl., einzeln od. wenige zusammenhängend

2 Glieder oberseits flach, grünl., unterseits meist halbkugelförmig gewölbt, weißl., mit 4–7 Nerven ***L. gibba***

2* Glieder beiderseits flach, mit 1–3 Nerven

3 Glieder unterseits fast stets rot, oberseits mit mehreren gleich großen Höckern auf der Mittellinie; im Herbst mit kleinen eiförmigen bis kugeligen, dunkelgrünen bis braunen Ruheknospen (Turionen), die auf dem Gewässergrund überwintern ***L. turionifera***

3* Glieder unterseits nie rötl., oberseits mit 1–2 größeren Höckern über dem Wurzelansatz u. an der Spitze, dazwischen nur winzige Höckerchen; Turionen fehlend

4 Glieder 2–4(–6) mm lang, an der Spitze abgerundet, 3-nervig; mit je einem größeren Höcker, dazwischen auf der Mittellinie kleinere; Felderung auf der Unterseite die Spitze erreichend ***L. minor***

4* Glieder 1–2(–4) mm lang, an der Spitze ± spitzbogig, 1-nervig (durchscheinendes Licht!); mit einem Höcker, sonst an der Mittellinie höchstens winzige Höckerchen; Felderung auf der Unterseite die Spitze nicht erreichend ***L. minuta***

L. gibba L., **Buckelige W.***

Sprossglieder 2–4,4 mm breit. 5–6. ♃. Mäßig bis stark nährstoffreiche, stehende u. langsam fließende Gewässer (z. B. Teiche, Tümpel, Gräben), z im Tiefland, s im Hügel- u. Bergland, fehlt (heute) VGT. V Lemn.; medsubmed, circpol.

L. minor L., **Kleine W.***

Sprossglieder 2–6 mm lang. 5–6. ♃. Nährstoffreiche, flache, stehende u. langsam fließende Gewässer (Teiche, Tümpel, kleine Fließgewässer, Altarme), h bis ins obere Bergland. V Lemn.; Kosmopolit.

L. minuta Kunth, **Zierliche W.***

[*L. minuscula* Herter]. 6–7. ♃. Teiche, bisher s LLA: Regis-Breitingen. NU (erstmals 2008). V Lemn. Heimat: N-Amerika.

L. trisulca L., **Untergetauchte W.***

Sprossglieder 7–10 mm lang, 1-nervig, schwimmende 3-nervig. 6–7. ♃. Mäßig nährstoffreiche bis nährstoffreiche, stehende u. langsam fließende Gewässer (Teiche, Altarme, Gräben), z im Tiefland, s im Hügel- u. unterem Bergland, s (früher) VGT. V Lemn.; euras, circpol.

L. turionifera Landolt, **Rote W., Turionen-W.**

Turionen 1 mm lang, dunkelgrün. Glieder 2–3 mm lang. 6–7. ♃. Mäßig nährstoffreiche bis nährstoffreiche, stehende, sich leicht erwärmende Gewässer, s EET: Zabeltiz; ELH: Birkwitz; LLA: Schkeuditz-Papitz. NU (erstmals 1994). V Lemn. Heimat: Asien, N-Amerika.

Lysichiton SCHOTT, **Scheinkalla**

Blütenstand mit den Blättern erscheinend, unangenehm riechend; Spatha > 15 cm lang. 4–5. 50–100 cm. ♃. Zierpflanze, verwildert (angesalbt?), Erlenbruch, s LLA: Leulitz bei Wurzen. NE(?). Heimat: N-Amerika.
L. americanus HULTÉN et ST. JOHN, **Gelbe Sch., Amerikanischer Stinktierkohl**

Pistia L., **Wassersalat**

Pflanze mit Ausläufern; Blütenstand klein, in der nur 1,5 cm langen hellgrünen Spatha eingeschlossen. 3–12 cm. 8–10. ♃ (bei uns im Winter erfrierend). Teiche, Altwässer, meist in Ortsnähe, von Aquarianern hin u. wieder ausgesetzt. NU. Heimat: Tropen.
P. stratiotes L., **Wassersalat**

Spirodela SCHLEID., **Teichlinse**

Sprossglieder dickl., beiderseits flach, rundl. od. verkehrt eiförmig, unterseits oft rötl., 5–8 mm lang. 5–7. ♃. Nährstoffreiche, stehende u. langsam fließende Gewässer (Teiche, Tümpel, Altarme, kleine Fließgewässer), mäßig h bis ins untere, s im mittleren Bergland. V Lemn.; euras, circpol. [*Lemna polyrrhiza* L.]. ***Sp. polyrrhiza*** (L.) SCHLEID., **Vielwurzelige T.***

Wolffia SCHLEID., **Zwergwasserlinse**

Sprossglieder unterseits stark, oberseits schwach gewölbt, einzeln od. 2 zusammenhängend, 1–1,5 mm lang, in Europa nicht blühend. ♃. Nährstoffreiche, stehende u. langsam fließende Gewässer (Teiche, Altwässer, Gräben), s u. meist unbeständig, OLH, OLT: Teiche nördl. Bautzen; früher s LLA: mehrfach um Leipzig;. V Lemn.; fast kosmopol. Kleinste Blütenpflanze. ***W. arrhiza*** (L.) WIMM., **Zwergwasserlinse, Zwerglinse***

Fam. *Tofieldiaceae* TAKHT., Simsenliliengewächse

Tofieldia HUDS., **Simsenlilie**

Blätter lineal lanzettl., sehr spitz; Blütentraube meist dicht, ± verlängert; Blütenstiele kürzer als die Blätter, am Grund der Blätter ein 3-lappiges Tragblatt; Blütenhülle gelbl.-weiß. 15–30 cm. 6–8. ♃. †, früher in Moorwiesen, s LLA: Frankenhain, Rückmarsdorf, Benndorf bei Delitzsch; pralp-bor. Kaltzeitrelikt. ***T. calyculata*** (L.) WAHLENB., **Kelch-S.***

Fam. *Butomaceae* MIRB., Schwanenblumengewächse

Butomus L., **Schwanenblume**

Blätter grundständig, steif aufrecht, linealisch, 3-kantig; Stängel stielrund; Blüten eine endständige Scheindolde bildend; Perigon rötl.-weiß, dunkler geadert *(Abb. 800/1)*. 50–150 cm. 6–8. ♃. Röhrichte größerer Flüsse, Altwässer, seltener Teichufer, in nährstoffreichem, basischem bis neutralem Wasser, im Elbtal mäßig h, sonst im Tiefland z, Vorkommen im Hügel- u. Bergland meist auf Anpflanzung zurückgehend. ↘ O Phragm., O Bid.; euras-nem. Warmzeitzeuge, Stromtalpflanze. ***B. umbellatus*** L., **Schwanenblume***

Fam. *Alismataceae* VENT., Froschlöffelgewächse

1 Blüten 1-geschlechtig, die ♂ über den ♀ *(Abb. 800/2)*; Staubblätter zahlreich; Fruchtblätter zahlreich, auf dem kugeligen Blütenboden ährig gruppiert; Überwasserblätter tief pfeilförmig ***Sagittaria,*** 802
1* Blüten ⚥; Staubblätter meist 6; Fruchtblätter zahlreich, auf dem flachen Blütenboden im Kreis stehend; Blätter eiförmig bis linealisch
2 Blütenstand aufrecht, in Stockwerke gegliedert; Stängel blattlos; Blätter grundständig ***Alisma,*** 800
2* Blüten schwimmend, zu 1–5 an den Gelenken des flutenden Stängels entspringend; Stängel beblättert ***Luronium,*** 801

Alisma L., **Froschlöffel**

1 Blätter meist untergetaucht, bandförmig, 3–15 mm breit; Überwasserblätter od. Blätter der Landform vorn stumpf; Staubbeutel rundl., 0,3–0,6 mm lang; Staubfäden etwas über 1 mm lang; Griffel deutl. kürzer als der Fruchtknoten, hakig nach außen umgebogen *(Abb. 800/3)*; Stängel aufsteigend od. niederliegend ***A. gramineum***
1* Blätter nie bandförmig, vorn spitz; Staubbeutel ± längl., 1,0–1,3 mm lang; Staubfäden ± 3 mm lang; Griffel zur Blütezeit so lang wie der

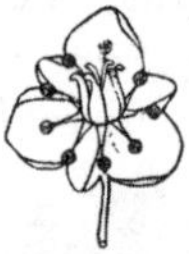
800/1

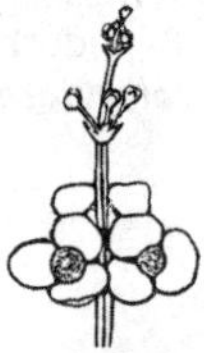
800/2

800/3

800/4

Fruchtknoten od. wenig länger, fast gerade *(Abb. 800/4);* Stängel aufrecht

2 Perigonblätter fast weiß; Griffel lang fadenförmig; Narbenpapillen fein, nur mit Lupe erkennbar; Fruchtwand dickl., nicht durchscheinend; Blütenstand deutl. höher als breit; Spreiten der Überwasserblätter breit eiförmig bis eilanzettl., am Grund abgerundet bis herzförmig, lang gestielt ***A. plantago-aquatica***

2* Perigonblätter rosa; Griffel kurz; Narbenpapillen grob u. auch ohne Lupe erkennbar; Fruchtwand dünn, durchscheinend; Blütenstand meist nicht höher als breit; Spreiten der Überwasserblätter eilanzettl., mit verschmälertem Grund, kurz gestielt ***A. lanceolatum***

A. gramineum LEJ., **Grasblättriger F.**

[*A. arcuatum* MICHALET, *A. loeselii* GORSKI]. Früchtchen scharfkantig, außen 2-furchig; Fruchtwand zieml. dick, nicht durchscheinend; Blüten von morgens bis abends geöffnet. 10–30(–60) cm. 6–9. ♃. Ufer von stehenden u. fließenden, mäßig nährstoffreichen bis nährstoffreichen Gewässern, z OLT: vor allem um Hoyerswerda; früher s ELH: Scharfenstein; LLA: Thräna. O Litt., V Potam., V Phragm.; euras-nem, circpol.

A. lanceolatum WITH., **Lanzettblättriger F.**

Blüten vormittags geöffnet, ab etwa 14 Uhr welkend. 20–60 cm. 6–7. ♃. Trockenfallende stehende Gewässer, Flüsse, Gräben, z LLA u. im Elbtal; sonst meist s bis ins mittlere Bergland, fehlt VGT. O Phragm., O Bid., O Nanocyp.; europ-nem.

A. plantago-aquatica L., **Gewöhnlicher F.***

Blüten öffnen sich erst gegen 12 Uhr. 15–100 cm. 6–9. ♃. Ufer von stehenden u. fließenden, mäßig nährstoffreichen bis nährstoffreichen Gewässern, meist h. O Phragm.; euras, circpol., Kosmopolit.

Luronium RAF., **Froschkraut**

Stängel dünn, im Wasser flutend, seltener auf dem Schlamm kriechend; untere Blätter linealisch, sitzend, flutend, obere lang gestielt, eiförmig od. elliptisch, schwimmend; Perigon weiß, am Grund gelb; Frucht längl., stumpf, durch den Griffel stachelspitzig. 10–45 cm. 6–9. ♃. Ufer mäßig nährstoffreicher Gewässer, s ESG, GHP, OLH, OLT (früher z); früher s EET. ↘ O Litt., V Potam.; atl-subatl. ∇. [*Elisma natans* (L.) BUCHENAU, *Alisma natans* L.]. ***L. natans*** (L.) RAF., **Flutendes F.**

Sagittaria L., **Pfeilkraut**

1 Innere Perigonblätter am Grund mit purpurnem Fleck; Staubbeutel purpurn, meist kürzer als die Staubfäden; Frucht an der Spitze mit kurzem, aufrechtem Schnabel; Mittelzipfel der Blätter in der Mitte bis 2 cm breit ***S. sagittifolia***

1* Innere Perigonblätter ohne Fleck; Staubbeutel gelb, ± so lang wie die Staubgefäße; Frucht auf dem Rücken mit verlängertem, horizontal abstehendem Schnabel; Mittelzipfel der Blätter in der Mitte bis 4 cm breit ***S. latifolia***

S. latifolia WILLD., **Breitblättriges Pf.**
Blüten meist in 2–4 cm breiten Trauben; Perigonblätter weiß; Blätter ähnl. folgender Art; Blattstiel unterwärts meist rot gefleckt. 30–100 cm. 8–9. ♃. Zierpflanze, seit 1966 verwildert od. angesalbt, Röhrichte nährstoffreicher Gewässer, s im Tiefland. NU. O Phragm. Heimat: Amerika.

S. sagittifolia L., **Gewöhnliches Pf.***
Blüten meist in 1,5–2,5 cm breiten, quirligen Trauben; Perigonblätter weiß; Blätter je nach Wassertiefe sehr veränderl.: untere flutend, bandförmig, nachfolgende schwimmend mit elliptischer bis pfeilförmiger Spreite, obere tief pfeilförmig; Blattstiele wie der Stängel 3-kantig; an langen Ausläufern walnussgroße Überwinterungsknospen bildend. 30–100 cm. 6–8. ♃. Ufer stehender u. langsam fließender nährstoffreicher Gewässer, mäßig h OLT; sonst z bis ins mittlere Bergland, auch als Zierpflanze verwildert od. angesalbt. O Phragm.; euras-nem, circpol. Warmzeitzeuge.

Fam. *Hydrocharitaceae* JUSS., Froschbissgewächse (inkl. *Najadaceae* JUSS., Nixkrautgewächse)

1 Blätter lang gestielt, Spreite rundl. nierenförmig, schwimmend, ganzrandig *(Abb. 802/1)* ***Hydrocharis,*** 804

1* Blätter sitzend, ganz od. halb untergetaucht, Spreite linealisch od. längl., ganzrandig od. gezähnt

802/1

802/2

802/3

2 Blätter rosettig — Pflanze zur Vegetationszeit frei schwimmend u. zur Hälfte aus dem Wasser ragend, im Winter untergetaucht, schwertförmig, 3-kantig, stachlig gezähnt *(Abb. 802/2)* ***Stratiotes,*** 804
2* Blätter stängelständig, quirlig
3 Blätter mit kurzer Blattscheide, ausgeschweift stachelig gezähnt, gegenständig od. quirlig — Stängel zieml. zerbrechl. ***Najas,*** 804
3* Blätter ohne Blattscheide, quirlständig, ganzrandig
4 Mittlere u. obere Blattquirle meist 4–5-zählig, etwa 1,5–4 cm lang; Blüten (selten entwickelt) 10–20 mm Ø, weiß, aus dem Wasser ragend, zu 2–4 in Spathen ***Egeria,*** 803
4* Mittlere u. obere Blattquirle meist 3-zählig, etwa 7–30 mm lang; Blüten (selten entwickelt) 3–10 mm Ø, weiß od. hellpurpurn, schwimmend, einzeln in Spathen ***Elodea,*** 803

Egeria PLANCH., **Wasserpest**

Blätter schmal längl., plötzl. zugespitzt, in Deutschland nur ♂ Pflanzen. 30–60 cm. 6–9. ♃. Aquarienpflanze, verwildert, s VGT: Landwüst; früher s ELH, LLA (nach 1910 sehr h im Elster-Saale-Kanal), OLH: Zittau. NU. Heimat: S-Amerika. [*Elodea densa* (PLANCH.) CASPARY].
E. densa PLANCH., **Dichtblättrige W.***

Elodea MICHX., **Wasserpest**

1 Blätter längl. bis längl. lanzettl., meist > 2 mm breit, in od. wenig unter der Mitte am breitesten, zum Grund etwas verschmälert od. linealisch, mit kurzer runder Spitze, grün bis dunkelgrün, nicht unregelmäßig in sich gedreht; Stiel der ♂ Blüte 10–20 cm lang (♀ kürzer); ♀ Blüte 5 mm Ø; Krone weißl.; Kelch grün od. rötl. ***E. canadensis***
1* Blätter längl. linealisch, höchstens 2 mm breit, lang zugespitzt, am Grund nicht verschmälert, hellgrün, meist unregelmäßig in sich gedreht; Stiel der ♂ Blüte sehr kurz; ♀ Blüte 4 mm Ø; Krone farblos; Kelch grün ***E. nuttallii***

E. canadensis MICHX., **Kanadische W.***

Im Gebiet bisher nur ♀ Pflanzen. 30–60(–300) cm. 6–9. ♃. Fließende u. stehende, mäßig nährstoffreiche bis nährstoffreiche Gewässer, mäßig h bis ins mittlere Bergland, darüber seltener. NE (seit 1862). O Potam.; Kosmopolit. Heimat: N-Amerika.

E. nuttallii (PLANCH.) H. ST. JOHN, **Schmalblättrige W., Nuttall-W.***

Knoten meist violett. 10–200 cm. 6–9. ♃. Meist stehende, mäßig nährstoffreiche bis nährstoffreiche Gewässer, s LLA: mehrfach um Leipzig; OLH: Bautzen, Bischofswerda, Zittau; OLT: Muskau, Hoyerswerda, Rauden, Döbra; früher s VGT: Reichenbach, Rodewisch. ↗ NE (seit 1961). O Potam. Heimat: N-Amerika.

Hydrocharis L., **Froschbiss**

Pflanze mit langen Ausläufern; Blätter mit 2 großen durchscheinenden Nebenblättern; Blüten weiß, die ♂ größer als die ♀; Staubblätter 12, die 3 äußeren meist unfruchtbar; Fruchtknoten mit 6 Narben. 15–30 cm. 6–8. ♃. Mäßig nährstoffreiche stehende od. langsam fließende Gewässer, z im Tief- u. Hügelland, s (verschleppt) im Bergland. ↘ V Hydroch., O Potam.; europ-nem. Warmzeitzeuge. ***H. morsus-ranae*** L., **Europäischer F.***

Najas L., **Nixkraut**

1 Stängel ± bestachelt; Blätter 1–6 mm breit, lineal längl., ausgeschweift stachlig gezähnt *(Abb. 802/3);* Blattscheiden ganzrandig; Blüten 2-häusig, meist einzeln ***N. marina***

1* Stängel stachellos; Blätter schmal linealisch, < 1 mm breit, ausgeschweift begrannt gezähnt, meist zurückgekrümmt; Blattscheiden begrannt gezähnt; Blüten meist 1-häusig, oft mehrere genähert ***N. minor***

N. marina L., **Großes N.**

[*N. major* ALL.]. 5–50 cm. 6–8. ⊙. Mäßig nährstoffreiche bis nährstoffreiche Gewässer (Bergbauseen, Teiche, Altarme der Elbe), s ELH: Dresden-Leuben; ERB: Niederwiese bei Oelsnitz/Erz.; ERM: Niederwürschnitz; LLA: Borna; OLH: mehrfach um Bautzen, Zittau: Olbersdorfer See; OLT: um Hoyerswerda; früher s ESG: Königstein. V Potam.; euras, circpol. Kosmopolit.

Die Verbreitung der Unterarten ist noch unklar, ihre Bestimmung nicht immer gesichert:

1 Blattscheiden ohne od. selten mit beiderseits 1 Stachelspitzchen; Mittelnerv des Blattrückens kaum od. nicht stachelspitzig; reife Samen meist 4,5–6,5 mm lang; wahrscheinl. vorherrschende Sippe (alle oben genannten Vorkommen). **subsp. *marina***

1* Blattscheiden beiderseits mit 1–4(–4) feinen Stachelspitzen; Mittelnerv des Blattrückens regelmäßig stachelspitzig; reife Samen 3–5 mm lang; s GHP: Gröditz, LLA: Kulkwitzer See. [*N. intermedia* GÓRSKI]. **subsp. *intermedia*** (GÓRSKI) CASPER

N. minor ALL., **Kleines N.**

[*Caulinia minor* (ALL.) COSS. et GERM.]. 5–30 cm. 6–8. ⊙. Mäßig nährstoffreiche Gewässer (Bergbauseen, Altarme der Elbe, Fischteiche), s LLA: Leipzig: Kulkwitzer See; OLT: Hoyerswerda: Weißiger Teich; früher s ELH: Dresden. V Potam.; euras.

Stratiotes L., **Krebsschere**

Pflanze mit Ausläufern, 2-häusig; Blüten groß, weiß, über die Wasseroberfläche ragend, die ♂ gestielt, die ♀ fast sitzend. 15–45 cm. 7–8. ♃. Stehende, mäßig nährstoffreiche bis nährstoffreiche Gewässer (Teiche, Altarme), s EET: Torgau (Großer Teich); OLT; zuweilen verschleppt od. angesalbt, z. B. DDH: Torfhaus; ERB: Chemnitz; OLH: Guttau; VGT: Schöpsdrehe bei Plauen. V Hydroch.; europ-nem. Warmzeitzeuge. ∇ ***S. aloides*** L., **Aloe-K., Krebsschere***

Fam. *Scheuchzeriaceae* F. RUDOLPHI, Blasenbinsengewächse

Scheuchzeria L., **Blasenbinse**

Stängel beblättert; Blätter schmal linealisch, rinnig, am Grund scheidig; Blüten zu 3–6 in lockeren Trauben, die unteren lang, die oberen kurz gestielt; Blütenhülle gelbl.-grün. 10–20 cm. 6–7. ♃. Hoch- u. Zwischenmoore auf nährstoffarmen, sauren, nassen Torfböden, †, früher s ERM: Kleiner u. Großer Kranichsee (jetzt nur noch auf tschechischer Seite); s OLH: Quoos, Moritzburg, Steinbach; z OLT. O Scheuchz.; bor-circpol. Kaltzeitrelikt.
Sch. palustris L., **Moor-B.***

Fam. *Juncaginaceae* RICH., Dreizackgewächse

Triglochin L., **Dreizack**

1 Blütentraube dicht; Blütenstiele aufrecht abstehend; Narben 6; Frucht eiförmig, unter der Spitze eingeschnürt *(Abb 805/1 a)*, aus 6 Teilen bestehend; Blütenhülle grün, oben rötl. ***T. maritimum***

1* Blütentraube locker; Blütenstiele angedrückt; Narben 3; Frucht linealisch, am Grund verschmälert, aus 3 Teilen bestehend *(Abb. 805/1 b)*; Blütenhülle gelbgrün, oben oft violett ***T. palustre***

T. maritimum L., **Strand-D.***
15–50 cm. 7–8. ♃. Feuchtwiesen, meist auf salzhaltigem Lehmboden, †, früher s LLA: um Leipzig; OLH: bei Bautzen. O Mol.; euras-kont+lit, circpol.

T. palustre L., **Sumpf-D.***
15–45 cm. 6–8. ♃. Quellfluren, Ufer, Vertiefungen in Feuchtwiesen, s, früher z. ↘ K Scheuchz.-Car., V Potent. ans.; euras, circpol.

805/1

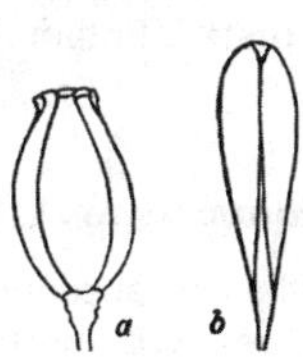

Fam. *Potamogetonaceae* Dumort., Laichkrautgewächse (inkl. *Zannicheliaceae* Dumort., Teichfadengewächse)

1 Blätter (fast) gegenständig, ohne Blattscheide, mit halb-stängelumfassendem Grund sitzend ***Groenlandia,*** 806
1* Blätter wechselständig, mit Blattscheide, sitzend od. gestielt
2 Blüten in mehr- bis vielblütigen, aus dem Wasser hervorragenden Ähren, ⚥; Staubblätter 4, auf dem Rücken mit großen, blütenhüllblattähnl. Anhängseln *(Abb. 806/1);* Fruchtknoten 4; Blätter elliptisch bis fadenförmig ***Potamogeton,*** 806
2* Blüten in den Achseln der schmal linealischen Blätter; 1-häusig, stets im Wasser eingesenkt, die ♂ mit 1 od. 2 Staubblättern, ohne Blütenhülle, die ♀ mit 2–6 (meist 4) Stempeln u. becherförmiger Blütenhülle *(Abb. 806/2, 806/3)* ***Zannichellia,*** 812

806/1

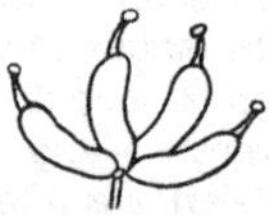
806/2

806/3

Groenlandia J. Gay, **Fischkraut, Dichtes Laichkraut**

Blätter paarweise, selten auch zu dritt, sehr dicht genähert, eiförmig bis lanzettl., vorn gezähnelt, meist 1,5–2,5 cm lang u. bis 1,5 cm breit; Ähre scheinbar seitl., 1–4-blütig, zuletzt zurückgekrümmt; Frucht (Nüsschen) kugelig, außen scharf gekielt, mit hakenförmigem Schnabel; Pflanze wintergrün. 30–50 cm, 6–9. ♃ (selten ⊙). Flache, langsam fließende od. stehende Gewässer, †, früher s LLA: Leipzig; MLH: Taubenheim; ob früher OLH: Zittau, Görlitz. V Potam., V Ran. fluit.; euras-submed. [*Potamogeton densus* L.].
G. densa (L.) Fourr., **Dichtes F.**

Potamogeton L., **Laichkraut**

Pflanzen ausdauernd, mit kriechenden verzweigten Wurzeln; Blüten in Ähren (Windbestäubung); Steinfrüchtchen oft arttypisch.

Für die Bestimmung der schmalblättrigen Arten sind die Blattnerven u. die Blattscheiden wichtig; als Mittelstreifnetz werden Luftzellen bezeichnet, die sich längs des Mittelnervs hinziehen.

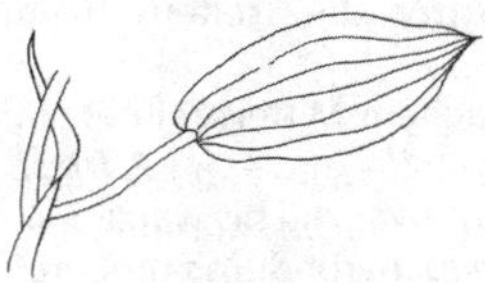

807/1

807/2

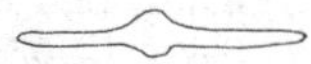

807/3

1 Alle Blätter grasartig bis fädl., ungestielt, untergetaucht

2 Nebenblätter zu einer grünen, den Stängel meist eng umfassenden Scheide verwachsen; Blätter nahe dem oberen Ende der Scheide abgehend — Blätter schmal linealisch bis fädl., meist mit 3 Nerven (Achtung: die 2 äußeren Nerven nahe dem Rand) u. geraden Quernerven; Ähren lang gestielt, meist unterbrochen ***P. pectinatus***

2* Nebenblätter nicht zu einer Scheide verwachsen; Blätter am Grund der Nebenblätter abgehend *(Abb. 807/1, 807/2)*

3 Blätter mit 3–5 stärkeren u. zahlreichen schwachen Nerven; Stängel beidseitig bandartig flach *(Abb. 807/3)*

4 Blätter mit 5 Hauptnerven, am Grund ohne od. selten mit kleinen Drüsenhöckern; Nebenblätter bis 4 cm lang; Ährenstiele 2–3-mal länger als die vielblütige Ähre; Frucht mit kurzer Spitze ***P. compressus***

4* Blätter mit 3 Hauptnerven, am Grund mit auffallenden Drüsenhöckern *(Abb. 807/4);* Nebenblätter < 2 cm lang; Ährenstiele so lang wie die wenigblütige Ähre; Frucht mit langer (> 1 mm) gekrümmter Spitze ***P. acutifolius***

3* Blätter mit 1 Mittelnerv (mit od. ohne Mittelstreifnetz) u. 0–4 oft deutl. Seitennerven; Stängel rundl. bis 4-kantig *(Abb. 807/5)*

5 Ährenstiele nur etwa so lang wie die Ähre (< 1 cm); Blätter meist 2–4 mm breit, mit kräftigem Mittelnerv u. schrägen od. knickigen Quernerven — Blattspitze abgerundet ***P. obtusifolius***

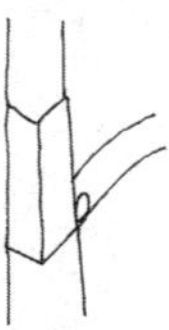

807/4

807/5

5* Ährenstiele > 2-mal so lang wie die Ähre; Blätter 0,5–2 (selten –4) mm breit

6 Blätter bis 4 mm breit, 5-nervig, mit schwachem Mittelstreifnetz im unteren Bereich des Blattes; Frucht glatt ***P. friesii***

6* Blätter bis 2 mm breit, alle 1–3-nervig; Frucht oval, rau bis warzig

7 Blätter bis 0,5 mm breit, scheinbar 1-nervig; Frucht rundl. mit größeren Höckern — Mittelnerv der Blätter nach unten immer breiter werdend u. fast die ganze Breite einnehmend; Seitennerven undeutl. u. weit vor der Mitte einmündend ***P. trichoides***

7* Blätter bis 2 mm breit, 3-nervig; Frucht oval, rau bis warzig

8 Blätter 3-nervig mit Mittelstreifnetz; Seitennerven fast an der Blattspitze mündend *(Abb. 808/1);* Ähren nicht unterbrochen ***P. berchtoldii***

8* Blätter 3-nervig ohne Mittelstreifnetz; Seitennerven weit vor der Blattspitze endend *(Abb. 808/2);* Ähren deutl. unterbrochen ***P. pusillus***

1* Blätter elliptisch bis lineal lanzettl., obere nie linealisch, untergetaucht od. schwimmend

9 Alle Blätter lang gestielt, die oberen schwimmend

10 Tauchblätter ohne Spreite, oft hinfällig; Blattstiel an der Spitze mit andersfarbigem (meist hellbraunem) Teil) — Schwimmblätter groß, ledrig u. oft kürzer als der Stiel; Früchte kaum gekielt, bis 4 mm lang ***P. natans***

10* Tauchblätter, wenn vorhanden, mit schmaler lanzettl. Spreite; Blattstiel ohne andersfarbige Spitze

11 Tauchblätter ganzrandig; Früchte < 2,5 mm groß, stumpf gekielt u. rötl.; Nebenblätter häutig; Ährenstiel gleichmäßig dick — Blätter rötl., die Schwimmblätter weniger derb als bei *P. natans* ***P. polygonifolius***

11* Tauchblätter gezähnt; Früchte 3–4 mm groß, scharf gekielt; Nebenblätter derb, dichtnervig; Ährenstiel nach oben verdickt ***P. nodosus***

9* Untergetauchte Blätter sitzend od. in einen sehr kurzen Stiel (< 1 cm) verschmälert, durchscheinend häutig; Schwimmblätter oft fehlend

12 Stängel 4-kantig; Früchte am Grund verwachsen — Blätter meist wellig kraus, fein gesägt, sitzend, bis 1 cm breit, mit 5 Nerven u. Mittelstreifnetz ***P. crispus***

12* Stängel rund; Früchte nicht verwachsen

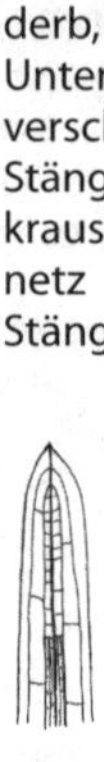

808/1

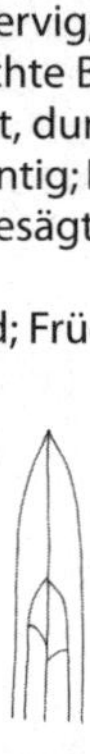

808/2

13 Ährenstiel oberwärts deutl. verdickt; Tauchblätter immer deutl. gezähnt — Schwimmblätter selten entwickelt

14 Alle Tauchblätter sitzend od. stängelumfassend, nicht stachelspitzig u. mit deutl. Mittelstreifnetz

15 Tauchblätter am Grund verschmälert, unter 1,5 cm breit, nicht > 12 cm lang —Schwimmblätter, wenn vorhanden, ledrig u. lang gestielt; Stängel kurz verzweigt **P. gramineus**

15* Tauchblätter mit abgerundetem Grund halb stängelumfassend, bis 7 cm lang — Nebenblätter deutl. 3-eckig **P. × nitens**

14* Große Tauchblätter (> 10 cm) in einen kurzen u. geflügelten Stiel verschmälert, stachelspitzig; Mittelstreifnetz undeutl. — junge Blätter auffallend glänzend

16 Schwimmblätter stets fehlend; Tauchblätter alle gleich lang gestielt, bis 30 cm lang u. vorn in eine Spitze dornartig zusammengezogen; Ährenstiel bis 7 mm Ø u. bis 25 cm lang **P. lucens**

16* Schwimmblätter oft vorhanden; obere Blätter länger gestielt als die unteren, alle < 15 cm lang; Ährenstiel bis 4 mm Ø u. bis 4 cm lang **P. × angustifolius**

13* Ährenstiel oben nicht verdickt; Tauchblätter sitzend (keilförmig verschmälert od. stängelumfassend), am Rand glatt od. gezähnt

17 Tauchblätter sitzend, stumpf, ganzrandig, elliptisch bis lanzettl., oft rötl. überlaufen; Schwimmblätter selten, dann Stiel kürzer als Blatt breit **P. alpinus**

17 Tauchblätter stängelumfassend, am Grund abgerundet od. herzförmig; alle Blätter untergetaucht

18 Blätter rundl., am Grund herzförmig, ganzrandig, stängelumfassend, am Rand gezähnelt, nicht kappenförmig zusammengezogen; Nebenblätter weißl., dünn; Ährenstiel < 5 cm lang **P. perfoliatus**

18 Blätter längl. lanzettl., ganzrandig, an der Spitze kappenförmig zusammengezogen; Nebenblätter groß, ausdauernd; Ährenstiel 25–35 cm lang **P. praelongus**

P. acutifolius Roem. et Schult., **Spitzblättriges L.**

Stängel zusammengedrückt, mit 2 Kanten, aber nicht geflügelt; mittlere u. obere Blätter lang zugespitzt, bis 15 cm lang; Nebenblätter grün, schnell zerfasernd; Ährenstiele kurz (0,5–2 cm); Ähre wenigblütig; Frucht kugelig, deutl. gekielt. 30–100 cm. 6–8. ♃. Stehende u. langsam fließende Gewässer (Teiche, Gräben, Altwässer) mit mäßig nährstoffreichem bis nährstoffreichem Wasser, z OL; s DDH, EET, ERB, VGT; früher LLA. ↘ V Potam.; subatl.

P. alpinus BALB., **Alpen-L., Rötliches L.**

Tauchblätter bis 20 cm lang u. bis 2 cm breit, mit Mittelstreifnetz, auch Schwimmblätter (wenn ausgebildet) u. Rhizom oft rötl. überlaufen; Nebenblätter bis 6 cm lang; Früchte linsenförmig, scharf gekielt. 30–200 cm. 6–8. ♃. Stehende u. fließende Gewässer (Bäche, Gräben, Teiche) mit nährstoffarmem bis mäßig nährstoffreichem Wasser, mäßig h OL; sonst z bis s; fehlt aktuell ELH, ESG. ↘ V Potam.; eurosib, circpol.

P. × angustifolius J. PRESL, **Schmalblättriges L.**

[*P. gramineus* × *P. lucens*, *P.* × *zizzi* ROTH]. Tauchblätter kurz gestielt bis sitzend, wellig u. an der Spitze gezähnelt; Früchte halbkugelförmig, bis 2,5 mm lang, mit kurzem Schnabel; Pflanze an *P. lucens* erinnernd, aber kleiner u. zarter. 30–150 cm. 6–9. ♃. Nährstoffreiche Teiche, s OLT: Johnsdorf. O Potam.

P. berchtoldii FIEBER, **Berchtolds L.**

[*P. pusillus* auct.]. Stängel fadenförmig, stark verzweigt u. mit vielen Blättern; Nebenblätter stängelumfassend, offen; Frucht abgerundet gekielt, auf dem Rücken mit Höckern. 10–50 cm. 6–9. ♃. Nährstoffreiche Kleingewässer, mäßig h im Tiefland, z im Hügelland, s im Bergland. V Potam., V. Nymph.; eurosib.

P. compressus L., **Flachstängeliges L.**

Stängel deutl. schmal geflügelt; Frucht 2 mm lang, mit kurzer Spitze. 30–120 cm. 6–8. ♃. Altarme u. Teiche mit nährstoffreichem Wasser, †, früher s in Tief- u. Hügelland. V Potam.; eurosib, circpol.

P. crispus L., **Krauses L., Hechtkraut***

Schwimmblätter stets fehlend; Blätter bis 6 cm lang, zuweilen auch nicht wellig (var. *serrulatus* RCHB.); Nebenblätter bis 1 cm lang, hinfällig. 30–200 cm. 5–9. ♃. Gräben, Flüsse, Teiche mit nährstoffreichem Wasser, mäßig h im Tief- u. Hügelland, z im Gebirge. V Potam., V Nymph.; europ+circpol disj.

P. friesii RUPR., **Stachelspitziges L.**

[*P. mucronatus* SOND.]. Stängel abgeflacht, mit stumpfen Kanten; Blätter bandförmig, meist stachelspitzig; Nebenblätter zart, 2-spaltig; Ähre wenigblütig, unterbrochen; Frucht gekielt, ellipsoidisch. 30–100 cm. 6–8. ♃. Stehende Gewässer, ob im Gebiet? (alle Angaben aus ELH u. OL nicht belegt); europ-nem.

P. gramineus L., **Gras-L.**

Stängel knickig, kurzgliedrig; Frucht stumpf gekielt, mit kurzem Schnabel. 30–100 cm. 6–8. ♃. Gräben, Teiche mit mäßig verschmutztem Wasser, z OL; s VGT; früher s ERZ, LLA. ↘ V Potam.; eurosib, circpol.

P. lucens L., **Spiegelndes L.***

Tauchblätter 2–4-mal so lang wie breit, oliv-gelbgrün, glänzend, Rand etwas wellig; Frucht bis 4 mm, stumpf gekielt, mit kurzer Spitze. 50–400 cm. 6–8. ♃. Mäßig nährstoffreiche bis nährstoffreiche Gewässer (Teiche, Weiher, Gräben) in meist größerer Tiefe, mäßig h OLT; z DDH, LLA, OLH; sonst s. ↘ V Potam., V Nymph.; eurosib.

P. natans L., **Schwimmendes L.***

Nebenblätter oft länger als der Blattstiel; Frucht stumpf gekielt, kurz geschnäbelt. 50–150 cm. 6–8. ♃. Stehende od. langsam fließende Gewässer mit mäßig nährstoffreichem bis nährstoffreichem Wasser, h. V Potam., V Nymph.; euras-nem, circpol.

P. × ***nitens*** Weber, **Glänzendes L.**

[*P. gramineus* × *P. perfoliatus*]. Frucht scharf gekielt, oft nicht vorhanden. 30–120 cm. 6–8. ♃. Altarme, Seen mit mäßig nährstoffreichem Wasser, †, früher s EHL: Pirna (Egelsee); MLH: Wurzen. V Potam.

P. nodosus Poir., **Knoten-L., Flutendes L.**

Internodien gedrängt, am Grund knotig; Nebenblätter kürzer als der Blattstiel; Frucht scharf gekielt, aber selten fruchtend. 30–300 cm. 6–9. ♃. Langsam fließende u. stehende Gewässer (Altarme, Bäche, Gräben), s DDH: Eilenburg; früher s ELH: Elbe bei Scharfenberg; OLT: Schwarze Elster bei Biehlen. V Ranunc. fluit., V Nymph.

P. obtusifolius Mert. et W. D. J. Koch, **Stumpfblättriges L.**

Stängel im Ø elliptisch, mit 2 stumpfen Kanten; Nebenblätter gelbl.; Frucht etwas runzlig, mit kleiner Spitze. 20–60 cm. 6–8. ♃. Mäßig nährstoffreiche Gewässer (Teiche, Gräben, Tagebaurestlöcher), mäßig h im Tiefland, z im Hügelland, s im Bergland. ↘ V Potam.; subatl+N-Amerika

P. pectinatus L., **Kamm-L., Kammförmiges L.***

Scheiden weißrandig, eingerollt, offen; Frucht 3–5 mm lang, auf dem Rücken gekielt, deutl. geschnäbelt. 30–300 m. 6–9. ♃. Flüsse, Bäche, Gräben, Teiche mit nährstoffarmem bis mäßig nährstoffreichem Wasser, z bis mäßig h im Tief- u. Hügelland, s im unteren Bergland. O Potam.; euras+N-Amerika.

P. perfoliatus L., **Durchwachsenes L.***

Blätter oft wellig gekräuselt, 5–7-nervig, durch Quernerven verbunden; Frucht stumpf gekielt mit hakiger Spitze. 30–100 cm. 6–8. ♃. Langsam fließende u. stehende Gewässer mit nährstoffreichem Wasser, s im Tief- u. Hügelland; früher z OLT u. im Elbtal. ↘ V Potam., V Nymph.; eurosib, circpol.

P. polygonifolius Pourr., **Knöterich-L., Knöterichblättriges L.**
[*P. oblongus* Viv.]. Stängel meist unverzweigt; Nebenblätter rötl., kürzer als der Blattstiel. 20–50 cm. 5–10. ♃. Gräben, Moorschlenken, Torfstiche mit nährstoffarmem, saurem Wasser, mäßig h OLT; z GHP, ERZ, VGT; s DDH. ↘ O Litt.; subatl.+N-Amerika.

P. praelongus Wulfen, **Gestrecktes L., Langstieliges L.**
Stängel weißl., knickig gebogen; Blätter gekräuselt; Frucht bis 4 mm, mit 1 mm langer Spitze. 80–300 cm. 6–8. ♃. Flüsse, Teiche, †, früher s LLA: in der Parthe u. Weißen Elster bei Leipzig; OLT: Uhyst/Spree: Mönauer Teiche, in der Spree u. Neiße. V Potam.

P. pusillus L. em. Fieber, **Zwerg-L., Kleines L.**
[*P. panormitanus* Biv.]. Blätter 3-nervig, selten noch mit je einem Seitennerv; Frucht hell, mit deutl. Kiel, ohne Höcker. 20–80 cm. 6–9. ♃. Teiche, Tagebaurestlöcher, Altarme mit mäßig nährstoffreichem Wasser, mäßig h im Tief- u. Hügelland, s im Bergland. ↘ V Potam.; eurosib, circ.

P. trichoides Cham. et Schltdl., **Haarblättriges L., Haarfeines L.**
Stängel stark verästelt, mit Blattbüscheln. 30–50 cm. 6–9. ♃. Gräben, Teiche, Flüsse mit nährstoffarmem Wasser, z im Tief- u. Hügelland, s ERB. ↘ V Potam.; subatl.

Außer den verschlüsselten u. oben aufgeführten Bastarden ist mit weiteren zu rechnen.

Zannichellia L., **Teichfaden**

Stängel zart, im Wasser kriechend u. an den Knoten wurzelnd, in tieferem Wasser im oberen Teil flutend; Blätter schmal linealisch, fadenförmig od. bis 1,2 mm breit, bis 10 cm lang, mit 1(–3) Längsnerven u. mit ± deutl. Quernerven (daran vom ähnl. *Potamogeton pusillus* zu unterscheiden), am Grund mit häutiger Nebenblattscheide; Steinfrüchtchen zu 2–6, bis 2 mm lang, sehr kurz gestielt, wurst- od. halbmondförmig. 10–50 cm. 5–11. ♃. Mäßig verschmutzte stehende od. fließende Gewässer (Teiche, Altarme, Flüsse; Gräben), z im Tief- u. Hügelland, s im Bergland. V Potam.; euras, circpol.
Z. palustris L., **Sumpf-T.***

Die genaue Verbreitung der beiden Unterarten ist noch nicht bekannt.

1 Früchte bis 0,5 mm lang gestielt, 2–3 mm lang; Griffel 0, 5 mm lang, höchstens ½ so lang wie die Frucht *(806/2);* Blätter 0,5 mm breit. Wahrscheinl. die vorherrschende Sippe.
subsp. *palustris*

1* Früchte 1–2 mm lang gestielt, 2,5–3,5 mm lang; Griffel 1,5–2,5 mm lang, mehr als ½ so lang bis ebenso lang wie die Frucht *(Abb. 806/3);* Blätter 0,3–1,2 mm breit. Belegt für Elbtal u. OL. **subsp. *pedicellata*** (Wahlenb. et E. Rosén) Hegi

Fam. *Melanthiaceae* BORKH., Germergewächse

Paris L., **Einbeere**

Stängel einfach, mit meist 4 quirlständigen, elliptisch verkehrt eiförmigen, kurz zugespitzten, fast sitzenden Blättern; Blüten gestielt, endständig, grünl.; Beere blauschwarz, bitter *(Abb. 813/1)*. 15–30 cm. 5–6. ♃. Krautreiche Laubwälder u. Gebüsche, z im Hügel- u. Bergland, s im Tiefland. ↘ O Fag., V Carp.-Prun., V Aln.-Ulm., V Aln.; euras-nem. Schwach giftig.
P. quadrifolia L., **Vierblättrige E.***

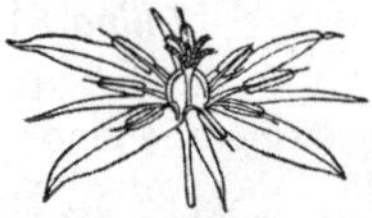

813/1

Zu dieser Familie gehört auch der **Weiße Germer** (***Veratrum album*** L.)*: Rhizompflanze mit wechselständigen, breit elliptischen Blättern; Blütenstand eine aus vielblütigen Trauben zusammengesetzte Rispe; Blüten weißl. 50–120 cm. 6–8. ♃. s, verwildert od. ausgepflanzt, ERO: Oberbärenburg. Heimat: Eurasien.

Fam. *Colchicaceae* DC., Herbstzeitlosengewächse

Colchicum L., **Herbstzeitlose**

Pflanze mit Knolle; Blüten grundständig, groß, einzeln od. zu 2; Blätter längl. lanzettl., stumpf, beiderseits verschmälert, nach der Blüte im folgenden Jahr mit der Kapsel erscheinend; Perigon lilarosa, selten weiß *(Abb. 813/2)*. Blüten 5–20 cm, fruchttragende Pflanze bis 40 cm. 9–10. ♃. Mäßig nährstoffreiche Frisch- u. Feuchtwiesen, Auenwälder, z im gesamten Gebiet, doch stellenweise fehlend. ↘ K Mol.-Arrh., V Aln.-Ulm.; submed+subatl. Stark giftig. Früher Off.
C. autumnale L., **Herbstzeitlose***

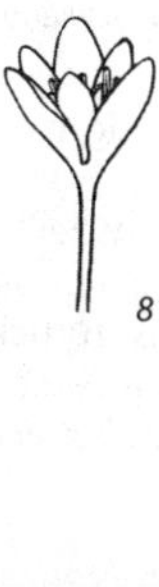

813/2

Fam. *Liliaceae* Juss., Liliengewächse

1 Perigon gelb, außen grün, etwa 1 cm Ø; Blüten doldig, selten einzeln **_Gagea_**, 814
1* Perigon verschiedenfarbig, > 3 cm Ø; Blüten einzeln od. traubig
2 Staubbeutel in ihrer Mitte dem Staubfaden angeheftet — Perigon am Grunde mit rinnigem Honigbehälter **_Lilium_**, 816
2* Staubbeutel an ihrem Grunde dem Staubfäden angeheftet
3 Griffel vorhanden; Narben 3; Perigon am Grunde mit einer längl. od. rundl. Honiggrube **_Fritillaria_**, 814
3* Griffel fehlend; Narbe 3-lappig, sitzend; Perigon am Grunde ohne Honiggrube **_Tulipa_**, 817

Fritillaria L., **Kaiserkrone, Schachblume**

1 Stängel wenigblättrig, 1–2-blütig; Blüten end- od. blattachselständig, nickend; Honiggrube längl.; Perigon fleischfarben od. gelbl., durch dunkelrote 4-eckige Flecken schachbrettartig, selten weiß **_F. meleagris_**
1* Stängel dicht beblättert, mehrblütig; Blüten quirlartig-doldig, nickend, von einem Blattschopf überragt; Honiggrube längl.; Perigon gelbbraun, mit scharlachroten Nerven, gelb od. rot **_F. imperialis_**

F. imperialis L., **Kaiserkrone**

Blüten mit Fuchsgeruch. 50–100 cm. 4–5. ♃. Zierpflanze, s verwildert (Gartenauswurf). NU. Heimat: W-Asien.

F. meleagris L., **Schachblume, Kiebitzei**

15–30 cm. 4–5. ♃. Zierpflanze, verwildert od. ausgepflanzt, Feuchtwiesen, s ELH: Dresden; ERB: Chemnitz; ERO: Dippoldiswalde; MLH: Hirschfeld; OLH: Leutersdorf. NE. V Mol. V Arrh.; submed+subatl. (∇)

Gagea Salisb., **Goldstern**

Grundblätter sind die grundständigen Blätter blühender Pflanzen; Stängelblätter sind die Laubblätter unterhalb des Blütenstandes. Zwiebeln vorsichtig ausgraben (Nebenzwiebeln brechen leicht ab) u. nach der Untersuchung wieder einsetzen.

1 Blütenstiele dicht behaart; Grundblätter 2, flach bis rinnenförmig, nicht hohl; Fruchtknoten deutl. kantig gerippt bis geflügelt
2 Blüten zu 1(–3); Griffel kahl; Perigonblätter meist stumpf; Blütenstielbehaarung abstehend, kurz, nicht glänzend; Stängelblätter voneinander entfernt; Grundblätter meist gefaltet, fädl. (< 1 mm breit), meist zurückgebogen bis lockig gedreht, am Erdaustritt weißl.; Pflanze nur 2–6 cm hoch **_G. bohemica_**

2* Blüten zu (4–)5–15(–20); Griffel kurzhaarig; Perigonblätter zugespitzt; Blütenstielbehaarung z. T. anliegend, striegelig, silberglänzend; Stängelblätter fast gegenständig; Grundblätter oberseits rinnig, im Ø rundl., kräftig (1–3 mm breit), lang, nicht zurückgebogen od. lockig, am Erdaustritt purpurrot; Pflanze 5–20 cm hoch **_G. villosa_**

1* Blütenstiele kahl, selten mit einzelnen langen Haaren; Grundblätter 1 od. 2, wenn 2, dann meist stielrund u. hohl; Fruchtknoten im Querschnitt rundl., nur mit 3 stumpfen Rippen

3 Grundblätter 2 (selten nur 1), schnittlauchartig röhrig, hohl (nur anfangs mit farblosem Mark); nur 1 Stängelblatt, dieses auffallend scheidenförmig den Stängel umfassend; Zwiebeln 2, in gemeinsamer Hüllhaut (von außen scheinbar einzeln), etwa gleich groß, manchmal mit winzigen Brutzwiebelchen **_G. spathacea_**

3* Grundblatt 1 (selten 2), flach od. kantig, nie röhrig od. hohl; Stängelblätter 2–3, das oberste nur bei *G. pomeranica* etwas scheidenartig; Zwiebeln 1–3, wenn 2, dann nicht in gemeinsamer Hüllhaut od. ungleich groß

4 Grundblatt 1–2 mm breit, deutl. schmaler als die Stängelblätter; Perigonblätter spitz, fast grannenartig, in Vollblüte bogig zurückgekrümmt; Zwiebeln 2, in gemeinsamer Hüllhaut, ungleich groß **_G. minima_**

4* Grundblatt 1–15 mm breit, etwa so breit wie od. breiter als die Stängelblätter; Perigonblätter stumpf bis spitzl., aber nie grannenartig; Zwiebeln 1–3, nicht in gemeinsamer Hüllhaut

5 Grundblatt 1–5 mm breit, nervenlos, aber mit 1 Rille, mit flacher Spitze ohne Kapuze, am Erdaustritt purpurn bis weinrot; Zwiebeln 3, davon 1 behäutet, 2 nackt (davon wiederum 1 gestielt, 1 ungestielt); Pflanze bläul.-grün **_G. pratensis_**

5* Grundblatt 5–15 mm breit, mit 0–7 Nerven, ohne Rille, oft mit Kiel u. deutl. Kapuzenspitze; am Erdaustritt purpurn, bräunl., rosa od. weiß; Zwiebeln 1–2, davon 1 behäutet; Pflanze grasgrün, seltener graugrün

6 Grundblatt 5–10 mm breit, flach od. undeutl. gekielt, mit ± flacher Spitze, am Erdaustritt purpurn bis weinrot; Zwiebeln 2, davon 1 behäutet, 1 nackt; Pflanze grasgrün **_G. pomeranica_**

6* Grundblatt 7–12 mm breit, 3–7-nervig, mit über 5 mm langer deutl. Kapuzenspitze, am Erdaustritt meist weiß, seltener rosa od. rötl.-braun, nicht ausgeprägt rot; Zwiebel 1, behäutet, manchmal mit winzigen Brutzwiebelchen; Pflanze frischgrün bis graugrün (= var. *glauca* (BLOCKI) HEGI), nur an sehr stickstoffreichen Stellen etwas blaugrün **_G. lutea_**

G. bohemica (ZAUSCHN.) SCHULT. et SCHULT. f., **Felsen-G.**

[*G. saxatilis* (MERT. et W. D. J. KOCH) SCHULT. et SCHULT. f.] 3–8 cm. 3–4. ♃. Offene, wärmebegünstigte, basenreiche Sandmagerrasen, †, früher s EET: Riesa: zwischen Röderau u. Jacobsthal, zuletzt 1929. V Sedo-Ver.; submed+subatl.

Im Gebiet nur **subsp. _saxatilis_** (MERT. et W. D. J. KOCH) ASCH. et GRAEBN.

G. lutea (L.) KER GAWL., **Wald-G.***

[*G. sylvatica* (PERS.) LOUDON]. 10–30 cm. 3–4. ♃. Auenwälder, Frischwiesen, frische bis feuchte Säume, Grasgärten, Parks, mäßig h, nur in trockenen Sandgebieten u. in den Kammlagen des ERZ s od. fehlend, Höhengrenze bei ca. 800 m. O Fag., O Salic. alb., K Gal.-Urt., feuchte K Mol.-Arrh.; europnem+O-Asien.

G. minima (L.) KER GAWL., **Zwerg-G.**

8–15 cm. 4. ♃. Lichte Auengehölze, Frischwiesen, frische Säume, s EET: Kreinitz; ELH: z. B. Mobschatz, Costappel, Seußlitz-Diesbar, Jahnishausen, früher z; s MLH: Glaucha sö. Ostrau; OLH: Bautzen: Oehna; LLA: Leipzig: früher Lützschena. ↘ O Fag., O Arrh.; submed+sarmat.

G. pomeranica RUTHE, **Pommerscher G.**

10–20 cm. 4. ♃. Im Gebiet bisher nicht nachgewiesen, aber zu erwarten.

G. pratensis (PERS.) DUMORT., **Wiesen-G.***

10–20 cm. 3–4. ♃. Wald- u. Gebüschsäume, trockene Magerrasen, Wegränder, lückige Böschungen, Friedhöfe, Parks, Weinberge, Ackerraine, im Tief- u. Hügelland mäßig h, Höhengrenze 560 m (VGT) bzw. 400 m (OL). O Brom., O Sedo-Scler.; europ-kont-sarmat.

G. spathacea (HAYNE) SALISB., **Scheiden-G.**

10–20 cm. 4–5. ♃. Auenwälder, Quellfluren, z LLA: Leipziger Auenwald, Taucha: Parthe-Auenwald; s (früher z) OLH: Volkersdorf; s GHP: Wildenhain. ↘ V Aln.-Ulm.; subatl.

Auch in individuenreichen Beständen blühen oft nur wenige Pflanzen. Blühbeginn etwa mit *Taraxacum officinale* agg.

G. villosa (M. BIEB.) SWEET, **Acker-G.***

[*G. arvensis* (PERS.) DUMORT.] 10–15 cm. 3–4. ♃. Früher Äcker, heute Silikatmagerrasen, Ackerraine, lückige Böschungen, gern auf Friedhöfen, meist z im Tief- u. Hügelland, doch GHP u. OL seltener. Höhengrenze 530 m (VGT) bzw. 350 m (ERO). A. K Koel.-Coryn., O Arrh.; med-submed.

Lilium L., **Lilie**

1 Perigon zurückgebogen; Blätter fast quirlständig, obere wechselständig **L. martagon**

1* Perigon glockig trichterförmig; Blätter alle wechselständig

2 Blüten leuchtend rot od. orangerot, aufrecht, in 1–5-blütiger Dolde; Stängel am Grunde kurzhaarig **L. bulbiferum**

2* Blüten weiß, aufrecht abstehend, untere nickend, in 5–20-blütiger Traube; Stängel kahl **L. candidum**

L. bulbiferum L., **Feuer-L.***

Blätter lineal lanzettl., die obersten oft mit Brutzwiebeln in den Achseln. 40–80 cm. 6–7. ♃. Bergwiesen, Gebüschsäume, Steinrücken, auch aus Gärten unbeständig verwildert, z ERM, ERO oberhalb 500 m, A. (Bergbau). ↘ V Pol.-Tris., V Carp.-Prun.; pralp-submed. ∇

Im Gebiet nur **subsp. *bulbiferum*.**

L. candidum L., **Weiße L., Madonnen-L.***

Blätter längl., die oberen eiförmig-lanzettl. 60–150 cm. 6–7. ♃. Zierpflanze. Heimat: östl. Mittelmeergebiet, Vorderasien.

L. martagon L., **Türkenbund-L.***

60–120 cm. 6–7. ♃. Anspruchsvolle Laubwälder u. Gebüsche, z im Hügel- u. Bergland, s im Tiefland. ↘ O Fag.; europ-nem. ∇

Tulipa L., **Tulpe**

1 Blätter breit linealisch, flach; Blüten vor dem Aufblühen nickend; Perigonblätter zugespitzt, die inneren wie die Staubgefäße am Grunde behaart, stets gelb ***T. sylvestris***

1* Blätter lanzettl., am Rande meist wellig, Blüten aufrecht; Perigonblätter stumpf, wie die Staubfäden kahl, verschieden gefärbt ***T. gesneriana***

T. gesneriana L., **Garten-T.***

30–60 cm. 4–5. ♃. Zierpflanze, verwildert, Friedhöfe, Gebüsche, Ruderalfluren, z. NU.

In zahlreichen Sorten kultiviert.

T. sylvestris L., **Wilde T.***

30–50 cm. 4–5. ♃. Ehemalige Zierpflanze, Gebüsche, Auenwiesen, Weinberge, Parks, z bis s vom Tiefland bis ins untere Bergland. ↘ NE (16. Jh.). V Arrh., O Glech., V Carp.-Prun. V Veron.; submed. ∇

Zahlreiche weitere *T.*-Arten werden in Gärten kultiviert.

Fam. *Orchidaceae* Juss., Orchideen, Knabenkrautgewächse

alle ∇

1 Pflanze ohne grüne Blätter

2 Lippe mit Sporn, Sporn u. Lippe aufwärts gerichtet *(Abb. 818/1);* Stiel des Fruchtknotens nicht gedreht ***Epipogium,*** 825

2* Lippe ohne Sporn, abwärts gerichtet; Stiel des Fruchtknotens gedreht

3 Lippe 2-spaltig, länger als die anderen Perigonblätter *(Abb. 818/2);* Traube mit (10–)20–60 Blüten; Pflanze gelbl.-braun ***Neottia,*** 828

3* Lippe ungeteilt od. seicht 3-lappig, kürzer als die äußeren Perigonblätter; Traube mit 2–11 Blüten; Pflanze grünl.-gelb ***Corallorhiza,*** 821

1* Pflanze mit grünen Blättern

4 Lippe schuhförmig aufgeblasen, außer der Lippe noch 4 Perigonblätter; Blüten 3–6 cm lang; Staubblätter 2 ***Cypripedium,*** 821

4* Lippe nicht aufgeblasen, außer der Lippe noch 5 Perigonblätter; Blüten höchstens 3 cm lang; Staubblätter 1

5 Lippe mit deutl. Sporn

6 Perigonblätter mit keulenförmig verbreiterter Spitze; Blütenstand kugelförmig ***Traunsteinera,*** 832

6* Perigonblätter in die Spitze gleichmäßig verschmälert; Blütenstand verlängert

7 Lippe ungeteilt, schmal zungenförmig; Sporn > 20 mm lang ***Platanthera,*** 831

7* Lippe 3-lappig od. 3-zähnig, wenn ungeteilt, dann breit u. am Rand gekerbt gezähnt; Sporn < 20 mm lang

8 Lippe zungenförmig, die 2 parallelen Seitenlappen wesentl. länger als der zahnförmige Mittellappen *(Abb. 818/3)* ***Coeloglossum,*** 821

8* Lippe nicht zungenförmig, ihre Seitenlappen nicht länger als der Mittellappen

9 Sporn fadenförmig

10 Ähre kegel- bis eiförmig, höchstens doppelt so lang wie breit; Lippe am Grund oberseits mit 2 kleinen Auswüchsen ***Anacamptis,*** 820

10* Ähre schmal zylindrisch, deutl. mehr als doppelt so lang wie breit; Lippe am Grund ohne Auswüchse ***Gymnadenia,*** 826

818/1

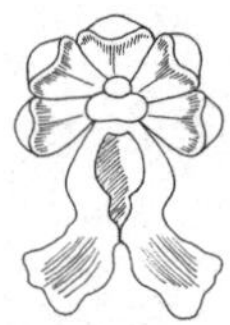

818/2

818/3

9* Sporn sack-, walzen- od. kegelförmig

11 Sporn ⅓–½ so lang wie der Fruchtknoten; Blüten 3–5 mm Ø; Perigonblätter creme-, grünl.- od. gelbl.-weiß ***Pseudorchis,*** 832

11* Sporn > ½ so lang wie der Fruchtknoten; Blüten > 8 mm Ø; Perigonblätter rosa, rot, purpurn, violett od. gelb

12 Alle Deckblätter häutig u. kürzer als od. so lang wie der Fruchtknoten ***Orchis,*** 828

12* Wenigstens die unteren Deckblätter laubblattartig u. länger als der Fruchtknoten ***Dactylorhiza,*** 821

5* Lippe ohne Sporn

13 Lippe oberseits samtig behaart ***Ophrys,*** 828

13* Lippe nicht behaart

14 Blätter netznervig, kurz gestielt ***Goodyera,*** 825

14* Blätter parallelnervig, ungestielt

15 Lippe quer eingeschnürt, dadurch in einen vorderen (Epichil) u. hinteren Teil (Hypochil) gegliedert

16 Blüten waagerecht abstehend bis hängend, gestielt; Fruchtknoten nicht gedreht; Perigonblätter meist abstehend ***Epipactis,*** 823

16* Blüten ± aufrecht, ungestielt; Fruchtknoten gedreht; Perigonblätter meist zusammengeneigt ***Cephalanthera,*** 820

15* Lippe nicht quer eingeschnürt

17 Stängel mit 2 fast gegenständigen, in der unteren Stängelhälfte deutl. über dem Grund inserierten Blättern; Lippe tief 2-spaltig ***Listera,*** 827

17* Stängelblätter wechselständig inseriert od. Blätter grundständig; Lippe ungeteilt od. 3-spaltig

18 Stängel oberwärts drüsig kurzhaarig; Blütenstand schraubig gedreht ***Spiranthes,*** 832

18* Stängel kahl; Blütenstand nicht schraubig gedreht

19 Lippe 3-spaltig, am Grund sackartig vertieft; Blüten ungestielt ***Herminium,*** 826

19* Lippe ungeteilt, am Grund nicht sackartig vertieft; Blüten kurz gestielt

20 Blüten 6–12 mm; Traube 2–10-blütig; äußere Perigonblätter linealisch; Lippe mit rinnenförmiger Vertiefung ***Liparis,*** 827

20* Blüten 3–5 mm; Traube > 10-blütig; äußere Perigonblätter lanzettl. bis eiförmig; Lippe nicht rinnenförmig vertieft

21 Blätter 1 (sehr selten 2), eiförmig spitz, > 3 cm lang, ohne Brutknöllchen ***Malaxis,*** 828

21* Blätter 3–4, eiförmig stumpf, < 3 cm lang, am Blattrand oft mit Brutknöllchen ***Hammarbya,*** 826

Anacamptis Rich., **Spitzorchis**

30–50 cm. 6–7. ♃. Lichte Pappelforsten in der Bergbaufolgelandschaft, s LLA: Kulkwitz bei Markranstädt, 1996 ein blühendes Exemplar, spontan od. angepflanzt?

A. pyramidalis (L.) Rich., **Pyramiden-S.**

Cephalanthera Rich., **Waldvöglein**

1 Blüten rosa bis rotviolett; vorderes Lippenglied länger als breit; Stängel oberwärts u. Fruchtknoten kurzhaarig ***C. rubra***

1* Blüten weiß bis gelbl.-weiß; vorderes Lippenglied etwa so lang wie breit; Stängel u. Fruchtknoten kahl

2 Blätter lanzettl. bis lineal lanzettl., zugespitzt, 4–10-mal so lang wie breit; Blütenstand vielblütig (bis 20 Blüten); Blüten weiß, sich meist halb öffnend; Deckblätter der mittleren u. oberen Blüten viel kürzer als der Fruchtknoten ***C. longifolia***

2* Blätter längl. eiförmig, spitz od. stumpfl., 2–3-mal so lang wie breit; Blütenstand wenigblütig (2–8 Blüten); Blüten weißl. bis gelbl.-weiß, sich kaum öffnend; Deckblätter deutl. länger als der Fruchtknoten ***C. damasonium***

C. damasonium (Mill.) Druce, **Bleiches W.***

Perigonblätter stumpf od. stumpfl.. 10–60 cm. 5–6. ♃. Wärmeliebende Wälder auf ± kalkreichen Böden, sekundär Steinbrüche, Halden, Bergbaufolgelandschaft (hier v. a. in Pappelforsten), s ELH: Oberau, früher Niederwartha; ERB: Grünau; ERM: Neunzehnhain; ERO: Nentmannsdorf, früher Freital; ESG: Hohnstein; LLA: Markranstädt, Groitzsch, Borna, Leipzig; MLH: Erlau, Ostrau, früher Tautenhain; OLT: Biehain, Ludwigsdorf, früher Jänkendorf, Sohland a.R.; VGT: Jocketa, Rößnitz, früher Helmsgrün. ↘ V Carp., V Fag.; submed+subatl. Warmzeitzeuge.

C. longifolia (L.) Fritsch, **Schmalblättriges W., Schwertblättriges W.**

Äußere Perigonblätter zugespitzt; Lippe innen mit gelbem Fleck. 20–45 cm. 5–6. ♃. Wärmebegünstigte Wälder auf kalkreichen Böden u. ihre Säume, v. a. Nieder- u. Mittelwälder, sekundär Bergbaufolgelandschaft (Pappelforsten), s ERO: Großröhrsdorf, Glashütte, Pretzschendorf; ERW: Hartenstein; LLA: Markranstädt, Oberholz bei Großpösna; OLH: Ullersdorf, Wilhelminenthal, Großhennersdorf; früher s ELH, ERB, ERO, ESG, LLA, MLH, OL. V Carp., V Fag., V Querc. rob.; submed+sarmat-südsib.

C. rubra (L.) Rich., **Rotes W.***

Blätter längl. bis lanzettl., spitz; Deckblätter so lang wie od. länger als der Fruchtknoten; vorderes Glied der Lippe zugespitzt. 30–70 cm. 6–7. ♃. Wärmeliebende Wälder auf kalkreichen Böden, †, früher s ELH: Klotzsche, Coswig, Radebeul, Bühlau, Boxdorf; ERO: Markersbach; ESG: Kirnitzschtalgebiet; LLA: Gundorf, Dölzig; MLH: Rochsburg; OLH: Klotzsche, Bühlau; letzte

Beobachtung 1981 im Kirnitzschtalgebiet. V Fag., V Querc. pub., V Dicr.-Pin.; submed+sarmat.

Coeloglossum HARTM., **Hohlzunge**

Blätter 2–4, eiförmig bis eiförmig lanzettl.; Deckblätter so lang wie od. länger als die Blüten; Blüten bräunl.-grün od. grün. 5–30 cm. 5–7. ♃. Nährstoffarme Bergwiesen u. Borstgrasrasen, frühere Fundorte überwiegend auf kalkarmen Böden, aktuelle meist auf kalkreichen Böden, s ERM: Dörfel, Tannenberg, Rittersgrün; ERO: Hermsdorf/E.; ERW: Landesgemeinde; früher mäßig h im Berg- u. Hügelland, s im Tiefland. V Pol.-Tris., O Nard.; bor, circ. [*Dactylorhiza viridis* (L.) R. M. BATEMAN et al.]. ***C. viride*** (L.) HARTM., **Grüne H.***

Corallorhiza GAGNEBIN, **Korallenwurz**

Stängel mit meist 3 etwas bauchigen Scheiden; Traube wenigblütig, Blüten gelbgrün, Lippe weißl., rot punktiert. 5–20 cm. 5–6. ♃. Buchenmischwälder, buchenreiche Fichten- u. Tannenwälder, Erlen-Bruchwälder, Pionierwälder in Steinbrüchen, basenhold, s ERM: Neunzehnhain, Lauterbach, Lengefeld, Ansprung; OLT: Dubringer Moor; früher z im Bergland, s im Hügel- u. Tiefland. ↘ V Fag., V Aln.; bor, circpol. ***C. trifida*** CHÂTEL., **Korallenwurz***

Cypripedium L., **Frauenschuh**

Stängel meist 3–5-blättrig, kurzhaarig; Blätter elliptisch bis eiförmig lanzettl., spitz, gefaltet; Blüten zu 1–2, 3–6 cm groß, Lippe hellgelb, als „Kesselfalle" ausgebildet, übrige Perigonblätter rotbraun. 15–50 cm. 5–6. ♃. Wärmeliebende Hainbuchen-Eichenwälder auf kalkreichen Böden, sekundär in der Bergbaufolgelandschaft in Pappelforsten, s LLA: Kulkwitz bei Markranstädt (spontan od. angepflanzt?); früher s ELH: Dohna, Kreischa; GHP: Diesbar; MLH: Geithain; ESG: Struppen. ↘ V Carp.; euras.
C. calceolus L., **Frauenschuh***

Dactylorhiza NEVSKI [*Dactylorchis* (KLINGE) VERM.], **Knabenkraut, Kuckucksblume**

1 Blüten gelb od. Blüten trübrot u. Lippe am Grund gelb ***D. sambucina***

1* Blüten anders gefärbt, meist rot, rosa, rotviolett; Lippe am Grund nicht gelb

2 Stängel markig, nicht zusammendrückbar, meist 6–10-blättrig; oberste Blätter die Ähre nicht erreichend; Blüten rosa, selten weiß od. purpurn; untere u. mittlere Deckblätter länger als die Blüten; untere Blätter oberhalb der Mitte am breitesten; seitl. äußere Perigonblätter nach vorn geneigt ***D. fuchsii***

2* Stängel hohl, ± zusammendrückbar, meist 3–6-blättrig; oberste Blätter die Ähre oft erreichend; Blüten lilapurpurn, purpurrot od. fleischfarben, selten heller; Deckblätter so lang wie od. kürzer als die Blüten; alle Blätter am Grund od. in der Mitte am breitesten; seitl. äußere Perigonblätter aufgerichtet

3 Blätter höchstens 4-mal so lang wie breit, etwa in der Mitte am breitesten, seitl. abstehend, schwarzbraun gefleckt, Blattspitze flach, nicht kappenförmig; Lippe 3-lappig; Blüten meist dunkel purpurrot **D. majalis**

3* Blätter > 4-mal so lang wie breit, annähernd gleich breit od. vom Grund an verschmälert, steil aufwärts gerichtet, ungefleckt, Blattspitze kappenförmig zusammengezogen; Lippe ungeteilt od. undeutl. 3-lappig; Blüten meist hellpurpurn od. fleischfarben **D. incarnata**

D. fuchsii (Druce) Soó, **Fuchs-K., Geflecktes K.***

[*D. maculata* (L.) Soó p.p., *Orchis maculata* L. p.p.]. Blätter fast immer schwarzbraun gefleckt. 15–70 cm. 5–7. ♃. Feuchtwiesen, Borstgrasrasen, Feuchtheiden, feuchte Wälder, Steinbrüche, z. ↘ O Mol., O Nard., V Pol.-Tris., O Erico-Sphag., K Aln., V Bet.; eurosib-nem.

Nach neueren Untersuchungen ist *D. maculata* s. str. atlantisch verbreitet u. kommt in Deutschland nur selten im Nordwesten vor. Alle sächsischen Angaben zu *D. maculata* beziehen sich demzufolge auf *D. fuchsii*.

Die Art ist ausgesprochen variabel. Pflanzen mit reinweißen bis elfenbeinweißen Blüten ohne Zeichnung u. nicht od. undeutl. gefleckten Blättern von Niedermooren, Bergwiesen u. Borstgrasrasen aus höheren Lagen des ERZ wurden subsp. *transsilvanica* (Schur) S. E. Fröhner zugeordnet. Bei diesen meist in größeren Beständen von *D. fuchsii* gefundenen Individuen handelt es sich nur um Farbmutanten von *D. fuchsii*, da die Lippen deutl. 3-lappig sind, während subsp. *transsilvanica* annähernd kreisrunde Lippen mit kleinem, wenig abgesetztem Mittellappen besitzt.

Kleine Pflanzen (Höhe 15–40 cm) mit wenigen (4–6), kleinen Blättern, kurzem Blütenstand (3,5–5,5 cm) mit wenigen (10–30), relativ kleinen Blüten aus den Hochlagen des ERZ (z. B. Oberwiesenthal) werden als var. *sudetica* (Rchb. f.) H. Baumann et al. abgegrenzt. Die Sippe wächst oft zusammen mit der Nominatsippe u. ist von dieser nur schwierig unterscheidbar. Angaben von subsp. *psychrophila* (Schltr.) Holub aus dem Gebiet beziehen sich auf diese Sippe, während die eigentl. Unterart subsp. *psychrophila* nicht in Sachsen vorkommt.

D. incarnata (L.) Soó, **Steifblättriges K., Fleischfarbiges K.**

[*Orchis incarnata* L.] Blätter gelb- bis hellgrün. 30–60 cm. 5–6. ♃. Kalkreiche Feuchtwiesen u. Niedermoore, heute v. a. sekundär feuchte Senken in der Bergbaufolgelandschaft, Kalkbrüche, Tongruben usw., z LLA; s ESG: Raum; MLH: z. B. Rittmitz; früher s OLH, VGT. ↘ O Car. davall., O Mol.; eurosib-bor.

D. majalis (Rchb.) P. F. Hunt et Summerh., **Breitblättriges K.***

[*Orchis latifolia* L. p. p.]. Blätter 1,5–4 cm breit, trübgrün. 15–55 cm. 5–6. ♃. Feuchtwiesen, Nieder- u. Zwischenmoore, feuchte Bergwiesen, z, früher h. ↘ O Mol., O Car. nig., O Car. davall., V Pol.-Tris.; euras-nem.

D. sambucina (L.) Soó, **Holunder-K.**

[*Orchis sambucina* L.]. Blätter ungefleckt; Sporn so lang wie od. länger als der Fruchtknoten, Lippe schwach 3-lappig. 10–25 cm. 4–5. ♃. Magere, Frisch- u. Bergwiesen, s ERO: Glashütte; früher z im Berg- u. Hügelland, s im Tiefland. ↘ V Arrh., V Pol.-Tris.; submed+S-Skandinavien. Extensivweide- u. Kaltzeitzeuge.

Bastarde

D. × ***aschersoniana*** (Hausskn.) Soó [*D. incarnata* × *D. majalis*]: s, früher z. B. OLH

D. × ***braunii*** (Halácsy) Borsos et Soó [*D. fuchsii* × *D. majalis*]: s, z. B. ESG, VGT (Gopplasgrün)

× ***Dactylodenia legrandiana*** (E. G. Camus et A. Camus) Peitz [*D. fuchsii* × *Gymnadenia conopsea*]: s, früher VGT

× ***D. lebrunii*** (E. G. Camus) Peitz [*D. majalis* × *Gymnadenia conopsea*]: s, früher LLA: Kleindölzig

Epipactis Zinn, **Sitter, Stendelwurz**

Innerhalb der Gattung wird zwischen allogamen (fremdbestäubenden) u. autogamen (selbstbestäubenden) Arten unterschieden. Bei den autogamen Arten befindet sich an einem schnabelartig vorgezogenen Narbenfortsatz (Rostellum) eine kugelige, weiße Klebdrüse (Rostellumdrüse), die an bestäubenden Insekten samt der Pollinien kleben bleibt, so dass durch diese die Pollinien auf andere Blüten od. Pflanzen übertragen werden können. Bei autogamen Arten fehlt diese Drüse bzw. ist stark verkümmert, so dass die Pollinien nicht übertragen werden u. in den Blüten krümelig zerfallen.

1 Vorder- u. Hinterglied der Lippe durch tiefen Einschnitt getrennt u. bewegl. (mit Gelenk) miteinander verbunden, Vorderglied rundl., am Rande wellig gekerbt, weiß, Hinterglied purpurn geadert u. beidseits mit je einem Seitenlappen *(Abb. 823/1)* ***E. palustris***

1* Vorderglied der Lippe dem Hinterglied breit aufsitzend, unbewegl. (ohne Gelenk) miteinander verbunden, Vorderglied zugespitzt, am Rand nicht auffällig wellig gekerbt, nicht rein weiß, sondern grün, bräunl. od. purpurn, Hinterglied ohne Aderung u. Seitenlappen

823/1

823/2

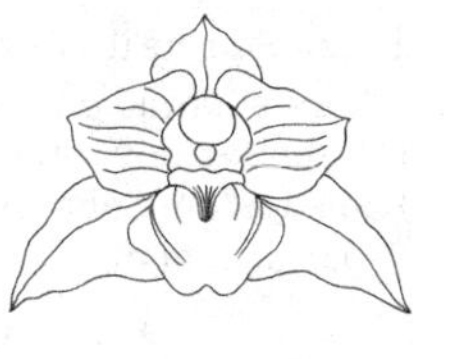

823/3

2 Blätter kürzer als die Stängelglieder, sehr klein; Tragblätter der Blüten kürzer als der Fruchtknoten **_E. microphylla_**

2* Blätter etwa so lang wie die Stängelglieder; Tragblätter der Blüten länger als der Fruchtknoten

3 Blüten braunrot bis purpurn; vorderes Lippenglied am Grunde mit 2 kraus gefalteten Höckern *(Abb. 823/2);* Blüten auffallend nach Vanille duftend; Blütenstandsachse dicht weißflaumig behaart **_E. atrorubens_**

3* Blüten grünl., oft mit violetten od. roten Tönen; vorderes Lippenglied am Grund ohne od. mit sehr kleinen ungefalteten Höckern; Blüten nicht auffällig nach Vanille duftend; Blütenstandsachse kahl od. locker flaumhaarig

4 Blätter (zumindest unterseits) violett überlaufen, lanzettl.; Perigonblätter seidig glänzend **_E. purpurata_**

4* Blätter beidseits grün, meist eiförmig; Perigonblätter nicht glänzend

5 Rostellumdrüse vorhanden; Perigonblätter grünl., oft mit violetten od. roten Tönen *(Abb. 823/3);* Blütezeit Ende Juni bis Anfang August; Pflanzen meist kräftig (bis 80 cm hoch) u. vielblütig (15–55 Blüten) **_E. helleborine_**

5* Rostellumdrüse fehlend; Perigonblätter gelbl. bis weißl.-grün, stets ohne violette od. rote Töne; Pflanze spätblühend (August bis Oktober); Pflanzen zierl. (bis 30 cm hoch) u. wenigblütig (3–15 Blüten) **_E. albensis_**

E. albensis NOVAKOVÁ et RYDLO, **Elbe-S.**

Pflanzen stets einzeln wachsend, nie dicht gedrängt in Gruppen; Blätter eiförmig bis breit lanzettl., 1–2 cm breit. 10–30 cm. 8–10. ♃. Hainbuchen-Eichenwälder, Pionierwälder in Lehmgruben, s ELH: Dresden-Prohlis; ERO: Maxen; ESG: Zatzschke; OLH: Neißetal zwischen Hirschfelde u. Ostritz. V Carp.

E. atrorubens (HOFFM.) BESSER, **Braunrote S.***

Ganze Pflanze oft dunkelrot überlaufen; Fruchtknoten kraushaarig; Blätter zugespitzt. 25–60 cm. 6–7. ♃. Bergbauhalden, wärmebegünstigte, lichte Eichen-Trockenwälder u. Kiefernwälder, z. ↘ O Querc. pub., V Dicr.-Pin., V Cyt.-Pin.; euras-nem.

E. helleborine (L.) CRANTZ, **Breitblättrige S., Grüne S.***

Blätter eiförmig od. längl.-eiförmig. 35–80 cm. 6–8. ♃. Laubmischwälder, Bergbauhalden, Steinbrüche, Bahndämme, Ränder von Waldwegen u. Forststraßen, Gebüsche, oft unbeständig, mäßig h; fehlt EET. ↘ K. Querc.-Fag.; euras-nem.

E. microphylla (EHRH.) SW., **Kleinblättrige S.**
Blütenstand locker, wenigblütig; Blüten grünl., oft rötl. überlaufen. 25–50 cm. 6–8. ♃. Kalkreiche Laubmischwälder, früher im benachbarten thüringischen VGT bei Schleiz.

E. palustris (L.) CRANTZ, **Sumpf-S.***
Blätter lanzettl.; Blütenstand locker; Fruchtknoten kurzflaumig. 25–50 cm. 6–7. ♃. Kalkreiche Niedermoore, sekundär auf feuchten, kiesigen od. lehmigen Böden, z. B. Ton-, u. Kiesgruben, Steinbruchsohlen, Tagebaurestlöcher, s LLA: Bergbaufolgestandorte; DDH: Großwig; ERB: Chemnitz; ERM: Elterlein; ERO: Hermsdorf/E.; ESG: Raum; MLH: Rittmitz, Wolkenburg; VGT: Neundorf, Schneckengrün, Heinersgrün, Fröbersgrün; früher z. ↘ V Car. davall.; euras-nem.

E. purpurata SM., **Violette S.**
[*E. sessilifolia* PETERM.]. Blätter eiförmig lanzettl. bis lanzettl.; Stängel bis zur Spitze violett überlaufen; Perigonblätter grünl. bis weißl.-grün. 25–60 cm. 8–9. ♃. Buchen- u. Hainbuchen-Eichenwälder auf basenreichen Böden, v. a. Basalt, s ELH: Ziegenbusch bei Oberau; ERO: Cotta, Kurort Hartha; MLH: Colditz, Gersdorfer Wald bei Roßwein; z OLH; früher s ERM, LLA, OLB. ↘ V Carp., V Fag.; submed+subatl.

Bastard:
E. × schmalhausenii K. RICHT. [*E. atrorubens × E. helleborine*]: s VGT

Epipogium BORKH., **Widerbart**

Stängel kahl, weißl., am Grund meist angeschwollen, mit 5–8 umfassenden, eiförmigen, gelbl. Schuppenblättern besetzt; Pflanze wenigblütig (1–6); Blüten groß, hängend, Blüten gelbl.-weiß, rötl. überlaufen. 5–30 cm. 6–7. ♃. Buchen- u. Buchen-Tannen-Mischwälder auf basenreichen Böden, †, ERM: Olbernhau; OLB: Picho, Valtenberg bei Neukirch/Laus., Sebnitz; OLH: Königshain; letzte Beobachtung 1939 am Valtenberg. V Fag.; europnem+euras-nem disj. ***E. aphyllum*** SW., **Blattloser W.**

Goodyera R. BR., **Netzblatt**

Grundblätter eiförmig bis eiförmig längl.; Stängel oberwärts dicht drüsig behaart; Ähre vielblütig, dicht, Perigonblätter außen grünl., drüsig behaart, innen weiß. 5–25 cm. 6–7. ♃. Moosreiche Kiefernwälder, seltener Fichtenforste u. humose Laubmischwälder, s OLT: Weißwasser: zwischen Kromlau u. Halbendorf; früher s ERZ, ESG, VGT. V Dicr.-Pin., V Pic., K Querc.-Fag.; borkont, circpol. Frühwaldzeuge. ***G. repens*** (L.) R. BR., **Kriechendes N.***

Gymnadenia R. Br., **Händelwurz**

1 Sporn 14–19 mm lang, 1,5–2-mal so lang wie der Fruchtknoten; Mittelzipfel der Lippe gleich lang wie die Seitenzipfel, stumpf **G. *conopsea***

1* Sporn 4–6 mm lang, wenig kürzer als der Fruchtknoten; Mittelzipfel der Lippe länger als die Seitenzipfel, spitz ***G. odoratissima***

G. conopsea (L.) R. Br., **Große H.***

Blüten rosa bis purpurrot, sehr selten weiß; Blätter linealisch bis lanzettl. 20–100 cm. 6–8. ♃. Magere Berg- u. Frischwiesen, Borstgrasrasen, Niedermoore, Halbtrockenrasen, basenliebend, s ERZ, LLA, VGT; früher im Bergland mäßig h, im Hügelland z, im Tiefland s. ↘ V Pol.-Tris., V Arrh., K Scheuchz.-Car., O Mol., V Brom., V Viol.; euras.

1 Blütenstand 4–12 cm lang, lockerblütig, Blüten kaum duftend; Blätter linealisch, 5–8 mm breit; Blütezeit Juni bis Mitte Juli; Pflanzen mäßig kräftig, 20–50 cm hoch. **subsp. *conopsea***

1* Blütenstand 11–17 cm lang, dichtblütig, Blüten stark duftend; Blätter lanzettl., 10–30 mm breit; Blütezeit Mitte Juli bis August (ca. 2–3 Wochen später als subsp. *conopsea*); Pflanzen sehr kräftig, 30–100 cm hoch; in Bergwiesen über Kalk, s ERO: Hermsdorf/E. V Pol.-Tris. **subsp. *densiflora*** (Wahlenb.) K. Richt.

G. odoratissima (L.) Rich., **Duft-H.***

Blüten blasspurpurn bis weißl., stark duftend; Blätter linealisch. 20–50 cm. 6–7. ♃. Kalkreiche Niedermoore u. Feuchtwiesen, †, früher s ERB: Werdau; LLA: Rückmarsdorf, Kleindölzig; MLH: Kohren; OLH: Bernstadt; VGT: Schilbach, Gunzen; letzte Beobachtung 1938 bei Werdau. V Car. davall.; submed-subatl.

Bastard:

G.* × *intermedia Peterm. [*G. conopsea* × *G. odoratissima*].: früher s LLA: Kleindölzig

Hammarbya Kuntze, **Weichwurz**

Stängel 5-kantig, unterwärts meist 3-blättrig; Blätter eiförmig bis längl.; Traube vielblütig, Blüten gelbl.-grün. 5–20 cm. 7–8. ♃. Zwischenmoore, †, früher s GHP: Steinbach; ERM: Elterlein; MLH: Bad Lausick, Colditz, Frohburg; OLT: Dubringer Moor, Niesky: See; letzte Beobachtung 1972 bei Elterlein. O Scheuchz.; europ-bor. ***H. paludosa*** (L.) Kuntze, **Sumpf-W.**

Herminium L., **Honigorchis**

Blätter 2–3, eiförmig bis eiförmig-lanzettl.; Ähre verlängert, schmal, vielblütig, zieml. dicht, Deckblätter ungefähr so lang wie die Blüten, Lippe spießförmig 3-spaltig, Zipfel lineal lanzettl., der mittlere viel länger. 10–20 cm. 6–7. ♃. Wechselfeuchte Wiesen auf basenreichen Böden, †, früher s LLA: Kleindölzig, Rückmarsdorf, hier letzte Beobachtung 1938. V Mol., V Car. davall. ***H. monorchis*** (L.) R. BR., **Einknollige H., Einknolle***

Liparis RICH., **Glanzkraut**

Pflanze gelbgrün; Stängel meist 3-kantig, am Grund meist 3-blättrig, Blätter längl. od. längl. lanzettl.; Blüten gelbgrün. 7–20 cm. 6–7. ♃. Kalkreiche Niedermoore, †, früher s ELH: Niederau, Rähnitz; LLA: Dölzig, Benndorf; OLH: Oberuhna; letzte Beobachtung 1924 bei Benndorf. V Car. davall.; sarmat-südsib. ***L. loeselii*** (L.) RICH., **Sumpf-G.**

Listera R. BR., **Zweiblatt**

1 Blätter eiförmig, 4–14 cm lang, 2–9 cm breit; Stängel kräftig; Blütenstand mit 14–65 Blüten; Lippe am Grunde ohne Zähnchen, am Ende in 2 stumpfe Lappen geteilt *(Abb. 827/1)* ***L. ovata***

1* Blätter herzförmig 3-eckig, 1,5–3 cm lang, 1,4–2,2 cm breit; Stängel dünn, zart, schlaff; Blütenstand mit 5–10 Blüten; Lippe am Grunde beiderseits mit 1 Zähnchen, am Ende in 2 spitze Lappen geteilt *(Abb. 827/2)* ***L. cordata***

L. cordata (L.) R. BR., **Kleines Z.***

[*Neottia c.* (L.) ROCH.]. Blüten grünl., innen purpurn. 5–15 cm. 5–7. ♃. Feuchte, moosreiche Fichten-Bergwälder u. Fichten-Moorwälder, Randbereiche von Hochmooren, Tieflagen-Fichtenwälder, †, früher s im Bergland (ERM, ERO, ERW, OLB, VGT) u. im Tiefland (OLT); letzte Beobachtung 1968 bei Rietschen. V Pic, V Bet.; bor-pralp. Kühlzeitzeuge, Fichtenbegleiter.

L. ovata (L.) R. BR., **Großes Z.***

[*Neottia o.* (L.) BLUFF et FINGERH.]. Blüten gelbgrün. 20–70 cm. 5–7. ♃. Frisch-, Berg- u. Feuchtwiesen, Halbtrockenrasen, Laubmischwälder, Steinbrüche, basenhold, z. O Arrh., O Mol., K Fest.-Brom., K Querc.-Fag.; euras-nem.

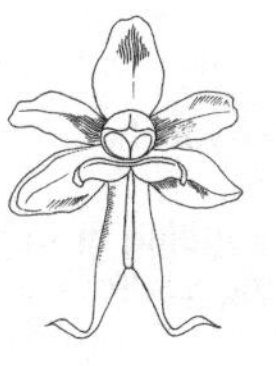

827/1

827/2

Malaxis Sw., **Einblatt**

Pflanze 1-, sehr selten 2-blättrig, Blätter eiförmig bis längl.; Traube vielblütig, Blüten klein, grünl.-gelb. 8–30 cm. 6–7. ♃. Waldwegböschungen, Säume von Laubmischwäldern, auf kalkreichen Böden, s ERM: Crottendorf, Niederschlag bei Bärenstein, Hammerunterwiesenthal; ERO: Hermsdorf/E., Altenberg. K Querc.-Fag. ***M. monophyllos*** (L.) Sw., **Kleinblütiges E.**

Neottia Guett., **Nestwurz**

Stängel dick, kahl, mit scheidigen Schuppenblättern; Traube vielblütig; Blüten braun bis graubraun, Lippe 2-spaltig. 15–35 cm. 5–6. ♃. Buchenmischwälder, Hainbuchen-Eichenwälder, basenhold, z Berg- u. Hügelland, s Tiefland. O Fag.; europ-nem. ***N. nidus-avis*** (L.) Rich., **Nestwurz***

Ophrys L., **Ragwurz**

1 Äußere Perigonblätter grünl.; Lippe fast flach, purpurbraun, in der Mitte mit bläul. bis graublauem Mal, an der Spitze ohne Anhängsel ***O. insectifera***

1* Äußere Perigonblätter rosa, seltener weiß; Lippe stark gewölbt, kastanienbraun mit gelben Malen, an der Spitze mit gelbl.-grünem Anhängsel ***O. apifera***

O. apifera Huds., **Bienen-R.***
Lippe 3-lappig; innere Perigonblätter schmal, grünl. bis rötl. 20–35 cm. 5–6. ♃. Abraumhalden u. Aufschüttungen in der Bergbaufolgelandschaft, v. a. in lichten Pappelforsten, s LLA: z. B. bei Markranstädt, Borna, Markkleeberg. O Brom.

O. insectifera L. em. L., **Fliegen-R.***
Innere Perigonblätter viel kürzer als die äußeren, schmal linealisch, rotbraun; Stängel zieml. dünn, gelbl.-grün. 15–40 cm. 5–6. ♃. Kalkreiche Halbtrockenrasen, †, früher s VGT: thüring. Elsterberg, letzte Beobachtung um 1990. O Brom.

Orchis L., **Knabenkraut**

1 Alle Perigonblätter (außer der Lippe) glockig od. helmartig zusammenneigend

2 Lippe so breit wie lang od. breiter; Helm auffällig grün geadert; Sporn waagerecht abstehend od. aufsteigend *(Abb. 829/1)* ***O. morio***

2* Lippe länger als breit; Helm nicht grün geadert; Sporn abwärts gerichtet

3 Mittellappen der Lippe ungeteilt *(Abb. 829/2)*; Stängel bis oben beblättert; Blüten nach Wanzen riechend ***O. coriophora***

3* Mittellappen der Lippe 2-spaltig; Stängel nur unterwärts beblättert; Blüten nicht nach Wanzen riechend

4 Deckblätter mindestens ½ so lang wie der Fruchtknoten

5 Helm außen schwarzpurpurn (daher die Ähre vor dem Aufblühen wie angebrannt aussehend), ungestreift; Blütenstand kurz bis lang walzenförmig; Blüten klein (0,8–1 cm) ***O. ustulata***

5* Helm innen u. außen rosa, rot gestreift; Blütenstand (halb-)kugel- od. kegelförmig; Blüten größer ***O. tridentata***

4* Deckblätter höchstens ⅓ so lang wie der Fruchtknoten

6 Helm kurz eiförmig, dunkel braunrot, meist gefleckt; Mittellappen der Lippe am Grund 3–4-mal so breit wie die schmalen Seitenlappen, nach vorn sich allmähl. verbreiternd *(Abb. 829/3)* ***O. purpurea***

6* Helm eiförmig lanzettl., rötl.-grau bis blassrosa, ungefleckt; Mittellappen der Lippe am Grund 1–2-mal so breit wie die Seitenlappen, nach vorn sich plötzl. verbreiternd *(Abb. 829/4)* ***O. militaris***

1* Die zwei seitl. äußeren Perigonblätter abstehend od. zurückgeschlagen

7 Blätter locker am Stängel verteilt, nicht rosettig, lineal lanzettl.; Deckblätter 3–5-nervig; Ähre locker; Sporn kürzer als der Fruchtknoten ***O. palustris***

7* Blätter rosettig angeordnet, längl. bis längl.-lanzettl., daneben 1- bis 3-scheidige Stängelblätter; Deckblätter 1-nervig; Ähre dicht; Sporn etwa so lang wie der Fruchtknoten *(Abb. 829/5)* ***O. mascula***

O. coriophora L., **Wanzen-K.**

Blüten schmutzig braunrot; Sporn ½ so lang wie der Fruchtknoten; Perigonblätter kurz zugespitzt; Lippe mit fast quadratischen bis rautenförmigen Seitenzipfeln. 20–50 cm. 6–7. ♃. Magere Frisch- u. Feuchtwiesen, †, früher z in Tief- u. Hügelland, s im Bergland; letzte Beobachtung 1906 OLH: Herrnhut. V Mol., V Calth., V Arrh.; submed+subatl.

829/1

829/2

829/3

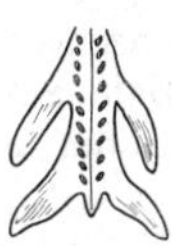

829/4

829/5

O. mascula (L.) L., **Stattliches K., Männliches K.***

Blüten purpurn, selten rosa od. weiß; Blätter am Grunde dicht dunkelrot gestrichelt od. gefleckt. 20–50 cm. 4–6. ♃. Berg- u. Frischwiesen, Halbtrockenrasen, artenreiche Laubmischwälder, z im Berg- u. Hügelland, s im Tiefland. ↘ V Pol.-Tris., V Arrh., O Brom., O Fag.; submed+subatl.

Aus SO-Deutschland u. aus der Tschechischen Republik wird subsp. *speciosa* (W. D. J. KOCH) HEGI [subsp. *signifera* (VEST) SOÓ] angegeben. Diese Sippe unterscheidet sich von der Nominatsippe insbesondere durch auswärts gekrümmte, lang zugespitzte Perigonblätter u. vorgezogene Mittellappen der Lippe. Exemplare mit diesem Merkmalsbestand wurden insbesondere im ERO beobachtet, wobei fließende Übergänge zwischen den Unterarten bestehen u. eine sichere Trennung deshalb vielfach nicht mögl. ist.

O. militaris L., **Helm-K.***

Lippe rosa bis hellpurpurn, mit dunkleren Haarbüscheln; Helm innen dunkel purpurn geadert; Blätter längl. eiförmig. 25–50 cm. 5–6. ♃. Kalkreiche Niedermoore, Kalk-Halbtrockenrasen, heute überwiegend Bergbaufolgelandschaft, Steinbrüche, Abraumhalden, s ERB: Dänkritz, früher Wildenfels; LLA: Borna, Markranstädt, früher Dölzig, Frankenhain, Bad Lausick; MLH: Ostrau, Rittmitz (spontan od. angepflanzt?); früher s ERO: Haselberg; OLT: Zescha bei Neschwitz. ↘ V Car. davall., V Brom.; submed+sarmat-südsib.

O. morio L., **Kleines K., Salep-K.***

Sporn etwa so lang wie der Fruchtknoten; Blütenstand locker, wenigblütig (7–15 Blüten); Perigonblätter stumpf; Blüten dunkel purpurn, seltener rosa bis weiß. 10–35 cm. 4–5. ♃. Halbtrockenrasen, magere Frischwiesen, s ERO: Schlottwitz; VGT: Schönberg; früher im gesamten Gebiet z. ↘ V Arrh., O Brom.; submed+subatl. Extensivweiderelikt.

O. palustris JACQ., **Sumpf-K.**

Äußere Perigonblätter stumpfl.; Blüten rosa bis purpurrot. 30–60 cm. 6–7. ♃. Kalkreiche Niedermoore, †, ERB: Chemnitz; LLA: Dölzig, Benndorf, Borna, Leipzig; MLH: Kohren; OLB: Waltersdorf; VGT: Bad Elster; letzte Beobachtung: LLA: 1935 bei Dölzig. V Car. davall.; submed.

O. purpurea HUDS., **Purpur-K.***

Lippe weiß bis hellpurpurn, dunkler geadert u. mit purpurnen Haarbüscheln; Blätter breit lanzettl., glänzend. 30–75 cm. 5–6. ♃. Basenreiche Halbtrockenrasen, Frischwiesen, Hainbuchen-Eichenwälder u. ihre Säume, kalkhold, s ELH: Oberau; LLA: Delitzsch; MLH: Ostrau, Rittmitz (spontan od. angepflanzt?), früher Tautenhain;. V Brom., V Arrh., V Carp.; submed. Warmzeitzeuge.

O. tridentata Scop., **Dreizähniges K.**

Blüten fast geruchlos; Lippe weißl. bis blasslila, reich rot punktiert, ihr Mittelzipfel breit verkehrt herzförmig. 15–30 cm. 5–6. ♃. Basenreiche Halbtrockenrasen, †, früher s ELH: Wachtnitz, LLA: Leipzig, Dölzig, letzte Beobachtung 1899 bei Wachtnitz. V Brom.

O. ustulata L., **Brand-K.**

Blüten duftend; Lippe weiß, spärl. rot punktiert. 15–30 cm. 5. ♃. Halbtrockenrasen, magere Frischwiesen, basenhold, s ERO: Schlottwitz, früher z im Hügelland u. s im Bergland. ↘ V Brom., V Arrh.; submed. Extensivweiderelikt.

Platanthera Rich., **Waldhyazinthe**

1 Staubbeutelfächer parallel, eng beieinander stehend; Sporn fadenförmig, gleich dick, am Ende zugespitzt; Blüten weiß; Lippe 8–13 mm lang *(Abb. 831/1)* ***P. bifolia***

1* Staubbeutelfächer nach unten auseinandertretend, entfernt; Sporn am Ende keulenförmig verdickt; Blüten gelbl.- bis grünl.-weiß; Lippe 12–18 mm lang *(Abb. 831/2)* ***P. chlorantha***

P. bifolia (L.) Rich., **Weiße W.***

Nachtzauke, Weiße Kuckucksblume

20–50 cm. 6–7. ♃. Laubmischwälder, Borstgrasrasen, magere Frischwiesen, z, doch früher s DDH, MLH. ↘ K Querc.-Fag., O Nard., O Mol., O Arrh.; eurosib-nem.

P. chlorantha (Custer) Rchb., **Grünliche W.***

30–50 cm. 5–7. ♃. Bergwiesen, wechselfeuchte Wiesen, artenreiche Laubmischwälder, s ERB: Crimmitschau; ERM: Wolkenstein, Steinbach, Grumbach; ERO: Oelsen, Olbernhau, Deutscheinsiedel; LLA: Markranstädt; OLH: Oybin, Großschönau; VGT: Eich, Hennebach, Arnsgrün, Mühlwand; früher z mit Verbreitungsschwerpunkt im ERZ. ↘ V Pol.-Tris., O Mol., V Fag.; europ-nem.

831/1

831/2

Pseudorchis SÉG. [*Leucorchis* E. MEY.], **Weißzunge, Weißzüngel**

Blätter längl. verkehrt eiförmig; Blüten schwach duftend, Perigonblätter helmförmig zusammenneigend. 15–30 cm. 6–7. ♃. Borstgrasrasen, Bergwiesen, s ERM: Satzung, Oberwiesenthal, Tannenberg, früher z in oberen Lagen von ERZ u. VGT. ↘ O Nard., V Pol.-Tris.; arct-bor-mont, pralp. Kaltzeitrelikt. [*Leucorchis albida* (L.) E. MEY.].

P. albida (L.) Á. LÖVE et D. LÖVE, **Weißzunge, Weißzüngel***

Spiranthes RICH., **Wendelorchis, Drehwurz**

Blätter rosettig, eiförmig längl., spitz, Stängel nur mit Schuppenblättern besetzt; Ähre dicht, Lippe vorn wellig gekerbt. 10–25 cm. 8–10. ♃. Halbtrockenrasen, †, früher z im Tief- u. Hügelland; letzte Beobachtung 1936 bei Nossen. O Brom.; submed+subatl. Extensivweidezeuge.

S. spiralis (L.) CHEVALL., **Herbst-W., Herbst-D.**

Traunsteinera RCHB., **Kugelorchis**

Perigonblätter anfangs helmförmig zusammenneigend, später etwas ausgebreitet; Lippe mit 3-eckigen Seitenzipfeln; Sporn ⅓ bis ½ so lang wie der Fruchtknoten; Blätter 2–3, schmal, steif aufrecht, bläul.-grün. 30–50 cm. 6–7. ♃. Bergwiesen, s ERO: Geisingberg bei Altenberg, früher Oelsen, Falkenhein, Zinnwald; sonst †: ERM: Oberwiesenthal; OLB: Waltersdorf. ↘ V Pol.-Tris.; opralp-sudeto-karp [*Orchis globosa* L.].

T. globosa (L.) RCHB., **Kugelorchis**

Fam. *Iridaceae* JUSS., Schwertliliengewächse

1 Perigon fast 2-lippig, purpurn — Narben oberwärts verbreitert ***Gladiolus,*** 834
1* Perigon radiär, nicht purpurn
2 Perigon < 2 cm Ø, blauviolett, im Schlund gelb ***Sisyrinchium,*** 836
2* Perigon > 2 cm Ø, verschiedenfarbig
3 Perigon glockig, mit sehr kurzer Röhre; Narben oberwärts verbreitert, keilförmig ***Crocus,*** 833
3* Äußere Zipfel des Perigons zurückgeschlagen od. abstehend, die inneren aufrecht od. einwärts gebogen; Narben kronblattartig, die Staubblätter verdeckend ***Iris,*** 834

Crocus L., Krokus

1 Perigon blass- bis goldgelb, manchmal braun gestreift
2 Knollenhülle papierartig, an der Basis horizontal in Ringe abspaltend — Blätter 0,2–2 mm breit ***C. chrysanthus***
2* Knollenhülle vertikal od. netzartig auffasernd
3 Faserung der Knollenhaut vertikal, nicht netzartig, äußere Perigonzipfel außen meist bläul.-purpurn gestreift; Antheren pfeilförmig — Blätter 1,5–4 mm breit ***C. × stellaris***
3* Faserung der Knollenhaut netzartig; Perigon 1-farbig gelb, außen völlig ohne Streifen; Antheren nicht pfeilförmig ***C. ancyrensis***
1* Perigon weiß, violett od. lila
4 Blätter 4–8 mm breit; Perigon weiß od. purpurviolett, zuweilen dunkel gestreift ***C. vernus***
4* Blätter 0,5–3 mm breit; Perigonröhre weißl., sonst Blüte 1-farbig blassviolett bis lila, nie geadert ***C. tommasinianus***

C. ancyrensis (HERB.) MAW, **Ankara-K., Kleinasiatischer Gold-K.**
4–10 cm. 2–3. ♃. Zierpflanze, verwildert, s, z. B. ERO: Freiberg (Donatsfriedhof). NE (lokal). Heimat: Türkei.

C. chrysanthus (HERB.) HERB., **Kleiner K.***
4–8 cm. 2–3. ♃. Zierpflanze, verwildert, Grasgärten, Friedhöfe, s. NU. Heimat: SO-Europa, Türkei.

C. × *stellaris* HAW.

[*C. angustifolius* WESTON × *C. flavus* WESTON]. Perigonblätter außen mit bläul.-purpurnen Streifen. 5–12 cm. 2–4. ♃. Zierpflanze, verwildert, Grasgärten, Friedhöfe, ortsnahe Gebüsche, z. NU. O Arrh., K Rham.-Prun.

Die ähnl. Art *C. flavus* wird nur selten kultiviert. Sie hat keine od. nur sehr schwache Perigonstriche u. ist fertil.

C. tommasinianus Herb., **Elfen-K., Tommasini-K.***

7–15 cm. 2–3. ♃. Zierpflanze, verwildert, Grasgärten, Friedhöfe, ortsnahe Gebüsche u. Wälder, mäßig h. ↗ NE. O Arrh., K Rham.-Prun., O Fag. Heimat: Balkan-Halbinsel.

C. vernus (L.) Hill, **Frühlings-K.***

10–20 cm. 2–4. ♃. Zierpflanze. Heimat: Alpen, Sudeten, Karpaten, SO-Europa.

1 Perigon hell- bis dunkelviolett (selten weiß); Perigonzipfel 3–5,5 cm lang, 0,9–2 cm breit; Griffeläste die Staubblätter meist überragend, verwildert, Grasgärten, Friedhöfe, Parks, ortsnahe Gebüsche, z. NE (lokal). V Arrh. K Rham.-Prun. [*C. neapolitanus* auct.]. **subsp. *vernus***

1* Perigon meist weiß; Perigonzipfel 1,5–3 cm lang, 0,4–1 cm breit; Griffeläste die Staubblätter meist nicht überragend, s verwildert. [*C. albiflorus* Kit.]. **subsp. *albiflorus*** (Kit.) K. Richt.

Die Trennung der Unterarten wird durch Bastardierung erschwert.

Gladiolus L., **Siegwurz, Gladiole**

1 Fasern der Knollenhülle netzartig verbunden; Ähre 2–5-blütig, locker; Kapsel oben abgerundet, glatt, schwach 6-furchig; Blätter 4–9 mm breit **G. palustris**

1* Fasern der Knollenhülle parallel, nur oberwärts netzartig verbunden; Ähre 5–10-blütig; Kapsel oben verdickt, kurz, flach 3-kantig; Blätter > 9 mm breit **G. imbricatus**

G. imbricatus L., **Ziegel-S., Dachziegelige S.**

Hochblätter zugespitzt; Perigon purpurn. 30–60 cm. 7. ♃. Feuchtwiesen, lichte Wälder, s OLH: Dauban, Straßgräbchen, früher z. V Mol.; sarmat-südsibir. Frühwaldzeuge. ▽

G. palustris Gaudin, **Sumpf-S.***

Perigon purpurn, die 3 unteren Zipfel mit einem weißen, purpurn gesäumten, lanzettl. Fleck. 30–45 cm. 6–7. ♃. Kalkreiche Feuchtwiesen, †, früher sehr z bis ins obere Bergland. O Mol.; europ-kont. ▽

Bei der in Farbe u. Form außerordentl. vielgestaltigen **Garten-G.**, ***G.* × *hortulanus*** Bailey, handelt es sich um eine Hybridgruppe, an der mehrere Arten beteiligt sind.

Iris L., **Schwertlilie**

1 Äußere Zipfel der Blütenhülle abstehend, bartlos

2 Blätter 1–3 cm breit

3 Blüten gelb; Mittelrippe der Blätter keilartig hervortretend, Blätter fast so lang wie der Stängel ***I. pseudacorus***

3* Blüten blau- od. rotviolett; Blätter ohne Mittelrippe, kürzer als der Stängel ***I. versicolor***

2* Blätter 2–8 mm breit

4 Stängel stielrund, hohl, länger als die Blätter; Hochblätter braun, oberwärts trockenhäutig ***I. sibirica***

4* Stängel zusammengedrückt, markig, bedeutend kürzer als die Blätter; Hochblätter krautig ***I. graminea***

1* Äußere Zipfel der Blütenhülle zurückgeschlagen, innen am Grund bärtig

5 Stängel 1-, selten 2-blütig, kürzer als die Blätter ***I. pumila***

5* Stängel mehrblütig, länger als die Blätter

6 Hochblätter zur Blütezeit trockenhäutig ***I. pallida***

6* Hochblätter zur Blütezeit wenigstens in der unteren Hälfte od. völlig krautig

7 Staubfäden so lang wie die Staubbeutel; äußere Perigonblätter ohne od. nur unterwärts mit breiten dunklen Adern, am Grund gelbl. ***I. germanica***

7* Staubfäden länger als die Staubbeutel; äußere Perigonblätter mit breiten dunklen Adern, am Grund weißl. ***I. sambucina***

I. germanica L., **Deutsche Sch.***

Perigon violett, selten hellviolett. 30–80 cm. 5–6. ♃. Zierpflanze, verwildert, trockene Böschungen, Mauern, Sandgruben, Ruderalfluren, z. ↗ NE (lokal). Früher Off. Heimat: Mittelmeergebiet.

Von *I. germanica* werden mehrere Sorten, die teils aus Hybridisierung hervorgegangen sind, kultiviert.

I. graminea L., **Gras-Sch.**

Stängel 1–2-blütig; Perigon blauviolett; Blüten nach Obst duftend. 15–30 cm. 5–6. ♃. Zierpflanze, s verwildert. Heimat: S-Europa.

I. pallida Lam., **Bleiche Sch.**

Perigon blasslila bis violett; Blüten duftend. 30–60 cm. 5–6. ♃. Zierpflanze. Heimat: Istrien, Italien.

I. pseudacorus L., **Wasser-Sch.***

Perigon hellgelb; äußere Zipfel des Perigons eiförmig, innere linealisch, kürzer u. schmäler als die Narben. 60–100 cm. 5–6. ♃. Großseggenriede, Röhrichte, Erlen-Bruchwälder, mäßig h bis ins Bergland. O Phragm., V Aln.; euras-nem. Giftig. ▽

I. pumila L., **Zwerg-Sch.***

Hochblätter an der Spitze trockenhäutig; Perigonröhre dünn, weit aus der Scheide hervorragend; Perigon violett, seltener hellblau od. weiß. 5–15 cm.

4–5. ♃. Zierpflanze, auf Mauern gepflanzt, früher s LLA, ELH, doch seit den 1960er Jahren verschollen. NE. Heimat: SO-Europa, Kaukasus.

I. sambucina L., **Holunder-Sch., Schmutzigbraune Sch.**
Blüten meist nach Holunder duftend; äußere Perigonblätter braunpurpurn, am Grund gelb, stark braun geadert; Bart gelb od. orange; innere Perigonblätter matt purpurn. 40–70 cm. 6–7. ♃. Zierpflanze, verwildert, trockene Böschungen, s. NU. Heimat: Kaukasus. Möglicherweise ist die Art aus einer Kreuzung hervorgegangen: *I. pallida* × *I. variegata* L.

I. sibirica L., **Wiesen-Sch., Sibirische Sch.***
Perigon hellblau, violett geadert; Fruchtknoten 3-kantig. 30–70 cm. 5–6. ♃. Feuchtwiesen, Gebüschränder, z im Tief- u. Hügelland u. ERO; s auch aus Gärten verwildert. ↘ V Mol., V Cnid.; sarmat-südsib. Frühwaldzeuge. ∇

I. versicolor L., **Verschiedenfarbige Sch.**
50–100 cm. 6–7. ♃. Zierpflanze, verwildert, Feuchtwiesen, Großseggenriede, Ufer, Erlengebüsche, s LLA: Leipzig; OLT: Krauschwitz, Muskau, Weißkeißel; VGT: Pechtelsgrün, Reichenbach, Lengenfeld. NE. O Mol., O Phragm., V Aln.. Heimat: N-Amerika.

Alle oben genannten Arten besitzen Rhizome. In Gärten werden auch Arten mit Zwiebeln kultiviert, besonders im zeitigen Frühjahr violett blühende Arten, z. B. ***I. reticulata*** M. BIEB., **Netz-Sch.** (Zwiebel mit netzartiger Hülle, Blätter sehr schmal, 4-kantig, später länger als der 1-blütige Stängel; Heimat: Kaukasus, Türkei, Iran) u. ***I. latifolia*** (MILL.) VOSS, **Englische Sch.** [*I. xiphioides* EHRH.] (Zwiebel mit glatter Hülle, Blätter rinnig, kürzer als der 2–3-blütige Stängel; Heimat: Pyrenäen).

Sisyrinchium L., **Grasschwertel**

Stängel flach, geflügelt; Blätter grasartig, bis 5 mm breit; Blüten vom spitzen Hüllblatt überragt. 15–30 cm. 5–6. ♃. Grasreiche Ruderalfluren, s LLA: Leipzig; OLH: Bautzen: Demitz-Thumitz. NU. Heimat: N-Amerika [*S. bermudiana* auct., *S. angustifolium* auct.] ***S. montanum*** GREENE, **Schmalblättriges Sch.**

Fam. *Xanthorrhoeaceae* DUMORT., Grasbaumgewächse (inkl. *Hemerocallidaceae* R. BR., Tagliliengewächse)

Hemerocallis L., **Taglilie**

1 Perigon rotgelb, seine Zipfel am Rand wellig, stumpf; Narben kugelförmig; Blüten nicht duftend ***H. fulva***

1* Perigon hellgelb, seine Zipfel am Rand flach; Narbe fast 3-lappig; Blüten duftend ***H. lilioasphodelus***

H. fulva (L.) L. **Rotgelbe T.**

Blätter breit linealisch; bildet bei uns keine reifen Samen aus; Blüte jeweils nur 1 Tag geöffnet. 60–120 cm. 7–8. ♃. Zierpflanze, verwildert, Wald- u. Wiesenränder, Gebüsche, Ruderalfluren, z im Tief- u. Hügelland. ↗ NE. K Rhamn.-Prun., V Arct., O Glech. Heimat: N- u. M-Asien.

H. lilioasphodelus L. em. Scop., **Gelbe T.**

[*H. flava* (L.) L.]. Blätter linealisch; Blüte jeweils 6 Tage geöffnet. 60–80 cm. 6–7. ♃. Zierpflanze, verwildert, Wald- u. Wiesenränder, Gebüsche, Ruderalfluren, z im Tief- u. Hügelland, aber s OL. ↗ NE. K Rhamn.-Prun., V Arct., O Glech. Heimat: N-Asien.

Fam. *Amaryllidaceae* J. St.-Hil., Amaryllisgewächse (inkl. *Alliaceae* Borkh., Lauchgewächse)

1 Fruchtknoten oberständig; Pflanze nach Lauch riechend — Blütenstand eine Trugdolde ***Allium,*** 838
1* Fruchtknoten unterständig; Pflanze ohne Lauchgeruch
2 Perigon mit walzenförmiger Röhre, tellerförmigem, 6-teiligem Saum u. Nebenperigon *(Abb. 837/1)* ***Narcissus,*** 844
2* Perigon glockig, bis auf den Grund 6-teilig
3 Innere Zipfel des Perigons viel kürzer als die äußeren, ausgerandet *(Abb. 837/2)* ***Galanthus,*** 842
3* Innere Zipfel des Perigons kaum kürzer als die äußeren, an der ganzrandigen Spitze verdickt *(Abb. 837/3)* ***Leucojum,*** 843

837/1

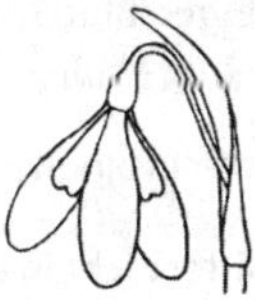

837/2

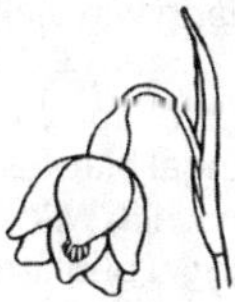

837/3

Allium L., **Lauch**

Sonderschlüssel für Pflanzen, die im Blütenstand keine Blüten, sondern nur Brutzwiebeln (Bulbillen) tragen, siehe S. 840.

1 Blätter vollkommen röhrig, stielrund
2 Blütenstand schwach entwickelt od. fehlend; mit Brutzwiebeln, die schon an der Mutterpflanze austreiben; Blätter meist aufgeblasen verdickt **A. × *proliferum***
2* Blütenstand gut entwickelt, ohne Brutzwiebeln
3 Perigon violett od. hellpurpurn, sehr selten weiß; Pflanze dichte Horste bildend; Stängel u. Blätter nicht bauchig aufgeblasen **A. *schoenoprasum***
3* Perigon weißl. od. grünl.; Pflanze keine dichten Horste bildend; Stängel u. Blätter bauchig aufgeblasen
4 Blätter im Querschnitt ± halbkreisförmig; Schaft unterhalb der Mitte angeschwollen; Blütenstiele etwa 8-mal so lang wie die Blüten; innere Staubfäden am Grund stark verbreitert, beiderseits mit 1 kurzen Zahn **A. *cepa***
4* Blätter im Querschnitt kreisförmig; Schaft gleichmäßig bauchig aufgeblasen, ohne Anschwellung; Blütenstiele 2–3-mal so lang wie die Blüten; innere Staubfäden am Grund wenig verbreitert, alle zahnlos **A. *fistulosum***
1* Blätter nicht (höchstens am Grund) röhrig, flach, rinnig, halb-stielrund od. stielrund, dann aber oberseits schmal rinnig
5 Blätter flach, deutl. > 2,5 cm breit
6 Blätter behaart, z. T. nur am Rand, bis 10 cm breit
7 Blätter bis 10 cm breit; Perigon lilapurpurn; Staubblätter deutl. kürzer als die Krone; Blütenstiele gleich lang **A. *stipitatum***
7* Blätter bis 5 cm breit; Perigon metallisch glänzend violett; Staubblätter so lang wie die Krone od. länger; Blütenstiele ungleich lang **A. *christophii***
6* Blätter kahl, 2,5–5 cm breit
8 Stängel blattlos, kantig; Blätter in einen Blattstiel verschmälert; Blüten rein weiß; Wildpflanze **A. *ursinum***
8* Stängel beblättert, rund; Blätter nicht in einen Blattstiel verschmälert; Blüten hellpurpurn od. weißl.; Kulturpflanze (vgl. auch 13) **A. *porrum***
5* Blätter höchstens 2,5 cm breit (selten breiter)
9 Zwiebel zylindrisch bis schmal kegelig (mehrere Zwiebeln auf einem kriechenden, bewurzelten Rhizom); Stängel oberwärts scharfkantig, immer blattlos — Staubfäden alle einfach; Perigon lila-hellpurpurn
10 Blätter unterseits durch den stärkeren Mittelnerv scharf gekielt, 5-nervig; Dolde fast flach; Staubfäden so lang wie das Perigon **A. *angulosum***

10* Blätter nicht gekielt, der Mittelnerv nicht stärker entwickelt, schwach nervig; Dolde ± kugelig; Staubfäden länger als das Perigon ***A. lusitanicum***

9* Zwiebel fast kugelig od. eiförmig, keinem Rhizom aufsitzend; Stängel stielrund (nur bei den weiß blühenden Arten *A. paradoxum* u. *A. zebdanense* kantig), beblättert od. blattlos

11 Innere Staubfäden verbreitert, oberhalb der Mitte beiderseits mit 1 dünnen, spitzen, den Staubbeutel überragenden Zahn *(Abb. 839/1)*

12 Blätter stiel- od. halbstielrund, oberseits rinnig, Ø < 5 mm

13 Dolde fast immer ohne Brutzwiebel; Hülle der Dolde 2-blättrig, kurz zugespitzt (höchstens 5 mm), zur Blütezeit nicht abfallend; Blätter halb-stielrund, breit rinnig; Perigonblätter 3,5–6 mm lang ***A. sphaerocephalon***

13* Dolde mit Brutzwiebeln; Hülle der Dolde 1-blättrig, lang zugespitzt (> 5 mm), zur Blütezeit abfallend; Blätter fast stielrund, oberseits schmal rinnig; Perigonblätter 2,4–3,5(–5) mm lang ***A. vineale***

12* Blätter flach, 5–20(–25) mm breit

14 Dolde ohne Brutzwiebeln (vgl. 7*) ***A. porrum***

14* Dolde mit Brutzwiebeln

15 Blüten meist unfruchtbar; Perigonblätter außen glatt; Zwiebel zusammengesetzt, ohne violette Nebenzwiebeln; Kulturpflanze ***A. sativum***

15* Blüten fruchtbar; äußere Perigonblätter etwas papillös; Zwiebel einfach, mit zahlreichen violetten Nebenzwiebeln; Wildpflanze ***A. scorodoprasum***

11* Innere Staubfäden schmal od. verbreitert, ohne Zahn od. höchstens am Grund beiderseits mit einem kurzen, stumpfen Zahn *(Abb. 839/2)*

16 Hülle der Dolde aus 2 ungleich langen, lang zugespitzten, die Dolde meist weit überragenden Blättern bestehend

17 Perigon grünl.-weiß, oft rötl. überlaufen; Blätter halb-stielrund, oberseits deutl. rinnig, mit vielen rauen Rippen ***A. oleraceum***

17* Perigon purpurn; Blätter fast flach, mit 3–5 glatten Rippen ***A. carinatum***

16* Hülle der Dolde aus 2 ± gleich langen, höchstens kurz zugespitzten, die Dolde nicht überragenden Blättern bestehend

18 Blätter mindestens 1 cm breit

19 Stängel 3-kantig; Blütenstand mit Brutzwiebeln — Perigon weiß ***A. paradoxum***

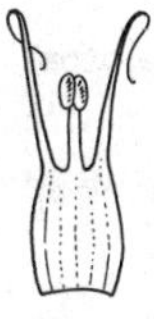

839/1

839/2

19* Stängel rund od. schwach kantig; Blütenstand ohne Brutzwiebeln
20 Perigon weiß; Stängel schwach kantig ***A. zebdanense***
20* Perigon purpurn; Stängel rund ***A. atropurpureum***
18* Blätter höchstens 0,6 mm breit (vgl. 9 u. 9*)

Schlüssel für im Blütenstand ausschließlich Brutzwiebeln tragende Pflanzen

1 Stängel nicht beblättert, 3-kantig ***A. paradoxum***
1* Stängel beblättert, rundl.
2 Blätter meist aufgeblasen verdickt — Kulturpflanze ***A. × proliferum***
2* Blätter nicht aufgeblasen verdickt
3 Hüllblätter (1 od. 2) kürzer als od. etwa so lang wie die Brutzwiebeln, nicht lang zugespitzt
4 2 Hüllblätter — Blätter bis 20 mm breit, am Rand rau ***A. scorodoprasum***
4* Nur 1 Hüllblatt
5 Blätter flach, bis 20 mm breit, am Rand glatt — Kulturpflanze ***A. sativum***
5* Blätter ± stielrund, oberseits rinnig, bis 4 mm breit ***A. vineale***
3* Hüllblätter (stets 2) viel länger als die Brutzwiebeln, lang zugespitzt
6 Blätter im unteren Teil röhrig, ausgeprägt rinnig, unterseits mit zahlreichen rauen Rippen ***A. oleraceum***
6* Blätter nicht röhrig, schwach rinnig, unterseits mit 3–5 glatten Rippen ***A. carinatum***

A. angulosum L., **Kanten-L.**

[*A. acutangulum* SCHRAD.]. Perigon hellpurpurn. 20–40 cm. 6–8. ♃. Feuchtwiesen, Dämme, s LLA: z. B. Schkeuditz, Leipzig-Holzhausen; früher z; s EET: unterhalb Torgau; OLH: Wölkau. ↘ V Cnid., V Calth.; euras-kont-fluv. Kühlzeitzeuge. Stromtalpflanze. ∇

A. atropurpureum WALDST. et KIT., **Schwarzpurpurner L.**

Blätter bis 2 cm breit, alle grundständig; Hüllblätter der Dolde kurz u. breit; Perigonblätter 7–9 mm lang, sternförmig ausgebreitet; Staubblätter purpurn; Blüten duftend. 40–90 cm. 5–6. ♃. Zierpflanze, verwildert, Gebüsche, s LLA: Leipzig. NE (lokal). Heimat: S-Europa.

A. carinatum L., **Gekielter L.**

Dolde zwiebeltragend. 20–60 cm. 6–8. ♃. Gebüschränder, s ERO: Dippoldiswalde; MLH: Grimma (ob nur verschleppt?); submed-subatl.

A. cepa L., **Küchenzwiebel, Zwiebel, Schalotte***

20–120 cm. 6–8. ♃. Kulturpflanze. Off. Heimat: M-Asien.

Eine spezielle Gruppe stellen die Schalotten-Zwiebeln [*A. ascalonicum* auct. non L.] dar.

A. christophii TRAUTV., **Sternkugel-L.**
Blütenstand nach dem Abblühen verholzend, starr; Zwiebel groß, bis > 5 cm Ø. 20–60 cm. 5–6. ♃. Zierpflanze, verwildert, Gebüsche, s LLA: Leipzig. NE (lokal). Heimat: Irak, Turkmenistan.

A. fistulosum L., **Winterzwiebel, Röhren-L.**
30–60 cm. 7–8. ♃. Kulturpflanze, s angebaut (entstanden aus *A. altaicum* PALL.).

A. lusaticum LAM., **Berg-L.***
[*A. montanum* F. W. SCHMIDT, *A. senescens* L. subsp. *montanum* (FR.) HOLUB, *A. fallax* ROEM. et SCHULT.]. Perigon lila-hellpurpurn. 15–30 cm. 7–8. ♃. Felsvorsprünge, Trockenrasen auf basenarmen Böden, lichte Trockenwälder, s ELH, früher z; OLT: Schöpshochufer südl. Sprey (ob noch?); sonst †, s LLA: Leipzig: am Bienitz; MLH: bei Wurzen; VGT: um Plauen. ↘ O Sedo-Scler., V Fest., V Koel.-Phlei.; euras-kont. Kaltzeitzeuge. ∇

A. oleraceum L., **Gemüse-L.**
Dolde zwiebeltragend; Doldenhülle bis 10 cm lang, später zurückgeschlagen; Staubblätter wenig kürzer als das Perigon; Geschmack der Blätter mild, kohlartig. 30–60 cm. 7–8. ♃. Leicht gestörte Halbtrockenrasen, Säume, Gebüsche, mäßig h, im Bergland s. K Fest.-Brom., O Glech., V Conv.-Agrop., O Prun.; euras-nem, submed. Wg.

A. paradoxum (M. BIEB.) DON, **Wunder-L., Seltsamer L.**
Dolde zwiebeltragend; Blätter meist zu 1–3, bis 2 cm breit, unterseits gekielt. 20–30 cm. 4–5. ♃. Zierpflanze, verwildert, feuchte Waldränder, s LLA: Leipzig; MLH: Frohburg. NE. V Aln.-Ulm., V Geo-All. Heimat: W-Asien.

A. porrum L., **Porree***
Blattscheiden einen verlängerten Scheinstamm bildend. 40–80 cm. 6–8. ♃. Kulturpflanze, entstanden aus der mediterranen Art *A. ampeloprasum* L.
Hierzu var. *porrum*, Porree, u. var. *sectivum* LUEDER, Perlzwiebel.

A. × proliferum (MOENCH) SCHRAD., **Etagen-Z., Catawissa-Z.**
[*A. cepa* × *A. fistulosum*]. Pflanze dicht horstig. 60–80 cm. ♃. Kulturpflanze, nur noch wenig angebaut.

A. sativum L., **Knoblauch***
Zwiebel mit 5–15 ± gleichgroßen Nebenzwiebeln („Zehen"). 30–150 cm. 7–8. ♃. Kulturpflanze, verwildert, Ruderalfluren, Gebüschränder, s. Off. Heimat: wahrscheinl. M-Asien.

A. schoenoprasum L., **Schnittlauch***

Zwiebeln ± zylindrisch; Staubblätter kürzer als die Blütenhülle; Staubfäden zahnlos. 10–40 cm. 7–8. ♃. Primär Schotterflächen der Elbe, sekundär in der Uferverbauung u. in wechselfeuchten Wiesen, h am Elbufer, sonst z verwildert in Ruderalfluren. V Bid., O Mol, sekundär V Arct.; euras-kont-fluv. Kaltzeitzeuge. Wg.

A. scorodoprasum L., **Schlangen-L., Gras-L.**

Perigon dunkelpurpurn; Staubblätter kürzer als die Blütenhülle; Blätter am Rand rau; Nebenzwiebeln gestielt. 60–80 cm. 6–8. ♃. Auenwälder, Gebüsche, Säume, mäßig h LLA u. Elbtal; sonst s im Hügelland, fehlt VGT. K Gal.-Urt., O Prun., V Aln.-Ulm.; europ-kont+sarmat. Wg

A. sphaerocephalon L., **Kugelköpfiger L.**

Perigon purpurrot. 30–60 cm. 6–7. ♃. Trockengebüsch, s OLH: Bautzen; OLT: Kronförstchen. NU; submed.

A. stipitatum Regel, **Stiel-L.**

Dolde > 10 cm Ø; Perigon lila-purpurn. 80–150 cm. 5–6. ♃. Zierpflanze, verwildert, Gebüsche, Säume, s LLA: mehrfach in u. um Leipzig. NU. Heimat: M-Asien bis Pakistan.

A. ursinum L., **Bär-L., Bären-L.***

Blätter zu 2(–5); Stängel mehrkantig; Perigonblätter sternförmig ausgebreitet, lineal lanzettl., spitz; Staubfäden pfrieml. 20–50 cm. 4–6. ♃. Edellaubholzreiche Wälder, Gebüsche, alte Parks, z, doch OLT fehlend; s VGT: nur verwildert. O Fag, bes. V Aln.-Ulm.; subatl. Wg. Off.

A. vineale L., **Weinbergs-L.***

Dolde fast immer mit zahlreichen Brutzwiebeln; Perigon dunkelrot bis purpurn; Staubblätter länger als das Perigon; Geschmack der Blätter scharf. 30–70 cm. 6–8. ♃. Wegränder, gestörte Halbtrockenrasen, Gebüsche, Weinberge, Parkrasen, meist mäßig h, doch z ERZ. P (Weinbergbegleiter). V Veron., K Fest.-Brom., O Prun., V Conv.-Agrop.; submed+subatl. Wg.

A. zebdanense Boiss. et Noe, **Libanon-*L.***

Krone glockig; Blätter etwa 1 cm breit, flach od. rinnig. 30–50 cm. 4–5. ♃. Zierpflanze, verwildert, s LLA: Leipzig. NE (lokal). V Aln.-Ulm. Heimat: Vorderasien, Südkaukasien.

Galanthus L., Schneeglöckchen

1 Blätter mattgrün, oft mit blassem Mittelstreif — Blätter vor der Entfaltung flach aneinander liegend ***G. rizehenis***

1* Blätter bläul. od. bläul.-grün

2 Blätter bis 1 cm breit, bläul.-grün, vor der Entfaltung flach aneinander liegend; äußere Blütenhülle 1,5–2 cm lang u. 0,6–1,1 cm lang **_G. nivalis_**

2* Blätter 2–3 cm breit, bläul. (glauk), vor der Entfaltung zusammengerollt; äußere Blütenhülle 1,8–2,3 cm lang u. 1–1,5 cm breit **_G. elwesii_**

G. elwesii HOOK. f., **Elwes-Sch.***
10–25 cm. 1–4. ♃. Zierpflanze, verwildert, Parks, Friedhöfe, s, z. B. LLA: Leipzig; VGT: Treuen. NU. Heimat: SO-Europa, Kleinasien.

G. nivalis L., Gewöhnliches Sch., Kleines Sch.*

Blütenhülle weiß, innere Zipfel außen mit einem halbmondförmigen, gelbgrünen Fleck. 8–20 cm. 1–3. ♃. Zierpflanze, verwildert, Wälder, Gebüsche, Wiesen, besonders in Siedlungsnähe, mäßig h. NE. O Fag., K Rhamn.-Prun., O Arrh. Heimat: südosteuropäische u. vorderasiatische Gebirge; nächste natürl. Vorkommen in Böhmen u. Schlesien. (∇)

G. rizehensis STERN, **Rizasee-Sch.:** 8–12 cm. 1–3. ♃. Zierpflanze, verwildert, Friedhöfe, ortsnahe Gebüsche, s, z. B. LLA: Leipzig; VGT: Sträßel, Reichenbach, Plauen. NU. Heimat: W-Kaukasus, NO-Türkei.

Weitere *G.*-Arten können verwildern, z. B. ***G. woronowii*** LOSINSK., **Woronow-Sch.** (ERO: Freiberg: Donatsfriedhof), ***G. ikariae*** BAKER, **Ikaria-Sch.** (Leipzig-Südfriedhof).

Leucojum L., Knotenblume

1 Stängel 1-, seltener 2-blütig; Griffel stark keulenförmig verdickt; Samen weißl., mit Ölkörper **_L. vernum_**

1* Stängel mit 3–6 fast doldigen Blüten; Griffel fadenförmig; Samen schwarz, ohne Ölkörper **_L. aestivum_**

L. aestivum L., **Sommer-K.***
Perigon weiß mit grünen Zipfelspitzen. 15–25 mm lang. 30–60 cm. 4–5. ♃. Zierpflanze, s verwildert; eingebürgert im benachbarten Brandenburg. Heimat: W- u. S-Europa.

L. vernum L., Frühlings-K., Märzenbecher*

Perigon weiß mit grünen Zipfelspitzen, 14–17 mm lang. 15–25 cm. 2–4. ♃. Edellaubbaumreiche Wälder, Feuchtwiesen, h LLA: Leipziger Auenwald, sonst z, wahrscheinlich überall NE, evtl. in NW-Sachsen u. im Lössgebiet natürl. Vorkommen; sonst aus Gärten verwildert. ↗ LLA, sonst ↘. O Fag. (bes. V Aln.-Ulm.), O Mol.; submed+subatl. Giftig. Früher Off. ∇

Narcissus L., **Narzisse**

1 Perigon weiß — Nebenperigon sehr kurz, schüsselförmig, gelb, mit fein gekerbtem, meist rotem Rand, kürzer als die Zipfel des Perigons ***N. poeticus***

1* Perigon gelb

2 Nebenperigon so lang wie das Perigon, becherförmig, dottergelb, gekerbt ***N. pseudonarcissus***

2* Nebenperigon nur ½ so lang wie das Perigon, becher- bis radförmig, dunkelorange ***N.* × *incomparabilis***

N.* × *incomparabilis Mill., **Unvergleichliche N.**

[*N. poeticus* × *N. pseudonarcissus*]. 25–40 cm. 4–5. ♃. Zierpflanze, verwildert, siedlungsnahe Wälder u. Gebüsche, Grasgärten, Ruderalfluren, Friedhöfe, z. O Fag., K Rham.-Prun., V Arrh., V Arct.

N. poeticus L., **Weiße N.***

Blüte wohlriechend. 30–60 cm. 4–5. ♃. Zierpflanze, verwildert, siedlungsnahe Wälder u. Gebüsche, Grasgärten, Ruderalfluren, Friedhöfe, z. NE (lokal). O Fag., K Rham.-Prun., V Arrh., V Arct. Heimat: S-Europa. Giftig.

N. pseudonarcissus L., **Gelbe N., Osterglocke***

Perigonzipfel 15–55 mm lang; Nebenperigon am Rand wellig. 15–30 cm. 3–4. ♃. Zierpflanze, verwildert, siedlungsnahe Wälder u. Gebüsche, Grasgärten, Frischwiesen, Ruderalfluren, Friedhöfe, Bachufer, mäßig h. NE. O Fag., K Rham.-Prun., V Arrh., V Arct. Heimat: W-Europa. Giftig (für Vieh). (∇)

Ähnl., aber viel kleiner ist ***N. minor*** L., **Kleine N.:** Perigonzipfel 16–22 mm lang. 10–25 cm. 4–5. ♃. Grasgärten, Friedhöfe, Zierpflanze, verwildert, z. B. s LLA: Markkleeberg; VGT: Markneukirchen. NU. Heimat: N-Spanien.

Selten verwildern auch ***N. tazetta*** L., **Tazette,** u. ihre Sorten: Stängel 2- bis mehrblütig, flach od. halbrund; Perigon weiß.

Fam. *Asparagaceae* Juss., Spargelgewächse (inkl. *Ruscaceae* M. Roem., Mäusedorngewächse, *Agavaceae* Dumort., Agavengewächse, *Hyacinthaceae* Borkh., Hyazinthengewächse)

1 Blätter schuppenförmig, in den Achseln verlängerter Äste od. Büschel von nadelförmigen Scheinblättern (Phyllokladien) ***Asparagus,*** 846
1* Blätter nicht schuppenförmig
2 Staubblätter 4 — Blätter wechselständig, tief herz-eiförmig, spitz ***Maianthemum,*** 849
2* Staubblätter 6
3 Perigon bis über die Hälfte verwachsen
4 Stängel beblättert — Blüten einzeln od. zu mehreren in den Blattachseln; Perigon röhrig, 6-zähnig ***Polygonatum,*** 852
4* Stängel nicht beblättert, alle Blätter grundständig
5 Blüten in einseitswendiger Traube, weiß; Blätter elliptisch lanzettl.; Rhizompflanze — Perigon glockig, 6-spaltig ***Convallaria,*** 848
5* Blüten in allseitswendiger Traube, blau, seltener weiß od. rosa; Zwiebelpflanze
6 Blüten kugelförmig bis krugförmig, vorn verengt u. mit weißem Rand ***Muscari,*** 849
6* Blüten trichterförmig, vorn nicht verengt ***Hyacinthus,*** 848
3* Perigon nicht od. nur am Grund (bis etwa 15 %) verwachsen
6 Stängel beblättert, Blätter herzförmig ***Streptopus,*** 854
6* Stängel nicht beblättert, alle Blätter grundständig
7 Rhizompflanze; Blätter grasartig, blaugrün; Perigonblätter beidseitig weiß ***Anthericum,*** 846
7* Zwiebelpflanze; Blätter z. T. schmal, aber nicht grasartig, nie blaugrün; Perigonblätter blau, selten rosa, wenn weiß, dann unterseits mit grünem Mittelstreifen
8 Tragblätter > 10 mm lang
9 Perigonblätter innen weiß od. grünl.-weiß, außen mit grünem Mittelstreifen ***Ornithogalum,*** 850
9* Perigonblätter blau od. violett, selten weiß, aber dann ohne grünen Mittelstreif ***Hyacinthoides,*** 848
8* Tragblätter bis 5 mm lang od. fehlend
10 Perigonblätter völlig frei ***Scilla,*** 853
10* Perigonblätter am Grund verwachsen
11 Blüte ohne Nebenperigon, aber mit einem Krönchen aus zusammengewachsenen Filamenten; freier Teil der Staubgefäße 3–10 mm lang, 2–3 mm breit, stumpf; Staubbeutel geschlossen ± 5 mm lang ***Chionodoxa,*** 846
11* Blüte mit Nebenperigon; freier Teil der Staubgefäße 0,7 mm lang u. schmal, spitz; Staubbeutel geschlossen 3 mm lang ***Puschkinia,*** 853

Anthericum L., **Graslilie**

1 Stängel einfach; Blüten traubig; Griffel bogig gekrümmt, so lang wie das 15–22 mm lange Perigon; Kapsel 9–15 mm lang, eiförmig, spitz **_A. liliago_**

1* Stängel ästig; Blüten rispig; Griffel gerade, länger als das 10–15 mm lange Perigon; Kapsel 5–9 mm lang, kugelig, stumpf, stachelspitzig **_A. ramosum_**

A. liliago L., **Astlose G., Traubige G.***

30–60 cm. 5–6. ♃. Trockene Felsfluren, Magerrasen, Gebüschränder, trockene Säume, lichte Trockenwälder, z DDH, ELH; s ERB: Chemnitz-Draisdorf; ERO: unterhalb Schneckenmühle im Seidewitztal; LLA: Leipzig: am Bienitz, früher in der Harth; MLH: Hohburger Berge, Oschatz: Colmberg, Leisnig, Klosterbuch, Hainichen, Ketzerbachtal, Triebischtal bei Garsebach u. Semmelsberg, Nossen: Gleisberg; OLH: Gräfenhain: Tiefental. ↘ V Sesl.-Fest., V Fest., V Ger., V Querc. rob.; submed. Warmzeitrelikt. ▽

A. ramosum L., **Ästige G.***

30–80 cm. 6–7. ♃. Halbtrockenrasen, trockene Wälder u. Gebüsche, Zwergstrauchheiden, z ELH, OLT; s ERO: Ottendorf, Purpurberg; OLH: Bockmühle im Polenztal; früher s DDH, LLA: Leipzig: am Bienitz; MLH: Döbeln: Waldheim. ↘ V Brom., V Cirs.-Brach., V Ger., V Genist.; europ-kont+sarmat. ▽

Asparagus L., **Spargel**

Wurzelstock fleischige Sprosse treibend; Stängel stielrund, kahl; Blüten klein, zuletzt hängend, grünl.-gelb; Beeren rot. 50–150 cm. 5–7. ♃. Trockene Gebüschsäume, gestörte Magerrasen, Wegränder, meist auf sandigen Böden, mäßig h im Tiefland, z im Hügel- u. unteren Bergland. ↗ K Fest.-Brom., A. O Coryn., O Orig., V Conv.-Agrop. Kulturpflanze.

A. officinalis L., **Gemüse-S.***

Chionodoxa Boiss., **Schneestolz, Sternhyazinthe**

Die Arten sind meist schwer bestimmbar u. die Nomenklatur verworren. Es existieren zudem verschiedene gärtnerische Züchtungen u. Bastarde, auch mit der Gattung *Scilla* (× *Chionoscilla* G. Nicholson). Der Schlüssel basiert weitgehend auf Stolley (2007).

1 Blüten im Inneren ohne weißes Zentrum („Auge"), durchgehend violettblau; Perigonblätter etwa 30–40 % ihrer gesamten Länge miteinander verwachsen; Griffel 2–3 mm lang **_Ch. sardensis_**

1* Blüten im Inneren mit einem weißen Zentrum („Auge"); Perigonblätter zu 15–25 % miteinander verwachsen; Griffel 0,7–1,5 mm lang

2 Pflanze mit 1–3(–5) aufrecht stehenden Blüten

3 Auge nur undeutl. vom blauen Teil der Blüte abgesetzt ***Ch. luciliae***
3* Auge deutl. vom tiefblauen Teil der Blüte abgesetzt ***Ch. forbesii***
2* Pflanze mit 4–12(–15) ± hängenden Blüten
4 Auge nimmt bis zu 50 % des Blüten-Ø ein; Griffel 1–1,5 mm lang; Früchte ± elliptisch; Samen 2–3 mm Ø ***Ch. siehei***
4* Auge nimmt über 50 % des Blütend-Ø ein; Griffel 0,7(–1) mm lang; Früchte 3-kantig; Samen 1–1,5 mm Ø ***Ch. tmoli***

Ch. forbesii BAKER, **Forbes Sch.**

[*Scilla forbesii* (BAKER) SPETA]. Blüten 2–2,5 cm Ø, intensiv tiefblau; Perigonblätter 0,9–1,2 cm lang. 8–15 cm. 3–4. ♃. Oft mit *Ch. siehei* verwechselt, als Gartenflüchtling angegeben VGT: Stenn. Heimat: Türkei.

Ch. luciliae BOISS., **Gewöhnlicher Sch., Luziliens Sch.**

[*Scilla luciliae* (BOISS.) SPETA]. Blätter bis 8 cm lang, 2 cm breit; Blütentraube locker, bis 5,5 cm lang, pyramidenförmig; Blüten breit trichterförmig bis abgeflacht, bis 3,5 cm Ø; Perigonblätter 16–27 mm lang, 9 mm breit; Filamente weiß. 3–10 cm. 2–4. ♃. Zierpflanze, verwildert, Friedhöfe, Parks, ortsnahe Wälder, z. ↗ NE. O Prun., O Fag. Heimat: W-Türkei.

Ch. sardensis BARR et SUGDEN, **Dunkler Sch.**

[*Scilla sardensis* (BARR et SUGDEN) SPETA]. Blätter bis 14 cm lang, 1,5 cm breit; Blütentraube locker, bis 8,5 cm lang, pyramidenförmig bis einseitswendig; Blüten bis 22 pro Stängel, glocken- bis sternförmig, bis 2,5 cm Ø; Perigonblätter bis 15 mm lang, 8 mm breit; Filamente violett-blau. 8–15 cm. 2–3. ♃. Zierpflanze, verwildert, Friedhöfe, Parks, ortsnahe Wälder, s. NE. O Prun., O Fag. Heimat: Türkei.

Ch. siehei STAPF, **Großer Sch.**

[*Scilla siehei* (STAPF) SPETA]. Blätter bis 12 cm lang, 2 cm breit; Blütenstängel bogenförmig, oft schlaff; Blütentraube breit pyramidenförmig; Blüten bis 12 pro Stängel, schalen- bis schüssel-, seltener sternförmig, bis 3 cm Ø; Perigonblätter bis 13 mm lang, 6 mm breit, im Alter zurückgebogen; Filamente weiß. 10–25 cm. 2–4. ♃. Zierpflanze, verwildert, Friedhöfe, Parks, ortsnahe Wälder, z. ↗ NE. O Prun., O Fag. Heimat: W-Türkei.

Der Bastard *Ch. siehei* × *Ch. luciliae* verwildert ebenfalls. Blüten (meist > 5) aufrecht bis hängend, sonst sehr ähnl. *Ch. luciliae*.

Ch. tmoli WHITTALL, **Tmolus-Sch.**

[*Scilla tmoli* (WHITTALL) SPETA]. Blätter bis 3,5 cm breit; Blüten erscheinen wegen des großen weißen Zentrums im Gegensatz zu voriger Art weiß mit blauen Spitzen. 5–10 cm. 2–4. ♃. Zierpflanze, bisher nicht verwildert, evtl. übersehen. Heimat: Türkei (?).

Convallaria L., **Maiglöckchen**

Zauke

Blätter meist 2, spitz, lang gestielt; Perigon mit zurückgebogenen Zähnen, weiß; Beeren rot. 15–20 cm. 5–6. ♃. Laubwälder, krautreiche Kiefernwälder, Gebüsche, mäßig h GHP, OLT; sonst h. Verhagerungszeiger. K Querc.-Fag., O Prun.; euras-nem. Auch Zierpflanze u. verwildert. Giftig. Off. Kosmetikpflanze. ***C. majalis*** L., **Maiglöckchen***

Hyacinthoides Fabr., **Hasenglöckchen**

1 Traube an der Spitze hängend, ± einseitswendig; Blüten stark duftend, röhrig glockig, blau, selten weiß od. rötl., hängend; Perigonzipfel stark zurückgekrümmt; äußere Staubblätter in der Mitte des Perigons angeheftet, länger als die inneren; Antheren weiß bis cremefarben; Blätter ± 15 mm breit ***H. non-scripta***

1* Traube an der Spitze aufrecht, nicht einseitswendig; Blüten schwach duftend, weit glockig, blau, weiß od. rosa, himmelwärts gerichtet; Perigonzipfel kaum zurückgekrümmt; äußere Staubblätter im unteren Drittel des Perigon angeheftet, alle gleich lang; Antheren blau; Blätter bis 35 mm breit ***H. hispanica***

H. hispanica (Mill.) Rothm., **Spanisches H.***

(*Endymion hispanicus* (Mill.) Chouard, *E. campanulatus* Parl., *Scilla hispanica* Mill.] 15–50 cm. 5. ♃. Zierpflanze, verwildert, Friedhöfe, Parks, ortsnahe Wälder, Gebüsche, s. NU. O Fag., O Prun. Heimat: westl. Mittelmeergebiet.

H. non-scripta (L.) Rothm., **Gewöhnliches H.***

[*Endymion non-scripta* (L.) Garcke, *Scilla non-scripta* (L.) Hoffmanns. et Link]. 15–40 cm. 4–5. ♃. Zierpflanze, verwildert, Friedhöfe, Parks, ortsnahe Wälder, Gebüsche, z. ↗ NE. O Fag., O Prun. Heimat: W-Europa. (∇)

Bastard:

H.* × *massartiana Geerinck [*H.* × *variabilis* P. D. Sell, *H. hispanica* × *H. non-scripta*]: In den Merkmalen zwischen den Eltern stehend: Blütenstand meist gerade, Blüten schwach einseitswendig, nicht himmelwärts gerichtet sondern ± nach unten, schwach duftend; Staubbeutel meist cremefarbig; z verwildert, häufiger als *H. hispanica*.

Hyacinthus L., **Hyazinthe**

Blätter bis 4 cm breit, stumpf, rinnig, kürzer als der Stängel; Blüten in vielblütiger Traube, viel länger als ihr Stiel, blau, weiß, rosa od. gelb. 30–45 cm.

4–5. ♃. Zierpflanze, verwildert, Friedhöfe, Gartenauswurf, s. NU. Heimat: östl. Mittelmeergebiet. ***H. orientalis*** L., **Garten-H.***

Maianthemum F. H. WIGG., **Schattenblümchen**

Pflanze mit dünnen Ausläufern; Stängel aufrecht, meist 2-blättrig; Blüten in endständiger Traube, klein; Perigon weiß, ausgebreitet, 4-teilig; Beeren weißl., später rot. 7–15 cm. 5–6. ♃. Bodensaure Laub- u. Nadelwälder, mäßig h EET, ELH, LLA, OLT; sonst h bis ins obere Bergland, in Ackerbaugebieten seltener. O Querc. rob., O Pic., V Luz.-Fag., V Carp.; eurosib-bor.
M. bifolium (L.) F. W. SCHMIDT, **Zweiblättriges Sch.***

Muscari MILL., **Traubenhyazinthe, Träubel**

Die Bestimmung der unter 3 u. 3* genannten Arten sollte möglichst nach Frischmaterial erfolgen, da im Herbarium die Farbunterschiede meist schlecht zu erkennen sind. Wegen der Verwechslungsgefahr ist auch die genaue Verbreitung der Arten (außer *M. comosum*) ungenügend bekannt.

1 Traube locker, zuletzt sehr verlängert, 10–25 cm lang; untere Blüten waagerecht abstehend, fertil, grünl. bis olivbraun, die oberen, unfruchtbaren violett, aufrecht, schopfig genähert ***M. comosum***

1* Traube wenigstens anfangs dicht, 3–6 cm lang; Blüten blau mit weißem Saum, ± hängend

2 Blätter zu 2–3, breit linealisch, 5–12 mm breit, nach dem Grund zu verschmälert, plötzlich in eine kapuzenförmige Spitze zusammengezogen. aufrecht abstehend, zur Blütezeit noch ganz frisch; Perigon kugelig eiförmig, himmelblau; Blüten nicht duftend; Tochterzwiebeln fehlen ***M. botryoides***

2* Blätter zu 3–7, schmal linealisch, 1–6(–10) mm breit, halb-stielrund, allmähl. in eine lange Spitze auslaufend, schlaff, zuletzt bogenförmig zurückgekrümmt, zur Blütezeit an der Spitze schon vertrocknet; Perigon azur- od. dunkelblau, ± eiförmig längl.; Blüten duftend; Tochterzwiebeln meist vorhanden

3 Perigon breit ellipsoidisch, Verhältnis Länge zu Breite < 1,5; Blüten azurblau, manchmal purpurn getönt, nicht wachsartig bereift, untere waagerecht abstehend; Blätter meist blaugrün, glänzend ***M. armeniacum***

3* Perigon schmal ellipsoidisch, Verhältnis Länge zu Breite > 1,6; Blüten dunkel- bis schwärzl.-blau, untere nickend, wachsartig bereift; Blätter hellgrün, am Grund manchmal rötl. ***M. neglectum***

M. armeniacum Baker, **Armenische T.***

20–40 cm. 3–5. ♃. Zierpflanze, verwildert, Friedhöfe, Parks, Weinberge, Ruderalfluren (Gartenauswurf, Schutt), mäßig h ELH, ERB, LLA, VGT; sonst s, ↗ NE. V Arrh., O Prun. Heimat: SO-Europa, W-Asien.

M. botryoides (L.) Mill., **Kleine T.***

Traube beim Abblühen locker werdend; Blätter unterseits oft gerippt. 8–15 cm. 4–5. ♃. Zierpflanze, verwildert, Magerrasen, Säume, Weinberge, lichte Wälder, z ELH, sonst s. V Brom. ↗ NE. V Carp. Heimat: S-Europa, W-Asien. (∇)

Zu achten ist auf ***M. aucheri*** (Boiss.) Baker, **Aucher-T.:** Wuchs kräftiger, Blätter breiter, unterseits nicht gerippt, Blütenstand zur Fruchtzeit nicht locker werdend, Blüten etwas größer, Tochterzwiebeln zahlreicher. Kultiviert, s verwildert, z. B. VGT: Adorf, Markneukirchen. Heimat Türkei.

M. comosum (L.) Mill., **Schopf-T.***

30–60 cm. 5–6. ♃. Äcker, Weinberge, Magerrasen, grasige Böschungen, s OLH: Bertsdorf, Mittelherwigsdorf, früher z, s ELH; s auch aus Gärten verschleppt. A. ↘ V Veron., V Brom., O Orig; med-submed. (∇)

M. neglectum Ten., **Übersehene T.***

[*M. racemosum* (L.) Lam. et DC.]. 20–40 cm. 3–5. ♃. Zierpflanze, verwildert, magere Rasen, Weinberge, ortsnahe Gebüsche, Parks, Friedhöfe, Ruderalfluren (Gartenauswurf, Schutt), z, fehlt dem Bergland. NU. V Brom., V Veron., O Prun., V Arrh. ↗ NE. Heimat: M- u. W-Asien, N-Afrika.

Beginnende Verwilderung von ***M. latifolia*** Kirk, **Breitblättriges T.:** Nur 1 verkehrt eilanzettl. Blatt pro Zwiebel vorhanden. Heimat SW-Türkei.

Ornithogalum L., **Milchstern**

[Bestimmungsschlüssel z. T. in Anlehnung an Herrmann in Jäger et Werner (2005)]

Die Trennung von 2 u. 2* nach Blattmerkmalen (*O. boucheanum* zur Blütezeit bereits mit welkenden Blättern, *O. nutans* noch mit frischen) eignet sich nach neueren Untersuchungen nicht zur Bestimmung. Die Unterscheidung von 4 u. 4* ist nur eine vorläufige, da der gesamte Komplex um *O. umbellatum* noch ungenügend bearbeitet ist.

1 Blüten in Trauben; Blütenstiele etwa gleich lang

2 Leiste auf der Innenseite der Staubfäden direkt unterhalb des Staubbeutels mit Zahn *(Abb. 851/1);* Fruchtknoten so lang wie der Griffel; Traube dichtblütig **_O. boucheanum_**

2* Leiste auf der Innenseite der Staubfäden ohne Zahn *(Abb. 851/2);* Fruchtknoten etwas kürzer als der Griffel; Traube lockerblütig **_O. nutans_**

1* Blüten in Schirmtrauben; untere Blütenstiele länger als die oberen

3 Blätter 2–3(–4), verkehrt eilanzettl., meist niederliegend, ohne weißen Mittelstreifen; Blüten 2–5, Kapsel mit 6 paarweise zusammenstehenden Flügeln **O. oligophyllum**

3* Blätter > 4, linealisch, aufrecht, mit weißem Mittelstreifen; Blüten meist > 6; Kapsel ungeflügelt

4 Brutzwiebeln vorhanden, 5 od. mehr, kugelig; Pflanze zur Blütezeit ohne Laubblätter; Zwiebeln meist kugelig bis gestaucht, an den Seiten auf Grund der Brutzwiebelbildung ausgebeult; Blätter 3–8 mm breit; Perigonblätter 3,5–7 mm breit; untere Fruchtstiele waagerecht abstehend **O. umbellatum**

4* Brutzwiebeln oft fehlend od. bis 3, eiförmig; Pflanze zur Blütezeit mit Laubblättern; Zwiebeln meist eiförmig, an den Seiten glatt; Blätter 2–5 mm breit; Perigonblätter 3,5–5 mm breit; untere Fruchtstiele meist aufrecht, nur selten waagerecht abstehend **O. angustifolium**

O. angustifolium Boreau, **Schmalblättriger M.**
[*O. gussonii* auct., *O. kochii* auct., *O. umbellatum* subsp *angustifolium* (Boreau) P. D. Sell]. 10–30 cm. 4–5. ♃. Trocken- u. Halbtrockenrasen, Verbreitung ungenügend bekannt, z ELH, sonst nachgewiesen EET unterhalb von Torgau; ERB: Zwickau (ob indigen?). K Fest.-Brom.

O. boucheanum (Kunth) Asch., **Bouchés M.**
15–50 cm. 4–5. ♃. Zierpflanze, verwildert, Parks, Gebüschsäume, Wegränder, Gärten, s ELH: Dresden, Pillnitz, Radebeul-Serkowitz, Rysselkuppe; früher OLH: Bautzen: Pietzschwitz. NE. V Arrh., V Geo-All. Heimat: SO-Europa.

O. nutans L., **Nickender M.***
15–50 cm. 4–5. ♃. Zierpflanze, verwildert, Gebüschsäume, Wegränder, Gärten, Weinberg, Parks, früher auch Äcker, z ELH; sonst s, fehlt dem Bergland. NE. V Arrh., V Geo-All., früher V Veron.; o-med-submed.

O. oligophyllum E. D. Clarke, **Wenigblättriger M.**
5–15 cm. 3–4. ♃. Zierpflanze, verwildert, feuchte Parkrasen, s ERO: Freiberg (Donatsfriedhof). NE. Heimat: SO-Europa, W-Asien.

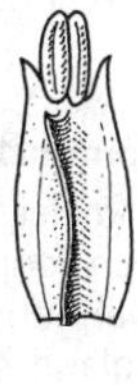

851/1

851/2

O. umbellatum L., **Doldiger M.***
Sachsenstern, Sachsenband (ERB), Siebenschläfer (blüht um den 27. Juni), Gänsetod (giftig für Gänse) (OL)
10–25 cm. 4–5. ♃. Magere Wiesen, Parks, Weinberge, Gebüschsäume, Friedhöfe, Ruderalfluren, früher auch Äcker, h ELH; sonst mäßig h vom Tief- bis ins untere Bergland, s im oberen Bergland. P. V Arrh., V Brom., V Geo-All., O Prun., früher V Veron.; submed+subatl. Weinbaubegleiter.

Bastard:
O. × vigineri CIFFERI et GIACOBINI [*O. boucheanum* × *O. nutans*]: s, ähnelt mehr *O. nutans*

Polygonatum MILL., **Weißwurz**

- **1** Blätter quirlig, schmal lanzettl.; Stängel kantig, aufrecht ***P. verticillatum***
- **1*** Blätter 2-zeilig wechselständig, eiförmig längl. od. elliptisch; Stängel kantig od. stielrund, übergebogen
- **2** Stängel kantig; Blütenstände 1- od. 2-blütig ***P. odoratum***
- **2*** Stängel stielrund; Blütenstände meist 3–5-blütig
- **3** Blätter 5–15 cm lang; Blüten meist zu 2–6; Staubgefäße an der Mündung der Perigonröhre entspringend ***P. multiflorum***
- **3*** Blätter 8–20 cm lang; Blüten meist zu 4; Staubfäden etwa in der Mitte der Perigonröhre entspringend — Pflanze in allen Teilen größer ***P. × hybridum***

P. × hybridum BRÜGGER, **Garten-W.**
[*P. multiflorum* × *P. odoratum*]. 50–120 cm. 5–6. ♃. Zierpflanze, verwildert, siedlungsnahe Wälder u. Gebüsche, Säume, Ruderalfluren, z. NE (lokal). K Rham.-Prun., V Arct., O Fag. (randl.).

P. multiflorum (L.) ALL., **Vielblütige W.***
Blütenhülle am Grund bauchig, innen wie die Staubgefäße behaart; Blüten nicht duftend, mit gerade vorgestreckten Perigonzipfeln. 30–70 cm. 5–6. ♃. Krautreiche Laub- u. Mischwälder, Gebüsche, auf nährstoff- u. basenreichen Böden, z EET, GHP, OLT; sonst h bis ins mittlere Bergland. O Fag., V Carp.-Prun.; euras-nem. Früher Off.

P. odoratum (MILL.) DRUCE, **Duftende W., Salomonsiegel***
[*P. officinale* ALL.]. Blütenhülle am Grund verschmälert, wie die Staubgefäße kahl; Blüten duftend, mit gerade vorgestreckten Perigonzipfeln. 15–45 cm. 5–6. ♃. Eichen- u. Kiefern-Trockenwälder, wärmebegünstigte Gebüschsäume, Felsfluren, z im Hügel- u. unterem Bergland, s im Tiefland. ↘ V Ger., V Cyt.-Pin., V Querc. pub., V Querc. rob.; euras-kont. Giftig. Off.

P. verticillatum (L.) ALL., **Quirlige W.***
Blütenstände 1–3-blütig; Beeren rot. 30–80 cm. 5–6. ♃. Frische Bergwälder, Hochstaudenfluren, auf nährstoffreichem Boden, mäßig h im Bergland, z bis s im Hügelland. V Luz.-Fag., V Fag., V Aln.-Ulm., O Aden.; subatl-mont.

Puschkinia ADAMS, **Puschkinie, Kegelblume**

Blätter bis 15 mm breit; Trauben locker, bis 8 cm lang, Perigon 10–15 mm lang, blassblau mit dunklem Mittelstreifen. 5–20 cm. 3–4. ♃. Zierpflanze, verwildert, Friedhöfe, Parks, z. ↗ NE (lokal). Heimat: Kleinasien, Kaukasus.
P. scilloides ADAMS, **Blausternähnliche P.**

Scilla L., **Blaustern**

1 Perigon weiß bis bläul.-weiß, mit blauem Mittelnerv ***S. mischtschenkoana***
1* Perigon blau
2 Giffel 0,7–3 mm, allmähl. in den Fruchtknoten übergehend; Deckblätter winzig od. wie die Vorblätter fehlend — Perigon blauviolett
3 Junge Blütenknospen grün; Perigon (frisch) 6–8(–9) mm lang, innen dunkelblau mit schmalem weißem Grund; Samen hellgelb, frisch 2 mm Ø; Stängel meist deutl. braunrot überlaufen ***S. vindobonensis***
3* Junge Blütenknospen (grau)blau; Perigon 3–3,5 mm lang, ohne weißen Grund; Samen braun, frisch 2,5 mm Ø; Stängel grün, höchstens schwach purpurn überlaufen ***S. bifolia***
2* Griffel 4–6 mm lang, deutl. vom Fruchtknoten abgesetzt; Deckblätter kragenförmig, mit den Vorblättern ± verwachsen
4 Blätter lange vor den Blüten erscheinend; Perigon porzellanblau ***S. amoena***
4* Blätter mit od. kurz vor den Blüten erscheinend; Perigon azur- od. lavendelblau
5 Blütenstiele 2–4(–10) mm lang; Perigon dunkel azurblau, in der Knospe grünl.-blau; Samen mit Elaiosom; Blütenstand 1–2(–5)-blütig ***S. siberica***
5* Blütenstiele 6–24 mm lang; Perigon lavendelblau, in der Knospe hellblau; Samen ohne Elaiosom; Blütenstand 1–5-blütig ***S. ingridae***

S. amoena L., **Schöner B.**
[*Othocallis amoena* (L.) SPETA]. Perigon 10–12 mm lang; Blätter hellgrün; Traube 2–8-blütig, Blütenstiele meist 10–20 mm lang; Blüten aufrecht abstehend, sternförmig ausgebreitet, innen heller blau; Stängel kantig, meist kürzer als die Blätter; Samen ohne Elaiosom. 15–30 cm. 4–5. ♃. Zierpflanze, verwildert, Parks, Friedhöfe, s (gegenwärtig keine Fundorte bekannt). NU. Heimat: wahrscheinl. Vorderasien.

S. bifolia L., **Zweiblättriger B.***

Traube meist 4–8-blütig. 5–20 cm. 3–4. ♃. Zierpflanze, verwildert, s LLA: Leipzig (Südfriedhof); submed, nächste Wildvorkommen in Sachsen-Anhalt u. Thüringen. (∇)

Scilla ingridae SPETA, **Ingrid-B.**

[*Othocallis ingridae* (SPETA) SPETA]. Perigon 11–13 mm lang. 10–20 cm. 3–4. ♃. Zierpflanze, s verwildert, wohl übersehen, da mit folgender Art oft verwechselt. Heimat: Kleinasien.

S. siberica HAW., **Sibirischer B.***

[*Othocallis siberica* (HAW.) SPETA]. Perigon 12–15 mm lang; Blätter grasgrün. 5–20 cm. 3–4. ♃. Zierpflanze, verwildert, Gebüsche, ortsnahe Wälder, Friedhöfe, Parks, Weinberge, mäßig h. ↗ NE. K Rham.-Prun., O Fag., V Cynos. Heimat: Ukraine, Kaukasus, Kleinasien.

S. mischtschenkoana GROSSH., **Mischtschenko-B.**

[*Othocallis mischtschenkoana* (GROSSH.) SPETA]. Blätter 4–5, hellgrün; Traube 2–6-blütig; Perigon 15–25 mm lang, glockig. 8–15 cm. 3–4. ♃. Zierpflanze, verwildert, s, z. B. ERW: Klingenthal, Friedhof Aue; LLA: Leipzig; VGT: Stenn. Heimat: Kaukasus bis NW-Iran.

S. vindobonenis SPETA, **Wiener B.**

[*S. bifolia* auct.]. Traube meist 5–10-blütig. 5–20 cm. 3–4. ♃. Krautreiche Auenwälder, Wald- u. Gebüschränder, Auenwiesen, auf frischen, nährstoff- u. basenreichen Böden, z ELH, ESG; s GHP: Diesbar-Seußlitz. V Aln.-Ulm., V Arrh.; illyr-balc. Stromtalpflanze. ∇

Streptopus MICHX., **Knotenfuß**

Stängel wie die Blätter kahl; Blätter wechselständig; Beere rot. 40–100 cm. 6–7. ♃. Staudenreiche Fichtenwälder, Schluchtwälder, schattige Felsvorsprünge, z ESG; s ERM: Oberer Zechengrund bei Oberwiesenthal, Keilberg, Wirbelsteine; früher s OLB: Lausche, Buchberg bei Jonsdorf, Oybin. ↘ V Pic., O Aden.; paralp, circpol. Kühlzeitrelikt

S. amplexifolius (L.) DC., **Stängelumfassender K.**

Fam. *Pontederiaceae* KUNTH, Hechtkrautgewächse

Pontederia L., **Hechtkraut**

Pflanze halb untergetaucht; untere Blätter ± 3-eckig oval, 5–25 cm lang, lang gestielt; Spreite am Grund tief herzförmig; Ähren 3–15 cm lang, dicht; Blüten 6–10 mm Ø; Perigonblätter violettblau (selten weiß), basal verbunden. 20–60 cm. 6–8. ♃. Zierpflanze, verwildert od. ausgepflanzt, Teiche, s. Heimat: N-Amerika. ***P. cordata*** L., **Herzförmiges H.**

Fam. *Commelinaceae* MIRB., Commelinengewächse

1 Pflanze meist 1-jährig; Blüten dorsiventral (2 obere Perigonblätter blau, das untere weiß); 3 Staubgefäße fertil, 3 steril ***Commelina***

1* Pflanze ausdauernd; Blüten radiär, alle 6 Staubgefäße fruchtbar ***Tradescantia***

Commelina L., **Commeline**

Stängel niederliegend bis aufsteigend, meist an den Knoten wurzelnd; Blätter 5–10 cm lang, 1–3 cm breit. 10–50 cm. 7–11. ⊙. Zierpflanze, verwildert, Ruderalfluren (Mauerfüße, Brachflächen, Müllplätze), s. NU. Heimat: O-Asien. ***C. communis*** L., **Gewöhnliche C.**

Tradescantia L., **Dreimasterblume, Tradeskantie**

Pflanze mit Rhizomen, aufrecht; Blätter bis 40 cm lang u. 2,5 cm breit, zugespitzt, am Grund etwas scheidig. 30–80 cm. 7–10. ♃. Zierpflanze, verwildert, Ruderalfluren (Müllplätze, Komposthaufen, an Zäunen), s. NU.

Im Gebiet werden nur Sorten der Hybride *T.* × *andersoniana* W. LUDW. et ROHWEDER (*T. chienis* RAF × *T. subaspera* KER.-GAWL. × *T. virginiana* L.) kultiviert.

Fam. *Typhaceae* Juss., Rohrkolbengewächse (inkl. *Sparganiaceae* Rudolphi, Igelkolbengewächse)

1 Blüten in walzenförmigen Ähren (Kolben); Blütenhülle aus Haaren bestehend *(Abb. 856/1)* ***Typha,*** 858
1* Blüten in kugelförmigen Köpfen; Blütenhülle aus 3 zarten Schuppen gebildet *(Abb. 856/2)* ***Sparganium,*** 856

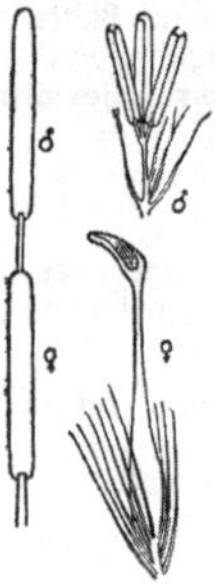

856/1

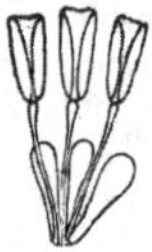
856/2

Sparganium L., **Igelkolben**

1 Blütenköpfe in Rispen, an den Ästen oben ♂, unten ♀ Blüten; Blütenhülle derb, schwammig u. gefärbt; Steinkern der Frucht mit 6–11 Längsrippen ***S. erectum***
1* Blütenköpfe in Ähren u. Trauben; Blütenhülle dünn, farblos; Steinkern der Frucht glatt
2 ♂ Blütenköpfe einzeln, ♀ zu 2–3, einander stark genähert, immer in den Achseln von Hochblättern; Narben eiförmig bis kugelig, höchstens 3-mal so lang wie breit, fast sitzend; Blätter 4–5 mm breit, beidseitig flach, vorn stumpf ***S. natans***
2* ♂ Blütenköpfe zu (1–)2–8, ♀ zu 1–5, etwas entfernt stehend u. zumindest nicht alle in den Achseln von Hochblättern; Narben lang, fadenförmig, mindestens 5–6-mal so lang wie breit; Blätter 4–10 mm breit, vorn stumpf od. zugespitzt
3 Grundständige Blätter deutl. gekielt, am Grund 3-kantig, 5–12 mm breit; flutende Blätter wenigstens am Rücken mit vorspringendem Mittelnerv; Blätter vorn stumpf; ♂ Blütenköpfe bis 10, ♀ 2–5 ***S. emersum***
3* Grundständige Blätter flach, höchstens leicht gewölbt, jedoch nie gekielt od. mit vorspringenden Mittelnerv, 2–5 mm breit; flutende Blätter im oberen Teil meist ohne vorspringenden Mittelnerv; Blätter deutl. lang zugespitzt; ♂ Blütenköpfe 1–4(–6), ♀ 1–3 ***S. angustifolium***

Sp. angustifolium MICHX., **Schmalblättriger I.**

[*Sp. affine* SCHNIZL.]. ♀ Stängel schlaff aufrecht; Köpfe 1–4. 10–100 cm. 6–8. ♃. Nährstoffarme bis mäßig nährstoffreiche Stillgewässer (Heide- u. Moortümpel, Teiche), †, OLT: früher mehrfach um Hoyerswerda, letztmals 1965. O Litt.; arct-bor. Kaltzeitrelikt.

Sp. emersum REHMANN, **Einfacher I.***

[*Sp. simplex* HUDS.]. Stängel u. Blätter aufrecht; Blätter über der meist sehr weiten (getrocknet strohartigen) Scheide deutl. verschmälert, im oberen Drittel verbreitert, allmähl. stumpf zugespitzt; Köpfe 3–5; Frucht gestielt, schmal kegelförmig, lang geschnäbelt. 20–60 cm. 7–8. ♃. Mäßig nährstoffreiche, stehende u. langsam fließende Gewässer (Gräben, Teiche, Tagebauseen), Bachröhrichte, z bis mäßig h, doch LLA s. V Glyc.-Sparg., V Ran. fluit.; eurosib., circpol.

Sp. erectum L., **Ästiger I.***

[*Sp. ramosum* HUDS.]. Blätter deutl. bis zur Spitze gekielt, am Grund 3-kantig, steif aufrecht. 30–100 cm. 6–8. ♃. Röhrichte nährstoffreicher, stehender u. langsam fließender Gewässer (Teiche, Flüsse, Gräben), Verbreitung siehe Unterarten. V Phragm., V Glyc,-Sparg.; eurosib.

Die Verbreitung der Unterarten ist noch nicht ausreichend bekannt. Zur Bestimmung sind reife Früchte nötig.

1 Oberteil der reifen Frucht nicht od. kaum vom Unterteil abgesetzt, so dass beide Teile in Form u. Farbe sich ± gleichen; Unterteil nicht od. kaum gestielt

2 Frucht (6–)7–9(–10) mm lang, 2–2,5(–5) mm breit, ± spindelförmig, glänzend strohgelb bis gelbbraun; Oberteil glatt, allmähl. in den 2–3,5 mm langen Schnabel verschmälert *(Abb. 857/1);* mäßig h. **subsp. *neglectum*** (BEEBY) K. RICHT.

2* Frucht 5–8 mm lang, 4–7 mm breit, kugelig od. seltener verkehrt eiförmig; Oberteil abrupt in den 2 mm langen Schnabel verschmälert *(Abb. 857/2);* s OLH, OLT. **subsp. *oocarpum*** (ČELAK.) DOMIN

1* Oberteil der reifen Frucht deutl. vom unteren abgesetzt, matt hell- bis dunkelbraun od. schwärzl.; zwischen dem griffeltragenden Oberteil u. dem verkehrt pyramidenförmigen Unterteil ist ein deutl. Absatz (Schulter) ausgebildet — Frucht im Ø 3–6-kantig; Schnabel bis 2 mm lang

3 Oberteil der meist 6–10 mm langen Frucht flach, glatt; Unterteil nicht od. < 1 mm gestielt *(Abb. 857/3);* wahrscheinl. mäßig h. **subsp. *erectum***

3* Oberteil der meist 6–7 mm langen Frucht kuppelförmig, mit Längsfalten an der Basis des Schnabels; Unterteil 1–1,5 mm lang gestielt *(Abb. 857/4);* kalte Gewässer, s OLT. **subsp. *microcarpum*** (L. M. NEUMANN) DOMIN

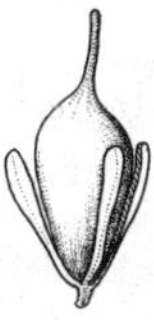

857/1

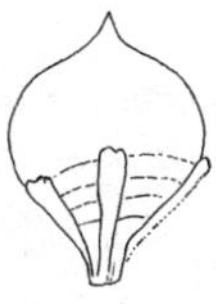

857/2

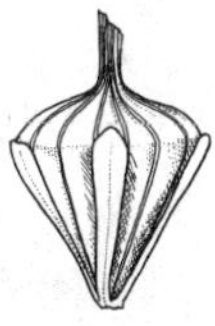

857/3

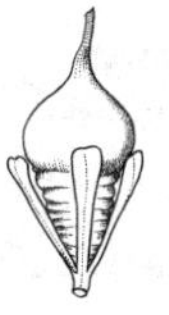

857/4

Sp. natans L., **Zwerg-I., Kleinster I.**

[*Sp. minimum* WALLR.]. Blätter 3–7 mm breit, beidseitig flach, meist mit undeutl. Mittelnerv, zart u. dünn, wie der Stängel aufrecht od. im Wasser flutend, Blattspitze stumpf; Köpfe stets in den Achseln von Hochblättern, ährig; Früchte sitzend, eiförmig, beidseitig kurz zugespitzt. 15–30 cm. 7–8. ♃. Mäßig nährstoffreiche Kleingewässer, Torfstiche, Moortümpel, Gräben, lückige Röhrichte, z OLT; s ERM: Geyer, Marienberg; sonst s im Tief- u. Hügelland. ↘ V Sphag.-Utric.; eurosib, circpol.

Bastard:

Sp. × ***diversifolium*** GRAEBN. [*Sp. angustifolium* × *Sp. emersum*]: ob im Gebiet?

Typha L., **Rohrkolben**

1	♂ Kolben dicht über dem ♀	***T. latifolia***
1*	♂ Kolben vom ♀ 2–6 cm entfernt	
2	♀ Kolben 10–35 cm lang, etwa so lang wie der ♂; Blätter 4–10 mm breit	***T. angustifolium***
2*	♀ Kolben 3–5(–9) cm lang, der ♂ 2–4-mal so lang; Blätter 2–4(–7) mm breit	***T. laxmannii***

T. angustifolia L., **Schmalblättriger R.***

♀ Einzelblüte mit einem lineal spateligen Tragblatt; Narben fädl., rotbraun. 1–3 m. 6–7. ♃. Röhrichte mäßig nährstoffreicher bis nährstoffreicher Gewässer (Teiche, Seen, Tagebauseen, Steinbrüche), Gräben, mäßig h im Tief- u. Hügelland, z im Bergland. V Phragm.; euras, circpol. Früher Off.

T. latifolia L., **Breitblättriger R.***

Einzelblüten ohne Tragblätter; Narben rautenförmig, lanzettl., schwarzbraun; Blätter 1–2 cm breit, blaugrün. 1–2,5 m. 7–8. ♃. Röhrichte mäßig nährstoffreicher bis nährstoffreicher Gewässer (Teiche, Seen, Tagebauseen, Steinbrüche), Gräben, h. V Phragm.; euras, circpol.

T. laxmannii LEPECH., **Laxmann-T.**

0,7–1,2 m. 6–8. ♃. Kleingewässer in Ausstichen u. der Bergbaufolgelandschaft, s LLA: Auenhain, Störmthal, am Cospudener See, Meyhen; ERB: Chemnitz (?). NU. V Phragm. Heimat: O-Europa, Asien.

Bastard:

T. × ***glauca*** GODR. [*T. angustifolia* × *T. latifolia*]: s, z. B. VGT: Zwotental.

Fam. *Juncaceae* Juss. Binsengewächse

1 Blätter borstl. od. rinnig, kahl; Kapsel 3-fächrig, mit mehrsamigen Fächern **_Juncus_,** 859
1* Blätter flach, am Rand meist behaart; Kapsel 1-fächrig, 3-samig **_Luzula_,** 864

Juncus L., Binse

1 Stängel blattlos (Blätter nur grundständig od. fehlend)
2 Blütenstand scheinbar seitenständig, von einem aufrechten, den Stängel fortsetzenden Tragblatt überragt
3 Blütenstand 3–7-blütig, scheinbar etwa in der Mitte des Stängels, Tragblatt also fast so lang wie der Stängel ***J. filiformis***
3* Blütenstand vielblütig; Tragblatt kürzer als der Stängel
4 Griffel deutl.; Staubblätter 6; grundständige Niederblätter („Blattscheiden") schwarzbraun, glänzend; Stängel stark gestreift, mit fächerig unterbrochenem Mark, bläul.- grün — Blütenstand meist locker; Kapsel stumpf, stachelspitzig ***J. inflexus***
4* Griffel sehr kurz; Staubblätter 3, selten 6; grundständige Niederblätter hellbraun, matt; Stängel mit zusammenhängendem Mark, grasgrün
5 Stängel matt, graugrün, durch 15–20 Längsrippen deutl. erhaben gestreift, zäh; Blütenstand meist gedrängt od. geknäuelt; Scheide des 5–15 cm langen Tragblattes des Blütenstands am Grund aufgeblasen; Griffel 1/3 so lang wie der Fruchtknoten; Griffel fast fehlend; Griffelrest auf einem sich aus der Vertiefung der Kapsel erhebenden Höcker sitzend; Staubbeutel bandförmig, länger als die Staubfäden ***J. conglomeratus***
5* Stängel glänzend glatt, meist lebhaft grün, sehr zart (im trockenen Zustand erhaben) durch 30–60 unauffällige Längsrippen gestreift, leicht zerreißbar; Blütenstand meist locker, seltener kompakt; Scheide des 15–30 cm langen Tragblattes des Blütenstands am Grund nicht od. kaum erweitert; Griffelrest in einer Vertiefung der Kapsel nicht auf einem Höcker sitzend; Staubbeutel oval, kürzer als die Staubfäden ***J. effusus***
2* Blütenstand endständig
6 Blütenstand zu einem 4–10-blütigen Köpfchen zusammengezogen od. noch 1–2 gestielte seitl. Köpfchen bildend; Staubblätter 3; kleine, bis 12 cm große, 1-jährige Pflanze ***J. capitatus***
6* Blütenstand rispig; Staubblätter 6; mehrjährige, bis ca. 40 cm große, ausdauernde Pflanze
7 Blätter abstehend, starr, hart u. borstenförmig, viel kürzer als der Stängel; Blütenstand zieml. dicht, vom Hochblatt nicht od. kaum überragt; Perigonblätter stumpf, so lang wie die Kapsel ***J. squarrosus***

7* Blätter aufrecht, weich, etwa so lang wie der Stängel; Blütenstand ± locker, vom untersten Hochblatt weit überragt; Perigonblätter zugespitzt, länger als die Kapsel ***J. tenuis***

1* Stängel beblättert (manchmal nur 1 Blatt tragend)

8 Blüten einzeln, am Grund mit 2 Vorblättern, die letzten Blüten des Blütenstands aber oft einander genähert; Blätter ohne Querwände

9 Pflanze ausdauernd, mit kriechendem Wurzelstock; Perigonblätter stumpf

10 Stängel zusammengedrückt; Perigon gelbbraun, etwa $^2/_3$ so lang wie die fast kugelige, hellbraune Kapsel; Griffel ½ so lang wie der Fruchtknoten; Staubbeutel meist 1,5-mal so lang wie die Staubfäden; Narbe hell fleischrot; Blütenstand vom Tragblatt meist deutl. überragt ***J. compressus***

10* Stängel nicht zusammengedrückt; Perigon dunkelbraun mit grünem Mittelstreif, fast so lang wie die ellipsoidische, dunkelbraune Kapsel; Griffel so lang wie der Fruchtknoten; Staubbeutel 3-mal so lang wie die Staubfäden; Narbe dunkel purpurrot; Blütenstand vom Tragblatt nicht überragt ***J. gerardii***

9* Pflanze 1-jährig, ohne Wurzelstock; Perigonblätter spitz

11 Blattscheiden an der Spitze mit 2 seitl. Öhrchen; Perigon braun, mit grünem Mittelstreifen; Äste des lockeren u. meist stark verzweigten Blütenstandes ± abstehend ***J. tenageia***

11* Blattscheiden ohne Öhrchen; Perigon grünl. bis weißl.; Äste des Blütenstandes aufrecht

12 Perigonblätter höchstens so lang wie die Kapsel, die inneren stumpf, die äußeren kurz zugespitzt; untere Blattscheiden oft rot; Blüten an meist bogigen Ästen zu 2–3 genähert ***J. ranarius***

12* Perigonblätter länger als die Kapsel, die inneren durch den austretenden Mittelnerv kurz bespitzt, die äußeren lang zugespitzt; untere Blattscheiden gelbbraun od. braun; Blüten an den Ästen einzeln

13 Staubblätter 6; Staubbeutel ½ so lang wie die Staubfäden; Kapsel 3–5 mm lang; Perigonblätter 6–8 mm lang, die äußeren breit hautrandig ***J. bufonius***

13* Staubblätter 3 (selten 6); Staubbeutel $^1/_3$ so lang wie die Staubfäden; Kapsel 2,5–3 mm lang; Perigonblätter 4–6,5 mm lang, breit hautrandig ***J. minutulus***

8* Blüten zu mehreren köpfchenartig zusammengedrängt; Blätter durch Querwände fächerig (bei *J. bulbosus* nur undeutl.)

14 Blütenstand 2–6-blütig, oft mit Blatttrieben; Pflanze bis 30 cm groß, aufrecht od. meist liegend u. an den Knoten wurzelnd od. im Wasser flutend (u. dann bis 120 cm); Blätter borstl. bis fadenförmig; Staubblätter 3 (selten 6) ***J. bulbosus***

14* Blütenstand meist vielköpfig (oft >20), meist ohne Blatttriebe; Pflanze aufrecht od. aufsteigend, 20–100 cm groß; Blätter rund, derb (nur bei *J. atratus* obere Blätter im frischen Zustand 5–9-kantig); Staubblätter immer 6

15 Alle od. doch die äußeren Perigonblätter spitz od. zugespitzt, stachelspitzig

16 Alle Perigonblätter gleich lang, kurz stachelspitzig — Perigonblätter kürzer als die eiförmig lanzettl., stachelspitzige, stark glänzende Kapsel ***J. articulatus***

16* Innere Perigonblätter länger, an der Spitze oft zurückgekrümmt, zugespitzt, begrannt

17 Perigonblätter kürzer als die zugespitzt geschnäbelte, eiförmige Kapsel, lederbraun, vom Grund an allmähl. in den langen Schnabel verschmälert; Blätter glatt, nur trocken fein gestreift; Pflanze hellgrün; Stängel unten deutl. zusammengedrückt; Rhizom 5–12 mm Ø ***J. acutiflorus***

17* Perigonblätter so lang wie die eiförmig lanzettl. Kapsel, glänzend schwarzbraun, plötzl. in den Schnabel verschmälert; Blätter stark gestreift; Pflanze graugrün; Stängel unten ± stielrund; Rhizom 2–5 mm Ø ***J. atratus***

15* Alle Perigonblätter stumpf, gleichlang

18 Perigonblätter bleich, weißl. od. gelbl., ohne Stachelspitze, etwa so lang wie die zugespitzte, 3-fächrige, gelbbraune Kapsel *(Abb. 861/1);* Äste des Blütenstands sparrig ausgebreitet od. gebogen; Blätter stängelähnl., stielrund, im Querschnitt mehrfächrig ***J. subnodulosus***

18* Perigonblätter dunkel rotbraun, die äußeren oft kurz stachelspitzig, deutl. kürzer als die abgestumpfte, stachelspitzige, 1-fächrige, schwarzbraune Kapsel *(Abb. 861/2);* Äste des Blütenstands aufrecht abstehend; Blätter nicht stängelähnl., leicht zusammengedrückt, im Querschnitt 1-fächrig ***J. alpinoarticulatus***

861/1

861/2

861/3

J. acutiflorus HOFFM., **Spitzblütige B.***

[*J. sylvaticus* auct.]. Blütenstand stark rispig verzweigt. 30–100 cm. 7–9. ♃. Nährstoffreiche, kalkarme Feuchtwiesen, Niedermoore, Gräben, meist z, nur LLA u. MLH seltener. V Calth., V Mol., V Car. nig.; submed+subatl. Vormittags ♀, nachmittags 2-geschlechtig blühend.

J. alpinoarticulatus CHAIX, **Alpen-B.**

[*J. alpinus* VILL.]. 25–50 cm. 7–8. ♃. Niedermoore, Feuchtwiesen, offene, nasse Sandböden an Teichrändern, früher mäßig h, heute z OLT, OLH; sonst †, DDH: Dahlener Heide; ERO: Altenberg; LLA: Leipzig. ↘ V Car. nig., O Nanocyp.; bor, circpol.

J. articulatus L. em. RICHT., **Glieder-B., Glanz-B.***

Blütenstand wenig zusammengesetzt; Blätter auffallend quergefächert. 20–50 cm. 7–9. ♃. Nährstoffreiche Feuchtwiesen, Niedermoore, Ufer, Gräben, Flutrasen, h. K Scheuchz.-Car., O Nanocyp., V Calth., V Potent. ans.; euras-nem.

Sehr vielgestaltige Art.

Die schopf- od. quastenförmigen Missbildungen an *Juncus articulatus*, *J. subnodulosus* u. *J. bulbosus* rühren von *Livia juncorum*, dem Binsen-Blattfloh (Ordnung Homoptera, Pflanzensauger od. Gleichflügler) her.

J. atratus KROCK., **Schwarzblütige B.**

Äste des Blütenstands meist aufrecht abstehend; Blätter stark gestreift. 20–50 cm. 7–8. ♃. Sumpfige Wiesen, †, früher s DDH: Dahlener Heide; LLA: Leipzig. V Cnid.

J. bufonius L., **Kröten-B.***

3–30 cm. 6–9. ⊙. Nasse bis staufeuchte nährstoffreiche, offene Böden (krumenfeuchte Äcker, nasse Ruderalfluren), h. O Nanocyp.; euras-nem.

J. bulbosus L., **Zwiebel-B.***

[*J. supinus* MOENCH]. Perigonblätter lanzettl., kürzer als die stumpfe, stachelspitzige Kapsel *(Abb. 861/3)*. 3–30 cm (flutend – var. *fluitans* FR. – bis 120 cm). 7–9. ♃. Offene, nährstoff- u. kalkarme, sandige bis schlammige Böden, Niedermoore, Seeufer, Gräben, Torfstiche, mäßig h, doch s od. z EET, ELH, LLA, MLH. O Litt.; bor-atl-subatl.

1 Staubblätter meist 3; Staubbeutel ± so lang wie die Staubfäden; Perigonblätter grünl. bis rötl., die äußeren spitz, die inneren stumpf; Kapsel längl., mit stumpfer Spitze, bis 2,5 mm lang. Verbreitung etc. wie Art. **subsp. *bulbosus***

1* Staubblätter meist 6; Staubbeutel ± ½ so lang wie die Staubfäden; Perigonblätter hell- bis rotbraun, alle zugespitzt; Kapsel verkehrt eiförmig, mit ausgerandeter Spitze, etwa 2 mm lang — Stängel fast immer aufrecht od. aufsteigend. Verbreitung ungenügend bekannt, wahrscheinl. s. [*J. kochii* F. W. SCHULTZ]. **subsp. *kochii*** (F. W. SCHULTZ) REICHG.

J. capitatus WEIGEL, **Kopf-B.**

Perigonblätter länger als die Kapsel, äußere grannenartig zugespitzt, weißl., später rotbraun; Blätter borstl. 3–12 cm. 6–8. ⊙. Krumenfeuchte, sandige Äcker, feuchte Wegränder, z OLT; s ELH, OLH, sonst †: DDH (früher z); ERM. ↘ O Nanocyp.; med-atl-subatl.

J. compressus JACQ., **Zusammengedrückte B.***

15–30 cm. 7–8. ♃. Feuchte Trittpflanzengesellschaften, Weiden, Gräben, h am Elbufer, mäßig h LLA; s VGT; sonst z bis ins Bergland. V Potent. ans., O Nanocyp., V Chen.; euras.

J. conglomeratus L. em. LEERS, **Knäuel-B.***

[*J. leersii* T. MARSSON]. 20–100 cm. 5–7. ♃. Feuchtwiesen, Grabenränder, feuchte Waldlichtungsfluren, meist mäßig h. O Mol., V Atrop.; euras.

J. effusus L., **Flatter-B.***

30–120 cm. 5–8. ♃. Feuchtwiesen, Niedermoore, Gräben, Flutrasen, feuchte Waldlichtungsfluren, h. O Mol., V Potent. ans., O Atrop.; euras, circpol.

var. *compactus* LEJ. et COURT.: Blütenstand kompakt, an *J. conglomeratus* erinnernd; wahrscheinl. z.

J. filiformis L., **Faden-B.***

15–45 cm. 6–7. ♃. Blattscheiden meist strohfarben; Stängel grasgrün, dünn, fein gestreift; Staubblätter 6; Kapsel fast kugelig, stumpf, gelbl., mit sehr kurzem, dickem Griffel; Perigon weißl. Mäßig nähstoffreiche Niedermoore, Feuchtwiesen, mäßig h ERZ, VGT, z OLB, OLT, sonst meist s. V Car. nig., V Calth.; arct-bor, circpol.

J. gerardii **LOISEL., Salz-B.***

15–30 cm. 6–7. ♃. Feuchtwiesen auf salzhaltigem Boden, nicht im Gebiet, aber westl. von Leipzig in Sachsen-Anhalt.

J. inflexus L., **Blaugrüne B.***

[*J. glaucus* SIBTH.]. 30–120 cm. 6–8. ♃. Offene, z. T. salzbeeinflusste Lehm- u. Tonböden, Feuchtwiesen, Niedermoore, Flutrasen, Ufer (Teiche, Tümpel, Bergbaugewässer), Gräben, mäßig h LLA; z DDH, ELH; sonst meist s. O Mol., V Cynos., V Potent. ans.; submed-euras.

J. minutulus (ALBERT et JAHAND.) PRAIN, **Kleinste B.**

3–20 cm. 6–9. ⊙. Feuchter, sandiger Boden, wahrscheinl. s (übersehen?), bisher VGT: Gunzen, Gopplasgrün; ERB: Zwickau: Oberplanitz; LLA: Schladitz. O Nanocyp.

J. ranarius SONGEON et E. P. PERRIER, **Frosch-B.**

5–30 cm. 5–8. ⊙. Offene, nasse, z. T salzhaltige Böden, Wegränder, Ufer, Kiesgruben, oft unbeständig, s im Tiefland. O Nanocyp., V Potent. ans.

J. squarrosus L., **Sparrige B.**

15–30 cm. 6–8. ♃. Feuchte bis nasse, ± saure, oft trittbeeinflusste Sand- u. Lehmboden, Waldwege, Feuchtheiden, Niedermoore, mäßig h ERZ, ESG, OLB, OLT; z DDH, OLH, VGT; sonst s od. fehlend. V Viol., V Eric.; bor-atl-subatl.

J. subnodulosus SCHRANK, **Stumpfblütige B.**

[*J. obtusiflorus* HOFFM.]. Sterile Triebe nur mit einem stängelähnl., mehrröhrigen Blatt, am Grund von 6 spreitenlosen Niederblättern umgeben. 50–100 cm. 7–8. ♃. Nährstoffreiche, kalkhaltige Niedermoore u. Feuchtwiesen, s, nur noch LLA: Bienitz, Kleindölzig; sonst †: ELH: Dresden-Lindenau; OLH: Radeburg: Lausa; OLT: Köbeln. ↘ V Mol., V Car. davall.; submed-subatl.

J. tenageia L. f., **Sand-B.**

Perigonblätter eiförmig lanzettl., stachelspitzig, die äußeren kaum länger als die kugelige Kapsel; Griffel sehr kurz; Narben knäuelartig gewunden. 5–30 cm. 6–8. ⊙. Offene, nährstoffreiche, sandige bis schlammige, zeitweise überschwemmte Böden, Teichränder, Ausstiche, s, früher z OLT; früher s OLH. ↘ O Nanocyp.; med-atl.

J. tenuis WILLD., **Zarte B.***

[*J. macer* GRAY]. Pflanze gelbgrün, fruchtend braungelb. 15–40 cm. 6–9. ♃. Feuchte, offene u. meist betretene Böden, Wege, besonders Waldwege, meist mäßig h. ↗ NE. V Polyg., V Potent. ans. Heimat: N-Amerika.

Bastarde:

J. × ***diffusus*** HOPPE [*J. effusus* × *J. inflexus*]: VGT: Plauen: Taltitz; LLA: Bad Lausick: Buchheim

J. × ***kern-reichgeltii*** REICHG. [*J. conglomeratus* × *J. effusus*]: ERW: Eubabrunn

J. × ***surrejanus*** STACE et LAMBINON [*J.* × *montserratensis* MARCET, *J. acutiflorus* × *J. articulatus*]: VGT: Brotenfeld

Luzula DC., **Hainsimse, Marbel**

1 Blüte einzeln an den einfachen od. wenig verzweigten Ästen des fast doldigen Blütenstands ***L. pilosa***

1* Blüten zu 2–5 gebüschelt od. in eiförmigen bzw. kugeligen Ähren an den Ästen des Blütenstands

2 Blüten zu 2–5 gebüschelt an den Ästen des mehrfach zusammengesetzten Blütenstands — Samen an der Spitze mit einem sehr kleinen Anhängsel

3 Blätter lineal lanzettl., 5–10 mm breit; Blütenstand länger als das Tragblatt; Büschel 2- od. 3-blütig; Perigon heller od. dunkler braun ***L. sylvatica***

3* Blätter schmal linealisch, 3–4 mm breit; Blütenstand kürzer als das Tragblatt; Büschel 3–5-blütig; Perigon weißl., seltener blass rötl. od. kupferfarbig ***L. luzuloides***

2* Blüten in eiförmigen od. kugeligen Ähren an den Ästen des Blütenstands

4 Ausläufer u. kriechende Rhizome vorhanden, Pflanze daher lockerrasig; wenigstens 1 Ährchenstiel zurückgebogen — Staubbeutel 3–4,5-mal so lang wie die Staubfäden; Perigonblätter alle gleich lang ***L. campestis***

4* Ausläufer u. kriechende Rhizome fehlen, Pflanze daher meist dichtrasig (*L. sudetica* lockerrasig); alle Ährchenstiele aufrecht

5 Perigonblätter alle gleich lang, alle lanzettl.

6 Ährchen 4–17; Staubbeutel höchstens 2-mal so lang wie ihre Filamente; Griffel < 1,1 mm lang ***L. multiflora***

6* Ährchen 3–5; Staubbeutel 3–6-mal so lang wie ihre Filamente; Griffel > 1,3 mm lang ***L. divulgata***

5* Perigonblätter ungleich lang, die inneren etwas kürzer als die äußeren, alle breit lanzettl., die äußeren deutl. länger zugespitzt

7 Perigon dunkelpurpurn bis schwarzbraun; Köpfchen meist 3–8, zieml. dicht stehend; Samen ± 1 mm lang, 5–10-mal so lang wie das frische Anhängsel, schmal ellipsoidisch; Ährchenstiele (unter dem Mikroskop bei 150-facher Vergrößerung) glatt, nicht papillös ***L. sudetica***

7* Perigon gelbl.-braun bis gelbl.-grün; Köpfchen 6–20, locker stehend; Samen 0,7–0,8 mm lang, 2–3-mal so lang wie das frische Anhängsel, eiförmig; Ährchenstiele (unter dem Mikroskop bei 150-facher Vergrößerung) dicht papillös ***L. pallescens***

L. campestris (L.) DC., **Feld-H., Gewöhnliche H.***
Katzenpfötchen, Hasenbrot
Samen (ohne Anhängsel) fast kugelig. 0,8–1,0 mm lang. 5–25 cm. 3–5. ♃. Bodensaure Magerrasen, Zwergstrauchheiden, Bergwiesen, Parkrasen, h. O Arrh., K Call.-Ul., O Fest.-Sed., V Mol., K Fest.-Brom.; euras, circpol.

L. divulgata KIRSCHNER, **Trockenwald-H.**
Pflanze dicht horstig; Perigon braun bis dunkelbraun; Narben 2,5–4,5 mm lang, an unreifen Kapseln noch vorhanden. 15–35 cm. 4–5. ♃. Lichte, trockene Eichen- u. Kiefernwälder, s (vielleicht z. T. übersehen), ELH: Meißen, Dresden; OLT: Pechern, Steinbach, Spreewitz, Neustädter Heide. V Querc. rob., V Dicr.-Pin.

L. luzuloides (LAM.) DANDY et WILMOTT, **Schmalblättrige H.***
[*L. nemorosa* (POLLICH) E. MEY., *L. albida* (HOFFM.) DC.]. Ausläufer bis etwa 5 cm lang; Blätter am Rand u. an der Scheidenmündung langhaarig bewimpert; Blütenbüschel 2–10-blütig. 30–70 cm. 6–7. ♃. Bodensaure Buchen- u.

Eichenwälder, Bergwiesen, Säume, Waldlichtungsfluren, mäßig h bis h im Hügel- u. Bergland u. DDH, sonst im Tiefland s. O Fag., V Querc. rob., V Pol.-Tris., V Car.-Epil., O Mel.-Holc.; europ-nem-sarmat.

L. multiflora (Ehrh.) Lej., **Vielblütige H.***
[*L. campestris* subsp. *multiflora* (Ehrh.) Asch. et Graebn.]. Perigon hell gelbl.-braun bis braun; Perigonblätter 2–4 mm lang, zumindest die inneren mit kurzer Spitze. 15–40 cm. 4–6. ♃. Borstgras-Magerrasen, magere Frisch- u. Bergwiesen, Zwergstrauchheiden, Niedermoore, Waldlichtungsfluren, lichte Wälder, meist mäßig h; doch z LLA, MLH. K Call.-Ul., K Mol.-Arrh., V Car.-Epil.; euras-nem, circpol.

L. pallescens Sw., **Bleiche H.**
[*L. pallidula* Kirschner]. Pflanze hellgrün. 10–30 cm. 4–5. ♃. Lichte Wälder, Magerrasen, z OL; sonst s DDH: Mockrehna, ERB: Zwickau; LLA: Eilenburg: Kämmereiforst; früher ELH: Dresden, Pirna. ↘ V Viol.; europ-bor+sarmat.

L. pilosa (L.) Willd., **Haar-H., Frühe H.***
Unterste Blätter lineal lanzettl., 5–10 mm breit; Äste des Blütenstands nach der Blütezeit abstehend od. zurückgeschlagen; Perigonblätter kurz zugespitzt, äußere länger als die gelbl.-grüne Kapsel; Samen an der Spitze mit großem, sichelförmigem Anhängsel. 15–30 cm. 3–5. ♃. Mesophile Wälder, Säume, Waldlichtungsfluren, meist h, doch z LLA, MLH, OLT. O Querc. rob., O Fag. (ohne V Aln.-Ulm.), O Atrop.; eurosib.

L. sudetica (Willd.) Schult., **Sudeten-H., Schwärzliche H.**
Ährchen 5–12-blütig. 10–30 cm. 6–7. ♃. Montane Magerrasen, Niedermoore, s ERM; ERO: Hermsdorf: Gimmlitztal; ERW: in den Hochlagen. V Viol., V Car. nig., V Pol.-Tris.; arct-alp. Kaltzeitrelikt.

L. sylvatica (Huds.) Gaudin, **Wald-H.***
Blätter glänzend dunkelgrün, am Rand u. an der Scheidenmündung langhaarig bewimpert. 30–80 cm. 5–6. ♃. Bodensaure, mesophile montane Buchen- u. Fichtenwälder, Säume, Bachufer, vom VGT bis ERM in mittleren u. höheren Lagen mäßig h bis z; s ERO. ↘ V Fag., V Pic., V Querc. rob., V Aden., V Potent-Holc.; europ-nem, subatl-mont.

Im Gebiet nur **subsp. *sylvatica*.**

Fam. *Cyperaceae* Juss., Riedgrasgewächse, Sauergräser

1 Blüten 1-geschlechtig, 1- od. 2-häusig; ♂ Blüten ohne Blütenhülle, ♀ Blüten von einer schlauchförmigen, den Fruchtknoten eng umschließenden Hülle („Schlauch“) umgeben, aus deren Öffnung die Narben herausragen *(Abb. 867/1)* — Blüten in den Achseln von Spelzen (Deckblättern) ***Carex,*** 870

1* Blüten ⚥; Blütenhülle fehlend od. aus Borsten gebildet

2 Spelzen (Deckblätter) der Ährchen 2-reihig angeordnet *(Abb. 867/2)*

3 Ährchen mehr als 4-blütig; Spelzen in ihren Achseln meist alle Blüten tragend; Perigonborsten fehlend *(Abb. 867/3);* Blütenstand eine zusammengesetzte Spirre ***Cyperus,*** 889

3* Ährchen 2–3-blütig; die unteren 3–6 Spelzen ohne Blüten; Perigonborsten vorhanden; Blütenstand kopfig gedrängt ***Schoenus,*** 894

2* Spelzen der Ährchen spiralig gestellt

4 Ährchen 2–3-blütig; die 3 od. 4 untersten Spelzen kleiner als die oberen, ohne Blüten in den Achseln

5 Perigonborsten fehlend; Griffel ungegliedert, größtenteils von der nicht zusammengedrückten Frucht abfallend; Pflanze > 80 cm ***Cladium,*** 889

5* Perigonborsten sehr kurz *(Abb. 867/4);* Griffel schwach gegliedert, der untere Teil auf der zusammengedrückten Frucht stehen bleibend; Pflanze < 40 cm ***Rhynchospora,*** 893

4* Ährchen mehr als 4-blütig; die unteren Spelzen so groß wie od. größer als die oberen, alle in den Achseln mit Blüten od. nur die untersten 1 od. 2 ohne Blüten

6 Perigonborsten zahlreich, lang, nach der Blütezeit die Spelzen weit überragend u. als seidig wolliger Schopf die Frucht einhüllend *(Abb. 867/5)* ***Eriophorum,*** 892

6* Perigonborsten meist 6, kurz rau, die Spelze nicht überragend, öfter fehlend

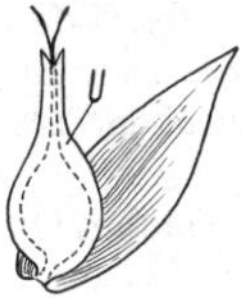

867/1

867/2

867/3

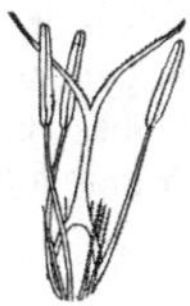

867/4

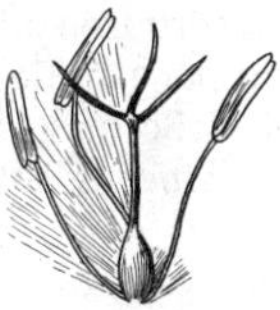

867/5

7 Stängel verzweigt, flutend od. auf Schlamm kriechend — Ährchen einzeln an der Spitze von langen achselständigen Stielen ***Eleogiton,*** 892

7* Stängel unverzweigt, meist nicht flutend

8 Stängel am Ende mit Ährchen, die zu einem 2-zeiligen, ährenförmigen Blütenstand angeordnet sind — Stängel deutl. beblättert ***Blysmus,*** 868

8* Stängel mit nur 1 endständigen, aufrechten Ähre (diese aber nicht 2-zeilig) od. mit mehreren Ährchen, angeordnet in Spirren, Rispen od. Köpfen

9 Blütenstand eine einzelne rundl., endständige Ähre — Stängel nicht od. undeutl. beblättert

10 Oberste Blattscheide mit kurzer Spreite ***Trichophorum,*** 894

10* Oberste Blattscheide ohne od. mit ganz verkümmerter Spreite ***Eleocharis,*** 890

9* Blütenstand eine Spirre, Rispe od. kopfartig

11 Blütenstand scheinbar seitenständig (weil vom unteren Tragblatt überragt); Blätter nur grundständig

12 Ährchen meist zu (1–)2(–4) nahe unter der Spitze des Stängels; Pflanze < 20 cm, 1-jährig, horstig ***Isolepis,*** 893

12* Ährchen zu mehreren einen zusammengesetzten rispenartigen Blütenstand bildend; Pflanze > 50 cm, mehrjährig, mit Rhizom ***Schoenoplectus,*** 893

11* Blütenstand endständig, Spirre od. Rispe, z. T. kopfartig zusammengezogen; Stängel beblättert

13 Stängel scharf 3-kantig; Ährchen 25–20 mm lang; Spirre von den Tragblättern weit überragt, wenig verzweigt, zuweilen kopfig zusammengezogen ***Bolboschoenus,*** 869

13* Stängel stumpf 3-kantig; Ährchen 4–6 mm lang; Spirre von den Tragblättern nicht od. kaum überragt, stark verzweigt u. reich an Ährchen ***Scirpus,*** 894

Blysmus SCHULT., **Quellried**

Stängel etwas zusammengedrückt, oberwärts 3-kantig; Blätter gekielt, am Rand rau; Ährchen 5–12-blütig; Spelzen braun, mit grünem Mittelstreif; Narben 2; Perigonborsten 3–6, rückwärts rau. 15–30 cm. 6–7. ♃. Quellige Stellen in Trittrasen u. Feuchtwiesen, auf basischen, auch salzbeeinflussten Böden, früher z im Tief- u. Hügelland, heute nur noch ERB: Chemnitz-Hilbersdorf; LLA: Borna. V Potent. ans., V Car. davall., V Crat. [*Scirpus compressus* (L.) PERS., *S. distichus* PETERM., *S. planifolius* GRIMM].

B. compressus (L.) LINK, **Flaches Qu.**

Bolboschoenus (ASCH.) PALLA, **Strandsimse, Knollensimse**

Für eine sichere Bestimmung sind reife Früchte erforderl. Abb. aus HROUDOVÁ et al. (2009).

1 Blütenstand ± kopfig, nur mit sitzenden Ährchen od. mit 1–2(–4) Ästen; Zahl der Ährchen an den Ästen geringer als die Zahl der sitzenden Ährchen; Äste höchstens 2-mal so lang wie die sitzenden Ährchen; Früchte im Querschnitt linsenförmig bis schwach 3-eckig *(Abb. 869/1 a);* äußere Fruchtwand dicker als die mittlere; Perigonborsten an reifen Früchten hinfällig **B. maritimus**

1* Blütenstand mit einer zentralen Gruppe sitzender Ährchen u. (1–)2–7(–12) Ästen; Zahl der Ährchen an den Ästen insgesamt mindestens so hoch wie die Zahl der sitzenden Ährchen; Äste meist > 2-mal so lang wie die sitzenden Ährchen; Früchte im Querschnitt deutl. 3-eckig (außer bei *B. glaucus*); äußere Fruchtwand dünner als die mittlere; Perigonborsten an reifen Früchten meist noch vorhanden

2 Früchte höchstens schwach 3-eckig *(Abb. 869/1 e);* äußere Fruchtwand sehr dünn u. kaum sichtbar; Tragblätter oft rotbraun od. purpurrot **B. glaucus**

2* Früchte deutl. 3-eckig; äußere Fruchtwand dünn, aber deutl. sichtbar; Tragblätter nie rotbraun od. purpurrot

3 Früchte 1,6–1,8 mm breit, im Querschnitt gleichseitig 3-eckig *(Abb. 869/1 d);* Narben stets 3 **B. yagara**

3* Früchte 2,0–2,4 mm breit, im Querschnitt 3-eckig mit längerer Basis *(Abb. 869/1 c)* (selten fast abgeflacht); Narben 2–3 **B. laticarpus**

B. glaucus (LAM.) S. G. SM., **Blaugrüne S.**
[*Scirpus glaucus* LAM.]. 80–200 cm. 6–7. ♃. Flussufer, früher s ELH: Dresden-Zschieren (1927). NU. Heimat: S-Europa, N-Afrika.

B. laticarpus MARHOLD et al., **Breitfrüchtige S.**
[*Scirpus maritimus* auct. p. p.]. Von der habituell sehr ähnl. *B. yagara* nur an reifen Früchten zu unterscheiden. 60–100 cm. 6–7. ♃. Flussufer, Altwasser, selten Fischteiche u. Nasswiesen, Stromtalpflanze, mäßig h am Elbufer ab Königstein; s LLA: Schkeuditz, Frohburg, früher Klein-Dölzig; OLH: Guttau. V Magnocar.

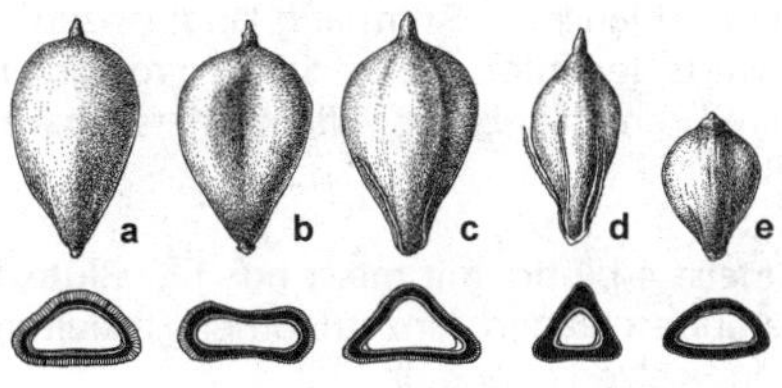

869/1

B. maritimus (L.) Palla s. str., **Gewöhnliche B.**

[*Scirpus maritimus* L.]. 30–80 cm. 5–7. ♃. Gräben, Teichufer, zeitweilig trockenfallende Kleingewässer, Nasswiesen, besonders an salzreichen Standorten, z LLA. V Magnoc.

Zu achten ist auf ***B. planiculmis*** (F. Schmidt) T. V. Egerova an Standorten, die durch anthropogene Störungen od. Wasserstandsschwankungen konkurrenzarm sind; Blütenstand sehr ähnl.; Früchte nicht linsenförmig od. 3-eckig, sondern abgeflacht, im Ø mit schwach bis deutl. konkaver Flächen *(Abb. 869/1 b)*. Ein fragl. Beleg aus OLT: Rietschen.

B. yagara (Ohwi) Kozhevn., **Verkannte S.**

[*Scirpus maritimus* auct. p. p.]. 70–130 cm. 6–7. ♃. Fischteiche, seltener Ufer anderer Gewässer, mäßig h OLT; s OLH: z. B. Großhennersdorf; ELH: Pillnitzer Elbinsel, früher Lausa-Friedersdorf; s LLA: Rötha. V Magnocar.

Carex L., **Segge, Riedgras**

1 Nur ein einziges endständiges Ährchen *(Abb. 871/1)*; Ährchen am Grund ♀, oben ♂ Blüten tragend od. nur ♀ od. ♂ Blüten enthaltend
Untergattung ***Primocarex*, Einährige Seggen,** 870
1* Mehrere Ährchen vorhanden
2 Ährchen alle od. doch der größte Teil derselben ♀ u. ♂ Blüten enthaltend, fast gleich gestaltet, eine oft unterbrochene Ähre, seltener eine Rispe od. ein Köpfchen bildend; Narben 2
Untergattung ***Vignea*, Gleichährige Seggen,** 871
2* Ährchen getrennten Geschlechts, das endständige od. die obersten ♂, die übrigen ♀, selten das endständige auch an der Spitze ♀; Narben 2 od. 3 Untergattung ***Carex*, Verschiedenährige Seggen,** 874

Untergattung ***Primocarex*** Kük., **Einährige Seggen**

1 Ährchen 1-geschlechtig (doch befinden sich zuweilen am Grund des ♂ Ährchens einige ♀ od. an der Spitze der ♀ einige ♂ Blüten); Pflanze daher 2-häusig — Narben 2
2 Pflanze mit Ausläufern; Stängel wie die Blätter glatt; Schläuche 3–3,5 mm lang, eiförmig, kurz geschnäbelt, zuletzt abstehend od. zieml. aufrecht, wie die Spelzen rotbraun ***C. dioica***
2* Pflanze horstbildend, ohne Ausläufer; Stängel oberwärts wie die Blätter am Rand rau; Schläuche 4–5 mm lang, längl. lanzettl., lang geschnäbelt, zuletzt abwärts gerichtet, wie die Spelzen rostbraun ***C. davalliana***
1* Ährchen am Grund ♀, oben ♂; Pflanze stets 1-häusig
3 Narben 2 ***C. pulicaris***
3* Narben 3
4 Ährchen meist 4-blütig, mit meist nur 1 ♂ Blüte, bleich; Schläuche zuletzt herabgeschlagen, lanzettl. pfrieml., stielrund, wie die später abfallenden Spelzen strohgelb ***C. pauciflora***

4* Ährchen mehrblütig, hellbraun, fast rostfarben; Schläuche aufrecht, ellipsoidisch, glänzend, gelbbraun; Spelzen bleibend ***C. obtusata***

Untergattung ***Vignea*** (T. LESTIB.) KÜK., **Gleichährige Seggen**

1 Ährchen ein dichtes, kugeliges, von laubblattartigen Tragblättern überragtes Köpfchen bildend ***C. bohemica***
1* Ährchen eine einfache od. zusammengesetzte Ähre, seltener eine Rispe bildend
2 Wurzelstock kriechend, lange Ausläufer bildend
3 Ausläufer 2–3 mm dick; Blätter 2–4 mm breit
4 Schläuche nicht geflügelt (höchstens sehr schmal), mit fein gesägtem Rand; Spelzen rotbraun, weiß hautrandig; Ährchen 10–25, untere u. obere meist ♀, mittlere ♂; Sumpfpflanze ***C. disticha***
4* Schläuche am Rand geflügelt, Flügel rau; Spelzen grün gekielt; Ährchen 5–15, am Grund ♀, an der Spitze ♂, in der Mitte 2-geschlechtig; Dünen- u. Sandpflanze ***C. arenaria***
3* Ausläufer 1–2 mm dick; Blätter 1–3 mm breit
5 Ährchen zu (4–)5–15, diese meist stark sichelförmig nach außen gebogen; Spelzen strohfarben bis blassbraun
6 Blütenstand 2–3,5 cm lang; Ährchen zu 4–8; Schläuche 3–4 mm lang, 1 mm breit, längl. lanzettl. ***C. brizoides***
6* Blütenstand 3–5 cm lang; Ährchen zu 6–12; Schläuche 5 mm lang, 1,5 mm breit, lanzettl. ***C. pseudobrizoides***
5* Ährchen zu 3–6, diese gerade od. nur schwach gebogen; Spelzen dunkel- bis hellbraun
7 Blütenstand 2–3(–4) cm lang; Schläuche 3,5–5 mm lang, 1,5 mm breit, Spelzen glänzend braun; Flügel der Schläuche oberwärts breiter ***C. ligerica***
7* Blütenstand 1–2(–3) cm lang; Schläuche 2,5–3,5 mm lang, 1–2 mm breit; Spelzen dunkelbraun, seltener hellbraun; Flügel der Schläuche gleichmäßig breit *(Abb. 871/2)* ***C. praecox***
2* Wurzelstock faserig, Pflanze horstbildend, Ausläufer fehlen
8 Ährchen an der Spitze ♂; Blütenstand ähren- od. rispenförmig
9 Schläuche ± sperrig abstehend, außen gewölbt, innen flach
10 Stängel ± konkav scharf 3-eckig, 2–3 mm Ø; Schläuche wenigstens auf dem Rücken deutl. nervig

871/1

871/2

11 Bogen des Blatthäutchens 2–5 mm hoch, breiter als hoch, stumpf; Stängel an den Kanten geflügelt, Flächen konkav; durchsichtiger Teil der Blattscheiden meist querrunzlig od. drüsig; Tragblätter der Ährchen kurz, borstenförmig, mit gut ausgebildeten Öhrchen; untere Blattscheiden schwärzl. zerfasernd; Schläuche (3,5–)4–4,5 mm lang, rostbraun, matt, nur auf dem Rücken mit deutl. Nerven ***C. vulpina***

11* Bogen des Blatthäutchens (7–)10–15 mm hoch, höher als breit, spitz; Stängel an den Kanten nicht od. nur undeutl. geflügelt, Flächen eben; durchsichtiger Teil der Blattscheiden nicht querrunzlig od. drüsig; Tragblätter der Ährchen länger, das unterste oft länger als der Ährenstand; mit unauffälligen, blassen Öhrchen; untere Blattscheiden hellbraun, kaum zerfasernd; Schläuche 5–6 mm lang, hellbraun od. grünl., glänzend, beidseitig nervig ***C. otrubae***

10* Stängel mit ebenen od. schwach konvexen Seitenflächen, 1–1,5 mm Ø; Schläuche undeutl. nervig

12 Innenrinde älterer Wurzeln dunkel violett (durch Anritzen feststellen); Blatthäutchen bei oberen Stängelblättern spitzbogig, deutl. länger als breit; Schläuche 4,5–6,5 mm lang, am Grund mit einer deutl. Korkschicht, die sich bei der Fruchtreife deutl. vom Rest der Frucht abhebt; Früchte ohne abgesetzten Schnabel ***C. spicata***

12* Innenrinde der Wurzel braun; Blatthäutchen bei oberen Stängelblättern höchstens etwas länger als breit; Schläuche höchstens 5 mm lang, ohne Korkschicht; Früchte mit od. ohne abgesetztem Schnabel

13 Blütenstand aus wenigblütigen, weit entfernten, an der Spitze aber zusammenlaufenden Ährchen bestehend; Tragblätter weißl. mit grünem Mittelnerv; Schläuche bis 4 mm lang, aufrecht, ihr Schnabel ohne deutl. Zähnung ***C. divulsa***

13* Blütenstand aus mäßig vielblütigen, ± angenäherten Ährchen bestehend; Tragblätter ± bräunl.; Schläuche länger als 4 mm, ± deutl. spreizend, ihr Schnabel mit deutl. Zähnung

14 Blatthäutchen höchstens so hoch wie breit; Ährchen deutl. voneinander entfernt; Schläuche 4,5–5 mm lang, am Grund verschmälert, ihr Schnabel nicht deutl. abgesetzt; Frucht lanzettl. ***C. polyphylla***

14* Blatthäutchen höher als breit; Ährchen meist nicht mehr als ihr Ø voneinander entfernt; Schläuche < 4,5 mm lang, am Grund abgerundet, ihr Schnabel deutl. od. kaum abgesetzt; Frucht eiförmig od. lanzettl.

15 Schläuche 3,5–4,5 mm lang, mit deutl. abgesetztem Schnabel; Spelzen etwas ½ so lang wie die Frucht, schon beim Blühen kastanienbraun, mit zu Beginn der Fruchtreife deutl. Farbkontrast zur grünen Frucht; zum Ende der Fruchtzeit Spelzen u. Früchte braun ***C. muricata***

15* Schläuche 3,5–4,5 mm lang, mit undeutl. abgesetztem Schnabel; Spelzen etwa ²/₃ so lang wie die Frucht, hellbraun, zu Beginn der Fruchtreife ohne deutl. Farbkontrast zur Frucht, zum Ende der Fruchtreife mit deutl. Farbkontrast zu der nun braunen Frucht ***C. pairae***

9* Schläuche aufrecht, beidseitig gewölbt — Pflanzen feuchter Standorte

16 Schläuche glanzlos, beidseitig nervig; Stängel am Grund von einem dichten schwarzbraunen, durch die Auflösung der Scheiden entstehenden Faserschopf umgeben — Ährenstand eine rispige Ähre **C. *appropinquata***

16* Schläuche glänzend, nervenlos od. nur am Grund auf dem Rücken schwach nervig; grundständige Scheiden keinen Faserschopf bildend

17 Stängel kräftig, 3-kantig, mit ebenen Seitenflächen, länger als die 4–7 mm breiten Blätter; grundständige Scheiden schwarzbraun, glänzend; Ährenstand eine lockere, grauschimmernde Rispe; Schläuche eiförmig; Spelzen breit hautrandig **C. *paniculata***

17* Stängel schwach, fast stielrund, oben 3-kantig, mit schwach gewölbten Seitenflächen, meist nicht länger als die bis 2 mm breiten Blätter; grundständige Scheiden grau- od. gelbbraun, schwach glänzend; Ährenstand eine dichte, am Grund oft etwas rispige, nicht grauschimmernde Ähre; Schläuche fast kugelig eiförmig; Spelzen schmal hautrandig **C. *diandra***

8* Ährchen an der Spitze ♀; Blütenstand ährenförmig, nie rispig

18 Stängel bis zur Ähre beblättert; unterste Ährchen weit voneinander entfernt, ihre Tragblätter laubblattartig, die Ähre überragend **C. *remota***

18* Stängel nur unterwärts beblättert; Ährchen ± genähert, ihre Tragblätter kurz, meist schuppenförmig, die Ähre nicht überragend

19 Blätter kürzer als der Stängel, zieml. derb u. starr; Schläuche mit zieml. langem, deutl. 2-zähnigem Schnabel

20 Ährchen (3–)4(–5), etwas entfernt, rundl., grünl.-gelb; Schläuche sperrig, fast sternförmig abstehend, mit ungeflügelten Kielen, länger als die eiförmigen Spelzen; Blätter 1–2 mm breit **C. *echinata***

20* Ährchen meist 6, genähert, eiförmig od. elliptisch, hellbraun; Schläuche aufrecht, an den Kielen geflügelt, so lang wie die längl. Spelzen; Blätter 2–3 mm breit **C. *ovalis***

19* Blätter länger als od. doch fast so lang wie der Stängel, sehr weich u. schlaff; Schläuche aufrecht, mit kurzem Schnabel

21 Ährchen 8–12, genähert, längl., gelbl., später bräunl.; Schläuche zuletzt abstehend, lanzettl., mit sehr kurz 2-zähnigem Schnabel; Pflanze grasgrün **C. *elongata***

21* Ährchen 4–7, die unteren etwas entfernt, rundl. bis eiförmig, grünl.-grau, später gelbl.; Schläuche zieml. aufrecht, eiförmig, mit kurzem, an der Spitze kaum ausgerandetem Schnabel; Pflanze graugrün **C. *canescens***

Untergattung ***Carex*, Verschiedenährige Seggen**

1 Schläuche schnabellos od. mit einem sehr kurzen, gestutzten od. ausgerandeten, aber nicht gespaltenen Schnabel *(Abb. 874/1, 874/2)*

2 Narben 2; Schläuche ± zusammengedrückt

3 Pflanze große, dichte Horste bildend, ohne Ausläufer — Stängel am Grund blattlose Scheiden u. darüber erst einige Blätter tragend; Blattscheiden alle od. wenigstens die unteren netzfaserig

4 Stängel aufrecht, kräftig, graugrün; Scheiden alle netzfaserig, gelbbraun; ♂ Ährchen 1–3; Schläuche ellipsoidisch, zusammengedrückt, deutl. 5–7-nervig *(Abb. 874/3)*, seegrün — Horste auffallend groß **C. *elata***

4* Stängel schlank, schlaff, hell- od. gelbl.-grün; untere Scheiden netzfaserig, schwarzpurpurn; ♂ Ährchen 1; Schläuche rundl. eiförmig, beidseitig gewölbt, nervenlos, hell- od. trübgrün **C. *cespitosa***

3* Pflanze mit kürzeren od. längeren Ausläufern

5 Stängel am Grund blattlose, große, rostbraune, stark netzfaserige Scheiden u. darüber erst Blätter tragend; unterstes Tragblatt die Spitze des obersten ♂ nicht überragend **C. *buekii***

5* Stängel am Grund mit Blättern, ohne blattlose Scheiden, Blattscheiden (meist) nicht netzfaserig; unterstes Tragblatt etwa so lang wie od. länger als der Blütenstand

6 Schläuche nervenlos; stets nur 1 ♂ Ährchen; unterstes Tragblatt kürzer als der Blütenstand, mit sehr kurzer Spreite **C. *bigelowii***

6* Schläuche ± nervig; ♂ Ährchen 1–3; unterstes Tragblatt meist bis zur Spitze des Ährenstandes reichend od. noch länger, mit laubblattartiger Spreite

7 ♂ Ährchen 2–4 (selten nur 1), ♀ verlängert walzenförmig, 2–5 cm lang, zuletzt oft überhängend; Schläuche beidseitig stark gewölbt; unterstes Tragblatt die Spitze des obersten ♂ Ährchens überragend; Blätter meist graugrün, 4–8 mm breit, trocken meist am Rand umgerollt; Stängel weit herab rau **C. *acuta***

7* ♂ Ährchen 1, seltener 2, ♀ kurz walzenförmig, höchstens 2,4 cm lang, aufrecht; Schläuche außen gewölbt, innen flach; unterstes Tragblatt die Spitze des obersten ♂ nicht überragend; Blätter meist graugrün, (1–)2–4(–5) mm breit, trocken meist nach innen gerollt; Stängel nur oberwärts rau **C. *nigra***

874/1 874/2

874/3

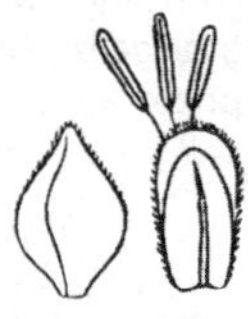

874/4

2* Narben 3 (mehrere Blüten untersuchen, da Narben leicht abfallen); Schläuche ± 3-kantig
8 Tragblätter nicht scheidig od. sehr kurzscheidig
9 Schläuche kahl (höchstens bei *C. flacca* jung von feinen Härchen rau)
10 Endständiges Ährchen an der Spitze ♀, am Grund ♂, die seitl. 3–4 rein ♀ ***C. hartmannii***
10* Endständiges Ährchen ganz ♂
11 Blätter u. Blattscheiden behaart, gelbgrün; Pflanze ohne Ausläufer ***C. pallescens***
11* Blätter u. Blattscheiden kahl, graugrün; Pflanze mit Ausläufern
12 Stängel rau, am Grund ohne Blätter, nur mit Blattscheiden, Blätter zusammengefaltet; ♀ Ährchen 1–2, elliptisch, meist hängend, ♂ einzeln; Schläuche linsenförmig, zusammengedrückt, mehrnervig ***C. limosa***
12* Stängel glatt, am Grund mit zahlreichen, flachen Blättern; ♀ Ährchen zu 2–3, walzenförmig, zuletzt nickend od. hängend, ♂ meist zu 2; Schläuche zusammengedrückt gewölbt, nervenlos, rau punktiert ***C. flacca***
9* Schläuche behaart
13 ♀ Ährchen sitzend, meist genähert
14 Unterstes Tragblatt laubblattartig; Schläuche kugelig verkehrt eiförmig — Spelzen braun
15 Pflanze mit Ausläufern, ohne Faserschopf; Stängel steif aufrecht; untere Blattscheiden purpurrot; Tragblätter des untersten Ährchens meist waagerecht abstehend; ♀ Ährchen 1–2, entfernt; Schläuche filzig kurzhaarig ***C. tomentosa***
15* Pflanze ohne Ausläufer, dichtrasig, am Grund mit Faserschopf; Stängel zur Fruchtzeit abwärts gekrümmt; untere Blattscheiden gelbl.-braun; Tragblätter des untersten Ährchens aufrecht abstehend; ♀ Ährchen 2–3 (selten bis 5), genähert; Schläuche kurzhaarig ***C. pilulifera***
14* Tragblätter alle trockenhäutig; Schläuche längl. verkehrt eiförmig
16 Pflanze mit kurzen Ausläufern; Stängel zur Fruchtzeit zurückgebogen; ♀ Ährchen 1 od. 2; Schläuche flaumig; Spelzen rotbraun, mit breitem, besonders vorn fransig zerschlitzten, weißen Hautrand *(Abb. 874/4)* ***C. ericetorum***
16* Pflanze horstig; Stängel zur Fruchtzeit aufrecht; ♀ Ährchen 2; Schläuche filzig, Spelzen schwarzbraun, stumpf od. gestutzt, stachelspitzig, ohne weißen Hautrand ***C. montana***
13* Unterstes ♀ Ährchen gestielt — ♂ Ährchen keulenförmig; Spelzen grün gestreift
17 Pflanze mit kurzen Ausläufern; Stängel glatt, länger als die etwas steifen, meist zurückgekrümmten Blätter; unterste Tragblattscheide 2–5 mm lang; Spelzen rost- bis gelbl.-braun, lanzettl., länger als die flaumhaarigen, allmähl. in den kurzen Schnabel verschmälerten Schläuche *(Abb. 877/1)* — Achtung: in Wäldern manchmal mit verlängerten

Stängeln, schmäleren Ährchen u. laubblattartigen Tragblättern **C. caryophyllea**

17* Pflanze horstig, am Grund mit dichtem Faserschopf; Stängel oberwärts schärfl., kürzer als die ausgewachsenen, schmal linealischen, etwas schlaffen Blätter; unterste Tragblattscheide 4–10 mm lang; Spelzen rostbraun, elliptisch, so lang wie od. kürzer als die zerstreut rauhaarigen, plötzl. in den kurzen Schnabel verschmälerten Schläuche **C. umbrosa**

8* Tragblätter langscheidig od. ganz scheidenförmig

18 Schläuche behaart — ♀ Ährchen wenigblütig

19 ♀ Ährchen 2–4-blütig, fast gänzl. in die weißhäutigen Tragblätter eingeschlossen, über den ganzen Stängel verteilt, alle von den endständigen ♂ Ährchen überragt; Spelzen braun, mit breitem, weißem Hautrand **C. humilis**

19* ♀ Ährchen 5–10-blütig, aus ihrem Tragblatt hervortretend, nicht auf den ganzen Stängel verteilt, oberstes ♀ Ährchen die Spitze des ♂ überragend; Spelzen rotbraun, mit grünem Mittelnerv, weiß hautrandig, leicht gezähnelt **C. digitata**

18* Schläuche kahl

20 Stängel bis etwa 30 cm hoch, nur am Grund beblättert; Blätter lineal; ♀ Ährchen 1–2, stets aufrecht, locker- u. oft wenigblütig; Schläuche groß, fast kugelig eiförmig; Spelzen dunkelbraun, mit hellerem od. grünem Mittelstreifen *(Abb. 877/2);* Pflanze deutl. blaugrün, mit Ausläufern **C. panicea**

20* Stängel bis 120 cm hoch, bis zu den Ährchen beblättert; Blätter breit, lanzettl. lineal; ♀ Ährchen meist 4, verlängert walzenförmig, bis 16 cm lang, dicht- u. vielblütig, zuletzt, wie das ♂ Ährchen, überhängend; Schläuche elliptisch, 3-kantig; Spelzen rotbraun, mit grünem Mittelstreifen; Pflanze horstig **C. pendula**

1* Schläuche mit einem deutl., 2-spaltigen od. 2-zähnigen Schnabel *(Abb. 877/3, 877/4)* — Narben stets 3

21 Schläuche behaart

22 Pflanze graugrün; Stängel rundl., oberwärts nicht beblättert; Blätter 1–1,5 mm breit, völlig kahl; Tragblätter ohne Scheide od. sehr kurzscheidig; Spelzen braun, zugespitzt od. kurz begrannt; Sumpfpflanze **C. lasiocarpa**

22* Pflanze grasgrün; Stängel stumpf 3-kantig, durchgängig beblättert; Blätter 2–7 mm breit, ± stark behaart; Tragblätter langscheidig; Spelzen bleich, in eine lange, gezähnte Spitze verschmälert; Pflanze meist trockener Standorte **C. hirta**

21* Schläuche kahl

23 Blattspreiten am Rand lang bewimpert — seltene Laubwaldart **C. pilosa**

23* Blattscheiden am Rand nicht bewimpert

24 ♂ Ährchen 1; wenigstens das untere Tragblatt scheidig — Ausläufer (außer bei *C. hostiana*) fehlend

25 ♀ Ährchen hängend, 3–6, lang gestielt — Spelzen stachelspitzig

26 Stängel glatt; ♀ Ährchen voneinander entfernt, linealisch, dünn, lockerblütig; Tragblätter langscheidig; Schläuche elliptisch, nervenlos; Zähne des Schnabels gerade vorgestreckt *(Abb. 877/5)*; Spelzen lanzettl., durchsichtig weißhäutig, mit grünem Mittelstreifen, ganzrandig **C. sylvatica**

26* Stängel rau; ♀ Ährchen an der Spitze des Stängels zu 3–6 doldig genähert, walzenförmig, dichtblütig; Tragblätter kurzscheidig; Schläuche längl. lanzettl., starknervig, sperrig abstehend, zuletzt zurückgekrümmt, stechend; Zähne des Schnabels auseinandertretend *(Abb. 877/6)*; Spelzen lineal pfrieml., vorn zieml. scharf gesägt, hellgrün, am Grund mit trockenhäutigem Rand **C. pseudocyperus**

25* ♀ Ährchen aufrecht, meist 2–3, dichtblütig — Zähne des Schnabels gerade vorgestreckt

27 Hüllblätter langscheidig, höchstens das ♂ Ährchen erreichend, aufrecht od. aufrecht abstehend; Pflanze ± graugrün

28 Spelzen stachelspitzig; Zähne des Schnabels auf der Innenseite mit kleinen Stachelchen besetzt; ♀ Ährchen weit voneinander entfernt, längs der oberen Hälfte des Stängels verteilt, das untere oft weit nach unten gerückt; Pflanze immer horstig **C. distans**

28* Spelzen nicht stachelspitzig; Zähne des Schnabels innen glatt; ♀ Ährchen meist alle im oberen Viertel des Stängels, nur das unterste manchmal weit abgerückt; Pflanze lockerrasig, oft mit kurzen Ausläufern **C. hostiana**

27* Hüllblätter kurzscheidig od. das unterste bei entferntem Ährchen längerscheidig, das ♂ Ährchen weit überragend, zuletzt weit abstehend od. zurückgeschlagen; Pflanze gelbgrün od. grasgrün — ♀ Ährchen 2–6, eiförmig od. fast kugelförmig, meist genähert, fast sitzend, mit stumpfl. Spelzen; Schläuche etwas aufgeblasen, reif zitronengelb

29 Schläuche 3,5–6(–7) mm lang, ihr Schnabel wenigstens im unteren Teil der Ährchen abwärts gekrümmt, fast so lang wie der übrige Teil des Schlauchs

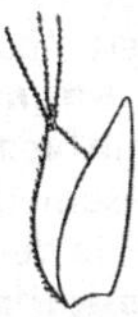
877/1

877/2

877/3

877/4

877/5

877/6

30 ♂ Ährchen meist 5–30 mm lang gestielt; Schläuche 3,5–4 mm lang, plötzl. in den 1,5–2 mm langen Schnabel verschmälert; Blätter 2–3,5 mm breit, mit höchstens 0,3 mm langem Blatthäutchen; Stängel oberwärts rau **C. *lepidocarpa***

30* ♂ Ährchen sitzend (selten kurz gestielt); Schläuche (4–)4,5–6 mm lang, allmähl. in den 2–3 mm langen Schnabel verschmälert; Blätter 3–5 mm breit, mit 0,3–1 mm langem Blatthäutchen; Stängel glatt **C. *flava***

29* Schläuche 2–4 mm lang, ihr Schnabel gerade, weniger als ½ so lang wie der übrige Teil des Schlauchs

31 Stängel oft bogig aufsteigend; Blätter 3–4,5 mm breit, flach, hellgrün; Schläuche 3–4 mm lang; Schnabel 1–1,5 mm lang; ♀ Ährchen meist etwas voneinander entfernt u. die unterste weit (manchmal bis nahe des Stängelgrundes) abgerückt; ♂ Ährchen 10–20 mm lang, oft gestielt; Stängel meist bogig aufsteigend **C. *demissa***

31* Stängel aufrecht; Blätter 1,5–3 mm breit, gekielt, grasgrün; Schläuche (2–)2,5–3,5 mm lang; Schnabel 0,5–1 mm lang; ♀ Ährchen ± gedrängt, manchmal die unterste etwas abgerückt; ♂ Ähren bis 10 mm lang, oft sitzend; Stängel meist gerade **C. *viridula***

24* ♂ Ährchen gewöhnl. mehrere; Tragblätter ohne Scheide od. nur sehr kurzscheidig — Zähne des Schnabels auseinander tretend; ♀ Ährchen aufrecht, die unteren auch überhängend

32 Schläuche nicht aufgeblasen, grün bis bräunl. — Stängel scharfkantig, oberwärts rau; Blätter breit linealisch

33 Blattscheiden sich in ein Fasernetz auflösend; Blattspreiten (4–)7–10 mm breit; Bogen des Blatthäutchens spitz, höher als breit; ♂ Ährchen 2–4; ♀ Ährchen 2–4, 6–7 mm dick, meist alle aufrecht; Spelzen der ♀ Blüten 3–5 mm lang, mit glatter Stachelspitze; Frucht deutl. nervig, dunkelgrün **C. *acutiformis***

33* Blattscheiden ohne deutl. Fasernetz; Blattspreiten (5–)10–20(–30) mm breit; Bogen des Blatthäutchens abgerundet, breiter als hoch; ♂ Ährchen 2–6; ♀ Ährchen 2–5, 8–10 mm dick, untere oft nickend; Spelzen der ♀ Blüten 7 mm lang, mit rau gezähnelter Stachelspitze; Frucht undeutl. nervig, graubraun **C. *riparia***

32* Schläuche aufgeblasen, reif grünl.-gelb

34 Stängel stumpf 3-kantig, glatt; Blätter meist 2–4 mm breit, graugrün, ihre Scheiden nicht deutl. netzfaserig; Schläuche fast waagerecht abstehend, kugelig eiförmig, plötzl. in den Schnabel verschmälert *(Abb. 879/1);* Spelzen bräunl., die der ♀ Blüten dunkler **C. *rostrata***

34* Stängel scharf 3-kantig, an den Kanten meist rau; Blätter 6–8 mm breit, grasgrün, untere Blattscheiden am Rand sich in ein deutl. Fasernetz auflösend; Schläuche schief aufrecht, ei-kegelförmig, allmähl. in den Schnabel verschmälert *(Abb. 879/2);* Spelzen hellbraun **C. *vesicaria***

C. *acuta* L., **Schlank-S.***

[*C. gracilis* CURTIS]. Stängel weit herab rau. 30–100 cm. 4–5. ⊙. Feuchtwiesen, Ufer fließender u. stehender Gewässer, Gräben, mäßig h. V Calth., V Magnocar.

1 Stängel zuletzt überhängend; Spelze so lang wie od. länger als der Schlauch; Blätter 3–10 mm breit; die vorherrschende Sippe. **subsp. *acuta***

1* Stängel steif aufrecht; Spelze kürzer als der Schlauch; Blätter bis 5 mm breit; evtl. im Gebirge nachzuweisen. Die taxonomische Einstufung als Unterart ist umstritten. **subsp. *tricostata*** (FR.) ROUY

C. *acutiformis* EHRH., **Sumpf-S.***

Blätter dunkelgrün; Schläuche eiförmig od. eiförmig längl., zusammengedrückt 3-kantig, glanzlos, bläul.-grün, mit kurzem Schnabel. 40–120 cm. 5–6. ♃. Feuchtwiesen, Großseggenriede, Erlen-Bruchwälder, Auenwälder, mäßig h DDH, EET, LLA; sonst z im Tief- u. Hügelland, s im Bergland. V Calth., V Mol., V Magnocar., V Aln., V Aln.-Ulm.

C. *appropinquata* SCHUMACH., **Schwarzkopf-S., Seltsame S.**

[*C. paradoxa* WILLD.]. Stängel mit etwas gewölbten Seitenflächen; Blätter 2–3 mm breit, ± gelbgrün; Ährenstand 4–8 cm lang, mit fast anliegenden Ästen; Schläuche kugelig eiförmig. 30–60 cm. 5–6. ♃. Feuchtwiesen, Sümpfe, Erlen-Bruchwälder, früher s ELH: z. B. Dresden-Großer Garten; LLA: früher sehr z, heute s, z. B. Eilenburg: Wölpern; s MLH: Grimma, früher Rochlitz: Tautenhain; s OLH: z. B. Oberseifersdorf, Niederoderwitz, früher sehr z; s VGT: früher Plauen. ↘ V Magnocar., V Car. nig., V Car. lasi., V Aln.

C. *arenaria* L., **Sand-S.***

Stängel etwa so lang wie die starren Blätter; Tragblätter eiförmig lanzettl., fein zugespitzt, mit geschlängelter od. gebogener Stachelspitze; Schläuche oval, an beiden Enden leicht zugespitzt, ihre Flügel etwas unter der Mitte beginnend *(Abb. 879/3)*. 15–40 cm. 5–10. ♃. Sandmagerrasen, Binnendünen; Kiefernwälder, mäßig h EET, OLT; z DDH; ELH: Dresden-Heller; s OLH; MLH: Zöschau; LLA: früher Leipzig. O Coryn., V Cyt.-Pin., V Genist. Früher Off.

879/1

879/2

879/3

879/4

879/5

C. bigelowii SCHWEIN., **Starre S.**

Stängel starr aufrecht; Blätter graugrün, starr, oft zurück gekrümmt; Tragblätter, außer dem untersten, spelzenartig. 10–25 cm. 6–7. ♃. Silikatmagerrasen, früher s ERM: Fichtelberg. Die Angaben sind zweifelhaft.

C. bohemica SCHREB., **Zypergras-S.**

[*C. cyperoides* L.]. Pflanze horstig; Stängel stumpf 2-kantig, glatt; Tragblätter (2–)3(–4); Ährchen gelbl.-grün, vielblütig, am Grund ♂, an der Spitze ♀; Narben 2; Schläuche lanzettl., lang geschnäbelt, 2-spitzig *(Abb. 879/4)*. 5–30 cm. (5–)6–9. ♃ (kurzlebig). Trockenfallende Teiche, sandige Flussufer, oft unbeständig, meist z im Tief- u. Hügelland, s im Bergland. O Nanocyp.

C. brizoides L., **Zittergras-S.**

Stängel zur Fruchtzeit deutl. gebogen u. oft niederliegend; Schläuche abstehend, lanzettl., vom Grund an geflügelt *(Abb. 879/5)*, länger als die Spelzen. 30–70 cm. 5–6. ♃. Laub- u. Mischwälder frischer bis feuchter Standorte, brache Frisch- u. Feuchtwiesen, vor allem auf Pseudogleyböden, h im gesamten Gebiet, nur OLT z (meidet die trockenen Kiefernwälder). K Querc.-Fag., O Pic., O Mol. Früher als „Seegras" zum Polstern benutzt.

C. buekii WIMM., **Banat-S.**

♀ Ährchen 3–5, die oberen fast sitzend, 4–10 cm lang, sehr dichtblütig; Schläuche 2–2,5 mm lang, innen flach, außen gewölbt, nervenlos. 50–100 cm. 4–5. ♃. Flussufer, Auenwälder, s ELH u. ESG: an der Elbe von Dresden bis Schmilka; LLA: früher Leipzig; MLH: zwischen Frankenberg u. Mittweida. ↘ V Magnocar., V Aln.-Ulm.

C. canescens L., **Graue S.**

[*C. curta* GOODEN.]. Stängel nur oberwärts rau; Schläuche breit eiförmig; Schnabel kurz, schwach ausgerandet. 20–40 cm. 5–6. ♃. Kleinseggenriede, Verlandungszonen meist mäßig nährstoffreicher Stillgewässer, Waldsümpfe, Bruchwälder, Torfstiche, Gräben, meist mäßig h, doch ELH, LLA, MLH z od. s. V Car. nig. O Mont.-Card., V Aln.

C. caryophyllea LATOURR., **Frühlings-S.***

[*C. verna* CHAIX, *C. praecox* JACQ.]. ♀ Ährchen 2–3. 2–25 cm. 3–4. ♃. Trockene bis wechseltrockene Wiesen, Magerrasen u. -weiden, meist auf basenhaltigen Böden, früher überall h, jetzt ERO, VGT mäßig h, sonst z. ↘ V Cirs.-Brach., O Brom., V Viol., O Arrh.

C. cespitosa L., **Rasen-S.**

Pflanze hell- bis gelbgrün; Stängel bis zum Grund rau; Spelzen der ♀ Blüten schwarz mit rotbraunem Mittelstreif. 25–50 cm. 5–6. ♃. Basenreiche Feuchtwiesen, Großseggenriede, Erlen-Bruchwälder, Tongruben, s ELH: Dresden-Nickern, früher z; ERB: um Hohenstein-Ernstthal, früher Nossen; ERO: Berggießhübel; ESG: früher Elbleiten Königstein; LLA: früher z, nur noch Leipzig-Dölitz, Schkeuditz, Wölpern; MLH: um Hohenstein-Ernstthal, Streitwald, früher z. B. Frankenberg; OLH: früher Langebrück. ↘ V Magnocar., V Calth., V Aln.

C. davalliana Sm., **Torf-S.***

10–30 cm. 4–5. ♃. Kalkquellmoore, s ERB: Chemnitz–Ebersdorf; OLB: Lückendorf; sonst †: s DDH: Eilenburg; z LLA; s MLH: z. B. Großbothen; z OLH: z. B. Herrnhut; s ESG: Cottaer Spitzberg. ↘ V Car. davall.

C. demissa Hornem., **Aufsteigende Gelb-S.**

[*C. tumidicarpa* N. J. Andersson]. 5–30 cm. 5–7. ♃. Feuchtwiesen, Niedermoore, Kiesgruben, Wegränder auf feuchten bis staunassen, sandig bis lehmigen, vorwiegend sauren Böden, mäßig h VGT, ERZ; sonst z im gesamten Gebiet. V Car. nig., V Elat.-El., V Calth.

C. diandra Schrank, **Draht-S., Rundliche S.**

[*C. teretiuscula* Gooden.]. 20–50 cm. 5–6. ♃. Wiesen auf anmoorigen Standorten, Erlenbrüche, †, früher z im Tief- u. Hügelland. V Car. lasi.

C. digitata L., **Finger-S.***

Ährchen lockerfrüchtig, ihre Stiele von häutigen, schief gestutzten Tragblättern eingeschlossen; Schläuche so lang wie od. kaum länger als die ausgerandeten Spelzen; Stängel zusammengedrückt; untere Blattscheiden rot. 15–30 cm. 4–5. ♃. Laub- u. Mischwälder, Gebüsche, auf basenreichen, meist frischen Böden, z ERO, VGT; sonst s im Hügel- u. Bergland, im Tiefland nur LLA: Eilenburg: Kämmereiforst. ↘ V Fag., V Querc. rob.

C. dioica L., **Zweihäusige S.***

5–20 cm. 4–5. ♃. Kalkquellmoore, †, s ELH: Meißen: Nasse Aue, Radebeul; GHP: Großenhain, Naundörfel; LLA: Leipzig: Bienitzwiesen; Eilenburg: um Wölpern, Delitzsch: Benndorf; OLB: Zittau: Oybiner Tal; OLH: Herrnhut: Ruppersdorf, zwischen Bischofswerda u. Schmölln, Frankenthal; OLT: Schleife, Muskau, Rietschen, Niesky; V Car. davall.

C. distans L., **Entferntährige S.**

Stängel glatt; untere Blattscheiden braun od. rotbraun. 30–60 cm. 5–6. ♃. Basenreiche Feuchtwiesen, Gräben, s ELH: Gröbern; GHP: Naundörfel; LLA: Schkeuditz, Groß-Schkorlopp; OLH: Görlitz: Kunnersdorf; früher s bis z im Tief- u. Hügelland. ↘ V Mol., V Magnocar.

C. *disticha* HUDS., **Zweizeilige S.**

[*C. intermedia* GOODEN.]. Stängel länger als die Blätter, oberwärts rau; Blattscheiden beidseitig grünnervig. 30–80 cm. 5–6. ♃. Nährstoff- u. basenreiche Feuchtwiesen u. deren beginnende Brachestadien, Großseggenriede, z im Tief- u. Hügelland, s EET, ERZ, OLT. O Mol., V Magnocar.

C. *divulsa* STOKES, **Unterbrochenährige S.**

20–80 cm. 5–6. ♃. Parkrasen, s eingeschleppt, Leipzig. NU. V Cynos.

C. *echinata* MURRAY, **Stern-S.**

[*C. stellulata* GOODEN.]. 10–45 cm. 5–6. ♃. Kleinseggenrieder, Zwischenmoore, bodenfeuchte Borstgrasrasen, Waldlichtungsfluren, h ERZ; mäßig h VGT; z GPH, OL; s EET, ELH, LLA, MLH. V Calth., Car. nig., V Viol..

C. *elata* ALL., **Steif-S.***

[*C. stricta* GOODEN.]. 40–120 cm. 4–5. ♃. Feuchtwiesen, Teichränder, Erlen-Bruch-Wälder, z bis mäßig h im Tief- u. Hügelland, s im Bergland. V Magnocar., V Aln., V Mol.

1 Blätter 4–6 mm breit; Spelzen der ♀ Blüten abgerundet od. zugespitzt; Schläuche meist mit deutl. Nerven. Verbreitung etc. wie bei Art. **subsp. *elata***

1* Blätter 2–3,5(–5) mm breit; Spelzen der ♀ Blüten deutl. zugespitzt; Schläuche undeutl. genervt od. ohne Nerven; Pflanze nur bis 80 cm hoch; angegeben als † für LLA: Leipzig: am Bienitz. **subsp. *omskiana*** (MEINSH.) JALAS

C. *elongata* L., **Langährige S., Verlängerte S.***

Blätter 2–4 mm breit, schlaff, so lang wie der scharf 3-kantige Stängel; Schläuche zuletzt viel länger als die Spelzen. 30–60 cm. 5–6. ♃. Erlen-Bruchwälder, Erlen-Eschen-Wälder, mäßig h OL; sonst z bis ins untere Bergland, s im Bergland: ERZ: Sachsengrund, Morgenröthe. V Aln.

C. *ericetorum* POLLICH, **Heide-S.**

Schläuche fast kugelig. 10–20 cm. 4–5. ♃. Sandige Kiefernwälder, Zwergstrauchheiden, Wegränder, mäßig h OLT; s EET: Gohrischheide; ELH, GHP; früher s DDH, LLA. ↘ V Dicr.-Pin., V Cyt.-Pin., V Genist.

C *flacca* SCHREB., **Blaugrüne S.***

[*C. glauca* SCOP.]. 30–40 cm. 5–6. ♃. Feuchtwiesen, wechseltrockene Halbtrokkenrasen, Niedermoore, feuchte Wegränder, z im Tief- u. Hügelland u. ERO; s übriges ERZ, z. B. ERW: Burkhardtgrün; fehlt OLB. V Mol., V Brom., V Car. davall.

C. *flava* L., **Gelb-S.**

♀ Ährchen vergleichsweise zu anderen Arten der Gruppe relativ groß. 20–50 cm. 5–7. ♃. Niedermoore, Feuchtwiesen, Waldwege, s ESG, LLA, MLH, OLT; sonst z. V Calth., V Mol., V Car. davall., V Car. nig.

C. *hartmanii* CAJANDER, **Hartmans S.**

Ährchen alle aufrecht, fast sitzend, die untersten etwas entfernt u. kurz gestielt, endständiges zylindrisch; Schläuche 2–3 mm lang, braungrün, stumpf 3-kantig, stark nervig; Blattscheiden netzfaserig; Pflanze grasgrün, mit verlängerten Ausläufern. 20–70 cm. 5–6. ♃. Niedermoore, Feuchtwiesen, z ERB, OL; s ELH: bei Radebeul; früher s GHP: Großenhain, Spitalteich; ESG: Cottaer Spitzberg; MLH: Zellwald bei Reichenbach; VGT: Heinersgrün. ↘ V Car. nig., V Car. davall., O Mol.

C. *hirta* L., **Behaarte S.***

Pflanze mit Ausläufern; Blattspreiten u. -scheiden stark behaart (selten kahl, aber nie die Schläuche!); unteres Ährchen lang gestielt. 10–70 cm. 5–6. ♃. Ruderalfluren (Straßen- u. Wegränder, Brachen, Eisenbahngelände), Böschungen, Wiesen, im Tief- u. Hügelland h, im Gebirge mäßig h bis z. ↗ V Conv.-Agrop., V Potent. ans., K Mol.-Arrh.; submed+euras-nem.

C. *hostiana* DC., **Saum-S.**

[*C. hornschuchiana* HOPPE]. Stängel glatt od. oberwärts rau; untere Blattspreiten u. -scheiden grünl. bis bräunl.-weiß, nie rötl. 20–45 cm. 6–7. ♃. Basenreiche Feuchtwiesen, Kalkquellmoore, s ELH: Wilschdorf, sonst †, LLA: Delitzsch: Benndorf, Leipzig: am Bienitz, Dölzig, Kleinliebenau; GPH: Naundörfel. V Car. nig. V Mol.

C. *humilis* LEYSS., **Erd-S., Niedrige S.**

Stängel zur Blütezeit von den Blättern weit überragt, später ganz unter den Blättern verborgen; Pflanze oft treppen- od. ringförmige Horste bildend, ohne Ausläufer; Schläuche verkehrt eiförmig, so lang wie die Spelzen. 5–10 cm. 3–4. ♃. Eichen-Trockenwälder, Trockenrasen, z ELH; s MLH: Ketzerbachtal, um Seußlitz-Diesbar, früher Glaubitz; LLA: früher Leipzig: am Bienitz. ↘ V Querc. rob., V Querc. pub., O Fest.; euras-kont.

C. *lasiocarpa* EHRH., **Faden-S.**

[*C. filiformis* auct.]. Schläuche längl. eiförmig, aufgeblasen, kurz geschnäbelt. 30–80 cm. 5–6. ♃. Zwischenmoore (Schwingrasen), Ränder nährstoffarmer Teiche, z DDH, OLT, OLH; s EET: Döbrichau; OLB: Waltersdorf, früher Putzkau; ERO: z. B. Hermsdorf; früher ESG: Cottaer Spitzberg. ↘ V Magnocar., O Scheuchz.

C. *lepidocarpa* TAUSCH, **Schuppen-Gelb-S.**

♀ Ähren weit voneinander entfernt, jedoch immer im oberen Stängelteil. 15–30 cm. 5–6. ♃. Basenreiche Feuchtwiesen, Niedermoore, z OL, ERO; sonst s, fehlt MLH. ↘ V Car. davall., O Mol.

C. ligerica J. GAY, **Französische S.**

15–30 cm. 5–6. ♃. Sandige, trockene Wegränder, lichte Kiefernwälder, kalkmeidend, s EET: nördl. Torgau (Annaburger Heide). V Dicr.-Pin., O Coryn.

C. limosa L., **Schlamm-S.**

15–30 cm. 5–7. ♃. Übergangs- u. Hochmoore des Erzgebirgskamms, s ERW: Großer u. Kleiner Kranichsee, früher z ERZ; früher s ESG, ELH, OLH, OLT. ↘ V Rhynch. alb. Kaltzeitzeuge.

C. montana L., **Berg-S.**

Abgestorbene Blattscheiden u. Stängel unten rot; Blätter 1–2 mm breit, weich, oberseits abstehend kurzhaarig; ♂ Ährchen dunkelbraun. 10–30 cm. 4–5. ♃. Wärmebegünstigte Eichen-Hainbuchen-Wälder u. Säume, s ELH: z. B. Ziegenbusch bei Oberau, Niederpoyritz, früher z; früher s LLA: um Leipzig; s MLH: Meißen (Götterfelsen), Naunhof (Klatschwald); s OLH: nur noch Daubrauker Horken; OLT: früher s. ↘ V Carp., V Trif.

C. muricata L. s. str., **Sparrige S., Stachel-S.***

30–60 cm. 5–6. ♃. Mäßig basenreiche Laub- u. Mischwälder, Waldsäume, Waldlichtungsfluren, Steinbrüche, s im Tiefland, z im Hügel- u. Bergland. K Epil. ang., O Fag.

C. nigra (L.) REICHARD, **Wiesen-S., Braun-S.***

[*C. goodenowii* J. GAY, *C. vulgaris* FR., *C. fusca* auct., *C. stolonifera* HOPPE]. 10–40 cm. 4–5. ♃. Feuchtwiesen, Niedermoore, Bach- u. Teichränder, kalkmeidend, h ERZ; sonst mäßig h, z EET, LLA, MLH. O Mol., K Scheuchz.-Car., O Mol. Sehr formenreich.

C. obtusata LILJ., **Stumpfe S.**

Pflanze Ausläufer treibend; Laubtriebe u, Stängel am Grund mit purpurbraunen Niederblättern. 8–25 cm. 4–5. ♃. Sandmagerrasen, †, früher LLA: Leipzig: am Bienitz, um 1910 erloschen. Offenlandrelikt.

C. otrubae PODB., **Falsche Fuchs-S., Hain-S.**

[*C. nemorosa* auct., *C. cuprina* A. KERN.]. 30–80 cm. 5–7. ♃. Großseggenriede, Gräben, Kanäle, in Wiesensenken, salztolerant, z LLA; sonst s im Tief- u. Hügelland u. vielleicht z. T. mit *C. vulpina* verwechselt. V Magnocar., V Potent. ans.

Zu achten ist auf die ähnl. (neophytische) Art ***C. vulpinoidea*** MICHX., **Fuchsartige S.:** Spelzen in eine sehr lange, grannenartige Spitze verschmälert (bei *O. otrubae* nicht grannenartig zugespitzt), Schläuche nur bis 2,7 mm lang.

C. *ovalis* GOODEN., **Hasenpfoten-S., Hasen-S.***

[*C. leporina* auct. non L.]. 15–30 cm. 6–7. ♃. Magere Wiesen u. Weiden, Wegränder (besonders in Wäldern), Waldlichtungsfluren, an Gräben, mäßig h bis h. V Arrh., V Cynos., O Atrop.

Zu achten ist auf die ähnl. (neophytische) Art ***C. muskingumensis*** SCHWEIN.: Pflanze in allen Teilen größer u. mit 7–10 Ährchen. Heimat: N-Amerika.

C. *pairae* F. W. SCHULTZ, **Pairas S.**

[*C. muricata* subsp. *lamprocarpa* ČELAK., *C. muricata* subsp. *pairaei* (F. W. SCHULTZ) ČELAK.]. 20–60 cm. 6–7. ♃. Laub- u. Mischwälder, Waldsäume, Waldlichtungsfluren, Steinbrüche, Böschungen, Bahndämme, Wegränder, z vom Tief- bis zum Bergland, vor allem in O-Sachsen; s VGT. O Mel.-Hol., K Epil. ang., K Querc.-Fag.

C. *pallescens* L., **Bleiche S.**

Blätter 2–3 mm breit, schlaff; ♀ Ährchen 2–3, genähert, aufrecht od. nickend; das unterste Tragblatt meist das ♂ Ährchen überragend, oft am Grund querwellig; Schläuche längl. elliptisch, nervig, völlig schnabellos; Spelzen weißl. mit grünem Mittelstreif. 20–40 cm. 5–7. ♃. Frische bis wechselfeuchte Magerwiesen, Sumpfwiesen, Waldlichtungsfluren, Nadelholzforste, h VGT, ERZ; sonst meist mäßig h. K Mol.-Arrh., O Nard., O Atrop.

C. *panicea* L., **Hirse-S.**

10–30 cm. 4–5. ♃. Niedermoore, Feuchtwiesen, Grabenränder, h ERZ, VGT; sonst z. V Car. nig., O Mol.

C. *paniculata* L., **Rispen-S.***

Stängel sehr rau. 40–120 cm. 5–6. ♃. Großseggenriede, Erlen-Bruchwälder, auf basenreichen Böden, z im Tief- u. Hügelland, sonst s. V Magnocar., V Aln.

C. *pauciflora* LIGHTF., **Wenigblütige S.**

5–15 cm. 5–7. ♃. Hochmoore, s ERZ, früher z; früher s OLT: um Hoyerswerda u. Weißwasser. ↘ V Sphag.

C. *pendula* HUDS., **Hänge-S., Große S.***

[*C. maxima* SCOP.]. Blätter 8–20 mm breit. 60–120 cm. 5–6. ♃. Feuchte Schluchtwälder, quellige Stellen in Laubwäldern, z im Hügel- u. unterem Bergland, s im Tiefland; auch kultiviert u. verwildert. ↘ V Aln.-Ulm., V Til.-Acer., V Card.-Mont.

C. *pilosa* SCOP., **Wimper-S.**

Bildet oft große Bestände, aber nur wenige Blütenstängel; Blätter ± 1 cm breit; Blattscheiden dunkelpurpurn; ♀ Ährchen sehr lockerblütig; ♂ Ährchen keulenförmig. 30–60 cm. 5–6. ♃. Laubmischwälder auf frischen nährstoffreichen Böden, s ELH: Prießnitztal bei Heidemühle, Weistropp; ESG: Hermsdorf im Bielatal, früher auch Amselgrund; OLB: Neustadt/Sa.: Langburkersdorf. V Carp., V Fag.

C. *pilulifera* L., **Pillen-S.***
Wurzel beim Reiben mit Baldriangeruch. 10–30 cm. 5–6. ♃. Waldwege, Waldlichtungsfluren, Magerrasen, Zwergstrauchheiden, bodensaure Wälder, h, doch z EET, LLA, MLH. O Querc. rob., O Nard. V Car.-Epil.

C. *polyphylla* KAR. et KIR., **Vielblatt-S., Leers S.**
[*C. guestfalica* (Rchb.) O. LANG, *C. leersiana* RAUSCHERT, *C. leersii* F. W. SCHULTZ, *C. muricata* var. *leersii* KNEUCKER]. 40–100 cm. 5–6. ♃. Basenreiche Laubwälder, Böschungen, Raine, s, aber Verbreitung ungenügend bekannt, z. B. ELH: Dohna; GHP: Seußlitz-Diesbar; LLA: mehrfach um Leipzig; OLH: Bautzen, Görlitz; VGT: Treuen. O Fag.

C. *praecox* SCHREB., **Frühe S.**
[*C. schreberi* SCHRANK]. Angaben zur Verbreitung u. a. siehe bei den Unterarten.

1 Stängel stets aufrecht, länger als die Blätter; Ährchen gerade; Spelzen dunkelbraun, etwa 2/3 so lang wie die Schläuche; diese in den oberen 2/3 od. fast bis zum Grund geflügelt, plötzl. in den Schnabel verschmälert. 10–30 cm. 4–6. ♃. Trockene Wiesen, Wegränder, Dämme, am Fuß von Weinbergsmauern, kalkmeidend, mäßig h im gesamten Elbtal, z LLA u. DDH, sonst s vom Tief- bis ins untere Bergland. V Arrh., O Coryn., V Conv.-Agrop. **subsp. *praecox***

1* Stängel zunächst aufrecht, zur Reifezeit bogenförmig abwärts gekrümmt, kaum länger als die Blätter; Ährchen oft etwas gebogen; Spelzen hellbraun, etwa so lang wie die Schläuche; diese bis unter die Mitte geflügelt, allmähl. in den Schnabel verschmälert. 30–60 cm. 5–6. ♃. Wechselfeuchte bis trockene Wiesen, meist in Waldrandnähe, z LLA: Elster-Luppe-Aue; s ELH: Meißen, Wachtnitz, Prositz, Bosel, Diesbar, Nünchritz; EET: früher Großenhain: Skassa; OLH: Bautzen: Niedergurig, Leuba, Hagenwerder. ↘ V Mol., V Arrh., V Brom. [*C. curvata* KNAF, *C. brizoides* subsp. *intermedia* ČELAK.]. **subsp. *intermedia*** (ČELAK.) W. SCHULTZE-MOTEL.

C. *pseudobrizoides* CLAVAUD, **Reichenbachs S.**
[*C. reichenbachii* BONNET]. Stängel nur bei Schattenformen niederliegend; Blätter 2 mm breit, schlaff; Ährchen oft etwas auswärts gekrümmt; Schläuche beidseitig mit starken Nerven *(886/1)*. 30–50 cm. 5–6. ♃. Kiefernwälder u. Wegränder auf Sandböden, z DDH, EET, OL; s MLH: Colditz: Ebersbach; ELH: Dresden (Junge Heide). V Dicr.-Pin.

886/1

C. *pseudocyperus* L., **Scheinzyper-S., Stechende S.***
Pflanze auffallend gelbgrün; Stängel scharf 3-kantig. 40–110 cm. 6–7. ♃. Großseggenriede, Röhrichte an Ufern stehender u. langsam fließender

Gewässer, Erlen-Bruchwälder, mäßig h im Tiefland, z im Hügelland, s im Bergland. V Pragm., V Magnocar., V Aln.

C. pulicaris L., **Floh-S.**

Stängel stielrund; Ährchen 6- bis mehrblütig; Schläuche längl. lanzettl., an beiden Enden verschmälert, glänzend, dunkelbraun, zuletzt zurückgeschlagen. 5–20 cm. 5–6. ♃. Magere, anmoorige Wiesen, Flachmoore, s ELH, ERZ, OLH, OLT, VGT; früher s bis z im Tief- u. Hügelland, z im Bergland. ↘ V Car. nigr.

C. remota L., **Winkel-S.***

Stängel schlaff, zuletzt oft übergebogen, undeutl. 3-seitig, nur unter der Ähre rau, seltener ganz glatt; Schläuche ± aufrecht, weißl.-grün, ungeflügelt, mit 2-zähnigem Schnabel, länger als die weißl. Spelzen. 30–60 cm. 5–6. ♃. Erlen-Eschen-Bach- u. Quellwälder, Waldquellen, feuchte Waldwege, mäßig h im Berg- u. Hügelland, sonst z. V Aln.-Ulm., V Card.-Mont.

C. riparia CURTIS, **Ufer-S.**

Schläuche eiförmig od. längl. kegelförmig, abgerundet 3-seitig, grün, zuletzt bräunl. 60–150 cm. 5–6. ♃. Großseggenriede an nährstoffreichen Gewässern (Teiche, Flussufer, Gräben, Altwässer), Erlen-Bruchwälder, Nassstellen in Wiesen, mäßig h EET, DDH, LLA; z ELH, OLH, OLT; sonst s bis ins untere Bergland. V Magnocar., V Phragm., V Aln.

C. rostrata STOKES, **Schnabel-S.***

[*C. inflata* auct.]. Grundblattscheiden braunrot, fest; Spelzen stumpf. 40–70 cm. 5–6. ♃. Großseggenriede an Teichen u. Gräben, Niedermoore, mäßig h VGT, ERZ; sonst z. V Magnocar., V Car. nig.

C. spicata HUDS., **Dichtährige S.**

[*C. contigua* HOPPE, *C. muricata* auct.]. 15–60 cm. 5–6. ♃. Wiesen, ruderal beeinflusste Magerasen, Raine, Böschungen, Steinbrüche, Friedhöfe, Parks, z ERZ, MLH; sonst h od. mäßig h. K Mol.-Arrh., K Fest.-Brom., K Artem., O Orig.

C. sylvatica HUDS., **Wald-S.***

Pflanze horstig; Blätter 4–8 mm breit. 30–60 cm. 5–6. ♃. Frische u. schattige Laub- u. Mischwälder, Waldwege, Gebüsche, mäßig h; doch s DDH, GHP, OLT; fehlt EET. O Fag.

C. tomentosa L., **Filz-S.**

10–40 cm. 5–6. ♃. Wechselfeuchte Pfeifengraswiesen, Waldränder, s LLA: Schkeuditz, Delitzsch: Spröda; GHP: Naundörfel; sonst †: LLA: mehrfach um Leipzig; ELH: mehrfach um Meißen; s OLT: Niesky: Petershain; MLH: Oberschaar; ESG: Uttewalder Grund. ↘ V Mol., V Cnid.

C. umbrosa HOST, **Schatten-S.**

[*C. longifolia* HOST]. Blätter zuletzt verlängert (bis 70 cm), am Rand bis zum Grund rau. 15–40 cm. 4–6. ♃. Laubmischwälder, lichte Waldstellen, wechselfeuchte Wiesen, kalkmeidend, s DDH, ELH, LLA, MLH, VGT; früher GHP, fehlt OL. O Fag. O Mol.

C. vesicaria L., **Blasen-S.***

30–80 cm. 5–6. ♃. Großseggenriede an nährstoffreichen Gewässern (Teiche, Gräben, Altwässern), meist mäßig h. V Magnocar., O Mol.

C. viridula MICHX., **Späte Gelb-S.**

[*C. serotina* MÉRAT, *C. oederi* auct. non RETZ.]. 5–20 cm. 5–9. ♃. Offene, sandige bis lehmige Stellen, Teichufer, Kiesgruben, Niedermoore, Wegränder, Verbreitung ungenügend bekannt, z bis s. K Scheuchz.-Car., V Potent. ans.

C. vulpina L., **Fuchs-S.**

30–80 cm. 5–7. ♃. Großseggenriede, zeitweise überstaute Wiesen, Röhrichte, Gräben, z im Tief- u. Hügelland, s im Bergland. V Magnocar., V Phragm., V Potent. ans.

Bisher beobachtete Bastarde:

C. × ***arthuriana*** BECKMANN et FIGERT [*C. canescens* × *C. remota*]

C. × ***beckmanniana*** FIGERT [*C. riparia* × *C. rostrata*]: auch ohne die Eltern auftretend; ähnl. *C. rostrata*, doch Grundblattscheiden weißl. bis hellgrau, wellpappenweich; Spelzen stumpf od. lang zugespitzt u. dann gezähnt. Wahrscheinl. im Bergland mäßig h.

C. × ***beckmannii*** F. W. SCHULTZ [*C.* × *germanica* K. RICHT., *C. diandra* × *C. paniculata*]

C. × ***biharia*** SIMONK. [*C. canescens* × *C. echinata*]

C. × ***boenninghauseniana*** WEIHE [*C. paniculata* × *C. remota*]

C. × ***elytroides*** FR. [*C. acuta* × *C. nigra*]

C. × ***frankii*** PODB. [*C. cespitosa* × *C. elata*]

C. × ***involuta*** (BAB.) SYME [*C.* × *pannewitziana* FIGERT, *C. rostrata* × *C. vesicaria*]: z

C. × ***ohmuelleriana*** O. LANG [*C. brizoides* × *C. remota*]

C. × ***osomadensis*** SIMONK. [*C. rostrata* × *C. riparia*]: ob im Gebiet?

C. × ***peraffinis*** APPEL [*C. cespitosa* × *C. nigra*]

C. × ***prolixa*** FR. [*C. acuta* × *C. elata*]

C. × ***sooi*** JÁKUCS [*C. acutiformis* × *C. riparia*]

C. × ***turfosa*** FR. [*C. elata* × *C. nigra*]

C. × ***xanthocarpa*** DEGL. [*C. flava* × *C. hostiana*]

C. × ? [*C. brizoides* × *C. peudobrizoides*]: ob?

C. × ? [*C. canescens* × *C. diandra*]: früher Bischofswerda: Schmölln

Cladium P. BROWNE, **Schneide, Schneidried**

Pflanze graugrün; Rhizom kriechend; Stängel stielrund, beblättert, hohl; Blätter sehr derb, linealisch, 1–1,5 cm breit, oberwärts scharf gekielt, an der Spitze 3-kantig, an den Rändern u. am Kiel vorwärts stachelig rau; Gesamtblütenstand groß, aus Köpfen von je 3–10 Ähren bestehend. 80–200 cm. 6–7. ♃. Zwischenmoore, Gräben, s DDH. O Phragm.
C. mariscus (L.) POHL, **Binsen-Sch.**

Cyperus L., **Zypergras**

1 Pflanze ausdauernd, mit Ausläufern
2 Blätter 3–4 mm breit; Pflanze bis 10–30(–40) cm groß; Spirrenäste 4–10 mm lang; Ausläufer 1–2 mm Ø ***C. rotundus***
2* Blätter 4–7 mm breit; Pflanze bis 100 cm groß; Spirrenäste 8–30; Ausläufer 3–5 mm Ø ***C. longus***
1* Pflanze 1-jährig, ohne Ausläufer
3 Wurzel bräunl.-gelb; Stängel stumpf 3-kantig; Ährchen lanzettl., gelbl.; Spelzen gelb, mit grünem Mittelnerv; Staubblätter meist 3; Narben 2 *(Abb. 867/3)*; Frucht zusammengedrückt ***C. flavescens***
3* Wurzel purpurrot; Stängel scharf 3-kantig; Ährchen linealisch, schwarzbraun; Spelzen schwarzrot mit breitem, grünem Mittelnerv; Staubblätter 2; Narben 3; Frucht scharfkantig ***C. fuscus***

C. flavescens L., **Gelbes Z.**

3–15 cm. 7–8. ⊙. Feuchte Sand- u. Moorböden, †, früher s u. unbeständig ELH, LLA, OLH, OLT. V Elat.-El.

C. fuscus L., **Braunes Z.**

3–20 cm. 7–8. ⊙. Frische u. nährstoffreiche Schlamm- u. Sandböden (Flussufer, Teichränder, Acker-Nassstellen, z u. oft unbeständig im Tiefland, s im Hügel- u. unteren Bergland. V Elat.-El., V Chen.

C. longus **L., Hohes Z.**

Spelzen braun, mit hellem Rand u. rein grünem Mittelnerv. 60–100 cm (im Gebiet). 7–9. ♃. Ufer, Zierpflanze, verwildert, s LLA: Leipzig: am Kulkwitzer See. NE (?). Heimat: S-Europa, Afrika, Asien, W-Australien.

Im Gebiet nur **subsp. *longus*.**

C. rotundus **L., Rundes Z., Knäuel-Z.**

Spelzen dunkelbraun od. schwarzrot, konvex; Ausläufer selten mit Knollen. 10–30 cm. 7–9. ♃. Ruderalfluren, Gärtnereien, s, z. B. OLT: Hoyerswerda: Groß-Särchen. NU. Heimat: Tropen, Subtropen.

Zu achten ist auf:
C. esculentus L., **Erdmandel**
Ähnl. voriger Art; Spelzen gelbl. bis gelbbraun, konkav; Ausläufer 1 mm dick, am Ende eine 6–11 mm dicke Knolle tragend. Mit dem Auftreten des Neophyten ist zu rechnen.

Eleocharis R. Br., **Sumpfsimse, Sumpfried**

1 Stängel 4-kantig, sehr zart, borstenförmig ***E. acicularis***
1* Stängel stielrund, nicht zart u. borstenförmig
2 Ährchen 3–7-blütig, eiförmig; Narben immer 3; Pflanze stets mit Ausläufern ***E. quinqueflora***
2* Ährchen meist > 10-blütig; Narben 2, seltener 3, Pflanze mit od. ohne Ausläufer
3 Narben 3 *(Abb. 890/1)*; Pflanze dichtrasig (aber Stängel oft niederliegend u. wurzelnd) ***E. multicaulis***
3* Narben 2; Pflanze dichtrasig od. mit Ausläufern
4 Pflanze ohne Ausläufer, 1-jährig; Stängel weich, fein gestreift; Ährchen rundl. od. eiförmig, stumpf, 2–7 mm lang; Frucht schief 3-kantig ***E. ovata***
4* Pflanze mit Ausläufern, ausdauernd; Stängel zieml. derb; Ährchen spitz; Frucht am Rand abgerundet
5 Ährchen nur mit 1 blütenlosen Hüllspelze, die den Ährchengrund (fast) vollständig umfasst; Stängel 0,5–1,5 mm Ø, Perigonborsten (3–)4(–5), oft fehlend; Spelzen in 4–6 Schrägreihen ***E. uniglumis***
5* Ährchen am Grund mit 2 blütenlosen Hüllspelzen, wovon jede den Ährchengrund halb erfasst; Stängel (1–)2–3 mm Ø; Perigonborsten 4–6, selten fehlend; Spelzen in 8–11 Schrägreihen
6 Stängel steif, bläul.-grün, fast glanzlos, trocken nicht od. nur fein gefurcht; Perigonborsten 3–4, manchmal fehlend, den Griffelfuß nicht überragend *(Abb. 890/2)*; Spelzen bis zur Reife bleibend ***E. palustris***
6* Stängel weich, leicht zusammendrückbar, lichtgrün, trocken deutl. gefurcht; Perigonborsten (4–)5–8, nie fehlend, den Griffelfuß überragend od. nicht überragend *(Abb. 890/3, 890/4)*; Spelzen zur Fruchtreife abfallend ***E. mamillata***

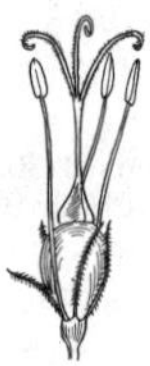
890/1

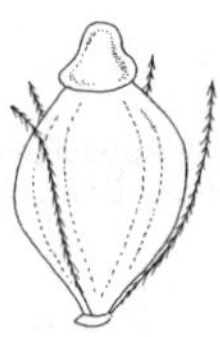
890/2

890/3

890/4

E. acicularis (L.) ROEM. et SCHULT., **Nadel-S.**

Ährchen längl. eiförmig, spitz, 4–11-blütig; Narben 3; Spelzen braun, weißrandig. 2–10 cm. 5–9. ⊙, ♃. Flache, zeitweise überschwemmte Ufer von Altwässern u. Teichen, Gräben, Tagebaugewässer, z bis etwa 600 m, s MLH. O Litt., O Nanocyp.

E. mamillata (H. LINDB.) H. LINDB., **Zitzen-S.**

25–50 cm. 6–8. ♃. Ufer mäßig nährstoffreicher Gewässer (Teiche, Weiher), Zwischenmoorschlenken, kalkmeidend, Verbreitung ungenügend bekannt, wahrscheinl. z im gesamten Gebiet. ↘ V Magnocar., O Nanocyp., V Car. lasi.

1 Perigonborsten (5–)6(–8), den Griffelfuß überragend, dieser etwas breiter als hoch, ½–⅔ so breit wie die Frucht *(Abb. 890/3);* Stängel mit 8–12 Leitbündeln (Querschnitt anfertigen!). **subsp. *mamillata***

1* Perigonborsten (4–)5(–6), den Griffelfuß nicht überragend, dieser etwa ½ so breit wie hoch, ½–⅓ so breit wie die Frucht *(Abb. 890/4);* Stängel mit 12–16 Leitbündeln; Verbreitung noch unzureichend bekannt, bisher nachgewiesen ERM: Chemnitz: Oberlichtenau, Scheibenberg, Jöhstadt (Neugrumbach); ERM: Zöblitz, Sayda (Teichstadt). [*E. austriaca* HAYEK]. **subsp. *austriaca*** (HAYEK) STRANDH.

E. multicaulis (SM.) DESV., **Vielstängelige S.**

Ährchen eiförmig, etwa 20-blütig; Spelzen abgerundet, stumpf; Frucht scharf 3-kantig, glatt.15–45 cm. 6–8. ♃. Zwischenmoorschlenken ehemaliger Torfstiche in Heidemooren, flache Ufer, s GHP: Molkebornteiche; OLT: Hoyerswerda, Guteborn, Dubringer u. Milkeler Moor, Kreba: Spisk, Niederspree, Grüngräbchen, früher z. V Hydro.-Bald., V Rhynch.

E. ovata (ROTH) ROEM. et SCHULT., **Ei-S., Eiförmige S.**

[*E. soloniensis* (DUBOIS) HARA]. Perigonborsten 6; Spelzen abgerundet bis stumpf; untere Blattscheiden purpurn. 5–30 cm. 7–9. ⊙. Periodisch überschwemmte Teichufer, z ERZ, OLH, OLT; sonst s od. †. ↘ V Elat.-El.

E. palustris (L.) ROEM. et SCHULT., **Gewöhnliche S.***

Stängel mit ± 20 Leitbündeln; Griffelfuß etwa so breit wie hoch, durch starke Einschnürung von der Frucht abgesetzt. 10–60 cm. 6–8. ♃. Ufer von Stillgewässern (Teiche, Tümpel, Bergbaugewässer), Gräben, Nassstellen in Wiesen, h im Tief- u. Hügelland, mäßig h im Bergland. O Phragm., V Calth.

1 Stängel meist mattgrün, Ährchen meist 40–70-blütig; Frucht ohne Griffelfuß 1,2–1,5 mm lang; mittlere Spelzen 2,7–3,5 mm lang, hellbraun; Verbreitung ungenügend bekannt, z. B. ERO, OL, VGT: Giegengrün. **subsp. *palustris***

1* Stängel glänzend dunkelgrün; Ährchen meist 20–40-blütig; Frucht ohne Griffelfuß 1,4–1,9 mm lang; mittlere Spelzen 3,5–4,5 mm lang, dunkelbraun mit grüner Mittelrippe; Verbreitung usw. siehe Art. [*E. vulgaris* Á. LÖVE et D. LÖVE]. **subsp. *vulgaris*** WALTERS

E. quinqueflora (HARTMANN) O. SCHWARZ, **Wenigblütige S.**

[*E. pauciflora* (LIGHTF.) LINK]. Blattscheiden rotbraun, ohne Blattspreite; Ährchen 5–8 mm lang, braunrot; Spelzen stumpf, eiförmig; Frucht längsrippig.

5–20 cm. 5–7. ♃. Niedermoore, sumpfige Wiesen, überall †, früher z im Tiefland, s im Hügel- u. Bergland (ERM: Geyer). V Car. davall., V Car. nig.

E. uniglumis (LINK) SCHULT., **Einspelzige S.**

5–30 cm. 6–8. ♃. Großseggenriede, Niedermoorschlenken, Gräben, nasse Wegränder, s bis ins untere Bergland, fehlt ESG, OLB, VGT. V Magnocar., V Potent. ans.

Eleogiton LINK, **Tauchsimse**

Ährchen rundl. eiförmig, 3–5-blütig, grünl.; Spelzen weißl., grün gekielt; Staubblätter 3; Narben 2. 15–30 cm. 7–9. ♃. Moorgräben, †, früher OLT: Ruhland: Skiroteich; OLH: Dresden: Hellermoor. O Litt. [*Scirpus fluitans* L., *Isolepis fluitans* (L.) R. BR., *Scirpidiella fluitans* (L.) RAUSCHERT].

E. fluitans (L.) LINK, **Flutende T.**

Eriophorum L., **Wollgras**

1 Nur 1 endständiges, aufrechtes, elliptisches Ährchen; Pflanze graugrün ***E. vaginatum***

1* Mehrere, zuletzt überhängende Ährchen; Pflanze lebhaft grün, zuletzt gelbl.-grün

2 Stängel rundl., sehr selten durchweg 3-kantig; Ährchenstiele glatt; Pflanze mit Ausläufern ***E. angustifolium***

2* Stängel ± deutl. 3-kantig; Ährchenstiele von vorwärts gerichtete feine Börstchen rau; Pflanze dichtrasig, ohne Ausläufer ***E. latifolium***

E. angustifolium HONCK., **Schmalblättriges W.***

Blätter linealisch, rinnig od. fast flach, in eine lange 3-kantige Spitze verschmälert; Ährchen 3–5; oberste Scheiden blasig aufgetrieben. 30–50 cm. 4–5. ♃. Niedermoore, Ufer nährstoffarmer Seen, Gräben, mäßig h VGT, ERZ, OLT, DDH, sonst z.

var. *alpinum* GAUDIN: Blätter 1–3 mm breit, durchweg 3-kantig; Ährchen 1–1,5 cm lang, kurz gestielt, s auf moorigen Wiesen im oberen ERZ (ob noch?); bisher meist mit *E. gracile* W. D. J. KOCH verwechselt, diese Art im Gebiet aber fehlend.

E. latifolium HOPPE, **Breitblättriges W.***

Blätter lineal lanzettl., flach, mit kurzer 3-kantiger Spitze: Ährchen 5–12; oberste Scheiden eng anliegend. 30–80 cm. 4–6. ♃. Kalkreiche Niedermoore, z ERZ; s GHP, LLA, MLH, OL; früher z im gesamten Gebiet. ↘ V Car. davall.

E. vaginatum L., **Scheidiges W.***

Pflanze dichtrasig; Stängel unterwärts rundl., oberwärts 3-kantig, bis gegen die Mitte mit aufgeblasenen Scheiden besetzt, die obersten derselben ohne Blattfläche. 30–50 cm. 4–5. ♃. Hoch- u. Zwischenmoore, Kiefern- u. Birkenmoore, nährstoffarme Moorregenerations- u. Moordegenerationsstadien, mäßig h ERZ; z VGT, OLT, DDH; s ESG, OLH, OLB; früher LLA, MLH. ↘ K Oxyc.-Sphag., V Bet.

Isolepis R. BR., **Schuppensimse**

Stängel aufrecht; Staubblätter 2; Narben 3; Frucht längsrippig; Spelzen bräunl., mit grünem Kiel. 2–15 cm. 7–10. ⊙, selten ♃. Feuchte Sandböden, vorwiegend an Ufer von Flachgewässern, an Gräben, z u. unbeständig vom Tief- bis ins mittlere Bergland; s EET, MLH. ↘ O Nanocyp. [*Scirpus setaceus* (L.) R. BR.]. ***I. setacea*** (L.) R. BR., **Borstige Sch.**

Rhynchospora VAHL, **Schnabelried, Schnabelsimse, Moorsimse**

1 Pflanze ohne od. nur mit kurzen Ausläufern; Ährchenknäuel ebenso lang wie die Tragblätter; Ährchen weißl., später etwas rötl.; Perigonborsten meist 10, kurz *(Abb. 867/4)* ***Rh. alba***

1* Pflanze mit langen Ausläufern; Ährchenknäuel viel kürzer als die Tragblätter; Ährchen braun; Perigonborsten 3–5, lang hervorragend ***Rh. fusca***

Rh. alba (L.) VAHL, **Weißes Schn.**

Bildet 1–2 cm lange Winterzwiebeln. 15–40 cm. 7–8. ♃. Zwischenmoore, z, früher mäßig h OLT; s DDH, OLH; früher EET, ELH, ERZ, MLH, VGT. ↘ V Rhynch.

Rh. fusca (L.) W. T. AITON, **Braunes Sch.**

10–35 cm. 6–7. ♃. Zwischenmoorschlenken ehemaliger Torfstiche in Heidemooren, s DDH: Zadlitzbruch; s GHP: Molkeborntteiche; s OLT: Neukollm; früher mäßig h; früher s OLH. ↘ V Rhynch.

Schoenoplectus (RCHB.) PALLA, **Teichsimse**

1 Stängel meist grasgrün; Narben 3; Spelzen glatt, ohne erhabene Punkte ***Sch. lacustris***

1* Stängel blaugrün; Narben 2; Spelzen von zahlreichen erhabenen Punkten rau ***Sch. tabernaemontani***

Sch. lacustris (L.) PALLA, **Gewöhnliche T.***

[*Scirpus lacustris* L.]. 80–300 cm. 5–7. ♃. Röhrichte (Teiche, Seen, Altarme, Gräben), mäßig h im Tiefland, z im Hügelland, s im Bergland. V Phragm. Wird als Flechtmaterial verwendet.

Sch. tabernaemontani (C. C. Gmel.) Palla, **Salz-T.***
[*Scirpus tabernaemontani* C. C. Gmel.]. 60–200 cm. 6–7. ♃. Röhrichte (Teiche, Gräben, Tagebaugewässer, Tongruben), Nassstellen in Wiesen, mäßig h LLA: bes. in der Bergbaufolgelandschaft; ERB: mehrfach um Zwickau; s GHP, ELH; fehlt im mittleren u. oberen Bergland. V Phragm.

Schoenus L., **Kopfried**

Ährchen zu 2(–3); Tragblatt die Ährchen nicht od. kaum überragend; Perigonborsten meist 6, länger als die Frucht; Spelzen u. untere Blattscheiden dunkel rotbraun. 15–30 cm. 5–6. ♃. Kalkniedermoore, †, früher LLA: Benndorf bei Delitzsch. V Car. davall. ***Sch. ferrugineus*** L., **Rostrotes K.**

Scirpus L., **Simse**

1 Ährchen meist zu 3–6 gehäuft, eiförmig, sitzend, nur wenige gestielt; Spelzen schwach gekielt, mit kleiner Stachelspitze; Perigonborsten gerade, rückwärts rau, so lang wie die Frucht ***S. sylvaticus***
1* Ährchen meist einzeln, seltener zu 2, längl. rautenförmig, mit Ausnahme der mittelständigen alle lang gestielt; Spelzen stumpf, nicht gekielt, ohne Stachelspitze; Perigonborsten geschlängelt, glatt, 2–3-mal so lang wie die Frucht ***S. radicans***

S. radicans Schkuhr, **Wurzelnde S.**
Pflanze mit langen, übergebogenen, an der Spitze wurzelnden Laubsprossen. 60–90 cm. 6–7. ♃. Ufer (Flüsse, Altarme, Teiche), s DDH, EET, ELH, ERO, ESG, LLA (hier meist †), OLH, OLT, früher auch MLH, OLB. ↘ V Magnocar.

S. sylvaticus L., **Wald-S.***
30–100 cm. 6–7. ♃. Erlen-Bruchwälder, Feuchtwiesen, Gräben, nährstoffreiche Sümpfe, z EET, ELH, LLA; sonst h bis ins obere Bergland. V Aln.-Ulm., V Calth., V Phragm.

Bastard:
S. × intermedius Čelak. [*S. radicans × S. sylvaticus*]: früher OLH: Görlitz: Ebersbacher Schlossteich

Trichophorum Pers., **Haarsimse**
Pflanze dichtrasig; obere Blattscheide mit kurzer Blattspreite; Spelzen stachelspitzig; Perigonborsten länger als die Frucht, glatt. 10–30 cm. 5–6. ♃. Moore, fehlt im Gebiet, aber Vorkommen im angrenzenden Tschechien: zwischen Lausche u. den Rabensteinen. [*Scirpus cespitosus* L., *Baeothryon cespitosum* (L.) Dietr.]. ***T. cespitosum*** (L.) Hartm., **Rasen-H.**

Fam. Poaceae BARNHART od. *Gramineae* JUSS., Süßgräser

Stängel (Halm) meist stielrund, seltener flachgedrückt, niemals 3-kantig, fast stets hohl, in Knoten (Nodien) u. Zwischenknotenabschnitte (Internodien) gegliedert. Blätter 2-zeilig, aus der röhrigen, offenen od. (seltener) geschlossenen, den Stängel umfassenden Blattscheide u. der meist ausgebreiteten Blattspreite bestehend; am oberen Ende der Blattscheide im Übergang zur Blattspreite oft mit häutigem od. haarigem Anhängsel (Ligula, Blatthäutchen). Blüten unscheinbar, meist ⚥, ohne Blütenhülle, aber von trockenhäutigen Hochblättern (= Spelzen) eingehüllt, immer in Ährchen. Ährchen stets zu rispigen *(Abb. 895/5)*, traubigen *(Abb. 895/4)* od. ährigen *(Abb. 895/1, 895/2)* Gesamtblütenständen vereinigt. Jedes Ährchen am Grund mit meist 2 sterilen Hüllspelzen. Einzelblüten fast stets ⚥, von je 2 Hochblättern (Spelzen) eingehüllt, der Deckspelze (von der Ährenachse abgewandt), die oft auf dem Rücken od. an der Spitze eine steife, oft gekniete Borste, die Granne, trägt u. der Vorspelze (der Ährchenachse zugewandt). Blüten meist mit 2 Schwellkörpern (Lodiculae), meist 3 Staubblättern, 1 Fruchtknoten mit meist 2 Narben. Frucht eine 1-samige Schließfrucht (Karyopse), bei der Frucht- u. Samenschale meist scheinbar miteinander verwachsen sind.

1 Blüten 1-geschlechtig, ♂ Blüten in endständiger Rispe, ♀ Blüten an dicken, von Blattscheiden umhüllten Kolben in den Achseln der mittleren Stängelblätter; Blattspreiten 4–12 cm breit ***Zea***, 955

1* Blüten ⚥, selten einige Blüten ♂, diese aber nicht in eigenem Blütenstand angeordnet; Blattspreiten < 5 cm breit

2 Ährchen sitzend od. traubig an ganz kurzen, unverzweigten Stielen angeordnet; Ährchenstand 1 einzige endständige Ähre *(Abb. 895/1)* od. mehrere fingerartig, traubig od. rispig angeordnete Ähren od. ährenförmige Trauben *(Abb. 895/2)* **Tabelle A – Ährengräser,** 896

2* Ährchen an langen unverzweigten od. verzweigten Stielen od. an sehr kurzen, stets verzweigten Stielen angeordnet; Ährchenstand eine Rispe od. Traube

3 Ährchenstand eine dichte, ährenförmige Rispe (Ährenrispe) *(Abb. 895/3)*; Ährchen kurz gestielt, zu je mehreren an gemeinsamen, kurzen verzweigten Stielen **Tabelle B – Ährenrispengräser,** 898

3* Ährchenstand eine langästige, ausgebreitete, ± offene Rispe od. Traube *(Abb. 895/4, 895/5)*; Ährchen lang gestielt, höchstens am Ende längerer Rispenäste kurz gestielt u. dort ährenähnl. geknäuelt **Tabelle C – Rispengräser,** 900

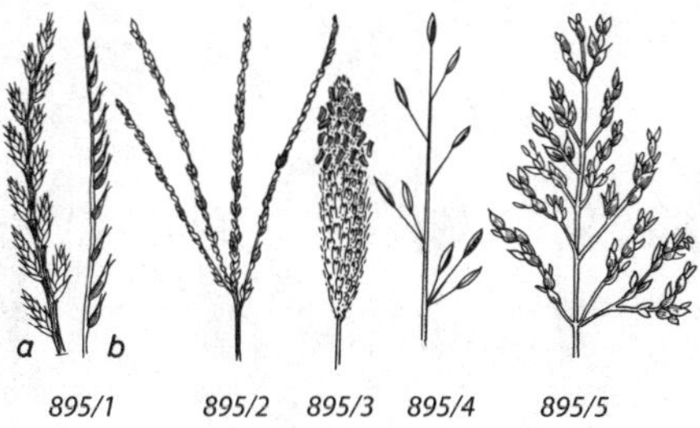

895/1 895/2 895/3 895/4 895/5

Tabelle A: Ährengräser

1 Ährchenstand aus mehreren fingerartig, traubig od. rispig angeordneten Ähren od. ährenförmigen Trauben bestehend *(Abb. 895/2)*

2 Blatthäutchen durch einen Haarkranz ersetzt *(Abb. 896/1)*

3 Ährchen in Paaren von einem Punkt der Ährenachse entspringend, begrannt od. unbegrannt; Achse der ährenförmigen Trauben durchgehend langhaarig

4 Alle Ährchen kurz gestielt; beide Ährchen eines Paares mit ausschließl. ⚥ Blüten; ährenförmige Trauben 15–30 cm lang; Blattspreiten 10–30 mm breit, Pflanze schilfartig, 1–3 m hoch ***Miscanthus,*** 942

4* Ährchenpaare mit 1 ungestielten u. 1 gestielten Ährchen; das ungestielte Ährchen eines Paars mit ⚥ Blüten, das gestielte mit ♂ od. sterilen Blüten; ährenförmige Trauben 3–8 cm lang; Blattspreiten 2–4 mm breit; Pflanze 0,3–0,7 m hoch ***Bothriochloa,*** 911

3* Ährchen einzeln an der Ährenachse entspringend, zuweilen 2-zeilig angeordnet, unbegrannt; Ährenachse kahl od. höchstens im unteren Teil mit vereinzelten Haaren

5 Ähren am Halm versetzt entspringend, ährig, traubig od. rispig angeordnet; Hauptachse der Ähren stark geflügelt, 2 mm breit ***Urochloa,*** 954

5* Ähren fingerartig fast von einem Punkt am Halmende entspringend; Hauptachse der Ähren ungeflügelt, < 1 mm breit

6 Ährchen 1-blütig; Hüllspelzen fast gleich lang; Pflanze mit langen, oberirdischen Ausläufern, mehrjährig ***Cynodon,*** 920

6* Ährchen 2–9-blütig; Hüllspelzen ungleich lang; Pflanze ohne Ausläufer, 1-jährig ***Eleusine,*** 925

2* Blatthäutchen nicht durch einen Haarkranz ersetzt od. völlig fehlend *(Abb. 896/2, 896/3)*

7 Ähren fingerartig fast von einem Punkt am Halmende entspringend; Ähren 3–5 mm dick ***Digitaria,*** 923

7* Ähren am Halm versetzt entspringend, ährig, traubig od. rispig angeordnet; Ähren 5–10 mm dick

8 Ährchen unregelmäßig rings um die Ährenachse angeordnet; Blatthäutchen meist fehlend; Ährchen zumindest auf einer Seite deutl. gewölbt ***Echinochloa,*** 923

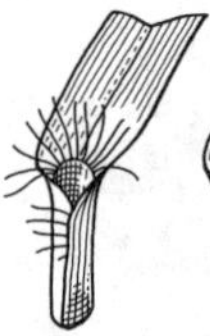
896/1

896/2

896/3

896/4

896/5

8* Ährchen an der Ährenachse 2-zeilig u. einseitwendig angeordnet; Blatthäutchen 3–6 mm lang; Ährchen seitl. stark zusammengedrückt **Beckmannia,** 911

1 Ährchenstand aus nur 1 einzigen endständigen Ähre bestehend *(Abb. 895/1)*

9 Ährchen kurz gestielt, ihre Stiele mit langen, fuchsroten Borsten besetzt, die die Ährchen weit überragen; Hüllspelzen 3; Blatthäutchen durch einen Haarkranz ersetzt *(Abb. 896/1)* **Setaria pumila,** 951

9* Ährchen sitzend od. auf borstenlosen Stielen; Hüllspelzen (0–)2; Blatthäutchen nicht durch einen Haarkranz ersetzt *(Abb. 896/2, 896/3)* od. völlig fehlend

10 Ährchen nur auf einer Seite der Ährenachse angeordnet, Ähre deshalb einseitswendig *(Abb. 895/1 b)*; Hüllspelzen fehlend; Blätter borstl., graugrün, starr **Nardus,** 943

10* Ährchen 2-zeilig od. allseitig an der Ährenachse angeordnet, Ähre 2- od. allseitswendig; Hüllspelzen vorhanden; Blätter ausgebreitet, flach od. zuweilen trocken eingerollt

11 Auf jedem Absatz der Ährenachse (2–)3(–6) Ährchen nebeneinander *(Abb. 896/4)*

12 Ährchen 3(–4)-blütig; Deckspelzen unbegrannt; Pflanze blaugrün, Blattspreiten sehr steif, trocken eingerollt; Pflanze mit langen Ausläufern **Leymus,** 939

12* Ährchen 1(–2)-blütig; zumindest die Deckspelzen des Mittelährchens lang begrannt, Granne länger als die Deckspelze; Pflanze grasgrün, Blattspreiten flach, nicht steif; Pflanze ohne od. mit kurzen Ausläufern

13 Ährchen in den Hüllspelzen deutl. kurz gestielt; Gipfelährchen entwickelt; Waldpflanze **Hordelymus,** 936

13* Ährchen innerhalb der Hüllspelzen ungestielt od. nur die seitl. kurz gestielt; Gipfelährchen verkümmert; Pflanzen offener Standorte (Ruderalfluren, Äcker, Salzwiesen) **Hordeum,** 936

11* Auf jedem Absatz der Ährenachse nur 1 sitzendes od. kurz gestieltes Ährchen

14 Ährchen deutl. sehr kurz gestielt, Ährchenstiele 0,5–2 mm

15 Ährchen 2–4 cm lang, 6–20-blütig, nicht einseitswendig; Pflanze ausdauernd, aufrecht wachsend, 50–120 cm hoch **Brachypodium,** 912

15* Ährchen 0,6–1 cm lang, 3–6-blütig, einseitswendig; Pflanze 1-jährig, niederliegend bis aufsteigend, 5–15 cm hoch **Sclerochloa,** 950

14* Ährchen ungestielt

16 Ährchen mit der schmalen Seite (dem Spelzenrücken) der Ährenachse zugewendet *(Abb. 895/1 a)*; Ährchen nur mit 1 Hüllspelze, nur das Endährchen mit 2 Hüllspelzen **Lolium,** 939

16* Ährchen mit ihrer breiten Seite (den Spelzenrändern) der Ährenachse zugewendet *(Abb. 896/5)*; alle Ährchen mit 2 Hüllspelzen

17 Ährchen 2-blütig, zwischen den 2 Blüten ein stielartiger Ansatz einer 3. Blüte; Hüllspelzen pfrieml., 1-nervig ***Secale,*** 950

17* Ährchen (2–)3–8-blütig; Hüllspelzen eiförmig od. lanzettl., 3- od. mehrnervig

18 Hüllspelzen lanzettl.; Nerven der Deckspelzen einander im oberen Teil der Spelze genähert; Ährchen bei der Reife in die einzelnen Blüten zerfallend; Früchte von Deck- u. Vorspelze eingehüllt bleibend; Pflanze ausdauernd ***Elymus,*** 925

18* Hüllspelzen eiförmig; Nerven der Deckspelzen einander im oberen Teil der Spelze nicht genähert; Ährchen bei der Reife nicht zerfallend, entweder als Ganzes abfallend od. die unbespelzten Früchte aus den Spelzen herausfallend; Pflanze 1-jährig od. 1-jährig überwinternd

19 Hüllspelzen zumindest in der oberen Hälfte gekielt ***Triticum,*** 953

19* Hüllspelzen auf dem Rücken gerundet, nicht gekielt ***Aegilops,*** 904

Tabelle B: Ährenrispengräser

1 Ährchenstiele mit langen Borsten besetzt, die die Ährchen weit überragen *(Abb. 898/1);* Hüllspelzen 3; Blatthäutchen durch einen Haarkranz ersetzt *(Abb. 896/1)* ***Setaria,*** 950

1* Ährchenstiele ohne solche Borsten

2 Jedes fruchtbare Ährchen am Grund mit einem unfruchtbaren Ährchen, das wie ein kammartig gefiedertes Hochblatt aussieht *(Abb. 898/2)* ***Cynosurus,*** 920

2* Ährchen am Grund ohne kammförmiges unfruchtbares Ährchen

3 Obere Hüllspelze groß, mit kräftigen, hakigen, ca. 1 mm langen Stacheln besetzt, klettenförmig; untere Hüllspelze sehr klein (od. bisweilen fehlend ***Tragus,*** 953

3* Hüllspelzen nicht stachelig

4 Hüll- od. Deckspelzen dicht u. lang seidig gewimpert; Ährenrispe zumindest nach der Blüte durch die dann abstehenden Spelzenhaare auffallend silberhaarig

5 Ährenrispe walzenförmig; Ährchen mit 1 ⚥ Blüte, darüber 1 gestielte, kahle Knospe von 1–2 weiteren, geschlossen bleibenden, unfruchtbaren Blüten; Hüllspelzen kahl ***Melica transsilvanica,*** 941

898/1

898/2

898/3

5* Ährenrispe eiförmig bis rundl.; Ährchen nicht mit gestielter Knospe aus unfruchtbaren Blüten; Hüllspelzen dicht u. lang behaart **_Lagurus,_** 938

4* Hüll- u. Deckspelzen kahl od. kurz behaart; Ährenrispe nach der Blüte nicht auffallend silberhaarig

6 Ährchen 1-blütig

7 Die beiden Hüllspelzen am Grund od. bis über die Mitte deutl. miteinander verwachsen *(Abb. 898/3)* **_Alopecurus,_** 907

7* Hüllspelzen bis zum Grund voneinander getrennt

8 Hüllspelzen auf dem Rücken breit geflügelt; Ährenrispe grün u. weiß gestreift **_Phalaris canariensis,_** 944

8* Hüllspelzen auf dem Rücken nicht geflügelt; Ährenrispe nicht grün u. weiß gestreift

9 Ährenrispe locker; Ährchen die Rispenachse nicht völlig verdeckend; zwischen Hüllspelze u. Blüte 2 kleine, braunhaarige, leere Spelzen mit Rückengranne; Staubblätter 2 **_Anthoxanthum,_** 909

9* Ährenrispe dicht; Ährchen die Rispenachse völlig verdeckend; zwischen Hüllspelze u. Blüte keine leeren Spelzen; Staubblätter 3

10 Ährchenachse lang behaart; Ährchen 10–14 mm lang; Blatthäutchen 10–25 mm lang **_Ammophila,_** 908

10* Ährchenachse kahl; Ährchen < 6 mm lang; Blatthäutchen < 10 mm lang

11 Hüllspelzen an der Spitze ausgerandet, in der Ausbuchtung mit 4–7 mm langer Granne, nur im oberen Teil gekielt; Blatthäutchen 2,5–10 mm **_Polypogon,_** 949

11* Hüllspelzen an der Spitze abgeschnitten od. zugespitzt, an der Spitze mit < 4 mm langer Granne, bis unten gekielt; Blatthäutchen 1–5 mm lang **_Phleum,_** 945

6* Ährchen 2- bis mehrblütig

12 Ährenrispe einseitswendig (Ährchen nur auf einer Seite der Ährenrispe); Pflanze niederliegend bis aufsteigend **_Sclerochloa,_** 950

12* Ährenrispe allseitswendig (Ährchen rings um die Ährenrispe angeordnet); Pflanze aufrecht

13 Deckspelzen mit 3–4 mm langer Rückengranne, 2-spitzig **_Aira praecox,_** 907

13* Deckspelzen unbegrannt od. mit Spitzengranne

14 Hüllspelzen deutl. kürzer als das Ährchen, die untere höchstens ½ so lang wie die obere; Granne 6–15 mm lang; Pflanze 1-jährig überwinternd **_Vulpia,_** 954

14* Hüllspelzen so lang od. fast so lang wie das Ährchen, die untere nur wenig kürzer als die obere; Granne fehlend; Pflanze ausdauernd **_Koeleria,_** 937

Tabelle C: Rispengräser

1 Ährchen in Paaren am Ende der Rispenzweige angeordnet, eines sitzend u. begrannt, das andere gestielt, unbegrannt ***Sorghum,*** 952

1* Ährchen einzeln am Ende der Rispenzweige angeordnet, zuweilen mehrere Ährchen dicht zusammenstehend

2 Ährchen 1-blütig (daneben mitunter mit 1–3 weiteren, geschlossen bleibenden, unfruchtbaren Blüten)

3 Deckspelzen mit 25–33 cm langer, im oberen Teil lang fedrig behaarter Granne ***Stipa,*** 953

3* Granne der Deckspelzen fehlend od. höchstens 1,5 cm lang

4 Granne 2–3-mal so lang wie die Deckspelze, 5–10 mm lang, gerade od. geschlängelt, kurz unter der Spitze der Deckspelze entspringend ***Apera,*** 909

4* Granne kürzer als die Deckspelze od. fehlend, wenn bis 2-mal so lang wie die Deckspelze, dann gekniet u. in der Mitte der Deckspelze entspringend

5 Ährchen ca. 1 mm lang, an den Rispenästen in dolden- od. quirlförmigen Büscheln *(Abb. 900/1);* obere Blattscheiden sehr breit, aufgeblasen; Halme liegend, 2–8 cm lang — Pflanze auf Teichschlamm wachsend ***Coleanthus,*** 920

5* Ährchen > 1 mm lang, nicht in dolden- od. quirlförmigen Büscheln; obere Blattscheiden nicht aufgeblasen; Halme aufrecht od. aufsteigend, meist > 10 cm hoch

6 Blatthäutchen auf der Blattspreite abgewandten Seite mit lanzettl. Anhängsel *(Abb. 900/2);* Ährchen mit 1 ⚥ Blüte, darüber 1 gestielte, kahle Knospe von 2–3 weiteren, geschlossen bleibenden, unfruchtbaren Blüten ***Melica uniflora,*** 941

6* Blatthäutchen gegenüber der Blattspreite ohne Anhängsel; Ährchen nicht mit gestielter Knospe aus unfruchtbaren Blüten

7 Hüllspelzen fehlend; Rispe ganz od. größtenteils in die oberste Blattscheide eingeschlossen bleibend — Blattspreiten auffallend hellgrün, am Rand sehr stark widerhakig rau ***Leersia,*** 939

7* Hüllspelzen vorhanden; Rispe nicht in der obersten Blattscheide eingeschlossen bleibend

900/1

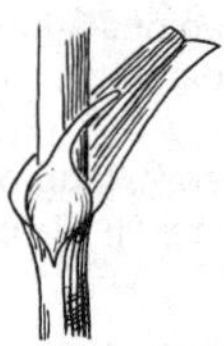

900/2

8 Ährchen vom Rücken her zusammengedrückt od. stielrund; Hüllspelzen am Rücken flach gewölbt, nicht gekielt

9 Blatthäutchen 3–9 mm lang; Hüllspelzen 2; Rispenäste überwiegend waagerecht bis schräg abwärts gerichtet; Pflanze ausdauernd; Waldpflanze ***Milium,*** 942

9* Blatthäutchen durch einen 1–2 mm langen Haarkranz ersetzt; Hüllspelzen 3; Rispenäste überwiegend aufrecht abstehend; Pflanze 1-jährig; Ruderal- u. Kulturpflanze ***Panicum,*** 943

8* Ährchen von der Seite zusammengedrückt; Hüllspelzen mit V-förmigem Querschnitt, am Rücken mit deutl. Kiel

10 Grund der Deckspelze mit einem Haarschopf, der 1/3–2-mal so lang wie die Deckspelze ist ***Calamagrostis,*** 917

10* Grund der Deckspelze kahl od. mit Haaren, die kürzer sind als 1/5 die Deckspelzenlänge

11 Untere Rispenäste mit 2 od. mehr grundständigen Zweigen, daher scheinbar zu dritt abgehend; zwischen Hüll- u. Deckspelze keine leeren Spelzen ***Agrostis,*** 905

11* Untere Rispenäste einzeln od. mit einem grundständigem Zweig, daher einzeln od. scheinbar zu zweit abgehend; zwischen Hüll- u. Deckspelze 2 leere, braun od. weiß behaarte Spelzen

12 Blätter an der Scheidenmündung mit Büscheln langer Haare; Blattspreiten 2–6 mm breit; die beiden leeren, zwischen Hüll- u. Deckspelze befindl. Spelzen mit Rückengranne, braunhaarig; Staubblätter 2; Pflanze 5–50 cm hoch ***Anthoxanthum,*** 909

12* Blätter kahl; Blattspreiten 6–20 mm breit; die beiden leeren, zwischen Hüll- u. Deckspelze befindl. Spelzen sehr klein, ohne Rückengranne, weißhaarig; Staubblätter 3; Pflanze 80–200 cm hoch, schilfartig ***Phalaris arundinacea,*** 944

2* Ährchen 2- bis vielblütig

13 Ährchen am Ende der langen Rispenäste knäuelig gehäuft; unterster Rispenast einzeln u. ohne grundständigen Zweig; Blattscheiden 2-schneidig zusammengedrückt ***Dactylis,*** 921

13* Ährchen nicht knäuelig gehäuft, Rispe nicht aus Knäueln bestehend

14 Blatthäutchen durch einen Haarkranz ersetzt *(Abb. 896/1)*

15 Ährchenachse langhaarig; Blattspreiten 2–5 cm breit ***Phragmites,*** 945

15* Ährchenachse kahl od. sehr kurz behaart; Blattspreiten < 1 cm breit

16 Hüllspelzen so lang wie das Ährchen od. länger ***Danthonia,*** 922

16* Hüllspelzen höchstens ½ so lang wie das Ährchen

17 Deckspelzen 3–7 mm lang; Ährchen (1–)2–5-blütig; Halm nur am zwiebelförmigen Grund mit Knoten; Narben purpurn; Pflanze ausdauernd ***Molinia,*** 942

17* Deckspelzen 1–3 mm lang; Ährchen 3–34-blütig; Halm auch über dem Grund mit Knoten; Narben weiß; Pflanze 1-jährig ***Eragrostis,*** 926

14* Blatthäutchen nicht durch einen Haarkranz ersetzt *(Abb. 896/2, 896/3)* od. völlig fehlend

18 Ährchen ohne Grannen 18–25(–30) mm lang; Hüllspelzen etwa so lang wie das ganze Ährchen ***Avena,*** 910

18* Ährchen ohne Grannen höchstens 15 mm lang, wenn Ährchen länger, dann untere Hüllspelze weniger als ½ so lang wie das Ährchen

19 Deckspelzen unbegrannt od. mit sehr kurzer Granne, die das Ährchen nicht überragt

20 Hüllspelzen deutl. länger als die Deckspelze, die Ährchenlänge bestimmend

21 Pflanze kahl; Blätter borstl., steif; Blattscheiden rosa überlaufen; Ährchen mit 2 ⚥ Blüten ***Corynephorus,*** 920

21* Pflanze dicht kurzhaarig; Blätter flach, weich; Blattscheiden grün; Ährchen mit 1 ⚥ u. 1–2 ♂ Blüten ***Holcus lanatus,*** 935

20* Hüllspelzen höchstens so lang wie die Deckspelze, wenigstens eine Hüllspelze kürzer als das Ährchen

22 Ährchen von der Seite zusammengedrückt *(Abb. 902/1);* Hüllspelzen mit V-förmigem Querschnitt, am Rücken mit deutl. Kiel

23 Rispe schmal, dicht zusammengezogen, mit kurzen Ästen u. deshalb wie eine Ährenrispe aussehend; Pflanze ± behaart; Blattspreiten oberseits sehr deutl. gerieft ***Koeleria,*** 937

23* Rispe ausgebreitet, locker, mit längeren abstehenden Ästen, deutl. rispenförmig aussehend; Pflanze kahl od. leicht behaart; Blattspreiten oberseits nicht od. schwach gerieft

24 Blattscheiden fast bis oben geschlossen; Blattspreiten in Knospenlage gerollt, oberseits ohne Doppelrille; Deckspelzen > 10 mm lang ***Bromus,*** 913

24* Blattscheiden offen; Blattspreiten in Knospenlage gefaltet, oberseits in der Mitte mit (zuweilen undeutl.) Doppelrille; Deckspelzen < 10 mm lang ***Poa,*** 946

22* Ährchen vom Rücken her zusammengedrückt od. stielrund *(Abb. 902/2);* Hüllspelzen am Rücken flach gewölbt, nicht gekielt

25 Hüllspelzen länger als ½ Ährchen, zuweilen so lang wie das Ährchen

26 Knoten am Grund vom Halm gehäuft, sonst fehlend; Pflanze beim Zerreiben nach Waldmeister (Cumarin) duftend; Ährchen mit 1 ⚥ u. 2 ♂ Blüten ***Hierochloë odorata,*** 935

902/1

902/2

26* Knoten auch höher am Halm, regelmäßig verteilt; Pflanze nicht duftend; Ährchen mit 2(–3) ⚥ Blüten, ohne ♂ Blüten

27 Ährchen in armästigen Rispen od. Trauben; unterste Rispenäste einzeln od. zu zweit abgehend ***Melica,*** 940

27* Ährchen in reich verzweigten Rispen; unterste Rispenäste zu dritt od. mehr abgehend ***Deschampsia,*** 922

25* Hüllspelzen < ½ Ährchen

28 Ährchen so lang wie breit, rundl. herzförmig, kurz über dem Grund am breitesten, nickend od. hängend; Spelzen fast waagerecht abstehend ***Briza,*** 912

28* Ährchen länger als breit, längl., am Grund verschmälert, aufrecht bis abstehend; Spelzen nicht od. aufrecht abstehend

29 Blattscheiden bis unten offen od. Blattspreiten borstenförmig

30 Deckspelzen an der Spitze breit abgerundet od. abgeschnitten, breit hautrandig ***Puccinellia,*** 949

30* Deckspelzen zugespitzt, nicht od. schmal hautrandig ***Festuca,*** 928

29* Blattscheiden bis zur Mitte od. höher geschlossen; Blattspreiten flach, nicht borstenförmig

31 Ährchen 2-blütig, klein, bis 4 mm lang; Blattscheiden bis zur Mitte geschlossen ***Catabrosa,*** 919

31* Ährchen mit > 2 Blüten, > 4 mm lang; Blattscheiden bis oben geschlossen

32 Blattspreite oberseits in der Mitte mit Doppelrille, sonst ungerieft ***Glyceria,*** 933

32* Blattspreite oberseits ohne Doppelrille, schwach gerieft od. rau

33 Ährchenstiele lang, dünn u. biegsam; Hüllspelzen deutl. weniger als ½ so lang wie das Ährchen; Pflanze 30–100 cm hoch, ausdauernd ***Bromus inermis,*** 916

33* Ährchenstiele kurz, dick u. starr; Hüllspelzen fast ½ so lang wie das Ährchen; Pflanze 3–20 cm hoch, 1-jährig überwinternd ***Catapodium,*** 920

19* Deckspelzen begrannt, Grannen länger als das Ährchen u. deshalb deutl. sichtbar

34 Granne an der Spitze der Deckspelze od. aus dem Einschnitt an der 2-zähnigen Deckspelzenspitze abgehend; Hüllspelzen ½ so lang wie das Ährchen od. kürzer

35 Blattscheiden fast bis oben geschlossen; Granne aus dem Einschnitt an der 2-zähnigen Deckspelzenspitze abgehend; Blattspreite flach ***Bromus,*** 913

35* Blattscheiden offen; Granne an der Spitze der Deckspelze abgehend; Blattspreite flach od. borstl. bis haarförmig

36 Blüten mit 1 Staubblatt; Pflanze 1-jährig überwinternd; Hüllspelzen untereinander sehr ungleich lang, die untere nur bis ¾ so lang wie die obere; Ährchenstiel unter dem Ährchen oft verdickt; Granne > 1,5-mal so lang wie die Deckspelze ***Vulpia,*** 954

36* Blüten mit 3 Staubblättern; Pflanze ausdauernd; Hüllspelzen wenig ungleich; Ährchenstiel unter dem Ährchen nicht verdickt; Granne meist kürzer od. wenig länger als die Deckspelze (nur bei *F. gigantea* deutl. länger) ***Festuca,*** 928

34* Granne auf dem Rücken od. am Grund der Deckspelze abgehend; Hüllspelzen so lang wie das Ährchen od. etwas kürzer

37 Ährchen klein, ohne die Grannen 2,2–3,5 mm lang, länger als breit — Pflanze 1-jährig bis 1-jährig überwinternd, 4–20 cm hoch ***Aira,*** 907

37* Ährchen > 4 mm lang od. wenn kleiner, dann etwa so lang wie breit

38 Am Ährchen 1 Granne od. 2 sehr verschieden lange Grannen sichtbar

39 Ährchen von der Seite zusammengedrückt; Hüllspelzen mit V-förmigem Querschnitt, am Rücken mit deutl. Kiel, 2–3-mal so lang wie die Deckspelzen, am Kiel gewimpert; Halmknoten abstehend behaart ***Holcus mollis,*** 936

39* Ährchen vom Rücken her zusammengedrückt od. stielrund; Hüllspelzen am Rücken flach gewölbt, nicht gekielt, so lang wie od. wenig länger als die Deckspelzen, kahl; Halm kahl

40 Hüllspelzen etwas spreizend; Ährchen etwa so lang wie breit; Knoten am Grund des Halms gehäuft, sonst fehlend; Pflanze beim Zerreiben nach Waldmeister (Cumarin) duftend ***Hierochloë australis,*** 935

40* Hüllspelzen nicht spreizend; Ährchen längl.; Knoten auch höher am Halm, regelmäßig verteilt; Pflanze nicht duftend

41 Blattspreiten 4–10 mm breit; Blatthäutchen 1–3 mm lang, gestutzt; Ährchen 2-blütig, die untere Blüte ♂, die obere ⚥; Ährchenachse lang behaart; Pflanze ausdauernd ***Arrhenatherum,*** 909

41* Blattspreiten 1–3 mm breit; Blatthäutchen 3–9 mm lang, spitz; Ährchen 2–3-blütig, alle Blüten ⚥; Ährchenachse rau; Pflanze 1-jährig ***Ventenata,*** 954

38* Am Ährchen 2 od. mehr etwa gleich lange Grannen sichtbar

42 Ährchen ohne Grannen 15–20 mm lang; Blattspreite flach, oberseits in der Mitte mit Doppelrille ***Helictotrichon,*** 934

42* Ährchen ohne Grannen < 10 mm lang; Blattspreite flach od. borstl. gefaltet, oberseits in der Mitte ohne Doppelrille

43 Granne im obersten Drittel der Deckspelzen entspringend; Deckspelze an der Spitze 2-zähnig; Blatthäutchen 0,5–2 mm lang; Ährchen meist mit 3, selten mit 2 Grannen ***Trisetum,*** 953

43* Granne im untersten Viertel der Deckspelzen entspringend; Deckspelze an der Spitze gezähnelt; Blatthäutchen 2–8 mm lang; Ährchen mit 2 Grannen ***Deschampsia,*** 922

***Aegilops* L., Walch**

Halme gekniet aufsteigend, glatt u. kahl; Ähre walzenförmig, 6–12 cm lang, mit 5–8 Ährchen; Ährenspindel zerfallend; Ährchen 3–4-blütig; Deckspelzen in den oberen Ährchen bis 70 mm lang begrannt, in den unteren Ährchen kurz begrannt. 20–45 cm. 6–8. ⊙. Trockene Ruderalfluren, s EET: Riesa; ELH: Dresden, Coswig; LLA: Leipzig. V Sis. NU. Heimat: Mittelmeergebiet, M-Asien. ***Ae. cylindrica*** HOST, **Zylindrischer W.**

Ähnl. ist die wenige Male nachgewiesene *Ae. triuncialis* L. mit schmal lanzettl., sich nach oben allmähl. verjüngender Ähre. LLA: Leipzig; OLT: Rietschen. NU. Heimat: Mittelmeergebiet, M-Asien.

Agrostis L., Straußgras

1 Untere Blätter zusammengefaltet, borstenförmig, in der Knospenlage gefalzt; Vorspelze höchstens 1/5 so lang wie die Deckspelze od. fehlend, nervenlos; Deckspelze meist unter der Mitte des Rückens mit geknieter, das Ährchen überragender Granne

2 Pflanze 1-jährig; Rispe fast so lang wie der Blütenstandsstiel, weit ausgebreitet, ± so breit wie lang (bis 25 cm); Deckspelze ohne od. mit sehr kurzer Granne, auf dem Rücken durch viele aufwärts weisende Börstchen sehr rau ***A. scabra***

2* Pflanze ausdauernd; Rispe höchstens 1/3 so lang wie der Blütenstandsstiel; Rispenäste aufrecht abstehend, wenigstens 2-mal so lang wie breit (bis 15 cm); Deckspelze mit geknieter Granne, wenigstens um die Hälfte länger als die Spelze, auf dem Rücken mit nur wenigen rauen Zähnchen

3 Pflanze mit zahlreichen oberirdischen Kriechtrieben, ohne unterirdische Ausläufer; Blätter weich, graugrün; Stängelblätter flach; Rispe nach der Blütezeit etwas zusammengezogen; meist an feuchten Standorten ***A. canina***

3* Pflanze mit dünnen unterirdischen Ausläufern, ohne oberirdische Kriechtriebe; Blätter starr, hellgrün; Stängelblätter zusammengerollt; Rispe nach der Blütezeit stark zusammengezogen; an trockenen Standorten ***A. vinealis***

1* Alle Blätter flach, in der Knospenlage gerollt; Vorspelze mindestens 2/5 so lang wie die Deckspelze, 2-nervig; Deckspelze fast immer unbegrannt

4 Blatthäutchen bis 1,5 mm lang, gestutzt; Rispe auch nach dem Verblühen ausgebreitet, Rispenäste nur wenig rau, Ährchenstiele glatt; Vorspelze ½ so lang wie die Deckspelze ***A. capillaris***

4* Blatthäutchen 2–8 mm lang, spitz; Rispe vor u. nach der Blütezeit oft zusammengezogen, Rispenäste u. Ährchenstiele von Stachelhaaren rau; Vorspelze (½–)2/3–¾ so lang wie die Deckspelze

5 Pflanze mit dicken, unterirdischen Ausläufern, ohne oberirdische Kriechtriebe; Rispe auch nach der Blüte gespreizt; Stängel aufrecht, kräftig, bis 1,5 m hoch; Blätter 3–11(–12) mm breit, steif ***A. gigantea***

5* Pflanze mit langen oberirdischen, sich bewurzelnden Kriechtrieben, ohne unterirdische Ausläufer; Rispe nach der Blüte zusammengezogen; Stängel unten liegend, aufsteigend, bis 0,70 m hoch; Blätter 2–6(–8) mm breit, schlaff ***A. stolonifera***

A. canina L., **Hunds-S.***

Deckspelzen mit geknieter, 2–4,5 mm langer Granne. 20–60 cm. 6–7. ♃. Nasse, nährstoffarme, anmoorige Feuchtwiesen, Nieder- u. Zwischenmoore, Feuchtgebüsche, Waldgräben, Ufer- u. Verlandungsbereiche nährstoffarmer Gewässer, mäßig h. O Mol., V Magnocar., O Scheuchz., O Car. nig., V Salic. cin.; euras-nem.

A. capillaris L., **Rotes S.***

[*A. tenuis* SIBTH.]. Deckspelzen unbegrannt od. selten mit kurzer Rückengranne. 20–80 cm. 6–7. ♃. Magerrasen u. -weiden, Feuchtwiesen, Wegränder, Raine, Zwergstrauchheiden, lichte Wälder, nährstoffarme Brachen, sehr h. K Mol.-Arrh., O Nard., V Armer., V Potent.-Holc., V Conv.-Agrop., V Polyg., K Querc.-Fag., K Epil. ang., K Artem.; eurosib (heute weltweit).

A. gigantea ROTH, **Riesen-S., Fioringras***

Deckspelzen unbegrannt od. sehr selten mit Rückengranne. 30–150 cm. 6–7. ♃. Frisch- u. Feuchtwiesen, Röhrichte, feuchte Waldränder, Gräben, feuchte Äcker, Grasansaaten, z. K Mol.-Arrh., K Phragm.-Mac., O Glech., K Stell. med., V Conv.; eurosib.

A. scabra WILLD., **Raues S.**

30–60 cm. 6–7. ⊙. Ruderalfluren (Schutt, Erdaufschüttungen), trockengefallene Teichböden, eingeschleppt, s OLT: Weißwasser, Dubringer Moor, Hoyerswerda, zwischen Niesky u. Horka. NU. Heimat: N-Amerika, O-Asien.

A. stolonifera L., **Weißes S.***

Deckspelzen auf der Fläche kahl, unbegrannt od. selten mit Rückengranne. 20–80 cm. 6–7. ♃. Feuchtwiesen, Röhrichte, feuchte Waldränder, Gräben, Ufer, feuchte Äcker, sehr h. K Mol.-Arrh., K Phragm.-Mag., V Conv., K Stell. med.; eurosib.

Zu achten ist auf ***A. castellana*** BOISS. et REUT., **Kastilisches S.:** Ähnl., aber Deckspelzen auf der Rückenfläche ± dicht kurz behaart (starke Lupe!); 2 Seitennerven in eine deutl. Grannenspitze auslaufend; Blätter meist borstl. eingerollt; Pflanze graugrün. Rasenansaaten, eine unklare Angabe aus N-Sachsen. Heimat: SO-Europa.

A. vinealis SCHREB., **Schmalrispiges S.**

Deckspelzen mit geknieter, 2–4 mm langer Granne. 20–50 cm. 6–9. ♃. Sandmagerrasen, trockene Zwergstrauchheiden, Kiefernwälder, z DDH, EET, GHP, OLT. V Coryn., V Armer., V Genist., V Cyt.-Pin., V Dicr.-Pin.; eurosib.

Bastard

A.* × *murbeckii FOUILL. [*A. capillaris* × *A. stolonifera*]: z.

Aira L., Haferschmiele

1 Rispe sehr locker, ausgebreitet, rundl. eiförmig, reichblütig; Rispenäste lang, deutl. ausgebreitet u. abstehend; Ährchenstiele so lang wie od. länger als die Ährchen; Granne der Deckspelze 2–3 mm lang; Ährchen meist rötl. angelaufen **_Ai. caryophyllea_**

1* Rispe ährenförmig, zusammengezogen, längl., armblütig; Rispenäste kurz, der Hauptachse anliegend; Ährchenstiele kürzer als die Ährchen; Granne der Deckspelze 3–4,5 mm lang; Ährchen anfangs hellgrün, später bläul.-weiß **_Ai. praecox_**

Ai. caryophyllea L., Nelken-H.*

5–20 cm. 5–6. ☉, ①. Sand- u. ärmere Silikat-Trockenrasen, trockene Zwergstrauchheiden, z im Tief- u. Hügelland. ➘ K Koel.-Coryn., bes. V Thero-Air.; submed+subatl.

Ai. praecox L., Frühe H.

4–15 cm. 4–5.☉, ①. Sand- u. ärmere Silikat-Trockenrasen, trockene Wegränder, Kiefernwaldränder, trockene Zwergstrauchheiden, z im Tief- u. Hügelland. ➘ K Koel.-Coryn., bes. V Thero-Air.; subatl.

A. elegantissima SCHUR, **Haar-H.**: Ährchen nur etwa 1,5 mm lang, viel kürzer als die Stiele, 1-grannig. Zierpflanze, s verwildert. Heimat: Mittelmeergebiet bis N-Iran.

Alopecurus L., Fuchsschwanz

1 Stängel aufrecht, nicht oberirdisch kriechend; Hüllspelzen spitz, bis gegen die Mitte miteinander verwachsen; Pflanze 30–120 cm hoch

2 Kiel der Hüllspelzen in der oberen Hälfte geflügelt, sehr kurz bewimpert (Haare 0,3 mm lang); Ährenrispe schmal, an beiden Enden verschmälert, im Ø 0,3–0,5 cm; Rispenäste mit 1–2 Ährchen **_A. myosuroides_**

2* Kiel der Hüllspelzen nicht geflügelt, mit 1 mm langen Haaren zottig bewimpert; Ährenrispe walzenförmig, stumpf, dicht, im Ø 0,5–1(–1,5) cm; Rispenäste mit 4–6 Ährchen **_A. pratensis_**

1* Stängel am Grund niederliegend, wurzelnd, gekniet aufsteigend od. im Wasser flutend; Hüllspelzen stumpfl., nur am Grund miteinander verwachsen; Pflanze 15–30 cm hoch

3 Deckspelze unterhalb der Mitte begrannt, Granne gekniet, doppelt so lang wie das Ährchen, deutl. aus diesem herausragend; Staubblätter erst gelbl., dann braun, 1,2–1,8 mm lang; Ährchen ohne Granne 2,5–3,5 mm lang; Hüllspelzen oben gespreizt **_A. geniculatus_**

3* Deckspelze etwa in der Mitte begrannt, Granne das Ährchen kaum überragend; Staubblätter rotgelb, später bleicher, 0,8–1 mm lang; Ährchen 2–2,5 mm lang; Hüllspelzen mit den Spitzen zusammenneigend **_A. aequalis_**

A. aequalis Sobol., **Rotgelber F., Ziegelroter F.**

Pflanze grün, meist blaugrün bereift. 10–25 cm. 6–8. ⊙, ①, ♃. Nasse, zeitweise überschwemmte, nährstoffreiche (Ton-)Böden, Gräben, Ufer, oft flutend, mäßig h. V Bid., O Phragm., O Nanocyp.; eurosib.

A. geniculatus L., **Knick-F.***

Pflanze graugrün. 15–40 cm. 5–8. ⊙, ♃. Feuchtwiesen, Gräben, Ufer, Wegmulden, mäßig h. V Bid., O Phragm., O Mol.; eurosib.

A. myosuroides Huds., **Acker-F.***

[*A. agrestis* L.]. Pflanze ohne Ausläufer; Blattspreiten < 5 mm breit. 20–50 cm. 5–8. ⊙, ①. Lehmige Äcker, Wegränder, Brachen, unbeständig, s ERB, ERO, VGT; sonst z; fehlt ESG. A. V Caucal., O Aper., V Sis.; med-submed.

A. pratensis L., **Wiesen-F.***

Pflanze mit 2–10 cm langen Ausläufern; Blattspreiten 4–10 mm breit. 30–100 cm. 5–6. ♃. Frisch- u. Feuchtwiesen, Uferstaudenfluren, Ruderalfluren, Brachen, sehr h. O Arrh., V Calth., V Filip.; eurosib. Indigenat unsicher, vielleicht NE (Futtergras).

1 Ausläufer 2–4 cm lang; Ährenrispe blassgrün bis grün, (3–)7–10 cm lang, 0,7–1 cm breit; Hüllspelzen blassgrün bis grün. Verbreitung u. Soziologie wie Art. **subsp. *pratensis***

1* Ausläufer 3–10 cm lang; Ährenrispe dunkelviolett, 2–5 cm lang, 1–1,5 cm breit; Hüllspelzen am oberen Rand dunkelviolett. Wenig beachtete Sippe trockener Frischwiesen, z. B. ELH: Sörnewitz; ERO: Georgenthal; VGT: Oberneumark. **subsp. *pseudonigricans*** O. Schwarz

Bastard

A. × ***brachystylus*** Peterm. [*A. geniculatus* × *A. pratensis*]: s, z. B. OLT: Görlitz, Deutschbaselitz, LLA: Leipzig; VGT: Adorf

Ammophila Host, **Strandhafer**

Pflanze weißl.-graugrün; Rhizom lange Ausläufer treibend; Stängel steif aufrecht; Blattspreiten (trocken) eingerollt, mit sehr langem, gespaltenem Blatthäutchen; Rispe fast walzenförmig; Hüllspelze lanzettl., spitz; Haare etwa 1/3 so lang wie die Deckspelze. 60–100 cm. 6–7. ♃. Binnendünen, Sandmagerrasen, s OLT: Schwepzig, früher Hoyerswerda, Weißkolm, Uhyst/Spree; früher s ELH: Dresden, Coswig. O Coryn., NE (erstmals 1842), in Sandgebieten zur Festlegung von Flugsanddünen u. von Ufer- u. Bahndämmen angepflanzt, verwildert. Heimat: Küsten von Europa u. N-Amerika. ***A. arenaria*** (L.) Link, **Gewöhnlicher S.***

Anthoxanthum L., **Ruchgras**

1 Pflanze ausdauernd, mit zahlreichen Erneuerungssprossen; Halme unverzweigt; Ährenrispe längl., ± dicht, am Grund verschmälert; die zwei unteren Hüllspelzen zugespitzt, ohne Stachelspitze, nur eine Granne aus den Hüllspelzen herausragend ***A. odoratum***

1* Pflanze 1-jährig; Halme (auch im oberen Teil) verzweigt; Ährenrispe kurz, zieml. locker, am Grund meist unterbrochen; die zwei unteren Hüllspelzen stachelspitzig, beide Grannen aus den Hüllspelzen herausragend ***A. aristatum***

A. aristatum BOISS., **Grannen-R.***

[*A. puelii* LECOQ et LAMOTTE]. 5–30 cm. 5–7. ⊙, ①. Nährstoffarme, saure, sandige Äcker u. Brachen, Ruderalfluren, sandige Kiefernwälder, z im Tiefland, s im Hügelland. ↘ NE (erstmals 1894). O Aper; med-atl.

A. odoratum L., **Gewöhnliches R.***

Besonders trocken sehr wohlriechend (Cumaringehalt). 20–50 cm. 5–6. ♃. Magere Wiesen u. Weiden, Wegränder, lichte Wälder, h. K Mol.-Arrh., K Call.-Ul., V Querc. rob.-petr.; euras-nem. Kosmopolit.

Apera ADANS., **Windhalm**

Schmeele (ELH, LZ)

Blattspreiten flach, schmal, rau; Blatthäutchen 4–6 mm lang, oft zerschlitzt; Rispe aufrecht, bis 20 cm lang, mit abstehenden Ästen; Granne 3-mal so lang wie die Deckspelze, oft etwas schlängelig. 40–100 cm. 6–7. ⊙, ①. Kalkarme, sandige bis lehmige Äcker, Gärten, Ruderalfluren, h, im Bergland z. A. O Aper., O Sis.; euras. ***A. spica-venti*** (L.) BEAUV., **Acker-W., Gewöhnlicher W.***

Arrhenatherum P. BEAUV., **Glatthafer**

Lockere Horste bildend, Tiefwurzler; Blätter etwas graugrün, flach; Halm, Blattscheiden u. -spreiten kahl; Blatthäutchen kurz; Rispe aufrecht, verlängert, während der Blütezeit ausgebreitet; untere Hüllspelze 1-, obere 3-nervig; Fruchtknoten behaart; Ährchen 8–10 mm lang, hell grünl., zuweilen violett überlaufen. 60–120 cm. 6–7. ♃. Nährstoffreiche Frischwiesen, Wegränder, Bahndämme, Brachen, sehr h, im Bergland z. NE (Futtergras). O Arrh., K Artem., V Conv.-Agrop.; submed+subatl.
A. elatius (L.) J. PRESL et C. PRESL, **Glatthafer***

Zu prüfen bleibt der Status von var. *bulbosum* (WILLD.) SPENN. [subsp. *bulbosum* (WILLD.) SCHÜBL. et G. MARTENS] mit knollenartig verdickten, 6–10 mm breiten untersten Halmgliedern u. meist behaarten Stängelknoten. Die Sippe wird z. B. angegeben für ERO, LLA: Leipzig; OLH: Görlitz, Herrnhut, Zittau; VGT: Markneukirchen.

Avena L., **Hafer**

1 Untere Hälfte der begrannten Deckspelze dicht u. lang behaart — Ährchenachse gegliedert u. zur Reife leicht zerfallend, bespelzte Frucht sofort bei Reife abfallend

2 Deckspelzen am oberen Rand tief eingekerbt, ihre Seitenlappen zugespitzt, in eine 3–5 mm lange Granne auslaufend ***A. barbata***

2* Deckspelzen am oberen Rand schwach eingekerbt, ihre Seitenlappen breit 3-eckig, nicht in eine Granne auslaufend

3 Ährchenachse zur Reife über den Hüllspelzen u. zwischen den Blüten zerfallend; alle Blüten einzeln abfallend u. mit Kallus; Deckspelzen 2–4 mm lang behaart; Ährchen 15–25(–30) mm lang; Rispe meist allseitswendig ***A. fatua***

3* Ährchenachse zur Reife nur über den Hüllspelzen zerfallend; alle Blüten gemeinsam abfallend, nur unterstes mit Kallus; Deckspelzen 4–8 mm lang behaart; Ährchen 25–50 mm lang; Rispe meist einseitswendig ***A. sterilis***

1* Deckspelzen (fast) kahl

4 Ährchenachse gegliedert u. zur Reife leicht zerfallend, bespelzte Frucht sofort bei Reife abfallend; Blüten mit Kallus

5 Kallusring an der Basis der Deckspelzen mit 1–2(–3) mm langer Behaarung; Kallus- bzw. Abbruchnarbe des Blüten rundl. ***A. vilis***

5* Kallusring an der Basis der Deckspelzen mit (2–)3–5 mm langer Behaarung; Kallus- bzw. Abbruchnarbe des Blüten eiförmig (selten Formen mit in der unteren Hälfte nicht behaarten Deckspelzen) ***A. fatua***

4* Ährchenachse nicht gegliedert, zäh, bespelzte Frucht erst spät nach der Reife abfallend; Blüten ohne Kallus

6 Deckspelzen am oberen Rand tief eingekerbt, ihre Seitenlappen zugespitzt, in eine 3–9 mm lange Granne auslaufend ***A. strigosa***

6* Deckspelzen am oberen Rand schwach eingekerbt, ihre Seitenlappen breit 3-eckig, unbegrannt od. in eine 1–3 mm lange Granne auslaufend

7 Seitenlappen der Deckspelzen mit 1–3 mm langer Grannenspitze; Früchte 5–6 mm lang ***A. nuda***

7* Seitenlappen der Deckspelzen abgerundet, ohne Grannenspitze; Früchte 7–12 mm lang ***A. sativa***

A. barbata Link, **Bart-H.**

Rispe meist einseitswendig, Rispenäste dünn u. schlaff; Ährchen 2–3-blütig. 60–80 cm. 5–6. ⊙. Ruderalfluren, s LLA: Leipzig; OLH: Görlitz. K Stell. med. NU. V Sis. Heimat: Mittelmeergebiet bis Vorder- u. M-Asien.

A. fatua L., **Flug-H.**

Ährchen 2–3-blütig. 60–120 cm. 6–8. ⊙. Lehmige bis tonige Äcker, bes. im Sommergetreide, Ruderalfluren, z. A. ↘ O Aper., O Sis. Kosmopolit.

A. nuda L. em. MANSF., **Nackt-H., Sand-H., Rau-H.**
Deckspelzen dünnhäutig, mit stark hervortretenden Nerven; Hüllspelzen deutl. kürzer als das Ährchen; Ährchen 3–4-blütig, 18–25 mm lang. 40–90 cm. 6–8. ⊙. Kulturpflanze, selten angebaut u. verwildernd; Äcker, Ruderalfluren, s ERB: Chemnitz; ERO: Borna; OLH: Bautzen. NU. V Aper., K Stell. med.? Herkunft unbekannt.

A. sativa L., **Saat-H.***
Deckspelzen ohne Rückengranne od. nur Deckspelzen der unteren Blüten mit Rückengranne. 60–150 cm. 6–8. ⊙. Kulturpflanze, gelegentl. verwildernd, Straßenränder, Ruderalfluren. NU. K Stell med.? Herkunft unbekannt.

A. sterilis L., **Taub-H.**
20–80 cm. 7–8. ⊙. Ruderalfluren, Äcker, s ELH, ERO: z. B. Mühlbach, LLA: Leipzig. NU. K Stell. med., K Sis. Heimat: Mittelmeergebiet bis Vorderasien.

A. strigosa SCHREB., **Sand-H.**
[*A. nuda* subsp. *strigosa* (SCHREB.) JANCH.]. Ährchen (ohne Grannen) 16–24 mm lang. 40–120 cm. 6–8. ⊙. Früher Kulturpflanze, gelegentl. verwildernd; frische, nährstoffreiche, lehmige Äcker, Ruderalfluren, s DDH, ELH, LLA, OL, VGT. NU. K Stell. med., K Sis. Heimat: Mittelmeergebiet, Makaronesien, Vorderasien, N-Afrika.

A. vilis WALLR., **Wertloser H.**
[*A. hybrida* PETERM.]. 60–120 cm. 6–8. ⊙. Auf Äckern unter Getreide u. Hackfrüchten, s, angegeben von ELH: Dresden; LLA: Schkeuditz, früher Bienitz; VGT.

Wenig beachtete Sippe, vielfach nicht von *A. fatua* unterschieden bzw. als Hybride von *A. fatua* u. *A. sativa* gedeutet, neuerdings aber als eigenständige Sippe akzeptiert.

Beckmannia HOST, **Doppelährengras**
Pflanze schilfartig, dunkelgrün; Halm am Grund knollig verdickt; Ährchen 2-zeilig angeordnet, 2-blütig; Hüllspelze stark aufgeblasen; Deckspelze auf dem Rücken kurzhaarig, unbegrannt. 30–150 cm. 6–8. ♃. Teichufer, Röhrichte, s OLH: Reichenbach bei Görlitz; OLT: Guttau, Niederseifersdorf, Medewitz. K Bid., K Phragm. NU, wahrscheinl. mit Fischfutter eingeschleppt, erstmals 1962, Heimat: S-, SO-, O-Europa, Vorder- u. M-Asien bis W-Sibirien.
B. eruciformis (L.) HOST, **Westsibirisches D., Wiesen-D., Fischgras**

Bothriochloa KUNTZE, **Bartgras**

Halme mehrere, unterwärts ästig, nicht hohl; Blattspreiten schmal, rinnig, graugrün; Blatthäutchen fein zerschlitzt; Ährchen in schmal walzenförmigen Ähren, zu 5–10 fingerartig zusammengesetzt, ihre Stiele lang rauhaarig; Ährchen hellviolett, zu 2, das untere ⚥ u. zottig, begrannt, das obere ♂, kahl, unbegrannt. 30–70 cm. 7–10. ♃. Trocken- u. Halbtrockenrasen basenreicher Standorte, s ELH: Dohna, früher z; GHP: Diesbar; MLH: Ketzerbachtal; früher s LLA: Altranstädt; s OLH: Bautzen. K Fest.-Brom.; submed+euras-kont. Weinbaubegleiter. ***B. ischaemum*** (L.) KENG, **Gewöhnliches B.***

Brachypodium P. BEAUV., **Zwenke**

1 Pflanze horstig wachsend, ohne unterirdische Ausläufer; obere Grannen der Ährchen mindestens so lang wie die Deckspelzen, dünn u. oft geschlängelt; Ähre zur Reifezeit überhängend ***B. sylvaticum***

1* Pflanze Rasen bildend, mit unterirdischen Ausläufern; Grannen der Ährchen kürzer als die Deckspelzen, steif; Ähre auch zur Reifezeit aufrecht

2 Unterseite der Blattspreiten auf u. zwischen den Nerven mit vielen kurzen, nach vorn gerichteten Stachelhaaren, beim Darüberstreichen deshalb sehr rau, nicht glänzend; Blattspreiten hell- bis gelbgrün, flach ausgebreitet; Deckspelzen meist behaart ***B. pinnatum***

2* Unterseite der Blattspreiten nur auf den Nerven mit vereinzelten Stachelhaaren, beim Darüberstreichen deshalb glatt od. schwach rau, auffällig glänzend; Blattspreiten blau- bis graugrün, eingerollt bis flach ausgebreitet; Deckspelzen meist kahl ***B. rupestre***

B. pinnatum (L.) P. BEAUV., **Fieder-Z.***

50–100 cm. 6–7. ♃. Trocken- u. Halbtrockenrasen, lichte Eichen- u. Eichen-Hainbuchenwälder, Trockengebüsche, wärmeliebende Säume, Basenzeiger, z im Tief- u. Hügelland, s im Bergland. K Fest.-Brom., O Querc. pub., V Berb., O Orig.; sarmat-südsib.

B. rupestre (HOST) ROEM. et SCHULT., **Stein-Fieder-Z., Felsen-Z.**

50–100 cm. 6–7. ♃. Basenreiche Halbtrockenrasen, s VGT: Taltitz; früher ELH: Dresden. V Cirs.-Brach.; submed+subatl.

B. sylvaticum (HUDS.) P. BEAUV., **Wald-Z.***

Pflanze dunkelgrün; Halm u. Blätter schlaff; Blattspreiten unterseits mit deutl., weißem Mittelnerv. 60–120 cm. 7–8. ♃. Laubmischwälder u. Gebüsche, Basenzeiger, mäßig h. K Querc.-Fag., O Prun.; euras-nem.

Briza L., **Zittergras**

Flämmel, Flimmerchen (ELH, OL), Wanzen (ERZ), Zittermännel (OL)

Ährchen 4–7 mm lang, 3–14-blütig, an langen geschlängelten Stielen, hängend, breit eiförmig bis herzförmig; Blatthäutchen 0,5–2 mm lang, gestutzt. 20–50 cm. 5–6. ♃. Nährstoffarme bis mäßig nährstoffreiche Wiesen u. Weiden, Borstgrasrasen, Halbtrockenrasen, mäßig h bis z, früher h. ↘ K Mol.-Arrh., K Fest.-Brom., O Nard.; euras-nem.

B. media L., **Gewöhnliches Z.***

Selten eingeschleppt: ***B. maxima*** L.*, **Großes Z.:** Ährchen 14–25 mm lang, Rispe mit nur 1–12 Ährchen; ERB: Chemnitz; ELH: Dresden-Gorbitz; LLA: Leipzig; OLT: Neudorf-Kreba, Naundorf; VGT: Auerbach.

B. minor L., **Kleines Z.:** Blatthäutchen 3–8 mm lang; Rispenäste sehr dünn, reich verzweigt. LLA: Leipzig.

Bromus L., **Trespe**

1 Ährchen seitl. zusammengedrückt; Hüll- u. Deckspelzen auf dem Rücken gekielt

2 Deckspelzen ohne Granne od. mit höchstens 2 mm langer Granne, 9–13-nervig, behaart od. rau; Vorspelzen ca. ½ so lang wie die Deckspelzen; Blattspreiten 2–3 mm breit ***B. catharticus***

2* Deckspelzen mit 5–10 mm langer Granne, 7-nervig, kahl od. am Rand kurzhaarig; Vorspelzen fast so lang wie die Deckspelzen; Blattspreiten 5–10 mm breit ***B. carinatus***

1* Ährchen nicht zusammengedrückt; Hüll- u. Deckspelzen auf dem Rücken abgerundet

3 Hüllspelzen lanzettl., die untere 1-nervig, die obere 3-nervig

4 Ährchen zur Spitze hin verbreitert; Granne > 20 mm lang, so lang wie od. länger als die Deckspelze; Pflanze 1-jährig od. 1-jährig überwinternd

5 Halm u. Rispenachse kahl; Rispenäste 5–10 cm lang, rau; Granne der Deckspelze viel länger als Deckspelze; Deckspelze mit deutl. Nerven; Rispe aufrecht, allseitig ausgerichtet ***B. sterilis***

5* Halm unter der Rispe u. Rispenachse dicht kurzhaarig; Rispenäste 2–3(–4) cm lang, weichhaarig; Granne der Deckspelze etwa so lang wie Deckspelze; Deckspelze undeutl. genervt; Rispe einseitig überhängend ***B. tectorum***

4* Ährchen zur Spitze hin verschmälert; Granne höchstens 12 mm lang, stets kürzer als die Deckspelze; Pflanze ausdauernd

6 Rispe groß, locker, überhängend; Rispenäste 5–20 cm lang; Waldarten

7 Blattscheide des obersten Halmblattes mit 2–4 mm langen, abstehenden Haaren besetzt, ohne kurze Flaumhaare; unterster Rispenknoten mit einer am oberen Rand steif bewimperten Schuppe; unterste Rispenäste meist zu 2, jeweils mit 3–8 Ährchen besetzt; Deckspelze oberhalb der Mitte am breitesten ***B. ramosus***

7* Blattscheide des obersten Halmblattes mit kurzer, dichter, ca. 0,1 mm langer Flaumbehaarung, daneben höchstens einzelne längere Haare; unterster Rispenknoten mit einer am oberen Rand kahlen Schuppe; unterste Rispenäste zu 3–5, die kürzeren oft nur mit einem Ährchen; Deckspelze in od. unterhalb der Mitte am breitesten ***B. benekenii***

6* Rispe ± dicht, aufrecht; Rispenäste 2–5 cm lang; Arten des Offenlands

8 Deckspelzen unbegrannt od. mit einer höchstens 3 mm langen Granne; Blattspreiten kahl, untere Blattscheiden kahl od. (seltener) dicht kurzhaarig; Pflanzen mit langen Ausläufern, lockerrasig wachsend ***B. inermis***

8* Deckspelzen mit einer 4–10 mm langen Granne; Blattspreiten u. untere Blattscheiden zerstreut langhaarig bewimpert; Pflanzen dichtrasig wachsend **B. erectus**

3* Hüllspelzen eiförmig, die untere 3–5(–7)-nervig, die obere 5–9(–11)-nervig

9 Rispe dicht, zusammengezogen, die meisten Ährchenstiele deutl. kürzer als ihre Ährchen; Deckspelzen dünn, mit hervortretenden Nerven, weichhaarig

10 Vorspelze über der Mitte am breitesten, 1–2 mm kürzer als die Frucht, im oberen Viertel auf den Kielen unbewimpert; Deckspelzen 4,5–6,5 mm lang, mit breitem Hautrand, am oberen Ende auf ca. 0,5 mm Länge breit eingekerbt **B. lepidus**

10* Vorspelze in der Mitte am breitesten, mindestens so lang wie die Frucht, bis zur Spitze auf den Kielen bewimpert; Deckspelzen 6–11 mm lang, mit schmalem Hautrand, am oberen Ende undeutl. u. schmal eingekerbt **B. hordeaceus**

9* Rispe locker, meist ausgebreitet, die meisten Ährchenstiele deutl. länger als ihre Ährchen; Deckspelzen verdickt, Nerven wenig hervortretend, kahl od. behaart

11 Frucht dick, eingerollt, auf der Innenseite mit tiefer Furche; Deckspelzen zur Fruchtzeit mit ± eingerollten Rändern, mit der Frucht verwachsen; Ährchenachse zäh, spät zerfallend; untere Blattscheiden kahl od. zerstreut behaart **B. secalinus**

11* Frucht dünn, flach, auf der Innenseite ohne Furche; Deckspelzen zur Fruchtzeit mit flachen od. wenig eingerollten Rändern, nicht mit der Frucht verwachsen; Ährchenachse früh zerfallend; untere Blattscheiden behaart

12 Staubbeutel (3–)4–5 mm lang, ½ so lang wie die Deckspelze; untere Blattscheiden dicht seidig behaart; Ährchen meist purpurn überlaufen **B. arvensis**

12* Staubbeutel 0,5–2,5 mm lang, höchstens ⅓ so lang wie die Deckspelze; untere Blattscheiden locker rauhaarig; Ährchen meist grün

13 Granne > 2 mm unterhalb der Deckspelzenspitze entspringend, im unteren Teil gedreht, aufrecht od. zurückgebogen; Vorspelzen (1,5–) 2–3 mm kürzer als die Deckspelzen; untere Blattscheiden mit dicken, steifen Haaren besetzt

14 Deckspelzen 5–7 mm breit, mit etwa 1 mm breitem, durchsichtigem Rand; Grannen stark sparrig zurückgebogen; Ährchen breit eilanzettl.; Rispe wenig verzweigt, die längsten Rispenäste meist nur mit einem Ährchen **B. squarrosus**

14* Deckspelzen 3–4 mm breit, mit etwa 0,5 mm breitem, durchsichtigem Rand; Grannen aufrecht; Ährchen längl. lanzettl.; Rispe deutl. verzweigt, die längsten Rispenäste mit 2–4 Ährchen **B. japonicus**

13* Granne 0,5–1,5 mm unterhalb der Deckspelzenspitze entspringend, nicht gedreht, aufrecht; Vorspelzen 0–0,6(–0,8) mm kürzer als die Deckspelzen; untere Blattscheiden mit dünnen, weichen Haaren besetzt

15 Deckspelzen 6,5–8 mm lang, gleichmäßig gerundet, im Umriss elliptisch; Staubbeutel 1,5–2,5 mm lang; Vorspelze so lang wie die Deckspelze, auf den umgeschlagenen Seitenflächen glatt; Rispe 2–10(–14) cm lang, 1,5–4 cm breit, traubenartig, stark zusammengezogen, nicht nickend; Ährchenstiele 1–3 cm lang; Grannen an allen Blüten im Ährchen ± gleich lang **B. *racemosus***

15* Deckspelzen 8–11 mm lang, im oberen Drittel abgerundet stumpfwinkelig, im Umriss leicht rhombisch; Staubbeutel 1–1,5 mm lang; Vorspelze 1–2 mm kürzer als die Deckspelze, auf den umgeschlagenen Seitenflächen von Stachelhaaren rau; Rispe 5–20(–25) cm lang, 4–10 cm breit, locker ausgebreitet, zur Fruchtzeit stark nickend; Ährchenstiele bis 7 cm lang; Grannen an den unteren Blüten im Ährchen kürzer **B. *commutatus***

B. arvensis L., **Acker-T.**

Rispe groß, mit langen, dünnen Ästen, ausgebreitet od. zur Fruchtzeit leicht überhängend; Ährchen schmal lanzettl., 4–12-blütig; Granne 1–1,5 mm unter dem oberen Rand der Deckspelze entspringend. 25–110 cm. 5–7. ⊙, ①. Nährstoffreiche Äcker, Ruderalfluren, s MLH: Ketzerbachtal; OLH: Kittlitz; OLT: Königswartha; früher im Gebiet z. A. ↘ O Aper., O Sis.; med-orient.

1 Ährchen 15–25 mm lang. Deckspelzen 7–9 mm lang; Staubbeutel 3–5 mm lang; Rispe sehr locker, ausgebreitet, zur Fruchtzeit meist nickend. Verbreitung wie Art. **subsp. *arvensis***

1* Ährchen (10–)12–16(–18) mm lang; Deckspelzen (5–)6–7 mm lang; Staubbeutel (0,5–)1–2(–3) mm lang; Rispe weniger locker, zur Fruchtzeit ± aufrecht. Wenig beachtete Sippe, im Gebiet wohl s. **subsp. *parviflorus*** (DESF.) H. SCHOLZ

B. benekenii (LANGE) TRIMEN, **Benekens Wald-T.**

Rispe schmal, einseitig überhängend. 40–120 cm. 6–7. ♃. Laubmischwälder, Waldschläge, Basenzeiger, s bis z; früher s OLT; fehlt EET. ↘ O Fag.; sarmat.

B. carinatus HOOK. et ARN., **Plattähren-T., Kalifornische T.**

Deckspelzen kahl od. am Rand kurzhaarig. 30–80 cm. 6–10. ①, ♃. Trockene Ruderalfluren (Bahndämme, Straßenränder), Grasansaaten, z LLA: z. B. Leipzig, Großpösna; MLH: z. B. Lützschwitz, Triebischtal; s ELH: z. B. Dresden-Prohlis, ERB: Chemnitz; OLH: z. B. Görlitz: Wiesa; OLT: Zimpel, Klitten, Niesky; VGT: Markneukirchen. NE. O Sis., V Arct. Heimat: N-Amerika.

B. catharticus VAHL, **Pampas-T., Anden-T., Ährengrasähnliche T.**

Deckspelzen auf den Nerven behaart od. rau. 20–80 cm. 6–9. ①, ♃. Trockene Ruderalfluren (Bahndämme, Straßenränder), s EET: Riesa; ELH: Dresden; LLA: Leipzig; OLT. O Sis., V Arct. NU. Heimat: S-Amerika.

B. *commutatus* Schrad., **Verwechselte T.**

Glieder der Ährchenachse fast 2 mm lang. 30–120 cm. 5–6. ⊙,①. Ruderalfluren, Grasansaaten, Wegränder, Wiesen, Weiden, früher auch nährstoffreiche Äcker, s ELH: Dresden-Löbtau; OLT: Niesky: Steinbach; früher s EET, ERO, LLA, MLH, OLH, VGT. Wahrscheinl. NE (ehem. Futtergras). K Stell. med., O Arrh.; submed+subatl.

1 Deckspelzen 8–11 mm lang, zur Fruchtzeit sich gegenseitig deckend; reife Frucht bis 0,4 mm dick. Ährchenachse zur Fruchtzeit leicht zerbrechl. Verbreitung u. Soziologie wie Art. **subsp. *commutatus***

1* Deckspelzen 7,5–9,5 mm lang, ihre Ränder zur Fruchtzeit eingekrümmt; reife Frucht 0,4–0,6 mm dick. Ährchenachse zur Fruchtzeit langsam zerbrechend. s, LLA: Leipzig, Schkeuditz. **subsp. *decipiens*** (Bomble et H. Scholz) H. Scholz

B. *erectus* Huds., **Aufrechte T.***

Rispe 10–15 cm lang; Blatthäutchen 1–2 mm lang. 30–90 cm. 5–10. ♃. Kalkreiche Trocken- u. Halbtrockenrasen, Frischwiesen, z. NE (Futtergras, 18./19. Jh.). K Fest.-Brom., O Arrh.; submed.

Sehr variable Art. Erwähnenswert ist var. *longiflorus* (Spreng.) Parl. [subsp. *longiflorus* (Spreng.) Asch. et Graebn.] mit flach ausgebreiteten Blattspreiten, sehr lockerer Rispe, sehr langen u. dünnen Rispenästen u. bis 40 mm langen Ährchen. VGT: Hundsgrün; ELH: Dresden.

B. *hordeaceus* L., **Weiche T.***

Ährchen 8–25 mm lang; Ährchenachse auch zur Fruchtreife nicht sichtbar. 5–80 cm. 5–8. ⊙, ①. Mäßig trockene Ruderalfluren u. Äcker, trockene Wiesen u. Weiden, Grasansaaten, Wegränder, h. A? O Sis., V Arct., O Onop., V Conv.-Agrop., O Arrh.; med-orient.

1 Deckspelzen 2,5–3,5 mm breit, mit bogigem bis schwach winkligem Hautrand, Granne an der Basis 0,1 mm breit. Mäßig trockene Wiesen, Grasansaaten. NU, wenig beachtet, bisher ERO: Dresden; ERO: Börmersdorf; LLA: Leipzig [subsp. *molliformis* auct. non (Billot.) Maire et Weiller]. **subsp. *mediterraneus*** (H. Scholz et F. W. Vázquez) H. Scholz

1* Deckspelzen 3–5 mm breit, mit deutl. winkligem Hautrand, Granne an der Basis 0,2 mm breit

2 Deckspelzen 8–11 mm lang, meist behaart; Vorspelze länger als die Frucht. Verbreitung u. Soziologie wie Art. **subsp. *hordeaceus***

2* Deckspelzen 6–8 mm lang, kahl od. schwach behaart; Vorspelze so lang wie die Frucht. Grasansaaten, Wegränder, Ruderalfluren. Wenig beachtete Sippe, vermutl. z. NE (erstmals 1917), Ausbreitung von Grasansaaten ausgehend. **subsp. *pseudothominei*** (P. M. Sm.) H. Scholz

B. *inermis* Leyss., **Unbegrannte T., Wehrlose T.***

Rispe groß, aufrecht bis ausgebreitet; Blatthäutchen 0,5–2 mm lang. Blattspreiten 6–10 mm breit, kahl. 30–100 cm. 6–7. ♃. Trockene Ruderalfluren, ruderalisierte Frischwiesen u. Trockenrasen, Straßenböschungen, mäßig h. A. K Fest.-Brom., O Arrh., K Artem., V Conv.-Agrop.; euras-kont.

B. *japonicus* Thunb., **Japanische T., Überhängende T.**

Ährchen 7–10-blütig. 15–60 cm. 5–6. ⊙, ①. Lehmige Äcker, Ruderalfluren, s ELH, ERM, LLA, OL, VGT. NU. O Aper., O Sis. Heimat: Mittelmeergebiet, Vorderasien, Japan.

B. lepidus HOLMB., **Zierliche T.**

Ährchen 5–15 mm lang; Ährchenachse zur Fruchtreife sichtbar. 5–70 cm. 6–8. ⊙, ①. Ruderalfluren, mäßig trockene Wiesen u. Weiden; s LLA: Leipzig; OLH: Panschwitz-Kuckau, Zittau. NU od. indigen? V Sis, O Arrh. Heimat unbekannt.

B. racemosus L., **Trauben-T.**

Glieder der Ährchenachse etwa 1 mm lang. 20–100 cm. 5–6. ⊙, ①. Nährstoffreiche Frisch- u. Feuchtwiesen, †, früher z im Tief- u. Hügelland, letzter Nachweis 1977 ELH: Meißen. Wahrscheinl. NE (Futtergras). V Calth., V Arrh.; subatl.

B. ramosus HUDS., **Späte Wald-T.***

Rispe groß, locker ausgebreitet. 50–190 cm. 7–8. ♃. Laubmischwälder, insbesondere Schlucht- u. Schatthangwälder, Basenzeiger, z bis s. ↘ O Fag.; subatl.

B. secalinus L., **Roggen-T.***

Deckspelzen zur Fruchtzeit voneinander abstehend u. einander nicht deckend. 30–110 cm. 6–7. ⊙, ①. Sandige bis lehmige Äcker, bes. in Wintergetreide, Ruderalfluren, s OLH: Gaußig; OLT: Förstgen, Weißwasser, Dubrauke; ruderal ELH: Dresden; ERO: Dippoldiswalde; GHP: Diera; LLA: Leipzig; VGT: Treuen, Friedrichsgrün, Eubabrunn; früher mäßig h. A. ↘ O Aper., V Sis.; euras.

B. squarrosus L., **Sparrige T.**

Ährchen 10–20-blütig. 30–60 cm. 5–6. ⊙, ①. Trockene, sandig-kiesige Ruderalfluren, s, z. B. ELH: Dresden-Kaitz; ERB: Chemnitz; LLA: Leipzig; OLH: Bautzen, Kamenz;. NU. V Sis. Heimat: Mittelmeergebiet.

B. sterilis L., **Taube T.***

Deckspelzen (12–)14–24 mm lang. 15–100 cm. 5–6. ⊙, ①. Mäßig trockene Ruderalfluren, h im Tief- u. Hügelland, im Bergland s. A. O Sis., K Artem., V Conv.-Agrop.; med-submed.

B. tectorum L., **Dach-T.**

Deckspelzen 9–12(–15) mm lang. 10–45 cm. 5–6. ⊙, ①. Trockene Ruderalfluren, ruderalisierte Magerwiesen u. Sandtrockenrasen, mäßig h im Tief- u. Hügelland, im Bergland s. A. O Sis., K Koel.-Coryn.; submed+europ-kont.

Calamagrostis ADANS., **Reitgras**

1 Granne der Deckspelze aus dem Ährchen 1–3 mm weit herausragend; Pflanze ± dichthorstig, ohne unterirdische Ausläufer
C. arundinacea

1* Granne der Deckspelze nicht aus dem Ährchen herausragend; Pflanze rasig od. lockerhorstig, mit längeren unterirdischen Ausläufern

2 Haare am Grund der Deckspelze ²/₃–¾ so lang wie die Deckspelze; Deckspelze grünl., derbhäutig, im oberen Teil stark rau; Blattspreiten 2–5 mm breit, meist eingerollt, steif; Rispe längl., mit kurzen Rispenästen, vor u. nach der Blüte zusammengezogen **C. *stricta***

2* Haare am Grund der Deckspelze so lang wie od. länger wie die Deckspelze; Deckspelze zarthäutig, durchscheinend, glatt od. schwach rau; Blattspreiten 3–12(–20) mm breit, flach ausgebreitet; Rispe mit langen, ausgebreiteten Rispenästen

3 Haare am Grund der Deckspelze diese deutl. überragend

4 Granne im Einschnitt der 2-zähnigen Deckspelze od. auf dem Rücken im oberen Drittel eingefügt, die Deckspelze wenig überragend; Hüllspelzen lanzettl., zugespitzt; Deckspelze 5-nervig **C. *rivalis***

4* Granne auf dem Rücken der Deckspelze in der Mitte eingefügt, die Deckspelze deutl. überragend; Hüllspelzen linealisch pfrieml., in einen langen, röhrenförmig eingerollten oberen Teil auslaufend; Deckspelze 3-nervig **C. *epigejos***

3* Haare am Grund der Deckspelze so lang wie die Deckspelze

5 Blatthäutchen der oberen Halmblätter 5–13 mm lang, außen dicht kurzhaarig; Blattspreiten unterseits nicht glänzend, meist graugrün — Rispe 10–25 cm lang **C. *phragmitoides***

5* Blatthäutchen der oberen Halmblätter 2–4(–5) mm lang, kahl; Blattspreiten unterseits glänzend, meist rein grün

6 Granne der Deckspelze rückenständig, etwa in der Mitte der Deckspelze eingefügt; Halme unverzweigt; Halme unter den Knoten oft mit Haarbüscheln; Blattspreiten am Grund unterseits meist mit 2 Haarbüscheln **C. *villosa***

6* Granne der Deckspelze endständig, im 2-zähnigen Einschnitt der Deckspelze entspringend; Halme aus den unteren Knoten oft verzweigt; Halme ohne Haarbüschel; Blattspreiten am Grund unterseits ohne Haarbüschel **C. *canescens***

C. *arundinacea* (L.) ROTH, **Wald-R.**

Blattspreiten unterseits dunkelgrün, glänzend, am Grund beidseitig mit Haarbüscheln. 60–120 cm. 6–7. ♃. Bodensaure Buchen- u. Eichenwälder, Waldlichtungsfluren, mäßig h im Hügel- u. Bergland, z im Tiefland. V Fag., V Carp., V Querc. rob., O Atrop.; eurosib.

C. *canescens* (F. H. WIGG.) ROTH, **Sumpf-R.***

Blattspreiten schmal, gelbl.-grün, unterseits stark glänzend; untere u. obere Hüllspelze ungleich lang. 60–120 cm. 7–8. ♃. Bruchwälder, Weiden-Moorgebüsche, Großseggenrieder, Gewässerufer, mäßig h, z ELH, ERO; s im übrigen ERZ u. VGT. V Aln., V Salic. cin., V Magnocar.; eurosib.

1 Granne dünn, sehr kurz, endständig u. im Einschnitt der Deckspelzenspitze entspringend; Achsenfortsatz des Ährchens fehlend od. sehr kurz. Wenig beachtete Sippe, ob im Gebiet? **subsp. *vilnensis*** (BESSER) H. SCHOLZ

1* Granne stärker u. länger, deutl. unterhalb des Einschnitts der Deckspelze entspringend; Achsenfortsatz des Ährchens gut ausgebildet. Verbreitung u. Soziologie wie Art. **subsp. *canescens***

C. epigejos (L.) ROTH, **Land-R.***

Rispe 15–30 cm lang, dicht, knäuelig gelappt. 60–150 cm. 7–8. ♃. Waldlichtungsfluren, Nadelholzforste, Gebüsche, Ruderalfluren, Bergbaufolgeflächen, sehr h. K Epil. ang., K Artem.; euras.

C. phragmitoides HARTM., **Purpur-R.**

80–150 cm. 7–8. ♃. Feuchte bis nasse Hochstaudenfluren, Feuchtgebüsche, s ERM: Annaberg; ERO: Freiberg-Kleinwaltersdorf; früher VGT: Mißlareuth. K Aln., K Salic. purp.

C. rivalis H. SCHOLZ, **Sächsisches R.**

[*C. pseudopurpurea* O. R. HEINE]. 100–200 cm. 6–7. ♃. Nährstoffreiche Flussufer, Flussröhrichte, Frischwiesen-Brachen an Flussufern, s MLH u. ERZ: an Zschopau, Flöha, Freiberger, Zwickauer u. Vereinigter Mulde, Striegis; früher DDH. ↘ O Phragm., V Conv.; endem (sächsischer Endemit).

C. stricta (TIMM) KOELER, **Moor-R.**

[*C. neglecta* auct.] 40–100 cm. 7–8. ♃. Nasse, nährstoffarme Nieder- u. Zwischenmoore, s OLT. ↘ V Car. nig.; eurosib-bor.

C. villosa (VILL.) J. F. GMEL., **Wolliges R.**

Blatthäutchen 2–4 mm lang; untere u. obere Hüllspelze etwa gleich lang. 60–120 cm. 7–8. ♃. Fichtenwälder u. -forste, Waldlichtungsfluren, Mischwälder mit Fichte, im Bergland h, mäßig h im Hügelland, z im Tiefland, s ELH (rechtselbige Täler); fehlt LLA. V Pic., V Car.-Epil., V Querc. rob.-petr.; pralp-sudeto-karpat.

Bastarde

C.* × *hartmaniana FR. [*C. arundinacea* × *C. canescens*]: s VGT: Markneukirchen
C.* × *rigens LINDGR. [*C. canescens* × *C. epigejos*]: s OLT

Catabrosa P. BEAUV., **Quellgras**

Pflanze grasgrün, kahl, mit kriechenden Ausläufern; Halme schlaff; Blatthäutchen eiförmig, 2–4 mm lang; Blattspreiten 5–10 mm breit; Rispe locker ausgebreitet; Ährchen 1–2(–3)-blütig, 2–4,5 mm lang; Deckspelzen breit eiförmig, am oberen Ende abgeschnitten u. gewellt. 20–50 cm. 6–9. ♃. Quellfluren, Gräben, Uferbereiche von stehenden Gewässern, †, ELH:

Dresden; LLA: Kleindölzig (hier letzte Beobachtung 1963), Leipzig; OLH: Radeberg, Bautzen, Herrnhut; OLT: Rietschen, Hammerstadt, Niesky. V Glyc.-Sparg., V Bid.; euras-nem. ***C. aquatica*** (L.) P. BEAUV., **Quellgras**

Catapodium LINK, **Steifgras**

Blatthäutchen 1–3 mm lang, zerschlitzt; Ährchenstiele 0,5–3 mm lang, dick u. starr. 3–20 cm. 5–9. ①. Trockene, sandig-kiesige Ruderalfluren, s LLA: Leipzig; früher s GHP: Großenhain; ELH: Dresden. NU. V Sis. Heimat: Mittelmeergebiet, W-Europa. [*Desmazeria rigida* (L.) TUTIN]

C. rigidum (L.) DONY, **Steifgras**

Coleanthus SEIDL, **Scheidenblütgras**

Halme niederliegend, rosettenartig ausgebreitet, fadenförmig; Blattscheiden bauchig aufgeblasen; Blattspreiten linealisch, meist sichelförmig zurückgebogen; Rispe in der Jugend am Grund von der Scheide des obersten Blatts eingehüllt; Ährchen gestielt, in doldigen Büscheln. 2–8 cm. 5–10. ⊙, ①. Teichschlamm, z ERO: Teiche zwischen Freiberg u. Olbernhau, Talsperre Lehnmühle; s ERM: Chemnitz; OLT: Einzugsgebiet der Kleinen Spree. NE unsicherer Zeitstellung (17. Jh.?). O Nanocyp.; euras, circpol. ∇

C. subtilis (TRATT.) SEIDL, **Scheidenblütengras***

Corynephorus P. BEAUV., **Silbergras**

Blätter pfrieml. eingerollt, graugrün; Rispe vor u. nach der Blütezeit ährig zusammengezogen, silbergrau. 15–30 cm. 6–8. ♃. Sandtrockenrasen, Binnendünen, trockene Kiefernwälder, trockene Zwergstrauchheiden, sandige Ruderalfluren, h bis mäßig h in N-Sachsen, sonst s u. vielfach nur verschleppt. V Coryn., V Cyt.-Pin.; atl-submed+subatl.

C. canescens (L.) P. BEAUV., **Silbergras***

Cynodon L. C. RICH., **Hundszahngras**

Pflanze graugrün, mit bis 1 m langen Ausläufern; Halm aufsteigend; Blattspreiten schmal; Blatthäutchen in Haare aufgelöst; Ähren meist zu 3–6, 2–6 cm lang; Ährchen 2,5–3 mm lang. 20–40 cm. 7–9. ♃. Trockene Ruderalfluren, Wegränder, s, z. B. ELH: Dresden, Meißen, Freital; ERB: Chemnitz, Zwickau; LLA: Leipzig; früher s OLH: Bischofswerda; OLT: Rietschen. NU. V Polyg., V Conv.-Agrop., O Sis. Heimat: Mittelmeergebiet.

Cynosurus L., **Kammgras**

1 Deckspelzen langgrannig, Granne 6–16 mm lang, deutl. länger als die Deckspelze; Pflanze 1-jährig, Stängel einzeln; Blatthäutchen verlängert, 5–10 mm lang; Ährenrispe eiförmig, 1–4(–6) cm lang, 1–2 cm breit ***C. echinatus***

1* Deckspelzen mit etwa 1 mm langer Grannenspitze; Pflanze dichtrasig, ausdauernd; Blatthäutchen kurz, gestutzt, 0,5–1,5 mm lang; Ährenrispe linealisch, 2–12 cm lang, 0,5–1 cm breit **_C. cristatus_**

C. cristatus L., **Wiesen-K., Weide-K.***

20–60 cm. 6–7. ♃. Mäßig nährstoffreiche Frischwiesen u. -weiden, mäßig h. O Arrh., bes. V Cynos.; europ-nem. Extensivweiderelikt.

C. echinatus L., **Igel-K.**

20–60 cm. 5. ⊙, ①. Trockene Ruderalfluren, eingeschleppt, s ELH, GHP, LLA, OL, VGT. NU. O Sis. Heimat: Makaronesien, Mittelmeergebiet bis Vorderasien.

Dactylis L., **Knäuelgras, Knaulgras**

1 Hüll- u. Deckspelzen am Kiel mit steifen, abstehenden, um 0,5 mm langen Haaren besetzt; Deckspelzen abrupt in eine 1–2 mm lange Granne verschmälert; Pflanze grau- od. blaugrün; Blattscheiden rau; Hüllspelzen grün od. rötl., untere 1-nervig, obere 3-nervig; Rispe dicht, stark geknäuelt **_D. glomerata_**

1* Hüll- u. Deckspelzen am Kiel fast kahl od. mit kurzen, 0,1–0,3 mm langen, weichen Haaren besetzt; Deckspelzen allmähl. in eine 0,5–1 mm lange Spitze verschmälert; Pflanze lebhaft hell- bis gelbgrün; Blattscheiden glatt; Hüllspelzen weißl. durchsichtig, beide 3-nervig; Rispe locker, schmal, schwach geknäuelt **_D. polygama_**

D. glomerata L., **Gewöhnliches K.***

50–150 cm. 5–7. ♃. Wiesen u. Weiden, Wegränder, ruderalisierte Trocken- u. Halbtrockenrasen, Waldränder u. -wege, sehr h. O Arrh., K Fest.-Brom., K Artem., K Epil. ang.; euras-nem., ob indigen?

1 Halme u. Erneuerungssprosse am Grund knollenförmig verdickt; Rispe mit langen, glatten Seitenästen, Ährchen in lockeren Knäueln angeordnet; Hüll- u. Deckspelzen auf den Seitenflächen kahl. 100–150 cm. 6–7. ♃. Bergwiesen, wenig beachtete Sippe, bisher nur ERZ, ELH, MLH, VGT; Verbreitung ungenügend bekannt. V Pol.-Tris. **subsp. _slovenica_** (DOMIN) DOMIN

1* Halme u. Erneuerungssprosse am Grund nicht knollenförmig verdickt; Rispe mit rauen Seitenästen, Ährchen in dichten Knäueln angeordnet; Hüll- u. Deckspelzen auf den Seitenflächen meist behaart; Verbreitung u. Soziologie wie Art. **subsp. _glomerata_**

D. polygama HORV., **Wald-K.**

[*D. aschersoniana* GRAEBN., *D. glomerata* subsp. *aschersoniana* (GRAEBN.) THELL.]. 50–120 cm. 5–7. ♃. Frische, nährstoffreiche Laubmischwälder, Waldlichtungsfluren, Waldränder, Waldwege, z im Tief- u. Hügelland, im Bergland s bis fehlend. V Carp., V Fag., V Atrop.; europ-nem.

Bastard

D.* × *pendula (DUMORT.) B. D. JACKS. [*D. glomerata* × *D. polygama*]: s, z. B. ERB: Wilkau-Haßlau

Danthonia DC., **Dreizahn**

Dichtrasig; Halm erst niederliegend, zur Blütezeit aufsteigend; Blattspreiten u. -scheiden gewimpert, an Stelle des Blatthäutchens ein Haarkranz; Rispe schmal, traubig; Ährchen 3–5-blütig, hellgrün, seltener violett überlaufen. 15–45 cm. 6–7. ♃. Zwergstrauchheiden, Borstgrasrasen, Waldwege, Trocken- u. Halbtrockenrasen, z LLA, MLH, sonst mäßig h. V Genist., O Arrh., O Mol., O Nard., K Fest.-Brom.; submed+subatl. [*Sieglingia decumbens* (L.) BERNH.]. ***D. decumbens*** (L.) DC., **Dreizahn***

Deschampsia P. BEAUV. [inkl. *Avenella* PARL.], **Schmiele**

1 Blattspreiten flach ausgebreitet, 2–5 mm breit, oberseits mit 7(–11) stark hervortretenden Rippen u. sehr rau; Granne der Deckspelze gerade od. undeutl. gekniet, meist so lang wie die Spelze, nicht hervorragend, weißl. ***D. cespitosa***

1* Blattspreiten eingerollt, unter 1 mm im Durchmesser, auf der Oberseite mit 3–5 leicht hervortretenden Rippen, glatt od. schwach rau; Granne der Deckspelze deutl. gekniet, am Grund bräunl., die Deckspelze weit überragend

2 Blatthäutchen der Erneuerungssprosse 2–3 mm lang, gestutzt; Ährchen hell bräunl., rötl. überlaufen; äußere Zähne an der Spitze der Deckspelze kürzer als die inneren Zähne. ***D. flexuosa***

2* Blatthäutchen der Erneuerungssprosse 3–8 mm lang, spitz; Ährchen grünviolett, an der Spitze gelbl.; äußere Zähne an der Spitze der Deckspelze länger als die inneren Zähne ***D. setacea***

D. cespitosa (L.) P. BEAUV., **Rasen-Sch.***

Pflanzen dichte Horste bildend; Rispe pyramidenförmig, Äste waagerecht abstehend. 60–120 cm. 6–7. ♃. Feuchtwiesen, feuchte Wälder, Quellfluren, Bachränder, Niedermoore, h. K Querc.-Fag., O Mol., K Mont.-Card.; euras-nem, circpol.

D. flexuosa (L.) TRIN., **Draht-Sch.***

[*Avenella flexuosa* (L.) DREJER]. Ährchenstiele 3–10 mm lang, fadenförmig, rau. 30–60 cm. 6–8. ♃. Bodensaure Wälder, besonders Nadelwälder, Waldlichtungsfluren, Zwergstrauchheiden, Magerrasen, Felsfluren, h. V Querc. rob., V Fag., O Pic., K Call.-Ul., V Epil. ang.; euras-nem.

D. setacea (HUDS.) HACK., **Borst-Sch., Borstblatt-Sch.**

Ährchenstiele 1–4 mm lang, dünn, kantig u. rau. 30–50 cm. 7–8. ♃. Torfige, nasse, nährstoffarme Teichufer, Zwischenmoore, s OLT: Hoyerswerda, früher Muskauer Heide bei Schleife. ↘ O Litt.; atl.

Digitaria HALLER, **Fingerhirse**

1 Obere Blattscheiden dicht abstehend lang behaart; Blattspreiten beidseitig mit zerstreuten Wimperhaaren; obere Hüllspelze nur ½-mal so lang wie die Deckspelzen der oberen Blüten, diese deshalb deutl. sichtbar; Scheinähren zu 4–6; Ährchen längl. lanzettl., spitz, meist violett überlaufen, 2,5–3,5 mm lang; Halme meist geknickt aufsteigend ***D. sanguinalis***

1* Obere Blattscheiden kahl; Blattspreiten kahl od. nur am Grund mit einigen Haaren; obere Hüllspelze etwa so lang wie die Deckspelzen der oberen Blüten, diese deshalb kaum sichtbar; Scheinähren meist zu 3; Ährchen elliptisch eiförmig, stumpf, weichhaarig, auf den Nerven kahl, 2–2,5 mm lang; Halme meist niederliegend ***D. ischaemum***

D. ischaemum (SCHREB.) MUHL., **Kahle F., Fadenhirse**

10–45 cm. 7–10. ⊙. Sandige Äcker, trockene Ruderalfluren, Gärten, Wegränder, im Tiefland mäßig h, im Hügelland z, im Bergland s. A. O Aper., O Sis.; euras-nem, circpol.

D. sanguinalis (L.) SCOP., **Blutrote F., Bluthirse***

15–50 cm. 7–10. ⊙. Sandige Äcker, trockene Ruderalfluren, Gärten, Weinberge, mäßig h im Tief- u. Hügelland, im Bergland s. A. O Aper., O Sis.; submed+euras, heute Kosmopolit.

1 Deckspelzen der unteren Blüten mit 1–2 mm langen, steifen, auf Wärzchen stehenden Haaren, außerdem mit kurzen, weichen Haaren. s, wenig beachtet, bisher DDH, ELH, LLA, MLH, OLH, OLT, VGT, NU? Wahrscheinl. aus S Europa eingeschleppt od. durch Samenhandlungen verbreitet. Heimat: Mittelmeergebiet. **subsp. *pectiniformis*** HENRARD

1* Deckspelzen der unteren Blüten mit kurzen, weichen Haaren, ohne längere, steife Haare. Verbreitung u. Soziologie wie Art. **subsp. *sanguinalis***

Echinochloa P. BEAUV., **Hühnerhirse**

1 Rispe schmal längl., Traubenäste kurz, nur 1–2(–3) cm lang, unverzweigt, ½ bis 4/5 ihrer Länge voneinander entfernt an der Rispenachse stehend, straff aufrecht u. an der Rispenachse meist anliegend; Ährchen 2,5–2,8(–3,0) mm lang, unbegrannt ***E. colonum***

1* Rispe breit eiförmig bis pyramidal, Traubenäste (1–)2–6 cm lang, am Grund bisweilen verzweigt, weniger als ½ ihrer Länge voneinander entfernt an der Rispenachse stehend, schräg aufrecht bis waagerecht abstehend; Ährchen 2,5–4,0(–4,5) mm lang, begrannt od. unbegrannt

2 Traubenäste u. Ährchen dicht stehend, Rispe deshalb kompakt; Ährchen stachelspitzig, grannenlos; Ährchen zur Reifezeit festsitzend, nicht leicht abfallend

3 Rispe dunkelviolett; Traubenäste kurz u. dick; Hüllspelzen mit auf Warzen stehenden Haaren od. mit Stachelhaaren ***E. esculenta***

3* Rispe bräunl.; Traubenäste längl. u. schlank; Hüllspelzen steifhaarig, Haare nicht auf Warzen stehend ***E. frumentacea***

2* Traubenäste u. Ährchen locker stehend, Rispe deshalb locker; Ährchen spitz od. stachelspitzig bis begrannt; Ährchen zur Reifezeit oft leicht abfallend

4 Traubenäste aufrecht abstehend; Ährchen mit wenig kräftigen, geraden, kaum abstehenden Borsten- od. Warzenhaaren besetzt; Deckspelzen der fruchtbaren Blüten plötzl. in eine krautige, welkende, mit feinen, kurzen Härchen besetzte Spitze verschmälert ***E. crus-galli***

4* Traubenäste aufrecht abstehend bis fast waagerecht abgespreizt; Ährchen mit kräftigen, starr abstehenden, geraden bis gekrümmten, glasartigen Warzenhaaren besetzt; Deckspelzen der fruchtbaren Blüten allmähl. in eine wenig krautige, harte, fast kahle Spitze verschmälert ***E. muricata***

E. colonum (L.) LINK., **Kleine H., Schamahirse**

15–50 cm. 7–10. ⊙. Ruderalfluren, s, Leipzig. V Sis. NU. Heimat: tropische u. subtropische Gebiete Afrikas, Asiens u. Amerikas.

E. crus-galli (L.) P. BEAUV., **Gewöhnliche H.***

30–120 cm. 7–10. ⊙. Sandige bis lehmige, nährstoffreiche Äcker (insbesondere Hackfruchtäcker), Ruderalfluren, Gärten, Weinberge, h im Tief- u. Hügelland, im Bergland s bis fehlend. K Stell. med., V Sis.; circpol. Kosmopolit.

Zu achten ist auf **subsp. *spiralis*** (VASING.) TZVELEV mit kleineren Ährchen u. Fruchtspelzen: (2,3–)2,5–3,2 mm lang, ca. 2,5 mm breit (statt 3–4 mm u. 3 mm bei subsp. *crus-galli*). Bisher Leipzig, Zwickau.

E. esculenta (A. BRAUN) H. SCHOLZ, **Japanische H.**

[*E. utilis* OHWI et YABUNO]. 30–100 cm. 7–10. ⊙. Ruderalfluren, s ELH, LLA, MLH, OL, VGT. NU. V Sis. Heimat: O-Asien; typischer Vogelfutterbegleiter.

E. frumentacea LINK

100–150 cm. 7–10. ⊙. Ruderalfluren, s ELH, ERB, GHP, LLA, OL. NU. V Sis. Heimat: tropische u. subtropische Gebiete Afrikas u. Asiens; typischer Vogelfutterbegleiter.

E. muricata (P. BEAUV.) FERNALD, **Stachel-H.**

50–150 cm. 7–10. ⊙. Flussufer, mäßig trockene Ruderalfluren, an der Elbe z, sonst s OLH: Kamenz, Malschwitz; LLA: Leipzig. NE (erstmals 1970). V Sis., O Bid. Heimat: N-Amerika; Vogelfutterbegleiter.

Eleusine GAERTN., **Korakan**

Blattscheiden zusammengedrückt, kahl, an der Mündung gewimpert; Blatthäutchen zu Haarkranz umgebildet; Ähren 3,5–15 cm lang; Ährchen kahl, gekielt; Hüll- u. Deckspelzen am Kiel rau. 15–60 cm. 7–9. ☉. Ruderalfluren, s ELH: Dresden; ERB: Chemnitz; ESG: Königstein; LLA: Leipzig. NU. O Sis. Heimat: tropische u. subtropische Gebiete Afrikas, Asiens u. Amerikas; typischer Vogelfutterbegleiter. ***E. indica*** (L.) GAERTN., **Wilder K., Indischer Hundszahn**

Elymus L. [inkl. *Roegneria* K. KOCH, *Elytrigia* DESV., *Agropyron* L. p. p.], **Quecke**

1 Pflanze ohne unterirdische Ausläufer, dichte Horste bildend

2 Granne der Deckspelze 10–25 mm lang, geschlängelt, mindestens so lang wie die Deckspelze; Blätter flach, schlaff; Ähre schlaff, meist überhängend ***E. caninus***

2* Granne fehlend od. kurz, stets kürzer als die Deckspelze; Blätter gefaltet, steif; Ähre steif ***E. obtusiflorus***

1* Pflanze mit langen, unterirdischen Ausläufern, ausgedehnte Rasen bildend — Granne der Deckspelze fehlend od. bis 7 mm lang, gerade u. steif, stets kürzer als die Deckspelze

3 Oberseiten der Blattspreiten mit langen, abstehenden Haaren od. (seltener) völlig kahl, feine Borsten fehlend; Blattspreiten dünn, meist flach, grün bis blaugrün, Rippen undeutl. hervortetend; Blattscheiden am freien Rand unbewimpert ***E. repens***

3* Oberseiten der Blattspreiten mit vielen, sehr kurzen, äußerst feinen Borsten (Lupe!), daneben ohne od. mit längeren Haaren; Blattspreiten steif, meist eingerollt, hell bläul.-grün, Rippen stark hervortretend, weißl.; Blattscheiden am freien Rand bewimpert

4 Hüllspelzen gestutzt, stumpf od. abgerundet; alle Blattscheiden am freien Rand auf ganzer Länge gewimpert; Rippen auf der Blattspreiten-Oberseite abwechselnd breit, ohne lange, abstehende Haare; Rand der Blattspreite durch Festigungsgewebe stark verdickt u. deshalb auffallend weiß ***E. hispidus***

4* Hüllspelzen bespitzt, zuweilen mit Stachelspitze, Blattscheiden am freien Rand nur abschnittsweise bewimpert; Rippen auf der Blattspreiten-Oberseite ± gleich breit, neben den Borsten mit langen, abstehenden Haaren besetzt; Rand der Blattspreite nicht stark verdickt, nicht auffallend weiß ***E. × mucronatus***

E. caninus (L.) L., **Hunds-Qu.***

[*Agropyron caninum* (L.) P. BEAUV., *Roegneria canina* (L.) NEVSKI, *Elytrigia canina* (L.) DROBOV]. Blätter rau, oberseits matt, graugrün, unterseits dunkelgrün, glänzend. 50–120 cm. 6–7. ♃. Laubmischwälder, besonders Auenwälder, Bach- u. Flussufer, Gebüsche, Waldsäume, mäßig h. O Fag., V Salic. alb., O Glech.; euras-nem.

E. hispidus (OPIZ) MELDERIS, **Blaugrüne Qu., Stumpfspelzige Qu.**

[*Elytrigia intermedia* (HOST) NEVSKI, *Agropyron intermedium* (HOST) BAUMG.]. Ähre 10–25 cm lang, aufrecht, starr, locker; Ährchen 4–5(–7)-blütig, 10–18 mm lang; Deckspelzen abgerundet od. etwas eingebuchtet, meist unbegrannt. 30–90 cm. 6–7. ♃. Ruderale Trockenrasen, Weinbergsmauern, ob im Gebiet? Nächstgelegene Vorkommen N-Böhmen, Saaletal. K Fest.-Brom.; europ-kont.

Das im Dresdner Herbarium unter diesem Artnamen vorliegende sächsische Material gehört durchgängig zu *E.* × *mucronatus*. Diese Hybride kommt nicht selten auch dort vor, wo *E. hispidus* nicht (od. nicht mehr) vorhanden ist.

E.* × *mucronatus (BERCHT.) CONERT, **Stachelspelzige Qu.**

[*E. repens* × *E. hispidus*; *Elytrigia* × *mucronata* (BERCHT.) PROKUDIN]. Ähre dicht, schmal; Ährchen 5–7-blütig; Deckspelzen gestutzt od. breit abgerundet, mit Grannenspitze od. kurzer Granne. 30–90 cm. 6–7. ♃. Ruderalisierte Trockenrasen, Weinbergsmauern, s ELH: Leckwitz, Diesbar, früher Meißen; GHP: Weißig; MLH: Dennheritz, früher Ketzerbachtal K Fest.-Brom.

***E. obtusiflorus* (DC.) CONERT, Pontische Qu., Stumpfblütige Qu.**

[*Elytrigia elongata* (HOST) NEVSKI, *Elytrigia obtusiflora* (DC.) TZVELEV]. Blattspreiten mit 7–9 hervorragenden Rippen, am Grund mit schmalen, stängelumfassenden Öhrchen; freier Scheidenrand bewimpert; Ähre 10–40 cm lang, locker; Ährchen 6–12-blütig, 15–30 mm lang; Hüllspelzen gestutzt bis ausgerandet. 50–90 cm. 7–8. ♃. Ruderalfluren, Autobahnböschungen, s, z. B. ERB: Crimmitzschau; LLA: Leipzig, Schkeuditz; OLH: Bautzen. NU. Heimat: Balkan.

E. repens (L.) GOULD, **Gewöhnliche Qu.***

[*Agropyron repens* (L.) P. BEAUV., *Elytrigia repens* (L.) NEVSKI]. Ähre 5–20(–30) cm lang; Ährchen 3–8-blütig, 10–20 mm lang; Hüllspelzen bespitzt; Deckspelzen bespitzt, oft kurz begrannt. 30–120 cm. 6–7. ♃. Ruderalfluren, Äcker, Gärten, ruderalisierte Wiesen, Weiden u. Trockenrasen, Gebüsche, sehr h. K Fest.-Brom., K Mol.-Arrh., K Stell. med., K Artem., K Agrop., K Rham.-Prun.; euras.

Sehr variable Art, von der sehr viele infraspezifische Sippen unterschieden u. beschrieben wurden. Der systematische Wert dieser Sippen ist gering, so dass sie hier nicht alle aufgeführt werden. Erwähnenswert sind die folgenden graublauen Sippen: var. *caesius* (J. PRESL et C. PRESL) TZVELEV: Pflanze ± graublau, untere Blattscheiden lang u. abstehend behaart; var. *glaucus* (DÖLL) TZVELEV: Pflanze stark graublau, Blattscheiden kahl.

Der Gattung ***Elymus*** ähnl. ist ***Agropyron***, im Gebiet u. a. mit ***A. cristatum*** (L.) GAERTN., **Kammquecke**: Ähre nur bis 5 cm lang, 1,5 cm breit, Ährchen 3–5-blütig, ohne Grannen bis 15 mm lang; Hüll- u. Deckspelzen mit 2–3 mm langer Granne. 20–50 cm. 6–7. ♃. Müll- u. Umschlagplätze, s, z. B. LLA: Leipzig; OLH: Bautzen, OLT: Schadendorf. NU. Heimat: S- u. O-Europa, Asien.

Eragrostis WOLF, **Liebesgras**

1 Ränder der Blattspreiten mit einer Reihe warzenförmiger Drüsen (Lupe!)

2 Blattscheiden auf der Fläche zerstreut mit 1–2 mm langen Haaren besetzt; Ährchen 1,5–2 mm breit; Deckspelzen 1,8–2 mm lang, am oberen Ende abgerundet u. stumpf ***E. minor***

2* Blattscheiden auf der Fläche kahl, nur am Rand gewimpert; Ährchen 2–3,5 mm breit; Deckspelzen 2–2,6 mm lang, am oberen Ende ausgebuchtet, in der Ausbuchtung meist mit Stachelspitze ***E. cilianensis***

1* Ränder der Blattspreiten drüsenlos

3 Halmglieder u. Rispenachsen ± drüsig punktiert ***E. amurensis***

3* Halmglieder u. Rispenachsen drüsenlos

4 Untere Rispenäste zu 3–6

5 Untere Rispenäste zu 3–4; Ährchen 1–1,5 mm breit, 6–15-blütig; Deckspelzen 1,5–1,8 mm lang; Frucht 0,5–0,8 mm lang; Rispe 4–16 cm lang ***E. pilosa***

5* Untere Rispenäste zu 5–6; Ährchen 2,5 mm breit, 3–7-blütig; Deckspelzen 2–2,7 mm lang; Frucht 1,1–1,3 mm lang; Rispe 10–35 cm lang, oft überhängend ***E. tef***

4* Untere Rispenäste einzeln od. (seltener) zu 2

6 Rispe im Umriss 3-eckig od. eiförmig, längste Rispenäste im unteren Viertel der Rispe, bis 5 cm lang; Rispenäste u. Ährchenstiele glatt; Ährchenstiele der seitl. Ährchen 0,2–1,5 mm lang, kürzer als die Ährchen, dadurch Rispe dicht zusammengezogen; Halmblätter am Spreitengrund ohne Haarbüschel ***E. multicaulis***

6* Rispe im Umriss rautenförmig, längste Rispenäste ± in der Mitte der Rispe, bis 12 cm lang; Rispenäste u. Ährchenstiele rau; Ährchenstiele der seitl. Ährchen 1–2,5(–4,5) mm lang, einige so lang od. länger als die Ährchen, untere Halmblätter am Spreitengrund mit Büscheln aus längeren Haaren ***E. albensis***

E. albensis H. Scholz, **Elbe-L.**

Untere Hüllspelze weniger als halb so lang wie die unterste Deckspelze. 10–60 cm. 6–9. ⊙. Sandig-kiesige u. schlammige Flussufer, mäßig h an der Elbe, sonst s, LLA: Leipzig; OLH: Kleinwelka bei Bautzen. O Bid., O Nanocyp., ↗ NE. V Sis. 1991 erstmals in Sachsen beobachtet u. seitdem sich an der Elbe sehr schnell ausbreitend. Herkunft unbekannt.

E. amurensis Prob., **Amur-L.**

Vielstängelig; Blattspreite 3 mm breit; Rispe 10–20 cm lang; Ährchen 3–5 mm lang, 1–1,3 mm breit, graugrün, 5–10-blütig. 10–20 cm. 7–9. ⊙. Pflasterfugen, s ERB: Glauchau. NU. Heimat: O-Asien.

E. cilianensis (All.) Janch., **Großes L.**

[*E. megastachya* (Koeler) Link]. Ährchen 12–34-blütig, 8–20 mm lang. 20–40 cm. 5–9. ⊙. Trockene Ruderalfluren, s ELH: Dresden; ERO: Freital; LLA: Leipzig; OLH: Bautzen, Görlitz, Löbau, Zittau; OLT: Guttau, Bad Muskau; VGT: Plauen. NU. O Sis. Heimat: Mittelmeergebiet, tropische u. subtropische Gebiete Afrikas u. Asiens.

var. *cilianensis*: Rispe locker, offen; Ährchen (10–)20–34-blütig. Fundorte usw. wie Art.
var. *starosselskyi* (Grossh.) Dobignard et Portal: Rispe dicht, zusammengezogen; Ährchen 5–15-blütig. Trockene Ruderalfluren, s LLA: Leipzig; ELH: Dresden; OLT: Bad Muskau. NU, Heimat Kaukasus, N-Asien. Vogelfutterbegleiter.

E. minor Host, **Kleines L.***

[*E. poaeoides* P. Beauv.]. Ährchen 10–20-blütig, 6–10 mm lang. 5–40 cm. 7–9. ⊙. Trockene, meist sandig-kiesige Ruderalfluren (Bahnhöfe, Straßen- u. Wegränder, Pflasterritzen), mäßig h im Tief- u. Hügelland, s im Bergland. ↗ NE (erstmals 1819). O Plant., O Sis. Heimat: Mittelmeergebiet bis O-Indien.

E. multicaulis Steud., **Japanisches L., Vielstängeliges L.**

Blattspreiten am Rand ohne Drüsen; Deckspelzen > 1,5 mm lang, mit hervortretenden Seitennerven; Rispenäste steif, abstehend. 5–20 cm. 7–10. ⊙. Trockene Ruderalfluren (Straßen- u. Wegränder, Pflasterritzen), s, Dresden, Radebeul-Serkowitz. NU. O Plant., O Sis. Heimat: O-Asien.

E. pilosa (L.) P. Beauv., **Behaartes L.**

Blattspreiten am Rand ohne Drüsen; Halmblätter am Spreitengrund mit Büscheln aus längeren Haaren. 10–30 cm. 7–10. ⊙. Trockene Ruderalfluren (Straßen- u. Wegränder, Pflasterritzen, Schutt); s ELH: Dresden, Graupa; ERO: Freital-Cossmannsdorf; LLA: Leipzig. NU. O Plant., O Sis. Heimat: Mittelmeergebiet, subtropische u. meridionale Gebiete Afrikas u. Asiens.

E. tef (Zuccagni) Trotter, **Äthiopisches L., Tef**

Blattspreiten am Rand ohne Drüsen; Halmblätter am Spreitengrund mit Büscheln aus lang abstehenden Haaren. 20–70 cm. 8–10. ⊙. Trockene Ruderalfluren (Müllkippen, Straßenränder), s, Leipzig. NU. O Plant., O Sis. Heimat: Äthiopien.

Festuca L., **Schwingel**

1 Alle Blätter mit flacher, > 4 mm breiter Spreite

2 Blattscheidenmündung ohne Blattöhrchen; Blatthäutchen 2–5 mm lang; Deckspelzen weich, hautrandig; Fruchtknoten steifhaarig ***F. altissima***

2* Blattscheidenmündung mit halm- od. triebumfassenden Blattöhrchen; Blatthäutchen < 2 mm lang; Deckspelzen hart, mit undeutl. Hautrand; Fruchtknoten kahl

3 Deckspelzen mit 10–20 mm langer, geschlängelter Granne, diese deutl. länger als die Deckspelze ***F. gigantea***

3* Deckspelzen unbegrannt od. (selten) kurz begrannt, Granne deutl. kürzer als die Deckspelze

4 Blattöhrchen an Blattscheidenmündung kahl; unterste Rispenäste meist zu 2, der kürzere mit 1–2(–3) Ährchen; Blattspreite oberseits nicht od. undeutl. gerippt; Grundblattscheiden braun, frühzeitig zerfasernd ***F. pratensis***

4* Blattöhrchen an Blattscheidenmündung am Rande abstehend bewimpert; unterste Rispenäste zu 2–3, der kürzeste mit 3–8 Ährchen; Blattspreite oberseits deutl. gerippt; Grundblattscheiden weißl., nicht zerfasernd ***F. arundinacea***

1* Alle Blätter od. zumindest die Grundblätter mit rinnenförmiger, V-förmig gefalteter od. eingerollter, < 4 mm breiter, borstl. bis haarförmiger

Spreite (wenn Grundblattspreiten flach od. fast flach, dann < 4 mm breit, siehe **7**, *F. heteromalla*)

5 Halmblätter flach; Blattscheiden bis zur Mündung verwachsen, dünn, abgestorbene netzartig zerfasernd, oben ohne od. mit undeutl. seitl. Öhrchen; Blattunterseite im Querschnitt ± deutl. gerieft, Bast in einzelnen Bündeln auf die Rippen beschränkt; Erneuerungssprosse außerhalb od. seltener innerhalb der untersten Blattscheiden emporwachsend; untere Seitenäste der Rispe meist zu 2 von der Hauptachse abgehend

6 Blattspreiten der Erneuerungssprosse sehr dünn, 0,3–0,6 mm breit, im Querschnitt auffällig rhombisch, mit 3 Leitbündeln u. 5 Bastbündeln; Fruchtknoten feinborstig behaart; Erneuerungstriebe meist innerhalb der untersten Blattscheiden emporwachsend; Granne der Deckspelze 3–6 mm lang, > ½ so lang wie die Deckspelze ***F. heterophylla***

6* Blattspreiten der Erneuerungssprosse > 0,6 mm breit, im Querschnitt nicht rhombisch, ± eckig, mit 5–11 Leitbündeln u. > 5 Bastbündeln; Fruchtknoten kahl; Erneuerungstriebe meist außerhalb der untersten Blattscheiden emporwachsend; Granne der Deckspelze 0,5–4 mm lang, < ½ so lang wie die Deckspelze (*F. rubra* agg., Artengruppe Rot-Schwingel)

7 Blattspreiten der Erneuerungssprosse nur schwach gefaltet bis ausgebreitet, meist > 1 mm breit, mit 7–11(–13) Leitbündeln, oberseits in den Furchen zwischen den Rippen mit großlumigen Epidermiszellen ***F. heteromalla***

7* Blattspreiten der Erneuerungssprosse deutl. gefaltet, borstenförmig, < 1 mm breit, mit 5–7 Leitbündeln, oberseits in den Furchen zwischen den Rippen ohne großlumige Epidermiszellen

8 Pflanze dichthorstig, ohne od. mit sehr kurzen unterirdischen Ausläufern ***F. nigrescens***

8* Pflanze lockerrasig, mit längeren unterirdischen Ausläufern ***F. rubra***

5* Halmblätter zusammengefaltet, borstl. bis haarförmig; Blattscheiden fast bis zum Grund offen, derb, abgestorbene als Ganzes erhalten bleibend, nicht zerfasernd, oben mit deutl. seitl. Öhrchen; Blattunterseite im Querschnitt ohne Riefen, Bast einen durchgehendem Bastring bildend od. auf Teilbereiche beschränkt; Erneuerungssprosse alle innerhalb der Blattscheiden emporwachsend; untere Seitenäste der Rispe meist einzeln von der Hauptachse abgehend (*F. ovina* agg., Artengruppe Schaf-Schwingel)

9 Blätter im Querschnitt V- bis Y-förmig, auf der Blattaußenseite mit einzelnen Bastbündeln *(Abb. 930/1)*

10 Blattspreiten der Erneuerungssprosse mit 7–9(–11) Leitbündeln, 0,7–0,9 mm breit, Bast zu einem mehrfach unterbrochenen Ring zusammenfließend ***F. brevipila***

10* Blattspreiten der Erneuerungssprosse mit 5(–7) Leitbündeln, 0,3–0,8 mm breit, Bastbündel weit voneinander getrennt
11 Blattspreiten der Erneuerungssprosse 0,6–0,8 mm breit, dunkelgrün **_F. rupicola_**
11* Blattspreiten der Erneuerungssprosse 0,3–0,5 mm breit, blau-, grau- od. hellgrün
12 Deckspelzen schmal lanzettl., 3,5–4,5 mm lang, Granne etwa ½ so lang wie die Deckspelze; Blattspreiten stark bereift **_F. valesiaca_**
12* Deckspelzen breit lanzettl., 2,5–3,8 mm lang, Granne höchstens ⅓ so lang wie die Deckspelze; Blattspreiten unbereift od. schwach bereift **_F. pulchra_**
9* Blätter im Querschnitt elliptisch bis rundl., auf der Blattaußenseite mit durchgehendem od. fast durchgehendem Bastring *(Abb. 930/2)*
13 Blattspreiten der Erneuerungssprosse mit (7–)9–11(–13) Leitbündeln; Blattaußenseite glatt
14 Scheiden der Grundblätter pergamentartig hart, lange bleibend, die toten Blattspreiten bald abwerfend u. dann oben wie quer abgeschnitten; auf lockeren Sandböden **_F. psammophila_**
14* Scheiden der Grundblätter nicht pergamentartig hart, die toten Spreiten spät abwerfend; an steinig-felsigen Standorten **_F. pallens_**
13* Blattspreiten der Erneuerungssprosse mit 5–7 Leitbündeln; Blattaußenseite in der ganzen Länge rau
15 Deckspelzen unbegrannt od. selten mit sehr kurzer Granne (< 0,4 mm); Deckspelzen 2,5–3,5(–4,3) mm lang, breit lanzettl.; Blattspreiten der Erneuerungssprosse 0,2–0,4(–0,6) mm breit **_F. filiformis_**
15* Deckspelzen begrannt, Granne 0,5–1,8 mm lang; Deckspelzen (2,5–)3,3–4,4(–5,0) mm lang, längl. lanzettl.; Blattspreiten der Erneuerungssprosse (0,3–)0,4–0,7 mm breit **_F. ovina_**

F. altissima ALL., **Wald-Sch.***

[*F. sylvatica* (POLLICH) VILL.]. Dichte Horste bildend; Blattspreite oberseits grau-, unterseits grasgrün, am Grund der Erneuerungssprosse mit kurzen, spreitenlosen, strohigen Blattscheiden; Rispe ausgebreitet, zuletzt überhängend. 60–120 cm. 6–7. ♃. Schlucht-, Buchen- u. Buchen-Tannen-Wälder, z im Berg- u. Hügelland, im Tiefland s. ↘ V Fag., V Til.-Acer.; submed+subatl.

930/1 930/2

F. arundinacea SCHREB., **Rohr-Sch.***

Blattspreite 3–18 mm breit u. bis 70 cm lang. 60–180 cm. 6–7. ♃. Feuchtwiesen, Stromtalwiesen, Ufer von Bächen u. Gräben, s auch in Ansaaten, z. O Arrh., O Mol.; euras-kont., fluv. Stromtalpflanze.

1 Halme unterhalb der Rispe u. Blattscheiden im oberen Teil rau; zumindestens Deckspelzen der oberen Blüten der Ährchen 1,5–3 mm lang begrannt. Wiesen, Straßenböschungen, Verbreitung ungenügend bekannt, bisher ELH: Dresden; ERO: Freital; LLA: Leipzig, Zwenkau; OLT: Kleinölsa. [*F. uechtritziana* WIESB.]. **subsp. *uechtritziana*** (WIESB.) HEGI

1* Halme u. Blattscheiden kahl

2 Deckspelzen unbegrannt od. bis 0,5 mm grannenspitzig, ± 7 mm lang; Rispe oft locker ausgebreitet; beide Hüllspelzen fast gleich lang, untere 4 mm, obere 4,5–5 mm lang. Standorte etc. wie Art. **subsp. *arundinacea***

2* Deckspelze 0,8–4 mm lang begrannt, ± 6 mm lang; Rispe oft zusammengezogen; Hüllspelzen ungleich lang, untere 2–2,5 mm, obere 3,3 mm lang. Wenig beachtet, ob im Gebiet? [*F. orientalis* KRECZ. et BOBROV]. **subsp. *orientalis*** (HACK.) TZVELEV

F. brevipila R. TRACEY, **Raublatt-Sch.**

[*F. ovina* var. *trachyphylla* (HACK.) MARKGR.-DANN., *F. trachyphylla* (HACK.) KRAJINA]. Pflanze meist graugrün, Blattspreiten schwach bereift; Blattscheiden der Erneuerungssprosse 15–25 cm lang, kurz u. weich behaart, selten kahl; Ährchen zur Reifezeit meist rötl. überlaufen. 20–65 cm. 5–7. ♃. Silikat- u. Sandmagerrasen, Halbtrockenrasen, Böschungen, Dämme, Grasansaaten, h, Ausbreitung mit Rasenansaaten entlang von Verkehrswegen u. in Tagebaugebieten. K Koel.-Coryn., K Fest.-Brom., V Arrh., V Cynos.; europ-nem.

F. filiformis POURR., **Haar-Sch.**

[*F. tenuifolia* SIBTH., *F. ovina* var. *mutica* RETZ.]. Blattspreiten sehr dünn, haarförmig. 10–50 cm. 5–6. ♃. Saure Eichen- u. Kiefernwälder, Borstgrasrasen, Zwergstrauchheiden, Borstgrasrasen, im Tiefland mäßig h (v. a. in Sandgebieten), im Hügel- u. Bergland s. O Nard., V Armer., O Coryn., V Cyt.-Pin.; subatl.

F. gigantea (L.) VILL., **Riesen-Sch.***

Unterseite der Blattspreite stark glänzend; Rispe groß, ausgebreitet, zuletzt überhängend. 40–150 cm. 7–8. ♃. Nährstoffreiche Laubmischwälder, Waldlichtungsfluren, Waldsäume, h. V Til.-Acer., V Carp., V Fag., O Prun., O Glech.; euras-nem.

F. heteromalla POURR., **Vielblütiger Rot-Sch.**

Blattscheiden meist behaart; Rispe groß, 9–15 cm lang, locker, vielährig. 50–100 cm. 6–7. ♃. Feuchtwiesen, Hochstaudenfluren, Waldränder, wenig beachtete Art, Verbreitung ungenügend bekannt, bisher nachgewiesen EET, ELH, ERO, GHP, MLH, OL. O Mol., K Gal.-Urt.

F. heterophylla LAM., **Verschiedenblättriger Sch.**

60–100 cm. 6–8. ♃. Eichenmischwälder, Lehm- u. Lösszeiger, z im Tief- u. Hügelland, im Bergland fehlend. ↘ V Querc. rob.-petr., V Carp.; submed.+sarmat.

F. nigrescens LAM., **Horst-Rot-Sch.**

[*F. rubra* var. *caespitosa* HACK.]. Blattscheiden weichhaarig. 30–90 cm. 6–7. ♃. Bergwiesen u. -weiden, Borstgrasrasen, Weg- u. Gebüschränder, Waldlichtungsfluren, Grasansaaten, wenig beachtet, vermutl. im Bergland mäßig h, im Tief- u. Hügelland seltener. V Cynos., V Pol.-Tris., O Mol., O Nard., K Epil. ang.; eurosib.

F. ovina L., **Schaf-Sch.***

20–70 cm. 5–7. ♃. Borstgrasrasen, Trocken- u. Halbtrockenrasen, Zwergstrauchheiden, magere Böschungen, trockene Eichen- u. Kiefernwälder, Grasansaaten, mäßig h. K Koel.-Coryn., K Fest.-Brom., V Arrh., V Cynos., V Querc. rob.-petr.; eurosib, circpol.

1 Blattspreiten der Erneuerungssprosse 0,3–0,6 mm breit, mit 5(–7) Leitbündeln, meist frischgrün; Deckspelzen (2,5–)3,3–4(–5) mm lang; Rispe 3–8 cm lang, ± zusammengezogen. Mäßig h. **subsp. *ovina***

1* Blattspreiten der Erneuerungssprosse (0,45–)0,6–0,7 mm breit, mit 7 Leitbündeln, blaugrün; Deckspelzen (3,2–)3,8–4,4 mm lang; Rispe (3–)6–12 cm lang, locker, ± ausgebreitet. Wenig beachtet, vermutl. z. [*F. guestfalica* RCHB.]. **subsp. *guestfalica*** (RCHB.) K. RICHT.

F. pallens HOST, **Bleicher Sch.**

[*F. ovina* subsp. *glauca* (LAM.) HACK.]. Rispe locker, 4,5–8 cm lang. 10–70. 5–6. ♃. Felsfluren, felsige Verwitterungsböden, besonders in Durchbruchstälern, z im Hügel- u. unteren Bergland. O Sedo-Scler., V Aspl.; euras-kont-mont.

F. pratensis HUDS., **Wiesen-Sch.***

Blattspreiten 3–8 mm breit, 10–30 cm lang. 40–100. 6–7. ♃. Nährstoffreiche Frischwiesen u. -weiden, Halbtrockenrasen, Ruderalfluren, h. O Arrh., K Fest.-Brom., K Agrop.; euras-nem.; wahrscheinl. NE (Futtergras).

F. psammophila (ČELAK.) FRITSCH, **Sand-Sch.**

Rispe schmal, zusammengezogen bis ausgebreitet, 6–12 cm lang; untere Blattscheiden oft violett überlaufen. 20–70 cm. 6–7. ♃. Sandmagerrasen, Binnendünen, s, nur noch EET: Döbrichau, früher auch Gohrischheide; früher s ELH: Niederau; GHP: Skassa; OLT: Hoyerswerda. ↘ V Coryn.; euras-kont.

F. pulchra SCHUR, **Falscher Schaf-Sch.**

[*F. pseudovina* WIESB.]. 5–45 cm. 6–7. ♃. Trittfluren, Wegränder, s EET: Dommitzsch, Torgau; LLA: Schkeuditz, Wiesenena, Delitzsch; OLH: früher Bautzen; VGT: Hammerbrücke; V Polyg.; submed+europ-kont.

F. rubra L., **Gewöhnlicher Rot-Sch.***

Blattscheiden kahl od. behaart. 25–80 cm. 6–7. ♃. Frischwiesen u. -weiden, Halbtrockenrasen, Borstgrasrasen, Zwergstrauchheiden, Niedermoore, Weg- u. Gebüschränder, Ruderalfluren, h. K Koel.-Coryn., K Fest.-Brom., K Mol.-Arrh., K Call.-Ul., K Artem.; eurosib-bor, circpol.

F. rupicola HEUFF., **Furchen-Sch.**

[*F. ovina* L. subsp. *sulcata* HACK.]. Blattspreiten unbereift; Blattscheiden der Erneuerungssprosse 5–15 cm lang, unten glatt u. kahl, oben rau od. kurz behaart; Ährchen zur Reifezeit hell bräunl. od. grünl.-gelb; Deckspelzen meist im oberen Teil behaart. 15–80 cm. 5–7. ♃. Trocken- u. Halbtrockenrasen, Böschungen, Dämme; Basenzeiger, z im Tief- u. Hügelland, Verbreitungsschwerpunkt im Elbtalgebiet. K Koel.-Coryn., K Fest.-Brom., V Arrh., V Cynos.; euras-kont.

F. valesiaca GAUDIN, **Walliser Sch.**

[*F. ovina* subsp. *valesiaca* KOSŁOWSKA]. 15–60 cm. 6–7. ♃. Kontinentale Trocken- u. Halbtrockenrasen, auf Löss, s ELH: Bosel; MLH: Ketzerbachtal zwischen Wachtnitz u. Zehren. V Fest.; europ-kont.

Glyceria R. BR., **Schwaden**

1 Blattscheiden stielrund; Ährchen 5–10 mm lang, eiförmig bis breit elliptisch, seitl. zusammengedrückt, 4–8-blütig; Pflanze 0,8–2(–2,5) m hoch ***G. maxima***

1* Blattscheiden 2-schneidig zusammengedrückt; Ährchen > 10 mm lang, schmal u. langgestreckt, am Rücken gerundet, 7–16-blütig; Pflanze 0,1–1 m hoch

2 Deckspelzen 6–7,5 mm lang, am oberen Ende spitz bis schmal abgerundet, ganzrandig; Staubbeutel (1,5–)2–3 mm lang ***G. fluitans***

2* Deckspelzen 3,5–5 mm lang, am oberen Ende breit abgerundet od. stumpf 3-lappig od. 3–5-zähnig; Staubbeutel 0,5–1,5 mm lang

3 Deckspelzen am oberen Ende mit 3–5 deutl., spitzen Zähnen *(Abb. 933/1);* Staubbeutel violett, 0,5–1 mm lang; Vorspelze am oberen Ende tief 2-spaltig; Blätter blaugrün, Blattspreite plötzl. in eine kurze Spitze zusammengezogen ***G. declinata***

3* Deckspelzen am oberen Ende breit abgerundet od. stumpf 3-lappig; Staubbeutel gelb, (0,7–)1–1,5 mm lang; Vorspelze am oberen Ende wenig eingekerbt; Blätter grün bis graugrün, Blattspreite allmähl. zugespitzt ***G. notata***

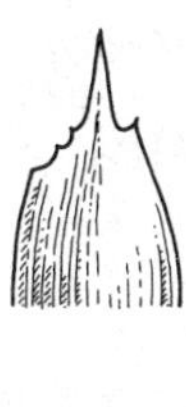

933/1

G. *declinata* BRÉB., **Blaugrüner Sch.**

10–60 cm. 6–8. ♃. Waldwege, Steinbruchsohlen, quellige Waldstellen, auf sickernassem u. mäßig nährstoffreichem Boden, mäßig h. V Glyc.-Sparg.; subatl.

G. fluitans (L.) R. BR., **Flutender Sch.***

40–100 cm. 5–8. ♃. Gräben, Bäche, Gewässerufer, Quellfluren, nasse Waldwege, h. O Phragm., insbesondere V Glyc.-Sparg.; euras-nem.

G. maxima (HARTM.) HOLMB., **Wasser-Sch.***

Blattspreiten 10–15(–20) mm breit; Rispe groß, 20–40 cm lang. 80–200 cm. 7–8. ♃. Röhrichte an nährstoffreichen, stehenden od. langsam fließenden Gewässern, mäßig h im Tief- u. Hügelland, im Bergland z. V Phragm.; eurosib.

Zu achten ist auf die bisher nur von der Elbe in Sachsen-Anhalt u. Brandenburg bekannte **subsp. *micrantha*** H. SCHOLZ, die durch kleinere Ährchen mit kürzeren Spelzen charakterisiert ist: untere Hüllspelze 1,4–2,0 mm (gegenüber 2,0–3,0 mm), obere Hüllspelze 2,0–2,5 mm (gegenüber 3,0–4,0 mm), Deckspelzen 2,5–3,0 mm (gegenüber 3,0–4,0 mm).

G. notata CHEVALL., **Falt-Sch.**

[*G. plicata* FR.] 30–80 cm. 6–7. ♃. Gewässerufer, Gräben, Quellfluren, nährstoffliebend, z. V Glyc.-Sparg., V Bid.; euras-nem, circpol.

Bastard

G. × pedicellata TOWNS. [*G. fluitans* × *G. notata*]: s bis z.

Helictotrichon ROEM. et SCHULT., **Wiesenhafer**

1 Untere Blattscheiden u. Blattspreiten kurz zottig; Blattspreiten flach, grasgrün; Ährchen meist 2–3-blütig; Rispe ausgebreitet, die unteren Äste meist zu 5; Ährchenachse zwischen den Blüten mit 3–6 mm langen Haaren ***H. pubescens***

1* Blattscheiden u. Blattspreiten alle kahl, aber meist rau; Blattspreiten, zumindest die unteren, zusammengefaltet, steif, graugrün; Ährchen 3–5-blütig; Rispe zusammengezogen, untere Rispenäste einzeln od. zu 2; Ährchenachse zwischen den Blüten mit 1–2 mm langen Haaren ***H. pratense***

H. pratense (L.) BESSER, **Echter W.**

[*Avenula pratensis* (L.) DUMORT.]. 30–80 cm. 5–6. ♃. Halbtrockenrasen, Silikatmagerrasen, s EET, ELH, ERB, ERO, LLA, MLH, OL, VGT. K Fest.-Brom., O Fest.-Sed.; euras-kont.

H. pubescens (HUDS.) PILG., **Flaumiger W., Flaumhafer***
[*Avenula p.* (HUDS.) DUMORT., *Avenochloa p.* (HUDS.) HOLUB]. 30–80 cm. 5–6. ♃. Silikatmagerrasen, Halbtrockenrasen, mäßig nährstoffreiche Frischwiesen, mäßig h. ↘ K Fest.-Brom., O Arrh.; euras-nem.

Hierochloë R. BR., **Mariengras**

1 Pflanzen ± dichte Horste bildend, ohne Ausläufer; Deckspelzen der 2. Blüte mit 1–4 mm langer, geknieter, im mittleren Drittel der Spelze entspringender Granne; Ährchenstiele unterhalb der Ährchen mit Haarbüscheln; oberstes Halmblatt ohne Blattspreite ***H. australis***
1* Pflanzen lockere Rasen bildend, mit langen, unterirdischen Ausläufern; Deckspelzen der 2. Blüte unbegrannt od. mit höchstens 1 mm langer, ungeknieter, aus der Spitze der Spelze od. kurz darunter entspringender Grannenspitze; Ährchenstiele kahl od. mit wenigen kurzen Haaren; oberstes Halmblatt mit 0,5–3,5 cm langer Blattspreite ***H. odorata***

H. australis (SCHRAD.) ROEM. et SCHULT., **Südliches M.**
15–45 cm. 4–5. ♃. Wärmeliebende Eichenwälder u. deren Säume, †, früher ELH: Lockwitzgrund, Niederwartha; GHP: Jessen; MLH: Meißen, Triebischtal; ERO: Markersbach; ESG: Kirnitzschtal; MLH: Penig, Rochlitz. O Querc. pub., O Orig.; sarmat-südsib.

H. odorata (L.) P. BEAUV., **Duft-M.***
20–60 cm. 5–6. ♃. Wechselfeuchte Auenwiesen, †, früher ESG: Rathen. O Mol.; eurosib-bor.

Holcus L., **Honiggras**

1 Stängelknoten, Blattscheiden u. -spreiten gleichmäßig kurz weichhaarig, Granne der ♂ Blüten kaum od. gar nicht hervortretend, die Hüllspelzen nicht überragend, an der Spitze hakenförmig; Pflanzen dichtrasig, meist ohne Ausläufer ***H. lanatus***
1* Stängelknoten mit einem Haarkranz aus längeren, abstehenden Haaren, Blattscheiden u. -spreiten spärl. behaart bis kahl; Granne der ♂ Blüten die Hüllspelzen weit überragend, gekniet; Pflanzen lockere Rasen bildend, mit langen unterirdischen Ausläufern ***H. mollis***

H. lanatus L., **Wolliges H.***
30–80 cm. 6–8. ♃. Frisch- u. Nasswiesen, Niedermoore, h. NE. (Futtergras). K Mol.-Arrh., V Car. nig.; submed+subatl.

H. mollis L., **Weiches H.***

30–70 cm. 7–8. ♃. Bodensaure Eichen- u. Laubmischwälder, Waldsäume, Gebüsche, nährstoffarme Wiesen, Ackerränder, Brachen, mäßig h. O Melamp.-Holc., V Prun.-Rub., K Call.-Ul., V Epil. ang., O Arrh.; subatl.

Hordelymus (JESS.) HARZ, **Waldgerste**

Pflanze grasgrün; untere Blattscheiden abstehend zottig behaart; Ähre dicht, aufrecht; Ährchen meist 2-blütig. 60–120 cm. 6–8. ♃. Laubwälder (insbesondere Buchenwälder), Basenzeiger, z im Berg- u. Hügelland, s im Tiefland, fehlt EET, VGT; früher s ELH. ↘ V Fag., V Til.-Acer.; europ-nem.

H. europaeus (L.) HARZ, **Waldgerste***

Hordeum L., **Gerste**

1 Hüllspelzen linealisch pfrieml., höchstens so lang wie die breit elliptischen Deckspelzen; Ährenspindel zäh, bei der Reife nicht zerfallend; Deckspelzen des mittleren Ährchens 6–12 cm lang begrannt; Ährchen bei der Reife einzeln abfallend ***H. vulgare***

1* Hüllspelzen alle od. zumindest die äußeren der seitl. Ährchen nur aus Grannen bestehend, länger als die lanzettl. Deckspelzen (ohne Granne); Ährenspindel zerbrechl., zur Reifezeit zerfallend; Deckspelzen des mittleren Ährchens 0,5–6 cm lang begrannt; Ährchendrillinge bei der Reife gemeinsam abfallend

2 Hüllspelzen vom Grund an dünn fadenförmig (grannenförmig), 5–8 cm lang; Ähre seidig glänzend, meist sichelförmig gebogen u. überhängend; Seitenährchen der Ährchendrillinge steril ***H. jubatum***

2* Zumindest einige Hüllspelzen im unteren Teil häutig berandet, grannenförmiger Teil derb borstig bis schmal lanzettl., bis 2,5 cm lang; Ähre nicht seidig glänzend, meist gerade u. aufrecht; Seitenährchen der Ährchendrillinge ♂

3 Hüllspelzen des Mittelährchens jedes Ährchendrillings an beiden Seiten borstig gewimpert; Pflanze grasgrün ***H. murinum***

3* Alle Hüllspelzen ungewimpert; Pflanze graugrün

4 Deckspelzen des mittleren Ährchens 6–10 mm lang begrannt; Pflanze ausdauernd, mit Erneuerungssprossen u. unterirdischen Ausläufern; oberstes Halmglied weit aus der obersten Blattscheide herausragend; Hüllspelzen alle gleich, borstenförmig ***H. secalinum***

4* Deckspelzen des mittleren Ährchens 10–24 mm lang begrannt; Pflanze einjährig, ohne Erneuerungssprosse u. unterirdische Ausläufer; oberstes Halmglied in der obersten Blattscheide verborgen; Hüllspelzen der Seitenährchen ungleich, die mittlere schmal lanzettl. od. etwas geflügelt ***H. marinum***

H. jubatum L., **Mähnen-G.**

Pflanze hellgrün; zumindest untere Blattscheiden behaart; Ähre (ohne Grannen) 3–8 cm lang. 20–60 cm. 6–9. ♃. Trockene Ruderalfluren, Brachen, Rohböden der Bergbaufolgelandschaft, mäßig h LLA (hier NE), sonst z u. NU (erstmals 1894). ↗ O Sis., V Dauco-Mel. Heimat: N-Amerika, O-Asien.

H. marinum HUDS., **Strand-G., Deich-G.**
[*H. maritimum* auct.]. Blattscheiden kahl od. die untersten kurzhaarig. 15–50 cm. 5–7. ⊙. Müll- u. Umschlagplätze, s EET: Riesa; ELH: Dresden; ERO: Freital-Cossmannsdorf; GHP: Skassa, Seußlitz; LLA: Leipzig. NU. V Sis. Heimat: Küstengebiete Europas u. W-Asiens.

H. murinum L., **Mäuse-G.***

Oberste Blattscheide oft etwas aufgeblasen; Blattspreiten am Grund mit 2 sichelförmigen, den Halm umfassenden Blattöhrchen; Ähre (ohne Grannen) 3–8(–12) cm lang. 15–50 cm. 6–10. ⊙, ①. Mäßig frische bis trockene Ruderalfluren (Weg- u. Straßenränder, Dämme, Müllplätze), mäßig h im Tief- u. Hügelland, s u. unbeständig im Bergland. A. V Sis.; med-orient.

1 Mittleres Ährchen ungestielt od. bis 0,6 mm lang gestielt; Spelzen der Seitenährchen höchstens so groß wie die des mittleren Ährchens; Deckspelzengranne der Seitenährchen kürzer als die des Mittelährchens. Verbreitung u. Soziologie wie Art. **subsp. *murinum***

1* Mittleres Ährchen 0,9–1,8 mm lang gestielt; Spelzen der Seitenährchen deutl. länger u. breiter als die des mittleren Ährchens; Deckspelzengranne der Seitenährchen länger als die des Mittelährchens. Müll- u. Umschlagplätze, s, Leipzig. NU. Heimat: Mittelmeergebiet, SO-Europa, Vorder- u. M-Asien bis China, N-Afrika. **subsp. *leporinum*** (LINK) ARCANG.

H. secalinum SCHREB., **Roggen-G., Wiesen-G.**

[*H. nodosum* L.]. Blattscheiden dicht abstehend langhaarig. 20–60 cm. 6–8. ♃. Trittfluren auf salzhaltigen, feuchten Tonböden, †, ELH: Nasse Aue bei Meißen; LLA: am Bienitz, Groß- u. Kleindölzig. V Pucc.-Sperg.

H. vulgare L., **Saat-G., Zweizeilige** u. **Mehrzeilige G.***

[inkl. *H. distichon* L., *H. distichon* subsp. *zeocrithon* (L.) SCHINZ et KELLER, *H. vulgare* subsp. *polystichon* (HALLER) SCHINZ et KELLER, *H. vulgare* subsp. *hexastichon* (L.) ČELAK.]. Ähre 2- od. mehrzeilig; Frucht fast stets von den Spelzen umschlossen bleibend, selten ausfallend; Blattöhrchen stängelumfassend, kahl. 80–150 cm. 5–6. ⊙, ①. Häufige Kulturpflanze (Getreidepflanze, angebaut als Sommer- u. Wintergerste); gelegentl. verwildernd (Ruderalfluren, Straßen- u. Wegränder, Äcker, Bahnanlagen). K Stell. med., V Sis. NU. Heimat: vermutl. W-Asien.

Koeleria PERS., **Schillergras**

1 Hüll- u. Deckspelzen oben abgerundet, Deckspelze zuweilen mit aufgesetzter Stachelspitze; Erneuerungssprosse zu je 2–3; Pflanze blau-

grün, kahl od. sehr kurz behaart; Stängelgrund etwas knollenförmig verdickt **K. glauca**

1* Hüll- u. Deckspelzen zugespitzt; Erneuerungssprosse einzeln; Pflanze graugrün bis grasgrün, Blätter meist länger behaart; Stängelgrund nicht knollenförmig verdickt

2 Blattspreiten flach ausgebreitet, 2–3 mm breit, auf der Fläche kahl od. zerstreut behaart, im unteren Teil an den Rändern mit 0,5–1,5 mm langen, glasartigen, abstehenden Wimpern; Ährchen 5,5–7(–8) mm lang **K. pyramidata**

2* Blattspreiten meist zusammengerollt, 1–2(–3) mm breit, auf der Fläche ± dicht weichhaarig, am Rand ohne glasartige Wimpern; Ährchen 3,5–5(–6) mm lang **K. macrantha**

K. glauca (SPRENG.) DC., **Blaugrünes Sch.**

Alte Blattscheiden parallel zerfasernd. 30–60 cm. 5–7. ♃. Sandmagerrasen, Binnendünen, s OLT: Weißkollm, früher Rietschen, EET: früher Arzberg. O Coryn.; euras-kont. Sandsteppenpflanze.

K. macrantha (LEDEB.) SCHULT., **Zierliches Sch.**

[*K. gracilis* PERS.]. Stängel schlank, meist bis zur Rispe kahl. 20–50 cm. 6–7. ♃. Sand- u. Silikatmagerrasen, Trocken u. Halbtrockenrasen, Felsfluren, z im Tief- u. Hügelland, s im Bergland. ↘ K Koel.-Coryn., K Fest.-Brom.; euras-kont. Hügelsteppenpflanze.

K. pyramidata (LAM.) P. BEAUV., **Großes Sch.**

Stängel unter der Rispe meist kurz u. dicht behaart. 30–80 cm. 6–7. ♃. Basenreiche Trocken- u. Halbtrockenrasen, z im Tief- u. Hügelland, im Bergland s. ↘ K Fest.-Brom.; submed+subatl.

Zu achten ist auf eine Art, deren nächste Vorkommen in Polen u. im Odertal nördl. Frankfurt/O. liegen: ***K. grandis*** GORSKI, **Erhabenes Sch.:** Hinsichtl. Ährchenlänge u. Blattbreite entspricht sie *K. pyramidata*, unterscheidet sich von dieser aber durch in gesamter Länge dicht u. kurz behaarte Halme u. beidseitig dicht behaart u. bewimperte Blätter.

Lagurus L., **Hasenschwanzgras, Sammetgras, Samtgras**

Stängel einzeln, aufsteigend, dünn, dicht kurzzottig behaart; Scheide der unteren Blätter lang zottig, anliegend, die der oberen Blätter aufgeblasen u. lichter behaart; Ährenrispe breit eiförmig bis kopfig; Hüllspelzen federartig behaart, sehr schmal; Deckspelzen mit langer, geknieter, rückenständiger Granne, seitl. davon mit 2 fadenförmigen Spitzen; Vorspelze 2-nervig, etwa so lang wie die Deckspelze. 10–30 cm. 6–8. ⊙, ①. Zierpflanze, verwildert, Ruderalfluren (Schutt, Bahnhöfe usw.), s, z. B. ELH: Dresden; LLA: Leipzig; OLH: Burkau, Görlitz; VGT: Wetzelsgrün, Zobes. NU. O Sis. Heimat: Mittelmeergebiet.

L. ovatus L., **Hasenschwanzgras, Sammetgras, Samtgras**

Leersia Sw., **Queckenreis**

Pflanze gelbgrün, mit Ausläufern; Blattscheiden u. -spreiten sehr rau; Rispe locker, meist nur z. T. aus der oberen Blattscheide hervorragend; Rispenäste am Grund meist schlängelig; Ährchen gewimpert. 50–100 cm. 8–10. ♃. Nährstoff- u. schlickreiche Bach-, Graben- u. Teichufer, z im Tief- u. Hügelland, fehlt im Bergland. ↘ O Phragm., O Bid.; submed+euras, circpol.
L. oryzoides (L.) Sw., **Queckenreis, Wilder Reis**

Leymus Hochst., **Strandroggen**
Pflanze bläul.-grün, mit langen Ausläufern, kahl; Blattspreiten eingerollt, starr u. stechend; Ährchen meist 3-blütig, unbegrannt. 60–120 cm. 6–8. ♃. Binnendünen, Ruderalfluren, s LLA, früher ELH, OLH, OLT. O Coryn., K Artem. NU, zur Befestigung von Dünen u. Sandhängen angepflanzt u. hiervon ausgehend verwildert, auch Zierpflanze. Heimat: Küstengebiete Europas. [*Elymus arenarius* L.]. ***L. arenarius*** (L.) Hochst., **Strandroggen***

Lolium L., **Weidelgras, Lolch**

1 Pflanzen mit nichtblühenden Laubblatttrieben, 1-jährig überwinternd bis ausdauernd; verbreitete Arten
2 Deckspelzen stets unbegrannt; Halme, Blattscheiden u. Ährchenachse glatt; Blattspreiten 1–4(–6) mm breit, dunkelgrün, in der Knospenlage zusammengefaltet; Hüllspelze ¾ so lang wie das Ährchen ***L. perenne***
2* Wenigstens die oberen Deckspelzen begrannt; Halme oberwärts rau, Blattscheiden meist etwas rau, Ährchenachse rau; Blattspreiten 3–10 mm breit, hellgrün, in der Knospenlage zusammengerollt; Hüllspelze höchstens ½ so lang wie das Ährchen ***L. multiflorum***
1* Pflanzen nur mit blühenden Trieben, 1-jährig; seltene, vorwiegend ruderal auftretende Arten
2 Hüllspelzen ½–¾ so lang wie das Ährchen; Deckspelzen längl. lanzettl. bis längl., dünn u. krautig, 4–5-mal so lang wie breit; reife Frucht mehr als 3-mal so lang wie breit ***L. rigidum***
2* Hüllspelzen mehr als ¾ so lang wie das Ährchen; Deckspelzen elliptisch bis eiförmig, derb, ledrig, am Grund knorpelig verhärtet, 3–4-mal so lang wie breit; reife Frucht 2–3-mal so lang wie breit
3 Ährchen 7–11 mm lang; Hüllspelzen 7–10 mm lang, 5-nervig, die Spitze der obersten Deckspelze nicht erreichend, glatt; Deckspelzen fast immer unbegrannt, selten kurzgrannig; reife Frucht 3,2–4,5 mm lang; Blattscheiden glatt, Blattspreiten 0,5–3(–4) mm breit ***L. remotum***
3* Ährchen (10–)15–25 mm lang; Hüllspelzen 15–30 mm lang, 7–9-nervig, die Spitze der obersten Deckspelze erreichend, rau; Deckspelzen fast immer lang begrannt; reife Frucht 4–7 mm lang; Blattscheiden rau, Blattspreiten 2–8(–12) mm breit ***L. temulentum***

L. multiflorum LAMK., **Welsches W., Italienisches Raygras***

Ährchen zur Blütezeit fast waagerecht abstehend, 9–20-blütig; Deckspelzen 6–8 mm lang. 30–100 cm. 6–8. ⊙, ⊙, ⊗. Ruderalisierte Wiesen u. Weiden, Grasansaaten, Schuttplätze, Wegränder, Äcker, h. ↗ NE (erste Angabe 1842). V Arrh., V Cynos., K Stell. med., K Artem., V Conv.-Agrop.; Heimat: Mittelmeergebiet; als Futtergras angesät u. verwildert.

L. perenne L., **Deutsches W., Englisches Raygras***

Ährchen zur Blütezeit aufrecht abstehend bis anliegend, 4–12-blütig. Deckspelzen 5–7 mm lang. 10–60 cm. 5–10. ♃. Fettweiden u. -wiesen, Parkrasen, Trittfluren, Ruderalfluren, sehr h. V Arrh., V Cynos., O Plant.; NE. Heimat: NW-Europa.

L. remotum SCHRANK, **Lein-L.**

Halme dünn, schlank; Pflanze gelbgrün. 30–60 cm. 6–8. ⊙. Früher, insbesondere auf Leinäckern, z, heute nur noch unbeständig auf Ruderalfluren verschleppt, z. B. ERB: Meerane. Als A †., aktuell NU. V Aper., O Sis.; med-orient. Giftig.

L. rigidum GAUDIN, **Steif-L.**

Deckspelzen unbegrannt; Hüllspelzen 5-nervig. Blattspreite 5–8 mm breit. 30–80 cm. 5–6. ⊙. Ruderalfluren, s LLA: Leipzig; früher s ERO: Freital; OLT: Rietschen. NU. O Sis. Heimat: Makaronesien, Mittelmeergebiet, Vorder-, M-Asien bis Indien u. Sri Lanka, N-Afrika.

L. temulentum L., **Taumel-L.***

Halme dick, steif; Pflanze bläul.- bis grasgrün. 30–90 cm. 6–8. ⊙. Hafer-, Gersten- u. Leinäcker, s ERO, ESG, OLH; früher z, gelegentl. auf Ruderalfluren (Umschlagplätze) eingeschleppt. A. O Aper., O Sis.; med-orient. Früher Off.

Bastarde

L.* × *hybridum HAUSSKN. [*L. perenne* × *L. multiflorum*]: z.
L. perenne* × *L. temulentum: früher s.
× ***Festulolium loliaceum*** (HUDS.) P. FOURN. [*L. perenne* × *Festuca pratensis*]: z.
× ***Festulolium braunii*** (K. RICHT.) A. CAMUS [*L. multiflorum* × *Festuca pratensis*]: s, als Futtergras angebaut.

Melica L., **Perlgras**

1 Ährchen in einer dichten, gleichförmig mit Ährchen besetzten, walzenförmigen Ährenrispe; Deckspelzen dicht lang zottig gewimpert *(Abb. 940/1)*
2 Ährchenrispe allseitswendig; innere Hüllspelze 1–2-mal so lang wie die äußere; Blätter rein grün, ihre Spreite leicht gekielt; untere Blattscheiden meist behaart
M. transsilvanica

940/1

2* Ährchenrispe oft etwas einseitswendig; innere Hüllspelze höchsten 1/4 länger als die äußere; Blätter graugrün, borstl., eingerollt; untere Blattscheiden kahl ***M. ciliata***
1* Ährchen in lockeren Rispen; Deckspelzen kahl
3 Ährchen aufrecht, mit einer fruchtbaren Blüte; Blatthäutchen zu einer Röhre verwachsen, gegenüber der Blattspreite mit einem 3–4 mm langem, lanzettl., dem Stängel anliegendem Anhängsel *(Abb. 900/2);* Hüllspelzen kurzspitzig, am Rand u. an der Spitze nicht durchscheinend ***M. uniflora***
3* Ährchen nickend, mit 2–3 fruchtbaren Blüten; Blatthäutchen an den Rändern nicht miteinander verwachsen, ohne lanzettl. Anhängsel gegenüber der Blattspreite; Hüllspelzen stumpf, an der Spitze od. am Rand häutig durchscheinend
4 Blatthäutchen sehr kurz, einen maximal 0,5 mm langen, abgestutzten, braunen Saum bildend; Pflanzen grasgrün, lockerrasig; Hüllspelzen braunrot, oben häutig ***M. nutans***
4* Blatthäutchen 1–2,5 mm lang, verlängert u. weißhäutig; Pflanzen graugrün, kleine Horste bildend; Hüllspelzen grün, violett gestreift, am Rand häutig ***M. picta***

M. ciliata L., **Wimper-P.***
30–60 cm. 5–6. ♃. Trockene Ruderalfluren, s verschleppt, z. B. mehrfach in Leipzig. V Dauco-Mel. Nächstliegende natürl. Vorkommen in Sachsen-Anhalt u. Böhmen.

M. nutans L., **Nickendes P.***
Hüllspelzen mit deutl. Nerven. 30–60. 5–6. ♃. Frische Laubmischwälder, Waldschläge, Gebüsche, Basenzeiger, mäßig h. O Fag.; euras-nem.

M. picta K. Koch, **Buntes P.**
Hüllspelzen mit undeutl. Nerven. 30–60 cm. 5–6. ♃. Wärmeliebende, lichte Eichen- u. Eichen-Hainbuchenwälder, †, früher GHP: Zadel. V Carp., V Querc. pub.; europ-kont+sarmat.

M. transsilvanica Schur, **Siebenbürgener P.**
30–120 cm. 6. ♃. Felsfluren, Trockengebüschsäume, Weinbergsmauern, Trockenrasen, s ELH: z. B. Radebeul-Zechstein, Meißen; ERO: z. B. Liebstadt, früher Tharandt; ESG: Cottaer Spitzberg; MLH: Seußlitz-Diesbar; OLH: Ostritz. ↘ O Orig., V Carp.-Prun., V Fest., K Aspl.; euras-kont.

M. uniflora Retz., **Einblütiges P.***
Pflanze mit unterirdischen Ausläufern; Blatthäutchen 0,5–1 mm lang. 30–50 cm. 5–6. ♃. Frische, nährstoffreiche Laubmischwälder, z, fehlt aber ERM, ERW. ↘ V Carp., V Fag., V Til.-Acer.; subatl.

Milium L., **Flattergras**

Rhizom kriechend; Halm nebst den Blattscheiden kahl; Blattspreiten flach, lanzettl., hellgrün; Blatthäutchen bis 7 mm lang, krautartig, an der Spitze zerschlitzt; Rispe groß, sehr locker, mit waagerecht abstehenden, später abwärts gebogenen, haarfeinen schlängeligen Ästen; Ährchen klein, eiförmig, hellgrün. 50–100 cm. 5–6. ♃. Frische Laubmischwälder, seltener in Nadelholzforsten, Waldlichtungs- u. Hochstaudenfluren, z EET, OLT, sonst mäßig h. O Fag., K Rham.-Prun., O Atrop.; euras-nem.

M. effusum L., **Wald-F.***

Miscanthus ANDERSSON, **Stielblütengras, Chinaschilf**

1 Rhizom lang, Pflanzen lockerrasig wachsend; Rispe eiförmig, Äste kürzer als die Hauptachse; Ährchen grannenlos; Halmnodien mit Blattachselknospen; Blattspreiten unterseits kahl ***M. sacchariflorus***

1* Rhizom kurz, Pflanzen dicht horstig wachsend; Rispe fächerförmig, Äste länger als die Hauptachse; Ährchen begrannt, Granne 8–15 mm lang; Halmnodien ohne Blattachselknospen; Blattspreiten unterseits behaart ***M. sinensis***

M. sacchariflorus (MAXIM.) HACK., **Großes St., Silberfahnengras**

Blattspreiten 1–3 cm breit. Rispe 25–40 cm lang. Ährchen 5–6 mm lang. 100–250 cm. 8–10. ♃. Zierpflanze, verwildert, Ruderalfluren, s ELH: Dresden: Pesterwitz; ERB: Werdau; ERW: z. B. Neustädel; ESG: Bad Schandau; LLA: Leipzig; MLH: Krumbach; OLT: Hoyerswerda, Bernsdorf, Quitzdorf. NU. K Artem., O Sis. Heimat: O-Asien.

M. sinensis (THUNB.) ANDERSSON, **Japanisches St., Chinaschilf**

Ährchen 5–7 mm lang. 200–400 cm. 8–10. ♃. Zierpflanze, verwildert, Ruderalfluren, s ELH: Dresden; ERB: Chemnitz; LLA: Leipzig; MLH: Schmalbach; VGT: Raun. NU. K Artem., O Sis. Heimat: O-Asien.

Molinia SCHRANK, **Pfeifengras**

1 Deckspelzen der untersten Blüten 3–4(–4,5) mm lang, eiförmig, am oberen Ende breit abgerundet; Ährchen 2–5-blütig, 4–6(–8) mm lang; Halme 0,3–1(–1,5) m hoch; Ährchenachse zwischen den Blüten kahl od. mit wenigen, ganz kurzen Haaren; Blätter 2–8(–12) mm breit ***M. caerulea***

1* Deckspelzen der untersten Blüten (4,5–)5–7 mm lang, lang elliptisch, am oberen Ende zugespitzt; Ährchen (1–)2–4-blütig, 6–9 mm lang; Halme 1–2(–2,5) m hoch; Ährchenachse zwischen den Blüten mit einigen 0,3–0,6 mm langen Haaren; Blätter 6–12(–14) mm breit ***M. arundinacea***

M. arundinacea SCHRANK, **Rohr-Pf.**

[*M. caerulea* subsp. *arundinacea* (SCHRANK) H. PAUL]. 100–200 cm. 7–9. ♃. Wechselfeuchte Laubwälder u. Wiesen, Basenzeiger, z ERB; s ESG, OL, VGT, Verbreitung ungenügend bekannt. O Mol., V Querc. rob.-petr.; europ-nem.

M. caerulea (L.) MOENCH, **Pfeifengras***

30–120 cm. 7–10. ♃. Feuchtwiesen, Torfstiche, wechselfeuchte u. austrocknende Moore, Moorwälder, Zwergstrauchheiden, wechselfeuchte Laubmischwälder u. Nadelwälder bzw. -forste, Wechselfeuchtezeiger, mäßig h, in den Lössgebieten s bis fehlend. O Mol., V Aln., V Querc. rob.-petr., K Call.-Ul., V Fag., K Oxyc.-Sphag., O Pic., O Scheuchz., V Car. nig.; eurosib.

Nardus L., **Borstgras**

Pflanze graugrün, dichte Horste bildend, mit dickem, unterirdischem Rhizom; Blätter borstenförmig, steif; Ähre einseitswendig; Ährchen lineal pfrieml., 1-blütig, Hüllspelzen verkümmert. 10–30 cm. 5–6. ♃. Borstgras-Magerrasen, Bergwiesen, Zwergstraucheiden, mäßig h, in Lösslandschaften s bis fehlend. K Call.-Ul., V Pol.-Tris.; atl-subatl. ***N. stricta*** L., **Borstgras***

Panicum L., **Hirse**

1 Blattscheiden kahl; untere Hüllspelze 1/3 so lang wie das Ährchen ***P. dichotomiflorum***

1* Blattscheiden lang abstehend behaart; untere Hüllspelze > 1/3 so lang wie das Ährchen

2 Ährchen 4–5 mm lang; untere Hüllspelze 2/3 so lang wie das Ährchen; Rispenäste zuletzt überhängend ***P. miliaceum***

2* Ährchen 2–3,5 mm lang; untere Hüllspelze 1/3–½ so lang wie das Ährchen; Rispenäste aufrecht u. gespreizt

3 Ährchen 0,7–0,8 mm breit, mit lang ausgezogener Spitze; obere Hüllspelze u. untere Deckspelze 5–7-nervig; Ährchen an der Spitze der Rispenäste kurz gestielt (höchstens so lang wie das Ährchen) bis fast sitzend ***P. riparium***

3* Ährchen 0,8–1 mm breit, kurz bespitzt; obere Hüllspelze 7-nervig, untere Deckspelze 9-nervig, alle Ährchen lang gestielt, abstehend ***P. capillare***

P. capillare L., **Haarästige H.**

Rispenäste haarfein; Ährchenstiele 10–20 mm lang; Frucht gelb- bis weißgrau. 20–60 cm. 6–8. ⊙. Ruderalfluren, Gärten, Hackfruchtäcker, z. NU. K Stell. med., V Sis. Heimat: N-Amerika.

P. dichotomiflorum MICHX., **Gabelästige H.**

Ährchen 2,4–3,2 mm lang u. 1 mm breit; untere Hüllspelze 1-nervig, stumpf bespitzt; Rispe 10–20(–40) cm lang. 40–130 cm. 8–10. ⊙. Ruderalfluren, s ELH: Dresden; ERO: Freital; LLA: Leipzig. NU. V Sis. Heimat: vermutl. S-Amerika.

P. miliaceum L., **Echte H.**

Rispe zusammengezogen od. wenig ausgebreitet; Ährchenstiele 2–6 mm lang. 30–100 cm. 6–9. ⊙. Ruderalfluren, Äcker, z. ↗ NU, mit Einbürgerungstendenz. K Stell. med., V Sis. Heimat: wahrscheinl. tropische u. subtropische Gebiete Asiens. Alte Kulturpflanze (Getreidepflanze) seit der Jungsteinzeit, jetzt kaum noch im Anbau; Vogelfutterpflanze.

1 Ährchen zur Reife fest in der Rispe verbleibend; Ährchenachse nicht spontan zerbrechend. Verbreitung u. Soziologie wie Art. ***subsp. miliaceum***

1* Ährchen zur Reife zerfallend; Ährchenachse zerbricht unter der oberen Blüte, sodass erst die Frucht u. dann auch die Spelze abbricht. Maisäcker, mit Auftreten ist zu rechnen. ***subsp. ruderale*** (KITAG.) TZVELEV

P. riparium H. SCHOLZ, **Fluss-H.**

Halme dünn u. schlaff, 1–2 mm breit. 15–35 cm. 8–10. ⊙. Sandig-kiesige Flussufer, s ELH: Dresden (erstmals 1898); ESG: Schmilka. O Bid., O Nanocyp.

Nach U. AMARELL sehr wahrscheinl. identisch mit der amerikanischen Art ***P. barbipulvinatum*** NASH.

Phalaris L., **Glanzgras**

1 Ährchen in ausgebreiteter, etwas geknäuelter Rispe; Kiel am Rücken der Hüllspelzen sehr schmal geflügelt (< 0,25 mm); Hüllspelzen einfarbig grün; ausdauerndes, schilfartiges Gras, Halme 80–200 cm **Ph. arundinacea**

1* Ährchen in dichter, eiförmiger, zusammengezogener Rispe; Kiel am Rücken der Hüllspelzen 1 mm breit geflügelt; Hüllspelzen weiß u. grün gestreift; 1-jähriges Gras, Halme 15–50 cm hoch **Ph. canariensis**

Ph. arundinacea L., **Rohr-G.***

Rispe 5–20(–30) cm lang, 1–3 cm breit, im Umriss lanzettl. 80–200 cm. 6–7. ♃. Röhrichte, Gräben, Gewässerufer, Feuchtwiesen, sehr h. O Phragm., V Calth., V Filip.; eurosib, circpol. Hochwertiges Futtergras.

'Picta' (var. *picta* L.), Bandgras: Zierpflanze mit weiß, gelb od. rötl. gestreiften Blättern, gelegentl. verwildert.

Ph. canariensis L., **Echtes G., Kanariengras***

Rispe 1,5–4 cm lang, 1,5–2 cm breit; oberste Blattscheide stark aufgeblasen. 15–50 cm. 6–9. ⊙. Ruderalfluren, z. ↗ NU, leichte Einbürgerungstendenz. O Sis. Heimat: Mittelmeergebiet. Vogelfutterpflanze, früher stellenweise angebaut, z. B. OLH: Löbau.

Weitere *Ph.*-Arten werden s eingeschleppt. Für ihre Bestimmung ist Spezialliteratur nötig, z. B. „Flora Europaea".

Phleum L., **Lieschgras**

1 Ährenrispe beim Umbiegen lappig, ihre Seitenäste z. T. verlängert u. nicht mit der Hauptachse verwachsen; Ährchen mit stielartiger Achsenverlängerung ***Ph. phleoides***
1* Ährenrispe beim Umbiegen nicht lappig, ihre Seitenäste sehr kurz u. mit der Hauptachse verwachsen; Ährchen ohne stielartige Achsenverlängerung
2 Ährchen mit Granne 2,5–3,5 mm lang; Ährenrispe 1–8(–10) cm lang, 4–6 mm breit; Grannen der Hüllspelzen 0,3–1,2 mm lang; Halme am Grund meist verdickt; Blatthäutchen kurz behaart ***Ph. nodosum***
2* Ährchen mit Granne 4,5–5,5 mm lang; Ährenrispe 8–15(–30) cm lang, 7–12 mm breit; Grannen der Hüllspelzen 1–2 mm lang; Halme am Grund schwach bis mäßig verdickt; Blatthäutchen kahl ***Ph. pratense***

Ph. nodosum L., **Knolliges L.**

[*Ph. bertolonii* DC., *Ph. pratense* var. *nodosum* (L.) RICHT.]. Erneuerungssprosse am Grund niederliegend u. an den Knoten bewurzelt, Halme knickig aufsteigend. 10–40 cm. 6–8. ♃. Halbtrockenrasen, trockene Wiesen, Mauern, z, ungenügend beachtet u. vielleicht z. T. übersehen. K Fest.-Brom., O Arrh.; subatl.

Ph. phleoides (L.) H. KARST., **Steppen-L., Glanz-L.**

Pflanze graugrün; Ährenrispe 4–8(–10) mm breit; Ährchen mit Granne 2,5–3,5 mm lang; Blatthäutchen 1,5–2,5 mm lang, stumpf. 30–50 cm. 5–7. ♃. Trocken- u. Halbtrockenrasen, z im Tief- u. Hügelland, fehlt EET, ERB. ↘ K Fest.-Brom., K Koel.-Coryn.; euras-kont.

Ph. pratense L., **Wiesen-L.***

Blatthäutchen der oberen Blätter bis 5 mm lang, spitz. 30–100 cm. 6–8. ♃. Nährstoffreiche Frischwiesen u. -weiden, Parkrasen, Ruderalfluren, Brachen, h. NE (Futtergras). O Arrh., K Artem.; eurosib.

Phragmites ADANS., **Schilf, Schilfrohr**

Wurzelstock mit langen Ausläufern; Blätter blaugrün; an Stelle des Blatthäutchens ein weißl. Haarkranz; Rispe ausgebreitet, später fast einseitig überhängend, meist rotbraun bis violett. 100–400 cm. 7–9. ♃. Gewässerufer, Röhrichte, Feuchtwiesen, Wälder, h, im Bergland z, im ERZ bis etwa 600 m an Teichen u. Gräben, darüber noch auf anmoorigen Wiesen bis 1000 m (Oberwiesenthal) u. auf Hochmooren bis 810 m (Reitzenhain). O Phragm., V Aln., V Salic. cin.; euras. Kosmoplit. Nutzung als Rohr u. Streu, früher auch zur Herstellung von Pappe. [*Ph. communis* TRIN.].
Ph. australis (CAV.) STEUD., **Gewöhnliches Sch.***

Poa L., **Rispengras**

1 Halme u. Erneuerungssprosse am Grund durch verdickte Blattscheiden zwiebelförmig verdickt; Ährchen meist in Laubsprosse auswachsend (vivipar) ***P. bulbosa***

1* Halme u. Erneuerungssprosse am Grund nicht zwiebelförmig verdickt; Ährchen nicht in Laubsprosse auswachsend

2 Rispenäste glatt, untere Rispenäste zu 1–2(–3), einseitig ausgerichtet

3 Pflanze ohne Ausläufer, lockerhorstig wachsend, alle Sprosse mit rispentragenden Halmen; obere Hüllspelze von der Seite gesehen keilförmig, oberhalb der Mitte am breitesten; Staubbeutel ungeöffnet 0,8–1,2 mm lang, geöffnet 0,4–0,8 mm lang; Blatthäutchen des obersten Halmblatts 2–3,5 mm lang, an der Blattscheide herablaufend u. deshalb von der Seite deutl. zu sehen ***P. annua***

3* Pflanze mit Ausläufern, rasenbildend, mit sterilen Erneuerungssprossen; obere Hüllspelze von der Seite gesehen längl. eiförmig, unterhalb der Mitte am breitesten; Staubbeutel ungeöffnet 1,7–2 mm lang, geöffnet 1,1–1,6 mm lang; Blatthäutchen des obersten Halmblatts 1–2 mm lang, nicht an der Blattscheide herablaufend u. deshalb von der Seite kaum sichtbar ***P. supina***

2* Rispenäste rau, untere Rispenäste zu 4–6(–10), allseitig abstehend

4 Halme u. Blattscheiden 2-schneidig flachgedrückt, gekielt

5 Pflanze lockerrasig wachsend, mit langen unterirdischen Ausläufern; wenigstens obere Blattscheiden glatt; Blattspreiten 1–3,5(–5) mm breit; Rispe 3–8(–10) cm lang; Deckspelzen undeutl. 5-nervig ***P. compressa***

5* Pflanze horstig wachsend, ohne od. mit sehr kurzen Ausläufern; alle Blattscheiden rau; Blattspreiten 5–10(–14) mm breit; Rispe 15–30 cm lang; Deckspelzen deutl. 5-nervig

6 Blatthäutchen der oberen Halmblätter 2,5–3 mm lang; Pflanze gelbgrün; Spitze der Blattspreite schwach kapuzenförmig; Spreiten der obersten Halmblätter 10–20 cm lang; Deckspelzen schmal, am Grund langzottig; Ährchen 6–7 mm lang ***P. remota***

6* Blatthäutchen der oberen Halmblätter 0,5–1,5 mm lang; Pflanze dunkel- bis blaugrün; Spitze der Blattspreite deutl. kapuzenförmig; Spreiten der obersten Halmblätter 1–10 cm lang; Deckspelzen breit, nie zottig; Ährchen 8–9 mm lang ***P. chaixii***

4* Halme u. Blattscheiden rund od. wenig flachgedrückt, nicht gekielt

7 Deckspelzen undeutl. 3–5-nervig; Spreite des obersten Halmblattes meist länger als die Scheide

8 Blatthäutchen der obersten Halmblätter 2–3 mm lang, spitz; Pflanzen mit oberirdischen Kriechsprossen, Halme aus liegendem Grund aufsteigend ***P. palustris***

8* Blatthäutchen der obersten Halmblätter höchstens 0,5 mm lang, gestutzt; Pflanzen ohne oberirdische Kriechsprosse, Halme aufrecht ***P. nemoralis***

7* Deckspelzen mit 5 deutl. Nerven; Spreite des obersten Halmblattes fast stets kürzer als die Scheide

9 Blatthäutchen 2–7 mm lang, spitz; Deckspelzen zarthäutig, zugespitzt; Pflanze mit oberirdischen Ausläufern; Halme u. Blattscheiden meist rau **_P. trivialis_**

9* Blatthäutchen < 2 mm lang, gestutzt; Deckspelzen derbhäutig, stumpf; Pflanze mit unterirdischen Ausläufern; Halme u. Blattscheiden glatt

10 Spreiten der Grundblätter u. der Blätter der Erneuerungssprosse borstenförmig, zusammengefaltet, 0,2–1 mm breit; Spreiten der Halmblätter 1–2(–3) mm breit, meist flach ausgebreitet, seltener borstl.; Rispe fast 2-mal so hoch wie breit; Blatthäutchen nicht an der Blattscheide herablaufend; Deckspelze 2–3 mm lang **_P. angustifolia_**

10* Spreiten der Grund- u. Halmblätter u. der Blätter der Erneuerungssprosse flach ausgebreitet, 2–5 mm breit; Rispe wenig höher als breit; Blatthäutchen am Rand der Blattscheide herablaufend; Deckspelze 3–5 mm lang

11 Pflanze blaugrün, oft bereift; Blatthäutchen auf der halmabgewandten Seite kurz u. dicht behaart; Ährchen bereift; Blattspreiten am Grund kurz behaart; Halme einzeln od. zu wenigen von den unterirdischen Ausläufern abgehend **_P. humilis_**

11* Pflanze grün od. graugrün, nicht bereift; Blatthäutchen kahl; Ährchen nicht bereift; Blattspreiten kahl; Halme zu mehreren in Horsten zusammenstehend **_P. pratensis_**

P. angustifolia L., **Schmalblättriges R.**

[*P. pratensis* subsp. *angustifolia* (L.) GAUDIN]. Pflanzen dicht, oft fast horstförmig wachsend, am Grund von strohfarbenen, abgestorbenen Blattscheiden umgeben; Blattspreite an der Spitze nicht kapuzenförmig, oberseits kahl od. zerstreut behaart. 20–100 cm. 5–6. ♃. Halbtrockenrasen, trockene Magerrasen, Wegränder, Mauern, trockene Eichenwälder, z im Tief- u. Hügelland, im Bergland s. K Koel. Coryn., K Fest. Brom., V Querc. rob.-petr., euras-submed.

P. annua L., **Einjähriges R.***

Rispe 2–8(–12) cm lang; Blattspreite 2–4 mm breit. 2–50 cm. 1–12. ⊙, ①. Wege, Ruderalfluren, Gärten, Äcker, Weiden, sehr h. O Arrh., O Plant., K Stell. med.; euras, circpol. Kosmopolit.

var. *raniglumis* S. E. FRÖHNER: Nerven der Deckspelzen kahl od. sehr wenig behaart; Kiele der Vorspelzen kahl od. fast kahl; Ährchen u. Blätter zumindest im Frühjahr deutl. rötl. gefärbt; Pflanze niedrigwüchsig. Bisher LLA: Leipzig; ERB: Wilkau-Haßlau.

P. bulbosa L., **Zwiebel-R., Knolliges R.***

Blätter graugrün, früh absterbend; Blatthäutchen 0,5–4 mm lang, spitz. Rispe 2–6(–8) cm lang, schmal elliptisch bis eiförmig. 20–40 cm. 5–6. ♃. Silikat- u. Sandmagerrasen, Halbtrockenrasen, Silikatfelsfluren, Parkrasen, z in Tief- u. Hügelland, fehlt VGT u. im Bergland. A. ↘ K Fest.-Brom., K Koel.-Coryn., V Cynos.; euras-kont.

P. chaixii Vill., **Berg-R.***

Spitze der Blattspreite deutl. kapuzenförmig; Rispe 10–20 cm lang, dicht; Ährchen 2–5-blütig. 60–120 cm. 6–7. ♃. Buchen- u. Hainbuchenwälder, Bergwiesen u. -weiden, Teichdämme, Feuchtgebüsche, Parkrasen, mäßig h ERW, VGT, sonst z, fehlt EET. ↘ NE (19. Jh.). O Fag., V Pol.-Tris., V Cynos.; europ-nem, pralp.

P. compressa L., **Platthalm-R.***

Pflanze grau- bis blaugrün; Halm knickig aufsteigend; Blatthäutchen 0,5–2,5(–3) mm, gestutzt; Rispe 2–8(–10) cm lang, schmal. 10–50(–80) cm. 6–7. ♃. Trockene Ruderalfluren, Mauern, ruderale Sandtrockenrasen, h. A. K Koel.-Coryn., K Fest.-Brom., O Arrh., V Conv.-Agrop., V Arct., V Dauco-Mel.; euras-kont.

Kräftige Pflanzen (Wuchshöhe 50–80 cm, Blattspreiten 3–5 mm breit, Blatthäutchen 1,5–3 mm lang, Ährchen 8–11-blütig) werden manchmal als **subsp. *langeana*** (Rchb.) Hegi abgetrennt. Der systematische Wert dieser Sippe ist umstritten. Eine deutl. Abgrenzung zur Typus-Unterart ist nicht mögl.

P. humilis Hoffm., **Bläuliches Wiesen-R.**

[*P. subcaerulea* Sm., *P. pratensis* subsp. *irrigata* (Lindm.) H. Lindb.]. Rispe wenigährig; Ährchen blaugrün bis dunkelviolett. 10–50 cm. 6–7. ♃. Straßenränder, Ruderalfluren, Feuchtwiesen, wenig beachtete, vermutl. oft übersehene Art, z. O Plant., O Arrh., V Arct. Salztolerante Art, Ausbreitung entlang von im Winter gesalzten Straßen.

P. nemoralis L., **Hain-R.***

Blattspreiten 1–2(–3) mm breit, am Halm meist auffällig rechtwinklig abstehend. 30–80 cm. 6–7. ♃. Laubwälder, Gebüsche, Waldlichtungsfluren, Waldsäume, h. O Fag., O Querc. rob., K Rham.-Prun.; eurosib, circpol.

P. palustris L., **Sumpf-R.**

Blätter 2–4 mm breit; Halme u. Blattscheiden glatt; Ährchen 2–5-blütig; Deckspelzen mit auffallend goldbraun gefärbter Spitze. 30–100 cm. 6–7. ♃. Feuchtwiesen, Röhrichte, Gewässerufer, Ruderalfluren, mäßig h. O Phragm., V Calth., K Artem.; eurosib, circpol.

P. pratensis L., **Wiesen-R.***

Rispe vielährig. Ährchen grün, selten gelbl.-weiß od. violett. 10–100 cm. 5–7. ♃. Nährstoffreiche Frischwiesen u. -weiden, Straßen- u. Wegränder, Halbtrockenrasen, sehr h. K Mol.-Arrh., K Fest.-Brom.; euras-circpol.

P. remota FORSELLES, **Entferntähriges R., Wald-R.**

Rispe sehr locker, Äste haardünn, nur im vorderen Drittel mit Ährchen. Ährchen (2–)3–4-blütig. 60–120 cm. 6–7. ♃. Montane Erlenwälder, Quellfluren, z ERZ;s OLB: Valtenberg, Großschönau; ELH: Dresden-Blasewitz; VGT: früher Mühltroff; MLH: Waldheim?, Borna bei Oschatz; VGT: Adorf. ↘ V Aln., V Card.-Mont.; euras-kont.

P. supina SCHRAD., **Läger-R.**

[*P. annua* var. *supina* (SCHRAD.) RCHB.]. Rispe 4–6 cm lang, im Umriss breit 3-eckig; Ährchen am Ende der Rispenäste gebüschelt, grün, meist violett überlaufen. 5–30 cm. 4–6. ♃. Waldwege, Fettweiden, Lägerfluren, mäßig h im Bergland, z im Hügelland, s im Tiefland. O Plant., O Arrh.; pralp-mont+europ-bor.

P. trivialis L., **Gewöhnliches R.***

Halme meist knickig aufsteigend; Blattscheiden oft leicht zusammengedrückt; Ährchen 3–4 mm lang, 2–4-blütig; Deckspelzen am Grund mit längeren Haaren. 50–90 cm. 6–7. ♃. Nährstoffreiche, frische bis feuchte Wiesen u. Weiden, Äcker, Gräben, Flussufer, feuchte Wälder u. Gebüsche, feuchte Ruderalfluren, sehr h. K Mol.-Arrh., K Artem., K Stell. med., O Fag., K Rham.-Prun.; euras-nem.

Bastarde

P. × ***figertii*** GERH. [*P. compressa* × *P. nemoralis*]: z
P. × ***fossaerusticorum*** WEIN [*P. compressa* × *P. palustris*]: s
P. × ***nannfeldtii*** JIRÁSEK [*P. annua* × *P. supina*]: s

Polypogon DESF., **Bürstengras**

Pflanze am Grund büschelig verzweigt; Halme unter der Rispe etwas rau; Blätter rau; Blattspreite kürzer als die etwas aufgeblasene Blattscheide; Blatthäutchen 3–13 mm lang; Ährenrispe längl., 2–15 cm lang, 1–4 cm breit, anfangs gedrängt, später lockerer, stets bleich, etwas gelappt; Ährchen als Ganzes abfallend; Hüllspelzen kurzhaarig, gekielt, weißl., mit grünem Mittelnerv, 2-zähnig, mit langer, fast gerader Granne. 5–50 cm. 4–6. ☉. Ruderalfluren (Bahnanlagen, Schutt, Umschlagplätze), s ELH: Dresden; ERB: Chemnitz; LLA: Leipzig; OLH: Bautzen; OLT: Rietschen. NU. V Sis. Heimat: Mittelmeergebiet, Vorderasien, W-Sibirien, N-Afrika. ***P. monspeliensis*** (L.) DESF., **Gewöhnliches B.**

Puccinellia PARL., **Salzschwaden**

Blattscheiden fast bis zum Grund offen; Stängel knickig aufsteigend; Rispe locker, pyramidal, untere Rispenäste meist zu 4–6, Rispenäste zur Blütezeit spreizend, nach der Blüte zurückgeschlagen; Ährchen 3–6-blütig, 3–7 mm lang, oft bläul. überlaufen; Deckspelzen stumpf, unbegrannt, undeutl. 5-nervig, nicht gekielt. 15–50 cm. 5–10. ♃. Primär in Salzwiesen, aktuell in salzbeeinflussten Ruderalfluren (Straßen- u. Wegränder, Dunghaufen,

Bahnanlagen); indigen früher s an Salzstellen LLA: Kleindölzig, Leipzig, im übrigen Sachsen NE, mäßig h. ↗ O Plant., O Sis., O Bid.; euras-kont+lit.
P. distans (JACQ.) PARL., **Gewöhnlicher S.***

Sclerochloa P. BEAUV., **Hartgras**

Pflanze graugrün, vom Grund an verzweigt; Stängel meist niederliegend, glatt; Blattscheiden gekielt; Rispe sehr dicht, 2–3 cm lang, ± einseitswendig, Rispenäste starr, geschlängelt; Ährchen auf sehr kurzen, dicken Stielen. 5–15 cm. 4–7. ⊙. Trockene Ruderalfluren, insbesondere Trittstellen, Wege, † (letzter Nachweis 1952), ELH: Dresden, Radebeul; LLA: Markranstädt, Delitzsch; ferner unbeständig EET: Riesa. V Polyg.; submed-euras-kont.
S. dura (L.) P. BEAUV., **Hartgras**

Secale L., **Roggen**

Blätter blau bereift; Blatthäutchen bis 2 mm lang, Blattöhrchen kahl; Deckspelzen 4–8 cm lang begrannt, gekielt, am Kiel steifborstig gewimpert; Ährchenachse zäh, bei der Reife nicht in Stücke zerfallend. 70–200 cm. 5–6. ⊙, ①. Häufige Kulturpflanze (Getreidepflanze, angebaut als Sommer- u. Winterroggen), s verwildert (Ruderalfluren, Straßen- u. Wegränder, Äcker). K Stell. med., V Sis. ***S. cereale*** L., **Saat-R.***

Setaria P. BEAUV., **Borstenhirse**

1 Unter jedem Ährchen 4–12 gelbe, später fuchsrote Borsten; Ährchen auf kurzen Stielen einzeln an der Hauptachse angeordnet ***S. pumila***

1* Unter jedem Ährchen 1–3(–6) meist grüne, oft violett überlaufene, später strohfarbene od. gelbl.-braune Borsten; Ährchen an kurzen, verzweigten Seitenästen angeordnet

2 Borsten mit rückwärtsgerichteten Zähnchen *(Abb. 950/1)*, die Ährenrispe deshalb wie eine Klette haftend u. beim Aufwärtsstreichen sehr rau u. schneidend ***S. verticillata***

2* Borsten mit zur Spitze gerichteten Zähnchen *(Abb. 950/2)*, die Ährenrispe deshalb nicht wie eine Klette haftend, beim Aufwärtsstreichen nicht extrem rau u. schneidend

950/1

950/2

3 Ährenrispe am Grund unterbrochen, hier mit entfernt stehenden Quirlen; Hauptachse der Ährenrispe kurz steifhaarig; Borsten 3–4 mm lang, dick u. steif **_S. verticilliformis_**

3* Ährenrispe auch am Grund nicht unterbrochen; Hauptachse zottig behaart; Borsten 5–10 mm lang, dünn u. biegsam

4 Untere Hüllspelze 2/3 so lang wie das Ährchen; Borsten unterhalb des Ährchen zu 3–6; obere Deckspelze stark querrunzelig; obere Hüllspelze um 0,4–0,8 mm kürzer als die Deckspelzen; Blattspreiten oberseits locker mit langen, auf Wärzchen stehenden Haaren besetzt **_S. faberi_**

4* Untere Hüllspelze 1/3 bis ½ so lang wie das Ährchen; Borsten unterhalb des Ährchens zu 1–3; obere Deckspelze glatt bis schwach runzelig; obere Hüllspelze so lang wie die Deckspelzen; Blattspreiten oberseits kahl od. selten schwach behaart

5 Ährenrispe 7–10 mm dick, Ährchen 1,8–2,2 mm lang; Blattspreiten 5–10 mm breit; zur Reifezeit das ganze Ährchen abfallend; Stängel dünn, bis 0,5 cm dick, knickig aufsteigend **_S. viridis_**

5* Ährenrispe 15–30 mm dick, Ährchen 3–3,5 mm lang. Blattspreiten 10–30 mm breit; zur Reifezeit nur obere Blüte aus dem Ährchen ausfallend, Hüllspelzen u. steriles Blüten verbleiben im Ährchen; Stängel bis 1 cm dick, steif aufrecht **_S. italica_**

S. faberi J. HERRM., **Faber-B.**

Ährchen 2,5–3 mm lang; Blattspreiten 1–2 cm breit; Blatthäutchen ein Wimperkranz aus 2 mm langen, steifen Haaren; Rispe 6–20 cm lang, übergebogen bis hängend. 50–150 cm. 7–9. ⊙. Ruderalfluren, s LLA: Delitzsch, Leipzig; OLB: Sohland/Spree; OLH: z. B. Bautzen; OLT: Cunnersdorf bei Kamenz. NU. O Sis. Heimat: China; Vogelfutterpflanze.

S. italica (L.) P. BEAUV., **Kolbenhirse, Fennich, Mohar***

Ährenrispe zur Blütezeit meist überhängend, zur Fruchtzeit nickend; Borsten 8–10 mm lang. 60–150 cm. 6–9. ⊙. Ruderalfluren, Äcker, z. NU. K Stell. med., V Sis. Herkunft unbekannt (O-Asien?); Vogelfutterpflanze; alte Kulturpflanze, die seit der Bronzezeit angebaut wird.

1 Ähre 10–30 cm lang, gelappt, ± überhängend; Deckspelze matt, rau. Verbreitung u. Soziologie wie Art. **subsp. _italica_**

1* Ähre 7–12 cm lang, nicht gelappt, aufrecht; Deckspelze glänzend, glatt. s LLA: Leipzig; OLH: Großhennersdorf, Neundorf, Bischofswerda. **subsp. _moharia_** (ALEF.) KÖRN.

S. pumila (POIR.) ROEM. et SCHULT., **Fuchsrote B.***

[*S. glauca* auct.]. Pflanze graugrün; zumindest Blattspreiten junger Blätter oberseits am Grund mit langen, abstehenden Haaren, Blattscheiden stark zusammengedrückt; obere Deckspelze stark querrunzelig; Borsten mit zur Spitze gerichteten Zähnchen. 10–60 cm. 7–10. ⊙ Hackfruchtäcker, Weinberge, Ruderalfluren, Gärten, Wegränder, mäßig h im Tief- u. Hügelland, s im Bergland. A. V Sis., V Pan.-Set.; submed+europ-kont.

S. verticillata (L.) P. BEAUV., **Kletten-B., Quirlblütige B.**

Ährenrispe 5–10(–15) cm lang, wenigstens am Grund unterbrochen, Hauptachse dicht kurz steifhaarig; Blattscheiden auf der ganzen Fläche od. am Rand behaart. 30–60 cm. 6–9. ⊙. Hackfruchtäcker, Gärten, Weinberge, Ruderalfluren, z im Tief- u. Hügelland, fehlt im Bergland. P. V Sis., V Pan.-Set.; med-submed.

S. verticilliformis DUMORT., **Täuschende B.**

[*S. gussonei* KERGUELEN, *S. ambigua* (GUSS.) GUSS.]. Ährenrispe 5–15 cm lang, 5–8 mm breit; Ährchen 2–2,2 mm lang. 30–60 cm. 6–9. ⊙. Hackfruchtäcker, Gärten, Weinberge, Ruderalfluren, s EET, ELH, ERO, LLA, OL. A. V Sis., V Pan.-Set.

S. viridis (L.) P. BEAUV., **Grüne B.***

Ährenrispe 3–8(–12) cm lang, walzenförmig, dicht, nicht gelappt, aufrecht. 10–60 cm. 6–10. ⊙. Äcker, Gärten, Ruderalfluren, Weinberge, mäßig h im Tief- u. Hügelland, s im Bergland. A. ↗ K Stell. med., O Sis.; med-euras.

Sorghum MOENCH, **Mohrenhirse**

1 Sitzende Ährchen eiförmig bis kugelig, nur wenig länger als breit; Rispe dicht, zusammengezogen, eiförmig bis längl., mit aufrecht stehenden, vielblütigen Seitenästen; Hauptachse stets von den Seitenzweigen verdeckt **S. bicolor**

1* Sitzende Ährchen lanzettl. bis längl., etwa doppelt so lang wie breit; Rispe locker u. ausgebreitet, pyramidenförmig, mit abstehenden Seitenästen; Hauptachse während u. nach der Blütezeit sichtbar **S. halepense**

S. bicolor (L.) MOENCH, **Gewöhnliche M., Zuckerhirse, Besenhirse**

Blattspreiten 5–8 cm breit. 100–300 cm. 7–9. ⊙. Müll- u. Umschlagplätze, s ELH: Pirna; LLA: Leipzig; MLH: bei Riesa; VGT: Treuen, Rodewisch. NU. O Sis. Heimat: vermutl. O-Afrika; Vogelfutterpflanze.

S. halepense (L.) PERS., **Wilde M., Aleppo-M.***

Pflanze mit langem, kräftigem, verzweigtem Rhizom; Stängelknoten dicht kurzhaarig; Blattspreiten 0,5–3 cm breit. 40–140 cm. 6–7. ♃. Ruderalfluren, z ELH, ERB, LLA, OLT, OLH; s EET: Riesa; MLH: Waldheim; VGT. ↗ NE (erstmals 1932). V Arct., V Sis. Heimat: wahrscheinl. östl. Mittelmeergebiet; Vogelfutterpflanze.

Stipa L., **Federgras, Pfriemengras**

Ährchen 1-blütig; Grannen sehr lang (25–33 cm), im oberen Teil lang fedrig behaart, 2-fach gekniet; Frucht 12–18 mm lang, kahl, schmal elliptisch; Spreiten der Grundblätter gefaltet bis eingerollt, seltener flach ausgebreitet. 40–70 cm. 5–6. ♃. Trocken- u. Halbtrockenrasen, kontinentale Felsfluren, †, ELH: Dresden, Plauenscher Grund. O Fest., O Sedo-Scler.; europ-kont. ∇ [*S. joannis* ČELAK.]. ***S. pennata*** L., **Echtes F.***

Die Zugehörigkeit des einzigen sächsischen Vorkommens zu einer Kleinart innerhalb des *S. pennata*-Aggregats ist nicht endgültig geklärt, da bisher kein Herbarmaterial ausfindig gemacht werden konnte.

Tragus HALLER, **Klettengras**

Dem Boden anliegend, an den Knoten wurzelnd u. sich verzweigend; Halm gekniet, aufsteigend; Blätter mit bauchiger Scheide u. kurzer, dornig bewimperter Spreite; Ährchen in traubenförmiger Rispe; Rispenäste sehr kurz, mit 3–4 ungestielten Ährchen als Ganzes abfallend; Gipfelährchen verkümmert; untere Hüllspelze klein, verkümmert, obere dick, mit hakigen Weichstacheln besetzt, kahnförmig die zwittrige Blüte umschließend. 10–30 cm. 6–7. ⊙. Ruderalfluren, s, Leipzig. NU. V Sis. Heimat: tropische u. subtropische Gebiete Afrikas u. Asiens. ***T. racemosus*** (L.) ALL., **Klettengras**

Trisetum PERS., **Goldhafer**

Blätter oberseits u. Blattscheiden meist ± dicht behaart; Blatthäutchen 0,5–1 mm lang, gerade abgeschnitten, fein gezähnelt; Ährchen glänzend goldgelb; Deckspelzen auf dem Rücken etwas oberhalb der Mitte begrannt, Granne 5–9 mm lang, gekniet. 30–80 cm. 5–7. ♃. Frisch- u. Bergwiesen, z GHP, OLT, sonst mäßig h. ↗ NE (Futtergras). O Arrh.; pralp.
T. flavescens (L.) P. BEAUV., **Goldhafer***

Triticum L., **Weizen**

Ährchenachse zäh, bei der Reife nicht in Stücke zerfallend; Früchte aus den Spelzen ausfallend; Blatthäutchen kurz, gestutzt, Blattöhrchen gewimpert. 100–150 cm. 6–7. ⊙, ①. Häufige Kulturpflanze (Getreidepflanze, angebaut als Sommer- u. Winterweizen), verwildert (Ruderalfluren, Straßen- u. Wegränder, Äcker). K Stell. med., V Sis. [*T. vulgare* VILL.].
T. aestivum L. em. FIORI et PAOL., **Saat-W., Weich-W.***

Bastard:
× ***Triticosecale blaringhemii*** A. CAMUS, **Tritikale, Rimpauweizen***
[*Triticum aestivum* × *Secale cereale*]. Ähnelt teils mehr dem Weizen, teils mehr dem Roggen; Ähre lang, ± nickend, meist lang begrannt; Korn unbespelzt u. zugleich schmal (nicht mehr als 3 mm breit); Hüllspelzen 3-nervig. Feldmäßig gebaut, z. B. OLT.

Urochloa P. BEAUV., **Signalgras**

Halme am Grund niederliegend, an den Knoten wurzelnd; Blütenstandsachse 2 mm breit geflügelt; Ährchen 4–4,5 mm lang. 30–80 cm. 7–10. ⊙. Ruderalfluren, s ELH: Dresden, Coswig; ERB: Chemnitz; LLA: Leipzig. NU. V Sis. Heimat: tropisches u. subtropisches Amerika; Vogelfutterpflanze. [*Brachiaria platyphylla* (C. WRIGHT) NASH].

U. platyphylla (C. WRIGHT) R. D. WEBSTER, **Signalgras**

Ventenata KOELER, **Schmielenhafer**

Blattspreiten 1–3 mm breit, oberwärts rau, anfangs eingerollt, später rinnig od. flach ausgebreitet; Blatthäutchen 4–9 mm lang; Hüllspelzen 5–9-nervig, Deckspelze der untersten Blüten an der Spitze mit gerader Granne, die der übrigen Blüten an der Spitze mit 10–15 mm langer, geknieter, oberhalb der Mitte entspringender Rückengranne. 25–50 cm. 5–6. ⊙, ①. Ruderale Halbtrockenrasen, ruderalisierte Bereiche in der Bergbaufolgelandschaft; früher indigen VGT: Taltitz (hier letztmals 1888), aktuell eingeschleppt OLH: Olbersdorf. K Fest.-Brom., O Arrh.

V. dubia (LEERS) COSS., **Schmielenhafer**

Vulpia C. C. GMEL., **Federschwingel**

1 Obere Hüllspelze 1,5–3-mal so lang wie die untere; Rispe mindestens 1/3 der Halmlänge einnehmend, 5–35 cm lang, 3–20-mal so lang wie ihr unterster Ast, zur Blütezeit oft mit ihrem unteren Teil von der obersten Blattscheide eingehüllt ***V. myuros***

1* Obere Hüllspelze 3–10-mal so lang wie die untere. Rispe < 1/3 der Halmlänge einnehmend, 5–10 cm lang, bis 3-mal so lang wie ihr unterster Ast, zur Blütezeit ± weit aus der obersten Blattscheide herausragend ***V. bromoides***

V. bromoides (L.) GRAY, **Trespen-F.**

Rispe zusammengezogen bis wenig ausgebreitet; Grannen der Deckspelzen 6–12 mm lang. 10–30 cm. 6–7. ①. Ruderalisierte Sand- u. Silikatmagerrasen, trockene Ruderalfluren, z im Tief- u. Hügelland. A. ↘ V Thero-Air., V Sis.; med+atl.

V. myuros (L.) C. C. GMEL., **Mäuseschwanz-F.**

Rispe meist schmal, überhängend; Grannen der Deckspelzen 10–15 mm lang. 20–50 cm. 6–9. ①. Trockene, sandige Ruderalfluren, Bahnanlagen, Brachen, mäßig h im Tief- u. Hügelland, s Bergland. A. ↗ V Thero-Air., V Sis.; med-submed.

Zea L., **Mais**

Kukurutz (ERZ, OLB)

Halme 2–6 cm dick, markig; Blattspreiten 4–12 cm breit, bogenförmig überhängend, lanzettl.; ♂ Ährchen zahlreich, in gipfelständiger Rispe, 2-blütig; ♀ Blütenstände am unteren u. mittleren Halmteil blattachselständig, von zahlreichen Blattscheiden eingehüllte Kolben, zur Blütezeit die langen, fadenförmigen Narben schopfartig heraushängend; Früchte 5–10 mm lang, in 6–12 Reihen an der markigen Spindel, mit meist ganz verkümmerten Spelzen, gelb, seltener grünl., braun, rot od. weißl. 100–300 cm. 6–10. ⊙. Kulturpflanze (Getreide- u. Futterpflanze). Heimat: M- u. S-Amerika. Schon 1520 nach Europa eingeführt. ***Z. mays*** L., **Mais***

Literatur

AELLEN, P. (1979): Chenopodiaceae. In HEGI, G.: Illustrierte Flora von Mitteleuropa. Bd. III, Teil 2. S. 533–747.

AUTORENKOLLEKTIV (2007): Die Farn- und Samenpflanzen des Vogtlandes. Arbeitskreis Vogtländischer Botaniker. Plauen. 328 S.

BASTIAN, O., SYRBE, R.-U. (2005): Naturräume in Sachsen – eine Übersicht. In: LANDESVEREIN SÄCHSISCHER HEIMATSCHUTZ DRESDEN und SÄCHSISCHE AKADEMIE DER WISSENSCHAFTEN ZU LEIPZIG (AG NATURHAUSHALT UND GEBIETSCHARAKTER) (Hrsg.): Landschaftsgliederungen in Sachsen.

BEURTON, CH.: *Achillea millefolium* agg. In: JÄGER & WERNER (2005): 670–671.

BÖHNERT, W., GUTTE, P., SCHMIDT, P. A. (2001): Verzeichnis und Rote Liste der Pflanzengesellschaften des Freistaates Sachsen. Mat. zu Naturschutz u. Landschaftspfl. Sächs. Landesamt für Umwelt u. Geologie Dresden. 303 S.

BUTTLER, K. P. (2008): Liste der Gefäßpflanzen Deutschlands. Kochia, Beih. **1.** 107 S.

CASPER, S. J., KRAUSCH, H.-D. (1980): Pteridophyta und Anthophyta Teil 1. In: Süßwasserflora von Mitteleuropa Bd. 23. Gustav Fischer Verlag Jena. 403 S.

DÖRFLER, H.-O., ROSELT, G. (1984): Heilpflanzen gestern und heute. Urania-Verl. Leipzig, Jena, Berlin. 328 S.

DÜLL, R., KUTZELNIGG, H. (2011): Taschenlexikon der Pflanzen Deutschlands und angrenzender Länder. 7. Aufl. Quelle & Meyer Verl. Wiebelsheim. 936 S.

FLÖSSNER, W., MILITZER, M., SCHÖNE, R., STOPP, F., UHLIG, J. (Hrsg.) (1956): WÜNSCHE-SCHORLER: Die Pflanzen Sachsens. 12. Aufl. VEB Deutscher Verl. d. Wissenschaften Berlin. 636 S.

GRUNDMANN, H. (1992): Die wildwachsenden und verwilderten Gefäßpflanzen der Stadt Chemnitz und ihrer unmittelbaren Umgebung. Veröff. Mus. für Naturkunde Chemnitz. **15.** 1–240.

GUTTE, P. (2006): Flora der Stadt Leipzig einschließlich Markkleeberg. Weissdorn-Verl. Jena. 278 S.

HAMMER, K.: *Mentha.* In: JÄGER & WERNER (2005): 627–629.

HANELT, P.: *Vicia angustifolia.* In: JÄGER & WERNER (2005): 455.

HARDTKE, H.-J. (2008): Floristische Beobachtungen 2008 in Oberlausitz und Elbhügelland. Berichte der Naturforschenden Gesellschaft der Oberlausitz **17:** 99–114.

HARDTKE, H.-J., IHL, A. (2000): Atlas der Farn- und Samenpflanzen Sachsens. In: Sächsisches Landesamt für Umwelt u. Geologie (Hrsg.): Mat. zu Naturschutz u. Landschaftspfl. Sächs. Landesamt für Umwelt u. Geologie Dresden. 806 S.

HEMPEL, W. (2009): Die Pflanzenwelt Sachsens von der Späteiszeit bis zur Gegenwart. Sächs. Landesstiftung Natur u. Umwelt. Dresden. 248 S.

HENKER, H., GERSTBERGER, P., WEBER, H. E. (2003): *Rosaceae*. In HEGI, G.: Illustrierte Flora von Mitteleuropa. Bd. IV, Teil 2c. S. 1–228.

HERMANN, N.: *Ornithogalum*. In: JÄGER & WERNER (2005): 787.

HILLER, K., MELZIG, M. F. (2010): Lexikon der Arzneipflanzen und Drogen. 2. Aufl. Spektrum Akadem. Verl. Heidelberg. 659 S.

HROUDOVÁ, Z., GREGOR, T., ZÁKRAVSKÝ, P. (2010): Die Verbreitung von *Bolboschoenus*-Arten in Deutschland. Kochia **4:** 1–22.

JÄGER, E. J. (Hrsg.) (2011): ROTHMALER – Exkursionsflora von Deutschland. Gefäßpflanzen: Grundband. 20. Aufl. Spektrum Akadem. Verl. Heidelberg. 930 S.

JÄGER, E. J., EBEL, F., HANELT, P., MÜLLER, G. K. (Hrsg.) (2008): ROTHMALER – Exkursionsflora von Deutschland. Band 5. Krautige Zier- und Nutzpflanzen. Spektrum Akad. Verl. Heidelberg. 880 S.

JÄGER, E. J., WERNER, K. (Hrsg.) (2005): ROTHMALER – Exkursionsflora von Deutschland. Band 4. Gefäßpflanzen: Kritischer Band. 10. Aufl. Spektrum Akad. Verlag Heidelberg. 980 S.

KRISCH, H.: *Atriplex prostrata*. In: JÄGER & WERNER (2005): 222–223.

MEYER, F. H., HECKER, U., HÖSTER, H. R., SCHROEDER, F.-G. (2007): FITSCHEN – Gehölzflora. 12. Aufl. Quelle & Meyer. Wiebelsheim. 915 S.

OEHMIG, K. (1999): Die Pflanzen von Penig und Umgebung. Eigenverl. 155 S.

OTTO, H.-W. (2004): Die Farn- und Samenpflanzen der Oberlausitz. Ber. Naturforsch. Ges. Oberlausitz. **12**. Görlitz. S. 3–376

PISTRICK, K.: *Brassica* und *Raphanus*. In: JÄGER & WERNER (2005): 284–285, 288.

RANFT, M. (1995): Die Gattung *Rubus* in Sachsen. Abh. Ber. Naturkundemus. Görlitz. **68**, 6: 1–44.

RANFT, M. (1999): Die Gattung *Rubus* in Sachsen. 1. Nachtrag. Sächs. Florist. Mitt. **5**: 94–96.

RENNWALD, E. (2000): Verzeichnis und Rote Liste der Pflanzengesellschaften Deutschlands. Schriftenreihe für Vegetationskunde **35:** 1–800.

SCHMIDT, P. A. (1995): Bestimmungsschlüssel für die heimischen Weißdorne (Gattung *Crataegus*, *Rosaceae*). Sächs. Florist. Mitt. **3** (1994–95): 24–37.

SCHMIDT, P. A. (2011): *Coniferopsida* – Nadelgehölze, *Crataegus* – Weißdorne, *Thymus* – Thymian, Quendel. In: JÄGER (2011): 120–128, 472–475, 684–687.

SCHMIDT, P. A., HECKER, U. (2009): Taschenlexikon der Gehölze. Quelle & Meyer Verl. Wiebelsheim. 685 S.

SCHMIDT, P. A., KLAUSNITZER, U. (2002): Die Baum- und Straucharten Sachsens – Charakterisierung und Verbreitung als Grundlage der Generhaltung. Schriftenreihe Sächs. Landesamt Forsten **24.** 104 S.

SCHULZ, D. (1999): Rote Liste Farn- und Samenpflanzen. Sächs. Landesamt für Umwelt und Geologie Dresden. 35 S.

SCHULZ, G., HENKER, H. (1989): Mecklenburgs Wildrosen (*Rosa* L.). Botan. Rundbr. für den Bezirk Neubrandenburg **21:** 37–56.

SEYBOLD, S. (2011): SCHMEIL-FITSCHEN – Die Flora Deutschlands und der angrenzenden Länder. 95. Aufl. Quelle & Meyer Verl. Wiebelsheim. VIII/919 S.

STARY, F. (1983): Giftpflanzen. Artia Prag. 224 S.

STOLLEY, G. (2007): Die Schneeglanz-Arten (*Chionodoxa* Boissier). Kiel. Not. Pflanzenkd. **35:** 44–59, Kiel.

WEBER, H. E. (1973): Die Gattung *Rubus* L. (*Rosaceae*) im nordwestlichen Europa. Mitt. Arbeitsgem. für Floristik in Schleswig-Holstein und Hamburg. **22:** 1–504.

UHLEMANN, I. (1996, 1999): Zur *Taraxacum*-Flora von Sachsen I. Ber. Arbeitsgem. Sächs. Bot., NF **15:** 39–85; **17:** 85–111.

UHLEMANN, I. (2002): Zur *Taraxacum*-Flora von Sachsen III. Sächs. Florist. Mitt. **7:** 61–81.

UHLEMANN, I. (2003): Die Gattung *Taraxacum* (*Asteraceae*) im östlichen Deutschland. Mitt. florist. Kart. Sachsen-Anhalt. Sonderheft: 1–136.

UHLEMANN, I. (2004): New species of the genus *Taraxacum* (*Asteraceae*) from Germany I. Schlechtendalia **12:** 119–136.

UHLEMANN, I., KIRSCHNER, J., ØLLGAARD, H., ŠTĚPÁNEK, J. (2007): Four new species of *Taraxacum* sect. *Ruderalia* (*Asteraceae-Cichorieae*) from Central Europe and Scandinavia. Phyton **47** (1–2): 103–121.

UHLMANN, H. (2005): Flora Nossen/Rosswein im Klosterbezirk Altzella. 248 S.

WAGENITZ, G.: *Leucanthemum*. In: JÄGER (2011): 860–861.

WEBER, H. E. (1973): Die Gattung *Rubus* L. (Rosaceae) im nordwestlichen Europa. Mitt. Arbeitsgem. Floristik Schleswig-Holstein u. Hamburg **22:** 1–504.

WERNER, K.: *Plantago major*. In: JÄGER & WERNER (2005): 604.

ZOPFI, H.-J., BÖHME, B.: *Rhinanthus*. In: JÄGER & WERNER (2005): 589–591.

Register der wissenschaftlichen und deutschen Pflanzennamen

Die Verweise auf die Seiten 41–80 beziehen sich auf die Tabellen zum Bestimmen der Familien oder Gattungen. Fettgedruckte Zahlen verweisen auf den Beginn der Familie bzw. der Gattung sowie die Beschreibung der Art. Synonyme sind durch das Symbol * hinter dem wissenschaftlichen Namen gekennzeichnet. Bei ihnen stehen, wie auch bei ungültigen Familiennamen, alle Seitenzahlen in Grundschrift. Arten einer Gattung werden nur dann aufgeführt, wenn es mehr als 30 sind. Nur regional oder lokal verwendete Volksnamen werden nicht aufgelistet.